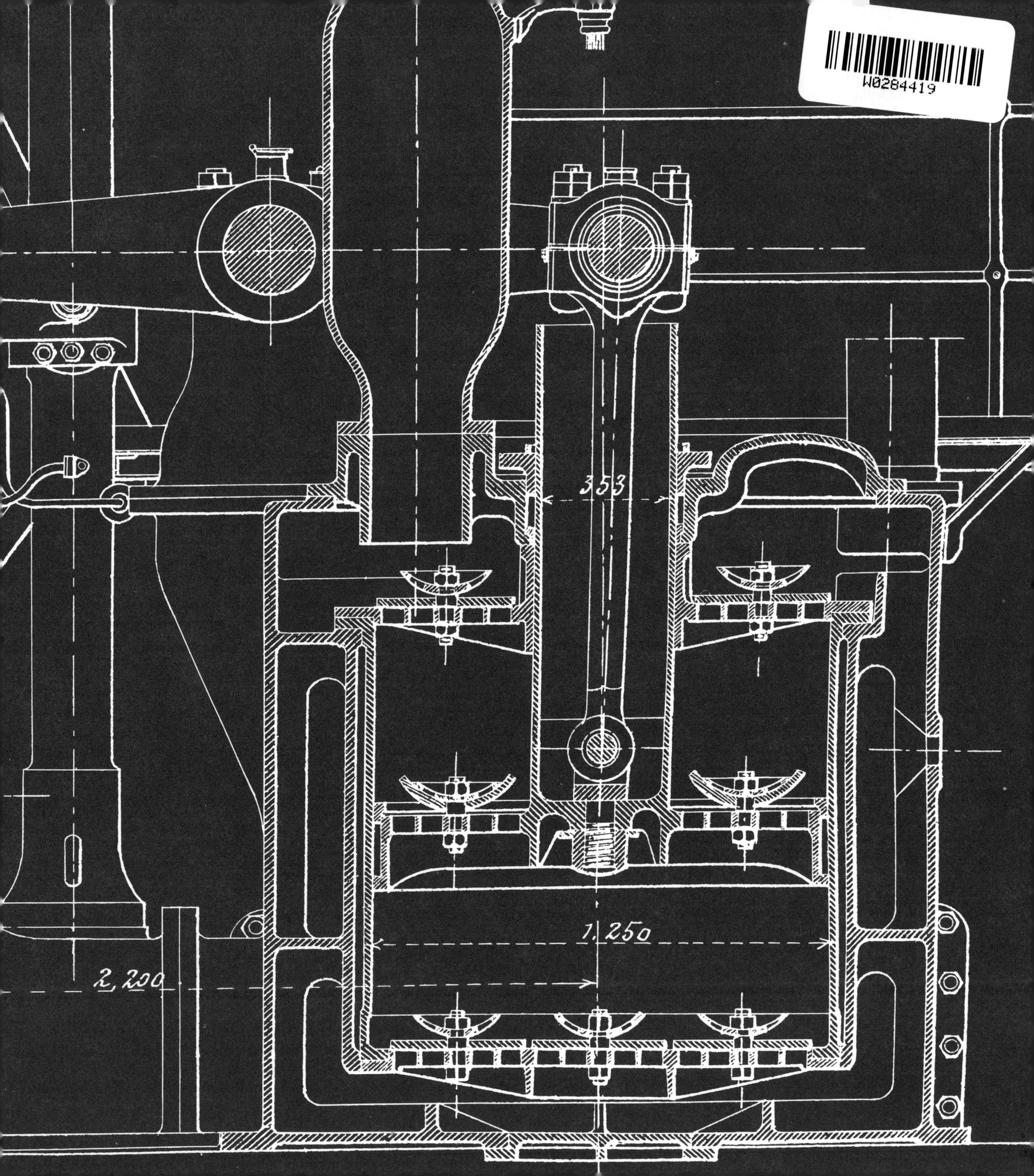
3,53
1,250
2,200

SIGVARD
STRANDH

DIE MASCHINE

SIGVARD
STRANDH

DIE MASCHINE

GESCHICHTE · ELEMENTE · FUNKTION
EIN ENZYKLOPÄDISCHES SACHBUCH

Weltbild
Verlag

„Die Maschine" wurde von AB Nordbok, Göteborg, Schweden, unter der Leitung von Einar Engelbrektson und Turlough Johnston entworfen und hergestellt.

Graphische Gestaltung und Farben: Tommy Berglund.

Künstlerisches Team: Syed Mumtaz Ahmad, Tommy Berglund, Inger Eriksson, Marie Falksten, Ferenc Flamm, Annette Johansson, Lars Jödahl, Hans Linder, Elise Lundqvist, Lennart Molin, Yusuke Nagano, Holger Rosenblad, Ulf Söderqvist, Roland Thorbjörnsson.

Lithographien: Nils Hermansson und Annette Johansson.

Redaktion: Turlough Johnston, Kerstin Stålbrand.

Übersetzer: Dr. ing. Roman Pietrzak

Nordbok möchte Curt Falkemo, Jan Hult, William T. O'Dea, Holger Rosenblad und Per Hedelin herzlichen Dank sagen für Rat und Hilfe.

Weiterhin möchte Nordbok sich bei folgenden Personen und Institutionen bedanken für die Hergabe von Quellen- und Illustrationsmaterial: Lars Harry Jenneborg, Seite 8 Abb. 2; Mary Evans Picture Library, Seite 9 Abb. 9, Seite 131 B; P. Haase & Søns Verlag, Seite 36 A–C, Seite 37 A, B, Seite 42 B–D; Derek de Solla Price, Seite 46 A; Cambridge University Press, Seite 47 C; Almqvist & Wiksell/Focus, Seite 51 G; Denny Lorentzen, Seite 88 Abb. 1, 2; Ronan Picture Library, Seite 141 C Abb. 3, Seite 231 C; Daimler Benz Museum, Stuttgart, Seite 146–147 B; Marshall Cavendish, Seite 146–147 B, Seite 183 D, Seite 196 B, Seite 211 D, Seite 223 D, E, Seite 231 E; Teknisk Tidskrift, Seite 166 B Abb. 1, 2, Seite 166 C Abb. 1, 2; Chalmers Institution of Information Theory, Seite 198; Motor, Seite 201 B; P. A. Nordstedts Verlag, Seite 208 A, B; Science Museum, Seite 220 B, C, Seite 220–221 E; Electrolux, Seite 226 C; AEG, Seite 232–233 A, C, D, E.

Genehmigte Lizenzausgabe für
Weltbild Verlag GmbH, Augsburg 1992

Satzherstellung:
Freiburger Graphische Betriebe
Gesamtherstellung: Delo-Tiskarna, Ljubljana
Printed in Slovenia

ISBN 3-89350-052-9

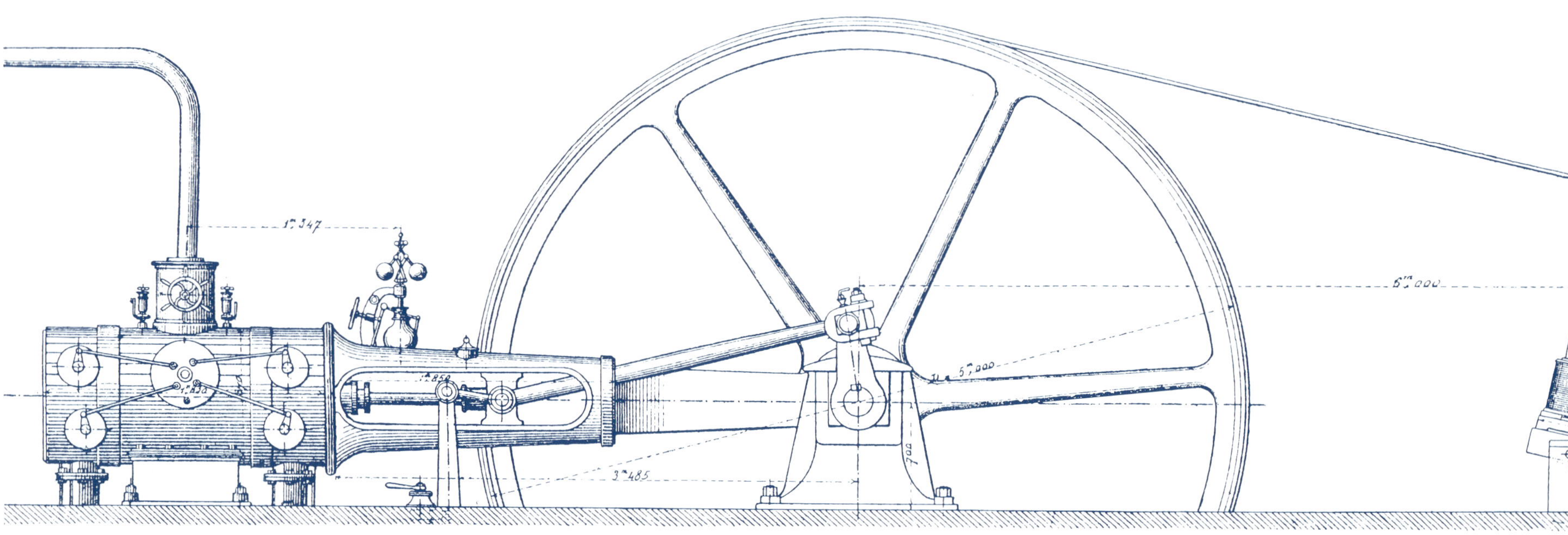

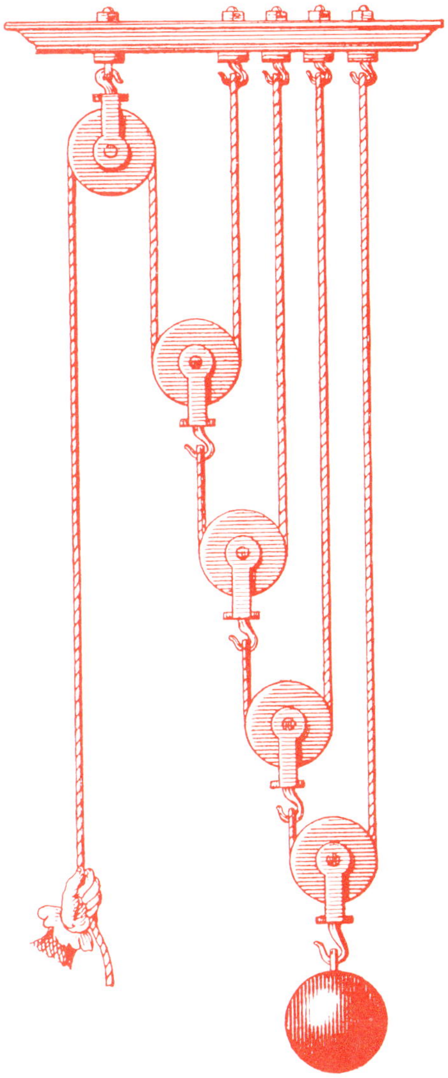

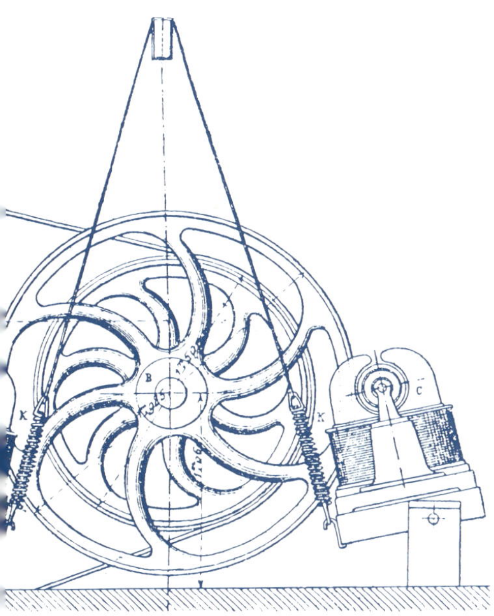

Inhalt

Vorwort

Dieses Buch handelt von *Maschinen,* und obwohl dieser nicht leicht zu definierende Ausdruck recht großzügig interpretiert wurde, sind die behandelten Maschinen subjektiv und willkürlich ausgewählt worden. Das Buch gibt also keine umfassende Darstellung des behandelten Themas, die in jeder Hinsicht zu einem Ding der Unmöglichkeit geworden ist. Die französischen Enzyklopädisten des ausgehenden 18. Jahrhunderts benötigten 35 Foliobände, um eine einigermaßen vollständige Beschreibung der zeitgenössischen Ingenieurwissenschaften, der Naturwissenschaften und der Künste leisten zu können. Es wäre eine fruchtlose Spekulation, Überlegungen über die Anzahl der Bände anzustellen, die notwendig wären, wollte man heute eine ebenso umfassende Darstellung geben.

Dieses Buch beschäftigt sich auch nicht mit der Bewertung der Technologie, was gerade im Westen sehr in Mode gekommen ist. Meines Erachtens sollte das Schreiben von Geschichte frei von Polemik sein. Leopold von Ranke meinte, daß die Geschichtswissenschaft zeigen solle, „wie die Ereignisse wirklich geschehen sind". Wenn dieses Prinzip in der Geschichtsschreibung der Maschinen angewandt wird, dann ist es möglich, beim Lesen des Textes – und zwischen den Zeilen – abzuschätzen, wie die Technologie das Wachstum sowohl der materiellen als auch der ideellen Werte beherrscht hat. Sie ist mehr und mehr ein Träger der Kultur geworden und ein mächtiges Instrument der wachsenden Demokratie.

Heißt dies, daß die Maschine als solche nur nutzbringend für den Menschen ist? Melvin Kranzberg, der amerikanische Historiker der Technologie, hat den Nagel auf den Kopf getroffen, als er formulierte, was er Kranzbergs Erstes Gesetz nennt: „Technologie ist weder positiv noch negativ, noch neutral." Professor Kranzberg kann wohl so interpretiert werden, daß er hervorheben wollte, daß die Technologie an sich weder gut noch böse, aber immer gegenwärtig ist, inmitten der Dinge. Mindestens seit dem 18. Jahrhundert hat die Maschinentechnologie Kritiker mobilisiert, die ihre Entwicklung in Frage gestellt haben: die ersten „Feuer- und Luftmaschinen" riefen in vielen Lagern Reaktionen hervor, die dem Widerstand gegen die Kernenergie 200 Jahre später ähnlich sind. Zu Beginn des 19. Jahrhunderts stürmten beispielsweise in England die Ludditen Maschinen, weil sie fürchteten, sie würden ihren Arbeitsplatz verlieren. Ein wenig später begegnete man der Eisenbahn sowohl in England als auch woanders mit Mißtrauen und Ablehnung, ein Teufelswerk, das nur Schaden bringen könne!

In den öffentlichen Debatten in den vergangenen zwei Jahrhunderten wechselt die Kritik an der Maschine mit einer optimistischen Einschätzung ihrer Zukunft ab. In den 60er Jahren unseres Jahrhunderts wurde die Kritik wiederum sehr heftig, nicht nur in alarmierenden Berichten, wie *Der stumme Frühling (Silent Spring)* von Rachel Carson (dt. 1963) und *Zunehmend gefährlich (Unsafe at Any Speed)* von Ralph Nader (1965), sondern auch in allgemeineren Werken, wie *Die technologische Gesellschaft (La civilisation technique)* von Jacques Ellul. Das Werk erschien 1954 und blieb außerhalb Frankreichs nahezu unbekannt. Für J. Ellul, ein Rechts- und Sozialwissenschaftler, Politologe und Moralist, besteht die Technologie nicht nur aus Maschinen und Techniken, sondern auch aus all dem, was diese an Organisationsformen und Methoden mit sich brachten. Nachdem er so vieles in seine Definition hineingepackt hatte, warf J. Ellul dieser Technologie vor, die Kontrolle über sich selbst verloren zu haben. Sie würde sich selbst bis zu dem Ausmaß produzieren, wo die Mittel der Technologie in sich ein Ende finden. Elluls These ist, daß dies zu inhumanen Verhältnissen führt, weil die moralischen Werte vernichtet würden. Herrschten diese schrecklichen Verhältnisse nicht schon in der Welt? Was wäre, wenn man die Rollen vertauschen würde und ein Technologist, wie ihn J. Ellul nennt, den Justizapparat mit ebensolchen allumfassenden Definitionen von Elluls Technologie-Definition angreifen würde? In Ländern mit hoher Einkommensbesteuerung sehen viele auch die politisch-administrative Regierung durch gesetzliche Bestimmungen als Selbstzweck und Zerstörer der moralischen Werte an. Sowohl die Warner als auch die Politologen im Sinne von J. Ellul lassen die Tatsache außer acht, daß die Maschinen im weitesten Sinne, wie sie hier in diesem Buch verstanden werden sollen, die Lebensqualität gehoben haben, es dem Menschen leichter gemacht haben, auf eine Art zu leben, die der fortschrittlichste Optimist sich vor 100 Jahren nicht hätte erträumen können. Dies heißt nicht, daß man die „Ellulianer" und andere Kritiker nicht beachten sollte: im Gegenteil, Kritik in ihren unterschiedlichsten Formen hat eine lebensnotwendige Funktion in der demokratischen Gesellschaft, aber sie kann wie andere tragende Elemente der Demokratie die Kontrolle über sich selbst verlieren. Das Heilmittel? Es könnte vielleicht eines sein, über den Talmud nachzudenken, in dem es heißt, daß man die Dinge nicht so sieht, wie sie sind, sondern wie man selbst ist.

Was heute besonders positiv ist, sind die gewaltigen Bewegungen innerhalb der Welt der Technologie, die in wissenschaftlicher Art das Ziel anzustreben versuchen, „die Dinge so zu sehen, wie sie sind". Dies ist besonders augenfällig in der Technologie-Bewertung und Folgebewertung neuer Techniken. Das bedeutet, daß tatsächlich eine neu entwickelte Technik, die angewendet werden soll, zunächst dadurch getestet wird, daß zu den ursprünglich dominierenden technisch-wirtschaftlichen Aspekten andere hinzukommen, die z. B. Auswirkungen auf die Beschäftigung und die Gesellschaft im ganzen Rechnung tragen. Mit anderen Worten, Technologie wird beurteilt nach ihren Auswirkungen auf das Leben des Einzelnen. Mit der Folgebewertung ist es im Grunde ähnlich, sie nimmt aber einen größeren und längeren Beobachtungszeitraum für die damit verbundenen Risiken in Anspruch. Viel Beachtung wurde der Computertechnologie gewidmet zum Beispiel im Hinblick auf ihre Auswirkungen auf den Arbeitsmarkt und die Gesellschaft allgemein, besonders, als der Gebrauch von Mikroprozessoren explosionsartig zunahm. Es wurde offensichtlich, wie lebenswichtig es ist, „zuerst zu schauen, bevor man springt", wenn es um die Entwicklung und Anwendung neuer Technologien geht.

Die gegenwärtige Technologie und die Naturwissenschaften entwickeln Methoden und Mittel, um Fehlentwicklungen zu korrigieren. Viele Beispiele können aus der Umwelttechnologie gebracht werden, wo neue Verfahren und Verhaltensformen sehr rasch entwickelt wurden, nachdem offensichtlich wurde, wie industrielles Wachstum und Verstädterung die Natur bedroht oder vernichtet haben. Die vergangenen Jahre haben hier eine wesentliche Verbesserung gebracht, sowohl in der Industrie selbst, wie in der Beherrschung der Emissionen, die die Verschmutzung von Luft und Wasser bedingen. Dieses Buch zeigt einige Techniken, die benutzt werden, um die Umwelt zu schützen, nicht zuletzt um als Beispiel dafür zu dienen, daß Umweltschutz und Umwelttechnologien nicht erst durch die Warnungen in den 60er Jahren unseres Jahrhunderts entstanden sind: Umwelttechnik hat eine Geschichte, die einige Jahrhunderte zurückverfolgt werden kann.

Bei der Arbeit an diesem Buch war mir die Hilfe und Ermunterung aller, die mich durch Wort und Tat hilfreich unterstützt haben, eine große Freude. Ich danke zunächst meinen Kollegen vom Nationalmuseum für Wissenschaft und Technologie, besonders der Archivarin Inga-Britta Sandqvist. Besonders verbunden bin ich ebenso dem Mitarbeiterstab des Deutschen Museums in München und dem des Museums der Wissenschaften in London sowie Dr. Brooke Hindle von der Smithsonian Institution in Washington. Dr. Wilhem Odelberg, der leitende Bibliothekar der Königlichen Akademie der Wissenschaften in Stockholm hat mir großzügig seine reichen Kenntnisse der wissenschaftlichen Literatur zur Verfügung gestellt. Professor C. G. Nilsson aus Luleå führte meine Arbeit durch häufige Diskussionen kleiner und großer Probleme weiter. Mein Dank richtet sich natürlich auch an meine Familienangehörigen, die meine Arbeit auf alle erdenkliche Weise erleichtert haben. Einen besonderen Dank schulde ich meiner Frau Eivor, die neben der Besorgung der Reinschrift niemals aufgehört hat, mich zu ermutigen und in meiner Arbeit zu bestärken. Ich danke ebenso Christin und Ricky, die mir mit ihren Diskussionen und Kritiken geholfen haben. Rickys Skizzen waren eine ständige Quelle der Anregung und Freude und haben auch einige Darstellungen in diesem Buch inspiriert.

Die Zusammenarbeit mit den Verlegern dieses Werkes war besonders anregend und angenehm während der ganzen Zeit der Entstehung dieser Arbeit. Mein herzlicher Dank geht an alle Mitarbeiter der Verlage – ich möchte dabei niemanden nennen und so auch niemanden vergessen!

Sigvard Strandh

Ohne Werkzeuge keine Maschinen

A

A. Das einzige Antriebsaggregat, das dem Menschen der Frühzeit zur Verfügung stand, war seine eigene Muskelkraft.

Benjamin Franklin, der große amerikanische Staatsmann und Forscher, sagte einst, der Mensch sei ein Werkzeug machendes Tier. Die Erforschung der menschlichen materiellen und geistigen Kultur ist ungeheuer reizvoll, wenn man als Ausgangspunkt die etwas zum Widerspruch reizende Mischung aus Franklins Werkzeug machenden Menschen, dem *Homo faber,* und Linnés denkenden Menschen, dem *Homo sapiens,* wählt.

In den folgenden Kapiteln werden einige Entwicklungslinien betrachtet, die aus jener Zeit in die Gegenwart mit ihrer Vielfalt von Maschinen geführt haben. Diese Entwicklungen leiteten oftmals zu wunderlichen Ergebnissen. Manche der Entwicklungen waren vor ihrer Zeit reif und gerieten wieder in Vergessenheit.

Der Ursprung der großen Vielzahl der heutigen Maschinen ist zu finden in den Werkzeugen und Geräten, die im Morgengrauen der Geschichte von unseren Vorfahren, dem *Homo sapiens faber,* gefertigt wurden. Sicherlich ist es eine Frage der Definition, ob man diese Werkzeuge bereits als Maschinen bezeichnen kann. Das einzige Antriebsaggregat, das jenen Menschen der Frühzeit zur Verfügung stand, war ihre eigene Muskelkraft, und die Werkzeuge und Geräte verstärkten diese.

Versetzen wir uns in die Altsteinzeit und betrachten die Werkzeuge und Geräte, die die Menschen damals verwendeten, um ihr Schicksal zu verbessern! Das Leben war damals bestimmt keine Idylle. Ohne die zahlreichen Geräte war der Mensch den Raubtieren hoffnungslos unterlegen, die seinerzeit seine Konkurrenten im Lebenskampf waren. Sie waren schneller und oft stärker als er, dem die Waffen lebensnotwendig für Verteidigung und Jagd waren. Er brauchte Werkzeuge, um Kleider gegen Kälte und Regen zu machen. Das bloße Überleben im Existenzkampf war damals die Hauptbeschäftigung des Menschen. Kein Wunder, daß er immer Überlegungen anstellte, sein Leben zu verbessern.

Archäologische Funde der letzten 30 oder 40 Jahre ermöglichten uns einen Einblick in die frühen vorgeschichtlichen Kulturen. Diese Funde lassen erkennen, daß das Erscheinen des Werkzeug machenden Menschen in immer frühere Zeiten vorzuverlegen ist. Während Ausgrabungen auf Sizilien fand der britische Paläolontologe Weyland unter Knochenresten und Spuren menschlicher Tätigkeit eine Anzahl von *Faustkeilen.* Zunächst glaubte man, dies sei ein Zufall, doch bald wurden in der gleichen Kulturschicht an anderen Stellen weitere Faustkeile gefunden. Alle diese Steine ähnelten sich darin, daß sie von Hand gemacht worden sind, und zwar durch den Schlag mit einem Schlagstein, wobei eine Art Amboß als fester Untergrund verwendet wurde. Diese Steinwerkzeuge hatten eine scharfe Seite, während die andere Seite verhältnismäßig stumpf und glatt war und daher gut in der Hand lag. Die Schnittwinkel wurden bei den verschieden großen Steinen nicht blindlings angelegt, entsprechend der Tatsache, daß die Bearbeitung so ver-

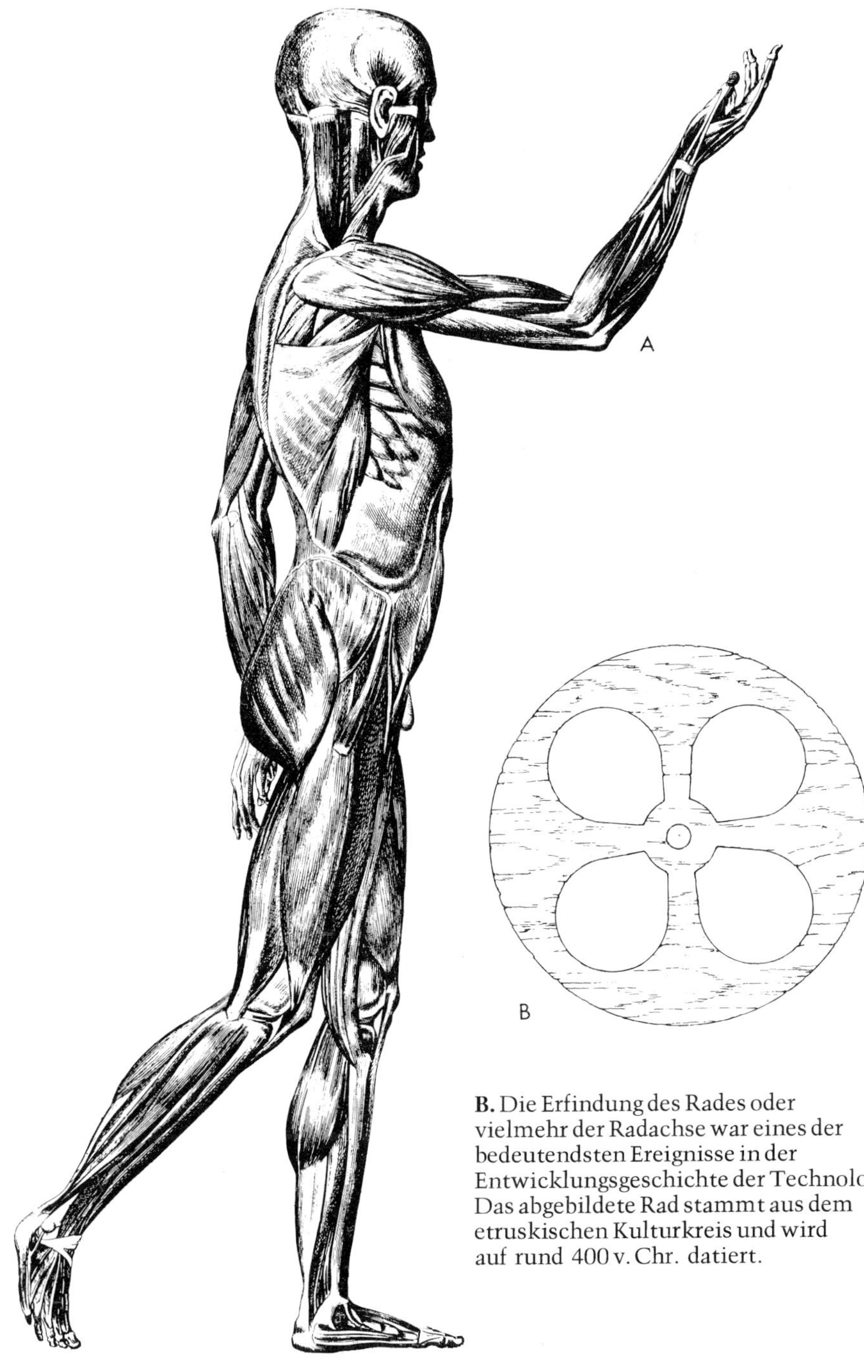

A

B

B. Die Erfindung des Rades oder vielmehr der Radachse war eines der bedeutendsten Ereignisse in der Entwicklungsgeschichte der Technologie. Das abgebildete Rad stammt aus dem etruskischen Kulturkreis und wird auf rund 400 v. Chr. datiert.

Heute nimmt man im allgemeinen an, daß die Erde als Planet mindestens 4,5 Milliarden Jahre alt ist. Um diese ungeheuer lange Zeit besser verstehen zu können, kann man sie mit einem Flug über 5000 km von New York nach London vergleichen. Jeder Kilometer Entfernung würde bei diesem Vergleich einem Zeitraum von ungefähr 1 Million Jahren entsprechen.
Beim Start des Flugzeuges im Kennedy-Flughafen in New York wäre die Erde gerade entstanden und noch flüssig. Erst nachdem das Flugzeug 1500 km (**1**) zurückgelegt hat, würde sich die Erdkruste bis zu einem gewissen Grade verfestigt haben und nach weiteren 500 km würden die ersten Lebewesen erscheinen – blaugrüne Algen, die sich von anorganischen Stoffen ernähren. Nach 4000 km (**2**), wenn nur noch ein Fünftel der Flugstrecke übrigbleibt, würden die ersten grünen Algen erscheinen. Hier sind sie durch die *Diplopora phanerospora* vertreten; (a) Querschnitt, Aufsicht, (b) Seiten-

ansicht. Die äußere Kalkschicht ist im oberen Teil der Alge entfernt worden.
Das Flugzeug nähert sich dem Ziel seines Fluges, dem Flughafen Heathrow in London, sehr schnell. Wenn London nur noch 500 km entfernt ist (**3**), würde eine Menge wirbelloser Tiere entstehen, einschließlich der *Trilobiten,* eine große, heute ausgestorbene Gruppe der Krustazeen, hier vertreten durch *Triarthrus Becki* (a) und *Acidaspis Dufrenoyi* (b). Ungefähr zur gleichen Zeit würden Tintenfische auftreten, und wenn nur noch 250 km Flugreise verbleiben (**4**), die ersten Knochenfische, unter ihnen der *Quastenflosser.* Eine dieser Spezies, die hier abgebildete *Latimeria chalumnae* war seit 65 Millionen Jahren für ausgestorben gehalten worden. Doch wurde einer dieser Fische 1938 vor der südafrikanischen Küste aus dem Wasser gefischt.
Die ersten Spezies der Dinosaurier aus der Ordnung der Reptilien, die die Menschen am meisten faszinieren, würden erscheinen, wenn nur noch 250 km Flugreise anstehen (**5**). Auf den nächsten 100 km würden immer mehr Dinosaurierarten entstehen und vergehen und die letzte dieser Riesenreptilien würde aussterben, wenn sich das Flugzeug nur 65 km vor Heathrow befindet. Eine der bekanntesten der pflanzenfressenden Arten der Dinosaurier, der *Diplodocus,* ist stellvertretend für diese Riesenreptilien abgebildet.
Wenn das Flugzeug zum Landen ansetzt und sich nur 3 km vom Landeplatz entfernt befindet (**6**), würden die ersten aufrecht gehenden Affen auftreten und mehr als 2 km später (**7**) die ersten Mammuts, im Zeitalter des Pleistozäns, erscheinen. Der dichte Pelz der Mammuts aus rotbrauner Wolle und langen, fast schwarzen Borsten ermöglichte ihm das Leben im kalten Klima des Pleistozäns, der Eiszeit.
Im allerletzten Teil des Fluges, wenn die Entfernungen schon in Metern statt in Kilometern gemessen werden müssen, würden 5 m vor dem Landepunkt (**8**) die ägyptischen Pyramiden erbaut worden sein, während die industrielle Revolution, hier dargestellt durch ein altes französisches Stahlwerk, eingeleitet würde, wenn nur noch 20 cm des Fluges übrigbleiben (**9**). Die Reisenden in dieser Zeitmaschine könnten in den letzten Bruchteilen einer Sekunde kaum verfolgen, wie die Entwicklung der letzten ein- bis zweihundert Jahre ablief.

Die folgenden Bezeichnungen erdgeschichtlicher Epochen gehören in den verschiedenen Erdteilen verschiedenen Zeiten an, im allgemeinen bedeuten sie aber:

Eolithikum (altgriechisch *eos* = Morgenröte, *lithos* = Stein). Frühe Steinzeit.

Paläolithikum (altgriechisch *palaios* = alt). Beginn vor 2 Millionen Jahren. Umherziehende Jäger und Sammler.

Mesolithikum (altgriechisch *mesos* = Mitte, in der Mitte liegend). Beginn vor 13000–10000 v. Chr.

Neolithikum (altgriechisch *neos* = neu). Beginn 6000 bis 3000 v. Chr. Die Nomaden werden seßhaft, Bau von Gebäuden, Domestizierung von Tieren, Ackerbau. Erste Stadtgründungen (Jericho 6000 v. Chr.).

Aeneolithikum (lateinisch *aenus* = Bronze, Metall). Beginn der Bronzezeit 2500–1500 v. Chr. Metalle kommen immer mehr auf.

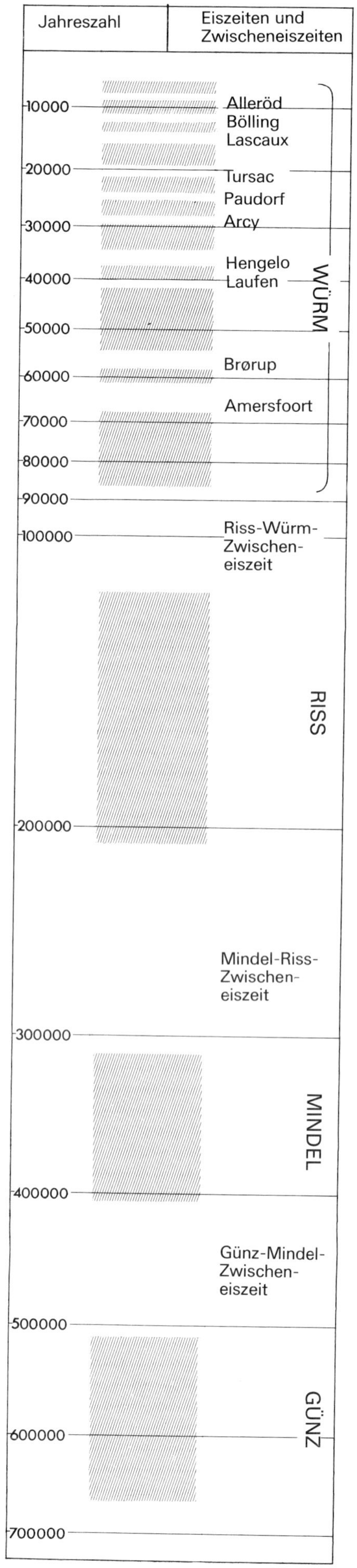

Während des Quartärs wechselten Eiszeiten mit verhältnismäßig warmen Zeiten, den Zwischeneiszeiten, ab. In Europa gab man den Haupteiszeiten den Namen von Alpenflüssen: Würm, Riss, Mindel, Günz. Ähnliche Temperaturänderungen wie in Europa fanden auch auf den anderen Kontinenten statt. In dem Schaubild rechts sind die Eis- und Zwischeneiszeiten der letzten 600000 Jahre mit ihren Namen aufgeführt.

schiedener Werkstoffe, wie Holz, Knochen, Horn u. dgl., auch verschieden große Schnittwinkel erfordert, um das beste Arbeitsergebnis zu erzielen. Tausende oder Zehntausende von Jahren waren notwendig, um dies zu erkennen. Doch der Mensch der Frühzeit hatte Zeit. Die Lage der Kulturschicht und verschiedene andere Faktoren ermöglichten es Weyland, die Funde auf das Alter von 100 000 bis 250 000 Jahre v. Chr. zu bestimmen. Kulturen dieser Art werden Faustkeilkulturen genannt. Seit den Funden von Weyland auf Sizilien sind Überreste einiger weiterer Faustkeilkulturen ausgegraben worden. Als gemeinsames Kennzeichen haben sie in ihren „Werkstätten" alle die Verwendung eines Schlagsteines und von festen Steinen als Amboß.

Die Menschen der Faustkeilkulturen hatten nun Schneidwerkzeuge, die ihnen erlaubten, andere nützliche Geräte anzufertigen. So benutzten sie ihre Messer und Äxte, um für die Jagd Speerschäfte zu machen, die sie dann mit scharfen Spitzen versahen. Felle konnten geschabt und als Schutz gegen den Wind, als Hüttendach, als Rohstoff für die Kleider verwendet werden. Die Menschen dieser frühen Kulturen konnten auch Angelhaken und Nähnadeln anfertigen.

Es ist denkbar, daß ein findiges Mitglied einer der Faustkeilkulturen die Falle erfand, die die einfachsten Bedingungen für eine Maschine erfüllt. Die Fallgrube, die mit den einfachsten und primitivsten Techniken hergestellt werden kann, stammt vielleicht aus jener Zeit. Die Herstellung von Schlagfallen oder Fangschlingen, die beide Auslösemechanismen haben, erfordert mehr Geschicklichkeit und ein höheres Maß an konstruktivem Denken. Wenn die Schlagfalle im Paläolithikum hergestellt wurde, und vieles spricht dafür, so stellt sie den ersten automatisch wirkenden Mechanismus dar. Dieser fängt oder tötet das Wild ohne Zwischenschaltung des Menschen.

Ausblick auf unsere Existenz

Es ist eigenartig, daß es trotz großer Anstrengungen vieler Wissenschaftler, unter anderen von F. Reuleaux (deutscher Ingenieur 1829 bis 1905), bis jetzt niemand gelungen ist, eine eindeutige Definition des Begriffs „Maschine" zu finden. Ebenso schwer ist es, das Erscheinen der ersten Maschine zu datieren, nicht zuletzt deshalb, weil sie aller Wahrscheinlichkeit nach vor der Entstehung der Schrift erfunden wurde. Ihr Erfinder war aber der Werkzeug machende Mensch, der zu ihrem Bau Werkzeuge brauchte, denn: ohne Werkzeuge können keine Maschinen gebaut werden.

Es würde den Rahmen dieses Buches sprengen, wollte man darzulegen versuchen, wo und wann der erste Mensch auftrat. Es soll jedoch zumindest ein Überblick über die Entstehung des Menschen auf dem Planeten Erde gegeben werden, der ungefähr seit 4,5 Milliarden Jahren besteht. Es ist reizvoll, diese ungeheure Zeitspanne mit der Dauer eines 24-Stunden-Tages zu vergleichen. Die ersten Zeichen eines Lebens würden sich dann irgendwann in den Nachmittagsstunden, die ersten menschenähnlichen Wesen, die Hominiden, erst 5 Minuten vor Mitternacht auf der Weltbühne einstellen.

Es ist nichts Sicheres bekannt, was hier auf der Erde in den ersten 3 oder 4 Milliarden Jahren geschah. Beachtliche Fortschritte der Forschung auf diesem Gebiete lassen es nun wahrscheinlich werden, daß die gegenwärtig geltenden Theorien bald durch erhärtete Tatsachen ersetzt werden. So hat man vor nicht allzulanger Zeit den Schichtenaufbau der Erdkruste entdeckt, was für die Geologie mindestens ebenso große Bedeutung hatte, wie die Entdeckung der DNS im Bereich der Molekularbiologie.

In den verflossenen einhundert Jahren konnten die Wissenschaftler

A. In den frühesten Kulturen wurden handgefertigtc Faustkeile aus Stein zum Schaben und Schneiden verwendet. Diese Faustkeile sind im allgemeinen dreimal so lang wie breit. Man versuchte festzustellen, wie sie gefertigt wurden. Wahrscheinlich wurde ein Steinstück mit einem anderen härteren Schlagstein bearbeitet (a), oder es wurde versucht, durch Druckeinwirkung den Stein zu spalten (b). Bei der folgenden Methode, die schon einen Fortschritt bedeutete, verwendete man zur Bearbeitung einen festen Untergrund (c).

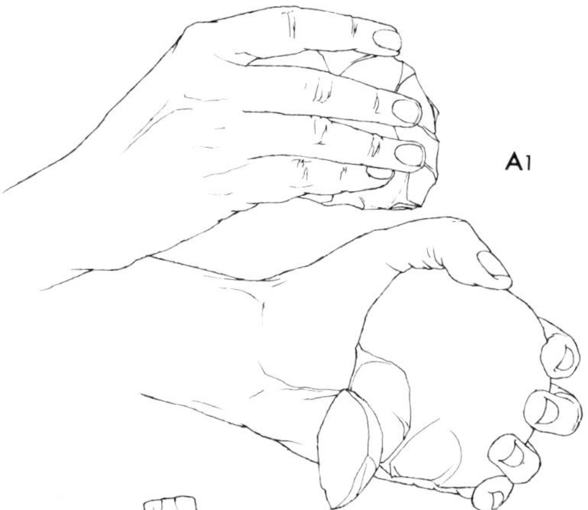

A1

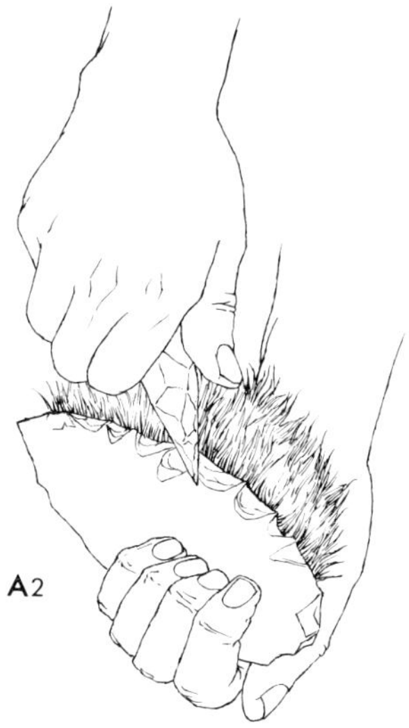

A2

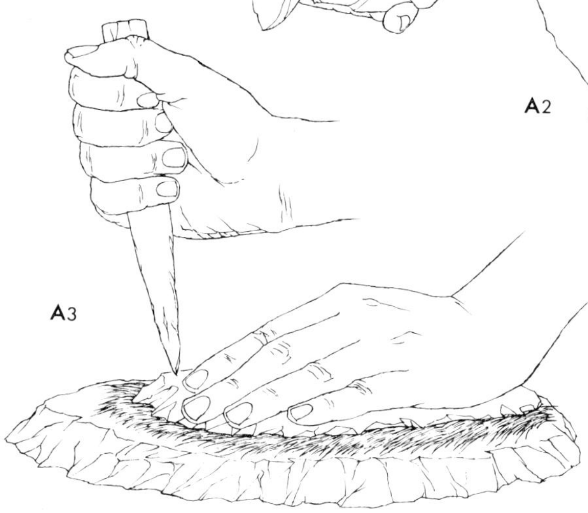

A3

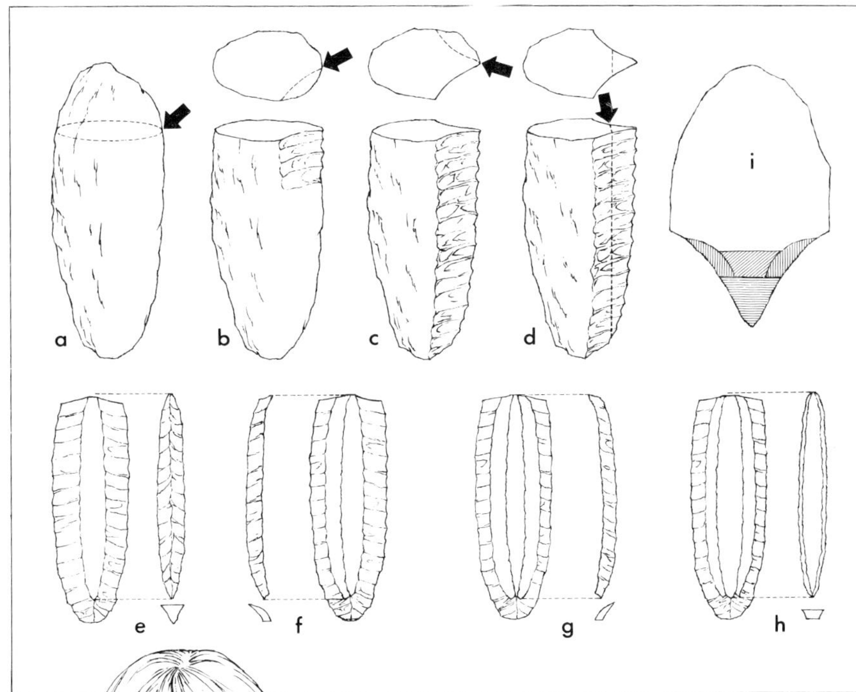

B

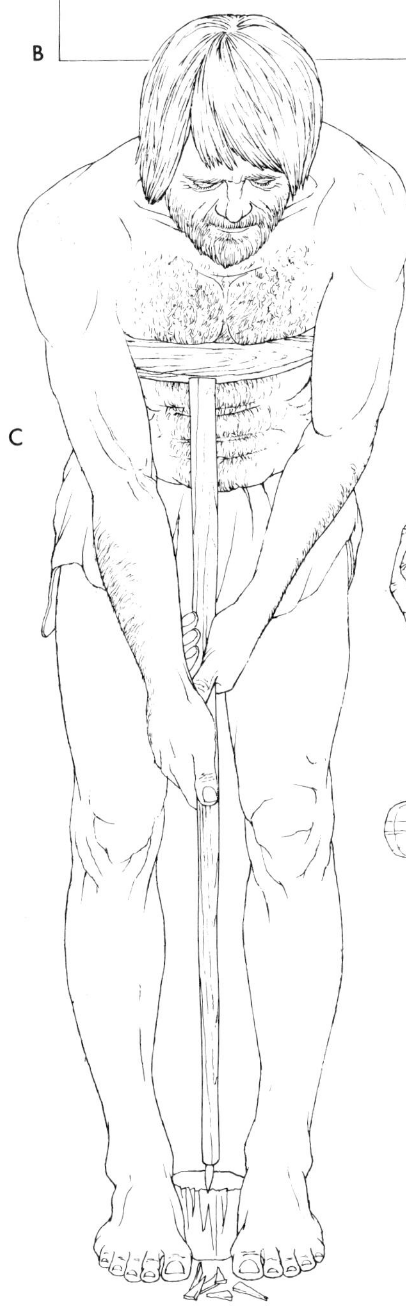

C

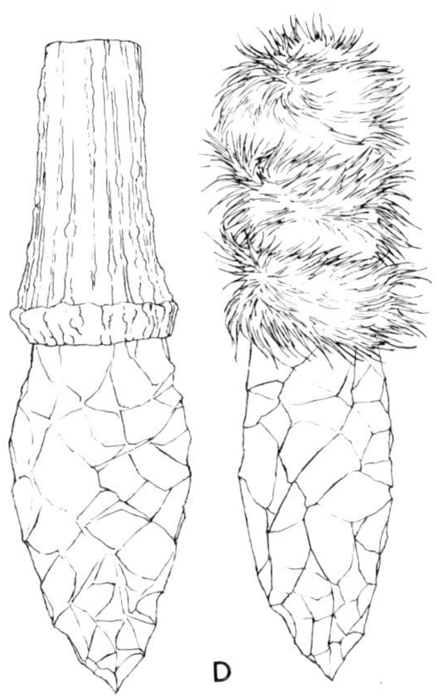

D

E. Vergleich zwischen der Art, einen Schlagstein und eine Steinaxt zu halten.

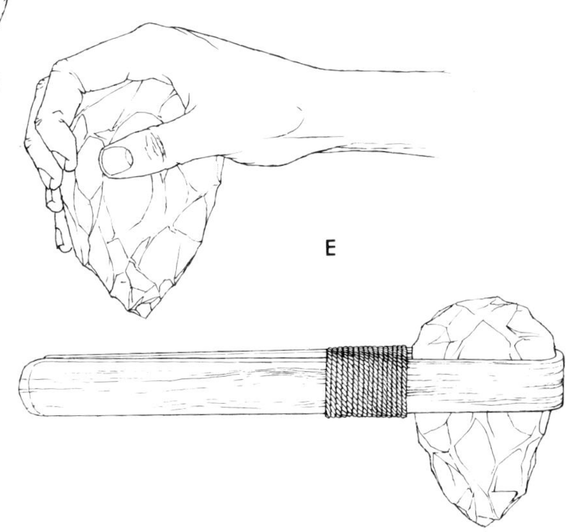

E

B. Herstellung von Schneiden mit verschiedenen Schnittwinkeln durch „Abmeißeln". Zunächst wurde die Spitze eines geeigneten Feuersteins (a) abgekappt. Dann wurden erst auf der einen (b) und dann auf der anderen (c) Seite einer Längskante kleine Steinscherben abgemeißelt – oberhalb der Zeichnungen der Ansichten sind Aufsichten dargestellt. Weitere Bearbeitung gab den Steinwerkzeugen die endgültige Form (d–h); zum Teil sind rechts daneben die Seitenansichten wiedergegeben. Die Zeichnung i zeigt ein Feuersteinwerkzeug in der Aufsicht.

C. Steinbearbeitung durch Druckspalten. Die Druckkraft wurde über eine Hartholzstange auf den zu bearbeitenden Stein, der von den Füßen gehalten wurde, aufgebracht.

D. Die Steinwerkzeuge wurden wesentlich verbessert, als man lernte, sie mit Handgriffen zu versehen oder sie teilweise mit Fellen zu umwickeln.

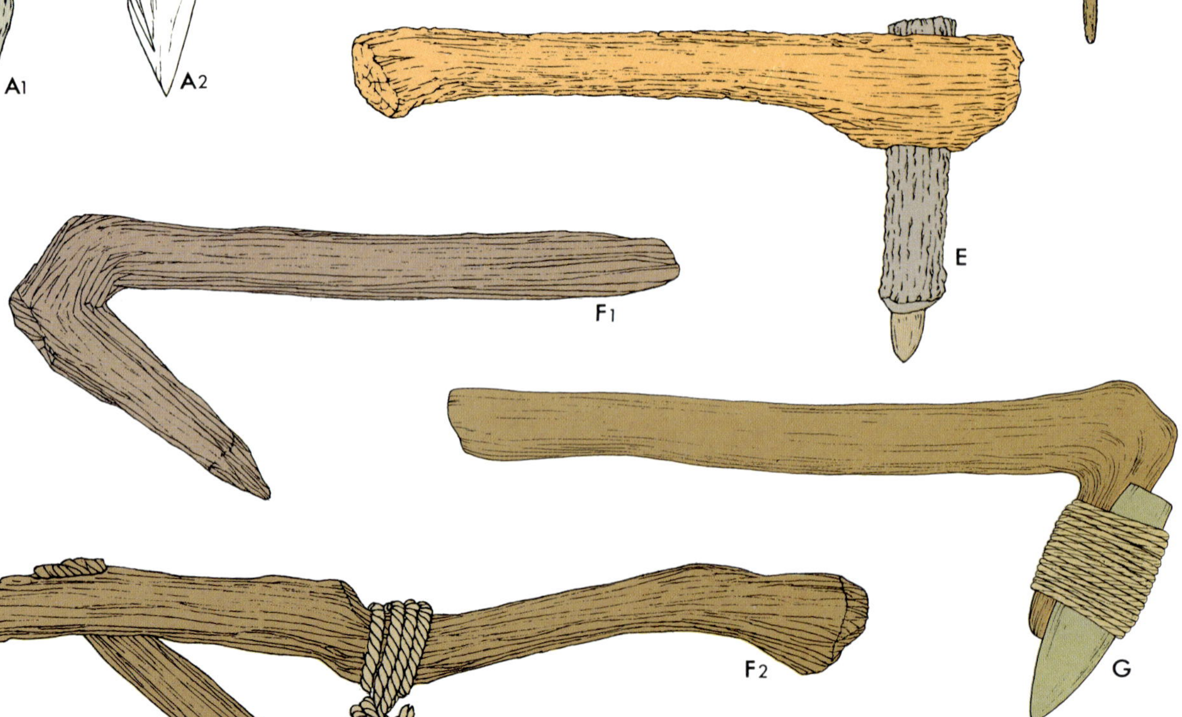

A. Ein bedeutender Fortschritt war, die Angelhaken und Harpunen mit Widerhaken zu versehen. Die dargestellten Harpunen wurden zur Fischjagd verwendet und haben ein Alter von 12 000 (**1**) bzw. 25 000 (**2**) Jahren.

B. Handgefertigte Fischhaken von heute lebenden Völkern. (**1**) Zusammengesetzter Holzhaken mit einem knöchernen Widerhaken, Marshallinseln. (**2**) Steinhaken von der Osterinsel. (**3**) Zusammengesetzter Haken aus Polynesien.

C. Der Mensch lernte das Feuer schon sehr früh zu gebrauchen. Zum Feuermachen wurden Feuerbohrer verwendet. (**1**) In seiner einfachsten Form besteht er aus einem Holzstab, der gegen ein Holzbrett gedrückt und gleichzeitig zwischen den Händen rasch gerollt wird. (**2**) Der Holzstab kann auch mit einem Schwungrad aus Stein versehen werden, das die Drehbewegung durch die Trägheit unterstützt. (**3**) Ein Bohrer konnte auch zum Herstellen von Löchern verwendet werden; schließlich wurden auch Nadeln gefertigt.

D. Öllampen aus Muscheln oder Stein waren seit 15 000 Jahren im Gebrauch. Die ersten Lampen hatten wahrscheinlich Dochte aus getrockneten Pflanzenfasern. Talg oder Pflanzenöle verwendete man als Brennstoffe.

E. Steinaxt aus dem Neolithikum. Das Werkzeug hatte einen Halter aus einer Geweihsprosse, die in einem Holzgriff eingelassen war.

F. Zwei primitive ägyptische Hacken. Die eine (**1**) besteht aus einer Astgabel; bei der anderen (**2**) wurde ein Holzblatt an einem Stiel befestigt.

G. Steinhacke mit Holzstiel aus dem Neolithikum.

ein einigermaßen verständliches Bild über die Entwicklung in den letzten 10 Millionen Jahren vermitteln, in denen sich die menschliche Zivilisation erst langsam zu regen begann. Die interessanten klimatischen Veränderungen, die seit dem Erscheinen des Menschen stattfanden, können auf Seite 10 der Zeittafel entnommen werden. Man fand heraus, daß es in den letzten 600000 Jahren an die Dutzend Eiszeiten gab. Ferner kann man nicht von der Hand weisen, daß seit der letzten Eiszeit beachtliche klimatische Änderungen stattgefunden haben. Viele Wissenschaftler behaupten, daß das günstige Klima im Altertum ein Grund für das Aufblühen der Kultur war. So glauben sie, daß in Mesopotamien während der Blütezeit von Ur, Babylon und Ninive ein mildes Klima herrschte. Eine Klimaveränderung zum ariden Klima, wie es zum Beispiel jetzt im Iran herrscht, könnte dazu beigetragen haben, daß jene Kulturen untergingen. Oft waren Naturkatastrophen Ursache für den Untergang von Kulturen. Zum Beispiel wird die in der Bibel geschilderte Sintflut in vielen Kulturkreisen überliefert. Alle diese Überlieferungen haben trotz der Unterschiede im Detail eines gemeinsam, nämlich eine alles zerstörende Flut. So gibt das Gilgamesch-Epos eine ähnliche Auskunft über eine Sintflut wie die Sagas der Edda. Neue Funde über neue Kulturen werden gemacht. Sie bringen neue Erkenntnisse, der Beginn der Kulturen rückt in immer fernere Zeiten.

Eine der interessantesten Ausgrabungen der letzten Jahre war diejenige der Leakeys in Ostafrika. Die Ausgrabungsarbeiten begannen in den 30er Jahren unter Leitung von Mary und Louis S. B. Leakey und wurden von ihren Söhnen Richard und Jonathan in den letzten Jahren fortgeführt. Dabei wurden zum Beispiel im nördlichen Kenia die Reste eines über zwei Millionen Jahre alten menschlichen Skeletts gefunden. Ein teilweise erhaltener Schädel, den Richard Leakey fand und als Fund 1470 registrierte, erwies sich als ein rund 2,5 Millionen Jahre alter menschlicher Schädel. Auch „Werkzeuge" dieser Vorfahren der menschlichen Rasse wurden gefunden und bestehen hauptsächlich aus Faustkeilen. Ähnliche Funde wurden in anderen Teilen der Welt ausgegraben, und die Wissenschaftler sind nun emsig dabei, die Spuren dieser menschlichen Lebewesen, die sie in den letzten 20 Millionen Jahren hinterlassen haben, zu verfolgen.

Im Verlauf der letzten einhundert Jahre hat sich das Wissen um unsere Existenz wesentlich erweitert. Noch in der Mitte des 19. Jahrhunderts beherrschten die Lehren des James Ussher Kirche und Wissenschaft. Ussher (1581–1656) war Erzbischof von Armagh in Irland. Zwei Jahre vor seinem Tod veröffentlichte er ein umfassendes Werk über die bibblische Chronologie, *Annales veteris et novi testamenti,* das großes Aufsehen bewirkte. Mit Hilfe von Stammbäumen im Alten Testament und ausgehend von gesicherten Daten im Neuen Testament, wollte Ussher die Schöpfung der Welt auf das Jahr 4004 v. Chr. datieren. Sein Buch gab Anregung zu einer Flut wissenschaftlicher Werke. Ein Kalender, der anfangs des 18. Jahrhunderts vom St. John's College, Oxford veröffentlicht wurde, stellte fest, daß „am Anfang Gott Himmel und Erde" um 09.00 Uhr am 23. März 4004 v. Chr. schuf.

Heutzutage lächeln wir über diese biblische „Berechnung" und über die Tatsache, daß sie sich so lange und über Jahrhunderte hatte halten können, obwohl in jener Zeit beachtliche Fortschritte im Bereich der Naturwissenschaften und der Technik gemacht worden sind. Doch müssen wir beachten, daß die Kirche damals streng die Reinheit der theologischen Lehre und die weltlichen Wissenschaften beherrschte.

Usshers Chronologie wurde jedoch schon bald durch einige bemerkenswerte paläontologische Funde in Frage gestellt. Im 17. Jahrhundert fand man an mehreren Orten in Europa die Überreste lang ausgestorbener Tiere, wie z. B. des Mammuts. Die Überreste wurden in tiefen Erdschichten gefunden, die nur durch Ablagerungen der Sintflut oder einer noch früheren und größeren Überschwemmung entstanden sein konnte. Die Verfechter der biblischen Chronologie erklärten diese Funde durch die Annahme mehrerer, voneinander getrennter Schöpfungsperioden der Welt.

Im 17. und 18. Jahrhundert wurden einige interessante Funde früher Feuersteinwerkzeuge ausgegraben. Wissenschaftler konnten 1690 den Fund einer gut geformten Steinaxt aus einer Kiesgrube bei London bestaunen. Die Axt befand sich in dem Skelett eines Mammuts. Die Traditionalisten hatten auch dafür eine Erklärung: es sei eine Waffe, wie sie die mutigen Briten im Kampf gegen die Elefanten der römischen Invasionsarmee 50 v. Chr. verwendeten. Ähnliche Werkzeuge und Waffen wurden auch im 18. und 19. Jahrhundert ausgegraben, aber man erklärte sich diese Funde bis auf wenige Ausnahmen auf die gleiche Weise wie die Steinaxt von London.

Heute wissen wir zweifelsfrei, daß jene Axt aus der Altsteinzeit stammt; dies trifft auch für einige andere Werkzeuge und Geräte zu, die man in der von Ussher beeinflußten Zeit fand. Der Einfluß Usshers wurde 1859 durch die Evolutionstheorie von Charles Darwin abgelöst. Die Veröffentlichung seines Buches „Über die Entstehung der Arten durch natürliche Zuchtwahl" löste in der Wissenschaft heftige Diskussionen aus. Auf ihrem Höhepunkt wurde im Südwesten Frankreichs die Cro-Magnon-Höhle und einige Jahre später die Höhle von Altamira in den Pyrenäen entdeckt. Ausgrabungen brachten hier Schädel, Teile von Skeletten, eine große Zahl von Werkzeugen verschiedener Art und in der letzteren Höhle noch die berühmten Wandmalereien an das Tageslicht. Die Datierung dieser Funde war lange Zeit umstritten, doch man fand bald heraus, daß jene menschlichen Wesen lange Zeit vor Usshers Erschaffung der Welt im Jahre 4004 v. Chr. lebten. Heutzutage bestimmen die Wissenschaftler die Kultur von Cro-Magnon auf ein Alter von 20000 Jahren und die von Altamira auf 30000 bis 40000 Jahre.

Die riesigen Wandmalereien von Altamira fanden ebenso große Beachtung wie diejenigen in den Höhlen von Lascaux und La Madeleine, die später entdeckt wurden. Die Sinndeutung dieser Bilder ist im Zusammenhang mit dem behandelten Thema weniger interessant als die Tatsache, daß es die Angehörigen jener Kultur verstanden haben, die Voraussetzungen für die Bilder zu schaffen, das heißt Farben herzustellen und sie auf die Wände aufzubringen. Die Pigmente gewann man aus natürlich vorkommenden Mineralien und Erden, so zum Beispiel das warme Rot aus Eisenocker, das Gelb aus Manganoxiden und das Blau aus Kobaltsalzen. Die Natur bietet eine reiche Palette von Mineralfarben an, jedoch sind die meisten dieser Minerale hart und müssen zerkleinert und gemahlen werden, bevor sie mit einem Bindemittel vermengt und als Farbe genutzt werden können. Die Geräte zur Herstellung dieser Farben wurden in den Höhlen gefunden.

Eine Nachbildung der Höhle von Altamira befindet sich im Deutschen Museum in München, wo auch gezeigt wird, wie die Farben hergestellt wurden. Die Maschinen, die man heute für diese Herstellungsverfahren verwendet, haben offenbar eine lange Vorgeschichte.

Das Wissen um die Vorgeschichte unserer Gegenwart wurde dank neuer technischen Möglichkeiten in verhältnismäßig kurzer Zeit vertieft. Das erste Erscheinen unserer eigenen Spezies rückt in immer fernere, schon geschichtslose Zeiten. Während früher der Ur- oder Vorgeschichtsforscher und der Archäologe sehr eng mit Altphilologen und Kunsthistorikern zusammenarbeitete, sind es heute immer mehr Physiker und Technologen, Spezialisten für die C-14-Bestimmung, für die Pollenanalyse, für die Altersbestimmung von Keramik mittels Thermoluminiszenz u. a. In vielen Fällen verläßt sich der Archäologe und Ur-

und Vorgeschichtsforscher auf die Computerauswertung der Funde, die er gemacht hat.

Vor ungefähr einer halben Million Jahren lernte ein Vorläufer der menschlichen Rasse, das Feuer zu beherrschen. Während der Ausgrabungen in China in den 20er Jahren stellten zwei schwedische Forscher, J. G. Andersson und B. Bohlin, fest, daß der sogenannte Pekingmensch, *Sinanthropus pekinensis,* Feuer kannte. Seine Datierung auf 300000 oder 400000 Jahre vor Chr. ist immer noch umstritten; zweifelsfrei ist, daß der Pekingmensch Feuer gebrauchte.

In jüngster Zeit konnten in Zentral- und Südafrika Reste von menschlichen Skeletten freigelegt werden, die eindeutig älter als der Pekingmensch sind. Man schätzt ihr Alter auf 500000 Jahre. Die südafrikanischen Funde zeigen Spuren von Feuereinwirkung auf, weshalb man den zugehörigen Hominiden (menschenähnliches Wesen) *Australopithecus prometheus* genannt hat; dabei steht der Wortteil *australis* für südlich und *prometheus* für den Titanen der griechischen Mythologie, der Zeus das Feuer stahl und es dem Menschengeschlecht gab.

Das Feuer war tatsächlich ein gutes Geschenk. Es schützte vor Dunkelheit und Kälte, und bis zu einem gewissen Grade schützte es auch vor wilden Tieren. Aber das Feuer war auch ein Werkzeug, ein Mittel zum Aushöhlen von Baumstämmen zur Herstellung von Einbäumen. Selbst der harte Felsen hielt dem Angriff des Feuers nicht stand, denn wechselseitiges Erhitzen und Abkühlen sprengte letzten Endes die meisten Gesteine. Die weitere Zerkleinerungsarbeit konnte dann mit anderen Mitteln fortgeführt werden.

Die Entdeckung der Metalle

Die Menschen entdeckten schließlich, daß gewisse Steine zu „bluten" anfingen, wenn sie aufgeheizt werden; diese Flüssigkeit erstarrte sehr schnell. Auf diese Weise wurden Metalle entdeckt. Man nimmt an, daß in Ägypten und den anderen Flußkulturen Kupfer mindestens seit 4500 v. Chr. bekannt war. Viele Funde zeigen, daß die Bearbeitung von Meteoreisen in jenen Kulturen bekannt war, doch blieb dies offenbar ohne Einfluß auf die allgemeine Entwicklung des Eisen bearbeitenden Handwerks. Die Versorgung mit „Rohstoffen" war auf zufällige Funde beschränkt, zumindest war sie sehr dürftig. Der Ursprung der Metallgewinnung war geheimnisumwittert. Alle Gegenstände aus Meteoreisen waren Kultgegenstände.

Die Anfänge der Metallbearbeitung – im weitesten Sinn – reichen im Vorderen Orient sicher bis ins 6. und 7. Jahrtausend v. Chr. Die archäologischen Funde bestehen für diese Zeit in kleinen Perlen aus Kupfer und bizarr geformten Teilen aus gediegenem Kupfer, die dann einfach so verwendet wurden, vielleicht als Amulett.

Da im allgemeinen keine Analysen der Metallfunde gemacht wurden – jedenfalls bisher –, läßt sich nicht sagen, welche der ältesten Perlen und Nadeln durch Kalthämmern gediegenen Kupfers und welche schon durch Verhüttung von Kupfererzen gewonnen wurden. Ganz sicher gab es eine regelrechte Verhüttung im Vorderen Orient im 4. Jahrtausend. In den folgenden Jahrhunderten entwickelten die Handwerker eine äußerst hohe Kunstfertigkeit im Metallguß, und es scheint, als ob die Künstler, die mit Metall arbeiteten, menschliche Rundskulpturen „naturalistischer" verfertigen konnten als ihre Kollegen, die in Stein arbeiteten.

Um die Mitte des 3. Jahrtausends entstehen sogar lebensgroße Kupferstatuen: wie gut die Künstler ihr Handwerk verstanden haben müssen, zeigt sich daran, daß das Material, mit dem sie arbeiten, zu 98% reines Kupfer ist, also extrem spröde; beim Gießen reißt es daher sehr leicht. Es scheint, als ob fast alle Gegenstände reines Kupfer und keine Bronze seien; Vorkommen von Zinn oder Arsen sind lediglich auf natürliche Verunreinigungen zurückzuführen. Auch bei Werkstoffen der jüngeren Zeit, die als „richtige" Bronze verarbeitet werden, handelt es sich im Orient meist um Arsen-Bronze und nicht um Zinn-Bronze!

Kupfer gibt es im Norden und Nord-West-Iran, auch in der Türkei, entlang der Schwarzmeerküste (die Beschaffung dieser Rohstoffe bot den Bewohnern Mesopotamiens für 2 Jahrtausende Anlaß zu kriegerischen Expansions-Versuchen – mit mehr oder weniger Erfolg!). Andere Metalle, wie Silber, gibt es in den Bergen nördlich der kilikischen Tiefebene; auch im Amanus. Gold kommt aus Ägypten und aus Indien, Eisen kommt erst im 1. Jahrtausend auf.

Die Entdeckung des Metalls als Werkstoff für Werkzeuge war nicht nur eine wesentliche Neuerung für den Werkzeugbau, sondern beeinflußte gleichzeitig die menschliche Kultur tiefgreifend. Die Fähigkeit des Menschen, Metalle und Legierungen durch Schmelzen und Schmieden zu formen, eröffnete ihm ganz neue Möglichkeiten und führte zu einer Vielzahl neuer und wirksamer Werkzeuge. Diese neuen Werkzeuge ermöglichten die Herstellung vieler nützlicher Gebrauchsgegenstände; sie ermöglichten aber auch – was häufig übersehen wird – neue Kunstformen. Das Schaffen von Kunstwerken ist ohne Werkzeuge und entsprechendes technisches Zubehör einfach unvorstellbar.

Die Entwicklung der Schere

In der frühen Phase des Werkzeugbaus war die Entwicklung der *Schere* am bedeutendsten. Diese Erfindung war tatsächlich ein entscheidender Schritt für die Entwicklung der Technologie, weil die vorangehenden Faustkeilkulturen einfach nicht in der Lage waren, ein solches Werkzeug anzufertigen, das nicht schneidend, sondern abscherend arbeitete. Abgesehen von der trivialen Anwendungsmöglichkeit dieses neuen Werkzeugs, begannen nach der Meinung mancher Forscher in der Antike die Ägypter Kunstwerke mit Scheren anzufertigen, indem sie Silhouetten von Personen anfertigten. Diese Kunstrichtung wurde von einer sehr angesehenen Künstlergilde ausgeübt und zu großer Blüte gebracht. Sie beeinflußte sehr stark die Malerei, nachdem der Mensch die Technik gemeistert hat, Farbpigmente mit einem Bindemittel zu mischen und die Farbe mittels eines Pinsels auf den Malgrund aufzubringen.

Nun kann man sich mit Recht die Frage stellen, was die Malerei mit einem Buch über die Geschichte der Maschinen zu tun habe. Es gibt jedoch mehr Verknüpfungspunkte zwischen der Entwicklung der Technik und der Pflege der schönen Künste, als man gemeinhin glaubt. Die Entwicklung der Künste geht Hand in Hand mit den Fortschritten in der Technik. Dies gilt nicht nur für die bildende Kunst, sondern in gleicher Weise für die Literatur (Schreibutensilien, Druckarten) und für die Musik (Instrumentenbau).

Doch kehren wir zu der Schere zurück, die in all ihrer Einfachheit und funktionellen Schönheit die erste und daher entscheidende Anwendung dessen war, was man eine „einfache Maschine" bezeichnet. Der Ausdruck „einfache Maschine" umfaßt in der klassischen Mechanik eine Handvoll grundlegender Erfindungen, die in einer außerordentlichen Weise den Fortschritt der menschlichen Kultur beeinflußt haben. Die erste Maschine dieser Art ist der *Hebel,* der schon in den frühesten Faustkeilkulturen bekannt war. Mit einem Hebel können schwere Gegenstände bewegt werden, die sich von Hand nicht von der Stelle rücken lassen. Es kann natürlich nicht gesagt werden, wann genau der frühe Mensch den Hebel zum ersten Male gebrauchte, doch steht zweifelsfrei fest, daß dies in der Altsteinzeit geschah. Das gleiche gilt auch hinsichtlich der Anwendung der *schiefen Ebene* und des *Keiles.*

Die Werkzeuge der Erbauer der Pyramiden

Die einfachen Maschinen und die Faustkeile sind das früheste Erbe, das uns aus der vorgeschichtlichen Zeit überliefert wird, denn sie wurden früher entwickelt als die Schrift. Im Nilgebiet entwickelte sich dann im 4. Jahrtausend v. Chr. die Steinmetzkunst sehr rasch. Hämmer und verschieden geformte Meißel wurden verwendet, um wunderschön geformte Gefäße, Urnen und Vasen herzustellen. Der Rohstoff dafür war Granit und Porphyr, doch wurden für Ornamente auch Kristalle verschiedener Mineralien verwendet. Die Ägypter entwickelten auch eine besondere Technik, um Blöcke beachtlicher Größe aus dem Gesteinsverband zu lösen.

Die ägyptischen Pyramiden konnten nur deshalb gebaut werden, weil zu jener Zeit zweckmäßigere Werkzeuge und einfache Maschinen als früher zur Verfügung standen. Die erste, die Pyramide des Pharao Djoser oder Zoser in Sakkara, war ursprünglich mit poliertem Kalkstein ausgekleidet und wies eine Höhe von 62 m auf. Sie wurde 2800 v. Chr. vollendet. Andere frühe Kulturen haben ebenfalls die Technik des Errichtens von Monumentalbauten beherrscht. Ein Beweis dafür ist die eindrucksvolle Anlage von Stonehenge in England und die pyramidenähnlichen, hügelförmigen Bauwerke in Mexiko und Zentralamerika.

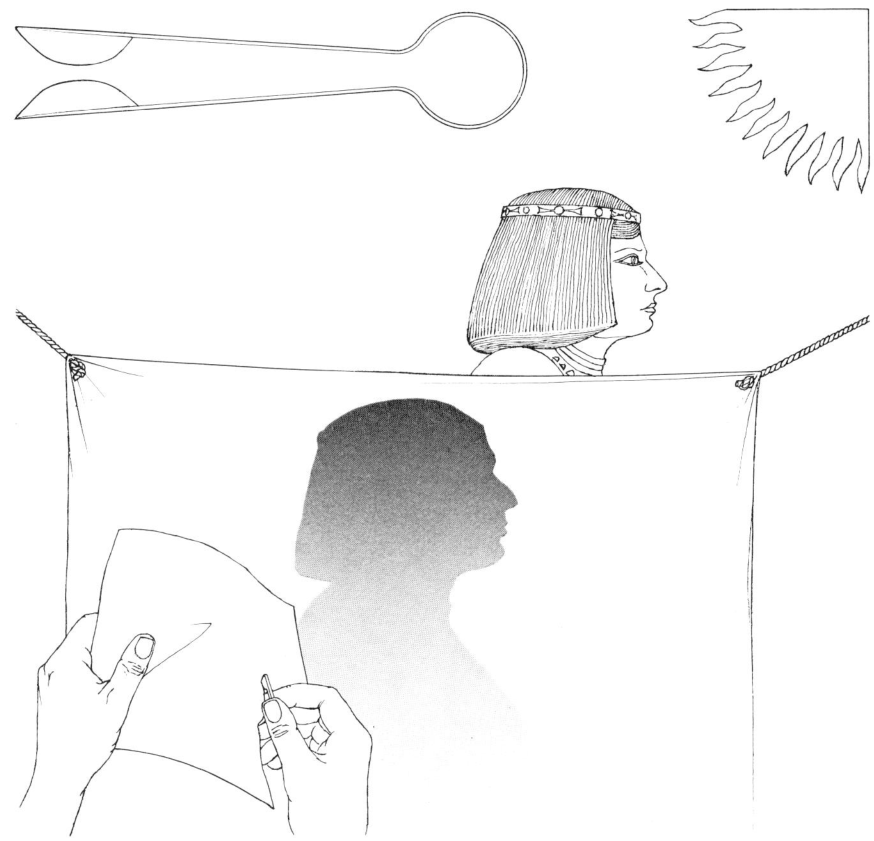

Möglicherweise wurden im alten Ägypten Scheren zum Herstellen von Silhouette-Schnittbildern (oben) verwendet, eine Kunst, die von der sehr geschickten Künstlergilde zu großer Vollkommenheit entwickelt wurde. Diese Kunst beeinflußte die Malerei in diesem Teil der Welt. Jahrtausendelang wurden daher Portraits immer in Profilansicht, wie eine Silhouette, angefertigt.

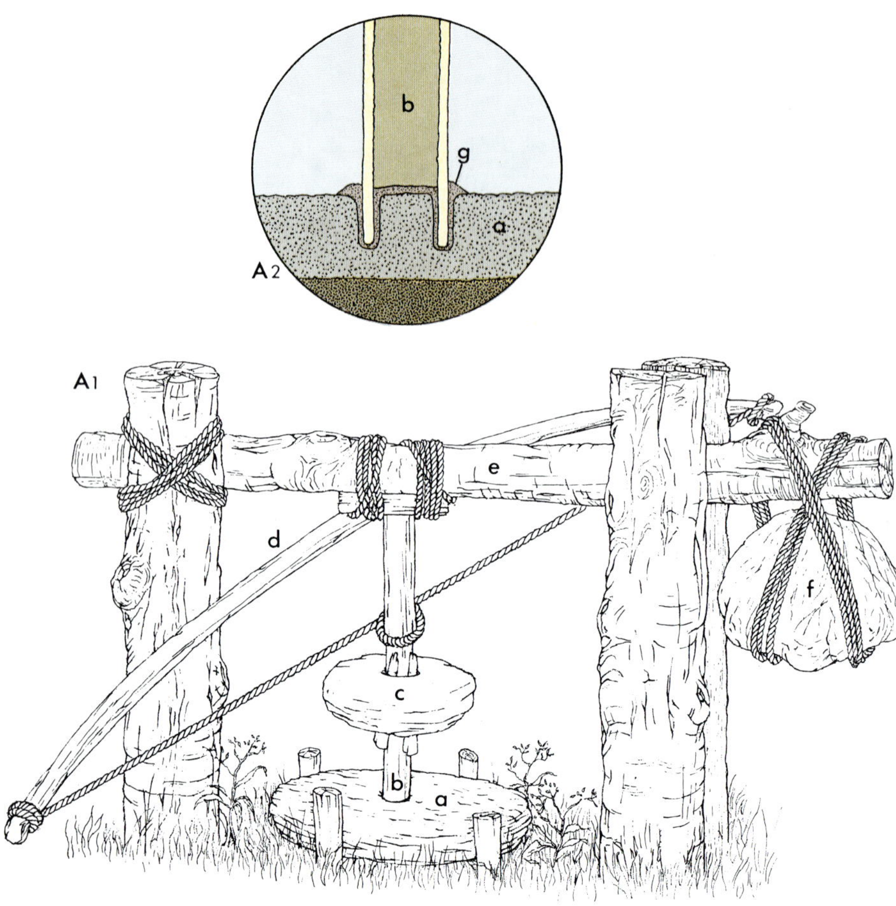

A. Viele Wissenschaftler glauben heute, daß in der Steinzeit Bohrwerkzeuge in der hier dargestellten Art (**1**) zum Anfertigen von Bohrlöchern in Steinwerkzeugen verwendet wurden. Der zu bohrende Werkstoff (a) wurde unterhalb des Bohrers (b) befestigt. Dieser bestand aus einem Knochen mit rundem Querschnitt, vielleicht aus einem Oberschenkelknochen irgendeines Tieres. Ein Schwungrad (c) unterstützte die Drehbewegung, die durch die Sehne eines Bogens erzeugt wurde. Der notwendige Bohrdruck wurde von einem Hebel (e), der mit einer Last (f) beschwert war, erzeugt.
(**2**) Längsschnitt durch den Bohrer und das Bohrgut. Um eine Bohrwirkung des Bohrers im harten Gestein zu erzielen, wurden Schleifmittel (g), beispielsweise feinkörniger Feuerstein, verwendet.

Einige Wissenschaftler, welche die Hügelgräberkulturen des Neolithikums beschrieben haben, führen aus, daß bei Ausgrabungen nur wenig Aufschlüsse über die dort verwendeten Geräte und Werkzeuge gewonnen werden konnten. Der Schwede Henry Kjellson suchte unter anderem nach Ziehsteinen und Vorrichtungen, mit welchen Edelmetalle und Eisen dünn gewalzt und zu Drähten gezogen werden konnten. Der Draht wurde in den alten Kulturen von Sumer und Ägypten für Gebrauchsgegenstände und Ornamente gebraucht. Äxte, Meißel und Sägen aus hartem Gestein können zwar weichere Werkstoffe bearbeiten, doch erklärt dies nur zum Teil, wie früh der Mensch erstaunliche Kunstwerke in Stein fertigen konnte. Der Deutsche Albert Neuburger stellt in seinem Buch *Technik des Altertums* die These auf „Ohne Bergbau keine Technologie“! Wir können dies ergänzen: „Ohne Metalle keine Werkzeuge, um Maschinen zu bauen.“

Wie schon weiter oben gesagt wurde, verhalf die Entdeckung der Metalle zu einem Durchbruch im Werkzeugbau. Aller Wahrscheinlichkeit nach ist Kupfer als erstes Metall bekannt gewesen. Mindestens um das Jahr 5000 v. Chr. wurden Kupfererze am Berg Sinai im Über- und Untertagebergbau gewonnen. Einige tausend Jahre später wurden reiche Kupfererzlager auf Zypern abgebaut (das lateinische Wort *cuprum* ist von dem Namen dieser Insel abgeleitet). Doch Kupfer ist ein weiches Metall, und Legierungen waren in dieser frühen Zeit noch nicht bekannt – die Legierung mit Zinn ergibt Bronze, mit Zink Messing –, so werden die daraus hergestellten Werkzeuge keine große Wirkung auf harte Gesteine, wie Granit oder Porphyr, gezeigt haben. Und doch waren dies die einzigen Werkzeuge für die fortschrittliche Technik der Steinbearbeitung im Neolithikum.

Wie war es möglich diese technisch gut ausgeführten Kunstwerke zu schaffen? Leider gab es keine bedeutenden Funde von Werkzeugen. Dies liegt vielleicht darin begründet, daß die Archäologen bis in die jüngste Zeit die Schwerpunkte der Erforschung der frühen Kulturen anders, insbesondere aber auf die Erforschung der Religion, der soziologischen Verhältnisse und der Kunsterzeugnisse, legten. Es gab auch viele Thesen über den Werkzeugbau, der das Entstehen der überall in den Museen noch zu sehenden Kunstwerke aus hartem Stein ermöglichte. Mehrere Wissenschaftler glauben, daß für die Meißel, Sägen und Bohrer Kupfer oder eine Art „Legierung“ aus Kupfer mit Diamantstaub verwendet wurden. Bei der Herstellung der zuletzt genannten „Legierung“ wurde das Diamantklein in die Schmelze geworfen oder in das Kupfermetall geschmiedet. Bei verschiedenen Gebäuden und in Steinbrüchen wurden eindeutige Anzeichen dafür gefunden, daß die verwendeten Werkzeuge vor jedem Abschlag sehr tief in den Stein gedrungen waren. Dies zeigt aber auch, daß das Werkzeug – ein Bohrer oder eine Säge – das aktive Element einer Maschine war und sehr hohen mechanischen Drücken ausgesetzt wurde. Die einfachen Maschinen, die unser technisches Erbe aus dem Paläolithikum sind, verwendeten den Hebel und den Keil als Elemente.

Zahlreiche Kunstwerke aus Stein mit polierter, glänzender Oberfläche sind bereits aus den frühesten Hügelgräbern bekannt. Ebenso wurden eine ganze Reihe von Steinwerkzeugen, Äxte, Vorschlaghämmer und Hämmer, ausgegraben, die dem Eolithikum oder dem Paläolithikum angehören. Zur Aufnahme des Schaftes hatten die Steinwerkzeuge runde Bohrungen. Die Archäologen des 19. und der davorliegenden Jahrhunderte konnten sich kaum erklären, wie diese sorgfältig gebohrten Löcher hergestellt worden sind. Viele glauben, daß dazu eine Art Drillbohrer verwendet wurde, der aus einem Knochen als Hohlbohrer, einer Schnur und einem Bogen bestand. Natürlich ist ein Knochen ein viel zu weicher Werkstoff, um alleine gegen die Gesteinshärte etwas verrichten zu können, doch genügt beim Bohren der Zusatz eines einfachen Schleifmittels, um mit diesem einfachen Werkzeug wahre Wunder zu vollbringen. Als Schleifmittel können verschiedene zerkleinerte Gesteine dienen, und die Zerkleinerungsarbeit und das Zermahlen von Gesteinen waren bekannt. Feinkörniger Feuerstein mußte ein sehr wirksames Schleifmittel gewesen sein, und vielleicht hat eine besonders begünstigte Kultur sogar feingemahlenen Diamant zu diesem Zwecke verwendet. In jüngster Zeit hat man einige Versuche angestellt, auf die beschriebene Art Löcher in Gestein zu bohren. Die Versuche waren erfolgreich. Schließlich hat man einige unvollendet gebliebene Bohrlöcher aus dem Paläolithikum gefunden. Sie wiesen einen zylinderförmigen Bohrkern auf, der von dem röhrenförmigen Bohrer (Hohlbohrer) übriggelassen worden ist; während des Bohrens hatte man Schleifmittel verwendet.

Die hoch entwickelte Technik und die große Geschicklichkeit der Handwerker, Gebrauchsgegenstände wie Becher, Urnen, Töpfe und Vasen aus Stein zu fertigen, erfordert Spezialwerkzeuge und eine Art Schleifmaschine. Als Schleifmittel wurden u. a. gemahlener Feuerstein, Quarz und Basalt verwendet und nicht zuletzt feinkörniger Wüstensand.

Das Kupfer ist im Vergleich zu Eisen und Stahl ein weiches Metall. Doch als man etwa im 6. Jahrtausend v. Chr. die Kupferlagerstätten des Sinai abzubauen begann, verwendete man das Kupfer nach und nach, um Werkzeuge, wie Äxte, Meißel, Messer und Scheren herzustellen (siehe auch oben). Innerhalb des Zeitraums eines Jahrtausends lernte man das Kupfer durch *Kalthämmern* zu härten, eine wesentliche metallurgische Erkenntnis.

Nach der Härteskala von Brinell (B) erreicht rotes Kupfer einen Härtegrad von rund 80–90 B, kaltgeschmiedetes Kupfer jedoch 135–145 B. Das bedeutet, daß ein geschickter Handwerker die Schneide eines Meißels aus Kupfer ebenso hart machen konnte, wie sie es heute aus Schmiedeeisen guter Qualität ist. Zu Beginn des 3. Jahrtausends v. Chr. begann der Kupferbergbau im Oman am Persischen Golf. Das Erz war hier nicht so rein wie im Sinai, weil es Nickel, Zinn und andere Metallverunreinigungen enthielt. Diese Verunreinigungen erzeugten beim Schmelzprozeß eine Legierung, die von der Natur schon vorgefertigt und dem roten Kupfer weit überlegen war. Sie besaß eine natürliche Härte von 140–160 B, die durch Kalthämmern auf 275 B gesteigert werden konnte. So stand seinerzeit eine Legierung zur Verfügung, die durchaus mit dem Werkzeugstahl vom Anfang des 19. Jahrhunderts verglichen werden kann.

Anfang des 3. Jahrtausends v. Chr. war daher alles vorbereitet für eine umwälzende Änderung der Bearbeitungstechnik der Gesteine, denn der Mensch besaß nun entsprechend widerstandsfähige Werkzeuge.

In dieser Zeit entstanden die ersten *ganaats*. Dies waren z. T. unterirdisch liegende Wasserstellen und Wasserkanäle zur Trinkwasserversorgung der neu gegründeten Städte und Siedlungen, eine wichtige Voraussetzung zur Bildung der damaligen Gesellschaftsform, sie dienten aber auch zur Bewässerung und Kanalisation. Wann das erste *ganaat* gebaut wurde, ist nicht bekannt. Anfänglich wurden die *ganaats* aus sehr kurzen Wasserrohren mit einem verhältnismäßig kleinen Querschnitt gebaut. Später, als die Assyrer dieses System der Wasserversorgung weiterentwickelten, wurden die Dimensionen der Rohre sehr vergrößert. Die *ganaats* wurden schließlich in fast allen Ländern des klassischen Altertums gebaut, u. a. in Afrika, in Iran und in Indien. In Iran allein gibt es heute noch 20000 Bewässerungssysteme mit einer Gesamtlänge der Leitungen von über 270000 km; die meisten davon sind auf die *ganaats* zurückzuführen und wurden im 3. Jahrtausend v. Chr. erbaut.

Damit die Wasserstollen genau vorgetrieben werden konnten,

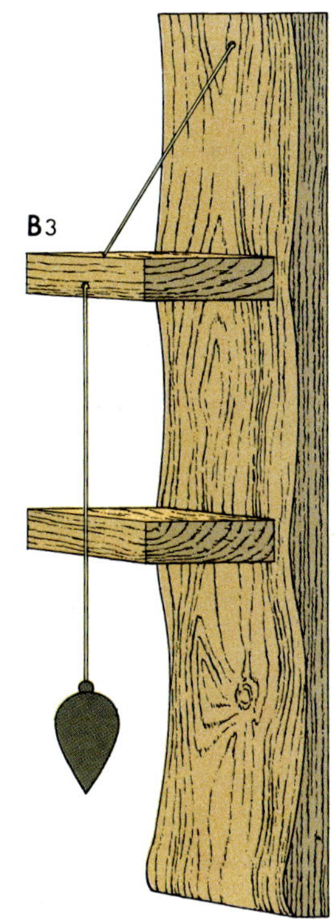

B. In Ägypten verwendete Nivellierinstrumente. (**1**) Winkelholz. (**2**) Nivelliergerät. Wenn beim Messen die Oberfläche horizontal war, hing das Lot genau vor der markierten Mitte des Querholzes. (**3**) Ein Instrument zum Messen senkrechter Flächen. Die hier abgebildeten Instrumente wurden in Theben gefunden und auf 1100 v. Chr. datiert.

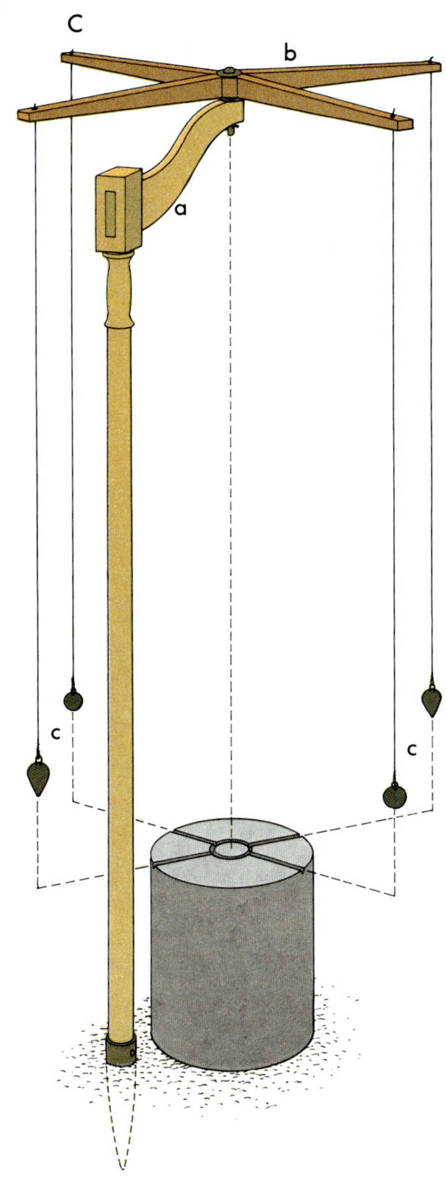

C. Die *groma* war ein Meßinstrument des Altertums, um rechte Winkel zu messen. Es bestand aus einer Stange mit einem kleinen Ausleger (a), an dem drehbar ein horizontal liegendes, rechtwinkliges Kreuz befestigt war. An jedem Arm des Kreuzes hing ein Bleilot (c). Zwei entgegengesetzte Lote wurden mit einer vorgegebenen Meßlinie zur Deckung gebracht, die anderen beiden Lote dienten nunmehr der Festlegung der zu der vorgegebenen Linie senkrechten Linie. Das Kreuz mußte vollkommen waagrecht sein und Windstille herrschen.

wurden komplizierte Vermessungsverfahren und entsprechende Meßgeräte entwickelt. Die Schwierigkeit bestand besonders darin, die Stollen so zu berechnen, daß das richtige Gefälle für den Wassertransport vorhanden war. Die Theorie und die Vermessungstechnik sind bei Gründungsarbeiten für große Bauwerke nicht wesentlich anders.

Anfang des 3. Jahrtausends scheinen die notwendigen technischen Voraussetzungen so weit gereift zu sein, daß mit dem Bau von Pyramiden begonnen werden konnte. Die Nachwelt war sehr erstaunt darüber, daß zwischen den Pyramiden und den verhältnismäßig primitiven Gebäuden der davor liegenden Zeit keine Verbindungsglieder in der Architektur gefunden wurden.

Es ist überraschend festzustellen, daß früheste neolithische Kulturen in verschiedenen Teilen der Welt anspruchsvollere Konstruktionen von Bauwerken entwickelten als die Ägypter, die als Baumaterial mit Stroh versetzten Lehm verwendeten, der zu Ziegeln geformt und getrocknet wurde. Aus diesem Baumaterial konnten sowohl einfache Hütten als auch prächtige Paläste gebaut werden. Der Baustoff ist jedoch nicht witterungsbeständig und verlangt eine ständige Unterhaltung, so daß oft nur Spuren dieser Bauweise erhalten sind.

Für die Architektur bedeutete es einen riesigen Fortschritt, als man vom Bauen mit Ziegeln zum Baustoff Stein überwechselte. Die Ergebnisse dieser neuen Technik sind bis in die Gegenwart hinsichtlich des Bauvolumens, der Genauigkeit, der Dauerhaftigkeit und des Arbeitsaufwandes nicht übertroffen worden. Wie war dies möglich vor rund 5000 Jahren?

Es bestehen dafür drei grundlegende Erklärungen:

1. Der neue Werkstoff Kupfer für den Werkzeugbau und die metallurgischen Kenntnisse, dieses Metall durch Kalthämmern zu härten.

2. Die lange Tradition des Steinmetzhandwerks mit den empirisch gewonnenen Erkenntnissen beim Bau und der Gestaltung von Werkzeugen.

3. Die nicht unbedeutenden mathematischen Grundkenntnisse für den Ingenieurbau mit entsprechenden Werkzeugen, Instrumenten und Zubehör für die Überwachung und Vermessung der Baustellen.

Es muß noch eine vierte und für den Bau der Pyramiden sehr wichtige Erklärung genannt werden. Es ist dies der alte ägyptische Glaube an das Leben nach dem Tod. Wenn es je eine Staatsreligion gab, so ist sie im Ägypten jener Zeit zu finden. Das oberste Haupt des Staates, der Pharao, war Gottes Stellvertreter auf Erden. Als solcher war er unsterblich und war für seine Untertanen eine absolute Autorität. Wenn der körperliche Tod eintrat, wurde der Pharao einbalsamiert, damit er ewig leben und arbeiten konnte. Die Kunst des Einbalsamierens erreichte in dieser Kultur einen hohen Stand und war später Ausgangspunkt der jungen Wissenschaften der Chemie und Anatomie.

Natürlich wußten die Baumeister jener Zeit genau, daß ein für die Ewigkeit gebauter Ort nicht aus Lehmziegeln erstellt werden kann. Die Wohnstätte des Pharao mußte für die Ewigkeit und daher aus einem ewig haltbaren Baustoff errichtet werden. Wenn es aber überhaupt einen ewig haltbaren Baustoff gab, so war dies der Granit!

Der erste Bauingenieur, dessen Name erhalten blieb, betritt nun die Weltbühne der Geschichte. Sein Name war Imhotep; er war ein Universalgenie, ebenso begabt wie vielseitig, und war Berater des Pharao Djoser.

Die vielen kleinen Länder im Niltal sind im 3. Jahrtausend v. Chr. durch den legendären Pharao Menes geeint worden. Dieser Herrscher gründete auch Memphis, die Hauptstadt des Alten Reiches. Memphis entwickelte sich unter mehreren Pharaonen zu einem bedeutenden kulturellen Zentrum, als Pharao Djoser ungefähr 2800 v. Chr. an die Herrschaft kam. Seine Machtübernahme fand unter äußerst unglücklichen Umständen statt, die vielleicht Ursache für die rasche Entwicklung der Werkzeug- und Maschinenbautechnik war.

Als Pharao Djoser die Macht ergriff, herrschte im gesamten Niltal eine Hungersnot, weil die regelmäßigen Nilüberschwemmungen mehrere Jahre nacheinander nicht eintraten. Djoser deutete diesen Umstand als ein böses Omen und beriet sich mit Imhotep. Sie vermuteten, daß die Gottheit der Nilkatarakte mit dem Namen Chnum über den neuen Pharao aufgebracht war. Imhotep riet Djoser, Chnum einen Tempel zu erbauen, wie ihn die Welt noch nie gesehen hat. Dieser Tempel wurde unter der Oberaufsicht Imhoteps gebaut, und die Überschwemmungen trafen wieder mit ihrer früheren Regelmäßigkeit ein.

Recht und Ordnung wurden im Lande wieder hergestellt. Djoser konnte nun sein Haus für die Ewigkeit planen. Die frühen Gräber im Alten Reich bestanden aus einer rechteckigen Grabkammer, die in die Erde gegraben und später mit einer Schicht aus mehr oder weniger großen Geröllblöcken zugedeckt wurde. Ein solches Grab wird *Mastaba* genannt. Um oder auf diese Geröllschicht wurde eine Mauer aus Lehmziegeln gesetzt, die unten an der Basis breit war und sich nach oben hin verjüngte, um der Verwitterung entgegenzuwirken. Es wird allgemein angenommen, daß diese Gräber die Grundform für die Pyramiden bildeten.

Djoser befahl außerhalb von Memphis in Sakkara eine Mastaba zu bauen. Imhotep gab dem Grab einen quadratischen Grundriß mit einer Kantenlänge von 70 m und eine Höhe von 9 m und baute sie ganz aus Stein. Djoser war offenbar so begeistert, daß er befahl, das Bauwerk zu vergrößern. Die Dimensionen der ursprünglichen Mastaba wurden beträchtlich vergrößert, und dann fuhr Imhotep fort, in mehreren Stufen zu bauen, bis die erste Stufenpyramide mit sechs Stufen ungefähr 2760 v. Chr. erstellt war. Diese Pyramide war nur der Beginn für noch größere Bauwerke mit Plätzen, Tempeln und anderen Gebäuden, die eine Fläche mit den Kantenlängen von 535 m und 270 m beanspruchten. Der gesamte Komplex wurde mit einer 1,6 km langen und 10 m hohen Mauer umgeben, um den königlichen Körper auf der Fahrt in die Ewigkeit zu schützen.

Diesem ersten Bauwerk aus meisterhaft behauenem Stein folgten bald weitere. Weniger als ein Jahrhundert später folgte eines der sieben Weltwunder, die Cheops-Pyramide. Sie besitzt eine quadratische Grundfläche mit einer Kantenlänge von 230 m und erhebt sich fast 150 m über die Erde. Die Cheops-Pyramide besteht aus 2,3 Millionen Steinblöcken, von denen ein jeder etwa 2,5 t wiegt. Diese riesigen Steinquader sind in mehreren Steinbrüchen bei Kairo gebrochen worden und wurden von da auf Schiffen zu dem Bauplatz in Gizeh gefahren. Die Steinquader sind dann eingebaut worden, nachdem sie zuletzt so fein bearbeitet worden sind, daß es schier unmöglich ist, ein Messer in die Steinfugen zu stecken.

Im Alten Reich wurden von 2800 v. Chr. an in der kurzen Zeit von 400 Jahren ungefähr siebzig Pyramiden verschiedener Größe gebaut.

Andere Hilfsmittel

Welche Hilfsmittel standen den Pyramidenerbauern außer den uns schon bekannten Werkzeugen und Geräten zur Verfügung? Viele, die darüber nachdachten, gingen von der lebendigen Schilderung des griechischen Historikers Herodot aus. Er nannte u. a. verschiedene geheimnisvolle „Mechanismen“ und Kräne, die die Steinquader von Stufe zu Stufe hoben. Herodot machte auch einige Aussagen über die Zahl der Arbeiter in den Steinbrüchen und auf den Bauplätzen, über die Länge der

Bauzeit. Man muß jedoch bedenken, daß die Zeit der Errichtung der Pyramiden für Herodot zeitlich ebensoweit entfernt war wie Herodot für uns.

Viele Rätsel um den Bau der Pyramiden sind noch heute ungelöst. Es steht jedoch fest, daß für die verschiedenen Arbeiten in ,den Steinbrüchen Arbeitsmaschinen verwendet wurden. Darauf verweist Sir W. M. Flinders Petrie (1853–1942), der in seinem Buch *Die Pyramide und die Tempel von Gizeh* ausführlich Rillen in Steinbrüchen, an Steinquadern und einer ganzen Reihe anderer Objekte beschrieb. Dieser Archäologe hatte ausreichend gute technische Kenntnisse, um zu erkennen, daß diese Rillen von Werkzeugen mit Schneiden aus sehr hartem Werkstoff gemacht worden sind. So wies der große Sarkophag, der in der Grabkammer der Cheops-Pyramide gefunden wurde, Sägespuren auf. Seine Herstellung erforderte nicht nur Sägen von einer beträchtlichen Länge (an der Längsseite 2,5 m lang), sondern auch Sägen, die dem großen Andruck beim Schrämen standhalten konnten. Das letztere entnimmt man der Eindringtiefe je Sägezug. Die Säge wurde wahrscheinlich wie die heutigen Zugsägen betrieben, mit dem Unterschied, daß mehrere Leute jeweils an einer Seite zogen. Es ist aber auch denkbar, daß eine Art Sägemaschine entwickelt worden ist, wie sie im Bild auf Seite 21 zu sehen ist. Diese Maschine ist zwar rein hypothetisch, könnte aber nach dem damaligen Wissensstand gebaut worden sein.

1914 fand ein Archäologe bei Ausgrabungsarbeiten in Karelien in Finnland ein sägeförmiges Messer. Dieses wurde auf 6000 v. Chr. datiert und war aus dem Schienbeinknochen eines Elches gefertigt worden. Entlang der Schneide sind kleine Feuersteine eingehämmert worden. Das Messer konnte als Stichwaffe, aber auch zum Sägen von Holz und anderem Werkstoff verwendet werden.

Es sind viele Theorien darüber entwickelt worden, wie die großen Steinquader in den Steinbrüchen gebrochen worden sind. In der Literatur findet man oft die Erklärung, die Quader seien durch die Quellkraft des Holzes gesprengt worden. Dabei sei an der Sonne getrocknetes Holz in vorgebohrte Löcher in das Gestein getrieben und anschließend angefeuchtet worden. Ein fasriger Werkstoff verhält sich jedoch beim Ausdehnen anders als z. B. erhitztes Metall. Mehrere Wissenschaftler, darunter Kjellson, haben diesbezüglich Versuche angestellt und nachgewiesen, daß die angebliche Sprengkraft äußerst klein oder überhaupt nicht vorhanden war.

Es gibt viele Anzeichen dafür, daß statt der Holzpflöcke Kupfer- oder Bronzekeile verwendet wurden. Neuburger und andere Wissenschaftler nehmen an, daß die Sprengkraft durch Erhitzen der eingetriebenen Keile mittels heißen Wassers oder durch Abdecken mit rotglühender Holzkohle vergrößert wurde.

In einem der Steinbrüche bei Assuan befindet sich ein unvollständig bearbeiteter Monolith, der als Obelisk dienen sollte, aber liegen gelassen wurde, weil sich Risse im Gestein zeigten. Der Monolith ist 41 m lang und hat einen quadratischen Querschnitt von 4,3 m am Fuß und von 2,8 m an der Spitze. Im Laufe der Zeit wurde der Monolith gänzlich vom Sand zugedeckt. In den frühen 20er Jahren wurde er von dem Engländer R. Engelbach ausgegraben. Eine schmale, 70 cm breite Furche war an beiden Seiten des Monoliths in den Fels gehauen worden. An den Seiten dieser Furchen befinden sich ungefähr 25 cm breite Rillen mit rundem Querschnitt. Es sind viele Theorien über die Entstehung dieser Rillen gemacht worden. Engelbach glaubt, daß Doleritkugeln von rund 30 cm Durchmesser mit schweren Hämmern so stark in den Granit getrieben wurden, daß der Stein darunter zermahlen wurde. Nachdem die Kugeln etwas in den Stein getrieben worden sind, verwendeten die Arbeiter wahrscheinlich Holzstempel als Paßstücke.

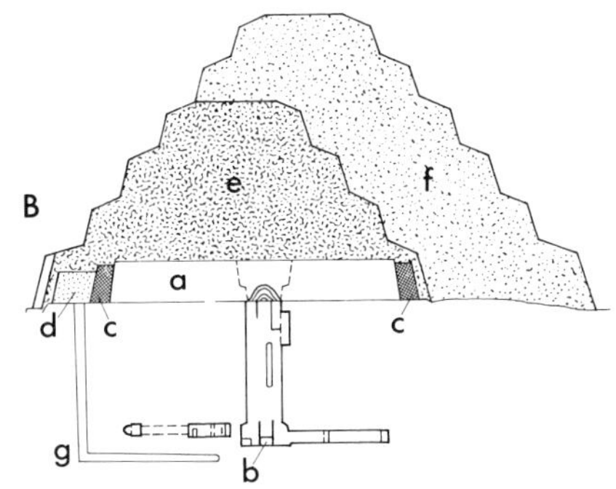

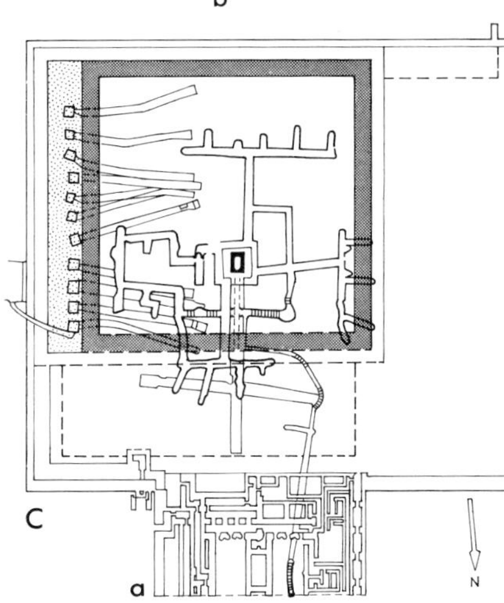

A. Pharao Djosers Stufenpyramide, das erste monumentale Gebäude, das aus Stein errichtet wurde.

B. Längsschnitt durch die Pyramide, die ursprünglich als eine Mastaba gebaut wurde (a). Die Grabkammer (b) befand sich am Fuß eines 29 m tiefen Schachtes. Imhotep veranlaßte, die Abmessungen des Bauwerkes zu vergrößern und es mit einer weiteren Steinschicht zu umgeben (c). Daher wurde die östliche Mauer erweitert (d) und später das gesamte Bauwerk in die Pyramide einbezogen (e); sie wurde dann noch einmal erweitert (f). Gräber der Familienangehörigen (g).

C. Unter der Pyramide befindet sich ein Irrgarten aus Gängen und Schächten. Bestimmte Gänge waren als Grabkammern für Familienmitglieder bestimmt, andere sind beim Bau der Pyramide angelegt worden, um die Gräber zu erreichen. Viele Gänge sind nur erstellt worden, um Grabräuber in die Irre zu führen. (a) der Grabtempel.

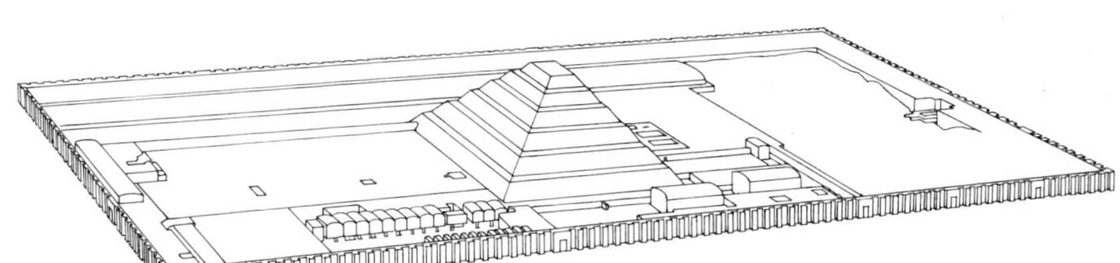

D. Um die Pyramide wurden verschiedene Tempel und Paläste errichtet, die von einer hohen Mauer umgeben waren.

A

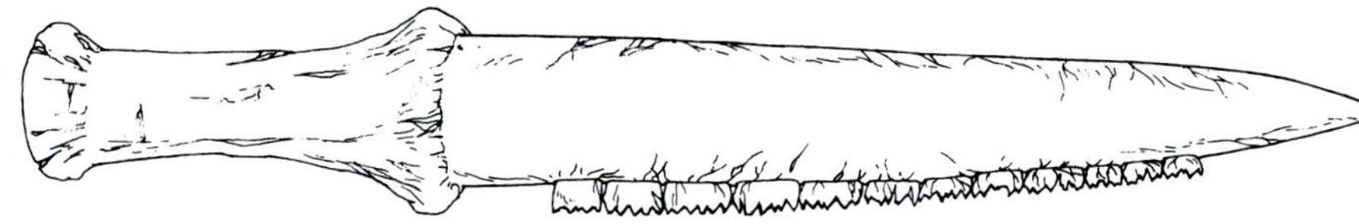

B

A. Risse im Granit waren die Ursache dafür, daß der Monolith in einem der Steinbrüche von Assuan nicht gewonnen wurde. Man nimmt an, daß Doloritkugeln zum Anlegen der Trennfurchen um den Gesteinsblock verwendet wurden, jedoch ist das dabei angewendete Arbeitsverfahren noch umstritten.

B. Eine Rekonstruktion des rund 8000 Jahre alten Werkzeugfundes aus Karelien. Die Messerklinge ist aus einem Schienbeinknochen eines Elches hergestellt; entlang der Schneide sind kleine scharfe Feuersteine eingehämmert worden.

Andere Wissenschaftler bezweifeln, daß die Rillen in der angegebenen Art hergestellt worden sind, obwohl Kugeln aus Dolerit nahe bei dem Monolith gefunden wurden. Dolerit ist hart genug, um Granit zu zermahlen, doch hätte die Schlagarbeit wesentlich vergrößert werden können, wenn zudem noch eine Rotationsbewegung der Kugel und Schleifmittel hinzugekommen wären. Doch fand man keine Spur einer entsprechenden Maschine.

Die Steine wurden 1000 km nilabwärts von den Steinbrüchen von Assuan zu den Bauplätzen in Gizeh gebracht. Der schwierigste Teil des Transports war, die Steine zu den Kais und von da zum Bauplatz zu bringen. Die Steinquader wurden zunächst auf Rollen gesetzt und dann durch gut aufeinander abgestimmte Arbeitergruppen auf nur schwach geneigten schiefen Ebenen gezogen. Die Steinquader auf die breiten, besonders gebauten Schiffe zu laden war nicht leicht. Die beladenen Schiffe hatten einen ziemlich großen Tiefgang, so daß es notwendig war, die leeren Schiffe zunächst mit Sand zu beladen, um die Höhendifferenz zwischen Dollbord und Kai auszugleichen. Entsprechend dem Beladevorgang wurde dann Sand entladen.

Der erste Arbeitsgang beim Pyramidenbau war, den Baugrund zu nivellieren und einen quadratischen, horizontalen und nach den vier Himmelsrichtungen ausgerichteten Platz herzustellen. Wie schon ausgeführt wurde, hatten die Ägypter das Problem des Nivellierens gemeistert, und die entsprechenden Vermessungsgeräte waren von den Erbauern der *ganaats* bereits entwickelt und verfeinert.

In den 20er Jahren wurde die Cheops-Pyramide mit modernen Geräten vermessen. Dabei wurden Abweichungen von nur -2 mm bis $+11$ mm zur Horizontalen festgestellt. Wenige Bauwerke von heute, wenn überhaupt welche, zeigen eine solche Präzision.

Nachdem das Fundament gelegt war, gab es zwei Methoden, die Steinquader auf ihren Platz zu bringen. Es wurde zunächst eine Rampe aus Erde und Sand im Steigungsverhältnis 1:10 gebaut. Die Steinquader wurden dann wiederum mit Muskelkraft diese Ebene hochgeschleift.

In seine endgültige Lage wurde der Steinquader mit einem ‚Baukran' gehoben. Dabei erforderten die Reibung zwischen den Granitflächen der

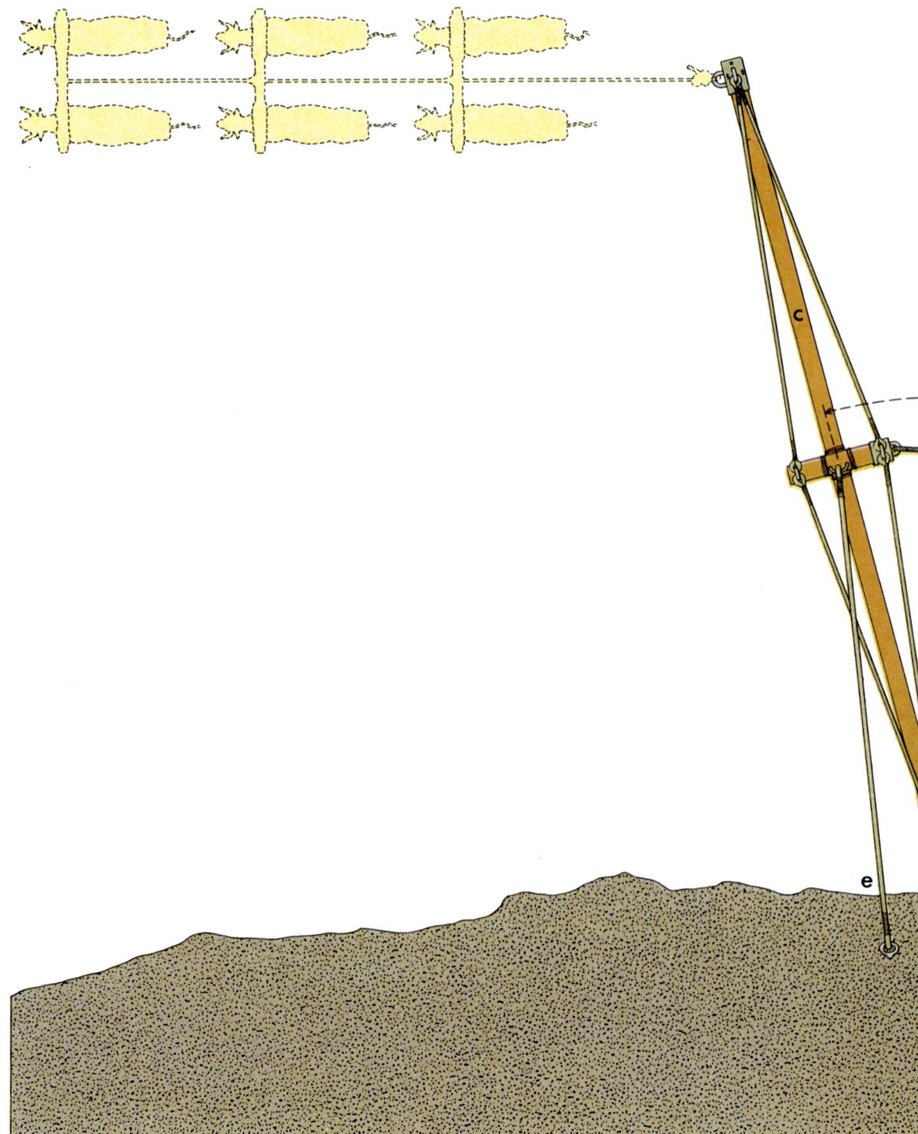

C1

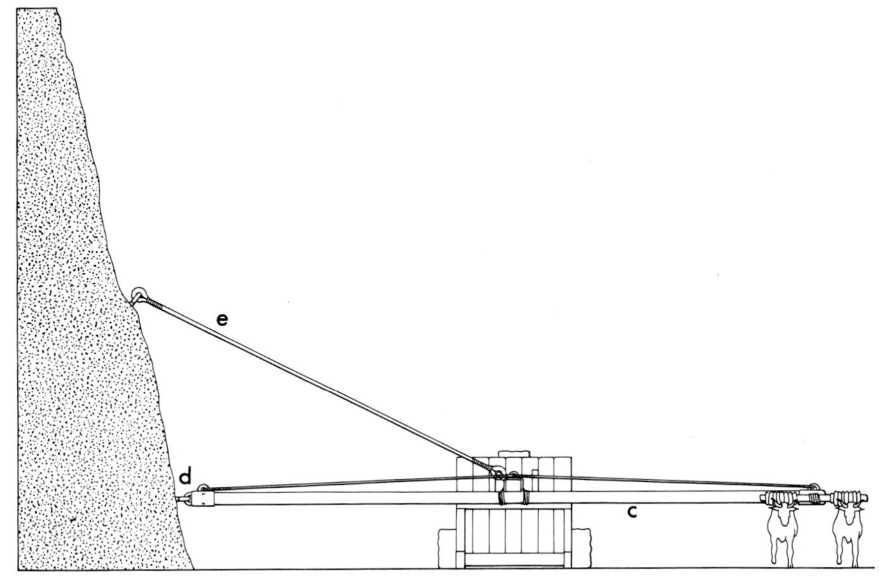

C3

C2

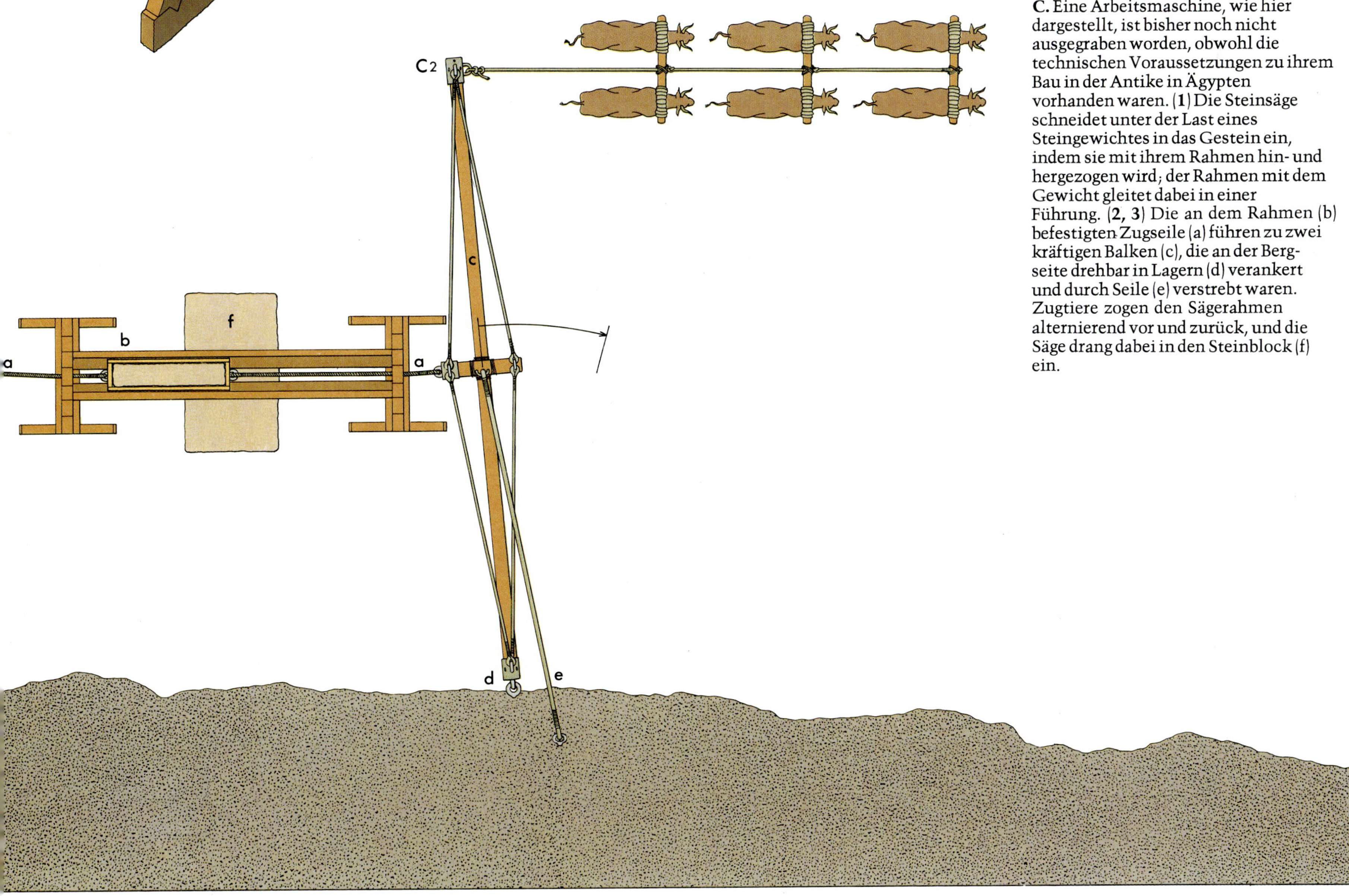

C. Eine Arbeitsmaschine, wie hier dargestellt, ist bisher noch nicht ausgegraben worden, obwohl die technischen Voraussetzungen zu ihrem Bau in der Antike in Ägypten vorhanden waren. (**1**) Die Steinsäge schneidet unter der Last eines Steingewichtes in das Gestein ein, indem sie mit ihrem Rahmen hin- und hergezogen wird; der Rahmen mit dem Gewicht gleitet dabei in einer Führung. (**2, 3**) Die an dem Rahmen (b) befestigten Zugseile (a) führen zu zwei kräftigen Balken (c), die an der Bergseite drehbar in Lagern (d) verankert und durch Seile (e) verstrebt waren. Zugtiere zogen den Sägerahmen alternierend vor und zurück, und die Säge drang dabei in den Steinblock (f) ein.

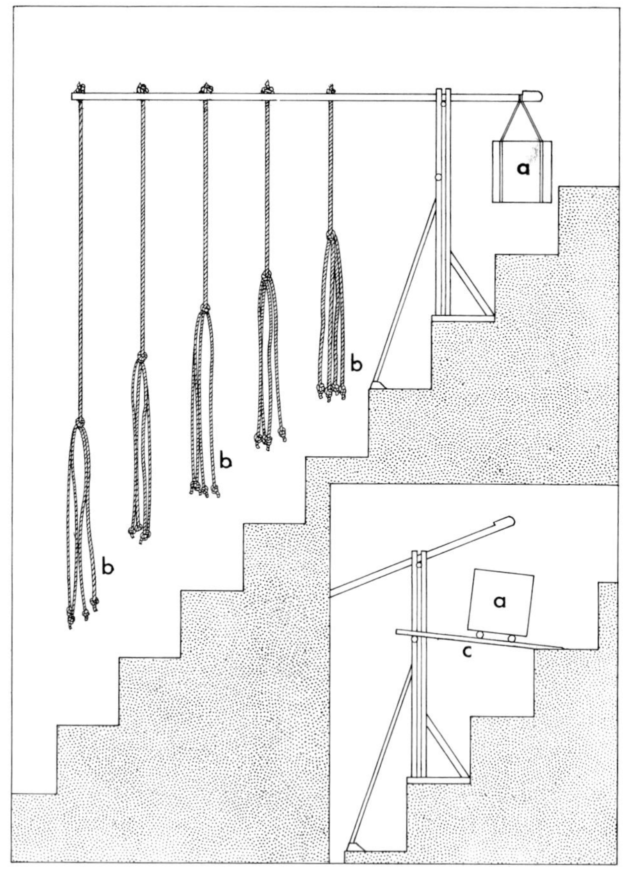

B

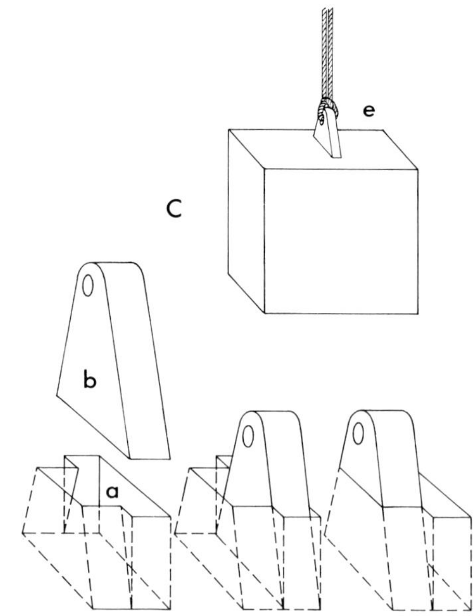

c d

A. Ein Schaduf. Der Mann hat den Ledereimer mit Wasser gefüllt und hebt ihn mit Hilfe des Gegengewichtes hoch. Diese Anwendung des Hebels war vielleicht der Prototyp eines „Baukranes" für die Pyramidenerbauer.

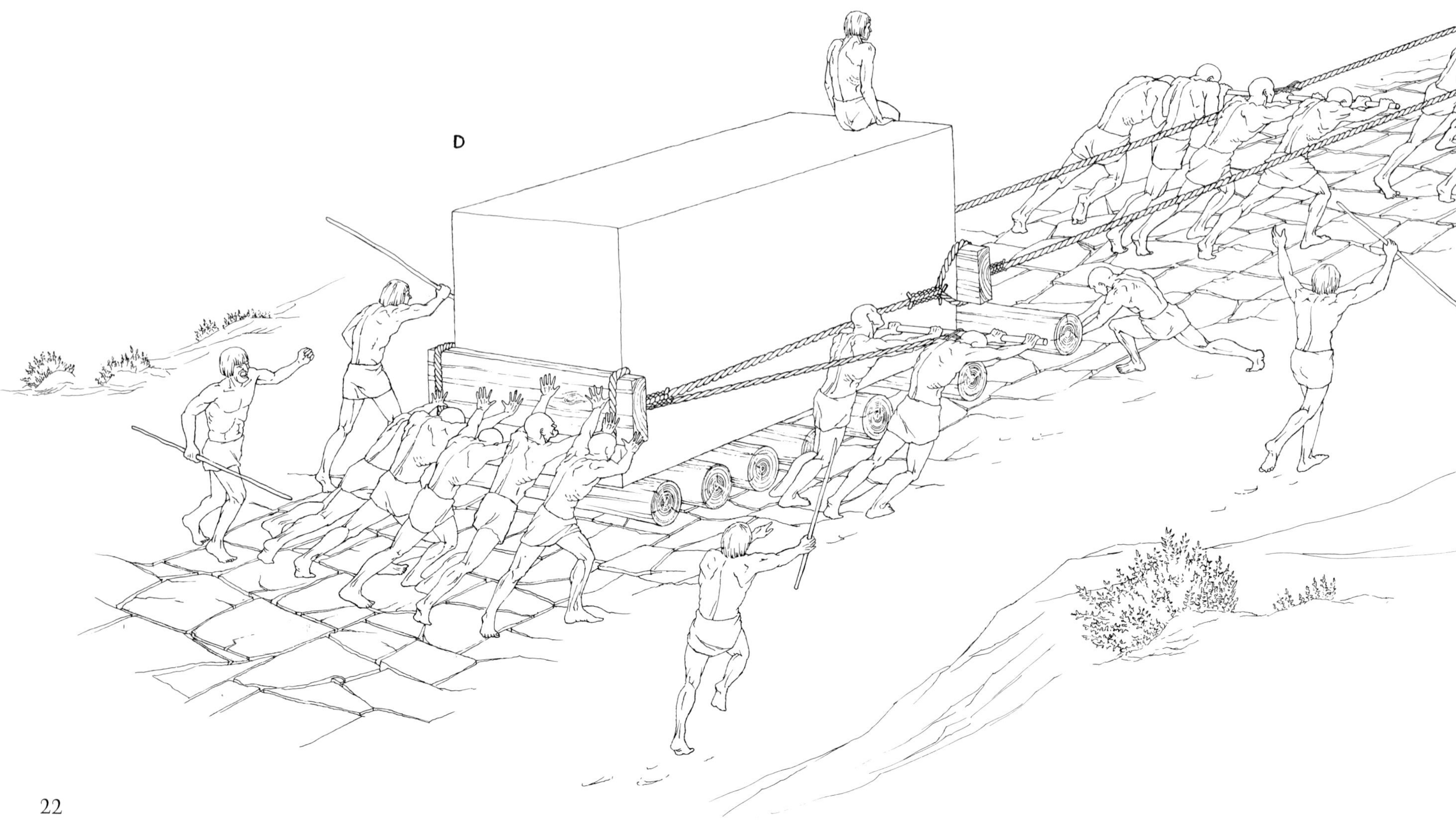

B. Die Rekonstruktion eines altägyptischen Baukranes. Der Steinquader (a) wurde gehoben, wenn die Arbeiter an den freien Seilenden (b) zogen, und glitt auf einer schiefen Ebene auf Rollen (c) in seine endgültige Lage.

C. Eine Methode, Steinquader zu heben, ohne sie zu umschnüren, beschreibt Heron in seiner *Mechanica,* die im 1. Jahrhundert v. Chr. veröffentlicht wurde. Zu diesem Zwecke wurde auf der Oberseite des Steinquaders ein zum Teil rechteckiger, zum Teil konisch zulaufender Schlitz (a) angelegt. Der Metallkeil (b) war mit einer Bohrung versehen und diente als Haken. Er wurde zunächst in den rechteckigen Schlitz eingeführt (c) und dann in den konischen Teil geschoben (d). Danach wurde in den noch offenen Teil des Schlitzes ein Holzklotz eingelegt, so daß der Haken nicht mehr herausrutschen und der Steinquader gehoben werden konnte.

D. Mit der Muskelkraft gut aufeinander abgestimmter Arbeitergruppen wurden die schweren Granitblöcke über Land gezogen. Um die Reibungskräfte zu verringern, wurden Holzrollen verwendet.

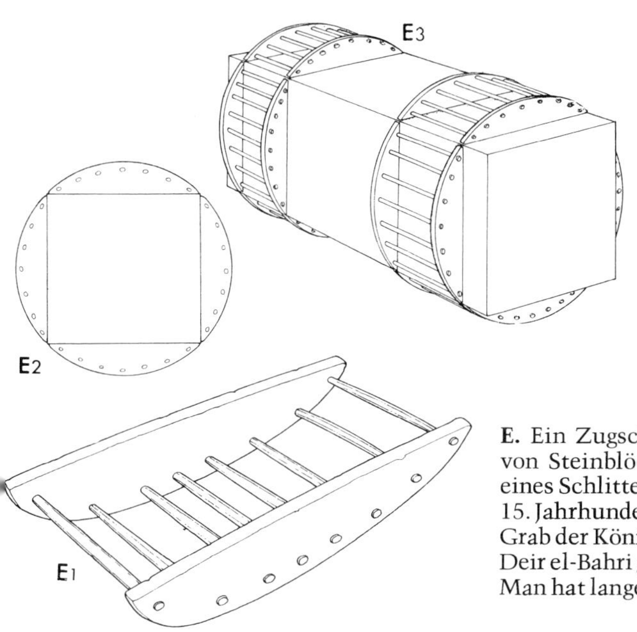

E. Ein Zugschlitten (**1**) zum Transport von Steinblöcken. Rekonstruktion eines Schlittens aus dem 15. Jahrhundert v. Chr., der im Grab der Königin Hatschepsut in Deir el-Bahri gefunden wurde. Man hat lange Zeit angenommen, daß die Steinquader auf Schlitten verlastet und dann gezogen wurden. Nach einer erst jüngst entwickelten Theorie soll man die wiegenförmigen Schlitten um die Quader gebunden (**2, 3**) und diese dann rollend zu ihrem Bestimmungsort gebracht haben.

F. Gemäß dem Baufortschritt wurden Rampen aus Füllmaterial und einer Deckschicht aus Holzstämmen angelegt, auf denen man die Steinblöcke beförderte. Das Holz verhinderte das zu tiefe Einsinken der Schlittenkufen.

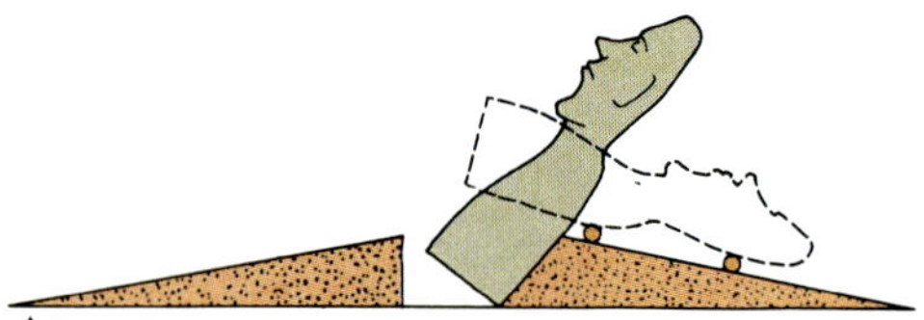

A2

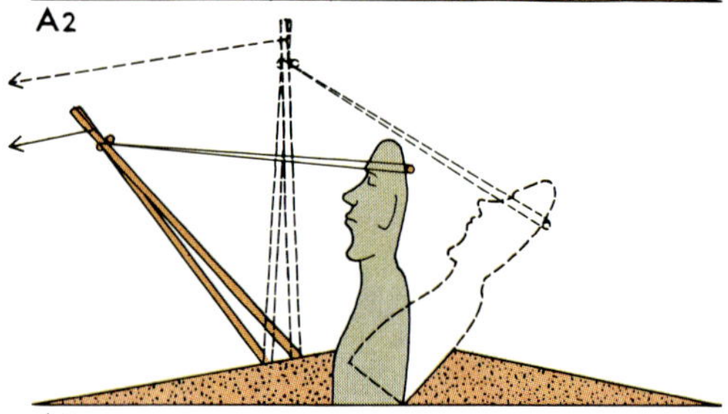

A3

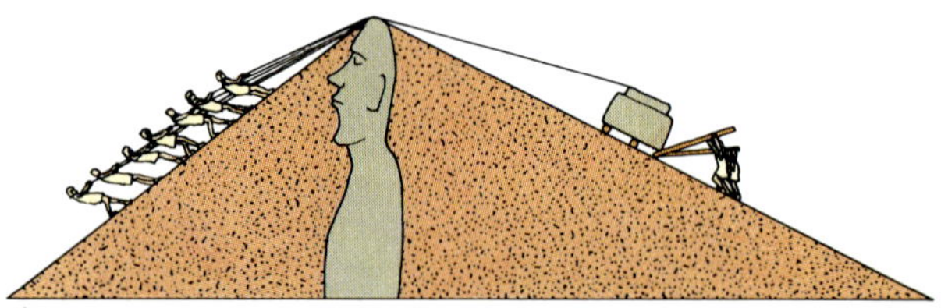

A4

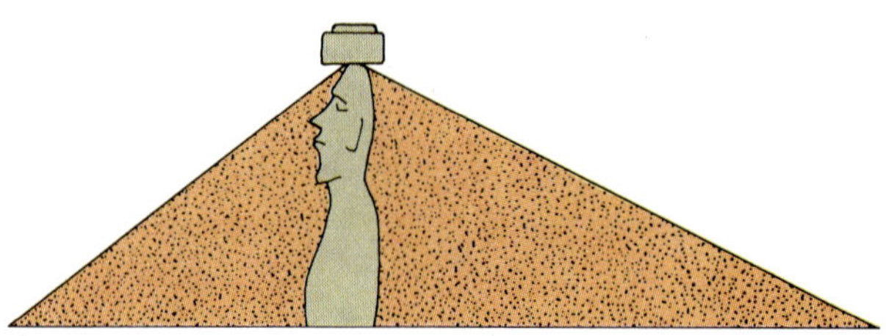

A5

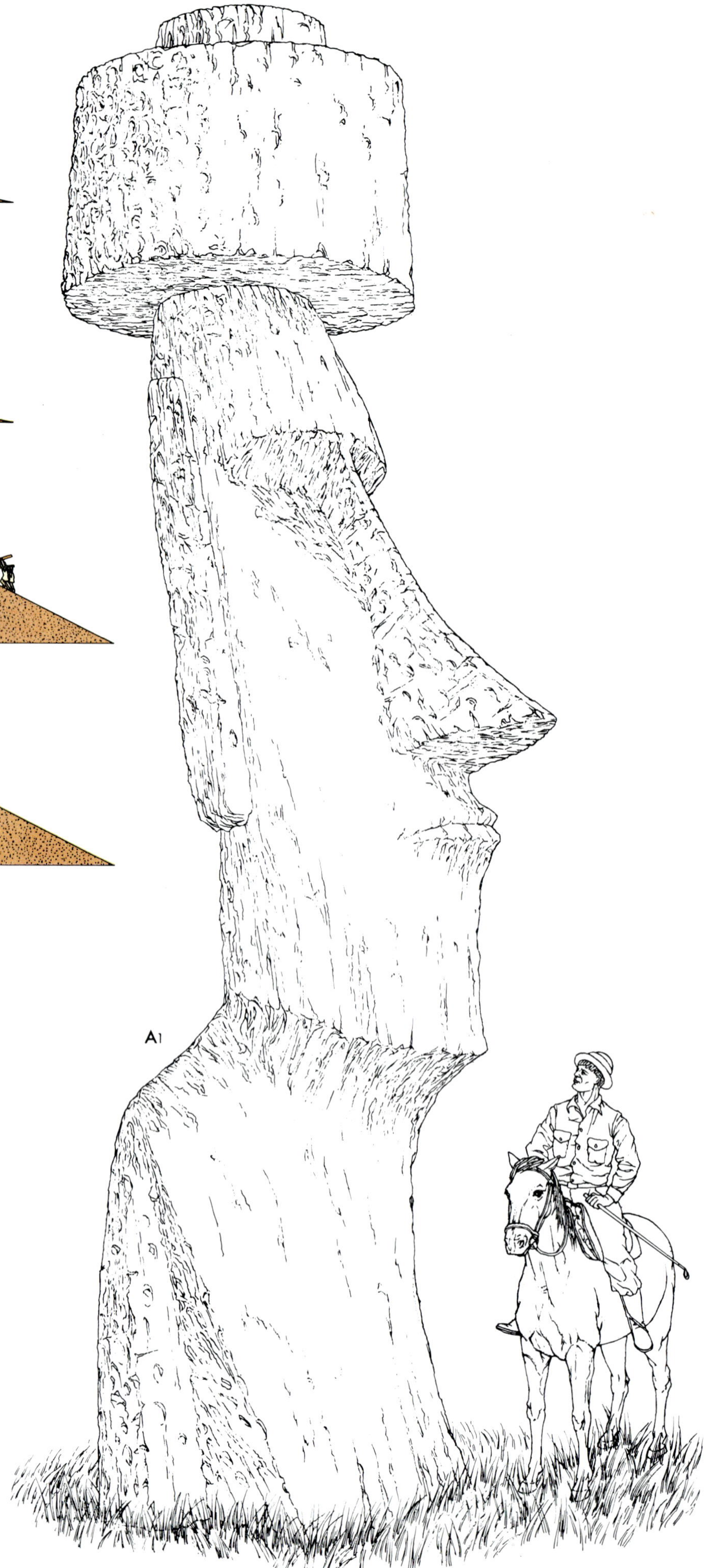

A1

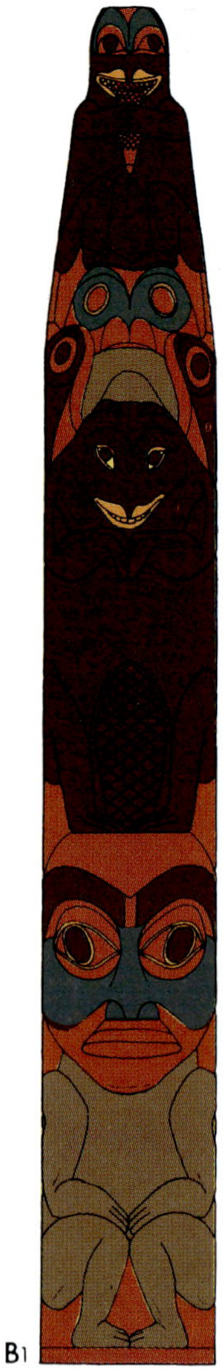

B1

B2

A. Der Kulturkreis, der die berühmten Statuen (**1**) auf der Osterinsel im Südpazifik erbaut hat, ist unbekannt. Die 600 etwa 3,6 bis 10,0 m hohen Statuen aus schwarzem Vulkantuff sind wahrscheinlich in der Steinzeit und nur mit Hilfe von Obsidian-Meißeln gefertigt worden. Darüber hinaus hat jede der Statuen einen Kopfschmuck aus rotem Tuff. Eine der Theorien, wie die Monolithen aufgestellt wurden, ist hier dargestellt. (**2**) Die fertiggestellte Statue wurde auf Rollen oder Kugeln vom Steinbruch zum Aufstellort gebracht und dort in eine kleine Erdsenke gestellt. (**3**) Die Statue wurde mit Hilfe eines Hebels aufgerichtet. Zu diesem Zwecke wurde ein Seil um den Kopf der Statue geschlungen und am Hebel befestigt. Mit einem anderen Seil zogen die Arbeiter dann die Statue hoch. (**4**) Die Statue wurde anschließend mit Erde umgeben, damit der Kopfschmuck auf Rollen die sanfte Steigung hinauftransportiert werden konnte. (**5**) Sobald sich die Scheibe aus rotem Tuff auf ihrem Platz befand, wurde die Erde um die Statue entfernt.

B. Totempfähle sind in verschiedenen Kulturen verwendet worden und sind in ihrer Funktion vielleicht Gegenstücke zu den Statuen der Osterinsel. Die beiden Totempfähle stammen aus Nordamerika (**1**) und Neuseeland (**2**).

C. In El Tajin, 10 km westlich der mexikanischen Stadt Papantla, befindet sich der dargestellte pyramidenförmige und terrassierte Tempel. Der Reichtum an Skulpturen ist hier sehr groß. 365 rechteckige Nischen säumen die Terrassen. Dieses Bauwerk wurde im 6. Jahrhundert von den Totonaken errichtet, deren Veracruz-Kultur während des ersten Jahrtausends eine Blütezeit erlebte. Diese Rekonstruktion aus dem ersten Drittel des 19. Jahrhunderts hat jedoch falsche Proportionen, denn nahezu alle dieser pyramidenförmigen Tempel waren beträchtlich niedriger und breiter.

Steine und das Gewicht des Steinblocks große Kräfte, um ihn horizontal zu bewegen. Der Prototyp des Kranes ist der *Schaduf*, ein Schwingbrunnen, wie er noch heute in Ägypten und in anderen Teilen der Welt in Gebrauch ist. Der Brunnen besteht aus einer galgenförmigen Konstruktion mit einer drehbar gelagerten Stange, die auf der einen Seite einen Eimer und auf der anderen ein Gegengewicht hat.

Das Rad war im Alten Reich noch nicht bekannt, so daß man eine Krankonstruktion mit Flaschenzügen ausschließen muß. Kräne sind jedoch verwendet worden; davon zeugen Flansche und Schlitze, in die Seile zum Heben der Lasten eingelegt wurden und die bei manchen Pyramiden längs der Steinquader angeordnet worden sind. In ähnlicher Weise wurde 2 Jahrtausende später beim Erbauen der griechischen und römischen Monumente verfahren.

C

D

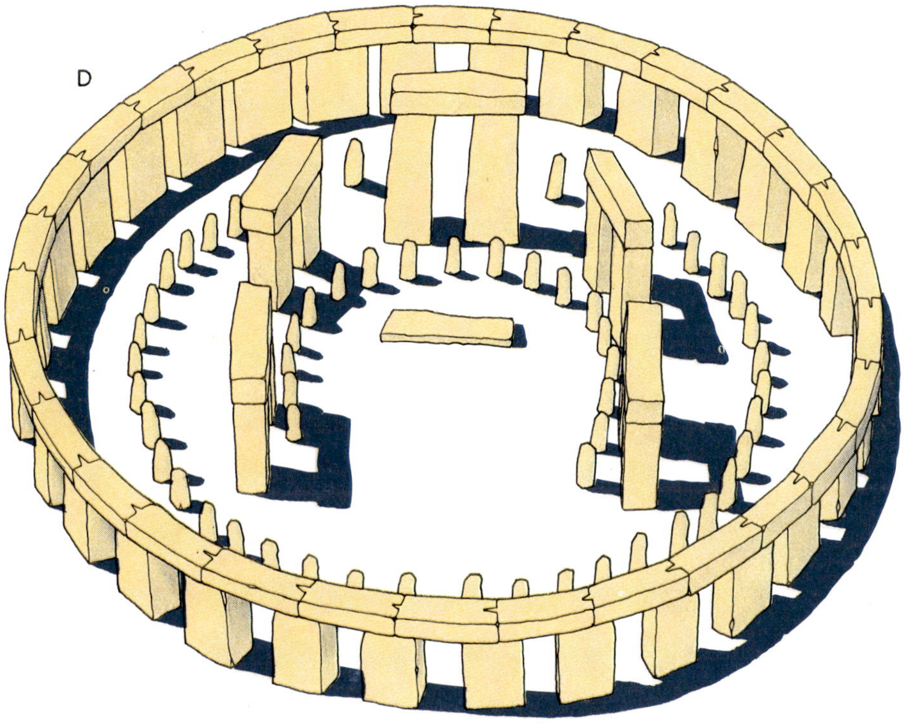

D. Vor ungefähr 3500 Jahren wurde Stonehenge auf einem neolithischen Friedhof auf der Ebene von Salisbury errichtet. Man nimmt an, daß das Bauwerk aus der helladischen Kultur stammt. Nach heutiger Auffassung lassen sich 3 Bauperioden erkennen. Die Anlage besteht zunächst aus einer Wallumgürtung von gut 100 m Durchmesser. Ein Kreis von 56 Löchern, der sog. Aubreykreis, bildet den Abschluß des inneren Walls. In diesem Aubreykreis liegen 4 Steine, die ein gleichseitiges Viereck bilden. Im Innern findet sich der „Blausteinkreis" und in dem dicht daneben liegenden, aus 30 Steinblöcken bestehenden Sarsenkreis der wichtige Hauptbau mit den 5 megalithischen Trilithen. Die nach Nordost verlaufende Hauptachse zeigt auf den Sonnenaufgangspunkt am längsten Tag. Die Wallumgürtung und die Aubreylöcher dienten, wie neue Forschungen zeigten, als Sonne-Mond-Kalender! Möglicherweise konnte durch ein ausgeklügeltes System von Sichtlinien mit Hilfe der Steine und Aubreylöcher so etwas wie ein Kalender von Sonnen- und Mond-Finsternissen erstellt werden. – Unser Bild zeigt die 5 Trilithen des Hauptbaus mit dem Sarsen- und dem Blausteinkreis in einer möglichen Rekonstruktion.

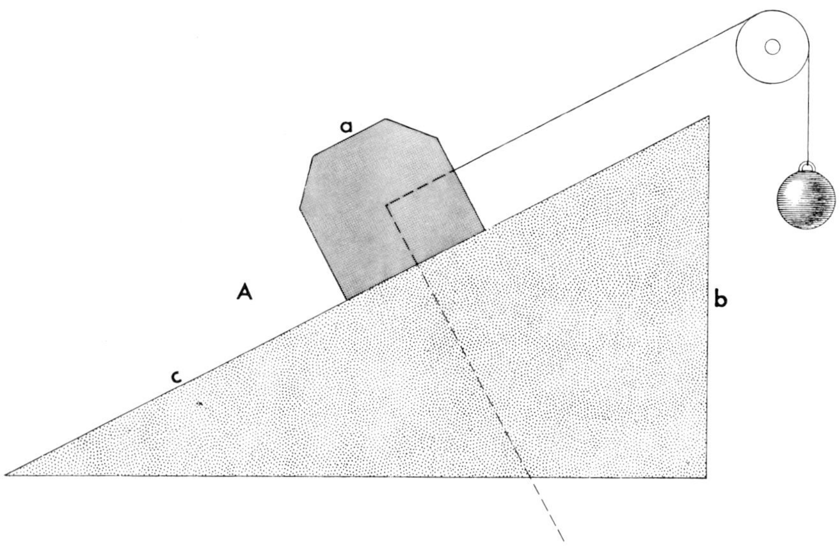

„Die mächtigen Fünf"

A. Eine schiefe Ebene ist unter einem gewissen Winkel gegen die Horizontale geneigt. Um einen Körper (a) auf der schiefen Ebene im Gleichgewicht zu halten, wird eine Kraft benötigt, die direkt proportional ist dem Gewicht des Körpers und dem Verhältnis der Höhe (b) zu der Länge (c) der schiefen Ebene; diese Proportion gilt, sofern die Reibung zwischen Körper und Ebene vernachlässigbar ist. Das Gewicht eines Körpers auf der schiefen Ebene kann in zwei Komponenten zerlegt werden, eine parallel zur geneigten Ebene und eine senkrecht auf die Unterlage. Bei dieser einfachen Maschine wird jede Verringerung der Zugkraft ausgeglichen durch eine Vergrößerung der Wegstrecke; das Produkt aus Kraft mal Weg bleibt konstant.

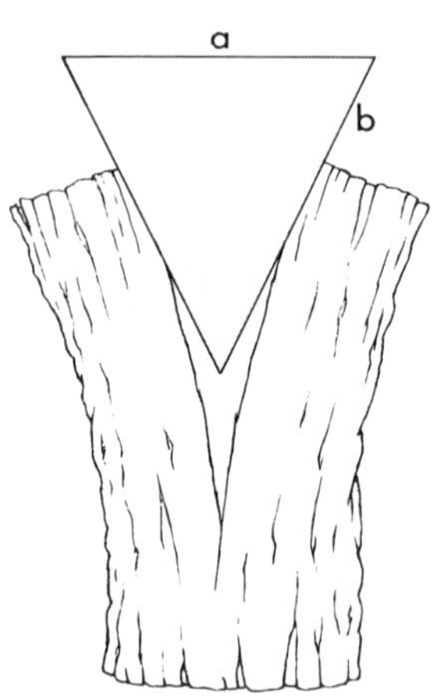

B. Für den Keil gilt die gleiche Gesetzmäßigkeit wie für die schiefe Ebene. Wirkt beim Keil eine Kraft senkrecht auf seine Basis (a), so verursacht sie Kräfte, die wiederum senkrecht auf den Seitenflächen (b) des Keiles wirken. Die Summe der letzteren beiden Kräfte ist größer als die ursprüngliche Kraft.

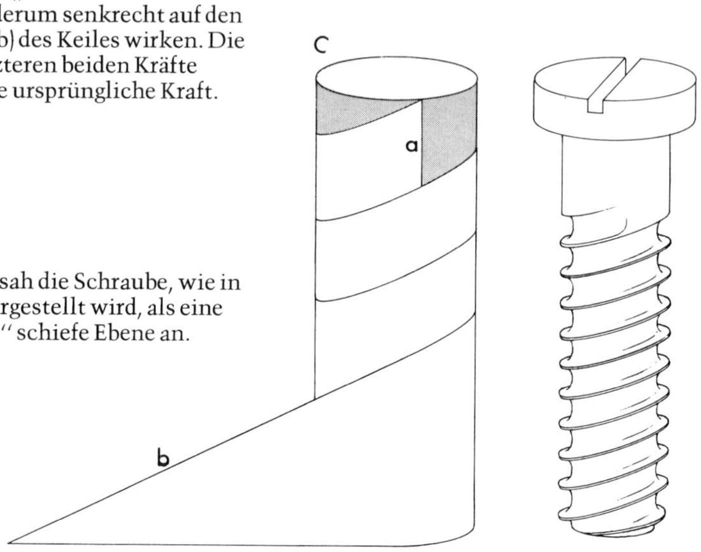

C. Archimedes sah die Schraube, wie in dem Beispiel dargestellt wird, als eine „aufgewickelte" schiefe Ebene an.

Die mächtigen Fünf

Die „mächtigen Fünf" nannten die Philosophen der alten Zeit die fünf einfachen Maschinen: die *schiefe Ebene,* den *Keil,* die *Schraube,* den *Hebel* und das *Rad.* Die ersten drei Maschinen und die nachfolgenden zwei haben jeweils enge Wechselbeziehungen.

Zumindest die „mächtigen Vier" – mit Ausnahme des Rades – waren aller Wahrscheinlichkeit nach im Paläolithikum bekannt. Der Hebel selbst war wohl eines der ersten Werkzeuge, das von dem Menschen gebraucht wurde. Das Rad aber hat eine eigene Geschichte, die im folgenden zumindest kurz gestreift werden soll.

Das Rad ist sowohl ein Gerät (Wagenrad, Transportmittel) als auch ein Maschinenelement (in jener Zeit meistens als Zahnrad). Der Ausspruch, die Zivilisation von heute wäre ohne das Rad nicht denkbar, ist zu abgegriffen. Man muß jedoch sehen, daß das Rad nach wie vor die Grundlage unseres Maschinenzeitalters bildet, obwohl es durch andere Maschinenelemente schon ersetzt werden kann.

Die Entdeckung der praktischen Anwendung des Rades war für die Technik, die Volkswirtschaft und die Gesellschaft ein riesiger Fortschritt. Es ist jedoch unbekannt, wann und wo diese Entdeckung gemacht wurde. Die meisten Geschichtsforscher lassen diese Frage offen. Es ist sehr fraglich, ob man die Entdeckung des Rades mit seinem ersten Erscheinen auf Bildnissen in zeitliche Verbindung bringen darf. Die Malerei mit dauerhaften Farben war nämlich zwischen dem 4. und 3. Jahrtausend v. Chr. nicht weit verbreitet. Soweit es bekannt ist, trat das Rad zuerst in Sumer in Mesopotamien auf. Die Vorläufer des Rades – der Schlitten, die Rolle, die in vielen Entwicklungsländern noch im Gebrauch sind – können mit Sicherheit auf das Paläolithikum zurückgeführt werden. Charles Singer, ein englischer Historiker, verweist in diesem Zusammenhang auf eine Darstellung auf einer Tontafel, auf der neben einem Schlitten ein vierrädriger Karren abgebildet ist. Die Tafel wurde während Ausgrabungsarbeiten in Uruk, Mesopotamien, gefunden. Sie entstand ca. um 3500 v. Chr. Selbst wenn dieses Bild die Entdeckung des Rades nicht darstellt, gilt es als gesichert, daß das Rad in dieser Gegend zum ersten Mal auftrat. Singer weist ferner auf einen Fund aus einem altassyrischen Grab in Tepe Gawra hin. Das Spielzeug, das man dort fand, stellt einen vierrädrigen gedeckten Wagen aus dem 2. Jahrtausend v. Chr. dar.

Bis jetzt wurde das Wagenrad behandelt. Jedoch ist das Rad als Maschinenelement noch älter als das Wagenrad. Viele Wissenschaftler glauben, daß z. B. die Töpferscheibe ungefähr 1000 Jahre älter ist. Die Töpferscheibe ist wahrscheinlich aus Holz gefertigt worden. Bemerkenswert ist es, daß die Ägypter des Alten Reiches, die Zeitgenossen der Sumerer, das Rad nicht kannten. Dies war erst um das Jahr 2500 v. Chr. der Fall, als die zweirädrigen Kampfwagen bekannt wurden. Während der Zeit des Baues der Pyramiden war das Rad in Ägypten nicht bekannt, und so entwickelte man die Technik des Transports schwerer Lasten mittels Schlitten und Rollen zu hoher Perfektion.

Archimedes

Der erste Mensch, der die einfachen Maschinen planmäßig erforschte und Theorien über ihre Wirkungsweise entwickelte, war Archimedes von Syrakus (287–212 v. Chr.). Er war zweifellos einer der großen

Gestalter der hellenischen Kultur. Wahrscheinlich hat er den Flaschenzug entwickelt und die Gesetze des einarmigen und zweiarmigen Hebels aufgestellt. Archimedes betrachtete das Rad als eine kreisförmige Figur, die von einem einarmigen Hebel beschrieben wird, und er erklärte die Schraube als eine umlaufende schiefe Ebene.

Archimedes ist einer der bekanntesten Mathematiker und Ingenieure. George A. Sarton bemerkt ironisch, aber richtig, daß große Ingenieure aller Zeiten mit Archimedes verglichen werden, und er findet es lächerlich, die Leistung einer jeden Person mit derjenigen des größten Genies des Altertums zu vergleichen.

Archimedes wurde in Syrakus auf Sizilien geboren, in einer der bedeutendsten Städte der hellenischen Welt, deren Teil damals von den Römern Magna Graecia genannt wurde. Syrakus hatte einen großen Hafen und eine hoch entwickelte Schiffsbauindustrie, die mit dem Getreideexport verknüpft war. Archimedes arbeitete dort als technischer Berater seines Vetters König Hieron II. und dessen Nachfolgers Gelon II. und war für die Verteidigung der Stadt verantwortlich.

Hierons große Leidenschaft war der Schiffsbau, und er hatte *Syrakosia*, das größte Schiff seiner Zeit, bauen lassen. Unglücklicherweise blieb es beim Stapellauf stecken und konnte nicht mehr bewegt werden. Archimedes, der von den Möglichkeiten der Kraftvergrößerung durch einfache Maschinen überwältigt war, hatte den berühmten Spruch geäußert: „gebt mir einen festen Stand und ich werde die Erde bewegen". Nun forderte ihn Hieron auf, nicht die Erde, sondern nur das Schiff zu bewegen.

Mit Hilfe von Flaschenzügen und Hebeln, die an den passenden Stellen des Schiffsrumpfes angesetzt wurden, konnte Archimedes den Nachweis der Gültigkeit seiner Theorie führen. Mit einer eleganten Geste überreichte er Hieron das Ende des Hauptzugseiles, und dieser konnte die *Syrakosia* mit nur einer Hand freischleppen.

Die interessantesten Ingenieurleistungen des Archimedes waren die Konstruktionen verschiedener Kriegsmaschinen, die bestimmt waren, sein Land gegen die Römer zu verteidigen. Archimedes starb während des Zweiten Punischen Krieges 212 v. Chr. Er wurde von einem römischen Soldaten erschlagen, dem er angeblich verwehrte, auf ein Diagramm zu treten, das er zur Lösung eines Problems in den Sand gezeichnet hatte.

Dank der von Archimedes konstruierten Kriegsmaschinen konnte Syrakus lange Zeit den Römern widerstehen. Ein riesiger Katapult, dessen Elemente Hebel und Flaschenzüge waren, schleuderte ganze Felsblöcke gegen die angreifende römische Flotte. Der dänische Historiker A. G. Drachmann schätzt diese Blöcke auf 250 kg Gewicht, und er zitiert Plutarch, nach welchem die Römer in Panik flohen, sobald sie nur eine Holzstange oder ein Seil auf den Zinnen von Syrakus sahen, weil sie glaubten, Archimedes hätte wieder eine neue teuflische Waffe entwickelt.

Die schrecklichste Kriegsmaschine lag als letzte Verteidigungswaffe im inneren Hafenbecken von Syrakus. Es war eine riesige Klaue, die versteckt unter Wasser lag. Wenn es einem feindlichen Schiff gelang, bis hierhin vorzudringen, war es Aufgabe der Klaue, das Schiff zu erfassen, es hoch in die Luft zu heben, umzudrehen und so lange zu schütteln, bis auch der letzte Mann herausfiel! Die Existenz einer solchen Maschine ist bezweifelt worden. Der Historiker Polybios beschreibt jedoch eine Abart dieser Maschine, bei der eine eiserne Klaue auf einem Kran befestigt war. Mit ihr konnte man Schiffe packen, sie in die Luft heben und dann fallen lassen, so daß sie an der Wasseroberfläche zerschmetterten oder gegen Wellenbrecher geschleudert wurden.

Es ist durchaus denkbar, daß diese ganzen Maschinen nur als Kriegslist existierten, um Angst in den Reihen der Feinde zu verbreiten. Zahl-

D. Der Hebel ist eine um einen Punkt oder eine Querachse drehbare Stange. Er befindet sich im Gleichgewicht, wenn das Produkt aus Last mal Lastarm ($a \times b$) gleich demjenigen aus Kraft mal Kraftarm ($c \times d$) ist. Beispiele eines Hebels: (**1**) das Ruder und (**2**) die Balkenwaage.

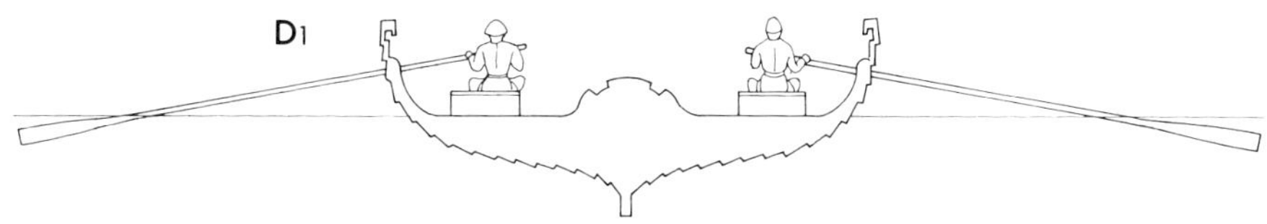

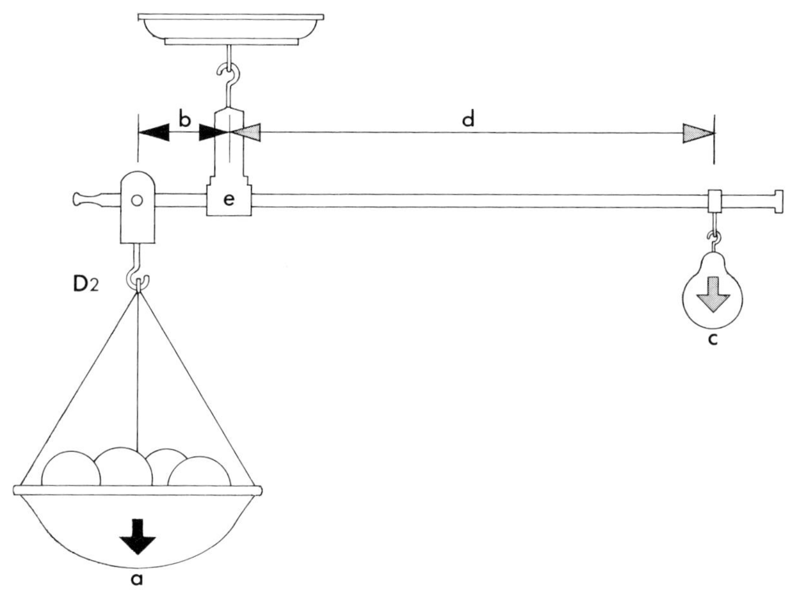

E. Das Rad (**1**) ist ein einarmiger Hebel, der sich um seine Achse drehen kann. Eine der ältesten Zeichnungen, die möglicherweise einen Wagen auf Rädern (**2**) darstellt, entstand um 3500 v. Chr. in Sumer.

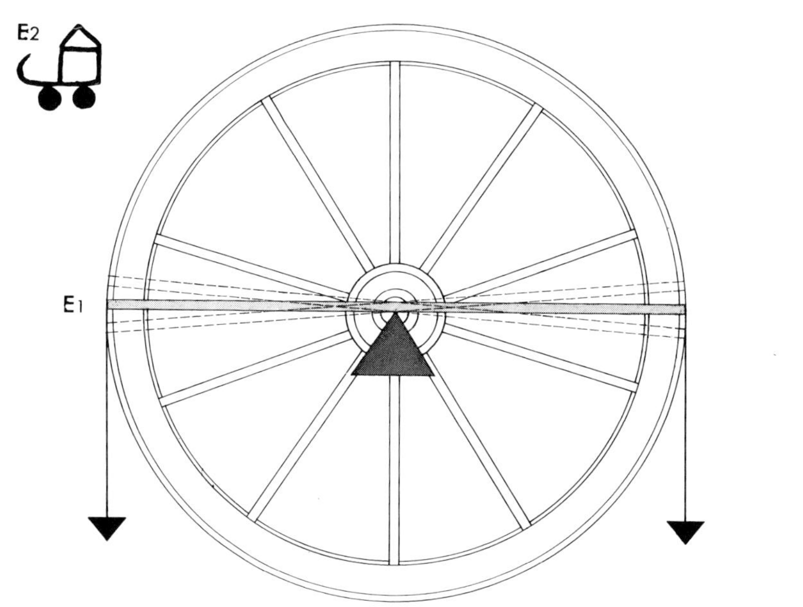

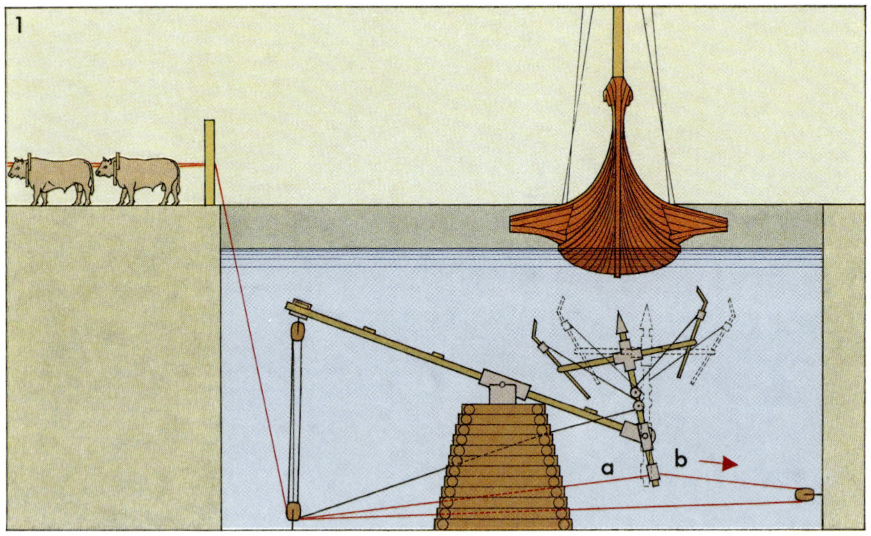

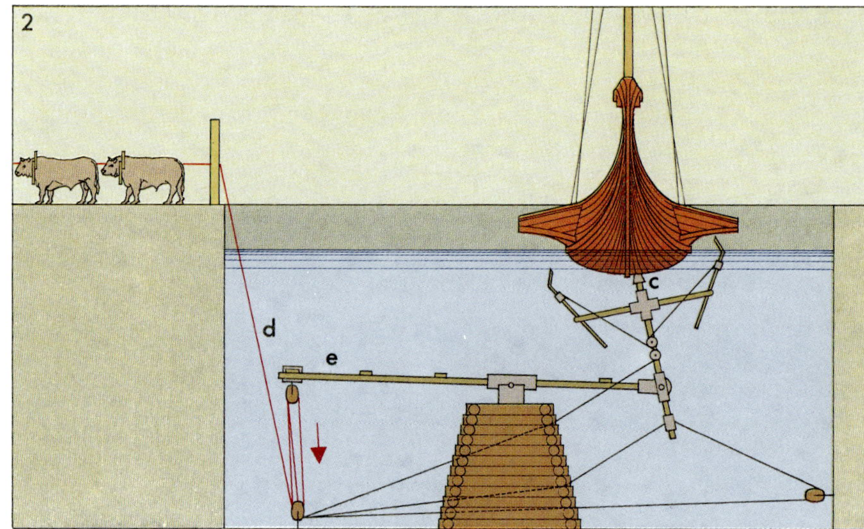

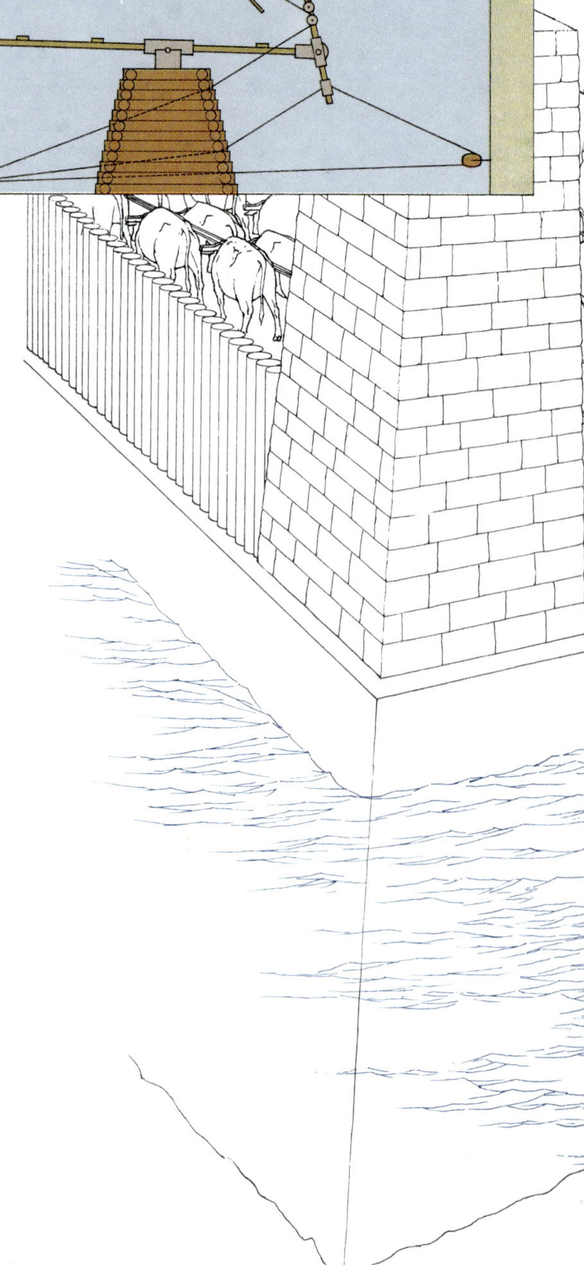

reiche Beispiele solcher Listen sind in der Geschichte bekannt. Grundsätzlich wären solche Konstruktionen möglich gewesen, wenn die Prinzipien der einfachen Maschinen angewendet werden.

Großes Interesse verursachten die Brennspiegel, die von Archimedes erfunden wurden, um die Takelage der angreifenden römischen Flotte durchzubrennen. Es wird gesagt, daß jene Brennspiegel den heutigen Sonnenreflektoren entsprechen und aus vielen parabolisch angeordneten, polierten Metallplatten bestanden, ähnlich demjenigen der Forschungsstation der US-Army in Matick, Massachusetts. Die Berichte über die Brennspiegel des Archimedes faszinierten Leonardo da Vinci, doch zweifelte er an ihrer technischen Realisierbarkeit. Wahr ist, daß Archimedes mit Spiegeln und den Grundregeln der geometrischen Optik vertraut war, doch glaubte Leonardo nicht, daß es möglich war, einen Spiegel großer Dimension mit genügender Genauigkeit herzustellen. Leonardo bezweifelte die Schriften des Archimedes, traute ihm aber im Zusammenhang mit der vieldiskutierten Dampfkanone, dem Architronito. Sie bestand aus einem zylindrischen Kupferrohr, das an einem Ende verschlossen war und aus dem sorgfältig vorbereitete Eisenkugeln verschossen wurden. Wenn ein wenig Wasser zwischen dem Endstück und der Kugel plötzlich erhitzt wurde, entstand soviel Dampf, um die Kugel herauszuschießen. Nach Leonardos Überlegungen sollte eine Kugel von einem Talent Gewicht (ca. 8 kg) ungefähr 8 Stadien (ca. 1250 m) weit fliegen – kein schlechtes Resultat. Allerdings ist die vielleicht bekannteste Biographie von Leonardo der Meinung, daß diese Dampfkanone niemals gebaut wurde. Leonardo gilt zwar als einer der Pioniere der Dampfkraft, aber wir sollten immer daran denken, daß die Idee einer Dampfkanone bis auf Archimedes zurückzuführen ist.

Die Mathematik ist eine der wichtigsten Grundlagen der Ingenieurwissenschaften. Während seiner technischen Berechnungen war Archimedes verwirrt durch das griechische Zahlensystem, in welchem die Zahlen 1 bis 9 durch die ersten neun Buchstaben des Alphabets (alpha bis iota), die zehnfachen Werte also 10 bis 90 durch die nächsten neun

Eine schreckliche Waffe, die Archimedes entwickelt haben soll, hatte die Form von Klauen und lag unter Wasser versteckt im Hafenbecken von Syrakus. Man kann durchaus eine solche Maschine bauen, bei der nur die Grundsätze der einfachen Maschinen zur Anwendung kämen. Sie könnte zum Beispiel wie in dem Bild dargestellt ausgesehen haben. **(1)** Wenn das Schiff in den Hafen eindrang, wurden die Klauen gegen den Eindringling gerichtet, indem die Seile (a) und (b) gezogen wurden. Diese Seile waren unten an den

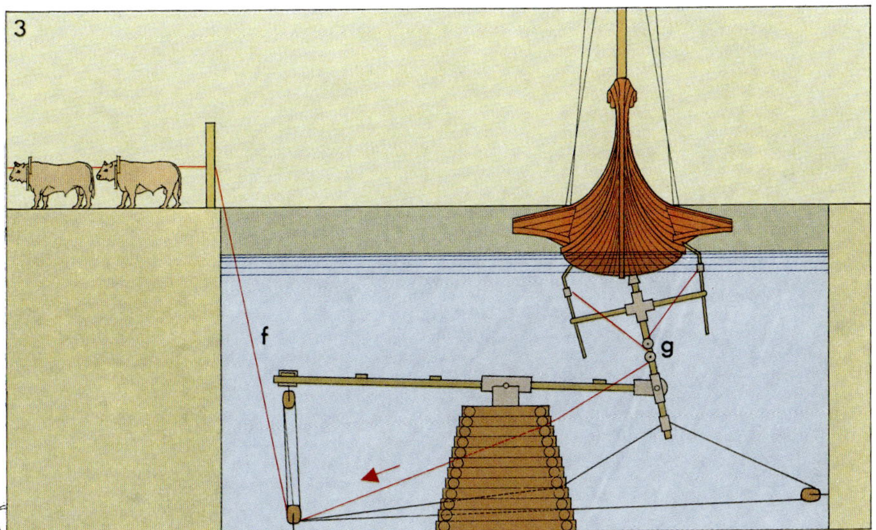

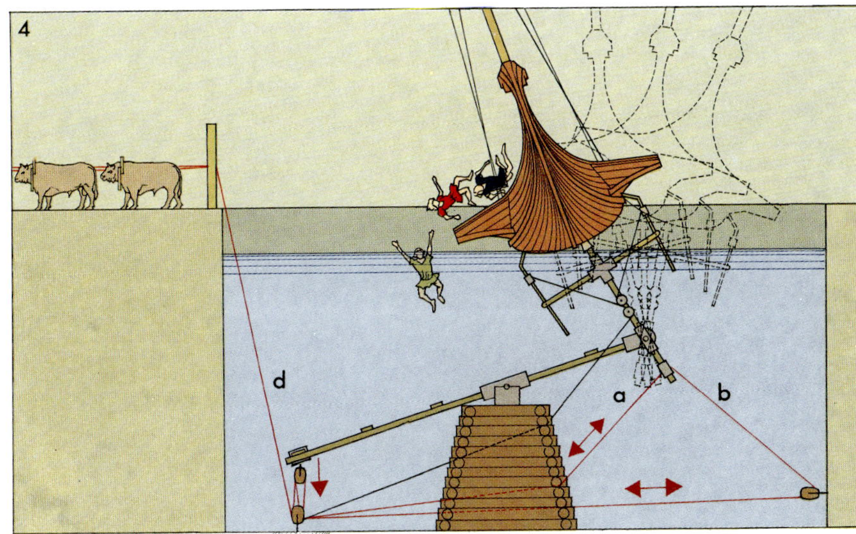

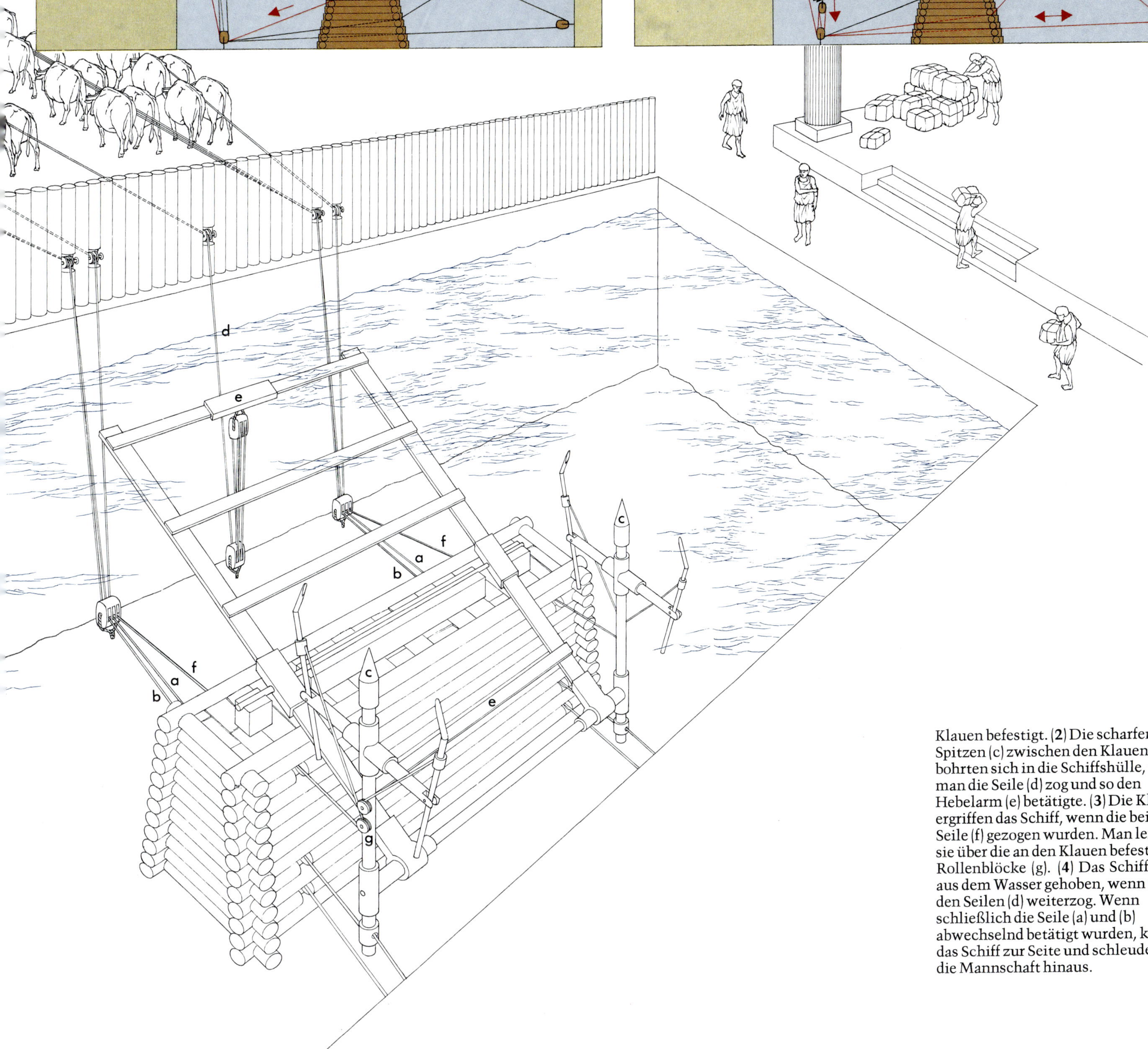

Klauen befestigt. (**2**) Die scharfen Spitzen (c) zwischen den Klauen bohrten sich in die Schiffshülle, wenn man die Seile (d) zog und so den Hebelarm (e) betätigte. (**3**) Die Klauen ergriffen das Schiff, wenn die beiden Seile (f) gezogen wurden. Man leitete sie über die an den Klauen befestigten Rollenblöcke (g). (**4**) Das Schiff wurde aus dem Wasser gehoben, wenn man an den Seilen (d) weiterzog. Wenn schließlich die Seile (a) und (b) abwechselnd betätigt wurden, kippte das Schiff zur Seite und schleuderte die Mannschaft hinaus.

Werkzeuge zur Zeit von Archimedes.

A. Ein Messerschmied bietet in seinem Geschäft Messer feil. Die Darstellung stammt von einem römischen Grabmal aus der Zeit um Christi Geburt.

B. Darstellung aus dem Grab des ägyptischen Hofbeamten Rekhmire von Theben, 15. Jahrhundert v. Chr. Man nimmt an, daß die drei Personen links Goldschmiede und die rechte Person einen Metallschmelzer mit einem Lötrohr darstellen.

A

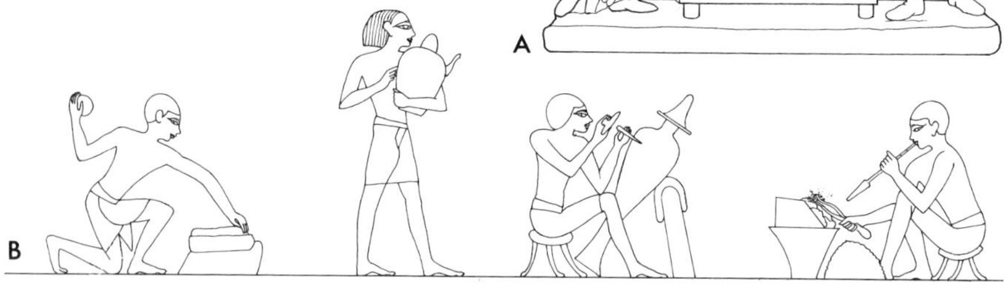
B

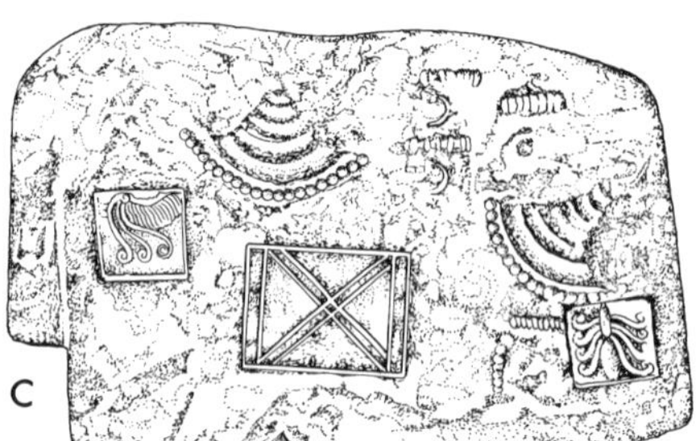
C

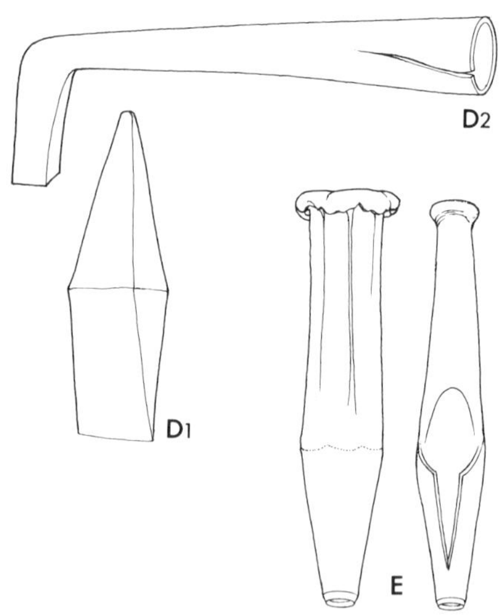
D2

D1

E

C. Römisches Granitmodel für Treibarbeiten aus Gold und Silber.

D. Lötkolben aus Kupfer (**1**) und Lötrohr (**2**) aus dem Rom der Antike, gefunden in Chatelet, Frankreich.

F

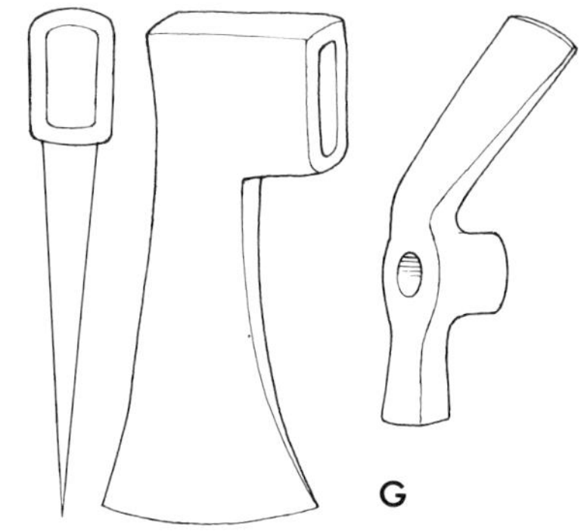
G

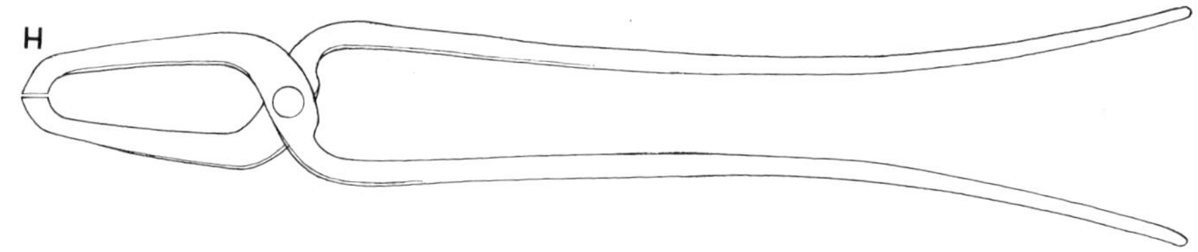
H

E. Römische Punzen zum Herstellen von Treibarbeiten.

F. Eine römische Schmiede. Über den Handwerkern sind verschiedene Schmiedearbeiten gezeichnet; nach einem Bild auf einer attischen Vase aus dem 6. Jahrhundert v. Chr.

G. Metallwerkzeuge aus römischer Zeit.

J

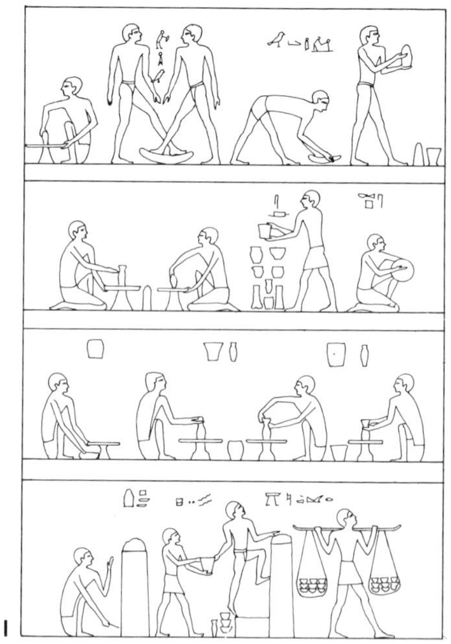
I

Buchstaben usw. dargestellt waren. Das Alphabet war aber nur so lang, daß lediglich die Zahlen bis in die Tausender, aber nicht die Zahl 10000, ausgedrückt werden konnten. So konnte man bis 9999 zählen und nicht weiter. Für die Zahl 10000 wurde der Begriff *myria* eingeführt. Da ein Wort zum Rechnen unhandlich war, kürzte er es mit dem Buchstaben M ab. Es war somit möglich, M mit den alphabetischen Zahlenzeichen zu multiplizieren und so bis zur Zahl 99999999 zu zählen. Diese Zahl kann heute 10^8–1 geschrieben werden. Archimedes bezeichnete das numerische System bis zu dieser Zahl als eine Oktade, das heißt, aus acht Zahlen bestehend. Hierbei hätte er eigentlich das Zehnersystem entdecken müssen, doch er war zu sehr befangen in der hellenischen Sicht, die Zahlen so zu schreiben.

Archimedes legte seine Vorstellungen über die großen Zahlen im *Arenarius* dar, in dem er die Anzahl der Sandkörner auf der Erde auszudrücken versuchte.

Archimedes baute sein Zahlensystem so aus, daß er schließlich eine Myriade Oktaden hatte, das ist eine Eins gefolgt von 800 Millionen Nullen! Sein Ziel war, das hellenische Zahlensystem so auszubauen, daß es große Zahlen ausdrücken konnte. Er hatte zweifellos Erfolg. Archimedes, der Sandkornzähler, ist uns in dem Wort Myriade erhalten, das immer für eine sehr große Zahl steht.

Archimedes beschäftigte sich jedoch nicht nur mit diesem philosophischen Problem. Sein größter Beitrag in der Mathematik liegt vor allem in der für Ingenieure leicht verständlichen Darstellung des Aufbaus der einfachen Maschinen als Konstruktionselemente. Archimedes war beides, Theoretiker und Praktiker.

„Heureka" (ich habe es gefunden) ist ein wohl bekannter Ausruf Archimedes'. Er soll es ausgerufen haben, als er jenes Problem löste, das ihm König Hieron stellte, nämlich nachzuprüfen, ob die Königskrone aus purem Golde sei. Hieron vermutete, daß Silber oder andere weniger

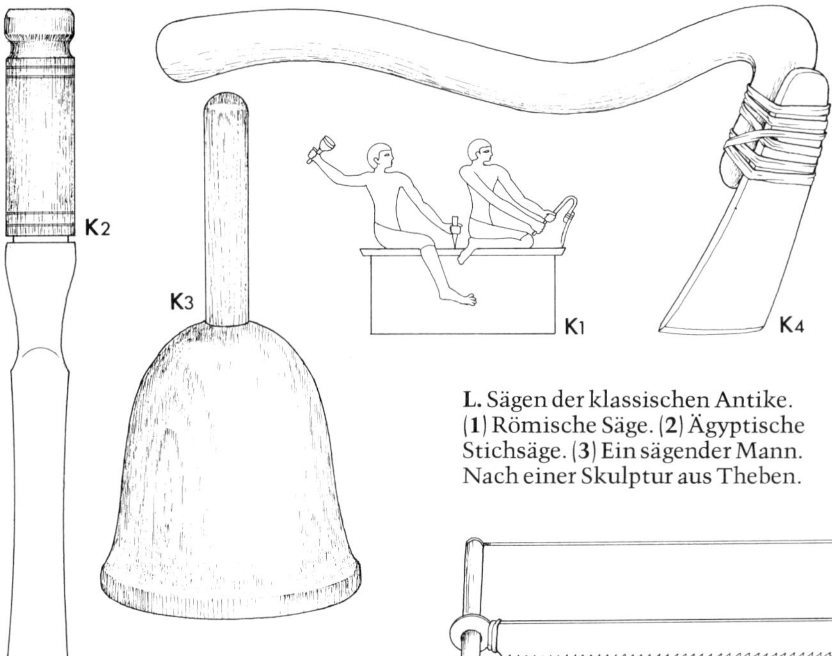

L. Sägen der klassischen Antike. (**1**) Römische Säge. (**2**) Ägyptische Stichsäge. (**3**) Ein sägender Mann. Nach einer Skulptur aus Theben.

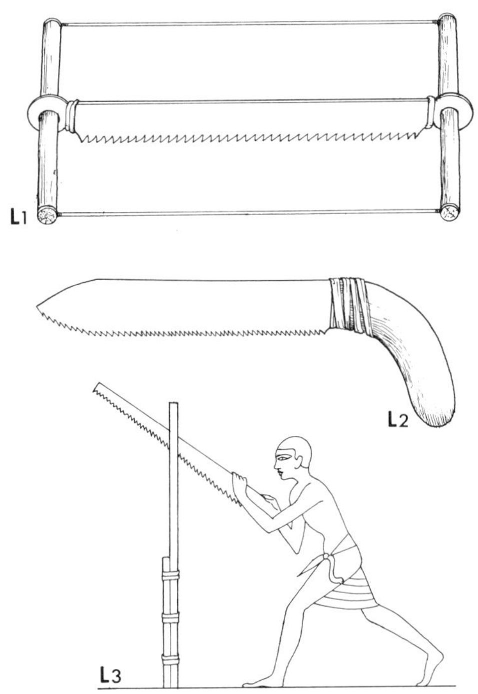

H. Rekonstruktion einer Schmiedezange aus römischer Zeit.

I. Ägyptische Töpferei. Der Ton wurde geknetet, geformt und vielleicht in Brennöfen, die von oben beschickt wurden, gebrannt.

J. Cupido schärft einen Pfeil auf einem Schleifstein.

K. Der Ausschnitt aus einem Wandgemälde (**1**) in Theben zeigt zwei Arbeiter bei der Holzbearbeitung; sie benutzen ein Stemmeisen (**2**) und eine Art Breitbeil (**4**). Der Holzschlägel (**3**) wird noch heute in gleicher Form verwendet.

edle Metalle dem Golde zugefügt seien. Wie konnte dies nachgeprüft werden? Archimedes kam eines Tages auf die Antwort, als er ein Bad nahm. In seiner Freude rannte er nackt in den Straßen von Syrakus laut „Heureka" rufend. Er hat gerade das entdeckt, was wir das *Archimedische Prinzip* nennen, das heißt, wenn ein Körper in eine Flüssigkeit taucht, ist sein Gewichtsverlust gleich dem Gewicht der verdrängten Flüssigkeit. Als er das spezifische Gewicht von Gold und Silber herausgefunden hatte, war Archimedes in der Lage zu sagen, ob das Metall der Krone echt und der Goldschmied ehrlich war.

Eine andere Erfindung des Archimedes war der Flaschenzug. Leonardo da Vinci war von dieser Einrichtung sehr begeistert und skizzierte einige Maschinen, in denen der Flaschenzug verwendet wird. Viele der Ideen Leonardo da Vincis zum Bau von Maschinen beruhten auf den theoretischen und praktischen Erkenntnissen Archimedes'. Leider befruchteten Leonardos Entwürfe verschiedener Maschinen die Technologie nicht, weil seine wissenschaftliche Abhandlungen seinerzeit nicht veröffentlicht wurden; vielmehr lagen diese Schriften versteckt und vergessen in den Archiven einiger Fürstenhäuser und sind erst gegen Ende des 19. Jahrhunderts veröffentlicht worden.

Die Schriften des Archimedes, insbesondere diejenigen über die einfachen Maschinen, sind Grundlage der Ingenieurwissenschaften. Seine Schriften und die mündliche Überlieferung seiner Erfindungen fand im klassischen Kulturkreis weite Verbreitung. Der römische Ingenieur Vitruvius Pollio hat am meisten zur Verbreitung der Werke Archimedes' beigetragen. In seinem berühmten 37 n. Chr. vollendeten Buch *De Architectura* beschrieb er umfassend die einfachen Maschinen und ihre Anwendung.

Werkzeuge und Geräte in der Zeit des Archimedes

Welche Werkzeuge und Geräte standen Archimedes und seinen Ingenieuren zum Bau der verschiedenen Maschinen zur Verfügung? Man weiß nur, daß sich die Werkzeuge und Geräte seit ihrem ersten Erscheinen nur wenig geändert haben. So verwendete man zur Zeit von Christi Geburt fast die gleichen Werkzeuge in Form und Werkstoff, wie sie bereits vor 1500 Jahren am Übergang vom Alten zum Neuen Königreich in Ägypten verwendet wurden, und die meisten dieser Werkzeuge blieben auch in den folgenden 1500 Jahren unverändert.

Natürlich bedeutet das nicht, daß in der Zwischenzeit keine Weiterentwicklung stattgefunden hätte. Neues Handwerk und neue Bedürfnisse kamen auf und erforderten daher neue Werkzeuge. Plinius der Ältere (23?–79) hatte in seinem Buch *Naturalis historia* im Detail die Arbeitsmethoden der verschiedenen Handwerke beschrieben, wie zum Beispiel das Schmiede-, Maler-, Zimmermann- und Bildhauerhandwerk.

Selbst wenn wir nicht viel Kenntnisse über Werkzeuge aus der Zeit Archimedes' haben, besitzen wir doch zumindest ausführliche Beschreibungen der Erzeugnisse, die die geschickten Handwerker jener Zeit hergestellt haben. Im 2. Jahrhundert v. Chr. schrieb der griechische Schriftsteller Athenaeus von Naucratis einen ausführlichen Bericht über das große Schiff *Syrakosia,* das Flaggschiff von Hierons Flotte. Dieses Schiff ist ein beredtes Zeugnis davon, was man mit den Werkzeugen jener Zeit fertigstellen konnte.

Athenaeus' Beschreibung gibt keine genauen Abmessungen des Schiffes bekannt, aber es ist anhand des Fassungsvermögens an Fracht und anhand der beschriebenen Ausstattung klar ersichtlich, daß es selbst unter modernen Gesichtspunkten beträchtliche Maße hatte. Das Schiff ist geplant worden als erstes und größtes von sechzig(!) Vierruderern, die für Hierons Flotte gebaut werden sollten. Die Kriegs- und Handelsschiffe, die Hieron üblicherweise seinem Schiffsbaumeister Archias in Auftrag gab, waren Dreier- oder Zweierruderer. Für den Bau der *Syrakosia* mußte Archias Holz auf dem italienischen Festland, Hanf für das Tauwerk in Spanien und Teer im Rhonetal kaufen; zu diesem Zwecke versammelte er an die 300 geschickte Handelsleute, nicht gezählt ihre Helfer, die das Schiff auszustatten und auszurüsten hatten. Der Rumpf, an dem man ein Jahr lang baute, wurde zunächst mit in Teer getränkter Leinwand ausgelegt und mit zusammengelöteten Bleiblechen versehen. Offenbar hatten die Schiffsbaumeister schon viel Erfahrung mit der zerstörenden Wirkung von im Wasser lebenden Holzschädlingen.

Das Schiff war schwer bewaffnet, und seine kostbare Ladung wäre eine willkommene Beute für die Seeräuber gewesen, die damals das Mittelmeer durchstreiften. Starke Eisenstangen bildeten ein Gitterwerk

A. Eine archimedische Schraube. Wenn die Kurbel (a) betätigt wird, fördert die spiralförmige Schraube Wasser (b) zu einem Behälter oder Rinne.

B. Herons *Aelopile*. Der untere Behälter (a) wurde zum Teil mit Wasser gefüllt und erhitzt. Der erzeugte Dampf trat über die Rohre (b) in eine Metallkugel (c) ein, die sich um eine Achse drehen konnte. Der notwendige Schub wurde durch senkrecht zur Achse stehende Düsen (d) erzeugt.

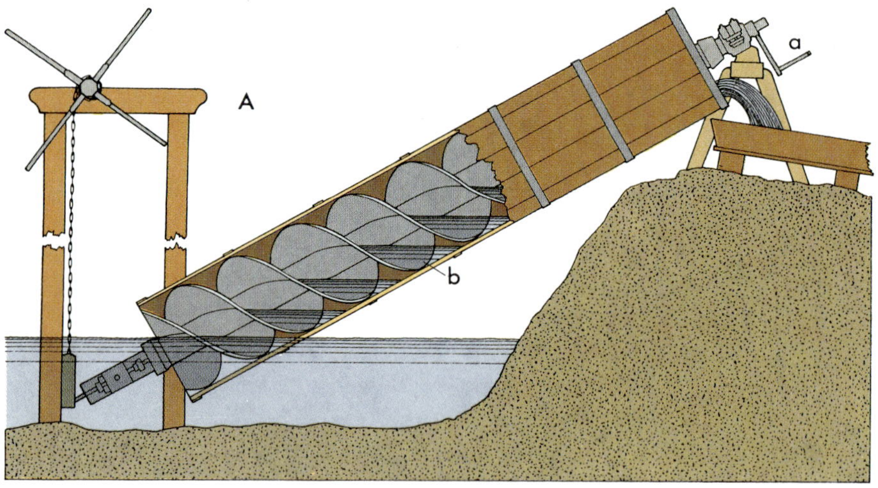

entlang des Schanzkleides, und 60 voll bewaffnete Krieger hielten dort bei Gefahr Wache. Die *Syrakosia* war ein Dreimaster mit acht Türmen, je zwei am Bug und am Heck und vier mittschiffs. Die Türme waren mit Katapulten ausgestattet, und es gab Hebevorrichtungen, die die Geschosse von Deck zum Katapult beförderten. Tief im Inneren des Rumpfes befand sich ein Trinkwassertank, ein Seewasserbehälter für Fische und Platz für Lebensmittel, Mühlen zum Mahlen von Getreide, Brennstoffe für die Öfen zum Kochen, u. a. Im Unterdeck wurde ein Stall für 20 Pferde gebaut und dazu Unterkünfte für die Reiter (Boten und Kundschafter), ihre Sklaven und für die Matrosen. Auf Mitteldeck befanden sich Kabinen für Mitreisende und für die Schiffsoffiziere. Athenaeus maß diese Kabinen nach den *Clines* oder Liegen, die nachts als Betten dienten. An jeder Seite befanden sich 30 Kabinen mit je 4 Liegen. Die Räume für den Kapitän hatten eine Fläche von 15 Liegen. Die Kombüse und ihr Personal waren im Heck untergebracht.

Der gesamte Schiffsboden war mit Mosaiken versehen, die Motive aus der Ilias zum Inhalt hatten. Das gleiche Thema behandelte auch der Wand- und Deckenschmuck. Auf dem Oberdeck befand sich ein Übungsplatz und ein Garten mit verschiedenen prächtigen Pflanzen. Weinreben und Efeu sind entlang des Schanzkleides gepflanzt worden und bildeten einen schattigen Umgang um das Schiff. Die Pflanzen wurden über ein raffiniertes Röhren- und Pumpensystem bewässert. Auf diesem Deck befand sich auch ein Tempel, der der Göttin der Liebe, Aphrodite, geweiht war. Der Boden dieses Tempels bestand aus geschliffenen Edelsteinen, die Wände aus Zypressen- und Zedernholz, und die Türen hatten Intarsien aus Ebenholz. Das Tempelinnere war verschwenderisch mit Statuen, Bildern und prächtigen Vasen geschmückt. An der Längsseite des Tempels befand sich eine Bibliothek mit Büchern aller Art, von Werken der Philosophie bis zur ,,Belletristik''. Das Dach der Bibliothek war gewölbt, mitten im Raum stand eine Sonnenuhr. Leider sagt der Verfasser nichts darüber aus, wie diese Uhr befestigt war, damit sie bei den Kursänderungen des Schiffes die richtige Zeit angab. Die Bibliothek hatte auch einen Baderaum mit drei Badebecken aus Bronze und Handwaschbecken aus wunderschönem Marmor. Soweit Athanaeus und seine Beschreibung der *Syrakosia.* Man braucht nicht besonders darauf hinzuweisen, daß ein ähnlicher Komfort wie auf dem Flaggschiff Hierons erst in der Ära der großen Atlantik-Linienschiffe am Anfang des 20. Jahrhunderts wiederkehrt.

Ingenieure, Maschinen und Werkzeuge der Alexandrinischen Schule

Alexandria liegt im westlichen Teil des Nildeltas und war von Alexander dem Großen (356–323 v. Chr.) 332 v. Chr. gegründet worden. Die Stadt entwickelte sich sehr rasch zu einer Metropole und wurde zu einem der bedeutendsten wissenschaftlichen und kulturellen Zentren der Welt. Einer der Gründe für die besondere Stellung der Stadt in der Welt waren die hervorragenden Leistungen der Universität, dem *Museion,* die den neun Musen geweiht war, den Beschützerinnen der Wissenschaften und schönen Künste.

Archimedes genoß die Erziehung der alexandrinischen Universität, in der in den Jahrhunderten um die Zeitwende eine Gruppe Mathematiker und Wissenschaftler arbeitete, die sich dem Bau einer Reihe von interessanten Maschinen widmete. Der bekannteste unter den Mathematikern war Euklid (450?–380?), der mit seinen Abhandlungen über die *Elemente der Geometrie* der anerkannte Lehrer der Logik für viele Generationen von Studenten vom Mittelalter bis in die heutige Zeit war, die ,,Elemente'' wurden zum geflügelten Wort.

Der größte und bekannteste Wissenschaftler der Alexandrinischen Ingenieurschule war zweifellos Heron, der etwa im 2. Jahrhundert v. Chr. lebte – seine genauen Lebensdaten sind umstritten. Seine bekannteste Erfindung ist das *Aelopile,* die erste Reaktionsturbine, welche über das Medium des Dampfes Wärme in mechanische Energie umsetzte. Herons Turbine konnte Nutzarbeit leisten, doch ist nicht bekannt, daß sie praktisch zu diesem Zwecke verwendet wurde, obwohl die technischen Voraussetzungen dafür bestanden. Man hätte mit dieser einfachen Turbine einige existierende Arbeitsmaschinen betreiben können, so zum Beispiel die Archimedische Schraube, eine Maschine zum Fördern des für Ägypten so lebenswichtigen Wassers. Es verwundert daher, warum Heron nicht an solche praktische Anwendungsmöglichkeiten für seine Maschine dachte, doch betrieb man damals Arbeitsmaschinen viel billiger mit der Muskelkraft der Sklaven. Diese erste technische Kraftmaschine ist ein typisches Beispiel für eine Erfindung, die zu einem falschen Zeitpunkt gemacht wird. Die damalige Zeit sah in dem *Aelopile* eine Kuriosität, ein Spielzeug, eine amüsante Anwendung der Naturgesetze – und so mußte diese Maschine noch einige Jahrhunderte auf ihren Einsatz als Antriebsmaschine warten.

Die spielerische Erfindungsgabe Herons erkennt man am besten an den Automaten, die er baute. Der sinnreichste dieser Automaten ist die Vorrichtung zum „automatischen" Öffnen der Tore im innersten Tempelbezirk, wenn ein Opferfeuer auf einem bestimmten Altar entzündet wurde. Die ungebildete Tempelgemeinde mußte zweifellos daran glauben, ein fast greifbares Zeugnis der Allmacht der Götter zu sehen.

Der erste große Ingenieur der Alexandrinischen Schule war nicht Heron, sondern Ktesibios, der im 3. Jahrhundert v. Chr. lebte. Er war ein außerordentlich begabter Mathematiker und machte im Museion sicherlich Bekanntschaft mit Euklids *Elementen.* Es ist ebenso umstritten wie seine Lebensdaten, ob er die Werke Archimedes' und Aristoteles' über die einfachen Maschinen kannte. Ktesibios war Sohn eines Baders und trat in seiner Jugend in die Fußstapfen seines Vaters. In der Balbierstube erfand er seine erste technische Vorrichtung. Er hängte einen Spiegel an einem Seil auf, das über verborgene Rollen zu einem ausbalancierten Gegengewicht aus Blei in der Wand führte. Das Bleigewicht bewegte sich in einem Kupferrohr. Infolge des ausbalancierten Gewichts konnte der Spiegel in jede gewünschte Höhe gebracht werden. Ein solches Zauberwerk hatte man noch nie gesehen, und man kann sich die Verwunderung der Kunden vorstellen. Diese einfache Konstruktion nahm bald eine unvorhergesehene Entwicklung.

Das Gegengewicht füllte die Kupferröhre so genau aus, daß es schwierig war, den Spiegel zu bewegen. Ktesibios mußte lange Zeit über die geheime Kraft nachdenken, die die Bewegung des Gegengewichtes hemmte. Schließlich schloß er folgerichtig, daß die Luft in der Röhre komprimiert wurde und als elastischer Puffer wirkte. Er entschloß sich daher, ein kleines Loch am Ende des Rohres zu bohren. Dies erlaubte ihm nun, den Spiegel ohne Schwierigkeiten zu heben und zu senken, doch wurden die Bewegungen von einem seltsamen pfeifenden Geräusch begleitet. Ktesibios entdeckte auch dafür den Grund. Dies erlaubte ihm, die erste Orgel der Welt zu bauen.

Zu jener Zeit war sehr wenig über die Eigenschaften der Luft bekannt, so kann angenommen werden, daß Ktesibios einige Zeit für zahlreiche Versuche mit Pumpen und anderen Vorrichtungen verbrachte, um komprimierte Luft zu erzeugen. Er mußte auch einige Zeit lang die fundamentalen Gesetze der Akustik erforscht haben. Er betrat Neuland. Die Orgel, die er konstruierte, hatte eine ganze Reihe von Einzelteilen, die, jeder für sich, als grundlegende Erfindungen gelten können. Sarton bemerkt richtig, daß Ktesibios bestimmt eine große Zahl von grundlegenden Patenten für seine Orgel erworben hätte, wenn es damals schon ein Patentamt gegeben hätte.

Die Literatur schreibt Ktesibios die Erfindung der Wasseruhr zu. Diese Vorrichtung, auch Klepsydra genannt, ist in Ägypten schon im 2. Jahrtausend v. Chr. als Zeitmeßgerät und im Fernen Osten vielleicht noch früher verwendet worden. Diese frühen Zeitmeßgeräte arbeiteten nicht genau. Ktesibios erkannte, bedingt durch seine Arbeiten über das Verhalten der Luft und Flüssigkeiten unter Druckeinwirkung, daß bei einer Wasseruhr das Wasser mit einem konstanten Druck durch eine sich nicht ändernde Düse fließen muß. Ktesibios fertigte daher eine Düse aus einem Edelstein und baute ein Wasserbecken mit einem Abflußkanal, der dafür sorgte, daß das Wasser einen konstanten Druck hatte und der Wasserfluß gleichmäßig war.

Die schriftlichen Werke von Ktesibios sind verlorengegangen, aber sie waren einigen seiner Nachfolger bekannt, die dieses Wissen schriftlich niederlegten. Auf diese Weise sind einige Fragmente teilweise in Arabisch erhalten geblieben. Tragischerweise sind viele unbezahlbare und unersetzbare wissenschaftliche Werke 47 v. Chr. vernichtet worden, als Julius Caesar Alexandria plünderte und während seines ägyptischen Feldzuges das Museion niederbrennen ließ. Die große Bibliothek mit ihren auf eine Anzahl von einer halben Million geschätzten Büchern war zerstört worden – ein unschätzbarer Verlust für Wissenschaft, Literatur und Kunst.

Ktesibios hatte am Museion viele Schüler, aus deren Werken man etwas über das Wirken des Meisters erfahren konnte. Die bedeutendsten seiner Schüler waren Philon von Byzanz und Heron von Alexandria.

Philon war gegen Ende des 2. Jahrhunderts v. Chr. in Alexandria tätig. Später wurde er Ingenieur im Dienste der Herrscher von Rhodos, wo er verschiedene Angriffs- und Verteidigungswaffen konstruierte, z. B. Wurfmaschinen, Rammböcke u. a. Philon beschrieb offenbar als erster die Technologie des Waffenbaus und seiner Anwendung. Nur wenige Kapitel seines umfangreichen Werkes *Mechanice syntaxis* haben überlebt; das Kapitel ‚Pneumatica', das von Luftpumpen und Druckluft handelt, stammt wohl teilweise von Ktesibios.

Der bedeutendste Ingenieur der alexandrinischen Schule war jedoch Heron. Seine Bücher über Mathematik, Mechanik und Automaten enthalten die Beschreibung von über siebzig mechanischen Vorrichtungen, angefangen von Verbundelementen, wie z. B. das Zahnrad, bis zu komplizierten automatischen Vorrichtungen und Maschinen. Drachmann vermutet, daß Heron von seinen Schülern und Mitarbeitern unterstützt wurde, seine überaus zahlreichen Ideen zu verwirklichen.

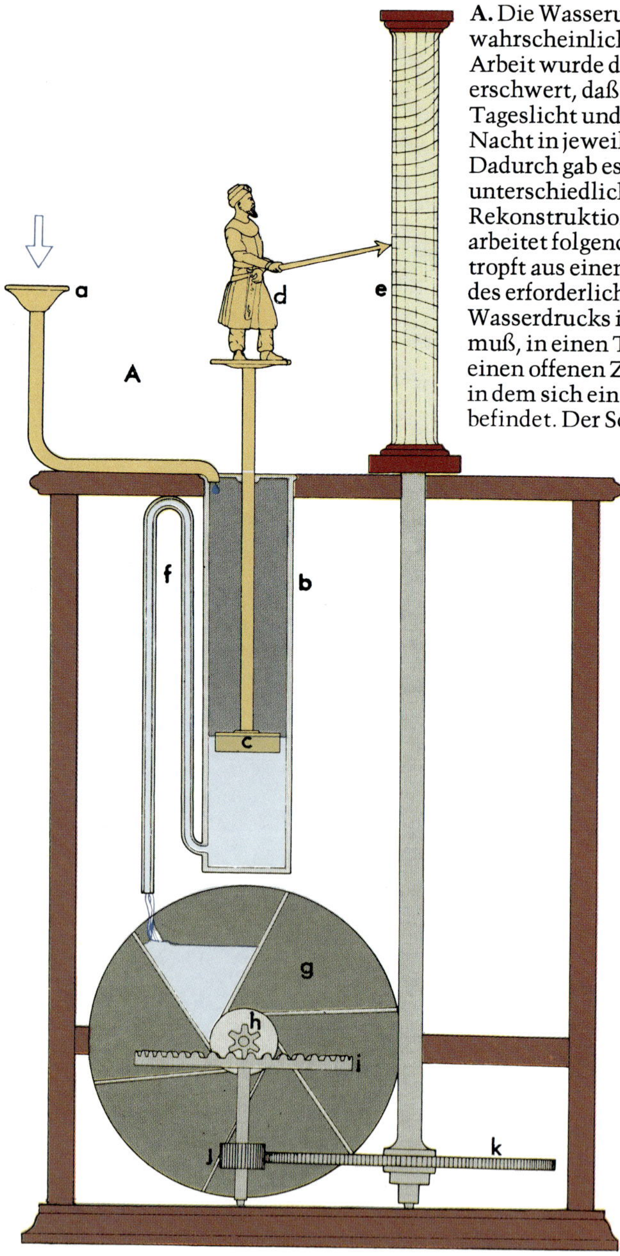

A. Die Wasseruhr oder Klepsydra erfand wahrscheinlich Ktesibios. Seine Arbeit wurde durch die Tatsache erschwert, daß die Ägypter das Tageslicht und die Dunkelheit der Nacht in jeweils 12 Stunden teilten. Dadurch gab es in Sommer und Winter unterschiedlich lange Stunden! Die Rekonstruktion der Klepsydra arbeitet folgendermaßen: Wasser tropft aus einem Behälter, der wegen des erforderlichen konstanten Wasserdrucks immer gefüllt sein muß, in einen Trichter (a) und wird in einen offenen Zylinder (b) geleitet, in dem sich ein Schwimmer (c) befindet. Der Schwimmer ist mit einer Figur (d) verziert, die als Zeiger dient. Entsprechend dem Füllungsgrad im Zylinder zeigt die Figur auf einer Säule (e) die Zeit an. Der Wasserspiegel steigt in dem Siphon (f), bis das kürzere Teil vollständig gefüllt ist und der Luftdruck das Wasser aus dem Zylinder in eine in Zellen geteilte Trommel (g) drückt. Sobald die Zelle mit Wasser gefüllt ist, dreht sich die Trommel etwas. Ein Zahnrad (h) an der Achse der Trommel treibt andere Zahnräder (i, j, k) an; das Zahnrad (k) ist mit der Säule (e) verbunden. Die Linien, die die Uhrzeit auf der Säule angeben, sind nicht horizontal gezeichnet, so daß sich die Zeitdauer einer Stunde mit der Drehbewegung der Säule ändert.

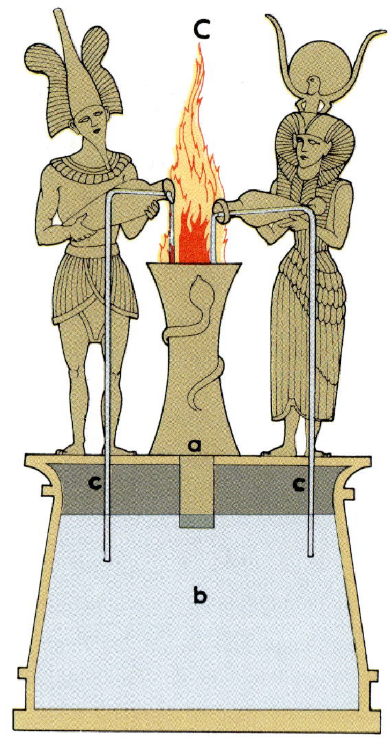

B. Die Erfindung der Orgel wird ebenfalls Ktesibios zugeschrieben; ihre Ausführung wurde von Heron und von Vitruv beschrieben. Eine Reihe von Pfeifen (a) waren auf einem Brett (b) montiert, unter dem eine Luftleitung (c) der Druckluftzufuhr diente. Die Druckluft wurde von einer fußbetriebenen Pumpe erzeugt. Um den Luftdruck konstant zu halten, verwendete Ktesibios einen Windkessel (e). Die in den Kessel eintretende Luft verdrängte das Wasser in den Ringraum um den Kessel (f).
(**1**) Unterhalb einer jeden Pfeife befand sich ein durchbohrtes Brett (g).
(**2**) Wenn man die Taste drückte, schob sich das Brett vor, so daß die komprimierte Luft durch die Bohrung in die Pfeife treten und einen Ton erzeugen konnte.

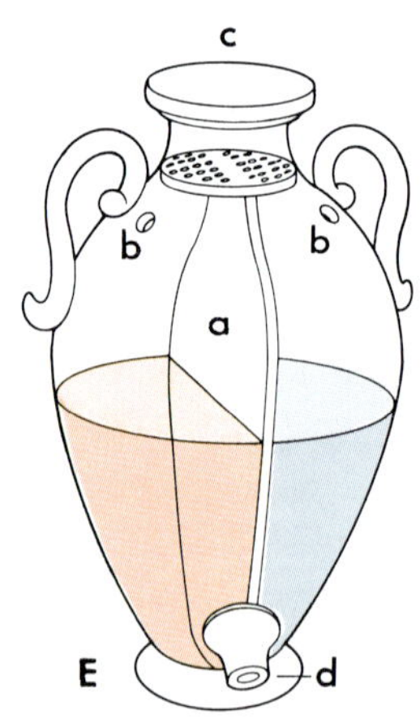

C. Der Bau dieses Altars wird Ktesibios' Schüler Heron zugeschrieben; das Feuer auf dem Altar wurde automatisch ausgelöscht, wenn es eine Zeitlang gebrannt und die Luft in dem Metallzylinder (a) genügend erwärmt hatte. Die Luft zwang dann das Wasser, in den Rohren (b) in den Statuen zu steigen und in das Becken einzudringen.

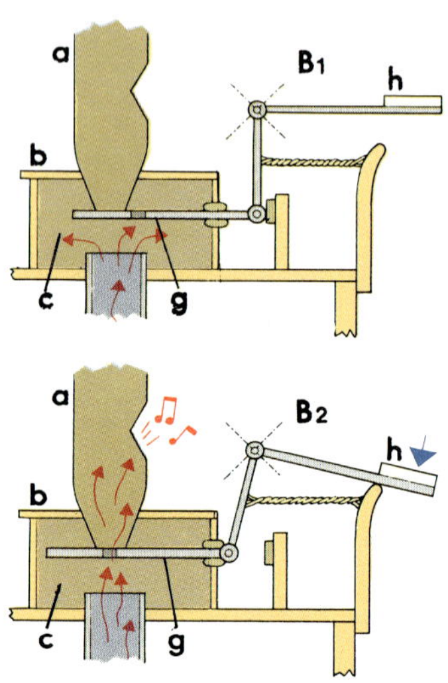

D. Eine Abart von Herons Aelopile, die hier mit Heißluft betrieben wird. Wenn man das Feuer entzündet, erhitzt sich die Luft im Inneren des Altars (a), dehnt sich aus und gelangt in das Rohrsystem (b). Die Figuren werden durch die Heißluft angetrieben, die über die gebogenen Rohrenden (c) entweicht.

E. Ein von Heron entworfener Krug, in dem eine Wand (a) Wasser vom Wein scheidet. Im oberen Teil des Kruges befinden sich zwei Löcher (b) und ein siebförmiger Abschluß (c). Eine enge Öffnung (d) am Fuß des Kruges verbindet beide inneren Teile. Solange die beiden Öffnungen (b) mit Fingern zugehalten werden, kann keine Flüssigkeit austreten. Durch Freigabe entsprechender Öffnungen kann man wahlweise Wasser, Wein oder ein Gemisch von beiden ausschenken.

F. Herons sinnreiche Vorrichtung zum Öffnen der Tore im innersten Tempelbezirk. Wenn das Opferfeuer entzündet wird, dehnt sich die Luft im Inneren des Altars (a) aus. Sie ist Ursache für die Drucksteigerung in der Kugel (b), die zum Teil mit Wasser gefüllt ist. Das Wasser wird herausgedrückt und gelangt über den Siphon (c) in das Becken (d), welches dann sinkt und dabei ein Seil (e) zieht. Dieses Seil läuft über zwei Zapfen und öffnet die Tore. Wenn das Feuer gelöscht wird, normalisiert sich der Luftdruck im Altar, das Wasser im Becken (d) wird in die Kugel (b) zurückgesaugt und ein Gegengewicht schließt die Tore wieder.

G

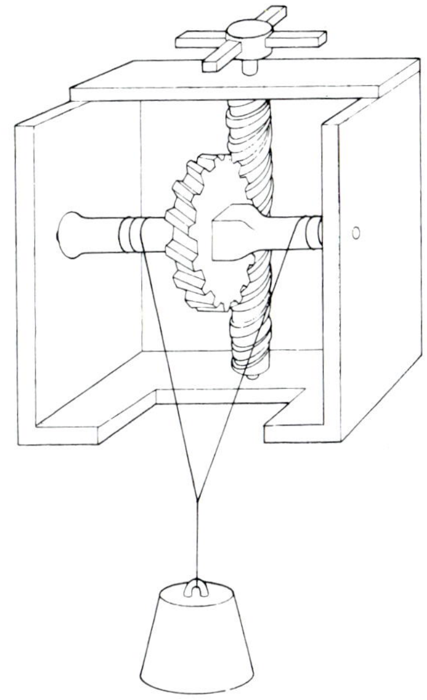

H

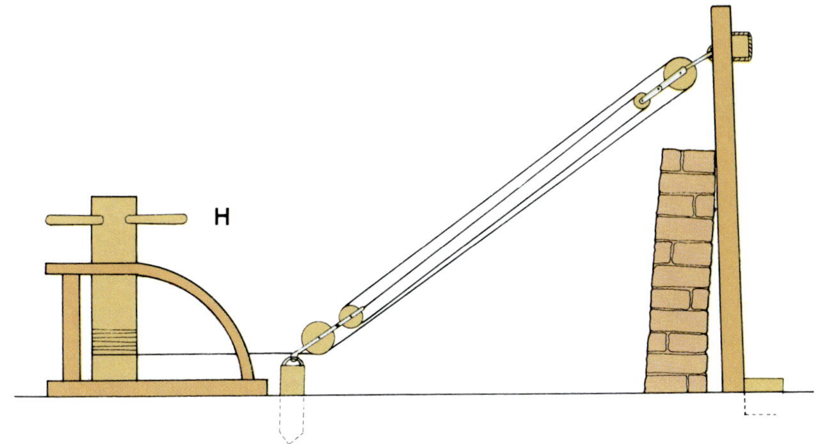

I

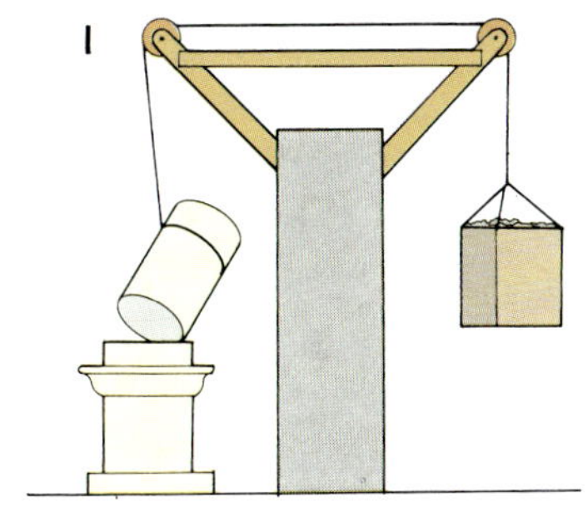

F

G. Heron kombinierte die einfachen Maschinen zu verschiedenen kraftvergrößernden Vorrichtungen, wie zum Beispiel zu diesem Schneckentrieb.

H. Herons Vorrichtung zum Aufrichten von schiefen Wänden.

I. Herons Anwendung des Prinzips des Gegengewichts beim Bau einer Säule.

J. Herons Weihwasserspender. Wenn eine Münze in den Schlitz (a) gesteckt wird, fällt sie auf einen Hebel (b), der ein Ventil (c) öffnet. Durch das Ventil rinnt etwas Wasser heraus, bevor der Wasserdruck das Ventil wieder schließt.

K. Pflastersteine, die auf Kupferplatten verschiedener Dicke und Härte fallen, erzeugen das Grollen in dieser „Donnermaschine" des Heron.

J

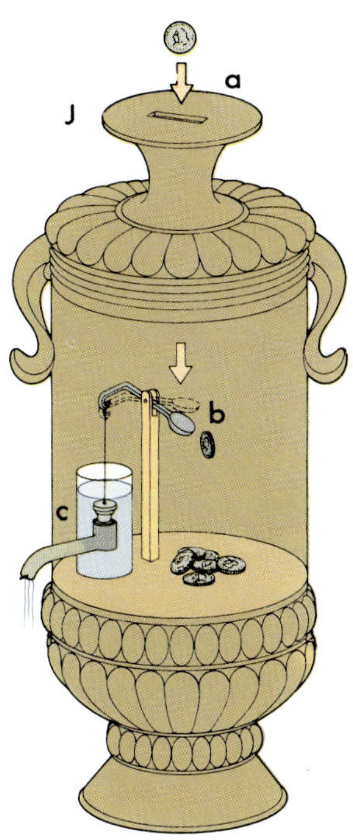

K

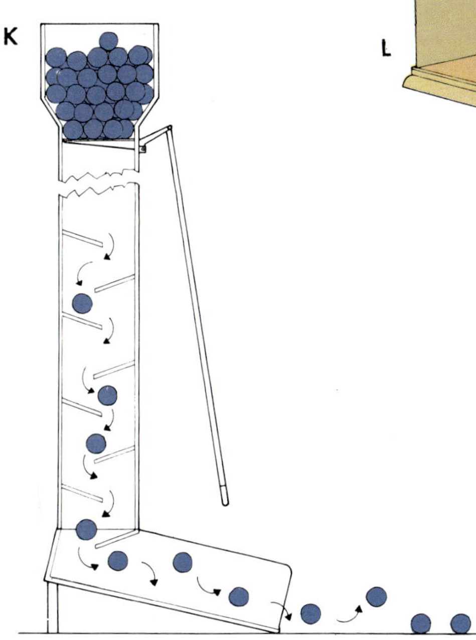

L

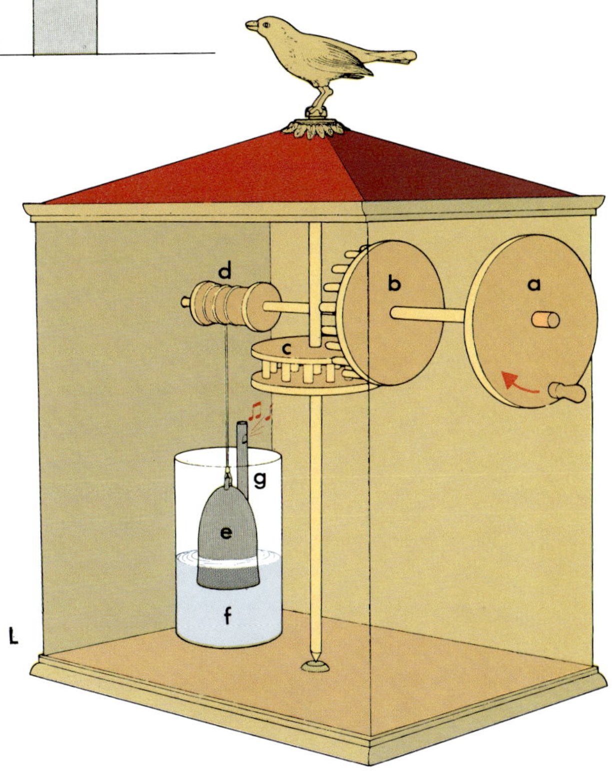

L. Herons „Wunderkasten". Wenn das Rad (a) bewegt wurde, drehte sich der Vogel um und pfiff! An der Radwelle ist ein gezahntes Rad (b) befestigt, das in das Rad (c) eingreift, auf dessen senkrecht stehender Achse der Vogel sitzt. Gleichzeitig wird eine Schnur um die Trommel (d) gewickelt. Am anderen Ende der Schnur ist eine Metallglocke (e) befestigt, die über einem Becken (f) hängt, das teilweise mit Wasser gefüllt ist. Das Rohr (g) hat oben eine Pfeife. Wenn man die Kurbel am Rad (a) losließ, drehte sich der Vogel auf die andere Seite, der Deckel tauchte in das Wasser, und die verdrängte Luft erzeugte so den Pfeifton.

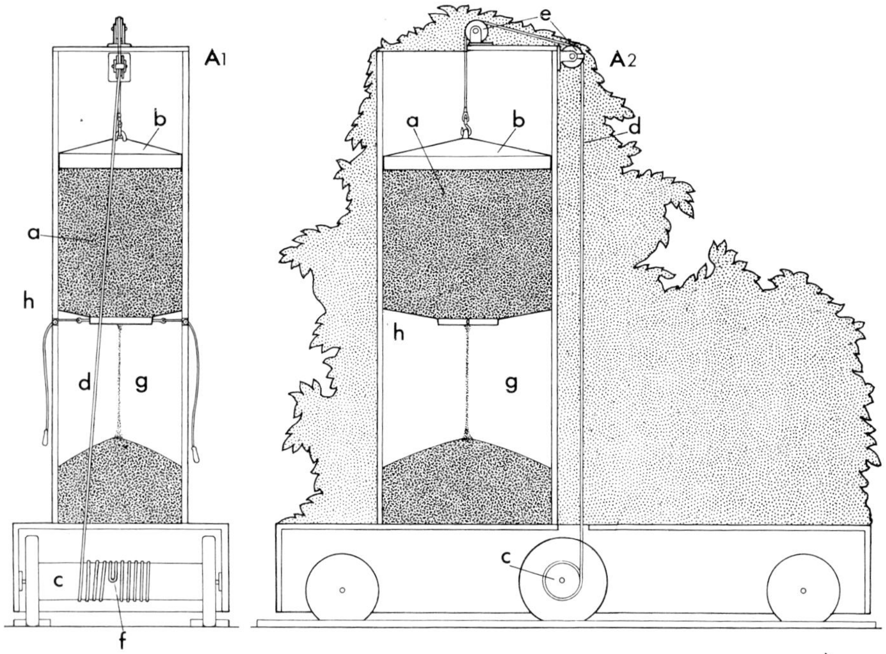

A. Der Sandmotor von Heron für den Antrieb von Bühnenkulissen; im Schnitt (**1**) und von vorn (**2**). Der Metallbehälter bestand aus zwei Teilen. Der obere Teil (a) enthielt Sand, Hirse, Senfkörner oder ähnliches. Auf dem Sand ruhte ein Gewicht (b), das über ein Seil (d), das an der Rolle (e) umgelenkt wurde, mit der Radachse (c) verbunden war. Wenn die Kulisse vorwärts zur Bühne oder zurück rollen sollte, wurde zuerst das Seil in die eine oder die andere Richtung um die Radachse gewickelt; die Länge des umwickelten Seiles (Breite der Wicklung (f) bestimmte die Entfernung, die zurückgelegt werden konnte. Wenn die Öffnung in der Trennwand (h) zum unteren Gefäß (g) geöffnet wurde, floß der Sand dort hinein. Das Gewicht im oberen Teil senkte sich und zog entsprechend das Seil, so daß sich die Kulisse in Bewegung setzte.

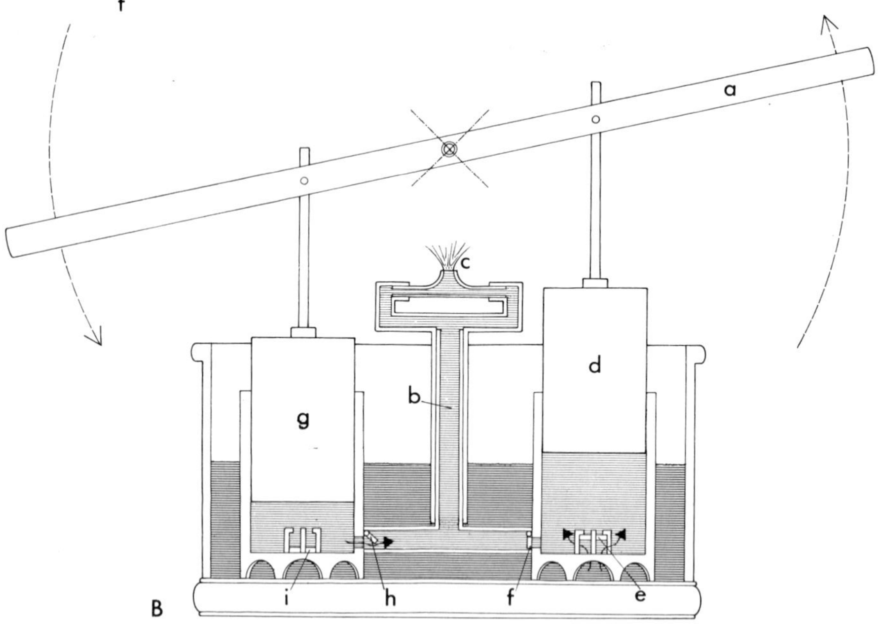

B. Diese Saug- und Druckpumpe wurde von Heron entwickelt und diente der Brandbekämpfung. Die Erfindung bestand aus zwei Zylindern mit Kolben, die durch eine Druckstange (a) auf- und abbewegt werden konnten. Die beiden Zylinder waren miteinander und mit einem Steigrohr (b) verbunden, durch das das Wasser aus einer Öffnung (c) oben austreten konnte. Wenn der eine Kolben (d) nach oben bewegt wurde, öffnete sich das Bodenventil (e) und das Wasser drang in den Zylinder ein. Das Ventil (f), das diesen Zylinder mit dem Steigrohr verband, ist in diesem Augenblick geschlossen. Gleichzeitig wird der Kolben (g) gesenkt und drückt das Wasser durch das Ventil (h) in das Steigrohr. Der dadurch aufgebaute Wasserdruck hält hier die Ventile (f) und (i) geschlossen.

C. Herons singende Vögel. Das Wasser fließt aus dem Löwenmaul in einen abgedeckten Behälter (a). Dadurch wird die Luft aus dem Behälter herausgedrückt und durch Rohre (b) zu den Pfeifen in den Vögeln geleitet. Sobald der Wasserspiegel im Behälter die Höhe einer abgedeckten Leitung (c) erreicht, wirken Rohr und Abdeckung als ein Saugrohr und das Wasser wird aus dem Behälter (a) in den Behälter (d) entleert. Dieser Behälter besitzt ein ähnlich wirkendes Siphon (e) und einen mit einem Seil (g) verbundenen Schwimmer (f). Das Seil ist um eine drehbare Säule (h) geschlungen und hat an seinem Ende ein Gegengewicht (i). Wenn nun der Wasserspiegel in dem Behälter (d) und damit der Schwimmer steigen, dreht sich die Säule mit der Eule, bis der Wasserspiegel so hoch gestiegen ist, daß der Siphon zu arbeiten beginnt und der Behälter entleert wird. Der Schwimmer sinkt dann in seine ursprüngliche Lage zurück, die Eule dreht sich dann folglich entsprechend mit.

Maschinenelemente und elementare Maschinen

Archimedes und die Ingenieure der Alexandrinischen Schule zeigten, was mit den einfachen Maschinen in Theorie und Praxis vollbracht werden kann. Sie fügten zusammenhängende Hebel zu Zahnrädern, Schrauben und Keilen zusammen und bauten so die ersten Maschinen. Unter den ersten Anwendungen dieser neuen Technik waren die raffinierten Bühnenvorrichtungen, die in den griechischen und römischen Amphitheatern verwendet wurden, um die Zuschauer in Verwunderung zu versetzen. Der Ausdruck *deus ex machina* stammt aus jener Zeit. In den antiken Theatern, in denen oft auch religiöse Veranstaltungen stattfanden, ermöglichten es nämlich Hebel, Rollen und Seile beispielsweise, den korpulenten Bacchus magisch über der Bühne erscheinen zu lassen. Die Umkehrung *machina ex deo* lag den Zuschauern nahe, die die ersten Maschinen eben jener Gotteserscheinung oder ähnlichen magischen Vorkehrungen Herons und seiner Helfer zuschrieben. Technisch gesehen, bedeuten diese Vorkehrungen, daß die Ingenieure der Alexandrinischen Schule es verstanden haben, die einfachen Maschinen als Maschinenelemente anzuwenden.

Der Ausdruck „Maschinenelement" ist erst im 19. Jahrhundert eingeführt worden, als die Ingenieurwissenschaften zum ersten Male ernsthaft unter dem Gesichtspunkt der Mathematik und Kinematik unter anderen von F. Reuleaux betrieben wurde. Es besteht kein Zweifel, daß Heron und seine Assistenten beim Konstruieren ihrer Maschinen von den ungeheueren Möglichkeiten überwältigt waren, die sich ihnen boten, als sie die einfachen Maschinen systematisch auf verschiedene Weise zusammenzufügen versuchten. Die ersten Maschinenelemente bestanden hauptsächlich aus Kombinationen von Zahnrädern und endlosen Schrauben; beide werden in Schneckengetrieben verwendet.

Das Getriebe

Die Entstehung des Rades wurde schon an anderer Stelle behandelt. Ebensowenig wie über sein erstes Erscheinen weiß man über die Entwicklung des Zahnrades. Das Rad mag vielleicht schon über ein Jahrtausend lang gebraucht worden sein, ehe es das erste Mal abgebildet wurde. Das gleiche kann auch für das Zahnrad zutreffen. Sehr wenige schriftliche Zeugnisse befassen sich mit diesen Maschinenelementen. Vielleicht sind die alten Aufzeichnungen aber auch verlorengegangen im Laufe der Jahrhunderte. Viele technische Erkenntnisse der großen „Meister" jener Zeit wurden von ihren Schülern zusammengetragen. Beispielsweise gilt dies für das umfassende Werk *Mechanische Probleme,* das zwar Aristoteles (384–322 v. Chr.) zugeschrieben wird, jedoch nach neueren Forschungsergebnissen in der Zeit 290 bis 280 v. Chr. verfaßt wurde. In der Zeit nach dem Tode Aristoteles' sind wichtige Teile dieser Schrift verlorengegangen. Die Beschreibung verschiedener Getriebe in diesem Werk sind die frühesten Zeugnisse über Zahnräder und Getriebe. A. G. Drachmann ist nicht davon überzeugt, daß Aristoteles tatsächlich Zahnräder für die Getriebe verwendete, sondern glaubt, daß die Kräfte durch glatte Reibungsräder übertragen wurden.

Derek de Solla Price, ein amerikanischer Geschichtsforscher, hält es für möglich, daß Archimedes beim Bau seiner vielen Kriegsmaschinen das Schneckengetriebe verwendet hatte. Es ist auch denkbar, daß dieses Getriebe bei dem Archimedes zugeschriebenen Bau des „Planetariums" angewendet wurde. Die Arbeiten des Archimedes waren Ktesibios und anderen Ingenieuren der Alexandrinischen Schule bekannt.

Heron beschrieb im Jahre 60 v. Chr. einige Anwendungen für Zahn-

A. Eines der von Heron konstruierten Untersetzungsgetriebe, das zum Heben von 1000 Talent schweren Lasten mit nur 5 Talent Kraftaufwand bestimmt war.

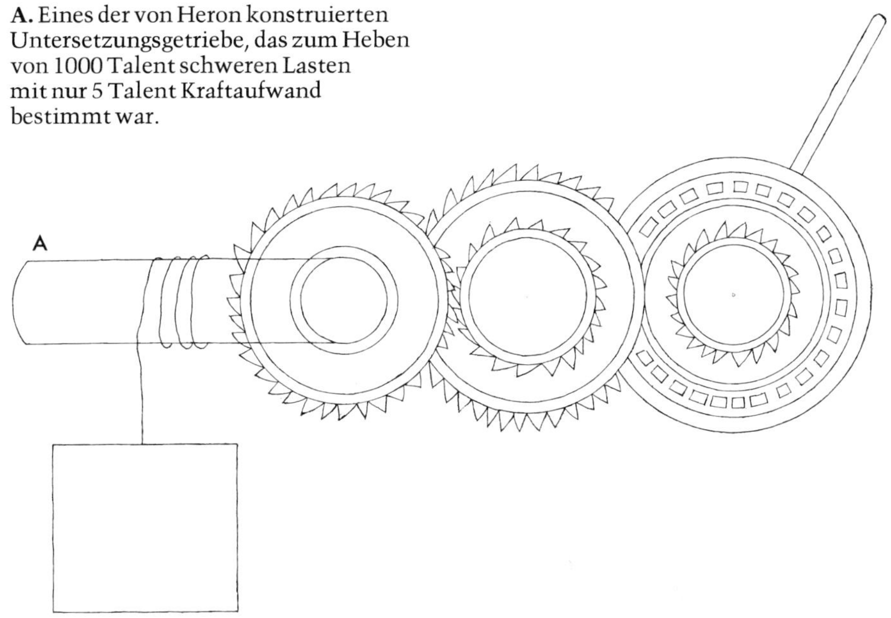

B. Herons *barulkos* oder Lastenheber war die Weiterentwicklung des bei A beschriebenen Getriebes. Unter anderem ist mit dem letzten Zahnrad des Getriebes ein Schneckentrieb verbunden worden.

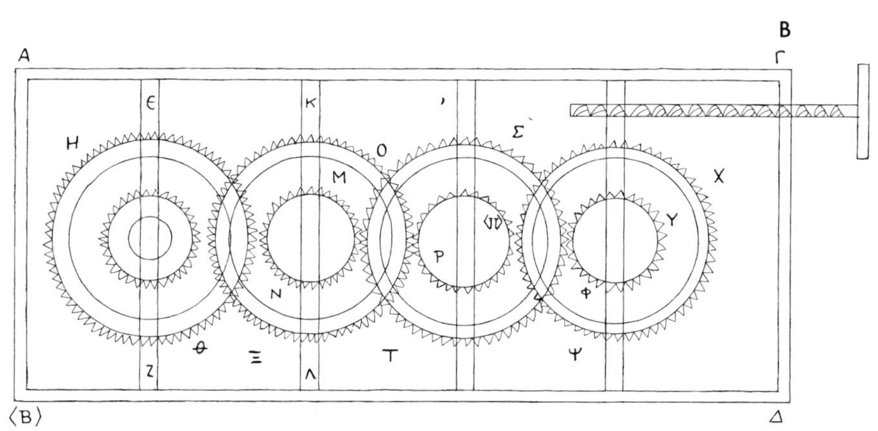

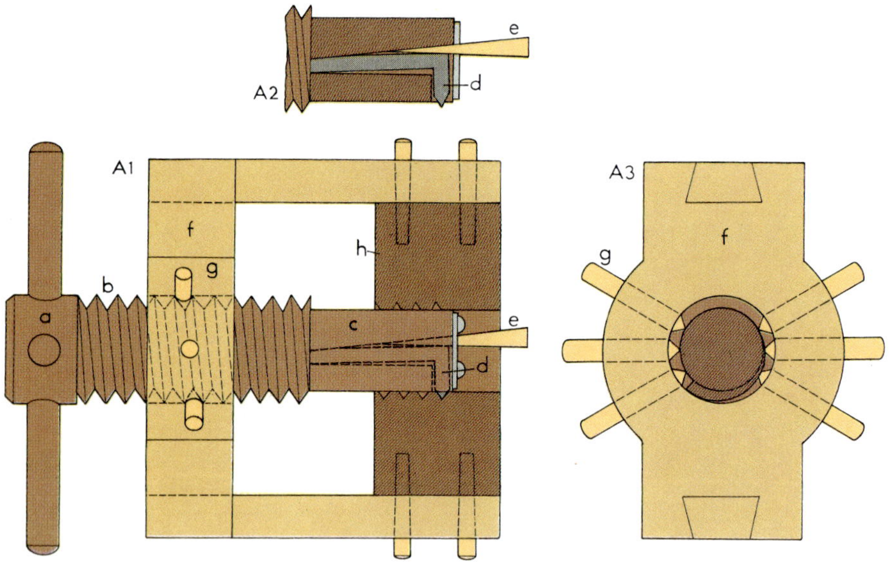

A. Eine Rekonstruktion von Herons Gewindeschneidmaschine für Innengewinde. (**1**) Das Rundholz war doppelt so lang als das zu fertigende Gewinde und war an einem Ende mit Griffen (a) versehen. Nun wurde ein Außengewinde (b) mit den gleichen Abmessungen wie das herzustellende Innengewinde geschnitten. Der verbleibende Teil des Werkstücks (c) wurde dann auf einer Drehbank auf den Durchmesser des Schraubenkerns abgedreht, mit einem Längsspalt (**2**) versehen und eine Längs- und Quernut angelegt. In die Nut wurde ein Schneideisen (d) eingelegt, dessen Profil demjenigen des zu fertigenden Innengewindes entsprach, und mit dem Keil (e) verkeilt. In ein anderes Holzstück (f) wurde ein Loch gebohrt, das so groß war, daß die Schraube mit dem Außengewinde gut durchgeführt werden konnte; die Abbildung (**3**) zeigt einen Querschnitt. Außerdem wurden kleine radiale Bohrlöcher angelegt, in die entsprechende Dübel aus Hartholz getrieben wurden. Die angeschärften Dübelenden führten das Außengewinde der Schraube und wirkten wie eine provisorische Schraubenmutter. Schließlich wurde in dem Werkstück (h), in dem das Innengewinde gefertigt werden sollte, eine Bohrung mit dem Durchmesser des Schraubenkerns angelegt. Der Gewindebohrer wurde dann in diese Bohrung eingelegt. Wenn nun die Griffe (a) bewegt wurden, schnitt das Schneideisen (d) das Innengewinde nach den eingestellten Abmessungen in das Werkstück ein.

räder, eine davon nannte er *barulkos,* Kran, und zeichnete sie in seinen Werken *Mechanik* und *Dioptra.* Heron berechnete auch die Anzahl der Zähne der verschiedenen Zahnräder und bestimmte so die Getriebeübersetzung des Kranes, die bei 1:200 lag. Mit dem Kraftaufwand von nur 5 Talenten sollten durch den Kran Lasten von 1000 Talenten (ungefähr 25 t) gehoben werden können. Die Berechnungen Herons sind rein theoretisch und etwas einfach gehalten, weil sie die Reibung zwischen den Zahnrädern und in den Achslagern nicht berücksichtigen. Auf den Zeichnungen sind die Zähne der Zahnräder sägezahnartig, haben die Gestalt eines gleichseitigen Dreiecks oder sind etwas trapezoidförmig und unterscheiden sich wesentlich von den heute gebräuchlichen Formen. Die Verzahnung der Zahnräder wird in den Zeichnungen nicht eindeutig dargestellt.

Offenbar sind die Zeichnungen in Herons Originalschriften schon zu seinen Lebzeiten und danach von den Übersetzern und Abschreibern mißverstanden worden. Deshalb erwähnt zum Beispiel der italienische Gelehrte und Dichter Bernardino Baldi (1553–1617) im Vorwort seiner Übersetzung von Herons *On Automata,* daß vom Anfang an die Zeichnungen von unfähigen Abschreibern verfälscht worden seien; aus diesem Grunde habe er die Darstellungen der italienischen Ausgabe, die 1589 erschien, neu gezeichnet.

In einer der Zeichnungen eines Kranes wird von Heron eine endlose Schraube dargestellt, die auf ein Zahnrad des Getriebes wirkt. Die Erfindung der endlosen Schraube, insbesondere diejenige für die Wasserförderung, wird Archimedes zugeschrieben, während ihre Anwendung als Maschinenelement beim Schneckengetriebe von Heron konstruiert wurde.

Herons Schneckengetriebe und Schraubentriebe

Heron konstruierte eine große Anzahl von Maschinen, deren grundlegendes Element die Schraube war. Viele dieser Konstruktionen blieben bis in die Tage des Industrialismus verhältnismäßig unverändert.

Der Hodometer oder Streckenmesser bestand aus vier hintereinandergeschalteten Schneckengetrieben. Er mußte an eines der Räder des Wagens befestigt werden, um die zurückgelegte Wegstrecke zu messen. In Herons Schriften werden verschiedene Arten von Entfernungsmessern beschrieben. Eine der Arten war mit einer Scheibe versehen, die Löcher in der Art der heutigen Wählscheibe eines Telephons aufwies. Diese Scheibe war an dem Getriebe so befestigt, daß bei der Drehung der Scheibe eines der Löcher die Öffnung im Boden eines mit Steinkugeln gefüllten Behälters freigab. So konnten jeweils nach Zurücklegen bestimmter Strecken die Steinkugeln in einen Sammelbehälter fallen. Diese Art des Kilometerzählers wurde möglicherweise in Droschken als „Taximeter" verwendet. Für einen einfachen Kutscher war es gewiß weniger scher, einige Steine zu zählen, als ein Instrument abzulesen. Eine andere Art des Entfernungsmessers war als Schiffslog bestimmt. Hier war eine Achse des Getriebes mit einem kleinen Schaufelrad verbunden, das durch die Zahl seiner Umdrehungen die Länge der zurückgelegten Segelstrecke angab. Es ist jedoch unwahrscheinlich, daß dieses Instrument weit verbreitet war.

Genaue Wegemesser kamen erst im 16. und 17. Jahrhundert auf, als in Europa gezeichnete Landkarten mit genauen Entfernungsangaben immer notwendiger wurden. Der vielseitige deutsche Jesuit und Naturforscher Athanasius Kircher (1602–1680) konstruierte einen Meilenmesser für Reisewagen – diese Instrumente hatten Herons Hodometer zum Vorbild – und verschiedene Arten Schrittzähler sowohl für Pferde als auch Fußgänger.

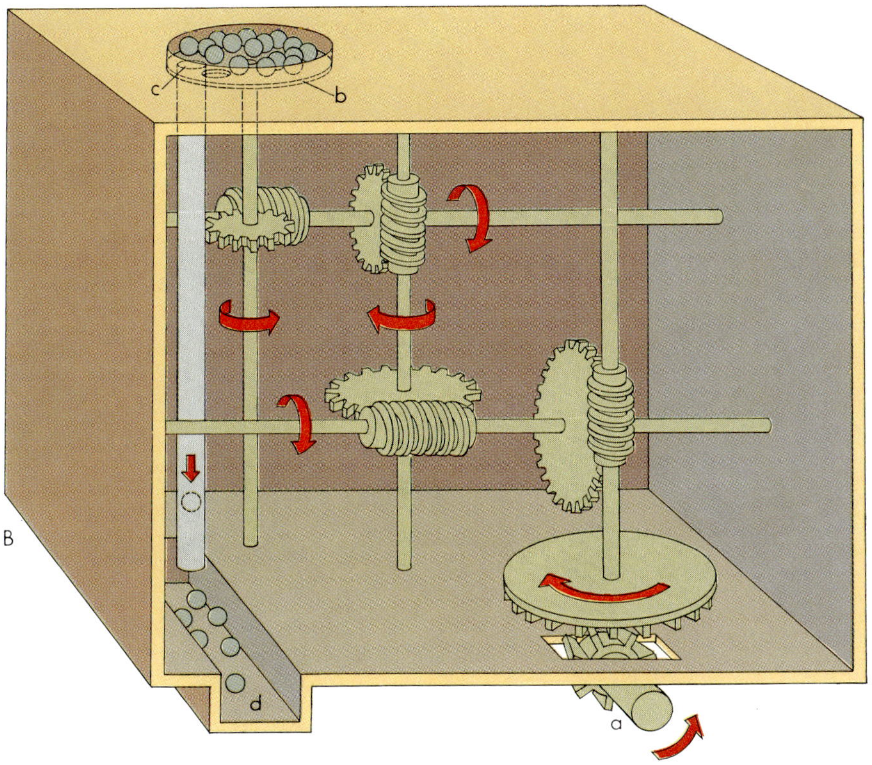

B. Herons Streckenmesser bestand aus vier hintereinandergeschalteten Schneckentrieben. Er mußte an einem der Räder des Wagens befestigt werden (in a). Bei dem dargestellten Typ befand sich auf der Achse des letzten Triebs eine runde Scheibe (b) mit Bohrungen. Wenn eine solche Bohrung unter das Loch (c) im Boden eines mit Steinkugeln gefüllten Behälters zu stehen kam, fiel eine der Kugeln in den Sammelbehälter (d). Durch Auszählen der Steinkugeln konnte der Kutscher die zurückgelegte Wegstrecke errechnen.

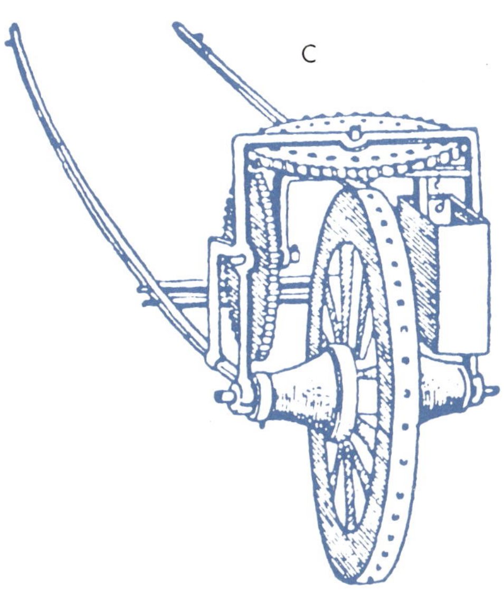

C. Der Streckenmesser des Leonardo da Vinci war ein weiterentwickeltes Gerät von Heron. Auch da Vinci verwendete Steinkugeln, die in einen Sammelbehälter fielen, um die zurückgelegte Entfernung zu bestimmen.

D. Ein in Augsburg in Deutschland im 16. Jahrhundert gebauter Meilenmesser (**1**). Das Grundprinzip des Mechanismus in den Entfernungsmessern jener Zeit entspricht demjenigen im Streckenmesser des Heron. Oft wurden diese Meßgeräte als Schrittzähler für Fußgänger (**2**) und Tiere (**3**) gebaut.

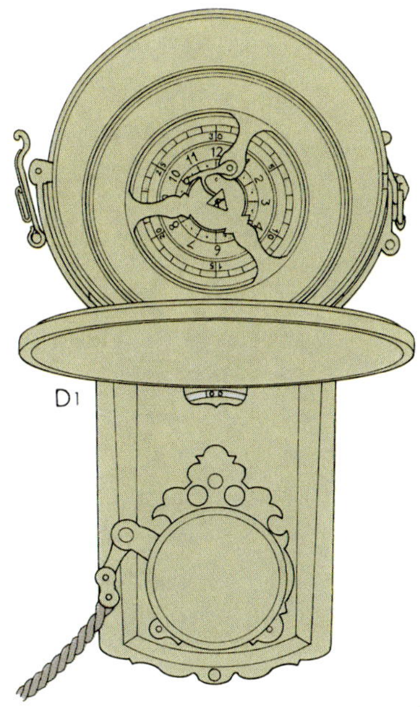

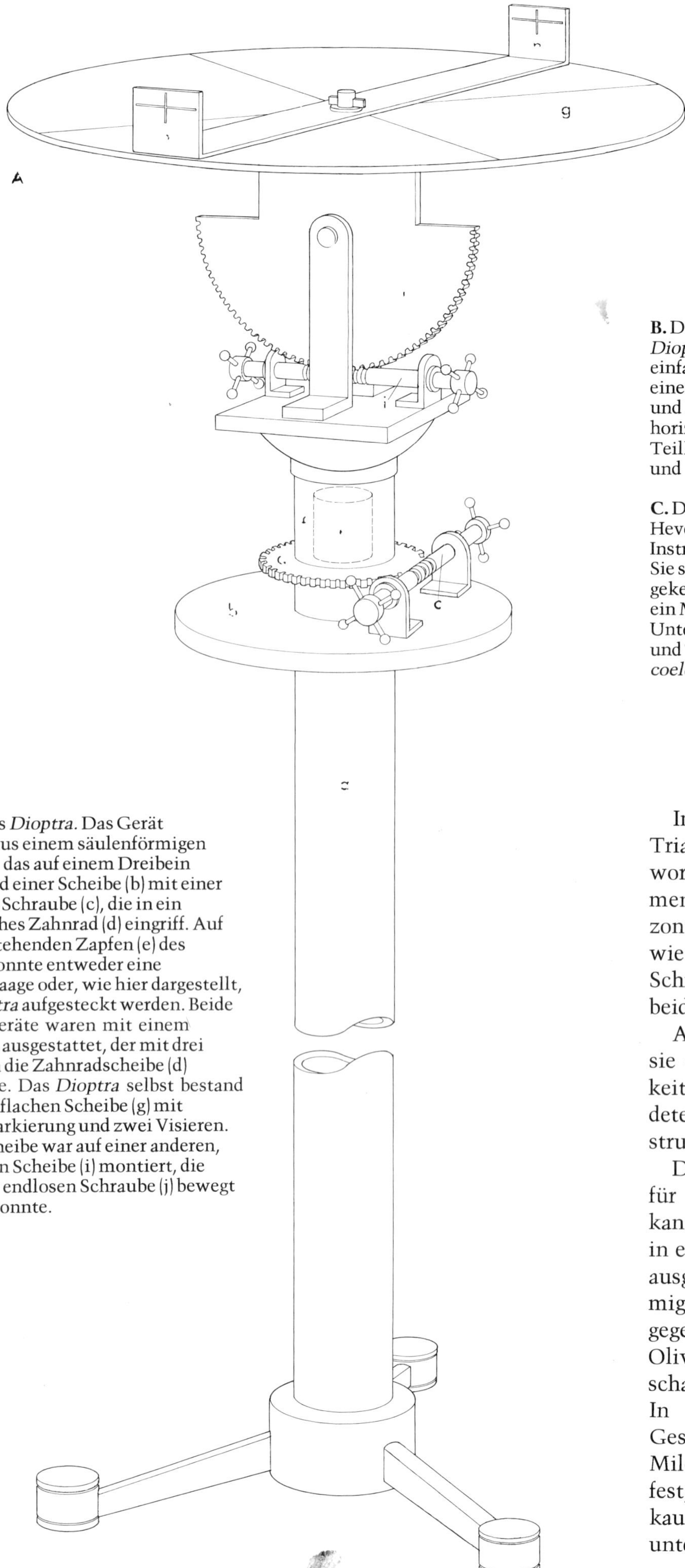

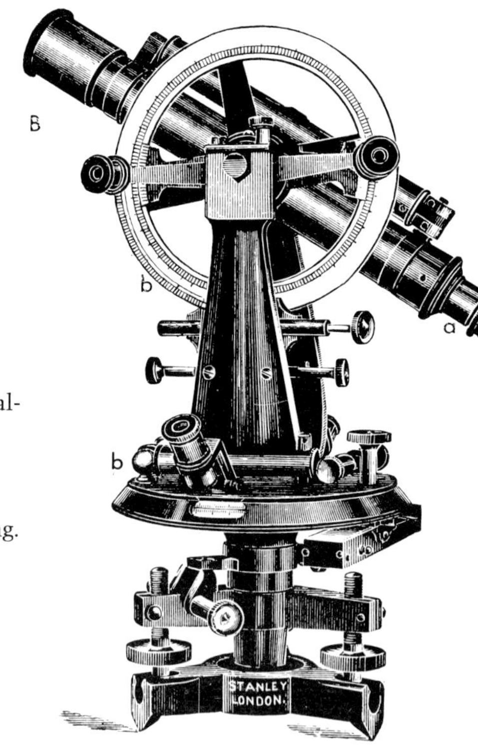

B. Das moderne Gegenstück zum *Dioptra* ist der Theodolit. In seiner einfachsten Form besteht dieser aus einem Fernrohr (a) mit Fadenkreuz und kann um eine vertikale und horizontale Achse gedreht werden. Teilkreise (b) gestatten, die Horizontal- und Vertikalwinkel zu messen.

C. Der deutsche Astronom Johann Hevelius (1611–1687) baute mehrere Instrumente zur Himmelsbeobachtung. Sie sind durch ihre große Präzision gekennzeichnet. Hier sind dargestellt ein Meßgerät zum Bestimmen von Untergängen von Himmelskörpern und Teilkreise aus Hevelius' *Machina coelestis*.

A. Herons *Dioptra*. Das Gerät bestand aus einem säulenförmigen Stativ (a), das auf einem Dreibein stand, und einer Scheibe (b) mit einer endlosen Schraube (c), die in ein bewegliches Zahnrad (d) eingriff. Auf den feststehenden Zapfen (e) des Stativs konnte entweder eine Wasserwaage oder, wie hier dargestellt, das *Dioptra* aufgesteckt werden. Beide Aufsatzgeräte waren mit einem Sockel (f) ausgestattet, der mit drei Stiften in die Zahnradscheibe (d) einrastete. Das *Dioptra* selbst bestand aus einer flachen Scheibe (g) mit Linienmarkierung und zwei Visieren. Diese Scheibe war auf einer anderen, gezahnten Scheibe (i) montiert, die mit einer endlosen Schraube (j) bewegt werden konnte.

Im vorangehenden Kapitel wurde aufgezeigt, daß die Probleme der Triangulation und des Nivellements bereits im Altertum gemeistert worden sind. So beschreibt Heron ausführlich ein Vermessungsinstrument, das er *Dioptra* nennt; es war dazu bestimmt, vertikale und horizontale Winkel zu messen und es beruht auf den gleichen Grundlagen, wie der moderne Theodolit. Heron benutzte bei dem Gerät die endlose Schraube als Justiereinrichtung, um die optische Achse des Geräts in beiden Richtungen zu verstellen.

Als Herons Werke in der Renaissance wiederentdeckt wurden, gaben sie den Ingenieuren neue Anregungen für die Anwendungsmöglichkeiten des Schneckengetriebes und des Schraubentriebes. So verwendete Leonardo da Vinci das Schneckengetriebe für verschiedene Konstruktionen, u. a. für eine Gewindeschneidmaschine.

Die Kulturen in der Antike hatten verschiedene Pressen insbesondere für Trauben und Oliven im Gebrauch. Im Alten Reich in Ägypten kannte man eine Bauart der Presse, bei der das Preßgut (Oliven, Trauben) in einen Tuchsack gefüllt und dann mittels Muskelkraft und Hebeln ausgewrungen wurde. Die Griechen verwendeten als Presse einen einarmigen Hebel, einen Preßbalken, der mit Muskelkraft oder Gewichten gegen einen Ledersack mit dem Preßgut gedrückt wurde. Trauben- und Olivenpressen waren seinerzeit wichtige Grundlagen für die Volkswirtschaft; jeder größere Haushalt besaß deshalb eine entsprechende Presse. In diesem Zusammenhang erzählt Aristoteles mit Ironie eine Geschichte von dem großen Philosophen und Naturforscher Thales von Milet, der im 5. Jahrhundert v. Chr. lebte. Eines Winters stellte Thales fest, daß die Olivenernte ungewöhnlich gut ausfallen würde. Daher kaufte er in der ganzen Gegend Olivenpressen auf, um sie nach der Ernte unter den von ihm diktierten Preisen zu vermieten. Man sieht dabei, daß

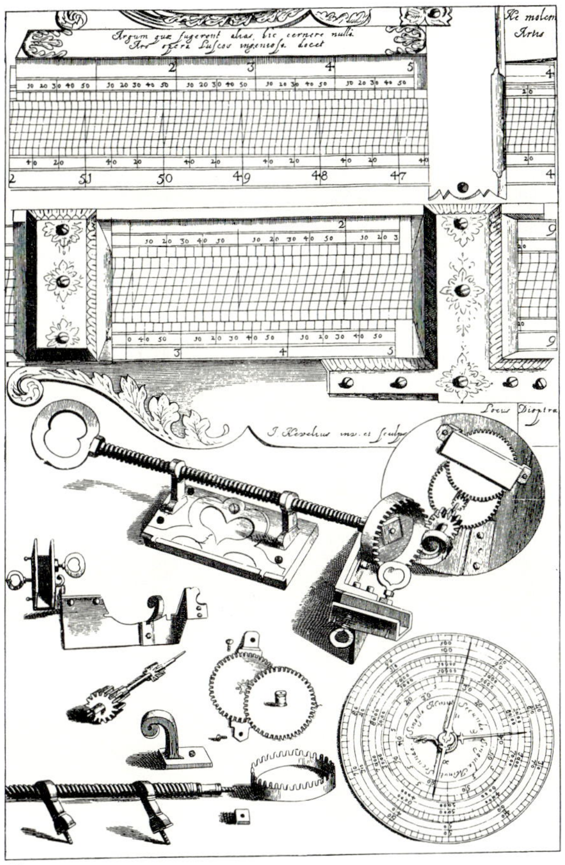

C

D. Ein Zirkel aus dem Jahre 1620. Er ist mit rechts- und linksgängigen Schrauben versehen, die eine gleichmäßige Bewegung der Zirkelschenkel ermöglichen.

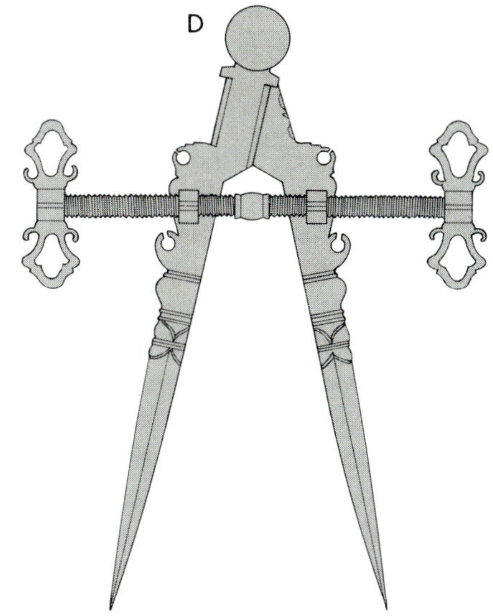

E. Leonardo da Vincis Gewindeschneidmaschine. Wenn die Kurbel (a) bewegt wurde, schnitt das Werkzeug (b) das Gewinde in das Werkstück (c). Das Werkzeug wurde von den beiden Führungsschrauben (d, e) geführt, die ihrerseits durch das Getriebe (f) und die Kurbel bewegt wurden. Durch Änderung der Getriebeübersetzung (g) und (h) konnte die Steigung des Gewindes im Werkstück geändert werden.

E

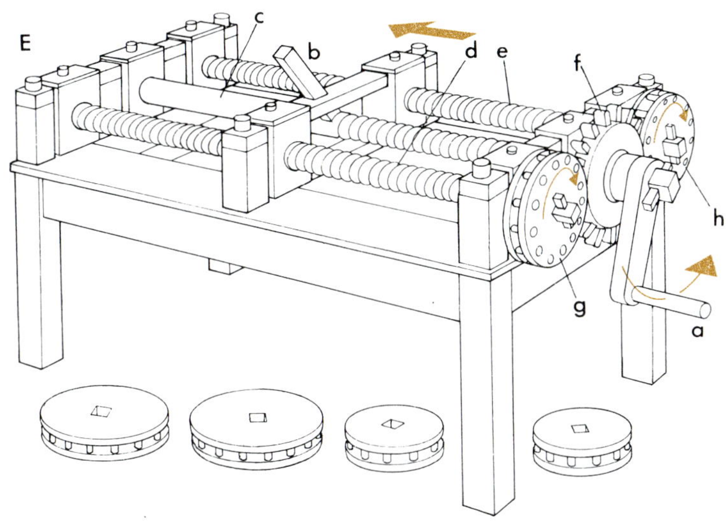

F. Ein Drehkran aus dem Jahre 1600. Die Last (b) wird gehoben oder gesenkt, wenn man die Schraube (a) in die eine oder die andere Richtung bewegt. Wenn der Kran durch ein Gegengewicht (c) ausgestattet wird, benötigt man weniger Arbeit, um die Schraube zu drehen.

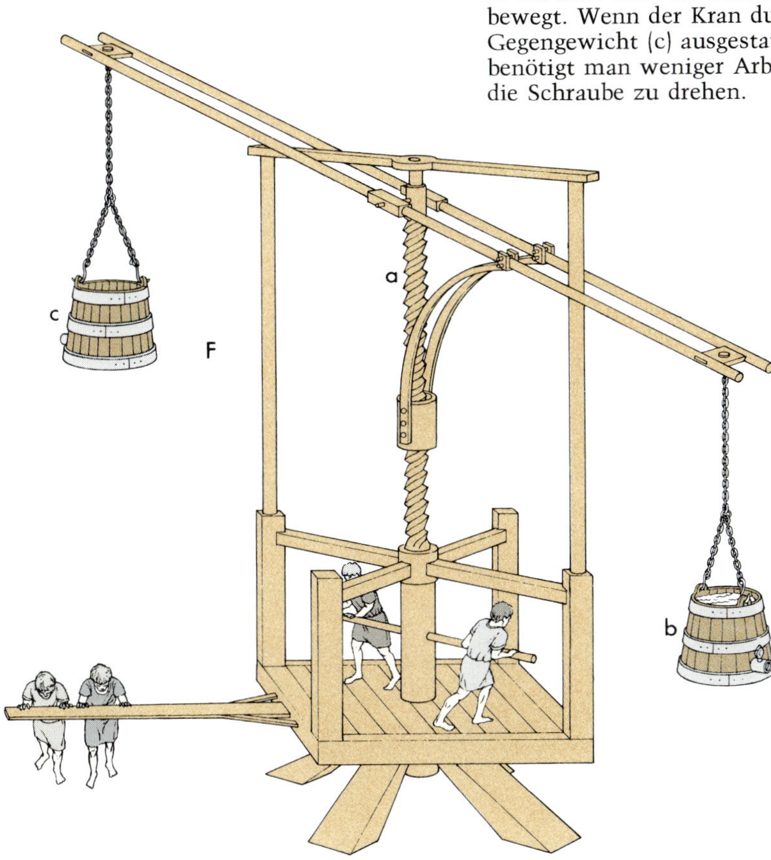

weder das Leasing noch die Monopolstellung moderne Erfindungen der Volkswirtschaft sind.

Heron konstruierte mehrere Arten von Pressen, bei denen fast ausnahmslos die endlose Schraube als Konstruktionselement auftritt; bei einigen kombinierte er die Schraube mit Hebeln. Plinius der Ältere erwähnt in seiner Entwicklungsgeschichte der Pressen, die in seinem Werk *Naturalis Historia* enthalten ist, Herons Konstruktionszeichnungen als richtungweisend für künftige Entwicklungen.

Herons Pressekonstruktionen fanden im gesamten Mittelmeerraum rasche Verbreitung; nicht zuletzt war dies auch durch die ausführlichen Beschreibungen von Plinius bedingt. Diese Pressen waren Vorlagen für spätere Pressekonstruktionen vom Mittelalter an bis in die Neue Zeit. Die erste Druckerpresse von Johann Gutenberg aus dem Jahre 1430 war mehr oder weniger eine direkte Kopie von Herons Schraubenpresse. Herons Schraube wird auch bei der Münzpresse verwendet, bei der beachtliche Druckkräfte gefordert werden. Herons Schraube mit ihrer Druck- und Schubeigenschaft war auch Vorbild für eine große Zahl mechanischer Vorrichtungen im ausgehenden Mittelalter. Eines der vielen Beispiele ist die Hebevorrichtung.

A. Hebelpresse zum Pressen von Oliven und Trauben. Das rechte Ende des Balkens (a) steckte man in eine Mauervertiefung. Das Preßgut wurde zwischen Bretter oder in Säcke gefüllt, zusammengebunden (b) und unter den Preßbalken gestellt, der mit Gewichten (c) beladen wurde. Der Saft floß in eine Schüssel (d). Teil einer Verzierung einer griechischen Vase aus dem 6. Jahrhundert v. Chr.

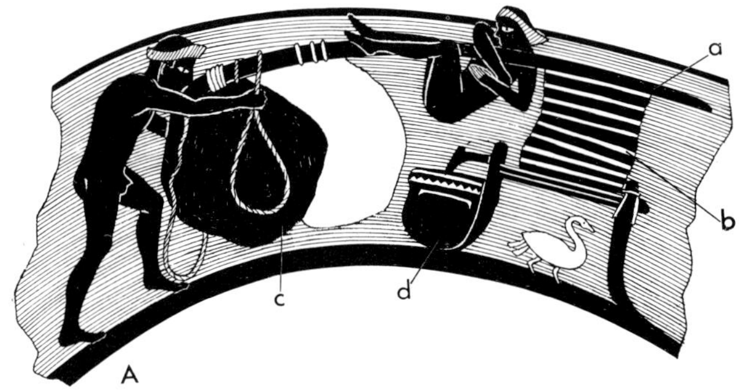

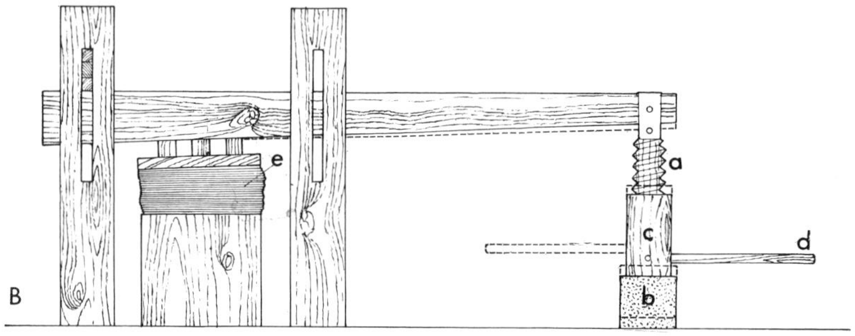

B. Schraubenpresse von Heron. Eine starke Schraube (a) war mit dem Preßbalken verbunden. Ein Gewicht aus Stein (b) war mit der Schraubenmutter (c) verbunden, die mit Griffen (d) bewegt werden konnte. (e) Preßgut.

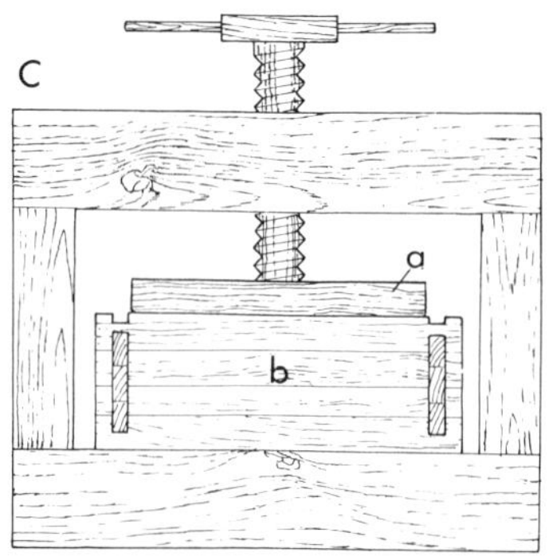

C. Eine Schraubenpresse von Heron. Die Schraube wirkte direkt auf die Preßplatte (a). Das Preßgut befand sich in einem Behälter aus miteinander verbundenen Brettern. Der ausgepreßte Saft floß zwischen diesen Brettern heraus.

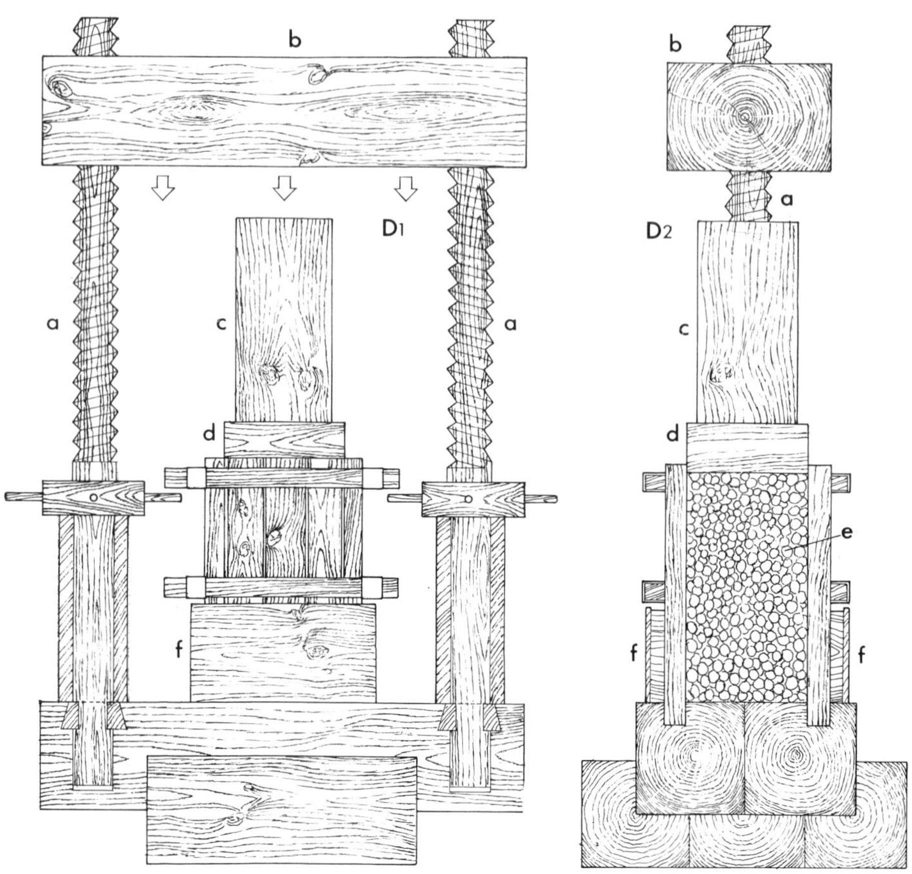

D. Eine direkt wirkende Doppelschraubenpresse von Heron; (**1**) Vorderansicht, (**2**) Schnittbild. Wenn die Schrauben (a) gedreht wurden, senkte sich der Balken (b) auf den Holzblock (c) und die Preßplatte (d). (e) Preßgutbehälter. (f) Sammelbehälter für den ausgepreßten Saft.

F

E. Die ersten Druckerpressen waren einfache Holzschraubenpressen.

G

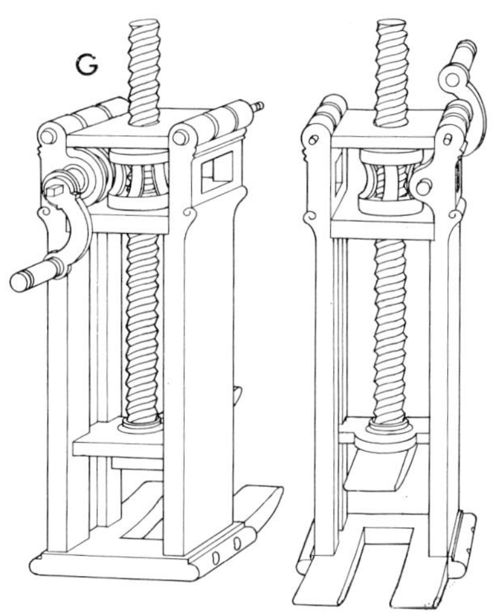

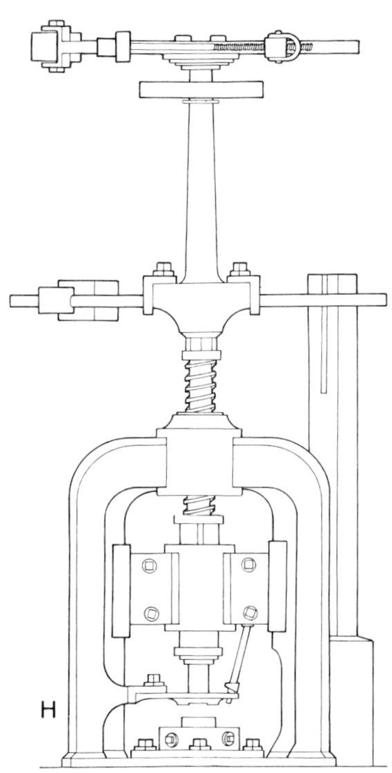

H

F. Schraubenpressen wurden auch zum Prägen von Münzen verwendet, wie auf diesem Kupferstich von 1771 gezeigt wird.

G. Zwei Ansichten von Winden aus dem 16. Jahrhundert. Man verwendete sie zum Heben und Senken großer schwerer Tore, wie zum Beispiel von Kirchentoren.

H. Eine Presse zum Prägen von Münzen, aus der Encyclopédie Moderne ou Dictionnaire Abrégé des Sciences, des Lettres, des Arts, etc (Paris, 1863).

Das Differentialgetriebe

Eine interessante Anwendung des Zahnrades und des Differentials findet man in dem „Kompaßwagen", der im 3. Jahrhundert v. Chr. in China entwickelt wurde. Die Datierung dieses Wagens war lange Zeit umstritten; manche Quellen datieren ihn 1000 Jahre früher, doch konnte J. Needham, vertrauend auf archäologische Funde und Originaltexte, Klarheit in diese Angelegenheit bringen. (Eine genaue Darstellung des „Kompaßwagens" findet sich auf der folgenden Doppelseite.)

Der Wagen hatte zwei Räder und eine Statue in Gestalt eines Mannes, deren ausgestreckter Arm immer nach Süden zeigte, gleichgültig welche Richtung der Wagen auch nahm. Im ausgehenden 19. Jahrhundert fand man den ersten literarischen Hinweis auf die Existenz dieses Wagens. Es wurden auch einige bruchstückhafte Funde gemacht. Dies sah man als Beweis an, daß der Magnetkompaß aus China stammte. Viele Schriftsteller haben den Kompaßwagen mit der Statue, die auf einem „Zauberkasten" befestigt war, beschrieben. Sie vermuteten, daß der Kasten die Magnetnadel enthielte, die Ursache für den stets nach Süden gerichteten Arm sei. Diese irrtümliche Rekonstruktion verführte einige Leute zu der Spekulation, daß der Magnetkompaß – in Form des Kompaßwagens – aus der Notwendigkeit entstand, Seide und andere Güter aus China in die Mittelmeerländer zu befördern. Die Karawanenstraßen führten über das Hochland von Tibet durch Samarkand zu den Handelsstädten des östlichen Mittelmeergebietes. Da die Karawanen, wenn sie direkt über das Hochland gingen, Gefahr liefen, die Richtung zu verlieren und so in Nebel und Sandstürmen umzukommen, gingen sie aus Sicherheitsgründen an den Gebirgsrändern entlang. Aber Zeit war Geld in jenen Tagen wie auch heute, und so galt es, Zeit zu gewinnen. Die Lösung bot sich an im Kompaßwagen.

Ein Magnetkompaß hätte den Seidenkarawanen sicher geholfen, Abkürzungen über das Hochland zu finden, aber es steht heute außer Frage, daß diese Aufgabe die Möglichkeiten des Kompaßwagens überstiegen hätte. Tatsächlich wurde die Richtung nicht durch einen Magneten angegeben, sondern durch das Differential. Der Unterschied zwischen den Umdrehungen der beiden Wagenräder bei Richtungsänderungen wurde durch das Differential ausgeglichen. Die herausführende Welle dieser Konstruktion trug die nach Süden zeigende Statue, die stets im Raum fixiert blieb, welche Richtung der Wagen auch nahm.

Diese Konstruktion war so eindrucksvoll und erforderte nicht nur eine gründliche Kenntnis des Differentialgetriebes (die vergleichsweise der Alexandrinischen Schule fehlte), sondern auch beachtliche Kenntnisse des Baues von Getrieben. Das Differentialgetriebe des Kompaßwagens kann kaum das Ergebnis von Experimenten gewesen sein, sondern muß auf theoretischen Berechnungen beruht haben.

Otto Mayr und andere behaupten, daß der berühmte Wagen den Seidenkarawanen als „mechanischer" Kompaß diente. Dies scheint unmöglich zu sein. Jede Unvollkommenheit im Mechanismus des Wagens und jede Unebenheit unter den Rädern geben eine abweichende Richtung an. Eine einfache Rechnung zeigt, daß ein Unterschied von nur 1% zwischen den Durchmessern der Wagenräder eine Abweichung der Südanzeige von 180° nach einer Entfernung von nur 5 km zur Folge hätte. Süden und Norden wären dann vertauscht. Der Konstrukteur war sich möglicherweise dieses Mangels bewußt, doch kann es durchaus sein, daß sich die Herrscher dieses Kompaßwagens bedienten, um mit ihm ihre übernatürlichen Kräfte dem Volke in einer ähnlichen Weise zu zeigen, wie dies an anderen Orten durch das geheimnisvolle Öffnen der Tore im Tempelinneren durch die von Heron eingebaute Automatik erreicht wurde.

Eine zweitausend Jahre alte Rechenmaschine

Das Gerät von Antikythera ist eine bemerkenswerte Rechenmaschine aus dem 1. Jahrhundert v. Chr. Einige Schwammfischer fanden sie 1900 in einem Schiffswrack in der Nähe der Insel Antikythera zwischen Kreta und dem Peloponnes. Das Schiff lag mehr als 40 m tief. An Bord befanden sich Kunstgegenstände und einige unauffällige, grünspanüberzogene Teile, die später zusammengefügt eine Schachtel von 30 × 17 × 10 cm Größe ergaben. Die Kunstgegenstände dieser „ersten archäologischen Unterwasserexpedition" wurden sofort von Fachleuten des Nationalmuseums in Athen untersucht, doch dauerte es noch einige Jahre, bis sich jemand der gefundenen Schachtel zuwandte. Es stellte sich dann heraus, daß die Schachtel einige guterhaltene Zahnräder und andere Räder enthielt. Die Inschriften auf den Rädern wiesen darauf hin, daß die Schachtel ein Teil eines astronomischen Gerätes sein könnte. In der Folge wurden viele Theorien über den Gebrauch und die Anwendung des Geräts entworfen. Einige behaupteten, das Gerät sei von Astronauten einer fremden, fortgeschrittenen Zivilisation zurückgelassen worden, die die Erde einst besuchten. Das Gerät ist in der Tat einzig in seiner Art auf der Welt. Derek de Solla Price bemerkt hierzu, daß die außerirdische Zivilisation als Erbauer des Gerätes ausgeschlossen werden muß, daß statt dessen der naturwissenschaftliche und technologische Wissensstand der hellenischen Kultur weit höher angesetzt werden müsse.

In den frühen 50er Jahren begann sich D. de Solla Price für das Gerät von Antikythera zu interessieren, und es war ihm möglich, in den folgenden zwei Jahrzehnten das Gerät näher zu untersuchen. D. de Solla Price ist Professor für Wissenschaftsgeschichte an der Yale Universität und international anerkannter Fachmann. D. de Solla Price gelang es mit Hilfe von Röntgen- und Gammastrahlen und anderen Methoden, das Gerät zu rekonstruieren sowie die Arbeitsweise und die Anwendung des Gerätes zu klären. Es ist ein Gerät zur Bestimmung von Kalenderdaten unter Berücksichtigung der Sonnenbahn durch die Tierkreiszeichen und der Mondphasen.

Obwohl nun das Rätsel um das Gerät von Antikythera gelöst war, blieben insgesamt doch Fragen offen. Wer konstruierte und erbaute dieses Gerät? D. de Solla Price vermutet, daß die Schule von Posidonius (135?–51?) auf Rhodos dieses Wunderwerk gefertigt haben könnte, und weist darauf hin, daß Posidonius, auf Rhodos ähnlich wie Heron in Alexandria eine Reihe von Naturforschern, Technikern und Handwerkern um sich versammelt hatte. Tatsächlich können gewisse Verbindungen zwischen den beiden Schulen bestanden haben. So kam zum Beispiel Philon von Byzanz auf dem Weg von Alexandria nach Rhodos, wo er Kriegsmaschinen konstruierte. Über Philon, der auch Posidonius von Apamia genannt wird, ist nicht viel bekannt; es ist daher schwierig, Posidonius in seiner Bedeutung richtig einzuordnen, sie kann jedoch so groß sein wie die des Aristoteles. Vielleicht werden künftige Funde mehr Erkenntnisse über Posidonius und seine Schule zeitigen, im Interesse der Technikgeschichte wäre es zu wünschen.

Die Wasseruhren

Eine andere Frage stellt sich in Verbindung mit dem Gerät von Antikythera, nämlich ob es ein Teil eines anderen, größeren Gerätes ist, das vielleicht der berühmten astronomischen Uhr im Turm der Winde in Athen ähnelte. Dieser Turm wurde im 1. Jahrhundert v. Chr. erbaut und besaß eine Wasseruhr, die über einen Zahnradtrieb astronomische Daten, wie zum Beispiel die Bewegung von Planeten und des Mondes,

Das Differentialgetriebe

A. Der Kompaßwagen wurde gebaut unter Ausnutzung der Eigenschaften des Differentialgetriebes. Das Bild zeigt die Rekonstruktion des Wagens (**1**) durch das Nationalmuseum für Wissenschaften und Technologie in Stockholm. Bild (**2**) zeigt den inneren Aufbau des Wagens, Bild (**3**) die Ansicht des Wagens im Schnitt von hinten. Die Bewegung der Wagenräder (a, b) wird über Getrieberäder (c, d) auf ein Differential übertragen. Dieses besteht aus zwei weiteren Getrieberädern (e, f), die auf der Achse (g) drehbar gelagert sind und sich entgegengesetzt drehen können. Sie greifen in die

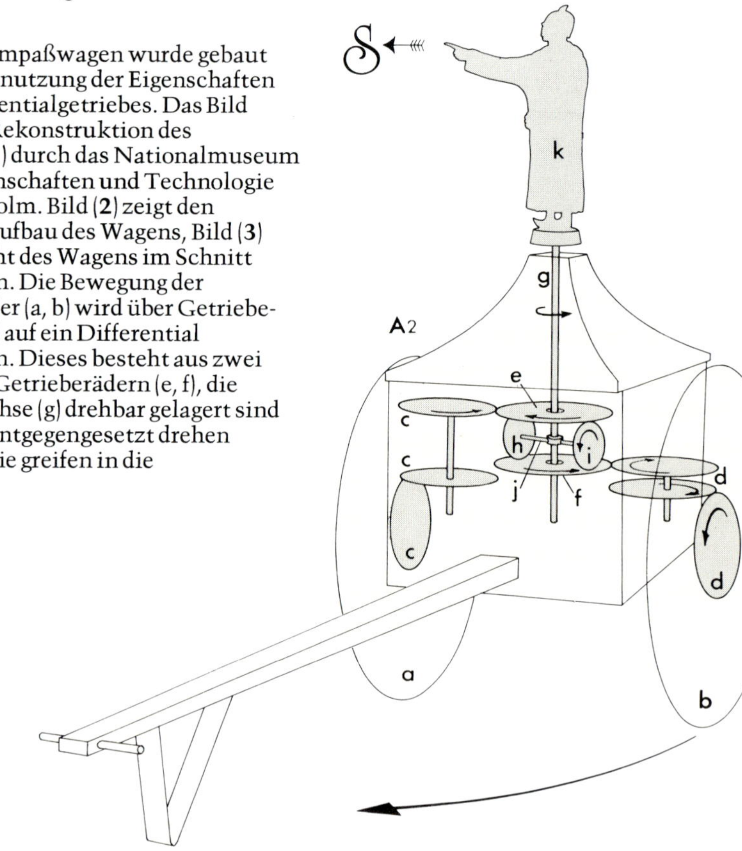

B

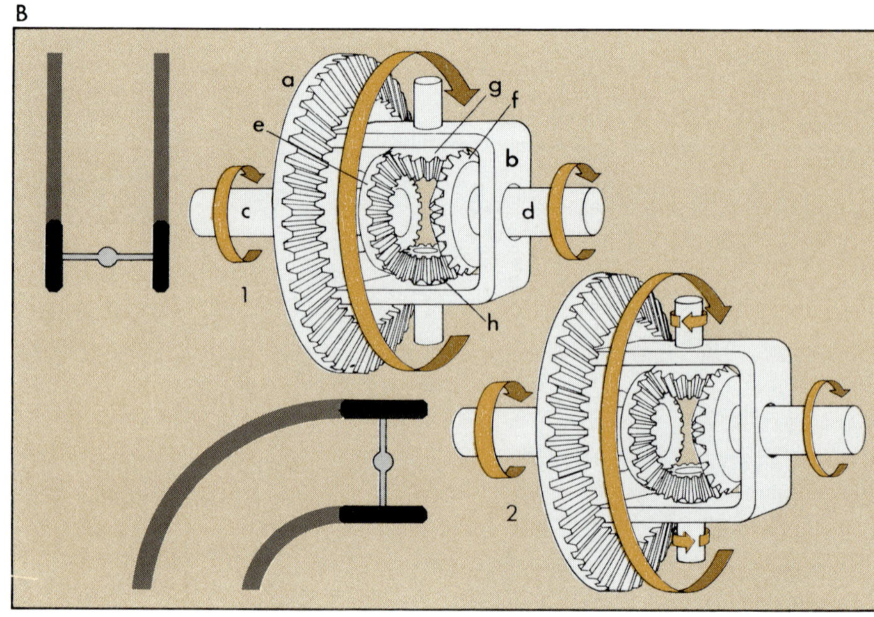

Getrieberäder (h) und (i) ein, die wiederum an der Achse (j) drehbar gelagert sind. Diese Achse hängt mit Zapfen in einem fest mit der Achse (g) verbundenen Lager. Solange sich die Wagenräder mit gleicher Geschwindigkeit drehen, bewegt sich die Achse (g) nicht, weil die Getrieberäder (e) und (f) die gleiche Geschwindigkeit haben und demzufolge die Getrieberäder (h) und (i) sich um die Achse (j) drehen, ohne diese und damit die Achse (g) zu bewegen. Wenn der Kompaßwagen sich wendet, drehen sich die Wagenräder und damit die Getrieberäder (e, f) verschieden

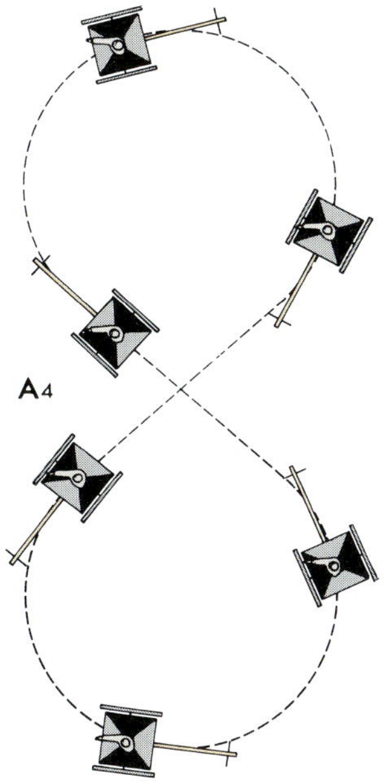
A4

A1

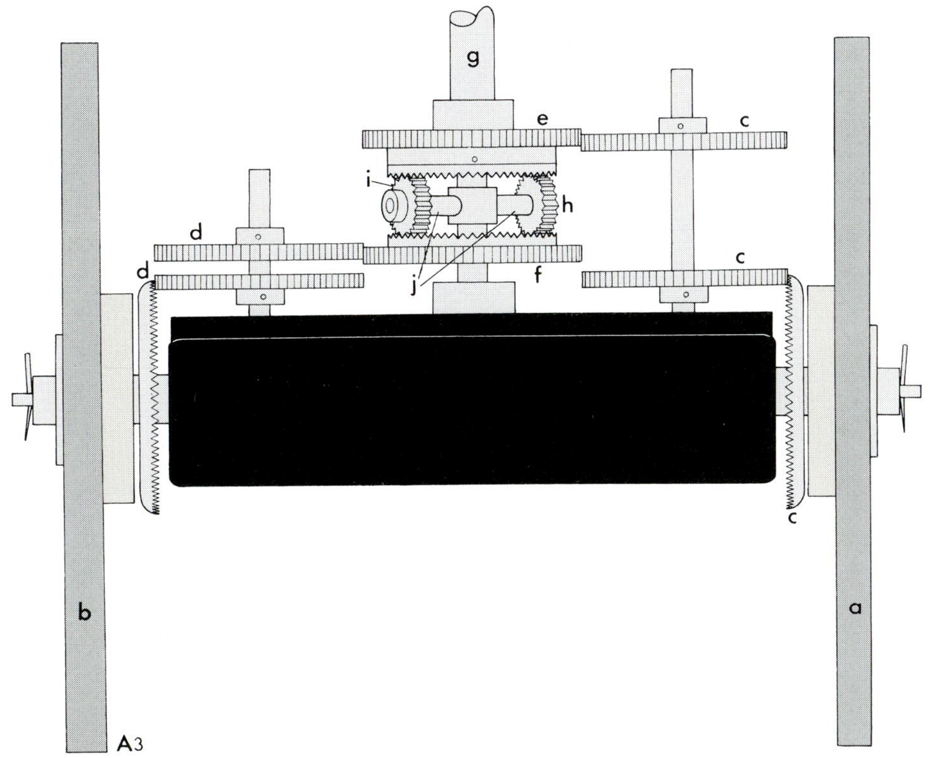

A3

schnell. Um diesen Geschwindigkeitsunterschied auszugleichen, beginnen sich die Getrieberäder (i) und (h) um die Achse (g) zu drehen. Wenn sich der Wagen relativ zum Untergrund dreht, bewegt sich die mit der Achse (g) verbundene Figur (k) relativ zum Wagen, sie zeigt deshalb stets in dieselbe Richtung, gleichgültig in welcher Richtung der Wagen fährt (**4**).

B. Das Differential ist in den meisten Fahrzeugen von heute eingebaut. Die Motorkraft wird über ein hier nicht dargestelltes Ritzel auf das Tellerrad (a) übertragen. Mit dem Tellerrad ist die Gabel (b) des Differentialgetriebes fest verbunden, durch die die Achswellen (c, d) hindurchgehen; (e) und (f) sind Ritzel der Achswellen. Solange das Fahrzeug geradeaus fährt (**1**), drehen sich die beiden Achswellen mit gleicher Geschwindigkeit und die Ausgleichsräder (g, h) drehen sich mit dem Tellerrad (a) und der Gabel (b), ohne daß sie sich um ihre Achsen bewegen. Wenn das Fahrzeug um eine Kurve fährt (**2**), dreht sich die eine Achswelle (c) schneller als die andere (d), und die Ausgleichsräder (g, h) gleichen den Geschwindigkeitsunterschied dadurch aus, daß sie sich um ihre eigenen Achsen drehen.

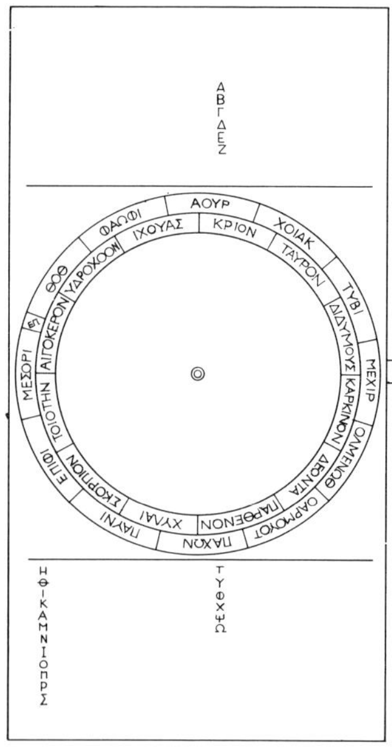

A1

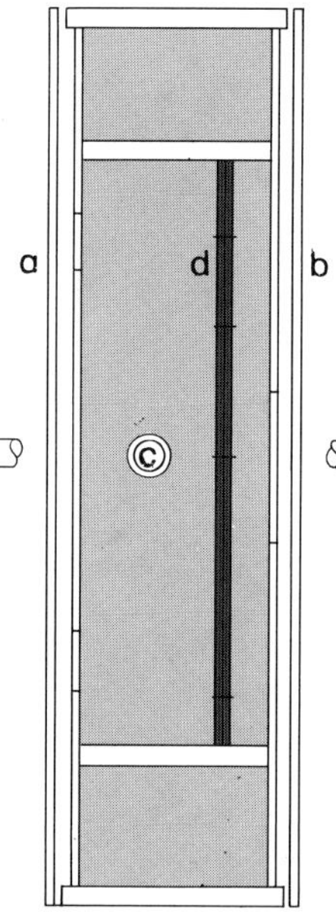

A2

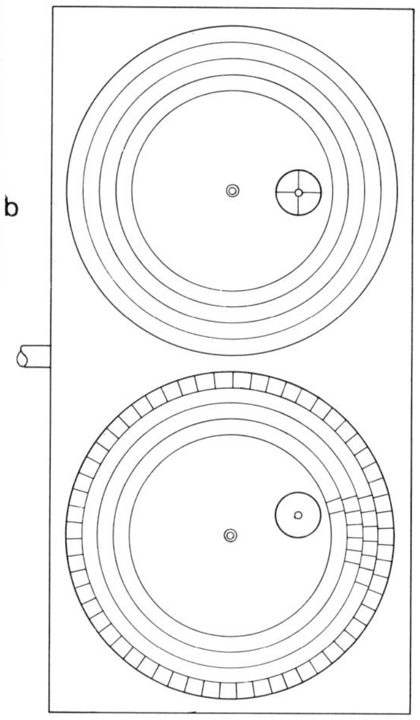

A3

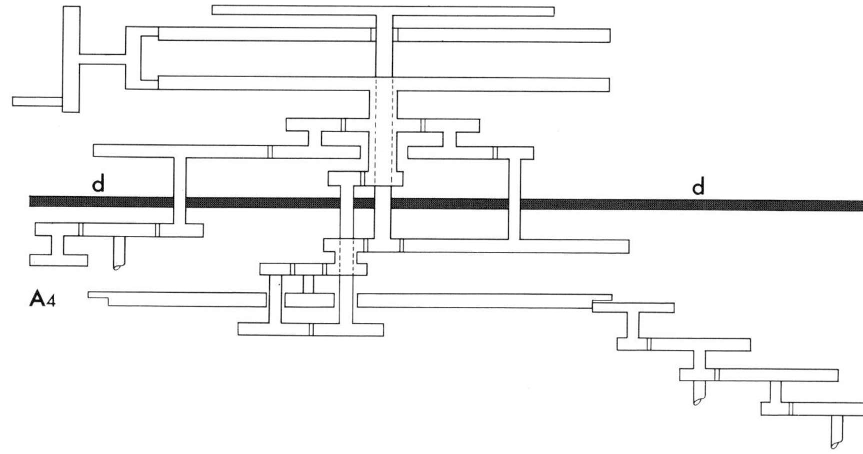

A4

A. Von dem Gerät von Antykithera sind nur vier Bruchstücke übriggeblieben. Es kann sein, daß diese Teile miteinander noch in Verbindung standen, als der Fund gemacht wurde. Leider sind keine fotografischen Aufnahmen gemacht worden, als das Gerät aus dem beinahe 2000 Jahre alten Schiff geborgen wurden. Hier wird die Rekonstruktion des Gerätes durch Derek de Solla Price wiedergegeben. An der Vorderseite des Gerätes (**1**) befanden sich zwei konzentrische Zifferblätter, das äußere mit den Namen der Monate, das innere mit den Namen der Tierkreiszeichen. (**2**) Seitenansicht des Geräts: (a) Vorderöffnung, (b) Hinteröffnung, (c) Antriebsachse. (**3**) Die Rückseite des Geräts hatte zwei Sätze kreisförmiger Skalen, die Inschriften trugen. (**4**) Der Mechanismus des Geräts im Querschnitt; es waren 30 Zahnräder eingebaut; (d) Grundplatte. (**5**) Zahnradanordnung für die Skalen auf der Vorderseite. (**6**) Zahnradanordnung für die Skalen auf der Rückseite der Grundplatte. Von besonderem Interesse war das Differential, das gebraucht wurde, um die Bewegung der Sonne und des Mondes mit den Mondphasen anzuzeigen.

A5

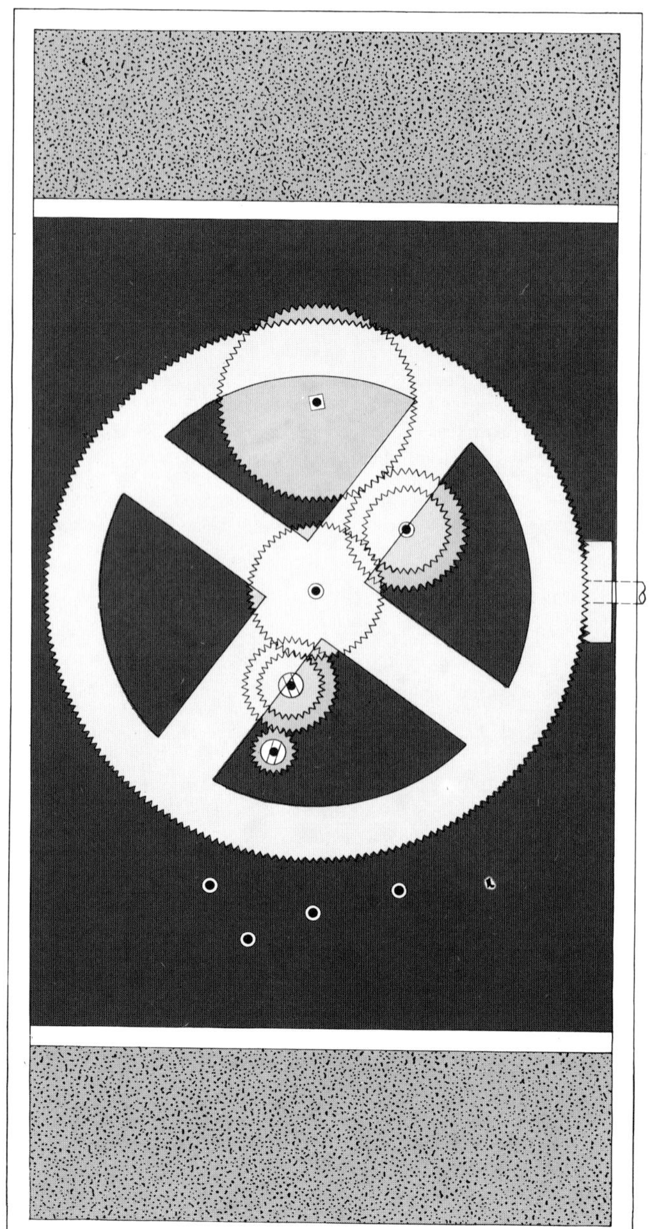

A6

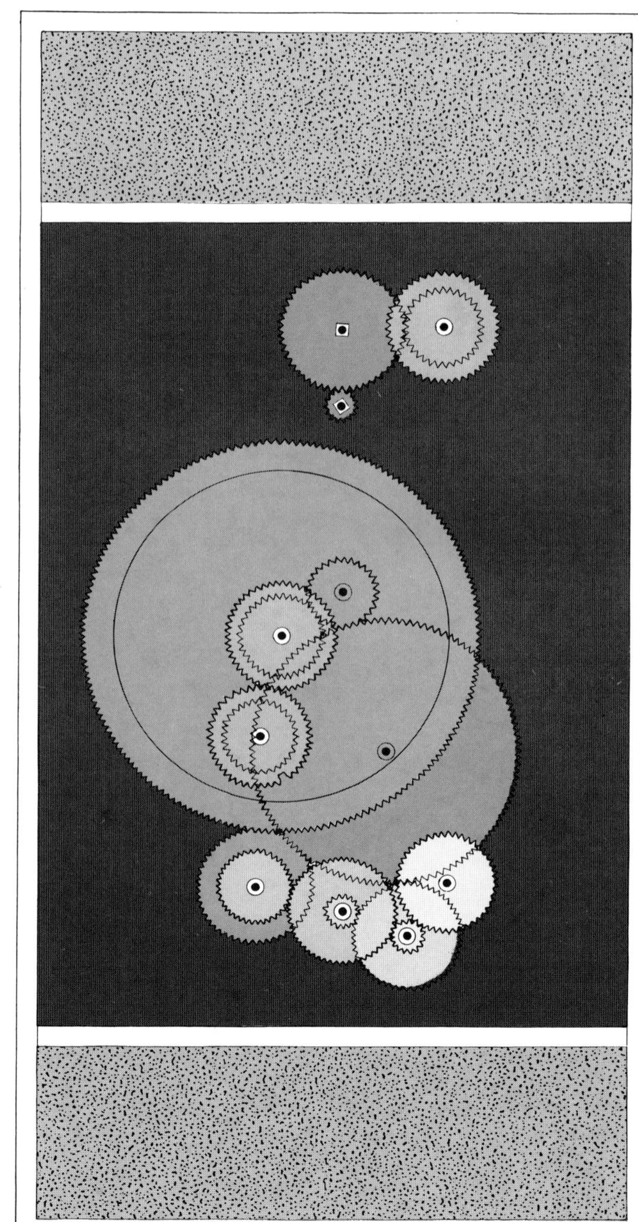

anzeigte. Ähnliche Wasseruhren mit mechanischen „Uhrwerken" gab es auch in anderen Orten in der Antike. Es ist daher durchaus möglich, daß auch die Schule des Posidonius eine solche Uhr konstruierte und das Gerät von Antikythera als einen Baustein dieser Uhr verwendete. Doch kann auch diese Vermutung nur durch neue Funde erhärtet werden.

Der Turm der Winde ist während der römischen Periode in Athen auf der Agora als ein Denkmal für den Zeit- und Weltraum errichtet worden. Der achteckige und fast 13 m hohe Turm besaß zierliche Sonnenuhren und einen stattlichen Wetterhahn. Der Turm ist noch erhalten, dagegen fehlt die astronomische Wasseruhr gänzlich. Während der Blütezeit des Römischen Reiches wurden viele solcher wasserbetriebenen, ornamentalen Uhren auch jenseits der Grenzen des Imperiums gebaut.

Im 5. Jahrhundert wurde in Ghasa eine herrliche Uhr mit reichen Ornamenten erstellt. Diese Uhr glich den astronomischen Uhren, die vom 14. Jahrhundert an nahezu Staatssymbole an Europas Kathedralen und Rathäusern wurden. Weder die Ghasa-Uhr noch ihr Gehäuse sind erhalten geblieben, jedoch gelang es dem deutschen Sprachforscher Hermann Diels, diese Uhr nach einer ausführlichen zeitgenössischen Beschreibung zu rekonstruieren. Das Uhrwerk war nahezu 4 m hoch und befand sich in einem Gehäuse, das einem Gebäude glich mit Säulen, Bögen und Gewölben. Eine kleine Statue, die den Sonnengott darstellte, ging an zwölf Türen vorbei und zeigte jeweils auf diejenige, die der Tageszeit entsprach. Jede Stunde war in zwölf Teile geteilt. Eine Herkulesfigur zeigte nacheinander auf Bilder seiner zwölf Taten. Nachts waren die Türen, die die Stunden darstellten, beleuchtet. Diese Uhr zeigte nicht nur die Stunden an, sie schlug auch die Stunden; eine große Herkulesstatue schlug mit einem Hammer gegen einen Metallzylinder zur vollen und halben Stunde. Man kann hier leicht die Verbindung zu der Alexandrinischen Schule sehen mit ihren Bühnenvorrichtungen und den „deus-ex-machina-Effekten" im Theater. Die Bestandteile der Ghasa-Uhr waren die gleichen wie bei Heron und dem unbekannten Konstrukteur des Antikythera-Fundes.

Die Ghasa-Uhr wurde sehr berühmt und inspirierte über Jahrhunderte die Erfinder zu ähnlichen Konstruktionen, wie zum Beispiel der Uhr der großen Moschee von Damaskus, die im 12. Jahrhundert von al-Kinani beschrieben wurde. Die Uhr von Damaskus zeichnete sich durch zwei Messingfalken aus, die Messingkugeln aus ihren Schnäbeln in bronzene Schüsseln warfen, um die Stunden anzuzeigen. Über den Falken waren zwölf Türen, die sich selbsttätig schlossen, sobald die Messingkugeln in die Schüssel fielen. Elf Männer wurden benötigt, diese Uhr im Gang zu halten. al-Kinanis Bericht fand in China weite Verbreitung. Dort waren jedoch nach J. Needham ähnliche Werke bereits im 8. Jahrhundert gebaut worden.

Die Wasseruhren des Mittelalters waren nicht nur astronomische Uhren. Beispielsweise machte Leonardo da Vinci die Skizze eines Weckers, die wahrscheinlich mehr ein Spaß als ein ernsthafter Vorschlag war.

Die mechanische Uhr

Es ist bis heute noch nicht bekannt, wann die erste mechanische Uhr gebaut wurde, doch spricht vieles dafür, daß es Anfang des 14. Jahrhunderts war. Das besondere Merkmal der mechanischen Uhr ist die Hemmung, die die konstante Bewegung des Zeigers bestimmt (als Waag-Standard in den ersten mechanischen Uhren). Die anderen Bestandteile der Uhr, wie die Zahnräder, Achsen und Gewichte waren schon in der Antike bekannt. Die Erfindung der Hemmung wird im allgemeinen dem Architekten Villard de Honnecourt zugeschrieben, der

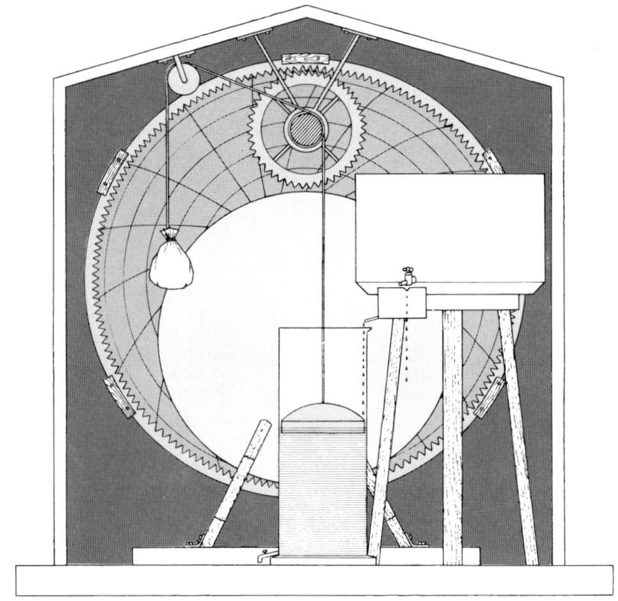

B

B. Die Rekonstruktion einer 2 m hohen römischen Turmuhr.

C. Die Rekonstruktion eines ungefähr 12 m hohen Turmes mit einer astronomischen Uhr, der um 1090 in der chinesischen Stadt Honan von Su-Sung erbaut wurde. Das Uhrwerk wurde von einem Wasserrad (a) angetrieben, dessen Schaufeln mit Wasser aus einem Behälter (b) gefüllt wurden. Eine raffinierte Vorrichtung verhinderte, daß sich das Wasserrad weiter drehte, wenn die jeweilige Schaufel gefüllt wurde. Das Wasserrad bewegte darüber hinaus ein bronzenes Planetarium (c) und einen Himmelsglobus (d). Eine Reihe automatischer Vorrichtungen zeigten in Nischen (f) und durch Glocken- und Gongschläge die Uhrzeit an.

C

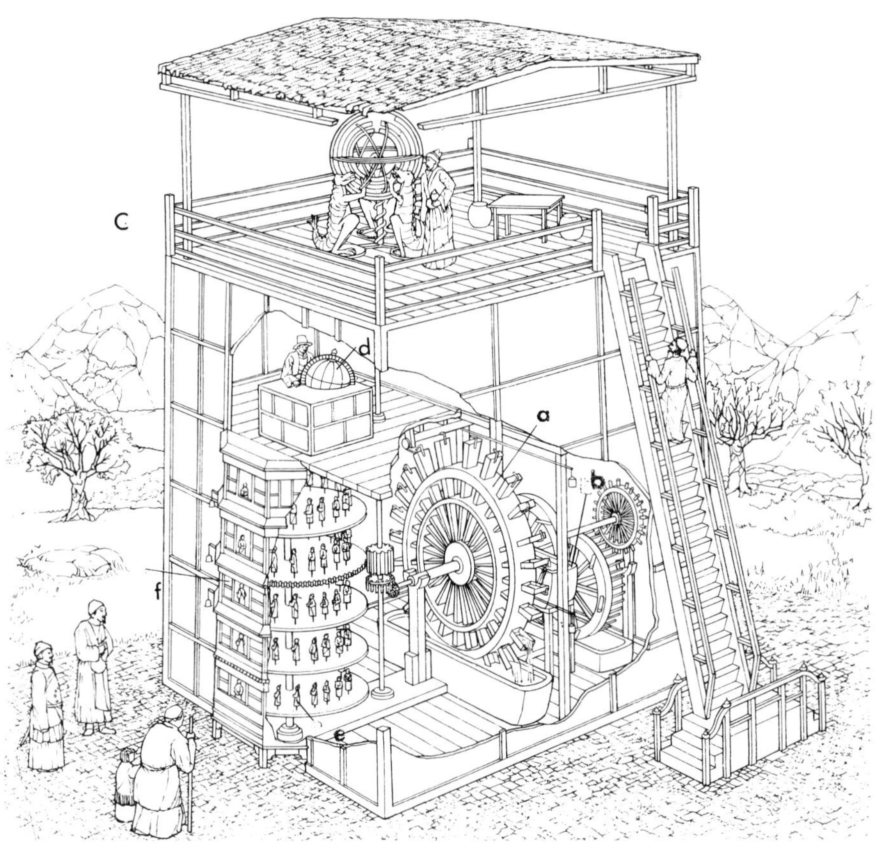

sie in seinem Skizzenbuch *Album* aus dem späten 13. Jahrhundert dargestellt hat.

A. P. Usher stellte eine Liste von zwanzig Uhren zusammen, die zwischen den Jahren 1286 und 1335 in Literatur, Inschriften oder anderen Quellen erwähnt werden. Alle diese Uhren sind als Wasseruhren anzusehen. Die Turmuhr des Schlosses in Dover, wahrscheinlich aus dem Jahre 1348, wurde lange Zeit als die älteste mechanische Uhr angesehen. Sie wurde 1851 im Dachgeschoß des Schlosses entdeckt, wo sie vielleicht über Jahrhunderte lag. Man sprach seinerzeit von einer Inschrift mit dem Datum von 1348, jedoch fand man bei den Restaurierungsarbeiten eine solche Inschrift nicht. Ch. Singer glaubt, daß die Turmuhr um 1650 gebaut wurde, A. P. Usher datiert sie ungefähr auf 1500. Der Grund, weshalb man die Uhr weglegte, war einfach. Sie hielt schlecht die Zeit, das heißt, sie ging in 24 Stunden zwei volle Stunden nach.

Das erste gesicherte Datum einer mechanischen Uhr stammt aus dem Jahr 1335. Die Uhr wurde von Guglielmo Zelandino gebaut und befand sich in der Kapelle San Gottardo in Mailand. Ähnliche Uhren wurden gebaut in Modena 1343, in Padua 1344 und in Monza 1347. Der Erbauer der Uhr von Padua war Jacopo di Dondi, dessen Sohn Giovanni eine berühmte astronomische Uhr fertigte, die die Bewegungen der Sonne, des Mondes und von fünf Planeten zeigte. Sie zeigte außerdem in einem fortwährenden Kalender die beweglichen Feste des Jahres. Diese Uhr wurde nach sechzehnjähriger Arbeit 1364 fertiggestellt und in den Turm des Schlosses zu Pavia eingebaut.

In jener Zeit wurden Turmuhren, Schmuckuhren und astronomische Uhren gefertigt, um öffentliche Gebäude und königliche Paläste in ganz Europa zu verzieren. 1354 erhielt das Straßburger Münster eine Uhr mit einem mechanischen Hahn, der zur Mittagszeit krähte und mit den Flügeln schlug. Der deutsche Uhrmacher Heinrich von Wiek baute verschiedene Uhren, deren bekannteste 1354 am Palast Karl des V. in Paris (jetzt Palais de Justice) befestigt wurde.

Die astronomische Uhr der Kathedrale von Lund in Schweden – *Horologium Mirabile Lundensis* – stammt, wie man aus Vergleichen mit mitteleuropäischen Uhren entnehmen kann, wahrscheinlich aus dem Jahre 1380. Ihre wechselvolle Geschichte sei anschließend kurz skizziert, da sie typisch ist für manche Uhr aus dem Mittelalter. 1580 beschrieb der Kaplan der Kathedrale, Mogens Madsen, diese Uhr sehr ausführlich. Es gibt Hinweise aus dem 16. Jahrhundert, daß die Uhr zu dieser Zeit nicht mehr arbeitete. Das Uhrwerk wurde schließlich 1830 herausgenommen und verschrottet. Die Vorderansicht mit dem Zifferblatt wurde erhalten und im Nordflügel der Kathedrale an die innere Wand gesetzt. Um 1900 versuchte der dänische Urmacher Julius Bertram-Larsen die Uhr von Lund zu rekonstruieren. Im Jahr 1920 wurde die Uhr anläßlich der 800-Jahr-Feier der Kathedrale wieder eingebaut. Eine Kopie dieser Uhr wurde im Maßstab 1:3 angefertigt und gelangte schließlich 1966 in das Nationalmuseum für Wissenschaften und Technologie nach Stockholm. Die Uhr zeigt die Orts- und astronomische Zeit, die Mondphasen und den Sonnendurchgang durch die Tierkreiszeichen. Darüber hinaus hat sie einen Kalender, der den Wochentag und das Datum anzeigt. Mit Hilfe dieses Kalenders kann man jeden Wochentag zu einem gegebenen Datum im Zeitraum zwischen den Jahren 1923 und 2123 finden. Zwei mittelalterliche Ritter blasen in der Kuppel der Uhr die Zahl der Stunden. Um zwölf Uhr ertönt nach den Trompetensignalen eine Hymne aus einer Posaune. Aus einer kleinen Türe neben dem Bild der Mutter Gottes kommen die Heiligen Drei Könige, gefolgt von ihren Dienern, heraus und gehen sich verbeugend hintereinander an der Jungfrau Maria vorbei.

Die mechanische Uhr leitet sich, technisch gesehen, von den Maschi-

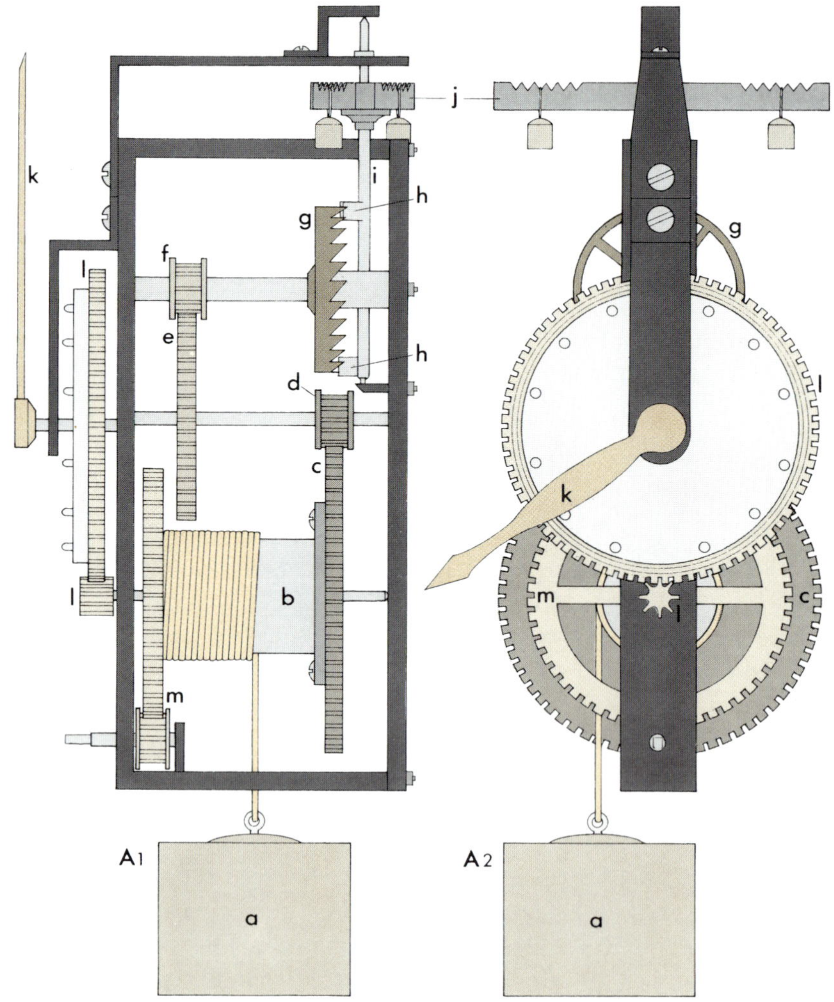

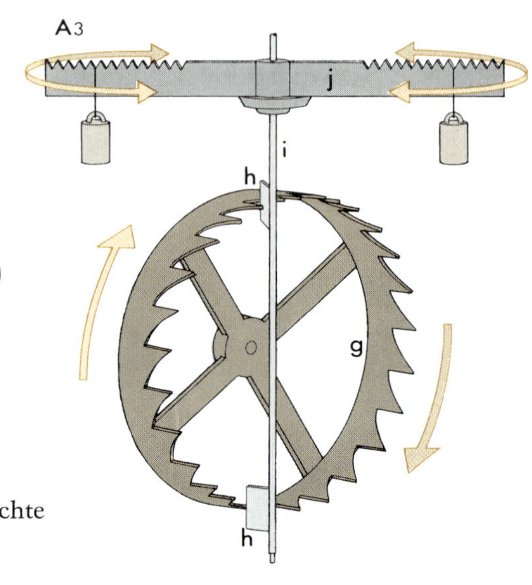

A. Die Schmuckuhr von Heinrich von Wiek aus dem Jahre 1354 war eine gewichtsbetriebene Uhr mit Waag-Standard. Seitenansicht (**1**) und Vorderansicht (**2**) des Uhrwerks mit einer vergrößerten Darstellung der Waag-Standard (**3**). Das Gewicht (a) treibt eine Trommel (b) mit einem großen Zahnrad (c), das in ein Ritzel (d) eingreift. Auf der Achse dieses Ritzels sitzt ein zweites Zahnrad (e), das die Drehbewegung über ein Ritzel (f) auf das Hemmungsrad (g) überträgt. Dieses Rad hat eine ungerade Anzahl sägezahnförmiger Zähne. Seine Drehbewegung wird beständig durch zwei an einem Stab (i) unter einem gewissen Winkel angebrachte Rasterscheiben (h) gehemmt. Wenn sich das Hemmungsrad dreht, wird zunächst eine der Rasterscheiben zur Seite geschoben. Dabei dreht sich die Achse mit der Hemmung (j) in die gleiche Richtung, bis die andere Rasterscheibe am nächsten Zahn des Hemmungsrades eingreift. In diesem Augenblick findet eine Bewegungsumkehr statt, die Achse und die

Hemmung bewegen sich nun in die andere Richtung, bis die andere Rasterscheibe wieder eingreift. Die Drehbewegung wird durch Verschieben der kleinen Gewichte auf der Hemmung gesteuert. Der Zeiger (k) wird durch das Gewicht (a) über die Zahnräder (l) bewegt. (m) Ritzel und Zahnrad zum Aufziehen der Uhr.

B. Eine Rekonstruktion der astronomischen Uhr von Giovanni Dondi dall' Orologio, die 1364 im Turm des Schlosses zu Pavia eingebaut wurde. Die Uhr zeigte nicht nur die Stunden an, sondern auch die Bewegung der Planeten.

C. Die Schmuckuhr der Kathedrale von Lund in Schweden. Die Uhr wird von zwei mittelalterlichen Rittern gekrönt, unter denen sich das Zifferblatt mit der Anzeige der Orts- und astronomischen Zeit sowie der Mondphasen und des Sonnendurchgangs durch die Tierkreiszeichen befindet. Im unteren Teil der Uhr befindet sich eine Kalenderanzeige, die sich ein Mal im Jahr um 360° dreht – jede Nacht um Mitternacht um einen Teilstrich weiter. In der Mitte der Uhr befindet sich ein Bild der Mutter Gottes; die Heiligen Drei Könige treten mit ihren Dienern durch die Türe zur linken Seite des Bildes ein.

C

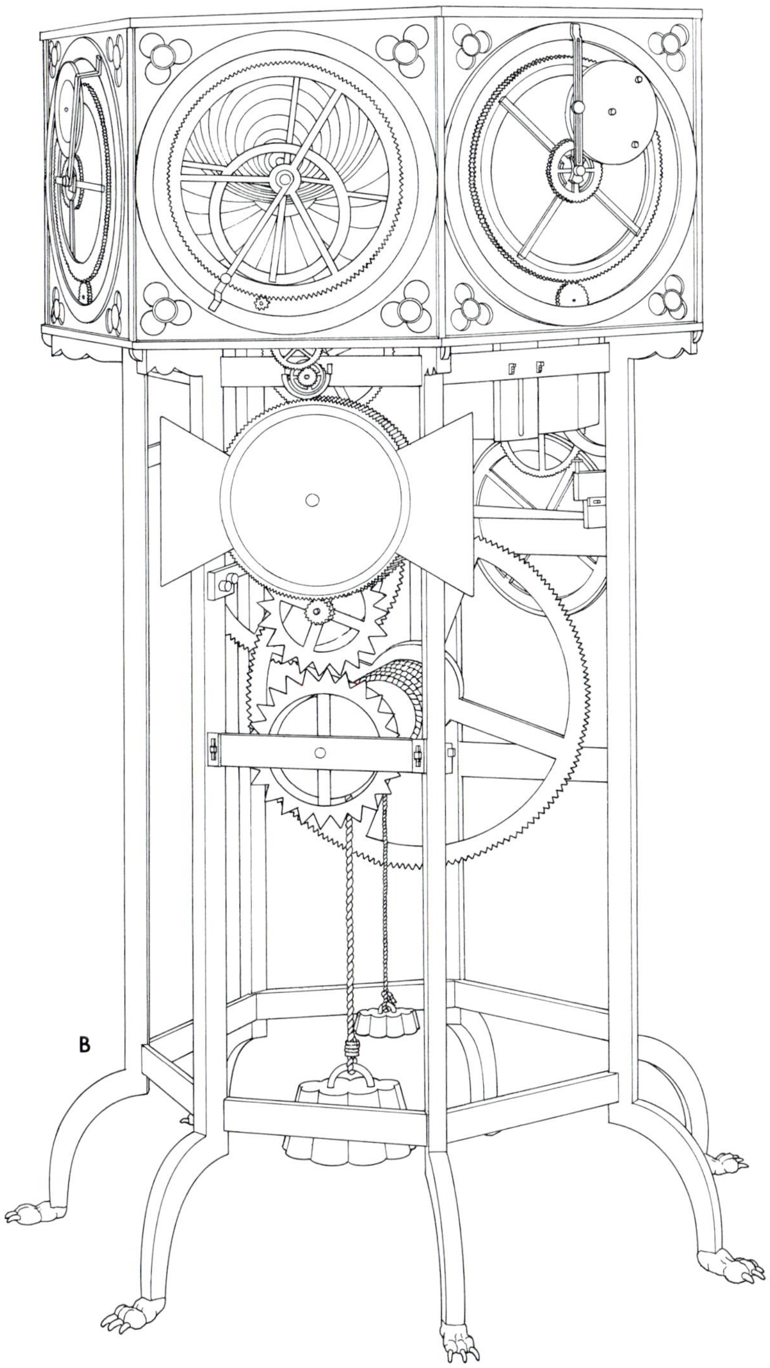

B

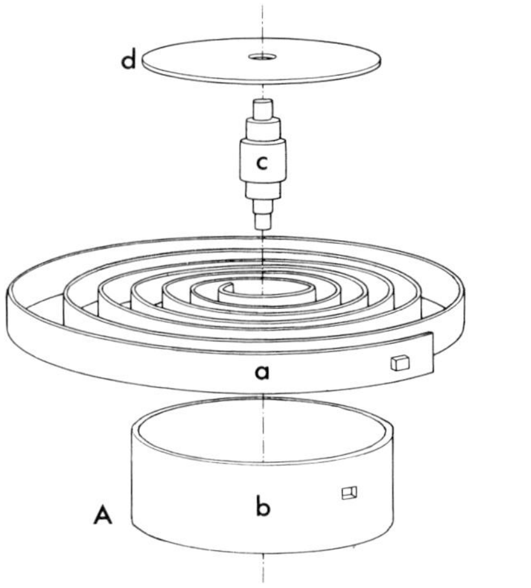

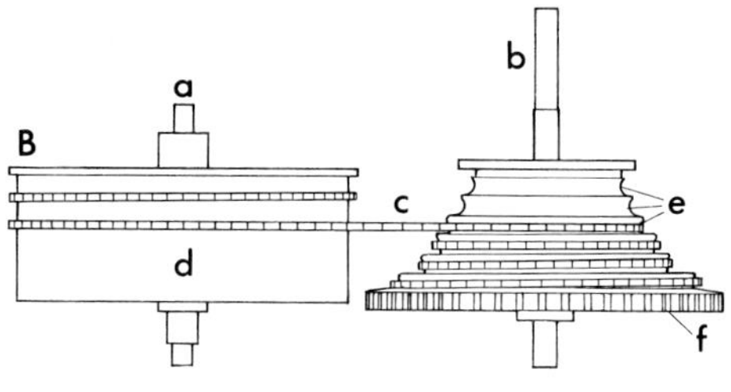

A. Das äußere Ende der Uhrfeder (a) einer federbetriebenen Uhr ist am inneren Rand des Federgehäuses (b) und das innere Ende an der Welle (c) befestigt. Die Wellenzapfen gehen durch den Deckel (d) und den Boden des Federgehäuses durch. Die Feder wird aufgezogen, wenn entweder das Federgehäuse (b) oder die Welle (c) gegeneinander gedreht werden.

B. Da die Federkraft im aufgezogenen Zustand der Uhrfeder am größten ist und mit dem Ablaufen der Uhrfeder abnimmt, kann man die unterschiedlichen Kräfte ausgleichen durch Zwischenschalten einer konischen Trommel. In diesem Falle ist die Federwelle (a) fixiert und der Mechanismus wird über die Welle (b) der Trommel aufgezogen, indem die mit dem Federgehäuse (d) verbundene Schnur (c) auf die spiralförmigen Rillen der konischen Trommel aufgelegt wird; entsprechend bewegt sich das Federgehäuse (d). Beim Ablaufen der Uhrfeder wird die Schnur wieder auf das Federgehäuse (d) aufgewickelt. Bei dieser Anordnung wirkt die volle Federkraft im aufgezogenen Zustand über die Schnur auf den kleinsten Durchmesser der konischen Trommel; entsprechend der Abnahme der Federkraft wirkt sie auf immer größere Durchmesser. (f) größter Durchmesser der konischen Seiltrommel.

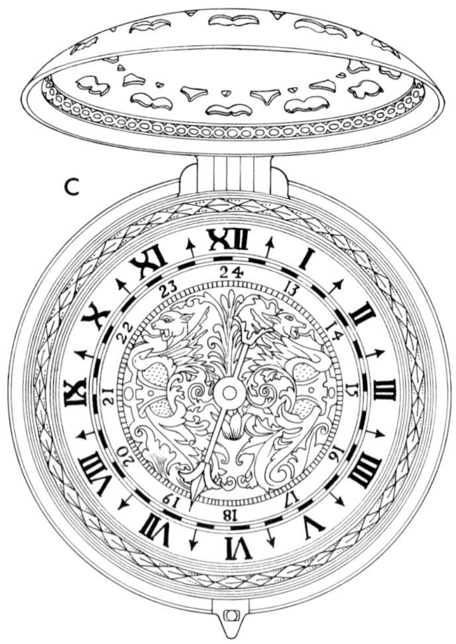

C. Die ersten tragbaren Uhren hatten einen Klappdeckel über dem Zifferblatt, der teilweise durchbrochen war, damit die Uhrzeit festgestellt und der Stundenschlag oder der Weckton besser gehört werden konnten.

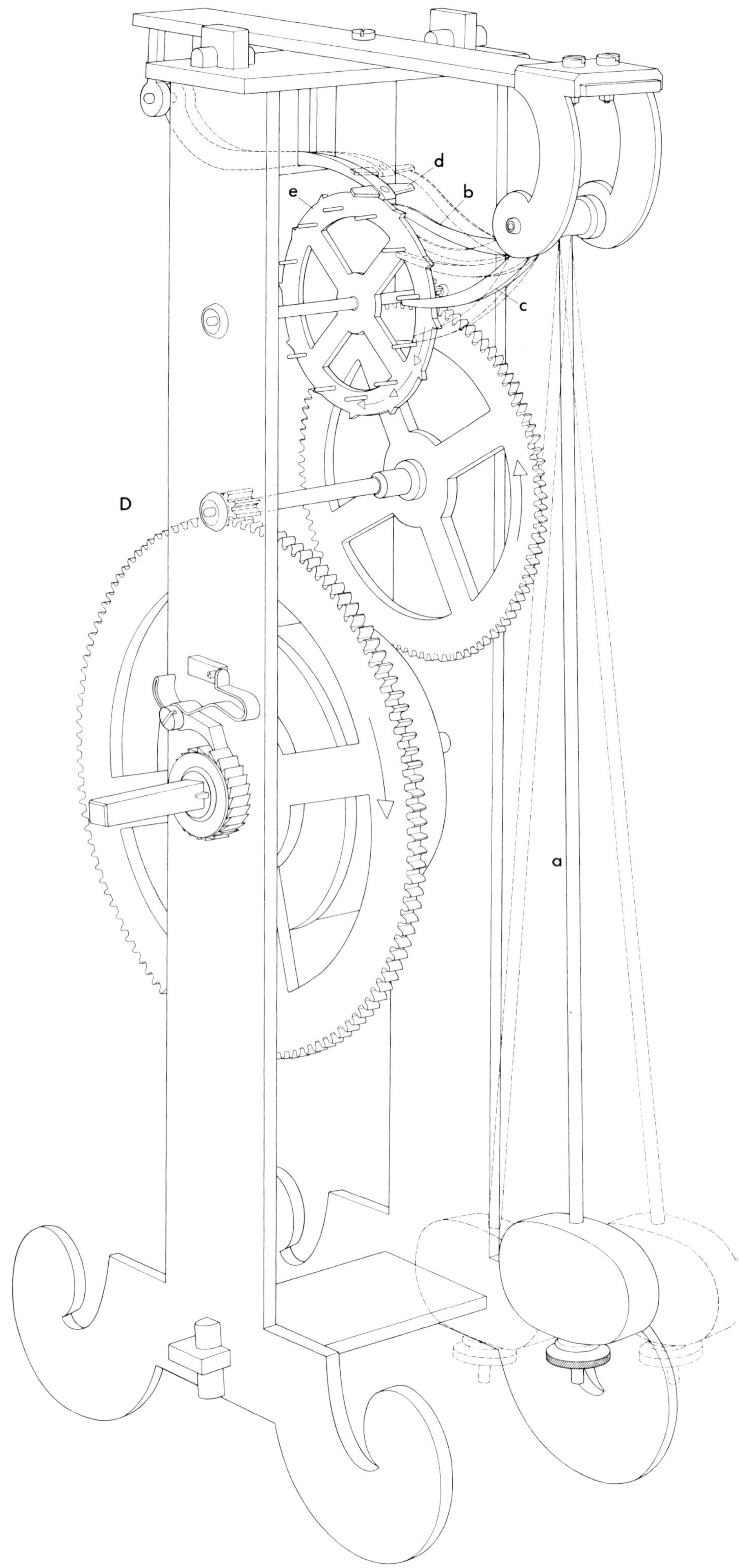

D. Eine Pendeluhr, die nach den Vorstellungen Galileo Galileis von seinem Sohn Vincenzio 1649 gebaut wurde. An dem Pendel (a) sind zwei Hebel (b, c) angebracht. Wenn das Pendel nach innen schwingt, hebt der Hebel (b) die Klinke (d) hoch, die nun die Drehbewegung des Hemmungsrades (e) nicht mehr hemmt. Einer der zwölf seitlich am Hemmungsrad angebrachten Stifte drückt dann den Hebel (c) herunter, so daß das Pendel nach außen schwingen kann. Der Hebel (b) wird von der Klinke zurückgezogen, die nun nach unten auf das Hemmungsrad fällt und dieses daran hindert, sich weiter zu drehen.

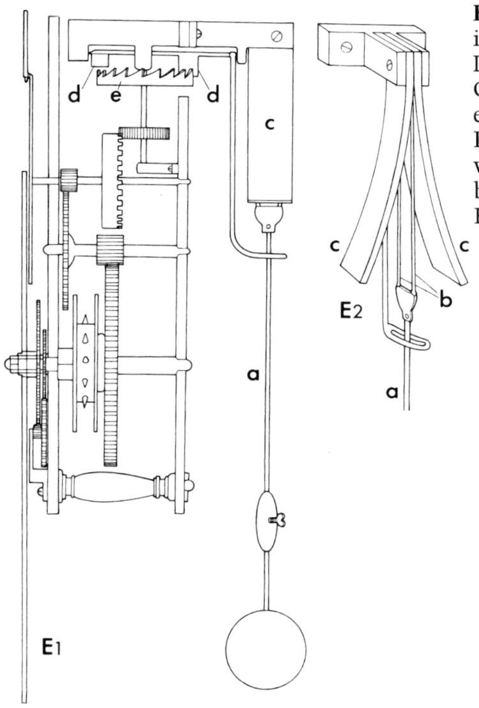

E. Die Pendeluhr des Chr. Huygens (**1**) ist eine gewichtsbetriebene Uhr. Durch seine Forschung auf dem Gebiet der Pendelschwingungen entdeckte Chr. Huygens, daß ein Pendel dann erst harmonisch schwingt, wenn es die Kurve einer Zykloide beschreibt. Die Zykloide ist eine Kurve, die von einem Punkt eines Kreisumfanges eines auf einer Geraden rollenden Kreises beschrieben wird. (**2**) Chr. Huygens löste das Problem, indem er den oberen Teil des Pendels (a) aus zwei Seidenschnüren (b) fertigte, die er zwischen zwei zykloidförmig gestaltete Metallstreifen (c) aufhängte. (d) Rasterscheiben der Hemmung. (e) Hemmungsrad.

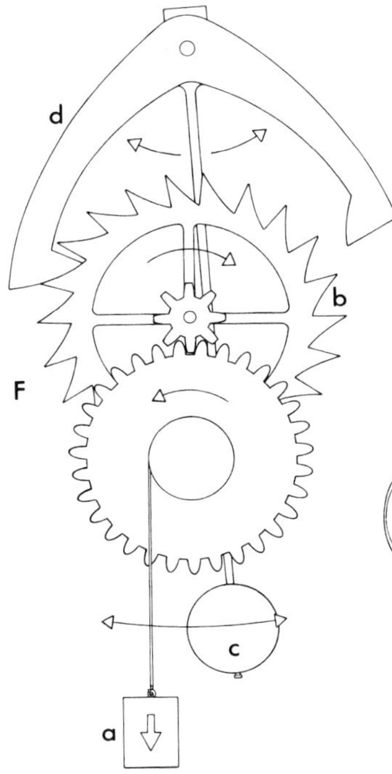

F. Die Ankerhemmung (Graham-Hemmung) wurde in der Mitte des 18. Jahrhunderts erfunden. Das Gewicht (a) bewegt das Hemmungsrad (b) über ein Zahnrad und ein Ritzel. Wenn das Pendel (c) nach rechts schwingt, greift der linke Teil der mit dem Pendel verbundenen Ankerhemmung in einen Zahn des Hemmungsrades ein. Dabei erhält es einen Impuls, der das Pendel zur anderen Seite, nach links schwingen läßt. Nun greift der rechte Teil der Ankerhemmung in das Hemmungsrad ein, erhält wiederum einen Impuls, der das Pendel wieder nach rechts schwingen läßt, usw.

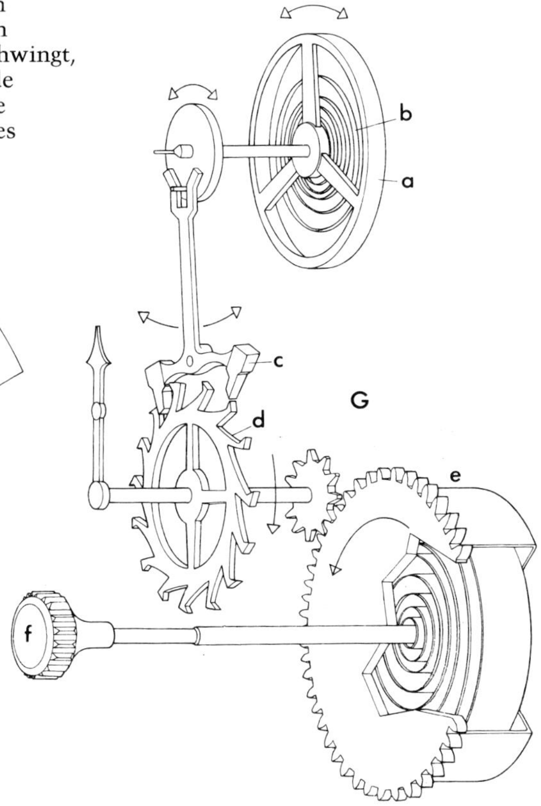

G. Federkraftbetriebene Uhr mit Unruhe und Ankerhemmung. In diesem Falle übernimmt die Unruhe (a) die Funktion des Pendels. Ihre Bewegungen sind durch die Länge der Spiralfeder (b) begrenzt. (c) Anker. (d) Hemmungsrad. (e) Federhaus. (f) Aufziehvorrichtung.

nenelementen aus der Antike ab, geistig ist sie aber mit dem geordneten Leben innerhalb der Klostermauern verbunden. Die Mönchsregeln der Zisterzienser beschreiben um 1260 den Aufgabenbereich des Glöckners sehr genau. Wenn die Wasseruhr die volle Stunde anzeigte, hatte er die Klosterglocke zu läuten. Lewis Mumford, der amerikanische Soziologe und Philosoph, führt dazu aus:

„Es wäre nicht übertrieben zu sagen, daß die Klöster dazu beitrugen, den Unternehmungen des Menschen das Regelmäßige, den allgemeinen Pulsschlag und Rhythmus einer Maschine zu geben. Eine Uhr hilft nicht nur die Stunden festzustellen, sondern sie synchronisiert gleichermaßen die Handlungen des Menschen... Die Uhr verbreitete sich sehr rasch jenseits der Klostermauern, und ihr regelmäßiger Schlag gab dem Leben des Handwerkers und Kaufmannes ein neues Zeitmaß. Die Zeitmessung verkehrte sich in die sklavische Abhängigkeit von der Zeit, in die neue Bewertung der Zeit und in die Rationalisierung der Zeit. Als dies geschah, hörte die Ewigkeit auf, ein Maß und ein Ziel für die Handlungen des Menschen zu sein."

Die Präzisionstechnik

Bis in die Mitte des 16. Jahrhunderts wurde das Handwerk durch die Fortschritte beim Bau von Uhren beflügelt. Viele neue Werkzeuge und Arbeitsverfahren wurden entwickelt, die wiederum zur Erfindung neuer Maschinen führten. Die Hemmung der Uhr wurde neu erfunden, und neue Möglichkeiten, sie zu bewegen, wurden erdacht. Die ersten federangetriebenen Uhren erschienen Anfang des 16. Jahrhunderts. Diese Erfindung und die erste Taschenuhr werden gewöhnlich dem Nürnberger Schlosser Peter Henlein (1480–1542) zugeschrieben, der das erste der *Nürnberger Eierlein* um 1510 gefertigt haben soll. A. P. Usher weist jedoch darauf hin, daß aus der Literatur mindestens zwei federgetriebene Uhren bekannt sind.

Die Erfindung der Taschenuhr verlangte von den Handwerkern mehr Geschick in der Feinmechanik, sie mußten noch genauere und kleinere Maschinenelemente bauen. Das neue Antriebsaggregat, das federbetriebene Uhrwerk, trieb bald auch andere Geräte. So wurden beispielsweise mechanische Spielzeuge aller Art durch Uhrwerke von der Mitte des 19. Jahrhunderts an bis in die Mitte des 20. Jahrhunderts betrieben und sind heute gesuchte Sammlerstücke.

Vom späten Mittelalter an bis in das 19. Jahrhundert war die Entwicklung der mechanischen Uhr geprägt von dem Zusammenspiel von wissenschaftlicher Forschung und ihrer praktischen Anwendung. Den bedeutendsten Beitrag zum Bau von Uhren lieferten der Italiener Galileo Galilei (1564–1642) und der Holländer Christiaan Huygens (1629–1695). G. Galilei soll um 1580 als Student in Pisa die Gesetze über die Schwingungsdauer des Pendels entdeckt haben. Es wird berichtet, daß er während des Gottesdienstes von einem langsam schwingenden Deckenleuchter dazu angeregt wurde. G. Galilei stellte durch Zählen der Pendelschwingungen fest, daß alle Schwingungen dieses Pendels die gleiche Zeit in Anspruch nahmen. Er verwendete auch ein Pendel, um Kurzzeitintervalle zu messen. Dieses Pendel war freischwingend, bei dem die Bewegung von Hand aufrechterhalten wurde. Das Problem, das Pendel mechanisch anzutreiben, löste Chr. Huygens 1657 durch den Bau der ersten Pendeluhr. Sie wurde von einem Gewicht angetrieben. Die Hemmung besteht hier aus einem Hemmungsrad mit sägezahnartigen

Zähnen, das bei jedem Zeittakt dem Pendel einen Impuls gibt, so daß es kontinuierlich schwingt.

Ermutigt durch seinen Erfolg, wandte sich Chr. Huygens den mathematischen Grundlagen der Technologie der Zeitmessung zu und veröffentlichte 1673 sein Forschungsergebnis im *Horologium oscillatorium*, das als erstes und grundlegendes Werk der wissenschaftlichen und angewandten Mechanik betrachtet werden kann. Chr. Huygens erfand unter anderem die Unruh, die bis zum heutigen Tage der grundlegende Mechanismus in den Taschenuhren und den meisten Schlaguhren ist.

Die Pendeluhr eignet sich für die Schiffahrt nicht. Aus diesem Grunde versuchten im 17. Jahrhundert die seefahrenden Nationen England, Holland und Frankreich eine andere Präzisionsuhr zu entwickeln, um mit ihrer Hilfe die Längengrade auf See zu bestimmen. Chr. Huygens bemühte sich daher jahrelang, einen Mechanismus zu entwickeln, der zumindest so genau wie das Pendel, aber weniger empfindlich gegen äußere Einflüsse war. Am 20. Januar 1675 konnte er in sein Tagebuch neben der Skizze des Torsionspendels das Wort „Heureka!" schreiben. Er setzte sich sofort mit der französischen Akademie der Wissenschaften in Verbindung und führte dort seine Erfindung vor. Einige Tage später bekam er die alleinigen Herstellungsrechte und wurde bald ein reicher Mann.

Mit der Erfindung der mechanischen Uhr stieg die Nachfrage nach neuen Werkzeugen und verfeinerten Arbeitsverfahren. Auch die Nachfrage nach Werkstoffen hoher Güte nahm sprunghaft zu. Ein neuer Werkstoff war der Tiegelstahl, der von Benjamin Huntsman, einem englischen Uhrmacher deutscher Abstammung, entwickelt wurde. B. Huntsman stellte Federn, Radachsen und andere Stahlteile für seine Uhren her und war genötigt, einen Werkstoff hoher und gleichmäßiger Güte zu finden, denn die handelsüblichen Stähle waren seinerzeit alles andere als homogen und eigneten sich nicht besonders als Federstähle. Um 1730 begann B. Huntsman zu untersuchen, ob sich geschmolzener Stahl besser vermischt, wenn er allmählich über seinen Schmelzpunkt hinaus erhitzt wird. Ein Problem war, die erforderlichen Temperaturen zu erreichen. Zu diesem Zwecke baute er einen gut isolierten Schmelzofen mit einem hohen Kamin. Sein Rohmaterial war pulverisierter Stahl, den er mit zerkleinertem Glas mischte und in einen verhältnismäßig schmalen Tiegel füllte. Der Schmelztiegel wurde auf ein Steinbett gestellt und mit zerkleinerter Kokskohle umgeben. Der Schmelzprozeß dauerte 3 bis 4 Stunden. Wenn der Stahl genügend flüssig war, wurde er kräftig verrührt und der Schmelztiegel dann aus dem Schmelzofen genommen. Das Verfahren von B. Huntsman zur Erzeugung von Tiegelstahl wurde in der Folgezeit weiter entwickelt und blieb für mehr als hundert Jahre das hauptsächlich verwendete Verfahren zur Erzeugung von Stählen hoher Qualität.

Die Maschine der Maschinen

Lewis Mumford bezeichnet die mechanische Uhr als die Maschine der Maschinen. Heutzutage ist sie überall zu finden, sie ist fast allgegenwärtig. Die Uhr ermöglichte die Industrialisierung in einem weit größerem Maße als die Dampf- oder eine andere Antriebsmaschine. Heute, im Zeitalter der Computer, wird das Uhrwerk immer mehr durch die Elektronik ersetzt, weil diese wesentlich genauere Meßdaten ermöglicht.

L. Mumfords Symbol der Maschine in Form einer unschuldigen Taschenuhr spielt in einem viel diskutierten Buch über das Maschinenzeitalter die Hauptrolle. Das Buch erschien 1872 unter dem Titel *Erewhon, or Over the Range* (dt. *Ergindwon oder Jenseits der Berge*) und wurde von Samuel Butler (1835–1902) geschrieben. Es handelt von einem Schafzüchter, der sich verirrt, über einen Gebirgszug wandert und sich zu seiner Überraschung auf der anderen Seite in einer ganz anderen Zivilisation, in Erewhon, wiederfindet. Vollkommen unerwartet wird er gefangengenommen und in ein Gefängnis gesteckt. Er versteht die Sprache dieses Landes nicht, doch wird ihm so viel bewußt, daß sein ganzes Verbrechen darin bestand, daß er eine Taschenuhr besaß. In Erewhon gab es vor 500 Jahren einen Bürgerkrieg zwischen den Befürwortern (Maschinisten) und Gegnern (Antimaschinisten) der Maschinen. Die Antimaschinisten gewannen, und alles, was nur einen Anflug einer Maschine hatte, wurde zerstört. Der Besitz einer Maschine war von da an in Erewhon Hochverrat.

S. Butlers Held wird begnadigt, nachdem er die Sprache von Erewhon erlernt hatte, und wird in die Obhut des Mr. Nosnibor (Robinson!), einem führenden Kaufmann der Metropole, gegeben. In der Folge lernt der Schafzüchter ehrwürdige Professoren der Universität der Unvernunft kennen. S. Butler läßt einen Maschinisten und einen Antimaschinisten ihre Argumente vortragen und begründen. Der Maschinist spiegelt die geistigen Strömungen der Zeit wider, in der das Buch Erewhon geschrieben wurde; insbesondere ist er von den Theorien beeinflußt, die die Maschinen als die Möglichkeit sehen, menschliche Gliedmaßen in ihrer Wirkung zu verlängern und zu verstärken. Diese Vorstellung eines „Organischen Fortsatzes" in Form der Maschine kam um 1860 in England und in Deutschland auf und wurde zehn Jahre später von dem Deutschen Ernst Kapp in seinem großen Werk *Grundlinien einer Philosophie der Technik* weiter entwickelt. Die Vorstellung, daß ein Hammer, ein Spaten oder ein Bratspieß die Wirksamkeit der Hand oder des Armes vergrößern, bedarf keiner besonderen Erläuterung, aber S. Butlers Maschinist vertritt auch dann diese Auffassung, wenn er sagt, daß ein Zug „ein Siebenmeilen-Stiefel sei, den vielleicht fünfhundert Menschen gleichzeitig besitzen". Der Maschinist hat, mit anderen Worten gesagt, eine positive Einstellung zur Technik. Die herrschende Partei der Antimaschinisten in Erewhon befürchtet ihrerseits, daß die Maschinen es dem physisch schwächeren Menschen ermöglichen könnten, ihre körperlichen Unzulänglichkeiten auszugleichen, um so zu überleben. Das erewhonische Recht betrachtet daher die Krankheit und die Schwäche eines Menschen ebenfalls als ein Verbrechen gegen den Staat. Während der jahrhundertelangen Herrschaft der Antimaschinisten waren ihre Herrscher bemüht, eine Elite von großen und starken Menschen zu schaffen; jede körperliche Schwäche mußte vernichtet werden. Maschinen, selbst die einfachsten Maschinen, würden die schwachen Menschen in die Lage versetzen, sich zu behaupten, und dies müßte nach Auffassung der Antimaschinisten verhindert werden.

Die Antimaschinisten entschlossen sich schließlich nach mehreren Jahren voll von Kämpfen und Kompromissen, nur Maschinen zu dulden, die älter als 271 Jahre waren; so machten weder S. Butler noch seine erewhonischen Professoren bezüglich der Uhr einen Fehler, denn die mechanische Uhr war seinerzeit weit älter als 271 Jahre. Vielleicht ist aber durch dieses Buch damals die negative Einstellung zu den Maschinen begründet worden, entsprechend den Regeln der Universität der Unvernunft.

Das Maschinenelement des Zeitalters der Dampfmaschine

Während der langen Zeit der Nutzung der Wind- und Wasserkraft war der hauptsächlich verwendete Werkstoff zum Bau von Maschinen und Maschinenelementen das Holz gewesen. Bauteile aus Eisen wurden bis in das 19. Jahrhundert nur spärlich verwendet. Das Eisen bzw. der Stahl

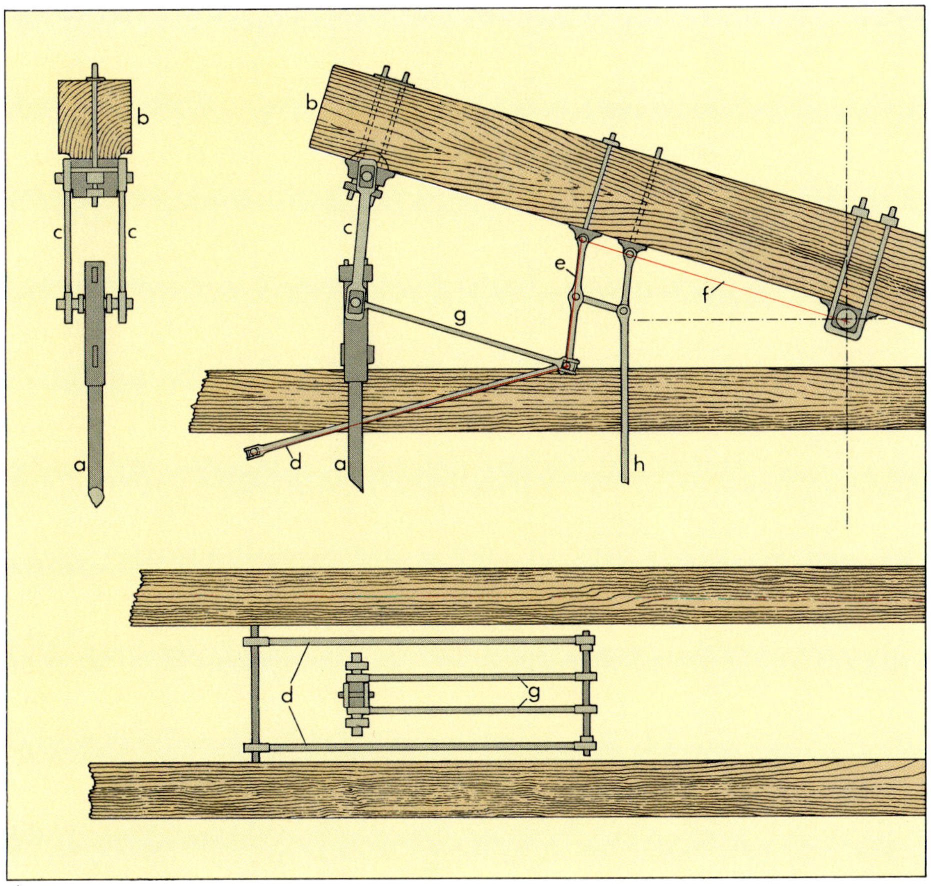

A1

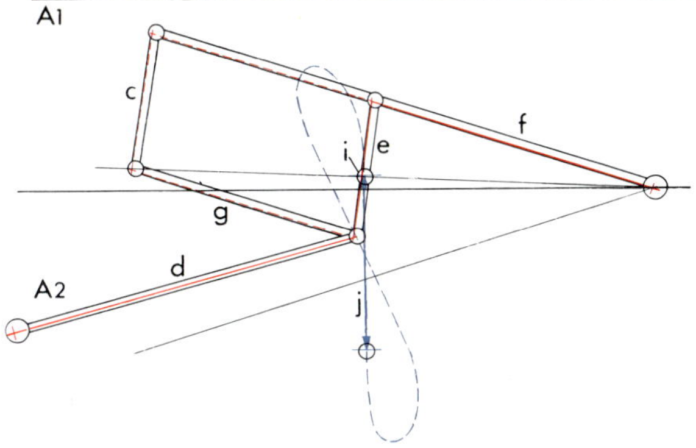

A2

A. J. Watts Parallelogrammführung für Kolbenstange und Balancier; (**1**) an einer Dampfmaschine eingebaut, (**2**) erläuternde Skizze. Die Zeichnung zeigt den Mechanismus am Ende des Balanciers von der Seitenansicht und von oben. Die Kolbenstange (a) war mit dem Balancier (b) über ein Gestängestück (c) gelenkig verbunden. Dieses war genauso lang wie das Mittelstück der Dreigelenk-Gestängeverbindung (d, e, f). Zwischen dieser Verbindung und der Kolbenstange war ein weiteres Glied (g) zwischengeschaltet, dessen Länge der Entfernung der an den Balancier angelenkten Gestänge (c) und (e) war. An die Dreigelenk-Verbindung war eine weitere Kolbenstange (h) angelenkt. Die Abbildung (2) zeigt die Kurve, die das Gelenk (i) beschreiben würde, wenn die Bewegung der Dreigelenk-Gestängeverbindung nicht begrenzt wäre. Für die Dampfmaschine wurde daher nur der Teil (j) der Kurve nutzbar gemacht, der fast geradlinig verläuft.

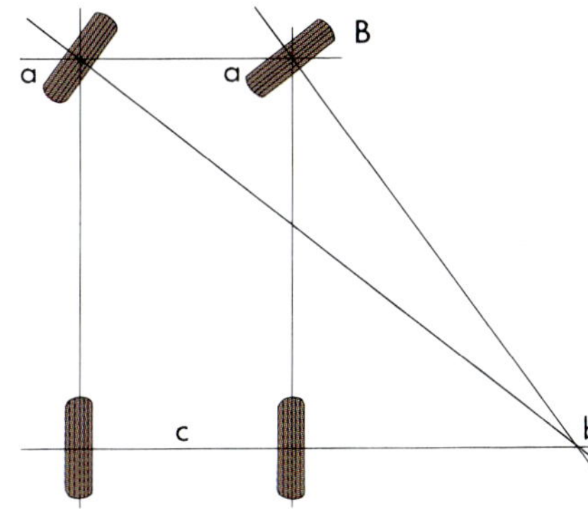

B

B. R. Ackermanns Grundsätze für die geometrisch richtige Lenkung beruhen darauf, daß die Vorderräder (a) des Fahrzeugs sich auf dem Umfang von zwei verschieden großen, aber konzentrischen Kreisen bewegen müssen (b). Der Mittelpunkt dieser Kreise muß sich auf der Verlängerung der Hinterradachse befinden (c).

C1

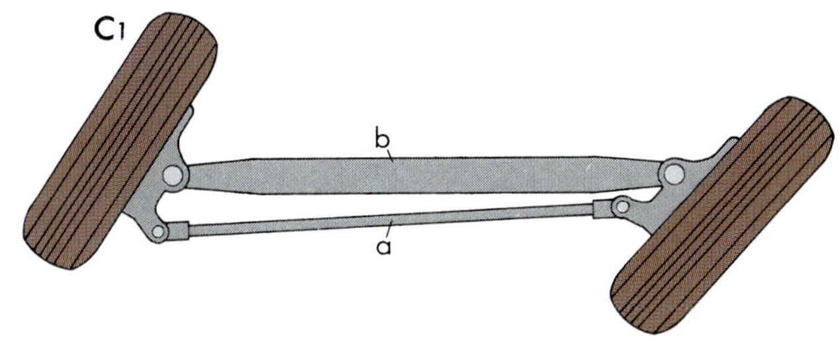

C2

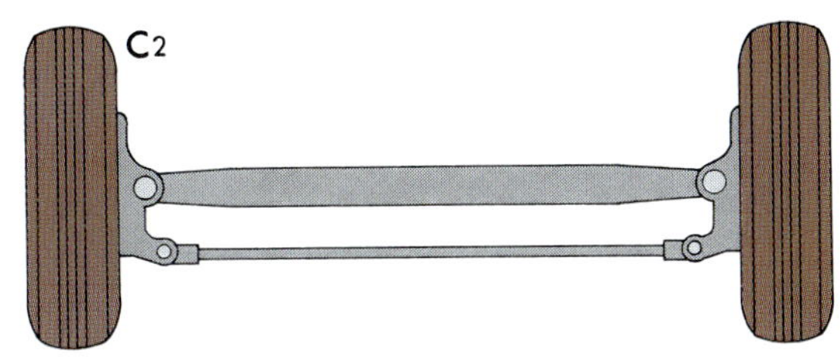

C. Die Stellung der Räder bei der Achsschenkellenkung nach R. Ackermann in einer Kurve (**1**) und bei geradliniger Fahrt (**2**). Da die Spurstange (a) kürzer ist als die Achse (b), wird in der Kurve das äußere Rad weniger stark eingeschlagen als das innere.

D. Unabhängig von R. Ackermanns Patent erfanden die Brüder Birger und Fredrik Ljungström die gleiche Lenkung 1894. Sie verwendeten sie bei der Rikscha-Version ihres Svea-Fahrrades.

D

traten als Werkstoff erst in den Vordergrund, als die Dampfmaschine und die mit ihr verbundenen Techniken entwickelt wurden. Der Dampf erzeugte nicht nur Kraft, sondern führte auch zur Entwicklung neuer Maschinenelemente. Beispiele dafür sind die von James Watt konstruierte Schiebersteuerung und das Planetengetriebe.

Bei der Konstruktion der Dampfmaschine begegnete J. Watt dem Problem, die Kolbenstange senkrecht in einer geraden Linie zu führen, obwohl sie mit dem Schwinghebel verbunden sein mußte, dessen äußeres Ende eine Kurvenbahn beschrieb. Er löste das Problem durch die Verwendung eines zweiarmigen Hebels. Seine Dampfmaschine mit doppelwirkendem Zylinder besaß einen Kondensator mit einer kleinen Kolbenpumpe, deren Kolbenstange ebenfalls geradlinig gesteuert werden mußte. Er verband zu diesem Zwecke die Kolbenstange des Arbeitszylinders über Hebel mit der Kolbenstange der Pumpe. Die gelenkig verbundenen Hebel bildeten so ein Parallelogramm.

J. Watts Parallelogramm inspirierte viele andere Ingenieure zu ähnlichen Konstruktionen. Die bekannteste Anwendung dieses Prinzips ist heute sicherlich die von R. Ackermann erfundene Achsschenkellenkung für Kraftfahrzeuge. Der vielseitige Deutsche Rudolph Ackermann, der die meiste Zeit seines Lebens in London verbrachte, bekam 1818 für diese Lenkung das Patentrecht, obwohl sie einige Jahre früher von Georg Lankensperger, dem Wagner des bayrischen Königs, erfunden wurde. Dieses Lenksystem wird bei Kraftfahrzeugen ungefähr seit 1900 verwendet. Die gleiche Vorrichtung wurde unabhängig von R. Ackermann von den beiden Schweden Birger und Fredrik Ljungström konstruiert, die sie bei der „Rikschaversion" ihres Svea-Fahrrades verwenden wollten.

Das Planeten-Getriebe ist ein interessantes Maschinenteil, das von J. Watt konstruiert wurde, als er seine Dampfmaschine abänderte, um eine Drehbewegung zu erzielen. Üblicherweise wird die alternierende Bewegung des Kolbens durch Zwischenschalten einer Kurbelwelle und einer angelenkten Schubstange in eine Drehbewegung umgewandelt, eine Methode, die schon seit dem Mittelalter zum Beispiel beim Spinnrad und bei der Drechselbank bekannt war. Nun ließ sich James Pikkard 1780 offenbar auf einen Hinweis eines Assistenten des J. Watt hin den Kurbelwellentrieb patentieren. J. Watt hat das Patent nie bestritten, sondern beschlossen, es zu umgehen. Die Lösung des Problems bestand schließlich darin, ein Zahnrad an eine angelenkte Schubstange zu befestigen (Planet) und dieses in ein anderes, in der Regel kleineres und mit dem Schwungrad verbundenes Zahnrad (Sonne) eingreifen zu lassen. Dieses Planetengetriebe wurde 1781 patentiert und oft bei Dampfmaschinen verwendet.

Das Planetengetriebe wurde zu einem Maschinenelement, das in verschiedenen Maschinen und Formen verwendet wurde. Mit einem solchen Antrieb wurden beispielsweise um 1890 Drehbänke versehen; dadurch konnte die Drehzahl in einem sehr großen Bereich geregelt werden. Etwas später wurde das Planetengetriebe in die Antriebsspindel für verschiedene Werkzeuge konstruiert, zum Beispiel bei Schleifmaschinen. Während die Schleifmaschine um ihr Zentrum rotiert, konnte dieses kreisförmig bewegt werden. Eine solche Maschine wurde besonders entwickelt zur Fertigung von Plan- und Formflächen und als Feinbearbeitungsverfahren für Werkstücke, die nicht drehend bearbeitet werden können. Weitere Anwendungsbeispiele des Planetengetriebes findet man im Meßapparate- und Funkgerätebau.

Maschinell gefertigte Maschinenteile

Die Bestandteile einer Uhr wurden ursprünglich von Hand gefertigt. Der Uhrmacher verwendete einfache Werkzeuge, um Zahnräder, Achsen und andere Teile von Hand zu feilen. Die ersten Versuche einer maschinellen Produktion wurden Anfang des 18. Jahrhunderts von Christopher Polhem in den Stjersund-Werken unternommen. Dieses Unternehmen wurde 1699 gegründet mit der Absicht der maschinellen Produktion von Gebrauchsgütern, wie zum Beispiel von Zinnbechern, Platten, Nägeln, Hammerköpfen, u. a. Chr. Polhem kannte die Vorteile der maschinellen gegenüber der handwerklichen Produktion. „Nichts steigert die Nachfrage mehr als eine beträchtliche Preissenkung", schrieb er und fuhr fort, „das ist der Grund, warum man Maschinen braucht, um die schwere und kostspielige Handarbeit zu ersetzen. Das Ergebnis wird eine Kostenersparnis von 100 bis 1000 Prozent sein." Eine beachtliche Weitsicht!

Chr. Polhems Herstellung von Zahnrädern wird 1708 erstmalig erwähnt. Ermutigt durch den erfolgreichen Verkauf der Gebrauchsgüter, beschloß Chr. Polhem, die schwedischen Uhrmacher mit Zahnrad-Bausätzen für die verschiedenen Uhren zu versorgen. Diese Bausätze wurden von wasserradbetriebenen Maschinen verschiedener Größe gefertigt. Sechs von acht dieser Maschinen wurden von Chr. Polhem selber konstruiert. Die größte und umfangreichste dieser Maschinen wurde 1737 unglücklicherweise durch ein verheerendes Feuer vernichtet. Reinhold Rückersköld, ein Enkel Chr. Polhems, beschrieb eine der Maschinen, als von Wasser betrieben und nur von einem Mann bedient. Sie feilte die Zähne in Rädern jeglichen Durchmessers, nachdem sie sie aus einem Messingstück einschließlich der Speichen und der Nabe herausgesägt hat. In gleicher Weise wurden die Zähne aller Getrieberäder gefertigt und durch die Maschine auch mit Achsen versehen. Die Achsen selbst wurden durch Schlichten und Rundfeilen zwischen parallelgeführten Feilen hergestellt.

Die beschriebene Maschine wurde wahrscheinlich 1729 gebaut. Sie ist 1760 nicht durch das Feuer zerstört worden. Heute befindet sie sich im Nationalmuseum für Wissenschaften und Technologie in Stockholm und kann als eine der ersten Werkzeugmaschinen angesehen werden. In diesem Museum befinden sich noch zwei weitere Zahnrad-Bearbeitungsmaschinen von Chr. Polhem.

Die maschinelle Produktion von Zahnrädern in den Stjernsund-Werken erwies sich aus verschiedenen Gründen nicht erfolgreich. Einer der Gründe war der Berufsstolz der Handwerker, die der Auffassung waren, daß eine erstklassige Uhr ganz von Hand gemacht sein muß. Ein anderer Grund bestand in dem mangelhaften Vertrieb der Produktionsgüter. Allgemein kann festgestellt werden, daß Chr. Polhem mit seinen Ideen und Konstruktionen für eine maschinelle Zahnradproduktion seiner Zeit weit voraus war, und dies war der Hauptgrund für das Scheitern der Unternehmung.

Die mechanisierte Herstellung von Rollenblöcken

Der Rollenblock wurde verhältnismäßig früh für die Takelage von Segelschiffen verwendet. In der Blütezeit der Segelschiffahrt wurden bis an die tausend Rollenblöcke für ein Schiff benötigt. Anfang des 19. Jahrhunderts brauchte die englische Marine jährlich 130000 Rollenblöcke verschiedener Größe. Diese Rollenblöcke wurden von Hand in der Werft von Portsmouth hergestellt, wo zu diesem Zwecke 110 Handwerker beschäftigt wurden.

1801 schlug der in Frankreich geborene Ingenieur Marc Isambard

Brunel (1769–1849) vor, die Rollenblöcke maschinell zu produzieren. Er stellte eine Reihe von Modellen der benötigten Maschinen dem Generalinspekteur für den Schiffsbau, Sir Samuel Bentham, vor, der wenige Jahre zuvor Fräs-, Säge- und andere Holzbearbeitungsmaschinen dort eingeführt hatte. Einige dieser Maschinen hatte er selbst entworfen. In jener Zeit bestand der Rollenblock ganz aus Holz; das Gehäuse bestand aus Eichenholz und die Rolle aus *lignum vitae,* einem sehr harten südamerikanischen Holz. Lediglich die Rollenachse war aus Stahl.

Nach anfänglichen Widerständen wurden nach den Modellen von M. I. Brunel Maschinen gebaut, und die mechanisierte Produktion von Rollenblöcken begann 1803. Zwei Jahre später produzierten 45 Maschinen, die von zwei 30 PS (ca. 22,3 kW) Dampfmaschinen angetrieben wurden, Rollenblöcke in vier Baureihen. Innerhalb der jeweiligen Baureihe konnten die Rollenblöcke in gewissen Größen gefertigt werden; in der größten Baureihe betrugen die Durchmesser 25,4 bis 45,7 cm. Von 1808 an konnten 10 ungelernte Arbeiter an den Maschinen in der gleichen Zeit ebenso viele Rollenblöcke herstellen wie seinerzeit die 110 Handwerker. Die jährlichen Produktionskosten konnten dadurch um 17 000 £ gesenkt werden.

Die Maschinen von M. I. Brunel hatten eine Reihe neuer Maschinenelemente, zum Beispiel eine Kreissäge, eine Zapfmaschine, eine neuartige Kegelkupplung, wie sie heutzutage in den Kraftfahrzeugen allgemein verwendet wird.

M. I. Brunel wurde in der Normandie geboren. Er besuchte die französische Marineakademie. Einer seiner Lehrmeister war der berühmte Mathematiker Gaspard Monge (1746–1818). Während der Französischen Revolution floh M. I. Brunel in die Vereinigten Staaten von Amerika, wo er sein Maschinenbaustudium fortsetzte. Schließlich wurde er zum leitenden Ingenieur der Stadt New York ernannt. 1798 kam er wieder nach England. Er zog nach London um. Der Grund für diesen Entschluß war die einflußreiche Stellung seines Schwagers in der Marine. Vom Beginn seines Studiums an hatte sich M. I. Brunel für die maschinelle Produktion von Rollenblöcken interessiert.

Zu seinen späteren Projekten gehörte die erste Untertunnelung der Themse in London, ein Projekt, das unter dramatischen Umständen 1824 begonnen und erst 1843 beendet wurde. Im Schrifttum wird M. I. Brunel häufig mit seinem Sohn Isambard Kingdom Brunel verwechselt, der ein bekannter Eisenbahningenieur wurde, aber auch Schiffe, Brücken und Eisenbahnen konstruierte.

Einige Jahrzehnte nachdem M. I. Brunel und S. Bentham die Mechanisierung der Produktion von Rollenblöcken eingeführt hatte, begann die britische Marine Dampfschiffe einzusetzen, so daß die Nachfrage nach Rollenblöcken naturgemäß zurückging. Zu diesem Zeitpunkt wurden neue Bauarten von Rollenblöcken eingeführt, bei denen nunmehr kein Holz mehr, sondern nur Stahl verwendet wurde. Heute bestehen die Rollenblöcke der Takelage aus Nylon.

Bewegte Maschinenelemente

Leonardo da Vinci war der erste Konstrukteur, der neben der gesamten Maschine auch die einzelnen Maschinenteile zeichnete. Diese Art der Darstellung wurde von einigen Verfassern der Renaissance u.a. von Georg Agricola und Agostino Ramelli angewendet. So beschrieb G. Agricola oft Maschinen, indem er die Maschinenelemente, die sich eigentlich im Inneren der Maschine befanden, in auseinandergezogener Anordnung darstellte. Chr. Polhem lernte diese Darstellungsweise während einer Reise durch England und Mitteleuropa 1694–1696 kennen. Obwohl er von der Methode sehr begeistert war, konnte er sie

Das Planetengetriebe von J. Watt in Vorderansicht (**1**) und im Schnitt (**2**). Die reziproke Bewegung des Balanciers der Dampfmaschine (a) wird auf ein Zahnrad (b), das Planetenrad, übertragen. Dieses greift in ein anderes Zahnrad (c), das Sonnenrad, ein und bewegt es. Das Sonnenrad befindet sich auf der Achse des Schwungrades. Eine Ringführung (d) hielt das Planetenrad in seiner Bahn um das Sonnenrad fest.

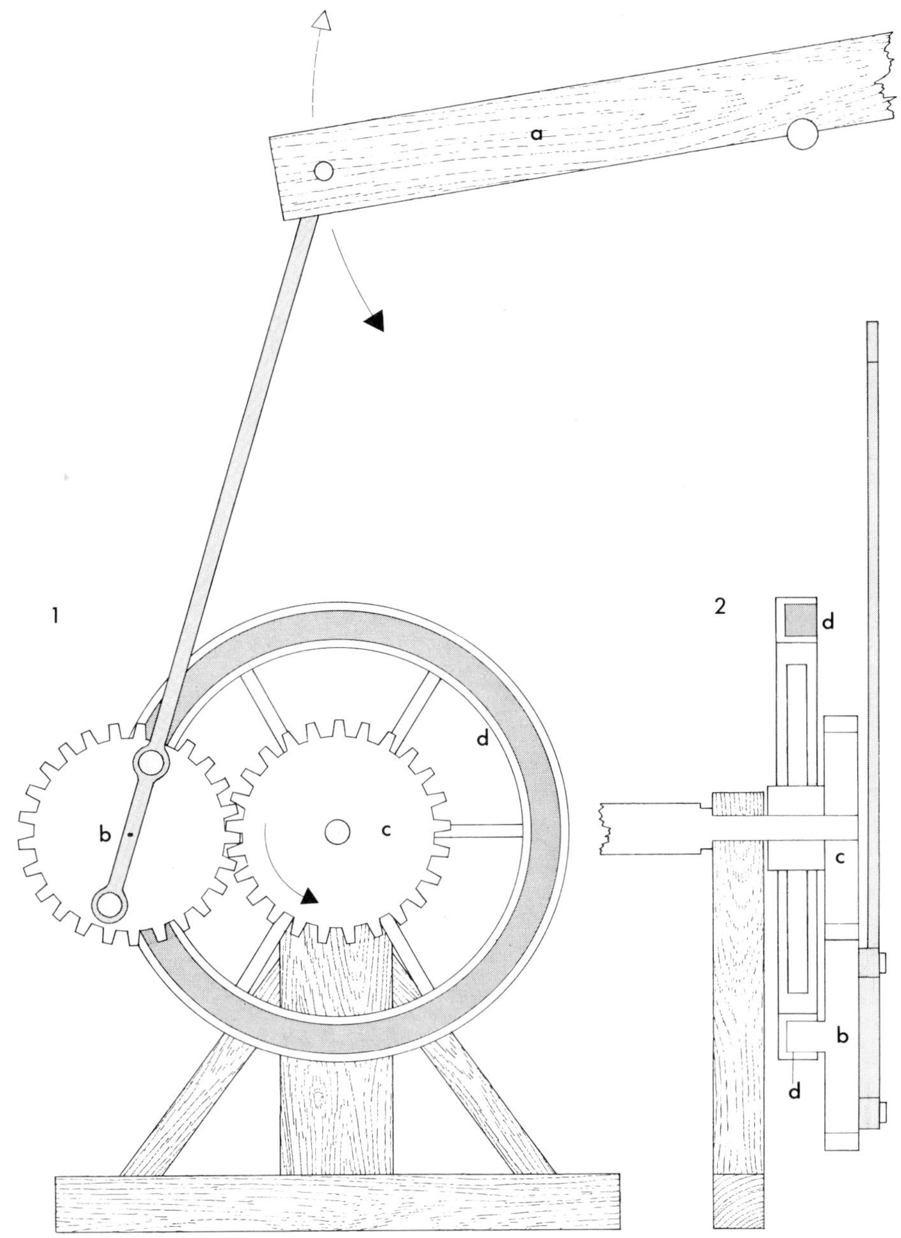

nicht anwenden, weil er selbst das einfachste Diagramm nicht darstellen konnte. Dafür war er in der Lage, sich Maschinen dreidimensional gut vorstellen zu können, und machte lieber einfache Modelle, um seine Ideen zeichnen zu lassen. Nach seiner Rückkehr entwarf Chr. Polhem eine große Anzahl von Maschinenelementen, die er teilweise unterwegs gesehen oder selbst erfunden hatte. Oft fertigte er selbst Prototype seiner Modelle an und ließ sie dann von geschickten Handwerkern zu Ende bauen. Chr. Polhem fand diese Arbeitsmodelle wesentlich instruktiver als Illustrationen in Büchern und daher für das Erlernen des Maschinenbaus als geeigneter. In einem Bericht über seine Arbeiten an die Bergbehörden in Stockholm schlug er die Einrichtung eines *laboratorium mechanicum* vor, mit dem Ziele, diese Einrichtung als Ausbildungsstätte und Experimentalwerkstätte zur Entwicklung neuer Maschinen zu verwenden. Chr. Polhem beabsichtigte daher, ein Gegenstück zum *laboratorium chymicum* zu schaffen, das von dem großen schwedischen Arzt und Naturforscher Urban Hiärne (1641–1724) zur Herstellung von Arzneimitteln und Erforschung der Arzneipflanzen 1685 eröffnet wurde.

In seinen Vorschlägen begründete Chr. Polhem eingehend die Vorteile eines solchen Maschinenlabors; insbesondere würde es junge talentierte Menschen beim Studium des Maschinenbaus durch die Darstellung der Maschinen in Form von Modellen fördern. Er entwarf auch eine großzügige Planung für eine solche Institution, in der an die zehn Lehrer und Konstrukteure unter seiner Leitung tätig sein sollten. Die Vorschläge zur Errichtung eines Maschinenlabors wurden von Chr. Polhem im Herbst 1696 dem schwedischen König unterbreitet. Zu Beginn des folgenden Jahres erlaubte ihm ein königliches Dekret mit der Ausführung der Pläne zu beginnen. Im gleichen Jahr wurde zu diesem Zweck in Stockholm das Haus Gripenhielm gekauft. Chr. Polhem standen anfänglich zwei geschickte Handwerker – ein Zimmermann und ein Schmied – und zwei Lehrlinge zur Verfügung, die Maschinenmodelle nach seinen Angaben fertigten. Es wurden systematisch alle für den Unterricht notwendigen Maschinen gebaut und vervollständigt. Es standen schließlich 80 Maschinen zur Verfügung, die alle seinerzeit bekannten Maschinenelemente enthielten. Diese systematische Sammlung von Maschinenelementen nannte Chr. Polhem „das Alphabet des Maschinenbaus". Chr. Polhem vertrat die Ansicht, daß in ähnlicher Weise, wie ein Dichter aus einfachen Buchstaben die schönste Dich-

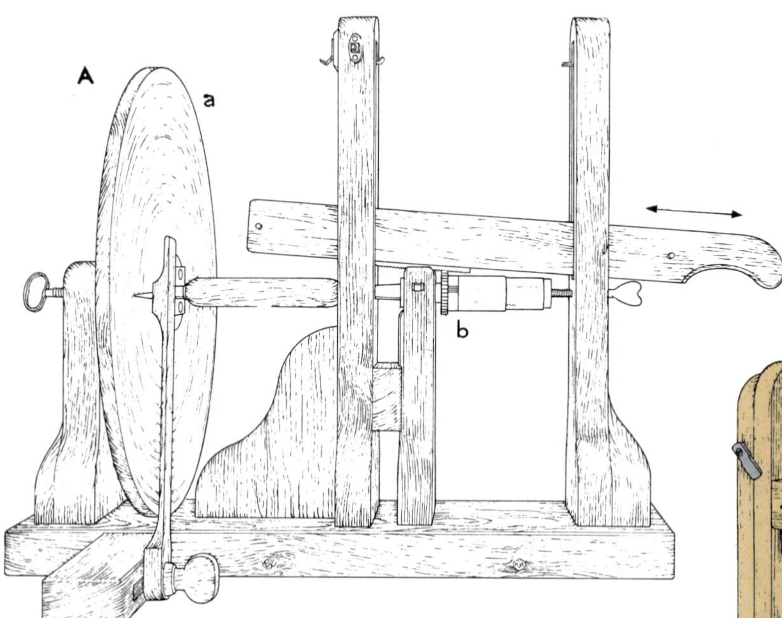

A. Eine handbediente Zahnradbearbeitungsmaschine. Diese Maschine ist wahrscheinlich die älteste von Chr. Polhem konstruierte Zahnradbearbeitungsmaschine. Es ist möglich, daß sie als Prototyp für kompliziertere Maschinen gebaut worden ist. Die große Trennscheibe (a) wurde verwendet, um den Zahnrad-Rohling (b) unter dem richtigen Winkel zum Schneiden des einzelnen Radzahnes aufzustellen.

B. Die wasserradgetriebene Maschine zur Bearbeitung von Zahnrädern für Uhrwerke ist der erste Werkzeug-Vollautomat und wurde von Chr. Polhem konstruiert. Die Maschine wurde wahrscheinlich 1729 gebaut und ist noch erhalten.

C. M. I. Brunels Fräsmaschine für mittelgroße Rollenblöcke. Die Maschine konnte entweder zwei Rollenblöcke gleichzeitig oder einen Rollenblock für zwei Rollen fräsen. Die beiden Meißel (a) drehten sich mit einer Umlaufgeschwindigkeit von 400 Upm auf einer Kurbelwelle (b, c). Die zurechtgeschnittenen Holzwerkstücke für die Blöcke (d) wurden auf einen Maschinenschlitten (e) gestellt, der durch eine Schraube (f)

tung schaffen kann, ein Ingenieur großartige Maschinen bauen könne, wenn er das Alphabet des Maschinenbaus beherrscht. Die „Mächtigen Fünf" wären dabei die Vokale in diesem Alphabet, während die anderen Maschinenelemente die Konsonanten darstellten.

Chr. Polhem konnte sich jedoch nur ein knappes Jahr der Aufbauarbeit am Maschinenlabor widmen. Um 1690 war er schon ein sehr bekannter Maschinenkonstrukteur, der von mehreren Bergwerksgesellschaften umworben wurde. Er hatte sich nicht zuletzt durch die bemerkenswerte Maschine *Machina Nova* einen großen Namen gemacht. Diese Maschine war eine Erzförderanlage im Falu Kupferbergwerk. Die meisten Modelle des Alphabets des Maschinenbaus sind wahrscheinlich in jenem Jahr gebaut worden, in dem Chr. Polhem unmittelbar die Arbeiten leitete. Schließlich überließ Chr. Polhem im Sommer 1698 die Leitung des Maschinenlabors völlig seinem Assistenten Fredrik Buschenfelt, der mit ihm das Ausland bereist hatte und mit seinen Ideen vertraut war.

Der eigentliche Grund, auf die Leitung des Maschinenlabors zu verzichten, war die während seines Englandaufenthaltes gereifte Idee, ein eigenes Maschinenbauunternehmen zu gründen. Die Vorbereitungen dazu erforderten alle seine Kräfte, bis er schließlich 1699 die modern ausgestatteten Stjernsund Werke aus der Taufe hob. Er stattete die Werke mit Maschinen aus, die in Praxis zeigten, wie die „Dichtung" mit dem Alphabet des Maschinenbaus geschrieben werden kann.

Chr. Polhem vergaß das Maschinenlabor nicht ganz. 1706 starb F. Buschenfelt, das Labor verwaiste, die Forschungsarbeit ging zurück. Schließlich wurde es 1710 neu, diesmal in Falun gegründet. Zu jener Zeit war Chr. Polhem technischer Direktor einer Bergwerksgesellschaft, der Stora Kopparberg Grube, und wurde *konstmästare* (Kunstmeister) genannt. König Karl XII. von Schweden, der sich während seines Rußlandfeldzuges zur Erholung in Bender in der Türkei befand, forderte Chr. Polhem auf, mit ihm die künftige Entwicklung des Maschinenlabors zu besprechen. Das Maschinenlabor sollte zu einem richtigen Forschungs- und Entwicklungslabor ausgebaut werden. Neue Produkte sollten entwickelt werden, um Schweden auf dem Gebiete der metallverarbeitenden Industrie unabhängig zu machen.

Chr. Polhem reiste nicht in die Türkei, weil er sich gesundheitlich nicht wohl fühlte und auch die Reise durch das unruhige Europa nicht wagen wollte. Karl XII. mußte sich daher damit zufriedengeben,

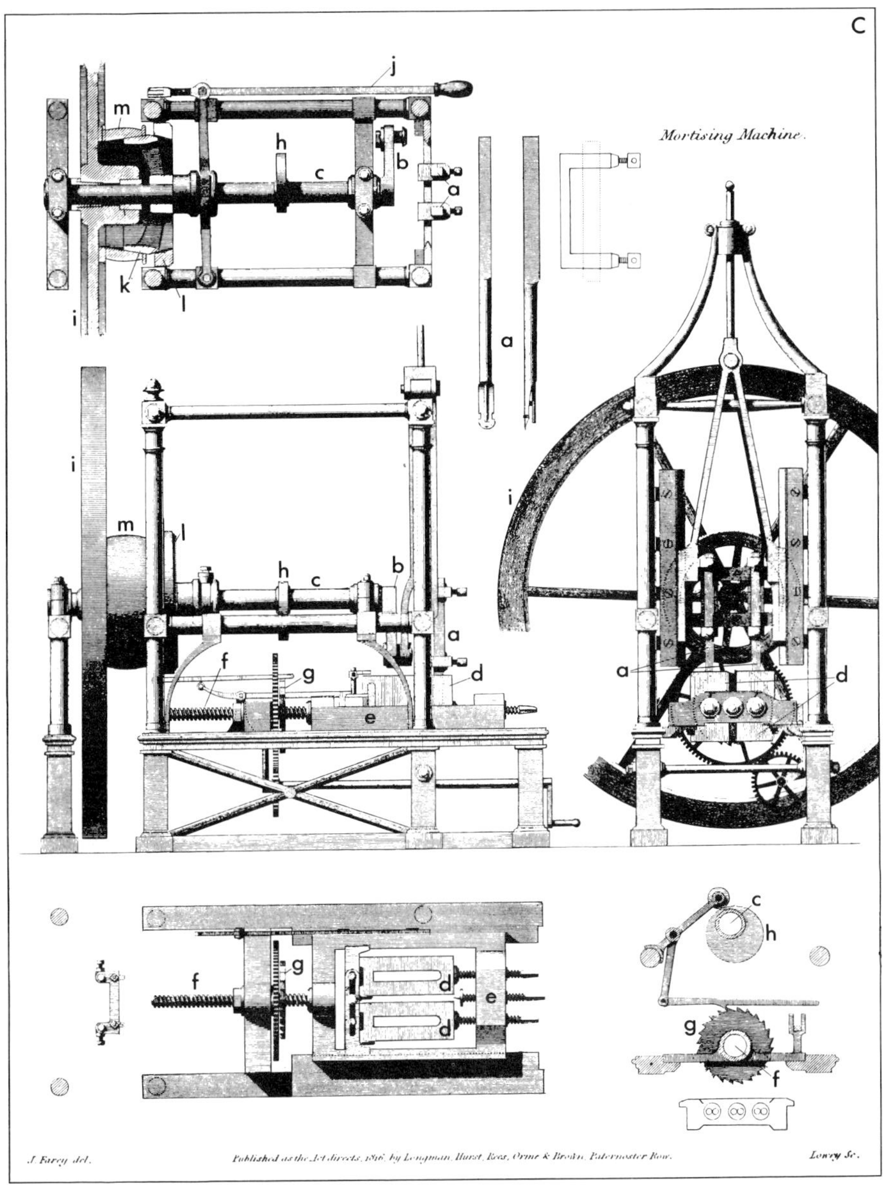

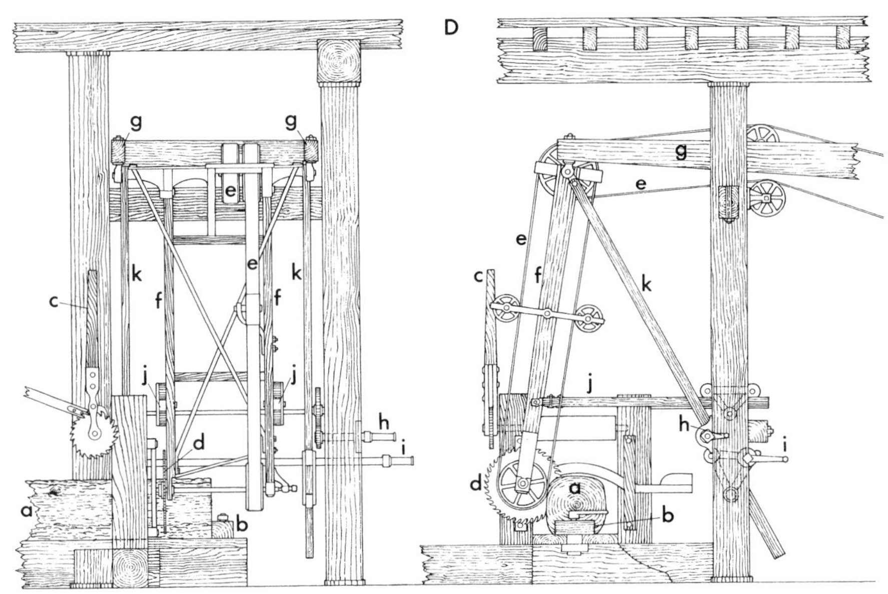

langsam vorgeschoben wurde. Der Vorschub der Schraubenspindel wurde durch einen mit der Spindel verbundenen Sperrtrieb (g) und eine Nocke (h) auf der Kurbelwelle gesteuert; bei jeder Umdrehung der Kurbelwelle löste die Nocke die Sperrklinke für einen Augenblick, so daß sich der Sperrtrieb und somit die Spindel um einen Zahn des Ratschenrades weiterbewegen konnte. Die Drehbewegung der Welle konnte dank einer Kegelradkupplung unterbrochen werden, ohne daß das Schwungrad (i) angehalten werden mußte. Mit Hilfe eines Hebels (j) konnte das konische Rad (k) auf der Welle (c) entweder mit einer Bremstrommel (l) oder mit der Antriebsrolle (m) auf der Schwungradachse (i) in Verbindung gebracht werden.

D. Diese Pendelsäge zum Zuschneiden von Brettern und Bohlen wurde ebenfalls von M. I. Brunel entwickelt. Das Holz (a) wurde bis zu einem Anschlag (b) vorgezogen, wenn ein Griff (c) betätigt wurde. Für die Kraftübertragung auf das Sägeblatt (d) verwendete man Treibriemen (e). Das Sägeblatt konnte horizontal und vertikal bewegt werden, da es auf gelenkig gelagerten Armen (f, g) angebracht war. Wenn man die Kurbeln betätigte, wurden die Stangen (j) und (k) durch Zahnstangen- und Ritzeltriebe bewegt.

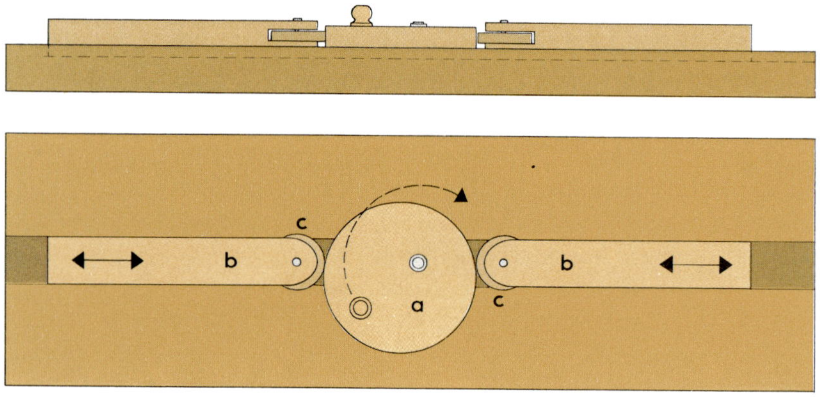

„Buchstaben" aus Chr. Polhems Alphabet des Maschinenbaus

A. Eine Maschine zur Umwandlung der Drehbewegung einer exzentrischen Scheibe (a) in die reziproke Bewegung zweier Stangen (b). (c) Zylinderrollenlager. Ansicht der Maschine von der Seite (**1**) und von oben (**2**).

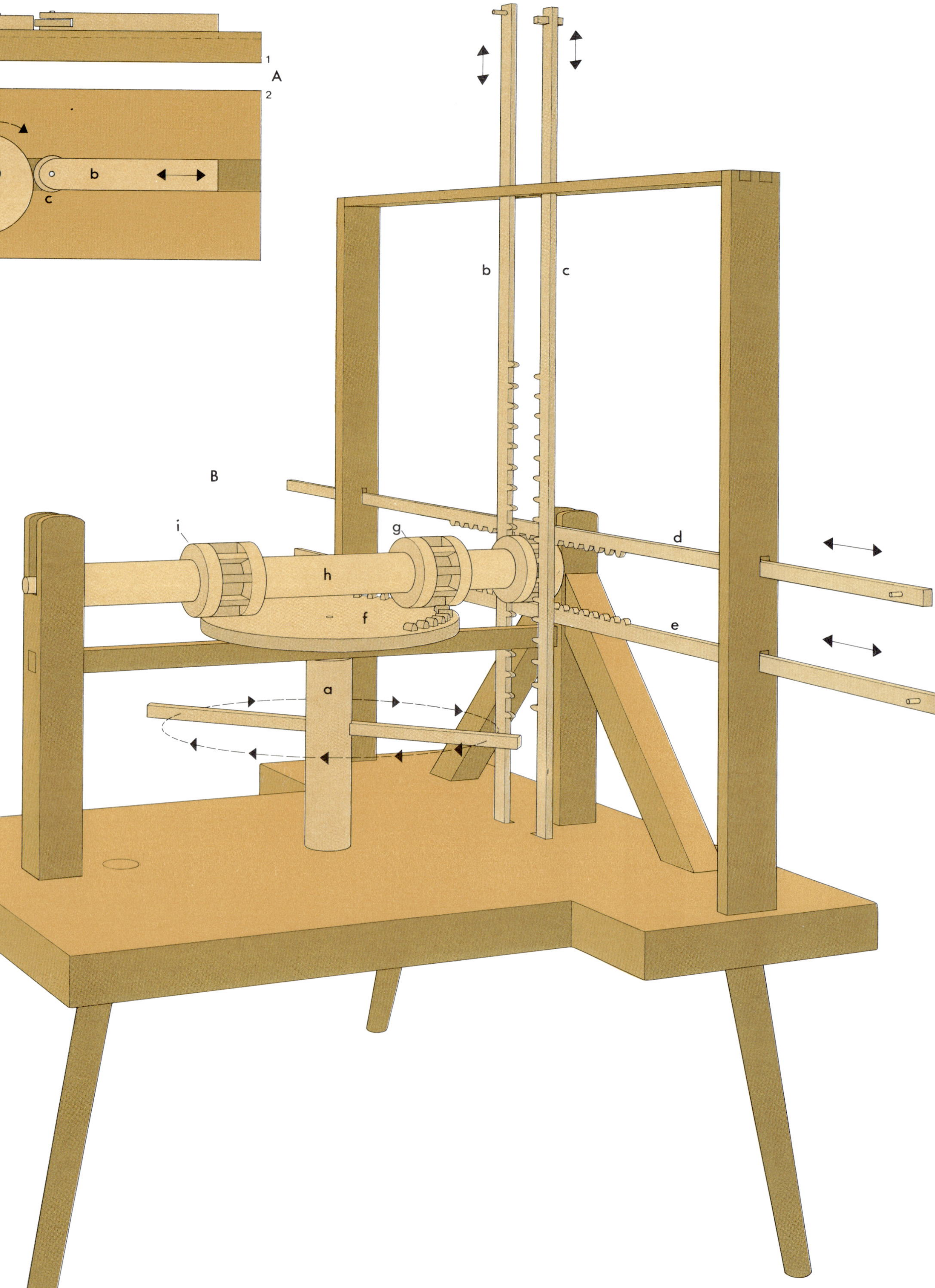

B. In dieser Maschine wird die Drehbewegung einer senkrechten Achse (a) in die reziproke Bewegung von zwei Paaren paralleler Stäbe (b, c, d, e) umgewandelt. Die Scheibe (f) ist zur Hälfte ihres Umfanges mit Radzähnen versehen. Wenn die Achse (a) und somit die Scheibe (f) in der angegebenen Richtung betätigt werden, greifen die Zähne zunächst in das Getrieberad (g). Die waagrechte Achse (h) dreht sich dann gegen den Uhrzeigersinn und bewegt die Stäbe (b) nach unten, (c) nach oben, (d) nach links und (e) nach rechts. Anschließend greifen die Zähne der Scheibe (f) in das Getrieberad (i) ein, die Achse (h) dreht sich nunmehr im Uhrzeigersinn, und alle vier Stäbe bewegen sich in die entgegengesetzte Richtung.

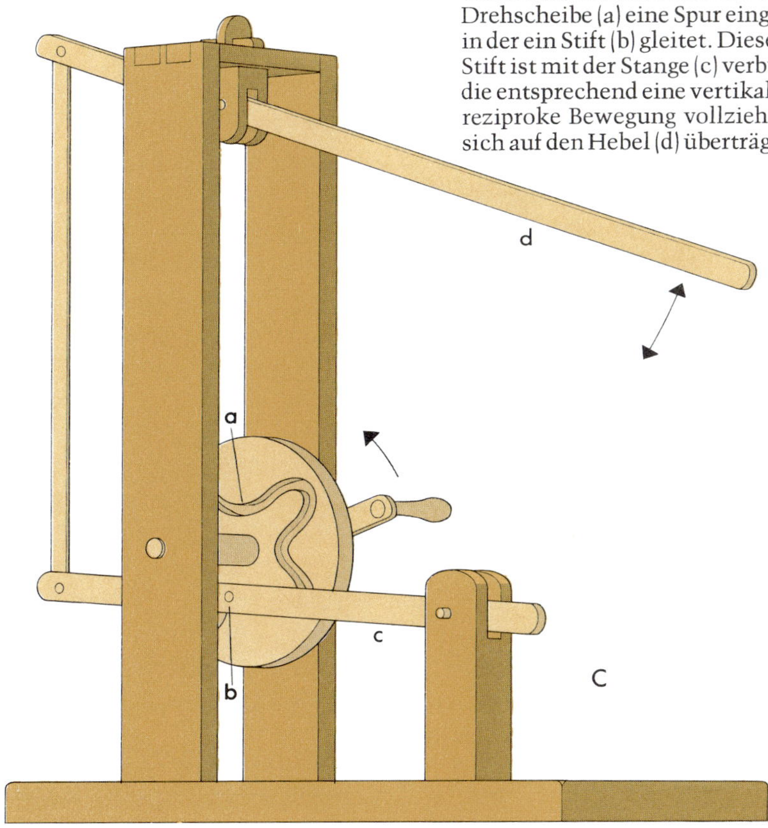

C. Bei dieser Maschine ist in die Drehscheibe (a) eine Spur eingekerbt, in der ein Stift (b) gleitet. Dieser Stift ist mit der Stange (c) verbunden, die entsprechend eine vertikale reziproke Bewegung vollzieht, die sich auf den Hebel (d) überträgt.

Chr. Polhem über die staatliche Bergaufsicht Gelder zur Verfügung zu stellen, damit dieser ein entsprechendes Maschinenlabor in Stjernsund aufbauen konnte. Wieweit Chr. Polhem den Wünschen des Königs entgegenkam, ist nicht bekannt, doch kamen viele Studenten aus deutschen Bergbaubetrieben nach Stjernsund, um dort Maschinenbau zu studieren. Um 1720 wurden auch einige Schweden Schüler und Assistenten von Chr. Polhem. Unter diesen Schülern befand sich der später sehr bekannte Maschinenbauingenieur und Architekt Carl Johan Cronstedt (1709–1779). Er studierte dort mit einigen anderen schwedischen Adligen Maschinenbau und Konstruktionszeichnen in den Jahren 1729 bis 1731. C. J. Cronstedt studierte später bei dem berühmten Architekten Carl Harleman Architektur. C. J. Cronstedt baute anschließend Paläste und Maschinen. Es stellte sich jedoch heraus, daß er auch ein ausgezeichneter Verwaltungsbeamter war. Er krönte schließlich seine berufliche Laufbahn damit, daß er Präsident der Schwedischen *Crown Lands Judiciary Board* wurde.

C. J. Cronstedt faßte 1729 Chr. Polhems Alphabet des Maschinenbaus neu zusammen. Die Zeichnungen der Maschinenelemente sind in C. J. Cronstedts Skizzenbuch erhalten geblieben, in dem er 103 verschiedene Elemente auflistet; etwa zwanzig neue Elemente wurden hinzugefügt, seit Chr. Polhem seine Idee von einem Maschinenlabor verwirklichte. Die Grundidee war die gleiche geblieben. C. J. Cronstedt trug in sein Skizzenbuch ein: „Ein gebildeter Mensch muß alle Wörter im Gedächtnis haben, die er benötigt, um einen Satz zu bilden oder einen Artikel zu schreiben. In gleicher Weise muß ein Ingenieur

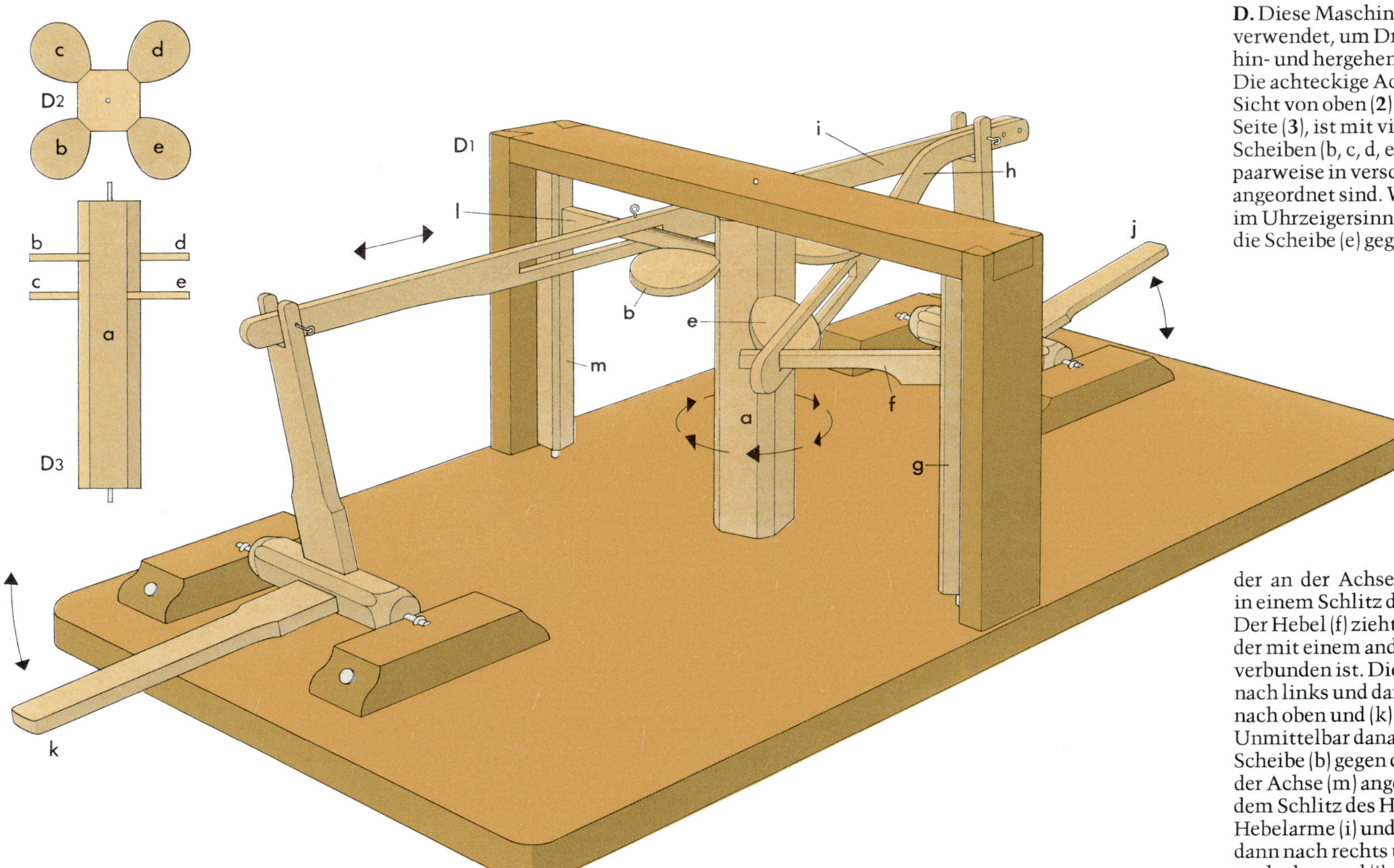

D. Diese Maschine (**1**) wurde ebenfalls verwendet, um Drehbewegungen in hin- und hergehende umzuwandeln. Die achteckige Achse (a), in der Sicht von oben (**2**) und von der Seite (**3**), ist mit vier fast runden Scheiben (b, c, d, e) ausgestattet, die paarweise in verschiedenen Ebenen angeordnet sind. Wenn die Achse (a) im Uhrzeigersinn bewegt wird, stößt die Scheibe (e) gegen den Hebel (f), der an der Achse (g) befestigt ist und in einem Schlitz des Hebels (h) gleitet. Der Hebel (f) zieht dann den Hebel (h), der mit einem anderen Hebel (i) verbunden ist. Dieser bewegt sich nach links und damit der Hebelarm (j) nach oben und (k) nach unten. Unmittelbar danach stößt die Scheibe (b) gegen den Hebel (l), der an der Achse (m) angebracht ist und in dem Schlitz des Hebels (i) gleitet. Die Hebelarme (i) und (h) bewegen sich dann nach rechts und die Hebel (k) nach oben und (j) nach unten.

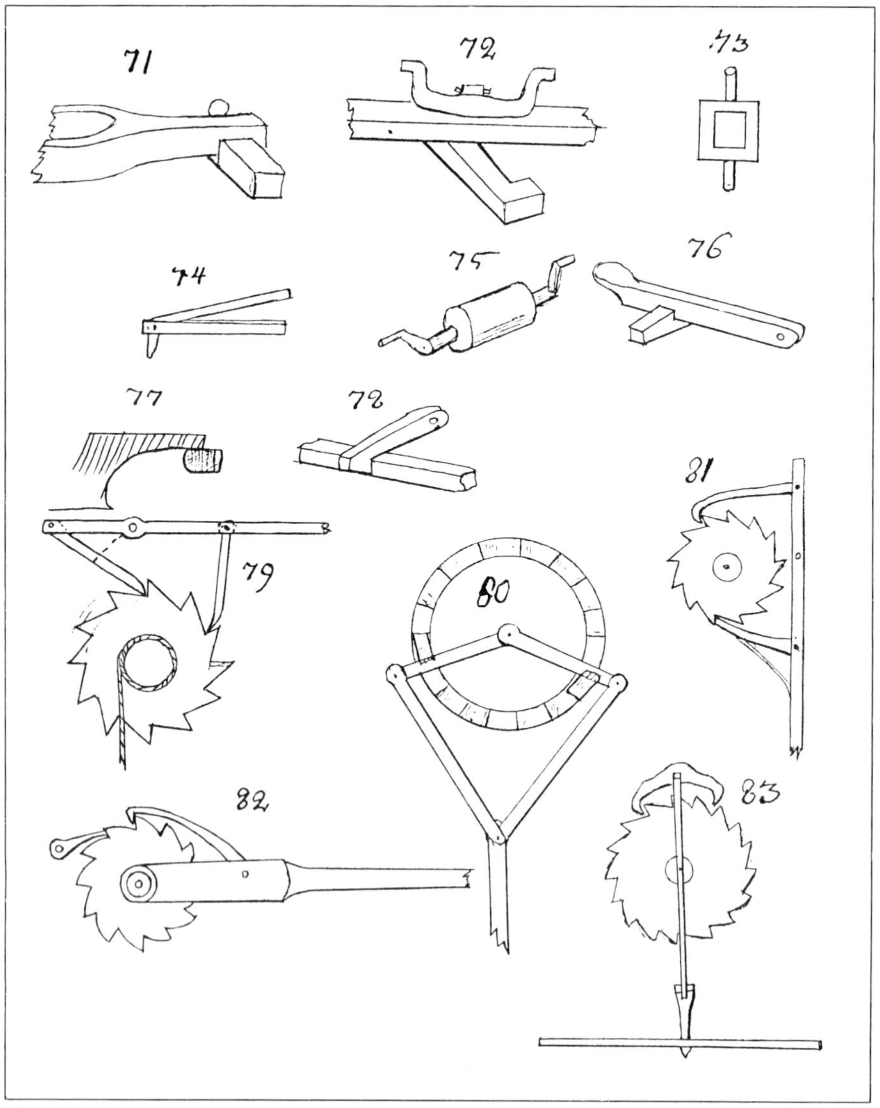

A

A. Eine Seite aus Carl Johan Cronstedts Skizzenbuch, in welchem er 1729 systematisch Chr. Polhems Alphabet des Maschinenbaus aufzählte.

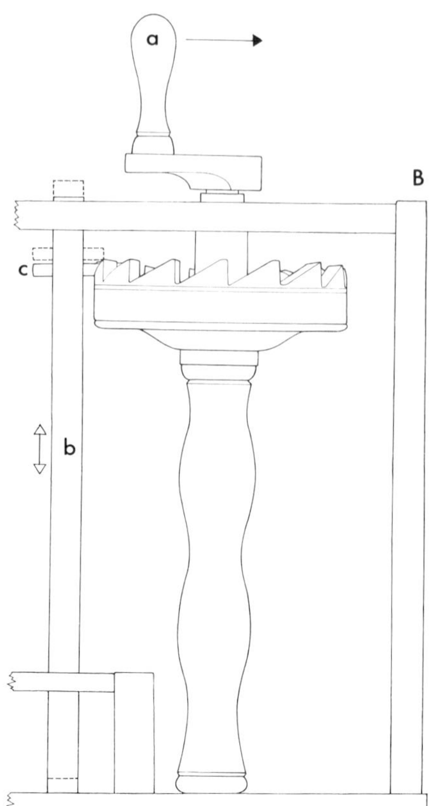

B. Ein weiterer „Buchstabe" des Alphabets des Maschinenbaus. Wenn die Kurbel (a) im Uhrzeigersinn bewegt wird, vollzieht der Stab (b) bedingt durch den Querstift (c) eine geradlinige alternierende Bewegung.

mit allen einfachen Maschinenbewegungen vertraut sein. Wenn ein Schreiber beim Zusammenfügen der Wörter die einzelnen Buchstaben erst hier und dann dort aus Verstecken oder entlegenen Orten hervorholen müßte, würde sein Schriftstück unleserlich und voll ungereimter Passagen werden. In gleicher Weise würden der Entwurf von Maschinen und Erfindungen einen langen Werdegang haben, wenn der betreffende Ingenieur die einfachsten Bewegungen der Elemente des Alphabets des Maschinenbaus nicht kennen würde und sein Wissen erst aus fernen Ritzen und Schlupfwinkeln, das heißt aus Notizen, Artikeln und Büchern hervorholen müßte... Neue Maschinen sind nichts anderes als Wörter oder Körper, die aus Buchstaben oder Gliedern zusammengebaut sind, die in Abhängigkeit von der Zweckbestimmung der Maschine an einen ganz bestimmten Platz gesetzt werden, damit dann die fertige Maschine die gewünschte Funktion vollbringen kann." Leider wurden C. J. Cronstedts Aufzeichnungen und Skizzen nicht veröffentlicht. Sie befinden sich jetzt in den Archiven des Nationalmuseums für Wissenschaften und Technologie in Stockholm. Chr. Polhem hat sein Alphabet des Maschinenbaus nicht schriftlich festgehalten; daher konnten nur wenige seiner Maschinen als Konstruktionszeichnungen in zeitgenössischen Werken und Berichten überleben, wie zum Beispiel in dem 1735 und 1736 veröffentlichten zweibändigen Werk Mårten Triewalds unter dem Titel *Föreläsningar öfver naturkunnigheten* (Vorlesungen über Naturwissenschaften).

Das Maschinenlabor war in Stjernsund mit unterschiedlicher Studentenzahl bis 1735 belegt. In diesem Jahr starb die Frau Chr. Polhems. Er zog daraufhin zu seinem Schwiegersohn, Carl Sjripenstierna, nach Kersö auf der Insel Ekerö im Mälarsee. Er brachte zumindest einen Teil seiner Modellsammlung mit sich und fuhr fort, Maschinen zu konstruieren. Im Jahr 1739 gewährte man ihm als eine besondere Gunst, drei geschickte Handwerker zu beschäftigen, die seine „nützlichen" Maschinen bauten, die für landwirtschaftliche Zwecke bestimmt waren. Sie wurden sowohl als Modell als auch als Prototyp hergestellt. Als der alte Schleusenkanal in Stockholm 1746 wieder hergestellt werden sollte, wurde Chr. Polhem gebeten, die Arbeiten an Ort und Stelle zu organisieren und zu leiten. Er war damals 85 Jahre alt, aber fast genauso rastlos aktiv wie in früheren Jahren. Die Regierung bevollmächtigte ihn nun, alle seine Modelle zusammenzusuchen. Sie wurden in einem Flügel des königlichen Schlosses, der königlichen Modellkammer, der Öffentlichkeit zugänglich gemacht. Dort konnten die Interessierten eine Menge über die Grundlagen des Maschinenbaus lernen, obwohl keine Vorlesungen gehalten wurden. Nachdem Chr. Polhem 1751 starb, versuchte sein Sohn Gabriel das Maschinenlabor seines Vaters zu reorganisieren. Doch standen die Ingenieurwissenschaften in jener Zeit bei den Behörden nicht mehr in so hohem Ansehen. So blieben die Anstrengungen G. Polhems in dieser Sache unbeachtet. Die Modellsammlung Chr. Polhems wurde schließlich vom Maschinenbauinstitut – dem späteren königlichen Institut für Maschinenbau – 1827 übernommen und anfänglich zu Unterrichtszwekken verwendet. In den späten 20er Jahren des 20. Jahrhunderts wurde die Sammlung im Dachgeschoß des alten Institutsgebäudes gefunden; was einst nationales Kleinod war, befand sich nun in einem beklagenswerten Zustand. Die meisten Modelle fielen förmlich auseinander. Die Sammlung wurde dem Nationalmuseum für Wissenschaften und Technologie übereignet, das sie sichten und restaurieren sollte.

Die Kinematik

C. J. Cronstedt beschrieb in seinem Skizzenbuch etwa ein Drittel der Maschinenelemente der Sammlung Chr. Polhems. Diese Beschreibung ist *De simpla mekaniska rörelser som kunna tjena som ett mechaniskt alphabet* („Die einfachen Bewegungen der Maschinenelemente, die als ein Alphabet für den Maschinenbau dienen können") überschrieben. Was ihn dabei so faszinierte, war die Tatsache, daß durch die Kombination der fünf einfachen Maschinen komplizierte und nutzbare Maschinen gebaut werden konnten. Archimedes versuchte beim Studium der einfachen Maschinen ihre Kraft vergrößernden Eigenschaften zu erklären. Diese Erklärung war wichtig für die Entwicklung der ersten Antriebsmaschinen, wie zum Beispiel das Wasserrad, die Windmühle u.a., und auch wichtig für die Entwicklung der Arbeitsmaschinen im Mittelalter und während der technischen Revolution der Renaissance, wie zum Beispiel der Göppel, der Erzbrecher, der Schmiedehammer, die Rahmensäge u.a. Vom Beginn der Industrialisierung im 18. Jahrhundert an wurden jene Eigenschaften für die Konstruktion der Maschinen immer wichtiger. Was ehedem von Hand gemacht wurde, wird nun von Maschinen verrichtet, deren verschiedene Elemente bis zu einem gewissen Grade die menschlichen Bewegungen nachmachen.

Die Konstrukteure dieser Maschinen und viele andere Erfinder jener Zeit waren talentiert, jedoch Pragmatiker, die nur wenig über die Maschinen als solche, über die Gesetzmäßigkeit ihrer Bewegung und über ihre inneren gesetzlichen Zusammenhänge nachdachten. Es gab jedoch auch Menschen, die sich über diese Zusammenhänge Gedanken machten. Diese brachten schließlich den Maschinenbau in die Vorlesungsverzeichnisse der technischen Hochschulen für den militärischen und zivilen Bereich, die am Ende des 18. Jahrhunderts in der Alten und Neuen Welt in großer Zahl gegründet wurden, und hielten das Feuer am Brennen, das seinerzeit Chr. Polhem erstmals entzündet hatte. Jean Nicolas Pierre Hachette (1769–1834), Professor für Geometrie an der polytechnischen Hochschule in Paris, hielt 1806 eine Vorlesung über Maschinenelemente, indem er darstellende Geometrie lehrte. Fünf Jahre später veröffentlichte er ein Lehrbuch über die Wirkungsweise von Maschinenelementen. Dieses Lehrbuch wurde zum grundlegenden Werk für die nächsten hundert Jahre. In diesem Buch definierte J. Hachette sechs Arten von Maschinenelementen, die sich funktionell voneinander unterschieden: *recepteurs* – Maschinenteile, die ihre Bewegung von einem Antrieb bekamen; *communicateurs* – Maschinenteile, die eine Bewegung weiterleiteten; *modificateurs* – Maschinenteile, die eine Bewegung umwandelten, sie beispielsweise von einer geradlinig alternierenden in eine rotierende Bewegung umwandelten; *supports* – Maschinenteile, die eine tragende Funktion haben, wie zum Beispiel Lager, Führungen; *regulateurs* – Maschinenteile, die eine regelnde Funktion haben, beispielsweise Vorgänge ein- oder abschalteten, Geschwindigkeit regelten; und schließlich *operateurs* – Maschinenteile, die dem Fertigprodukt die Endbearbeitung gaben. Die Definitionen, die J. Hachette schuf, waren der Beginn der Systematisierung im Bereich des Maschinenbaus, vergleichbar etwa der Arbeit eines Carl von Linné über die Flora und Fauna und eines Jöns Jakob Berzelius über die Einführung einer einheitlichen chemischen Zeichensprache.

J. Hachette hatte unter seinen Landsleuten viele Anhänger seiner Lehre. Der bedeutendste unter ihnen war André Marie Ampère (1775–1836), ein talentierter Mathematiker und Physiker aus Lyon, dessen Name durch die Einheit der elektrischen Stromstärke wohlbekannt ist. A. Ampère war Professor für theoretische und experimentelle Physik am Collège de France in Paris. Als er einen Unterrichtsplan aufstellte, kam er auf die Idee, sich eine Übersicht über den Wissensstand seiner Zeit zusammenzustellen. Das Ergebnis war ein umfassendes Werk in zwei Bänden, das 1829 veröffentlicht wurde, und die Tradition der französischen Enzyklopädisten fortführte. Seine Einteilung der Mechanik in statische (Körper in Ruhe) und kinematische (Körper in Bewegung) Vorgänge zeugt von der großen Beachtung, die er der Mechanik einräumte. Seine Definition des neuen Wissenszweiges, der Kinematik, ist noch immer gültig: die Bewegungen müssen als solche unabhängig von der Kraft, die sie erzeugt, angesehen werden, wie auch wir die Bewegungen der statischen Körper um uns herum, insbesondere aber in solchen Kombinationen, die wir Maschinen nennen, beobachten.

Grundsätzlich fordert diese Definition, daß bei der Konstruktion einer maschinellen Vorrichtung zunächst festgestellt werden muß, welche Bewegungen sie durchführen und durch welche Maschinenelemente sie diese Bewegungen vollbringen soll. Dabei ist unabdingbar, daß die Belastungen, denen die Maschinenelemente ausgesetzt werden, zuerst berechnet werden müssen, bevor die letzteren dimensioniert werden.

Zwei Landsleute A. Ampères forschten damals bereits auf dem Gebiete der Kinematik; es waren dies die Mathematiker Gustave Gaspard de Coriolis (1792–1843) und Charles Nicolas Peaucellier (1832–1920). G. de Coriolis ist hauptsächlich durch die Entdeckung der nach ihm benannten Trägheitskraft (Coriolis-Kraft) bekannt geworden, die Körper erfahren, die sich in einem rotierenden Bezugssystem bewegen. Diese Kraft spielt bei den Luft- und Wasserbewegungen auf der rotierenden Erde eine bedeutende Rolle. Nebenbei definierte er den physikalischen Begriff der Arbeit als das Produkt aus Kraft mal Weg.

Nach dem Tod A. Ampères war die Forschung auf dem Gebiet der Kinematik in England schon sehr weit fortgeschritten. England war damals führend im Maschinenbau, weil sich dort die Anwendung der Dampfkraft u.a. für Land- und Wasserfahrzeuge sehr rasch verbreitete. Um 1830 hielt an der Universität von Cambridge Robert Willis (1800 bis 1875) Vorlesungen über die Kinematik von Maschinenelementen. Seine Vorlesungen wurden 1841 in Buchform unter dem Titel *Principles of Mechanism* (dt. *Grundlagen des Mechanismus*) veröffentlicht. R. Willis war Professor für Natur- und Experimentallehre, einer Disziplin, die heute nicht unmittelbar mit dem Maschinenbau in Verbindung gebracht wird. Doch bezeichnete man damals, wie bereits seit 1662 in England das Fachgebiet der Physik als Naturlehre. R. Willis hielt daher wie seinerzeit A. Ampère Vorlesungen über theoretische und experimentelle Physik.

R. Willis entwickelte die Kinematik zu einer angewandten Wissenschaft; seine Beschreibungen und Berechnungen konnten von den Konstrukteuren direkt angewendet werden. Sein Lehrbuch wurde zu einem der ersten Handbücher für den Maschinenbau und fand große Verbreitung.

R. Willis führte auch das Wort „Kinematik" in die englische Sprache ein. Der bedeutendste seiner bahnbrechenden Beiträge auf diesem Gebiet waren seine Methoden, bewegte Systeme oder *reine Mechanismen,* wie er sie nannte, zu analysieren. Unter den Wissenschaftlern, die R. Willis' Ideen aufgriffen, befand sich Ferdinand Redtenbacher, Professor für angewandte Mathematik am Polytechnikum in Karlsruhe. Er versuchte die Methoden R. Willis' zu vereinfachen und ein brauchbares System der Klassifizierung von Maschinenkonstruktionen zu entwerfen, doch hatte er damit keinen besonderen Erfolg. Statt dessen spielte er als talentierter und die Zuhörerschaft mitreißender Lehrer eine wichtige, obgleich nur indirekte Rolle bei der Entwicklung der Kinematik. Um 1850 saß in F. Redtenbachers Vorlesungen ein junger Student namens Franz Reuleaux (1829–1905), der, durch seinen Professor angeregt, von dem neuen

Wissensbereich fasziniert wurde und die Bedeutung der Kinematik für die künftige Entwicklung des Maschinenbaus erkannte.

F. Reuleaux, dessen Name schon einige Male genannt worden war, muß näher vorgestellt werden, weil er einer der führenden Wissenschaftler auf dem Gebiete der Kinematik und ein bedeutender Vertreter der zeitgenössischen Geistesströmungen war. F. Reuleaux stammt aus einer wallonischen Familie. Er ist in direkter Linie mit dem Baumeister verwandt, der zu Zeiten Ludwig des XIV. die großen Wasserwerke in Marly an der Seine errichtete, eine gigantische Konstruktion, die großes Aufsehen in ganz Europa machte (siehe Seite 102). Sein Großvater war in Lüttich ein geachteter Baumeister; sein Vater siedelte nach Eschweiler im Rheinland um, wo er mit großem Erfolg Dampfmaschinen baute. Nach dem Schulbesuch verbrachte F. Reuleaux einige Jahre als Praktikant in der Werkstatt seines Vaters. 1850 begann F. Reuleaux mit seinem Studium in Karlsruhe, wo er graduierte. Anschließend studierte er an den Universitäten von Berlin und Bonn, wo er Natur- und geistige Wissenschaften belegte. 1856 bekam F. Reuleaux den Ruf als Professor für angewandte Mechanik an der Eidgenössischen Technischen Hochschule in Zürich. Dort blieb er bis 1864. In diesem Jahr wurde er Professor an der Gewerbeakademie in Berlin. Im folgenden Jahr übernahm er die Leitung dieser Einrichtung, die später, im Jahre 1879, mit der Berliner Bauakademie zur Technischen Hochschule vereint wurde. Die Technische Hochschule lag damals außerhalb Berlins in Charlottenburg. F. Reuleaux leitete auch diese Schule, bis er 1896 emeritierte.

Für seine Kurse und Vorlesungen stellte F. Reuleaux eine Sammlung von ungefähr 800 Modellen verschiedener maschineller Vorrichtungen zusammen. Gerade in jener Zeit überschwemmte eine große Anzahl von Maschinen für die verschiedensten Zwecke den Markt; F. Reuleaux erkannte dadurch besonders, wie dringend notwendig eine Systematisierung und Klassifizierung der Maschinen jetzt war. Dabei schwebte ihm immer die Forschungsarbeit des C. von Linné auf dem Gebiete der Botanik und Zoologie als das große Vorbild vor Augen. F. Reuleaux und seine Assistenten fuhren in der Art der Arbeitsmethode C. von Linnés fort und spürten jeder nur greifbaren maschinellen Vorrichtung nach; dies war keine leichte Arbeit, die Modellsammlung wuchs.

F. Reuleaux stellte die Ergebnisse seiner Arbeit in einer Reihe glänzend gehaltener Vorlesungen vor, die bald berühmt wurden. Dem Auditorium wurden praktische Demonstrationen an den Modellen der ständig wachsenden Sammlung vorgeführt und sehr anspruchsvolle theoretische Betrachtungen vorgetragen. 1875 veröffentlichte er seine Forschungsergebnisse in dem großen Werk *Theoretische Kinematik: Grundzüge einer Theorie des Maschinenwesens,* das auf drei Bände ausgelegt war, wovon nur zwei erschienen. Das Buch bewirkte sehr großes Aufsehen insbesondere im Kreise der Techniker und Ingenieure. Schließlich mußte auch im Bereich der komplexeren maschinellen Anlagen eine Methode der Klassifizierung eingeführt werden. Der Wunsch, alles zu systematisieren und zu klassifizieren, war eines der Kennzeichen des optimistischen und progressiven Geistes jener Zeit. F. Reuleaux beabsichtigte die beiden anderen Bände der Trilogie seines Werkes dem ersten Band in kurzem Zeitabstand nachfolgen zu lassen. Leider war dies nicht der Fall. Es mußten 25 Jahre vergehen, ehe der zweite Band veröffentlicht wurde, und der dritte Band kam nie über das Stadium eines Entwurfes hinaus.

F. Reuleaux' Fachkollege Alexander B. W. Kennedy, Professor für angewandte Mathematik an der Universität in London, übersetzte das Buch in die englische Sprache. Es erschien dort bereits 1876. Es hatte in England, der „Werkstätte der Welt", beinahe einen noch größeren Erfolg als in Deutschland. Das Museum für Wissenschaften in London ergriff schnell diese Gelegenheit und veranstaltete eine Ausstellung einiger Lehrmodelle des F. Reuleaux. Die Ausstellung, das Buch und F. Reuleaux' wissenschaftliches Werk als solches wurde mit großem Interesse aufgenommen. Man berichtete und diskutierte darüber in der Tages- und Fachpresse. Die technisch interessierten Kreise wurden von einer Art „Reuleaux-Fieber" ergriffen, das sich bald auf andere Länder ausbreitete. Doch F. Reuleaux' Name war nicht unbekannt. Er hatte bereits 1861 das Handbuch *Der Konstrukteur* verfaßt, das als erstes seiner Art sofort in mehrere Sprachen übersetzt wurde. Im Mittelpunkt des Interesses stand er aber jetzt, als sein Werk über die Kinematik gerade rechtzeitig zur Eröffnung der großen Jahrhundertausstellung im Fairmont Park in Philadelphia erschien. Diese Ausstellung ist aus Anlaß der Jahrhundertfeier der Unterzeichnung der Menschenrechte in den Vereinigten Staaten von Amerika abgehalten worden. Die Ausstellung wurde zu einer monumentalen Manifestation des „reinen Mechanismus", wie es wohl R. Willis ausgedrückt hätte, und war beinahe ein bedrückender Ausdruck des Vertrauens, das man in die Macht der Dampfkraft zur Lösung sozialer und Industrieprobleme setzte. Präsident Ulysses S. Grant eröffnete die Ausstellung u. a. durch das Inbetriebsetzen der großen Curliss-Dampfmaschine.

F. Reuleaux war als deutscher Delegationsleiter in Philadelphia anwesend und berichtete über seine Eindrücke in seinen *Briefen aus Philadelphia,* die in Deutschland veröffentlicht und sehr beachtet wurden. In ihnen beschreibt er ausführlich die zahlreichen technischen Wunder, die im Fairmont Park ausgestellt wurden, und er schreibt, sie würden alles Dagewesene übersteigen. Diese Mitteilung hatte schon eine große Aussagekraft, zumal da F. Reuleaux bereits an zwei früheren Weltausstellungen, 1867 in Paris und 1873 in Wien, teilnahm. Er führte auch die deutsche Delegation bei den Weltausstellungen in Sidney 1879 und in Melbourne 1881 an. In Philadelphia wurden nicht nur Maschinen aus aller Welt, sondern auch Produkte und Erzeugnisse des Handwerks und der Industrie sowie Kunstwerke ausgestellt. Diese Produkte und Erzeugnisse der menschlichen Zivilisation machten auf F. Reuleaux einen tiefen Eindruck. Er bemerkte dazu, daß all dies, selbst die Kunstwerke, letzten Endes Ergebnisse des technischen Fortschrittes seien.

Nach der Jahrhundertausstellung in Philadelphia entwickelte F. Reuleaux Gedanken zum Verhältnis zwischen Technik, Kultur und sozialem Fortschritt. 1882 trug er seine Gedanken, die Technik sei ein Vorbote der Kultur, vor einer Industrievereinigung in Wien vor. Diese Vorlesung wurde unter dem Titel *Kultur und Technik* zunächst in Wien und später in mehreren deutschen Zeitschriften veröffentlicht und bewirkte eine lebhafte Diskussion, die einige Jahre lang auch in den benachbarten Ländern Frankreich, Italien und England fortdauerte. Im Jahre 1890 wurde die Vorlesung in dem Jahresheft der Smithsonian Institution veröffentlicht. Dieses Institut in Washington ist ein sehr bekanntes Forschungsinstitut, das unter anderem die bedeutendsten amerikanischen Museen für Technologie, Naturgeschichte und Kunst unterhält.

In dieser Vorlesung gab F. Reuleaux zuerst einen kurzen Überblick über die Verteilung der Bevölkerung auf der Erde und griff dabei die ziemlich weit verbreitete Meinung seiner Zeit an, die Menschen ließen sich in aktive und passive Rassen einteilen. Anschließend ging er auf sein geliebtes Thema, die Grundlagen der Kinematik ein. Er verallgemeinerte dieses Thema und erklärte damit auch andere, außerhalb der Technik liegende Probleme. So sah er zum Beispiel das Feuer als eine enthemmte chemische Reaktion ähnlich einem gelösten Sperrgetriebe an. Die Hemmung würde in dem Augenblick gelöst, in dem das Feuer zu brennen beginnt. In ähnlicher Weise seien auch die sozial-politischen Ereignisse zu sehen. Diese Zusammenhänge erinnern an den Amerikaner Norbert Wiener (1894–1964), der 75 Jahre später die Kybernetik entwickelt hat, das heißt die Lehre der Steuerung von Tieren und Maschinen durch Rückkopplung. Davon wird noch an anderer Stelle ausführlich die Rede sein.

Zwischen den Jahren 1880 und 1900 war F. Reuleaux auf verschiedenen Gebieten sehr schöpferisch tätig. Im Folgenden werden einige wenige seiner zahlreichen Schriften und Bücher wiedergegeben: *Die Maschine und die Arbeitsleistung: soziale Fragen der Gegenwart; Deutsche Erfindungen und künftige Entwicklung der Technik und Industrie; Eine Reise quer durch Indien; Die Bedeutung des Wassers für die Menschheit; Interpretation von Volkssagen; Orientalische Schachfiguren* und *Hiawatha,* eine deutsche Übersetzung des berühmten Gedichtes von Longfellow. Vom Jahre 1885 an machte sich F. Reuleaux in gewissen deutschen Industriellenkreisen dadurch unbeliebt, daß er immer wieder in seinen Artikeln und Vorlesungen auf die schlechte Verarbeitung und die billige Konstruktion der Erzeugnisse verschiedener Unternehmungen hinwies („deutsche Ware billig und schlecht"). Auch diese Kritik F. Reuleaux' verursachte viele Debatten und beeinflußte letztendlich die Entwicklung der deutschen Industrie in günstiger Weise.

Es ist verständlich, daß bei den vielseitigen Interessen, die F. Reuleaux hatte, die Kinematik in den Hintergrund trat. Seine zahlreichen Schriften und die Rolle eines Meinungsmachers, die er angenommen hatte, machten F. Reuleaux über 20 Jahre lang zu einer führenden Gestalt im deutschen Kulturleben. F. Reuleaux' bahnbrechendes Werk über die Kinematik ermöglichte eine vollkommen neue Vorstellung vom Maschinenbau im allgemeinen und von der Funktion der Maschinenelemente im besonderen. Die Grundsätze, die er einführte, vereinfachten die Probleme fast bis zum Extrem und veranlaßten die Praktiker, in ihrer Arbeit einmal innezuhalten und erst zu überlegen. Sie bemühten sich nun, einfachere statt kompliziertere Konstruktionen anzufertigen, weil sich oft erwiesen hatte, daß die komplizierteren Vorrichtungen auch schlechter waren.

Bei der Analyse der Funktion der Maschinenelemente unterschied F. Reuleaux „Elementenpaare" und „Kinematische Ketten". Zu der ersten Gruppe gehörten zum Beispiel die Schraube und der Bolzen, Wellenzapfen und Achslager, Zahnstangentriebe. Zu der anderen Gruppe gehörten zum Beispiel verbundene und angelenkte Hebel sowie Kombinationen dieser Hebel, beispielsweise die Kurbel oder das Parallelogramm von J. Watt. Als F. Reuleaux sein Buch in den 70er Jahren des vorigen Jahrhunderts schrieb, war die Kinematik parallelgeführter Bewegungen unter den großen Theoretikern etwas in Mode. F. Reuleaux kümmerte sich jedoch um ihre Spitzfindigkeiten nicht, sondern konzentrierte sich auf die realen technischen Gegebenheiten. Bei der Analyse komplexer Konstruktionen vereinfachte er die Vorgänge und führte sie auf ihre Grundprinzipien zurück. So konnte er mit sichtlichem Vergnügen bei seiner Beschreibung verschiedener Dampfmaschinen feststellen, daß eine gewisse Anzahl dieser Maschinen praktisch identisch waren; in einigen Fällen fügte er hinzu, daß der Konstrukteur vollkommen unnötig seine Maschine komplizierter gemacht hätte.

Im Jahre 1900 gab F. Reuleaux den zweiten Band seiner Theorie der Kinematik heraus. Dieser Band des Werkes war nicht mehr so mitreißend geschrieben, abgesehen davon verblaßte bereits der Ruhm des Autors, so daß die Neuerscheinung bei den Wissenschaftlern nur wenig Beachtung fand. In den folgenden Jahrzehnten traten die Kinematik und die Beiträge F. Reuleaux' immer mehr in den Hintergrund. Anfang der

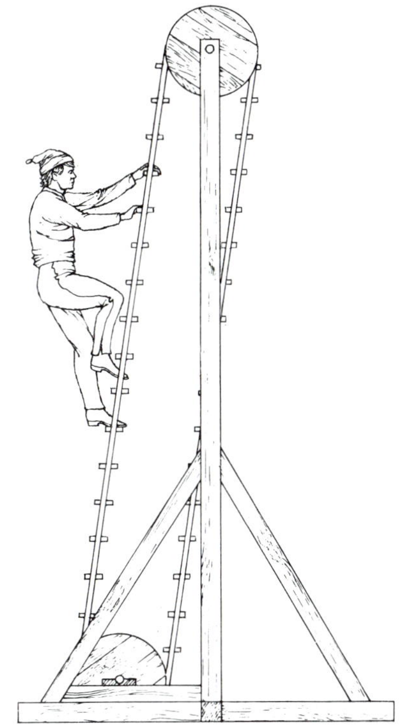

F. Reuleaux interessierte sich auch für die Anatomie des Menschen. Für ihn waren die menschlichen Gliedmaßen und Gelenke miteinander verbundene Hebel. Er versuchte auf sie die Gesetze der Kinematik anzuwenden, um die bestmögliche Stellung des menschlichen Körpers bei verschiedenen Arbeitsvorgängen zu bestimmen. In der Darstellung des Mannes am Schleifstein (unten) wird ein Hinweis gegeben, wie F. Reuleaux das menschliche und technische System von Hebeln miteinander in Verbindung brachte.

F. Reuleaux' epochale Studien über zusammengesetzte Maschinenteile und ihre wechselseitigen Bewegungen wandelten die Kinematik in eine wissenschaftliche Disziplin. Die Zeichnungen sind aus F. Reuleaux' Werken entnommen.

A. Hier ist eine Getriebeübersetzung mit hyperbolischen Zahnrädern dargestellt. Die gestrichelten Linien bei dem kleineren Zahnrad zeigen die Gestalt einer Hyperbel.

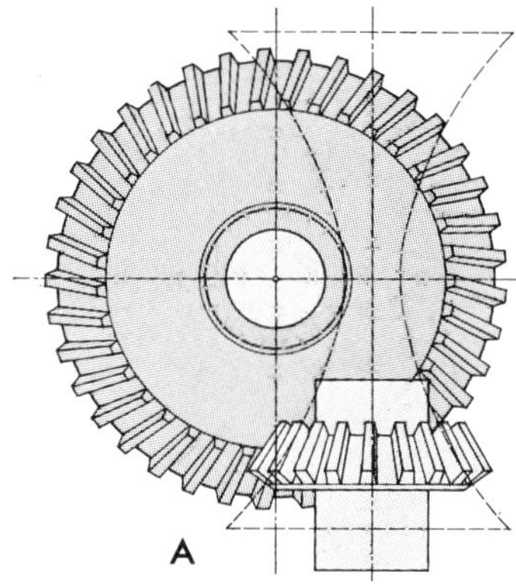
A

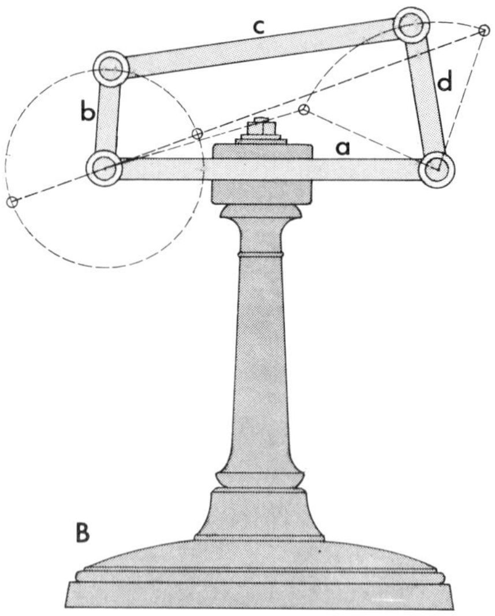

B

B. Diese kinematische Kette mit vier Gliedern benutzte F. Reuleaux, um nachzuweisen, daß bei einer geschlossenen kinematischen Kette so viele Mechanismen möglich sind, wie die Kette Glieder hat. Die gestrichelte Linie zeigt die Bewegung der Glieder (b), (c) und (d), wenn (a) fixiert ist.

C. Wechselseitig wirkende Maschinenelemente, die mit ihrer geometrischen Gestalt ständig im Eingriff sind,

C
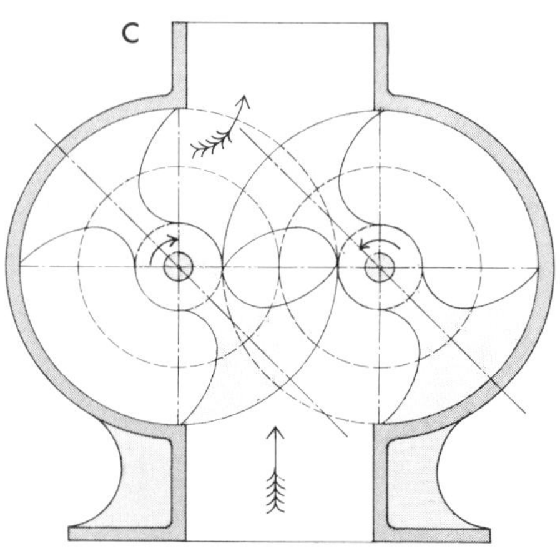

führten gewöhnlich zu extrem komplizierten mathematischen Gleichungen. Ein Beispiel für solche Maschinenelemente wird durch diese Luftpumpe gegeben.

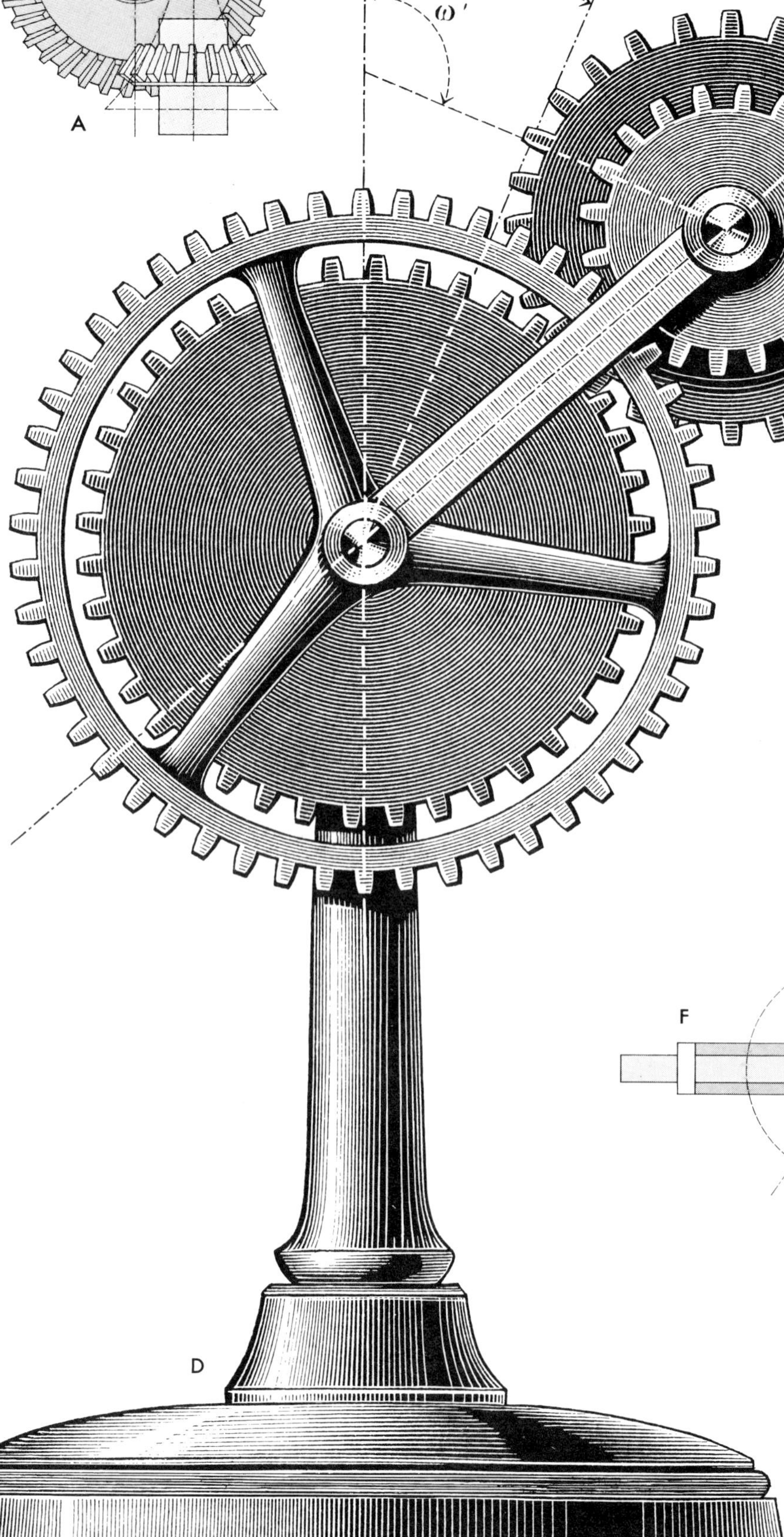

D

D. Dieses zusammengesetzte Maschinenelement wurde von F. Reuleaux als Grundlage für Übungen verwendet, in welchen die wechselseitigen Bewegungen von Zahnrädern mit unterschiedlicher Zahl der Radzähne berechnet wurden.

E
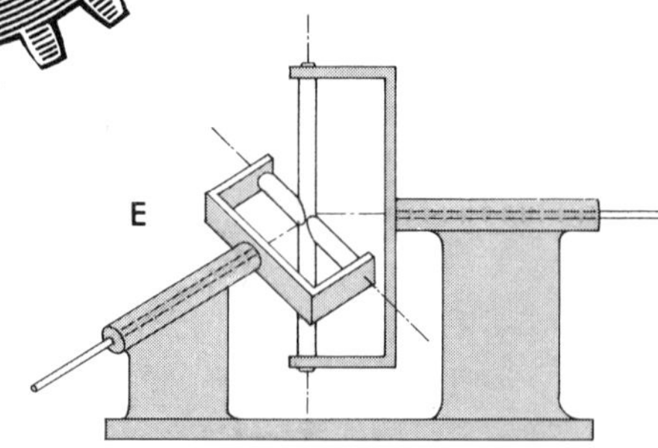

F
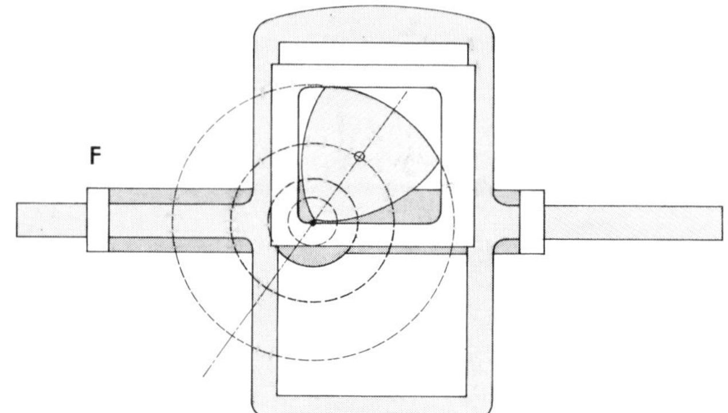

E. F. Reuleaux sah selbst das Universalgelenk (Kardan) als eine kinematische Kette an und stellte dafür eine Theorie auf.

F. Eine kinematische Kette mit einer Nocke. Die Maschinenelemente wandelten eine Drehbewegung in eine hin- und hergehende um.

30er Jahre dieses Jahrhunderts war man sicherlich der Auffassung, daß die von F. Reuleaux aufgestellten Grundsätze mehr vom theoretischen Interesse seien, zumal da sie Anlaß zu äußerst schwierigen mathematischen Problemen gaben. Nach 1900 fand man F. Reuleaux' *Theorie der Kinematik* kaum unter den Büchern eines Maschinenbauingenieurs, wohl aber seinen *Konstrukteur*. Das letztere Buch wurde auch zum Gegenstand der Kritik, als der Ruhm des Autors seinen Tiefpunkt erreichte. In einer Gedenkschrift nannte 1929 der große Mathematiker Rudolf von Miese das Buch ein „einfaches Kochbuch für Ingenieure". Erst einige Jahre später bekamen die Arbeiten F. Reuleaux' den ihnen gebührenden Stellenwert wieder.

Die geradlinige Bewegung führt die Kinematik in die Irre

Als J. Watt das nach ihm benannte Parallelogramm zur Umwandlung der alternierenden geradlinigen Bewegung in die Rotationsbewegung erfunden hatte, wußte er nicht, daß er damit eine Flut von ähnlichen Erfindungen auslöste. Während der nächsten einhundert Jahre verbrachte eine große Zahl von Gelehrten, hauptsächlich Mathematiker, ihre Zeit damit, höchst kuriose Vorrichtungen zu dem gleichen Zwecke der Bewegungsumwandlung zu erfinden, unbesehen der Tatsache, daß J. Watt schon eine praktikable und befriedigende Lösung des Problems gefunden hatte. Mit der Zeit wurden mehr solcher Erfindungen gemacht, als gebraucht. Eine der ersten dieser Nachfolge-Konstruktionen wurde von einem englischen Geistlichen, Edmund Cartwright (1743 bis 1823), gemacht, dem man im allgemeinen die Erfindung des mechanischen Webstuhls zuschreibt. Um 1800 bekam er ein Patent für eine einfache und geistreiche Erfindung zur Umwandlung der Kolbenbewegung einer Dampfmaschine in eine kreisförmige Bewegung. Die Vorrichtung bestand aus zwei Zahntrieben, die jeweils auf ein eigenes Zahnrad arbeiteten. Eines der Zahnräder war mit der Schwungscheibe verbunden. Diese Erfindung fand jedoch keine große Anwendung.

Ungefähr zur gleichen Zeit entdeckte ein anderer Engländer, James White, daß die mathematischen Eigenschaften der Hypozykloide (eine Kurve, die von einem Punkt auf einem Kreisumfang eines Kreises beschrieben wird, der sich innen am Umfang eines großen Kreises bewegt) zu dem vorgesehenen Zweck verwendet werden könnten. Wenn dabei der Durchmesser des Innenkreises halb so groß gewählt wird wie derjenige des Außenkreises, beschreibt ein Punkt auf dem Innenkreis eine alternierende geradlinige Bewegung. Diese Gesetzmäßigkeit könne man auf Zahnräder übertragen. J. White beschrieb seine Vorrichtung als „äußerst nett", fügte aber gleich hinzu, daß er seine Erfindung nicht für besonders gut halte. Diese Erfindung wurde ebenso wenig in der Praxis angewendet wie diejenige des E. Cartwright.

Im folgenden Jahrzehnt wurde eine der vielleicht interessantesten Vorrichtungen zur Erzeugung einer geradlinigen Bewegung von dem amerikanischen Dampfmaschinenerbauer Oliver Evans (1755–1819) für seine „Columbian-Maschine" erfunden. (Dieser Maschinentyp wurde in England sehr volkstümlich, wo er „Grashüpfer" genannt wurde.) O. Evans Vorrichtung erzeugte eine beinahe geradlinige Bewegung. Seltsamerweise kehrte diese Konstruktion in einer etwas abgewandelten Form auf der „Stourbridge Lion" in ihr Ursprungsland zurück. Diese Lokomotive wurde von George Stephenson erbaut und war die erste wirkliche Lokomotive, die in den Vereinigten Staaten von Amerika fuhr. Die Vorrichtung O. Evans wurde im Triebwerk der Lokomotive verwendet.

Eine der wenigen Vorrichtungen für geradlinige Bewegungen, die für einen bestimmten Zweck gebaut worden sind, wird im allgemeinen dem Engländer Richard Roberts (1789–1864) zugeschrieben. 1816 gründete er in Manchester eine Werkstatt zum Bau von Maschinen. Einige Jahre später konstruierte er eine Schleifmaschine für Metallbearbeitung, in der er seine Vorrichtung als Maschinenelement verwendete. Der bekannte amerikanische Historiker Eugene Ferguson macht jedoch darauf aufmerksam, daß diese Vorrichtung aus Frankreich stammt, wo sie bereits 1769 beschrieben wurde. Ihre geradlinige Bewegung wurde seinerzeit zum Sägen von Pfählen unter Wasser verwendet.

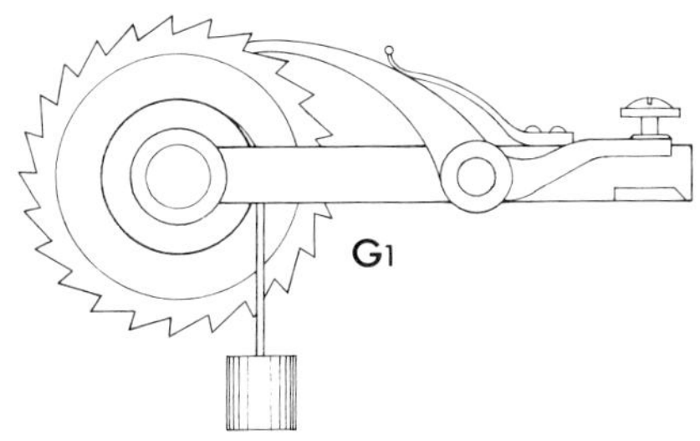

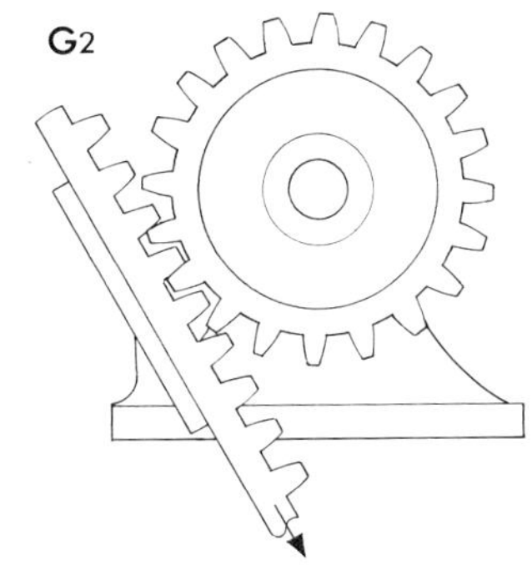

G. In seiner Schrift *Kultur und Technik* versuchte F. Reuleaux seine Theorie über die Kinematik zu verallgemeinern und sie auf Probleme der Gesellschaft anzuwenden. Ein Sperrtrieb (**1**), der durch Betätigen der Taste und damit der Sperrklinke gelöst werden konnte, würde zum Beispiel eine Feuersbrunst oder einen Schöpfungsakt Gottes symbolisieren, während der Zahnstangentrieb (**2**) Verknüpfungen, wie zum Beispiel internationale Handelsverflechtungen, symbolisieren würde.

In den folgenden Jahrzehnten wurden noch verschiedene mehr oder weniger bizarre Vorrichtungen für geradlinige Bewegung erfunden, die aber alle ohne Bedeutung blieben. Schließlich schrieb 1864 Ch. Peaucellier an den Herausgeber einer Zeitschrift für Mathematik, daß es möglich sei, aus verbundenen und angelenkten Hebeln einen Mechanismus zu konstruieren, der sowohl eine geradlinige als auch eine kreisförmige Bewegung mit beliebigem Radius beschreiben könne. Es antwortete niemand auf diesen Vorschlag, und der Brief geriet in Vergessenheit. Als das Interesse für die Kinematik um 1870 wuchs, baute Ch. Peaucellier ein Modell jenes Mechanismus, den er *compas composé* nannte. Mit diesem Modell konnte er nachweisen, daß der Weg, den zum Beispiel ein Punkt eines Gelenkes beschreibt, durch eine algebraische Gleichung ausgedrückt werden kann; in der Umkehrung könne jede Kurve, die durch eine mathematische Gleichung darstellbar ist, auch durch eine kinematische Kette dargestellt werden; man müsse „nur" die richtigen Kombinationen finden.

Die Fachleute reagierten auf das Modell von Ch. Peaucellier sofort. Unter diesen befand sich der russische Mathematiker Pafnuti Tschebyschow (1821–1894), der sich mit der geradlinigen Bewegung befaßte und die Konstruktion von J. Watt verbessert hatte. Sein Modell wies eine größere Genauigkeit auf, war aber noch komplizierter. Die Vorrichtung wurde an einer Dampfmaschine bei der Weltausstellung von 1873 in Wien gezeigt, fand aber ein sehr negatives Echo in der Presse. So schrieb die englische Zeitschrift *The Engineer,* daß die Vorrichtung viele Gelenke und Kupplungen habe, die geschmiert werden müßten, und zuviele Bolzen, die brechen könnten. F. Reuleaux hätte seinem russischen Kollegen eine Vorlesung über die Schwierigkeiten der Vereinfachung einer Konstruktion geben müssen!

Pafnuti Tschebyschow war von Ch. Peaucelliers Maschine sehr begeistert, die nach Aussage ihres Urhebers eine exakte gerade Linienbewegung machte. Tschebyschow wollte jedoch gerade das Gegenteil beweisen, nämlich, daß eine kinematische Kette unbeachtet der Anzahl der Glieder nie eine mathematisch exakte Gerade erzeugen kann. Tschebyschow versuchte hartnäckig bis an sein Lebensende diesen Beweis zu führen, doch gelang ihm dies nicht. Die mathematische Analyse von kinematischen Ketten führt zu extrem komplizierten mathematischen Gleichungen, die selbst ein so bedeutender Mathematiker wie Tschebyschow nicht lösen konnte.

Tschebyschow führte mit dem anglo-amerikanischen Mathematiker James Sylvester (1814–1897) einen regelmäßigen Schriftwechsel. Er schrieb 1873 an J. Sylvester: „Nimm Dich einmal der Kinematik an. Das wird sich bezahlt machen. Sie ist ersprießlicher als die Geometrie und gibt dem Raum eine vierte Dimension." J. Sylvester nahm den gegebenen Rat an und wurde bald von der Materie ebenso gefangen genommen wie sein Ratgeber. Nur ein Jahr später hielt er in London eine Vorlesung, in welcher er Ch. Peaucelliers Mechanismus vorführte und eigene Theorien zur Darstellungsmöglichkeit gerader Linienbewegungen durch kinematische Ketten entwickelte. Die Vorlesung, die später veröffentlicht wurde, erwies sich als ein einziges Loblied auf Ch. Peaucelliers *compas composé,* den Sylvester wegen seiner mathematischen Schönheit pries. Rhetorisch stellte er die Frage, warum ein so einfacher Mechanismus nicht schon wesentlich früher erfunden wurde. Die Frage ist einfach damit zu beantworten, daß ihr mathematischer Aufbau so kompliziert ist, daß es nicht verwundern dürfte, wenn die Erfindung einhundert Jahre später gemacht worden wäre.

Eine nächste Frage richtete sich an die Nutzanwendung dieser Maschine. J. Sylvester beantwortete diese Frage mit einer Geschichte über einen wohlbekannten Architekten in London, der diese Vorrichtung zum großen Erstaunen der Klempner zum Führen des Kolbens in einer Wasserpumpe verwendete. In gleichem Atemzug fügte er hinzu, daß man diese ausgezeichnete Erfindung in Wasserklosetts ausprobieren müsse, wo sie die schwache Zugkette ersetzen könne!

Heutzutage mag man über solche verzweifelten Versuche, eine praktische Anwendung für den *compas composé* zu finden, lächeln, aber J. Sylvester war ein ausgesprochener Theoretiker und interessierte sich im Grunde für die Nutzanwendung der Vorrichtung überhaupt nicht. Es waren die mathematischen Eigenschaften der kinematischen Ketten, die ihn fesselten, und er entwarf eine Reihe von Vorrichtungen, die es ermöglichten, quadratische und kubische Wurzeln u. a. zu berechnen. J. Sylvester glaubte, daß sich auf diese Weise unendlich viele mathematische Hilfen konstruieren ließen.

Der Oberingenieur des Parlamentsgebäudes namens Pim fand in den Vorlesungen J. Sylvesters reiche Anregungen, und er baute im House of

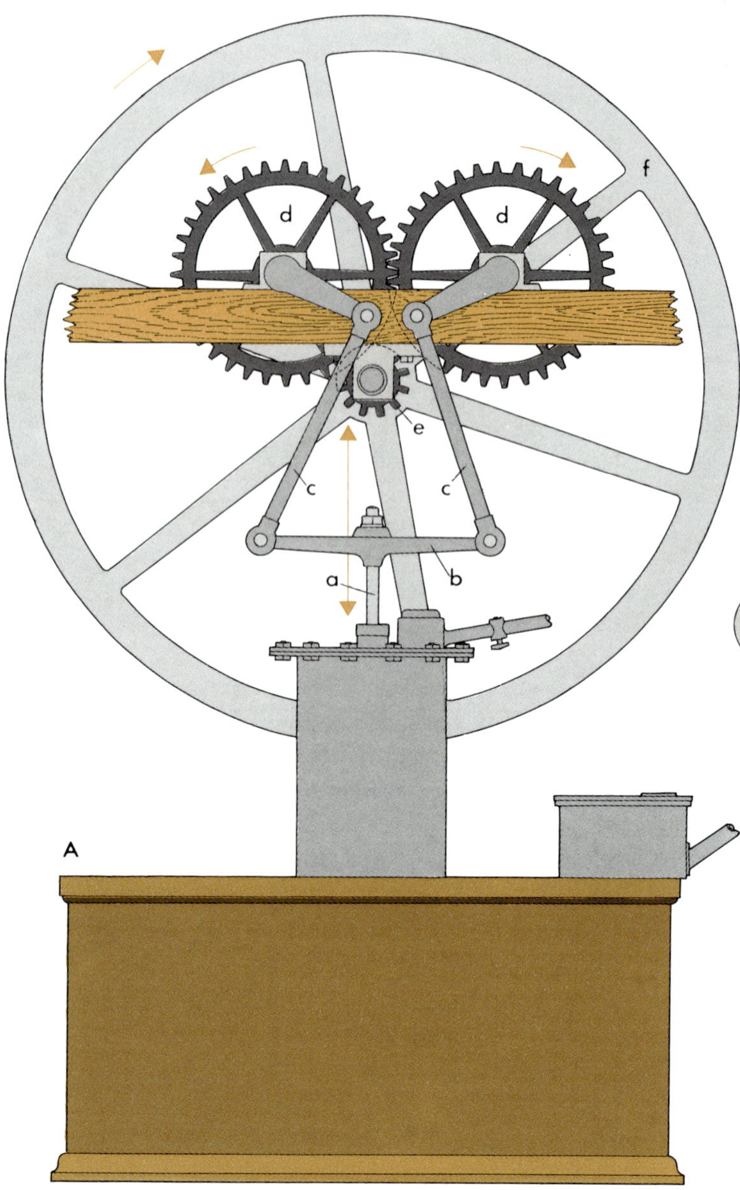

A. Die Vorrichtung von E. Cartwright zur Umwandlung der hin- und hergehenden Bewegung der Kolbenstange einer Dampfmaschine in eine Drehbewegung. Auf der Kolbenstange (a) befand sich eine Querstange (b) mit zwei Kurbeltrieben (c). Die Kurbeltriebe arbeiten auf die Zahnräder (d), von denen eines auf ein kleineres Zahnrad (e) wirkte, mit dem das Schwungrad (f) getrieben wurde. Die Kurbeltriebe ermöglichten der Kolbenstange, sich geradlinig zu bewegen.

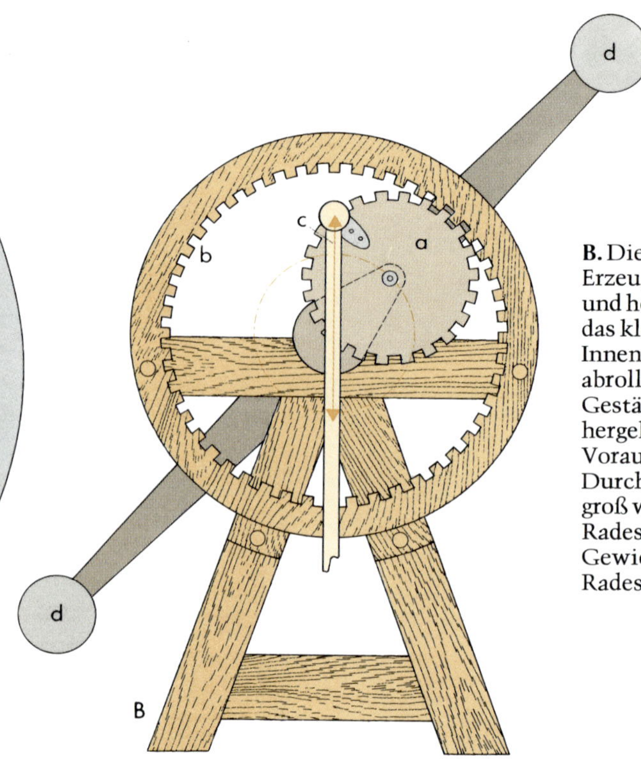

B. Die Vorrichtung von J. White zur Erzeugung einer geradlinigen hin- und hergehenden Bewegung. Wenn das kleine Zahnrad (a) auf der gezahnten Innenseite des großen Rades (b) abrollte, führte das angelenkte Gestänge (c) eine geradlinige, hin- und hergehende Bewegung durch. Die Voraussetzung dafür war, daß der Durchmesser des Rades (a) einhalb so groß wie der Innendurchmesser des Rades (b) gewählt wurde. Die Gewichte (d) wirkten bezüglich des Rades (a) als Schwungrad.

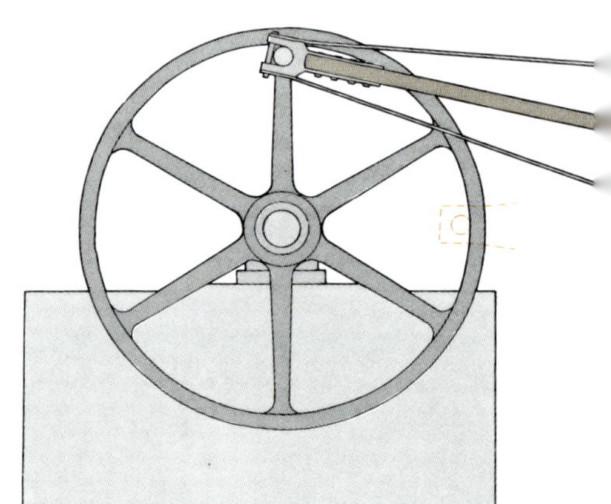

Commons einen „Lüfter" ein, um dort die Belüftung zu verbessern. In Wirklichkeit war es eine große Luftpumpe, bei der die Kolbenstange durch den *compas composé* geführt wurde. Man sagt, daß die Vorrichtung ausgezeichnet und fast geräuschlos gearbeitet habe.

J. Sylvester hielt unermüdlich Vorlesungen und Experimente über die komplexen Probleme der geradlinigen Bewegung. Dieser heftige und temperamentvolle Wissenschaftler war auch ein Mann des Geistes, der den Umgang mit seinen Studenten sehr liebte. Wohin er auch hinkam, war er gerne gesehen, so auch selbst in literarischen und politischen Kreisen, in welchen man im allgemeinen kein zu tiefes Interesse für höhere Mathematik und Ingenieurswissenschaften erwarten durfte. Natürlich hatte J. Sylvester in den Kreisen der Wissenschaftler seine größten Erfolge. Er hatte dazu selbst sein Auftreten im Athenaeum Club in London beschrieben. Nach der Zusammenkunft wurde das Abendessen gereicht. Beim Dessert zeigte er Peaucelliers *compas composé*. Unter den vielen berühmten Wissenschaftlern, die anwesend waren, befand sich der berühmte Physiker Sir William Thomson (später Lord Kelvin), der den Mechanismus mit großem Interesse betrachtete. Als J. Sylvester seine Hand ausstreckte, um das Modell wieder zu sich zu nehmen, gab es ihm Sir William nicht, weil er es noch betrachten wolle, da er noch nie etwas vergleichbar Schönes gesehen habe.

J. Sylvester verließ im Sommer 1876 London, nachdem er dort drei Jahre lang als der große Botschafter der Kinematik gewirkt hatte, um in der sehr bekannten John Hopkins Universität in Baltimore die Professur für Mathematik zu übernehmen. Es war das Jahr, in dem F. Reuleaux' Werke über die theoretische Kinematik in englischer Sprache erschienen und die große Jahrhundertausstellung in Philadelphia stattfand. In England bekam die Kinematik einen neuen Vertreter in der Gestalt des Alfred Kempe, einem jungen Rechtsanwalt, der schon lange Mathematik als Hobby betrieb. A. Kempe hatte sehr genau die Aktivitäten J. Sylvesters verfolgt. Sie wurden enge Freunde und begannen zusammenzuarbeiten; A. Kempe war genau so von der Kinematik geradliniger Bewegung fasziniert wie J. Sylvester. Als F. Reuleaux' Alphabet des Maschinenbaus im Museum der Wissenschaften in London ausgestellt wurde, gab A. Kempe eine Reihe von Vorlesungen unter dem Titel „Wie kann man eine gerade Linie zeichnen?" Diese Vorlesungen trugen dazu bei, die Temperatur des Reuleaux- und Kinematikfiebers zu erhöhen, das sich damals in London ausbreitete. A. Kempe leitete diese Vorlesungen, die in Buchform unter dem gleichen Titel im folgenden Jahr 1877 veröffentlicht wurden, mit der beinahe kindlichen Bemerkung ein: ein Kreis kann mit einem Zirkel, eine gerade Linie mit einem Lineal gezeichnet werden. Warum ergibt aber das Lineal eine mathematisch

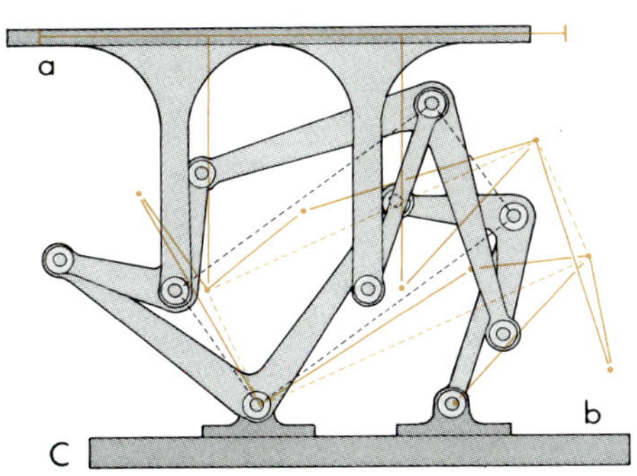

C. Die kinematische Kette von Sylvester Kempe. Die Platten (a, b) konnten auseinander bewegt werden, doch blieben sie stets parallel.

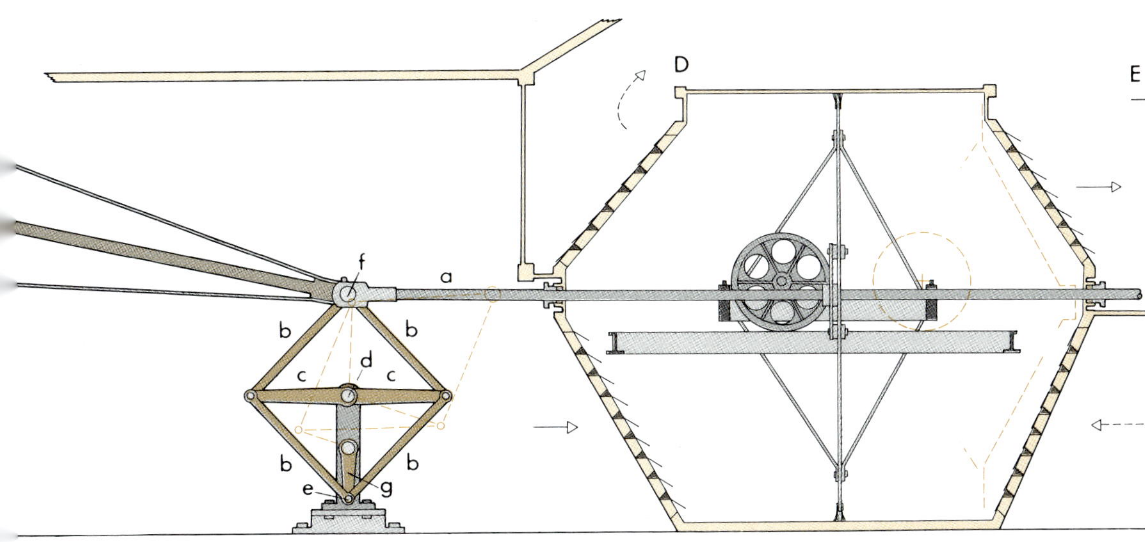

D. Die Pimsche Luftpumpe, bei der die Kolbenstange (a) durch den *compas composé* des Ch. Peaucellier geradlinig gesteuert wurde. Der Mechanismus bestand aus vier Gliedern (b) gleicher Größe, die miteinander über Gelenke verbunden waren und ein Parallelogramm bildeten. Von zwei entgegengesetzten Ecken führten zwei gleich lange Gestängestücke, die an dem gemeinsamen Punkt (d) angelenkt waren. Wenn Punkt (e) des Parallelogramms eine Drehbewegung vollführte, bewegte sich Punkt (f) geradlinig, weil die Entfernung zwischen dem Fixpunkt der Glieder (c) und dem Verbindungspunkt des Gliedes (g), das zu einem dritten Punkt des Parallelogramms führte, der Länge dieses Gliedes entsprach.

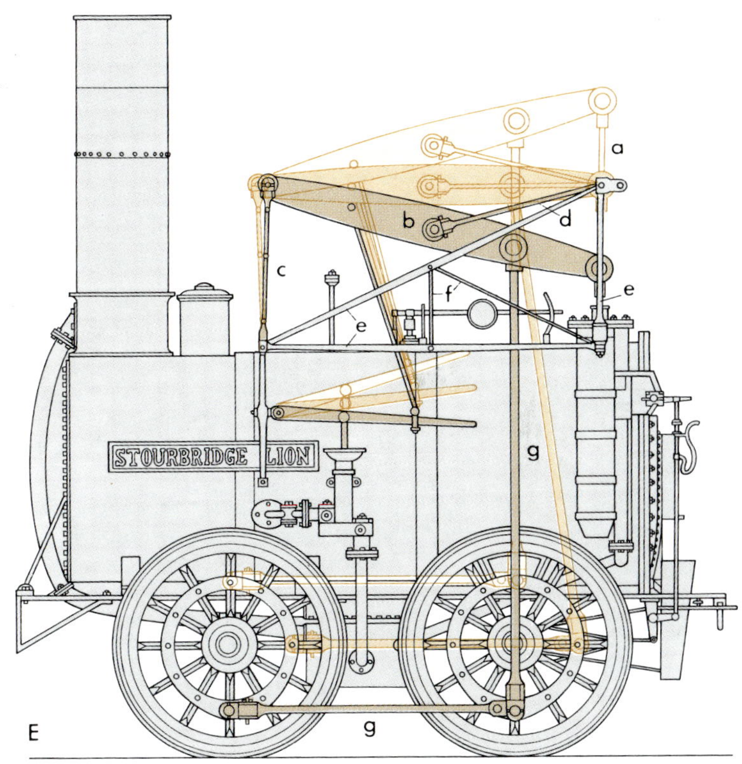

E. Eine abgewandelte Form der Vorrichtung von O. Evans wurde bei der *Stourbridge Lion* verwendet. Die Kolbenstange (a) wurde dadurch geradlinig gesteuert, daß man sie auf ein Ende eines *Balkens* (b) montierte, dessen anderes Ende mit einem angelenkten Gestänge (c) verbunden und dessen Bewegung durch einen Strebebalken (d) begrenzt war. Die andere Seite dieses Balkens war mit einem dreieckigen Gerüst (e) verbunden, das durch Stangen (f) verstärkt wurde. Hebel (g) verbanden die Treibräder und den Balken (b).

definierte Gerade? A. Kempes weitere Überlegungen zu diesem Problem sind mindestens so amüsant, wie der Titel des Buches provozierend ist. A. Kempe war womöglich noch weiter entfernt von der technischen Realität als sein Lehrer und Mentor J. Sylvester. Zusammen gelang es ihnen jedoch, einige kinematische Ketten zu konstruieren, die öffentliches Interesse verursachten. Eine dieser Ketten war für die hin- und hergehende geradlinige Bewegung bestimmt. Soweit bekannt ist, konnte für diese Kette kein praktisches Anwendungsgebiet gefunden werden. Sie gehört zu den wenigen Modellen, die erhalten geblieben sind; es ist unterhaltend, sie in Aktion zu sehen.

„La Belle Epoque" der Maschine

Nach den großen Erfolgen F. Reuleaux' und der Kinematik im ausgehenden 19. Jahrhundert wurden sie in den unmittelbar nachfolgenden Jahrzehnten immer weniger beachtet. In der Tat besteht ein beträchtlicher Gegensatz zwischen dem Enthusiasmus für die Kinematik, die in London ihren Höhepunkt anläßlich der Ausstellung in dem Museum für Wissenschaften erreichte, und den kritischen Äußerungen Rudolf von Mieses zu dem *Konstrukteur*. Es bestanden mehrere Gründe, die diese Entwicklung einleiteten. In den letzten Jahrzehnten des 19. Jahrhunderts beschleunigte sich in den industrialisierten Ländern das Größenwachstum der Industrie sehr stark, und es bildete sich im Bereich der Technik ein Gefälle aus zwischen den etablierten und den neuen Techniken aus. Die Dampfkraft war etabliert, und das Neue, das war die Elektrizität, die große Fortschritte machte. Die Jahrhundertausstellung in Philadelphia 1876 war eine der letzten großen Manifestationen des Zeitalters der Dampfkraft und des reinen Handwerks. Es war auch der Beginn und das Ende für den Dampf und die Maschinenelemente. Doch sah man die schönen Konstruktionen der Antriebs- und Arbeitsmaschinen und die anmutige Bewegung ihrer Bauteile noch immer mit großer Freude an. Kein Wunder, daß viele junge Leute von heute einen Teil ihrer Freizeit damit verbringen, Dampfmaschinen, Lokomotiven, Lokomobile u.a. Maschinen aus jener Zeit zu restaurieren!

Es folgten die Maschinen des elektrischen Zeitalters. Die ersten Generationen dieser Maschinen waren noch offen gebaut und aufregende Konstruktionen, doch bald wurden sie eingekapselt, teilweise aus technischen Gründen – geschlossene magnetische Felder, Schutz gegen elektrische Spannungen, u. dgl. – und teilweise aus Gestaltungsgründen. Bald waren alle Maschinen in Behältnissen eingeschlossen, und das Zeitalter der „grauen Kästen" begann. Die Farbgebung hat sich in der Zwischenzeit vielleicht geändert, doch leben wir noch immer in diesem Zeitalter.

Diese Entwicklung wurde aber auch dadurch gefördert, daß die Maschinenelemente und die bewegten Teile allgemein mit höheren Drehzahlen betrieben werden konnten. Die Konstrukteure mußten nun eher die dynamischen als die kinematischen Eigenschaften der einzelnen Maschinenteile beachten. Aus diesen Gründen mußte die Kinematik der Dynamik das Feld räumen.

Ein bleibender Einfluß der Lehren von F. Reuleaux, A. Kennedy und ihrer Nachfolger bis zur Jahrhundertwende war, das Bestreben der Konstrukteure, die Maschinen so einfach und wirksam wie möglich zu bauen. Es ist daher interessant, die Entwicklung dieses Strebens anhand von Konstruktionsbüchern zu beobachten, die seit Beginn des 19. Jahrhunderts zum Beispiel mit dem Handbuch des J. Hachette 1811 veröffentlicht wurden. In diesen Büchern sind die Maschinenelemente tabularisch aufgelistet. Viele dieser Bücher überboten sich darin, immer verworrenere und kompliziertere Maschinen und Vorrichtungen darzustellen. Zeitschriften für Technik kamen auf zu Beginn des 19. Jahrhunderts und machten sich zur Regel, neue Maschinenelemente, neu verliehene Patente, neue Werkstoffe zu besprechen und Artikel zu bringen, die oft einfach aus anderen Zeitschriften abgeschrieben waren. Der *Scientific American,* der erstmals 1845 durch Rufus Porter, einem Patentanwalt, veröffentlicht wurde, hatte entsprechende Leitartikel von Beginn an. Henry T. Brown, der Herausgeber des *American Artisan,* sammelte die bedeutendsten Beiträge und gab sie 1867 in Buchform unter dem Titel *Fünfhundertundsieben mechanische Bewegungen* heraus. Dieses Buch wurde seit damals einige Male neu verlegt, zuletzt im Jahre 1970, als ein Maschinenbauunternehmen eine besondere Ausgabe für Geschenkzwecke herausbrachte. Die Flut der Veröffentlichungen in diesem Bereich erreichte ihren Höhepunkt in den Jahren 1850 bis 1870; die Zahl der Neuerscheinungen von Handbüchern nahm im 20. Jahrhundert bedeutend ab. Eine Ausnahme bildet eine amerikanische Veröffentlichung, die in vier Teilen unter dem Titel *Ingenious Mechanisms for Designers and Inventors* (dt. Übersetzung: *Sinnreiche Maschinenbauteile für Konstrukteure und Erfinder*) erschien. Jeder Band weist mehr als 500 Seiten auf. Band I, erschienen 1930, und Band II, erschienen 1936, wurden von Franklin D. Jones, Band III, erschienen 1951, wurde von Holbrook L. Horton und Band IV, erschienen 1967, von H. L. Horton und John A. Newell herausgegeben. In diesem Werk wird jedes Maschinenbauteil genau beschrieben und seine Funktion, die verwendeten Baustoffe u. a. angegeben.

Es besteht kein Zweifel darüber, daß F. Reuleaux den Maschinenbau durch die Einfachheit seiner Konstruktionen sehr stark beeinflußt hat. Dies gilt nicht nur für die großen Maschinen, wie zum Beispiel Dampfmaschinen und dgl., sondern in gleicher Weise für die vielen kleinen Maschinen, die nach und nach auf dem Markt angeboten wurden und für den täglichen Gebrauch im Haushalt, in der Landwirtschaft und anderswo gedacht waren. Die Nähmaschine, die erste hauswirtschaftliche Anwendung einer Maschine, begegnete bei ihrer ersten Vorstellung 1850 zunächst einer weitgehenden Abwehrhaltung, denn ihre Konstruktion war sichtlich überkompliziert worden, und Brüche der Gestänge waren häufig. Erst als die verschiedenen Bauteile ihrer Konstruktion vereinfacht und bessere Werkstoffe verwendet wurden, nahm ihre Verwendung im Haushalt zu. Die Nähmaschine erzielte deshalb ihren Durchbruch in den industrialisierten Ländern erst um 1880 oder noch später. Die Mähmaschine, die erst 1848 hergestellt wurde, durchlief einen ähnlichen Prozeß der Reifung wie die Nähmaschine. Cyrus McCormicks (1809–1884) Erfindung des Schneidmessers geht auf das Jahr 1834 zurück, mußte aber noch erheblich verbessert werden, bevor die Mähmaschine industriell gefertigt und vermarktet werden konnte. Die Mähmaschine hatte jedoch auch den Ruf, reparaturanfällig zu sein. Sie mußte noch weiter konstruktiv vereinfacht werden, nachdem C. McCormicks Patent erlosch. Die Nähmaschine wurde schließlich überall anerkannt und fand weite Anwendung, so daß die Konstrukteure ermutigt wurden, weitere landwirtschaftliche Maschinen zu planen. In kurzen Zeitabständen folgten dann die Getreide-Mähmaschine, die Bindemaschine und der Mähdrescher. Die ersten Mähdrescher wurden in den Vereinigten Staaten von Amerika in den Jahren nach 1890 eingesetzt. Es waren eindrucksvolle Maschinen, die von achtzehn Paar Pferden gezogen und von zwölf bis fünfzehn Mann bedient wurden.

Das erste Telefon – als der deutsche Erfinder (1861) gilt Johann Philipp Reis (1834–1874) – wurde im März 1877 auf den Namen des amerikanischen Wissenschaftlers und Erfinders Alexander Graham Bell (1847–1922) patentiert. Bei der Jahrhundertausstellung in Philadelphia konnte A. Bell bereits ein Modell betreiben, das großes Interesse bewirkte. Ein sprechender Telegrafenapparat war dies! Diese Erfindung hatte noch nicht ihre Reife erlangt, als in der amerikanischen Zeitschrift *The Scientific American* im Oktober 1877 ein enthusiastischer Artikel über das Telefon erschien und der Erfindung eine glänzende Zukunft voraussagte. Ungefähr einen Monat später las der schwedische Maschinenbauer Lars Magnus Ericsson diesen Artikel. Er war von der Erfindung begeistert. In kaum einem Jahr hatte L. Ericsson eine Werkstatt aufgebaut, in welcher er und einige andere Mitarbeiter die in der Telegrafie verwendeten Geräte, Feuermeldeanlagen und andere Alarmeinrichtungen wieder in Stand setzte. Die Reparaturen zeigten ihm die Schwächen der verwendeten Geräte, so beschloß er selbst, Geräte für die Telegrafie zu konstruieren und zu bauen. Er widmete sich ganz der Aufgabe, ein Telefon zu konstruieren. Er baute es innerhalb der Frist eines Jahres, und man nimmt an, daß dies das erste Tischtelefon der Welt war. In einem Jahr produzierte er 20 Telefone, und die Produktion stieg, nachdem in Stockholm die „Schwedische Telephongesellschaft" einige Jahre später gegründet wurde. Die von A. Bell 1877 gegründete „Bell Telephongesellschaft" errichtete in Stockholm eine Zweigniederlassung, wurde aber bald von der Stockholmer Telefongesellschaft vom Markt verdrängt. Um 1885 hatte Stockholm mehr Telefonapparate als irgend eine andere Hauptstadt in Europa.

Heutzutage gehen wir davon aus, daß das Telefon störungsfrei arbeitet, damals war es jedoch noch ein sehr unzuverlässiges Gerät. Die Störungen müssen hauptsächlich den unzulänglichen Konstruktionen zugeschrieben werden. L. Ericsson stellte schließlich ein Telefon her, bei dem alle Teile, die berührt oder bewegt werden konnten, so robust wie möglich gebaut wurden. Das Ergebnis war „ein Telefon, das nicht wie ein Telefon aussah". Das erste Modell, das nach diesen Prinzipien 1884 hergestellt wurde, bekam den Spitznamen „der Dachshund" und hatte ein feststehendes Mikrophon und einen gesondert angebrachten, beweglichen Hörer. Aber schon 1892 entwickelte L. Ericsson ein neues Modell, das dem Telefon die zukünftige und bleibende Form gab. Dem „Dachshund" wurde ein Handmikrophon gegeben, das mit der Hörmuschel verbunden war; beide Teile lagen auf einer Telefongabel. Diese Erfindung war praktisch und bequem zugleich.

L. Ericsson hatte die Arbeiten von F. Reuleaux gekannt und hatte bei der Konstruktion seines Tischtelefons die Lehrmeinung des großen Meisters befolgt, eine Apparatur so einfach und zweckmäßig wie möglich zu entwerfen. Dieses Tischtelefon ist ein gutes Beispiel für ein Gerät aus der Belle Epoque der klassischen Maschine.

Die Renaissance der Kinematik

Um die Jahrhundertwende ebbte die große Welle der Begeisterung für die Kinematik mit Ausnahme in Deutschland ab. Dort blieb die Kinematik im Vorlesungsverzeichnis für die Fachrichtung Maschinenbau erhalten. In den Jahren 1900 bis weit in die 30er Jahre wurde über Kinematik nichts Besonderes veröffentlicht. Doch dann schrieb der deutsche Ingenieur Robert Kraus in der Zeitschrift *Der Maschinenbau* einen Artikel über den Mechanismus der Kurbelwelle. Vermutlich nahmen im Vorfeld des 2. Weltkrieges die Konstrukteure alte Konstruktionsentwürfe und lang vernachlässigte Ideen wieder auf und überprüften sie. Die Zahl der Veröffentlichungen über Kinematik nahm damals wieder stark zu. Nach dem 2. Weltkrieg gab es bedeutende Beiträge über Kinematik sowohl in Europa als auch in den USA. Diese befaßten sich mit den Ideen Reuleaux', Kennedys und anderer bekannter Kinematiker und verwendeten ihre Terminologie und Definitionen. Die klassischen Pro-

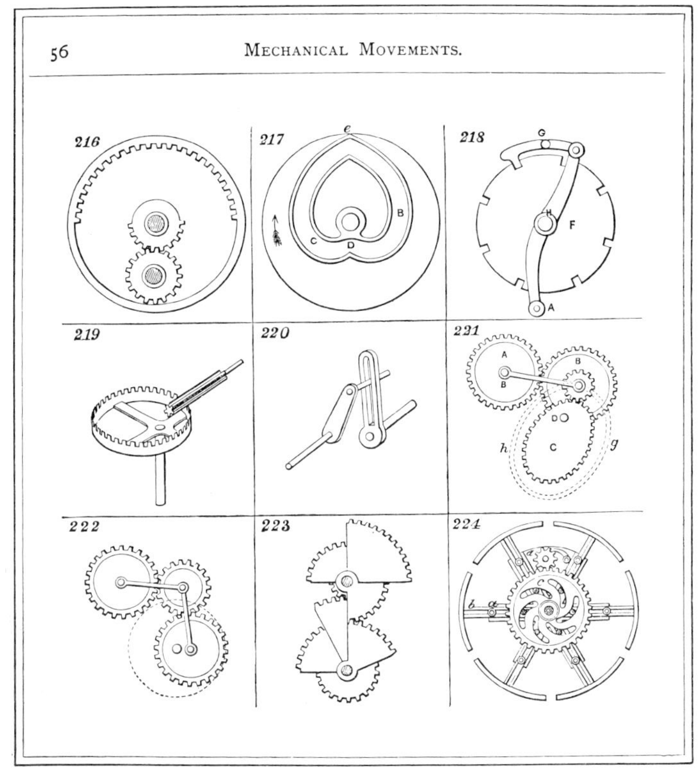

A

A. Eine Seite aus dem Buch *Fünfhundertundsieben mechanische Bewegungen,* in welchem Henry T. Brown die Artikel über Maschinenelemente sammelte.
B. Dieses Modell des Telefons von L. M. Ericsson – das den Übernamen „Dachshund" bekam – ist 1892 entwickelt worden. Jedes Einzelteil hat seine Funktion; dieses Telefon ist ein gutes Beispiel für ein Gerät aus der Belle Epoque des Maschinenbaus nicht nur wegen seiner Konstruktion, sondern auch wegen seines Designs.

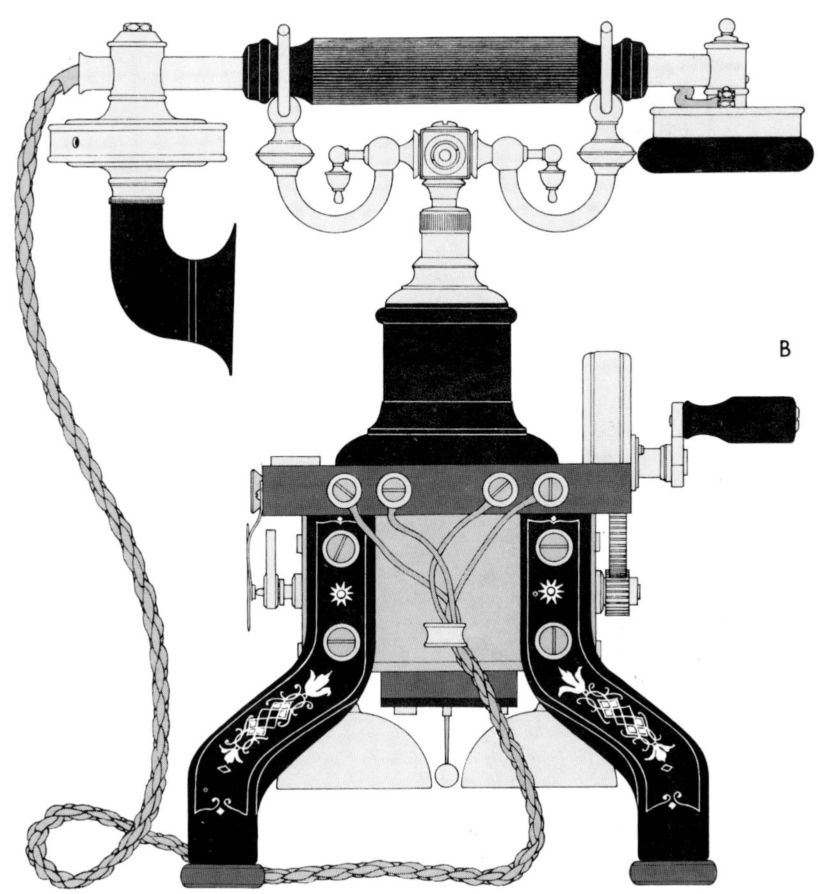

B

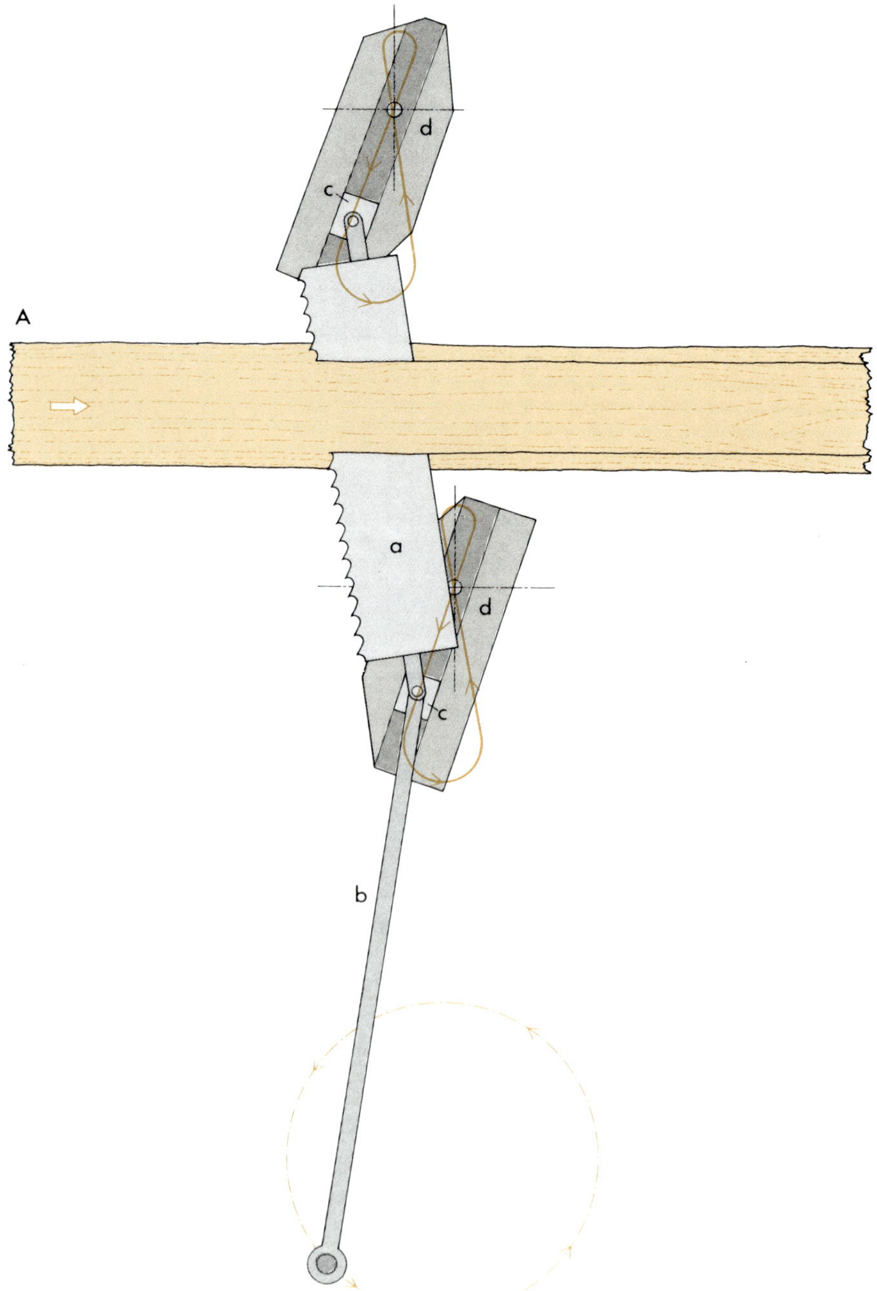

A. Bei der Achtersäge verwendet man den gleichen Rahmen wie bei einer Gattersäge. Der Unterschied besteht in der Aufhängung und den Lagern der Säge. Die wesentlichen Bestandteile der Achtersäge sind hier dargestellt. Die Sägeblätter (a) sind in einem Rahmen eingespannt, der seine hin- und hergehende Bewegung von einer Pleuelstange (b) erhält. Die Rollen (c), die in kugelförmigen Lagern am Rahmen montiert sind, gleiten hier in Führungen (d), die sich um ihre Achsen drehen können. Die Führungen sind so konstruiert, daß der Rahmen sich in der Form einer Acht bewegt, wenn er angetrieben wird. Auf diese Weise kann das „Rücksägen" vermieden werden, und die Sägeblätter weisen einen wesentlich geringeren Verschleiß auf.

bleme der Kinematik wurden wieder überprüft und diskutiert. Eine unter den vielen Arbeiten auf diesem Gebiete verdient besondere Beachtung, nämlich diejenige der Amerikaner J. A. Hrones und G. L. Nelson mit dem Titel *Analysis der kinematischen Kette mit vier Gelenken*. Sie wurde 1951 veröffentlicht und gibt eine umfassende und graphische Beschreibung der Eigenschaften solcher Mechanismen wie J. Watts Parallelbewegung.

Es gab mehrere Gründe, warum kinematische Ketten – verbundene und angelenkte Hebel – wieder aktuell wurden. Einer der Gründe ist darin zu sehen, daß heute überall, fast bei allen maschinellen Einrichtungen, kinematische Ketten zu finden sind. So enthält das beliebteste Spielzeug des heutigen Menschen, das Kraftfahrzeug, eine große Anzahl solcher Systeme. Man findet sie in Form der Verriegelung der Autotüren, des Kurbelmechanismus für die Fensterscheiben, der Spurstange, der Kurbelwelle und der Kolbenstange. In Garagen findet man kinematische Ketten bei Kipptoren. Miteinander verbundene Hebel kann man bei den meisten Haushaltsmaschinen finden, insbesondere bei der Nähmaschine. Hier werden die Nadel und der Unterfaden durch eine Kombination von Hebeln bewegt. Schreibmaschinen mit Stoßstangen werden mit gekoppelten Hebeln ausgestattet, die eine Reihe von verschiedenen Funktionen verrichten. Mechanische Rechenmaschinen haben eine Anzahl moderner Bauteile mit gekoppelten Hebeln. Draußen findet man kinematische Ketten in Maschinen wie Planierraupen, Baggern, Gesteinsbohrmaschinen usw. und auch bei allen Arten von Transportmitteln – Flugzeugen, Lokomotiven, Schiffen und nicht zuletzt beim Fahrrad.

Man kann auch den Menschen selbst betrachten und stellt fest, daß menschliche Anatomie und Skelettstrukturen kinematische Ketten zeigen, die seit über Millionen Jahre benutzt werden. F. Reuleaux hat dies aufgezeigt und sogar durch Modelle anschaulich gemacht. Dies ist heute Gegenstand von höchst aktuellem Interesse für die Ergonomik und andere Wissenschaftszweige, die mit ihr zusammenhängen.

So ist die Kinematik überall im menschlichen Lebensbereich vorhanden. Daher ist es auch erklärlich, warum das Interesse an dieser Fachrichtung des Maschinenbaus in den vergangenen Jahrzehnten so stark gestiegen ist. Ein anderer Faktor, der wesentlich dazu beigetragen hat, ist, daß seit 1950 Konstrukteure Zugang gehabt haben zu den modernen Hilfsmitteln, mit denen man oft äußerst schwierige mathematische Probleme lösen konnte, so daß eine kinematische Analysis die Folge war. Heute kann ein Computer leicht und elegant die Probleme lösen, mit denen sich nicht einmal P. Tschebyschow und die anderen großen Mathematiker der ersten großen Zeit der Kinematik auseinandersetzen konnten. Natürlich stellt sich noch immer das Problem, und dies bereitet heute die größte Schwierigkeit und fordert ungeheuere theoretische Einsicht. Jedoch, wenn das Problem einmal gestellt ist, kann der Computer den Rest in kürzester Zeit besorgen.

Die „Achtersäge" (Eight Saw)

Es gibt viele Beispiele technischer Probleme, bei denen interessante und manchmal überraschende Lösungen erreicht wurden dank der Hilfe von Computern. Die meisten dieser Probleme sind sehr schwer zu bewältigen, sowohl vom Standpunkt des Maschinenbaus wie von der Mathematik. Ein leicht verständliches Beispiel soll Licht auf einen Aspekt der Geschichte der Technologie werfen. Vom Mittelalter an war die Gattersäge gebräuchlich zum Sägen von Baumstämmen zu Bohlen und Brettern. Als solche spielte sie eine große Rolle in der forstwirtschaftlichen Industrie mancher Länder. Das erste Bild einer Gattersäge kann man im

„Album“ des V. de Honnecourt aus dem späten 13. Jahrhundert sehen. In Schweden war diese Säge im 16. Jahrhundert gebräuchlich und wurde im 18. Jahrhundert durch die Kreissäge ersetzt. Gesägtes Nutzholz wurde vorwiegend für den Export nach England hergestellt. Man fand heraus, daß die Kreissäge dem Holz eine glattere Oberfläche gab. Jedoch wiesen die Briten solch neumodische Produkte wie das glattgesägte Nutzholz zurück. „Die Oberfläche sollte so rauh wie der Pelz eines Bären sein“, schrieb ein englischer Importeur an seinen schwedischen Lieferanten.

Hier wird in aller Kürze der Nachteil der Gattersäge dargelegt: die Oberfläche war rauh, weil das Sägeblatt nur beim Abwärtsbewegen sägte. Beim Aufwärtszug schabten die Sägezähne die Oberfläche des Holzes nur ab. Dieses „Zurücksägen“ mußte man über Jahrhunderte akzeptieren. Im Jahr 1950 begann die Bandsäge die Gattersäge zu ersetzen, und dies zeigte sich in einem plötzlichen Anwachsen der Produktion in den Sägewerken. Das Holz konnte nun viel schneller durchgesetzt werden, und das Sägen erfolgte kontinuierlich.

Jedoch hatte auch die Bandsäge ihre Nachteile. Wenn ihre Geschwindigkeit über eine gewisse Grenze stieg, begann das Band zu flattern. Dies zeigte sich in einer gewellt gesägten Oberfläche des Holzes. Zu Beginn des Jahres 1970 untersuchte eine Gruppe Ingenieure im Convexa-Labor in Stockholm das Problem des Zurücksägens unter den Gesichtspunkten der Kinematik. Mit Hilfe eines Computers hatten sie Erfolg. Auf Grund verschiedener eingegebener Planungen gab ihnen der Computer die Lösung: das Sägeblatt sollte sich in der Form einer Acht bewegen. Die älteren Gattersägen hatten noch einen anderen Nachteil, nämlich, daß große Kräfte entstanden, wenn sich das Gatter auf und nieder bewegte. Zwar wurde das Fundament sehr stabil gebaut, doch waren die Erschütterungen noch beachtlich. Die Convexa-Gruppe fand auch hierfür eine Lösung: sie konnten die Schwingungen ausschalten durch die Errichtung einer Pendelaufhängung für das Gatter und Gegengewichte für die Vorschubräder. Nach vielen Testversuchen mit Prototypen konnte die „Achtersäge“ 1977 in Produktion gehen.

Neue Maschinenelemente?

In diesem Kapitel mußte zum Teil weit in der Zeit zurückgegangen werden, um die ersten Maschinenelemente zu finden, und einige von diesen haben Tausende von Jahren im Grunde unverändert überdauert. Dies wirft die Frage auf, ob in Zukunft mit ganz neuen Maschinenelementen gerechnet werden kann. Dies ist natürlich eine Frage der Definition. Dennoch erscheinen ständig neue Ideen für Maschinen. Ein Beispiel dafür ist eine Radnabe ohne Achse, die für Kraftfahrzeuge konstruiert und durch das SFK European Research Centre in den Niederlanden entwickelt wurde. Die Idee für dieses neue Maschinenteil wurde 1972 entwickelt, und die Konstruktion wird gegenwärtig getestet.

B. Der Vorteil der achslosen Radnabe ist unter anderem, daß weniger bewegte Teile für die Radaufhängung gebraucht werden und die gesamte Konstruktion einfacher wird. Hier ist der innere Aufbau einer solchen Radnabe (**1**) und ein Querschnitt durch einen montierten Reifen (**2**) dargestellt. Die Bremse und das Rad sind auf dem Flansch des inneren Ringes (a), die Aufhängung auf dem äußeren Ring (b) montiert. Die beiden Ringe sind miteinander durch ein wartungsfreies zweireihiges Kugellager (c) verbunden.

B1

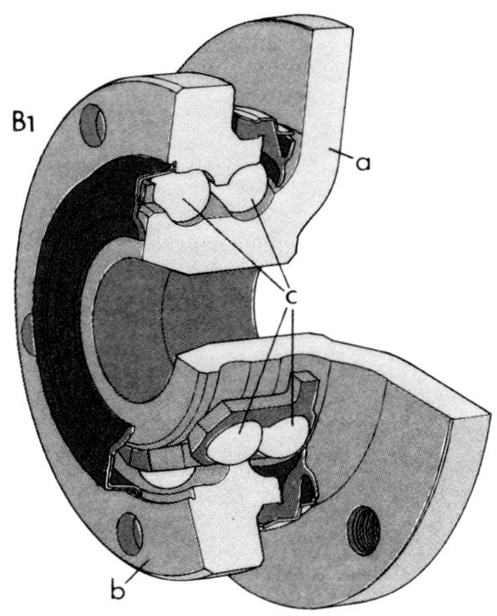

B2

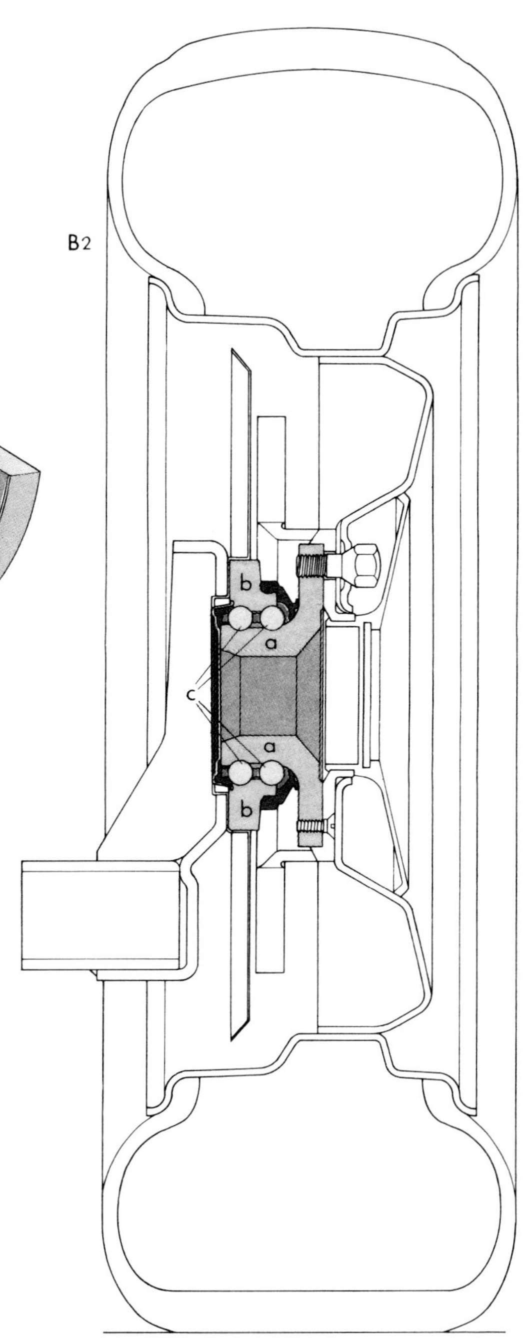

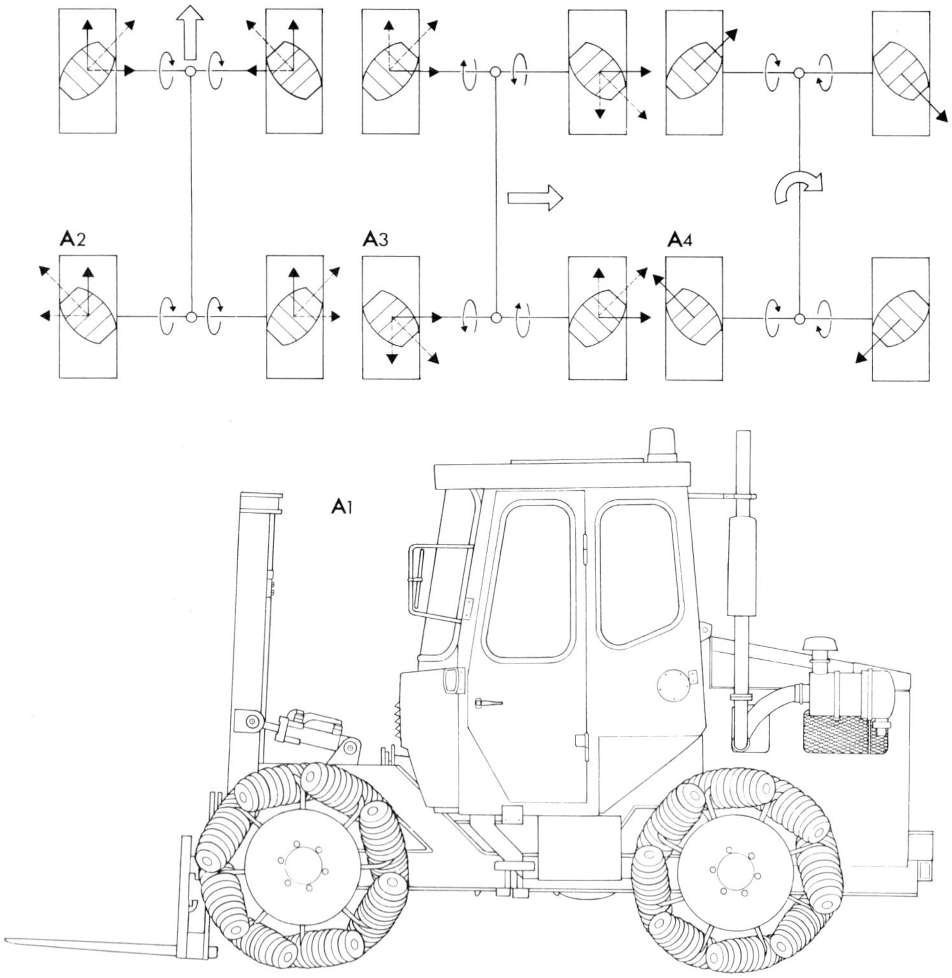

A. Die vier nicht *lenkbaren* Räder eines Fahrzeugs (**1**) mit dem Ilonator-Lenkungssystem sind jeweils mit acht spulenförmig ausgebildeten Rollen versehen, die unter einem Winkel von 45° auf die jeweilig hydraulisch angetriebene Felge montiert sind. Die durch die Rollen auf die Unterlage aufgebrachte Kraft kann in zwei Komponenten zerlegt werden, eine in Richtung der Längsachse des Fahrzeugs, die andere senkrecht dazu. Wenn sich das Fahrzeug vorwärts bewegen soll (**2**), drehen sich alle Räder mit gleicher Geschwindigkeit und in gleicher Richtung; dann heben sich die in Richtung der Radachsen wirkenden Kräfte auf, und es wirken nur die Kräfte in Richtung der Längsachse des Fahrzeugs, die das Fahrzeug vorwärts bewegen. Wenn das Fahrzeug zum Beispiel nach rechts (**3**) gelenkt werden soll, läßt man das rechte Vorder- und Hinterrad mit gleicher Geschwindigkeit gegeneinander und die beiden linken Räder mit derselbigen Geschwindigkeit auseinanderlaufen. In diesem Falle heben sich die in Längsrichtung des Fahrzeugs wirkenden Kräfte auf, und die verbleibenden Kräfte lenken das Fahrzeug nach rechts. Wenn das Fahrzeug um seine senkrechte Achse drehen soll (**4**), müssen sich alle Räder mit gleicher Geschwindigkeit jedoch auf der rechten und linken Seite des Fahrzeugs jeweils entgegengesetzt drehen. Diese drei Bewegungsarten (**2–4**) können beliebig miteinander kombiniert werden.

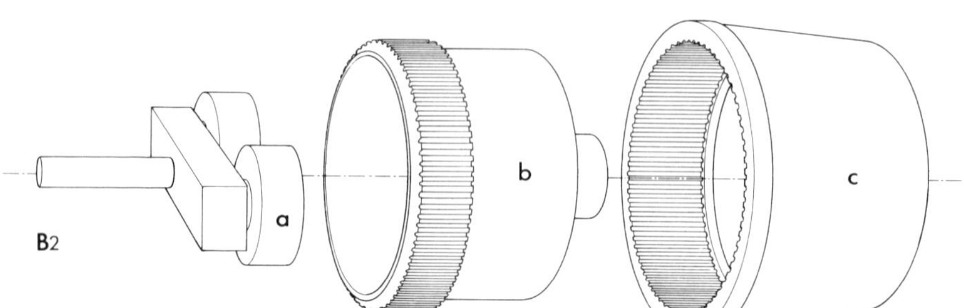

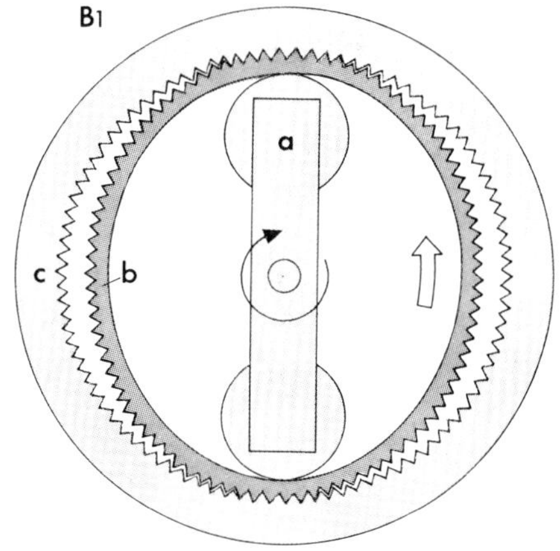

B. Einer der Nachteile der konventionellen Planetengetriebe ist ihr begrenztes Übersetzungsverhältnis. In den Jahren nach 1970 wurden jedoch einige neue Planetengetriebe entwickelt. Ein solches Getriebe ist beispielsweise das „Amerikanische Harmonische Getriebe" (**1**), welches aus drei Grundelementen besteht (**2**): ein elliptischer „Wellengenerator" (a), ein dünner, flexibler Stahlzylinder (b) mit Radzähnen an der Außenseite und ein starrer Stahlzylinder (c) mit Innenzähnen. Wenn der Wellengenerator sich dreht, wird das Teil (b) deformiert und seine Zähne greifen teilweise in diejenigen im äußeren Stahlzylinder ein. Die Zahl der Zähne im Teil (c) ist um zwei größer als im Teil (b). Dadurch verursacht die Bewegung des Generators (a) eine Relativbewegung zwischen (b) und (c). Das Übersetzungsverhältnis kann zwischen 78:1 und 320:1 betragen und wird durch das Zusammenschalten mehrerer solcher Triebe beträchtlich vergrößert.

Von der Handarbeit zum Industrieroboter

Das finstere Mittelalter?

Nach dem allmählichen Verfall des Römischen Reiches und seinem Untergang im 5. Jahrhundert wurde die geistige Entwicklung in Westeuropa in Dunkelheit gehüllt. Der rege Handelsverkehr zwischen den Ländern fand nicht mehr statt, damit fehlte die wirtschaftliche Grundlage für das Wachstum der Wissenschaften, des Handwerks und der Kunst. Die emporstrebende christliche Kirche beeinflußte mit ihren dogmatischen Lehren das geistige Leben immer mehr. Ch. Singer führt die wissenschaftlich-technische Verkrampfung auf den Kirchenvater Augustinus (354–430) zurück. Augustinus predigte, der Mensch solle den Blick in sich kehren, um den Versuchungen der Welt nicht zu erliegen, und drückt dies bildlich aus, indem er ausrief: „Gehe nicht außerhalb der Türe, denn die Wahrheit wohnt im Herzen der Menschheit."

Außerhalb der Einflußsphäre des Christentums entwickelte sich rasch und unerwartet eine völlig neue Kultur. Die arabische Welt wurde 622 in Bewegung gesetzt, als der Prophet Mohammed (570?–632) auf dem Berg der Erleuchtung durch Allah den Auftrag bekam, den Islam, die Lehre der Unterwerfung zu predigen. Der Islam breitete sich mit unwiderstehlicher Fraft über das Zweistromland und ganz Nordafrika aus. Innerhalb der Frist eines Jahrhunderts erlebten die islamischen Lande eine geistige Blüte, die nur mit der Entwicklung des römischen Imperiums verglichen werden kann.

Die Moslems besannen sich der alten, klassischen hellenischen Kultur und legten ihren Arbeiten die Erfahrungen der Ingenieure und Wissenschaftler der Alexandrinischen und anderer Schulen zu Grunde. Aus diesem Grunde sind auch so viele klassische Werke der alten Meister in arabischer Sprache als Abschrift erhalten geblieben.

Werkzeuge, Geräte und Arbeitsmethoden des Bauwesens der Antike wurden von den Arabern mit neuem Leben erfüllt und zum Bau neuer Meisterwerke, von der Alhambra und von Córdoba im Westen bis nach Samarkand und Bagdad im Osten verwendet. Es entstanden fürstliche Paläste, Moscheen und Minaretts.

Die Handwerksgilden

Die fortschreitende Spezialisierung der Handwerker führte im späten Mittelalter zur Gründung bzw., richtiger ausgedrückt, zur Neugründung von Handwerksgilden oder Zünften. Im Römischen Reich hatten die Handelsherren Arbeitsgemeinschaften zur Wahrung ihrer Interessen gegründet, die später immer mehr an politischem Einfluß gewannen. Die mittelalterlichen Nachfolger jener Arbeitsgemeinschaften, die Gilden, wurden bald sehr mächtig, weil sie durch ihre Rechte über die Ältesten und Meister sowohl die Arbeit als auch die Wirtschaft kontrollierten. Das Gildenwesen hatte natürlich seine guten und seine schlechten Seiten. So führte die strenge vorgeschriebene Ausbildung zu einer hohen Qualität der Handwerkserzeugnisse. Der junge Mensch, der ein Handwerk erlernen wollte, mußte zunächst als Lehrling in die Gilde aufgenommen werden; dies geschah nur, wenn die Gildenobersten zu der Auffassung kamen, daß das Handwerk weitere Meister aufnehmen konnte. Mit anderen Worten, die Gilden kontrollierten damit die Gründung neuer Betriebe. Nach Ablegen der Gesellenprüfung mußte der Handwerker auf Wanderschaft gehen, um sich in der Fremde weiterzubilden und neue Arbeitsverfahren kennenzulernen. Die Wanderschaft dauerte manchmal vier bis fünf Jahre und wurde durch die Meisterprüfung und Aufnahme in die Gilde abgeschlossen. Diese Wanderschaft der Gesellen führte zwar zur Verbreitung neuer technischer Verfahren und Handgriffe, doch erwiesen sich die Gildenältesten häufig als fortschritthemmend, weil sie bei den Meisterprüfungen und danach oft nur die Anwendung ihrer althergebrachten Arbeitsmethoden wünschten.

Einen großen Überblick über den Wissensstand und die Werkzeuge des Handwerks im 15. Jahrhundert ermöglicht das *Mendel-Buch.* Das Original dieses Buches befindet sich im Besitz der Stadt Nürnberg. 1965 wurde das Buch in einer prächtigen zweibändigen Ausgabe nachgedruckt. Das Mendel-Buch hat eine interessante Entstehungsgeschichte. Das Handelshaus Mendel bestand schon mehrere Generationen lang, als es Ende des 14. Jahrhunderts unter den drei Brüdern Marquart (gestorben 1385), Conrad (gestorben 1414) und Peter (gestorben 1423) Mendel eine Blütezeit erlebte. Die Brüder Mendel trieben mit Handwerkserzeugnissen Handel und hatten Niederlassungen in Rom, Venedig, Köln und Prag. Nürnberg war seinerzeit besonders bekannt wegen seiner Textilien und Lederwaren, doch lebten dort auch bekannte Goldschmiede, Zinngießer, Kupfer- und Messingschmiede. In Nürnberg waren die Handwerksgilden nicht so mächtig wie anderswo, so daß die Handelsherren und Kaufleute die Stadt beherrschten. Dies war der Grund, daß C. Mendel 1388 Gelder stiftete, um zu Ehren der Heiligen Dreifaltigkeit das berühmt gewordene Bruderhaus (Haus der 12 Bruder) erbauen zu lassen, in welchem zwölf ehrenwerte Handwerksmeister arbeiten konnten. Diese Werkstätten standen hauptsächlich den Handwerkern zur Verfügung, die durch Krankheit behindert oder vorzeitig invalidisiert waren. Das Haus diente diesem Zweck bis in das frühe 19. Jahrhundert.

In der Stiftungsurkunde C. Mendels war die Bedingung enthalten, daß in einem Buch die jeweiligen Leiter des Hauses und die Brüder bei der Arbeit abgebildet werden sollen. Diese Bedingung wurde erst eingelöst, als sein Enkel Marquart 1425 Leiter der Stiftung wurde, der er bis zu seinem Tode 1438 vorstand. Der Teil des Mendel-Buches, der veröffentlicht wurde, enthält bis zum Jahre 1539 insgesamt 355 Abbildungen von Handwerksbrüdern. Es konnte, entgegen anderer früherer Annahmen, festgestellt werden, daß in der Tat das Manuskript erst zwischen 1423 und 1429 begonnen worden sein konnte, weil das Manuskriptpapier typische Wassermarken trägt, die von einer berühmten italienischen Papiermühle in Fabriano stammen.

Neue Werkzeuge für die Feinmechanik und den Maschinenbau

Die Erfindung der mechanischen Uhr in der ersten Hälfte des 14. Jahrhunderts leitete ein neues Zeitalter im Werkzeugbau ein; eine neue Technologie, die Feinmechanik, konnte sich entwickeln. Die Uhr wurde schnell zum Statussymbol, und die Prominenz wetteiferte miteinander, diese Neuheit an ihren Häusern und öffentlichen Gebäuden anbringen zu lassen. Nur ein halbes Jahrhundert danach begann man sehr komplizierte Uhren zu bauen. Sie zeugen von hervorragendem

Handwerksgeschick und guten mathematischen Kenntnissen der astronomischen Vorgänge. Diese Entwicklung setzte jedoch nicht so plötzlich ein, wie es vielfach scheint. Um diese Zeit – um 1400 – bestand schon eine lang bestehende Uhrmachertradition, eine Tradition, die mit den Wasseruhren begann und die sich hauptsächlich im islamischen Kulturkreis durchgesetzt hat.

Man kennt nur wenige Einzelheiten über Uhrmacherwerkzeuge. Seit dem Altertum wurden verschiedene Arten Feilen zur Metallbearbeitung verwendet. Der altgriechische Name für die Feile, *rine,* wird auch für eine Haifischart verwendet. Dies deutet darauf hin, daß man einst mit Fischhäuten mit scharfen Schuppen beispielsweise rauhe Oberflächen behandelte, lange bevor Metalle zu Werkzeugen überhaupt gestaltet wurden.

Aus römischer Zeit und danach wurden viele Feilen gefunden. Die Feilen des 14. und 15. Jahrhunderts entsprechen den heutigen Typen. Es gab Flach-, Rund-, Halbrund- und vieleckige Feilen in verschiedenen Größen. Das Handwerk des Feilenmachers war seinerzeit sehr angesehen. In dem Mendel-Buch ist der Feilenmacher abgebildet, und es wird auch gezeigt, wie die Feilenzähne gemacht wurden. Man verwendete dazu meißelförmige Hammer oder besonders gestaltete Meißel. Leonardo da Vinci entwarf eine Werkzeugmaschine zur Herstellung von Feilen, bei der sich die Feile nach jedem Schlag automatisch etwas weiterbewegte. Viele Vorrichtungen bekamen im späten Mittelalter ihre heutige Form, wie zum Beispiel die Schraubzwinge, der Schraubstock und die Hobelbank, die alle Vorläufer in der Antike hatten.

In der Feinmechanik sind, insbesondere bei Erzeugnissen der Uhrmacher und Goldschmiede, verschiedene Verfahren entwickelt worden, Metalle miteinander zu verbinden. Schon Plinius der Ältere beschreibt verschiedene Möglichkeiten des Weich- und Hartlötens mit verschiedenen Flußmitteln. Die Römer kannten Lötkolben und verwendeten Lötrohre, eine Art Gebläse, um die Flamme gegen die Lötstelle zu richten. Im 14. und 15. Jahrhundert wurden solche Gebläse zu allgemein verwendeten Einrichtungen beim Zusammenfügen von Metallen. Das Handwerk des Schmiedes nahm an Bedeutung zu. Zu Beginn der Renaissance stieg der Bedarf an Schmiedearbeiten aller Art für die Gebäude stark an. Der aufblühende Handel brachte es mit sich, daß Schmiedeeisen in steigendem Maße für Einzelteile der Transportmittel verwendet wurde. Die Fertigung von Waffen und Rüstungen verschlang eine immer größere Menge an Schmiedeeisen und anderen Metallen, und die Regierungen sorgten dafür, daß die entsprechenden Rohstoffe für diesen Zweck zur Verfügung standen. Aus diesem Grund bestand in den meisten europäischen Ländern für den Durchschnittsbürger ein Mangel an Eisen- und Kupfererzeugnissen. So führte Eduard III. von England (1327–77) ein Gesetz ein, nach dem es bei Todesstrafe verboten war, Eisen oder Eisenerzeugnisse zu exportieren.

Die technische Revolution der Renaissance

Im Verlaufe des letzten Jahrhunderts des Mittelalters veränderten sich die Verhältnisse grundlegend. Wasser- und Windkraft wurden nun auch für andere Zwecke als nur zum Betrieb von Getreidemühlen verwendet, so zum Beispiel im Bergbau. Dies leitete die Entwicklung neuer Arbeitsmethoden sowie neuer Werkzeuge und Geräte für den Maschinenbau ein. Man kann daher mit Recht von einer technischen Revolution der Renaissance sprechen, die alle Lebensbereiche erfaßte. Für viele Teile Europas bedeutete dies einen wirtschaftlichen Aufschwung, der die Kunst, die Literatur und die Wissenschaften stimulierte. Dieser Aufschwung ist auch der Grund für das wachsende Interesse, zu erfahren,

A1

was sich jenseits des Horizontes befindet; die große Zeit der Entdeckungen fremder Länder und Kontinente brach an.

Die technischen Revolutionen zu Beginn der Renaissance und im 18. Jahrhundert waren nicht gekennzeichnet durch einen plötzlichen technischen oder sozialen Umsturz, sondern durch die allmähliche Entwicklung neuer Techniken, Werkzeuge und Geräte sowie neuer Ideen, die sich gegenseitig beeinflußten. Der wachsende Bedarf an Metallen zum Beispiel für die Uhrenfertigung hatte die Zunahme von Bergbaubetrieben zur Folge, die wiederum in steigendem Maße schwere Maschinen brauchten. Wind- und Wasserkraft wurden im 15. Jahrhundert immer mehr eingesetzt, doch war es die Dampfkraft des 18. Jahrhunderts, die zur Grundlage für die Entwicklung von großen Antriebsmaschinen wurde. Im Laufe des 15. Jahrhunderts wurden in dieser vorindustriellen Phase noch viele Gebrauchsgüter handwerklich hergestellt, so zum Beispiel Nadeln, Nägel und Messer. Leonardo da Vinci hatte viele Ideen gehabt, wie unter anderem Nadeln in großen Mengen hergestellt werden könnten. Er beschrieb eine Maschine, die in der Lage war, stündlich 400 Nadeln zu erzeugen. Er berechnete sogar den Verdienst an den so hergestellten Nadeln, und kam zu dem Schluß, daß sie ebenso teuer waren wie die handgefertigten!

Im frühen 16. Jahrhundert gründete der Holländer Walter Vollmar in Aachen einen Industriebetrieb zur Herstellung von Nadeln. Im Mendel-Buch ist ein Nadelmacher von 1533 abgebildet. Damals wurde das Nadelöhr noch von Hand gemacht. Die Nadel wurde an einem Ende gespalten und die beiden Teile zu einer Öse gestaltet. Die maschinelle

A2

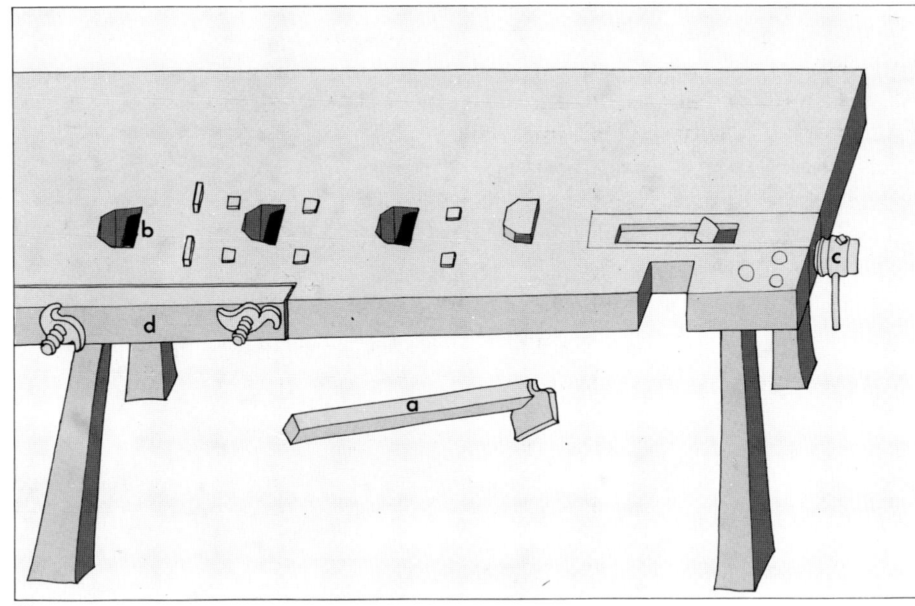

C

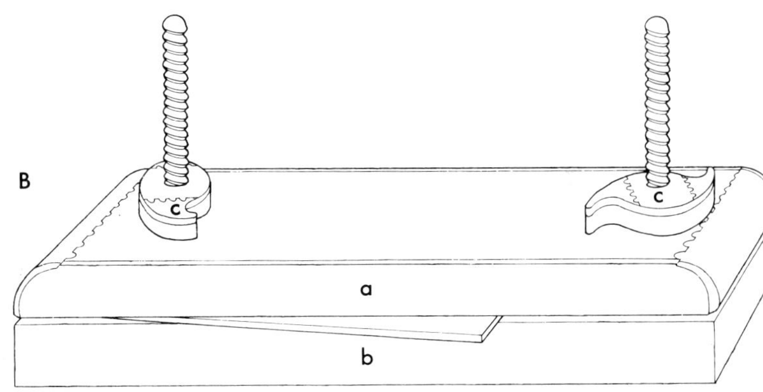

B

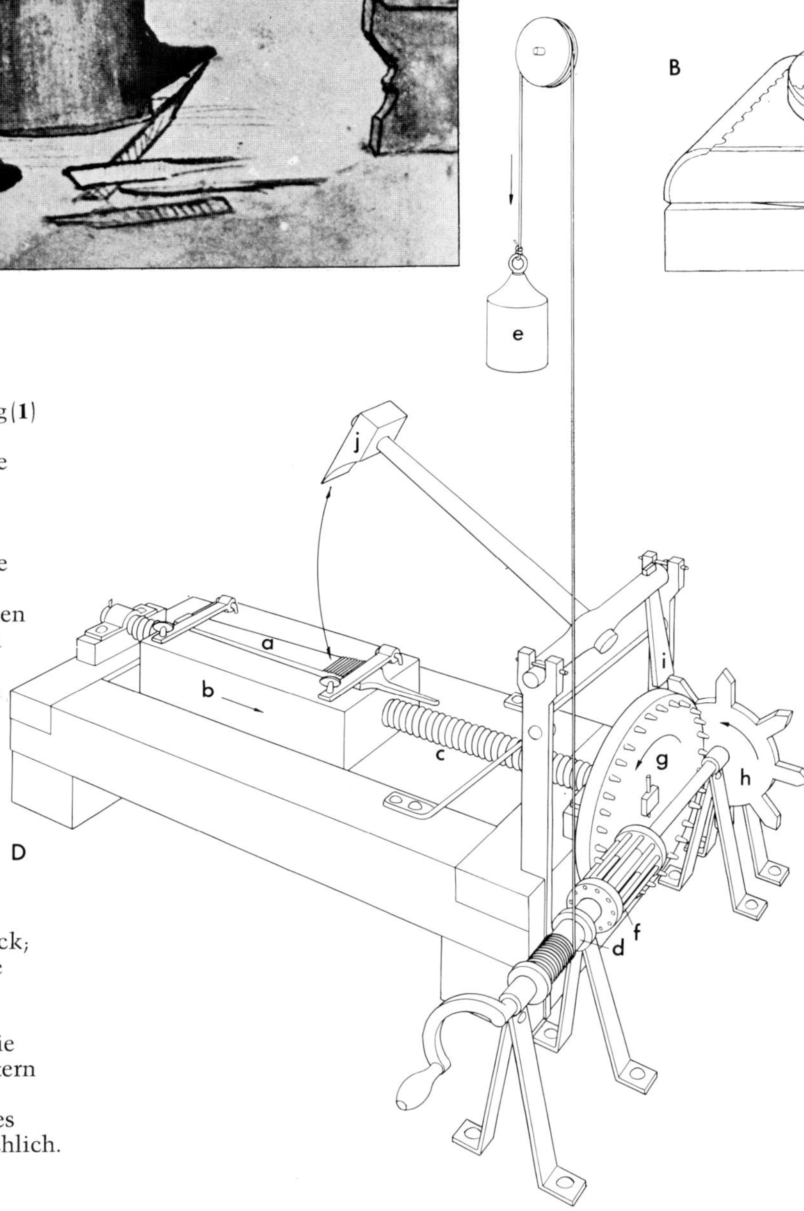

D

A. Zwei Feilenmacher aus dem Mendel-Buch, die Feilen nach verschiedenen Arbeitsverfahren herstellen. In der linken Darstellung (**1**) verwendet der Handwerker einen geschärften Hammer, mit dem er die Riefen in die Feilen haut, während der Mann rechts (**2**) hierzu einen besonderen Meißel verwendet, den er mit einem Hammer schlägt. Beide Handwerker benutzen Ambosse als Arbeitsunterlage, die auf Holzblöcken aufgestellt sind. Die fertiggestellten Feilen wurden anschließend durch Erhitzen und Abschrecken vergütet

B. Ein mittelalterlicher Schraubstock; der obere, bewegliche Teil (a) wurde an den unteren, befestigten Teil (b) gepreßt, wenn zwei Schrauben (c) an den Spindeln gedreht wurden. Die dargestellte Art der Schraubenmuttern war bis zum Erscheinen der ersten sechseckigen Formen am Anfang des 19. Jahrhunderts allgemein gebräuchlich.

C. Die Hobelbank erhielt ihre bleibende Gestalt ebenfalls im Mittelalter. Wie bei den heutigen Hobelbänken wird das Werkstück zwischen einem in eines der Löcher (b) eingelegten Dorn und der Schraubzwinge (c) befestigt. (d) Schraubstock.

D. Eine Werkzeugmaschine nach Leonardo da Vinci. Der Feilenrohling (a) wurde auf ein Brett (b) befestigt, durch das die Spindel (c) führte. Bevor man mit der Arbeit begann, mußte das Seil auf die Trommel (d) aufgewickelt werden. Am anderen Ende des Seils hing ein Gewicht (e); auf der Trommelachse saß ein Ritzel, das in ein größeres Zahnrad (g) eingriff, welches auf der Spindel befestigt war. Wenn das Gewicht fiel, drehte sich (g), und das Brett mit dem Feilenrohling wurde gleichmäßig gegen (g) bewegt. Ein anderes Zahnrad (h) auf der Trommelachse wurde gleichzeitig gedreht. Seine großen Radzähne drückten rhythmisch gegen den Hebel (i). Jedes Mal wenn der Hebel heruntergedrückt wurde, hob sich der Hammer (j), um anschließend, wenn der Hebel (i) losgelassen wurde, auf den langsam sich fortbewegenden Feilenrohling zu fallen und mit der Schärfe eine entsprechende Riefe zu schlagen.

A

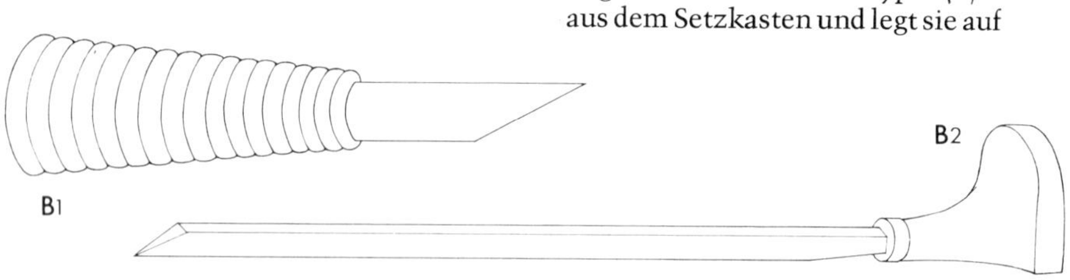

B1 B2

A. Einer der ältesten bekannten Holzschnitte. Er trägt die Jahreszahl 1423 und gibt den heiligen Christophorus wieder, der das Jesuskind auf der Schulter trägt. Dieser Holzschnitt stammt aus einem Handmanuskript von 1417, das Mitte des 18. Jahrhunderts gefunden wurde.

B. Die frühen Holzschnitte sind mit Schneidmessern der dargestellten Art hergestellt worden. (**1**). Die Klinge bestand aus einem Stück Federstahl. Später wurden andere Spezialwerkzeuge verwendet, wie zum Beispiel dieser Grabstichel (**2**), um jene Flächenteile des Holzes zu entfernen, die nach dem Druck weiß bleiben sollten.

C. Die Setzerei einer Buchdruckerei (**1**) aus dem 18. Jahrhundert. Der Schriftsetzer (links) hat den Text vor sich liegen. Er holt die Drucktypen (**2**) aus dem Setzkasten und legt sie auf einen Winkelhaken (**3**). Der Mann im mittleren Bild setzt dann die vervollständigten Zeilen in einen langen, engen Ablagekasten, in dem der gesetzte Text zunächst aufbewahrt wird. Wenn die ganze Vorlage gesetzt ist, kommt der Buchdrucker (rechts) und setzt die Zeilen in Formen, die genau die Höhe und Breite einer Buchseite haben. Er überprüft dann, ob alle Typen in gleicher Höhe liegen, und klopft sie gegebenenfalls durch Zwischenschalten eines Holzbrettes zurecht.

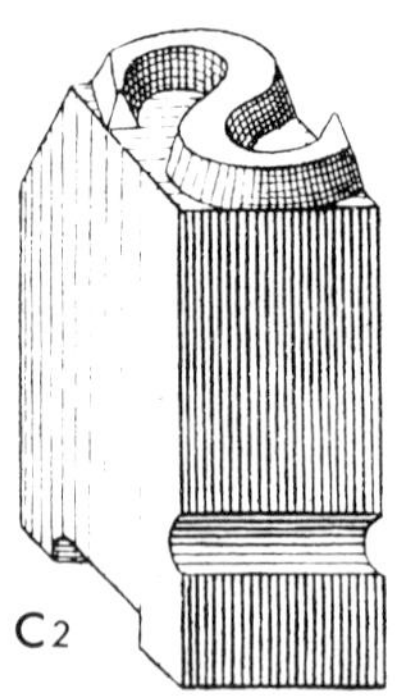

C2

C3

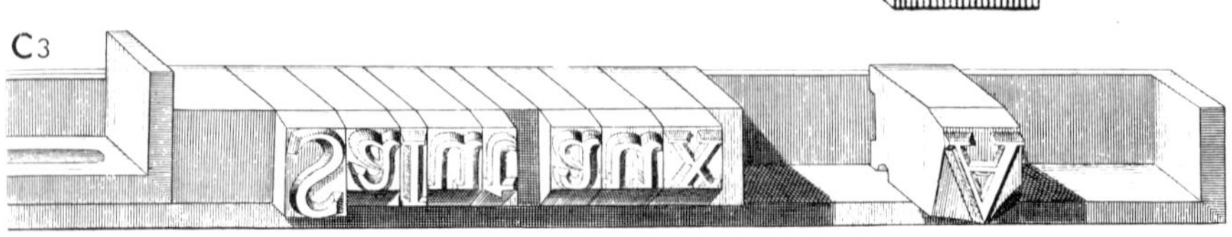

C1

Herstellung der Nadel und Stecknadel kam verhältnismäßig spät auf. Zunächst wurde die Herstellung der Stecknadel automatisiert. Die entsprechenden Maschinen sind 1685 in Nürnberg erfunden worden. Sie schnitten Stücke aus Stahl- oder Messingdraht ab und formten das eine Ende des Drahtstückes zu einem flachen Knopf um. Die Konstruktion der Maschine wurde Anfang des 19. Jahrhunderts in England und den USA verbessert. In Italien begann die Produktion von Stecknadeln mit bunten Glasköpfen um 1825.

Selbst im Altertum wurden Nägel in großen Stückzahlen gefertigt. Bei Ausgrabungen römischer Befestigungsanlagen in England um 1950 fand man Überreste einer römischen Nagelfabrik. Man fand ganze Gebinde von Nägeln verschiedener Größe. In der Renaissance waren Nagelschmiede sehr geachtet, und einige sind im Mendel-Buch dargestellt worden. Nägel wurden in Formen geschmiedet. Im Mendel-Buch kann man sehen, wie drei Größen von Nägeln in einer Form hergestellt werden. Da in der Renaissance ein großer Bedarf an Nägeln bestand, gab es dafür einen eigenen Handwerkszweig. Die Lehrlinge verarbeiteten das Schmiedeeisen zu Stangen mit quadratischen Querschnitten verschiedener Länge, und die Meister fertigten daraus die Nägel. Durch diese Arbeitsteilung konnte die Produktion ziemlich groß sein.

Messer wurden im Prinzip genauso geformt wie die Nägel. Lehrlinge bearbeiteten den Stahl für die Messerklingen vor, und die Meister schmiedeten sie zu Ende und gaben ihnen die endgültige Gestalt. Wahrscheinlich hat man die Griffe für die Messer in ähnlicher Weise als „Massenware" produziert.

Kunst und Literatur als „Massenprodukte"

Werkzeuge der Feinmechanik waren zweifellos die technischen Voraussetzungen zum Herstellen von Holzschnitten und zur Erfindung des Druckes. Der älteste Holzdruck stammt von 1418. Er zeigt durchweg sehr feine Linien und einen Reichtum an Detaildarstellungen, die darauf hinweisen, daß die verwendeten Werkzeuge, die Schneidmesser, Stichel usw. für diese Arbeit sehr geeignet waren. In jener Zeit konnte nur das Uhrmacherhandwerk solche Werkzeuge bieten. Beim Holzdruck wird die Zeichnung zunächst spiegelverkehrt auf die sorgfältig geglättete Oberfläche des Holzes übertragen und anschließend das Holz zu beiden Seiten einer Linie mit einem Stichel aus geschmiedetem Stahl eingeschnitten. Das verbleibende Holz aller Flächen, die nach dem Druck weiß bleiben sollten, wurden mit Grabstichel und Hohlmeißel entfernt, so daß nur die Linien der Zeichnung erhaben blieben. Sie wurden anschließend mit Druckerschwärze eingerieben und gegen das Papier gepreßt. Der Holzdruck breitete sich im späten Mittelalter sehr schnell aus, weil Abbildungen damals noch sehr selten waren. Zunächst stellten geschickte Handwerker die Holzdrucke her, aber bald nahmen sich bedeutende Künstler dieser Technik an und fertigten ihre eigenen Holzschnitte. Einer der ersten Künstler auf diesem Gebiet war Albrecht Dürer (1471–1528), der 1498 die berühmte Holzschnittfolge der Apokalypse schuf. So wurde die Graphik zu einer eigenen Kunstrichtung, die durch den Fortschritt im Werkzeugbau der Feinmechanik ermöglicht wurde.

Nach 1440 begann man die ersten Bücher mit beweglichen, gegossenen Lettern zu drucken. Die Buchdruckmethode von Johann Gutenberg (1399?–1468) war grundsätzlich die gleiche wie beim Holzschnittdruck, nur verwendete er gegossene bewegliche Lettern statt geschnittene Holzblöcke. Die Herstellung von Preßformen für die Lettern war ebenfalls durch die Werkzeuge der Feinmechanik ermöglicht worden. Es schmälert die Leistung des J. Gutenberg nicht, wenn darauf hingewiesen wird, daß man mit beweglichen Lettern schon 2000 Jahre vor seiner Erfindung im Fernen Osten, genauer gesagt in Korea, druckte. So hatten auch einige andere hier beschriebene Techniken, die sich während der technischen Revolution in der Renaissance so schnell entwickelten, Vorläufer in anderen Teilen der Welt.

Die Kunstbücher der Technologie

Die technische Revolution in der frühen Renaissance ebnete den Weg für die stürmische Entwicklung in der Hochrenaissance, als man in allen Bereichen des menschlichen Lebens Fortschritte machte; im nachhinein muß dieser Fortschritt als ein großer Kontrast zu der sogenannten Finsternis des Mittelalters gesehen werden. Begnadete Zeitgenossen waren sich dessen bewußt. Im 16. Jahrhundert sprach der deutsche Humanist Ulrich von Hutten den berühmten Satz aus: „Die Geister erwachen, es ist eine Freude, lebendig zu sein."

Während und nach dieser technischen Revolution der Renaissance wurden völlig neue Werkzeuge, Techniken und Technologien geschaffen bzw. entwickelt. Die Geister der Technologie konnten wahrhaftig erwachen und Freude am Konstruieren von Maschinen finden. Die ersten sogenannten „Kunstbücher" erschienen und erlebten vom 16. Jahrhundert an bis in die Mitte des 18. Jahrhunderts eine Blütezeit. Es waren prächtig illustrierte Bücher, die Beschreibungen von wunderbaren echten und imaginären Maschinen enthielten. Einige von den bekanntesten dieser Bücher sind schon erwähnt worden. Im allgemeinen waren sie sehr wichtig für die Verbreitung der Technologie in der westlichen Welt, insbesondere für den Bergbau, denn sie enthielten Maschinen für die Wasserförderung und andere Vorrichtungen, wie sie zum Beispiel von Georg Agricola und Vanoccio Biringuccio beschrieben worden sind. Die leitenden Ingenieure oder Kunstmeister der Bergwerke übernahmen die technischen Ideen aus den Kunstbüchern, kopierten die Konstruktionen oder veränderten sie. Dies bedeutete, daß in den verschiedenen europäischen Bergwerksbetrieben bald weitgehend einheitlich gestaltete Werkzeuge zur Anwendung kamen. Jede technische Neuheit verbreitete sich dank der Kunstbücher sehr schnell; ein Beispiel dafür ist die Wäschemangel. Der Italiener Vittorio Zonca (1580?–?) beschrieb als erster diese Maschine in seinem Kunstbuch *Novo teatro di machine et edificii* (Padua, 1607). Er stellte sogar zwei Arten solcher Maschinen vor; eine davon war offenbar eine imposante Maschine von 9 m Länge und wurde von zwei Männern in einer Tretmühle angetrieben, die andere von Pferden. Die Wäschemangel, eine der ersten Haushaltsmaschinen, wurde am Ende des 16. Jahrhunderts in Norditalien entwickelt und war für die großen Leinenvorhänge an den Fürstenhöfen bestimmt. Die Bedeutung des Wortes „Mangel" ist „eine große Maschine" und stammt von dem altgriechischen Wort *magganon* ab. Dieses Wort wurde ursprünglich benutzt, um große militärische Maschinen, zum Beispiel Katapulte, zu bezeichnen, später verwendete man es allgemein zur Bezeichnung komplizierter Maschinen. Eines Tages wurde die Mangel zu einer leicht zu handhabenden Einrichtung verkleinert und breitete sich rasch in ganz Europa aus. Hundert Jahre später war sie beinahe in jedem Haushalt vorhanden.

Werkzeuge und Geräte des Industriezeitalters

Es wurde bereits darauf hingewiesen, daß die gebräuchlichsten Handwerkszeuge ihre endgültige und bleibende Form schon zu einer sehr frühen Zeit bekamen. Stattgefundene Änderungen oder gar Neuentwicklungen dieser Werkzeuge sind auf bessere Werkstoffe und neue

D1

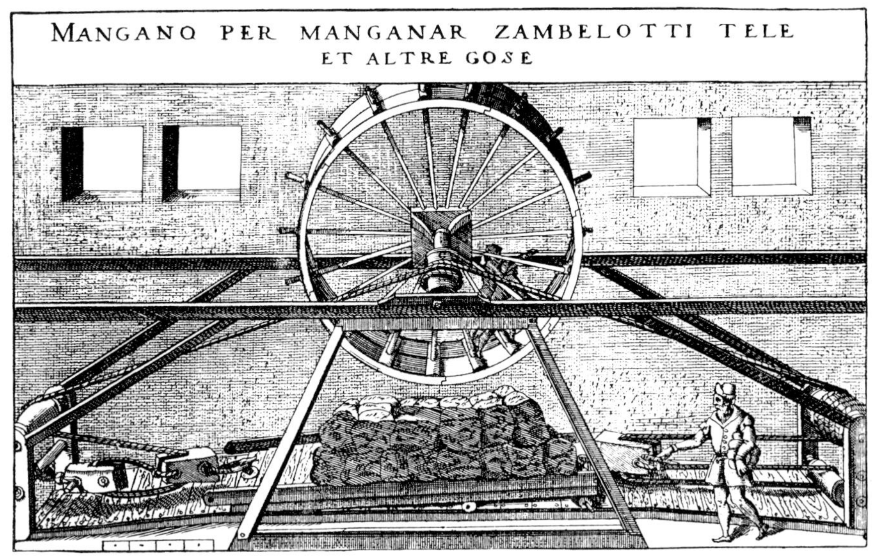

D2

D. Eine der ältesten Beschreibungen einer Wäschemangel wurde in dem Künste-Buch von Vittorio Zonca gefunden, aus dem die beiden Abbildungen entommen worden sind. Das obere Bild (**1**) zeigt eine göpelbetriebene Mangel, das untere Bild (**2**) zeigt ein Modell, das von zwei Männern in einer Tretmühle betrieben wird.

Technologien zurückzuführen. Vom Mittelalter an änderten sich die Werkzeuge bis in das Zeitalter des Industrialismus bei dem Zimmerei-, Schreiner- und Schmiedehandwerk praktisch nicht.

Die große französische Enzyklopädie *„Encyclopédie, ou dictionnaire raisonné des sciences, des arts et des métiers"*, die von Denis Diderot und Jean d'Alembert herausgegeben und zwischen 1751 und 1781 veröffentlicht wurde, ist eine unschätzbare Quelle für die Kenntnis der Werkzeuge, Geräte und Maschinen, die an der Schwelle der Industrialisierung verfügbar waren. Dieses sehr umfangreiche Werk von 35 Folianten beschreibt sehr ausführlich mehr als 80 Handwerke und illustriert sie in einer meisterhaften Art. Alle Werkzeuge und Geräte werden im Detail beschrieben. Mit wenigen Ausnahmen sind die dargestellten Werkzeuge von Hand und zum Teil nach mittelalterlichen Methoden hergestellt worden. (Die industrielle Herstellung von Handwerkszeugen erfolgte nicht vor Mitte des 19. Jahrhunderts.)

Als die letzten Bände der Enzyklopädie Ende des 18. Jahrhunderts ver-

Mitte der 50er Jahre des 17. Jahrhunderts entschloß sich Carl Gustav Wrangel (1613–1676), ein schwedischer Militärbefehlshaber im 30jährigen Krieg, der außerordentlich prunksüchtig war, das Barockschloß Skokloster in der schwedischen Provinz Uppland erbauen zu lassen. Etwa 15 Jahre später war das Schloß mit Ausnahme des großen Festsaales erstellt. Den noch vorhandenen Plänen kann entnommen werden, daß dieser Saal architektonisch sehr reichhaltig ausgeschmückt hätte werden sollen, doch kostete das Schloß bereits große Summen, und C. Wrangel hatte keine Gelder mehr. Die Handwerker, die für den Ausbau dieses Raumes eingestellt worden waren, ließen ihre Arbeit im Stich. Sie ließen sogar ihre Werkzeuge und Geräte liegen, und diese blieben dort, bis man sie in den Jahren um 1975 bei der Restauration dieses Teiles des Schlosses fand.

A. Einige Glaserwerkzeuge. (**1**) Eine Walzbank, auf der Bleibarren zu U-Profilen gewalzt wurden. Diese benötigte man für die Fassung von Fenstern. Die Walzbank ist mit einer Handkurbel betrieben worden. (**2**) Ein Amboß für die Endbearbeitung der U-Profile. Auf dem Amboß liegt eine Kelle, in der Bleireste eingeschmolzen wurden. (**3**) Formen von Bleistäben; das Profil wurde geformt, wenn der Handgriff heruntergedrückt wurde. Im Vordergrund ein gefertigtes Profil.

A1 A2

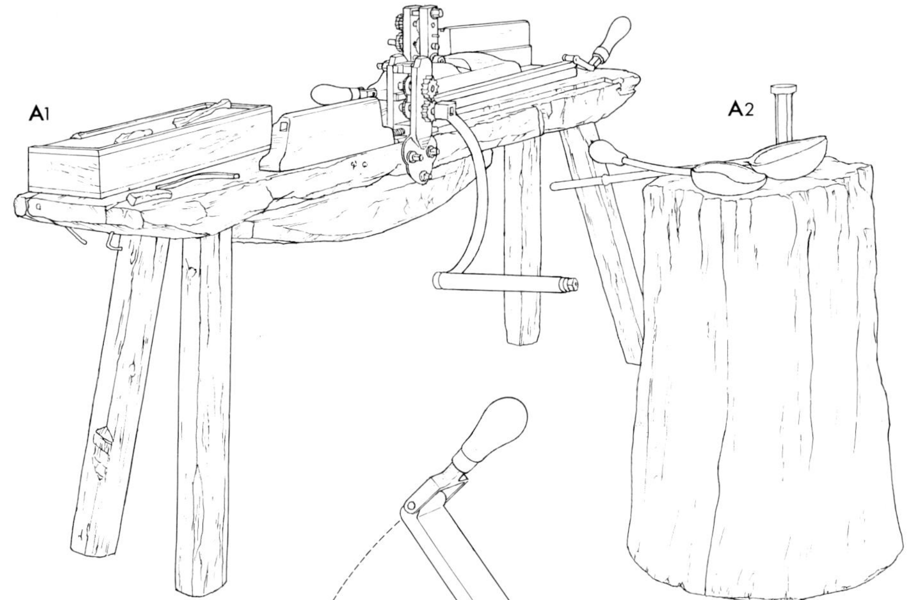

A3

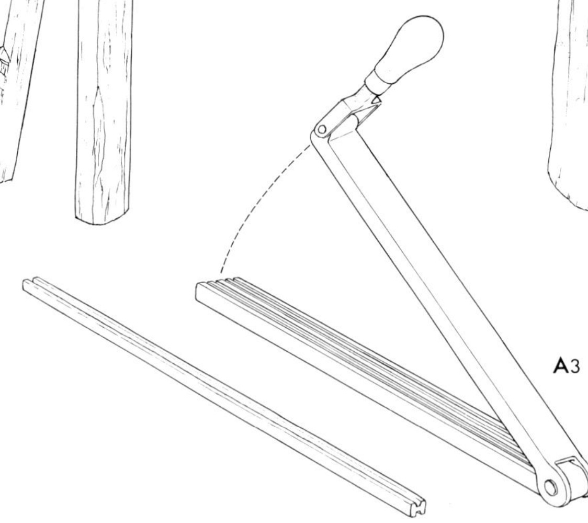

B1

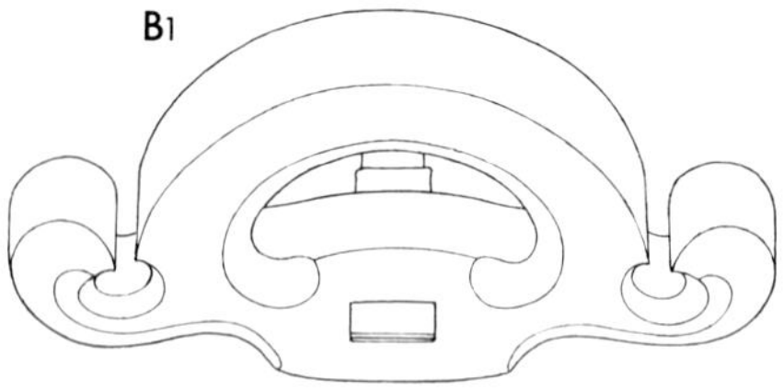

B3

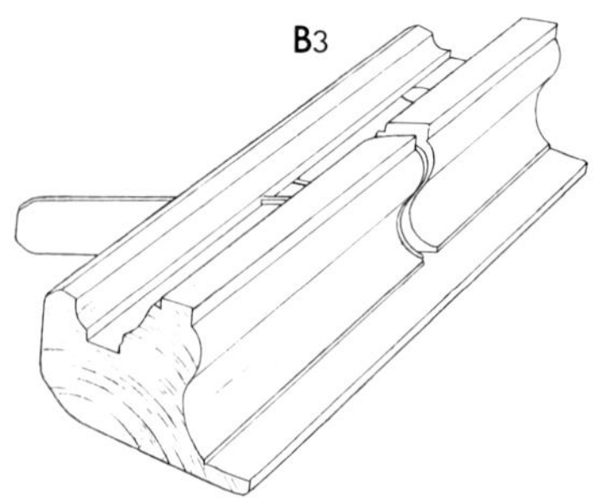

B2

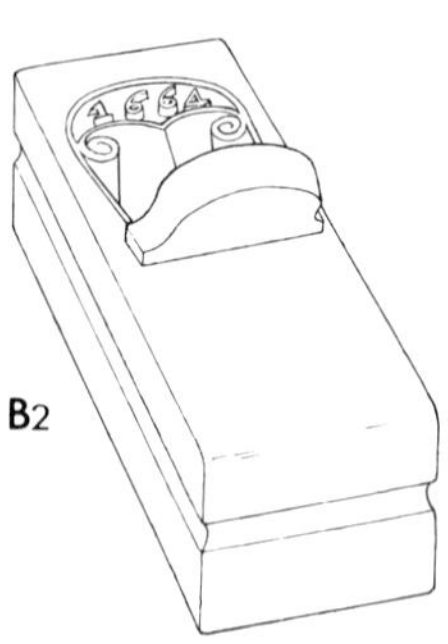

B4

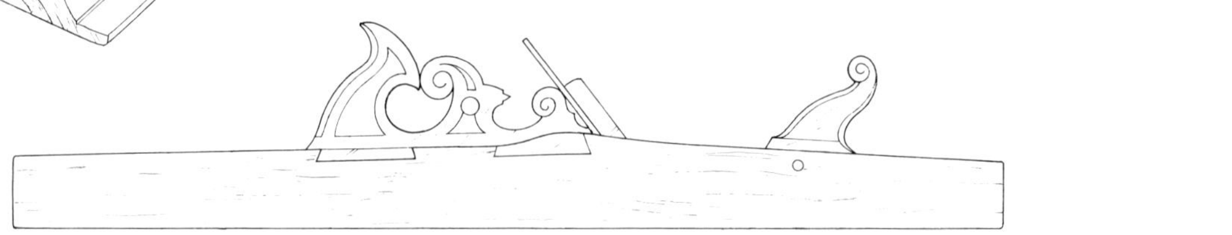

C

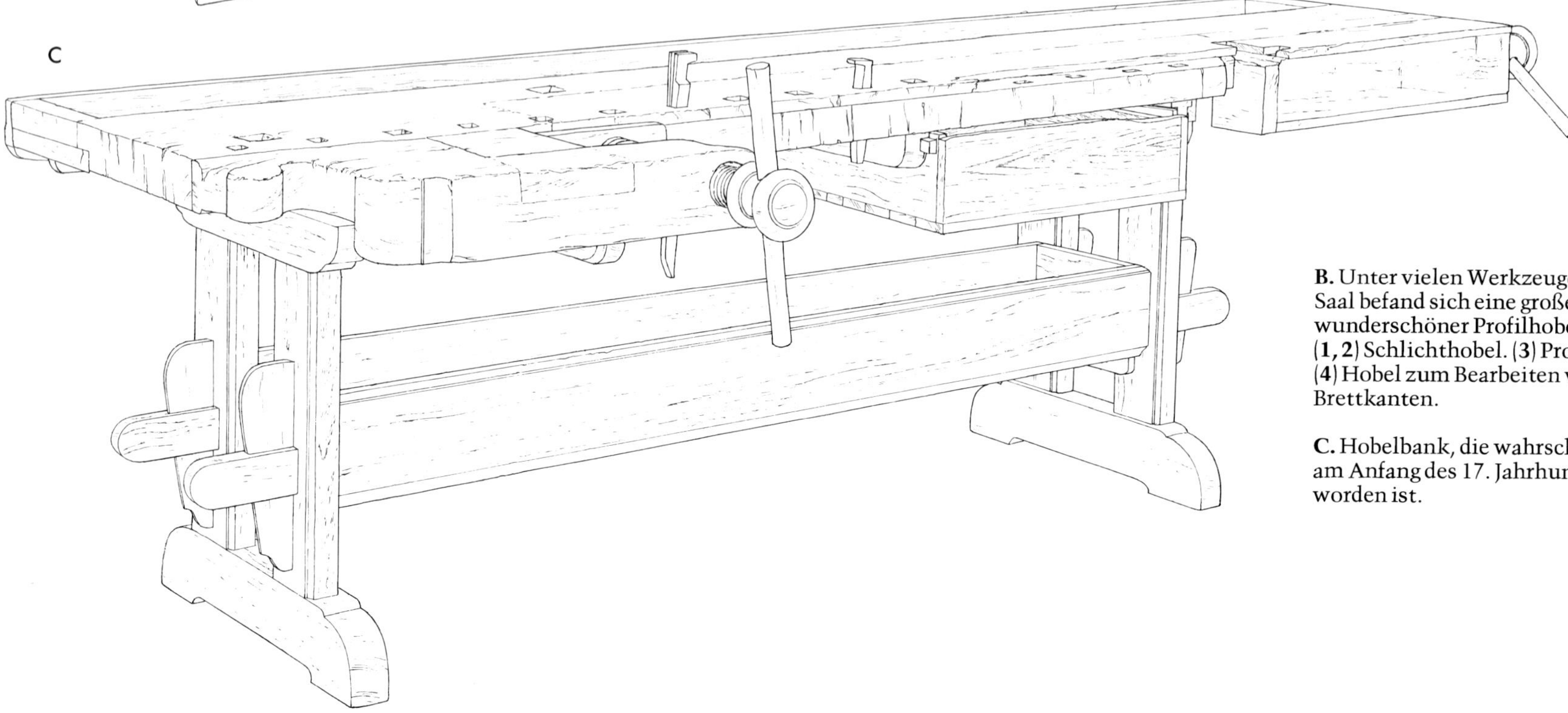

B. Unter vielen Werkzeugen in dem Saal befand sich eine große Sammlung wunderschöner Profilhobel. (**1, 2**) Schlichthobel. (**3**) Profilhobel. (**4**) Hobel zum Bearbeiten von Brettkanten.

C. Hobelbank, die wahrscheinlich am Anfang des 17. Jahrhunderts gebaut worden ist.

öffentlicht wurden, brach ein neues Zeitalter – der Beginn der Industrialisierung – an mit dem Auftreten der Dampfmaschine von J. Watt. Einige Ingenieure vor J. Watt hatten bereits Ideen über die Nutzung der Dampfkraft, doch fehlten ganz einfach seinerzeit noch die entsprechenden Werkzeuge und Methoden, um ihre Gedanken zu verwirklichen.

Viele Teile und Komponenten, die für die maschinelle Nutzung der Dampfkraft erforderlich waren, erforderten neue Arbeitsmethoden und Werkzeuge, um in erster Linie Röhren, Hähne und Ventile zu bauen. Selbst in der Antike wurden Rohre aus verschiedenen Werkstoffen verwendet. Im Bergbau wurden Leitungen für die Wasserführung verwendet, doch waren die Leitungen aus Holz. Im 18. Jahrhundert war die Technik, solche Rohre aus Holz anzufertigen, gut entwickelt und wurde an einigen Orten selbst im 19. Jahrhundert noch angewendet. Holzrohre jedoch konnten für die Dampfkraft nicht verwendet werden, da sie Rohre benötigte, die widerstandsfähig gegen Wärme, Feuer und hohen Druck waren.

In den ersten Jahrzehnten des Zeitalters der Dampfkraft stellte man Rohre von Hand aus Eisen, Kupfer und Bronze her. Die Fertigung begann mit Metallblechen, die über Metallstangen gebogen wurden. Die entstehende Verbindung oder Naht wurde verlötet. Die ersten nahtlosen Rohre wurden gegossen. Der Engländer John Wilkinson (1728–1808) ließ sich 1790 eine Methode patentieren, Bleirohre in einer Form mit einem Stahlkern zu gießen. In gleicher Weise wurden bis in die Jahre nach 1830 Bronze- und Kupferrohre hergestellt. Stahlrohre wurden erst nach 1880 gebräuchlich, als die Brüder Mannesmann in Deutschland eine Methode entwickelten, Rohre über einen Dorn hohlzuwalzen. Ähnliche Ideen sind schon früher aufgekommen, zum Beispiel in einem englischen Patent, das an G. W. Dyson und H. A. Hall 1870 verliehen wurde. Der Vater der Brüder Mannesmann, Reinhard (1814–1894), hatte schon in den Jahren nach 1860 in seiner Werkzeugfabrik in Remscheid Versuche gemacht, Rohre hohlzuwalzen. Doch fanden erst seine Söhne Reinhard (1856–1922) und Max (1857–1915) Mannesmann ein Verfahren, das ihnen 1885 geeignet schien, patentiert zu werden. Wenige Jahre später wurden Rohre großindustriell hergestellt. Das Mannesmannverfahren wurde 1893 bei der Weltausstellung in Chicago gezeigt. Thomas A. Edinson soll gesagt haben, diese Demonstration habe ihn mehr beeindruckt als alles andere Gezeigte der Ausstellung. Die Nachfrage nach Stahlrohren stieg schnell an und war eine der Grundlagen für die Entwicklung des Mannesmannkonzerns zu einem der bedeutendsten Unternehmen in Deutschland.

Maschinell hergestellte Werkzeuge nehmen überhand

Eine große Anzahl von Faktoren beeinflußte die Entwicklung der Industrialisierung im 19. Jahrhundert. Aus der Sicht der Technik war die Grundlage für diese Entwicklung durch die altbewährten Handwerkszeuge gegeben. Diese Handwerkszeuge machten es möglich, die durch den technischen Fortschritt erforderlichen neuen Werkzeuge, insbesondere für die Kraftmaschinen, zu bauen. Einige dieser Werkzeuge und Geräte sind schon erwähnt worden.

„Industrialisierung" bedeutet, daß manuelle Arbeitsmethoden mechanisiert, das heißt von Maschinen übernommen, werden. Die Werkzeugmaschine ist das logische Ergebnis dieses Prozesses. Es sind schon verschiedene Werkzeugmaschinen erwähnt worden, die Töpferscheibe zum Beispiel oder die Steinsäge, die von den Pyramidenerbauern verwendet wurde. Heute werden unter Werkzeugmaschinen im allgemeinen nur die metallbearbeitenden Maschinen verstanden.

D. Diese wasserradbetriebene Bohrmaschine ist von Salomon de Caus in seinem Buch, *Les raisons des forces mouvantes,* dargestellt worden. Sie wurde zum Bohren von Löchern in Baumstämmen verwendet, die dann als Wasserleitungen dienten. Im Vordergrund einige verschieden große Bohrer.

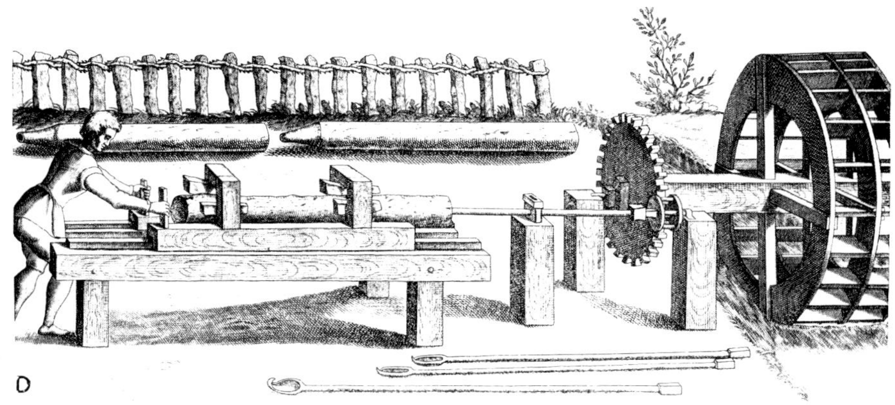

E. Das Mannesmannverfahren zur Herstellung von Stahlrohren, das 1893 bei der Weltausstellung in Chicago gezeigt wurde. Der glühende Stahl wird zunächst im Schrägwalzwerk über einen Dorn und anschließend im Pilgerschrittwalzwerk zum endgültigen nahtlosen Rohr gewalzt. Die Schrägwalzen (a) waren unter einem Winkel gegen den Rundblock (b) gerichtet; sie drückten durch ihre Drehbewegung den Rundblock gegen den Lochdorn (c).

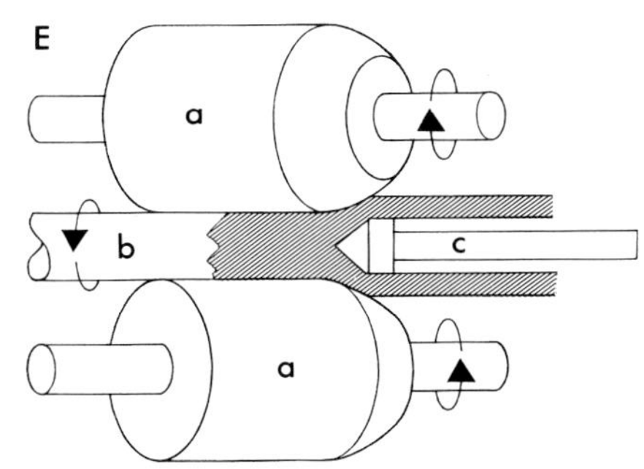

F. Unter den vielen Handwerksarten, die in Diderots Enzyklopädie beschrieben werden, befindet sich auch das Goldschmiedehandwerk. Der hier dargestellte Drehbanktyp wurde im 18. Jahrhundert zum Drehen von Geschirr aus wertvollem Metall verwendet. Der Rohling (a) war an einem abnehmbaren Spannfutter (b) der Arbeitsspindel (c) befestigt. Eine Welle (d) führte das seitlich angebrachte Schneidwerkzeug (e). Der Schlitten, auf dem die Welle und der Drehmeißel befestigt waren, wurde von einer im Inneren befindlichen Spindel entlang des Arbeitstisches bewegt. Die Spindel selbst wurde durch eine Kurbel (f) gesteuert.

A. Die wasserradbetriebene Bohrmaschine von J. Wilkinson zur Herstellung von Zylindern. Die dargestellte Maschine wurde 1775 in den Bersham Ironworks errichtet; (**2**) Umrißskizze, (**1**) ein Modell der Konstruktion, mit der zwei Zylinderrohlinge (einer ist hier im Schnitt gezeichnet) gleichzeitig gebohrt werden konnten. Die röhrenförmigen Bohrstangen (a) wurden in kräftigen Lagern geführt und hatten der Länge nach Nuten. In den Bohrstangen befanden sich Stahlführungen, an denen die Schneidköpfe mittels Ösen befestigt waren. Diese Ösen liefen in den Nuten. Die Schneidköpfe konnten sich frei entlang der Bohrstangen bewegen und wurden automatisch nach vorn durch den Zylinderrohling gezogen, weil die äußeren Enden der Stangen (b) an Zahnstangen (e) angelenkt waren, die in die Antriebsräder (f) eingriffen. An den Achsen der Antriebsräder befanden sich gewichtbeschwerte Hebel (g), die sich langsam absenkten und so die Antriebsräder drehten. Querstangen (h) verhinderten, daß die Zahnstangen sich drehten. (i) Wasserrad. (j) eine Drehbank, die wahrscheinlich zum Drehen großer, scheibenförmiger Werkstücke verwendet wurde. (k) Eine einfachere Drehbank.

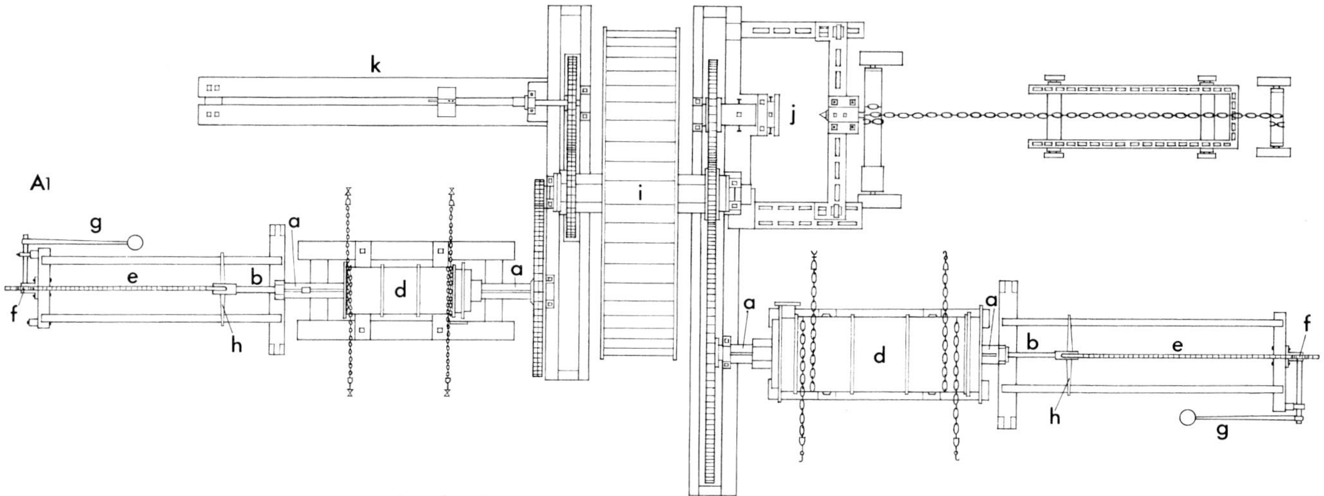

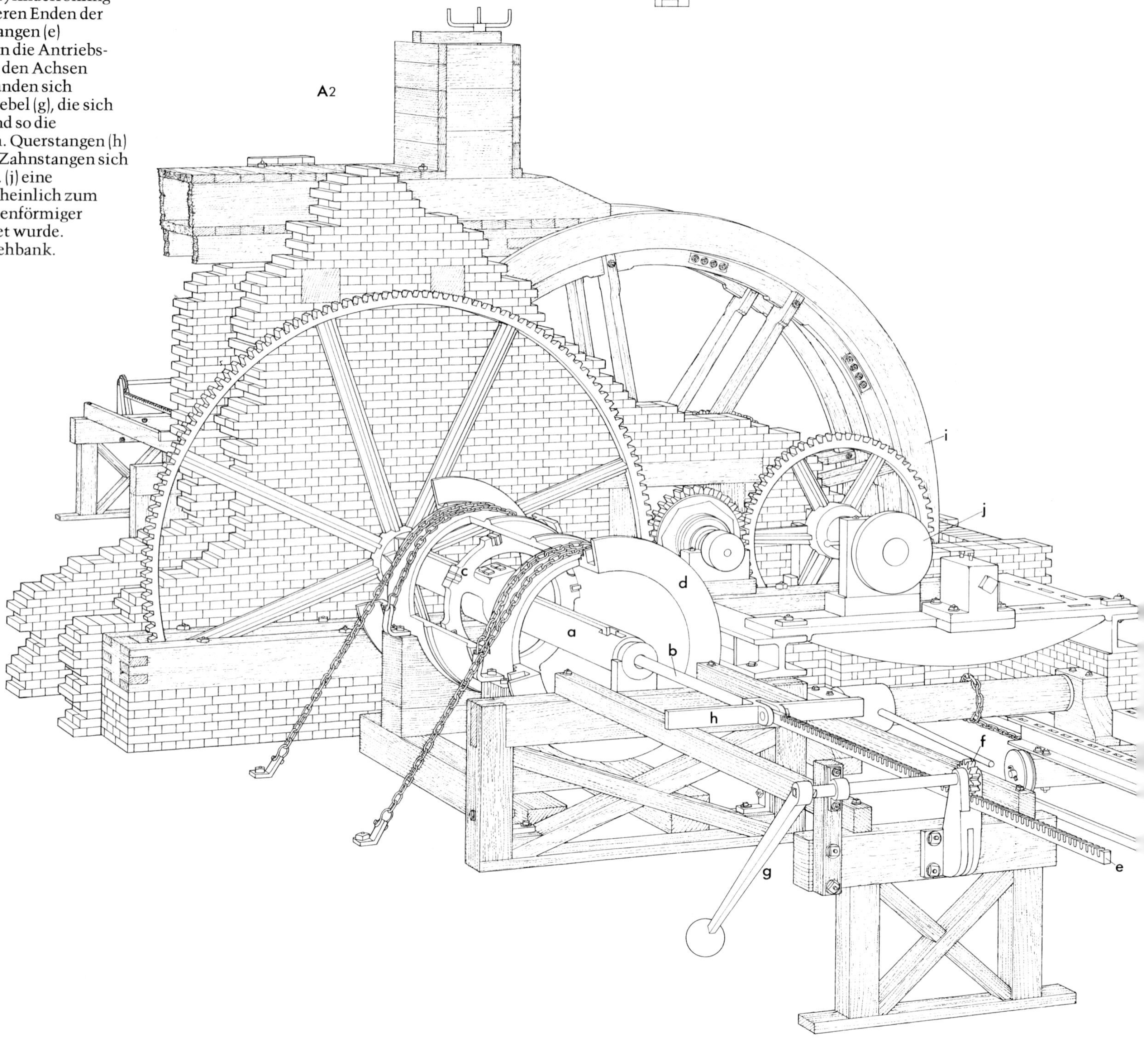

B

B. Als die große Soho-Gießerei am Ende des 19. Jahrhunderts schließen mußte, schickte die Redaktion der Londoner Zeitschrift *The Engineer* einige Mitglieder ihres Stabes dorthin. Ihre Aufgabe war, die Maschinen der Gießerei aufzunehmen und zu beschreiben, bevor sie demontiert wurden. Unter den später veröffentlichten Bildern befand sich das hier wiedergegebene, das eine große Plandrehbank von 1850 zeigt.

C

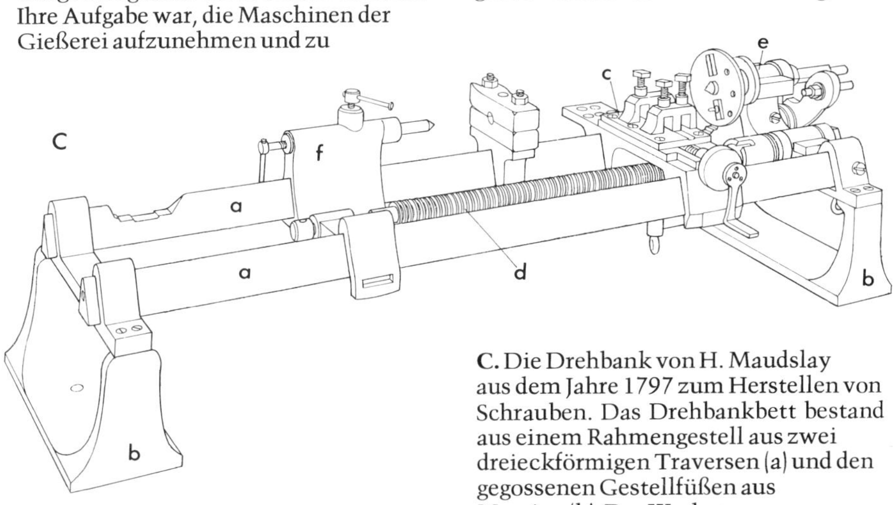

C. Die Drehbank von H. Maudslay aus dem Jahre 1797 zum Herstellen von Schrauben. Das Drehbankbett bestand aus einem Rahmengestell aus zwei dreieckförmigen Traversen (a) und den gegossenen Gestellfüßen aus Messing (b). Der Werkzeugschlitten (c) mit Querschlitten wurde von einer Leitspindel (d) geführt. (e) Spindelkasten mit Arbeitsspindel und Spannfutter. (f) Reitstock. Dem Werkstück wurde die gewünschte Länge vorgegeben; es wurde in der Mitte gekörnt und zwischen die Spitzen (e) und (f) der Arbeitsspindel und Pinole eingespannt.

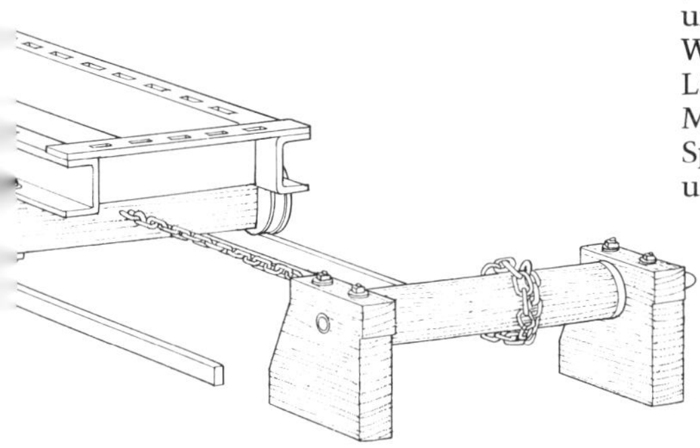

Die große französische Enzyklopädie aus dem 18. Jahrhundert beschreibt eine Reihe von Holz- und Metalldrehbänken; in jener Zeit war die Kunst des Drehens oder Drechselns ziemlich ausgereift. Eine der in der Enzyklopädie dargestellten Maschinen ist eine maschinell angetriebene Drehbank, auf der das Werkstück nach einer Schablone bearbeitet werden kann. Das Drechseln war seinerzeit ein weit verbreiteter Zeitvertreib selbst für Fürsten und Prinzen gewesen, angefangen vom Herrscher des Römischen Reiches Deutscher Nation, Maximilian I., bis zu König Gustav Adolf IV. von Schweden; man verwendete damals für die Arbeiten nur Holz. Die ersten Versuche, Metall zu bearbeiten, wurden erst um 1700 gemacht. Die erste ausführliche Beschreibung einer Drehbank für Eisenteile erscheint in dem Werk *L'art de tourner* (Die Kunst des Drehens) von Charles Plumier, das 1701 erschien. Ch. Plumier führt aus, daß die Drehbank zur Eisenbearbeitung sehr stabil gebaut sein muß, um die großen Kräfte aufnehmen zu können, die zwischen Werkzeug und Werkstück entstehen. Chr. Polhem hatte zu Beginn des 18. Jahrhunderts in den Stjernsund-Werken mindestens eine Drehbank zur Eisenbearbeitung im Betrieb. Ein Wasserrad trieb diese Drehbank an, eine Vorschubspindel führte die Werkzeughalterung. Die Spindel selbst wurde von einem Zahnradgetriebe bewegt. Um 1760 baute der Franzose Jacques de Vaucanson (1709–1782) eine Metalldrehbank mit einem Eisengestell. Die ganze Konstruktion war mit einem Strebwerk versteift. Die Drehbank von J. de Vaucanson ist ein Beispiel für die maschinellen Grundlagen, aus welchen sich die Werkzeugmaschinen in den folgenden Jahrhunderten schnell entwickelten. Um 1830 nahmen die Werkzeugmaschinen bereits Formen an, die sie bis in die heutige Zeit behielten.

Es wurde bereits darauf hingewiesen, daß die Nutzung der Dampfkraft eine Menge Werkzeuge und Geräte erforderte. Ein Problem beim Bau der frühesten Dampfmaschinen war, ausreichend starke Zylinder herzustellen. Man versuchte die Zylinder zu gießen, doch ergaben sich dabei Schwierigkeiten bei der Endbearbeitung, beim Entgraten und Feilen, die die Oberfläche im Inneren des Zylinders noch sehr rauh ließen. Schließlich entwarf 1774 John Wilkinson, ein Freund von Matthew Boulton und James Watt, eine sehr robuste Maschine zum Ausbohren von Zylindern. Der Zylinderrohling wurde auf einen soliden Schlitten aus dicken Eichenhölzern montiert (J. Wilkinson hatte sicherlich die Empfehlungen Ch. Plumiers sehr ernst genommen!). Ein starker röhrenförmiger Bohrarm drehte sich um die Zylinderachse und bohrte den erforderlichen Hohlraum heraus. Als M. Boulton und J. Watt eine Probelieferung der Zylinder von J. Wilkonson bekamen, stellten sie fest, daß der Innendurchmesser des Zylinders von 175 cm eine Abweichung von nicht einmal der Dicke einer abgenutzten Shillingmünze aufwies – eine Präzision, die man nicht einmal im Traum für möglich gehalten hätte. J. Wilkinsons Bohrmaschine fand große Beachtung, und sie setzte ein Maß zumindest für die nächsten 75 Jahre. Die Konstruktion wurde noch 1851 mit einigen wenigen Abweichungen zum Bohren von Zylindern für Lokomotiven verwendet! Die Bohrmaschine von J. Wilkinson wird mit Recht als die erste echte Werkzeugmaschine im heutigen Sinne bezeichnet.

Fußend auf den Erfahrungen der Bohrmaschine von J. Wilkinson, konstruierten M. Boulton und J. Watt nach 1790 eine verbesserte Zylinderbohrmaschine und eine Plandrehbank. Beide Maschinen waren richtungweisend, und ähnliche Maschinen wurden in den nächsten 50 Jahren in vielen Maschinenbaubetrieben Englands und anderer Länder gebaut.

Die erste moderne Metalldrehbank wurde von dem Engländer Henry Maudslay (1771–1831) konstruiert. Als junger Mann war er bei Joseph

Bramah (1748–1814) beschäftigt, der als erster das Sicherheitsschloß (Bramah-Schloß) erfand, eine schwierige Konstruktion, die sehr viele, extrem genau bearbeitete Bestandteile benötigte. Um 1800 konstruierte H. Maudslay eine Drehbank, mit der er ursprünglich Schrauben herstellen wollte. Die Drehbank war ganz aus Eisen gemacht und enthielt eine neue Besonderheit. Der Halter für den Drehstahl, der sogenannte Werkzeughalter, wurde auf einem Schlitten angebracht, der von einer Zugspindel gezogen wurde. Man drückte den Drehstahl mit Spindel und Handrad auf einer V-förmigen Gleitfläche gegen das Werkstück. Dank dieser Fläche konnte der Drehstahl genau und arbeitssparend geführt werden. Der schottische Ingenieur James Nasmyth (1808–1890) illustrierte dies durch die Darstellung einer Drehbank von H. Maudslay und einer älteren Drehbank, bei denen das gleiche Werkstück bearbeitet wurde. Der Arbeiter mußte bei der älteren Maschine mit seinem ganzen Körpergewicht den Drehstahl gegen das Werkstück drücken, während er bei der „Maudslay-Maschine" lediglich mit einer Hand den Vorschub regelte und die andere in der Hosentasche behielt.

H. Maudslay konstruierte seine ersten Maschinen 1794, als er noch

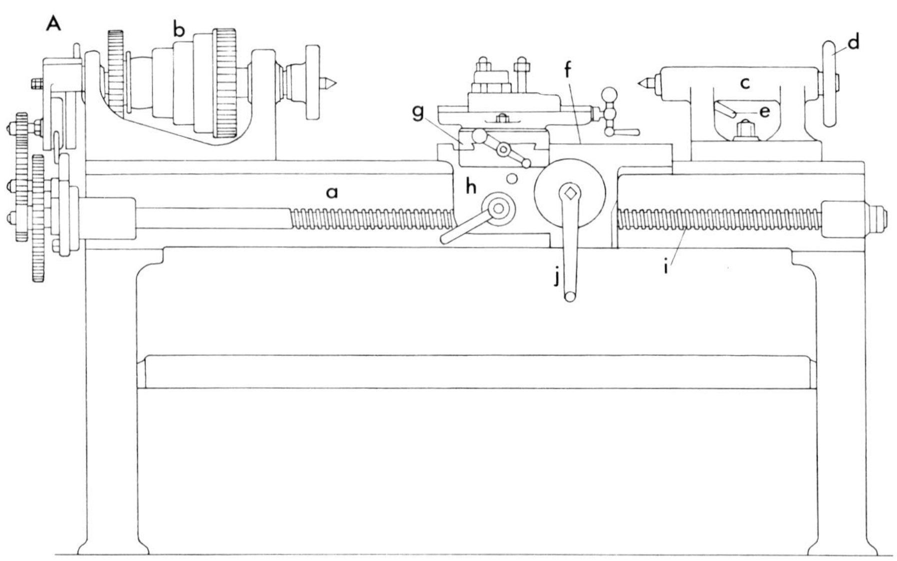

A. Eine in der zweiten Hälfte des 19. Jahrhunderts verwendete Drehbank. (a) Drehbankbett. (b) Spindelkasten, in dem der konische Antrieb, die Getrieberäder und die Arbeitsspindel enthalten waren. Der konische Antrieb ist ein Riementrieb mit Riemenscheiben verschiedenen Durchmessers. Nachdem die Drehbänke mit dieser Art Antrieb versehen worden sind, konnte mit verschiedenen Drehgeschwindigkeiten gearbeitet werden. Die Arbeitsspindel wurde von zwei Halterungen gehalten und war bei diesem Typ oft röhrenförmig. Damit war es leichter, stangenförmige Werkstücke zu drehen, weil der Rohling dann einfach in die Arbeitsspindel geschoben werden konnte. (c) Beweglicher Reitstock. (d) Handrad zum Bewegen von (c). Der Reitstock wurde durch einen Hebel (e) in seiner Lage festgehalten. (f) Werkzeugschlitten. (g) Querschlitten. (h) Schürze, hinter der die Zusatzeinrichtung für die Zuführung montiert wurde. (i) Leitspindel, eine sorgfältig geführte Spindel, die für die Bewegung des Drehmeißels bei der Herstellung von Schrauben gebraucht wurde. Hinter der Leitspindel befand sich eine Zahnstange, die in ein Antriebsritzel eingriff. Diese Vorrichtung wurde verwendet, wenn nicht Schrauben, sondern andere Dreharbeiten gefertigt wurden. Über die Handkurbel (j) bewegte man den Drehschlitten seitlich.

B. Die Hobelmaschine von J. Whitworth aus dem Jahre 1835. Das Werkstück war auf dem Tisch aufgespannt, während der Werkzeugschlitten sich bewegte. Hier ist die Konstruktionszeichnung wiedergegeben, die J. Whitworths Patentantrag beigefügt war; (**1**) Seiten-, (**2**) Vorder- und (**3**) Ansicht von oben. (a) Gestell. (b) Bett, an das das Werkstück befestigt wurde. Die zwei Ständer (c) waren mit je zwei Rädern (d) ausgestattet, die auf Gleitschienen (e) liefen. Die Ständer waren durch ein Querhaupt (f) verbunden, das den Werkzeugschlitten trug. Das Werkzeug (h) konnte um 180° um seine Achse durch einen Seilzug (i) gedreht werden und konnte so in beiden Bewegungsrichtungen arbeiten. Nach jedem Gang wurde das Werkzeug etwas seitlich bewegt, um den nächsten Span abzuheben. Der Werkzeugschlitten wurde von zwei Spindeln (j) betrieben, auf die seitlich kleine Rollen mit aufgeflanschtem Gewinde wirkten. Die Spindelbewegung wurde durch eine Anzahl von Kegelrädern (l) und eine einfache Klauenkupplung (m) gesteuert.

C. Die Fräsmaschine von E. Whitney aus dem Jahre 1818. Das Werkstück wurde in einen Schraubstock (a) auf dem Arbeitstisch (b) eingespannt. Unter dem Tisch befand sich ein Zahnstangentrieb, der auf eine Spindel (c) wirkte. Wenn die Hand-

bei J. Bramah beschäftigt war. Er ließ sich diese Maschinen 1797 patentieren, als er seine Werkstätte gründete, in der er Verbesserungen an ihnen erfand. In dieser Werkstätte bekam die Drehbank ihre seither beibehaltene Form.

H. Maudslays Erfindung kam gerade zur rechten Zeit. Die britische Werkstattindustrie fing damals um 1800 nicht zuletzt dank des Patents von J. Watt über die Dampfmaschine stark zu expandieren an. H. Maudslay wurde mit Aufträgen auf seine Präzisionsdrehbank förmlich überschüttet, und die erste Massenfertigung von Werkzeugmaschinen begann in den ersten Jahrzehnten des 19. Jahrhunderts in seiner Werkstatt. Nach und nach kam in England die Werkzeugmaschinenbauindustrie auf und gewann bald Weltruf.

Dieses Streben H. Maudslays nach Präzision beeinflußte die Arbeiten von Sir Joseph Whitworth (1803–1887). Er ließ sich 1835 eine Plandrehbank patentieren, die so gut war, daß ihr Erfolg die Grundlage zur Gründung eines Werkzeugmaschinenbauunternehmens, der Whitworth & Company, bildete. Whitworth & Co. war seinerzeit eines der führenden Unternehmen mit einem erstaunlich reichhaltigen Angebot an Maschinen für verschiedene Zwecke. Die Vielzahl der Maschinen und Geräte dieses Unternehmens, die bei der Weltausstellung von 1851 in London gezeigt wurden, bildeten das meistdiskutierte Ereignis jener großen Demonstration des zeitgenössischen technischen Fortschrittes. Die Genauigkeit bei allen Arbeitsverfahren wurde zu J. Whithworths Leidenschaft, die auch Grundlage für viele seiner Neuerungen bildete. So führte er zum Beispiel ein System zur Ermittlung des Maßstabes von Konstruktionszeichnungen ein, und er entwarf ein Längenmeßgerät, das bis auf ein millionstel Teil eines Inch genau messen konnte. Er vereinheitlichte auch die Schraubenprofile und das Steigungsmaß sowohl der Holz- als auch der Metallschraube, die sich bisher von einem zum anderen Herstellerwerk unterschieden. Das von J. Whitworth eingeführte Maßsystem wurde später BSW (British Standard Whitworth) genannt und wurde lange Zeit neben dem metrischen System verwendet. Erst 1970 gingen die angelsächsischen Länder nach und nach auf das metrische System über.

Großbritannien war führend im Bau von Werkzeugmaschinen, doch wurden auch von anderen Ländern wichtige Beiträge auf diesem Gebiet geleistet. Die erste Fräsmaschine wurde 1818 von dem Amerikaner Eli Whitney (1765–1825) konstruiert. E. Whitney war besonders bekannt geworden durch seinen „Gin", eine Maschine zum Entkörnen von Baumwolle, die er 1794 patentieren ließ und die den Südstaaten der USA ermöglichte, die Baumwollproduktion beträchtlich zu steigern. Elisha K. Root (1808–1865) machte ebenfalls einige bahnbrechende Erfindungen. Er war leitender Ingenieur der Colt-Armory-Gesellschaft in Hartford, Connecticut, die den Revolver in Massen produzierte; dieser war 1835 von Samuel Colt (1814–1862) patentiert worden. Massenfertigung war es im wahrsten Sinne des Wortes, denn es wurden über 300 000 Revolver des beliebtesten Typs gefertigt. E. Root spezialisierte sich auf Werkzeugmaschinen. Er wollte arbeitssparende Maschinen einsetzen, um menschliches Fehlverhalten auszuschalten und um alle Produktionseinheiten langer Bauserien gleich zu machen. Er führte das ein, was

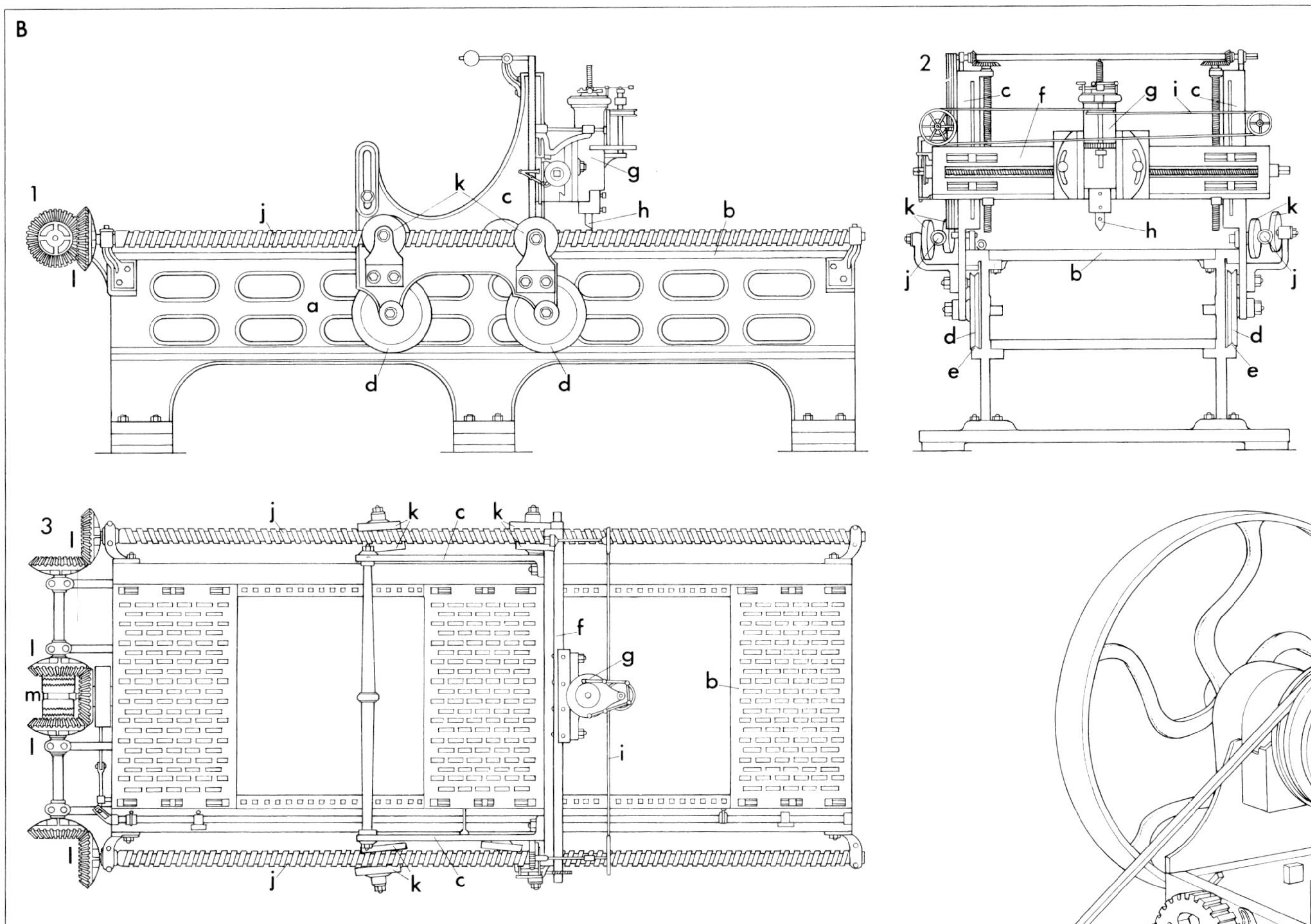

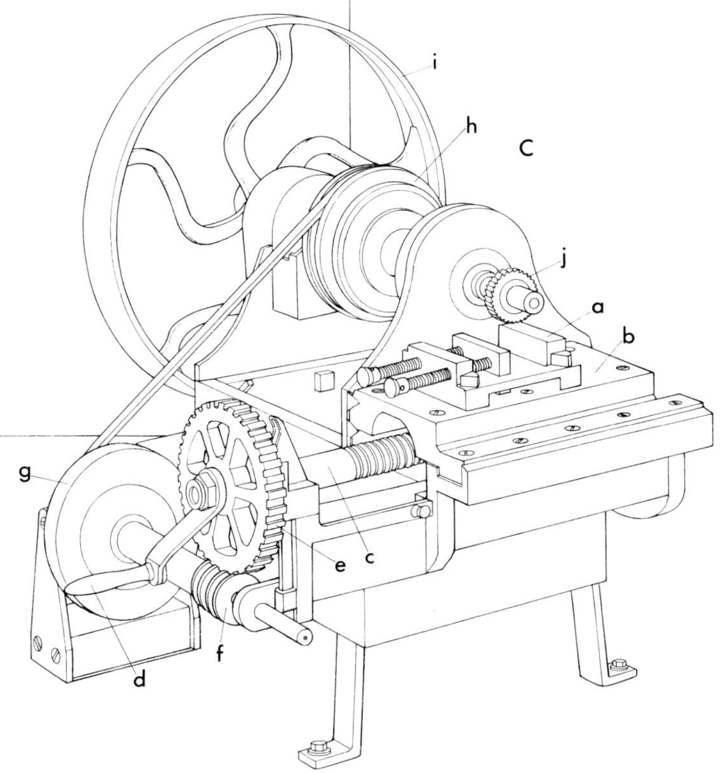

kurbel (d) auf der Achse der Spindel betätigt wurde, schob man das Werkstück vor. Gleichzeitig arbeitete das Zahnrad (e) auf den Schneckentrieb (f), auf dessen Achse sich die Riemenscheibe (g) befand. Der Riemen lief über die konische Riemenscheibe (h) im Spindelkasten, den E. Whitney von der Drehbank entliehen hatte. (i) Schwungrad. Die Zähne des Fräsers (j) waren von Hand gefeilt. Der Fräser war über eine spitz zulaufende, quadratische Muffe mit der Frässpindel verbunden. Um verschieden tief fräsen zu können, wurden die Werkstücke entsprechend unterlegt. Es konnte nur plan gefräst werden.

man später als das amerikanische System gegenseitig austauschbarer Bauteile bezeichnete. Er und S. Colt bauten um 1855 die erste Revolverdrehbank. Da die Metallbearbeitung verschiedene Werkzeuge benötigt, wird viel Arbeitsaufwand gespart, wenn die Werkzeuge zunächst in den sogenannten Revolverkopf eingespannt und dann nacheinander zum Einsatz gebracht werden. Die Drehbank von E. Root und S. Colt kam in etwas abgewandelter Form um 1875 nach Europa und war das Grundmodell für weitere Entwicklungen dieser Werkzeugmaschine.

E. Roots System der austauschbaren Bauteile verbreitete sich sehr rasch in England und anderen europäischen Ländern, obwohl darauf hingewiesen werden muß, daß das „amerikanische System" eigentlich aus Europa stammt, wo es Ende des 18. Jahrhunderts in verschiedenen Ländern beim Bau von Handfeuerwaffen verwendet wurde. Das System der austauschbaren Bauteile gewann von der Mitte des 19. Jahrhunderts an immer mehr an Bedeutung, als immer mehr Nähmaschinen, Schreibmaschinen, Fahrräder, Erntemaschinen usw. gebaut wurden.

Industrie für die Industrie

Die Massenfertigung von Werkzeugmaschinen wurde in den Jahren nach 1870 weit verbreitet. Werkzeugmaschinen wurden zwar in England schon zu Beginn des 19. Jahrhunderts, in den USA seit 1840, jedoch in geringen Stückzahlen gebaut. Die steigende Forderung nach mehr Präzision in der Massenfertigung austauschbarer Bauteile rief immer mehr den Bedarf nach spezialisierten Werkzeugmaschinen hervor.

Um 1870 kam eine neue Art Werkzeugmaschinen auf, die vollkommen automatisch entsprechend des einstellbaren Programms auch kleinere Bauteile zu fertigen vermochten. Nach mehreren Jahren harter Arbeit konnte der Amerikaner Christopher M. Spencer (1833–1922) 1873 die erste dieser Maschinen vorführen; im wesentlichen war es eine Revolverdrehbank, bei der Nocken Hebel steuerten, die die Werkstücke nachschoben und weiter bewegten sowie die Werkzeuge wechselten.

Chr. M. Spencer baute seinen Werkzeugautomaten, um Teile einer Nähmaschine zu produzieren. Bald danach wurde auch der „Hartford-Werkzeugautomat" in Betrieb genommen; Chr. M. Spencer war einer der Gründer der Hartford Machine Screw Company. Diese Werkzeugautomaten stellten Schrauben, Muttern, Zahnräder u. a. in Massenfertigung her, eine Tatsache, die großen Einfluß auf die gesamte Maschinenbauindustrie hatte. Die Nachfrage nach diesen Automaten war sofort sehr groß. Nur wenige Jahre nach dieser amerikanischen Erfindung Chr. M. Spencers gaben die Werkzeugautomaten der Maschinenbauindustrie einen neuen Auftrieb zur Entwicklung neuer und verbesserter handgesteuerter Werkzeugmaschinen.

Die Erfindung Chr. M. Spencers bedeutete einen wichtigen Durchbruch bei der Entwicklung von Werkzeugmaschinen. Als Pionier für die Metallbearbeitung hatte er einige Vorgänger auf dem Gebiet der Holzbearbeitung. Eine der schillerndsten Personen war der Engländer Thomas

Blanchard (1788–1864), der 1820 eine Drehbank zur Herstellung von Gewehrkolben konstruierte. Diese wurden seit dem Auftreten der Handfeuerwaffen im Mittelalter von Hand geschnitzt. Die Büchsenschafter bildeten eine angesehene Zunft, die stolz war, reich geschnitzte Gewehrkolben herstellen zu können, ein Stolz, der sich in entsprechend hohen Kosten ummünzte. Die erste Konstruktion des Th. Blanchard konnte zwei Gewehrkolben in einer Stunde herstellen, eine verbesserte Ausführung dieser Maschine stellte in der gleichen Zeit 12 Kolben her.

Th. Blanchard baute verschiedene Kopierdrehbänke, um Gebrauchsgegenstände aus Holz anzufertigen, einschließlich Axtstiele und Schuhleisten. Diese Technologie wurde weiter entwickelt und vervollkommnet durch die Firma Holtzapffel & Co. in London, deren Kopierdrehbänke hauptsächlich Massenerzeugnisse wie Zierteile für Möbel und für sonstige Innendekoration herstellten.

Die Entwicklung der Drehmeißel

Dank der großen Verbreitung hatten die Maschinenbaubetriebe um die Jahrhundertwende einen ausreichenden Ausrüstungsstand mit Werkzeugmaschinen und Werkzeugautomaten. Da gab es Drehbänke, Bohrmaschinen mit Mehrfachspindeln, Fräsmaschinen, Formmaschinen und Schleifmaschinen, die letzteren sowohl für die Produktion, als auch zum Schleifen der Maschinenwerkzeuge. Ein besonderes Merkmal der Maschinenbaubetriebe am Anfang des 20. Jahrhunderts waren die an der Decke angebrachten Transmissionen, von denen man die Antriebskraft für die einzelnen Werkzeugmaschinen über Riementriebe holte. Um 1890 wurden in mehreren Teilen der Welt kleine kompakte Dampfmotoren zum Betrieb kleiner Drehbänke, Bohrmaschinen usw. entwickelt. Die Grundidee war, den Dampf über ein Leitungssystem von einer zen-

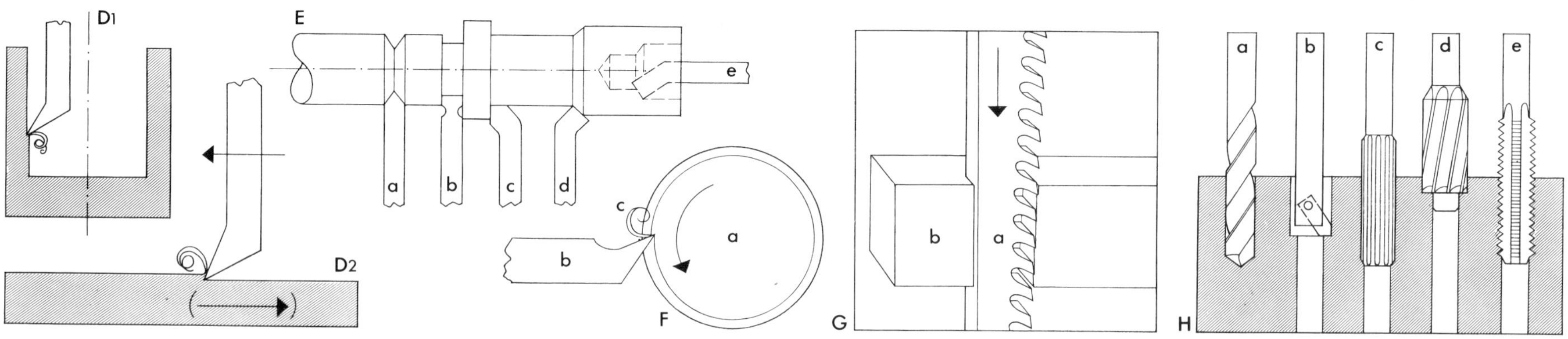

A. In den Werkzeughalter einer Revolverdrehbank können mehrere, in der Regel sechs, Werkzeuge eingespannt werden, die nacheinander in Arbeitsstellung gebracht werden.

A
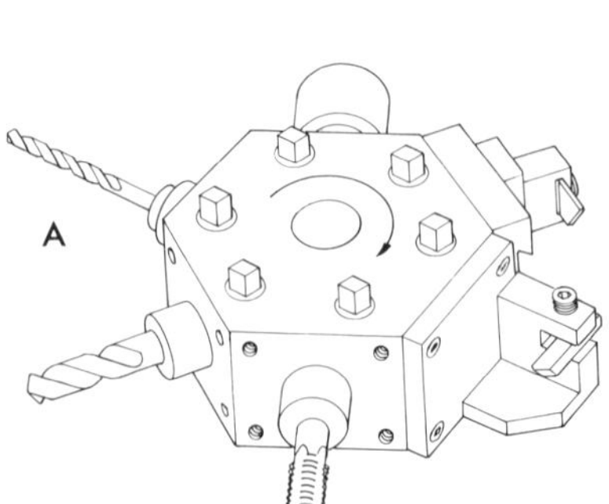

B

C
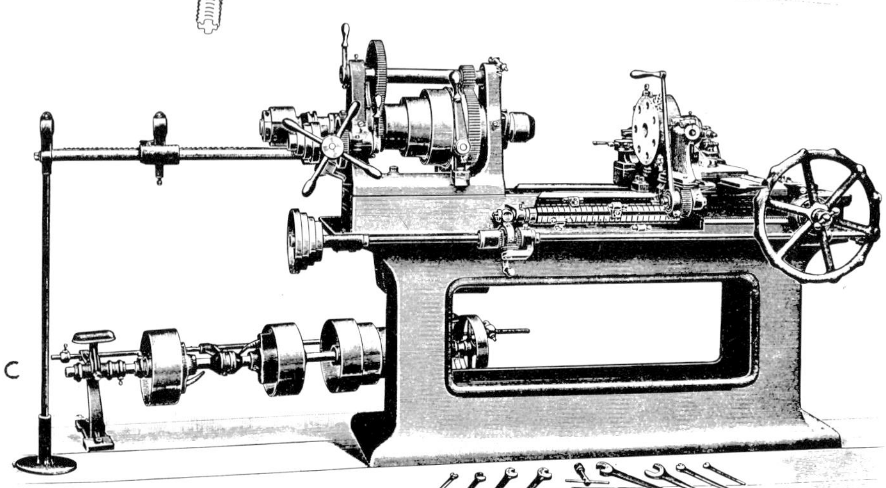

L

B. Eine Revolverdrehbank der Firma Gisholt Machine Co., USA. An dieser Maschine ist der Revolverkopf unter einem gewissen Winkel gegen die Spindelachse angebracht, um zu verhindern, daß die Werkzeuge das Werkstück beim Drehen behindern. Während der Bearbeitung wurde das Werkstück von einem Stahldorn (b) gehalten. Die Drehmaschine war auch mit einem Werkzeugschlitten (c) ausgestattet, der Halter für Werkzeuge hatte und mittels Spindeln längs und quer zur Drehbank bewegt werden konnte.

C. Eine Revolverdrehbank mit senkrechtem Revolverkopf für sechs Werkzeuge. Diese und die Drehmaschine (B) sind in der zweiten Hälfte des 19. Jahrhunderts gebaut worden.

tralen Stelle für die Dampferzeugung zu den einzelnen Maschinen zu leiten. Die Verfechter dieses Systems behaupteten, daß der Wirkungsgrad hierbei insgesamt viel größer sei als bei den Transmissionen, die einen Teil der Kraft in Form von Reibungskraft verlören. Doch um die Jahrhundertwende befand sich die Dampfkraft in der Krise, als die elektrische Energie verfügbar wurde und die Möglichkeit bot, die alten kraftübertragenden Riementriebe durch eine technisch überlegenere Vorrichtung zu ersetzen. Es kamen die ersten elektrisch angetriebenen Werkzeugmaschinen auf, die im 20. Jahrhundert ihren Durchbruch erzielten.

Der Werkstoff für ein Werkzeug einer Werkzeugmaschine muß härter als das zu bearbeitende Werkstück sein. Bei den frühen Werkzeugmaschinen verwendete man Tiegelstahl zur Herstellung von Drehmeißel, Bohrer usw. Der Tiegelstahl für die spanabhebende Bearbeitung enthält

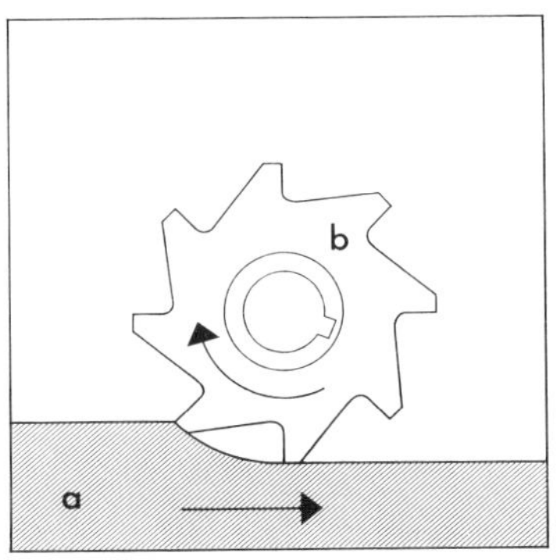

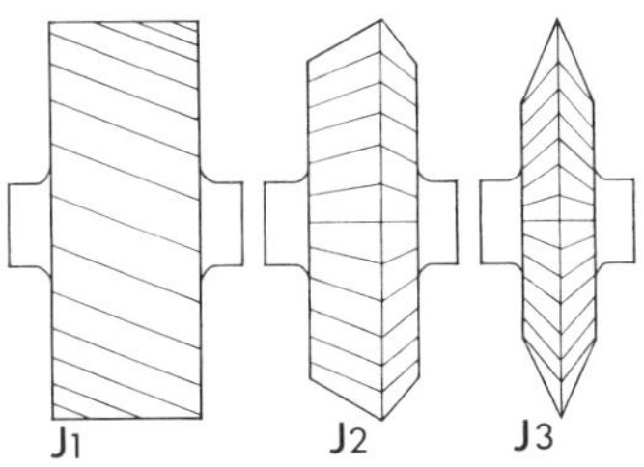

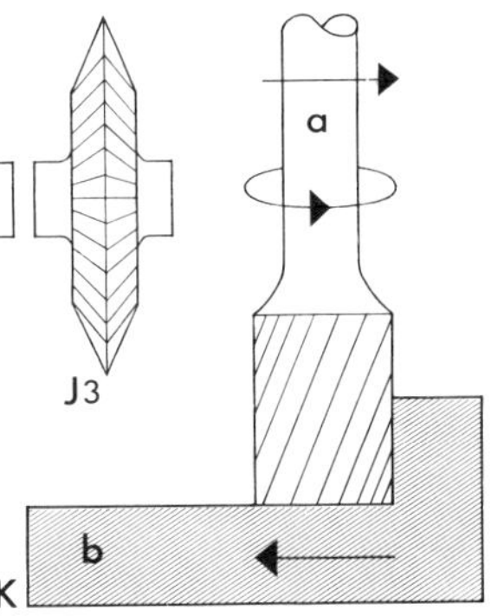

D. Die Hobel- und Stoßmaschinen sind kurzhubige, spanabhebende Maschinen. Das Werkzeug arbeitet bei der Senkrechtstoßmaschine senkrecht (**1**), bei der Waagrechtstoß- und der Hobelmaschine waagrecht (**2**).
E. Einige Drehmeißelarten: (a) Schlichtmeißel, (b) Stechmeißel, (c) linker Seitenmeißel, (d) rechts gekröpfter Schruppmeißel, (e) Bohrmeißel.
F. Beim Drehen hebt der Drehmeißel (b), der gegen das rotierende Werkstück (a) gedrückt wird, einen Span (c) ab.
G. Räummaschinen können zum Beispiel zum Erweitern von Bohrlöchern verwendet werden, wobei die Räumnadel (a) bewegt und das Werkstück (b) festgehalten wird.
H. Verschiedene Möglichkeiten, Bohrlöcher herzustellen oder zu erweitern: (a) Bohren, (b) Ausdrehen, (c) Reiben, (d) Fräsen, (e) Räumen.
I. Wenn mit einer Horizontalfräsmaschine gearbeitet wird, bewegt sich im allgemeinen das Werkstück (a) gegenläufig zum Fräser (b).
J. Drei Fräserarten: (**1**) Scheibenfräser, (**2, 3**) Formfräser.
K. Bei der Senkrechtfräsmaschine ist die Frässpindel (a) senkrecht angebracht. (b) Werkstück.
L. Riementriebe charakterisierten die Maschinenbaubetriebe des frühen 20. Jahrhunderts.

M. Der Werkzeugautomat des Chr. M. Spencer zur Herstellung von Schrauben in der Sicht von oben (**1**) und von der Seite (**2**). Auf dem Drehbankbett (a) befanden sich zwei gegenüber liegende Werkzeugschlitten (b, c). Die zu bearbeitenden Metallrohlinge wurden durch die Spindel (b) zugeführt. Zwei langsam sich drehende Wellen (d) trieben zwei Nockenwalzen (e, f) an, die über Gestänge die Zufuhr von Rohlingen und ihren Transport zur Endbearbeitung von (b) nach (c) steuerten. Die Nocken auf der Walze (f) steuerten auch die Bewegung des Revolverkopfes (g) auf der Achse (h), die sich gleichmäßig drehte, wenn die Kette (i) sie mit dem mit der Rutschkupplung ausgestatteten Rad (j) in Verbindung brachte. Die Achse (h) und somit (g) konnten sich jedoch nicht bewegen, solange einer der Anschläge (k) an dem Revolverkopf (g) gegen ein festes Lager wirkte (l). Erst wenn der einzelne Arbeitsvorgang abgeschlossen war, wurde (g) so weit seitlich gedrückt, daß die Sperre gelöst und das nächste Werkzeug in Arbeitsstellung gebracht wurde. Wenn das Werkstück zur Arbeitsspindel (c) transportiert wurde, begann der zweite Revolverkopf (m) zu arbeiten; auf ihm war u. a. ein Fräser (n) befestigt. (o) Eine Nockenwelle mit Riemenscheibe steuerte einen Querträger (p) mit Werkzeugen.

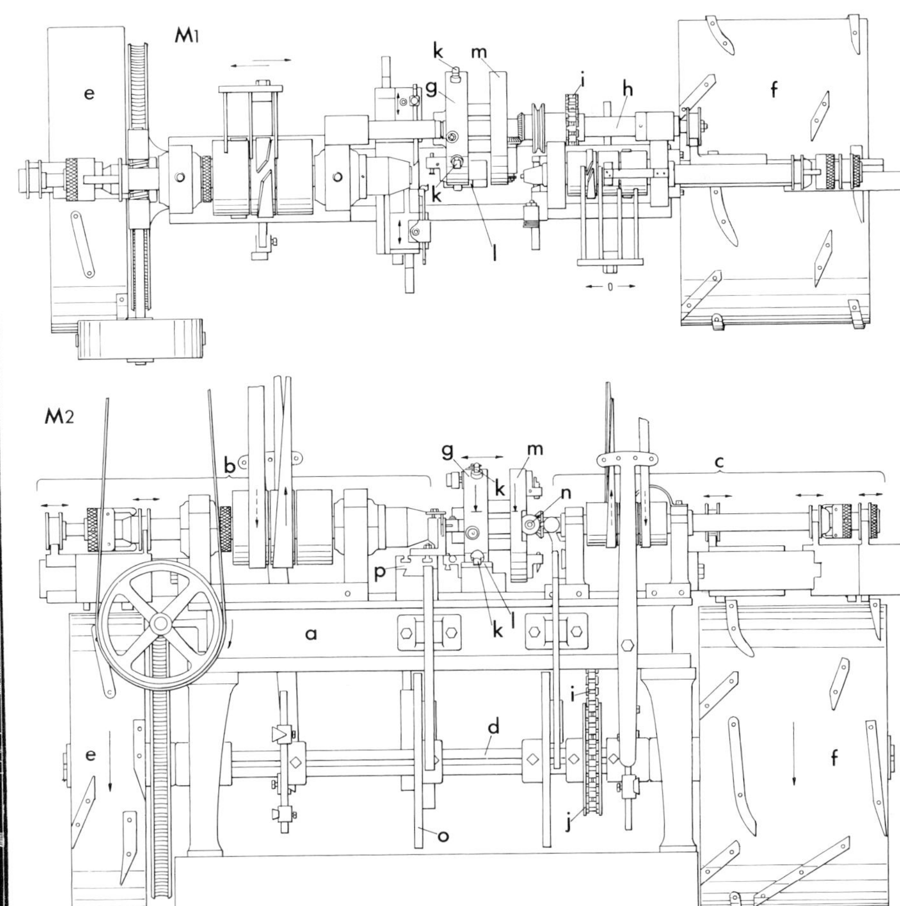

1 bis 1,4% Kohlenstoff und wurde als Karbonstahl bezeichnet. Mitte der 60er Jahre des vorigen Jahrhunderts entdeckte der Engländer Robert F. Mushet (1811–1891), daß geringe Zusätze an Wolfram und Magnesium zum Katbonstahl einen Werkzeugstahl mit sehr guten Schneideigenschaften ergaben. Dieser schwach legierte Stahl, Mushet-Stahl, kam gerade zu der Zeit auf den Markt, als die Werkzeugmaschinenbauindustrie in Expansion begriffen war; so wurde er bald überall verwendet.

Nach mehrjähriger metallurgischer Entwicklungsarbeit stellten 1898 die beiden Amerikaner Frederick W. Taylor und Mandel White ein Härteverfahren für niedriglegierte Karbonstähle vor, die diese für Werkzeugstähle noch geeigneter machten. Der Karbonstahl wurde mit Wolfram, Chrom, Vanadium und Molybdän legiert und war so widerstandsfähiger gegen Verschleiß. Der Taylor-Stahl, der auch als Schnellstahl bezeichnet wurde, leitete eine Entwicklung ein, die für die Wirtschaftlichkeit äußerst wichtig wurde: der Schnellstahl ließ höhere Arbeitsgeschwindigkeiten bei der Produktion zu, die Werkstücke wurden daher schneller fertiggestellt.

Mit einem Schlag waren die bisherigen Werkzeugmaschinen infolge der Verwendung des neuen Werkzeugstahls veraltet. Diese waren nun zu empfindlich und konnten die erforderlichen dynamischen Eigenschaften nicht aufweisen. Die Antriebsmotoren waren zu schwach für die Kräfte und Gegenkräfte, die bei der Benutzung des neuen Werkstoffes für die Werkzeuge aufgewendet werden mußten. In vielen Fällen schadete dies dem Ruf des Schnellstahls, weil dieser durch den erhöhten Kräftebedarf dazu beitrug, daß Bohr- und Dampfmaschinen alter Bauart vorzeitig verschlissen.

Die Werkzeugmaschinenbauer mußten sich daher etwas einfallen lassen. Sie erkannten, daß neue Konstruktionen erforderlich waren, die sich nach der Leistungsfähigkeit der Werkzeuge zu richten hatten. Es wurde notwendig, Motoren mit mehr Kraft zu entwickeln und den Konstruktionen der Maschinen mehr Stabilität zu verleihen.

Diese Entwicklung erfuhr 1926 einen besonderen Aufschwung, als das erste Hartmetall als Schneidstahl eingesetzt wurde. Das Hartmetall ist in Deutschland entwickelt und unter dem Namen Widia vermarktet worden. Das Hartmetall ist eine Legierung von Chrom, Wolfram und Titan oder Molybdän mit ihren Karbiden. Die Legierungen können gegossen oder gesintert werden, das bedeutet, daß die metallischen oder mineralischen Bestandteile so hoch erhitzt werden, daß eines oder mehrere der Bestandteile schmelzen und mit dem Rest zementieren. In den darauffolgenden Jahren wurden viele Hartmetalle entwickelt, so zum Beispiel die folgenden gegossenen Legierungen mit ihren Handelsnamen: Celsit, Akrit, Miramant und Stellit bzw. die folgenden gesinterten Legierungen: Carboloy (Benennung des Widia-Metalls in den USA), Ramet, Seco und Titanit. Während der 70er Jahre wurden die Schneideigenschaften und die Widerstandsfähigkeit der Hartmetalle durch neue metallurgische Prozesse verbessert. Die Werkzeuge, die aus diesen Metallen hergestellt waren, wiesen einen Überzug aus Titankarbid oder Aluminiumoxid auf, der manchmal nur ein tausendstel Millimeter dick war. Diese Entwicklung der Schneidmetalle im 20. Jahrhundert bedeutete eine Revolutionierung der Technologie der Metallbearbeitung: die Herstellung einer 500 mm langen Stahlwelle mit einem Durchmesser von 100 mm erforderte bei Verwendung von Werkzeugen aus Karbonstahl einen Zeitaufwand von 100 min; dagegen benötigt man für die gleiche Arbeit eine Zeit von weniger als 1 min, wenn man zum Beispiel Werkzeuge aus dem Hartmetall Coromant verwendet, das 1976 auf den Markt kam.

Der Werkzeugautomat wird zu einer datengesteuerten Werkzeugmaschine

Die datengesteuerten (numerisch-kontrollierten) Werkzeugmaschinen finden in der Maschinenbauindustrie eine immer größer werdende Verbreitung, doch muß gleich darauf hingewiesen werden, daß diese Entwicklung nicht ursächlich mit der Computertechnologie zusammenhängt. Vielmehr kann die Entwicklung dieser Werkzeugmaschine auf den Werkzeugautomaten des Chr. Spencer aus den Jahren um 1870 zurückgeführt werden.

Ein Lehrbuch über Werkzeugmaschinen aus dem Jahre 1955 stellt beispielsweise fest, daß ein Drehmaschinenautomat aus dem späten 19. Jahrhundert dem Grund nach noch immer „ziemlich" modern sei. Mit dem allgemeinen technischen Fortschritt im 20. Jahrhundert wurden neue Maschinenteile konstruiert, die Werkzeuge und Werkstücke wechselten – elektrische, pneumatische und hydraulische Motoren –, während Nockenwellen und Nockenwalzen noch immer verwendet wurden, um die Arbeitsprogramme durchzuführen. In den ersten Jahrzehnten des 20. Jahrhunderts wurde die Nockensteuerung eingeführt, bei der die Impulse für die verschiedenen Arbeitsgänge durch die auf einem Zylinder einstellbare Nocken gegeben wurden. Als die neuen Schneidmetalle am Ende der 20er Jahre in Gebrauch kamen, war es möglich geworden, die Arbeitsgeschwindigkeit bei verschiedenen Vorgängen beträchtlich zu erhöhen. Eine allgemeine Fehlermöglichkeit der Werkzeugautomaten jener Zeit war es, einen Arbeitsvorgang auszulassen. Es wurde jedoch rechtzeitig die Sequenzkontrolle der Arbeitsgänge eingeführt, das bedeutet, daß der jeweils nachfolgende Arbeitsgang erst stattfinden konnte, wenn der vorhergehende abgeschlossen war.

In den 30er und 40er Jahren wurde auch die Kopiereinrichtung für den Werkzeugautomaten weiterentwickelt. Dieses System war im Prinzip genau das gleiche, das Th. Blanchard bei seinen ersten Kopierdrehbänken verwendete, bei denen ein Taster den Konturen des Gewehrkolbens nachfolgte und seine vertikalen und horizontalen Bewegungen den Drehschlitten und den Werkzeugen mitteilte. Auf diese Weise konnte die Form eines beliebigen Werkstückes reproduziert werden.

Die Kopiereinrichtungen hatten eine Renaissance, als neue Verfahren für das Abtasten eines Werkstückes aufkamen, insbesondere die Anwendung der Lichtschranke. Diese Arbeitsverfahren wurden hauptsächlich in den USA während des Zweiten Weltkrieges entwickelt. Ein bedeutender Fortschritt war es, fotoelektrische Meßverfahren einzusetzen, die Konstruktionszeichnungen abtasten und sie in Arbeitsvorgänge des Werkzeugautomaten umsetzen konnten. Ein weiterer entscheidender Schritt war es, die Daten einer Zeichnung räumlich umzusetzen, ein Verfahren, das im Massachusetts Institute of Technology (MIT) entwickelt und 1952 in Betrieb genommen wurde.

Die erste datengesteuerte Maschine des Massachusetts Institute of Technology war eine normale 3-Gang-Fräsmaschine mit angebauter Datensteuerung. Mitte der 50er Jahre, als eine gewisse Anzahl verschiedener Zusatzgeräte für die Datensteuerung der vorhandenen Werkzeugmaschinen gebaut worden war, erkannte man, daß dieses Steuersystem voll in die Maschine integriert werden muß. Die erste dieser neuen Maschinen kam 1955 auf den Markt. Es war eine Fräsmaschine, die die amerikanische Werkzeugmaschinenbaugesellschaft Giddings & Lewis gebaut hatte. Um 1960 waren in der amerikanischen Industrie jedoch nur 450 datengesteuerte Maschinen im Betrieb, weil ihre Einführung die Umstellung von Konstruktionszeichnungen zu Datenprogrammen erforderte. Innerhalb des Zeitraumes von nur 7 Jahren, nämlich 1967, waren bereits die Hälfte aller hergestellten Werkzeugmaschinen datengesteuert, und 1977 waren in den USA mehr als 30 000, in Westdeutschland 5000 und in Schweden über 2000 datengesteuerte Maschinen im Betrieb.

Seit Beginn der 70er Jahre wurde die Datensteuerung bzw. -überwachung nicht nur für Werkzeugmaschinen, sondern auch bei anderen Vorrichtungen und Arbeitsvorgängen angewendet, zum Beispiel bei Funktionstestprüfungen elektrischer und elektronischer Erzeugnisse.

Der Industrieroboter

Für den Begriff „Industrieroboter" gibt es noch keine international anerkannte Definition. Als Industrieroboter werden einerseits die Greifvorrichtungen bezeichnet, mit denen man ein Werkstück von einem Platz zum anderen bewegen kann und die während der Automatisierungswelle in den 50er Jahren entwickelt wurden, und andererseits werden funkgesteuerte Roboter damit bezeichnet, die unter anderem in der Nuklearindustrie zum Einsatz kommen. An dieser Stelle sollen unter dem Begriff „Industrieroboter" mehr die technischen Hilfsmittel bei der industriellen Produktion verstanden sein.

Der erste Industrieroboter, der Unimat, wurde in den frühen 60er Jahren in den USA entwickelt und stolperte 1963 auf den Markt. Seine Konstrukteure haben bei seiner Entwicklung weder an Karel Čapek und seine Roboter (siehe S. 201) noch an die in den 30er Jahren üblichen wandelnden Zinnungeheuer und sonstigen phantastischen Spielzeuge der Technik gedacht, sondern vielmehr an die technische Anwendung der Datensteuerung. Dies regte auch andere Erfinder an, Automaten für verschiedene Bewegungsabläufe der Werkstücke in der Industrie zu entwickeln. Trotz aller Mechanisierung mußten Werkstücke damals wie heute zwischen zwei Arbeitsgängen lediglich bewegt, gedreht oder gewendet werden.

Der wohl erste Industrieroboter wurde in Europa 1964 in einer schwedischen Gießerei eingesetzt und hatte zur Aufgabe, Gießformen zu heben und sie in eine Kühlvorrichtung zu stellen. Dies war ein sehr einfacher Arbeitsvorgang, doch die Gießformen waren sehr heiß und aus einer Legierung hergestellt, die einen sehr giftigen und aggressiven Rauch abgab, der trotz guter Ventilation schädlich war. Daher konnte das Unternehmen keine Arbeiter finden, die die beschriebene Arbeit hätten verrichten wollen; der Ausweg aus dieser Situation war, einen Industrieroboter einzusetzen. Heben und Transportieren von Werkstücken oder sonstigen Gegenständen sind in erster Linie Arbeitsbereiche für den Industrieroboter, doch wird er auch zum Farbspritzen, Lichtbogenschweißen und andere Arbeiten verwendet.

Ein Industrieroboter besteht aus einem Arm, der mit einer Greifvorrichtung versehen ist, einer Energieeinheit und einem Steuersystem. Die Anzahl der Bewegungen, die ein Roboter bewerkstelligen kann, hängt von der Anzahl der Freiheitsgrade ab, die die Einrichtungen für die senkrechten und waagrechten Bewegungen vollbringen können. Die menschliche Hand besitzt 22 Freiheitsgrade im Sinne dieser Definition, vier Grade mehr, als es bisher je ein Industrieroboter hatte; sechs Freiheitsgrade genügen, um einen Roboter zu befähigen, ein Objekt von einem Ort zu einem anderen zu bringen.

Der Arm des Roboters, an dem die Greifvorrichtung angebracht ist, besteht im allgemeinen aus einem Satz Teleskoprohre, so daß die Länge des Armes durch den Antrieb verändert werden kann. In der Regel ist dieser Arm an einer Säule montiert, von der er senkrecht und waagrecht bewegt wird. Kleinere Industrieroboter werden im allgemeinen pneumatisch angetrieben, die größeren hydraulisch oder elektrisch.

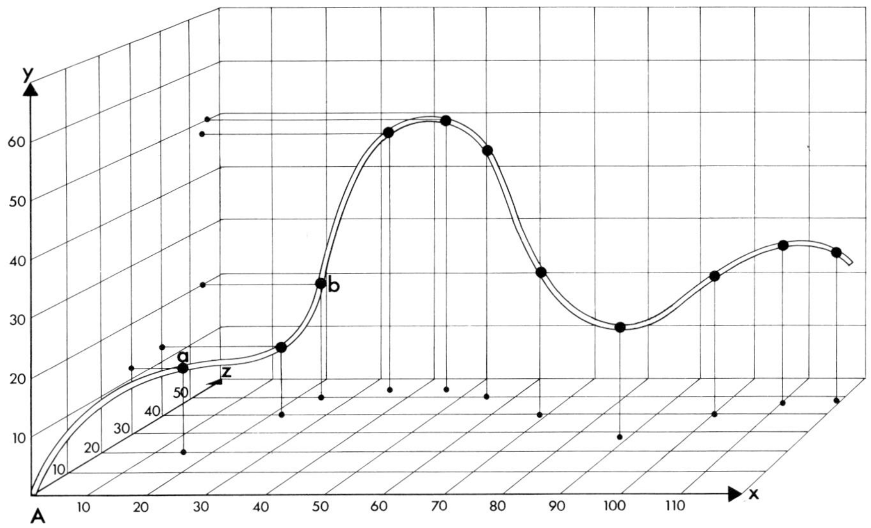

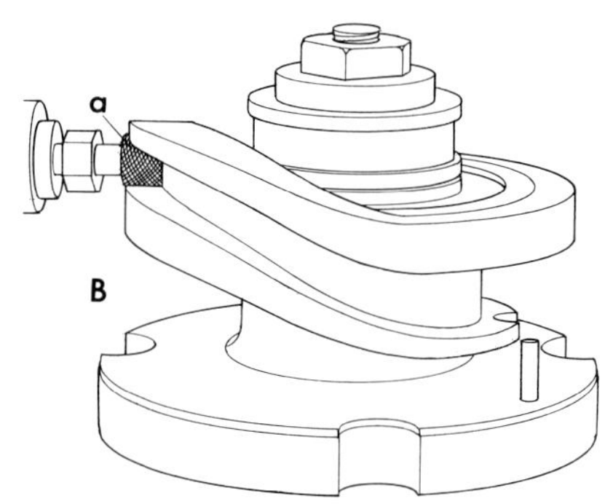

A. Eine Raumkurve kann numerisch in einem Koordinatensystem ausgedrückt werden, bei dem die Koordinatenachsen senkrecht aufeinander stehen und sich im Nullpunkt treffen. Je höher die Genauigkeit der Kurvendarstellung sein soll, um so kürzer muß der Abstand der durch die drei Koordinaten x, y, z definierten Punkte sein. Dabei ist die Länge der einzelnen Koordinaten der Abstand des Koordinatennullpunktes von dem Schnittpunkt der Senkrechten durch den Kurvenpunkt auf die betreffende Koordinatenachse. In der dargestellten Kurve lauten demnach die Koordinaten des Punktes a $x_a = 16$ mm, $y_a = 13$ mm und $z_a = 30$ mm und die des Punktes b $x_b = 25$ mm; $y_b = 20$ mm und $z_b = 55$ mm.

B. Wenn ein Werkstück der dargestellten Art automatisch auf einer Revolverdrehbank hergestellt werden soll, muß das Werkzeug (b) in der Lage sein, alle Umrisse bearbeiten zu können.

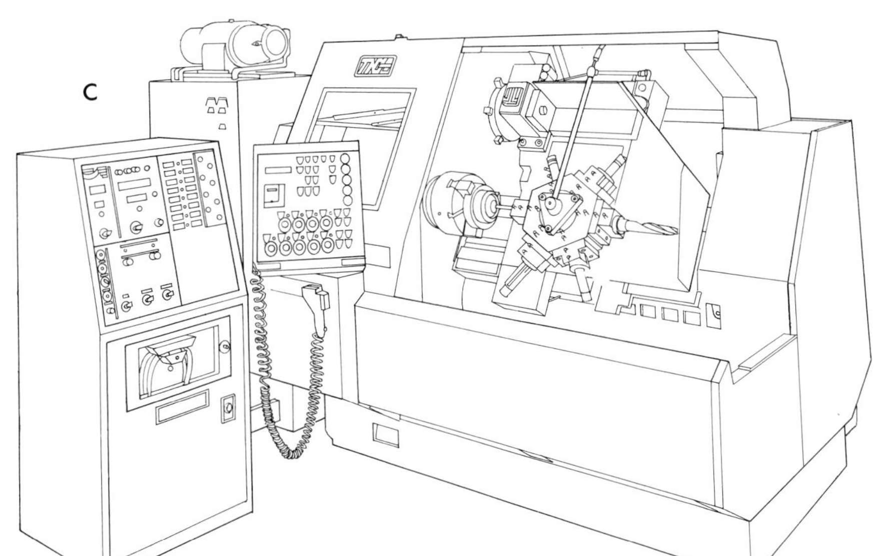

C. Eine moderne Revolverdrehbank (TNC Combi) mit 12 Werkzeugen. Die Steuerungseinrichtung befindet sich links im Bild. Da das Arbeitsprogramm bei datengesteuerten Maschinen sehr schnell verändert werden kann, werden diese Maschinen besonders für die Herstellung kleiner Baureihen verwendet.

Die Gestalt der Greifvorrichtung hat häufig die Form der menschlichen Hand, ist aber oft auf spezielle Aufgaben zugeschnitten. Der erste Greifer hatte anfänglich nur zwei ungegliederte Finger, doch besitzen moderne Greifvorrichtungen – die Entwicklung war sehr stürmisch – nun mehrere gegliederte Finger. Im Laufe der Jahre haben nämlich Techniker und Mediziner auf dem Gebiet des Baus künstlicher Hände sehr erfolgreich zusammengearbeitet. Unter anderem haben sie eine Art Berührungssinn für den Greifer entwickelt. Am Beginn der Anwendung des Roboters gab es nämlich auch Schwierigkeiten damit, daß der Greifer nur sehr hart gesteuert werden konnte und deshalb nur zum Handhaben derber, robuster Objekte geeignet war. Diese Schwierigkeiten sind nun beinahe gänzlich beseitigt, nachdem man Dehnungssensoren in die Finger der Greifhand einbaute. Diese Sensoren fühlen die von den Fingern ergriffenen Objekte und registrieren selbst die kleinste Deformation, die durch die Kraft des Greifers bewirkt wird. Die entsprechenden Signale werden der Steuereinrichtung übermittelt, die den Kraftantrieb für die Finger entsprechend regelt. Dies ist nur möglich, wenn die Greifkraft äußerst feinfühlig gesteuert werden kann. Es werden auch Versuche angestellt, die Greifvorrichtung mit einer Art Augensinn auszustatten, zumindest mit einer Anzeige des Vorhandenseins eines Hindernisses. Zu diesem Zwecke wird die Greifvorrichtung mit kleinen Blasrohren ausgestattet, durch die ein kleiner Luftstrom durch eine Düse fließt. Der Druck der Luft wird in den Rohren gemessen; wenn er sich verändert, wird angezeigt, daß sich vor der Greifvorrichtung ein Hindernis befindet. Die Greifvorrichtung kann auch magnetisch gemacht werden, damit zum Beispiel Stahlplatten oder ähnliche Teile bewegt werden können, oder sie kann mit pneumatisch wirkenden Saugnäpfen versehen sein, um polierte Platten, Plastikfolien, Glasplatten u. ä. zu transportieren.

Das Steuersystem des Industrieroboters besteht im allgemeinen aus einem Geber, der die Position des Roboters anzeigt, und einem Programmierungsteil. Um die verschiedenen Freiheitsgrade der Bewegung eines Roboters überwachen und steuern zu können, muß jederzeit insbesondere die Lage der Greifvorrichtung bekannt sein. Dies erreichte man durch den Einbau von elektrischen Potentiometern, die eine elektrische Spannung messen, die proportional der Bewegung der Greifvorrichtung ist. Zur Zeit werden jedoch in steigendem Umfange Digitalmeßgeräte verwendet, die die Information einer noch so kleinen Änderung der Lage der Greifvorrichtung bit für bit in einen Mikroprozessor geben (siehe S. 198).

Das Programmierungsteil war in seiner einfachsten Bauart ein Schritt für Schritt arbeitendes Wählgerät (Selektor) und hat heute im allgemeinen ein Magnetband oder eine Magnetplatte als Speicher, doch werden, wie erwähnt, immer häufiger Mikroprozessoren eingesetzt. Das Programmieren eines Roboters mit einem Digitalgeber und einem Speicher wird Punkt-zu-Punkt-Steuerung genannt, die es erlaubt, den Roboter in dem gewünschten Umfange von Bewegungsabfolgen von Hand zu steuern und zu verschlüsseln. Dieser Vorgang wird dann im Gedächtnis des Roboters gespeichert, so daß er die Bewegungsabfolgen wiederholen kann. Es können sogar Daten über die Geschwindigkeit der Einzelbewegungen, Greifbewegungen und die beim Greifen auftretenden Kräfte einprogrammiert werden. Fortschrittlichere Industrieropoter haben Vorrichtungen für die Kurvensteuerung, die grundsätzlich der Kopiervorrichtung numerisch gesteuerter Werkzeugmaschinen entsprechen. Das Programmieren wird hier Teach-in genannt und wird von einem geschickten Arbeiter durchgeführt, der den gewünschten Arbeitsvorgang ausführt. Seine Bewegungen werden in dem „Gedächtnis" gespeichert. Mit Hilfe von Mikroprozessoren ist es möglich, diese Methode weiter zu entwickeln, weil sie sehr flexibel und genau durchgeführt werden kann.

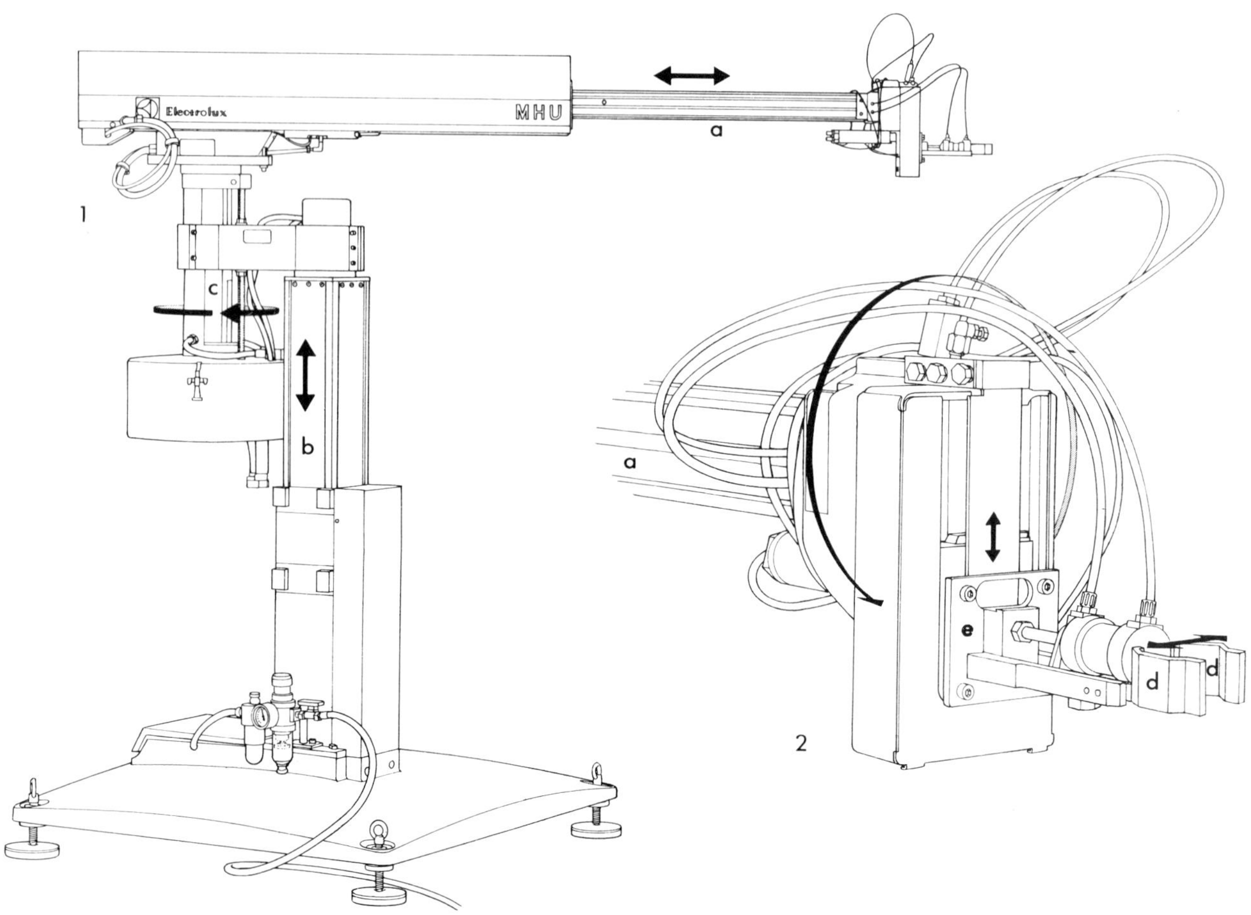

Dieser pneumatisch betriebene Industrieroboter (**1**) mit sechs Freiheitsgraden wird von der Firma Electrolux in Schweden hergestellt und kann einen Gegenstand innerhalb seines Arbeitsbereiches beliebig weit transportieren. Der Arm (a) kann waagrecht vor und zurück bewegt werden und ist an einer Säule (b) montiert, mit deren Hilfe er gehoben und gesenkt wird. Der Arm kann sich um seine Achse (c) drehen. Die Greifvorrichtung (**2**) besteht aus zwei gegeneinander bewegbaren Fingern (d), die auf einer vertikal verstellbaren Platte (e) montiert sind. Die Greifvorrichtung kann auch um die Längsachse des Armes gedreht werden.

Antriebsmaschinen I. Muskel, Wasser, Wind

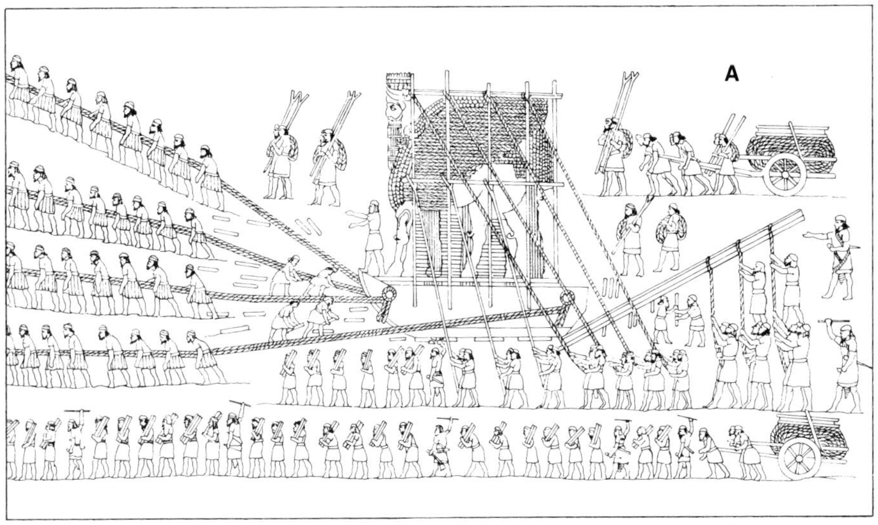

A

A. Eine Monumentalstatue, die von einer großen Anzahl Arbeiter auf einem Schlitten gezogen wird. Assyrisches Relief aus dem 9. Jahrhundert v. Chr.

B. Ein einfacher Kran. Die Last konnte gehoben werden, wenn die Arbeiter an den freien Seilenden zogen.

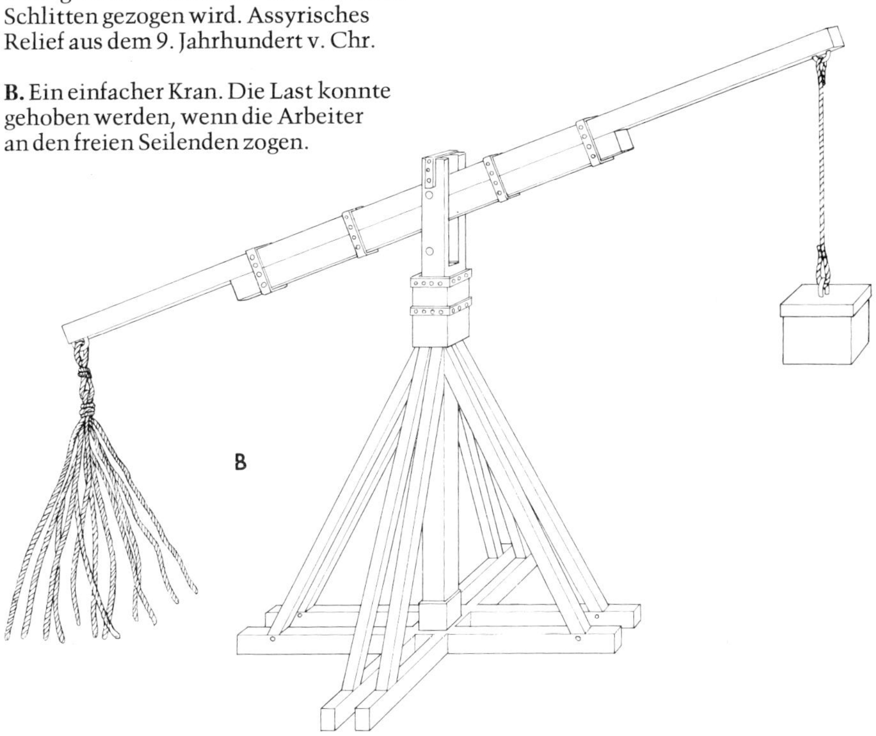

C. Nach einem Reisetagebuch vom Ende des 18. Jahrhunderts wurden in China Lasten in der dargestellten Art transportiert (**1**). Das Gewicht wurde über ein Tragstangensystem auf die Träger verteilt (**2**).

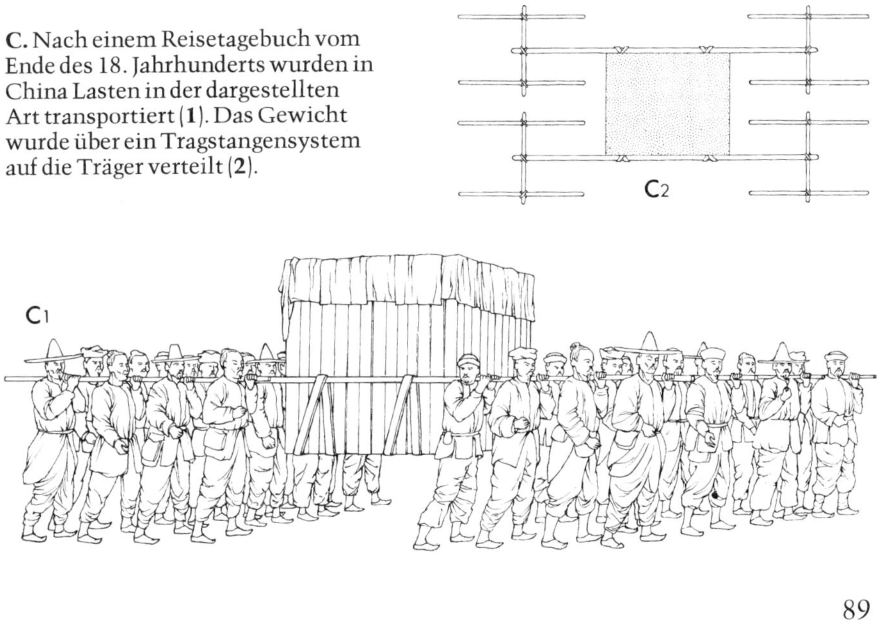

Die Muskelkraft

In den vorangehenden Kapiteln wurden schon die Techniken angedeutet, mit denen man die großen Steinquader beim Pyramidenbau transportierte. Die dafür notwendigen Kräfte wurden von gut organisierten Gruppen von Menschen oder Tieren aufgewendet. Ähnliche Methoden wurden dann noch über 4000 Jahre lang bis zur Erfindung anderer Antriebsmittel und Transportmittel, wie zum Beispiel der Dampfkraft, der Eisenbahnen, usw. benutzt.

Im Jahre 41 transportierten römische Ingenieure einen Obelisk von Ägypten nach Rom, wo er im Circo di Nero mit Hilfe von Muskelkraftbetätigter Hebel, Rollenblöcke und Spillwinden aufgerichtet wurde. Etwa 1500 Jahre später wurde der Obelisk, 1586, noch einmal, und zwar quer durch Rom, zur Piazza di San Pietro unter der Leitung des Ingenieurs Domenico Fontana bewegt; die Mittel, die er zu diesem Transport verwendete, unterschieden sich von jenen seiner römischen Vorgänger so gut wie nicht.

Der Mensch kann durchschnittlich eine Leistung von einem Siebtel einer Pferdestärke oder 100 Watt aufbringen. Kurzzeitig kann er vielleicht das Doppelte leisten. Die Form der frühen europäischen Zuggeschirre ließ die Zugtiere im Altertum eine Leistung von etwa 200 bis 400 Watt entwickeln; in jener Zeit wurden Pferde und Ochsen mit einem gabelförmigen Joch angeschirrt, das mit Riemen am Nacken der Tiere befestigt war. Sobald das Tier stark zog, drohte es, sich selbst zu erwürgen. Ende des 8. Jahrhunderts wurde im Mittelmeergebiet das ovale Kummet eingeführt, das sich in den folgenden Jahrhunderten über ganz Europa verbreitete. In China war diese Form des Geschirrs schon seit dem 3. Jahrhundert v. Chr. bekannt. Dieses Kummet erlaubte es dem Pferd, mit den Schultern zu ziehen; auf diese Art kann von dem Tier mindestens die fünffache Leistung aufgebracht werden. In jener Zeit begann man die Pferde auch zu beschlagen; dies brachte wiederum eine Leistungssteigerung mit sich, weil das Tier nun einen besseren Halt auf dem Untergrund hatte. Das Ergebnis dieser Entwicklung waren verschiedene neue Geräte in der Landwirtschaft und dem Transportwesen.

Es gab sehr wenig technische Vorkehrungen, die die menschliche Kraft hätten wirksamer ausnutzen können. Die vorhandenen Mittel zielten hauptsächlich darauf ab, so viele Menschen an einem Objekt ziehen oder heben zu lassen wie irgend möglich. Die angewendeten Verfahren waren Büschel von Zugseilen oder auch Seile mit Schlingen zum Heben und Ziehen von Lasten und lange Stangen, um das Gewicht eines Gegenstandes besser zu verteilen. Die vereinigte Muskelkraft

A3

A. Im Jahre 1586 wurde unter der Leitung von Domenico Fontana ein 312 t schwerer ägyptischer Obelisk vom Circo di Nero zur Piazza di San Pietro transportiert. Die Abbildungen stammen aus seiner Veröffentlichung. Bevor der Obelisk von seinem Sockel gehoben wurde, umgab man ihn mit einem starken Gerüst (**1**). Für die kritische Phase benötigte D. Fontana an den Winden 900 Arbeiter und 75 Pferde (**2**). Trompetensignale und Glockenzeichen zeigten an, wann die einzelnen Winden betätigt bzw. angehalten werden mußten. Während der Arbeit war es bei Todesstrafe verboten, ein Wort zu sprechen. Es wird berichtet, daß ein Mann trotz dieses Verbotes ein Unheil verhinderte und „Befeuchtet die Seile!" ausrief, als diese zu reißen drohten. Der Mann wurde eingesperrt, doch später reichlich belohnt. Der Obelisk wurde auf Rollen gesetzt und auf einer mit Rundhölzern verstärkten Straße zu seinem neuen Standort gebracht, wo er aufgerichtet wurde (**3**). Dieser letzte Abschnitt der Arbeit nahm 13 Stunden in Anspruch und wurde mit Hilfe von Flaschenzügen bewerkstelligt.

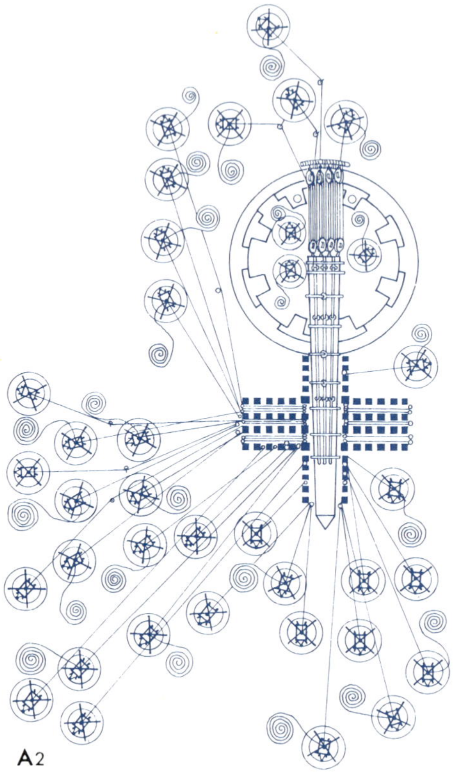

A2

A1

konnte zudem noch durch Hebel und Flaschenzüge vervielfältigt werden.

„Humaner Gebrauch von Menschen!" so forderte der amerikanische Mathematiker Norbert Wiener (1894–1964) im Titel seines Buches über die Kybernetik und die Gesellschaft (veröffentlicht 1951). Der Gegensatz zu dieser Forderung wäre die Verwendung einer Abteilung Sklaven als Antriebsmotor für die Fortbewegung großer Schiffe. Die Kenntnis des Ruderns ist tatsächlich beinahe so alt wie der Mensch selbst; die ersten Menschen saßen wahrscheinlich rittlings auf oder in ausgehöhlten Baumstämmen und paddelten so über das Wasser. Es war ein weiter Weg von dieser Art der Fortbewegung bis zu der großen Vervielfältigung der Muskelkraft, die die Galeerensklaven zu leisten hatten. Einige alte Zivilisationen, wie die sumerische, phönizische und ägyptische Zivilisation, hatten bereits ziemlich große Ruderschiffe, doch waren es erstmals die Griechen, die zwischen dem 4. und 3. Jahrhundert v. Chr. große Galeeren entwickelten. Die Schiffsbautechnik der Griechen wurde später von den Römern übernommen. Sarton erwähnt eine zeitgenössische Beschreibung des Flaggschiffes der berühmten Flotte des Ptolomäus IV. Philopator (244?–203? v. Chr.), das für das prächtigste Schiff der Antike gehalten wird, was in Anbetracht der *Syracosia* schon eine gewisse Aussagekraft hat. Ptolomäus' Schiff soll 120 m lang und 63 m breit gewesen sein. Es war mit 4000 Ruderern, 400 Ersatzruderern und 2850 Soldaten für die schwere Bewaffnung des Schiffes bemannt. Die Beschreibung sagt nichts aus über die Anzahl der Ruderbänke – vielleicht war es ein Viererruderer –, wohl aber über die Länge der oberen Ruder, die fast 20 m lang waren. Trotz dieser Länge waren die Ruder leicht zu handhaben, weil sie Gegengewichte aus Blei hatten. Sarton zweifelt auch die Größe der Besatzung der *Syracosia* an, obwohl alle Quellen die gleiche Anzahl der Besatzungsmitglieder angeben. Doch was bedeutet es schon, wenn die Zahl der Ruderer und Soldaten übertrieben ist? Schon ein Zehntel der angegebenen Zahl wäre eindrucksvoll genug! (In jener Zeit verwendeten die Griechen Buchstaben für die Bezeichnung von Zahlen, so daß eine Mißdeutung insbesondere bei Übersetzern leicht möglich war.)

Die Römer entwickelten die Galeeren zu einer großen technischen Perfektion weiter. Der Dreierruderer, ein Schiff mit drei Ruderbänken übereinander, war der klassische Schiffstyp in der römischen Flotte. Die Ruder hatten in den obersten Ruderbänken beachtliche Längen und waren in der Regel mit Gegengewichten ausgestattet, die die Ruderarbeit weniger beschwerlich machten. Diese menschenunwürdige Ausbeutung der Arbeitskraft nahm im Mittelalter ab, als die Segeltechnik allmählich verbessert wurde. Die alten Galeeren überlebten die Zeiten in etwas abgewandelter Form bis zum Auftreten der Dampfkraft im 19. Jahrhundert. In vielen Ländern verwendete die Marine Galeerensklaven, um Schiffe rudern zu lassen. Manchmal mußte diese Arbeit sogar von regulären Truppen gemacht werden.

Der Windenantrieb und die Tretmühle

Der einfachste und vielleicht der früheste Windenantrieb ist von der Art, wie ihn D. Fontana 1586 in Rom verwendete. Es ist wahrscheinlich, daß diese Antriebsmaschine im Altertum entwickelt wurde. Ausgehend vom späten Mittelalter erfand man eine große Anzahl aller nur erdenklichen Winden und Tretmühlen, die von Tieren angetrieben wurden; viele dieser Konstruktionen waren rein theoretischer Natur. So erwähnt zum Beispiel Olaus Magnus (1490–1557) in seiner 1555 veröffentlichten *Geschichte der nordischen Völker,* daß in dem Falu-Kupferbergwerk in

B. Die Anordnung der Riemen in einer Trireme, bei der 3 Ruderbänke übereinander sind. Zur Betätigung der oberen Riemen wurden mehrere Männer benötigt.

C. Nach Aussage des schwedischen Geistlichen Olaus Petri wurden in Skandinavien früher Bären zum Betrieb von Tretmühlen verwendet, doch scheint dies höchst fragwürdig zu sein. Aus dem Buch *Historia de gentibus septentrionalibus,* Rom, 1555.

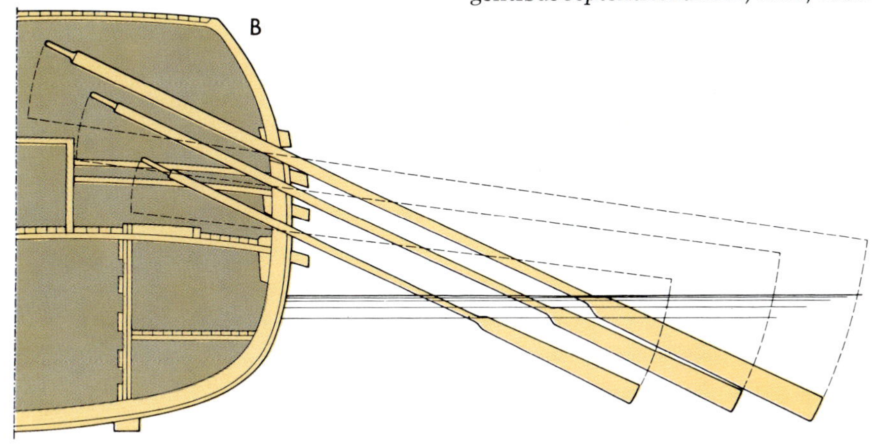
B

C

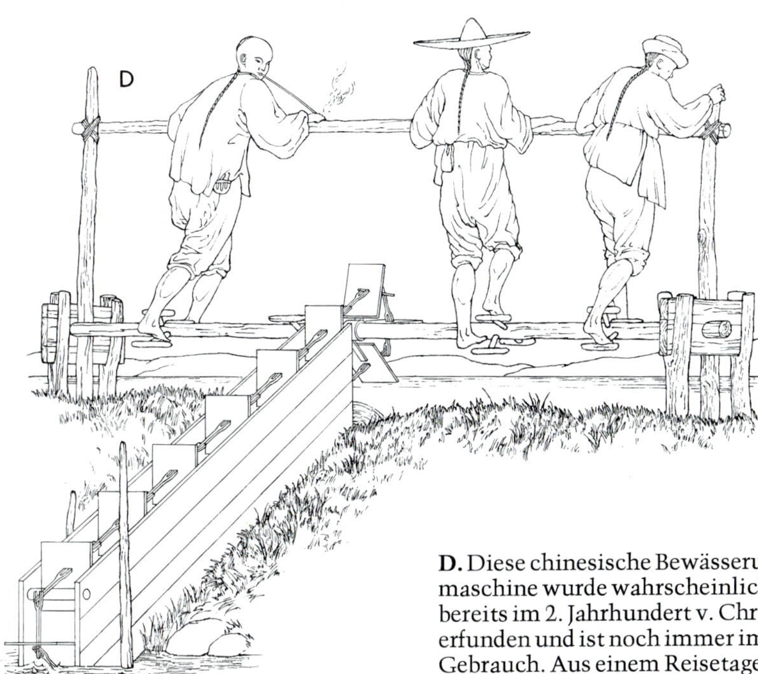
D

D. Diese chinesische Bewässerungsmaschine wurde wahrscheinlich bereits im 2. Jahrhundert v. Chr. erfunden und ist noch immer im Gebrauch. Aus einem Reisetagebuch, das Ende des 18. Jahrhunderts veröffentlicht wurde.

A

B

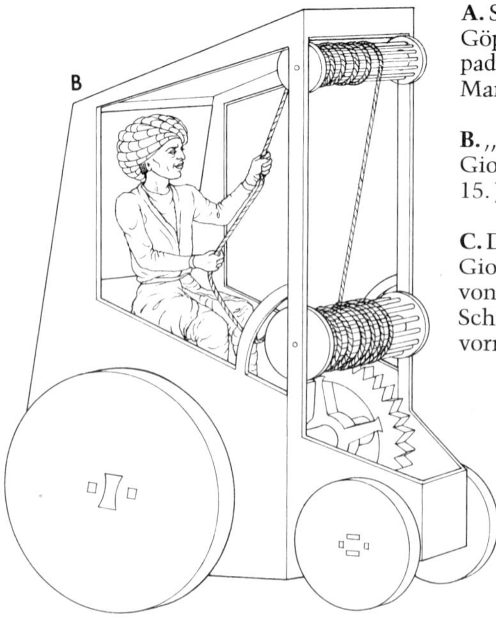

A. Sechs Ochsen bewegten den Göpelantrieb dieses bemerkenswerten, paddelgetriebenen Schiffes. Aus einem Manuskript von 1436.

B. „Selbstfahrender" Wagen des Giovanni da Fontana vom Beginn des 15. Jahrhunderts.

C. Das *Automobile* des Francesco di Giorgio Martini. Die Kraftübertragung von den Göpeln (a) geschah über Schneckentriebe (b). (c) Steuerungsvorrichtung.

C

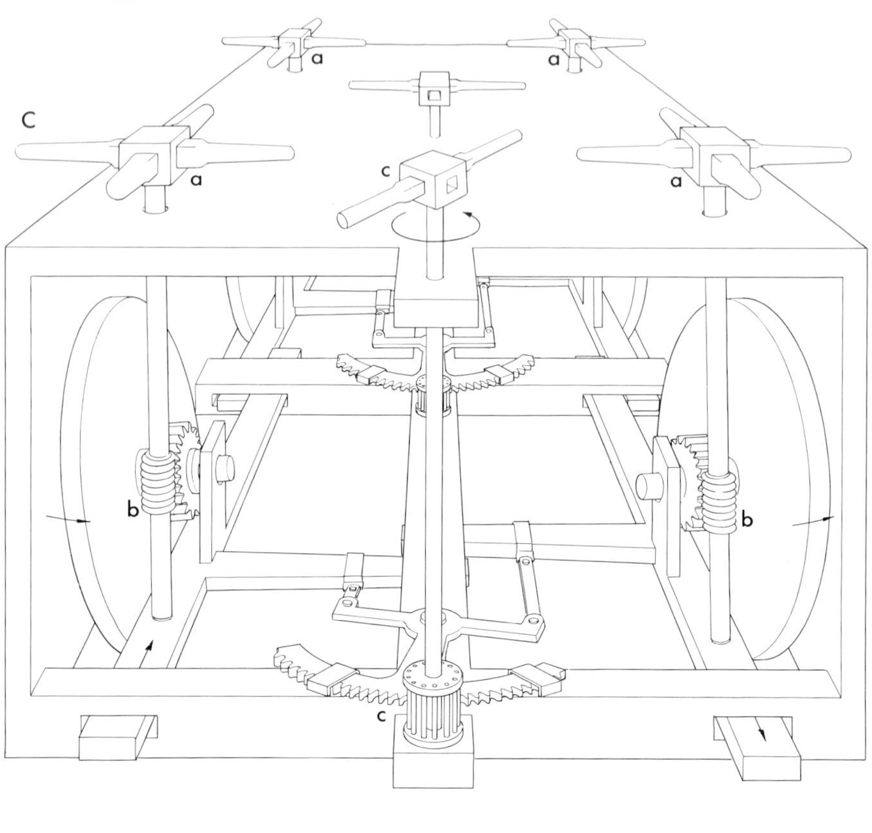

Schweden Braunbären zur Arbeitsleistung in Tretmühlen eingesetzt wurden.

Ein bemerkenswertes Kriegsschiff, das von ochsenbetriebenen Schaufelrädern angetrieben wurde, wird in dem Werk *De re bellicis* eines unbekannten Byzantiners – es wurde ihm der Name Anonymus Byzantinus gegeben – von der Mitte des 6. Jahrhunderts beschrieben. Byzantinus war Ingenieur in militärischen Diensten des byzantinischen Kaisers Justinian I. (482?–565), dem Erbauer der Hagia Sofia in Byzanz. Das beschriebene Schiff ist von drei Paar Schaufelrädern mit jeweils einem Windenantrieb fortbewegt worden. Die Windenantriebe wurden von je zwei Ochsen getrieben. Byzantinus schreibt ferner, daß schon allein der durch diese ochsenbetriebene Maschine verursachte Lärm ausreichte, um jeden Feind fernzuhalten! Das Schiff wurde nie gebaut, obwohl die technischen Voraussetzungen dafür gegeben waren. Byzantinus läßt in der Schrift *De re bellicis* der Phantasie freien Lauf und beschreibt noch andere unglaubliche Konstruktionen, wie zum Beispiel eine Pionierbrücke, die aus einem riesigen Ledersack bestand. Der Ledersack wurde von zwei Blasebälgen mit Luft gefüllt, und die Truppen konnten trockenen Fußes den Fluß überqueren!

Interessant ist, daß das Schaufelrad als technische Vorrichtung bereits im 6. Jahrhundert diskutiert wurde. Diese Art des Antriebes erscheint da und dort in der mittelalterlichen Literatur in Form von mehr oder weniger unrealistischen Zeichnungen. Ein deutsches Manuskript aus dem frühen 15. Jahrhundert zeigt die Zeichnung eines Handantriebes für ein Schaufelrad eines Bootes. Kein Wunder, daß der Mann im Boot in Anbetracht des riesigen Rades ein verdutztes Gesicht macht! Der richtige Rat für ihn wäre, die Maschinerie über Bord zu werfen und statt dessen ein Ruderpaar zu nehmen.

Die Möglichkeit, die Muskelkraft durch Winden und Haspel zu vergrößern, inspirierte viele Konstrukteure, zum Teil kuriose Erfindungen zu machen. Vom Mittelalter an wurden viele Antriebsvorrichtungen für Fahrzeuge entwickelt. Um 1410 konstruierte der italienische Architekt Giovanni Fontana ein Fahrzeug mit Handantrieb, das ein kompliziertes Getriebe aufweist und interessante Einblicke in die Technologie jener Zeit vermittelt. Das Antriebsrad und die obere Zahnradwelle ähneln denjenigen in Windmühlen. Das große Zahnrad des Fahrzeugs weist Radzähne auf, wie sie in Herons Schriften und bei der Antikytheramaschine auftreten.

Ein anderes bemerkenswertes Fahrzeug wurde von dem italienischen Ingenieur Francesco di Giorgio Martini (1439–1502) im späten 15. Jahrhundert entworfen. Wahrscheinlich blieb es bei der Zeichnung. Die vier Räder hatten Einzelantriebe über Winden und Schneckengetriebe. Entgegen den meisten anderen Konstruktionen hatte dieses Fahrzeug eine Steuervorrichtung. F. di Giorgio Martini nannte seine Erfindung *Automobile,* das heißt selbstfahrend; dies ist übrigens die älteste Fundstelle für das Wort „Automobil" in der Literatur.

Die Winde ist ein Beispiel dafür, wie groß die Zeitspanne sein kann zwischen der erstmaligen und der letzten Anwendung einer Erfindung. Ein anderes Beispiel dafür ist die Tretmühle, die bereits bei den von Vitruvius beschriebenen Baukränen bis zu den Kränen Mitteleuropas im 19. Jahrhundert verwendet wurde. Viele der zuletzt genannten Kräne sind als Denkmäler der Geschichte der Technologie bis in unsere Zeit erhalten geblieben.

Im ausgehenden 18. Jahrhundert wurden viele Pferdegöpel, die bisher zum Beispiel Werkzeugmaschinen, Maschinen in der Textilindustrie u. a. antrieben, durch andere Antriebsaggregate ersetzt. Pferdegöpel trieben in England die ersten Spinnmaschinen, u. a. den Prototyp einer solchen Maschine von Sir Richard Arkwright von 1769 an, der 1771 auf

D

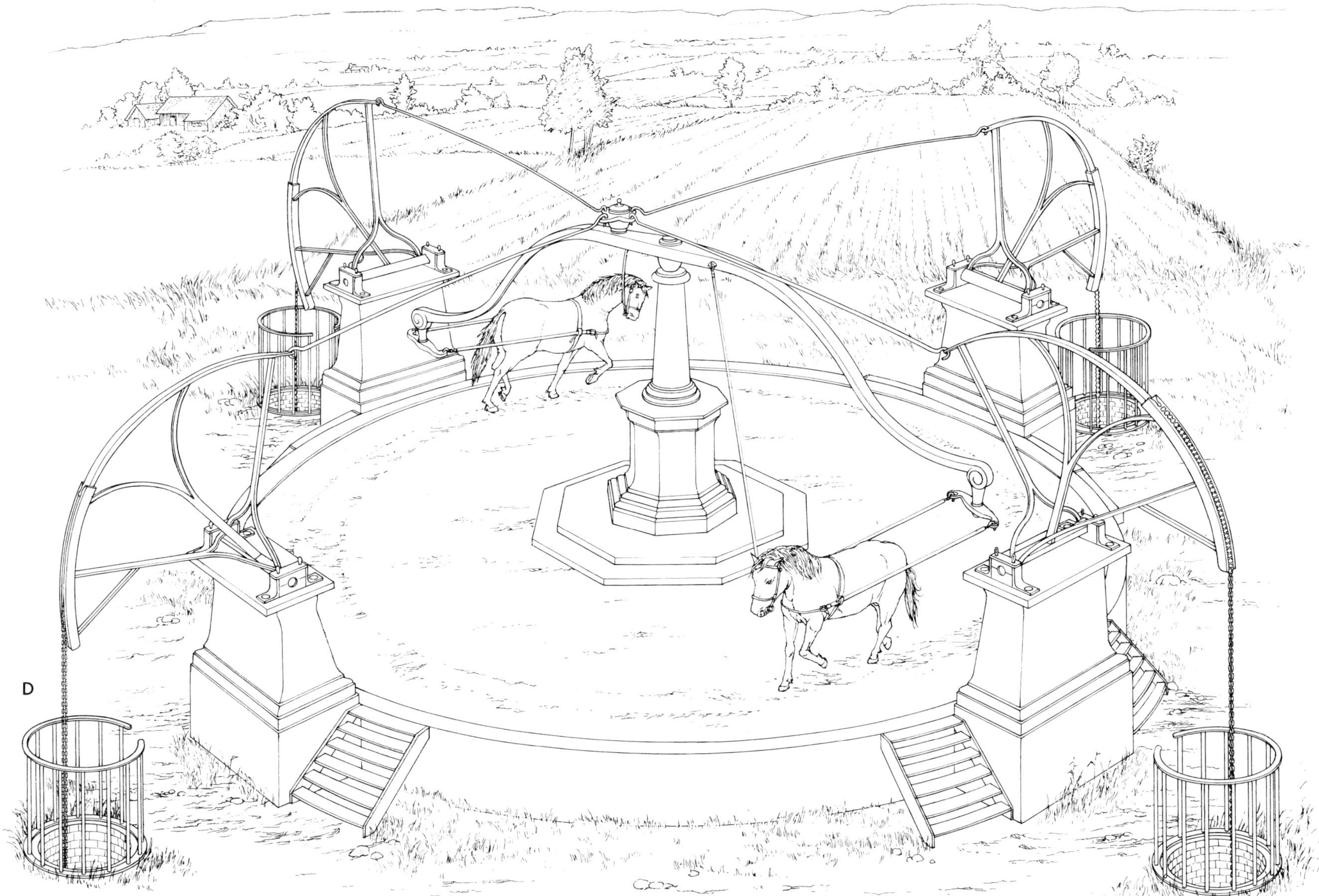

E

F1 F2

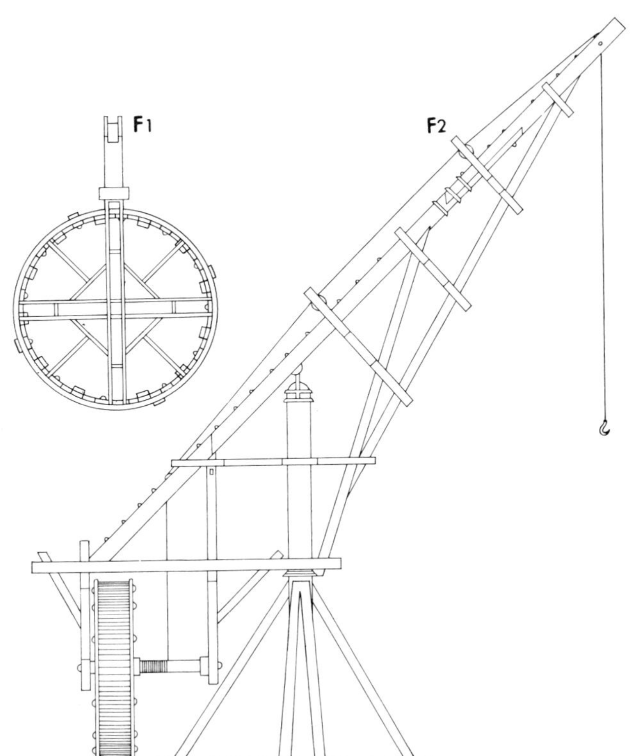

D. Ein Göpel, der von zwei Pferden angetrieben und zur Wasserhebung aus vier Brunnen verwendet wird. Die Darstellung wurde nach einem Modell aus dem 18. Jahrhundert gefertigt, das sich im Museo di Storia della Scienza in Florenz befindet.

E. Ein mittelalterlicher, tretmühlenbetriebener Kran aus der belgischen Stadt Brügge. Das Traggestell im Vordergrund wurde wahrscheinlich zum Befördern von Stückgut an Land benötigt. Nach einem flämischen Kalender vom Beginn des 16. Jahrhunderts.

F. Ein tretmühlenbetriebener Kran (**1**) aus dem 18. Jahrhundert. Kräne dieser Bauart wurden über Jahrhunderte verwendet; eine ähnliche Vorrichtung ist bereits von Vitruvius beschrieben worden. (**2**) Die Tretmühle.

A

B. 1607 veröffentlichte der italienische Ingenieur Vittorio Zonca (1580? – ?) in Padua sein Werk *Novo teatro di machine e edifici*. Es enthält diese Vorrichtung, die eine Schleuse ersetzen sollte. Pferdebetriebene Winden mit entsprechender Getriebeübersetzung hoben Schiffe auf eine Plattform aus Holz (a), die dann auf einer schiefen Ebene (b) von einem Wasserstand zum anderen hinauf oder hinunter gezogen wurde.

B

C. Diese eigenartige Konstruktionszeichnung eines Schiffes wurde von dem Amerikaner Chapman entworfen. Das Schiff sollte durch große angeflanschte Zylinder angetrieben werden, die ihrerseits Tretmühlen für Lokomotiven waren. Chapman glaubte, daß er damit in nur drei Tagen den Atlantik überqueren könne.

C

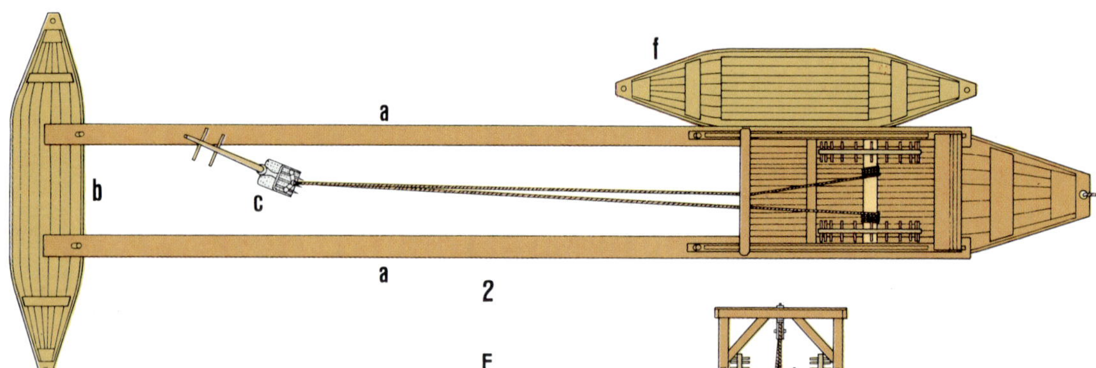

2

F

1

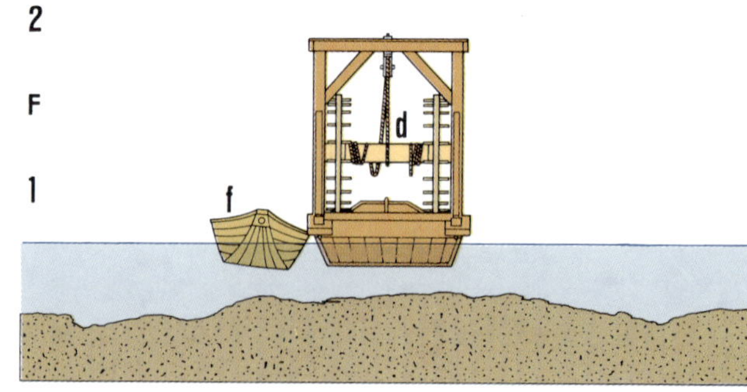

A. Schachtförderung im 16. Jahrhundert. Eine durch Pferde betriebene Winde (a) fördert in einem Ledersack (b) Erze zutage. Der Mann am unteren Bildrand bedient eine Bremsvorrichtung, die einen Bremsklotz (c) gegen die Bremsscheibe (d) des Haspels drückt. Mit dem Sturzhaken (e) kann die Förderkette in jeder beliebigen Höhe festgehakt werden. Aus *De re metallica* von Georg Agricola, veröffentlicht 1556 in 12 Bänden.

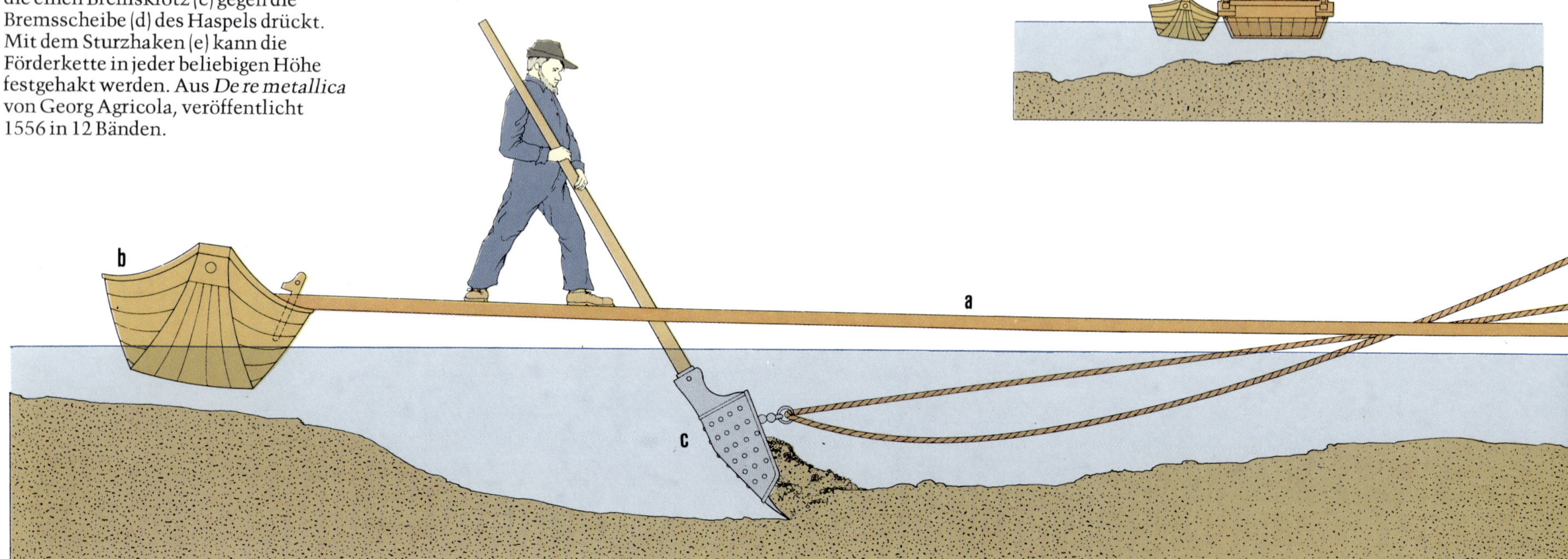

D. 1878 setzte der schwedische Ingenieur de Laval seine Milchzentrifuge mittels einer pferdebetriebenen Winde in Gang. Wie der Zeichnung entnommen werden kann, war die Getriebeübersetzung beträchtlich. Die Zentrifuge arbeitete am besten bei einer Drehzahl von über 7000 Umdrehungen in der Minute.

E. Diese ungeheuere Pferde-Tretmühle sollte eine Bergwerkspumpe betreiben und wurde im frühen 18. Jahrhundert von dem Engländer Walter Churchman entworfen. Es blieb jedoch bei der Zeichnung.

F. Ein Bagger (1. Hälfte 18. Jahrhundert) Ansicht (**1**) von vorn, (**2**) von oben, (**3**) bei der Arbeit; Ausleger (a) auf Pontons. Der dargestellte Typ stammt aus Brest und Toulon, wo man im 18. Jahrhundert begann, die Häfen auszubaggern. Die Ausleger waren oft doppelt und reichten bis zu einem schmalen Boot (b). Die Baggerschaufel aus Eisen (c) hatte einen langen Stiel und wurde von einer Winde (d) gezogen. Diese wurde von einer oder mehreren Tretmühlen angetrieben (e). Oft war seitlich eine Barke vertäut, um das Baggergut aufzunehmen.

A. Man nimmt an, daß die hier dargestellte Noria die älteste Bauart eines Wasserrades ist. Bevor sie erfunden worden ist, gab es nur muskelkraftbetriebene Räder, an denen Krüge befestigt waren.

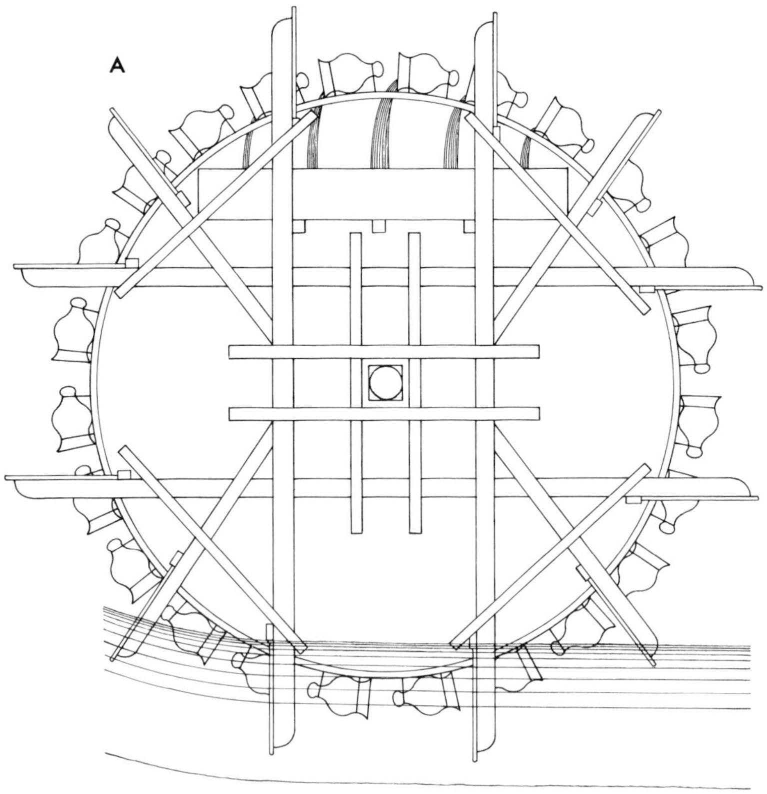

C. Schnitt durch eine norwegische (auch griechische) Mühle (**1**). Das Getreide wurde in einen Mühlentrichter (a) gefüllt. Das Wasserrad (b) hatte eine senkrechte Achse und trieb den Mühlstein (c) direkt an. Durch Heben der Holzstange (d) war es möglich, das Wasserrad aus dem Wasserstrom zu heben.

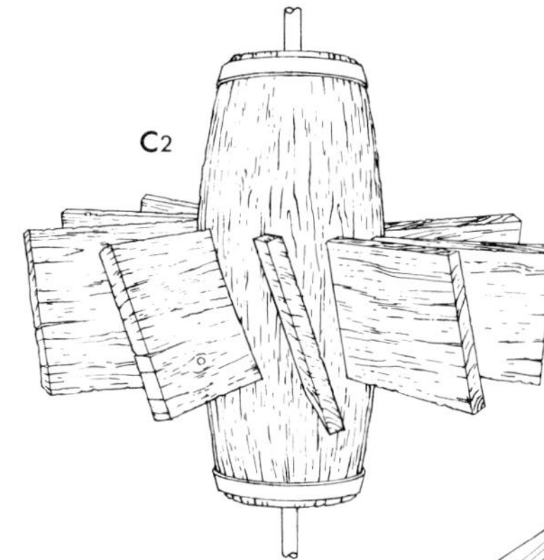

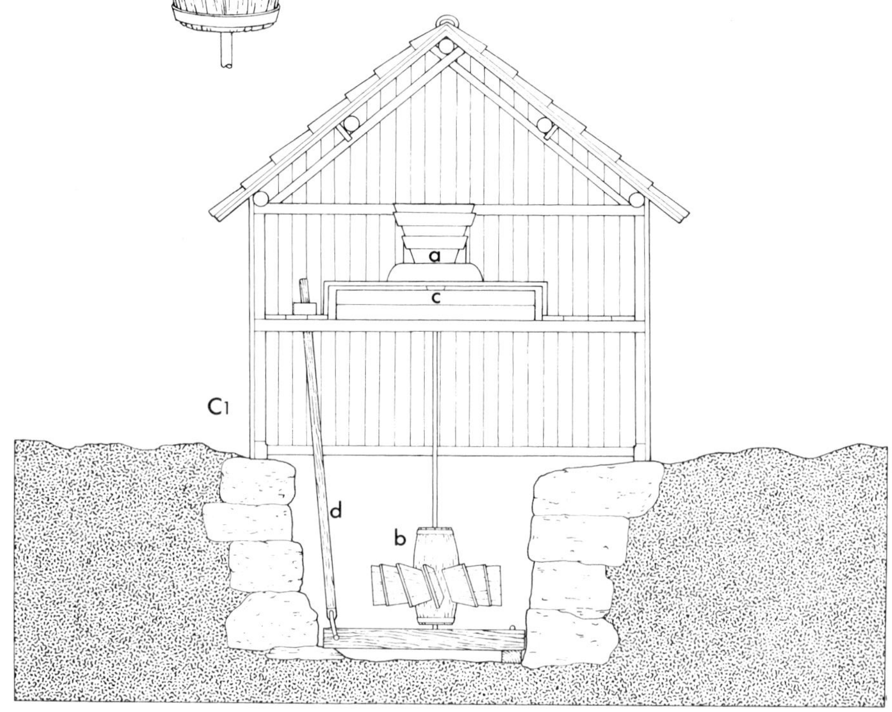

B. Diese weiterentwickelte Noria wird allgemein Philon von Byzanz zugeschrieben. Das Drehmoment des Schaufelrades (a) wird über eine Kette (b) auf eine Welle (c) mit einer dreieckigen Trommel (d) übertragen. Wenn sich die Trommel (d) drehte, wurden die wassergefüllten Behälter nach oben gefördert und entleerten sich in eine Leitung (e).

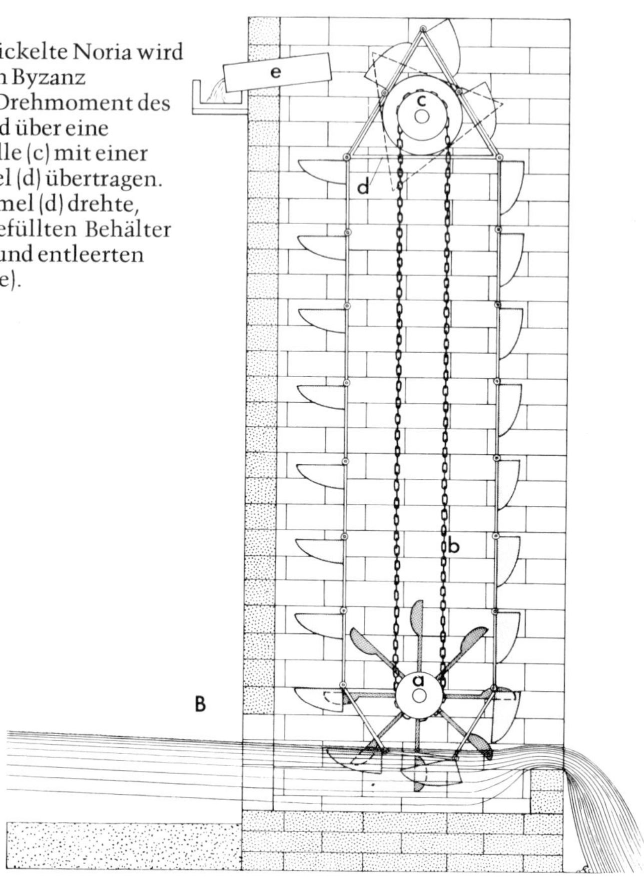

den Wasserkraft- und später auf den Dampfkraftantrieb umgestellt wurde. Die Verwendung des Pferdegöpels nahm im Bereich der Landwirtschaft im 19. Jahrhundert zu, und Maschinen wie die Häckselbank, Dreschmaschine, Heuaufzüge u. a. wurden von ihm angetrieben. Im ausgehenden 19. Jahrhundert trieben Pferdegöpel Milchzentrifugen an. Noch heute spielen Pferdegöpel in wenig entwickelten Gebieten eine große Rolle, nicht nur in der Landwirtschaft, sondern als allgemeines Antriebsaggregat.

Die Wasserkraft

Die Herkunft des Wasserrades ist nicht bekannt. In der römischen Literatur wird es erstmals um Christi Geburt genannt, doch ist bekannt, daß im Fernen Osten die Wasserkraft schon 600 Jahre früher genutzt wurde. A. P. Usher glaubt, daß sich drei verschiedene Konstruktionen des Wasserrades unabhängig voneinander an geographisch verschiedenen Orten entwickelt haben. Die einfachste und wahrscheinlich die früheste Entwicklung war das Schaufelrad, das von fließendem Wasser, einem Wasserlauf angetrieben und zum Fördern des Wassers aus dem Fluß verwendet wurde. Eine weitere Entwicklung des Wasserrades oder der Noria, wie diese Vorrichtung im Mittelmeerraum genannt wurde, ist von Philon von Byzanz beschrieben worden, doch ist A. G. Drachmann der Auffassung, daß diese Beschreibungen wahrscheinlich zu einem späteren Zeitpunkt dem Originaltext beigefügt worden seien. Die zweite Vorrichtung A. P. Ushers ist das horizontale Wasserrad, das die

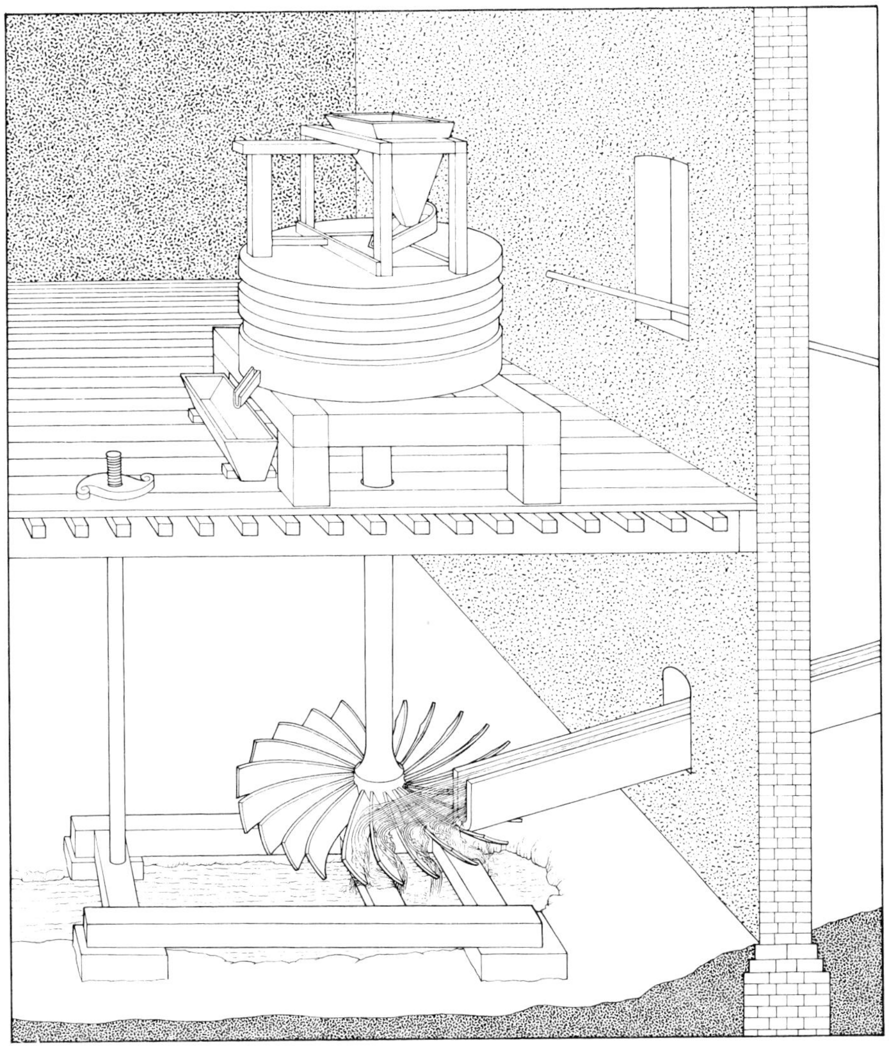
D

D. Diese Bauart von Wassermühlen wurde besonders in den französischen Provinzen Dauphiné und Provence verwendet. Das Wasserrad mit stehender Achse wurde dabei von einem Wasserstrahl angetrieben. Der Hebel im Fenster wurde benötigt, um die Wasserzufuhr abzustellen.

E. Diese Mühle mit ihren Getrieberädern wurde von Vitruvius beschrieben. Auf der Achse des Wasserrades (a) ist ein Zahnrad (b) befestigt, das ein anderes Rad (c) mit dem Mühlstein antreibt. (d) Mühlentrichter.

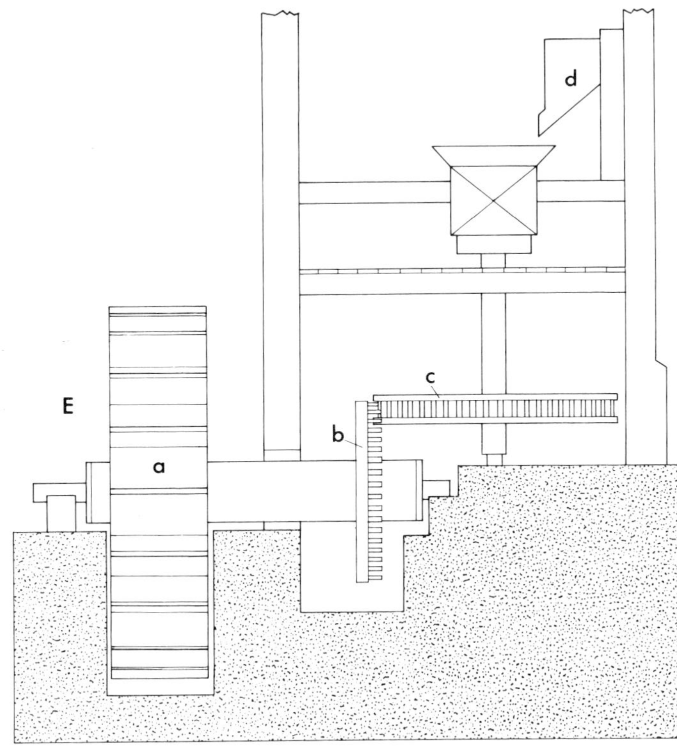

erste „Automation" im Haushalt ermöglichte. Die dritte Vorrichtung ist das Wasserrad, das oft Vitruvius zugeschrieben wird und welches in den ersten Jahrhunderten nach Christi Geburt sehr schnell auf der technischen Bühne erscheint.

Es ist schon darauf hingewiesen worden, daß Heron zum Betreiben eines seiner Automaten fallendes Wasser nutzte. Die Entwicklung des Wasserrades als Antriebsaggregat nahm jedoch erst im antiken Rom einen so stürmischen Verlauf, daß es innerhalb von wenigen Jahrzehnten weit verbreitet war. Der erste Bericht über die Anwendung des Wasserrades im westlichen Teil des Mittelmeerraumes wurde von dem römischen Ingenieur Vitruvius gegeben, der die Konstruktion und die Anwendungsmöglichkeit dieser technischen Neuheit in allen Einzelheiten in seiner Schrift *De architectura* beschrieb. Die ersten Wasserräder hatten senkrechte Achsen und gebogene Schaufeln. Sie wurden als Antriebe für Getreidemühlen verwendet. In der davorliegenden Zeit wurde das Getreide in Handmühlen gemahlen; die Mehlerzeugung war Aufgabe der Frau, die in großen Haushalten den größten Teil des Arbeitstages in Anspruch nahm. Die Wassermühle war daher etwas Revolutionäres, das auf der einen Seite von Dichtern gepriesen wurde und auf der anderen Seite Bedenken hinsichtlich der moralischen Auswirkung hervorrief. Was soll die Frau nunmehr mit ihrer Freizeit anfangen?

Diese arbeitssparende Vorrichtung verbreitete sich sehr rasch über ganz Europa. Der griechische Dichter Antipater von Thessaloniki lobte die Mühlen, verschonte aber die Nachwelt mit moralischen Sprüchen:

Hört auf, Mehl zu mahlen ihr Frauen, ihr plagtet euch an Handmühlen,
bleibt liegen, auch wenn der Schrei des Hahnes den frühen Morgen
ankündigt.
Demeter hat den Wassernymphen befohlen
die Arbeit euerer Hände zu vollbringen.
Sie springen an das Rad, sie drehen die Achse,
die das Getriebe und die schweren Mühlsteine bewegt.

In seinem Buch *Moving Forward* schreibt Henry Ford, daß die eigentliche Bedeutung der Maschine in der Entwicklung der Menschheit die Tatsache war, daß die Maschine die schwere Arbeit und die Plackerei von den Schultern des Menschen herunternahm und sie sich selbst aufbürdete. Das sind die gleichen, nunmehr in Prosa ausgedrückten Gedanken, die Antipater vor 2000 Jahren in Gedichtform vorgetragen hatte.

Philons Beschreibung der Noria stammt aus dem 3. Jahrhundert v. Chr. Das horizontale Wasserrad trat erstmals im 1. Jahrhundert v. Chr. und das allgemein bekannte senkrechte 50 Jahre später auf. Die von A. P. Usher getroffene Typisierung der drei Konstruktionen hat auch heute noch einen gewissen Reiz, doch waren diese Unterscheidungen seinerzeit wahrscheinlich nicht so scharf abgegrenzt. Die Noria war im Mittelmeerraum offenbar nicht so sehr verbreitet, weil sie sehr große und schnell fließende Wassermengen benötigte. Man kann sich nur schwer der Tatsache verschließen, daß die Noria vielleicht zu den gleichen Vorrichtungen und Anlagen gehörte, wie die spielerischen Konstruktionen der Alexandrinischen Schule, wie Philons Erfindungen ein-

B. Rekonstruktion einer Schleuse aus der ersten Hälfte des 19. Jahrhunderts (USA). (**1**) Seitenansicht und (**2**) Ansicht von oben. Die Anlage sollte Lastkähne auf flachen, auf Schienen geführten Wagen von einem Wasserspiegel zu einem anderen heben. Die beiden parallelen Schleusenkammern (a, b). Der Wagen (c) mit dem Lastkahn (d) wurde auf den Schienen (e) in die Schleuse (a) hochgezogen. Die Schleuse (b) wird im Augenblick nicht benutzt. Falls sie benutzt worden wäre, würde der Lastkahn auf ihrer Seite den unteren Wasserspiegel zur gleichen Zeit erreichen, wie der Lastkahn (d) den oberen. (3) Die Wagen in den Schleusen wurden von Ketten (f) gezogen, die um ein Kettenrad (g) und zwei Räder (h) geschlungen waren. Für jeden Wagen war eines dieser Räder vorgesehen, wie hier in der Abbildung (1) und (2) für einen Wagen dargestellt wird. (4) Das Kettenrad wurde durch ein Wasserrad (i) über zwei Getriebe-räder (j, k) und ein Kegelradgetriebe (l) betrieben, deren Drehrichtung umgekehrt werden konnte. Wenn die Wagen ihre Umkehrpunkte erreicht haben, wurde das Wasserrad (i) angehalten, die vorderen Schleusentore (m) von Hand geöffnet. Gleichzeitig ließ man das Schütz (n) über die Ablauföffnung (o) der Schleuse gleiten. Ein kleineres Wasserrad (p) begann dann zu arbeiten; über die Getriebeanordnung (q in Bild **5**) öffnete (p) das hintere Schleusentor (r; Detailzeichnung in Bild **6**), das in einen Schacht (s) abgesenkt wurde. Das Wasser drang in die Schleuse und hob den Lastkahn von seinem Transportwagen, während der Wasserdruck eine gleichmäßige Abdichtung der Tore (m) und (n) bewirkte. Nachdem der Lastkahn dann aus der Schleusenkammer geschleppt wurde und ein anderer den Platz dort eingenommen hatte, schloß man das Schleusentor (r) über die Getriebeanordnung (q) wieder, deren Bewegung nun umgekehrt wurde. Sobald das Schleusentor (r) seine Endstellung erreichte, zog es (n) über eine Kette (t) beiseite, und das Wasser der Schleusenkammer rann durch die Abflußöffnung (o) heraus. Das Schleusentor (m) wurde geöffnet, und der Lastkahn, nun auf dem Transportwagen (c) verlastet, wurde die Schienen heruntergefördert. Wenn der heraufgezogene Lastkahn weniger als der andere wog oder nur ein Lastkahn befördert wurde, bremste man das Wasserrad (i) durch die in Bild (7) dargestellte Vorrichtung ab.

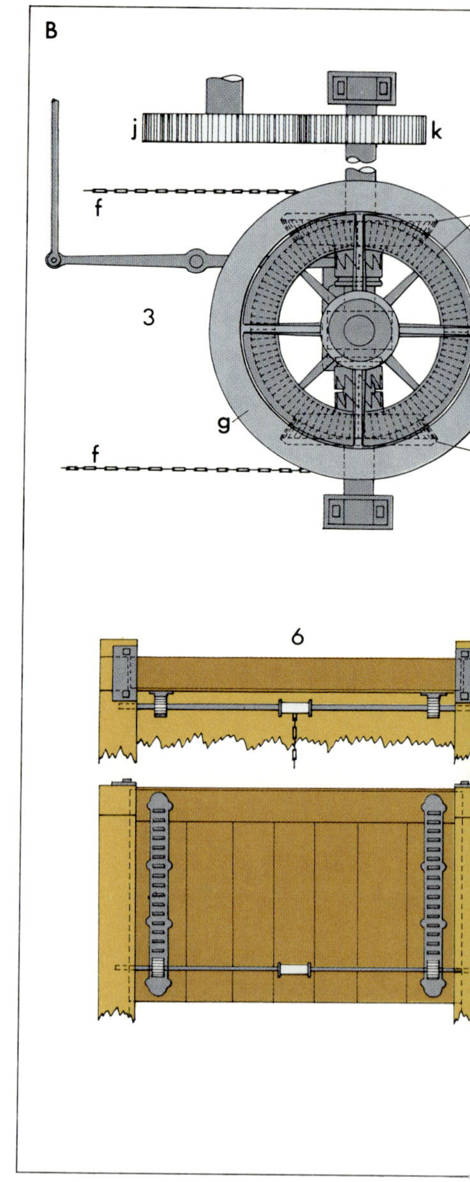

A1

A2

A3

A. Verschiedene Arten von Wasserrädern mit waagrechter Laufachse. (**1**) Unterschlächtiges Wasserrad. (**2**) Mtttelschlächtiges Wasserrad. (**3**) Oberschlächtiges Wasserrad.

C1

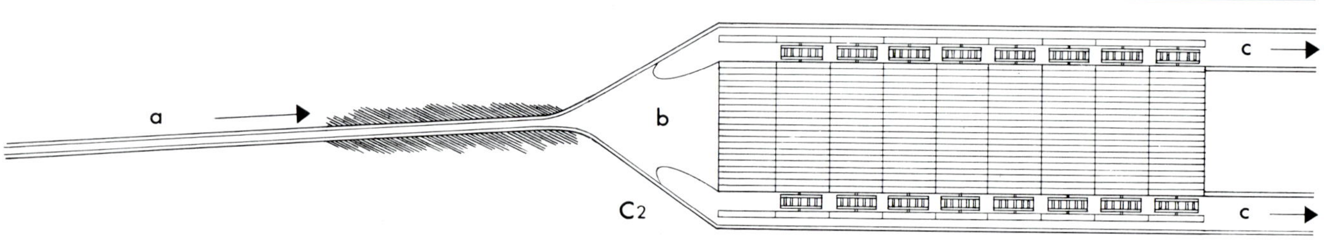

C2

C. Die römische Mühlenfabrik (**1**) in Barbegal ist im frühen 4. Jahrhundert erbaut worden. Von dieser Anlage ist nichts mehr erhalten. Vielleicht hat sie so ausgesehen, wie es hier dargestellt wird. (**2**) Grundriß. Das Wasser vom Aquädukt (a) ist im Becken (b) gesammelt und in zwei Wasserläufen (c) zu den Wasserrädern geführt worden.

D. In dieser Schmiede aus dem 17. Jahrhundert wird das Wasserrad als Antrieb für das Hammerwerk und die zwei Blasebälge verwendet. Aus dem Buch *Künstlicher Abriß allerhand Wasser-, Wind-, Roß- und Handtmühlen* von J. de Strada, Frankfurt/Main, 1617.

E. In seinem Buch *De re metallica,* das 1556 veröffentlicht wurde, beschrieb Georg Agricola auch diesen Grubenlüfter. Das oberschlächtige Wasserrad (a) dreht den Ventilator (b), dessen vier Flügel mit langen Federn ausgestattet sind. Der Ventilator ist in der Trommel (c) eingebaut und drückt die Luft durch die ausgehöhlten Baumstämme (d) in die Grube.

F. Wasserradbetriebene Blasebälge. Die Flügel auf der Achse eines oberschlächtigen Wasserrades pressen nacheinander die Blasebälge zusammen. Nach einem Manuskript aus dem 15. Jahrhundert.

1

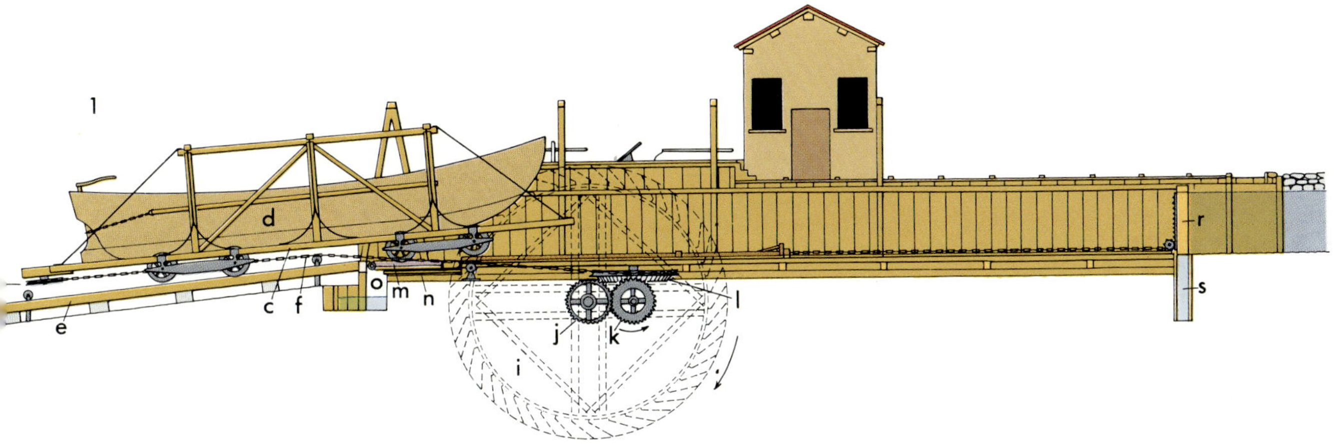

4

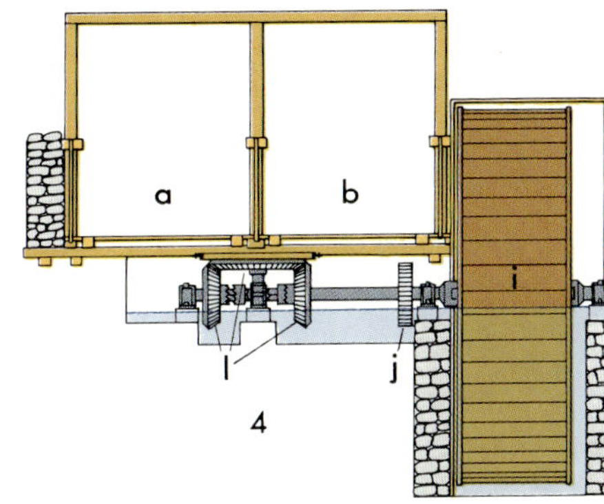

2

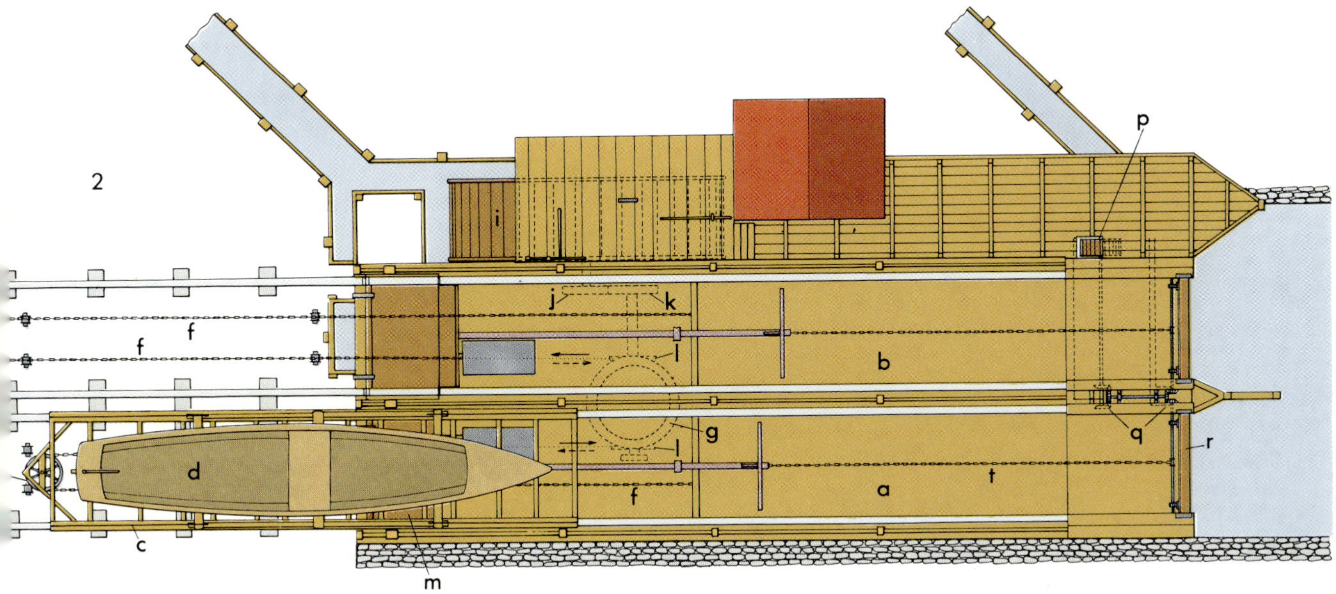

5

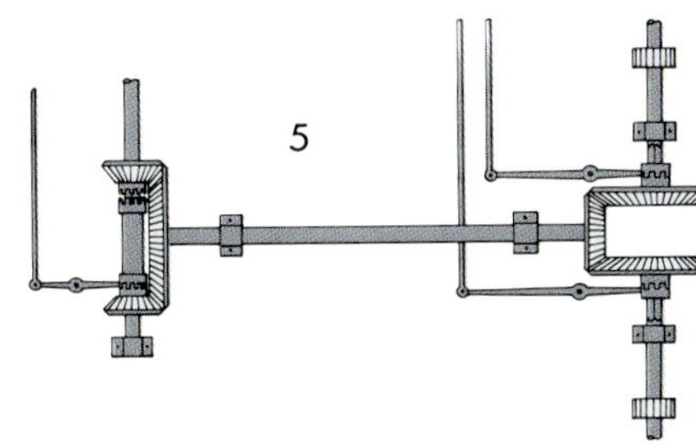

7

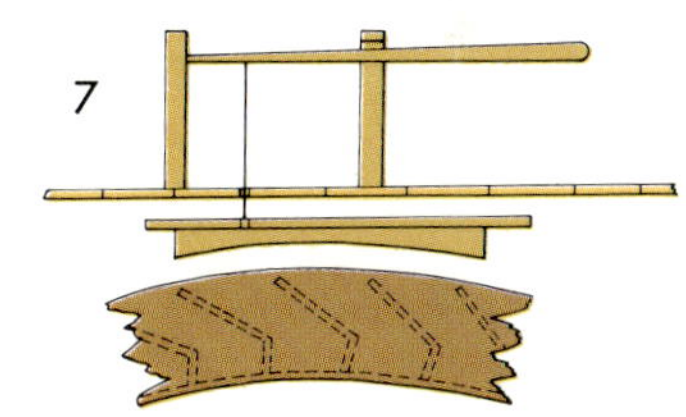

D

E

F

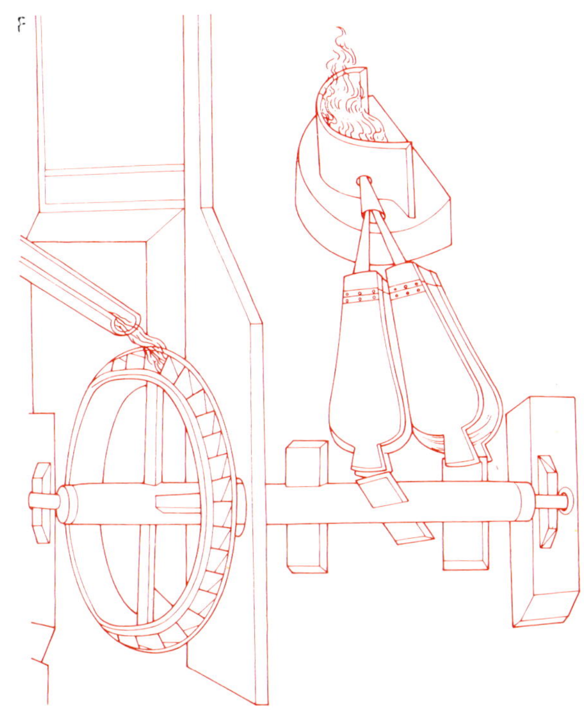

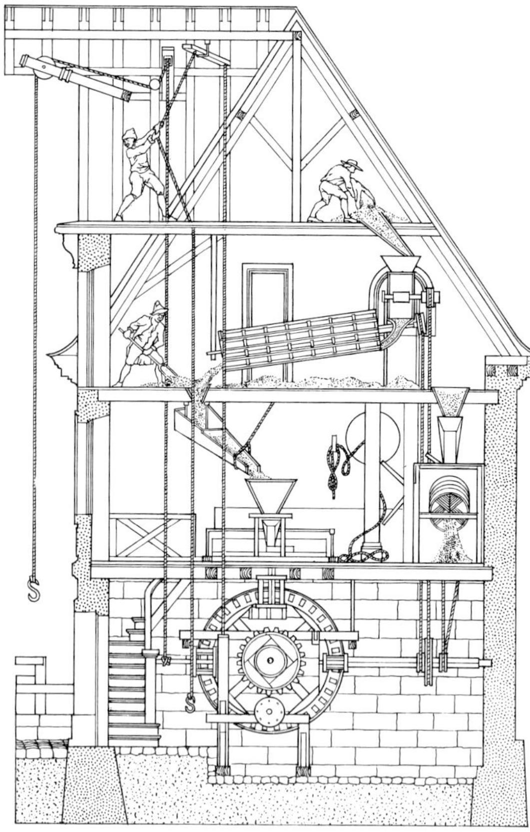
1

Quer- (**1**) und Längsschnitt (**2**) durch eine Wassermühle aus dem 18. Jahrhundert. Nach Abbildungen aus D. Diderots Enzyklopädie, die zwischen 1751 und 1780 veröffentlicht wurde.

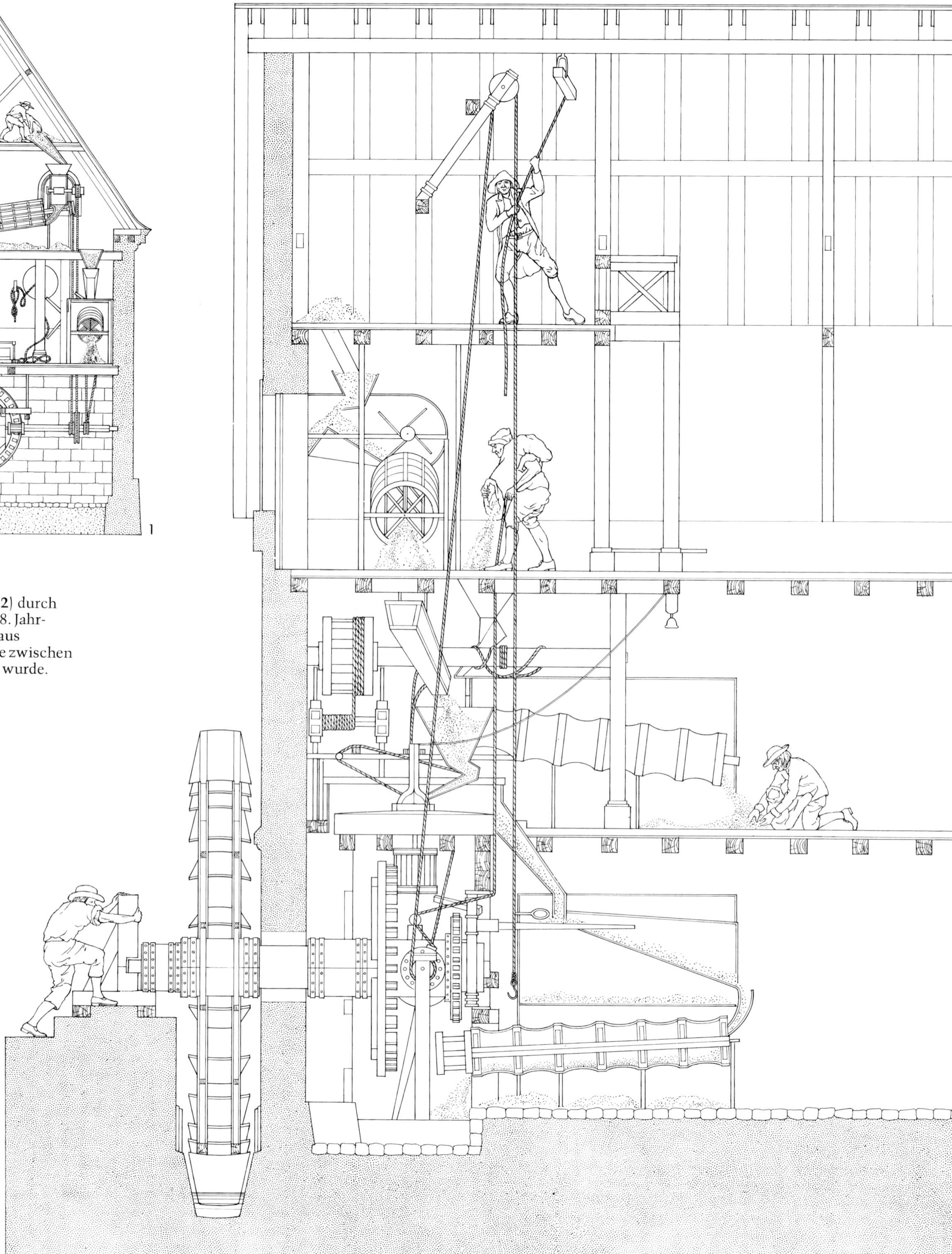
2

schließlich seines flötenden Wasserrades. Das letztere bestand aus einem Schaufelrad mit waagrechter Achse und abgeschlossenen Hohlräumen zwischen den Radschaufeln. Jeder Hohlraum hatte eine Pfeife, die ertönte, wenn das Wasser die Luft aus dem Hohlraum herausdrückte. Es ist nicht auszuschließen, daß einige Praktiker diesen Spaß ernst nahmen, die pfeifenden Hohlräume beseitigten und das Wasserrad zum Beispiel zu einer Mühle umbauten! Zumindest war aber das notwendige Getriebe für eine solche Verwendung schon früh vorhanden.

Außer der Noria und dem Wasserrad des Vitruvius gibt es noch eine weitere Art Räder, bei denen an den Blättern des Schaufelrades Eimer befestigt sind. Diese Art der Wasserförderung wurde in Indien und Mesopotamien verwendet. Es war nur ein kleiner Schritt für einen praktisch veranlagten Ingenieur, die Eimer zu beseitigen und die Schaufeln zu vergrößern. Ein einfaches Wasserrad dieser Art wurde als Antrieb für die Wasserhebeanlage, die Archimedische Schraube, verwendet, die besonders in Ägypten aber auch in vielen anderen Teilen Afrikas verwendet wurde.

Die Wassermühle breitete sich deshalb so schnell aus, weil sie einfach konstruiert war und weil sie die Menschen von der schweren, eintönigen, von Hand durchgeführten Mahlarbeit befreite. Um es mit einem modernen Werbeslogan auszudrücken, war sie in jedem Haushalt unentbehrlich. Doch hatte die Wassermühle ihre Grenzen der Anwendung. Ihre Leistung war nicht groß und betrug etwa eine halbe Pferdestärke bzw. 300 bis 400 Watt; darüber hinaus konnte man sie nicht leicht steuern. Der Einbau einer horizontalen Achse und eines Untersetzungsgetriebes waren nur kleine Fortschritte auf dem Weg, die Konstruktion zu verbessern. Schon frühzeitig war es notwendig geworden, die Drehgeschwindigkeit des Rades, die weitgehend durch die Fließgeschwindigkeit des Flusses bestimmt wird, so anzupassen, daß das beste Mahlergebnis erzielt wird.

Im Grundprinzip unterscheiden sich die drei aufgeführten Wasserradtypen nicht. Es ist wahrscheinlich, daß sie alle drei auf einen gemeinsamen Ausgangspunkt zurückzuführen sind, den man noch nicht gefunden hat.

In den ersten Jahrhunderten nach Christi Geburt verbreitete sich die Wassermühle jenseits der Grenzen des römischen Imperiums in den Norden Europas verhältnismäßig langsam. Nach dem dänischen Archäologen A. Steenberg war die Wassermühle in Dänemark um die Zeitenwende schon bekannt. Im 4. Jahrhundert erbauten die Römer in Barbegal bei Arles in Frankreich eine große Mühlenanlage. Das notwendige Wasser führte man aus einer Quelle und über einen Aquädukt aus dem Fluß Arcoule zu. Der Aquädukt, der beachtliche Abmessungen von 2 m Breite und 5,6 m Tiefe hat, fällt gegen Barbegal unter einem Winkel von 30° ab. Die acht Paar oberschlächtigen Wasserräder haben jeweils einen Durchmesser von 2,2 m und eine Breite von 0,7 m. Jedes Wasserrad treibt zwei Mühlsteine an. Die Mehlproduktion der Mühlenfabrik betrug 2,8 t im Tag und überstieg wahrscheinlich den örtlichen Bedarf, so daß ein Teil mit Schiffen von dem Hafen in Arles nach Rom gebracht wurde. Wassermühlen sind in einem irischen Gesetz, dem „Senchus Mor", aus dem 8. Jahrhundert genannt und waren in jener Zeit auch in Mitteleuropa bekannt. Ein weiteres Dokument aus jener Zeit erwähnt auch eine von einem Wasserrad getriebene Säge.

Nach dem Verfall des Römischen Reiches verrotteten die meisten Errungenschaften ihrer fortschrittlichen Technik – die Aquädukte, Bäder, Arenen u. a. –, während die Wassermühlen jedoch überlebten und sogar noch weiterentwickelt wurden. Die große Volkszählung 1086 in England vermerkt in dem Domesdaybuch, daß 5600 Wassermühlen im Land betrieben wurden, das zu jener Zeit verhältnismäßig dünn besiedelt war. Lewis Mumford wies darauf hin, daß dabei ein Verhältnis von etwa einer Mühle auf 400 Einwohner und dies am Rande der damaligen europäischen Zivilisation bestand.

Etwa zur gleichen Zeit, als das Domesdaybuch entstand, betrieben die Wasserräder nicht nur Getreidemühlen, sondern auch Erzzerkleinerungsanlagen und Schmiedehämmer. Am Ende des Mittelalters wurden sie hauptsächlich zum Antrieb von Erzförderanlagen und von Blasebälgen verwendet. Wasserräder trieben auch Maschinen bei anderen Arbeitsvorgängen an, zum Beispiel beim Drahtziehen, Gerben, Walken, Sägen, Zerkleinern, um nur einige zu nennen.

Schwimmende Mühlen

Eine interessante Anwendung des Wasserrades findet man in den schwimmenden Mühlen. Nicht weniger ist die Geschichte ihrer Erfindung interessant. Als 537 Rom durch die Goten belagert wurde, verteidigte es der byzantinische Feldherr Belisarius, der ein Jahr zuvor die meisten römischen Provinzen auf der italienischen Halbinsel besetzt hatte. In jener Zeit wurden die meisten Wassermühlen in Rom durch Wasser aus den Aquädukten betrieben. Die Belagerer zerstörten diese Wasserzufuhr, um so die Römer auszuhungern. Doch fand Belisarius einen Ausweg aus diesem Verhängnis. Er ordnete an, vielleicht von dem ochsenbetriebenen Schiff des Byzantinus inspiriert, Getreidemühlen mit Wasserrädern auf Schiffen zu bauen, die dann im Tiber verankert wurden. So war die Versorgung der Römer mit Mehl sichergestellt.

Die Nachricht über diese neue Erfindung verbreitete sich nah und fern, und einige Jahrhunderte später betrieb man schwimmende Mühlen sowohl in Venedig als auch in Bagdad. Im 12. Jahrhundert wurden drei solcher Mühlen unter den Brückenbogen des Grand Pont in Paris erstellt. Am Ende des Mittelalters gab es viele solcher Mühlen auf allen großen europäischen Strömen, diese Anlagen pumpten Wasser oder mahlten Mehl; einige dieser Mühlen auf dem Rhein bei Köln waren sogar noch drei Jahrhunderte später im Betrieb.

Die aufsehenerregendste Einrichtung dieser Art war zweifellos die Pumpanlage in Marly. Diese wurde um 1680 zur Wasserversorgung der vielen Brunnen von Versailles errichtet. Sie hatte 235 Pumpen, die von 13 großen Wasserrädern angetrieben wurden und das Flußwasser zu den 160 m höher liegenden Wasserspeichern förderten. Die Wasserförderung fand in drei Abschnitten statt. Die jeweils erforderlichen Kräfte wurden von zwei Reihen Schwingstangen und -hebeln übertragen. Rennequin Sualem, ein Baumeister aus Lüttich, überwachte den Bau dieser riesigen Anlage, die zur Fertigstellung 1800 Arbeiter 8 Jahre lang benötigte. Die ursprüngliche Leistung betrug 125 PS. Die Anlage förderte täglich etwa 5000 m^3 Wasser. Die Unterhaltung der Anlage war sehr aufwendig. 1725 wurde die Marly-Maschine gänzlich erneuert, und zu Beginn des 19. Jahrhunderts wurde eine Dampfmaschine mit einer Leistung von 150 PS eingebaut.

Die „Ballett"-Maschine

Die Pumpanlage von Marly wurde von zeitgenössischen Ingenieuren stark kritisiert, die behaupteten, daß die Idee, die den Konstruktionen zugrunde lag, irrig sei. Unterschlächtige Wasserräder seien leistungsschwach und damit auch die Kraftübertragung. Der Konstrukteur verteidigte sich, indem er darauf hinwies, daß keine anderen Möglichkeiten der Krafterzeugung bestanden.

Vielleicht wußte dieser Konstrukteur nicht, daß mehr als ein Jahrhundert früher der talentierte spanische Ingenieur italienischer Abkunft

A. Die riesige Marly-Maschine, die um 1680 an der Seine erbaut wurde. 13 Wasserräder trieben 235 Druckpumpen an, die täglich bis zu 5000 m³ Wasser aus der Seine 160 m hoch in die Behälter pumpte.

B. (**1**) Eines der großen Räder der Marly-Maschine. An der Welle des Wasserrades ist eine Kurbel (a) befestigt, deren Drehbewegung in eine hin- und hergehende Bewegung eines mit ihr verbundenen Gestänges (b) umgewandelt wurde. Am anderen Ende des Verbindungsgestänges befand; sich ein Schwenkarm (c), der sich um die feste Achse (d) bewegte und mit einem weiteren Schwenkarm (e) verbunden war. Der letztere Schwenkarm arbeitete auf die Pumpen (f). (g) Vorrichtung zum Heben und Senken der Schleuse (h). Das Einlaufgitter (i) verhinderte, daß Verschmutzungen in das Wasserrad gelangten. (**2**) Die Wasserräder betrieben auch eine Reihe von Schwenkhebeln und -Stangen (j), die zum Antrieb der Pumpen (m) in den Wasserbehältern (n) der Pumpstationen über die Schwenkarme (k, l) benötigt wurden. (o) Eine Detailzeichnung, die zeigt, wie die Pumpen an die Wasserleitung angeschlossen waren.

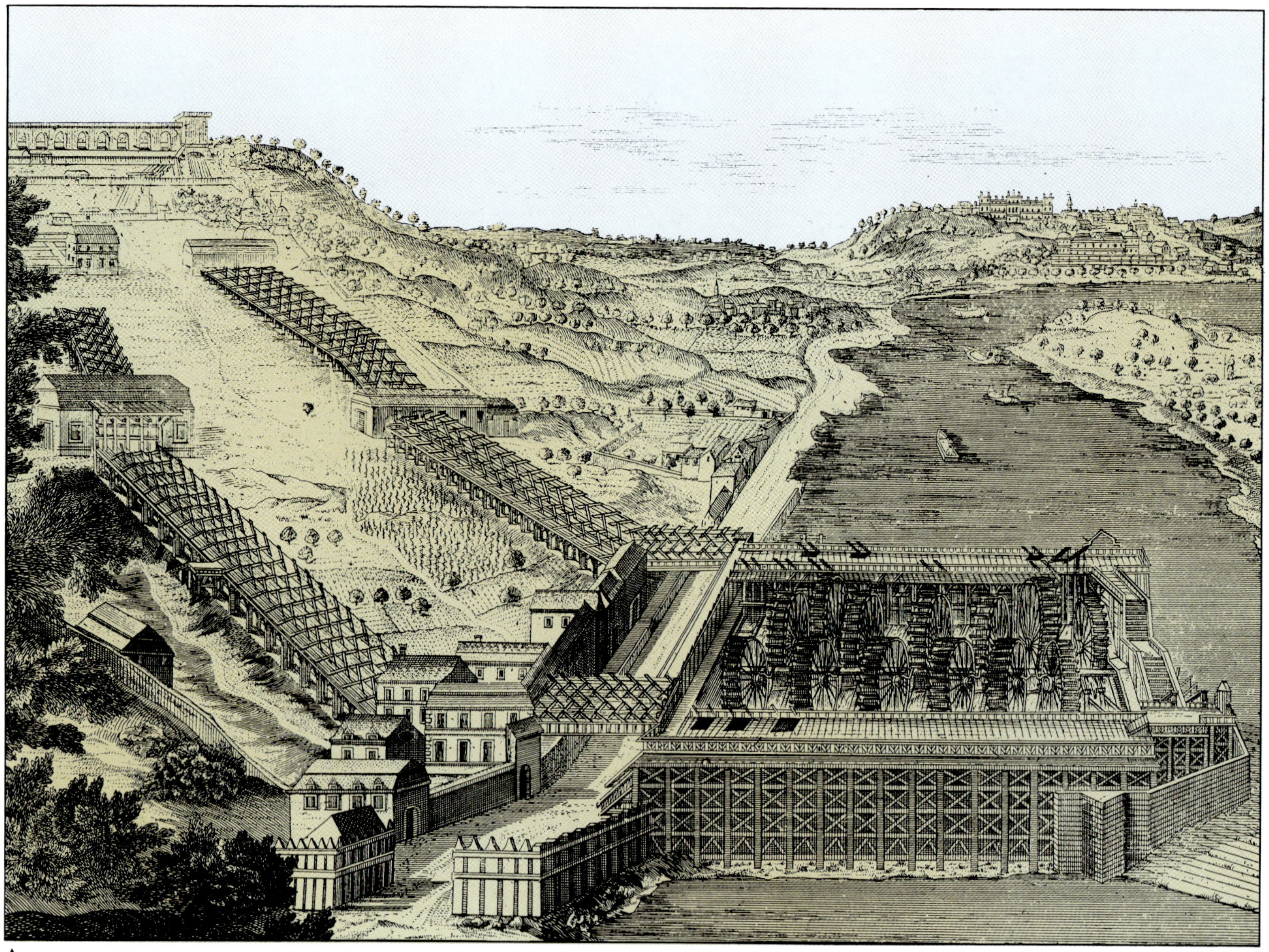
A

D

C1

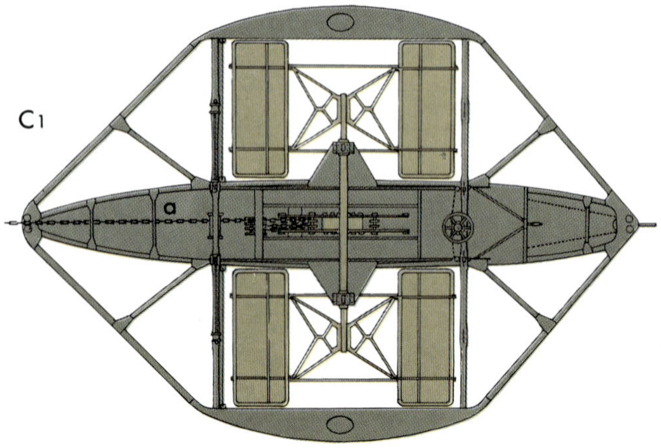

C2

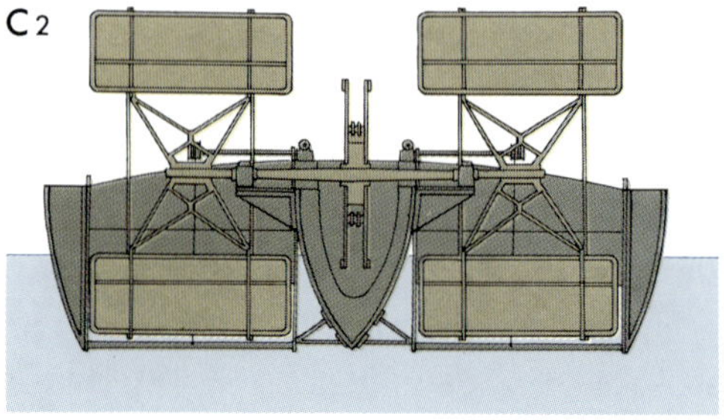

C3

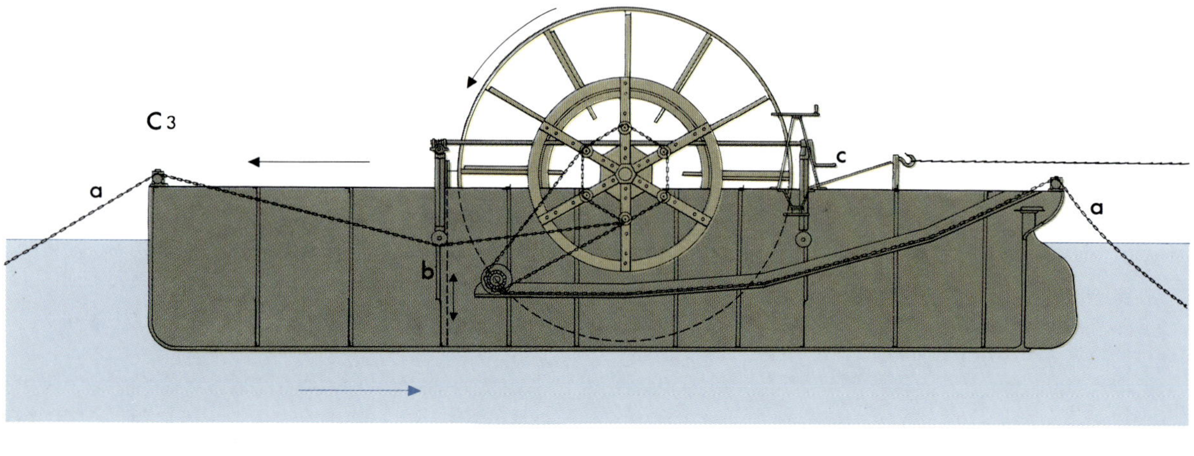

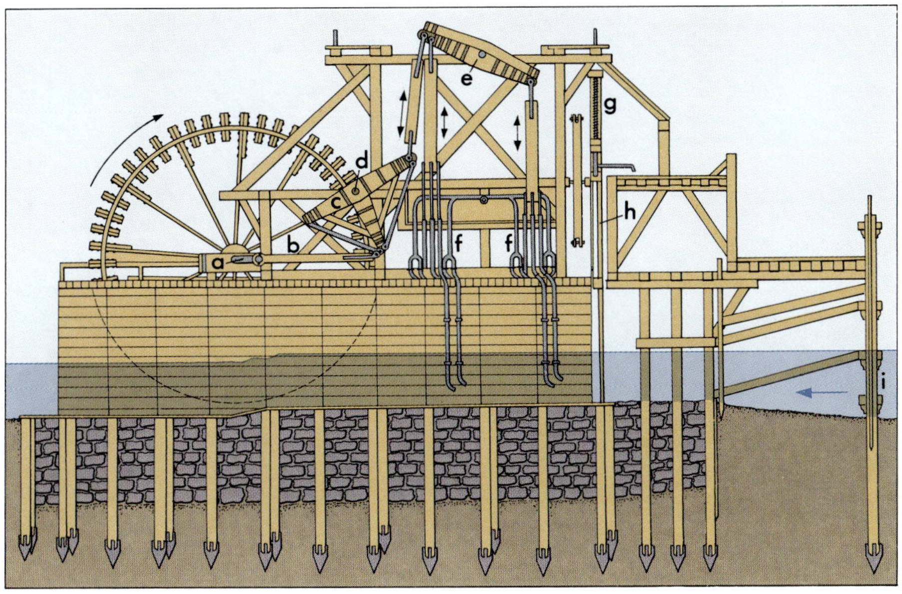

B1

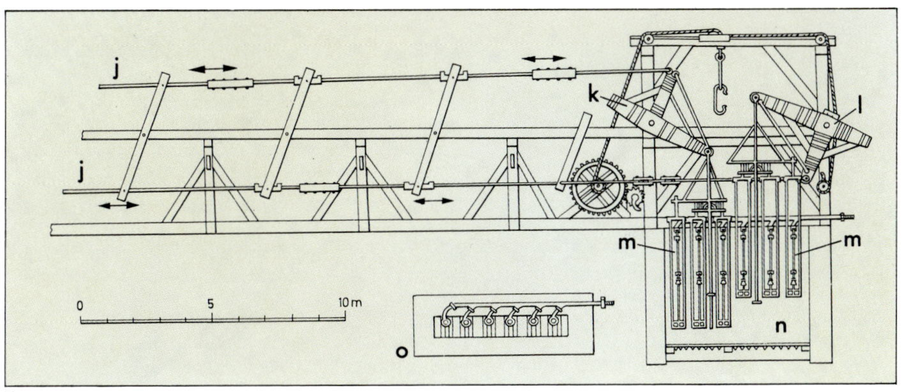

B2

C. Ein Schlepper aus dem 18. Jahrhundert in der Sicht von oben (**1**), im Quer- (**2**) und im Längsschnitt (**3**). Sobald die Schaufelräder gedreht wurden, wurde der Schlepper von einer Kette (a) stromaufwärts gezogen. Das eine Ende der Kette war dabei im Oberstrom an einem Anker vertäut, während das andere Ende im Unterstrom um eine verankerte Rolle führte und am Schlepper befestigt war. Wenn der Schlepper stromabwärts fahren wollte, wurden die Gatter (b) vor den Schaufelrädern durch die Kurbel (c) gesenkt.

D. Ein Holzschnitt aus dem Jahre 1531, der Wassermühlen auf dem Rhein bei Köln zeigt.

E. Schnitt durch eine Wassermühle. (a) Wasserrad. (b) Mühlsteine. (c) Mühlentrichter.

E

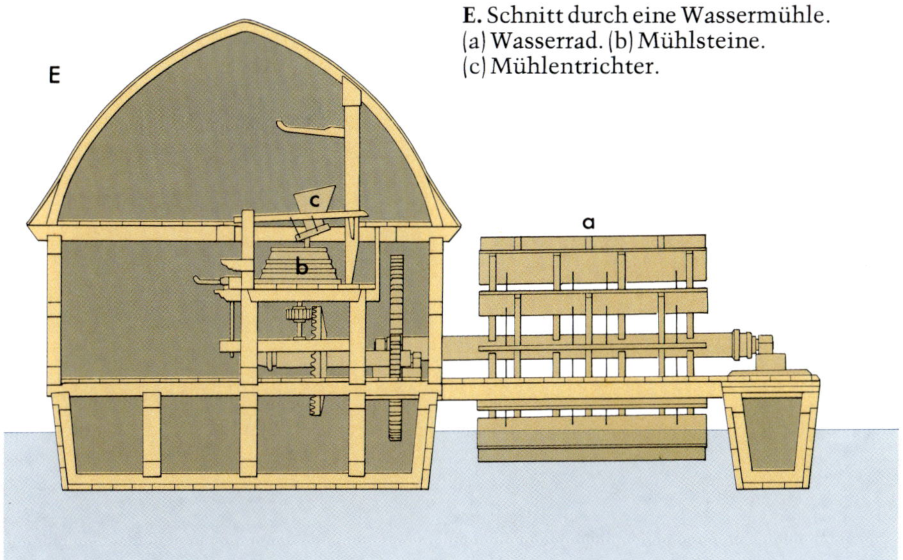

Juanelo Turriano, der im Dienst Kaiser Karls V. stand, vor dem gleichen Problem in Toledo stand und es erfolgreich löste. Man weiß nur wenig über sein Leben. Er starb 1585. Er wurde vom Kaiser erst in Dienst genommen, nachdem er als junger Mann eine ornamentale Wasseruhr wieder in Gang setzte, die die besten Uhrmacher jener Zeit nicht reparieren konnten. J. Turriano baute später viele Uhren einschließlich einer mechanischen Schmuckuhr für den Kaiser. Von J. Turriano wurden viele anstehende technische Probleme gelöst; eines unter ihnen war die Wasserversorgung der Stadt Toledo.

Toledo liegt inmitten einer reichen Bergbaugegend und war schnell zu einer Hauptstadt mit 200000 Einwohnern gewachsen. Das Wasser wurde in Ledersäcken und auf Mauleseln vom Tajo geholt, der etwa 600 m tiefer unter der Stadt vorbeifließt. Als die Stadt wuchs, wurde es allmählich untragbar, sie auf diesem Wege mit Wasser zu versorgen. So rief man deutsche Bergbautechniker, die eine Pumpanlage erbauen sollten. Zunächst arbeitete diese Anlage zufriedenstellend, doch barsten später die Wasserleitungen.

Einige Jahre zuvor residierte der Kaiser im Alcazar in Toledo. In seiner Umgebung befand sich auch J. Turriano, der mit der Sanierung der Wasserversorgung beauftragt wurde, als die deutsche Anlage versagte. Er konnte bald ein Modell seiner Lösung vorstellen, in dem nicht eine Wasserleitung verwendet wurde! Um 1540, nach sechs Jahren Arbeit, hatte J. Turriano die Anlage fertiggestellt.

Eine Kombination aus einem Wasserrad und einer Noria füllten einen Behälter fortgesetzt mit Wasser. Dieses floß dann in eine Art schwingende Schöpfkelle, die das zentrale Konstruktionselement der Anlage war. Das Wasserrad bewegte gleichzeitig eine Reihe Hebel und Gestänge in der Weise, daß die schwingenden Schöpfkellen hin und her schwenkten und das Wasser von der einen zu der anderen, höherliegenden Kelle förderten. Das Ergebnis kann mit einer mechanisierten Trägerkolonne verglichen werden.

Das Wasserwerk von Toledo fand in ganz Europa große Beachtung. Die graziösen Bewegungen des Mechanismus, bei dem nicht ein Tropfen Wasser verschüttet wurde, inspirierte einen begeisterten Zuschauer, die Anlage als eine „Ballett"-Maschine zu beschreiben. 1645 trat in Madrid das Ballett „El Mago" auf, das die Bewegungen des Wasserwerkes des J. Turriano darstellte.

Agostino Ramelli, der die Wasserwerke von Toledo in seinem Buch *Le diverse et artificiose machine,* veröffentlicht 1588, beschrieb, merkt an, daß die Leistung der Anlage etwa derjenigen entspricht, die 300 Maultiere mit einer entsprechenden Zahl Treiber erzielen würden, wenn sie Tag und Nacht arbeiteten. Die Förderleistung dieser Anlage entspricht etwa einem Fünftel derjenigen, die der französische Sonnenkönig Louis XIV. für seine Springbrunnen in Versailles benötigte. Technisch gesehen, hätte J. Turriano ohne Schwierigkeiten die Leistung seiner Anlage durch Verdoppelung oder gar Verdreifachung der Zahl der Schwingeinrichtungen erhöhen können.

Als man das prächtige Schloß des Sonnenkönigs entworfen hatte, machten die Architekten einen großen Fehler, als sie nicht prüften, ob die Wasserversorgung am Ort sichergestellt ist. Es gab in der Tat kein Wasser, so daß enorme Summen zum Bau der Anlage von Marly aufgewendet werden mußten, um Versailles und die Orte Marly und Trianon mit Wasser zu versorgen.

A

A. Das *Artificio* des Juanelo Turriano, das Toledo mit Wasser aus dem Tajo versorgte. Das Wasserrad (a) füllte ständig den Behälter (b) mit Wasser; gleichzeitig wurden zwei Reihen Hebel und Gestänge (c) in der Weise bewegt, daß die Schöpfkellen (d) hin und her schwenkten. Auf diese Weise wurde das Wasser ständig von Schöpfkelle zu Schöpfkelle weitergefördert. Nach einer Darstellung aus dem Buch *Le diverse et artificiose machine* von A. Ramelli aus dem Jahre 1588.

B

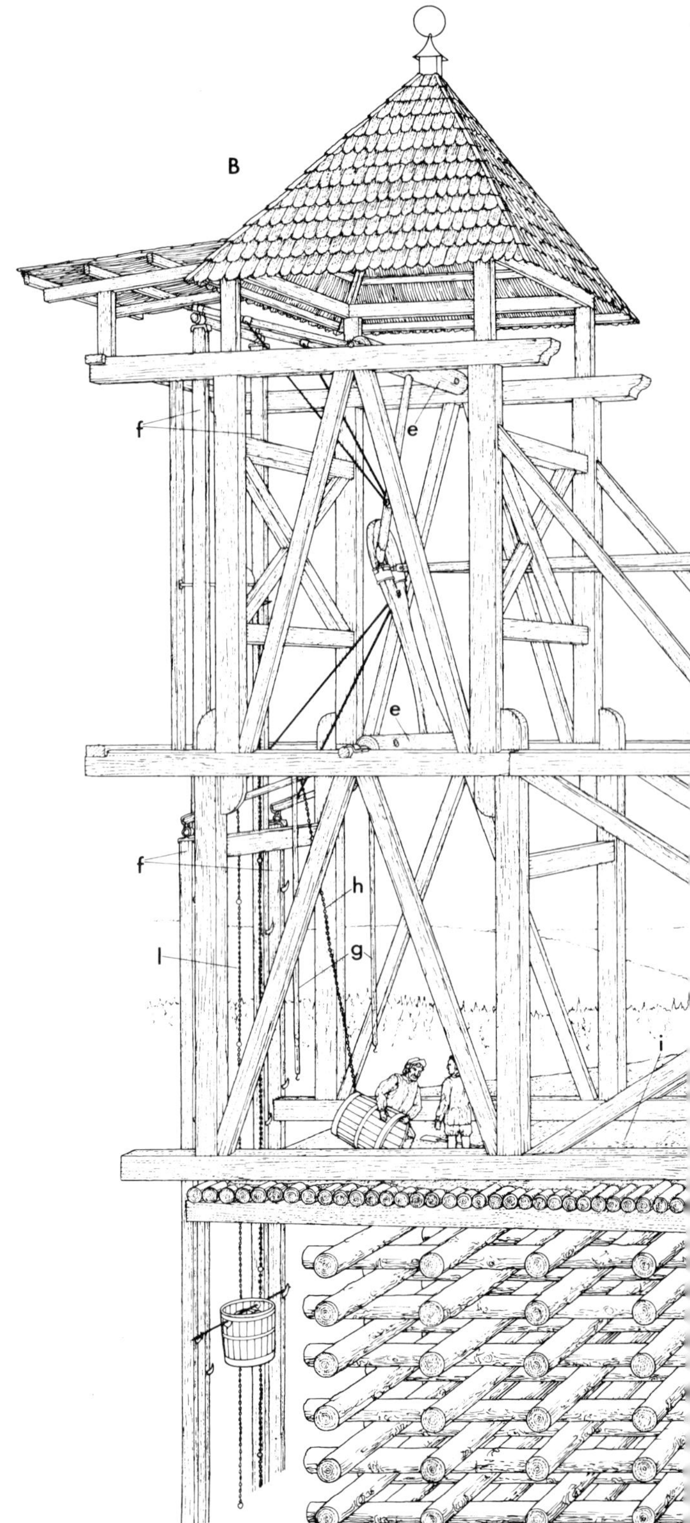

Die Gezeitenkraftwerke

Eines der ersten Gezeitenkraftwerke ist in Frankreich im Mündungsgebiet der Rance an der bretonischen Küste errichtet worden. Die Idee, die Gezeiten auszunützen, um Energie zu gewinnen, ist nicht neu. Um 1130 wurde im Mündungsgebiet des Adour in Frankreich eine Wassermühle gebaut, und ein Jahrhundert später arbeiteten mehrere Gezeitenmühlen bei Venice. Man nimmt an, daß die erste Gezeitenmühle überhaupt im 3. Jahrhundert im Hafen von Dover in England gebaut worden ist. Eine durch die Gezeiten angetriebene Pumpe wurde 1582 durch Peter Morice an der Themse eingerichtet. Die Pumpe förderte ungefähr 18000 m^3 Wasser über eine Höhendifferenz von 40 m in einen Wasserbehälter. Die Konstruktion war aber nicht erfolgreich.

Das goldene Zeitalter der Wasserkraft

Vom 16. bis zum ausgehenden 18. Jahrhundert wurden Wasserkraftmaschinen mit immer größer werdenden Leistung gebaut. Einige eindrucksvolle Maschinen dieser Art wurden von dem Deutschen Georg Agricola (1494–1555) in seinem großen Werk *De re metallica* beschrieben, das ein Jahr nach seinem Tode veröffentlicht wurde. Ein Bild des Fortschritts, der in diesen Jahren im Bereich des Maschinenbaus gemacht worden ist, geben die berühmten Bücher über das, was später Technologie genannt wurde, wieder; die bestbekannten Bücher sind *Le diverse et artificiose machine* von Agostino Ramelli (Paris 1588), *Les raisons des forces mouvantes* von Salomon de Caus (Paris 1615) und *Theatrum machinarum* von Jacob Leupold (Leipzig 1725). Das Wort Technologie in seiner heutigen Bedeutung kam erst im frühen 19. Jahrhundert in Gebrauch.

Die Wasserturbinen

Die erste Turbine ist eine der wenigen Entwicklungen in der Geschichte der Technologie, die genau datiert werden kann. Beides, die Maschine und der Name stammen aus einem Wettbewerb, der in Frankreich 1826

B. Obwohl die Pläne Chr. Polhems über eine neuartige Erzförderanlage für das schwedische Bergwerk Falun auf äußerstes Mißtrauen des dortigen „Kunstmeisters" Olof Henriksson Trygg stießen, wurde diese *Machina nova* in Blankstöten 1694 errichtet. O. Trygg bestand jedoch darauf, daß neben Chr. Polhems Maschine noch eine gewöhnliche Förderanlage gebaut wurde. Auf diese Weise konnten beide Förderanlagen für die Erzförderung aus gleicher Teufe verglichen werden. Es stellte sich heraus, daß mit Chr. Polhems Mechanismus stündlich über 22, mit der anderen Anlage jedoch nur 16 Förderkörbe Erz gefördert werden konnten.

Die *Machina nova* wurde von einem oberschlächtigen Wasserrad (a) betrieben, an dessen Welle das Getrieberad (b) montiert war, das in ein anderes Rad (c) eingriff. Das Zahnrad war exzentrisch mit dem einen Ende einer Reihe von Schwingstangen und -Hebeln (d) verbunden. Das andere Ende von (d) war an zwei entgegengesetzt angebrachten Querhebeln (e) angelenkt, an denen rund 60 m lange Gestänge (f) befestigt waren. Dieses Gestänge hatte 15 Paar Haken. An den einzelnen Förderkorb wurde zunächst eine Stange befestigt, die am Füllort mit dem Förderkorb in ein Hakenpaar eingelegt wurde. Da das Gestänge im Schacht wechselweise auf und nieder bewegt wurde, wurde die Querstange mit dem Förderkorb von Hakenpaar zu Hakenpaar hochgefördert. Auf der Rasenbank wurden zwei Haken (g) am Korbrand und die Eisenkette (h) am Korbboden eingehakt. Die Kette war an einem der Arme des Querhebels (e) befestigt und wenn (d) diesen hob, wurde das Erz in das Gestell (i) entleert und in Wagen geladen. Die Wagen wurden zu der Brücke (j) gefahren, die sich durch einen anderen Querhebel (k) ebenfalls hob und senkte. Das Erz kam dann in das sogenannte Klaubhaus, wo es vom tauben Gestein befreit wurde. Die leeren Förderkörbe hängte man an die endlose Kette (l), die sie wieder zurück in den Schacht förderte. Die Kette war mit 30 kleinen Kugeln gleichen Abstandes ausgestattet. Ihre Fallgeschwindigkeit wurde durch zwei gabelförmige Eisenteile gehemmt; dadurch wurde erreicht, daß die Förderkörbe sich nicht schnell nach unten bewegten.

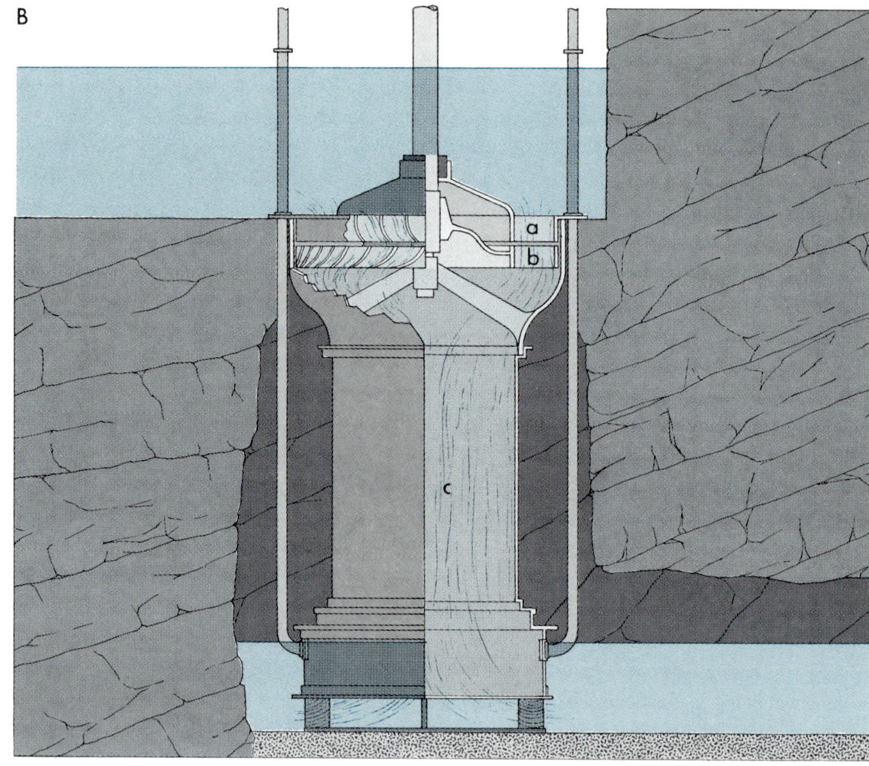

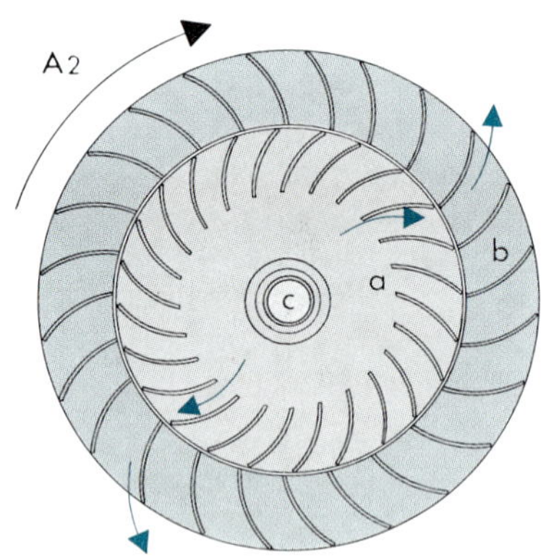

A. Wie alle frühen Turbinen war die Fourneyronturbine (**1**) eine Reaktionsturbine. Das Wasser läuft durch die Turbine und gibt seine Energie an die Schaufeln des Laufrades ab. Die Fourneyronturbine hat zwei konzentrische, horizontale Räder (**2**); das innere Rad war feststehend und hatte Leitschaufeln, die das Wasser auf die Laufschaufeln des Laufrades (b) lenkten. Die Achse (c) war senkrecht. Der Wasserdurchfluß durch die Turbine konnte durch Heben oder Senken eines Stellringes zwischen den feststehenden Leitschaufeln und dem Laufrad geregelt werden.

ausgeschrieben war. Die Société d'Encouragement pour l'Industrie Nationale hatte einen Preis von 6000 Franken für die Konstruktion eines Wasserrades ausgesetzt, das industriell verwendet werden konnte. Eine der Bedingungen war, daß das Wasserrad ohne Leistungsverlust unter Wasser arbeiten mußte. Einer der Mitbewerber, Claude Burdin (1790–1873), schlug vor, daß ein solches Rad „Turbine" nach dem lateinischen Wort *turbo,* Wirbel, genannt werden sollte. C. Burdins eigener Entwurf war nicht erfolgreich, weil er die gestellten Bedingungen nicht erfüllte. Der junge Bénoit Fourneyron (1802–1867) gewann den Wettbewerb mit einer interessanten Konstruktion, die durch zwei konzentrische Räder gekennzeichnet war. Das feststehende innere Rad hatte gekrümmte Leitschaufeln, die das Wasser gegen die Laufschaufeln des äußeren Rades, dem Läufer, leiteten. Der Wirkungsgrad dieser Radialturbine betrug 80 bis 85%, doch hatte sie den Nachteil, daß bei gewissen Geschwindigkeiten das Wasser nach Verlassen der Leitschaufeln Turbulenzen erzeugte. B. Fourneyrons technisch elegante Konstruktion war Grundlage für eine Reihe neuer Wasserturbinen, die während des 19. Jahrhunderts gebaut wurden. Später wurden Leitschaufeln auch in Dampfturbinen verwendet. Die erste Fourneyronturbine wurde zwischen 1835 und 1837 in St. Blasien im Schwarzwald eingesetzt. Dieser Turbinentyp breitete sich in Europa sehr schnell aus und ersetzte oft die unterschlächtigen Wasserräder, die einen schlechten Wirkungsgrad hatten.

Eine Abwandlung der Fourneyronturbine lag sehr nahe und bestand darin, die Leitschaufeln oberhalb des Laufrades anzuordnen. Auf diese Idee kam Karl Anton Henschel, der 1841 eine solche Turbine in einem Steinbearbeitungsbetrieb in Braunschweig installierte, wo sie der Franzose Jonval sah und sie sich 1843 patentieren ließ.

Eine andere Abwandlung der Fourneyronturbine bestand darin, daß das Laufrad innen und das feststehende Leitrad außen angebracht waren. Zuerst von dem Franzosen Jean V. Poncelet in den späten 1820er Jahren vorgetragen, wurde diese Idee 1838 in den USA von Samuel B. Howd patentiert. Zwei Jahre später baute James B. Francis (1815–1892) eine solche Turbine in Lizenz und erzielte mit ihr sehr gute Ergebnisse. J. Francis führte eine Reihe von Versuchen durch, in denen er die Leistung der Fourneyronturbine mit der eigenen Turbine verglich. Beide Turbinen wurden in einer Fabrik in Lowell nördlich von Boston betrieben. Die Ergebnisse dieser Versuche führten in den 1850er Jahren zu dem Turbinentyp, der unter dem Namen Francisturbine bekannt wurde. Voraussetzung dafür waren die bedeutenden Verbesserungen, die der Engländer James Thomson – der ältere Bruder des Lord Kelvin – in Form verstellbarer Leitschaufeln und gekrümmter Laufschaufeln einführte. Dies ist noch immer das charakteristische Merkmal an dieser Turbinenart. J. Thomson entwarf die Gestalt der Schaufeln nach den Ergebnissen seiner theoretischen Studien über die Wirbelbildung in Zentrifugalpumpen. In den 1860er Jahren begann die Francisturbine das Wasserrad zu ersetzen, und um die Jahrhundertwende war sie allgemein bei hydro-elektrischen Kraftwerken eingesetzt.

Eine neue Turbinenart war die Peltonturbine, die rein zufällig erfunden wurde. Während des Goldrausches in den 1860er Jahren in Kalifornien war die allgemein angewendete Methode, Gold von taubem Gestein und Sand zu reinigen, das Erdreich durch einen unter hohem

C

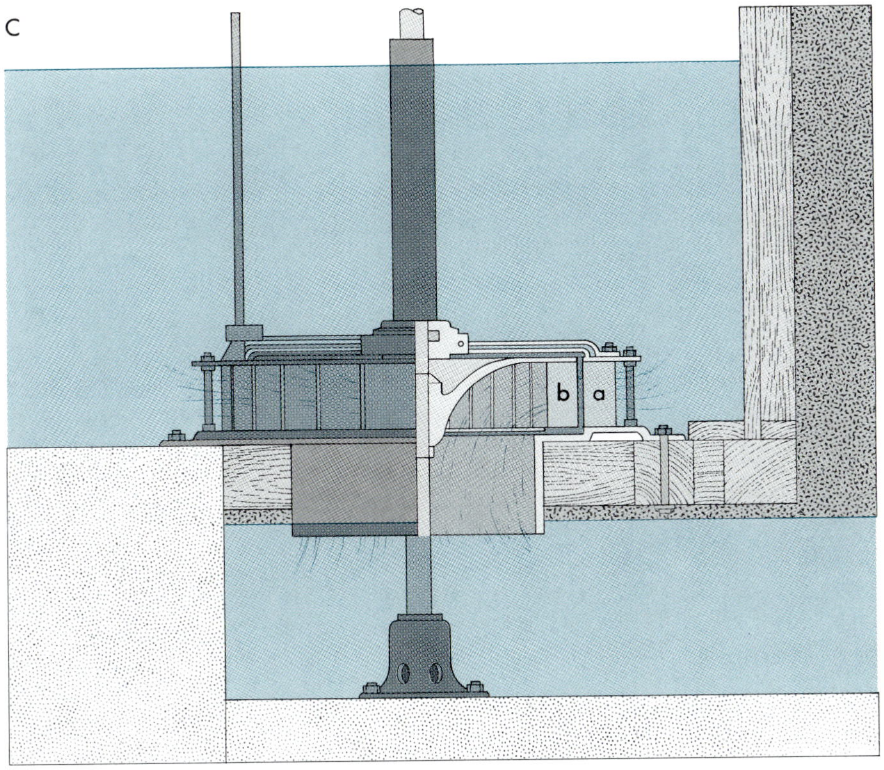

B. Bei der Jonvalturbine war das feststehende Leitrad (a) über dem Laufrad (b) angeordnet. Beide Räder hatten gleichen Durchmesser. Da der Turbinenausgang (c) zylinderförmig war und in ihm Unterdruck entstand, konnte man die Turbinenräder oberhalb des unteren Wasserspiegels anordnen.

C. Eine frühe Francisturbine. Turbinen dieser Art können sowohl vertikal als auch horizontal angeordnet werden und sind heute allgemein mit einem spiralförmigen Zulaufrohr mit Stützring und einem Saugrohr ausgestattet. In der hier dargestellten Turbine konnte das Wasser frei am ganzen Umfang des Leitrades (a) eintreten. Durch Verstellen der Leitschaufeln konnte der Wasserdurchfluß durch die Turbine geregelt werden. Das innere Laufrad (b) hatte gekrümmte Laufschaufeln. Dies erhöhte den Wirkungsgrad der Turbine.

D. Bei der Peltonturbine (**1**), einer Aktionsturbine, wird der Wasserstrahl auf die doppelt gekrümmten Laufschaufeln gerichtet. Wenn das Wasser auf die Laufschaufeln trifft (**2**), wird seine gesamte kinetische Energie auf das Laufrad übertragen. Die Düse (a), durch die das Wasser strömt, wurde von dem Amerikaner Abner Doble durch den Einbau einer Düsennadel (b) wesentlich verbessert. Wenn der Leistungsbedarf sinkt, wird die Düsennadel in der Düse vorgeschoben, so daß die ausströmende Wassermenge kleiner wird.

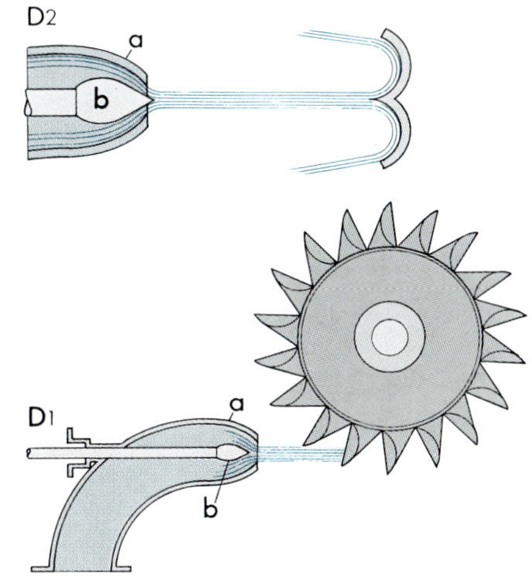

E

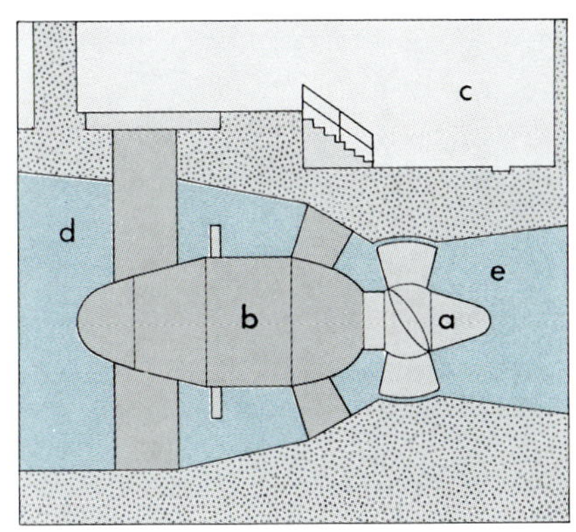

E. Bei Gezeitenkraftwerken müssen die Turbinen einen guten Wirkungsgrad bei Ebbe und bei Flut aufweisen. In dem röhrenförmigen Turbinenkanal befindet sich eine Kaplanturbine (a) mit dem stromlinienförmigen, wassergeschützten Generator (b). Das Kraftwerksgebäude (c) befindet sich oberhalb der Turbine. (d) Uferseite. (e) Meeresseite.

F. Die Kaplanturbine hat meist eine vertikale Achse. Sie hat entgegen allen anderen Turbinen drehbare Laufschaufeln (a). Die Leitschaufeln (b) sind ebenfalls drehbar und werden automatisch gegen die Laufschaufeln so verstellt, daß sich für den jeweiligen Leistungsbedarf der beste Wirkungsrad ergibt. Der Stützring (c) nimmt die auf das Spiralrohr (d) wirkenden Druckkräfte auf. (e) Zulaufrohr. Wie alle Propellerturbinen für geringe Fallhöhen und große Wassermengen benötigt die Kaplanturbine ein weit bemessenes Saugrohr. Wenn aber die Saughöhe zu groß ist, fällt der Druck am Laufrad so stark ab, daß die Kavitation ernste Probleme aufwirft; deshalb ist es manchmal notwendig, das Laufrad unterhalb des unteren Wasserspiegels anzuordnen.

F

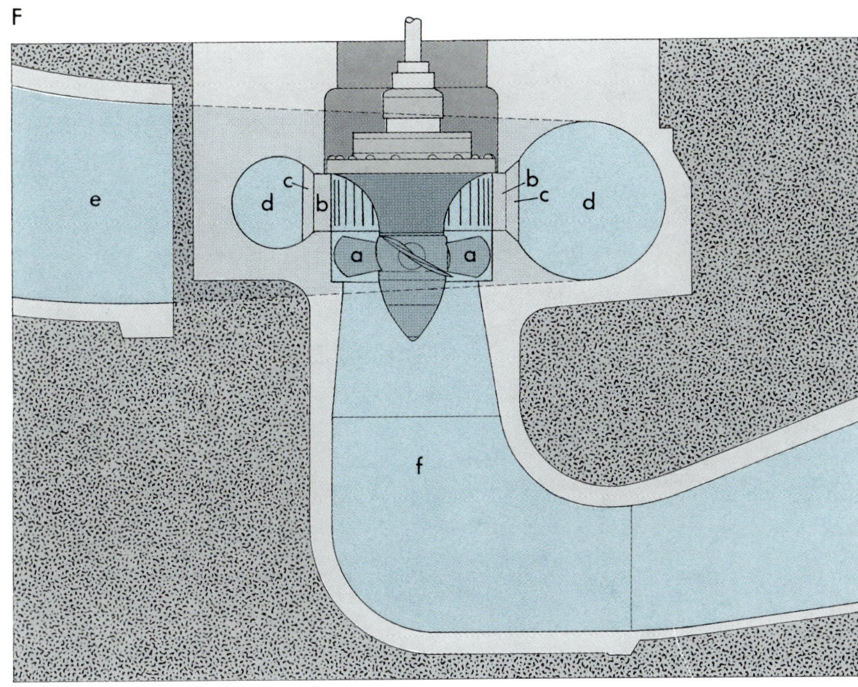

Druck stehenden Wasserstrahl abzuspülen. Das Wasser wurde zum Verwendungsort in Röhren oder Schläuchen aus Behältern oberhalb des Flusses geleitet. Um 1870, als kein Gold mehr gefunden wurde, verwendete man dieses Leitungswasser, um Wasserräder zu betreiben. Der Bergbauingenieur Lester A. Pelton (1829–1908), der in der Gegend arbeitete, hatte ein Wasserrad mit gekrümmten Schaufeln gebaut. Eines Tages traf der Wasserstrahl zufällig nur den äußeren Teil der gekrümmten Schaufeln, daraufhin nahm die Geschwindigkeit des Rades so stark zu, daß es in Stücke flog.

Dies machte L. Pelton neugierig. Nach langwierigen Untersuchungen stellte er fest, daß die Kraft des Wasserstrahls am stärksten wirkte, wenn seine Richtung nach dem Aufprall umgekehrt wurde. Er veränderte die Schaufelkonstruktion dahingehend, daß er sie aus zwei flachen Schalen herstellte, die er in der Mitte der Laufschaufel zusammenfügte. Diese Anordnung spaltet den Wasserstrahl in zwei Teile, und die Form der Schale bewirkt, daß die Bewegung der beiden Teilstrahlen umgekehrt wird. Eine oder mehrere Düsen können verwendet werden, das Rad mit Wasser zu beaufschlagen, das unter dem Namen Peltonrad bekannt wurde. Dieser Turbinentyp ist besonders geeignet für große Fallhöhen

A. Diese Windmühlenart wird in China noch heutzutage in Verbindung mit einer Pumpe zur Bewässerung oder zum Fördern der Sole in Salinen verwendet. Die Windflügel sehen wie Dschunkensegel aus; die Konstruktion wird meist aus Bambusstäben gemacht.

A

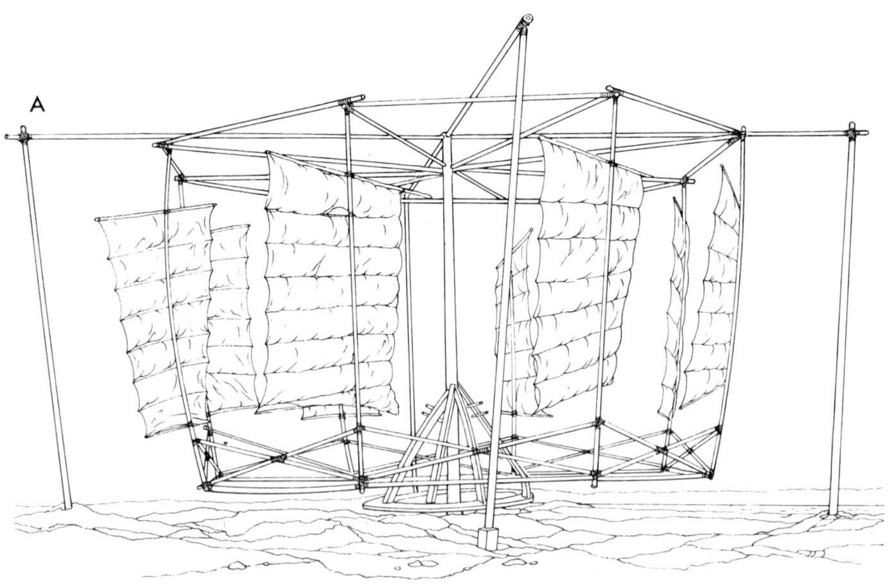

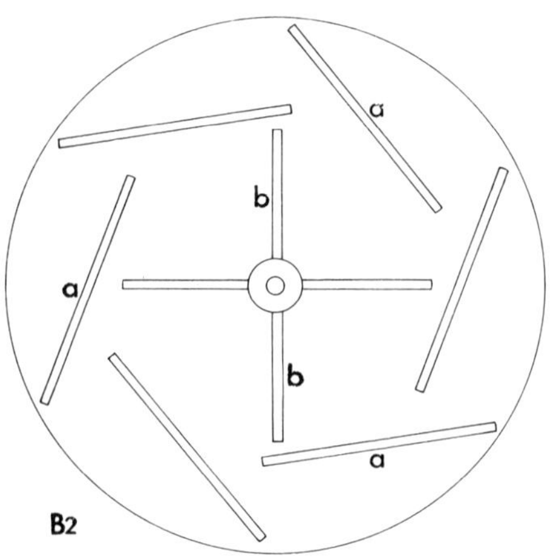

B2

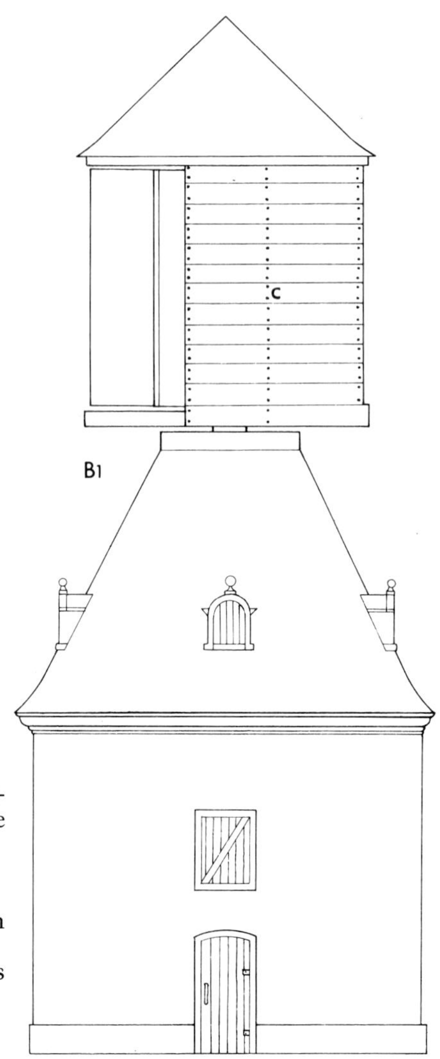

B1

B. Eine Windmühlenart (**1**), die im 18. Jahrhundert in Polen und möglicherweise in Portugal verwendet wurde. Die Mühle (**2**) hatte sechs Leitflügel und vier Windflügel, die an einer senkrechten Achse angebracht waren; in der Abbildung wird die Konstruktion im Grundriß gezeigt. Eine bewegliche Verkleidung (c) wurde auf einem Teil des Mühlenumfanges angebracht und war verschiebbar, um den Wind auf die Windmühlenflügel günstig zu richten.

des Wassers mit unterschiedlichem oder geringem Wasserzufluß. Die industrielle Herstellung des Peltonrades begann in den 1880er Jahren.

Eine vollkommen neue Konstruktion im Turbinenbau wurde um 1910 von dem Österreicher Victor Kaplan (1876–1934) entworfen. Er hatte versucht, die Francisturbine zu verbessern, die bei geringen Fallhöhen des Wassers einen kleinen Wirkungsgrad hat. Er kam auf die Idee, eine Turbine mit senkrechter Achse und einem propellerähnlichen Laufrad mit verstellbaren Laufschaufeln zu bauen. V. Kaplan ließ sich seine Konstruktion 1912 und 1913 patentieren, und eine ganze Reihe führender Turbinenhersteller begann die Turbine in Lizenz zu bauen. 1919 wurde die erste Kaplanturbine in einer Textilfabrik in Velm (Österreich) installiert. Sie hatte eine Leistung von 25,8 PS und eine Fallhöhe von 2,3 m. Weitere Turbinen dieser Leistung wurden im folgenden Jahr in Betrieb genommen, und die Zukunft der Kaplanturbine schien gesichert. Gerade in diesem Augenblick entdeckte man, daß die Laufschaufeln der Turbine in Velm stark korrodiert waren. Zunächst fand man dafür keine Erklärung, doch dann entdeckte V. Kaplan selbst die Ursache, die Kavitation, eine physikalische Erscheinung, die auftritt, wenn ein Propeller mit hoher Geschwindigkeit unter Wasser rotiert. Im Wasserstrom entsteht an der Saugseite der Laufschaufeln ein Unterdruck, der unter Umständen so groß werden kann, daß sich Dampfblasen bilden (Wasser kann bei Temperaturen unter 100 °C, selbst bei 0 °C kochen, wenn der Druck genügend klein ist). Wenn die Dampfblasen an den Laufschaufeln kondensieren, korrodieren sie die Schaufeloberfläche sehr stark.

Dieses Problem weckte bei den Turbinenherstellern Zweifel an der Verwendungsmöglichkeit der Kaplanturbine, und sie wendeten sich anderen Turbinenkonstruktionen zu. In jener Zeit untersuchte die schwedische staatliche Elektrizitätsgesellschaft die Möglichkeiten der Nutzung des Flusses Göta. Für Lilla Edet war ein mit einer Kaplanturbine ausgestattetes Kraftwerk geplant, und die Elektrizitätsgesellschaft beauftragte den Turbinenfabrikanten Ignaz Storek aus V. Kaplans Heimatort Brünn, die Turbinen zu bauen. Das Projekt verließ jedoch wegen der aufgetretenen Kavitationsprobleme nie das Planungsstadium, so daß sich die staatliche Elektrizitätsgesellschaft hilfesuchend an ein schwedisches Unternehmen, die Karlstads Mekaniska Werkstad, wandte, das eine Kaplanturbine für Untersuchungszwecke gebaut hatte und gerade am Kavitationsproblem arbeitete. Eine Kaplanturbine wurde dort in Auftrag gegeben, während bei einer anderen Gesellschaft eine Francisturbine für den Fall in Auftrag ging, daß die Kaplanturbine das gesteckte Ziel nicht erreichen sollte.

Es folgte nun eine hektische Zeit fieberhafter Forschung und Entwicklung. Olaf Englesson (1884–1953), der leitende Ingenieur der Firma, stand mit V. Kaplan fast in ständigem Kontakt. Unter anderem entwikkelte das Unternehmen ein völlig neues Steuerungssystem in Form des hydraulischen Servosystems zum Drehen der Laufschaufeln. Trotz aller Widrigkeiten wurde die Turbine fertiggestellt und 1926 innerhalb der festgesetzten Frist in Betrieb genommen. Sie hatte eine Leistung von 10000 PS und eine Fallhöhe von 6,5 m. Der Durchmesser des Laufrades war 5,8 m.

Nachdem nun das Eis gebrochen war, wurden in mehreren Ländern Kaplanturbinen gekauft. Unter den Kunden der Karlstad Mekaniska Werkstad war auch die Sowjetunion, die 1929 acht 28-MW-Kaplanturbinen für ein Kraftwerk an der Svir am Ladogasee in Auftrag gab und dort einbaute. Die Kaplanturbine ist besonders geeignet für kleine Fallhöhen und große Wassermengen und beherrscht heute den Markt auf diesem Felde.

In den 40er Jahren wurde in Deutschland eine interessante Abwandlung der Kaplanturbine entwickelt. Sie bestand aus einer Kaplanturbine, der in einer stromlinienförmigen Ummantelung ein Generator nachgeschaltet war. Beide Einheiten wurden horizontal in waagrechten Stollen des Kraftwerkes eingebaut. Nach weiterer Entwicklung in Frankreich wurden 24 10 MW starke, reversible Turbinen im Gezeitenkraftwerk an der Rance eingebaut. In der Sowjetunion wurde 1968 ein kleines Gezeitenkraftwerk mit ebensolchen Turbinen in Kislogub auf der Halbinsel Kola zu Forschungszwecken erbaut. Man will mit diesem Projekt Erfahrungen sammeln, um an anderen Stellen sehr große Gezeitenkraftwerke planen und erbauen zu können.

Die Windkraft

Wahrscheinlich benutzte der Mensch bereits im Paläolithikum die Windkraft und ließ sich in seinem einfachen Boot auf dem Wasser treiben. Das von ihm verwendete Segel war vielleicht aus ineinanderverflochtenen Zweigen gemacht oder auch nur ein stark beblätterter Zweig, den er auf dem Holzstamm, seinem primitiven Gefährt, befestigte. Die Kunst, Kleider zu machen, ist alt, und gewobene Segel waren den Sumerern schon um 3500 v. Chr. bekannt.

In den letzten Jahrhunderten vor Christi Geburt war die Kunst der Takelung selbst bei großen Schiffen im Mittelmeergebiet gut entwickelt. Einige der verspielten Maschinen, die von den Ingenieuren der Alexandrinischen Schule erfunden worden sind und durch Wind betrieben wurden, haben vielleicht die Aufmerksamkeit der Menschen auf die Windkraft gelenkt. Eine noch enge Beziehung zwischen dem Segel und dem Windmotor kann in Form der Windmühlen auf der griechischen Insel Mykonos gesehen werden. In der hellenischen Zeit waren die Bewohner dieser Insel bedeutende Seefahrer, die die Segeltechnik vervollkommnet haben. Es kann wohl kaum als Zufall gelten, daß die Windmühlenflügel mit Segeltuch bezogen sind und nicht aus Holz bestehen. Zu Beginn des Christentums blühte dort vielleicht eine technisch fortschrittliche Zivilisation mit Rhodos als Zentrum. Während man sehr wenig über diese Zivilisation kennt, glaubt Derek de Solla Price, daß sie die oben beschriebene Antikythera-Vorrichtung hervorgebracht hatte. Die Hoffnung bleibt, daß weitere Funde mehr Kenntnisse über jene Zivilisation bringen und so einiges Licht auf die früheste technische Nutzung der Windkraft im Westen werfen werden.

Allgemein wird jedoch angenommen, daß die älteste Windmühle aus dem Persien des 7. Jahrhunderts stammt. Das eigentliche Ursprungsgebiet sei die persische Provinz Seistan, die nach der Beschreibung eines arabischen Geographen aus dem 10. Jahrhundert „ein Land aus Wind und Sand" sei. Er fährt fort: „Ein charakteristisches Kennzeichen jener Gegend ist die Nutzung der Windkraft als Antriebsmittel für Bewässerungspumpen." Es wird auch allgemein angenommen, daß der Prototyp der Windmühle von Seistan die windgetriebene Gebetsmühle ist, die in jener Zeit in Zentralasien verwendet und von chinesischen Reisenden im 15. Jahrhundert beschrieben wurde. Der Antriebsmechanismus bestand aus einem Flügelrad, das sich um eine vertikale Achse drehte und dem modernen Anemometer nicht unähnlich sah.

Die Windmühlen von Seistan besaßen auch senkrechte Achsen und trieben die Mühlsteine direkt, ohne Zwischenschalten eines Getriebes an. Eine Besonderheit dieser Windmühlen war ihre zweigeschossige Bauweise. Im unteren Geschoß befanden sich die Windmühlenflügel; einer der beiden Mühlsteine war im oberen Geschoß eingebaut. Die Konstruktion erinnerte etwas an die ersten Wassermühlen, doch gilt es als unwahrscheinlich, daß zwischen den Laufschaufeln des Wasserrades und denjenigen der Windmühle von Seistan irgendwelche Verbindungen

C. Diese Windmühlen mit 8 bis 12 Windmühlenflügel mit Segelfläche charakterisieren noch immer die ägäische Landschaft. Das Ursprungsland dieser Windmühlen ist nicht bekannt, doch wird vermutet, daß sie im 14. Jahrhundert im westlichen Europa in Gebrauch kamen.

C

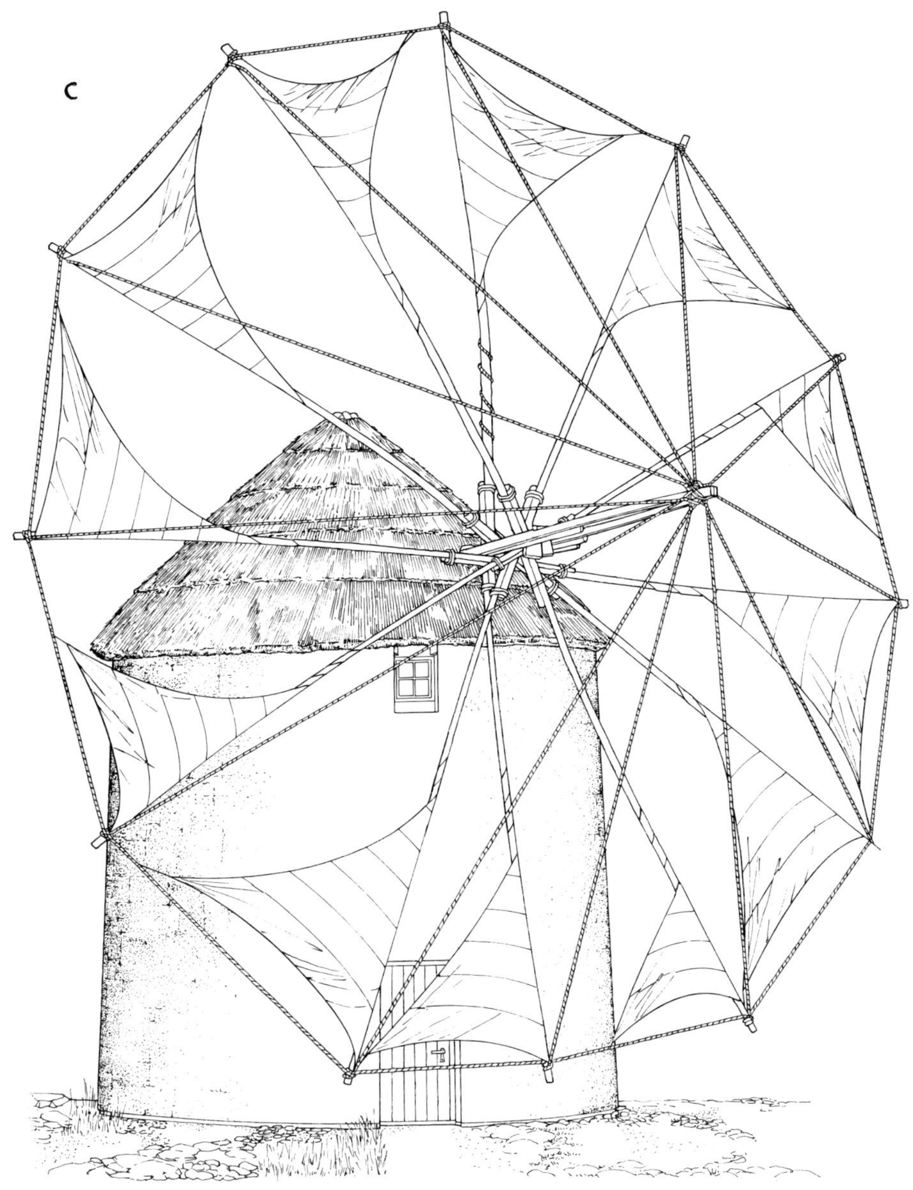

A. Dieser Windmühlentyp, der in D. Diderots Enzyklopädie beschrieben wird, war im 18. Jahrhundert in vielen Teilen Europas verbreitet. Wenn der Wind wechselte, mußte die ganze Mühle gedreht werden.

A

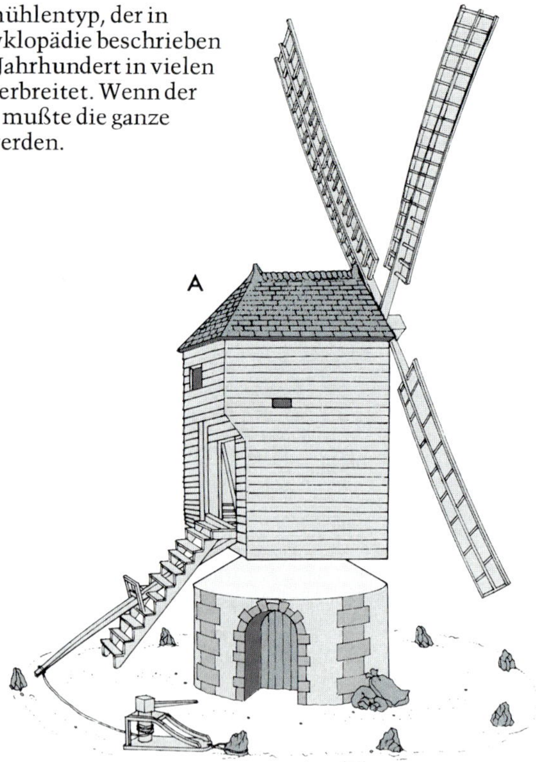

C

D. Eine Holländer-Windmühle vom Beginn des 18. Jahrhunderts aus dem Werk *Architectura mechanica oder Moole-Boek van eenige opstallen van Moolens nevens hare Gronden* von Peter Linperch, das 1727 in Amsterdam veröffentlicht wurde.

B

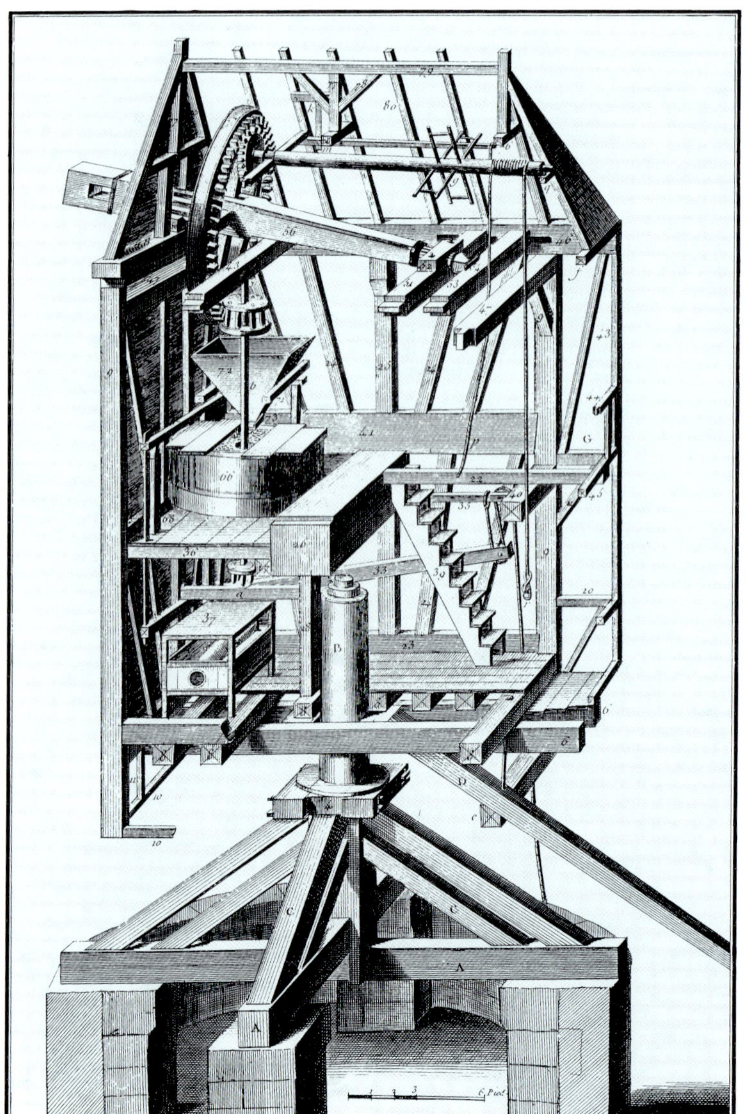

B. Das Innere der Windmühle nach D. Diderots Enzyklopädie. Der Müller konnte die Drehgeschwindigkeit der Mühlsteine durch die Bremse (a) steuern.

C. A. Ramelli erläuterte als erster den inneren Aufbau einer Windmühle. Diese Darstellung ist eine der vielen Windmühlen, die er in seinem Werk *Le diverse et artificiose machine* 1588 beschrieb. Die Drehvorrichtung für die Windmühlenhaube kann deutlich gesehen werden.

D

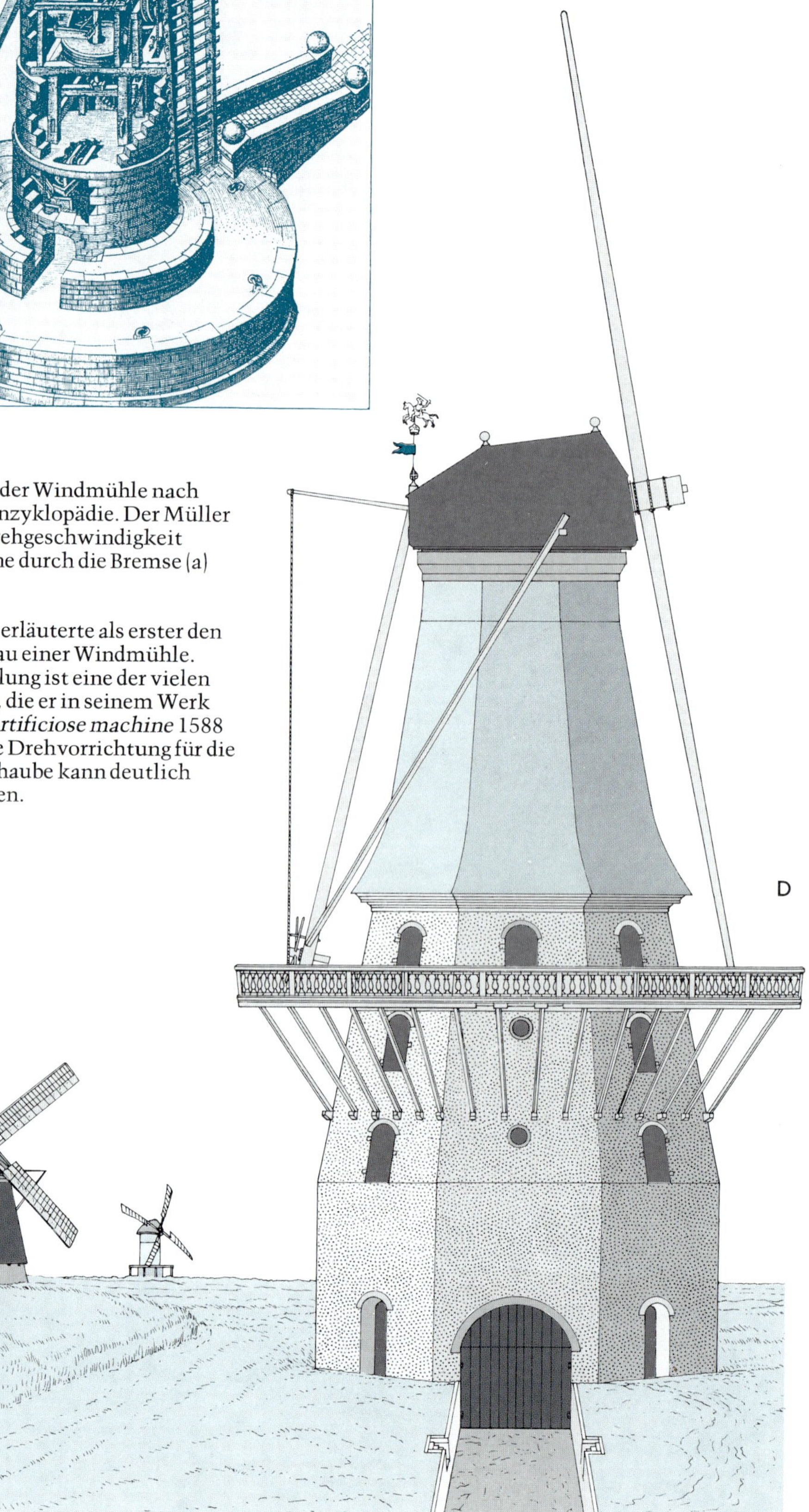

bestanden, wenn es auch möglich ist, daß die Konstruktion der Mühlsteine der Wassermühle einen Einfluß gehabt haben kann. Abgesehen hiervon, erschienen beide Konstruktionen jeweils in vollkommen anderen Landschaften und völlig anderen morphologischen Gegebenheiten.

Es werden verschiedene Auffassungen vertreten, wie die Windmühle nach Europa kam. Zwei Wege werden für möglich gehalten: der eine führt im Zuge der Ausbreitung des Islam über Marokko nach Spanien, und der andere verfolgte die Handelswege aus Persien über die Kaspische See und entlang der russischen Flüsse in die baltischen Länder und nach Nordeuropa. Auch die Wikinger, die nach Osten zogen, trugen zur Ausbreitung der Windmühle bei.

Die erste urkundliche Nennung einer Windmühle in Europa geschah in einer päpstlichen Bulle von 1105, in der dem Abt von Savigny die Erlaubnis erteilt wird, Windmühlen in den Bistümern von Bayeux, Coutances und Evreux zu bauen. Im frühen 13. Jahrhundert war die Windmühle über ganz Europa verbreitet. Sie wurde besonders häufig in Holland verwendet, wo man sie vom 13. Jahrhundert an zur Wasserförderung und Landentwässerung einsetzte. 1341 versuchte der Bischof von Utrecht alleiniges Recht auf den Wind zu erwerben, der in seinem Bistum blies. Diese Tatsache alleine unterstreicht nach Auffassung von L. Mumford die große Bedeutung der Windmühle für die Wirtschaft jener Zeit in Holland.

Windmühlen werden nach der Art eingeteilt, wie die Windmühlenflügel ständig am Wind gehalten werden. Eine der beiden Hauptgruppen ist die Bockmühle, bei der das ganze Mühlenhaus auf drehbaren Lagern ruht, die auf einem festen Unterbau aus Holz oder Stein verankert sind. Je größer und schwerer die Mühle wird, um so schwieriger wird es, sie zu drehen. Es wurde daher eine zweite Gruppe von Mühlen entwickelt, bei der die Achse der Windmühlenflügel in Lagern oben in der Mühlenhaube angebracht und die Haube selbst gegen den Haubenunterbau drehbar war (Holländermühle). Dieser Windmühlentyp kam im 14. Jahrhundert in Gebrauch.

In den folgenden Jahrhunderten wurde die Windkraft neben dem Getreidemahlen auch für andere Arbeiten nutzbar gemacht. Im 15. Jahrhundert gab es windgetriebene Sägemühlen, Bergwerksförderanlagen und Pochwerke.

Wie das Wasserrad beflügelte auch die Windmühle die Vorstellungen der Erfinder. Ein illustriertes Manuskript von 1320, das von dem Mönch Walter de Milimete verfaßt wurde, zeigt viele bemerkenswerte Anwendungsmöglichkeiten der Windmühle, unter ihnen das Hinüberblasen von Bienenschwärmen in belagerte Burgen und Festungen! Am Ende des 15. Jahrhunderts versuchten einige Ingenieure der Renaissance, unter ihnen Jacopo Mariano Taccola, ein windgetriebenes Landfahrzeug zu bauen.

Eine ungewöhnliche Anwendung der Windkraft fand in London in der Mitte des 18. Jahrhunderts statt. Über dem eindrucksvollen Portal des Newgate-Gefängnisses wurde eine Windmaschine errichtet, die eine Lüftungsanlage betrieb, die von Dr. Stephen Hale, einem Biologen, konstruiert worden war. Die hygienischen Voraussetzungen, insbesondere die Belüftung von Räumen, waren damals in England sehr schlecht und sind zum Teil auf die Fenstersteuer zurückzuführen, die auf die Anzahl und Größe der Fenster von Wohngebäuden und Gefängnissen erhoben wurde. Die Lüftungsanlage von S. Hale wurde 1752 in Newgate und später in einigen anderen Gefängnissen eingebaut.

Der Bau von Wind- und Wassermühlen beeinflußte den Maschinenbau sehr stark. Es entstanden neue Gewerbezweige, die sich mit dem Bau der Mühle bis zu ihrer Wartung befaßten; die letztere wurde meist

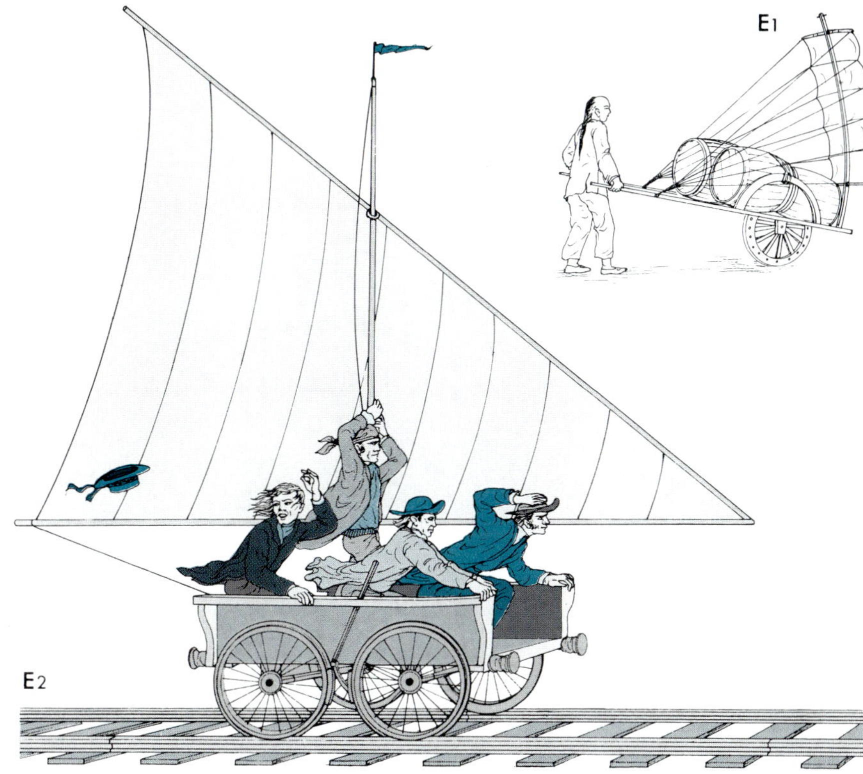

E. In der Vergangenheit hatte man viele Versuche unternommen, die Windkraft für verschiedene Zwecke zu nutzen. Im alten China gab es Straßenhändler, deren Karren mit Segeln ausgestattet waren (**1**), und im 19. Jahrhundert wurde ein mit Segeln versehener Eisenbahnwagen (**2**) konstruiert, doch hatte dieser kaum oder keine Verbreitung gefunden.

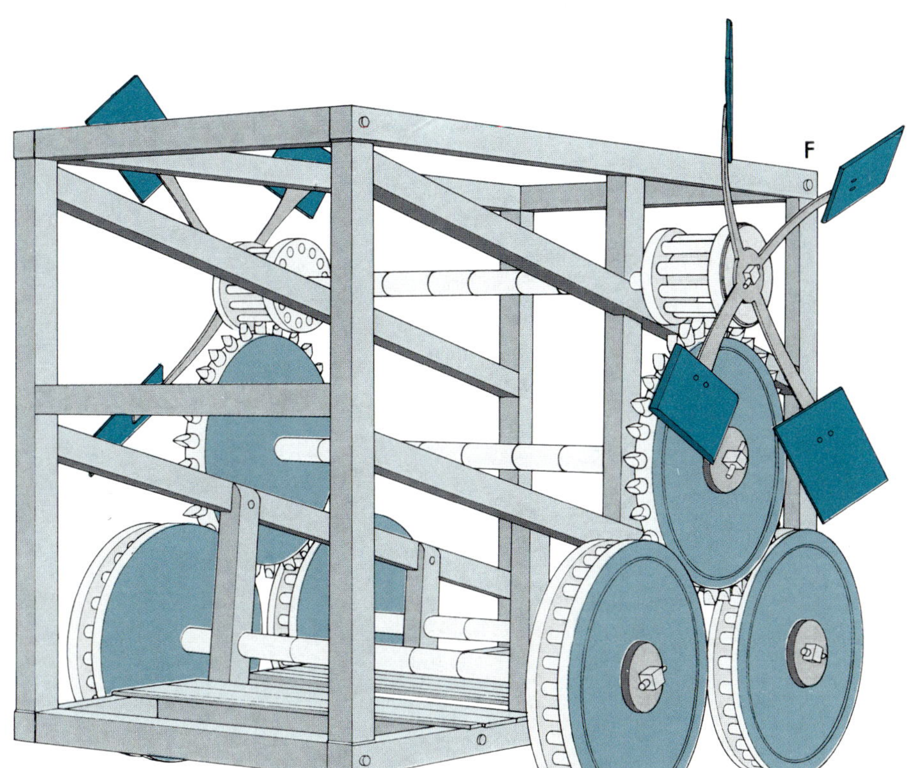

F. Dieser windgetriebene Wagen wurde in der Zeit der Renaissance von dem italienischen Ingenieur Roberto Valturio (? – 1484) konstruiert.

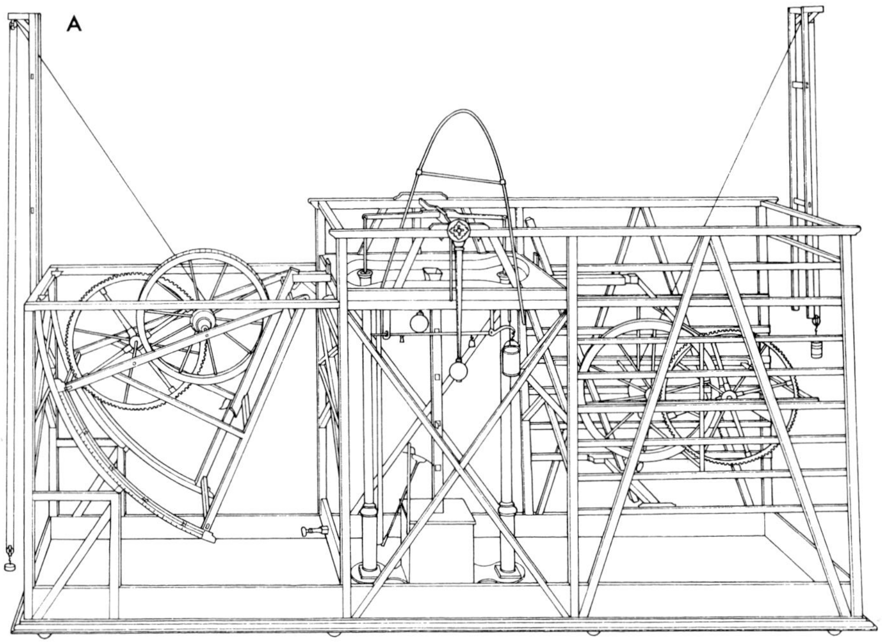

A. Mit dieser Vorrichtung prüfte Chr. Polhem am Anfang des 18. Jahrhunderts den Wirkungsgrad von Wasserrädern. Die Ergebnisse seiner Versuche waren nicht besonders zuverlässig, da die Versuchsbedingungen und die Bedingungen, unter denen die Wasserräder und Getriebe arbeiteten, sehr unterschiedlich waren. Die ersten zuverlässigen Untersuchungen über den Wirkungsgrad von Wasserrädern führte John Smeaton (1757) durch.

B. Ein Schnitt durch die von J. Smeaton entwickelte Vorrichtung zum Messen der Wasserkraft, die auf das unterschlächtige Wasserrad wirkt. Das Wasser wurde mit der Pumpe (b) in den Wasserbehälter (a) gepumpt, in dem sich ein Schwimmer und ein Maßstab (c) befanden. Wenn man das Schütz (d) öffnete, floß das Wasser gegen das Wasserrad (e), um dessen Achse dann ein Seil (f) aufgewickelt wurde. Das Seil führte über zwei Rollen (g) und war am Balken (h) befestigt. In eine der Rollen war eine Waagschale mit Gewichten eingehängt. Etwas verändert konnte die Vorrichtung auch für Untersuchungen an oberschlächtigen Wasserrädern verwendet werden.

vom Müller und seinen Gesellen erledigt. Die neuen Handwerker jener Zeit waren die Vorläufer der heutigen Maschinenbauingenieure.

Jahrhundertelang führten die Ingenieure, *mechanici*, „Kunstmeister", oder wie sie hießen, ihre Konstruktionen aus, bei denen sie die Grundregel des „Über-den-Daumen-Peilens" oder den „klaren Menschenverstand" anwendeten. Erst im 18. Jahrhundert begann man, sich für den theoretischen Hintergrund der zunehmend imposanter und größer werdenden Maschinen zu interessieren. Die Arbeiten von Isaac Newton (1642–1727) über die klassische Mechanik waren nun allgemein bekannt und trugen zu jenem erwachten Interesse bei. In den 1690er Jahren baute Chr. Polhem eine Versuchsanordnung, um die Leistung verschiedener Arten von Wasserrädern mit unterschiedlichen Laufschaufeln miteinander vergleichen zu können. Er wendete seine Untersuchungsergebnisse praktisch im Bergwerk Falu und in den Stjernsund Werken an. In seinem Bericht über die Versuche kam Chr. Polhem der Definition der Einheit der Leistung sehr nahe. Schließlich war es J. Watt, der diese Einheit, die Pferdestärke, einführte und als die Leistung definierte, die aufzuwenden ist, um einen Körper von 75 kg in einer Sekunde einen Meter hoch zu heben.

Der Engländer J. Smeaton (1724–1792) führte umfangreiche und miteinander vergleichbare Untersuchungen über die Leistungsmöglichkeiten von Wasser und Wind durch. Er prüfte die Untersuchungsergebnisse in der Praxis, bevor er sie der Royal Society 1759 in London vorstellte. J. Smeatons Abhandlung „Experimental Enquiry Concerning the Natural Power of Water and Wind" kam am Vorabend der Dampfkraft heraus. Diese Schrift fand in Europa weite Verbreitung und hat sicherlich dazu beigetragen, daß die Wind- und Wasserkraft neben der Dampfkraft noch lange Zeit, bis weit in das 20. Jahrhundert genutzt wurde.

Die Bedeutung der Wind- und Wasserkraft zum Beginn der Industrialisierung ist in Anbetracht der Dampfkraft oft unterschätzt worden, doch hatten diese Kräfte der Natur bis dahin die meisten Betriebe und Fabriken mit Energie versorgt.

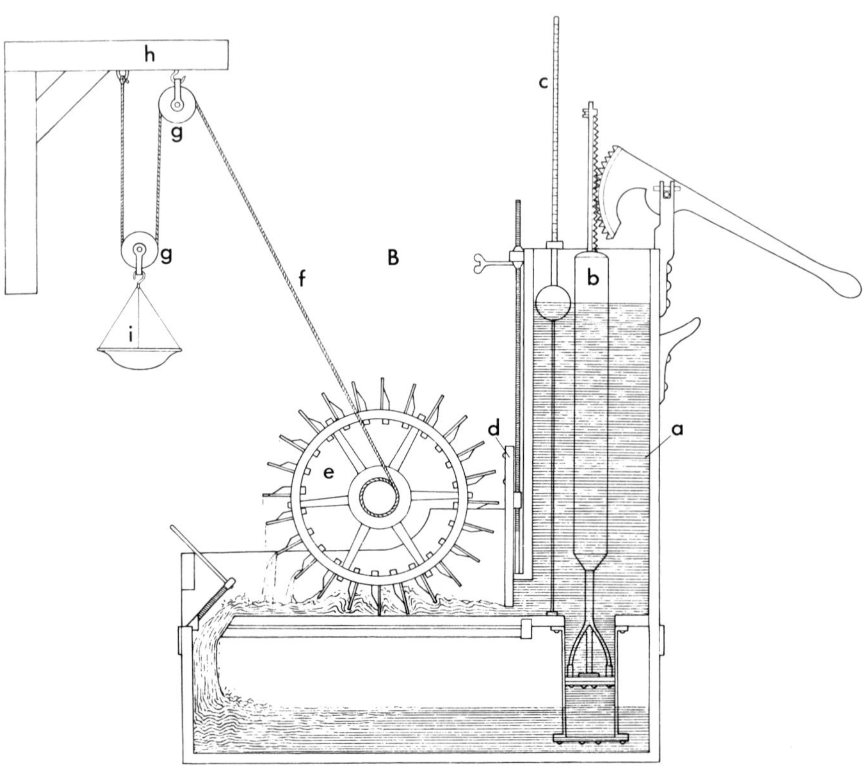

Antriebsmaschinen II. Dampf- und Verbrennungskraftmaschinen

Auf die früheren Versuche, die Dampfkraft zu nutzen, wurde schon bei Herons *Aelopile* und Archimedes' Überlegungen über eine Dampfkanone, die von Leonardo da Vinci später wieder aufgegriffen wurden, hingewiesen. Was behinderte damals die eingeschlagene Weiterentwicklung jener Gedanken? Warum knüpfte niemand dort an, wo Heron und Archimedes aufgehört hatten? (Leonardo da Vinci muß ausgeschlossen werden, weil seine Skizzen und Notizen in Archiven vergraben blieben, bis sie an Aktualität einbüßten.) Viele versuchten eine Antwort auf diese Fragen zu geben, indem sie sagten, daß im Altertum und im Mittelalter einfach kein Bedarf an Dampfkraft bestand, weil es billige Arbeitskräfte gab. Wenn dies der Fall gewesen wäre, hätte man da nicht ebenso auf die Nutzung der Wind- und Wasserkraft verzichten können? Sicherlich nicht. Die mächtigen Herrscher wären noch mächtiger geworden, wenn sie dampfgetriebene Maschinen gehabt hätten. Ihre Ingenieure hätten dann sicher Kriegsschiffe mit dampf- statt mit ochsengetriebenen Schaufelrädern konstruiert und Angriffsfahrzeuge, die mit Dampf statt vom Wind angetrieben worden wären.

Die Wahrheit ist vielmehr darin zu suchen, daß gewisse wissenschaftliche Grundkenntnisse erforderlich sind, bevor die Dampfkraft angewendet werden kann. Diese Grundkenntnisse waren bis zur Mitte des 18. Jahrhunderts nicht vorhanden. So dachte man zum Beispiel damals, daß das Wasser ein Element sei. Welche chemischen oder physikalischen Vorgänge bei der Verbrennung stattfanden, war ein unlösbares Geheimnis. Verließ eine geheimnisvolle Substanz, das Phlogiston, die Materie bei der Verbrennung? Feuer gab Wärme, aber was war Wärme und was geschah, wenn Wasser in Dampf umgewandelt wurde? Diese und andere Fragen wurden erstmals im 17. und 18. Jahrhundert beantwortet, und da wurde auch die Dampfkraft geboren, entwickelt und umfassend eingesetzt.

Von Leonardo da Vinci an waren viele Wissenschaftler und Ingenieure von den Eigenschaften des Dampfes gefesselt. Ihre Gedanken wurden vielleicht angeregt durch die Arbeiten Herons und Archimedes', die in der Renaissance übersetzt, bearbeitet und verbreitet wurden. Man kann Herons Aelopile hinter den Antriebsmaschinen erkennen, die von den Italienern Giovanni Battista della Porta (1538–1615), Vannocio Biringuccio (1480–1538?) und Giovanni Branca (1571–1640) vorgeschlagen wurden. Im 17. Jahrhundert experimentierte der große französische Ingenieur Salomon de Caus mit Dampfdrücken in kugelförmigen Behältern und fand heraus, daß sich mit dem Einbau einer Leitung in einen solchen Behälter die schönsten Springbrunnen mit ihren tanzenden und spielenden Figuren betreiben ließen.

Der Mann, der den Grundstein für den Durchbruch der Dampftechnik legte, war der vielseitige Bürgermeister von Magdeburg, Otto von Guericke (1602–1686). Er war von den Ingenieuren der Alexandrinischen Schule beeinflußt und verbesserte unter anderem die Luftpumpe des Ktesibios, die er später für seine Vakuumversuche oder Versuche mit „luftleeren Räumen" verwendete. Der berühmteste war der Versuch mit den Magdeburger Halbkugeln, zwei großen Halbkugeln aus Kupfer, die zusammengesetzt, abgedichtet und evakuiert nicht einmal von vier Paar Pferden auseinander gezogen werden konnten. O. von Guericke führte noch einen anderen sehr einprägsamen Versuch über die Wirkung des Luftdrucks durch. Seine Luftpumpe wurde an einen kugelförmigen, aus Kupferplatten hergestellten Behälter angeschlossen, und zwei starke Männer pumpten die Luft heraus. Ein Knall, und die Kugel brach in sich zusammen, als ob sie aus Papier gemacht wäre! Dies war die erste bekannt gewordene Implosion (Gegenteil einer Explosion). Er erkannte sofort, daß die *Kraft aus dem Nichts* nützliche Arbeit leisten konnte.

Heute sind das Vakuum und der Druck der Luft allgemein bekannte Erscheinungen, doch waren sie für den Gelehrten des 17. Jahrhunderts Gegenstand tiefschürfender philosophischer Diskussion. Die Philosophen des Altertums bezeichneten die Luft als eines der vier Elemente. Doch was war Luft? War sie überhaupt etwas? Als um 1660 der englische König Karl II. und sein Hof die Royal Society besuchten, wurde ihnen ein Versuch vorgeführt, bei dem Luft gewogen werden sollte. Die Höflinge lachten dümmlich; wie konnte jemand auf die Idee kommen, Luft zu wiegen? Da gibt es nichts in der Luft, jedermann kann dies feststellen!

Es wird behauptet, daß O. von Guericke eines der Geheimnisse der Luft lüftete, als er einst seiner Nase folgte. Eines Tages als er eine Rose in der Hand hielt, stellte er fest, daß der Duft nicht so kräftig war, wenn

Der zu einfache Vorschlag Giovanni Brancas zur Verwendung einer Dampfturbine als Antrieb eines Pochwerkes, einer Anlage, die das Erz zerkleinerte, bevor dieses in den Schmelzofen kam.

A. Dampfmaschine von Denis Papin. Dampf kam aus dem Dampftopf (a) in das Gefäß (b) mit einem Schwimmer als Kolben (c). Der Behälter (d) in dem Kolben sollte mit rotglühendem Schrott gefüllt werden, um den Dampf zu überhitzen. Sobald der Dampf den Kolben herunter drückte, wurde die Ventilklappe (e) des Wasserbehälters geschlossen. Gleichzeitig wurde die Ventilklappe (f) der Steigleitung (g) geöffnet, und das Wasser wurde in den Wasserbehälter (h) gepumpt. Sobald der Kolben den Boden des Gefäßes (b) erreichte, wurde der Hahn (i) geschlossen, um die Dampfzufuhr zu unterbrechen, und der Hahn (j) geöffnet, damit der Dampf entweichen konnte. Der Wasserdruck schloß dann die Ventilklappe (f) zu und (e) auf, so daß Wasser einströmen konnte. (k) Sicherheitsventil.

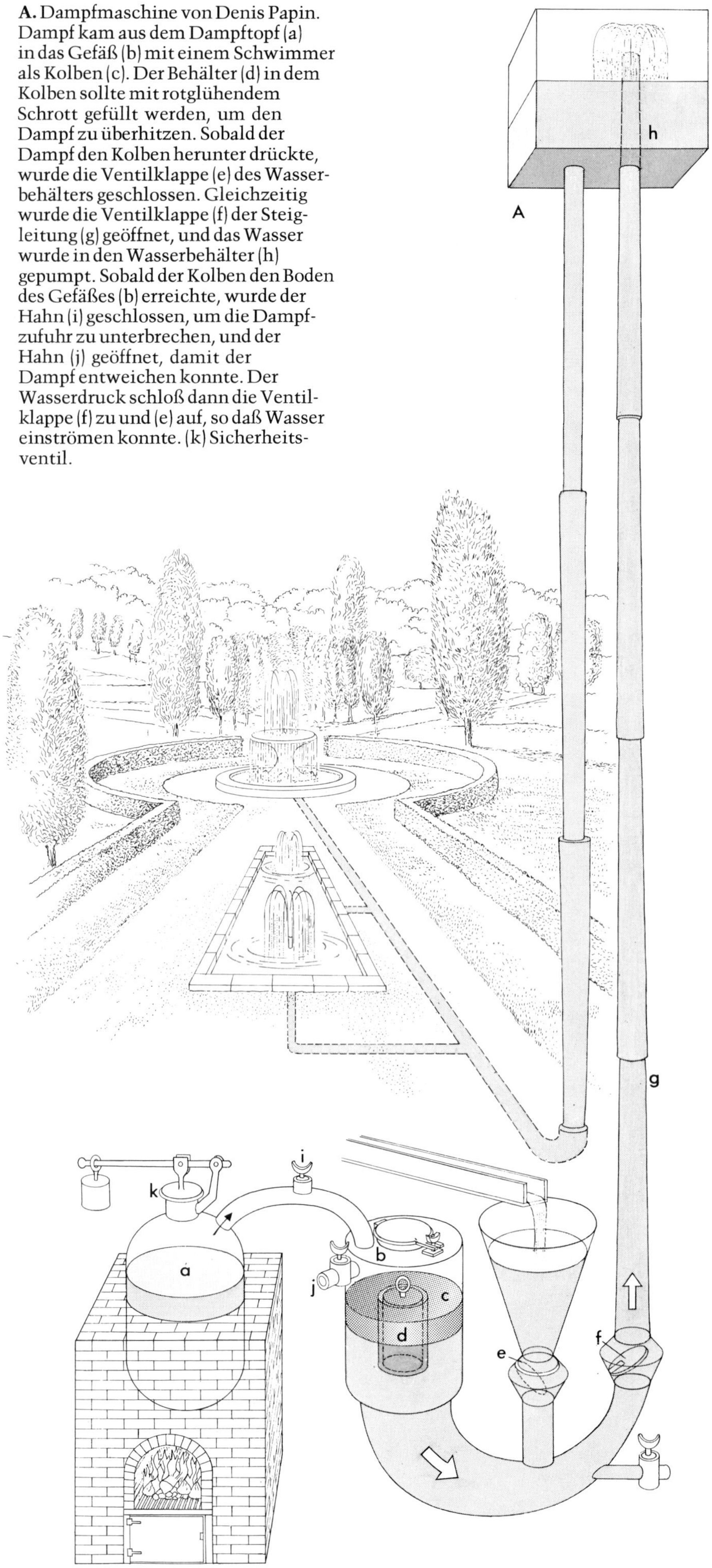

er die Rose weiter weg hielt. Die Luft verdünnte den Geruch, dachte er, wie das Wasser einen Tropfen roten Weines verdünnt. Mit anderen Worten, die Luft mußte aus Materie bestehen! Diese Geschichte mag ein spätes vernunftmäßiges Erfassen oder eine dichterische Erfindung dessen sein, was tatsächlich vor sich ging, doch nach dem italienischen Spruch „war es gut erfunden, wenn es auch nicht wahr war" (se non è vero, è ben trovato). Bei den ersten Versuchen mit den Kupferhalbkugeln wurden diese mit Wasser gefüllt, und man konnte sehen, daß Wasser herausgepumpt wurde. Die Erkenntnisse mit der Rose ließen O. von Guericke schließlich nur Luft aus der Kugel pumpen. Der Knall des zusammenstürzenden Behälters war das Fanal für die Nutzung der Kraft aus dem Nichts.

O. von Guericke wurde mit Recht als der Vater der Kraftmaschine genannt, obwohl man solchen Bezeichnungen immer mit einem Vorbehalt begegnen sollte. Mitte der 1650er Jahre veröffentlichte er seine Untersuchungsergebnisse. Überall in Europa wurden die Versuche mit den Halbkugeln wiederholt.

Ungefähr in jener Zeit war der holländische Wissenschaftler Christiaan Huygens (1629–1695), der hauptsächlich in Paris lebte, Assistent bei dem jungen französischen Arzt Denis Papin (1647–1714) bei seinen Versuchen mit hohen und niedrigen Drücken. D. Papin hatte schon früher mit Drücken gearbeitet; 1681 veröffentlichte er seine berühmteste Erfindung, den Dampfdruckbehälter mit einem Sicherheitsventil. Einige Jahre später versuchten er und Chr. Huygens einen Zylinder zu evakuieren, indem sie Schießpulver in ihm entzündeten. Sie stellten bald fest, daß der Druck im Zylinder nicht fiel, sondern beträchtlich stieg. Sie entwarfen dann das, was als eine Verbrennungskraftmaschine bezeichnet werden konnte, indem sie sich die Idee, in dem Zylinder einen Kolben vorzusehen, von O. von Guericke ausliehen; sie wollten diese Schießpulvermaschine zur Wasserhebung verwenden. Sie boten eine verbesserte Ausführung der Maschine Louis XIV. für die Wasserförderung für die Brunnen von Versailles an, doch lehnte Jean Baptiste Colbert, der pragmatische Finanzminister, das Angebot ab.

D. Papin setzte seine Versuche mit dem Vakuum fort. Er war von 1687 an Professor in Marburg. Er entwarf eine sehr wirksame doppeltwirkende Luftpumpe und war nach dem deutschen Philosophen und Mathematiker Gottfried Wilhelm von Leibniz (1646–1716) der erste Mensch, der wirklich verstand, was ein Gas ist. D. Papin begann nun die Eigenschaften des Dampfes zu erforschen und entdeckte, was er suchte, wenn der Dampf abkühlte und kondensierte, nämlich Wasser! Die Kraft aus dem Nichts war besiegt! D. Papin erkannte die Bedeutung seiner Entdeckung und schrieb triumphierend, daß das, was er mit Schießpulver zu erreichen versuchte, er einfacher und billiger durch Erhitzen des Wassers und Abkühlen des Dampfes erzielte. Er fuhr fort, daß es mit dieser Methode leicht sein würde, Maschinen zu bauen, die Mühlen, Schiffe gegen Wind und Fahrzeuge aller Art antrieben. In einem visionären Augenblick schilderte er in seinem Brief an G. W. von Leibniz die Segnungen, die die neue Maschine den Menschen bringen würde, wenn sie ihnen all' ihre schweren Arbeiten abnehmen würde.

D. Papin stand im Dienste des hessischen Kurfürsten, dem er ein Modell seiner Maschine zeigte und begeistert ihre Funktion erläuterte. Es gab jedoch in jener Zeit keine Stahlwerke, die die notwendigen großen Zylinder herstellen, und keine Handwerker, die solch eine Maschine hätten bauen können. D. Papin schlug dem Kurfürsten vor, eine Fabrik zu finanzieren, in der die Maschinen hergestellt und Handwerker zum Bau und Betrieb dieser Maschinen ausgebildet werden konnten. Der Kurfürst hatte jedoch kein Geld für ein solches Unternehmen. Abgesehen hiervon, verstand der Kurfürst nur sehr wenige von Naturwissenschaften und hatte Mühe, den begeisterten Erklärungen des gelehrten Professors zu folgen. Der Kurfürst wollte aber wenigstens seine Gärten in Kassel verbessern und Springbrunnen in ähnlicher Weise bauen lassen, wie der französische König es in Versailles tat. Konnte D. Papin eine solche Maschine konstruieren?

Er konnte es, doch die wirklichen Probleme traten dann erst auf. Nach mehreren Anläufen fertigte er ein Modell einer Pumpanlage an und erfreute damit den Kurfürsten. Er baute die Anlage in einem der Türme des Schlosses von Kassel ein. D. Papin hatte sich entschlossen, zum Antrieb des Kolbens einen unter Überdruck stehenden Dampf zu verwenden. Als Dampferzeuger nahm er seinen Dampfkessel mit Sicherheitsventil. Die Anlage benötigte ein Jahr bis zur Fertigstellung. Als die Pumpe erprobt wurde, ging alles nach Plan: die Brunnen und Wasserspiele liefen, der Kurfürst war begeistert. Dann riß aber die Steigleitung zum Wasserbehälter. Eine andere Leitung wurde gefertigt, sie barst aber auch. Auf dem Höhepunkt seines Verdrusses mit der Konstruktion bekam D. Papin ein Schreiben von G. W. von Leibniz mit dem Inhalt, daß der Engländer Thomas Savery eine Dampfpumpe hergestellt habe, die mit Dampf unter Überdruck und einem Vakuum betrieben wurde, das durch Kondensation des Dampfes erzeugt wurde.

Das genügte D. Papin, dessen Beziehungen zu dem Kurfürsten sich etwas abgekühlt hatten. Er entschloß sich, Marburg zu verlassen und nach London überzusiedeln, wo er in seiner Jugend in der Royal Society tätig war. Er plante eine denkwürdige Rückkehr nach London in eigenem Raddampfer, der mit Dampfturbinen und die Themse hinauf fahren würde! Viele Erzählungen entstanden um dieses „Dampfschiff". Das Denkmal D. Papins in Marburg hält ein Modell dieses Schiffes in der Hand. Wie viele andere Legenden in der Geschichte der Technologie wurde auch diese wahrscheinlich später erfunden. Sicher ist, daß er 1704 nach London kam und in dem folgenden Jahr die Pumpe von Th. Savery verbesserte. Das einzige, das von dieser Pumpe blieb, ist ihre Darstellung in dem Buch Jacob Leupolds (1674–1727) *Theatrum machinarum*. D. Papin verlebte seine letzten Lebensjahre in Armut und starb 1714.

Th. Savery (1650–1715) hatte seine Pumpe 1698 patentieren lassen. Er nannte sie „Freund des Bergmannes", weil sie zur Wasserförderung in Bergwerken verwendet wurde. Die Pumpe hatte jedoch die gleichen Schwächen wie diejenige von D. Papin. Während sie beim Demonstrationsmodell in Th. Saverys Werkstatt in London sehr gut arbeitete, brachten die Steigleitungen in der Praxis Probleme. Der Dampfdruck stieg bis 10 at an, und die Verbindungen und Leitungen barsten oft oder der Dampfkessel explodierte, weil kein Sicherheitsventil vorhanden war. Th. Savery mußte jedoch ein tüchtiger Geschäftsmann gewesen sein, denn eine ganze Reihe solcher Pumpen waren in den letzten Jahren des 18. Jahrhunderts im Gebrauch – eine von ihnen zum Betrieb von Springbrunnen!

„Die Kraft aus dem Nichts" kehrt zurück

Thomas Newcomen (1663–1729) war ein Kaufmann aus Dartmouth, England, der mit Bergbauausrüstungen handelte. Bei seinen Handelsreisen besuchte er oft die Zinnbergwerke von Staffordshire, die große Schwierigkeiten mit Wasser hatten. Th. Newcomen begann sich für die Mechanisierung der Pumpen zu interessieren. Dies war in den 1690er Jahren und etwa zu der Zeit, als Th. Savery an seiner Erfindung arbeitete. Dennoch war Th. Newcomens Arbeit vollkommen unabhängig von Th. Saverys „Freund des Bergmannes"; er hatte allerdings Kenntnis von den Ideen D. Papins über eine Antriebsmaschine, die auf dem Prinzip der Erzeugung eines Vakuums durch Kondensation von Dampf arbeiten

B1

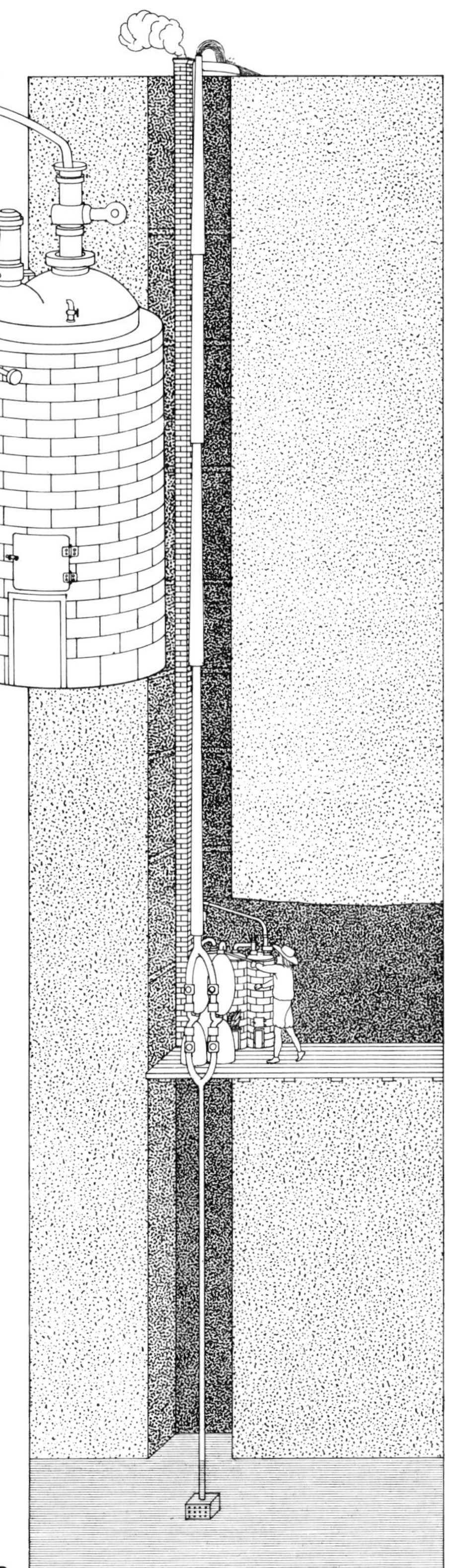

B2

B. Die Dampfmaschine von Th. Savery hatte weder Kolben noch Sicherheitsventil. (**1**) Der Dampf strömte aus dem Dampferzeuger in das Gefäß (a). Dadurch wurde das Wasser in dem Gefäß verdrängt und stieg durch die Ventilklappen (c) in das Steigrohr (b). Sobald das Gefäß (a) entleert war, wurde die Dampfzufuhr unterbunden und das Gefäß mit kaltem Wasser aus dem Behälter (d) besprüht. Da sich nun ein Unterdruck ausbildete, kondensierte der Dampf, und Wasser wurde durch die Ventilklappe (e) in das Gefäß gesogen. Während das Gefäß (a) gekühlt wurde, strömte der Dampf in das andere wassergefüllte Gefäß (f), das dann entsprechend entleert, gekühlt und mit Wasser wieder gefüllt wurde. (g) Saugkorb. (**2**) Anwendung der Dampfmaschine in einem wasserführenden Bergwerk.

A

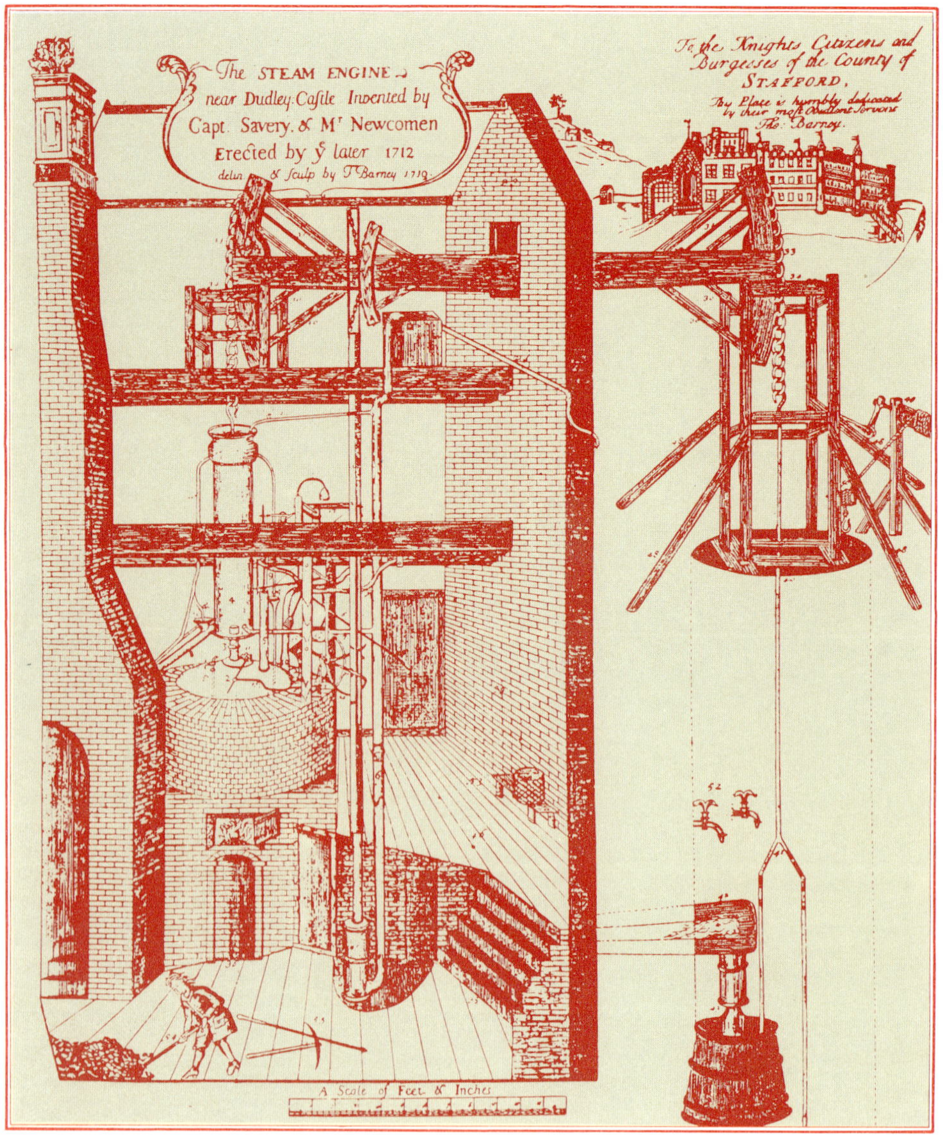

A. Thomas Newcomens erste atmosphärische Dampfmaschine wurde 1712 in Dudley Castle in der Nähe von Wolverhampton gebaut. Das wiedergegebene Bild wurde mit einem begleitenden Text 1719 veröffentlicht. Interessant ist, daß hier die Konstruktion zum ersten Male als „Dampfmaschine" bezeichnet wird. Th. Newcomen bezeichnete seine Maschine selbst immer als die „Feuer- und Luftmaschine" und manchmal abgekürzt als „Feuermaschine". Man schätzt, daß diese Maschine eine Leistung von etwa 5 PS bei 12 Kolbenhüben in der Minute hatte. Je Kolbenhub wurde etwa 175 l Wasser gefördert.

B. Th. Newcomens atmosphärische Dampfmaschine arbeitete folgendermaßen: (**1**) Dampf strömte durch das Ventil (b) in den Zylinder (a); der Kolben (c) wurde durch die Dampfkraft nach oben gedrückt, die nicht besonders groß war, so daß der Kolben größtenteils durch das Gewicht der Pumpenstange (d) nach oben bewegt wurde. Der Kolbenhub begann, wenn das Ventil (b) geschlossen wurde. (**2**) In diesem Augenblick wurde das andere Ventil (e) geöffnet und kaltes Wasser in den Zylinderraum gesprüht, so daß der Dampf kondensieren konnte. Der äußere Luftdruck bewegte nun den Kolben nach unten. Wenn der Kolben gut an die Zylinderwand anschloß, war der Zylinderteil, in dem der Dampf kondensierte, fast luftleer. Eine Schwierigkeit gab es bei dieser Maschine, nämlich die Rauheit der Innenwand des Zylinders. Dieser war gegossen, da es keine Maschinen gab, ihn zu bohren. Der Kolben wurde daher so gut wie möglich mit Leder- oder Seildichtungen abgedichtet. Um die Dichtwirkung zu verbessern, wurde Wasser als Dichtungsmittel verwendet; man ließ zu diesem Zwecke Wasser aus dem Hahn (f) auf den Kolben tröpfeln oder sprühen. Bedingt durch diese unvollkommenen Mittel konnte bei jedem Kolbenhub nur die Hälfte des theoretisch zur Verfügung stehenden Kraftpotentials genutzt werden.

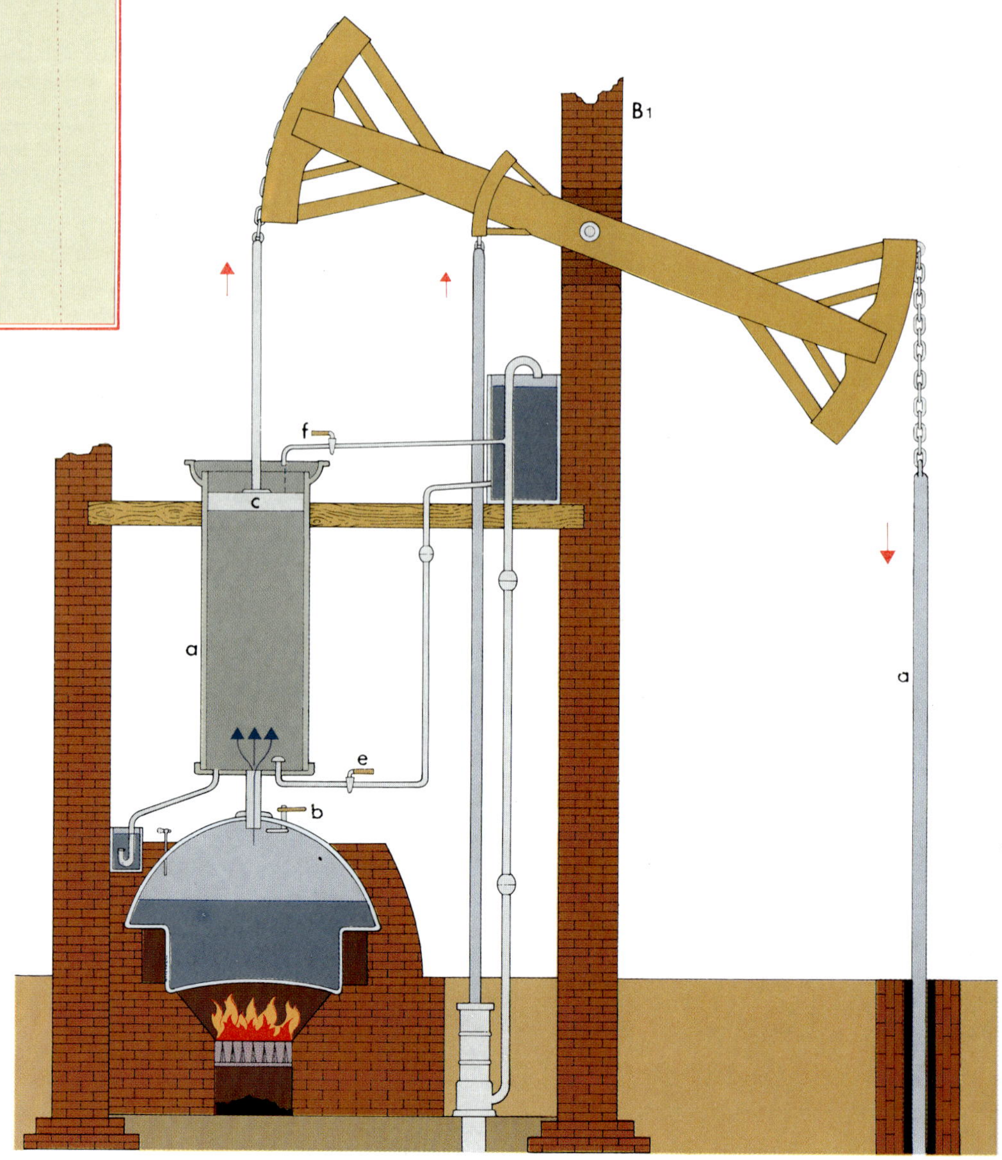

sollte. Th. Newcomen schrieb 1702 den Wissenschaftler Robert Hooke (1635–1703) von der Royal Society an und bat ihn um Rat. R. Hooke war seinerzeit sehr angesehen; er bestätigte D. Papins Theorie über die Antriebsmaschine, aber er bezweifelte, daß es möglich sei, einen Kolben zu bauen, der dicht genug an der Zylinderwandung anliegt. Th. Newcomen, dem der Handwerker John Calley zur Seite stand, setzte trotz der großen Entmutigung, die er von R. Hooke erfahren hatte, seine Versuche fort. Nach vielen Jahren Versuchsarbeit wurde schließlich 1712 die erste „atmosphärische" Dampfmaschine in Dudley Castle in Staffordshire gebaut.

Th. Newcomen und J. Calley waren die ersten, die eine brauchbare Antriebsmaschine gebaut hatten, in der die „Kraft aus dem Nichts" die Arbeit bereitstellte, die die Maschine lieferte. Hier war der Dampf nur ein Zwischenmittel, Vakuum durch Kondensation zu erzeugen. Der atmosphärische Luftdruck war die Kraftquelle. Th. Newcomens Dampfmaschine wird deshalb atmosphärische Dampfmaschine genannt. Der zeitgenössische Name für die Maschine lautete Feuer- und Luftmaschine; dies ist eine treffende Beschreibung der Tatsache, daß Feuer gebraucht wurde, um Wasserdampf zu erzeugen, daß es aber die Luft war, die die Maschine zum Leben erweckte. Th. Newcomen war kein Wissenschaftler, sondern ein angelernter Amateur und typisch für sein Zeitalter. Er wußte jedoch so viel, daß er sich mit Leuten umgab, die mehr Einblick in die Materie hatten als er und die praktisch oder theoretisch veranlagt waren. Einer der ersten war J. Calley; einer der letzten Mårten Triewald (1691–1747). Der letztere war ein sehr talentierter schwedischer Wissenschaftler und Ingenieur, der 1716 Schweden verließ. Er siedelte nach England um, wo er eine gründliche naturwissenschaftliche Ausbildung an der Royal Society erfuhr, als er als Assistent von John T. Desaguliers arbeitete. M. Triewald baute mindestens eine atmosphärische Dampfmaschine, und er gab als erster eine physikalisch einwandfreie Beschreibung ihrer Wirkungsweise. Nach seiner Rückkehr nach Schweden 1726 versuchte M. Triewald die schwedischen Bergwerksgesellschaften zu überzeugen, Dampfmaschinen nach Th. Newcomen zu bauen. Die Dannemora Bergwerksbetriebe gaben eine solche Maschine in Auftrag. Diese Dampfmaschine, an der M. Triewald verschiedene nützliche Verbesserungen machte, war 1728 fertiggestellt. Erst sechs Jahre später beschrieb er seine Maschine ausführlich.

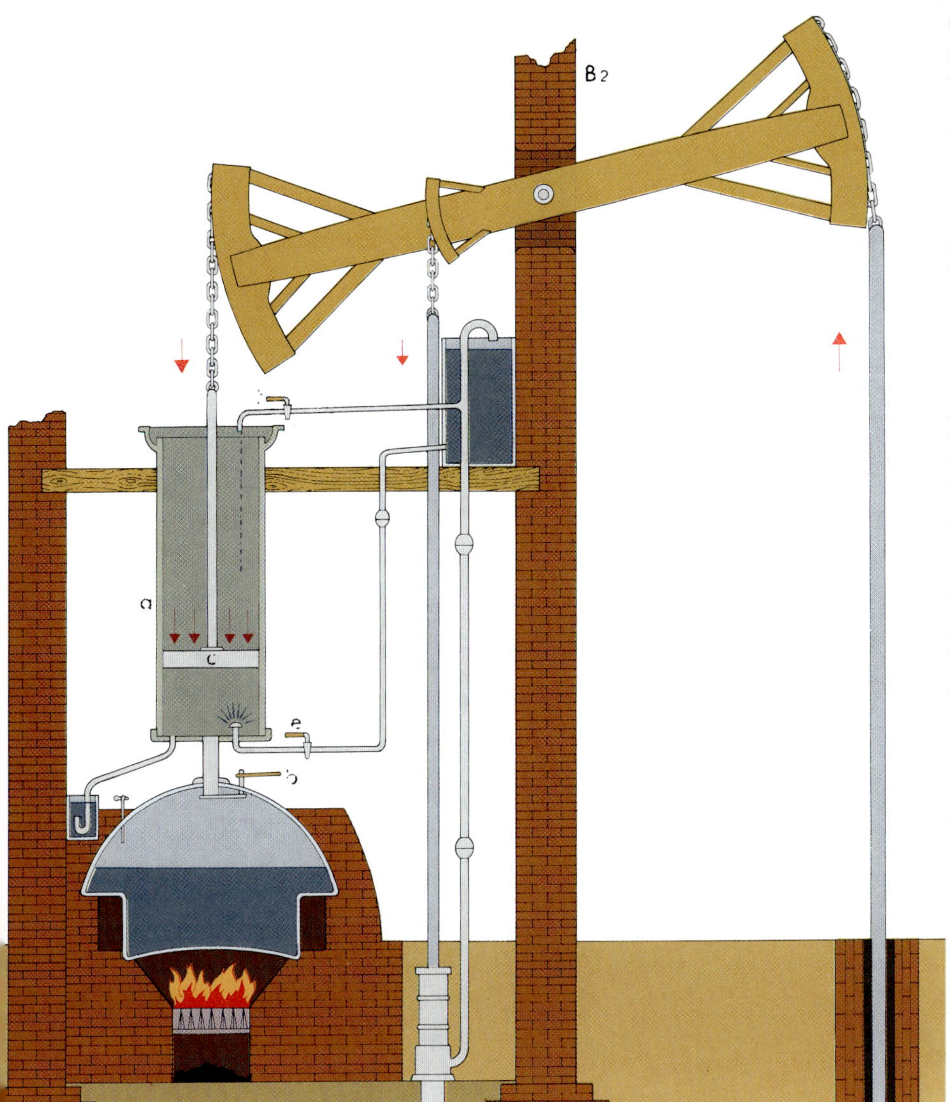

Da Th. Saverys Patent von 1698 auf seine Dampfpumpe sehr umfassend gehalten war, konnte Th. Newcomen für seine atmosphärische Dampfmaschine kein Patent erhalten. Obendrein hatte es Th. Savery verstanden, sein Patent bis 1733 verlängern zu lassen, und überschritt so bei weitem die damalige höchste Laufzeit eines Patentes von 14 Jahren. M. Triewald führt dazu aus, daß Th. Newcomen verhältnismäßig früh Teile an Th. Saverys Patentrechten von dem Konsortium kaufte, das die Rechte nach Th. Saverys Tod 1715 verwaltete.

Nachdem die erste atmosphärische Dampfmaschine 1712 in Betrieb genommen wurde, sind noch einige andere gebaut worden, doch wurde Th. Newcomens Konstruktion erst um 1725 voll verwendet. Th. Newcomen begegnete den gleichen Problemen wie D. Papin vor ihm: es war eine wesentlich fortschrittlichere Technologie notwendig als die der Wind- und Wassermühlen, um die verschiedenen notwendigen Maschinenteile, besonders aber ihre Ventile, Rohre, Hähne und Gestänge zu bauen. Das Handwerk hatte noch nicht Anschluß an die theoretische Entwicklung gefunden. M. Triewald hatte diesbezüglich mit der Dannemoramaschine, die im Juni 1728 in Betrieb ging, große Probleme. Ihre Pumpengestänge und Lager waren zu schwach, um den charakteristischen heftigen Schlägen der Maschine zu widerstehen; mit anderen Worten, die Maschine arbeitete zwischen den Reparaturen jeweils nur wenige Tage. Einer der Gründe, daß das Pumpengestänge so leicht brach, war der große Wirkungsgrad des Kolbens. M. Triewald hatte dies durch die sorgsame Endbearbeitung der Zylinderinnenfläche erreicht, die an den Kolben sehr eng anlag, wodurch eine sehr große Dichtigkeit erzielt wurde. Es dauerte zwei Jahre, bis die Grube wirklich trockengelegt war, aber nach dieser Zeit war auch die Pumpe restlos verbraucht. Die wütenden Bergwerkseigner verklagten 1731 M. Triewald, der hohe Entschädigungen zu zahlen hatte. Der Rechtsstreit verursachte auch eine Diskussion über die Verwendbarkeit der atmosphärischen Dampfmaschine. Der überwiegende Teil hielt die Konstruktion für wertlos. Zu seiner eigenen Verteidigung veröffentlichte M. Triewald 1734 die weiter oben genannte Schrift. Diese enthielt auch eine Zeichnung der Maschine.

Trotz der großen Inanspruchnahme durch die Länge des gerichtlichen Verfahrens setzte M. Triewald seine Arbeit im Bereich der Dampfkraft fort. 1976 wurden einige schriftlichen Aufzeichnungen von M. Triewald gefunden; unter ihnen befanden sich Zeichnungen einer sinnreichen Vorrichtung, die hin und her gehende Bewegung der Dampfmaschine in eine Drehbewegung umzuwandeln. Er beabsichtigte, die Dampfmaschine auch für die Erzförderung nützlich zu machen.

Th. Newcomen hatte große Schwierigkeiten, den Kolben im Zylinder zu dichten. In jener Zeit konnten Zylinder mit einem größeren Durchmesser als 50–75 cm weder gegossen noch auf eine andere Art hergestellt werden. Die Innenseite der Zylinder mußte von Hand mit Meißeln und Feilen geglättet werden. Der Kolben war auf der Oberseite gewöhnlich mit einem Dichtungsring aus Leder versehen und mit einer dünnen Schicht aus Wasser bedeckt, die als „Wasserdichtung" diente. Bedingt durch den schlechten Sitz des Kolbens, konnte der auf ihm lastende Luftdruck nicht voll genutzt werden. Die Hähne und Ventile der ersten Dampfmaschinen sind wahrscheinlich von Hand gemacht worden, doch stellte man sie bald maschinell her.

Nachdem das Patent von Th. Savery 1733 erloschen war (Th. Newcomen war vier Jahre früher verstorben), wurden in England einige atmosphärische Dampfmaschinen gebaut. In den 1760er Jahren waren mehr als 100 Maschinen im Gebrauch, die meisten in Kohlebergwerken. Die Maschinen wurden immer größer, waren aber noch immer nach den ursprünglichen Konstruktionsplänen mit nur wenigen Abänderungen gebaut. Die atmosphärische Dampfmaschine wurde sehr kritisiert, hauptsächlich wegen ihres hohen Brennstoffverbrauchs und des großen Materialverschleißes. Der Spruch kam auf, man brauche ein Eisenerzbergwerk, um eine Dampfmaschine zu bauen, und ein Kohlebergwerk, um sie zu betreiben.

Die Nachfolger von Th. Newcomen auf diesem Gebiet waren nur Handwerker und Mechaniker und waren selbst als Maschinenkonstrukteure wenig vorausschauend. Schlimm genug, die großen Naturwissenschaftler nahmen sich weder in England noch anderswo der physikalischen Gesetze um die atmosphärische Dampfmaschine an. Dies war einem Ingenieur überlassen, John Smeaton, von dem schon die Rede war. Er befaßte sich mit diesem Wissensgebiet genauso gewissenhaft, wie er es mit den Wind- und Wasserantrieben tat.

Mit jungen Jahren begann sich J. Smeaton, der im Kohlenrevier von Yorkshire aufgewachsen war, für die Dampfmaschine von Th. Newcomen zu interessieren. Später griff er dieses Interesse wieder auf, nachdem ihm einige andere Ingenieurleistungen Ruhm gebracht haben. Er konstruierte 1767 eine atmosphärische Dampfmaschine für die Pumpen der New River Wasserwerke in London, die bis dahin von Pferden betrieben wurden. Obwohl J. Smeatons Maschine wahrscheinlich besser arbeitete als die pferdebetriebene Winde, war ihre Leistung klein. Aus diesem Grunde baute er in seiner Werkstatt eine atmosphärische Dampfmaschine für Versuchszwecke und untersuchte dort verschiedene Konstruktionen und Maschinenelemente. Er besorgte sich alle nur erdenklichen Informationen über Dampfmaschinenkonstruktionen und über die mehr als 100 im Betrieb befindlichen Dampfmaschinen des Newcomentyps. J. Smeaton versuchte durch diese Daten Erkenntnisse über die Zusammenhänge zum Beispiel zwischen dem Zylinderdurchmesser, der Länge des Kolbenweges und dem Wirkungsgrad der Maschine zu bekommen. Die gewonnenen Erfahrungswerte untersuchte er auf seiner Versuchsmaschine.

J. Smeaton ermittelte als den größten Fehler bei den Maschinen, daß der Kolben nicht dicht genug an der Zylinderwandung anlag. Dies hatte R. Hooke bereits Th. Newcomen gesagt, und D. Papin hatte 100 Jahre zuvor darauf hingewiesen. Doch gab es damals weder die notwendige Technologie, noch die Handwerker, die dichtende Kolben und Zylinder hätten bauen können.

Die Handwerker, die gewöhnlich Zylinder machten, waren in der Regel Ornament- oder Glockengießer. Sie waren gewöhnt, mit Bronze oder Messing und mit großen Chargen umzugehen, die zum Guß eines Reiterstandbildes oder einer großen Glocke notwendig waren. So wurde zum Beispiel der Zylinder für die Dannemoradampfmaschine von M. Triewald von der Glockengießerei Ad. Meijer in Stockholm gegossen. Doch hatten die Gießer jener Zeit keine Erfahrung mit der Endbearbeitung von Oberflächen; tatsächlich waren viele Glockengießer der Auffassung, daß die rauhe Oberfläche der Innenseite einer Glocke für den guten Klang förderlich sei!

Die Notwendigkeit, eine glatte Innenoberfläche des Zylinders zu haben, veranlaßte J. Smeaton, eine Bohrmaschine für Zylinder zu konstruieren. Die Maschine arbeitete nach den Grundsätzen der modernen Fräsmaschinen, doch geht ihr Grundgedanke auf einen Vorschlag Vannocio Biringuccios aus dem 16. Jahrhundert zurück, mit einer ähnlichen Vorrichtung Geschützrohre zu bohren. J. Smeatons Konstruktion wurde später von dem berühmten Werkzeugmaschinenbauer John Wilkinson (1728–1808) verbessert.

Sobald J. Smeaton einen Zylinder mit wirklich glatter Innenoberfläche hergestellt hatte, erzielte er eine wesentlich bessere Dichtung zwischen Kolben und Zylinder. Das bedeutete, daß seine Dampfmaschine um 50% mehr den atmosphärischen Druck ausnutzen konnte als vergleichbare Maschinen. Einige Abänderungen ermöglichten eine weitere Steigerung des Wirkungsgrades. So war die Dampfmaschine, die J. Smeaton 1772 für das Long Benton Kohlenbergwerk gebaut hatte, dreimal leistungsstärker als die Maschine nach Th. Newcomen. Doch erforderte der Betrieb der atmosphärischen Dampfmaschine von J. Smeaton ebenfalls ein „eigenes Kohlenbergwerk", das die Kritiker der Newcomenmaschine vorgeworfen hatten; der thermische Wirkungsgrad des bestgebauten Typs betrug nur etwa 1%.

Das russische Zwischenspiel

Etwa zu der Zeit als J. Smeaton versuchte, Th. Newcomens Dampfmaschine zu verbessern, wurde in Rußland eine bemerkenswerte Konstruktion entwickelt. Es war die erste atmosphärische Dampfmaschine mit Doppelzylinder, die von Iwan Polsunow (1728–1766) erfunden wurde. Sein früher Tod verhinderte, daß seine technisch interessante Konstruktion in Rußland und in Westeuropa bekannt wurde. Dies geschah erst 100 Jahre später.

I. Polsunow war Sohn eines unteren Beamten und wuchs unter einfachen Verhältnissen in Jekaterinburg bei Swerdlowsk auf. Sehr früh zeigte er Anzeichen von großem technischen Verständnis. Im Alter von 19 Jahren war er als Ingenieur bei dem Altai-Silberbergwerk beschäftigt, das der Zarenfamilie gehörte und in den 1740er und 1750er Jahren stark expandierte. I. Polsunow zeichnete sich durch großen Erfindergeist aus, den er bei vielen Verbesserungen zeigte, die er bei den Hüttenwerken und Bergwerksanlagen einführte, die damals errichtet wurden. Es ist wahrscheinlich, daß er gelegentlich die Hauptverwaltung in Petersburg (jetzt Leningrad) besuchte, die in der Nähe der Sommergärten des Zaren gelegen war. Die Sommergärten (bes. der „Peterhof") waren im französischen Stil gehalten und hatten die Gärten Louis' XIV. in Versailles zum Vorbild. Mit seinem brennenden Interesse für Maschinen wird I. Polsunow bestimmt die Gelegenheit ergriffen haben, die atmosphärische Maschine zu besichtigen, die dort 1717 von John T. Desaguliers, dem Freund und Lehrer M. Triewalds, errichtet worden war. Diese Maschine versorgte die verschiedenen Brunnen in den Gärten mit Wasser.

1763 hatte I. Polsunow einen ausführlichen Vorschlag für eine zweizylindrige atmosphärische Dampfmaschine ausgearbeitet, bei der die gegenläufigen Kolben eine direkte Drehbewegung erzeugten. Der Zweck der Konstruktion war, eine Maschine zu entwickeln, die in der Lage war, alle Arten von Bergwerksmaschinen zu betreiben. Da die Altai- und andere Gruben im Ural entgegen denjenigen in England und Zentraleuropa keine Schwierigkeiten mit Wasser hatten, benötigten sie Antriebsmaschinen, um Erze zu fördern und zu zerkleinern, um Blasebälge und

Schmelzöfen zu betreiben. Da viele Silber- und Goldbergwerke nur etwa ein Jahr lang betrieben werden können, konstruierte I. Polsunow seine Maschine so, daß sie leicht demontriert und zu einer anderen Stelle gebracht werden konnte.

Die Aussichten auf Erfolg für die Maschine von I. Polsunow waren deshalb ausgesprochen gut. Die Bergwerksverwaltung sah ebenfalls die Vorteile und gab I. Polsunow vollkommen freie Hand, seine Ideen in die Praxis umzusetzen. Als er jedoch im Spätjahr 1763 das Werk an seiner prächtigen Maschine begann, machte er die bittere Erfahrung, daß keine Handwerker vorhanden waren, die Maschine zu bauen; das war das gleiche fatale Schicksal, das bereits D. Papin, Th. Newcomen und J. Smeaton ereilt hatte. Mit Hilfe von Schmiedelehrlingen mußte I. Polsunow die Maschine mit eigenen Händen bauen. Diese Arbeit brach seine Gesundheit. Er wurde schwer krank und im Mai 1766 starb er im Alter von nur 30 Jahren, gerade als seine Maschine so weit fertiggestellt war, in Probebetrieb zu gehen. Eine Woche nach seinem Tode wurde die Maschine, eine imposante Konstruktion von 13 m Höhe, in Gang gesetzt, sie trieb vier Riementriebe in den Hüttenwerken der Koliwano-Voskresensky-Silbergrube an. Die Luft wurde zu drei Schmelzöfen geführt, doch war die Maschine für weitere neun Öfen ausgelegt, die gebaut werden sollten, sobald die Anlage vergrößert würde; der Luftüberschuß wurde ungenutzt abgeblasen. Die Maschine war bis November 1766 im Betrieb. Die Störung wäre wahrscheinlich schnell behoben gewesen, wenn der Konstrukteur noch gelebt hätte. Doch brachten sie weder Bergingenieure noch Handwerker, die bei dem Bau der Maschine zugegen waren, wieder in Gang.

Der Beitrag I. Polsunows zu der Entwicklung der atmosphärischen Maschine muß als ein endgültiger Durchbruch für ihre Anwendung gesehen werden. Hauptsächlich war dies der Drehbewegung durch die zwei Arbeitszylinder zuzuschreiben, die Th. Newcomen, M. Triewald und J. Smeaton vollkommen unbekannt war. Unglücklicherweise hat der Tod I. Polsunow verhindert, seine Erfindung zu veröffentlichen. Die Erfindung blieb sowohl in Rußland als auch sonst in der Welt unbekannt trotz der großen Entschädigung an die Familie Polsunows durch die Eigner der Berggerechtsamen, die Kaiserin Katharina II. Nur in der russischen populär-wissenschaftlichen Zeitschrift *Russkaya starina* erschien 1880 ein Artikel über die Maschine; diese Beschreibung der Maschine wurde anschließend in ganz Europa verbreitet. In den 1930er Jahren brachten mehrere sowjetische Veröffentlichungen weitere Informationen über I. Polsunow und sein Werk.

James Watt

James Watt (1736–1819) begann seinen beruflichen Werdegang als „Konstrukteur mathematischer Instrumente" an der Universität von Glasgow. Ein Modell der Dampfmaschine von Th. Newcomen, die im physikalischen Praktikum gebraucht wurde, lief eines Tages nicht mehr. Ein Uhrmacher, den man von London herkommen ließ, konnte die Maschine nicht wieder in Gang setzen. J. Watt hatte Erfolg, doch hatte die Maschine nun nach nur fünf Kolbenhüben keinen Dampf mehr und mußte erst „Atem holen", bevor man sie wieder anstellen konnte. J. Watt wunderte sich, warum die Maschine so viel Dampf benötigte. Schließlich war es doch der Luftdruck, der die Arbeit machte!

J. Watt kam zu dem Schluß, daß der eingeleitete Frischdampf nach einer vorangegangenen Kondensation an Wärme verliert, denn das eingespritzte kalte Wasser kühlte auch den Zylinder ab; dies verbesserte den Wirkungsgrad zweifellos nicht. J. Watt hatte, ohne gerade eine Theorie vorzulegen, die gebundene Wärme entdeckt. Das Wärmegefälle des Dampfes wurde durch die Kühlung vergeudet. Dies war die Ursache für den großen Brennstoffverbrauch.

J. Watts Verbesserungsvorschlag war, den Dampf in einem besonderen Zylinder, dem Kondensator, in der Nähe des Arbeitszylinders kondensieren zu lassen. Ein weiterer Schritt, den thermischen Wirkungsgrad zu verbessern, war, den Arbeitszylinder mit einem Mantel zu versehen, in den er den Frischdampf einleitete, bevor dieser in den Arbeitszylinder kam. Dadurch war der Arbeitszylinder genau so heiß

Die erste atmosphärische Dampfmaschine von J. Smeaton wurde 1772 in Betrieb genommen und arbeitete auf genau die gleiche Weise wie die Dampfmaschinen von Th. Newcomen, doch sind an der Maschine in der Zwischenzeit erhebliche Verbesserungen gemacht worden. J. Smeatons Dampfmaschine, die hier im Schnitt dargestellt ist, hatte beträchtlich größeren Zylinderdurchmesser (a) als Th. Newcomens Maschine und einen langen Kolbenweg (b) (2,13 m). Die beiden Dampferzeuger, hier wird nur einer (c) dargestellt, waren aus genieteten Eisenblechen hergestellt. Die Dampferzeuger von Th. Newcomen waren gewöhnlich aus Kupfer- und Bleiplatten gefertigt, dies war aber keine dauerhafte Konstruktion. Um den Wärmetausch zwischen dem Dampf und dem Kolben zu verkleinern, versah J. Smeaton die Unterseite des Kolbens mit einer Holzschicht.

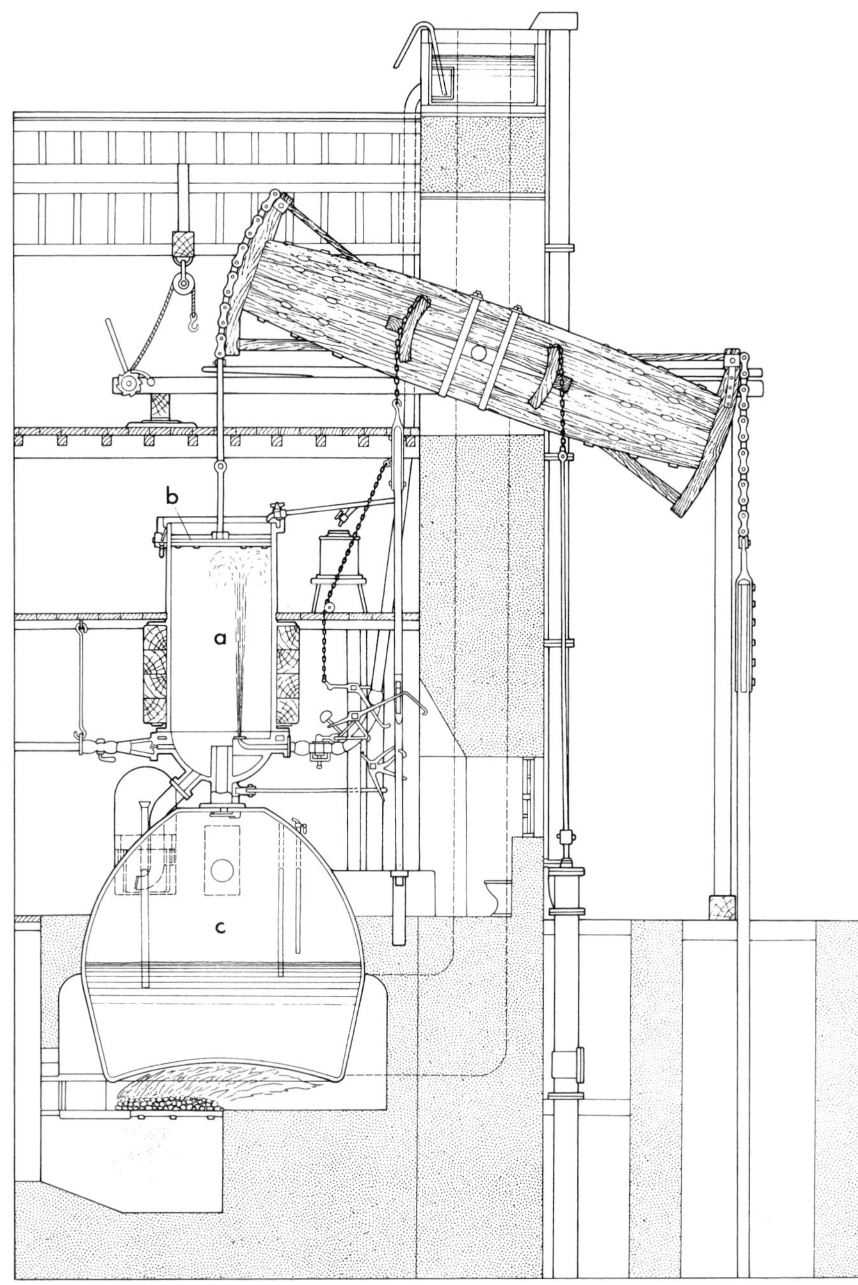

A. Die erste kontinuierlich arbeitende atmosphärische Dampfmaschine wurde von Iwan Polsunow gebaut und 1766 in der Stadt Barnaul vollendet. Der Dampferzeuger (a), der aus geschmiedetem Kupfer gebaut war, hatte zwei Sicherheitsventile (eines von ihnen (b) ist hier dargestellt) und konnte durch den Hahn (c) entleert werden. Ferner gab es zwei Leitungen mit Hähnen, mit denen das Wasser in dem Dampferzeuger kontrolliert werden konnte; wenn der obere Hahn geöffnet wurde, strömte nur Dampf aus, während beim unteren Wasser austrat. Der Dampf wurde über das Rohrsystem (e) zu den beiden Kupferzylindern (f) geleitet. Die Ventile am Boden der Zylinder wurden wechselseitig über eine Vorrichtung aus Zahnstangen und Ritzel geöffnet und geschlossen; die Vorrichtung wurde über die Kette (h) und zwei durch die Kette (j) verbundene Stangen (i) bewegt. Diese Ketten führten über das Rad (k), das auch die Kette (l) trug, die die beiden Kolbenstangen (m) verband. Auf diese Weise wurde das Rad (k) hin und her bewegt. Diese Bewegung wurde über die endlose Kette (n) auf ein anderes Rad (o) übertragen, das über die Kette (p) auf zwei Blasebälge (q) arbeitete. Die Blasebälge hatten Gewichte, die sie zusammendrückten, nachdem sie mit Luft gefüllt worden waren. Der Wasserbehälter (r) war mit den Zylindern und den zwei Kupferbehältern (s) auf den Zylinderköpfen verbunden. Der Wasserbehälter (t) wurde laufend mit Wasser gefüllt. Dieser versorgte über eine Pumpe die Dampferzeuger mit Wasser.

A

wie der Frischdampf. J. Watt fertigte ein Modell seiner Dampfmaschine an; es arbeitete einwandfrei. 1769 bekam er ein Patent auf „eine neue Methode zur Senkung des Dampf- und Brennstoffverbrauchs bei Feuermaschinen"; das war eines der bedeutendsten Patente in der Geschichte der Technologie.

J. Watt teilte sein Patent mit dem Industriellen John Roebuck, der eine entsprechende Dampfmaschine für Untersuchungszwecke finanziert hatte. Aber J. Roebuck kam in finanzielle Schwierigkeiten, bevor die Maschine ihre Möglichkeiten demonstrieren konnte. J. Watt kam daraufhin mit dem bekannten Industriellen Matthew Boulton (1728–1809) ins Gespräch, dessen Fabrik in Soho bei Birmingham lag. M. Boulton hatte schon in früherer Zeit sein Interesse an J. Watts Maschine geäußert, weil er ihre großen Vorteile gegenüber den Newcomenmaschinen erkannte. J. Watt erreichte damals eine Verlängerung seines Patents, das 1783 hätte auslaufen sollen, bis zum Jahre 1800. Er und M. Boulton gründeten 1775 die Firma Boulton & Watt, deren Fabrik als erste Antriebsmaschinen industriell herstellte.

Als Benjamin Franklin in den 1760er Jahren einige Zeit in London verbrachte, nahm M. Boulton Fühlung mit ihm auf, um Tagesprobleme zu besprechen. B. Franklin war von den amerikanischen Kolonisten nach London geschickt worden, um sie bei den Verhandlungen mit der britischen Regierung über Angelegenheiten wie die verhaßte Stempelsteuer zu vertreten. Die schleppenden Verhandlungen gaben ihm genügend Zeit, sich seiner Leidenschaft, den Naturwissenschaften, zu widmen. Er und M. Boulton wurden gute Freunde und diskutierten oft, wie sie die Newcomenmaschine verbessern konnten. M. Boulton hatte ein ernstes Problem: er wollte seine Fabrik erweitern, aber die Wasserräder, die seine Fabrik mit Energie versorgten, konnten keine zusätzlichen Maschinen mehr treiben. Auf B. Franklins Rat hin baute M. Boulton dafür eine verbesserte „Feuermaschine". Doch B. Franklin wurde in sein Land zurückgerufen und seinen Platz als wissenschaftlicher Berater M. Boultons wurde von J. Watt eingenommen.

M. Boulton und J. Watt nahmen regen Anteil an den zeitgenössischen Ideen und waren auch befaßt mit antiken Sprachen und Literaturen sowie mit Naturwissenschaften. Sie waren Mitglieder des Clubs Lunar Society, dem Künstler, Schriftsteller, Wissenschaftler und Industrielle angehörten und die sich trafen, um Tagesfragen zu besprechen. Die Mitglieder trafen sich abwechselnd im Haus eines der Freunde, und zwar jeden Monat einmal, abends, wenn der Vollmond schien, um „das Vergnügen zu haben, auf dem Nachhauseweg einen mondscheinbeschienenen Weg vorzufinden". Das war, bevor die Straßenbeleuchtung eingeführt wurde (in den frühen 1780er Jahren war die Boulton & Watt die erste Gesellschaft, die sich mit der Einrichtung der Gasbeleuchtung befaßte).

Die ersten beiden Dampfmaschinen der Firma Boulton & Watt erregten großes öffentliches Interesse. Die eine hatte einen Zylinderdurchmesser von 127 cm und war in einer Kohlengrube in Staffordshire installiert. Die andere wurde zum Betrieb der Blasebälge eines Hochofens verwendet. Der Ruhm dieser „Feuermaschinen", die nur ein Drittel des Brennstoffverbrauchs der alten kohlefressenden Newcomenmaschinen hatten, breitete sich rasch unter den Industriellen Englands aus. Die beiden Partner wurden mit Aufträgen überschüttet, insbesondere von den Eignern der Zinnbergwerke in Cornwall, wo die Kohle teuerer als in anderen Landesteilen war. Der Handel blühte, und die Sohobetriebe wurden erweitert und mit modernsten Maschinen ausgestattet. Die Sohobetriebe zogen eine Menge technisch talentierter junger Männer an und wurden zu einer Ausbildungsstätte für Generationen von Maschinenbauingenieuren.

Ein wichtiger Grund für den Erfolg der Firma Boulton & Watt war eine kluge Geschäftsidee: die frühe Form des „Leasing". Die Maschinen wurden nicht verkauft, sondern an Kunden unter der Bedingung vermietet, daß die Gesellschaft als Miete den Preis für die eingesparte Kohle bekam, die bei einer Newcomenmaschine vergleichbarer Größe verbraucht worden wäre.

Der „Instrumentemacher" war zu einem Fabrikbesitzer geworden, doch gab er sich mit diesem Erfolg nicht zufrieden, sondern arbeitete rastlos daran, seine Dampfmaschine weiter zu verbessern. Er erfand 1781 das Planetengetriebe, mit dem er das Problem löste, die hin- und hergehende Bewegung des Kolbens in eine Drehbewegung umzusetzen. Im folgenden Jahr verdoppelte er die Maschinenleistung, indem er sie doppeltwirkend machte. Da der Kolben in der doppeltwirkenden Dampfmaschine von J. Watt in beiden Richtungen arbeitete, mußten die Ketten, die die Kolbenstange und Pumpenstange mit dem Balancier verbanden, durch Gestänge ersetzt werden. So wurde die Parallelogrammsteuerung erfunden, die J. Watt später als sein Meisterstück bezeichnete. 1787 wurde der Fliehkraftregler eingeführt, der eine automatische Regelung der Geschwindigkeit ermöglichte, und sieben Jahre später wurde das Planetengetriebe durch die Kurbelwelle ersetzt.

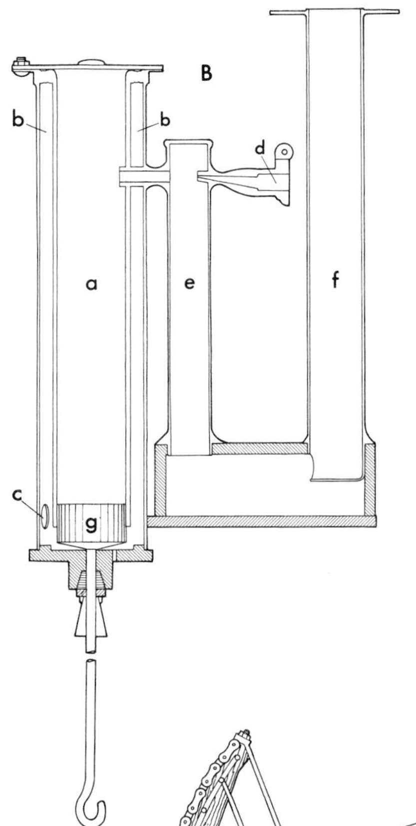

B. J. Watts Dampfmaschine mit einem Kondensator. Um den Zylinder (a) war ein Mantelrohr (b) angebracht, in das der Dampf an der Stelle (c) eingelassen wurde. Anschließend strömte er über einen Hahn in den Zylinderraum (a). Die Luft, die aus dem Zylinder (a) verdrängt wurde, gelangte durch das Ventil (d) in den Kondensator (e). Sobald der Zylinder (a) vollständig mit Dampf gefüllt war, wurde der Dampfhahn geschlossen und der Kolben im Pumpenrohr (f) von Hand betätigt. Der Dampf, der in den Raum (e) strömte, kondensierte sofort, weil die Teile (e) und (f) mit kaltem Wasser gekühlt wurden; dadurch entstand ein Unterdruck, der den Kolben (g) nach oben bewegte.

C. Die sogenannte Cornwallmaschine von J. Watt mit einem Kondensator. (a) Dampfzufuhrleitung vom Dampferzeuger.

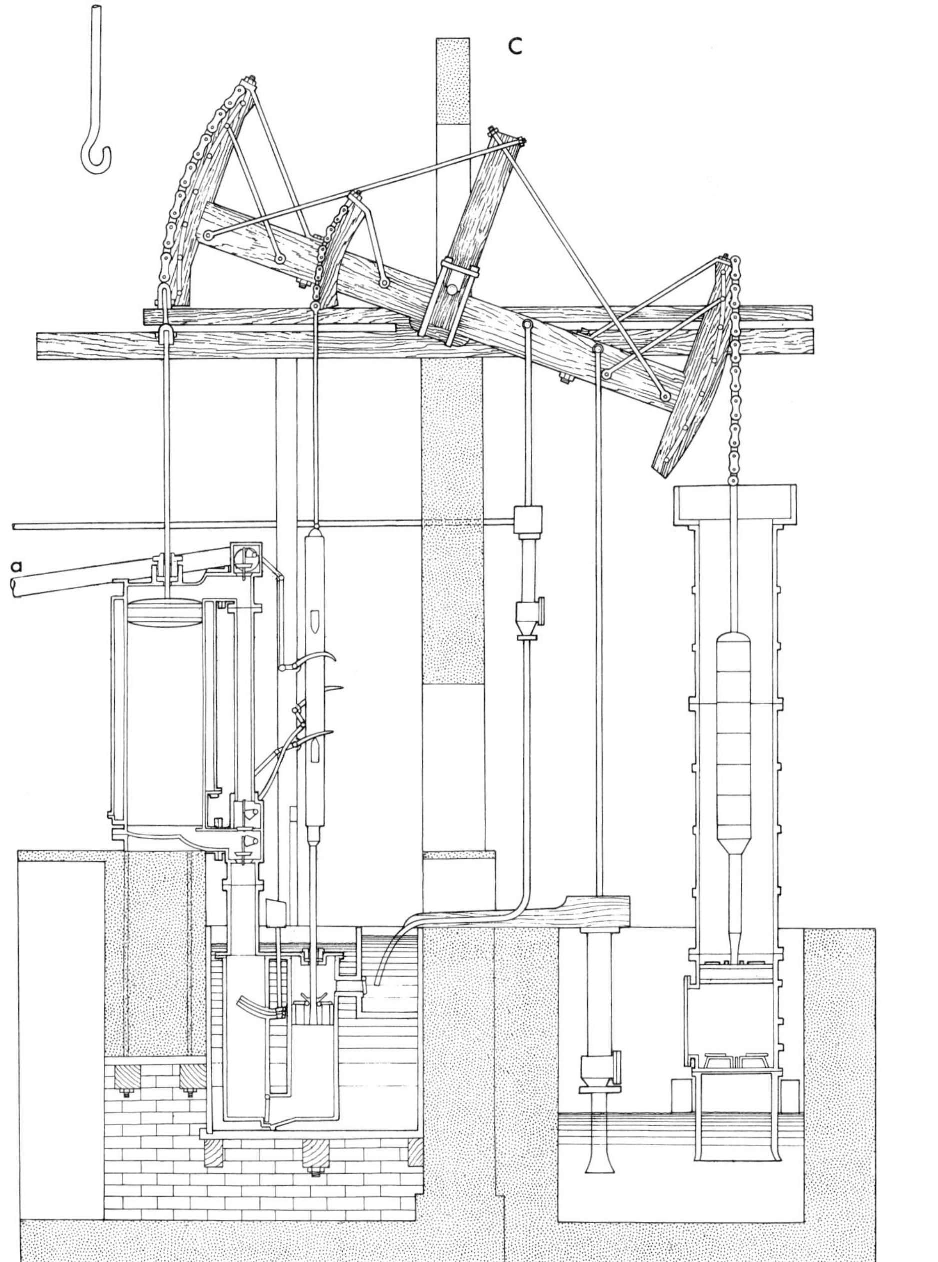

Das Jahrhundert des Dampfes

Das 19. Jahrhundert war die große, glänzende Zeit der Dampfkraft. Die Auswirkungen der Dampfkraft wurden nicht nur in der Technologie verspürt, sondern auch in den meisten anderen Bereichen der menschlichen Zivilisation. In diesem Jahrhundert wurde Dampf verwendet, die Maschinen der schnell wachsenden Industrie und die Maschinen zu betreiben, die für verschiedene Transportzwecke zu Lande und zu Wasser eingesetzt wurden. All' dies ließ eine große Welle des Optimismus und Glaubens in die zukünftige Entwicklung entstehen, eine Bewegung, die heute nur noch schwer verstanden werden kann. Nach den Jahrhunderten des mehr oder weniger spürbaren Stillstandes der Entwicklung der Gesellschaft schufen diese kurz aufeinanderfolgenden technischen Erfolge eine Atmosphäre, in der man glaubte, daß die Technologie der Maschinen mit Hilfe des Dampfes den Menschen zumindest vom Schlimmsten in seinem Daseinskampf bewahren könne. Der schwedische Schriftsteller Harry Martinsson (1904–1978), ein Nobelpreisträger, beschrieb die Eisenbahn als die erste wahrhaft demokratische Erfindung. In der Tat war eine Reise vor dem Zeitalter der Dampfkraft nicht für jedermann erschwinglich.

Als König Georg III. von England einmal die Fabrik der Firma Boulton & Watt in Soho bei Birmingham besuchte, versicherte ihm M. Boulton: „Euere Majestät, mir steht das zur Verfügung, nach dem die ganze Welt verlangt; etwas, das die Zivilisation mehr als alles Bisherige auf eine höhere Stufe dadurch stellen wird, daß der Mensch von aller entwürdigenden Plackerei und Arbeit befreit wird. Ich habe die *Dampfkraft*."

Diese Worte deuteten das Machtgefühl an, sowohl die politische als auch die wirtschaftliche Macht, und waren von einem Mann gesprochen worden, der genau wußte, was er sagte. Mehr als 500 Dampfmaschinen von J. Watt wurden durch die Firma Boulton & Watt bis zum Auslaufen des Patents im Jahre 1800 ausgeliefert. Die beiden Partner überließen die Geschäftsleitung ihren Söhnen. J. Watt zog sich auf seinen Landsitz zurück, wo er sich vielen anderen Interessen widmete. Er starb 1819 im Alter von 83 Jahren. Die Grabinschrift in der Westminster Abbey ist eine feinsinnige Ode an die Technologie, den Humanismus und J. Watt, den Wohltäter der Menschheit.

In jener Zeit, als J. Watt starb, erwies sich die Dampfkraft als eine

Energiequelle, mit der man rechnen konnte. Es gab aber auch negative Reaktionen. Ein Beispiel dafür sind die Tumulte, die in England im zweiten Jahrzehnt des 19. Jahrhunderts ausbrachen. Die Ludditen zerstörten unter der Führung Ned Ludds dampfbetriebene Spinnereimaschinen. Sie fürchteten, diese neuen Maschinen würden Arbeitslosigkeit mit sich bringen. Ähnliche Entwicklungen waren auch in anderen Ländern festzustellen. Als der Konstrukteur der ersten Schnellpressen-Druckmaschine, der Deutsche Friedrich König (1774–1833), eine dampfbetriebene Druckmaschine im Cotta-Verlag in Stuttgart einrichten wollte, erklärte einer der Herausgeber, er wolle lieber ohne ein Dach über dem Kopf als mit einer Dampfmaschine in einem Haus arbeiten.

Als das Monopol der Firma Boulton & Watt über Dampfmaschinen im Jahre 1800 endete, war der Markt für neue Konstruktionen offen. Die Dampfmaschine von J. Watt war seit 1785 grundlegend nicht verbessert worden. Die Gesellschaft produzierte einen Standardtyp, und alle Anstrengungen waren auf die Produktionssteigerung gerichtet, um der wachsenden Nachfrage gerecht zu werden.

Die Dampfmaschinen nach J. Watt

Zwei interessante Persönlichkeiten auf beiden Seiten des Atlantik verbesserten als erste die Dampfmaschine durch Erhöhung des Dampfdruckes und entwickelten als erste neue Konstruktionsideen. Es waren dies Richard Trevithick (1771–1833) in Großbritannien und Oliver Evans (1755–1819) in den USA.

Als R. Trevithick in Cornwall aufwuchs, kamen die ersten Dampfmaschinen von J. Watt in das dortige Bergbaurevier. Es ist deshalb nur selbstverständlich, daß sich ein technisch begabter Junge für diese Maschinen interessierte und ihre Stärken aber auch Schwächen kennenlernte. Die Dampfmaschinen von J. Watt waren wie die Maschinen von Th. Newcomen integrierter Bestandteil von Gebäuden. Der schwere Balancier wurde von einer gewöhnlich aus Backsteinen gemauerten Säule getragen. Ein englischer Fabrikant bemerkte 1790, daß sich die Dampfmaschine nie groß verbreiten würde, wenn sie nicht „so beweglich wird, wie ein Möbelstück". R. Trevithick experimentierte bereits mit Hochdruckdampf, als J. Watts Patent noch nicht abgelaufen war. Seine Idee war, eine sehr kompakte und bewegliche Maschine zu bauen – sie sollte Fahrzeuge bewegen. Am Weihnachtsabend 1801 war er so weit, sein dampfbetriebenes Gefährt auszuprobieren. Der Versuch wurde außerhalb von Camborne, R. Trevithicks Heimatort, an einer Steigung (!) gegen Beacon Hill, einem kleinen Dorf auf einer Bergkuppe, durchgeführt. Es war keine erfolgreiche Fahrt. Der Dampfkessel erzeugte nicht genügend Dampf, und der Wagen konnte nicht den Berg hinaufdampfen. Drei Tage später versuchte es R. Trevithick nochmals, diesmal in Begleitung einiger Freunde. Der Berg wurde bezwungen, und sie erreichten tatsächlich Beacon Hill, trotz der Schäden an dem Fahrzeug, die auf der gefrorenen und ausgefahrenen Straße entstanden. Der Triumph wurde mit heißen Getränken und gefüllter Gans in der Gastwirtschaft am Ort gefeiert. Der Wagen wurde in einem Schuppen geparkt – doch vergaßen sie das Feuer unter dem Kessel und fanden deshalb, als sie von dem Gelage zurückkamen, nur einen Haufen verbogenen Schrotts.

Dies entmutigte R. Trevithick jedoch nicht. Im März nächsten Jahres ließ er sich für seine Hochdruckdampfmaschine und ihre Verwendung als Fahrzeugantrieb ein Patent geben. Die Dampfmaschine hatte einen zylinderförmigen Dampfkessel, in den der Zylinder eingelassen war, so daß ein Wärmeverlust zwischen den beiden vermieden wurde. Der

Dampf wurde in den Zylinder durch einen Mehrwegehahn wechselseitig eingelassen. Der Grundgedanke zu dieser Konstruktion war nicht neu; J. Leupold hatte ihn bereits 1725 in seinem *Theatrum machinarum* notiert.

In den 1780er Jahren begann sich der amerikanische Mühlenbauer und Ingenieur Oliver Evans für den Dampf als Kraftquelle zu interessieren. Er erkannte die Möglichkeiten, die im Dampf steckten, obwohl seinerzeit in den USA Dampfmaschinen noch sehr selten waren – um 1800 gab es im ganzen Land nur 6 Maschinen. Vollkommen unabhängig von R. Trevithick baute O. Evans eine eigene Hochdruckdampfmaschine. Sie hatte einen horizontalen, zylinderförmigen Dampfkessel mit einem Dreiwegehahn, der den Dampf zu einem gesondert stehenden,

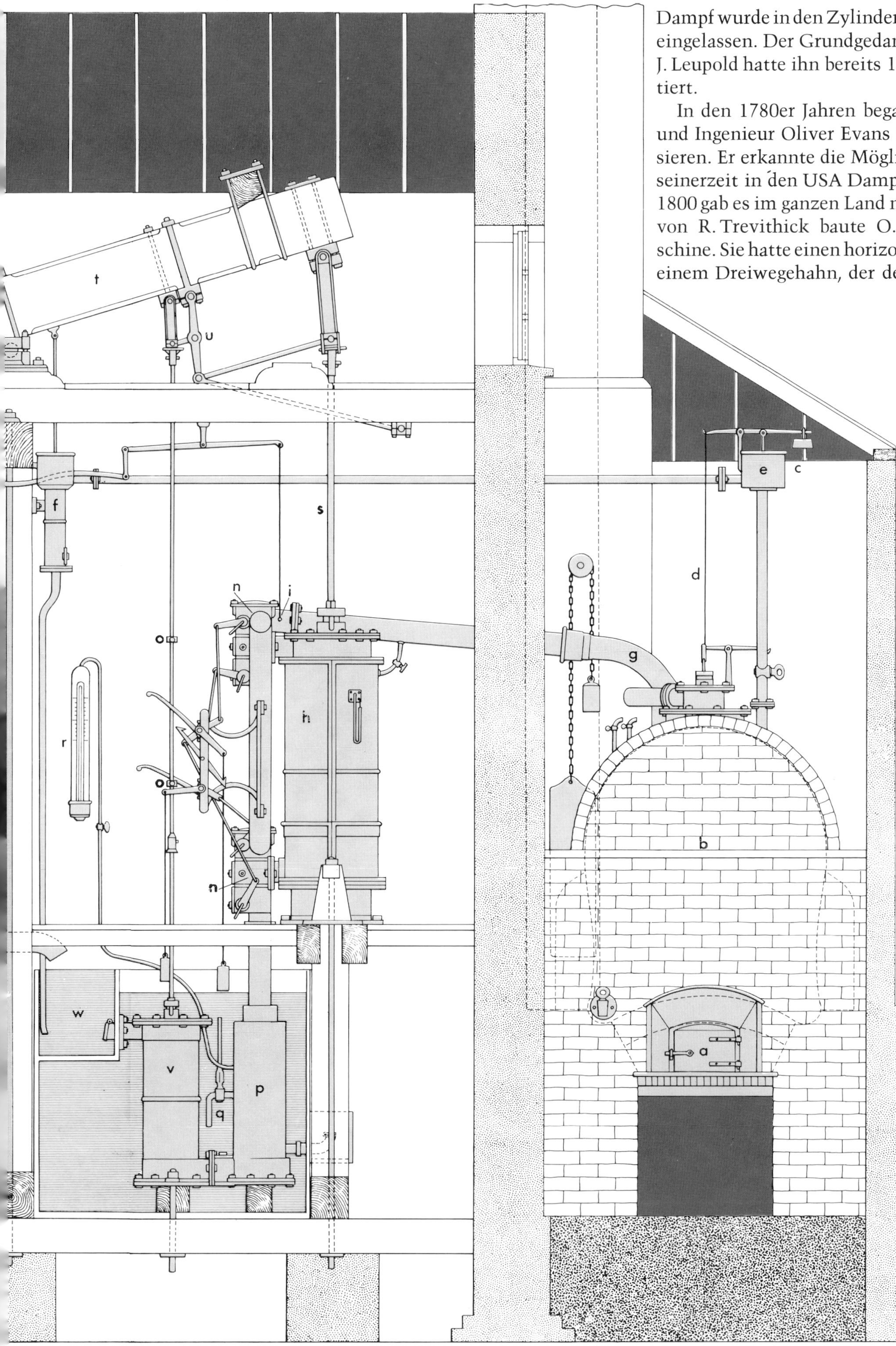

Zwischen den Jahren 1787 und 1800 wurden in den Boulton & Watt-Werken eine große Anzahl doppelt wirkender Dampfmaschinen der dargestellten Art gefertigt. Die Dampfmaschine hatte eine Leistung von 10 PS bei 25 Kolbenhüben in der Minute.
(a) Feuerraumtüre. (b) Dampfkessel. (c) Vorrichtung, mit der der Wasserstand im Dampfkessel kontrolliert wurde. An der Schnur (d) war ein Schwimmer befestigt. Wenn der Schwimmer im Dampfkessel zu tief absank, wurde das Ventil (e) geöffnet und das Wasser durch eine Speisewasserpumpe (f) eingespeist. Sobald der Schwimmer wieder in seine Ausgangslage kam, wurde das Ventil geschlossen. Der Dampf aus dem Dampfkessel wurde dem Zylinder (h) über die Leitung (g) durch die Drosselklappe (i) zugeführt. Die Drosselklappe wurde durch den Fliehkraftregler (j) gesteuert. Der Fliehkraftregler wurde durch das Getriebe (k) und den Riementrieb (l) vom Sonnenrad (m) des Planetengetriebes angetrieben. Der Zylinder (h) war an beiden Enden geschlossen. Der Dampf wurde abwechselnd ober- und unterhalb des Kolbens durch zwei Schieber (n) in den Zylinder eingelassen; dabei wurden die Schieber durch ein an der Pumpenstange angebautes Steuergestänge (o) gesteuert.
(p) Kondensator. (q) Zufuhrleitung für kaltes Wasser, das in den Kondensator gespritzt wurde. (r) Manometer. Die Bewegung der Kolbenstange (s) wurde auf den Balancier (t) über die parallelgeführte Verbindung (u) übertragen, die auch mit der Pumpe (v) verbunden war. Diese förderte das Kondensat und die Luft in den Behälter (w). (x) Von dem Balancier angetriebene Pumpe, die Kühlwasser in das Becken pumpte, in das der Kondensator und die Pumpe (v) eingetaucht wurden. Die hin und her gehende Bewegung des Balanciers wurde durch das sich nicht drehende Zahnrad (z), dem Planeten, in Drehbewegungen des Sonnenrades (m) umgewandelt. Das Sonnenrad saß auf der Achse des Schwungrades (y).

A. Eine Rekonstruktion des Dampfkraftwagens von Richard Trevithick aus dem Jahre 1801 in der Sicht von oben (**1**) und von der Seite (**2**).
(a) Dampfkessel. (b) Feuerung mit einem gefalteten Heizrohr; dies ermöglichte eine möglichst große Wärmeabgabe der Rauchgase.
(c) Rauchrohr. (d) Hähne für die Kontrolle des Wasserstandes im Dampfkessel. (e) Wassereinfüllstutzen mit Klappe. (f) Sicherheitsventil.
(g) Doppelt wirkender Zylinder. (h) Dampfverteilerhahn. (i) Zufuhrleitung aus dem Dampfkessel.
(j) Abdampfrohr. Es führt zum Rauchrohr, in dem der Abdampf die Zugwirkung verstärkte. (k) Kolben.
Die Verlängerung (m) der Kolbenstange (l) war gabelförmig und bot Platz für die Kurbel (n) und Kurbelwelle (o); dadurch konnte die Kurbelwelle sehr nahe an dem Zylinder angeordnet werden. (p) Pleuelstange.
(q) Gleitschuh für die Verlängerung (m).
(r) Schaltgestänge, das mit dem

A1

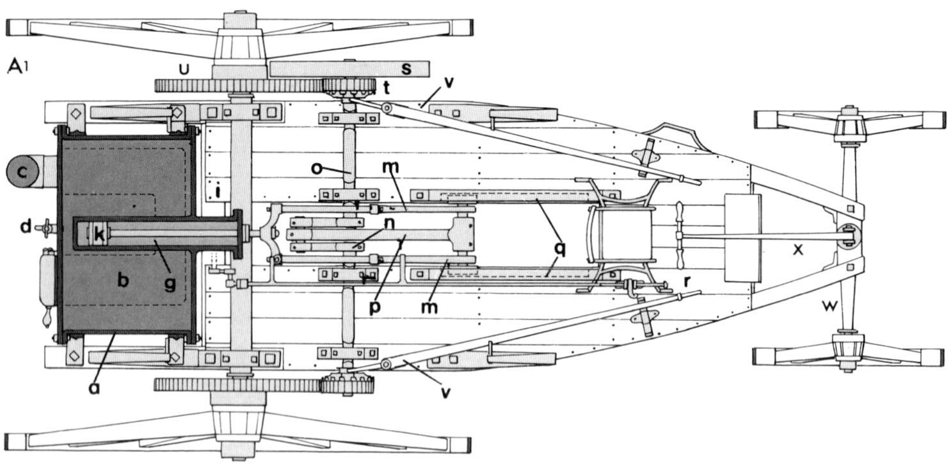

B

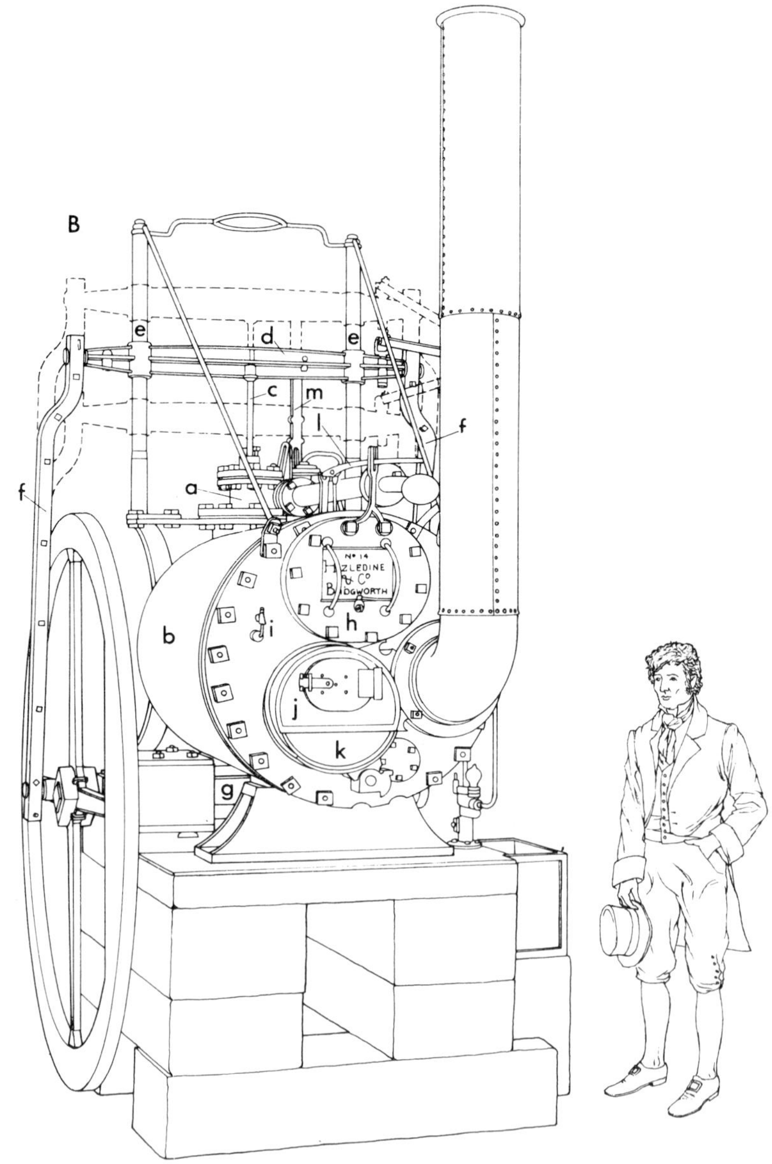

A2

Dampfverteilerhahn (h) verbunden war und vom Sitz des Fahrers aus mit der Kolbenstange (l) in Verbindung gebracht werden konnte, um die Dampfumkehr an den Umkehrpunkten des Kolbens im Zylinder zu steuern. Wenn das Gestänge von der Kolbenstange gelöst war, konnte es zur Handsteuerung des Dampfverteilerhahns verwendet werden. (s) Schwungrad. (t, u) Getrieberäder für die Kraftübertragung auf die Räder. (v) Kupplungsgetriebe, mit dem man bei Fahrt um eine scharfe Kurve jedes Rad abkuppeln konnte. Die Vorderachse (w) konnte mit dem Schwengel (x) um einen Zapfen gedreht und so gelenkt werden.

B. R. Trevithick und seine Dampfmaschine von 1805. Der Zylinder (a) ragte in den Dampfkessel (b) hinein. Die Kolbenstange (c) endete in einem Querbalken (d) mit zwei Lagern, die an den Führungen (e) entlangglitten. (f) Pleuelstange. (g) Kurbelwelle. (h) Inspektionsdeckel. (i) Hahn zur Wasserstandskontrolle im Dampfkessel. (j) Vorderseite des Feuerraumes. (k) Luftzufuhr und Aschekasten. (l) Sicherheitsventil. (m) Verbindungsgestänge zwischen dem Querbalken (d) und dem Dampfverteilerhahn.

C. Dampfmaschine von Oliver Evans (1813). Die Rauchgase aus dem Feuerraum (a) umspülten zunächst die Außenseite des Dampfkessels (b) und wurden dann in Rohren durch ihn zu dem Rauchrohr (c) geleitet. (d) Zylinder. (e) Kolbenstange. (f) Pleuelstange. Für die Kraftübertragung von der Kolbenstange (e) auf die Pleuelstange (f) wurde die Vorrichtung (g) verwendet, deren Drehpunkt (h) mit dem Unterbau (i) der Maschine über zwei Stützen (j) schwingend verbunden war. Der Balken (k) zwischen (i) und (g) glich das Bestreben der Vorrichtung (g) aus, sich freizuschwingen und fortzubewegen.

senkrechten Zylinder leitete. Der Dampfdruck betrug etwa 3 at. Die Maschine wurde auf einem Holzfundament errichtet und war wie diejenige von R. Trevithick ortsbeweglich. 1804 war die Maschine fertiggestellt und wurde bei verschiedenen Arbeiten eingesetzt, unter anderem betrieb sie eine Marmorsäge in Philadelphia. Die Dampfmaschine von O. Evans war die erste ortsbewegliche Antriebsmaschine.

Der Mehrwegehahn, der von O. Evans und R. Trevithick als Ventilmechanismus verwendet wurde, hatte gewisse Nachteile. Er nutzte sich sehr schnell ab. 1799 bekam ein Mitarbeiter J. Watts, der Schotte William Murdock (1754–1839), ein Patent auf einen Flachschieber, der von einer Knagge auf der Achse des Schwungrades gesteuert wurde. Doch blieb J. Watt skeptisch, und seine Maschinen behielten die alte Ventilsteuerung mit Hebeln bei. Einige Jahre später fand der Flachschieber seine endgültige Form durch die Erfindung eines anderen Schotten, Matthew Murray (1765–1826). Diese Schieberform und gewisse Abänderungen von ihr blieben während der ganzen Dampfmaschinenära erhalten.

In einer Hochdruckdampfmaschine entspannt sich der Dampf während der Arbeitsleistung. Eine der Ideen J. Watts war, den Dampf in einer Reihe von miteinander verbundenen Zylindern entspannen zu lassen. Er machte diesbezügliche Versuche 1782, doch war der Dampfdruck zu gering und J. Watt unterbrach diese Versuche. Der Engländer Arthur Woolf war erfolgreicher. Er verwendete Dampf mit einem Druck von etwa 4 at und ließ ihn in zwei in Reihe geschalteten Zylindern entspannen, wobei der zweite Zylinder einen größeren Durchmesser hatte als der erste. Die Verbundmaschine von A. Woolf wurde 1804 gebaut und war die erste ihrer Art.

In den ersten Jahren des 19. Jahrhunderts hatte die Dampfmaschine ihr Erscheinungsbild völlig verändert. In dem Augenblick, als J. Watts Patent erlosch, wurden die Schleusen geöffnet und eine Flut neuer Ideen kam heraus (das ist ein typisches Beispiel dafür, wie ein Patent die technische Entwicklung hemmen kann). Aber es gab auch andere Gründe, die zu diesem schnellen Fortschritt beitrugen. Neue Werkstattechniken und neue Maschinen erschienen jeden Augenblick, die ersten technischen Hochschulen wurden gegründet und die ersten qualifizierten, in Praxis und Theorie ausgebildeten Ingenieure traten auf. Zuerst waren diese Hochschulen militärische Einrichtungen, doch wurden später auch Zivilisten zu ihnen zugelassen.

In den folgenden Jahrzehnten entwickelte sich die Dampfmaschine immer stürmischer. Die neuen Konstruktionen zielten darauf ab, den Dampfdruck weiter zu steigern und die Expansion des Dampfes besser zu nutzen. Ein interessantes Beispiel ist die Hochdruckdampfmaschine von dem Deutschen Ernst Alban (1791–1856), die in Plau (Mecklenburg) in einer Textilfabrik eingesetzt war. E. Alban, ursprünglich Augenarzt von Beruf, experimentierte zuerst mit Drücken bis zu 50 at, entschied sich aber aus praktischen Erwägungen für einen Druck von etwa 10 at.

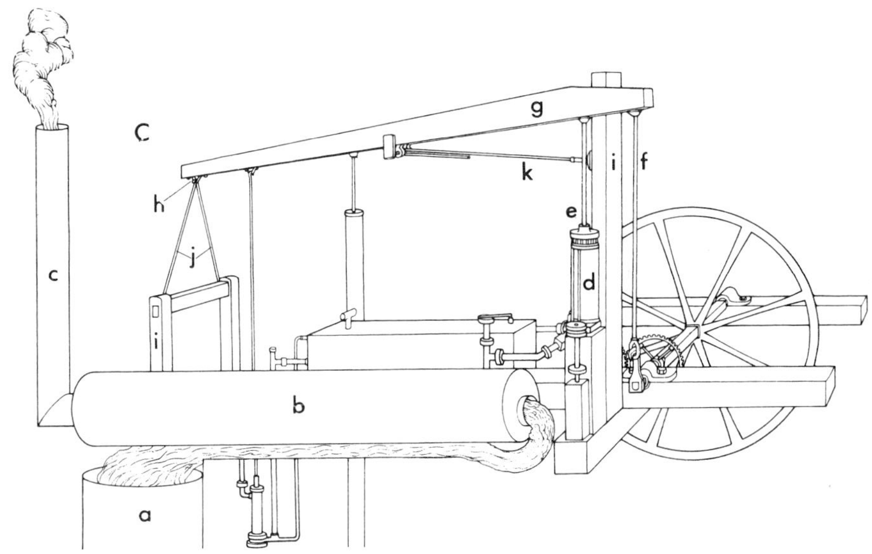

Die Maschine hatte einen aufgehängten Zylinder, der direkt auf die Kurbelwelle des Schwungrades arbeitete. Sie hatte einen Fliehkraftregler. Die ganze Maschine war in einer monumentalen „klassischen" Konstruktion gebaut und hatte gußeiserne Säulen im griechischen Stil, die einen zierlichen klassischen Ziergiebel trugen. Eine andere Errungenschaft E. Albans war ein sicherer und sehr wirksamer Hochdruckdampfkessel, den er nach langer Arbeit gebaut hatte. E. Alban hat als erster einen brauchbaren Röhrenkessel hergestellt.

Wie bereits erwähnt, kamen um 1850 neue Arten von Dampfmaschinen auf, weil die Dampfmaschinentechnologie nun einen immer festeren theoretischen Unterbau bekam. Zu Beginn dieser Entwicklung konnte die Dampfkraft überhaupt nicht richtig genutzt werden, weil der Einblick in die theoretischen Gegebenheiten der Grunderscheinungen Luft, Feuer und Wasser fehlten. Der französische Ingenieur und Physiker Sadi Carnot (1796–1832) stellte 1824 die erste grundlegende Theorie über die Dampfmaschine in seiner Schrift *Réflexions sur la Puissance Motrice du Feu* vor. Die Schrift behandelte alle Arten von Wärmekraftmaschinen, war sehr abstrakt geschrieben und enthielt eine sehr moderne mathematische Erläuterung der anstehenden Probleme: Mit anderen Worten, die Schrift war für die zeitgenössischen Praktiker der Dampfmaschinentechnologie fast vollkommen unverständlich, und sie fand deshalb wenig Beachtung in den Zeitschriften über den Maschinenbau, die um jene Zeit auf den Markt kamen. Erst 1834 versuchte Benoît Clapeyron (1799–1864), ein Werksingenieur und Konstrukteur von Dampfmaschinen, die Theorien S. Carnots zu erweitern und sie für jene verständlich zu machen, die auf diesem Gebiet praktisch arbeiteten. Er hatte jedoch damit nicht mehr Erfolg als sein Landsmann. Der deutsche Wissenschaftler Robert J. Mayer (1814–1878) stellte 1842 seine Theorie der angewandten Thermodynamik vor, die viele bisherigen

Konzepte klärte. Der Engländer James Prescott Joule (1818–1889) entwickelte R. Mayers Gedanken in einem 1847 veröffentlichten Buch weiter, und der Deutsche Rudolf Clausius (1812–1888) tat ein gleiches in seiner Abhandlung *Über die bewegende Kraft der Wärme.* In den späten 1840er Jahren kam S. Carnots Buch aus dem Jahre 1824 in die Hände des großen britischen Naturwissenschaftlers William Thomson (später Lord Kelvin), der es las und ausrief, „zu keiner Zeit in der Geschichte der Naturwissenschaften wurde ein so bedeutendes Buch geschrieben"!

Es mag sein, daß dieser Ausspruch leicht übertrieben war, doch war W. Thomson schließlich derjenige, der alle diese Theorien in den Hauptsätzen der Thermodynamik formulierte, die 1851 erstmals veröffentlicht wurden. Noch heute bilden die klar formulierten Erläuterungen der Naturgesetze die Grundlage auch für die Anstrengungen, die Probleme der Energieversorgung der Gegenwart zu lösen.

Der Amerikaner George Henry Corliss (1817–1888) betrat bei der Dampfmaschinentechnologie Neuland. Mit 20 Jahren beschloß G. H. Corliss, eine Dampfmaschine zu bauen, deren bewegte Teile alle aus vollkommen neuartigen Maschinenelementen bestehen und den vorhandenen überlegen sein sollten. Er und zwei weitere Teilhaber gründeten 1846 in Providence, Rhode Island, eine mechanische Werkstatt, in der sie Dampfmaschinen herstellten. Zunächst waren die Maschinen verhältnismäßig konventionell, wurden aber laufend verbessert. G. H. Corliss konzentrierte sich zunächst auf den Schiebermechanismus und bekam schließlich für die völlig neue Idee des Drehschiebers 1849 ein Patent. Einer der Vorteile dieses Schiebers war, daß er über den Fliehkraftregler entsprechend der Belastung der Maschine gesteuert werden konnte. Bei großer Belastung war die Dampfaufnahme groß und umgekehrt. Diese Steuerung sparte Dampf und verbesserte so den Brennstoffeinsatz. Doch die Drehschieber und andere wichtige Erfindungen von G. H. Corliss unterschieden sich so wesentlich von der hergebrachten Technik, daß sie keine Interessenten finden konnten. Er löste dieses Problem, indem er die Maschinen auslieh und als Miete die eingesparten Brennstoffkosten verlangte (Leasingsystem). Seine Maschinen kamen auf Ausstellungen, und G. H. Corliss wurde bald der berühmteste Ingenieur in den USA. Er erreichte den Höhepunkt seiner beruflichen Laufbahn, als er die große Maschine für die Jahrhundertausstellung in Philadelphia 1876 baute. Diese Maschine wurde beinahe zum Symbol der Ausstellung und in der Tat auch zum Symbol der ganzen Ära der Dampfkraft. G. H. Corliss' Maschine hatte eine Leistung von 2500 PS und war die größte bis dahin konstruierte Maschine.

Als die amerikanische Akademie der Wissenschaften 1870 G. H. Corliss die angesehene Rumfordmedaille zudachte, kam damit stillschweigend zum Ausdruck, daß kein Erfinder seit J. Watt so viel zur Technologie der Dampfkraft beigetragen hat wie G. H. Corliss. Dieses Urteil ist unbestreitbar. G. H. Corliss' Arbeiten waren nicht nur für die Technologie der Dampfkraft, sondern auch für die Maschinenbauindustrie in seinem Geburtsland von großer Wichtigkeit. Als sein Patent ausgelaufen war, wurden seine Ideen von den führenden Dampfmaschinenherstellern in den USA und in Europa weiterentwickelt.

Einige Ingenieure in Europa sind von der Theorie über die Thermodynamik von W. Thomson angeregt worden, den Weg zu dem fruchtbaren Feld der Forschung zu beschreiten. Gustav Adolf Hirn (1815–1890), der Besitzer einer Textilfabrik im Elsaß, entwarf eine umfassende Überwachung aller Dampfmaschinen, die die Spinnereimaschinen in seinem Werk trieben. Er wollte Wege finden, den Wirkungsgrad der Dampfmaschinen zu verbessern. Er untersuchte besonders den Wärmetausch zwischen dem Dampf und der Zylinderwandung, eine Erscheinung, die in der Dampftechnologie unter dem Begriff der Zylinderkondensation bekannt ist; sie ist eine der größten Quellen für die Wärmeverluste bei Dampfmaschinen. G. Hirn kam zu dem Ergebnis, daß die Verluste beträchtlich verringert würden, wenn man den Dampf überhitzt. Die Ergebnisse seiner Untersuchungen wurden von der Schweizer Firma Gebrüder Sulzer in Winterthur übernommen, insbesondere von ihrem leitenden Ingenieur Charles Brown (1827–1905). Ch. Brown arbeitete mit Heinrich Sulzer zusammen, dem Sohn eines der Besitzer der Firma, und baute die erste Dampfmaschine für überhitzten Dampf. Sie wurde 1866 fertiggestellt. Beide Ingenieure sind von G. H. Corliss' Gedanken sehr beeinflußt gewesen, und unter anderem wurden in etwas abgewandelter Form die Drehschieber nach Corliss in die Konstruktion einbezogen. Die Maschine hatte eine Leistung von 56 PS und arbeitete mit Dampfdrücken von 5 at. Sie wurde bei der Weltausstellung 1867 in Paris zusammen mit einigen von G. H. Corliss gebauten Maschinen ausgestellt. Die neuen Konstruktionen weckten großes Interesse bei der Ausstellung und in der technischen Presse und regten die Ingenieure von nah und fern an, neue Ideen und Konzepte auszuprobieren, um die Dampfmaschine weiter zu verbessern. In den folgenden Jahrzehnten wurden

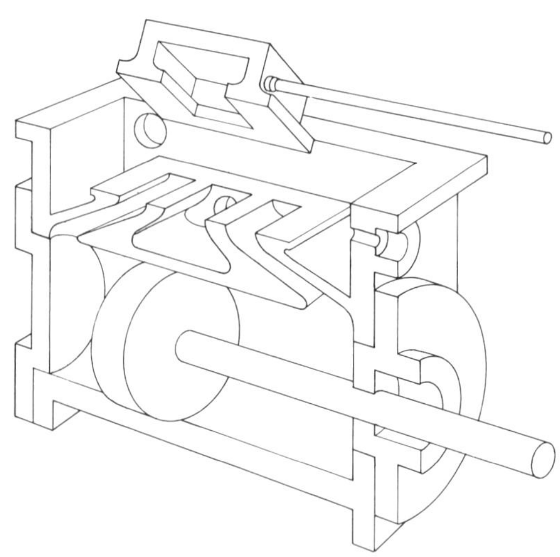

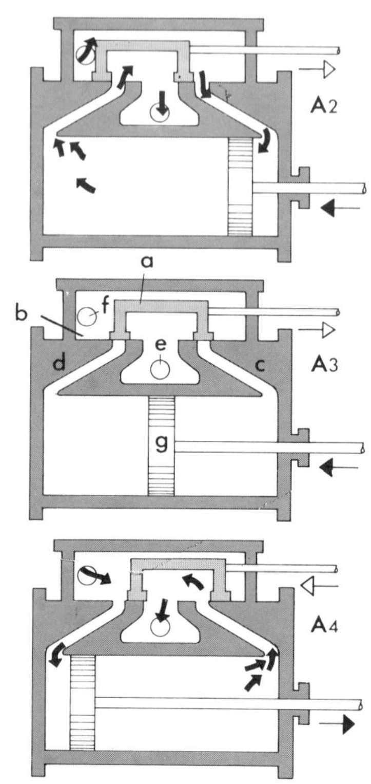

A. Dampfmaschine mit Flachschiebersteuerung. (**1**) Der Flachschieber (a) bestand aus einer Eisenplatte mit einem muschelförmigen Hohlraum. Der Schieber bewegte sich auf der Fläche (b) im Schieberkasten, in den die zwei Dampfkanäle (c, d) von den beiden Zylinderköpfen und der Dampfauslaß (e) angeordnet waren. Dampf wurde durch die Öffnung (f) eingelassen. (**2**) Schieber links: Dampf strömt durch die Öffnung (f) und den Kanal (c) in den Zylinder (g). Durch den Druck des Frischdampfes wurde der Kolben nach links geschoben. Gleichzeitig drückte der Kolben den entspannten Dampf durch den Kanal (d) und die Öffnung (e) aus dem Zylinder heraus. (**3**) Schieber in der Mitte: beide Kanäle zum Zylinder sind geschlossen, der Dampf arbeitet durch Expansion. (**4**) Kurz bevor der Kolben seinen Umkehrpunkt erreicht hatte, wurde der Kanal (d) geöffnet und der Frischdampf strömte in den Raum links des Kolbens. Gleichzeitig entwich der Dampf auf der anderen Seite des Zylinders durch den Kanal (c) und die Öffnung (e).

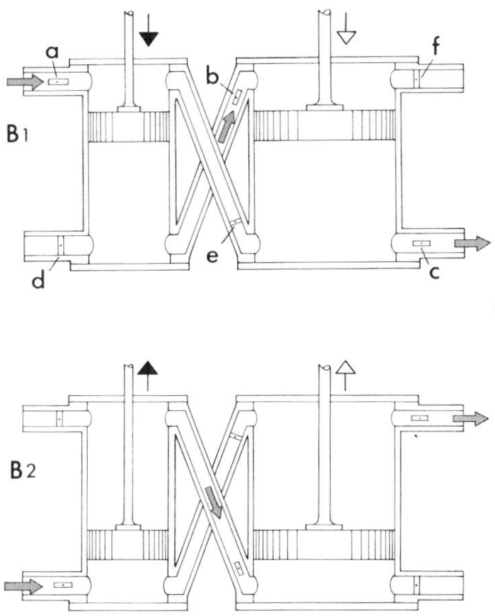

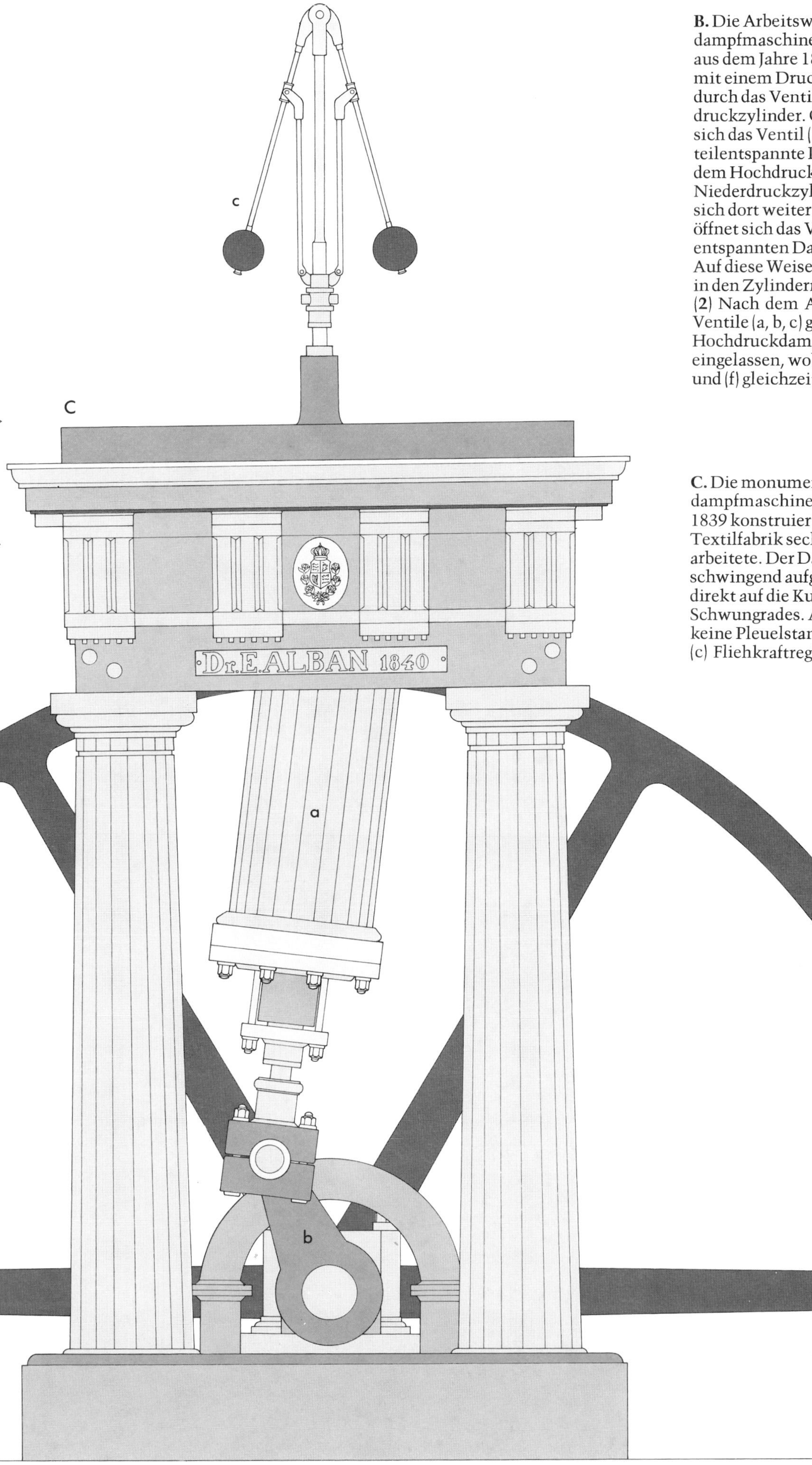

B. Die Arbeitsweise der Verbunddampfmaschine von Arthur Woolf aus dem Jahre 1804. (**1**) Der Dampf mit einem Druck von 4 at strömte durch das Ventil (a) in den Hochdruckzylinder. Gleichzeig öffnete sich das Ventil (b) und der teilentspannte Dampf konnte aus dem Hochdruckzylinder in den Niederdruckzylinder entweichen, um sich dort weiter zu entspannen; ebenso öffnet sich das Ventil (c), um den entspannten Dampf herauszulassen. Auf diese Weise wurden beide Kolben in den Zylindern heruntergedrückt. (**2**) Nach dem Arbeitshub wurden die Ventile (a, b, c) geschlossen und der Hochdruckdampf durch das Ventil (d) eingelassen, wobei auch die Ventile (e) und (f) gleichzeitig geöffnet wurden.

C. Die monumentale Hochdruckdampfmaschine von Ernst Alban, die 1839 konstruiert wurde und in einer Textilfabrik sechs Jahrzehnte lang arbeitete. Der Dampfzylinder (a) war schwingend aufgehängt und arbeitete direkt auf die Kurbelwelle (b) des Schwungrades. Auf diese Weise war keine Pleuelstange erforderlich.
(c) Fliehkraftregler.

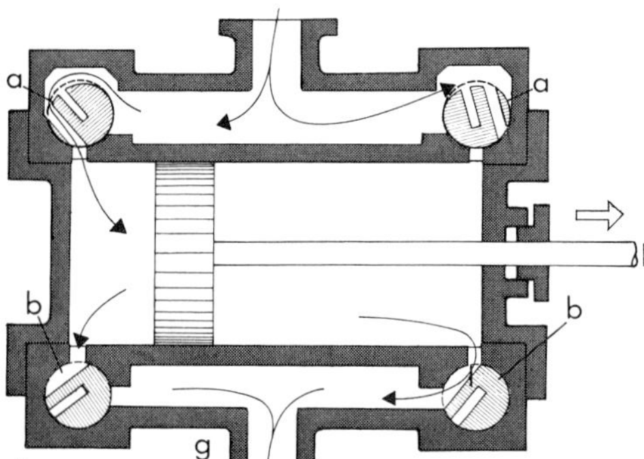

A1

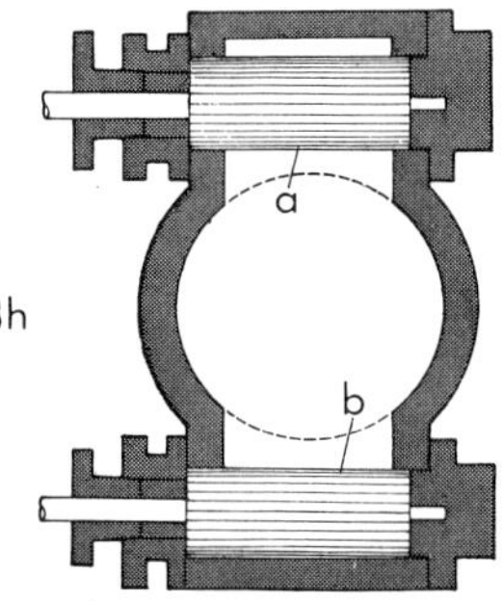

A2

B. Die Verbunddampfmaschine von G. H. Corliss mit horizontalen Zylindern (a). (b) Drehschiebersteuerung. (c) Fliehkraftregler. (d) Schwungrad. Die Dampfmaschine wurde als Antrieb für Transmissionen verwendet.

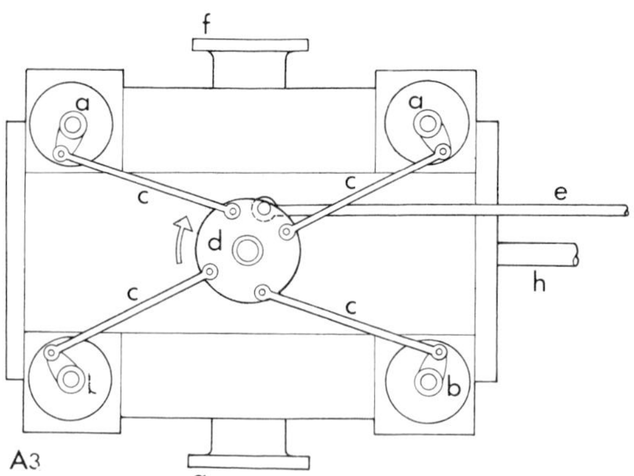

A3

C. Die bekannteste von allen Dampfmaschinen, die G. H. Corliss baute, war diese, die er für die Jahrhundertausstellung in Philadelphia 1876 herstellte. Die Maschine wog 600 t und war 13,5 m hoch. Es war die größte Dampfmaschine, die bis dahin gebaut worden war. Genau gesehen waren es zwei getrennte Einzylinder-Dampfmaschinen mit einem gemeinsamen Schwungrad. Die Leistung der Maschine betrug 2500 PS.

B

C

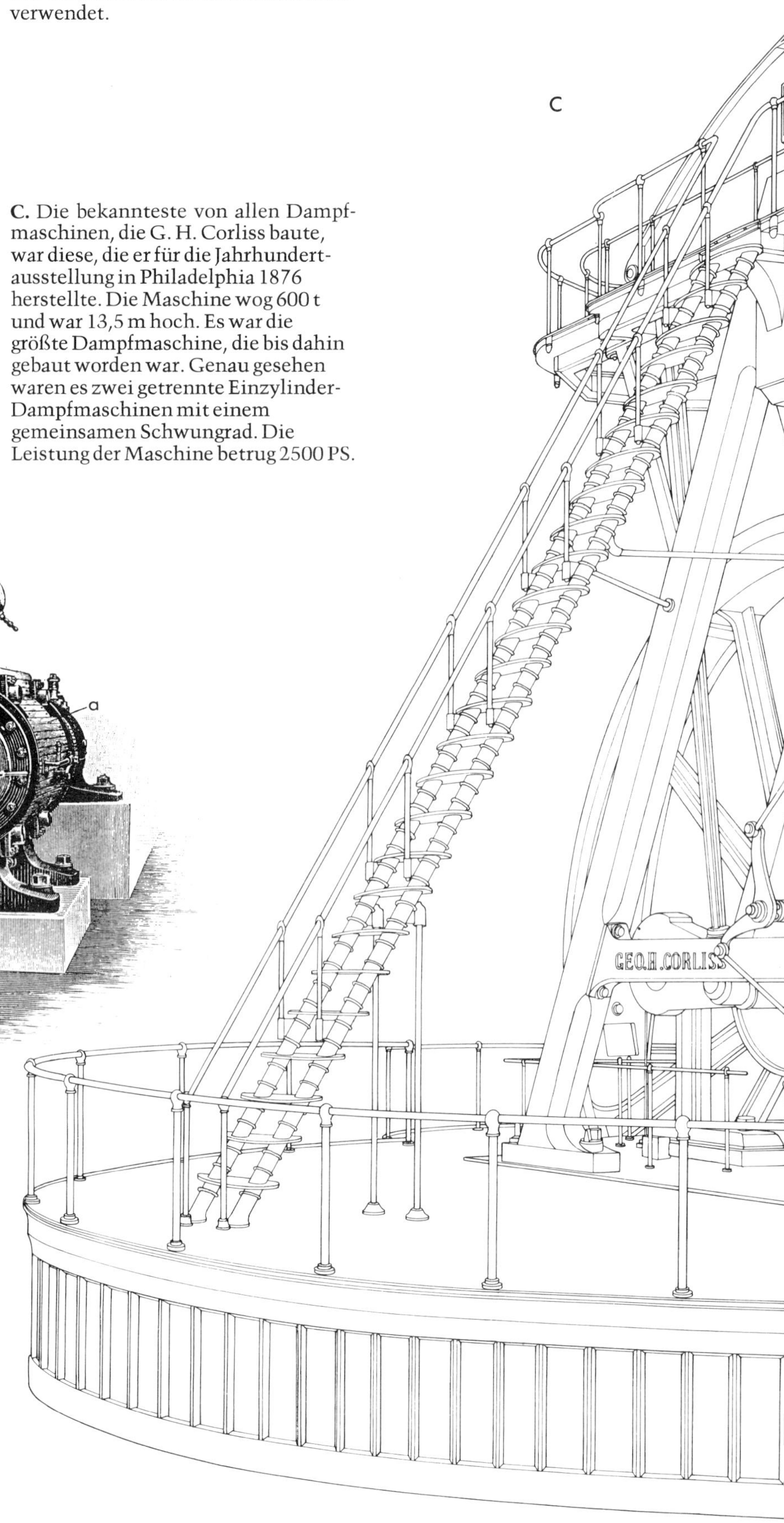

A. Der Zylinder mit der Drehschiebersteuerung nach George Henry Corliss; (**1**) Längsschnitt, (**2**) Querschnitt, (**3**) Außenansicht der Drehschiebersteuerung. Der Zylinder hatte vier Drehschieber (a, b), die über Verbindungsgestänge (c) von einer Drehplatte (d) bewegt wurden. Diese Platte bekam ihre Drehschwingungen über die Schubstange (e) vermittelt, die exzentrisch an der Achse der Dampfmaschine angebracht war. Da der Frischdampf durch die Öffnung (f) in den Zylinder trat und ihn durch die andere Öffnung (g) verließ, wurden die Einlaßschieber (a) durch den Abdampf nicht gekühlt. Die Bewegungen der Einlaßschieber wurden ferner durch die Stellung des Fliehkraftreglers bestimmt. In einer gewissen Stellung bei ihren Bewegungen wurden die Einlaßschieber vom Verbindungsgestänge (c) durch ein von dem Fliehkraftregler gesteuertes Getriebe abgekuppelt. Die Drehschieber wurden dann durch große Federkräfte schnell geschlossen. Auf diese Weise konnte die Frischdampfmenge entsprechend dem Leistungsbedarf verändert werden. (h) Kolbenstange.

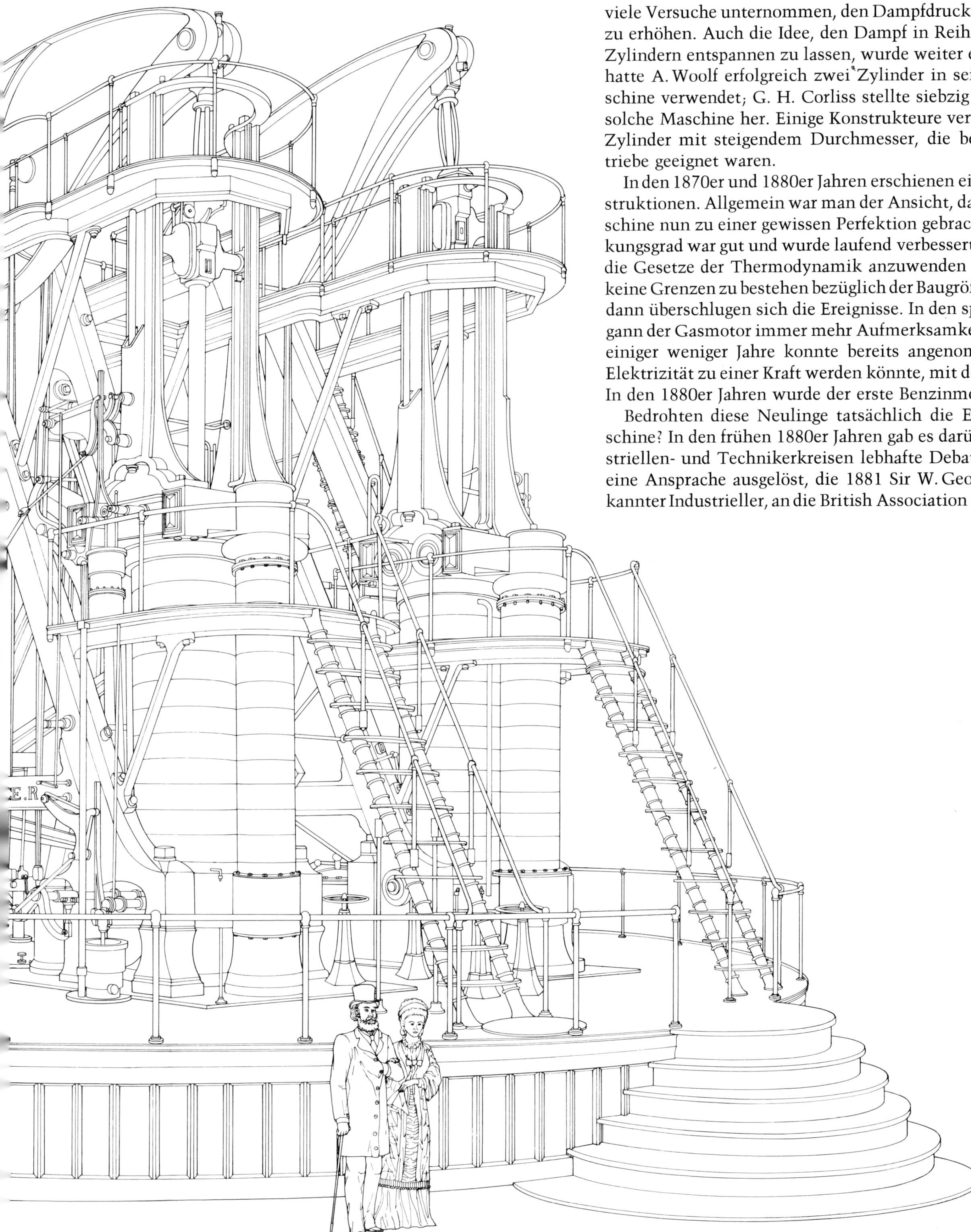

viele Versuche unternommen, den Dampfdruck in der Dampfmaschine zu erhöhen. Auch die Idee, den Dampf in Reihen von zwei oder mehr Zylindern entspannen zu lassen, wurde weiter entwickelt. Schon 1804 hatte A. Woolf erfolgreich zwei Zylinder in seiner Verbunddampfmaschine verwendet; G. H. Corliss stellte siebzig Jahre später eine ebensolche Maschine her. Einige Konstrukteure verwendeten in Reihe drei Zylinder mit steigendem Durchmesser, die besonders für Schiffsantriebe geeignet waren.

In den 1870er und 1880er Jahren erschienen einige neue Schieberkonstruktionen. Allgemein war man der Ansicht, daß die Kolbendampfmaschine nun zu einer gewissen Perfektion gebracht worden sei: der Wirkungsgrad war gut und wurde laufend verbessert, als die Konstrukteure die Gesetze der Thermodynamik anzuwenden begannen. Es schienen keine Grenzen zu bestehen bezüglich der Baugröße der Maschinen. Aber dann überschlugen sich die Ereignisse. In den späten 1870er Jahren begann der Gasmotor immer mehr Aufmerksamkeit zu erregen. Innerhalb einiger weniger Jahre konnte bereits angenommen werden, daß die Elektrizität zu einer Kraft werden könnte, mit der man rechnen mußte. In den 1880er Jahren wurde der erste Benzinmotor erfunden.

Bedrohten diese Neulinge tatsächlich die Existenz der Dampfmaschine? In den frühen 1880er Jahren gab es darüber in England in Industriellen- und Technikerkreisen lebhafte Debatten. Sie wurden durch eine Ansprache ausgelöst, die 1881 Sir W. George Armstrong, ein bekannter Industrieller, an die British Association for the Advancement of

Science richtete. In seiner Rede, die sehr beachtet wurde, kritisierte G. Armstrong äußerst scharf die Unzulänglichkeiten der Kolbendampfmaschine. Er forderte, daß auf ganz neuen Wegen geforscht werden müßte, um neue Antriebsmaschinen zu bekommen. Sir Frederic Bramwell, eine Autorität auf dem Gebiete der Technologie, stimmte ihm zu und fügte provozierend hinzu, daß es in 50 Jahren – 1931 – keine Dampfmaschinen mehr im Betrieb geben würde, sie wären dann Museumsstücke! Sir Frederic wiederholte 1888 seine Prophezeiung, und er stiftete der British Association eine Summe Geldes für denjenigen, der diese Gedanken in eine anerkannte Vorlesung aufnehmen kann. Sir Alfred Ewing hielt eine solche Vorlesung drei Jahre später. In der Zwischenzeit erschien eine neue Antriebsmaschine, die guten Erfolg versprach. Sir Alfred konnte feststellen, daß der Dampf weder tot noch am Sterben ist und daß die Dampfturbine sehr wahrscheinlich der Welt größere Maschinen mit größeren Wirkungsgraden zeigen würde, als Sir F. Bramwell es sich je hätte träumen lassen.

Heute ist bekannt, daß Sir Alfred Ewing recht hatte.

Die Konstrukteure der Dampfmaschine gaben jedoch nicht so schnell auf. Es wurden bewundernswerte Versuche unternommen, die Kolbendampfmaschine zu verbessern. In den frühen 1890er Jahren entwickelte der Deutsche Wilhelm Schmidt eine Maschine für Dampftemperaturen von nicht weniger als 350°C. Im folgenden Jahrzehnt entwarf der Deutsche Johann Stumpf eine vereinfachte Kolbendampfmaschine, die er Gleichstrom-Dampfmaschine nannte, weil der Dampf nur in einer Richtung durch den Zylinder strömte. Diese Maschine erfreute sich besonders in Deutschland einer gewissen Beliebtheit. Einer ihrer Verwendungszwecke war im Lokomobil.

Zunächst schien die Dampfturbine keine ernsthafte Konkurrenz für die Dampfmaschine zu sein. Aber um 1910 änderte sich die Sachlage, und die Dampfturbine machte viel Boden gut. Das Schicksal, das G. H. Corliss' Maschine von der Jahrhundertausstellung in Philadelphia ereilte, mag darlegen, wie schnell die Dampfturbine das Feld eroberte. Als die Dampfmaschine wieder zurück in das Werk nach Providence gebracht wurde, besuchte George Mortimer Pullman G. H. Corliss im Werk und kaufte die Kolbendampfmaschine vom Fleck weg. G. Pullman benutzte sie, um Fertigungsmaschinen bei der Herstellung der Schlafwagen für die Firma Pullman Palace Car Company zu betreiben. Die Kolbendampfmaschine war jedoch nur bis 1910 im Einsatz und wurde dann durch eine stationäre Dampfturbine ersetzt.

Die Dampfturbine

Als man J. Watts Dampfmaschine in den 1770er und 1780er Jahren zu betreiben begann, wurde vielen Ingenieuren der Blick für die Möglichkeiten der Dampfkraft geschärft. Doch konnten diese ersten Dampfmaschinen nur eine hin- und hergehende Bewegung vollbringen. Wenn der Dampf eine Drehbewegung unmittelbar erzeugen könnte, wäre er da nicht universeller einsetzbar? J. Watt begegnete diesem Problem einige Male. Die erste Gelegenheit war 1769, in dem Jahr, in dem er sein Patent auf den Kondensator bekam, als er mit einem ringförmigen Zylinder experimentierte, in dem ein Kolben durch Dampf im Kreis bewegt werden sollte. Die Vorrichtung arbeitete jedoch nicht, und er verließ dieses Experimentierfeld. 15 Jahre später war er gezwungen, den Gedanken wieder aufzugreifen, als der ungarische Baron Wolfgang von Kempelen (1734–1804) ein Patent über eine Dampfturbine bekam. Dies wurde besonders aufmerksam in England notiert, nicht zuletzt deshalb, weil W. von Kempelen behauptete, daß seine Maschine derjenigen von J. Watt überlegen sei und sie leicht vom Markt verdrängen könne. In der

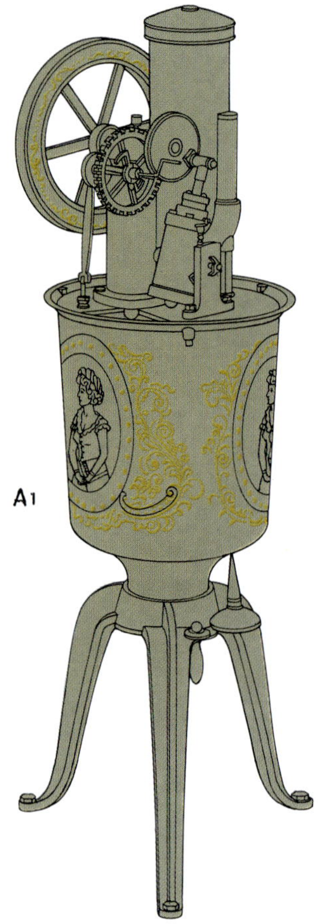
A1

A

A. In den letzten Jahrzehnten des 19. Jahrhunderts kamen kleine Dampfmaschinen (**1**) für den Haushalt auf den Markt. Die dargestellte Maschine wurde von der Fa. Tyson hergestellt und war besonders zum Antrieb einer Nähmaschine (**2**) vorgesehen. Zur Geschwindigkeitsregulierung der Nähmaschine konnte eine Bremsvorrichtung für den Riementrieb eingebaut werden. Die Bremse wurde dann mit einem Pedal und einem Gegengewicht verbunden.

C1

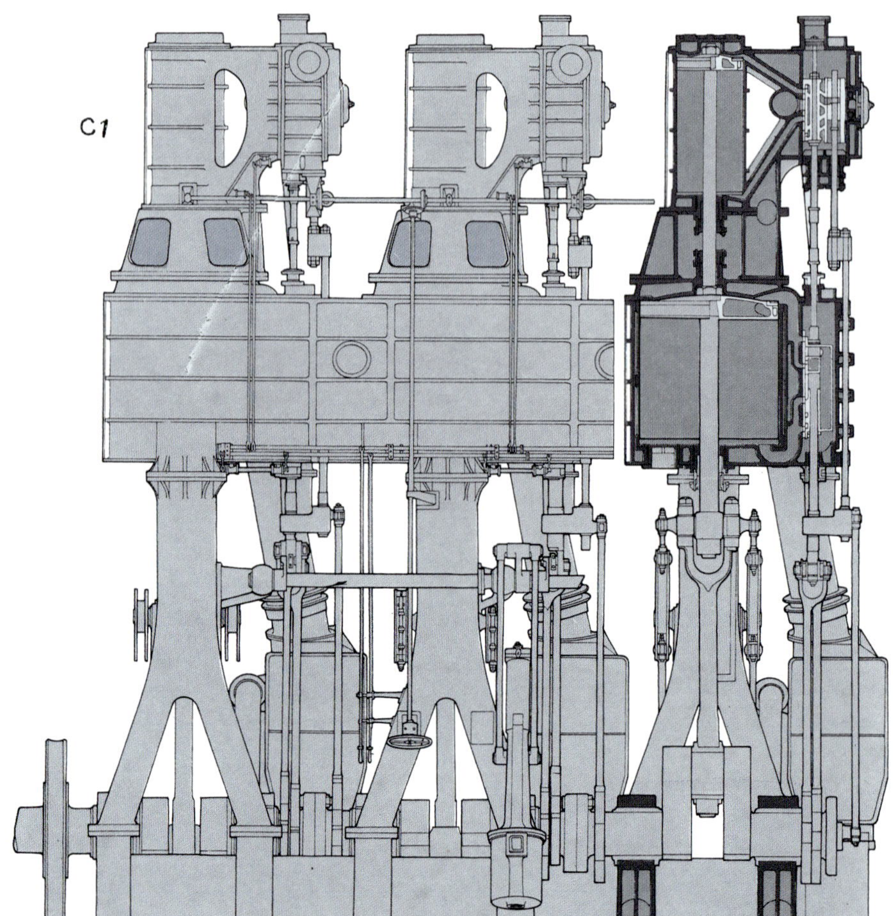

B. Ein Dampfpflug aus der Mitte des 19. Jahrhunderts. Um das Feld wurde ein Seil über Rollen verlegt und verankert. Der Pflug wurde an das Seil befestigt und zwischen zwei Rollen über das Feld gezogen, wobei das Seil auf einer Seiltrommel aufgewickelt und auf der anderen Seiltrommel abgewickelt wurde. Die Dampfmaschine konnte die Seiltrommeln vor- und rückwärts treiben. Die Umkehrrollen wurden von Hand für jede Furche, die gepflügt werden sollte, versetzt.

B

C 2

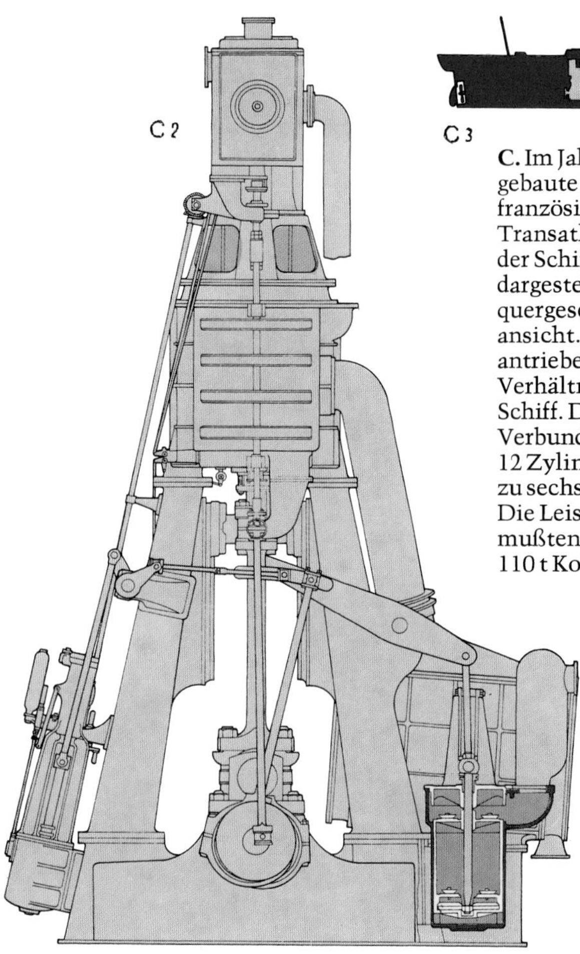

C 3

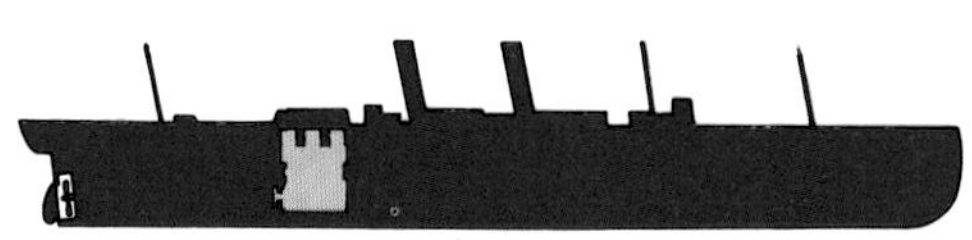

C. Im Jahre 1882 lief das in England gebaute Linienschiff *Normandie* der französischen Gesellschaft Générale Transatlantique vom Stapel. Ein Teil der Schiffsmaschine wird hier dargestellt; (**1**) Vorderansicht mit einem quergeschnittenen Zylinder, (**2**) Seitenansicht. (**3**) Die Lage des Schiffsantriebes und seine Größe im Verhältnis zu dem 140 m langen Schiff. Der Schiffsantrieb bestand aus Verbunddampfmaschinen mit 12 Zylindern, die paarweise in Gruppen zu sechs Zylindern angeordnet waren. Die Leistung betrug 6600 PS. Täglich mußten für die acht Dampfkessel 110 t Kohle verheizt werden.

Geschichte der Technologie ist W. von Kempelen besonders durch seinen Schach spielenden Türken – ein Automat – bekannt geworden.

Die Konstruktion von W. von Kempelens Turbine ist derjenigen des Italieners Giovanni Branca von 1629 nicht unähnlich. Sie war eine Aktionsturbine, in der der Dampfstrahl auf die Schaufeln der Turbinenräder einen Druck ausübte. Nach einer genauen Prüfung solcher Fakten bei der Maschine von W. von Kempelens, wie Dampfverbrauch, Drehgeschwindigkeit, Leistung schloß J. Watt, daß die Konstruktion technisch gesehen nicht erfolgreich sein konnte. Um eine Leistung in einer vernünftigen Größenordnung zu bekommen, müßte die Drehzahl der Turbinenräder so groß sein, daß ihre eigenen Zentrifugalkräfte sie in Stücke reißen würden! Bei einer niedrigen Drehgeschwindigkeit wäre der Dampfverbrauch unverhältnismäßig groß im Vergleich zu der erzielten Leistung. Diese Berechnungen benötigte J. Watt, um seinen Partner M. Boulton zu beruhigen, der durch die Gerüchte sehr beunruhigt war, daß ihr Dampfmaschinenmonopol in Gefahr sei.

In den folgenden Jahrzehnten bemühten sich mehrere Ingenieure, einen Weg zu finden, Drehbewegung durch Dampf unmittelbar zu erzeugen. Der vielseitige englische Geistliche Edmund Cartwright stellte 1797 einen Entwurf vor, der demjenigen von J. Watt nicht unähnlich war, aber diese Maschine arbeitete in der Praxis ebenfalls nicht. J. Watts Assistent William Murdock bekam 1799 ein Patent auf eine Vorrichtung, bei der ein Dampfstrahl zwei ineinandergreifende Zahnräder zum Drehen brachte. Das war eine gute Idee, denn die gleiche Konstruktion wurde bereits als Ölpumpe verwendet, doch konnte in jenen Zeiten die erforderliche Präzision bei der Herstellung nicht erreicht werden.

Carl Gustaf Patrik de Laval (1845–1913) gelang es als erstem, Drehbewegung unmittelbar aus der Dampfkraft zu erzeugen. Er entwickelte seine erste Erfindung als Milchzentrifuge in den 1870er Jahren. Um den erwünschten Trenneffekt zu erreichen, mußte der Behälter sich mit sehr großer Geschwindigkeit drehen (6000–10000 Upm). Die kleinen handbetriebenen Zentrifugen benötigten eine Getriebeübersetzung, um die Geschwindigkeit zu erreichen, die größeren Anlagen wurden mit Pferdegöpeln angetrieben. C. de Laval strebte jedoch einen Antrieb an, der direkt, ohne ein Zwischengetriebe an die Zentrifuge geschaltet werden konnte. Er versuchte es zuerst mit einer einfachen Reaktionsturbine mit einem S-förmigen Läufer; diese arbeitete nach den gleichen Grundsätzen wie Herons Ball. Zwanzig Jahre später beschrieb C. de Laval diese Versuche: „Vollkommen überzeugt, daß die Geschwindigkeit eine Gabe der Götter sei, wagte ich 1876 daran zu glauben, daß Dampfkraft zum Antrieb eines Rades ausgenützt werden könnte. Es war ein kühnes Abenteuer. In jener Zeit hatte man nur kleine Geschwindigkeiten angewendet. Geschwindigkeiten, die als normal angesehen wurden, verwendete man in den späteren Zentrifugen nie. In zeitgenössischen Büchern schrieb man über den Dampf: ‚Unglücklicherweise ist die Dampfdichte zu klein, um auch nur einen Gedanken auf die Verwendung des Dampfes als Antriebsmittel für ein kraftangetriebenes Rad zu verschwenden.' Trotzdem gelang mir dies."

C. de Lavals Erfolg ist zum Teil darauf zurückzuführen, daß er gewisse Erfahrung mit technischen Problemen hatte, die im Bereich hoher Geschwindigkeiten auftraten, zum anderen Teil auf die Tatsache, daß die Turbinen gerade das geben konnten, nach dem er Ausschau gehalten hatte, nämlich die hohen Drehzahlen. Zur gleichen Zeit, als er daran arbeitete, die Zentrifuge zu verbessern, die er sich 1878 patentieren ließ, entwickelte er einige Abarten der S-Turbine. Er kam zu den gleichen Schlüssen wie J. Watt nämlich, daß die Turbine erst bei Drehzahlen von 30000–40000 Upm wirtschaftlich wird. Er wendete viel Zeit und Anstrengungen auf, die sehr schwierigen technischen Probleme zu lösen, die bei diesen Drehzahlen auftraten, zum Beispiel das Ausbalancieren der Achse und des Rotors. Die geringste Unwucht hatte so große Kräfte zur Folge, daß anfänglich auch Achsen aus härtestem Stahl brachen. Erst 1883 hatte C. de Laval das Problem gemeistert und ließ sich diesen Antrieb für Milchzentrifugen patentieren. Dies war die erste praktische Anwendung der Dampfturbine.

Trotz dieser Erfolge war C. de Laval unzufrieden. Er ließ die Reaktionsturbine beiseite liegen und wandte sich der Aktionsturbine zu, das heißt dem Modell von G. Branca. Er versuchte alles nur Erdenkliche, um die Leistung zu steigern, wobei er die Geschwindigkeit in vertretbaren Grenzen behielt. Das Wort „vertretbar" muß man vom Gesichtspunkt C. de Lavals verstehen. „Gustaf de Laval – der Mann der hohen Geschwindigkeiten" heißt der Titel einer von Torsten Althin geschriebenen Biographie. Eine Variante von C. de Lavals S-Turbine war für Geschwindigkeiten von 42 000 Upm konstruiert!

Während er an seiner Aktionsturbine arbeitete, entdeckte C. de Laval eine interessante Methode, den Dampfstrahl in einer Düse zu entspannen, bevor er Arbeit leistete. Dadurch konnte die kinetische Energie des Dampfes besser genutzt werden. Der erste Entwurf dieser Düsen zeigt, daß sie sich zum Auslaß hin allmählich öffneten und so dem Dampf Gelegenheit gaben, sich auszudehnen, bevor er auf die Schaufeln der Turbinenräder traf. C. de Laval ließ sich 1888 eine Aktionsturbine mit solchen Düsen patentieren. Später fanden diese Düsen viele andere Anwendungsmöglichkeiten in der Technologie, unter anderem bei den Antrieben der Weltraumraketen, bei denen sich das Gas des Triebstrahls in den Lavaldüsen, wie sie heute heißen, entspannt.

C. de Laval löste auch das Problem der Massenkräfte. Statt den Durchmesser und damit die Stärke der Achse zu vergrößern, machte er sie schlanker und biegsamer. Das Turbinenrad-Achsen-System war so dimensioniert, daß die praktisch unvermeidbaren Unwuchten eine Resonanz ergaben, deren Schwerpunkt mit verhältnismäßig kleinen Drehzahlen rotierte, wenn die Turbine angefahren oder abgeschaltet wurde. Im Resonanzmaximum konnte die Achse mit einer Amplitude von 10 mm und mehr schwingen. Eine biegsame Achse kann diese Belastung aufnehmen, wenn sie in entsprechenden Lagern ruht. C. de Laval baute zu diesem Zwecke die Lager in kugelförmige Segmente ein; so konnten die Lager den Bewegungen der Achse folgen. Sobald das Resonanzmaximum überschritten wurde und die Turbine ihre Drehzahl erreicht hatte, richtete sich das Turbinenrad-Achsen-System automatisch aus und die Vibrationen hörten auf.

Die Kombination aus der Lavaldüse und dem Turbinenrad erwies sich als sehr wirksam für die Dampfausnutzung. Aber die Geschwindigkeit war zu groß und mußte weit verringert werden, damit die Turbine in der Praxis angewendet werden konnte. Viel anstrengende Forschungsarbeit war erforderlich, dieses Problem zu lösen. Nachdem C. de Laval eine wirksame, schlanke Achse konstruiert hatte, testete er verschiedene Getriebe mit dem Ziele, eines herauszufinden, das bei hohen Geschwindigkeiten große Kräfte übertragen konnte. Die gefundene Lösung war ein Doppelschneckentrieb, der für die Turbinen von C. de Laval lange Zeit charakteristisch war.

C. de Laval hatte viele Ideen, wie sein „Dampfmotor", er nannte die Maschine so, praktisch angewendet werden konnte. Eine Zeitlang wollte er ihn als Schiffsantrieb verwenden und fertigte 1892 Konstruktionszeichnungen für einen solchen Antrieb an. Zuletzt entschloß er sich aber, Antriebe für Stromgeneratoren zu produzieren. Diese Antriebe wurden mit einer Leistung von 5 bis 500 PS gebaut.

Die Dampfturbine hatte einen sehr hohen Wirkungsgrad. Ein Vergleich zwischen einer 6 PS starken Kolbendampfmaschine und einer 5 PS starken Laval-Dampfturbine im Jahre 1890 zeigte, daß die Kolbendampfmaschine 75% mehr Dampf verbrauchte. Ein bedeutender Einflußfaktor dabei war eine andere Schöpfung C. de Lavals, nämlich der Dampfkessel mit verhältnismäßig dünnen, spiralförmig gewundenen Siederohren. In diesem Dampfkessel wurden die Siederohre durch Zwangsverbrennung im Feuerungsraum erhitzt, die von automatisch gesteuerten elektrischen Ventilatoren bewirkt wurde; daher wurde in diesem Dampfkessel eine große Menge Dampf mit hohen Dampfdrücken erzeugt. Andererseits war die Dampfmenge in jeweils einem der spiralförmigen Siederohre verhälnismäßig klein, so daß das Abreißen eines solchen Rohres nur einen kleinen Schaden verursachen konnte.

C. de Laval ist ein Pionier des Hochdruckdampfes. Bei der Handwerks- und Industrieausstellung 1897 in Stockholm wurde der elektrische Strom aus zwei Lavaldampfturbinen geliefert. Als dem schwedischen König Oskar III., dem Schirmherren der Ausstellung, bei einer Gelegenheit die Dampfturbinen gezeigt wurden, erwähnte C. de Laval, daß der Dampfkessel einen Dampfdruck von 110 at erzeuge; bei diesen Worten trat der König unwillkürlich einen Schritt zurück. Als sie zu der anderen Turbine kamen und C. de Laval ihm sagte, daß diese mit einem Dampfdruck von 220 at arbeite, verließ der König schleunigst die Ausstellung.

Ein Jahr, nachdem C. de Laval das Patent für seine S-Turbine bekam, machte sich Sir Charles Parsons (1854–1931) daran, eine Turbine speziell als Antrieb für elektrische Generatoren zu entwickeln. Das war im Jahre 1884, und Ch. Parsons mußte sich mit den gleichen Problemen herumschlagen wie C. de Laval, nämlich mit den bei extrem hohen Geschwindigkeiten auftretenden Kräften, mit Lagerproblemen, mit Problemen der Massenkräfte. Ch. Parsons war ein hervorragender Konstrukteur und ein geistreicher Erfinder, der bald diese Hindernisse überwand. Er beschritt den Weg über Labormodelle und Prototypen nicht, sondern baute gleich nach seinen Ideen eine gebrauchsfertige Maschine, die sofort in der Industrie eingesetzt werden konnte. Diese Maschine war bis 1900 in der Forth Bank in London im Gebrauch und wurde dann dem Science Museum übereignet.

Die Grundidee für die Parsonsturbine war der Fourneyron-Wasserturbine entlehnt. Ch. Parsons ließ den Dampf durch die Leitschaufeln so strömen, daß er die Schaufeln des Laufrades rechtwinklig traf. Die Turbine hatte 14 Paar Leit- und Laufräder. Der Dampf wurde in der Mitte der Turbine beaufschlagt, er strömte dann parallel zu der Achse in beide Richtungen und entspannte sich auf atmosphärischen Druck. Der Dampfdruck betrug 6,5 at, die Drehzahl 18 000 Upm. Der Generator war mit der Turbinenachse unmittelbar verbunden. Es ist eine großartige Tat Ch. Parsons', einen Elektrogenerator konstruiert zu haben, der bei diesen hohen Drehzahlen arbeitete, denn üblicherweise wurden Generatoren in jener Zeit bei 800–1200 Upm betrieben. Ch. Parsons' Generator erzeugte eine elektrische Spannung von 100 V bei 75 A Stromstärke. Die Dampfturbine hatte eine Leistung von etwa 10 PS.

Ch. Parsons' Axialturbine ist ein bedeutender Markstein in der Geschichte der Technologie. Sie leitete das Zeitalter der spektakulären Entwicklung der Turbinen ein. Während der ruhelose Erfinder C. de Laval bald sein erfolgreiches Turbinenbau-Unternehmen verließ und sich einer Menge andersartiger Projekte zuwendete, widmete Ch. Parsons von 1884 an sein Leben dem Bau von Turbinen.

Bis 1889 wurden an die 300 Axialturbinen von der bei Gateshead-on-Tyne gelegenen Firma Clarke, Chapman & Co. gebaut, deren Teilhaber Ch. Parsons war. Wegen Meinungsverschiedenheiten mit seinen Partnern beendete Ch. Parsons seine Teilhaberschaft und gab seine Dampfturbinen- und Generatorenpatente auf. Dies zwang ihn, völlig neue Konstruktionen zu entwerfen, wenn er auf diesem Gebiet weiter tätig bleiben wollte. Er gründete zu diesem Zwecke die Firma C. A. Parsons & Co. Ltd. in Newcastle-upon-Tyne, die später weltweit bekannt wurde, und entwarf eine Radialturbine, bei der der Dampf von innen nach außen, also radial arbeitete. Die erste nach Ch. Parsons' Plänen gebaute Radialturbine wurde 1891 an die Elektrizitätsgesellschaft Cambridge Electric Lighting Co. ausgeliefert. Diese Dampfturbine war dadurch besonders ausgezeichnet, daß sie einen eingebauten Kondensator hatte, der den Abdampf auf Außendruck kondensierte. Bisher wurde der Abdampf in die Luft abgelassen, jetzt konnte das Kondensat wieder gewonnen werden. Die Anlage hatte eine Leistung von 100 kW einphasigen Wechselstromes mit einer Frequenz von 80 Hz und einer elektrischen Spannung von 2000 V. Die Drehzahl betrug nur 4800 Upm. Der Wirkungsgrad war sehr hoch.

Die Cambridgeturbine war eine Sensation für die Elektroingenieure. Ähnliche aber leistungsschwächere Turbinen wurden bald in verschiedene Teile Großbritanniens geliefert. Die Firma Parsons & Co. baute 1898 die bis dahin größte Dampfturbine für ein Kraftwerk in Elberfeld, Deutschland. Die Leistung betrug 1000 kW und war so hoch, daß einige zeitgenössische Ingenieure es für riskant hielten.

In den 1890er Jahren und am Anfang des 20. Jahrhunderts trugen die Ingenieure auf der ganzen Welt dazu bei, daß sich die Unternehmen der neuen Technik öffneten. Um 1910 war die Kolbendampfmaschine gänzlich von der Dampfturbine überholt worden.

Der Amerikaner Charles Gordon Curtis (1860–1953) erhielt 1895 ein Patent für die Kombination einer Aktions- mit einer Reaktionsturbine. Bei der Konstruktion von Ch. Curtis strömte der Dampf auf einen Läufer mit feststehenden Leitschaufeln ähnlich denjenigen der Achsialturbine von Ch. Parsons. Die Leitschaufeln änderten die Richtung des Dampfes, während er gleichzeitig ähnlich wie in einer Lavaldüse entspannte. Ch. Curtis besaß eine kleine Fabrik in Brooklyn, New York, in der Elektroartikel hergestellt wurden. Er verhandelte mit der Firma General Electric Co. in Schenectady im Staate New York und bot ihr die Rechte, seine Erfindung weiterzuentwickeln, an. Die Firma zögerte etwas, bevor sie die Konstruktion in einer 500 kW-Anlage für ihren Betrieb versuchsweise baute. Die Ergebnisse waren überraschend gut, und es wurde sofort eine Anlage mit einer Curtisturbine von 5000 kW geplant und 1903 fertiggestellt. Diese Dampfturbine hatte eine interessante Konstruktion mit einer senkrechten Turbinenachse, die notwendigerweise ein besonders entwickeltes Lager mit Hochdruckschmierung hatte. Die Curtis GE-Turbine wurde später in Lizenz von der deutschen Firma AEG und der englischen Firma British Thomson-Houston weiterentwickelt.

In Frankreich entwickelte Auguste Rateau (1863–1930) eine mehrstufige Dampfturbine, die er sich 1896 patentieren ließ. A. Rateau teilte die Spannung des Dampfes in eine Anzahl von aufeinanderfolgenden Stufen, das bedeutet, daß der Dampfdruck von Stufe zu Stufe gleichmäßig kleiner wurde. Dies befähigte die Turbine, ohne Leistungsverlust langsamer zu laufen. Die erste von A. Rateau konstruierte Turbine wurde 1898 durch die Firma Sauter, Harlé & Cie. gebaut. Dieser Turbinentyp hatte seinen wirtschaftlichen Durchbruch bei der Weltausstellung von 1900 in Paris erzielt. A. Rateau war Professor an der École Polytechnique in Paris und war sowohl als Forscher als auch als Konstrukteur sehr angesehen. Unter den Gesellschaften, die seine mehrstufige Dampfturbine in Lizenz bauten, waren die bekannten Firmen Maschinenbau Oerlikon in der Schweiz und die Skodawerke in der Tschechoslowakei. Die Lizenznehmer verbesserten und entwickelten diese Dampfturbine weiter.

In den ersten Jahren des 20. Jahrhunderts entwickelten die schwedischen Brüder und Erfinder Birger (1872–1948) und Fredrik (1875–1964)

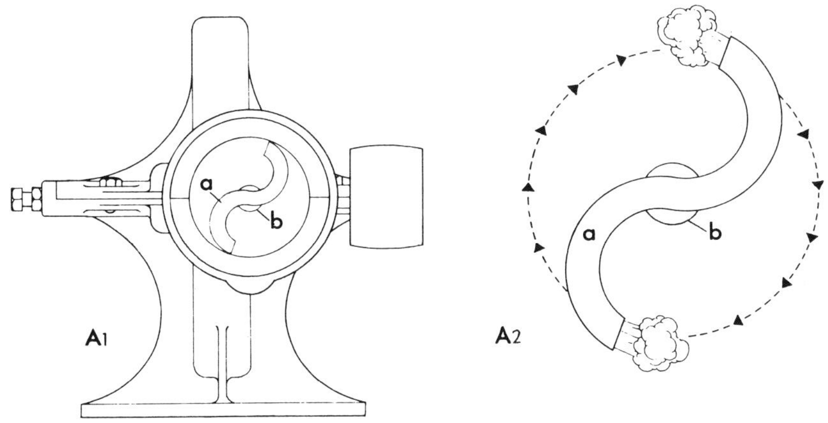

A. Die einfache Reaktionsturbine (**1**), die von Carl Gustaf Patrik de Laval 1876 konstruiert wurde. Die Turbine war für eine Zentrifuge bestimmt (**2**) Der S-förmige Läufer (a) wurde durch die Reaktionskraft des an den gebogenen Armen des Läufers ausströmenden Dampfes getrieben. Der Frischdampf wurde durch eine Zuleitung (b) mitten in der Turbine geführt.

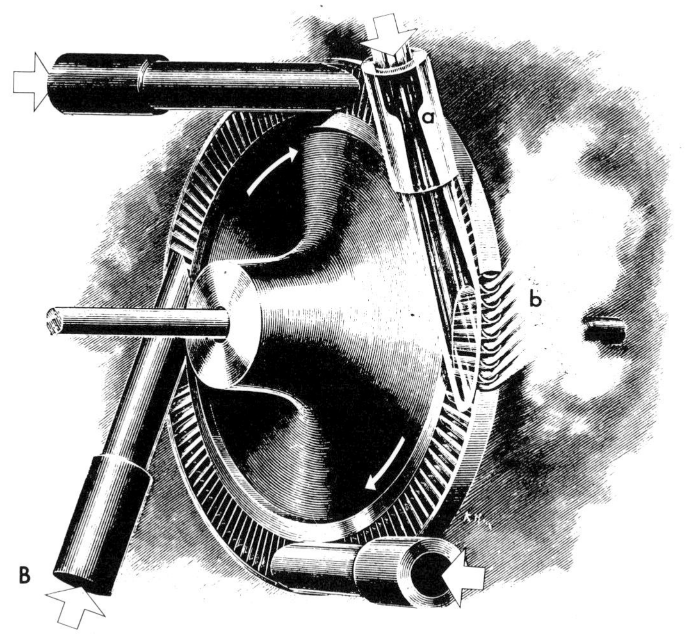

B. Die Wirkungsweise der Reaktionsturbine von C. de Laval. Hochdruckdampf wurde durch Düsen beaufschlagt, die innen so ausgebildet waren (a), daß sich der Dampf auf einen niedrigeren Druck entspannen konnte. Die Dampfgeschwindigkeit wurde dann sehr stark gesteigert. Wenn dieser dann gegen die gebogenen Schaufeln (b) des Turbinenrades strömte, wurde das Rad in Bewegung gesetzt.

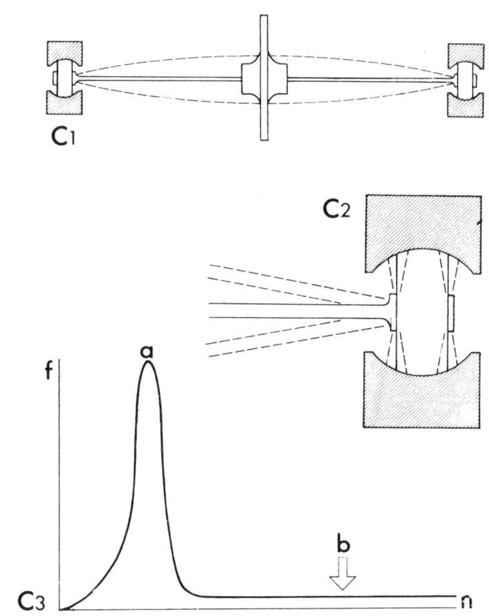

C. Die dünne elastische, von C. de Laval entwickelte Turbinenachse (**1**). Die Achse wurde in kugelförmigen Lagern (**2**) verankert und konnte so die Resonanzschwingungen der Achse aufnehmen. (**3**) Graphische Wiedergabe der Resonanzschwingungen (f) als Funktion der Drehzahl (n) der Turbine. (a) Resonanzmaximum. (b) Normale Drehzahl der Turbine.

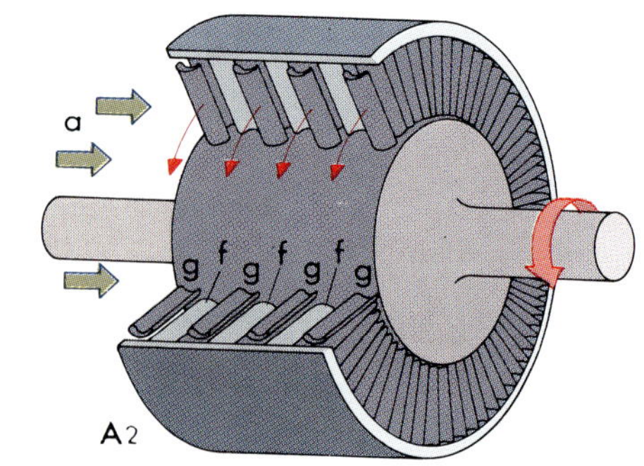

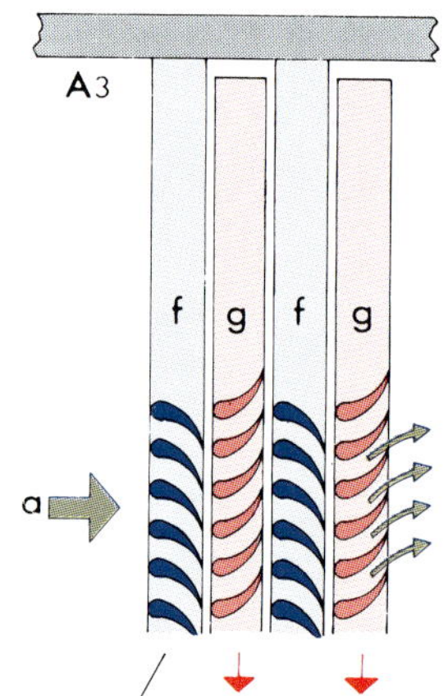

D. Eine Turbine der Firma Stal aus den 20er Jahren mit einem Zahnradgetriebe und Umkehrgetriebe. Das Aggregat war für Schiffsantriebe gedacht. Da die Dampfturbine große Drehzahlen aufwies und die Schiffsschraube sich nicht so schnell drehen durfte, mußte ein entsprechendes Getriebe dazwischengeschaltet werden. (a) Turbine. (b) Turbinengetriebe. (c) Untersetzungsgetriebe. (d) Schiffsschraubengetriebe. (e) Drucklager. (f) Schiffsschraubenwelle.

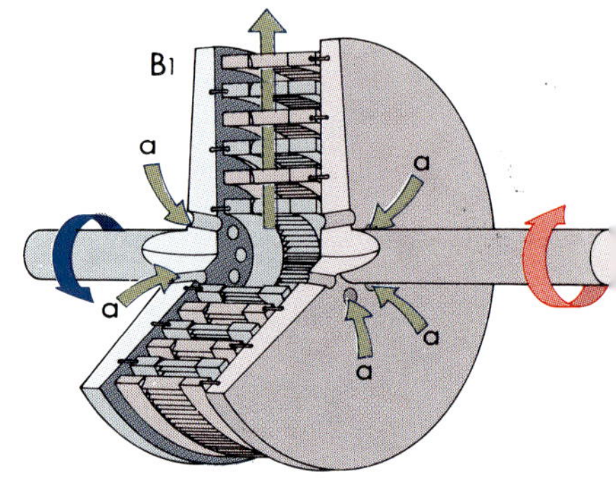

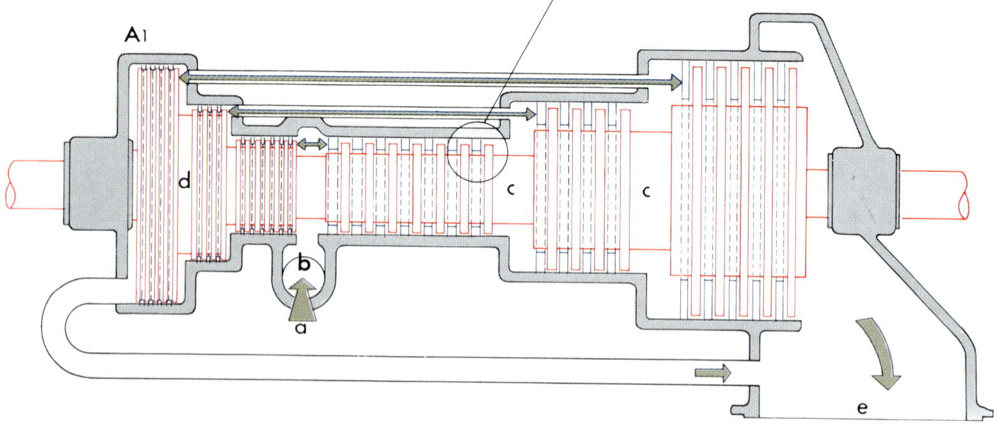

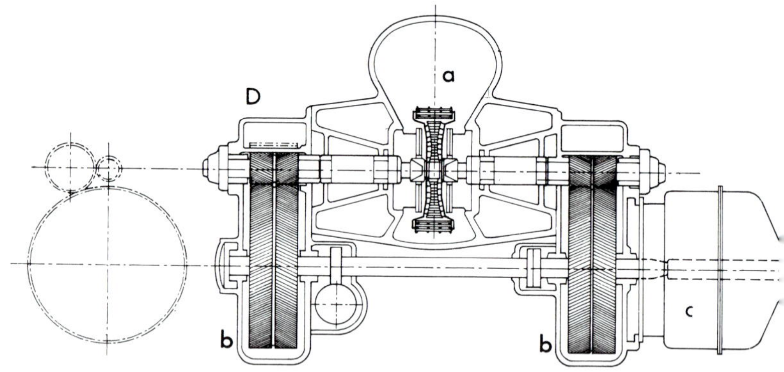

A. Querschnitt (**1**) durch die mehrstufige Axialturbine vom Reaktionstyp von Sir Charles Algeron Parsons, die 1884 patentiert wurde. Der Dampf (a) trat bei (b) ein und strömte parallel zur Achse durch die Turbine (c), wobei er sich auf den atmosphärischen Druck entspannte. Da der Dampf bei der Entspannung an Volumen zunimmt, mußten die Leit- und Laufschaufeln immer größere Querschnitte haben, je größer ihr Abstand von (b) war. Wenn der Dampf durch das Teil (c) strömte, entstand ein axialer Schub in Richtung des Niederdruckteils der Turbine. Dieser Schub wurde durch Entlastungskolben (d) aufgenommen, die Dampf von verschieden hohem Druck empfingen. (e) Dampfauslaß. (**2**) In der Turbine strömte der Dampf durch die Leitschaufeln (f) auf den feststehenden Leiträdern und wurde so umgelenkt, daß er unter günstigem Winkel auf die Laufschaufeln (g) auf den Laufrädern traf. (**3**) Ausschnitt, der die Anordnung der Leit- und Laufschaufeln zeigt.

B. In einer Turbine vom radialen Typ (**1**) tritt der Dampf (a) durch die Turbinenachse ein und strömt radial durch die Laufschaufeln nach außen. Die Laufschaufeln sind ringförmig wechselweise auf einer der beiden mit der jeweiligen Achsen verbundenen Scheibe angeordnet. Bei dieser Anordnung wirken jeweils die inneren Laufschaufeln als eine Art Leitschaufeln für den nächsten Schaufelring. Die beiden Scheiben und Achsen drehen sich gegenläufig. (**2**) Die Anordnung der Laufschaufeln nach einer Zeichnung der Brüder Ljungström. Die Größe und die Gestalt der Laufschaufeln sowie ihr gegenseitiger Abstand auf dem Ring ändern sich mit dem Abstand von der Turbinenachse. Dies kann auch dem Querschnitt durch die Ljungströmturbine entnommen werden (**3**).

C. Unabhängig von C. de Laval begann Charles Gordon Curtis 1890 geschwindigkeitsgestufte Gleichdruckturbinen zu bauen. (**1**) Ein früher Dampfturbinengenerator nach Ch. Curtis mit einer Leistung von 12000 kW. Die Turbinenachse (a) war senkrecht; der Rotor des Generators (b) war auf der Verlängerung der Turbinenachse montiert. Die Turbine hatte fünf zweikränzige Laufräder (c). Der Dampf trat durch die Zuleitungen (d) ein, die automatisch geschlossen werden konnten, und strömte (**2**) durch die Düsen (e), in denen er sich teilweise oder ganz entspannte, und durch die Laufschaufeln (f), wo er Geschwindigkeitsenergie abgab. Der Dampf wurde anschließend durch die Leitschaufeln (g) umgelenkt. Hier fand eine weitere Entspannung statt. Die verbleibende Geschwindigkeitsenergie wurde schließlich zu einem großen Teil durch den zweiten Radkranz von Laufschaufeln (h) abgebaut.

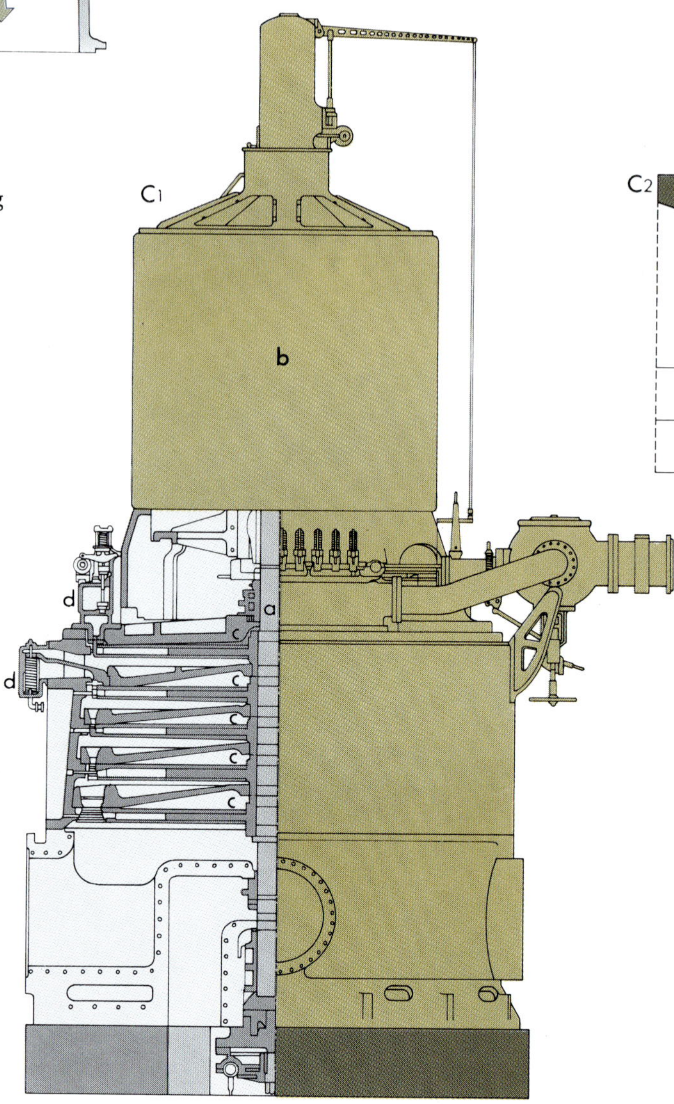

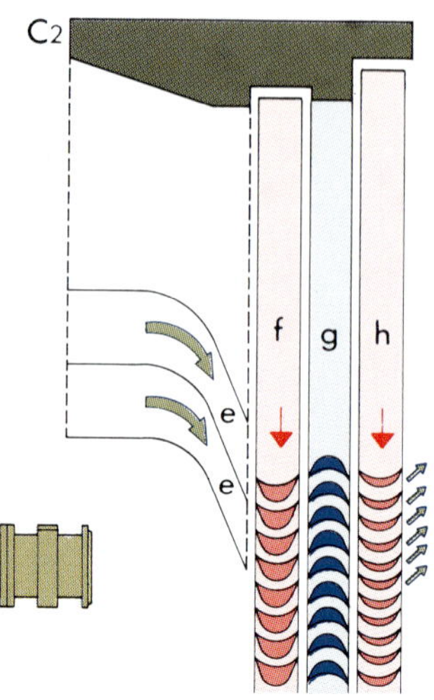

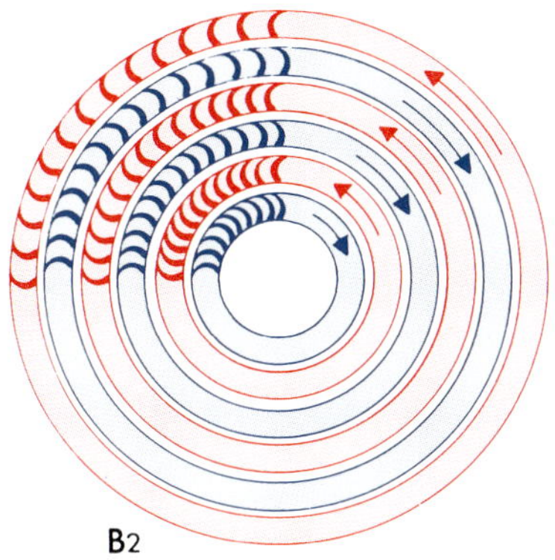

B2

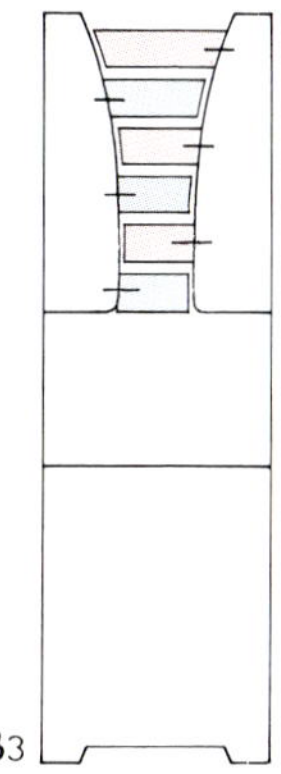

B3

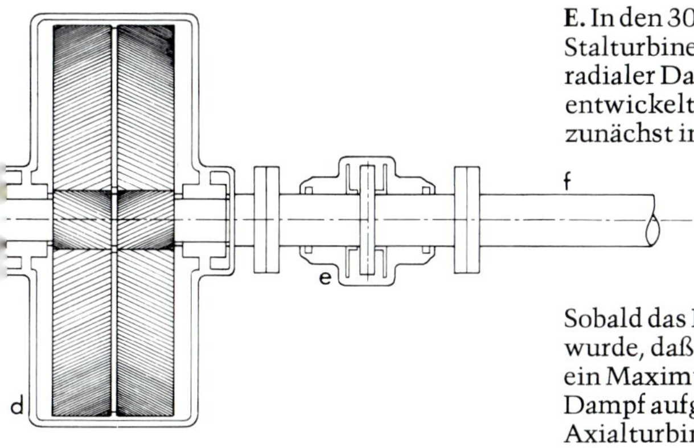

E. In den 30er Jahren wurde dieser Stalturbinentyp mit axialer und radialer Dampfstromrichtung entwickelt. Der Dampf entspannte sich zunächst in einer Radialturbine (a).

Sobald das Dampfvolumen so groß wurde, daß seine Geschwindigkeit fast ein Maximum erreichte, wurde der Dampf aufgeteilt (b) und zu den Axialturbinen (c) geleitet, wo er sich weiter entspannte.

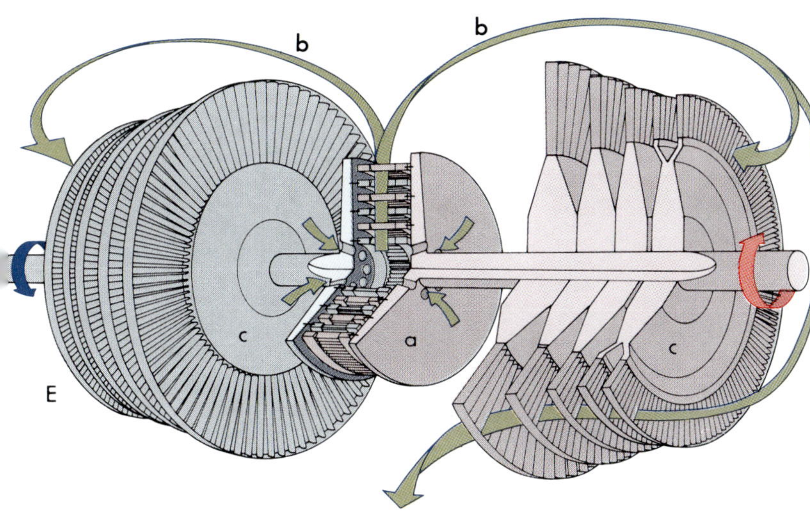

Ljungström einen sehr kompakten Dampfkessel für sehr hohe Drücke. Einige Entwicklungsarbeit wurde in England gemacht, als B. Ljungström bei einem Besuch der Fabrik des Ch. Parsons in Newcastle-upon-Tyne sich von den Möglichkeiten der Parsonsturbine anregen ließ. Die Ljungströmbrüder begannen, sich neben anderen Projekten mit dem Entwurf einer neuartigen Dampfturbine zu beschäftigen. Nach einigen Jahren Arbeit fanden sie 1906 die Lösung, die ebenso originell wie einfach war. Weder in Schweden noch in England glaubte jemand an die Maschine. Daraufhin nahmen sie mit Professor Aurel Stodola von der Eidgenössischen Technischen Hochschule in Zürich, Schweiz, der anerkannten Autorität im Turbinenbau jener Zeit, Fühlung auf. A. Stodola war von ihrer Konstruktion überzeugt. Trotzdem war es für die beiden Brüder sehr schwer, Investoren für ihre Turbine zu finden. Schließlich wurde 1908 die Ljungströms Dampfturbinen Co. gegründet.

Die Arbeitsweise der neuen Turbinenkonstruktion war die, daß der Dampf radial von der Mitte der Turbine zur Peripherie strömte und sich gleichzeitig entspannte. Dabei bewegten sich die Leitschaufeln auf den Leiträdern entgegengesetzt zu den Laufschaufeln auf den Laufrädern. 1910 war ein Prototyp dieser Turbine fertiggestellt. Bei einer Leistung von 500 PS war sie für eine Überlast von 100% ausgelegt. Die Drehzahl betrug 3000 Upm, der thermische Wirkungsgrad betrug 30%.

Der erste größere Auftrag an das Herstellerwerk kam aus Willesden, England. Die Turbine war für eine 1000 kW-Anlage für den Betrieb der städtischen Straßenbahnen vorgesehen. Die Anlage wurde 1912 ausgeliefert und bis 1924 betrieben. Die Gesellschaft der Brüder Ljungström wurde 1913 umfirmiert und hieß von da ab Svenska Turbinfabriks Aktiebolaget Ljungström (Stal). Von diesem Jahr an wurden die Ljungströmturbinen oder die Stalturbinen, wie sie bald hießen, von der englischen Firma Brush Electrical Engineering Co. in Loborough in Lizenz gebaut.

Vom zweiten Jahrzehnt des 20. Jahrhunderts an wurde die Dampfturbine vorwiegend zum Antrieb von Elektrogeneratoren verwendet; der Wunsch nach noch größeren Leistungseinheiten trat immer mehr auf. Die Konstrukteure suchten nach neuen Erkenntnissen, wie diese Turbinen weiter entwickelt werden könnten, doch sind die Möglichkeiten von den zuvor genannten Pionieren im Turbinenbau schon erschöpft worden. Die 50000 kW-Stalturbine, die 1932 für die schwedische nationale Kraftwerksgesellschaft gebaut worden war, ist ein typisches Beispiel für den Weg, den die Entwicklung seit 1930 eingeschlagen hat. Um der Anlage eine möglichst hohe Leistung zu geben, wurde die Turbine sowohl als Radial- als auch als Axialturbine konstruiert. Die Ljungströmbrüder hatten diese Möglichkeit bereits 1910 A. Stodola vorgetragen, doch er riet ihnen, sich auf die reine Radialturbine zu konzentrieren; dies war wahrscheinlich ein guter Rat zu jener Zeit. Eine Kombination zwischen der Radial- und Axialturbine wäre zweifellos als eine Verletzung sowohl des Curtis- als auch des Parsonspatents angesehen worden.

Äußere Verbrennungskraftmaschinen

Auf die Fülle neuer Ideen und Konstruktionen nach Ende der Laufzeit des Patents von J. Watt auf die Dampfmaschine wurde schon hingewiesen. Ungefähr zur gleichen Zeit begann man nach neuen Möglichkeiten zu suchen, Wärme zum Erzeugen von Bewegung zu nutzen. Ein gangbarer Weg wurde von dem höchst talentierten Flugpionier Sir George Cayley (1773–1857), einem Engländer, vorgeschlagen. Er war erst 20 Jahre alt, als er sich mit der Luftfahrt zu befassen begann. Er skizzierte 1799 die Grundsätze eines Flugzeugs mit steifen Flügeln und Rumpf, stabilisierenden Rumpfteilen, Steuerflächen. Dies scheint heutzutage einleuchtend, doch seine Zeitgenossen nahmen ihn nicht einmal ernst. Die ersten Ballonflüge fanden 1783 in Frankreich statt (durch die Brüder Montgolfier in einem Heißluftballon und durch Professor Jacques Charles in einem Wasserstoffballon). Diese Ballonflüge regten eine Menge Leute an, Ideen zur Eroberung der Luft zu entwickeln. In den meisten dieser Ideen wurde der Vogelflug nachgeahmt.

In jener Zeit galt es als unumstößlich, daß im Vogelflug die Lösung des Problemes zu finden sei. Der flügelschlagende Flugapparat oder der Ornithopter war das Flugzeug der Zukunft. Von der Zeit des Sir G. Cayley an bis zum Ende des folgenden Jahrhunderts versuchten viele Erfinder, eine solche Flugmaschine zu konstruieren. Doch war es erst der allerjüngsten Zeit vorbehalten, einen Ornithopter, und zwar als Modellflugzeug und als Spielzeug zu entwickeln.

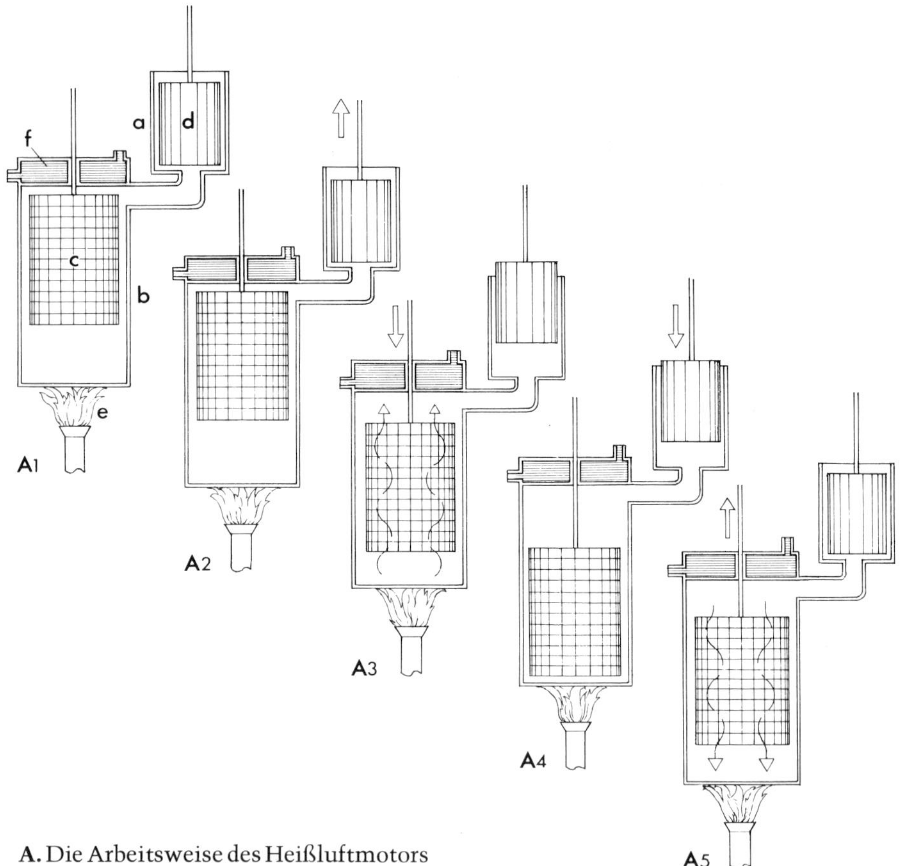

G. Cayley führte viele Versuche durch. Seine „Aeroplane" – der Name mußte erst erfunden werden – baute er nach den selbst aufgestellten Grundsätzen. Aber er brauchte eine Antriebsmaschine. Er behandelte dieses Thema im Oktober 1807 in einem Artikel im *Nicholson's Journal* und stellte darin fest, daß zu diesem Zwecke eine Dampfmaschine nicht verwendet werden kann, weil sie zu groß und zu schwer sei. Er fuhr fort, daß die Luft ihr Volumen ausdehne, wenn sie erhitzt wird, und es verkleinere, wenn sie kühler wird, und daß man diese Tatsache sicherlich zum Gewinnen kinetischer Energie verwenden könne. Er wies auch auf die Möglichkeit hin, eine „Schießpulvermaschine" zu verwenden, doch eine Wärmekraftmaschine sei für den Antrieb von Flugzeugen besser. G. Cayley fertigte auch die Skizze einer solchen Maschine an, die er „kalorische Maschine" nannte, und beschrieb auch ihre Arbeitsweise. Obwohl diese Skizze nie den Zeichentisch verlassen hatte, muß G. Cayley als der Urheber der kalorischen bzw. der Heißluft-Maschine angesehen werden.

Die ersten praktischen Versuche, die Ideen G. Cayleys zu verwirklichen, wurden von dem schottischen Geistlichen Robert Stirling (1790–1879) unternommen, der an seiner Maschine 1816 zu arbeiten begann. Nach langwierigen Versuchen, an denen auch sein Bruder James mithalf, war R. Stirlings Maschine 1827 so weit, daß sie patentiert werden konnte. Statt die Luft als Antriebsmittel zu verwenden, wie G. Cayley vorgeschlagen hatte, nahmen die Brüder Stirling zwei

A. Die Arbeitsweise des Heißluftmotors nach R. Stirling. (**1**) Die Maschine bestand aus dem Zylinder (a), der nur am unteren Ende geschlossen und durch ein Rohr mit dem Zylinder (b) verbunden war. Dieser Zylinder war an beiden Enden geschlossen. Der Kolben (c) im Zylinder (b) lag nicht eng an der Zylinderwandung an. Der Kolben war aus dünnem Eisenblech gemacht; die Luft konnte an ihm vorbeistreichen. Dagegen war der Kolben (d) im Zylinder (a) wie üblich gebaut. Beide Kolben waren mit einer Kurbelwelle verbunden. (e) Wärmequelle. (f) Kühlwasser. Der Kolben (c) ist hier an seinem oberen und (d) an seinem unteren Umkehrpunkt. (**2**) Wenn der Zylinderboden von (b) erhitzt wurde, blieb der Kolben (c) stehen wo er war, während sich Kolben (d) dank der Ausdehnung der Luft im Zylinder (b) nach oben bewegte. (**3**) Der Kolben (d) blieb dann in seiner obersten Stellung stehen, während sich der Kolben (c) senkte. Die erhitzte Luft strich am Kolben (c) vorbei zum Zylinderkopf, wobei sie durch Kühlwasser gekühlt wurde (f). (**4**) Sobald die Temperatur der Luft abgesenkt wurde, fiel auch der Druck der Luft ab und der Kolben (d) bewegte sich nach unten, während der Kolben (c) am Zylinderfuß stehenblieb. Sobald der Kolben (d) seinen unteren Umkehrpunkt erreicht hatte, war die Luft komprimiert und der Druck stieg noch. (**5**) Der Kolben (c) bewegte sich daraufhin nach oben, während der Kolben (d) im unteren Umkehrpunkt stehenblieb. Die abgekühlte Luft strich nun am Kolben (c) vorbei, erwärmte sich und wurde durch (e) erneut aufgeheizt.

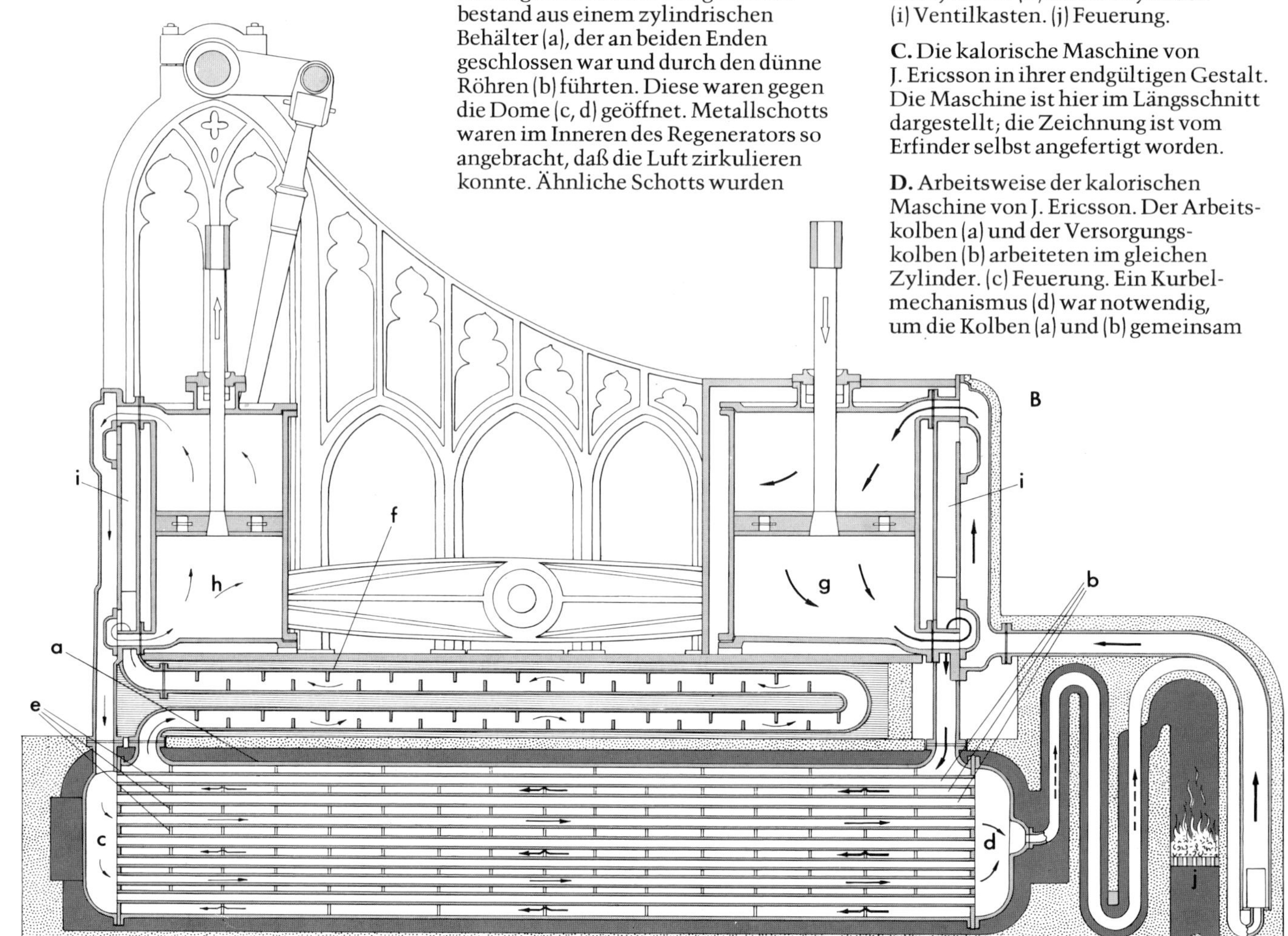

B. Die erste kalorische Maschine von J. Ericsson, die nach den gleichen Grundsätzen gebaut war wie die Stirlingmaschine. Der Regenerator bestand aus einem zylindrischen Behälter (a), der an beiden Enden geschlossen war und durch den dünne Röhren (b) führten. Diese waren gegen die Dome (c, d) geöffnet. Metallschotts waren im Inneren des Regenerators so angebracht, daß die Luft zirkulieren konnte. Ähnliche Schotts wurden in den dünnen Rohren (b) und im Rohr (f) eingebaut. Das Rohr (f) war vom Kühlwasser umgeben. (g) Heißluftzylinder. (h) Kaltluftzylinder. (i) Ventilkasten. (j) Feuerung.

C. Die kalorische Maschine von J. Ericsson in ihrer endgültigen Gestalt. Die Maschine ist hier im Längsschnitt dargestellt; die Zeichnung ist vom Erfinder selbst angefertigt worden.

D. Arbeitsweise der kalorischen Maschine von J. Ericsson. Der Arbeitskolben (a) und der Versorgungskolben (b) arbeiteten im gleichen Zylinder. (c) Feuerung. Ein Kurbelmechanismus (d) war notwendig, um die Kolben (a) und (b) gemeinsam

Zylinder. In einem von den beiden Zylindern wurde die Luft abwechselnd erhitzt und gekühlt. Wenn sich die Luft ausdehnte, bewirkte sie einen Kolbengang im anderen Zylinder. Es ist überliefert, daß die Maschine für die damaligen Verhältnisse zufriedenstellend arbeitete. Die Brüder Stirling bauten einige Maschinen, produzierten sie aber nie in einer Fabrik. Die größte Maschine, die sie bauten, hatte eine Leistung von 21 PS; der Durchmesser des Arbeitszylinders betrug 40 cm und die Kolbenweglänge 120 cm.

Der vielseitige schwedische Erfinder John Ericsson (1803–1899) war erst 19 Jahre alt, als er sich mit dem Gedanken zu beschäftigen begann, die später zu der ersten industriell produzierten Heißluftmaschine führten. Es wurde ihm bewußt, daß der Wärmefluß in der Dampfmaschine unnötigerweise einen Umweg über das Wasser und den Dampf nahm. Eine Flamme mit der von ihr erzeugten Warmluft würde, wenn sie abwechselnd in eine Kammer vergleichbar dem Dampfzylinder geleitet und von ihr ferngehalten würde, eine kinetische Energie erzeugen, die genau wie die Wärme im Dampf nutzbar gemacht werden könnte. Der Vorteil wäre, daß sie schneller und mit weniger Brennstoff erzeugt werden könnte.

Modellversuche mit dieser „Feuermaschine", wie sie J. Ericsson nannte, gaben ermutigende Ergebnisse. Unglücklicherweise konnte er in Schweden keinen Partner für den weiteren Ausbau seiner Idee finden, denn Schweden war seinerzeit industriell ins Hintertreffen geraten. Er

arbeiten lassen zu können. (e) Ventil, das durch eine Knagge an der Kurbelwelle gesteuert wurde und den Zylinderraum (f) mit der Außenluft verband. (g) Luftdruckgesteuerte Ventile. (h) Aussparungen, die die Zylinderräume (f) und (i) verbanden; sie waren offen, wenn sich der Kolben (b) nach rechts bewegte, und geschlossen, wenn er sich nach links bewegte. (**1**) Die Kolben (a) und (b) bewegen sich nach rechts; (e) ist geschlossen, die Aussparungen (h) sind offen. Da sich Kolben (a) schneller bewegt als (b), öffnet (g) und Kaltluft dringt in den Zylinder ein. (**2**) Der Kolben (b) kehrt um, die Aussparungen (h) werden geschlossen und das Ventil (e) geöffnet, so daß die Luft aus (f) entweichen kann. (**3, 4**) Der Kolben (a) kehrt um, aber bewegt sich langsamer als (b), deshalb bleiben die Ventile (g) geöffnet. (**5**) Der Kolben (b) kehrt um und Ventil (e) ist geschlossen. Die Aussparungen (h) sind geöffnet. Wenn die eingeschlossene Luft in (i) und (f) nun erhitzt wird, steigt ihr Druck und die Ventile (g) schließen. (**6, 7**) Der steigende Luftdruck und die heißer werdende Luft zwingen den Kolben (a) nach rechts.

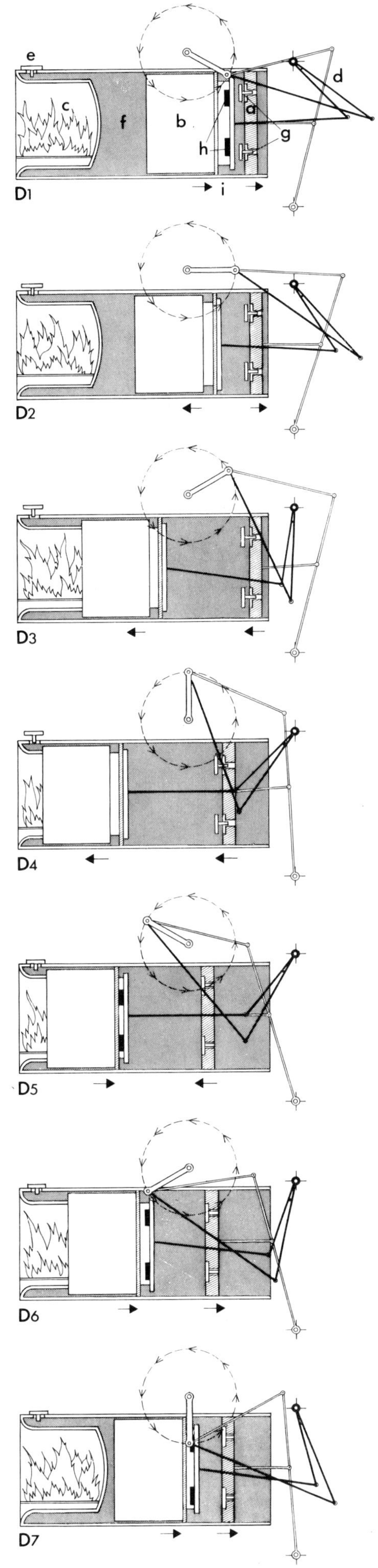

C

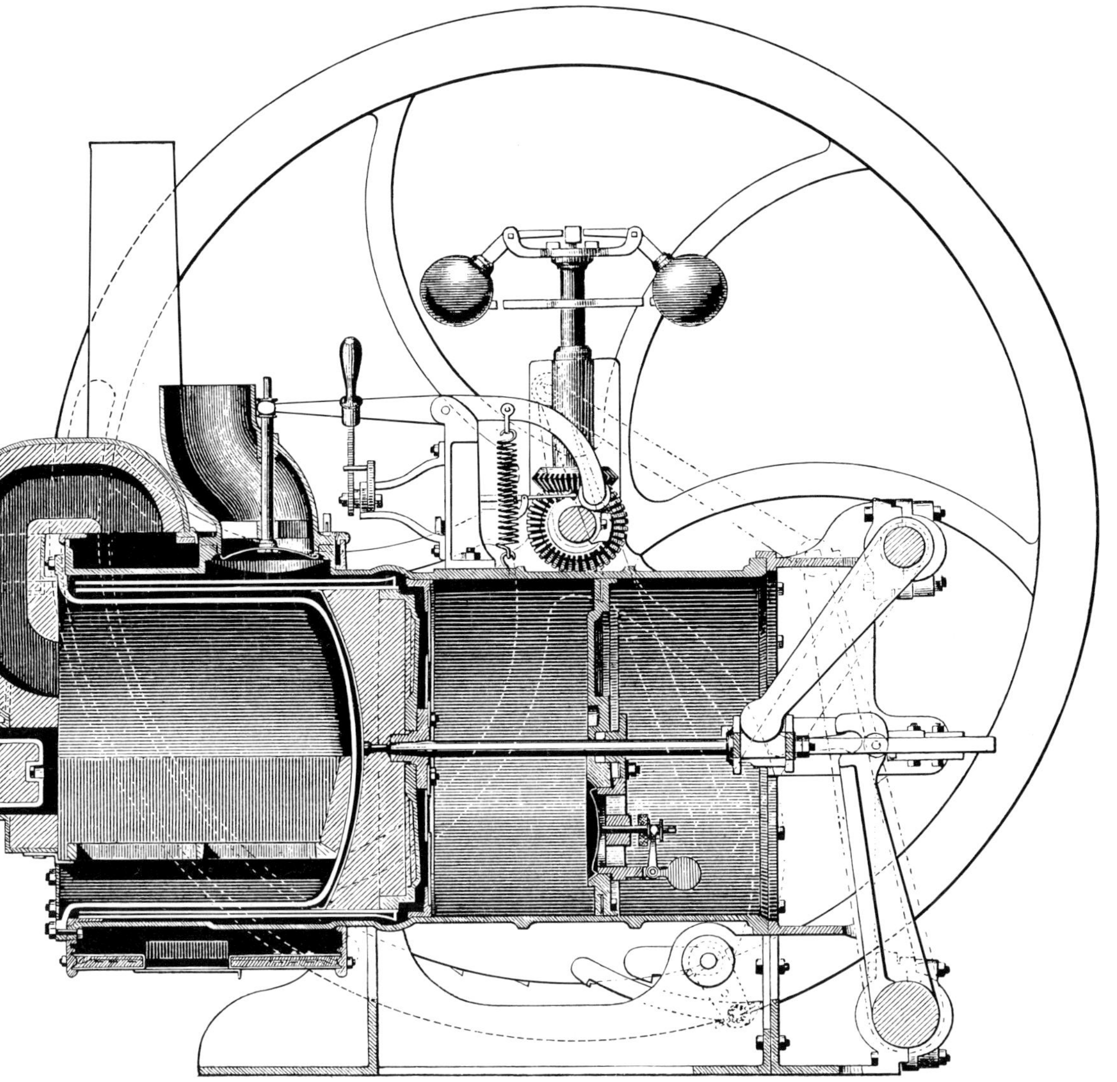

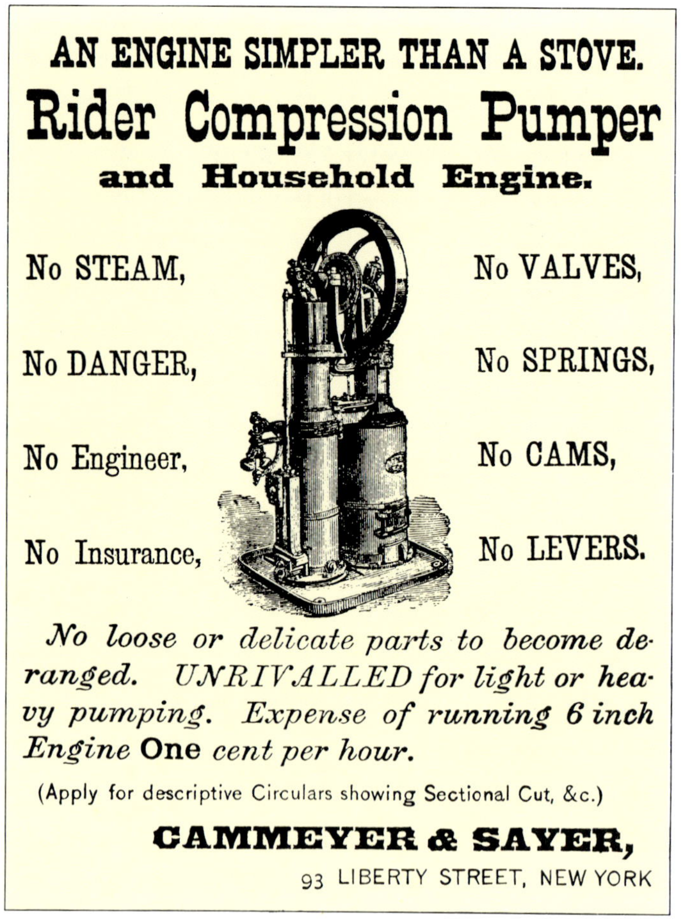

A1

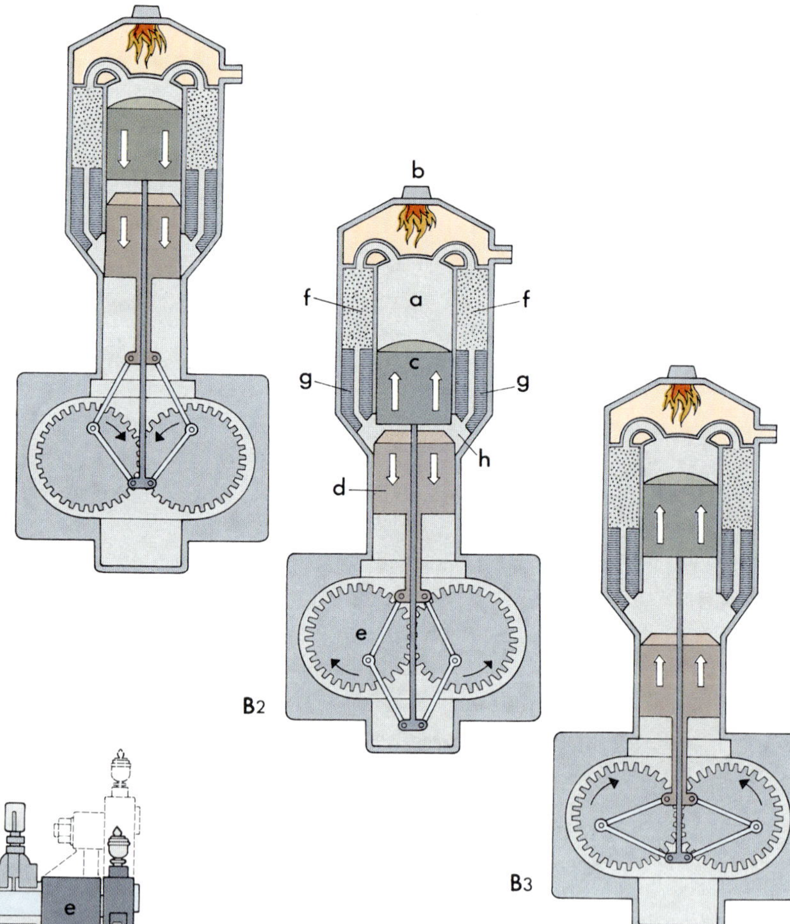

A2

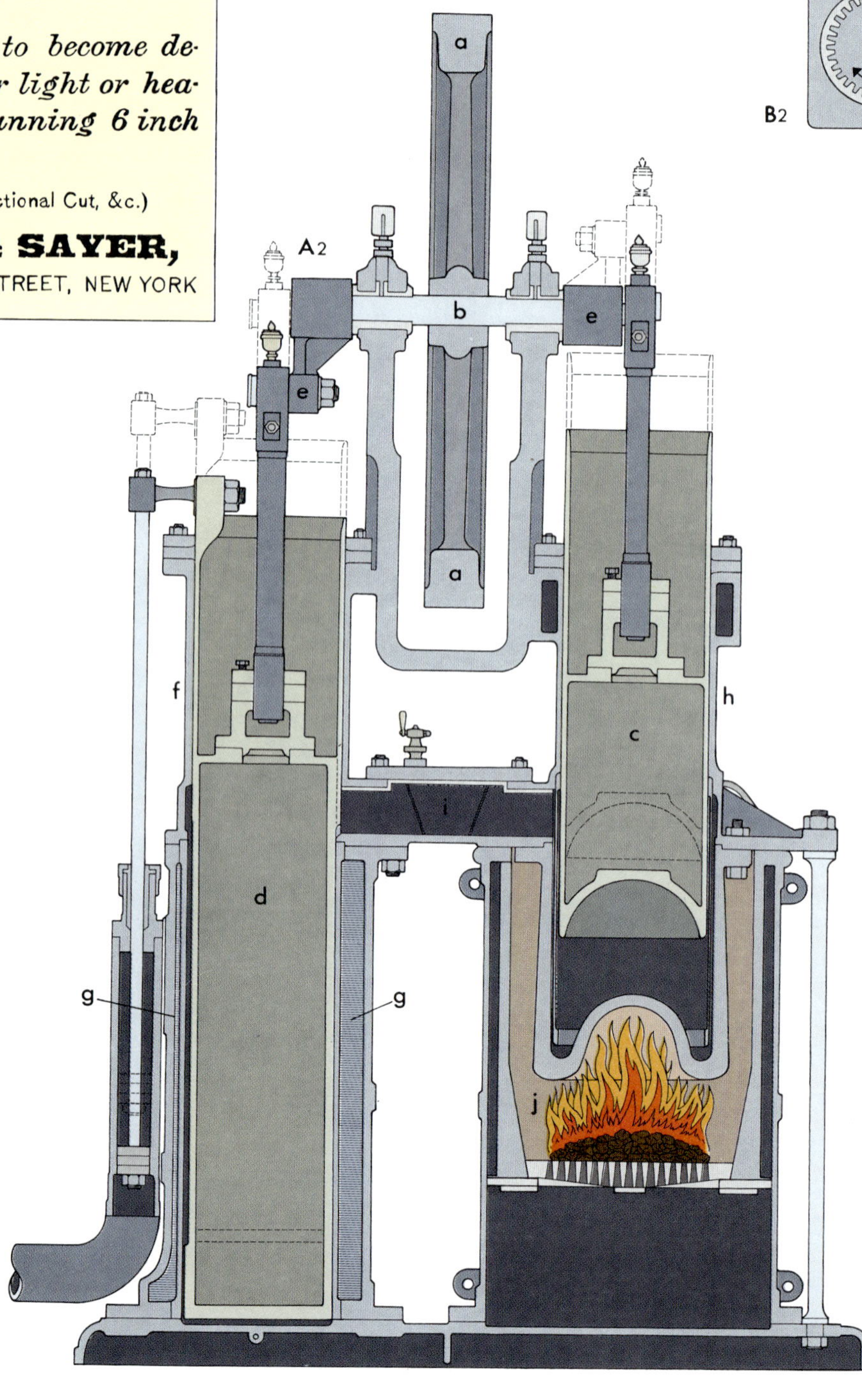

A. Der geschlossene Heißluftmotor von A. Rider war, nach der Annonce zu schließen (**1**), unvergleichlich bezüglich der Stromerzeugung und des Pumpens und hatte eine Leistung von 0,25–1 PS. (**2**) Querschnitt durch den Motor. Das Schwungrad (a) auf der Kurbelwelle (b) wurde durch die Kolben (c, d) über die Kurbeln (e) betrieben. Der Kaltluftzylinder (f) war von einem Mantelrohr (g) umgeben, durch das ständig Kühlwasser floß. Der Motor arbeitete folgendermaßen: Zunächst komprimierte der Kolben (d) die Luft im Zylinder (f) auf etwa ein Drittel ihres normalen Volumens. Gleichzeitig bewegte sich der Kolben (c) nach oben. Wenn (d) seinen unteren Umkehrpunkt beinahe erreicht hatte, wurde die Luft, ohne ihr Volumen wesentlich zu verändern, aus dem Zylinder (f) durch das Verbindungsrohr (i), das den Regenerator enthielt, in den Heißluftzylinder (h) gebracht. Der Regenerator bestand aus kleinen, dünnen Blechen, die ihre Wärme an die vorbeistreichende Luft abgaben. Die Luft wurde weiter erhitzt, da der Zylinder (h) in den Feuerraum (j) reichte. Auf diese Weise stieg der Druck der Luft beträchtlich und bewegte den Kolben (c) nach oben. Der Druckanstieg bewirkte ferner, daß sich Kolben (d) ebenfalls nach oben bewegte, wodurch die Luft rasch wieder in den Zylinder (d) gesogen wurde, wobei sie Wärme an den Regenerator abgab. Wenn nun die Luft im Zylinder (f) durch den Kühlmantel (g) weiter abgekühlt wurde, bildete sich ein Unterdruck aus, der den Kolben (d) wieder nach unten bewegen ließ.

B. In einem geschlossenen Stirlingmotor wird Helium als Arbeitsmedium verwendet. (**1**) Das Gas in dem heißen Raum (a) des Zylinders wird durch eine äußere Energiequelle (b) erwärmt und dehnt sich aus. Die beiden Kolben (c, d), die mit einem rhombischen Antriebsgestänge (e) verbunden sind, bewegen sich wegen des Druckanstiegs nach unten. (**2**) Sobald das Gas fast vollständig expandiert ist, kehrt der Kolben (c) um und die Heißluft beginnt durch einen Regenerator (f) und ein gekühltes Röhrensystem (g) in den kühlen Raum (h) des Zylinders zu strömen. Während dieses Arbeitsganges bewegt sich der Kolben (d) noch immer nach unten. (**3**) Wenn der Kolben (c) sich seinem Umkehrpunkt nähert, ist das meiste Gas in den Raum (h) geströmt und der Kolben (d) wird nach oben bewegt, weil der Druck des Gases sinkt. Das Gas kehrt nun in den Raum (a) des Zylinders zurück, wobei es am Regenerator vorbeiströmt. Der Zyklus beginnt nun von vorne.

verließ Schweden und siedelte 1826 nach England um. Nach großen Schwierigkeiten mit seiner „Feuermaschine" und Sorgen im Daseinskampf vollendete J. Ericsson 1833 seine kalorische Maschine, die eine Leistung von 5 PS hatte. Die Maschine erregte bei Industriellen und Wissenschaftlern großes Interesse. Die Arbeitsweise der Maschine war die gleiche wie bei der von R. Stirling. Die beiden Erfinder kamen zu dem gleichen Ergebnis, obwohl sie von verschiedenen Ausgangspunkten ihre Arbeit aufgenommen haben. J. Ericsson hatte seine Maschine jedoch mit einem Regenerator ausgestattet, der, wie er sich vorstellte und in seiner enthusiastischen, in London 1833 veröffentlichten Schrift *The Caloric Engine* beschrieb, immer und immer wieder die Heißluft aus der Brennkammer arbeiten lassen würde. Der große Physiker Michael Faraday (1791–1867) bewunderte J. Ericsson sehr, stand aber den Erläuterungen J. Ericssons über die Wirkungsweise des Regenerators sehr kritisch gegenüber. Es wäre in der Tat ein Perpetuum mobile gewesen, wenn es so arbeitete, wie es J. Ericsson beschrieb. Die beiden Männer kannten jedoch ein wichtiges Gesetz der Wärmelehre nicht, nämlich das Gesetz der Äquivalenz der mechanischen und der Wärmeenergie, das Robert Mayer 1842 formuliert hatte.

J. Ericsson hatte viele andere Interessen, unter anderem entwickelte er die Schiffsschraube. Er siedelte 1839 nach New York um und arbeitete dort an seiner Heißluftmaschine weiter. 1851 hatte er eine neue und völlig andere Variante der Maschine fertiggestellt. Sie wurde in gleichem Jahr bei der großen Ausstellung in London der Öffentlichkeit vorgestellt. Anfänglich wollte J. Ericsson die kalorische Maschine als Schiffsantrieb verwenden. Es gelang ihm 1852 eine Anzahl Investoren zu finden, die sein Projekt zu finanzieren bereit waren. Ein Schaufelraddampfer mit 2200 t Wasserverdrängung wurde gebaut; er war fast 90 m lang und 14 m breit. Die Jungfernfahrt fand zum Neujahr 1853 statt und war ein vollkommenes Fiasko. Die Heißluftmaschine nahm fast den ganzen Schiffsraum in Anspruch und gab nur die halbe der von J. Ericsson angenommenen Leistung ab; die Geschwindigkeit war verhältnismäßig klein. Darüber hinaus war das Schiff nicht seetüchtig, kenterte und sank in einem Sturm in der Einfahrt in den Hafen von New York.

J. Ericsson sah sich unerschrocken um, um neue Anwendungsgebiete für seine Maschine zu finden. Nur etwa ein Jahr nach seinem Fehlschlag mit dem Schiff stellte er wieder ein neues Modell seiner Maschine vor und beabsichtigte nun die steigende Nachfrage nach Antriebsmaschinen mittlerer Leistung in der Industrie abzudecken. Diese Maschine erwies sich als ein großer Erfolg und wurde in den späten 1850er Jahren von etwa zehn Firmen in den USA und Europa in Lizenz gefertigt.

J. Ericsson wurde im Jahre 1862 durch die amerikanische Akademie der Wissenschaften die Rumfordmedaille verliehen. In gleichem Jahr baute J. Ericsson ein Schiff – dieses Mal mit einer Dampfmaschine als Antriebsmaschine –, das ihm sofort großen Ruhm einbrachte. Das Schiff hieß *Monitor* und brachte nicht nur eine Wende zugunsten der Nordstaatler im amerikanischen Sezessionskrieg, sondern führte auch ein neues Element für die Kriegsmarine ein.

Die Heißluftmaschine war außerordentlich beliebt, weil sie leicht zu betreiben war und jede Art Brennstoff verwendet werden konnte. Der Erfolg regte viele Erfinder an, technisch bessere Versionen zu konstruieren. Die Schwachstelle in J. Ericssons Maschine war ihr verhältnismäßig kleiner Fauerraum, der bei Verwendung schnell verbrennender Brennstoffe eine ständige Überwachung der Feuerung notwendig machte. Dem deutschen Erfinder Wilhelm Lehmann gelang es 1868 die Heißluftmaschine zu verbessern. Sie arbeitete in einem geschlossenen System und verbrauchte so noch weniger Brennstoff; sie fand nicht unerhebliche Verbreitung in Deutschland und Teilen Mitteleuropas. Unter den Ingenieuren, die die Heißluftmaschine in den Jahren 1870 und 1880 verbesserten, war der Amerikaner Alexander K. Rider, der in dem geschlossenen System den Regenerator einführte. Entgegen dem Regenerator von J. Ericsson aus den 1830er Jahren war A. Riders Konstruktion dank den Fortschritten, die in der Thermodynamik seit jener Zeit gemacht worden sind, theoretisch unterbaut. J. Ericssons Heißluftmaschine wurde von einigen Maschinenbaubetrieben hergestellt, unter anderem von der Firma De Lamater Iron Works, New York, die A. Rider beschäftigte. Die Gesellschaft hatte mit J. Ericsson schon lange Beziehungen unterhalten und hatte die *Monitor* gebaut. A. Rider und J. Ericsson wurden bald geschäftseinig und gründeten die Firma Rider-Ericsson Engine Co., die nach J. Ericssons Tod 1889 die DeLamater Iron Works aufkaufte. Die Firma Rider-Ericsson Engine Co. beherrschte bald den amerikanischen Markt und baute Heißluftmaschinen, bis diese durch neuere und bessere Antriebsmaschinen verdrängt wurden. Erst 1930 hörte die Firma zu arbeiten auf.

G. Cayleys Ideen wurden in den 1930er Jahren durch die Firma Philips in Holland wieder aufgegriffen. Die Gesellschaft versuchte für ihre Rundfunkempfänger in den Entwicklungsländern neue Exportmärkte zu erschließen, doch wären die Betriebskosten für batteriebetriebene Geräte mit stromfressenden Röhren in Gegenden ohne elektrische Stromversorgung zu groß. Die Suche nach einer Kraftquelle zum Betreiben kleiner Elektrogeneratoren begann, und man erinnerte sich der Heißluftmaschine. Ingenieure unter Leitung Dr. Roelof Meijer setzten sich daran, die alten Ideen unter neuen Gesichtspunkten zu überdenken. Der Zweite Weltkrieg unterbrach diese Arbeiten, und als man sich in den 1950er Jahren erneut daran setzte, die Ergebnisse Erfolg zu versprechen begannen, wurden sie von einer neuen und wirtschaftlicheren Technik, dem Transistor, überholt. R. Meijer und seine Forschungsgruppe suchten daraufhin nach neuen Anwendungsgebieten für den Stirlingmotor. Zunächst dachte man an eine Anwendung im militärischen Bereich, wo der leise laufende Motor von Vorteil gewesen wäre. Eine andere interessante Anwendungsmöglichkeit wurde auch untersucht, nämlich den Wärmeprozeß umgekehrt laufen zu lassen und den Motor so als Kältemaschine für die Tiefkühlung zu verwenden. Weitere Entwicklungen in den 1960er Jahren zeigten völlig neue Möglichkeiten, den Stirlingmotor in Kraftfahrzeugen, vorwiegend in Bussen und Lastkraftwagen, zu verwenden.

Das Arbeitsmedium im Stirlingmotor ist in einem geschlossenen System Helium, das unter anderem den geringsten mechanischen und chemischen Verschleiß bewirkt. Der Schmierölverbrauch ist vernachlässigbar klein. Die äußere Verbrennung macht es möglich, den Kraftstoff laufend zuzufügen und so vorher mit Luft zu mischen, damit die günstigste Verbrennung mit den „saubersten" Abgasen ablaufen kann. Alles dies macht den Stirlingmotor leiser als vergleichbare Motoren, die mit jeder Kolbenbewegung Abgase aus ihren Zylindern herauspuffen. Mit entsprechenden Treibstoffen könnte der Stirlingmotor frei von schädlichen Auspuffgasen gemacht werden. Die Pleuelstange der üblichen Motoren ist im Stirlingmotor durch das rhombische Antriebsgestänge ersetzt worden, das Vibrationen ausschließt. Der Wirkungsgrad ist ebenfalls hoch, bei größeren Einheiten mit einer Leistung von 300 bis 400 PS ist der Wirkungsgrad doppelt so groß wie bei konventionellen Motoren.

Verbrennungskraftmaschinen mit innerer Verbrennung

Immer wieder wurden Vorstellungen entwickelt, einen hochenergetischen Kraftstoff in Zylindern zu verbrennen und die Verbrennungsgase zu verwenden, bei der Explosion nützliche Arbeit zu leisten. Auf die erfolglosen Versuche von Chr. Huygens und D. Papins mit den Schießpulvermaschinen in den 1680er Jahren wurde schon hingewiesen. Dem französischen Mönch Jean de Hautefeuille erging es 1684 nicht besser, als er einen Springbrunnen mit einer Schießpulvermaschine betreiben wollte.

Als die verschiedenen Formen von Dampfmaschinen im 18. Jahrhundert erschienen, waren Konstruktionen von „Explosions"-Maschinen weitgehend unbekannt. Von Beginn des Jahres 1800 an nahm aber ihre Anzahl ständig zu. Einige dieser Konstruktionen sollen im Folgenden erwähnt werden. Der Engländer Robert Street versuchte 1794 einen Zylinder zu bauen, in dem der Kolben durch die Verbrennung von vergastem Teer oder Terpentinöl betrieben werden sollte. Der Franzose Philippe Lebon kam 1801 auf eine ähnliche Idee und probierte eine Art doppelwirkende Dampfmaschine aus, die durch innere Verbrennung eines Gemisches aus Leuchtgas und Luft angetrieben wurde. Das Gemisch wurde elektrisch gezündet. In den 1790er Jahren experimentierte P. Lebon mit Kohle und Holz, um Leuchtgas zu erzeugen; 1799 hatte er eine Vorrichtung für Demonstrationszwecke fertiggestellt. Die Firma Boulton & Watt forschte auf gleichem Gebiete, und J. Watts Sohn Gregory traf sich mit P. Lebon in Paris. Dieses Gespräch führte dazu, daß die Firma Boulton & Watt unter der Leitung von W. Murdock bald eine wirtschaftlich vertretbare Leuchtgaserzeugung hatte. P. Lebon konnte an der Weiterentwicklung der Maschine nicht mehr teilnehmen, weil er 1804 in Paris auf den Champs Elysées überfallen und ermordet wurde.

Ein Bericht über P. Lebons Verbrennungsmotor kam Sir G. Cayley zur Kenntnis, der unermüdlich nach einem neuen, kompakten Antrieb für seine Flugmaschine suchte. G. Cayley beschrieb 1809 mit bewundernswerter Klarheit, wie ein Gasmotor arbeiten sollte, doch machte er selbst, wie bei der Heißluftmaschine, keine Versuche. Dagegen experimentierten seine Landsleute William Cecil und Samuel Brown auf diesem Gebiete. W. Cecil hatte 1817 ein Versuchsmodell eines atmosphärischen Gasmotors gefertigt, den er durch systematische Versuche zu verbessern trachtete. Es wird berichtet, daß der Motor sehr gut lief, aber so viel Gas verbrauchte, daß W. Cecil vielleicht aus diesem Grunde die Versuche einstellte. S. Brown war erfolgreicher. Er bekam für seinen atmosphärischen Motor 1823 ein Patent und baute nach und nach einige Motoren. Er versuchte schließlich einen Zweizylindermotor als Fahr-

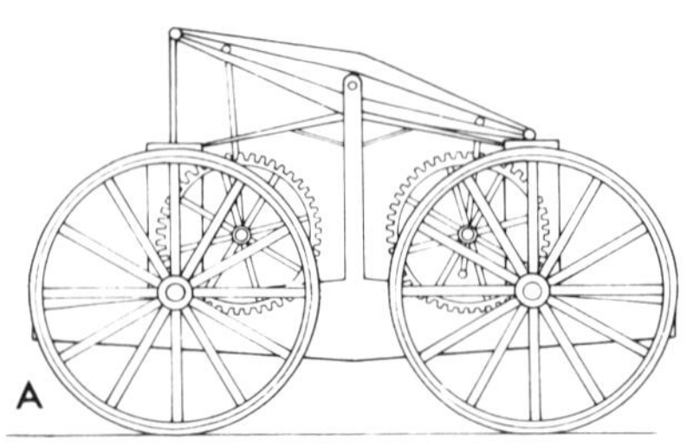

A. Samuel Brown baute 1825 dieses Fahrzeug, das von einem atmosphärischen Motor mit zwei Zylindern angetrieben wurde. Als Kolben benutzte S. Brown einen Schwimmer. Ein außen angebrachter Gasbrenner zündete das Gasgemisch im Zylinder.

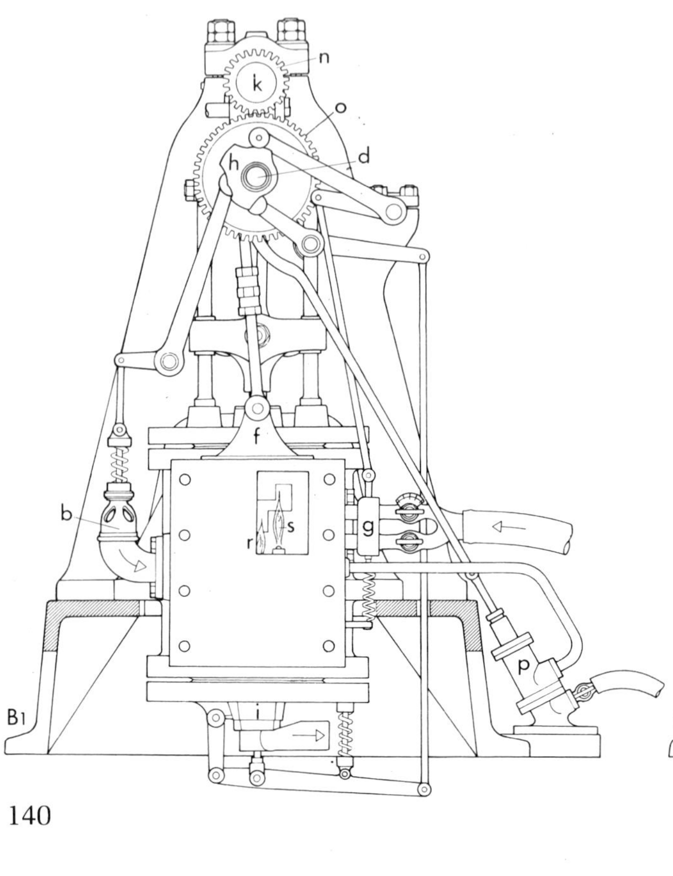

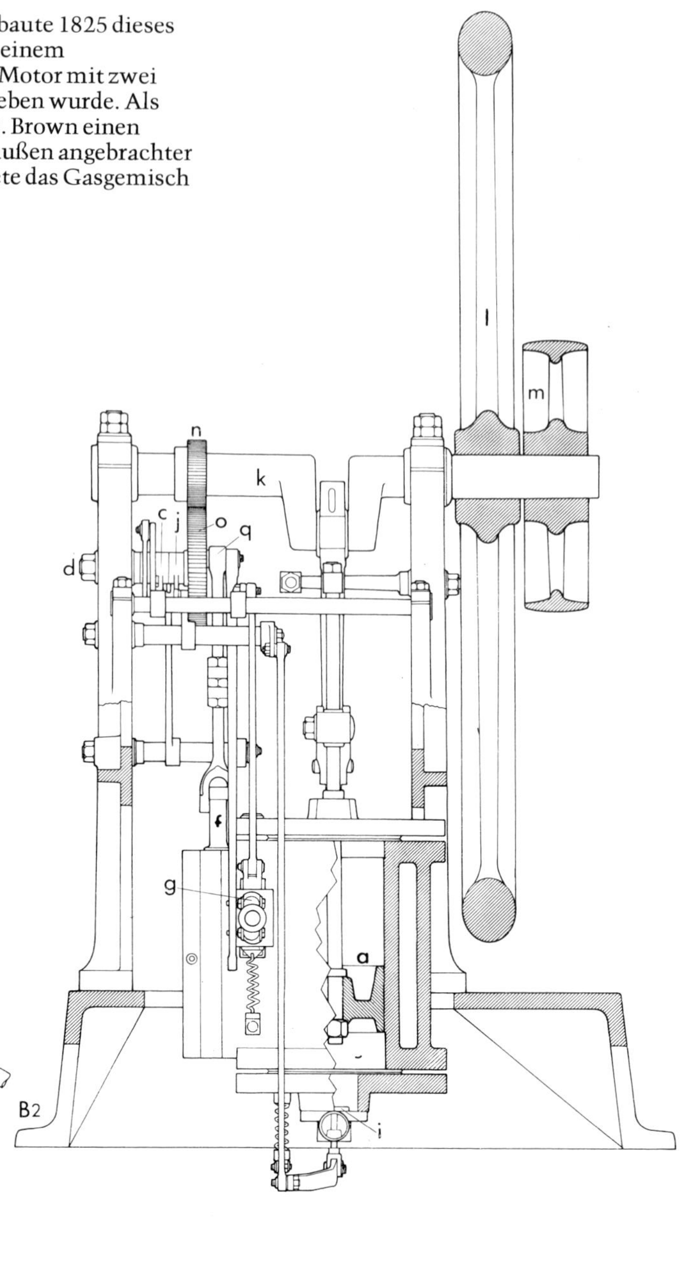

B. Der Motor von Chr. Reithmann in Seiten- (**1**) und Vorderansicht (**2**). Der Kolben (a) bewegte sich nach oben und sog durch das Ventil (b) Luft ein. Das Ventil wurde durch eine Nocke (c) auf der Welle (d) gesteuert. Die Luft strömte durch das Schieberventil (f) in die Kompressionskammer (e). Wenn noch zwei Drittel des Kolbenhubes verblieben, wurde Verteilerventil (g) geöffnet, das durch die Nocke (h) auf der Welle (d) gesteuert wurde. Die in die Kammer (e) gesogene Luft wurde dort mit Gas gemischt. Sobald der Kolben (a) seine Bewegungsrichtung änderte, wurden das Ventil (b) und die obere Gasleitung im Verteilerventil (g) geschlossen. Da der Kolben sich nun nach unten bewegte, wurde das Gasgemisch in (e) verdichtet, anschließend gezündet und verbrannt, wobei der Druck beachtlich stieg. Der Kolben bewegte sich nun wieder nach oben. Wenn er seine oberste Stellung erreicht hatte, wurde das Ventil (i) geöffnet, das von der Nocke (j) gesteuert wurde. Die Verbrennungsgase entwichen durch das Ventil (i) und der Kolben sank wieder nach unten. Die untere Gasleitung wurde im Ventil (g) geschlossen, sobald man den Verbrennungsvorgang einleitete. Die Kolbenbewegung wurde auf die Kurbelwelle (k) übertragen, auf der das Schwungrad (l) und eine Riemenscheibe (m) saßen. Das Zahnrad (n) auf der Kurbelwelle griff in das große Zahnrad (o) auf der Nockenwelle (d) ein, die halb so schnell gedreht wurde wie die Kurbelwelle (k). Die kleine Pumpe (p) und der Schieber (f) wurden durch die Kurbel (q) auf (d) betrieben und versorgte die Zündflamme (r) mit einem Gemisch aus Gas und Luft.

zeugantrieb zu bauen. Im Prinzip arbeitete dieser Motor gut, doch konnte sich S. Brown wahrscheinlich nicht vorstellen, wie das Gas im Fahrzeug mitgeführt werden könnte! Der Engländer Lemuel Wellman Wright baute 1833 einen interessanten Gasmotor, in dem zum ersten Male der Gasdruck unmittelbar auf den Kolben wirkte. Der Motor ließ sich gut mit den Hochdruckdampfmaschinen vergleichen, die sich in jener Zeit steigender Beliebtheit erfreuten. L. Wrights Motor war doppelwirkend und hatte einen wassergekühlten Zylinder; er wies zum ersten Male die Gestalt der zukünftigen Motoren auf. Die Italiener Eugène Barsanti und Felix Matteucci bauten 1854 einen Gasmotor mit elektrischer Zündung und einem „freifliegenden" Kolben; beide Einrichtungen, insbesondere die letztere, sollten in den Konstruktionen bald wieder erscheinen.

Ein bemerkenswerter Gasmotor wurde durch den Münchner Uhrmacher Christian Reithmann (1818–1909) erfunden. Er fing mit seinen Versuchen 1852 an, und sechs Jahre später war es ihm möglich, einen Gasmotor vorzustellen, der nach heutigen Begriffen ein Zweitaktmotor war. Chr. Reithmann verwendete seinen Motor zum Antrieb verschiedener Maschinen in seiner Werkstatt. 1860 wurde ihm ein königlich bayrischer Freibrief zur Herstellung seines Motors verliehen, und in der Folgezeit gründete er einen Maschinenbaubetrieb. In den Jahren 1872 und 1873 entwickelte er seine Maschine weiter zu einem Viertaktmotor. Später wurde er in ernste Patentstreitigkeiten einbezogen, da mehrere Erfinder an die gleichen Anwendungsmöglichkeiten gedacht hatten; die Vorstellungen über den Gasmotor waren tatsächlich Allgemeingut geworden.

Etienne Lenoir (1822–1900) war Franzose und gebürtig aus Luxemburg. Er ließ sich 1860 die brillant ausgedachte Konstruktion eines Gasmotors patentieren. E. Lenoir war außerordentlich talentiert und machte schon als junger Mann einige wichtige Erfindungen, unter anderem eine Methode, Platten zu emaillieren, die ihn finanziell unabhängig machte. Sein erster Motor hatte einen horizontalen, wassergekühlten Zylinder und eine Leistung von 4 PS. Als Treibstoff wurde mit Luft vermischtes Leuchtgas verwendet. Auf jeder Seite des Kolbens befand sich eine Schiebersteuerung. Die Zündung erfolgte elektrisch. Der elektrische Strom wurde von zwei Bunsenelementen geliefert und durch den Funkeninduktor nach Heinrich Daniel Rühmkorff mit Hammerunterbrechern hochtransformiert.

Das Erscheinen dieses Motors wurde sehr begrüßt, schließlich war er eine Alternative für die Dampfmaschine. Die industrielle Herstellung des Motors wurde gleich teils von der Firma Marioni & Lefevre (später Société Lenoir) in Paris und teils von der Firma Reading Iron Works Ltd.

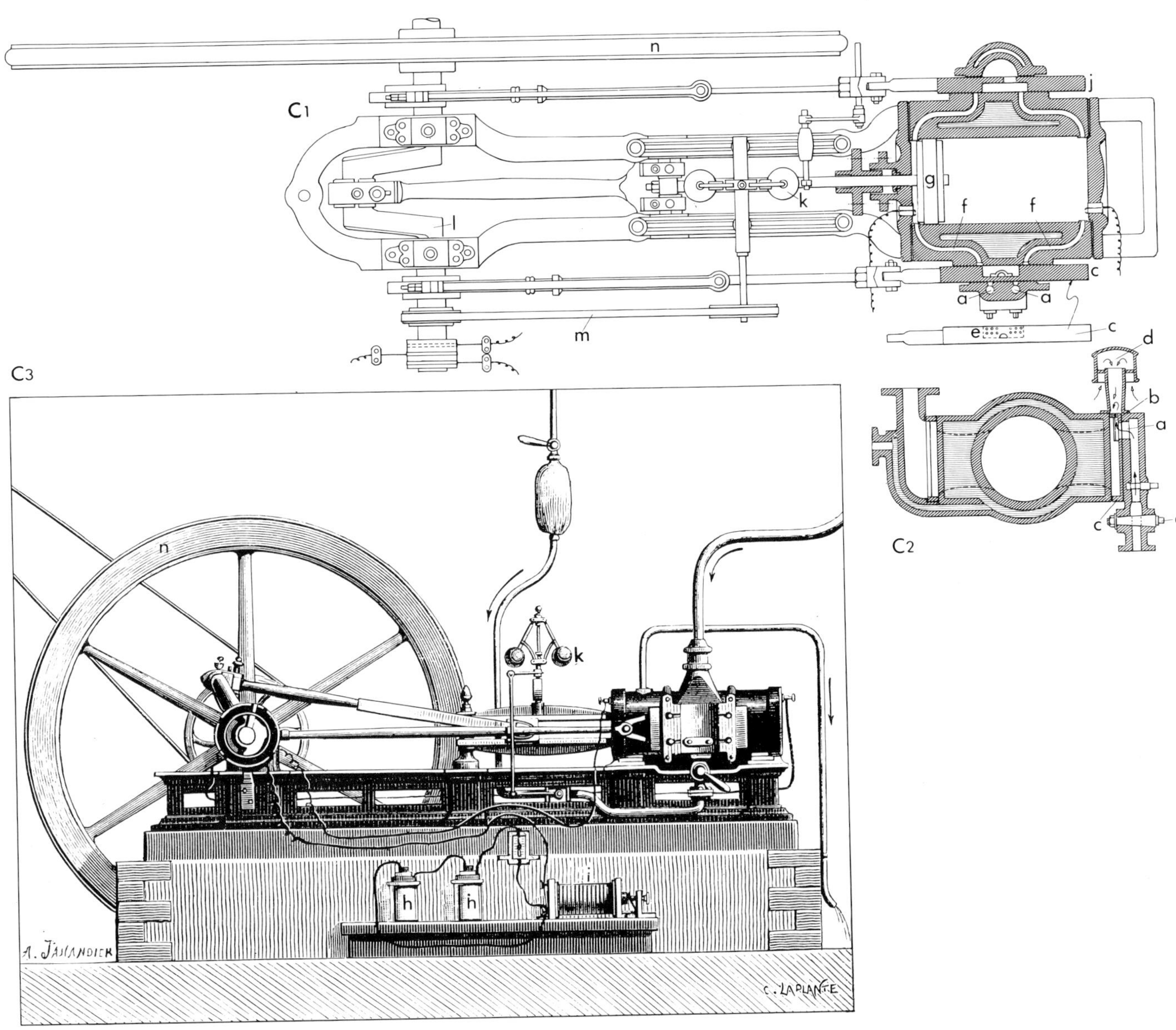

Die Zündflamme (s) im Deckel des Schieberventils (f) war direkt mit einer Gasleitung verbunden.

C. Der Gasmotor von J. E. Lenoir; (**1**) Sicht von oben, (**2**) Querschnitt, (**3**) ein früher Gasmotor von J. Lenoir in der Seitenansicht. Das Leuchtgas trat durch die Einlässe (a) ein, die wechselseitig mit dem Schieberventil verbunden wurden. Von da aus wurde das Gas durch eine andere Öffnung (c) im Schieberventil in die Mischkammer (d) geleitet. Außenluft trat ebenfalls in die Mischkammer ein, die durch eine Anzahl kleiner Löcher (e) mit dem Schieberventil verbunden war. Das Gas-Luft-Gemisch wurde durch diese Löcher in eine der Zylinderkammern über das Schieberventil (c) und eine der Zylinderzuleitungen (f) gesogen. Sobald der Kolben (g) etwa die Hälfte des Hubes durch den wassergekühlten Zylinder vollendet hat, wurden die Gas-Luft-Einlässe durch das Schieberventil geschlossen und das Gas-Luft-Gemisch im Zylinder durch einen elektrischen Funken gezündet. Der elektrische Strom wurde von zwei Bunsenelementen (h) geliefert und durch eine Induktionsspule (i) auf hohe Spannung transormiert. Während die Verbrennungsgase sich ausdehnten und den Kolben vor sich her schoben, konnten sie auf der anderen Seite des Kolbens den Zylinderraum durch ein Auslaßventil (j) verlassen. (k) Fliehkraftregler, der durch die Kurbelwelle (l) über den Riementrieb (m) angetrieben wurde. (n) Schwungrad. Die Leuchtgaszufuhr konnte durch die Drosselklappe (o) gesteuert werden.

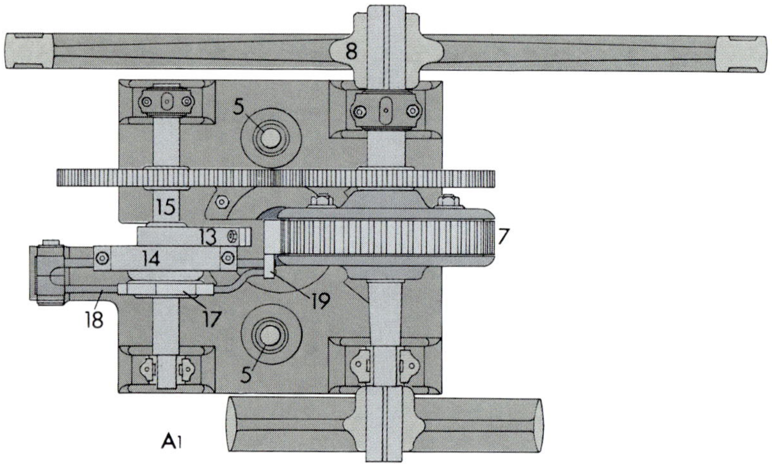

A1

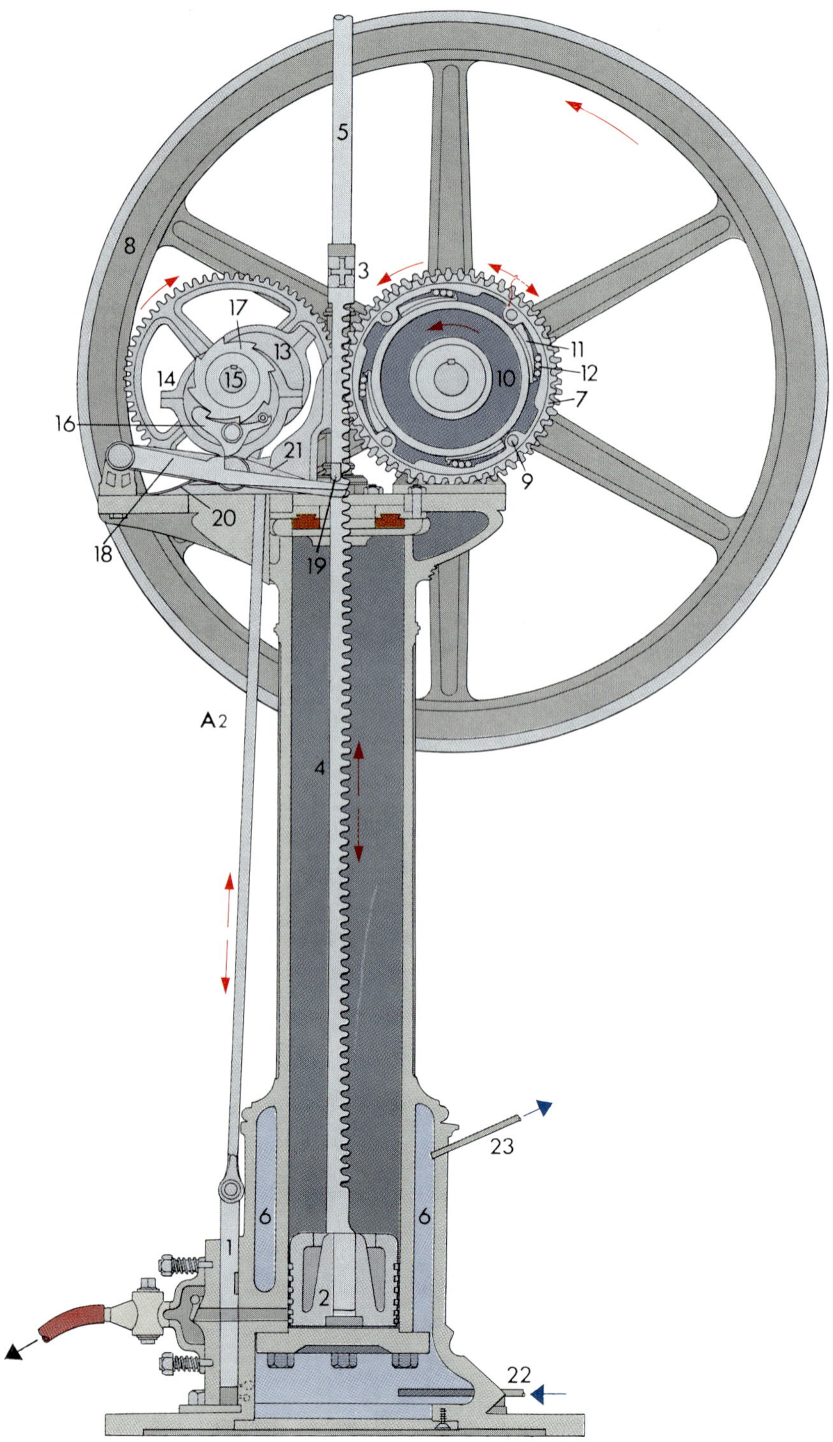

A2

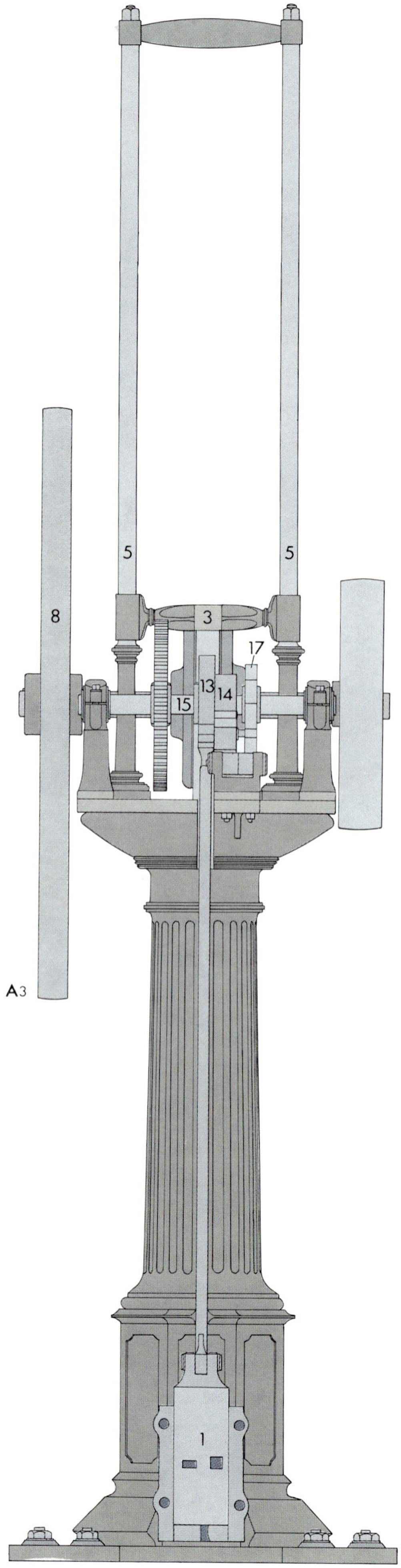

A3

A. Gasmotor von Otto und Langen (1867); (**A 1**) Ansicht von oben, (**A 2**) von vorne und (**A 3**) von der Seite. Das Gemisch trat durch das Schieberventil (1) in den Zylinder ein, wenn der Kolben (2) sich nach oben bewegte. Er wurde durch den Querträger (3) geführt, der auf der Kolbenstange (4) angebracht war und entlang zwei Führungsstangen (5) glitt. Nachdem der Kolben sich ein Stück weit bewegt hatte, wurde das Gas-Luft-Gemisch im Zylinder gezündet und explosionsartig verbrannt. Der Kolben wurde nach oben gedrückt, bis er gegen einen Gummipuffer stieß. Nachdem die Verbrennungsgase ihre Wärme an das Kühlwasser (6) abgegeben hatten, fiel der Druck im Zylinderinneren rasch unter den atmosphärischen Druck. Der Kolben wurde dadurch nach unten bewegt, und die Kolbenstange (4) trieb mit ihren Zähnen den Zahnradkranz (7) auf der Welle des Schwungrades (8) an. Die Kupplung sorgt für ständige Drehung des Schwungrads nach links. Der Zahnradkranz (7) war durch vier Bolzen (9) mit zwei losen Scheiben verbunden, je eine auf jeder Seite der Scheibe (10), die auf der Schwungradwelle festgemacht war. Der Zahnradkranz konnte vier Keile (11) aufnehmen, die mit ihren breiten Enden gegen die Bolzenverbindungen drückten. Die Stifte (12) waren zwischen jedem Keil und dem Zahnradkranz (7) eingesetzt. Wenn der Zahnradkranz sich nach rechts und die Scheibe (10) nach links drehte, blieben die Keile in ihrer Lage. Wenn sich jedoch der Zahnradkranz (7) nach links und schneller als die Scheibe (10) drehte, bewegten sich die Keile, bis die zylinderförmigen Stifte sich zwischen den Keilen und Zahnradkranz festklemmten und so der Zahnradkranz (7) und die Scheibe (10) gekuppelt waren. Im letzten Teil der nach unten gehenden Bewegung des Kolbens wurde das Auslaßventil durch das Schieberventil (1) geöffnet. Das Schieberventil wurde durch zwei miteinander verbundene Exzenter (13, 14) gesteuert, die rechtwinklig zueinander auf der Welle (15) montiert waren; es war durch eine Exzenterstange mit dem Ring auf (13) verbunden. Auf (14) war eine Sperrklinke (16) montiert, die in das Ratschenrad (17) eingriff, das mit der Welle (15) verbunden wurde, wenn der Hebel (18) durch den Schaltstift (19) auf der Kolbenstange (4) nach unten gedrückt wurde. Bei Aufwärtsbewegung wurde der Hebel (18) durch die Feder (20) gehoben, die Sperrklinke ausgehakt und die Exzenterscheiben hielten an. Zum Einströmen des Gasgemisches wurde der Kolben durch einen zweiten Hebel (21) gehoben, dessen eines Ende in der Nähe des Schaltstiftes (19) lag und das andere Ende gegen den Exzenter (14) drückte. Wenn (14) gedreht wurde, bewegte (21) bei einer bestimmten Stellung die Kolbenstange aufwärts. (22) Kühlwassereinlaß. (23) Kühlwasserauslaß.

B. Der „Stille Otto" von 1876; Ansicht von oben (**1**) und von der Seite (**2**); (**3**) das Steuergetriebe, (**4**) Auspuffventil; Schieberventil im Längs- (**5**) und im Querschnitt (**6**) in größerem Maßstab. Der Motor arbeitete nach dem Prinzip eines Viertakters. (1) Kolben. (2) Kompressionskammer. (3) Kühlmantel. (4) Kühlwassereinlaß. (5) Schmiertopf. (6) Auslaßventil. (7) Gashahn zur Kontrolle der Gasversorgung. Das Zahnrad (8) auf der Kurbelwelle griff in das Zahnrad (9), das die doppelte Anzahl Zähne hatte und auf der Nockenwelle (10) montiert war. Der Fliehkraftregler (11) wurde von der Nockenwelle angetrieben und steuerte mit zwei Hebeln (12) die Gaszufuhr. Wenn die Belastung des Motors abnahm und die Drehzahl zu hoch anstieg, schwangen die Gewichte des Fliehkraftreglers nach außen. Der Regler bewegte sich nach oben und der Hebel (12) verschob die Nocke (13) so, daß der andere Doppelhebel (14) nicht mehr gegen sie wirken konnte. Dieser Hebel öffnete und schloß das Gasventil (15) nur, wenn er durch die Nocke (13) gesteuert wurde. Wenn dies nicht der Fall war, wurde in den Zylinder nur Luft eingesogen, bis die Drehzahl des Motors entsprechend abfiel. Die Nocke (16) auf der Nockenwelle (10) steuerte das Auslaßventil (6) durch den federkraftbetätigten Hebel (17). Die Schieberventilsteuerung (18) wurde durch die Kurbel (19) auf (10) betätigt. (20) Gasleitung für die Zündflamme. Von der Schieberstellung in (**5**) gleitet das Schieberventil nach unten, bevor es wieder in seine Ausgangsstellung geht. In der Zwischenzeit werden Luft und Gas in den Zylinder gesaugt; die Luft fließt durch das Rohr (21) zu, das mit der Außenluft verbunden ist, und strömt durch die Ventilführung (22), wo sie mit Gas aus der Leitung (23) gemischt und durch das Rohr (24) in den Zylinder eingelassen wird. Das Schieberventil enthielt auch eine Kammer (25), die mit einer besonderen Gasleitung (26) in Verbindung gebracht wurde, kurz bevor die Zündung eingeleitet werden sollte. Die Kammer war dann mit Gas gefüllt, das mit der Luft gemischt wurde, die durch das Rohr (27) eintrat. Im Deckel des Schieberventils befand sich eine dauernd brennende Flamme, die das Gemisch in (25) zündete, worauf die Verbindung zwischen Flamme und Kammer geschlossen wurde; statt dessen wurde eine sehr dünne Leitung zwischen der Kammer und Einlaßleitung (24) zum Zylinder geöffnet. Sobald der Druck in der Kammer (25) so weit gestiegen war, daß er demjenigen im Zylinder entsprach, wurde die Kammer direkt mit (24) verbunden, und das Gas konnte im Zylinder verbrannt werden.

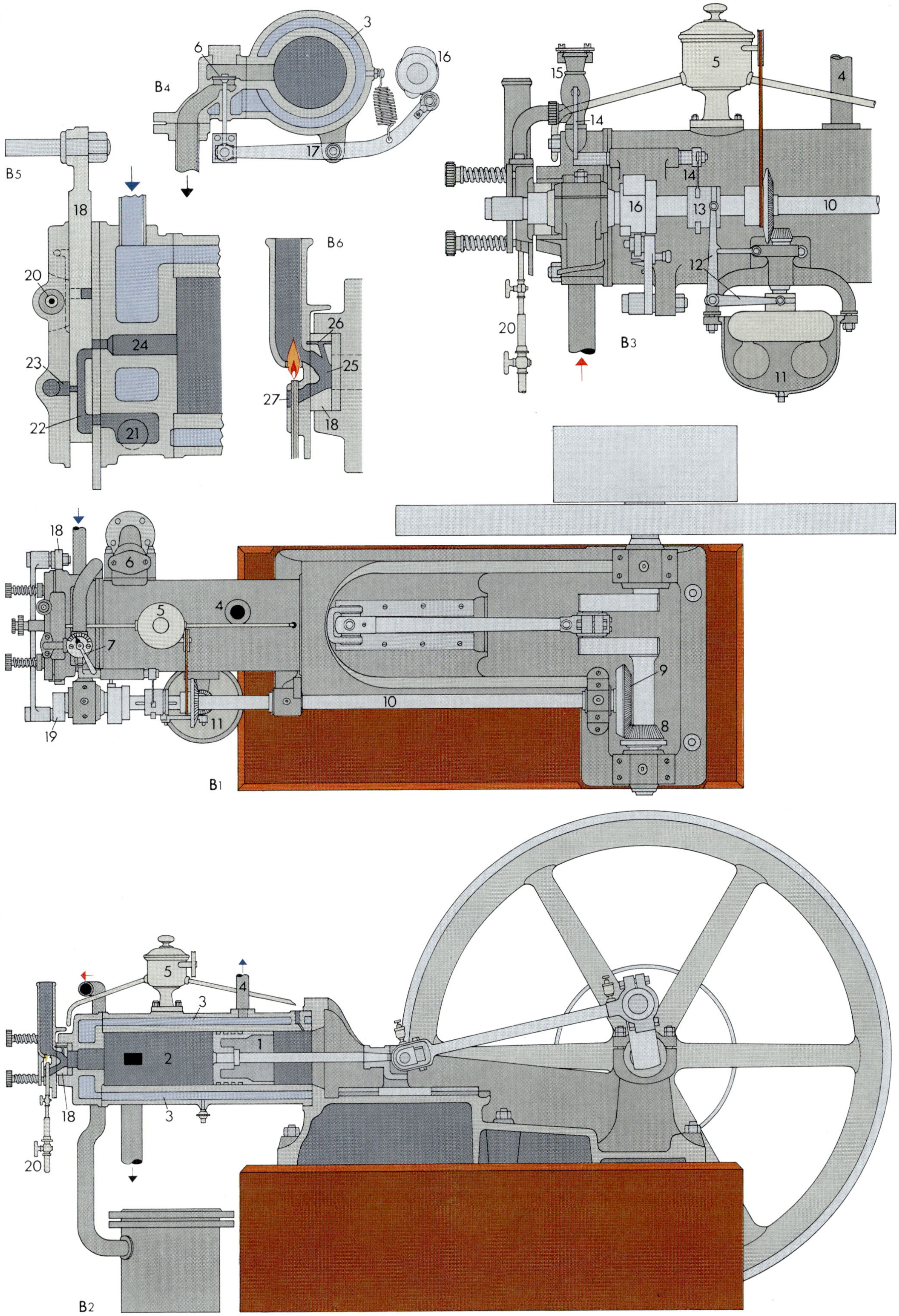

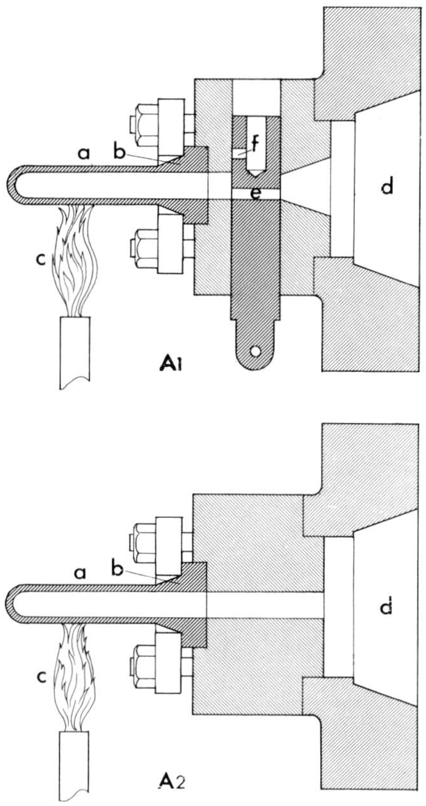

A. Die Zündvorrichtung in Verbrennungskraftmaschinen mit einer Zündflamme war sehr empfindlich und nicht besonders verläßlich, so daß die Erfindung der *indirekten* Zündung durch eine Glühkerze (**1**) einen großen Fortschritt bedeutete. Die Glühkerze (a) war röhrenförmig, an einem Ende geschlossen und bestand aus Porzellan oder Nickel. Mit dem Flansch (b) konnte sie an den Motor angebracht werden. Die Glühkerze wurde von einem Gasbrenner (c) erhitzt. Wenn das Gasgemisch in der Kompressionskammer (d) gezündet werden sollte, wurde etwas Gemisch durch das Schieber- (e) oder ein anderes Ventil in das Rohr geleitet. Das Rohr stand über die Zuführung (f) mit der Außenluft in Verbindung. Die *direkte* Zündung mit einer Glühkerze (**2**) war eine spätere Erfindung, die von G. Daimler und W. Maybach in dem Motor verwendet wurde, den sie 1882 zu konstruieren begannen. Die Glühkerze stand in offener Verbindung zur Kompressionskammer. Durch die Anordnung der Brennerflamme in verschiedenen Abständen von dem offenen Teil des Rohres konnte die Zündung früher oder später eingestellt werden.

B. G. Daimlers durch eine Verbrennungskraftmaschine angetriebenes Zweirad von 1885, das erstmals im November 1886 in Cannstatt gefahren wurde.

in England eingeleitet. E. Lenoir hatte ein gutes Gespür für Werbeeffekte und widmete sich einer weit verbreiteten Werbekampagne zugunsten seines Motors, dem er eine glänzende Zukunft voraussagte.

Er verkündete, daß stationäre Gasmotoren bis zu einer Leistung von 100 PS bald die Dampfmaschine verdrängen würden. Andere Gasmotoren werde man in Lokomotiven mit Gasgeneratoren statt Dampfkesseln einsetzen. Die Dampfmaschinenhersteller wehrten sich, so gut sie konnten, und hatten eine Menge zu sagen zu den Sprüchen von E. Lenoir. Trotz oder gerade wegen dieser Polemiken machte der Gasmotor in den 1860er Jahren viel Boden gut. Unstrittig war, daß der thermische Wirkungsgrad höher war als bei den kleineren Dampfmaschinen. Daher, schloß man, gäbe es keinen Grund, Gasmotoren mit einer größeren Leistung als 12 PS herzustellen.

E. Lenoirs Werbearbeit hatte jedoch eine Auswirkung, die er sich nicht hatte vorstellen können: der deutsche Kaufmann Nikolaus August Otto (1832–1891) interessierte sich so sehr für den Gasmotor, daß er einige in Lizenz bei einer Kölner Firma bauen ließ. Sie arbeiteten nicht besonders gut, doch setzte sich N. Otto, der von den Einsatzmöglichkeiten des Motors überzeugt war, hin und konstruierte den ganzen Motor neu. Der neue Gasmotor wurde 1863 in England und später in Frankreich und anderen Ländern patentiert. N. Otto tat sich mit dem Erfinder und Ingenieur Eugen Langen (1833–1895) zusammen und gründete in Köln 1864 das Unternehmen N. A. Otto & Co.

Der erste Gasmotor, den N. Otto baute, hatte mehrere interessante Besonderheiten. Er hatte den „freifliegenden" Kolben, das ist ein Kolben, der sich schnell nach oben bewegt, wenn im unteren Teil des Zylinders das Gemisch explodiert. Der Kolben war mit einer Zahnstange verbunden, die über ein Ratschenrad auf ein Zahnrad auf der Achse des Schwungrades wirkte. Wenn sich der Kolben nach oben bewegte, wurde die Zahnstange von der Schwungradachse abgekuppelt. Nachdem der Kolben in seiner obersten Stellung durch einen Gummipuffer abgebremst wurde, fiel der Druck im Zylinder stark ab, der Kolben bewegte sich unter Einwirkung des Luftdrucks rasch nach unten, und im gleichen Augenblick kuppelte das Ratschenrad das Zahnrad wieder ein. Während dieses Arbeitsganges wurde dem Schwungrad zusätzliche Energie gegeben. In einem seiner vielen Bücher gibt der Technikhistoriker Franz M. Feldhaus eine launische Beschreibung eines arbeitenden Otto-Langen-Motors. F. Feldhaus wuchs im Kurzentrum von Bad Godesberg auf, wo sein Vater Direktor in einem Betrieb war, in dem das Mineralwasser auf Flaschen gefüllt wurde. Das Mineralwasser wurde mit einer Pumpe gefördert, die von einem Otto-Langen-Motor angetrieben wurde. F. Feldhaus beschreibt, wie er jedes Mal, wenn er als kleiner Junge am Pumpenhaus vorbeigehen mußte, von panischer Angst ergriffen wurde: „Der Motor befand sich in einer dunklen Ecke. Der Kolben hob sich mit einem fürchterlichen Krach; mit einem rasselndem Geräusch kuppelte er in das Schwungrad ein und ging mit einem heulenden Ton wieder nach unten ... Die Explosionen schienen willkürlich zu erfolgen und dazwischen war Totenstille. Die Krämpfe dieses Motors waren wirklich zum Fürchten."

Die Reaktionen des kleinen Jungen waren natürlich. Wenn heutzutage irgendwo in einem Betrieb ein Otto-Langen-Motor aufgestellt würde, käme neben dem Sicherheitsingenieur sofort die Gewerbeaufsicht auf den Plan und würde den Motor sogleich stillegen lassen.

Bei der Weltausstellung 1867 in Paris stand der Otto-Langen-Motor mit nicht weniger als 14 Motoren des Lenoirtyps im Wettbewerb. Zunächst wurde dem Motor nicht zuletzt wegen seines schrecklichen Lärms keine Beachtung geschenkt. Erst als F. Reuleaux, der deutsche Vertreter im Schiedsgericht, intervenierte, wurde der Motor ernsthaft geprüft. Man stellte fest, daß der Wirkungsgrad des Otto-Langen-Motors wesentlich besser war als derjenige des Lenoir-Gasmotors, und die Goldmedaille wurde an N. Otto und E. Langen verliehen.

Dieser Erfolg war zwar unbestritten, doch waren sich N. Otto und E. Langen der Schwächen ihres Motors bewußt und setzten daher ihre Versuche fort. Das Ergebnis dieser Arbeit war 1876 der aufsehenerregende Durchbruch für die Gasmotoren: der Viertaktmotor. Der Spitzname „Stiller Otto", den der Motor gleich bekam, spricht für sich. Der Viertakter wurde zum großen Erfolg. Der Motor wurde in der Gasmotorenfabrik Deutz AG in Köln hergestellt, so hieß die Firma N. A. Otto & Co. nach ihrer Reorganisation 1872.

Das berühmte Debut des „Stillen Otto" auf dem Weltmarkt fand bei der Weltausstellung 1878 in Paris statt. F. Reuleaux hatte N. Ottos Entwicklungsarbeiten seit ihren ersten Ergebnissen 1867 mit großem Interesse verfolgt und wurde schließlich sein guter Freund. Er lobte nun den „Stillen Otto" überaus und betrachtete diese Entwicklung im Maschinenbau als den bedeutendsten Schritt seit J. Watt.

In den folgenden Jahrzehnt erhob sich ein großer Streit um die Patentrechte auf den Gasmotor. Diese Entwicklung hatte vorausgesehen werden können, da mehrere Konstrukteure in der gleichen Richtung wie N. Otto forschten. In Frankreich wurde behauptet, daß das Prinzip des Viertakters schon 1862 durch Alphonse Beau de Rochas (1815–1891) gefunden wurde, obwohl seine Ideen nie den Zeichentisch verlassen haben. Die Gasmotorenfabrik Deutz verklagte Chr. Reithmann wegen Verletzung der Patentrechte – seine Maschine arbeitete in der gleichen Weise wie der „Stille Otto" – aber der Fall wurde niedergeschlagen, da Chr. Reithmann leicht nachweisen konnte, daß sein Motor seit 1873 betrieben wurde. Der Uhrmacher mußte sehr verbittert gewesen sein, als er die Deutzwerke expandieren sah. Man sollte hier erwähnen, daß diese Firma, die nach Fusion mit anderen Unternehmen Klöckner-Humboldt-Deutz AG hieß, ein hervorragendes Werkmuseum hat.

Als Anfang der 1870er Jahre Gasmotoren sehr gefragt wurden, stellte die Deutz AG zwei Ingenieure ein, die später sehr berühmt wurden; es waren dies Gottlieb Daimler (1834–1900) und Wilhelm Maybach (1847–1929). G. Daimler erkannte die Möglichkeiten der Weiterentwicklung des Otto-Motors und schlug einige Jahre später einen eigenen Weg ein, um einen Motor für hohe Drehzahlen zu konstruieren. Er gründete mit W. Maybach 1882 in Cannstatt, jetzt einem Ortsteil von Stuttgart, eine kleine Werkstätte, in der er seine Vorstellungen in Praxis umsetzte: 1883 erfand er die Glühkerzenzündung; er wollte leichtflüchtige Erdölderivate als Kraftstoff verwenden. Im gleichen Jahr machten er und W. Maybach den ersten Probelauf mit ihrem Motor. Der dritte Versuchsmotor wurde schließlich als Antriebsmotor für ein Motorrad mit Eisenbereifung verwendet. Der Motor hatte eine Drehzahl von 900 Upm – derjenige von N. Otto 200 Upm – und brachte eine Leistung von 0,5 PS. Das Motorrad rollte 1886 auf den Straßen und wurde mit *Benzin* angetrieben, einer Flüssigkeit, die damals nur in Chemikaliengeschäften und Apotheken erhältlich war.

G. Daimler baute 1887 sein erstes Kraftfahrzeug mit vier Rädern, ein Jahr nachdem C. Benz (1844–1929) mit seinem dreirädrigen, von einem 0,75 PS starken Motor getriebenen Fahrzeug die Sicherheit von Mannheims Straßen „gefährdet" hatte. 1871 hatte C. Benz eine Maschinenbaufabrik zur Herstellung von Gasmotoren, die Rheinische Gasmotorenfabrik AG gegründet, die er erfolgreich leitete. Bereits als Student am Polytechnikum in Karlsruhe hatte er mit dem Gedanken gespielt, ein Kraftfahrzeug zu konstruieren. Er arbeitete an der Verwirklichung dieses Gedankens neben seiner Aufgabe in der Fabrik. Seine Anstrengungen wurden 1886 durch den Erfolg gekrönt.

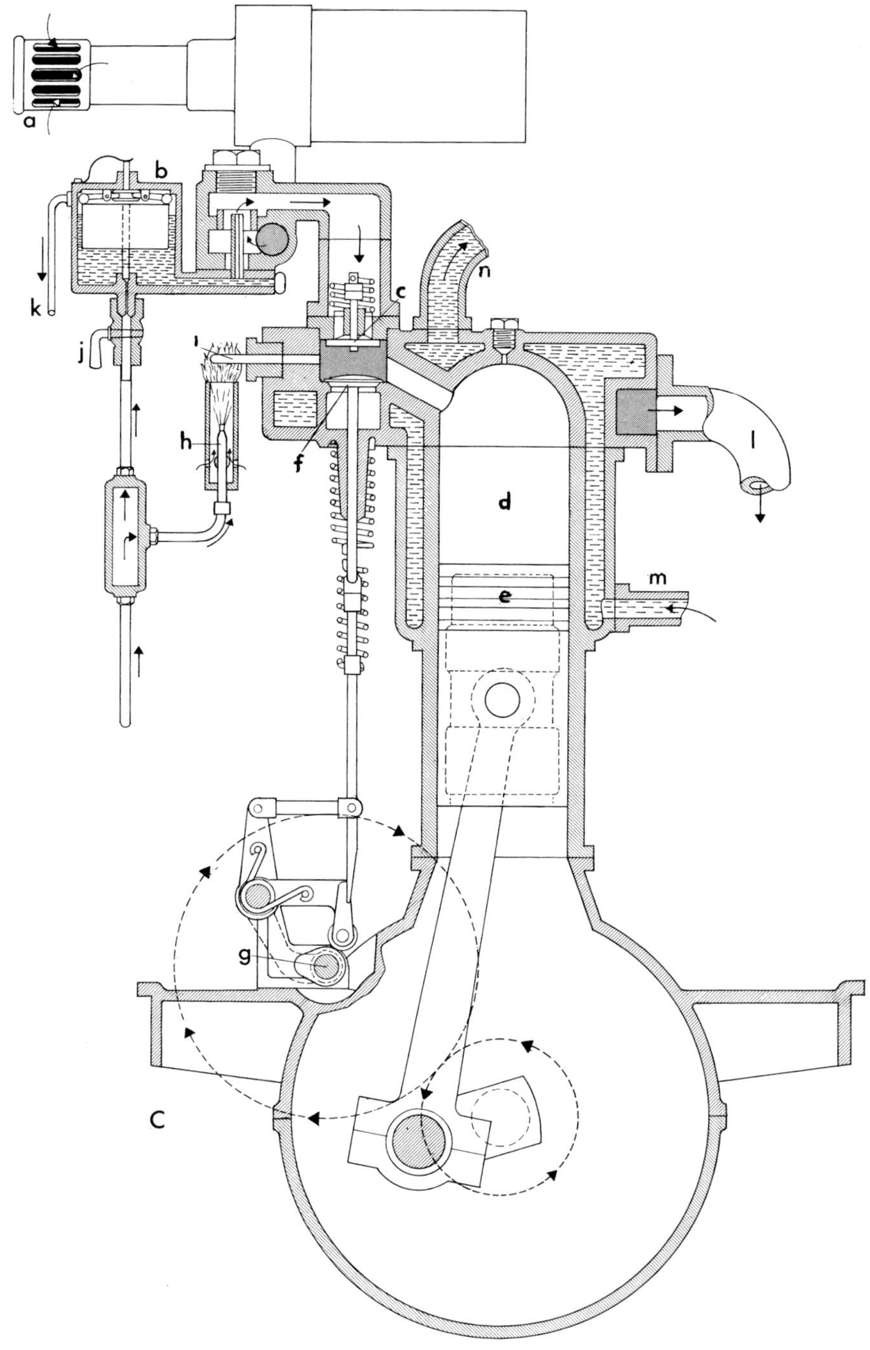

C. Ein Viertakt-Verbrennungsmotor von 1897 nach G. Daimler. (a) Einstellbarer Lufteinlaß. Der Vergaser (b) wandelte den Kraftstoff in einen Nebel um. Früher wurde der Kraftstoff verdampft. W. Maybachs Vergaser war weniger empfindlich gegen den Grad der Verflüchtigung des Kraftstoffs. Er konnte den Motor auch mit mehr Kraftstoff auf die Volumeneinheit beliefern. Der Motor hatte keine Drossel. Eine Regelung konnte jedoch dadurch erreicht werden, daß der Anteil an Luft im Kraftstoff-Luft-Gemisch verändert wurde. Das Ansaugventil (c), das durch eine Feder leicht vorgespannt war, öffnete, weil beim Beginn des Ansaugtaktes im Zylinder (d) ein Unterdruck herrschte, und es schloß, wenn der Kolben (e) seinen unteren Umkehrpunkt erreichte. Der Nachteil dieser einfachen Anordnung war, daß das Ansaugventil (c) immer zu spät öffnete und zu früh schloß. Das Auslaßventil (f) wurde durch die Nockenwelle (g) gesteuert, die sich mit halber Drehzahl der Kurbelwelle drehte. Der Brenner (h) mit einer „ewigen" Flamme hielt die Glühkerze (i) glühend. Die Zündung konnte nicht zu einem beliebigen Zeitpunkt des Saug- und Verdichtungsvorganges stattfinden, weil die Glühkerze (i) so lang gewählt wurde, daß die in der Röhre verbleibenden Verbrennungsgase zunächst verhinderten, daß das Gemisch an die glühenden Kerzenteile kam. Erst bei fast abgeschlossener Verdichtung wurde das Kraftstoffgemisch so weit in das Rohr (i) gepreßt, daß es entzündet werden konnte. Hahn für die Kraftstoffzufuhr (j). (l) Auspuffrohr. (m) Kühlwassereinlaß. (n) Kühlwasserauslaß.

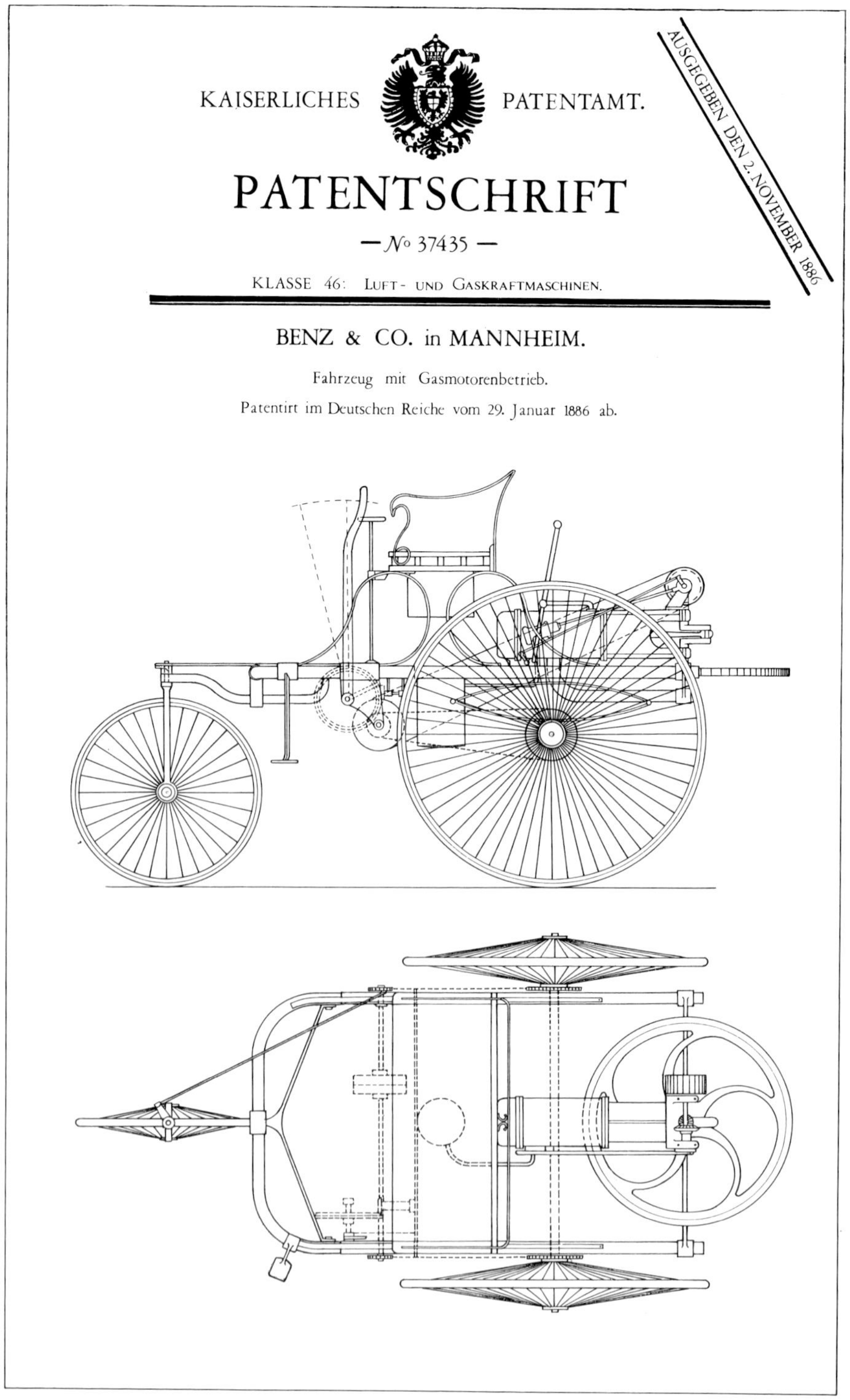
KAISERLICHES PATENTAMT.

AUSGEGEBEN DEN 2. NOVEMBER 1886

PATENTSCHRIFT

— № 37435 —

KLASSE 46: LUFT- UND GASKRAFTMASCHINEN.

BENZ & CO. in MANNHEIM.

Fahrzeug mit Gasmotorenbetrieb.

Patentirt im Deutschen Reiche vom 29. Januar 1886 ab.

A

A. Die Titelseite des Patents von C. F. Benz aus dem Jahre 1886 auf den Kraftwagen mit Explosionsmotor.

Die Zweitaktmotoren

Trotz des großen Erfolges des Viertaktmotors wurde er kritisiert. Es wurde die Ansicht vorgetragen, daß es leistungsabträglich sei, denselben Zylinder bei einer Drehung als Pumpe und bei der anderen als Arbeitszylinder arbeiten zu lassen. Mehrere Konstrukteure griffen dieses Problem auf. Der erste, der eine erfolgreiche Lösung gefunden hatte, war der Schotte Sir Dugald Clerk (1854–1932). Er konstruierte 1878 einen Zweitaktmotor, bei dem der Kraftstoff durch eine besondere Pumpe in der Nähe des Arbeitszylinders eingespritzt wurde.

Viertakt- und Zweitaktmotor erwiesen sich als sehr strapazierfähig. Die grundlegenden Konstruktionselemente haben sich bis heute nicht wesentlich geändert. In der Zwischenzeit sind einige Verbesserungen an

B. Ein von C. Benz gebauter Kraftwagen. Der Wagen (a) wurde vom „Chassis" und drei vollelliptischen Federn (c) getragen. Die oberste Feder war kreuzweise montiert. Die Hinterräder waren eisenbereift, während das Vorderrad einen Vollgummireifen hatte. Der Einzylinder-Viertaktmotor (d) hatte eine gegabelte Kurbelwelle und ein horizontal angeordnetes Schwungrad (e), weil man befürchtete, daß ein senkrecht stehendes Schwungrad die Manövrierbarkeit des Wagens behindern könnte. Im Vergaser (f) vom Verdampfertyp strich die eingesaugte Luft über den Kraftstoff und sättigte sich so mit dem Dampfgemisch. Die Kraftstoffzufuhr wurde gesteuert. Der Kraftstoff, Petroleum, befand sich in einem Tank unter dem Sitz des Fahrers. Die elektrische Hochspannungszündung wurde aus Batterien mit Strom versorgt. Das Schmieröl wurde in Glasbehälter (g)

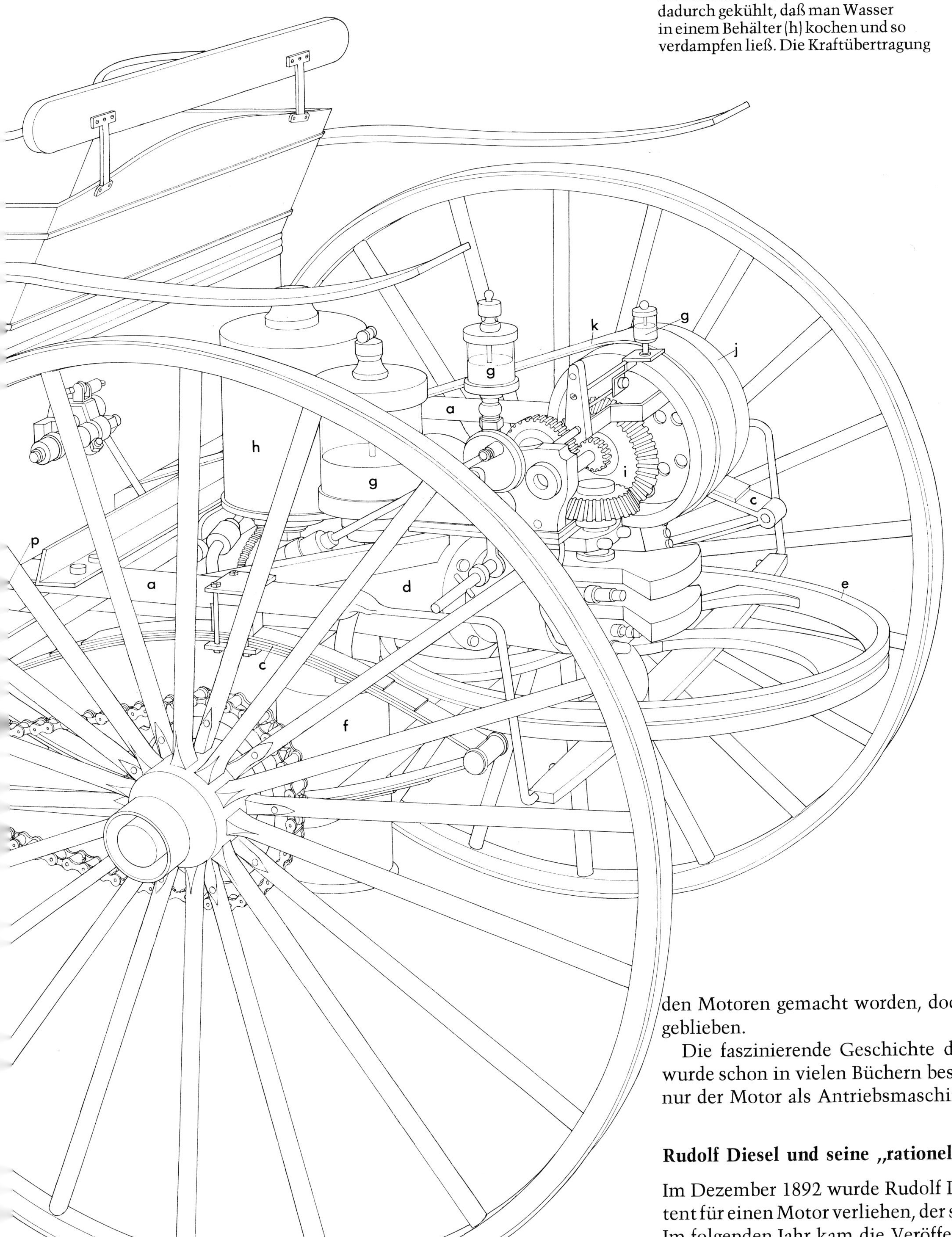

gefüllt, von denen aus es unter eigenem Gewicht zu den verschiedenen Schmierstellen floß. Der Motor wurde dadurch gekühlt, daß man Wasser in einem Behälter (h) kochen und so verdampfen ließ. Die Kraftübertragung vom Motor auf die Räder geschah über Kegelradgetriebe (i), eine Riemenscheibe (j) und einen Treibriemen (k), der vorne, in der Nähe des Fahrersitzes über eine von zwei Riemenscheiben führte. Eine dieser Riemenscheiben lief frei auf ihrer Achse, während die andere mit einem mehr oder weniger modern zu bezeichnenden Differential verbunden war. Die zwei getrennten Achsen des Differentials (die linke ist teilweise bei (l) zu sehen) trieben die Hinterräder über Kettenräder und Ketten. Der Kettentrieb war elastisch und unempfindlich gegen die Schwingungen des Wagens; darüber hinaus blieben die Achszapfen frei von Torsionsbeanspruchungen. Mit der Handkurbel auf dem Hebel (m) auf der linken Seite des Fahrers konnte das Getriebe ein- oder ausgekuppelt werden; wenn man die Kurbel bewegte, wurde der Treibriemen (k) zwischen den beiden zuvor genannten, parallel angeordneten Riemenscheiben bewegt. Die Bremsen (n) wurden angelegt, wenn man den Hebel (m) nach rückwärts schob. Wenn man den Hebel (o) betätigte, wurde der Kriechgang eingelegt, der für die Bergfahrt bis zu einer Steigung von 1 : 10 benutzt werden konnte. Dieser Gang arbeitete über eine Zwischenachse mit Ketten und Kettenrädern (p). Das Fahrzeug wurde jedoch immer im normalen Gang in Bewegung gesetzt; man konnte daher vom Kriechgang nur über den normalen Gang in den Leerlauf umschalten. Die Drehzahl des Motors konnte innerhalb gewisser Grenzen verändert werden, indem über ein Ventil die Luftzufuhr zu dem Vergaser gesteuert wurde. Die Reisegeschwindigkeit von 10 km/h und die Höchstgeschwindigkeit von 15 km/h machten das Einkuppeln, Auskuppeln und Bremsen während der Fahrt fast nicht notwendig. Der Wagen wurde durch den Hebel (q) gesteuert, der auf einer senkrechten Achse montiert war, die über ein Zahnstangenpaar (r) auf das Vorderrad wirkte. Das obere Ende des Steuerhebels war pfeilförmig gestaltet, um die Richtung des Vorderrades, das vom Fahrersitz aus nicht zu sehen war, auf der feststehenden Steuerscheibe (s) anzuzeigen.

den Motoren gemacht worden, doch ist die Arbeitsweise unverändert geblieben.

Die faszinierende Geschichte der Entwicklung des Kraftfahrzeugs wurde schon in vielen Büchern beschrieben; im Folgenden wird jedoch nur der Motor als Antriebsmaschine abgehandelt werden.

Rudolf Diesel und seine „rationelle Wärmekraftmaschine"

Im Dezember 1892 wurde Rudolf Diesel (1858–1913) ein deutsches Patent für einen Motor verliehen, der seit jenen Tagen seinen Namen trägt. Im folgenden Jahr kam die Veröffentlichung seines Grundlagenwerkes *Theorie und Konstruktion eines rationellen Wärmemotors*. Das Werk wurde sehr beachtet, aber auch kritisiert. R. Diesel vertrat die Ansicht,

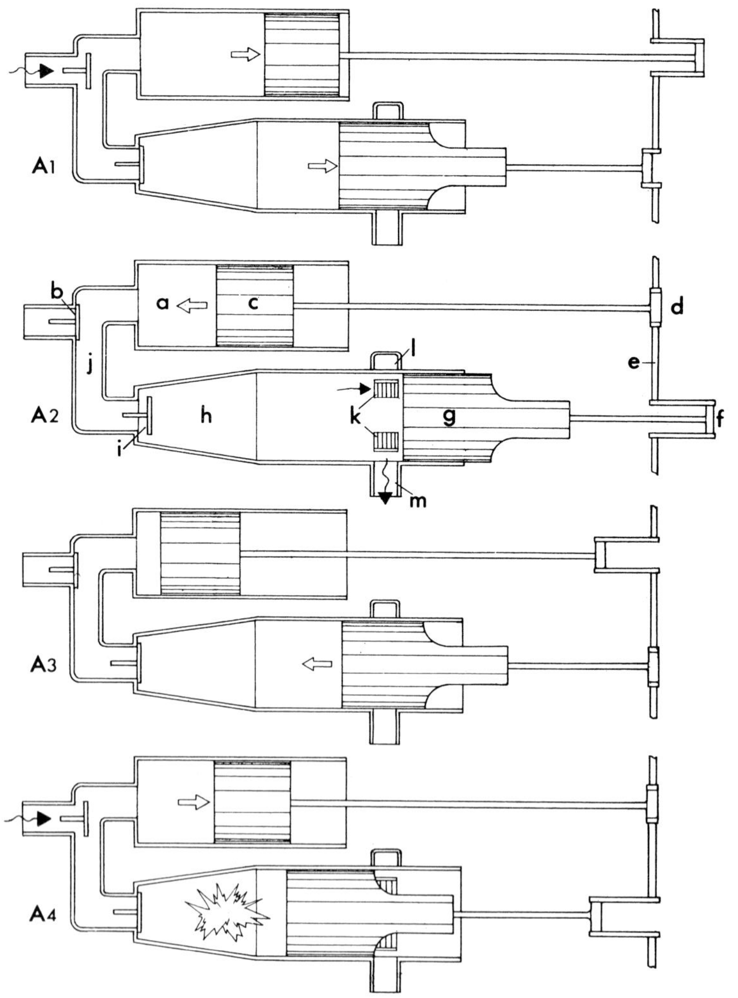

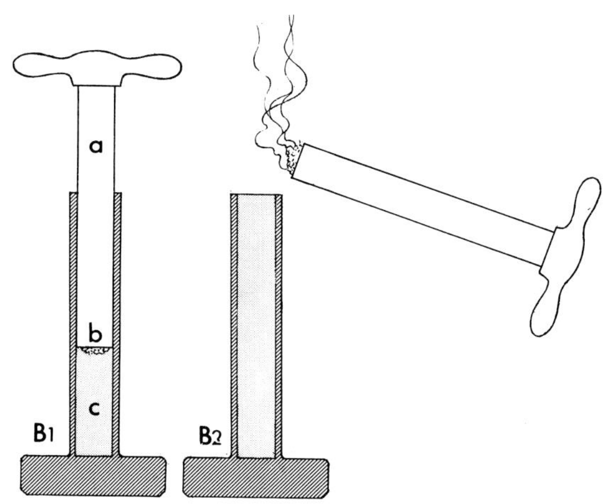

B. Die Wirkungsweise dieses Vorläufers des Feuerzeugs bildete die Grundlage für Rudolph Diesels „rationale Wärmemaschine". (**1**) Der Mechanismus bestand aus einem langen Kolben (a) mit einem kleinen Stückchen Zunder (b) an seinem unteren Ende. Der Kolben paßte genau in den Zylinder (c) hinein. (**2**) Wenn der Kolben rasch in den Zylinder gedrückt wurde, stieg der Druck der Luft im Zylinder (c) stark an, und die sich erwärmende Luft entzündete den Zunder.

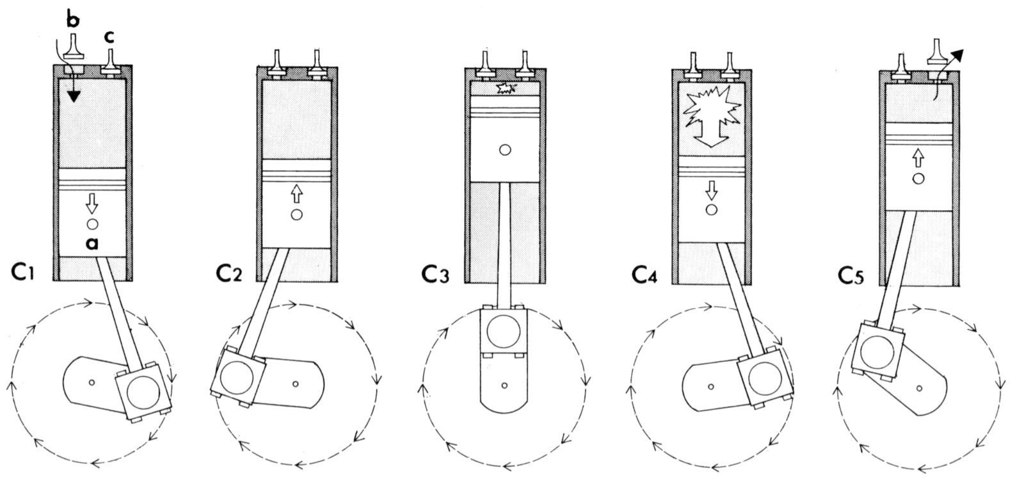

A. Arbeitsweise des Zweitaktmotors nach D. Clerk. (**1**) Gemisch aus Luft und Gas wurde durch das Ventil (b) in den Zylinder (a) gesogen, wenn der Pumpenkolben (c) nach rechts bewegt wurde. Die Kolbenstange war mit einer Kurbel (d) auf der Treibachse (e) verbunden. Um 90° versetzt zu (d) befand sich auf der Achse (e) eine zweite Kurbel (f), die mit dem Kolben (g) im Arbeitszylinder (h) verbunden war; deshalb bewegte sich der Kolben (g) während des Ansaugvorganges auch nach rechts. Der Arbeitszylinder (h) war wassergekühlt und hing mit (a) durch das Ventil (i) und das Rohr (j) zusammen. Das Ventil (i) war während des Ansaugvorganges geschlossen. (**2**) Sobald sich der Kolben (c) nach links bewegte, wurde das Ventil (b) geschlossen und (i) geöffnet. In (a) verdichtete der Kolben (c) das Gemisch, während der Kolben (g) so weit nach rechts bewegt wurde, daß er die Öffnungen (k) freigab. Das in diesen Kolben eintretende Gasgemisch schob nun die Verbrennungsgase in (h) durch die Öffnungen (k) und die Leitung (l), die den Zylinder umgab, in den Auspuff (m) heraus. (**3**) Sobald der Kolben (g) sich nach links zu bewegen begann, schloß er die Öffnungen (k), und der Verdichtungstakt begann. Die Zufuhr des Gasgemisches von (a) nach (h) wurde unterbunden, Kolben (c) bewegte sich wieder nach rechts, und das Ventil (i) schloß. (**4**) Sobald der Kolben (g) seinen Umkehrpunkt erreicht hatte, wurde das Gasgemisch durch eine Flamme in (i) gezündet. Der Kolben (g) wurde nun durch die Verbrennungsgase nach rechts gedrückt, bis die Auslaßöffnungen (k) wieder frei waren.

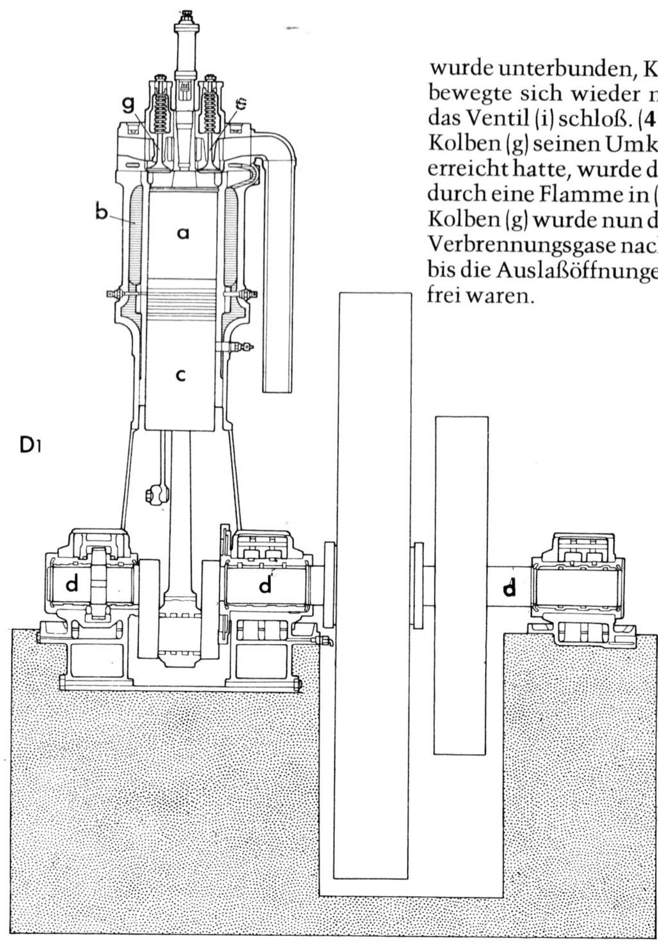

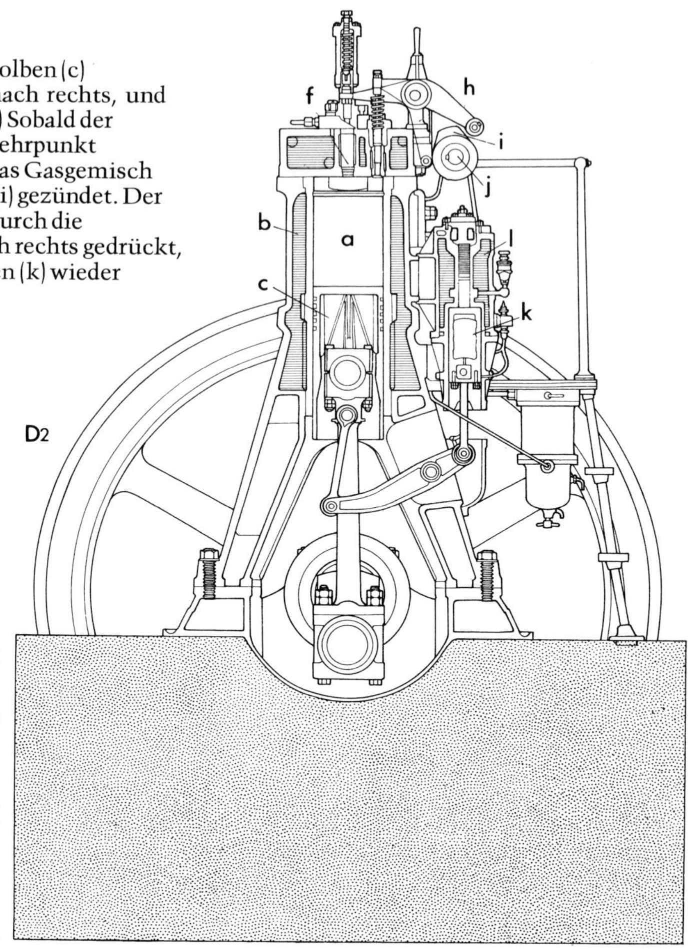

daß der Kompressionsdruck im Zylinder so lang erhöht werden müsse, bis die Temperatur der komprimierten Luft so hoch sei, daß der eingespritzte Kraftstoff allein dadurch sich entzündete. R. Diesel berief sich dabei auf den Zündkolben, der in den frühen 1880er Jahren in mehreren Bauarten vorgestellt wurde.

Als Treibstoff beabsichtigte R. Diesel in seinem Motor pulverisierte Kohle zu verwenden. Diese Art Brennstoff wollten viele Konstrukteure in verschiedenen Motorarten verwenden. R. Diesel nahm von dieser Absicht bald Abstand und begann statt dessen mit Rohöl zu experimentieren. Nach intensiver Entwicklungsarbeit, die seine Gesundheit schwächte, hatte R. Diesel 1897 einen Motor vollendet, der den anderen Verbrennungskraftmaschinen bezüglich der Leistung gänzlich überlegen war. In kurzer Zeit wurde der Dieselmotor zum Vorbild, sein Siegeszug rund um die Welt begann. Zu einem sehr frühen Zeitpunkt begannen zwei deutsche Firmen, die Maschinenfabrik Augsburg-Nürnberg (MAN) und der Kruppkonzern, und die Schweizer Firma Gebrüder Sulzer in Lizenz den Dieselmotor zu produzieren und an seiner Weiterentwicklung teilzunehmen. Auf Betreiben des Braumeisters Adolphus Busch wurde 1896 in den USA in St. Louis, Missouri, die Diesel Motor Co. von Amerika gegründet; der erste in den USA hergestellte Dieselmotor wurde 1898 ausgeliefert und hatte eine Leistung von 60 PS. Er wurde zum Antrieb eines Stromerzeugers verwendet. Die Patentrechte für den schwedischen Markt wurden von dem Finanzier Knut Wallenberg erworben, der 1899 die Firma AB Diesels Motorer in Sickla in der Nähe von Stockholm gründete. Bei dem Unternehmen war Jonas Hesselman als Konstrukteur beschäftigt, der den Dieselmotor wesentlich verbesserte. Er konstruierte auch 1905 den ersten Schiffsdieselmotor.

Der Wankelmotor

In den letzten 100 Jahren versuchten viele Erfinder und Techniker neue Wege zu finden, den Verbrennungsmotor weiterzuentwickeln. Doch der Viertakt und seine Anwendung im Kolbenmotor haben sich als sehr langlebig erwiesen. Die wirkliche Neuerung auf diesem Gebiet ist der Wankelmotor, der von dem deutschen Ingenieur Felix Wankel (geboren 1902) erfunden wurde. Der Wankelmotor ist ein Viertaktmotor, bei dem der Kolben und Zylinder durch einen Drehkolben und entsprechend ausgebildeten Gehäuseinnenwand ersetzt worden sind. Der Kolben hat im Querschnitt die Form eines Bogendreiecks und das Gehäuse diejenige einer Ellipse, die in der Mitte leicht zusammengedrückt ist. Der Drehkolben rotiert exzentrisch auf einer Achse. Die Kraft wird von einem Planetengetriebe übertragen. Eines der größten Probleme bei der Entwicklung dieser Maschine war, sowohl eine absolute Dichtigkeit als auch ein Minimum an Reibung zwischen Drehkolben und Gehäusewand zu erzielen. Die Lösung war eine Dichtungsleiste, die ähnlich wirkte wie die Dichtungsringe auf dem Kolben eines konventionellen Motors. Der Drehkolben wird durch Motoröl gekühlt, das Gehäuse durch Wasser, jedoch hatte man auch Luft als Kühlmittel ausprobiert. Nach vielen Jahren Versuchsarbeit konnte F. Wankel am Neujahrstag 1957 den Probelauf seines Motors durchführen. Ein Prototyp des Motors war 1963 bei der Firma NSU in Neckarsulm hergestellt, und der Wankelmotor ging während des folgenden Jahres in Produktion. Der Prototyp kann nun im Deutschen Museum in München betrachtet werden.

Der Vorteil des Wankelmotors gegenüber dem Kolbenmotor liegt in seiner kompakten Bauweise und der geringen Anzahl seiner Bauteile. Die Vibration ist weit geringer, weil seine Bewegung durch eine Drehbewegung erzeugt wird und nicht durch eine hin- und hergehende Bewegung wie bei den konventionellen Motoren.

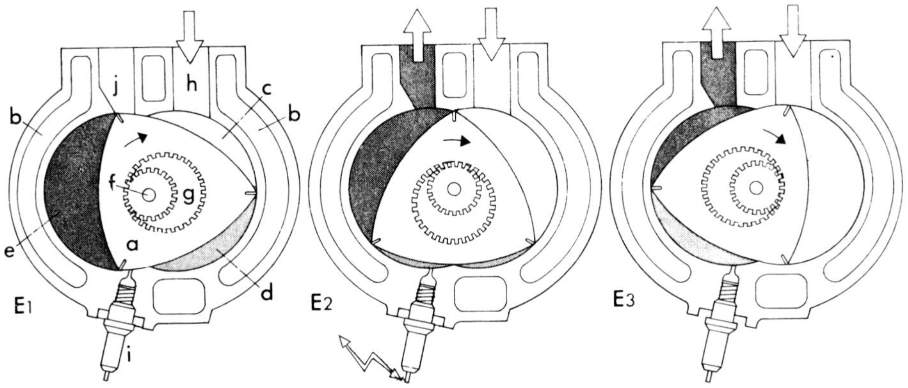

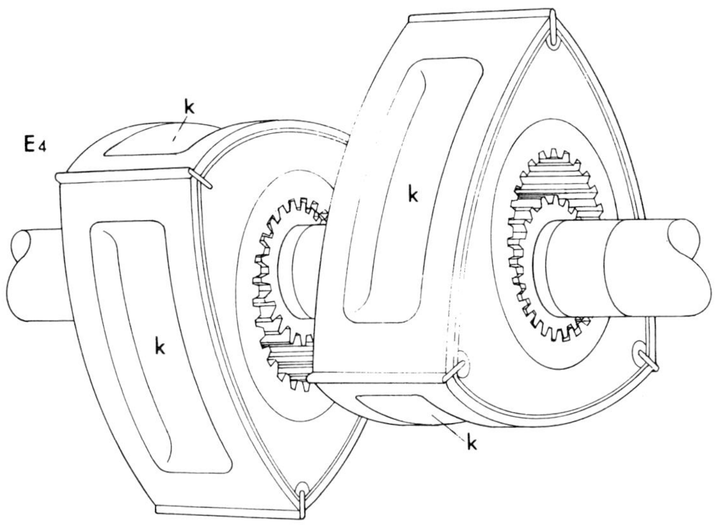

C. Arbeitsweise des Dieselmotors. (**1**) Bewegt sich Kolben (a) nach unten, wird Luft durch Ventil (b) in den Zylinder gesogen. (**2**) Kehrt der Kolben seine Bewegung um, wird (b) geschlossen, die Luft im Zylinder auf etwa 35 at komprimiert. Ihre Temperatur steigt schnell an. (**3**) Dieselöl wird bei maximaler Kompression mit hohem Druck eingespritzt. Der Kraftstoffnebel entzündet sich schlagartig. Ein Regler bestimmt, wie groß die Menge des eingespritzten Kraftstoffs sein darf. (**4**) Während der Verbrennung wird der Kolben nach unten gedrückt; in der letzten Phase (**5**) des Arbeitsganges werden die Verbrennungsgase aus dem Zylinder durch (c) herausgeschoben.

D. Ein früher Dieselmotor; (**1**) Längs-, (**2**) Querschnitt. (a) Zylinder. (b) Kühlwassermantel. (c) Kolben. (d) Kurbelwelle. (e) Lufteinlaßventil. (f) Einspritzdüse. (g) Auspuffventil. Die Ventile wurden von Hebeln (h) geöffnet und geschlossen, die von den Nocken (i) auf der Nockenwelle (j) gesteuert wurden. Ein zweistufiger Verdichter (k) mit Wasserkühlung (l) versorgte die Einspritzdüse mit Druckluft, die auf 55 bis 60 at verdichtet worden war.

E. Der Wankel-Motor weist einen Kolben (a) mit dem Querschnitt eines Bogendreiecks auf, der sich in einem Trochoidengehäuse (b) mit einem Wasserkühlmantel dreht. Der Kolben bildet mit der Gehäusewand drei gasdicht voneinander getrennte Kammern (c, d, e). (f) Antriebsachse. (g) Planetengetriebe. (**1**) Im ersten Takt wird durch den Einlaßkanal (h) das Gemisch in die Kammer (c) angesaugt. Gleichzeitig wird es in (d) komprimiert, während die Verbrennungsgase in (e) gerade ihre größte Ausdehnung erfahren haben. (**2**) Die Kammer (c) wird, bedingt durch die Drehung des Kolbens, immer größer. Das Gemisch wird noch angesaugt. Dagegen wird (d) immer kleiner, das Gemisch erfährt seine größte Verdichtung und wird durch die Zündkerze (i) gezündet. Die Verbrennungsgase strömen durch den Auslaßkanal (k) bei (j) nach außen. (**3**) Die Kammer (e) hat ihre größte Ausdehnung erreicht. Die Verbrennungsgase in (d) expandieren und drehen den Kolben im Uhrzeigersinn. Währenddessen sind die Verbrennungsgase aus (e) fast ganz herausgeschoben worden. Wenn der Kolben sich etwas weiter bewegt, beginnt in (e) der Ansaugvorgang von neuem. (**4**) Der Wankelmotor hat häufig zwei Kolben, um eine größere Leistung zu erzielen. In der Praxis sind die Kammern (k) in den Kolben eingelassen.

A. Zeichnung von G. Dalén an einen Freund, um die Arbeitsweise einer Gasturbine zu erklären.

B. Arbeitsweise einer Gasturbine. Die Luft wird in den Verdichter (a) gesaugt und verdichtet, bevor sie in die Brennkammer (b) geleitet wird, in die Kraftstoff eingespritzt und entzündet wird. Die heißen Verbrennungsgase entspannen in der Turbine (c). Der Verdichter (a) sitzt auf der gleichen Achse wie die Turbine.

C. Gasturbine von H. Holzwarth (1903). (a) Kraftstoffventil. (b) Einlaßventil für die Luft. (c) Elektrische Zündvorrichtung. (d) Verbrennungskammer. (e) Düse. (f) Ventil für die Düse. (g) Turbinenrad. (h) Turbinenachse. (**1**) Die Verbrennungsgase in (d) entspannen sich und strömen gegen (g), bis der Druck in (d) auf das Niveau des Luftdrucks abgesunken ist. Das Ventil (f) ist offen; (a) und (b) geschlossen. (**2**) Das Ventil (b) wird geöffnet und Luft aus dem Verdichter strömt ein. Die restlichen Verbrennungsgase werden durch die Luft herausgespült. Sie kühlt auch etwas die Turbinenschaufeln ab. (**3**) Dann wird (f) geschlossen und (a) geöffnet, so daß Kraftstoff in (d) eintritt. (**4**) Kurz danach schließt (b), während (a) noch offen ist. (**5**) Kurz danach schließt (a) ebenfalls und das Kraftstoffgemisch wird durch (c) in (d) gezündet.

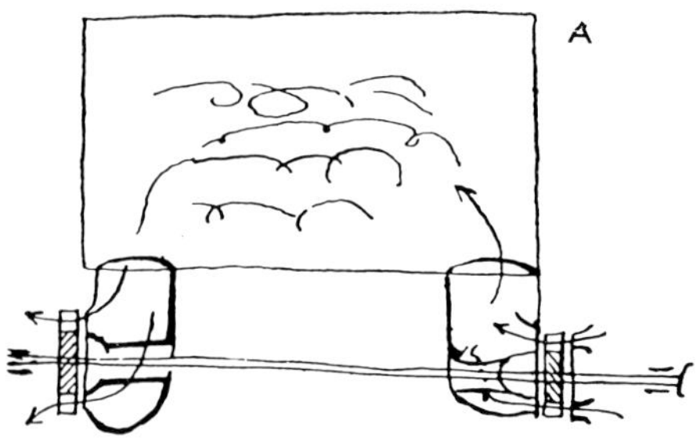

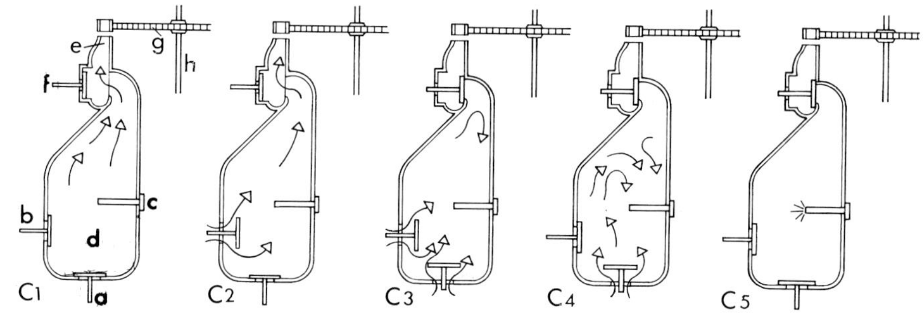

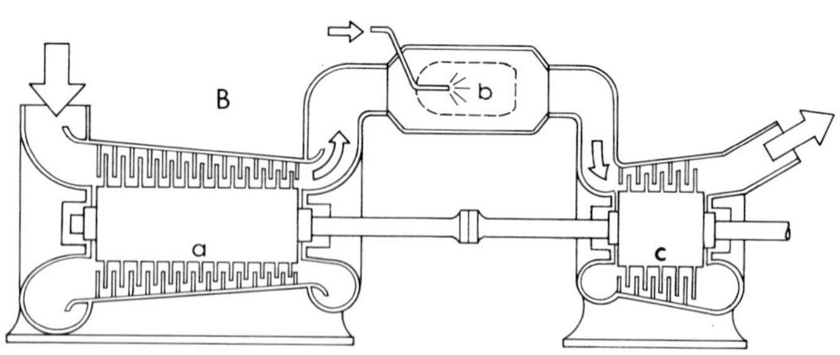

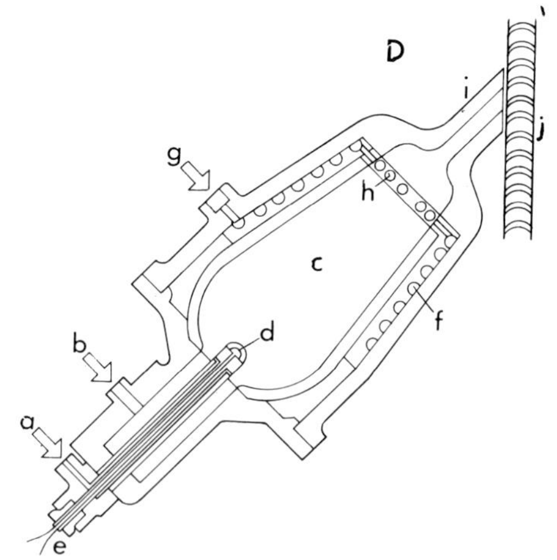

D. Die Verbrennungskammer der Gasturbine nach Ch. Lemale und M. Armengaud. Der Kraftstoff wurde mit einem Druck von 5 at durch (a) eingespritzt. Gleichzeitig strömte verdichtete Luft durch (b) ein und zerstäubte den Kraftstoff in der Kammer (c). Das Gemisch wurde elektrisch durch einen Glühdraht (d) gezündet, der durch die Isolation (e) hindurchreichte. Das Wasserrohr (f) war als Kühlmantel zweifach um die Kammer gewunden. Das Wasser strömte mit einem Druck von 5 at bei (g) ein und wurde in die Kammer (c) an den Stellen (h) am Ende der Verbrennung eingelassen. (i) Düse für die Verbrennungsgase und den Wasserdampf. (j) Turbinenschaufeln.

E. Das erste Düsenflugzeug, eine Heinkel He 178, ist hier in der Seiten- (**1**) und der Ansicht von oben (**2**) dargestellt. (a) Luftkanal. (b) Kraftstofftank. (c) Strahltriebwerk.

Die Gasturbine

Die Gasturbine hat den einfachsten Aufbau aller Verbrennungskraftmaschinen. Nils Gustaf Dalén (1869–1937), ein schwedischer Ingenieur und Nobelpreisträger in Physik, schrieb 1897 einen Brief an einen Freund, den er als Partner bei der Entwicklung einer Gasturbine gewinnen wollte; er beschrieb ihre Arbeitsweise wie folgt: „Stelle Dir einen Ofen vor! Wenn Du durch das Ofenloch bläst, geht der Rauch durch den Schornstein heraus. Das Interessante an der Sache ist aber, daß 3 m³ Gase oben herausgehen, wenn Du nur 1 m³ Luft unten zuführst. Mit anderen Worten gesagt, könnte eine Pumpe oben in den Abgasen unten eine andere Pumpe zur Frischluftzufuhr antreiben. Nun, wenn diese Pumpen durch Turbinen ersetzt werden ...“

N. Dalén zeichnete in seinem Brief eine Skizze dieses Prozesses. Das dargestellte Prinzip gilt heute noch. Vom Ende des 18. Jahrhunderts an hatten sich viele Konstrukteure der Erfindung einer praktischen Anwendung dieses einfachen Prinzips gewidmet, um so eine Wärmekraftmaschine für die technische Nutzung zu erhalten. Der erste, der sich mit dieser Frage befaßte, war in der Tat Leonardo da Vinci, der einen Bratspieß erfand, der von Rauchgasen angetrieben wurde. Die Vorrichtung arbeitete gut, doch kann sie wohl kaum eine Gasturbine genannt werden.

Die Probleme, eine Gasturbine zu konstruieren, waren vielfältig und äußerst schwer zu lösen. Die Drehzahl der Turbine mußte sehr hoch sein, um eine entsprechende Leistung zu bringen. Dies stellte J. Watt schon fest, als W. von Kempelen 1748 bekanntgab, er habe eine Dampfturbine erfunden. Selbst wenn diese Geschwindigkeit erreicht werden könnte, würde die Temperatur in der Turbine und insbesondere an den Schaufeln so hoch sein, daß wärmebeständige Werkstoffe verwendet werden müßten. Darüber hinaus muß die Gasturbine einen sehr großen Wirkungsgrad haben, weil nicht weniger als zwei Drittel der Leistung der Arbeitsturbine zum Antrieb des Kompressors benötigt werden, der die Luft in die Verbrennungskammer drückt; der gesamte Wirkungsgrad muß über 53% liegen, wenn die Turbine überhaupt Arbeit leisten soll! Erst am Ende des 19. Jahrhunderts erreichten die Konstrukteure der Gasturbine diese magische Zahl. Einer der ersten, der einen Leistungsüberschuß aus einer Gasturbine bekam, war Egidius Elling (1861–1949), ein hervorragender norwegischer Ingenieur und methodischer Forscher. Er ließ sich seine erste Gasturbine schon 1884 patentieren, in dem Jahr, als Ch. Parsons das Patent auf seine Dampfturbine bekam. E. Elling benötigte weitere 20 Jahre, die Turbine so weit abzuändern, daß sie zufriedenstellende Leistungen abgab; diese Gasturbine gab erstmals am 27. Juni 1903 einen Leistungsüberschuß ab. E. Elling erreichte dies dadurch, daß er die heißen Abgase aus der Verbrennungskammer abkühlen ließ, bevor sie in die Arbeitsturbine geleitet wurden. Die Abgase wurden in dem Röhrensystem eines Abgaserhitzers abgekühlt, der wie ein Dampfkessel konstruiert war. Die abgegebene Wärmeenergie der Abgase brachte das sie umgebende Wasser zum Kochen. Das Volumen der abgekühlten Abgase wurde durch den erhitzten Dampf vermehrt und in die Arbeitsturbine geleitet.

Doch zurück zu G. Dalén, der seine Idee zum Bau einer Gasturbine entwickelte, als er an der Eidgenössischen Technischen Hochschule in Zürich immatrikuliert war und unter A. Stodola studierte. G. Dalén überredete seinen Studienkollegen Arthur Hultqvist, mit ihm zu-

F. Die Strahlturbine nach A. Lysholm von 1933. Die Strahlturbine diente als Flugtriebwerk. (a) Verdichter. (b) Verbrennungskammer. (c) Turbine. (d) Düse.

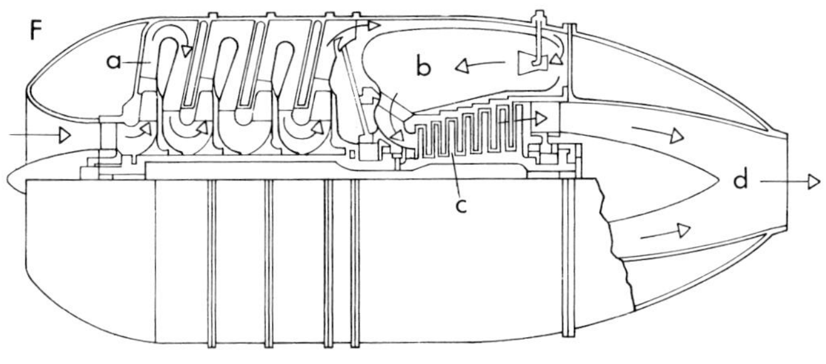

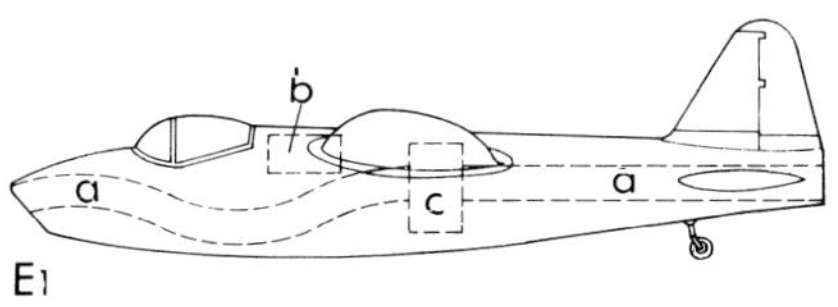

G. Die Gloster E 28/29, das Flugzeug, das mit der ersten Strahlturbine nach Frank Whittle ausgestattet war.

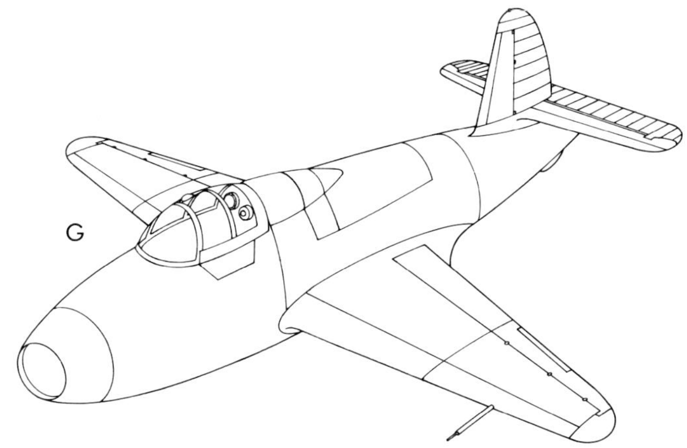

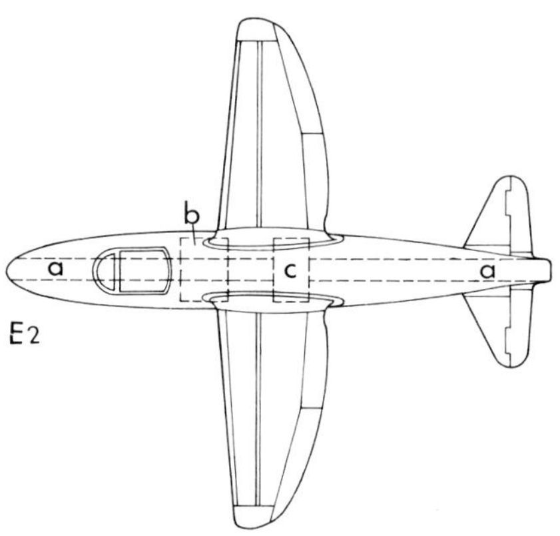

H. Längsschnitt durch die Strahlturbine von F. Whittle. Die Luft strömt durch (a) ein und wird im Verdichter (b) verdichtet, bevor sie zur Verbrennungskammer (c) gelangt, in die der Treibstoff eingespritzt und verbrannt wird. Die Verbrennungsgase entspannen sich in der Gasturbine (d), die auf der gleichen Achse (e) montiert ist wie der Verdichter. (f) Düse.

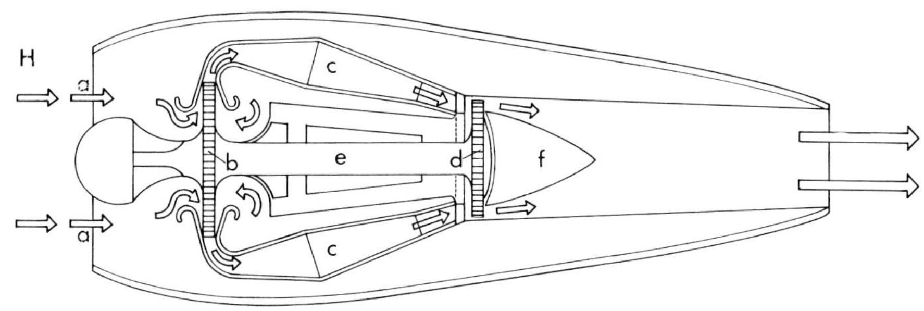

sammen jene Ideen zu verfolgen; sie mieteten in Gothenburg ein primitives Anwesen und begannen mit dem Enthusiasmus der Jugend zu experimentieren. Gerade zu jener Zeit um 1900 versuchten verschiedene Erfinder einen phantastischen Flugapparat zu bauen. G. Dalén und sein Partner wollten daher einen leichten und kompakten Motor bauen, um diese Flugapparate anzutreiben. Ihr erster Versuchsmotor war anfänglich erfolgversprechend. Sein Wirkungsgrad betrug 50%, und sein Turbinenrad erreichte eine Drehzahl von 25 000 Upm, ließ sich aber nur eine kurze Zeit betreiben. Sie versuchten es mit einem anderen Motor mit einem neu konstruierten Turbinenrad an Neujahr 1899; sein Wirkungsgrad betrug 58%, doch konnte auch dieses neue Turbinenrad den hohen Temperaturen nicht widerstehen. G. Dalén setzte sein Entwicklungswerk für einige Jahre bei der AB de Lavals Ångturbin fort; jedoch löste er das Werkstoffproblem nicht. Die Experimente wurden 1902 aufgegeben, und G. Dalén widmete sich anderen Projekten. Als Chefingenieur bei der AB Gasaccumulator hatte er die erleuchtende Idee, Acethylengas unter anderem in den Lampen von Leuchttürmen zu verwenden. 1912 wurde ihm dafür der Nobelpreis für Physik verliehen.

Diese Versuche von E. Elling und G. Dalén um die Jahrhundertwende, die Konstruktionsprobleme für einen Gasturbinenmotor zu lösen, kennzeichnen die Zeit bis etwa 1930. G. Dalén gab angesichts der Probleme, geeignete Werkstoffe zu finden, auf. E. Elling war zweifellos der erste Mensch, der eine gangbare Gasturbine gebaut hatte, indem er das Werkstoffproblem elegant umging. Doch war die Industrie im frühen 20. Jahrhundert in Norwegen nicht hoch genug entwickelt, um E. Ellings Turbine zu produzieren.

Die Franzosen Marcel Armengaud und Charles Lemale machten zu Beginn des 20. Jahrhunderts ebenfalls Versuche mit Gasturbinen. Ihre erste Versuchsmaschine, eine alte umgebaute Lavalturbine, war 1905 fertiggestellt; sie wurde mit Paraffin betrieben, das in die Verbrennungskammer eingespritzt wurde. In diese Kammer wurde auch Wasser eingegeben und verdampft, das die Abgase kühlte, und die Turbinenschaufeln wurden so vor allzu großer Hitze geschützt. M. Armengaud und Ch. Lemale gründeten die Société Anonyme de Turbomoteurs in Paris, und 1908 bauten sie eine größere Gasturbine mit einer Leistung von etwa 80 PS, die jedoch auch einen niedrigen Wirkungsgrad hatte.

In Deutschland ließ sich Hans Holzwarth 1903 die Konstruktion einer Gasturbine patentieren, die teilweise ganz neue Prinzipien aufwies. Diese „Explosionsturbine", wie sie H. Holzwarth nannte, hatte eine Verbrennungskammer mit gesteuerten Ein- und Auslaßventilen und eine Funkenzündung. Die erste Turbine dieser Art wurde in Hannover gebaut und 1908 vollendet. H. Holzwarth arbeitete dann mit der Tochtergesellschaft der Schweizer Firma Brown Boveri in Mannheim zusammen und konstruierte dort eine Gasturbine für eine Leistung von 1000 PS, obwohl der Prototyp von 1913 nur eine Leistung von 200 PS aufwies. Die Firma Brown Boveri setzte die Entwicklungsarbeit fort, doch wurde die ursprünglich einfache Konstruktion zusehends komplizierter. Diese Entwicklungsarbeiten an der Holzwarthturbine wurden 1933 eingestellt, obwohl 1930 eine 2000 PS Gasturbine gebaut worden war.

Bisher wurden nur stationäre Gasturbinen behandelt, die hauptsächlich dem Antrieb von Generatoren für die Stromerzeugung dienten. Die Gasturbine entwickelt jedoch auch einen Schub und wurde zusehends im Flugzeugbau als Antrieb von Flugzeugen verwendet.

Die schwedische Gesellschaft Bofors entschloß sich 1929, einen Gasturbinenmotor für Flugzeuge zu entwickeln. Die Forschungs- und Entwicklungsgruppe arbeitete unter Leitung von Alf Lysholm (1893–1973). Bofors stellte sich ein „Flugzeug ohne Propeller" vor, bei dem der sonst durch den Propeller erzeugte Luftstrom durch den Gasstrom einer Turbine ersetzt werden sollte. Nach vier Jahren Entwicklungsarbeit hatte A. Lysholm ein Versuchsmodell fertiggestellt, und 1934 stellte er zwei unterschiedliche Arten der Propeller-Strahlturbine vor (die Bezeichnung

„Turboprop" gab es damals noch nicht), die eine Leistung von 1200 PS hatten. Bofors versuchte die königlich schwedische Luftwaffe für das Projekt zu begeistern, aber das Vorhaben kam nicht zur Durchführung.

In Deutschlands Flugzeugindustrie versuchten seit 1930 viele Konstrukteure eine Gasturbine als Flugzeugantrieb herzustellen. Eine Arbeitsgruppe unter der Leitung von Ernst Heinkel (1888–1958) mit dem Chefkonstrukteur Pabst von Ohain löste als erste das Problem. Einige Tage vor Ausbruch des Zweiten Weltkrieges 1939 flog das erste Düsenflugzeug der Welt, eine Heinkel He 178 in Warnemünde. Der Luftkanal führte durch den gesamten Flugzeugrumpf, der Auslaß war am Rumpfende. Die Junkerswerke begannen um das Neujahr 1940 mit der Entwicklung eines anderen Gasturbinenmotors. Die ersten Flugversuche fanden zwei Jahre später mit dem Jumo 004-Motor statt, der von Anselm Franz konstruiert worden war. Dieses Flugzeug ist später als erstes Düsenflugzeug in Produktion gegangen. Ein etwas abgewandelter Typ des Jumo 004-Motors wurde in das deutsche zweimotorige Kampfflugzeug Messerschmitt Me 262 eingebaut, das 1943 in Produktion ging.

In England war Frank Whittle (geboren 1907) der hauptsächliche Vertreter der Gasturbinenantriebe von Flugzeugen. Schon als Kadett von zwanzig Jahren bei der Royal Air Force in Cranwall war F. Whittle von der Idee, Flugzeuge mit Strahltriebwerken auszustatten, fasziniert. Er ließ sich 1930 eine Gasturbine patentieren. Seine Vorgesetzten bei der Royal Air Force zeigten anfänglich für seine Ideen wenig Sympathie, doch wurde ihm 1936 die Erlaubnis erteilt, einen Teil seiner Zeit den Versuchen zu widmen. Er gründete mit R. D. Williams die Gesellschaft Power Jets Ltd., um seine Erfindung weiter zu entwickeln. In dem folgenden Jahr begann F. Whittle seine Gasturbine zu erproben und nach Ausbruch des Zweiten Weltkrieges bekam er den Auftrag, einen solchen Motor zu bauen – er gab ihm den Namen W 1 –, während das Flugzeugbauunternehmen Gloster Aircraft Co. Ltd. gleichzeitig den Auftrag bekam, ein Versuchsflugzeug für diesen Motor herzustellen. Dieses Flugzeug, die Gloster E 28/39 flog zum ersten Male im Mai 1941. Weitere Entwicklungsarbeit an dem Motor von F. Whittle leisteten die Firmen British Thomson-Housten Co. Ltd. und Rolls-Royce.

Die erzielten Erfolge der Gasturbine im Flugzeugbau öffneten den Kraftfahrzeugbauern die Augen für diese Kraftquelle. In England wurden mehr als anderswo Versuche angestellt, die Erfahrungen aus dem Flugzeugbau des Krieges auf den Fahrzeugbau zu übertragen. Die Firma Rover begann 1947 intensiv an der Entwicklung eines Turbinenfahrzeugs und konnte Anfang der 1950er Jahre den Jet 1 vorstellen. Dieses Fahrzeug wurde überall in der Welt besprochen, es kam jedoch aus verschiedenen Gründen nie in die Produktion. Ende der 1950er Jahre machte die französische Firma Renault große Anstrengungen, einen Gasturbinenmotor zu diesem Zwecke zu entwickeln, stellte aber nach einigen Jahren ebenfalls das Projekt erfolglos ein. In den USA war die Gesellschaft Chrysler Corporation sehr daran interessiert, einen Gasturbinenmotor zu entwickeln; ihr erstes Kraftfahrzeug, das von einem solchen Motor getrieben wurde, ist 1950 gebaut worden. 1963 wurde es nach vorherigen Verbesserungen in Europa vorgestellt. Trotz des Optimismus ging der Motor nie in Produktion. Der Turbinenmotor war im Vergleich zum konventionellen Motor zu teuer im Verbrauch und zu teuer in der Herstellung. In den 1970er Jahren wurden Lastkraftwagen und Busse mit Gasturbinenmotoren zum Beispiel durch die Firmen British Leyland, General Motors und Ford gebaut, doch hatten sie mit diesem Motor keinen großen Erfolg. Es ist jedoch nicht unwahrscheinlich, daß verschiedene Kraftfahrzeuge in den 1980er Jahren Gasturbinenmotoren haben werden.

A. Die Gesellschaft British Rover Co. in Birmingham brachte 1950 diesen Kraftwagen mit Gasturbinenmotor heraus. Der Motor hatte eine kontinuierliche Verbrennung und war das Ergebnis einer zehnjährigen Entwicklungsarbeit, an der auch F. Whittle teilgenommen hatte.

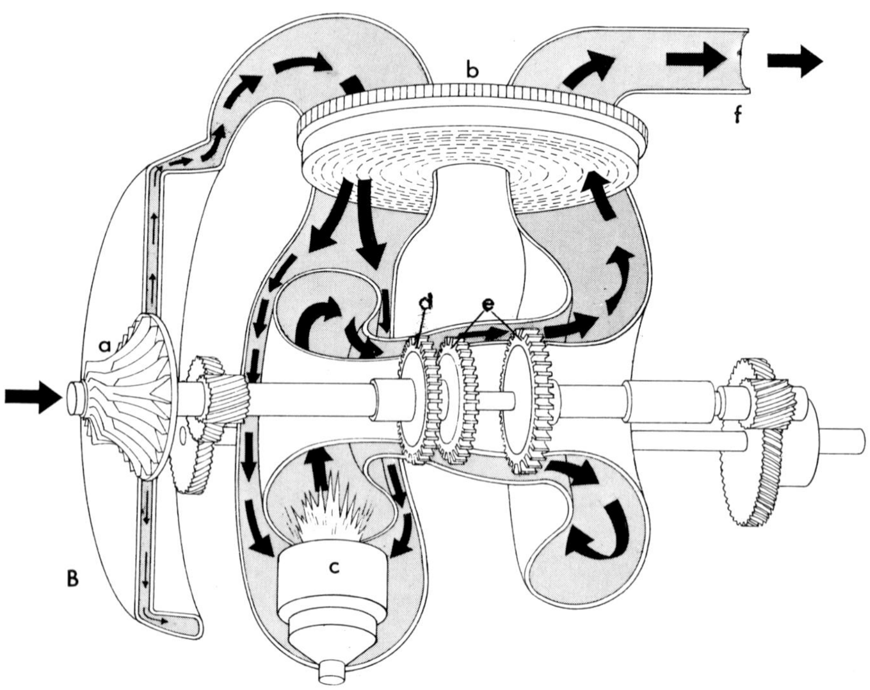

B. Ende der 70er Jahre wurde dieser ausgereifte Gasturbinenmotor als Kraftfahrzeugantrieb unter der Leitung des schwedischen Professors Sven-Olof Kronogård in Schweden gebaut. Die Luft wird durch ein Staubfilter in den Kompressor (a) angesaugt, durchströmt dann den Wärmetauscher (b), wo sie erwärmt wird. Die verdichtete und aufgeheizte Luft wird dann in die Verbrennungskammer (c) geleitet, in die fortgesetzt flüssiger oder gasförmiger Brennstoff geleitet und verbrannt wird. Die Verbrennungsgase strömen durch die Turbine (d), die den Kompressor antreibt, und dann durch zwei weitere Turbinen (e); eine von diesen treibt das Fahrzeug, die andere ebenfalls den Kompressor. Diese Anordnung erspart ein automatisches Getriebe, und die Turbine kann verhältnismäßig klein gebaut werden. Die Verbrennungsgase durchströmen schließlich den Wärmetauscher (b), an den sie die Wärme abgeben, bevor sie durch den Auspuff (f) den Motor verlassen. Zum Antrieb des Motors kann beinahe jeder flüssige oder gasförmige Brennstoff verwendet werden.

Antriebsmaschinen III. Elektrizität

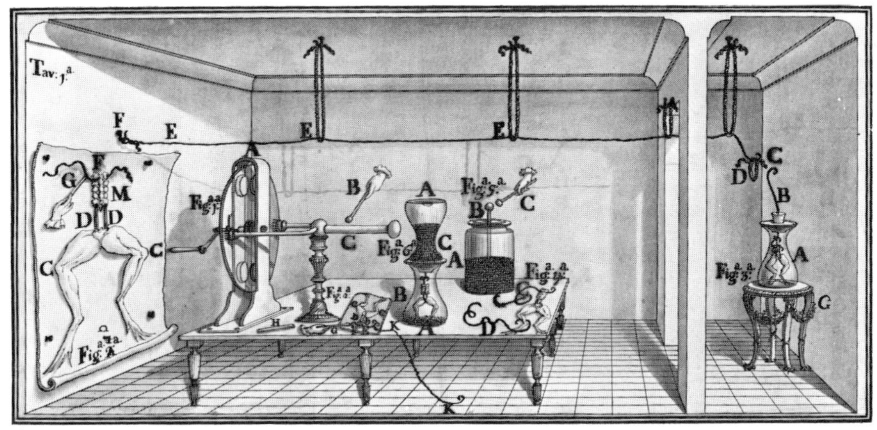

A

Verschiedene Erscheinungsformen der Elektrizität waren schon im Altertum bekannt. Das Wort Elektrizität stammt vom griechischen Wort *elektron* ab, das Bernstein bedeutet, einer von vielen Stoffen, die beim Reiben elektrisch aufgeladen werden. Jahrhunderte lang versuchten viele Naturforscher das Geheimnis dieser bemerkenswerten Naturkraft zu entschleiern, doch fanden sie wenig heraus, bis in den 1790er Jahren der italienische Physiker Luigi Aloisio Galvani (1737 bis 1798) seine berühmten Versuche mit den Froschschenkeln machte. Er – vielleicht auch seine Frau – bemerkte, daß frisch bereitete und auf einem Kupferdraht aufgehängte Froschschenkel jedesmal zuckten, wenn von einer nahen Elektrisiermaschine ein Funke auf den Draht übersprang. L. Galvani machte viele Versuche und fand heraus, daß die Froschschenkel zuckten, wenn ihre Nerven und Muskeln mit zwei verschiedenen miteinander verbundenen Metallplatten berührt wurden. Sein Landsmann Alessandro Volta (1745–1827) wiederholte diese Versuche und entdeckte dabei, daß Elektrizität erzeugt wurde, wenn zwei verschiedene Metalle miteinander im Kontakt standen. Die Froschschenkel dienten nur zum Nachweis der elektrischen Ladung. Später wies A. Volta nach, daß Elektrizität auch dann entsteht, wenn ein Metall mit einer Flüssigkeit in Berührung kommt. Das Ergebnis seiner Versuche war die erste Elektrizitätsquelle, die Voltasche Säule, die er um 1800 bekanntgab. Die erste Säule bestand aus eihner Reihe von Plattenpaaren aus Kupfer und Zink, die übereinander geschichtet wurden (manchmal wurde Silber statt Kupfer verwendet). Die Scheiben waren jeweils voneinander durch eine Schicht aus Filz oder poröser Pappe getrennt, die mit einer Kochsalzlösung befeuchtet waren. Bei späteren Bauarten wurde der Filz oder die Pappe durch Gefäße ersetzt, die mit Kochsalzlösung gefüllt und in die Zink- und Kupferplatten eingetaucht waren (Elementzellen oder *couronnes de tasses*).

Innerhalb der Zeit von nur wenigen Monaten nach der öffentlichen Demonstration der Voltaschen Säule bauten die Physiker überall in Europa ihre eigenen Voltaschen Säulen und stürzten sich mit großem Eifer auf dieses neue Forschungsgebiet. Elektrizität kam in Mode und verschiedene Hochschulen wetteiferten, wer die höchste Voltasche Säule bauen könne, – ein Wettstreit, der an die Atomforschung der 1950er und 1960er Jahre denken läßt, als die immer größeren Elektronenbeschleuniger gebaut wurden. Die größte und berühmteste Voltasche Säule stand in der Royal Society in London. Mit Hilfe dieser Säule machte der berühmte Chemiker Sir Humphry Davy (1778–1829) viele Entdeckungen und isolierte durch Elektrolyse einige bis dahin unbekannte chemische Elemente, darunter die Metalle Kalium und Natrium. H. Davy konnte als erster den Lichtbogen demonstrieren. In dem Königlichen Institut in London wurde die erste Voltasche Säule nach und nach

B2

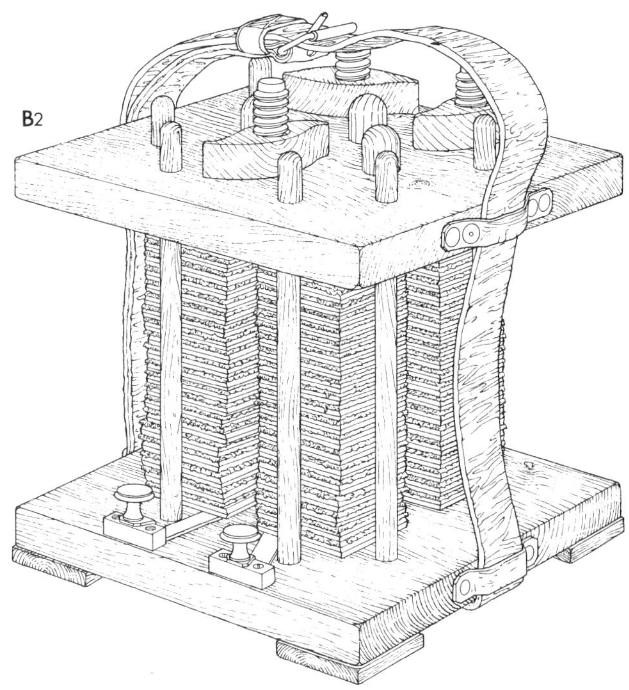

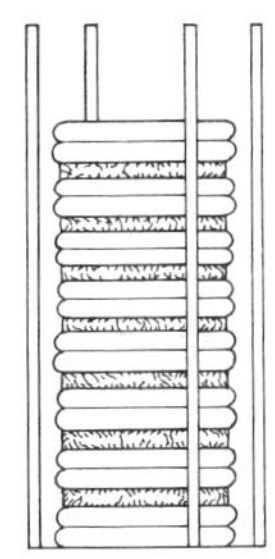

B1

C

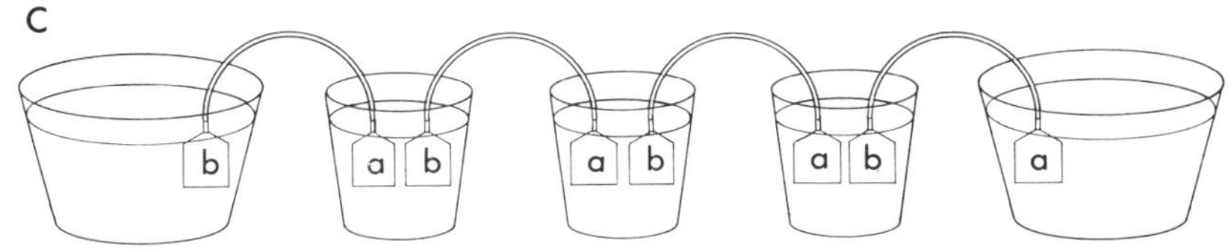

A. Der Versuch von Luigi Galvani mit den Froschschenkeln wird hier in einer zeitgenössischen Darstellung wiedergegeben. Ein Metallstab wurde elektrisch aufgeladen und anschließend mit den Froschschenkeln in Verbindung gebracht.

B. Alessandro Volta konstruierte 1796 die erste Elektrizitätsquelle, die Voltasche Säule (**1**). Sie bestand aus Plattenpaaren aus Zink und Silber, zwischen denen sich jeweils eine Lage aus Filz oder poröser Pappe befand, die zuvor mit Salzwasser getränkt wurden. Die Säule wurde von vier Glasstäben gestützt. Wenn die oberste Scheibe aus Zink mit der unteren aus Silber durch einen Draht verbunden wurde, floß durch den Draht ein elektrischer Strom. (**2**) Ein frühes Volta-Element.

C. Voltasches Element, bei dem die Filz- bzw. Pappscheiben durch Schalen ersetzt worden sind, die mit einer Salzlösung oder einer verdünnten Säure gefüllt waren. Die Zink- (a) und Silberscheiben (b) wurden paarweise mit Metalldrähten verbunden.

A

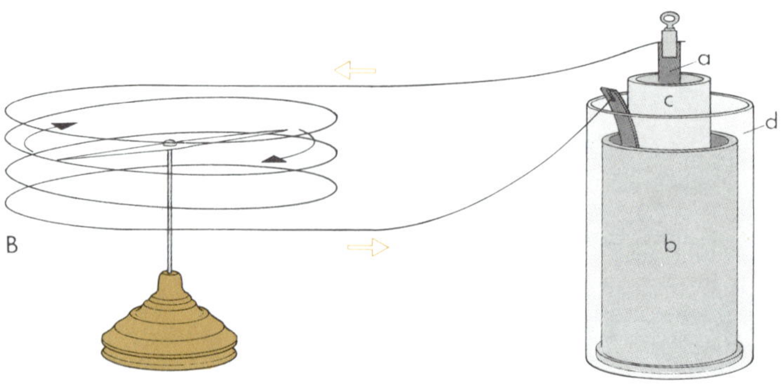

B

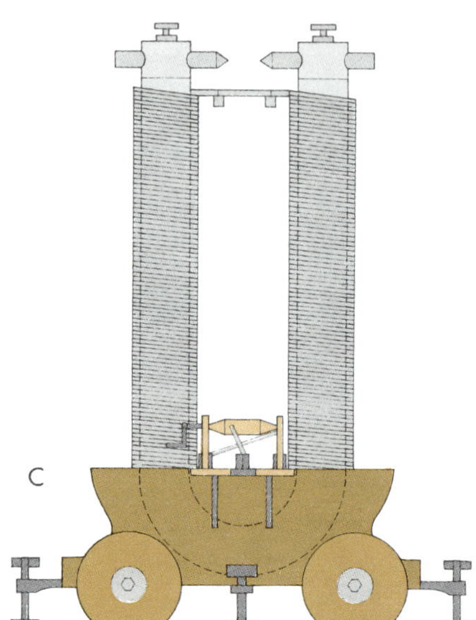

C

A. Es ist überliefert, daß Hans Christian Oerstedt während einer Vorlesung an der Universität in Kopenhagen entdeckte, daß ein elektrischer Strom ein Magnetfeld induziert und daß deshalb in der Nähe eines stromführenden Drahtes eine Kompaßnadel abgelenkt wird. In der Darstellung erklärt Oerstedt selbst seine Entdeckung.

B. Ein frühes Galvanisches Element, das allgemein verwendet wurde, wenn man „starken" Strom benötigte. Es war von Robert W. Bunsen (1811–1899) konstruiert worden. Das Element bestand aus einem Kohlestück (a), das in Salpetersäure eingetaucht war, und einem Zinkzylinder (b), der von verdünnter Schwefelsäure umgeben war. Beide Flüssigkeiten waren durch ein poröses Tongefäß (c) getrennt. Das ganze Element befand sich in einem Glasgefäß (d). Der Nachteil dieses Elementes war, daß es giftige Gase abgab.

C. H. Oerstedts großer Elektromagnet bestand aus einem Hufeisenmagneten, um den ein isolierter Draht gewickelt war. H. Oerstedt fand heraus, daß ein Eisenstück von etwa 15 kg Gewicht von dem Magneten mit einer Kraft von etwa 1,4 t festgehalten wurde, wenn durch die Drahtwindungen der elektrische Strom von acht in Serie geschalteten Bunsenelementen floß.

D. Das Modell eines Gerätes, mit dem A. M. Ampère zeigte, wie elektrische Ströme sich gegenseitig beeinflussen. Es bestand aus einem feststehenden (a)

erweitert, bis sie 1819 als die „große Batterie" in Betrieb ging. Sie bestand aus 400 Porzellanzellen, die 4000 Kupfer- und Zinkplatten enthielten. Jede Platte hatte eine Oberfläche von etwa 100 cm². Die volkstümlichste Demonstration dieser Kraftquelle waren ihre herrlichen Lichtbogeneffekte. Selbst 1819 wußte man über die Natur der Elektrizität nicht mehr als zu Zeiten L. Galvanis und A. Voltas. Während die erste Elektrizitätsquelle in der Tat ein wesentlicher Schritt nach vorne war, blieb ihre Entstehungsursache verborgen.

Große Aktivitäten im Bereich der Elektrizität wurden 1820 ausgelöst, als der dänische Physiker Hans Christian Oerstedt (1777–1851) bei einigen einfachen, aber methodischen Versuchen entdeckte, daß eine Kompaßnadel von einem elektrischen Strom abgelenkt werden kann. Man hatte schon lange Zeit gewußt, daß manche Stoffe, wie zum Beispiel gewisse Erze, magnetische Eigenschaften haben, daß aber der „galvanische" Strom ebensolche Eigenschaften auslösen konnte, war neu und sensationell. Im Juli 1820 sandte H. Oerstedt einen Bericht über seine Entdeckung des Elektromagnetismus an verschiedene Wissenschaftler in Europa. Etwas später veröffentlichte er eine Schrift über einige ergänzende Beobachtungen; danach überließ er dieses Forschungsgebiet anderen. Er hatte das Tor zur Elektrotechnik aufgeschlossen, und plötzlich gab es viele Helfer, die es öffneten. Noch vor dem Ende des Jahres 1820 gelangte man zu einigen Grundlagen der Elektrotechnik. Zuerst baute der deutsche Physiker Johann Salomo Christoph Schweigger (1779–1857), Professor in Halle, die erste Elektrospule. Er hatte beobachtet, daß ein Magnetfeld stärker war, wenn die Magnetnadel mit mehr als nur einer Windung umgeben war. Dann baute der französische Physiker Dominique François Jean Arago (1786–1853) einen primitiven Elektromagneten, und drittens machte sein Landsmann André Marie Ampère (1775–1836) eine wichtige Entdeckung, daß sich nämlich die elektrischen Ströme gegenseitig beeinflussen. Der Experimentator am Königlichen Institut in London Michael Faraday (1791–1867) wiederholte Oerstedts Experimente, wollte jedoch nachweisen, daß der Magnetismus mit gleichen Mitteln Elektrizität erzeugen könne. Er hatte 1831 schließlich mit der sogenannten „Faradayschen Scheibe" Erfolg. Dies war eine Kupferscheibe, die zwischen den Polen eines Hufeisenmagneten bewegt wurde; an ihrer Achse und am Scheibenumfang waren Schleifkontakte angebracht, an denen der elektrische Strom abgenommen werden konnte. Diese Vorrischtung war der erste Elektrogenerator!

Diese Entdeckungen Faradays, die Elektrodynamik und die elektromagnetische Induktion, waren ein großer Durchbruch und bedeuteten für die folgende Entwicklung der Elektrotechnik ungeheuer viel. M. Faraday erkannte dies, doch überließ er als Forscher die technische Anwendung den anderen. Von 1831 an bis zu seinem Tode widmete sich M. Faraday nur seinen Experimenten und Vorlesungen am Königlichen Institut, an dem er 1825 Direktor geworden war. Seine Entdeckung wurde sofort von A. Ampère in Paris aufgegriffen; nach dessen Anweisungen baute Hyppolyte Pixii, ein Instrumentenbauer, eine Anzahl elektrischer Maschinen für Experimente und Demonstrationen. Die erste dieser Maschinen wurde 1832 in Paris gezeigt. Es war ein handbetriebener Elektrogenerator. Dieser Generator von H. Pixii war mit einem von A. Ampère entworfenen Kommutator ausgerüstet. Der Kommutator war die erste Vorrichtung, mit der man die Stromrichtung in einer stromführenden Leiter beeinflussen konnte. Der Kommutator war ein weiteres neues Element der Elektrotechnik.

Vom Jahr 1830 an begannen sich die führenden Physiker für die Elektrizität zu interessieren. Die Theorien über die Elektrizität rückten in die hehren Sphären der Wissenschaft, jenseits des Fassungsvermögens des

und einem beweglichen (b) Eisenstab. Wenn die beiden Stäbe an eine Stromquelle so angeschlossen wurden, daß der Strom durch (a) und (b) in gleicher Richtung floß, so zogen sich die beiden Stäbe an (**1**); sie stießen sich ab (**2**), wenn der Strom gegenläufig durch die Stäbe floß.

E. Eine von M. Faraday in Verbindung mit der Entdeckung der elektromagnetischen Induktion angefertigte Zeichnung. Er hatte fünf mit Baumwolle isolierte Kupferdrähte um einen Ring aus Weicheisen gewunden, und zwar drei um die eine (A) und zwei um die andere Hälfte (B). Die Drähte der Seite A waren mit denjenigen der Seite B nicht verbunden. Dann verband er die doppelten Enden der Drähte der Seite B mit einem Kupferdraht und ließ ihn zu einer Magnetkompaßnadel laufen. Wenn die dreifachen Enden der Drähte der Seite A

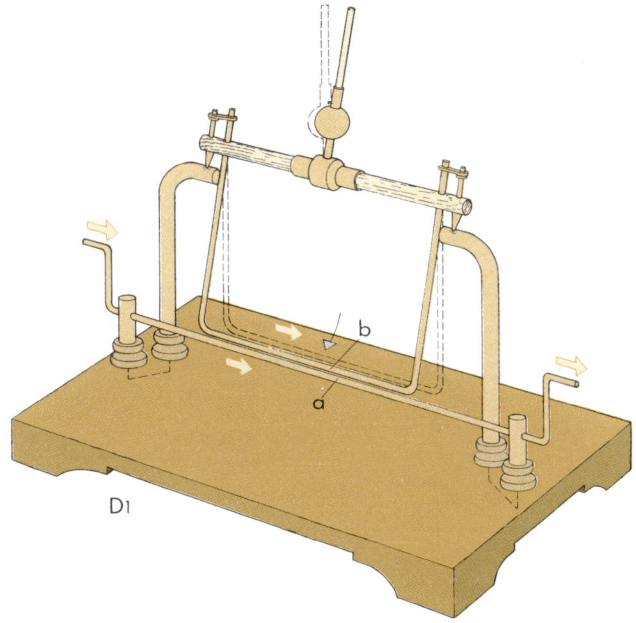

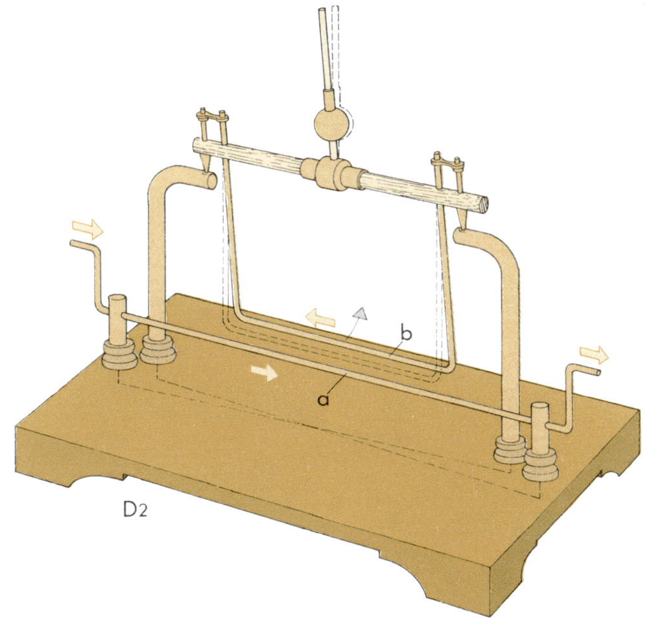

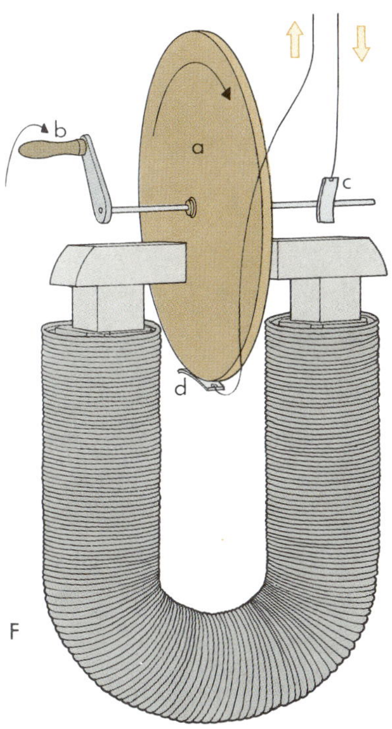

mit den Polen einer Batterie verbunden wurden, schlug die Kompaßnadel aus, doch blieb ihre Abweichung nicht stehen, obwohl die Drähte mit der Batterie verbunden blieben. Wenn die Drähte jedoch von der Batterie abgehängt wurden, schlug die Kompaßnadel wieder aus. Deshalb war es die *Änderung* des elektromagnetischen Flusses in B, die den Impuls durch den induzierten Strom verursachte.

F. Diese Versuchsanordnung von M. Faraday bestand aus einer Kupferscheibe (a), an deren Achse eine Kurbel (b) angebracht war. Die Scheibe wurde zwischen den Polen eines Hufeisenmagneten gedreht und der induzierte Strom über die Schleifkontakte an der Achse (c) und am Rand der Scheibe (d) abgenommen. In einer späteren Bauart des Generators

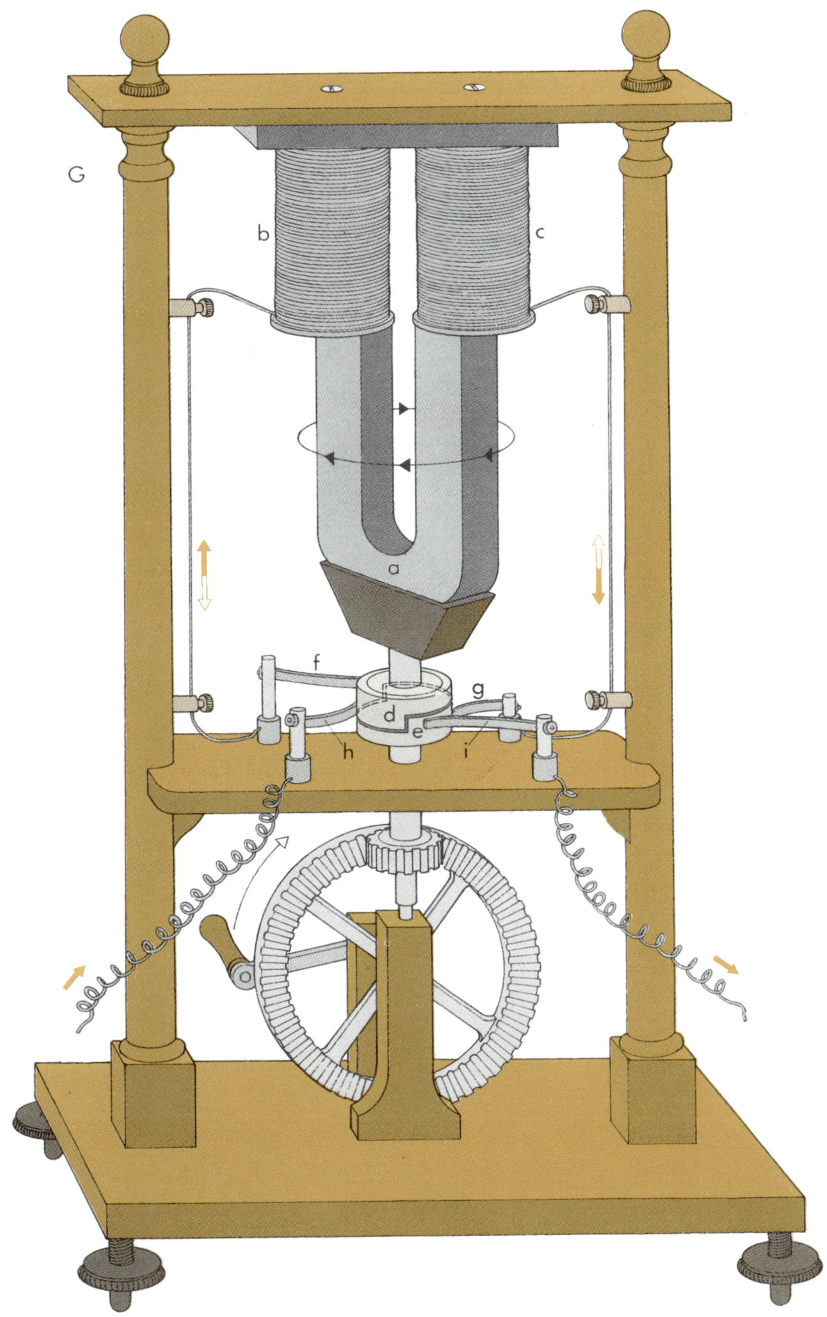

trat an die Stelle des Hufeisenmagneten ein Elektromagnet.

G. Von Hand betriebener Elektrogenerator nach H. Pixii. Wenn der Hufeisenmagnet (a) gedreht wurde, ist in den beiden in Reihe geschalteten Spulen (b, c) ein Strom induziert worden. Der Strom in den Spulen wechselte ständig die Richtung, da jede Spule wechselweise dem magnetischen Süd- und Nordpol ausgesetzt war. Der Kommutator bestand aus einem Schleifring, der in zwei voneinander isolierte Teile (d, e) geteilt war. Die freien Enden der Spulen waren mit den Schleifkontakten (f, g) und dadurch mit einem Teil des Kommutators verbunden; der Strom wurde durch zwei weitere Schleifkontakte (h, i) abgenommen. Wenn sich der Kommutator drehte, bewirkte seine

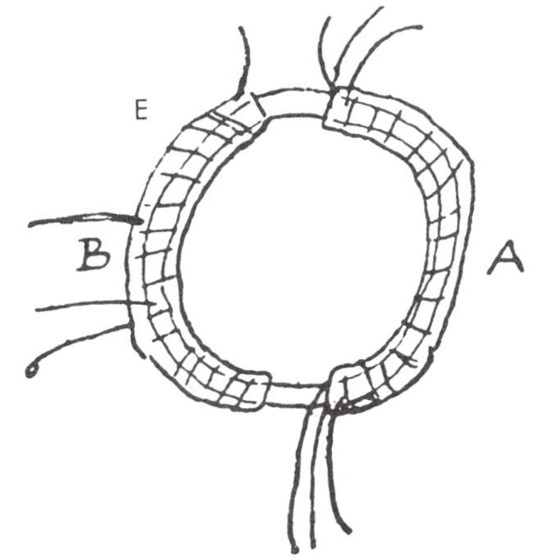

Konstruktion, daß während der halben Umdrehung (h) auf (d) schleifte und (i) auf (e). Während der anderen Hälfte der Umdrehung des Kommutators schleifte (h) auf (e) und (i) auf (d); da sich aber gleichzeitig die Stromrichtung in den Spulen (b) und (c) änderte, wurde durch (h) und (i) ein Gleichstrom abgenommen.

A. In den 1850er Jahren versuchten verschiedene Erfinder elektrische Maschinen zu konstruieren, deren Bewegungen denjenigen der Dampfmaschine entsprachen. Der Amerikaner Charles Grafton Page schlug eine solche „Kolben“maschine vor, die hier in zwei Arbeitsstellungen dargestellt ist. Zwei Weicheisenzylinder (a, b) wurden abwechselnd jeweils nach der halben Drehung der Schwungradachse (e) in eine der Spulen (c, d) gezogen, die dann durch elektrischen Strom durchflossen wurde.

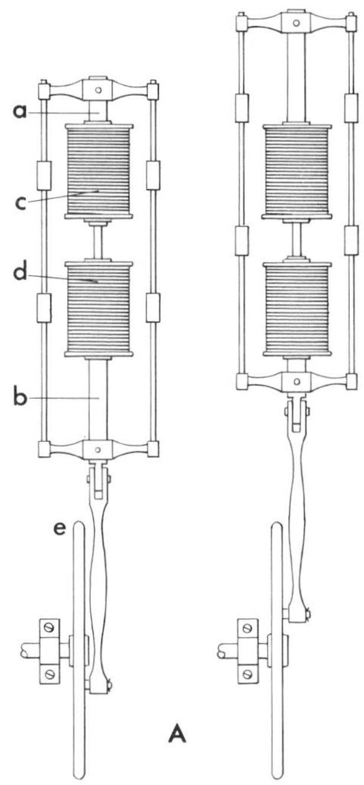

A

B. Der durch eine Dampfmaschine angetriebene Alliance-Generator (**1**) wurde zunächst für die Beleuchtung eines Leuchtturmes verwendet. (**2**) Erläuterungsskizze. Die Maschine bestand aus einer großen Anzahl (hier 24) Hufeisenmagneten (a), die regelmäßig und in Reihen geordnet um eine Trommel (b) angeordnet waren. Auf der Trommel waren doppelt so viele Spulen (c) wie Magneten ebenso regelmäßig angebracht. (d) Riemenscheibe. Die Maschine war groß und schwer und lieferte Wechselstrom; wegen der großen Zahl der Spulen war es schwierig, einen guten Kommutator zu bauen.

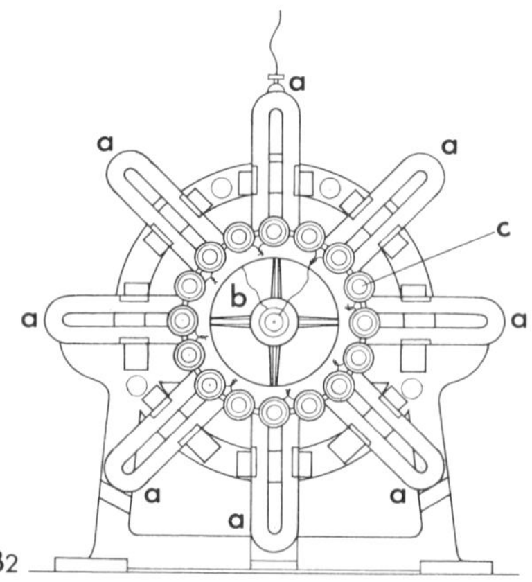

B2

B1

Durchschnittsmenschen. Dies war zumindest damals die Auffassung der Menschen beim Vergleich zwischen der Elektrotechnik und der Dampfmaschinentechnologie, die verständlicher war. Es war typisch für jene Zeit, daß Georg Simon Ohm (1787–1854) von den wissenschaftlichen Kreisen ausgeschlossen wurde und tatsächlich in den „Untergrund“ gehen mußte – er lebte 6 Jahre in Armut ohne Anstellung –, nachdem sein bekanntes Gesetz 1827 vorgeschlagen hatte, nämlich daß der Strom direkt proportional der angelegten Spannung ist. Das Verhältnis zwischen der elektrischen Spannung und dem elektrischen Widerstand *konnte wirklich nicht* so einfach sein!

Die ersten elektrischen Maschinen wurden in den 1840er und 1850er Jahren produziert. Die Magnetfelder in jenen Generatoren sind durch starke Magneten erzeugt worden. Die ersten Forscher auf diesem Gebiet waren hauptsächlich F. Nollet in Frankreich und F. H. Holmes in England. F. Nollet entwickelte einen besonderen Generator für die Beleuchtung von Leuchttürmen; er benutzte das Kalklicht, Kalk, der in einem Lichtbogen erhitzt wurde. F. Nollet starb jedoch schon 1853. Sein Partner gründete die Compagnie de l'Alliance und bat F. Holmes, die Forschungen F. Nollets fortzusetzen. F. Holmes erzielte einige Verbesserungen, kehrte jedoch nach einigen Jahren nach London zurück. Der nach und nach verbesserte Alliancegenerator war in den 1860er Jahren weit verbreitet; er wurde hauptsächlich verwendet, um Lichtbogenlampen zu betreiben. Er war wahrscheinlich die erste käufliche elektrische Maschine.

Ein Nachteil war jedoch die Abhängigkeit vom Dauermagneten. In den Generatoren des Alliancetyps benötigte man eine große Anzahl von Hufeisenmagneten, um ein ausreichend großes magnetisches Feld aufzubauen. In den 1860er Jahren versuchten verschiedene Konstrukteure die Dauermagneten durch Elektromagneten zu ersetzen. In England baute Henry Wilde (1833–1919) einen Generator, in dem er das Magnetfeld von Elektromagneten aufbauen ließ, die den Strom von einem Erreger geliefert bekamen. Dies war ein Generator mit Dauermagnet und wurde mit dem Antrieb des großen Generators gekuppelt. Mehrere andere Konstrukteure arbeiteten an ähnlichen Projekten, und der nächste Schritt in der Entwicklung war nicht mehr weit entfernt, nämlich einen Teil des Generatorstromes abzuzweigen und ihn in die Feldwicklungen zu leiten. Auf diese Art konnte ein selbsterzeugtes Magnetfeld aufgebaut werden. Diese Art von Maschinen wurden Dynamo genannt. Das dynamoelektrische Prinzip wurde 1866 von dem deutschen Industriellen und Elektroingenieur Werner von Siemens (1816 bis 1892) formuliert. Zu Neujahr 1867 führte Werners Bruder Wilhelm (später Sir William) Siemens ein Demonstrationsmodell des Dynamos im Königlichen Institut in London vor. Einer der anwesenden Zuschauer war der bekannte Elektroingenieur Charles Wheatstone (1802–1875), der ausrief, er habe die gleiche Lösung gefunden. Anläßlich der gleichen Vorführung wollte er das gleiche Modell vorstellen!

Es gab eine heftige Auseinandersetzung darüber, wer zuerst das dynamoelektrische Prinzip gefunden habe, das die Grundlage für jede weitere Entwicklung in der Elektrotechnik bildete. Einige Ingenieure verfolgten das gleiche Ziel, doch war zweifelsfrei Werner von Siemens der erste, der das Prinzip verwirklicht hatte; ein von ihm gebauter dynamoelektrischer Generator wurde 1867 bei der Ausstellung in Paris gezeigt. In seiner Autobiographie *Lebenserinnerungen* schreibt Werner von Siemens über diese Auseinandersetzungen und stellt fest, daß er erstens ganz klar erkannt habe, daß das dynamoelektrische Prinzip sofort erlaube, Generatoren für praktisch jede Spannung und Stromstärke zu bauen, und daß er zweitens das Wort Dynamo geprägt habe, das sich von dem griechischen Wort für Kraft ableite.

Die elektrische Beleuchtung

Während der 1870er Jahre kamen immer bessere Lichtbogenlampen auf den Markt, die die Nachfrage nach Elektrogeneratoren steigerten. Der Dynamo wurde beträchtlich verbessert. Viele Unternehmen in Europa und den USA begannen Elektromaschinen zu bauen. Der eigentliche Durchbruch für die elektrische Beleuchtung erfolgte, als die elektrische Glühbirne erfunden wurde. Viele Menschen glauben, daß Thomas Alva Edison (1847–1931), „der Hexenmeister vom Menlopark", die Glühbirne erfunden habe. Dies trifft jedoch nicht zu. Die Glühbirne war in verschiedenen Bauarten erfunden worden, bevor Th. Edison seine Glühbirne vorstellte, die die erste brauchbare Glühbirne war. Der große Beitrag Th. Edisons auf diesem Gebiet war, daß er ein in sich geschlossenes, ganzes System für die elektrische Beleuchtung schuf. Dieses bestand aus dem von Dampfmaschinen angetriebenen Elektrogenerator, elektrischen Kabeln, Verbindungsstücken und anderen Vorrichtungen für die Zuleitung elektrischen Stromes zu den Verbrauchern. Das System umfaßte ferner die Verkabelung im Gebäude, Stromzähler, Sicherungen, Schalter und Fassungen für seine Glühbirnen, Dinge, die es früher nicht gegeben hat. Die meisten Teile dieses Systems sind von Th. Edison selbst entworfen und getestet worden.

Th. Edisons Glühbirne, die Kohlenfadenlampe, ging 1879 in Produktion. In gleichem Jahr wurden 115 Glühbirnen an Bord des luxuriösen Schaufelraddampfers *Columbia* installiert, wo sie die samtbeschlagenen Säle beleuchteten. Das europäische Debut der Edisonlampe fand bei der Weltausstellung 1881 in Paris statt. Dort wurde auch ein Teil des elektrischen Beleuchtungssystems nach Th. Edison ausgestellt. Im Kreise von Fachleuten erregte der Edisongenerator großes Interesse. Er selbst nannte ihn „Jumbo" (er wog 27 t). Der Generator war eine Weiterentwicklung europäischer Konstruktionen. Im folgenden Jahr richtete Th. Edison drei Jumbogeneratoren, jeder mit einer Leistung von 125 PS, in der Pearl Street in New York ein. Das war das erste Elektrizitätswerk der Welt. Über ein Verteilersystem wurde der elektrische Strom für 5000 Lampen in 225 Häusern geliefert. Elektrizität wurde zu einem Konsumartikel mit der Lieferung „frei Haus", wohin man es eben haben wollte.

Über das Elektrizitätswerk von Th. Edison wurde in der Presse auf beiden Seiten des Atlantik ausführlich berichtet. Bald wurden Elektrizitätswerke auch in anderen Ländern gebaut. In den 1880er Jahren trat ein großer Bedarf an elektrischen Strom für Beleuchtungs- und andere Zwecke auf. Elektrische Haushaltsgeräte kamen auf, Kocher, Pfannen, Tauchsieder, Bügeleisen, usw. Elektromotoren wurden in Werkstätten und Fabriken in Betrieb genommen, 1880 baute W. Siemens einen elektrischen Aufzug. Dies alles stellte große Anforderungen an das Verteilernetz, bei dem das Ohmsche Gesetz sehr einfach seine Leistungsgrenzen aufzeigte. Wärmeverluste und Spannungsabfall machten es unmöglich, das Verteilernetz weiter als einige wenige Kilometer auszudehnen, und begrenzten die Leistung auf einige wenige Dutzend Kilowatt. Es wurde vorgeschlagen, die Spannung zu erhöhen und so proportional die Stromstärke zu verringern; die transportierte Leistung würde die gleiche bleiben, während die Wärmeverluste und der Spannungsabfall kleiner würden. Doch selbst die Spannung von 200 V, die Th. Edison in dem Elektrizitätswerk in der Pearl Street verwendete, betrachteten viele als tödlich. Das Verteilernetz erforderte in jenen Tagen Gleichstrom, der nicht auf höhere Spannungen transformiert werden konnte. Dieses sehr komplizierte technische Problem wurde um 1890 gelöst. Die einzige Wahl war, heute würde man sagen offensichtlich, Gleichstrom in Wechselstrom umzuwandeln, da dieser leicht transformiert

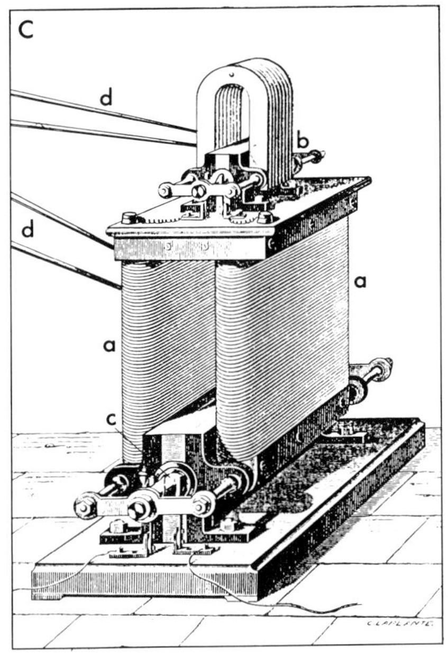

C. Generator von H. Wilde (1866). Die Hufeisenmagnete wurden durch Elektromagnete (a) ersetzt, die von dem Generator (b) mit Strom versorgt wurden, der seinerseits mit einem Eisenmagneten ausgerüstet war und, wie die Hauptmaschine, durch die gleiche Dampfmaschine angetrieben wurde. (c) Kommutator. (d) Riementrieb.

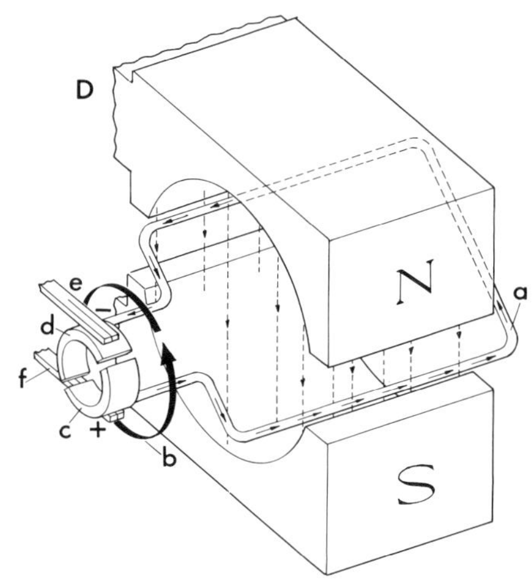

D. Das Elektrodynamische Prinzip. Aus Gründen der Übersichtlichkeit ist der Rotor in der Darstellung durch eine einzige Schleifenwicklung (a) wiedergegeben. Sie befindet sich in einem Magnetfeld. Wenn der Rotor sich in Pfeilrichtung dreht (b), schneidet die obere und untere Hälfte der Schleife die magnetischen Kraftlinien, und eine Spannung wird in der Schleife induziert. Die Spannung ist proportional der Zahl der magnetischen Kraftlinien, die von der Schleife in der Zeiteinheit geschnitten werden. Aus diesem Grunde hat die Spannung einen Maximalwert, wenn die Schleife senkrecht steht, und sie hat den Wert Null, wenn sie horizontal ist. Sobald die Schleife ihre Horizontalstellung verläßt, befindet sich der obere Teil der Schleife nun unten und umgekehrt; daraus folgt, daß sich die Polarität der Spannung ändert. Zur gleichen Zeit verändern jedoch die beiden Segmente (c, d) des Kommutators ihre Stellung in bezug auf die Bürsten (e, f) und behalten so ihre Polarität. Zwischen Bürsten fließt wegen der anliegenden Spannung ein elektrischer Strom. Dieser baut ein magnetisches Feld auf, das demjenigen, in dem der Strom fließt, entgegengesetzt gerichtet ist. Das bedeutet, daß die Schleife nun der Drehbewegung einen gewissen Widerstand entgegenbringt. Die Energie, die für die Drehbewegung nun aufgewendet wird, entspricht der verbrauchten elektrischen Energie.

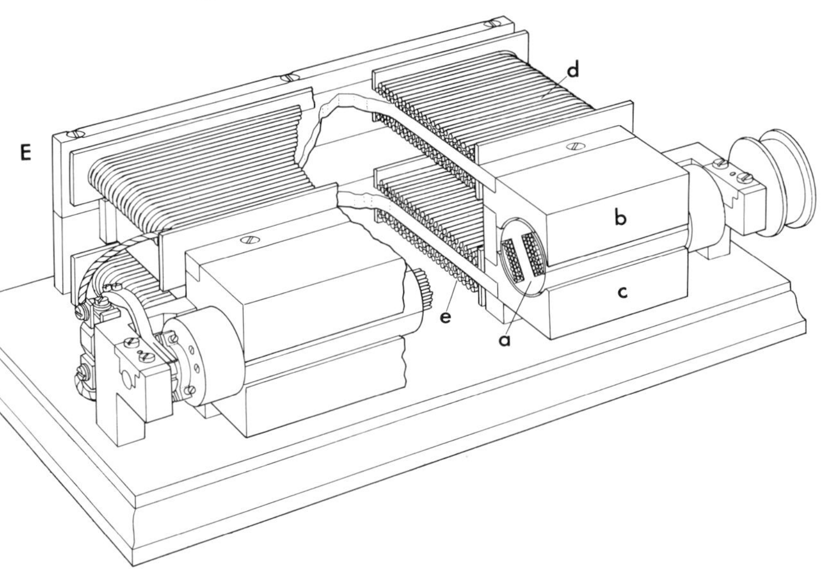

E. Der Elektrogenerator von Werner von Siemens mit einem Anker mit Trommelwicklung; der Anker (a) liegt ganz umschlossen in dem von den Polschuhen (b, c) erzeugten Magnetfeld. Dieses Magnetfeld wird von den beiden „Feldwicklungen" (d, e) aufgebaut, die den elektrischen Strom aus der Ankerwicklung bekommen (Selbsterregung). Die Selbsterregung ist möglich, weil beim Anlaufen des Generators im Weicheisen ein gewisser Restmagnetismus enthalten ist.

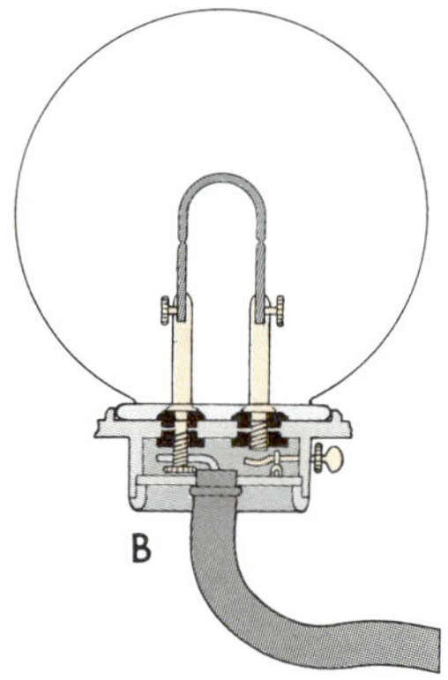

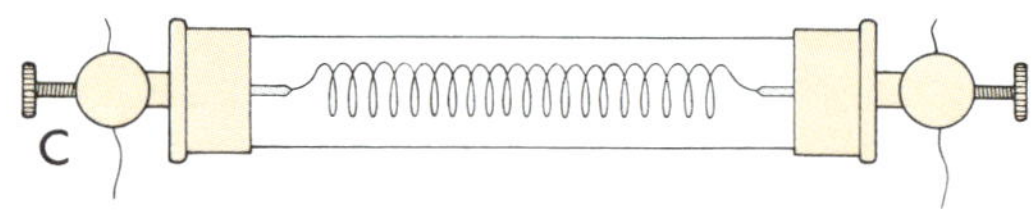

C. Der Engländer Warren de la Rue (1815–1889) hatte ebenfalls erkannt, daß ein Vakuum innerhalb einer Glühbirne notwendig sei, um zu verhindern, daß der glühende Draht zu schnell oxidiert wird. Er erreichte zwar das notwendige Vakuum in seiner Glühbirne, die hier dargestellt ist, doch war ihre Lebensdauer ebenfalls nicht lang genug.

D

E

F

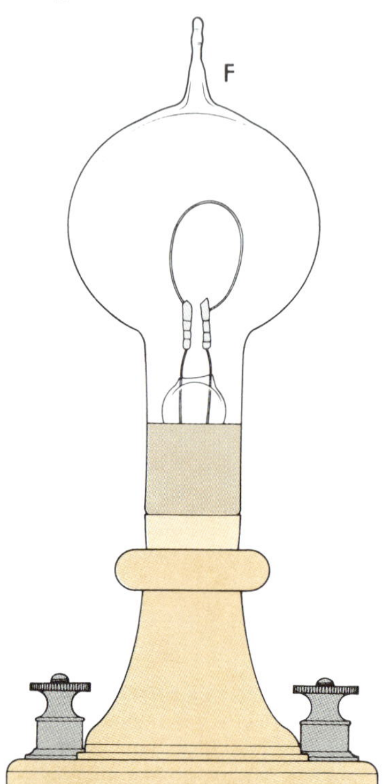

G

A. Eine reich verzierte Lichtbogenlampe für den Gebrauch im Freien. Die Lichtbogenlampen gaben ein intensives Licht ab, dessen Färbung durch Imprägnieren der Kohlestifte mit gewissen Salzen verändert werden konnte.

B. Der Engländer W. E. Staite (1809–1854) experimentierte mit Glühdrähten aus Platin-Iridium-Legierungen, doch gelang ihm nicht, eine längere Lebensdauer für die Glühlampen zu erreichen. Einer der Gründe dafür war, daß die Drähte sehr schnell oxidierten, weil innerhalb der Glühbirnen das Vakuum nicht groß genug war. Ein anderer Grund war, daß die Temperatur, bei der Platin zu glühen beginnt, und die Schmelztemperatur zu eng beieinanderliegen. Die hier dargestellte Glühbirne wurde in den 1840er Jahren von W. E. Staite konstruiert.

D. Blick in das Innere des Kraftwerks von Thomas Alva Edison in Pearl Street, Manhattan. Zwei Jahre, nachdem das Kraftwerk Strom zu erzeugen begann, wurde die Zahl der Generatoren auf sechs erhöht und der elektrische Strom für 10000 Glühbirnen der 508 Gebäude der eingeschriebenen Kunden geliefert.

E. Es dauerte zwei Jahre lang, die 22,5 km Kabel für Th. Edisons Kraftwerk zu legen. Die Kabel bestanden aus zweiadrigen Kupferdrähten, die mit imprägniertem Hanf isoliert und in Eisenrohren eingeschlossen waren. Ein Schnitt durch das Kabel ist im Bild rechts oben dargestellt.

F. Nach einer großen Anzahl Experimente fand Th. Edison heraus, daß der geeignetste Werkstoff für den Glühfaden in der Glühbirne Kohle sei. Seine erste Kohlefadenlampe, die hier dargestellt ist, brannte 45 Stunden lang. Der Glühfaden bestand aus einem verkohlten Baumwollfaden, der zwischen zwei Platinschrauben eingespannt war. Die Luft in der Glühlampe war evakuiert – dieses Problem hatte man 1868 gelöst, nachdem in Deutschland eine geeignete Vakuumpumpe erfunden worden war –, und die Lampe in einer Fassung eingeschraubt. Die Zuleitungen wurden mit den Polschrauben an der Fassung verbunden.

H

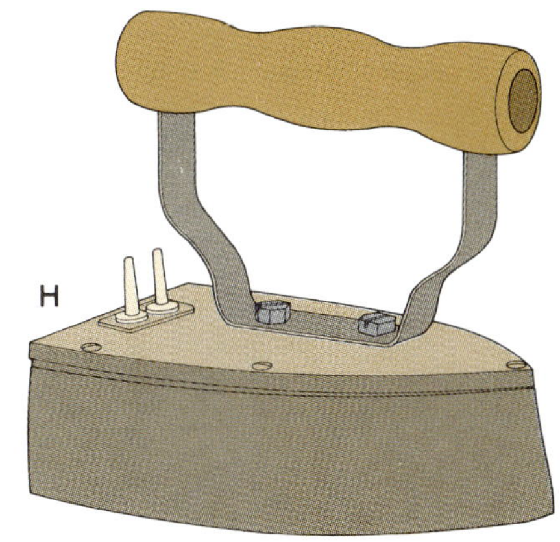

werden kann. Wechselstrom als solcher war schon früh bekannt. In den USA hatte Nikola Tesla (1856–1943) an einem mehrphasigen Wechselstrom gearbeitet. Er ließ sich 1888 einen Mehrphasenmotor patentieren. Für die Hochspannungsübertragung war nun ein vollkommen neues Verteilersystem notwendig.

Der Durchbruch gelang 1891 bei einer Internationalen Ausstellung der Elektrotechnik in Frankfurt a. M. Die Vorbereitungen zu dieser Ausstellung wurden von Oskar von Miller geleitet, der in vieler Hinsicht ein Pionier der Elektrotechnik war. Er unternahm den kühnen Schritt, die Ausstellung mit elektrischen Strom von den Wasserfällen des Neckar bei Lauffen zu versorgen, die etwa 175 km vom Ausstellungsort entfernt waren. O. von Miller setzte sein Vertrauen in zwei Erfindungen, die von Michael von Dolivo-Dobrowolsky gemacht wurden, dem Chefkonstrukteur der Allgemeinen Elektrizitätsgesellschaft (AEG). Dies waren eine Wechselstrommaschine und ein System für dreiphasigen Wechselstrom, die 1888 und 1889 patentiert wurden. Die AEG arbeitete bei der Entwicklung von Transformatoren und Ausstattungen für Hochspannungsleitungen mit der Firma Oerlikon in der Schweiz zusammen, bei der nun Charles Brown beschäftigt war. Die Stromübertragung von Lauffen nach Frankfurt wurde im August 1891 erstmals eingeleitet und war – natürlich – die große Sensation der Ausstellung. Die Hochspannung betrug 30000 V und die Leistung 175 kW. Mit diesem Durchbruch wurde die Technologie der Elektrizität mündig.

Die Frage, wer als erster den Drei-Phasen-Drehstrom entwickelt hat, wurde jahrelang heftig diskutiert. Um 1955 beauftragte der Verein Deutscher Elektrotechniker (VDE) ein unabhängiges Komitee herauszufinden, wer als erster ein solches System einführte. 1959 veröffentlichte der VDE einen ausführlichen Bericht, in dem festgestellt wurde, daß es M. von Dolivo-Drobrowolsky und Ch. Brown als erste waren.

I

G. Um 1880 hatte ein Warenhaus in Paris diese Gleichstrommaschine eingerichtet. Sie diente für die Beleuchtung.

H. Ein elektrisches Bügeleisen von 1888. Grundsätzlich arbeitet das Bügeleisen wie eine Glühbirne; der elektrische Strom fließt durch einen Regelwiderstand und erhitzt ihn.

I. Bereits in den letzten Jahrzehnten des 19. Jahrhunderts hatte man eine Reihe elektrischer Haushaltsgeräte hergestellt.

Alternative Energiequellen

Der abstrakte Begriff „Energie" machte 1973 plötzlich Schlagzeilen: Man sprach allerorts von der Energiekrise. Dies hatte zur Folge, daß die Menschen sich der angespannten Energiesituation bewußt wurden. Sie fragten sich, ob sie sich den gegenwärtigen Energieverbrauch leisten könnten. Die gebräuchlichsten Energieträger – Kohle, Erdöl, Erdgas und Uran – werden eines Tages erschöpft sein. Die Diskussion verursachte ein steigendes Interesse für das, was man als alternative Energiequellen bezeichnet, zum Beispiel Wind, Sonne, Wasserwellen, Gezeiten.

Bevor auf diese Energiequellen näher eingegangen wird, muß geklärt werden, was unter dem Begriff „Energie" zu verstehen ist. Die „mechanische Arbeit" wird in der Physik definiert als das Produkt aus Weg mal Kraft in Richtung des Weges und die Leistung als „mechanische Arbeit" in der Zeiteinheit. Die heute veraltete Leistungseinheit „Pferdestärke" war festgelegt als die Leistung, die aufgewendet wird, wenn ein Gegenstand mit dem Gewicht von 75 kg in 1 Sekunde 1 Meter hoch gehoben wird. Unter „Energie" versteht man die Fähigkeit „mechanische Arbeit" zu leisten. Die „Energie" und die „mechanische Arbeit" werden in der gleichen physikalischen Einheit ausgedrückt. Dabei gilt auch das physikalische Grundgesetz des „mechanischen Wärmeäquivalents". Es besagt, daß eine gegebene Menge Arbeit oder Energie dasselbe bedeutet wie eine gegebene Wärmemenge. Energie kann in verschiedenen Formen auftreten, sie kann aber nicht geschaffen oder vernichtet werden.

Ein einfaches Beispiel möge dies erläutern: eine Turmuhr wird durch ein Gewicht von 8 kg angetrieben, das an jedem Wochenanfang um

1,5 m hochgezogen wird. Während das Gewicht sich langsam senkt, leistet es mechanische Arbeit. Die Energie der Lage (potentielle Energie) beträgt 8 kg mal 1,5 m oder 12 mkg. Wenn man diesen Betrag durch die Anzahl der Sekunden einer Woche teilt (604800), läßt sich die Leistung zu 0,00002 mkg/sec berechnen. Die Energie der Lage wird dabei durch das Absenken des Gewichtes in Energie der Bewegung (kinetische Energie) umgewandelt, das heißt in die Bewegung der Zahnräder und Zeiger. Nun ist die Energie nicht verbraucht, sondern wird letztendlich in Wärmeenergie umgewandelt, die durch die Reibung im Uhrwerk entsteht.

Im allgemeinen muß die Energie durch mehrere Stufen verändert oder bereitet werden, bevor sie technisch verwendet werden kann. Die elektrische Energie kann als eine sehr hoch veredelte Form von Energie angesehen werden. Heizöl kann nicht unmittelbar in elektrische Energie umgewandelt werden. Mit dem Heizöl muß man zum Beispiel einen Dampfkessel beheizen, um mit dem erzeugten Dampf eine Dampfturbine zu betreiben, die die kinetische Energie liefert, die letztendlich in elektrische Energie umgewandelt werden kann.

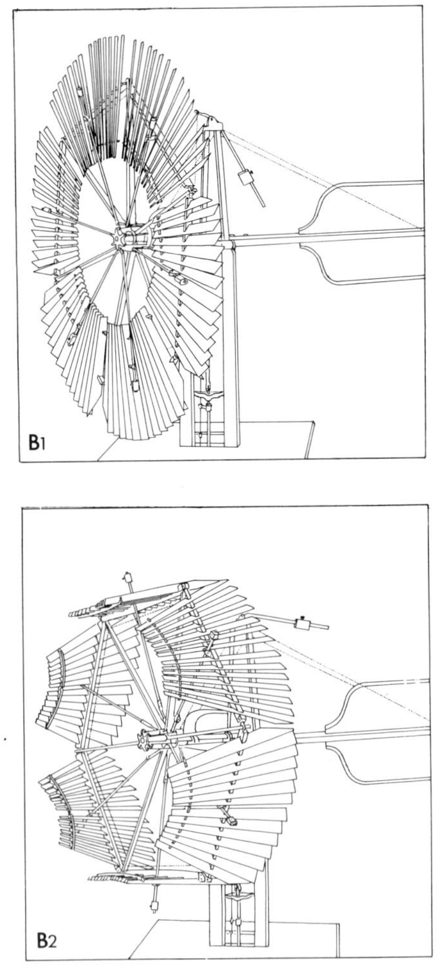

B. Der Prototyp aller sich selbstregelnder Windmotoren war das Halladayrad, das hier in seinem auseinandergefalteten (**1**) und zusammengefalteten (**2**) Zustand dargestellt ist. Die Flügel waren drehbar und auf Querstangen angebracht; sie waren außen breiter und liefen nach innen zum Rotationszentrum schmal zu. Unter dem Winddruck konnten sich die Flügel nach hinten biegen. Diese Bewegung wurde durch Gegengewichte ausbalanciert, die sich mit dem Windrad drehten und über ein Hebelsystem wirkten.

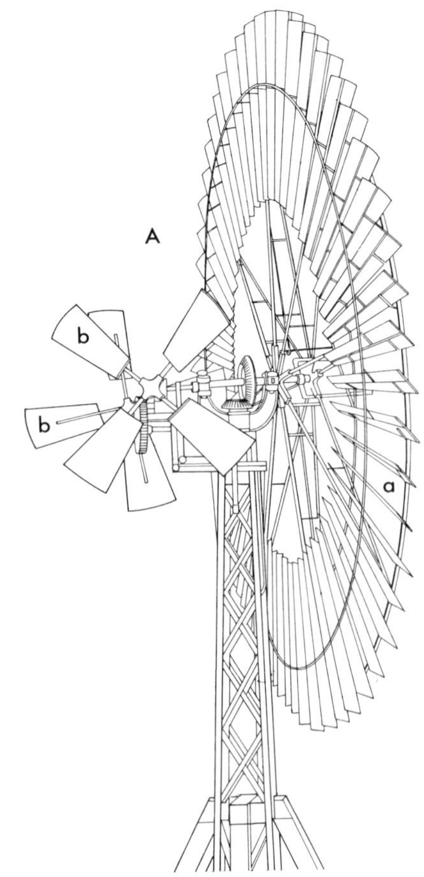

A. Die Windflügel des Reinschrades waren um ihre Längsachse drehbar. Jeder Flügel war an einem drehbaren Ring (a) befestigt, dessen Bewegung von dem Einfluß der Zentrifugalkraft auf ein Gewicht bestimmt war. Bei diesem Windrad ist die „Wetterfahne“ des Halladayrades durch einen Propellerantrieb (b) ersetzt worden, der das Rad automatisch gegen den Wind richtete.

Die Windkraft bekommt den zweiten Wind

Man könnte glauben, daß das große Interesse für die Nutzung der Windkraft durch die Energiekrise von 1973 begründet wäre. Diese Krise war jedoch nur die Gelegenheit, daß den Politikern das Energieproblem im allgemeinen und die Möglichkeiten der Windkraft im besonderen bewußt wurden. In der Tat wurden in den letzten etwa 100 Jahren viele Untersuchungen und Entwicklungen mit dem Ziele gemacht, bessere Konstruktionen als diejenigen bei den alten Windmühlen zu finden, um die kinetische Energie des Windes besser zu nutzen.

In den späten 1870er Jahren entwarf Stuart Perry in den USA eine Windturbine, die später als die amerikanische Ventilatormühle bekannt wurde. Sie fand in landwirtschaftlichen Gegenden große Verbreitung, wo sie als Antrieb für Drainage- und Entwässerungspumpen verwendet wurde. Atypisch zu den Windmühlen alter Zeiten mit den vier Windflügeln wies die Windturbine von S. Perry 100 bis 150 schmale Windflügel auf einem Windrad mit einem Durchmesser von 1 bis 3 m auf. Diese Mühlenart wurde auch in Europa verwendet und ist vielerorts noch immer ein typisches Merkmal der Landschaft. Am Beginn der 1880er Jahre wurde der Markt in den USA mit solchen Mühlen in Verbindung mit Elektrogeneratoren beliefert, die über Pufferbatterien den Strom für die elektrische Beleuchtung, die große Neuheit jener Zeit, lieferten.

In den 1890er Jahren wurden diese amerikanischen Windmühlen insbesondere in Deutschland weiterentwickelt. Die Windmühlen wurden nun mit einem Durchmesser von 10 m gebaut. Durch Zusatzwindmühlenräder wurde die Windmühle ständig gegen den Wind gedreht. Das war eine Erfindung, die man von den alten Windmühlen übernahm. Die Windmühlen konnten viele Maschinen antreiben, die man in der Landwirtschaft in jener Zeit brauchte, zum Beispiel Dreschmaschinen, Walzenmühlen, Hackmaschinen und sogar Kreissägen.

In den ersten Jahrzehnten des 20. Jahrhunderts wendete die Elektroindustrie in Europa und in den USA viel Geld auf, um die amerikanische Ventilatormühle so umzubauen, daß sie elektrischen Strom insbesondere zum Antrieb landwirtschaftlicher Maschinen liefern konnte. Der Däne Christian Sörensen konstruierte im Jahre 1900 ein konisches Windrad, das einen um 50% höheren Wirkungsgrad als die flachen Windräder aufwies. Elektrische Windkraftwerke mit dem Windrad von Ch. Sörensen wurden von der Firma ASEA und anderen gebaut und hatten einigen Erfolg. Verschiedene Hilfsmittel wurden untersucht, um das Problem der Regelung der Leistung zu lösen. Dieses Problem tritt durch die Änderung der Windstärke und durch die Tatsache auf, daß die Leistung einer Ventilatorwindmühle proportional der dritten Potenz der Zunahme der Windgeschwindigkeit ist; wenn zum Beispiel die Windgeschwindigkeit um den Faktor 2 zunimmt, so nimmt die Leistung um 2^3, also um den Faktor 8, zu. In den folgenden Jahren wurden diese Entwicklungsarbeiten unterbrochen, als die Wasserkraftwerke das Problem der Elektrifizierung des ländlichen Raumes lösten.

Das erste neuere Forschungsprojekt im Bereich der Windkraft wurde in Dänemark in Angriff genommen. Es wurde über den Zeitraum von 10 Jahren unter der Leitung des Physikers Poul La Cour (1846–1908) durchgeführt. In einer Versuchswindmühle in Askov wurden La Cours Berechnungen in der Praxis erprobt. Das gesteckte Ziel war insbesondere eine hohe Leistung zu erhalten, selbst wenn die Windgeschwindigkeit klein war. Die dänische Regierung unterstützte das ehrgeizige Projekt mit großen Geldsummen in der Hoffnung, daß das Ergebnis es ihr ermöglichen würde, die Elektrizität auf das flache Land zu bringen. Dies war für den landwirtschaftlich ausgerichteten dänischen Staat von le-

C. Der kegelförmige Windmotor von Christian Sörensen wird hier im Schnitt (**1**) und in der Vorderansicht (**2**) dargestellt. Die Windflügel bestanden aus dünnem Weißblech und waren von einer Achse getragen. Sie konnten quergestellt werden, wenn das Windrad angehalten werden sollte. Die verhältnismäßig hohe Leistung des Windmotors wurde dadurch erzielt, daß die Windflügel so konstruiert waren, daß sie die Richtung des sie treffenden Windes ideal ablenkten.

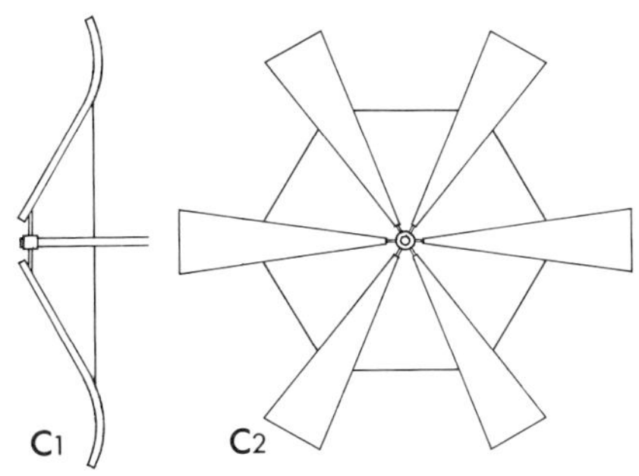

D. In großen Bauerngehöften wurden Windmotoren zum Antrieb einer Häckselbank (a), Mahlmaschine (b), Dreschmaschine (c), Grützenmühle (d) und einer Kreissäge (e) verwendet. Außerdem wurden Windmotoren zum Pumpen, Bewässern und für die Drainage eingesetzt.

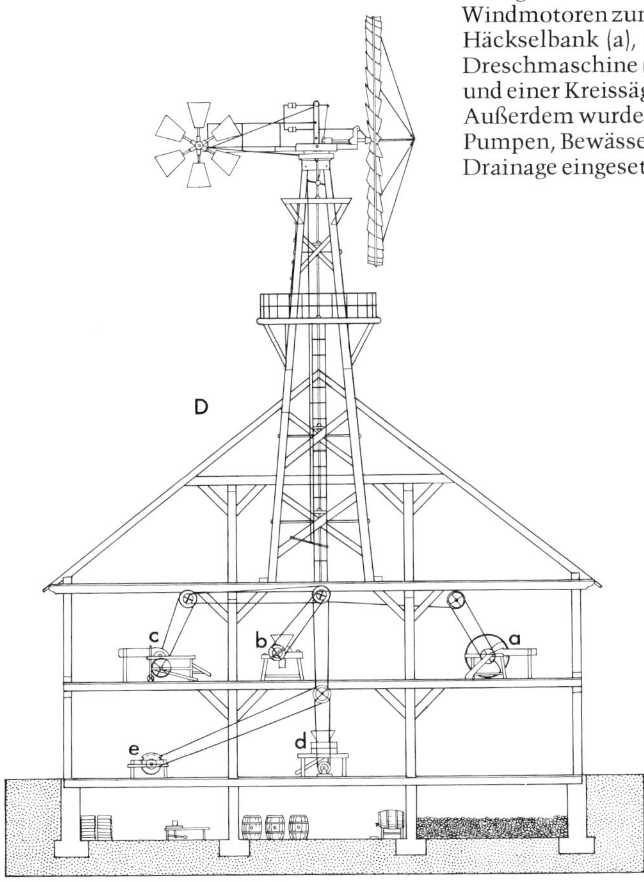

benswichtigem Interesse, da auf seinem Gebiet sich keine Wasserfälle befinden, denn in den meisten anderen Ländern lieferten Wasserfälle die notwendige Kraft zum Antrieb von Generatoren, die selbst in jenen frühen Tagen der Elektrizität die ländlichen Gebiete versorgten.

Während die bewundernswerten Experimente von La Cour das Problem der ländlichen Elektrifizierung nicht lösten, waren sie doch ein Beispiel für viele späteren dänischen Experimente mit der Windkraft. Einer der Nachfolger von La Cour war Jakob Juul, der um 1955 eine Windturbine mit einer Leistung von 200 kW konstruierte. Sie wurde in Gedser erbaut und ging 1957 in Betrieb.

In der Zeit zwischen den beiden Weltkriegen wurden in Europa und den USA viele originelle Windkraftwerkprojekte ausprobiert. Ein Beispiel dafür ist der Windrotor mit senkrechter Achse, der 1927 auf den Franzosen G. J. M. Darrieus patentiert wurde. Der Rotor hatte eine Höhe von 20 m, zwei Flügel und eine Leistung von 10 kW. Ein Versuchsmodell ist 1929 mit vielversprechenden Ergebnissen in Betrieb genommen worden. Einer der Vorteile des Darrieus- oder Bogenrotors ist die Tatsache, daß er unabhängig von der Windrichtung arbeitet.

In den 1930er Jahren widmeten sich verschiedene deutsche Ingenieure gigantischen Windkraftprojekten. Obwohl keines dieser Projekte je den Zeichentisch verließ, haben sie doch den Weg für so manche Konstruktion geebnet, die heute an vielen Orten der Welt entwickelt wird. Zwei dieser Vorschläge stammen von Herman Honeff. Der eine sieht 400 m hohe Gittermasttürme vor, die mit je fünf Windturbinen mit senkrechten Achsen ausgestattet sind. Die Türme sollten in Gruppen zu fünf gebaut werden und eine Leistung von 50 MW abgeben. Das andere von H. Honeff geplante Projekt besteht aus Kraftwerken, die auf verankerten Pontons in der windreichen Nordsee errichtet werden sollten. Die elektrische Energie sollte dabei durch Seekabel an Land transportiert werden. In den 1950er Jahren hatte H. Honeff einen Nachfolger in dem talentierten Ulrich Hütter, der ein Windkraftwerk für eine Leistung von 100 kW entwarf. Es wurde 1957 in Stötten in Süddeutschland (nördlich von Füssen) errichtet und bis 1966 betrieben.

In den 1930er Jahren hatte die Sowjetunion ebenfalls ein Windkraftwerk in der Nähe von Jalta am Schwarzen Meer errichtet. Die Leistung betrug 100 kW. Das Flügelrad hatte zwei Flügel und einen Durchmesser von etwa 30 m.

Das größte Windkraftprojekt in dieser Zeit wurde in den USA ausgeführt. Sein Urheber war der Geologe Palmer C. Putnam aus Boston. In den späten 1930er Jahren fragte ihn ein Freund, ob er eine Idee hätte, einen Windgenerator zur Versorgung einer abgelegenen Farm zu bauen. P. Putnam löste das Problem zur Freude seines Freundes schnell und wurde dabei von dem Arbeitsvermögen des Windes fasziniert. Er nahm den Entwurf eines Windkraftwerkes mit einer Leistung von 1 MW in Angriff und zeigte nach Fertigstellung der Pläne diese Vannevar Bush (1890–1974), dem damaligen Leiter des Massachusetts Instituts für Technologie. V. Bush war von dem kühnen Projekt beeindruckt, und es gelang ihm einen Geldgeber ausfindig zu machen, der das Objekt finanzieren wollte. Darüber hinaus verpflichtete er einige bedeutende Ingenieure, um verschiedene Einzelprobleme des Projektes zu lösen. Im Herbst 1941 wurde der Prototyp auf Grandpa's Knob, einem 650 m hohem Berg in der Nähe von Rutland in Vermont, in Betrieb gesetzt.

In der Vergangenheit haben ähnliche Projekte Gleichstromgeneratoren und Pufferbatterien verwendet, doch dieses, das jetzt oft als Smith-Putnam-Projekt bezeichnet wird, hatte einen Wechselstromgenerator. Ein solcher Generator kann Elektrizität nur in ein vorhandenes Verteilernetz mit der synchronisierten Netzfrequenz abgeben. Die Konstrukteure haben diese Windmühle so ausgebaut, daß sie sich selbsttätig mit dem Netz synchronisierte. Der Rotor bestand aus zwei Flügeln aus nichtrostendem Stahl. Sie waren 29 m lang. Der Rotor war auf einem 36 m hohen Turm montiert, die Rotorachse war unter einem Winkel von 12,5° geneigt. Die Propellerflügel rotierten mit 28,5 Upm. Der Rotor trieb einen Synchrongenerator über ein hydraulisches Getriebe an. Die Drehzahl des Generators betrug 600 Upm, sie wurde über einen Fliehkraftregler gesteuert, der mit hydraulischen Servomotoren verbunden war, die die Propellerflügel beeinflußten. In den ersten drei Betriebswochen lieferte die Anlage 82 000 kWh. Dies überstieg die Vorausberechnungen. Doch wurde das Projekt fallengelassen, als 1946 der Rotor brach.

In den ausgehenden 1970er Jahren unterstützten viele Staaten realisierbare Projekte von Windkraftwerken. Die meisten beruhen auf den alten Ideen und Konstruktionen, und man versucht mit moderner Technologie nun die Projekte zu verwirklichen. So griff man in Kanada zum Beispiel den Darrieusrotor wieder auf. Die Canadian National Aeronautical Establishment (NAE) gab 1975 die Ausschreibung eines Wettbewerbs zum Entwurf eines Windgenerators mit einer Leistung von 1 kW

A. Um 1920 erfand S. J. Savonius diesen Rotor (1) mit senkrechter Achse. (2) Querschnitt durch den Rotor. Die Windflügel sind halbkreisförmig und so angebracht, daß der Wind dem Rotor einen Drehimpuls verleiht.

B. Ähnlich wie der von S. Savonius war der Bogenrotor nach G. J. M. Darrieus unabhängig von der Windrichtung. Er bestand aus zwei oder mehreren Windflügeln (a), die bogenförmig ausgebildet und auf einer senkrechten Achse montiert waren.

C. Dieser Rotor ist ebenfalls unabhängig von der Windrichtung. Er bestand aus geraden Windflügeln, deren Winkel sich während der Rotation stetig änderten.

D. Ein moderner, schnell laufender Propeller-Windmotor mit horizontaler Achse. Mit Rotoren dieser Art können bis zu 80% der theoretisch verfügbaren Windenergie gewonnen werden.

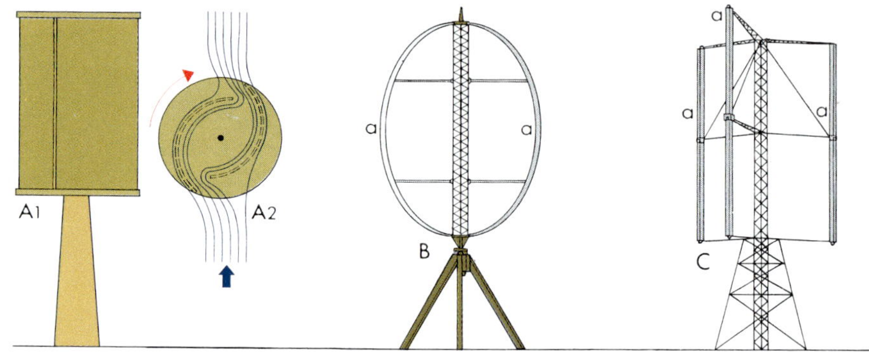

bekannt, der für Leuchttürme und entlegene Indianerreservate verwendet werden sollte. Der Wettbewerb wurde von der Gesellschaft Dominion Aluminium Ltd. mit einer etwa 4,5 m hohen, zeitgemäßen Bauart des Darrieusrotors gewonnen. Das nächste Projekt dieser Gesellschaft war ein 200 kW-Windgenerator mit 36 m Höhe und einem Darrieusrotor mit einem Durchmesser von 24 m. Das Kraftwerk wurde von der Regierung in Auftrag gegeben und auf den windreichen Magdalen Islands von Neuschottland gebaut. Die Forscher der NAE haben auf diesem Gebiet ein gigantisches, 300 m hohes Windkraftwerk mit einem Darrieusrotor für eine Leistung von 20 MW im fortgeschrittenen Planungsstadium.

Eine im Jahr 1974 in den USA gegründete Gesellschaft für Energiefragen, die Energy Research and Development Agency (ERDA), begann mit einem Forschungsprogramm die Möglichkeiten zu untersuchen, das Land um das Jahr 2000 unabhängig von importierter Energie zu machen. Viele Projekte der ERDA konzentrieren sich auf die Windkraft. Eines der ursprünglichen Ziele war von dem Jahr 1981 an Windkraftwerke mit einer Gesamtleistung von 100 MW zu betreiben. Die Windkraft sollte um das Jahr 2000 etwa 25% des Energiebedarfs decken. Schon im Sommer 1975 wurde ein 100 kW-Windkraftwerk im NASA-Lewis-Forschungszentrum in Ohio in Betrieb genommen. Das Flügelrad hat zwei Flügel und einem Durchmesser von 37,5 m; es ist auf einem 30 m hohen Turm montiert. Dieses Windkraftwerk ist nach dem Vorbild der bereits genannten und von U. Hütter in Stötten gebauten Konstruktion entworfen worden. Nach einer Probezeit von zwei Jahren und den in dieser Zeit gemachten notwendigen Änderungen wurde eine kleine Anzahl ähnlicher Anlagen hergestellt. Diese Anlagen wurden dann den verschiedenen Energieversorgungsunternehmen zur Weiterentwicklung angeboten. Gleichzeitig arbeitete die ERDA an einigen Projekten im Megawattbereich.

In Holland, dem klassischen Land der Windmühlen, wurde 1974 ein Entwicklungsprogramm für die Windenergie aufgestellt. Das erste Projekt war einfach eine Rekonstruktion einer konventionellen Windmühle, die mit Metallflügeln und einem Elektrogenerator für 80 kW Leistung ausgestattet war. Sie ist auf der Insel Texel errichtet worden. Doch die Windmühle hatte eine unerwartete Nebenwirkung. Ihre Metallflügel ergaben mit den Fernsehfrequenzen Interferenzen; dies äußerte sich in Schattenbildern auf den Fernsehschirmen. Die rücksichtsvollen Forscher betrieben deshalb die Windmühle nur während der Tageszeit.

Die Holländer blieben der Windkraft immer treu. Die traditionellen Windmühlen werden noch immer betrieben und ebenso Tausende kleiner Windmaschinen zum Antrieb von Bewässerungspumpen. Mindestens drei holländische Fabriken stellen Windmaschinen zu diesem Zwecke her. Windmaschinen sind teurer als elektrische Pumpen, doch werden die Mehrkosten durch die Tatsache ausgeglichen, daß keine Verkabelung auf den Feldern notwendig wird und die Energieversorgung kostenlos ist.

Die Sonnenenergie

In fast allen alten Kulturen wird die Sonne als höchster Gott, der Licht und Wärme und Leben allen Lebewesen spendet, verehrt. Die Sonne ist in der Tat die verschwenderischste Energiequelle. Sie wandelt buchstäblich astronomische Mengen radioaktiver Energie in Strahlung um. Die Erde wird nur von einem Billionstel der gesamten Strahlung der Sonne getroffen; dies entspricht bei klarem Wetter einer durchschnittlichen Absorption der Energie an der Erdoberfläche von 1 kW/m². Ein Teil dieser Strahlung wird zum Erwärmen der Erdatmosphäre verwendet – ein Grund für die Entstehung von Winden. In gleicher Weise erwärmt die Sonne Meere und Seen. Erwärmt geben diese Wasserdampf in die Atmosphäre ab, der dann als Regen, Schnee oder Hagel niederfällt. Mit

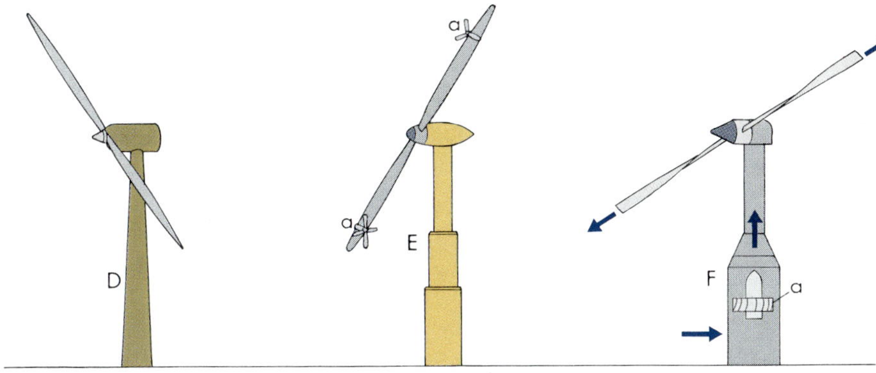

E. Die äußere Umlaufgeschwindigkeit des zweiflügligen Rotors ist groß, während die Drehzahl verhältnismäßig klein ist. Wenn der Rotor den Elektrogenerator unmittelbar antreiben soll, muß ein entsprechendes Übersetzungsgetriebe verwendet werden. Eine andere Möglichkeit ist, den Rotor mit Bremsturbinen (a) auszustatten, die dazu führen, daß eine ausreichende Drehzahl erreicht wird, um den Generator anzutreiben. Allerdings nimmt dann die erzeugte Leistung um ein Viertel ab.

F. Wenn der Enfield-Andreau-Rotor durch den Wind bewegt wird, drückt die Zentrifugalkraft die Luft aus den Rotorblättern durch die Öffnungen an den Spitzen heraus. Durch den Unterdruck, der im Inneren des Windmotors sich aufbaut, wird die Luft von außen angesaugt und die Turbine (a) angetrieben.

G. Ein Vorschlag von H. Honeff für ein gigantisches Windkraftwerk: 400 m hohe Türme, jeder mit fünf Windturbinen ausgestattet.

anderen Worten, Wasserkraftwerke wie auch Windkraftwerke werden letztendlich durch die Sonnenenergie betrieben, durch rezente Sonnenenergie im Gegensatz zur fossilen Sonnenenergie in Kohle und Öl.

Die Sonnenenergie nutzbar zu machen wurde schon im Altertum von Wissenschaftlern versucht. So weist zum Beispiel Euklid in seiner Schrift über die Optik auf die Möglichkeit hin, mit Brennspiegeln die Sonnenstrahlung zu konzentrieren und so hohe Temperaturen zu erreichen. Die Idee des Archimedes, Brennspiegel zu verwenden, um die Takelage der angreifenden römischen Flotte zu versengen, ist bereits in einem vorhergehenden Kapitel behandelt worden, obwohl nicht bekannt ist, ob dies eine Legende oder eine Tatsache ist. Philon von Byzanz verwendete die Sonnenstrahlung in einem Thermoskop, einem Vorläufer des Thermometers: ein mit Luft gefülltes und am oberen Ende versiegeltes Rohr tauchte mit seinem unteren Ende in das Wasser eines Behälters. Wenn das Rohr der Sonnenstrahlung ausgesetzt wurde, dehnte sich die Luft aus, und das Wasser im Behälter stieg. In der Renaissance griff der Ingenieur Salomon de Caus diese Idee wieder auf und beschrieb in seinem Kunstbuch von 1615 zwei Vorrichtungen, durch die die Sonnenenergie in ähnlicher Weise genutzt werden konnte. Bei der einen wurde Sonnenstrahlung durch Linsen auf einen versiegelten Behälter gerichtet, der über einen Wassertank mit einem Springbrunnen verbunden war. Sobald die Sonne den Behälter erwärmte, begannen die Wasserspiele des Brunnens. Die andere „Sonnenmaschine" bestand aus einer hohlen Schäferstatue. Die Luft in der Statue wurde durch Sonnenstrahlung erwärmt, dehnte sich aus und wurde zu zwei Orgelpfeifen geleitet, die dann ertönten. Diese ausgefallenen Ideen regten die Phantasie vieler Wissenschaftler an. Athanasius Kircher beschrieb zum Beispiel die „Sonnenmaschinen" in seinem umfassenden Werk über Licht und Optik, *Ars magna lucis et umbrae* (1646), ohne jedoch, wie es Brauch der Zeit war, Philon von Byzanz oder S. de Caus zu erwähnen.

Im 17. und 18. Jahrhundert wurden in wissenschaftlichen Laboratorien verschiedene Brenngläser und parabolische Brennspiegel hergestellt. Um 1690 wurde in Dresden ein berühmter Brennspiegel von E. W. von Tschirnhausen (1651–1708) gefertigt. Dieser Spiegel hatte einen Durchmesser von 1,6 m und wurde zu Versuchszwecken in einer Töpferei verwendet. Erst gegen Ende des 19. Jahrhunderts tauchten die ersten ernst zu nehmenden Ideen zur Nutzung der Sonnenenergie auf. In den 1860er Jahren wurde der Erbauer der *Monitor* J. Ericsson auf das Arbeitsvermögen der Sonnenenergie aufmerksam, nachdem sich die Schiffsbesatzung beklagt hatte, daß die Sonne das Deck so stark aufheize, daß es beinahe unmöglich sei, sich im Vorderdeck aufzuhalten. J. Ericsson nahm begeistert die Aufgabe in Angriff, Meßinstrumente zum Messen der Energie der Sonnenstrahlung zu entwerfen. Dies war in jenen Tagen ein vollkommen unbekanntes Forschungsgebiet.

J. Ericsson wohnte in der Beach Street in New York und errichtete dort ein Forschungslaboratorium für Sonnenenergie im obersten Geschoß und im Dachraum ein. Er stattete eine seiner kleinen kalorischen Maschinen mit einem parabolischen Sonnenreflektor aus. Damit war der Brennstoff durch die Sonnenenergie ersetzt worden. Die Maschine trieb einen Bratspieß an, der in dem Brennpunkt eines anderen Parabolspiegels gestellt wurde. Beide Spiegel wurden so eingerichtet, daß die Maschine rechtzeitig ein Huhn oder ein Steak zum Mittagessen kochen oder braten konnte. Dieser „Sonnengrill" ist wahrscheinlich das erste Beispiel dafür, wie Sonnenenergie außerhalb von Forschungslaboratorien verwendet werden kann.

Im Alter von 80 Jahren entwarf J. Ericsson 1881 seine bekannteste Sonnenmaschine. Der Parabolspiegel war rechteckig, 3,5 m lang und 2 m breit. In der Brennlinie des Spiegels wurde eine längliche Röhre mit einem Durchmesser von 15 cm montiert und konnte als Dampfkessel für eine Dampfmaschine oder zum Erhitzen von Luft für eine kalorische Maschine verwendet werden.

Ungefähr zu der Zeit als sich J. Ericsson für die Sonnenenergie zu interessieren begann, bauten zwei französische Ingenieure, A. Mouchot und J. Pifre, eine Sonnenmaschine, die sie zuerst um 1870 in Algerien und dann in den Tuilerien in Paris vorstellten. Der Sonnenkollektor war ein kegelförmiger Spiegel mit einem größten Durchmesser von 2,2 m und hatte einen röhrenförmigen Dampfkessel an seiner Spitze. Er versorgte eine Dampfmaschine mit Dampf, die eine Wasserpumpe antrieb. A. Mouchot war so etwas wie ein Missionär für Sonnenenergie und zeigte seine Sonnenmaschine häufig in Verbindung mit einer kleinen Druckmaschine, die Flugblätter über die Vorteile der Sonnenenergie im allgemeinen und über die Forschung A. Mouchots im besonderen druckte.

Am Beginn des 20. Jahrhunderts nahm ein angloamerikanisches Konsortium J. Ericssons Pläne wieder auf und baute einen Sonnenofen, der demjenigen von J. Ericsson aus dem Jahre 1883 ähnlich sah; es waren lediglich die Abmessungen der neuen Anlage größer. Versuche mit dieser Anlage wurden in Meadi bei Kairo in Ägypten gemacht. Nachdem genügend Erfahrungen gesammelt worden waren, baute man einen Sonnenkollektor mit einer gesamten Oberfläche von 1200 m², der eine Dampfmaschine mit einer Leistung von 100 PS antrieb. Die fünf 60 m langen und 4 m breiten Spiegel wurden durch ein Hebelsystem immer in Richtung der Sonne gedreht. Die volle Leistung der Maschine konnte über neun Stunden am Tage abgenommen werden. Die Anlage war am Rande der Wüste erstellt worden. Das Ziel des Projektes war, eine Bewässerungsanlage mit der Dampfmaschine zu betreiben, um die Wüste fruchtbar zu machen. Die Spiegel hatten einen großen Platzbedarf – eine Fläche von 3500 m² –, damit sie sich nicht gegenseitig Schatten gaben. Die Abnehmer fanden die Anlagekosten zu hoch, und so konnte eine geplante, wesentlich größere Anlage nie zur Durchführung kommen.

Während der ersten Hälfte des 20. Jahrhunderts gab es wenig Aktivität auf dem Gebiete der Erforschung der Nutzung der Sonnenenergie, wahrscheinlich weil ihre Anwendung sehr eng mit der Dampfmaschine und Heißluftmaschinen verbunden war. Als die elektrische Energie ihren Siegeszug am Anfang dieses Jahrhunderts antrat, waren die Ingenieure so sehr von ihr eingenommen, daß sie alles, was mit Dampfmaschinen und Heißluftmaschinen zu tun hatte, als hoffnungslos veraltet ansahen. Als die Verbrennungsmotoren erschienen, bedeutete dies einen Zugang zu einer Kraftquelle, die man überall dort anwenden konnte, wo man sie brauchte. Erst in den 1950er Jahren wendete man sich erneut der Sonnenenergie zu. Damals erschienen einige heftig umstrittene Bücher; eines davon war von dem amerikanischen Physiker Harrison Brown verfaßt, der auf die begrenzten Vorräte von Brennstoffen und Mineralien auf der Erde hinwies und für die Einschränkung des immer größer werdenden Energieverbrauchs plädierte.

In den USA wurde 1954 die Gesellschaft für angewandte Sonnenenergie (Association for Applied Solar Energy) mit dem Forschungszentrum in Phoenix, Arizona, gegründet. Die Gesellschaft ist sehr aktiv. Sie gibt die Zeitschrift *The Sun at Work* heraus. Im ersten Jahrzehnt nach ihrer Gründung konzentrierte sich die Forschung auf die Entwicklung von Vorrichtungen zur Nutzung der in vielen Entwicklungsländern im Überfluß vorhandenen Sonnenenergie hauptsächlich für Kochzwecke, weil dort ein Mangel an Brennstoffen besteht. Eines der durch die Gesellschaft eingeführten Produkte war ein handlicher Sonnenofen, dem man den Namen „Umbroiler" gab, eine Wortschöpfung aus den englischen Worten *„um*brella" (Schirm) und *„Broiler"* (Bratrost).

In den 1950er Jahren wurden zwei große Sonnen-Schmelzöfen, je einer in den USA und Frankreich gebaut; sie leiteten eine neue Entwicklungsstufe der Nutzung der Sonnenenergie ein. Der amerikanische Sonnenofen befindet sich in Natick in Massachusetts. Seine riesigen Spiegel erzeugen im Brennpunkt eine Temperatur von 4400 ° C, die ausreichen

A. Der Sonnenofen von J. Ericsson bestand aus schmalen Glasstreifen, die an ihrer Außenseite versilbert worden sind und auf einem parabolischen Unterbau montiert wurden. Im Brennpunkt des Parabolspiegels war ein röhrenförmiger Dampfkessel (a) angebracht.

A

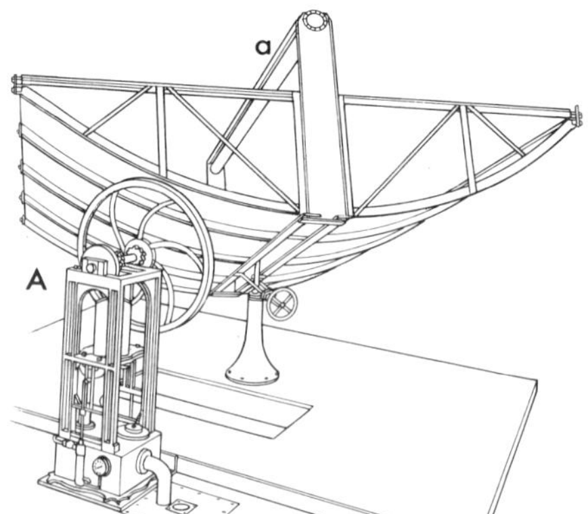

B

B. J. Ericssons Sonnenofen könnte auch zum Antrieb einer kalorischen Maschine verwendet werden. Das Wasser im Dampfkessel müßte dann durch Luft ersetzt werden.

C. Der Sonnenofen von A. Mouchot und J. Pifre bestand aus einem Parabolspiegel mit 2,2 m Durchmesser und aus Kupferplatten, die auf der Innenseite versilbert waren. Der röhrenförmige Dampfkessel befand sich in der Mitte des Parabolspiegels und war geschwärzt.

C

D1

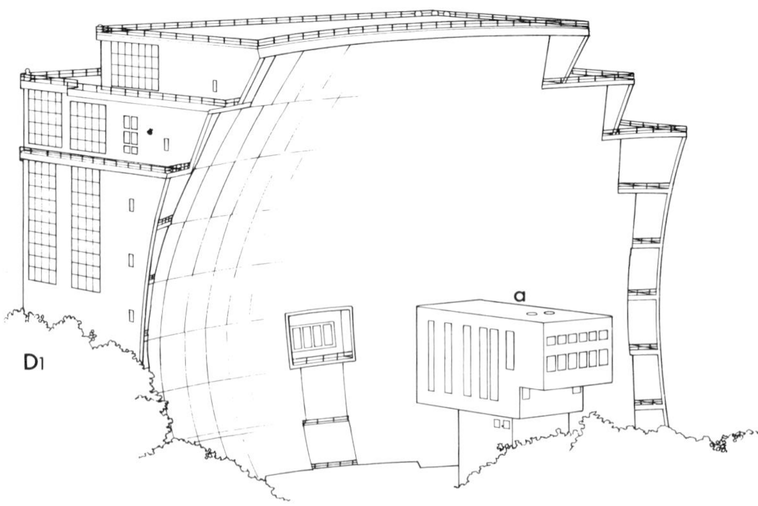

D2

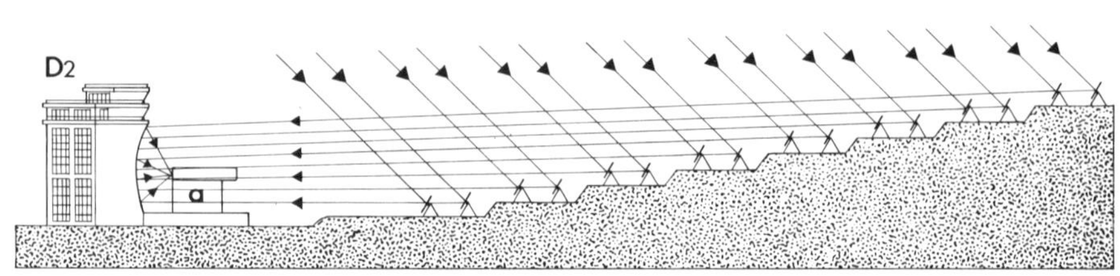

D. Der Sonnenschmelzofen von Odeillo. (**1**) Die Nordfassade eines elfgeschossigen Gebäudes ist als Parabolspiegel ausgebildet, der aus 9000 einzelnen, kleineren Spiegeln besteht. (**2**) Auf dem sanft ansteigenden Hang gegenüber diesem Parabolspiegel sind 11 000 bewegliche Flachspiegel angeordnet, die die Sonnenstrahlung gegen den Parabolspiegel reflektieren. Der Schmelzofen (a) befindet sich im Brennpunkt des Parabolspiegels.

E. Der Vorschlag P. E. Glasers für ein Sonnenkraftwerk im Weltraum. Das Kraftwerk müßte geostationär im Weltraum fixiert sein, das bedeutet, daß seine Bahngeschwindigkeit mit der Geschwindigkeit der Erdrotation gleich sein muß (so wie bei den geostationären Nachrichten- oder Wettersatelliten). Da im Weltraum Unterschiede wie Tag und Nacht, jahreszeitliche Schwankungen, bedeckter Himmel usw. nicht bestehen, würde ein solches Kraftwerk praktisch eine konstant bleibende elektrische Energie liefern. Die Umwandlung von Sonnenstrahlung in elektrischen Gleichstrom würde in Photozellen stattfinden, die auf Sonnenkollektoren angebracht wären.

F. Eine Solarzelle besitzt die Fähigkeit, Strahlungsenergie in elektrische Energie umzuwandeln, und besteht aus Halbleitern wie zum Beispiel Silizium- oder Germaniumkristallen. Diese Kristalle können je nach der Verunreinigung, die man ihnen zusetzt, elektrisch leitend oder nicht leitend sein. Ein Atom in einem Halbleiter gibt leicht eines seiner Elektronen ab, das so entstandene „Loch" wird dann von einem Elektron eines anderen Atoms des Kristalls aufgefüllt. Dieser Elektronenaustausch findet fortwährend statt, doch wird der Kristall elektrisch nicht geladen, weil sich die Gesamtzahl der

würden, um Stahl zu verdampfen! Das große französische Forschungszentrum für Sonnenenergie befindet sich nun in Odeillo in den Pyrenäen. Die französische Forschungsanstalt, Centre National de la Recherche Scientifique, begann mit der Sonnenenergieforschung schon 1946. Der erste Sonnenschmelzofen wurde in den Pyrenäen bereits 1949 auf dem Mont-Louis bei Odeillo erbaut. Er hatte eine Leistung von 50 kW und ist unter Leitung von Felix Trombe errichtet worden. In den 1960er Jahren wurde in Odeillo ein parabolischer Spiegel erstellt, der die gesamte Fassade eines elfgeschossigen Gebäudes bedeckt. Dieser riesige Sonnenkollektor zentriert die Sonnenstrahlung, die von einer großen Anzahl kleiner Spiegel auf dem ansteigenden Gelände vor dem Gebäude reflektiert wird. Die Temperatur im Brennpunkt beträgt etwa 4000° C, die Leistung etwa 1000 kW. Ausgedehnte Entwicklungs- und Forschungsarbeiten werden durchgeführt, um Methoden für die Nutzung der Sonnenenergie zu Heizungs- und sonstigen Zwecken zu finden.

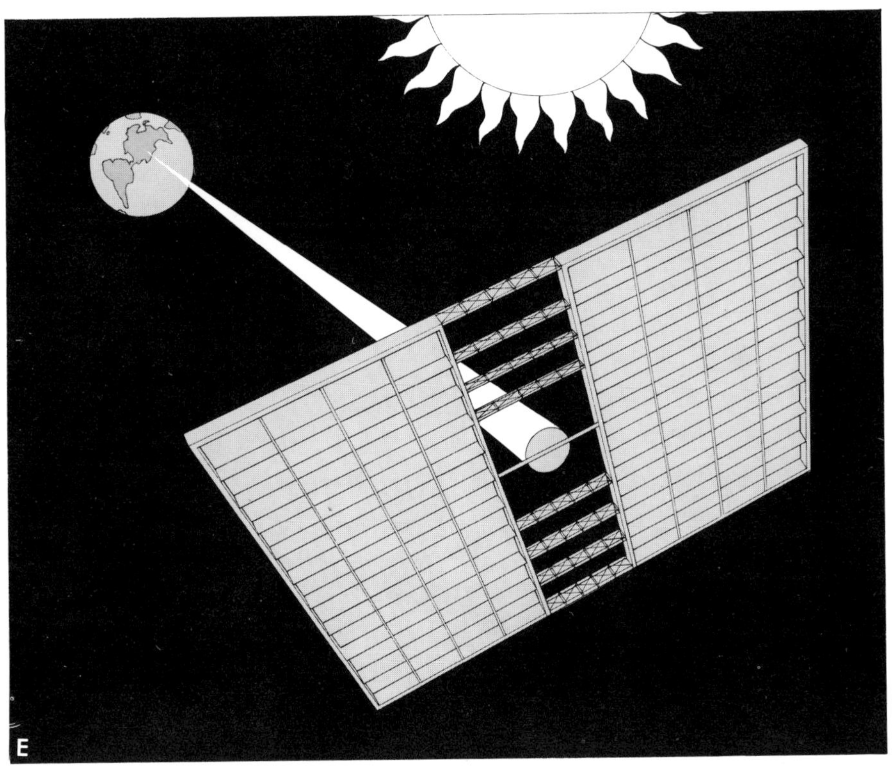

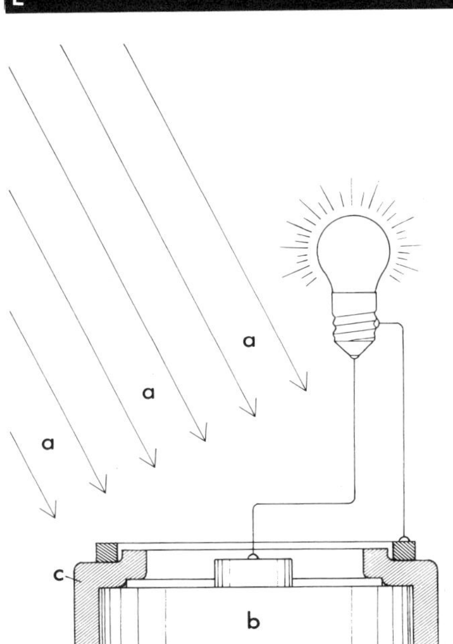

F

Elektronen nicht ändert. Wenn dem Halbleiterkristall in der Schmelze eine kleine Menge eines chemischen Elementes zugesetzt wird, dessen Atome weniger Elektronen haben als die des Halbleiters, bleiben in dem Kristall „Löcher", und es wird dann positiv geladen sein (p-Typ). Auf gleiche Weise kann ein Halbleiter negativ geladen sein (n-Typ), wenn der Schmelze eine kleine Menge eines chemischen Elementes zugesetzt wird, dessen Atome mehr Elektronen haben als die des Halbleiters. Wenn nun die Sonnenstrahlen (a) auf die Grenzfläche zwischen dem n-Kristall (b) und p-Kristall treffen, schlagen sie Elektronen aus dem Kristall des n-Typs heraus, und es entsteht eine elektrische Spannung zwischen den beiden Halbleiterschichten. Der Wirkungsgrad einer Solarzelle liegt jedoch bei nur 11%, zudem sind ihre Herstellungskosten relativ hoch.

Die Sowjetunion nahm in den 1950er Jahren die Sonnenenergie in ein Forschungsprogramm auf. Entsprechende Versuchsanlagen befinden sich in einer Wüste in Armenien. Die Abmessungen der Anlage sind sehr groß – 1300 große Spiegel bewegen sich konzentrisch auf umlaufenden Schienen, um dem Sonnenstand zu folgen, und konzentrieren die Sonnenstrahlung auf einen Dampfkessel, der auf einem 55 m hohen Turm montiert ist. Ein Generator, der von Dampfturbinen angetrieben wird, liefert die Elektrizität für Bewässerungsanlagen, Haushaltsgeräte und für andere Zwecke. Ähnliche Kraftwerke sind anschließend in den südlichen Teilen der Sowjetunion errichtet worden.

Auch ein anderer Durchbruch in diesem Bereich gelang am Ende der 1950er Jahre mit der Einführung der Solarzellen, die die Sonnenstrahlung direkt in elektrische Energie umwandeln. Die ersten Solarzellen sind in den USA gebaut worden, um Raumsonden und Satelliten mit Elektrizität zu versorgen. Einfach ausgedrückt, kann man sagen, daß die Solarzelle wie ein umgekehrter Transistor arbeitet; sie besteht ebenfalls aus einem beschichteten Siliziumkristall, aus dem die Strahlungsenergie Elektronen herausschlägt, die von der Schicht gefangen werden. Eine sehr große Zahl solcher Zellen werden in Reihe und parallel geschaltet, damit sie die erforderliche elektrische Spannung und Leistung zum elektrischen Antrieb der Geräte bringen können. Solarzellen sind bisher in den Herstellungskosten sehr teuer gewesen, doch hat man in den letzten Jahren große Fortschritte gemacht und die Kosten erheblich gesenkt. Man kann mit Sicherheit annehmen, daß schon in nicht zu ferner Zukunft ein Teil der elektrischen Energieversorgung aus Solarzellen möglich sein wird.

Seit den 1950er Jahren begannen sich die Wissenschaftler – zum Beispiel in den USA und in Israel – für die Heizung von Häusern durch Sonnenenergie zu interessieren. Bevorzugt wurden Systeme, die die im Wasser (oder Erdreich) enthaltenen Wärmemengen in Verbindung mit einer Wärmepumpe ausnutzen; mit diesen Systemen kann die Zentralheizung und Warmwasserbereitung sichergestellt werden – wenn die Sonne scheint und die Speicherkapazität des Systems ausreicht. Im Jahre 1974 wurde die International Energy Agency (IEA) als Teil der OECD gegründet, die europäische Vereinigung für wirtschaftliche Zusammenarbeit. Dies führte zu einer weit angelegten internationalen Zusammenarbeit bei der Entwicklung möglicher Methoden für die Beheizung von Gebäuden mit Sonnenenergie. Gegenwärtig verbraucht die häusliche Heizung mehr als die Hälfte des gesamten Energiebedarfs. Viele sagen voraus, daß um die Jahrhundertwende mindestens 50% aller Heizungen mit Sonnenenergie betrieben werden, wenn die klimatischen Bedingungen es erlauben.

In den 1970er Jahren begann man in Europa und den USA große Sonnenkraftwerke zu entwickeln. Die ERDA beauftragte 1975 die Sandia Laboratorien in Kalifornien, ein Sonnenkraftwerk für die Leistung von 10 MW zu planen. Diese beauftragten ihrerseits vier Unternehmen, verschiedene Lösungen vorzuschlagen. Alle vier Unternehmen entschlossen sich, den Dampfkessel auf die Spitze eines Turmes zu setzen und um ihn herum Tausende von Spiegeln oder Heliostate anzuordnen, die die Sonnenstrahlung auf den Dampfkessel richten würden. Ihre Lösungsvorschläge unterschieden sich aber sehr in bezug auf die Konstruktion und Steuerung der Heliostate und die Energiespeicherung. Die Energie muß gespeichert werden, um das Kraftwerk gleichmäßig, auch nach Sonnenuntergang und bei bewölktem Himmel, zu betreiben. Man nimmt an, daß der durch Sonnenenergie erzeugte Dampf eine Temperatur von 500°C und einen Druck von 100 at haben wird. Das bedeutet, daß der Turbinen- und Generatorteil des Sonnenkraftwerkes konventionell gebaut sein werden. Die mit den übrigen Anlageteilen zusam-

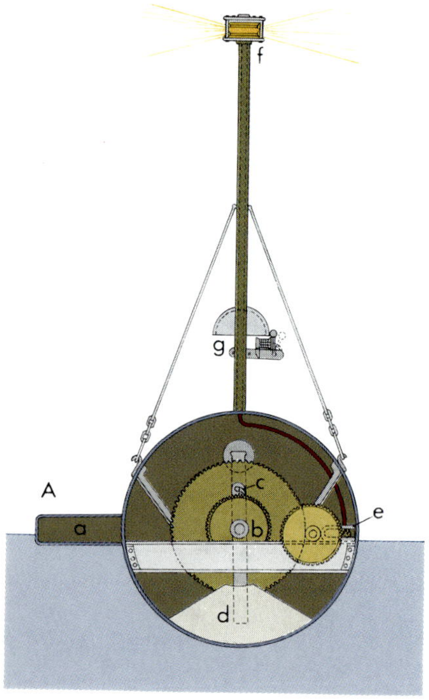

A. Eine wellenangetriebene Leucht- und Heulboje (ca 1905). Die Wellenbewegung wurde durch einen Schwimmer (a) auf die Tonne der Boje übertragen, die sich dann um ihre Längsachse (b) drehte. Diese Bewegung wurde auf ein Getriebe übertragen, das durch die Vorrichtung (c) daran gehindert wurde, sich in der falschen Richtung zu bewegen. Sobald sich die Getrieberäder drehten, hoben sie das Gewicht (d) nach oben, das dann an der anderen Seite vom höchsten Punkt seiner Bahn herunterfiel. Da die Geschwindigkeit der Getrieberäder nun erhöht wurde, drehte sich der Anker (e) eines kleinen Elektromotors, der Strom zum Aufleuchten des Leuchtfeuers (f) und zum Anschlagen des Glockenzeichens (g) erzeugte.

B. Das Wellenkraftwerk (**1**) von Stephen Salter. Es besteht aus einzelnen Schwimmkörpern (**2**), deren Vorderseite so ausgebildet ist, daß sie die Wellenenergie weitgehend nutzbar machen konnte. Diese „Salterenten" enthalten Pumpen und Generatoren.

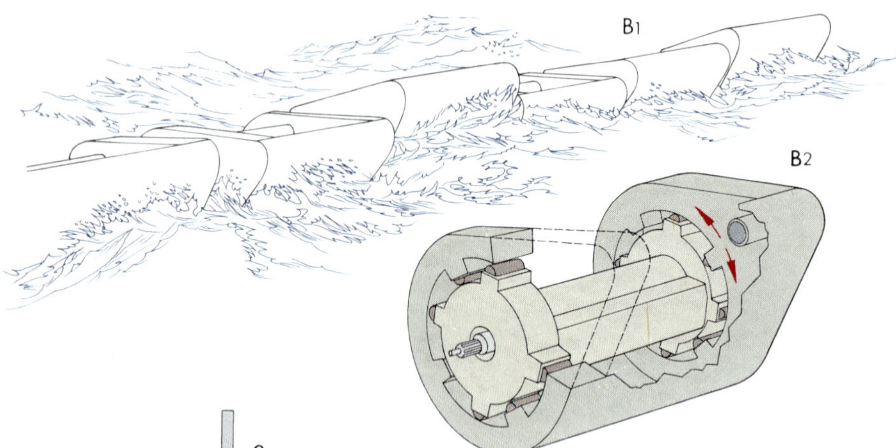

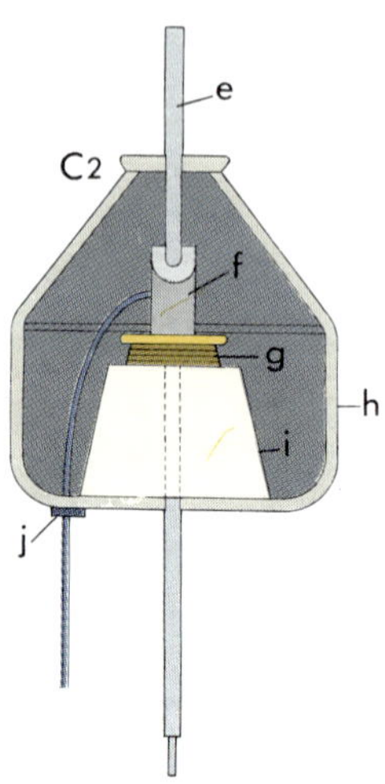

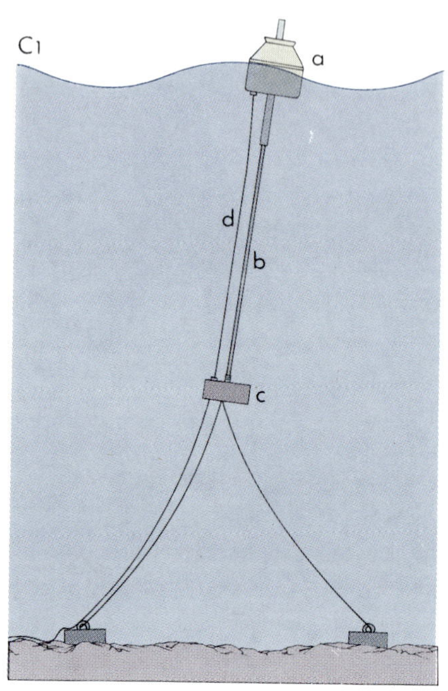

C. Älterer Typ eines Wellenkraftwerks (**1**), bei dem jede Boje (a) über das Gestänge (b) mit dem Schwimmer (c) verbunden war, der am Meeresboden verankert war. (d) Elektrokabel. Der Transformator (**2**) bestand aus einem Stabmagneten (e) und einem Induktor (f) mit einer federgespannten Aufhängung (g). (h) Betonschwimmer. (i) Plastikwände. (j) Diode.

menhängenden Konstruktionsprobleme sind ziemlich schwer zu lösen. Eines der wichtigsten Probleme ist, Heliostate zu bauen, die starken Windböen widerstehen können und gleichzeitig sich leicht gegen die Sonne richten lassen. Die ERDA beabsichtigt, die erste Versuchsanlage 1980 in Brastow, Kalifornien, in Betrieb zu nehmen.

In Europa planen die IEA und ERDA gemeinsam in den frühen 1980er Jahren vielleicht in Almería in Spanien ein 0,5 MW-Sonnenkraftwerk zu bauen. Ein Arbeitsausschuß der Europäischen Wirtschaftsgemeinschaft (EWG) plant ebenfalls ein Sonnenkraftwerk, das in Italien errichtet werden soll. Leider sind aus Gründen der Geheimhaltung dazu keine weiteren Einzelheiten bekanntgeworden.

Parallel dazu sind in den 1970er Jahren von amerikanischen Wissenschaftlern sehr ehrgeizige Pläne für Sonnenkraftwerke eingeleitet worden. Sie wollen Sonnenkollektoren im Weltraum anordnen und die gewonnene Energie durch Mikrowellen auf Empfänger auf der Erde übertragen. Die erste Planskizze eines solchen Kraftwerkes wurde 1973 veröffentlicht und ein detaillierter Plan 1977 von Peter E. Glaser, dem Leiter des Arthur D. Little Instituts in Boston, vorgestellt. P. Glaser führt aus, daß ein erdstationärer Satellit in einem Abstand von 36000 km von der Erde mit einem Sonnenkollektor von 100 km² Fläche ausgestattet sein würde, der immer gegen die Sonne gerichtet bliebe. Eine Gleichstromleistung von rund 15 GW würde gewonnen und in Radiowellen für die Übertragung zur Erde umgewandelt werden. Auf der Erde müßte eine Empfangsanlage auf einem Gebiet von 50 km² Fläche gebaut werden, die aus einer sehr großen Zahl von Dipolantennen bestehen würde. Nach Durchlaufen der Umwandlungskette der Energie würden von der ursprünglichen Leistung von 15 GW insgesamt 10 GW gewonnen werden können; dies entspricht etwa dem geschätzten Energiebedarf des Jahres 1979 in Schweden! Die Kosten für das gesamte Programm werden auf 60 Milliarden US-$ geschätzt. In den USA wird angenommen, daß ein entsprechendes Versuchsprojekt vor der Jahrhundertwende gestartet wird.

Die Wellenenergie

Eine etwa 3 m hohe Welle enthält je laufenden Meter eine Leistung von mehr als 20 kW. Patente auf Vorrichtungen, die Energie der Gezeiten zu nutzen, wurden erstmals in den 1890er Jahren vergeben, hatten aber keine praktische Bedeutung. Erst in den 1920er Jahren wurde eine Vorrichtung erfunden, mit der sich die Gezeitenenergie bis zu einem gewissen Grade gewinnen ließ. Diese Vorrichtung wurde seither bei Heul- und Glockenbojen verwendet. Eine solche Boje ist am Seegrund verankert und hat einen Luftdom, aus dem die Luft durch eine Turbine ein- oder ausströmt und einen Generator antreibt. Pneumatische Energieumwandler dieser Art würden sich zum Einbau beispielsweise in künstliche Bohrinseln eignen. Eine große Anzahl Energiewandler werden gegenwärtig in verschiedenen Ländern der Welt untersucht. Umfassende Forschungs- und Entwicklungsarbeiten werden in England, Frankreich, den USA und in Skandinavien mit dem Ziele geleistet, Wellenkraftwerke im Megawattbereich Mitte der 1980er Jahre in den Versuchsbetrieb gehen zu lassen. Jedes Wellenkraftwerk wird wahrscheinlich 10000 oder noch mehr Energiewandler haben und wird deshalb große Seegebiete in Anspruch nehmen. Die Wissenschaftler sind sich des negativen Einflusses auf die Schiffahrt und den Fischfang bewußt, glauben aber, daß durch die Wandler die zerstörende Kraft der Gezeiten auf die Küste positiv beeinflußt werden kann. Nach vorsichtigen Schätzungen wird ein bedeutender Energiebeitrag durch die Gezeitenkräfte erst um das Jahr 2000 geleistet werden.

Die Entwicklung der Kontrollsysteme

Die vorangehenden Kapitel befaßten sich mit der technischen Entwicklung, die zu der Vielzahl von Maschinen und maschinellen Vorrichtungen der heutigen Zeit geführt haben. Wenn die Maschinen für den Zweck genutzt werden sollen, für den sie konstruiert worden sind, müssen sie genau beherrscht, gesteuert und geregelt werden. Je komplizierter eine Maschine ist, um so fortgeschrittener muß die Steuerungs- und Regeltechnik sein. Letztendlich ist es eine Frage an die Fähigkeit des Menschen, diese Technologie zu entwickeln, der Maschine anzupassen und so letztendlich die Technik zu beherrschen.

Moderne Steuerungs- und Regelsysteme bilden den fortschrittlichsten Teil der Technik und sind darauf ausgerichtet, auch die kompliziertesten Teile einer Maschinerie einfach und wirksam zu steuern. Ein Ingenieur der Steuerungstechnik sieht eine Maschine als ein System an, gleichgültig, ob es sich um ein Fahrrad, eine Waschmaschine, ein Raumschiff, eine Verkehrsampelregelung, einen Mikrowellenofen oder selbst einen Kernreaktor handelt.

Man spricht heutzutage von *Kontrollsystemen,* weil die technischen Vorrichtungen zur notwendigen Kontrolle der Anlagen oder Maschinen so kompliziert geworden sind, daß diese Bezeichnung gerechtfertigt erscheint. Diese Systeme können in zwei Gruppen eingeteilt werden, in *offene* und *geschlossene* oder Steuerungssysteme mit *Rückkopplung.* Ein einfaches Beispiel für ein offenes Steuerungssystem ist ein Lichtschalter, mit dem man Licht ein- oder ausschalten kann. Eine Steuerung oder Regelung kann in einem offenen System auch durch programmierte Einrichtungen erfolgen, die in dem gegebenen Beispiel den Lichtschalter zu gewissen vorausbestimmten Zeiten betätigen. Solche offene Steuerungssysteme werden beispielsweise auch bei Straßenkreuzungsampeln eingesetzt, wo die Verkehrsampeln für bestimmte, regelmäßig wiederkehrende Zeitintervalle programmiert werden. Die Verkehrsteilnehmer schätzen diese Art der Verkehrsregelung nicht, weil an der betreffenden Kreuzung sich leicht Fahrzeugschlangen auf der stärker befahrenen Straße bilden. Dieses Problem kann dadurch gelöst werden, daß man Fahrzeugdetektoren in die Fahrbahndecke einbringt, die der Programmiereinrichtung melden, wieviel Fahrzeuge sich der Kreuzung nähern. In diesem Falle muß die Programmiereinrichtung der Ampelanlage rechnergesteuert sein, damit die Straße mit der stärkeren Verkehrsbelastung eine gewisse Präferenz gegenüber der anderen Straße erfahren kann. Ein solches Steuerungssystem für die Verkehrsüberwachung ist bis zu einem gewissen Grade für seine eigenen Handlungsweisen verantwortlich dank der Rückkopplung über die Fahrzeugdetektoren in der Straße. Dieses Steuerungssystem wird daher als *geschlossenes System* bezeichnet. Ein weiteres Beispiel für ein solches geschlossenes System mit Rückkopplung ist die automatische Temperaturregelung, die in vielen Gebäuden, hauptsächlich in Häusern mit Ölheizung, verwendet wird. Das gesamte System besteht in diesem Falle aus folgenden Teilen:

1. Das *gesteuerte System,* bestehend aus dem Heizkessel mit dem Ölbrenner und aus den Heizkörpern in den Räumen.
2. Der Thermostat, der dem Grunde nach ein Thermometer ist, das zur Aufgabe hat, dem gesteuerten System ständig Meßwerte der Temperatur im Raum als *Signale* zu geben.
3. Der *gewünschte Wert* des Ansprechsignals wird im Raum gesondert am Thermostaten eingestellt; er zeigt die gewünschte Raumtemperatur an.
4. Wenn der Wert der gewünschten Raumtemperatur 20°C beträgt und das Signal den Augenblickswert der Raumtemperatur von 16°C meldet, wird ein *Fehlsignal* ausgesendet und der Ölbrenner in Tätig-

A. Eine Straßenkreuzung mit einem offenen Steuerungssystem für die Verkehrsampeln. Das Gerät (a) steuert die Lichter der Ampel so, daß die Grünphase für die Verkehrsteilnehmer auf den Straßen (b) bzw. (c) gleich lang und häufig auftritt.

B. Eine Straßenkreuzung mit einem geschlossenen Steuerungssystem. Die in die Straße eingelassenen Detektoren (a) melden alle Fahrzeuge, die sich der Kreuzung nähern. Wenn sich ein einziges Fahrzeug der Kreuzung nähert und die Verkehrsampel zeigt rot, so wird sich die Phase ändern, bevor das Fahrzeug die Kreuzung erreichen wird. Wenn die Ampel in die Fahrtrichtung grün zeigt, bleiben die Lichter unverändert. Wenn sich auf jeder Straße jeweils ein Fahrzeug der Kreuzung nähert, so bekommt dasjenige zuerst die Grünphase, das als erstes den Detektor (a) überfahren hat; die Grünphase wird dann umgestellt, sobald das Fahrzeug die Kreuzung überquert hat. Wenn ein kontinuierlicher Verkehrsstrom auf der Straße (c) gemeldet wird, während auf der anderen Straße (d) nur ein oder zwei Fahrzeuge signalisiert werden, so bekommt der Verkehrsstrom auf der Straße (c) Vorfahrt, bis eine Lücke auftritt.

A

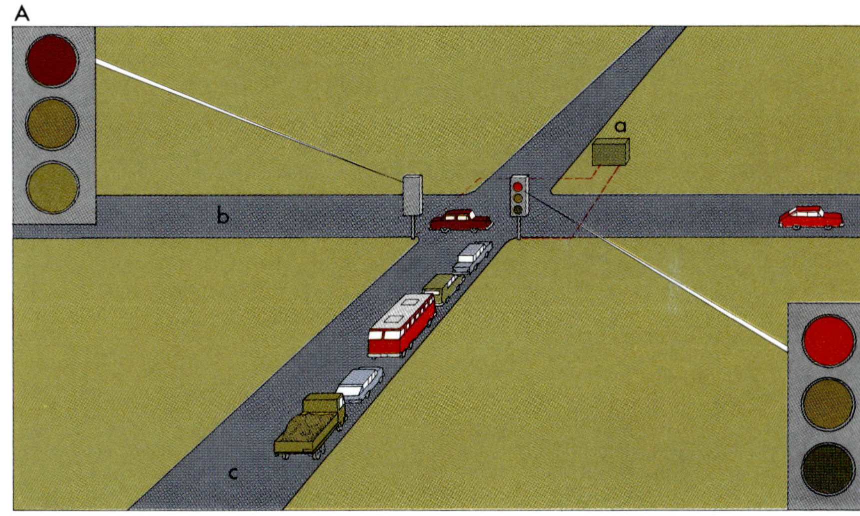

B

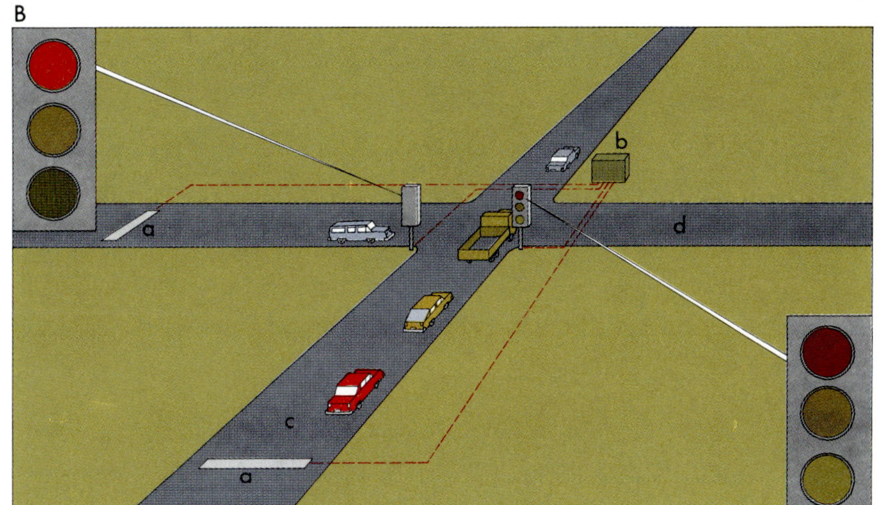

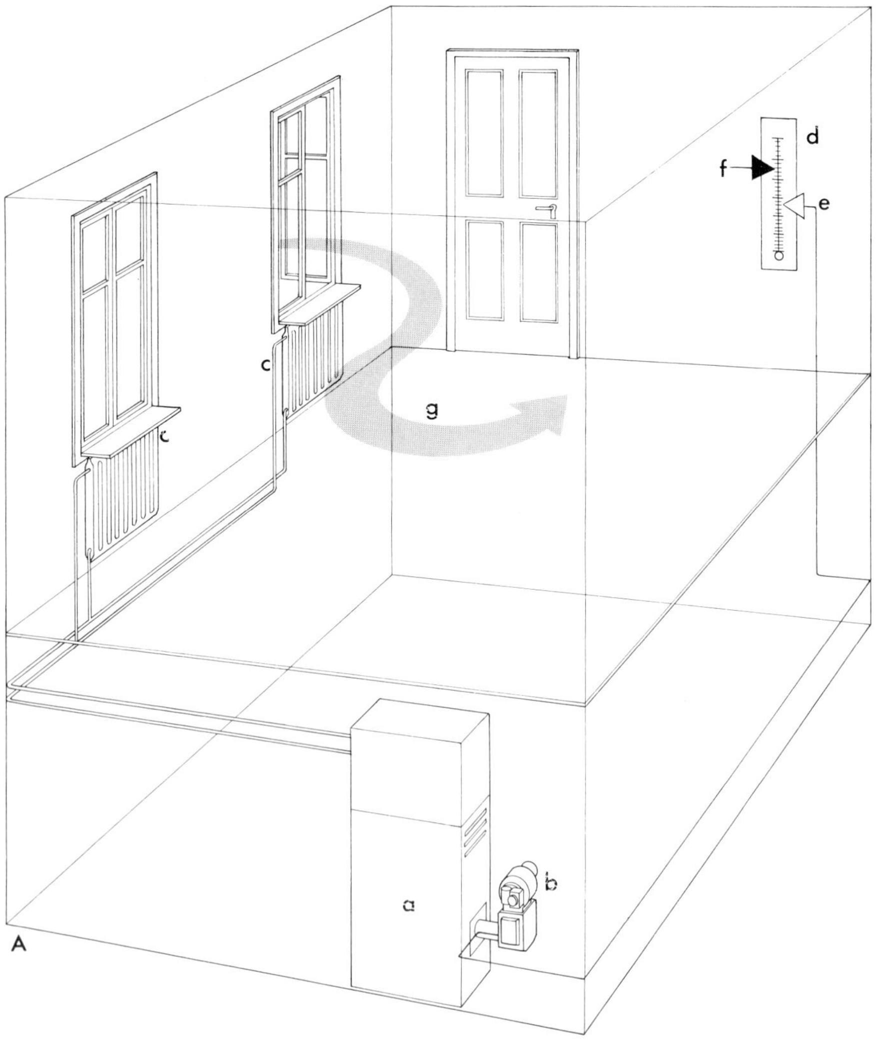

A. Beispiel für ein Regelsystem mit Rückkopplung: Regelung einer Zentralheizung über einen Thermostaten. Das geregelte System besteht aus dem Heizkessel (a) mit seinem Ölbrenner (b) und den Heizkörpern (c). Der Thermostat (d), der stetig Informationen über die vorliegende Innenraumtemperatur (e) liefert, ist mit dem System verbunden. Der gewünschte Wert des Kontrollsignals (die gewünschte Temperatur (f) im Raum) wird auf dem Thermostat eingestellt. Wenn die Augenblickstemperatur im Raum unter die gewünschte Temperatur sinkt, wird der Ölbrenner automatisch in Gang gesetzt, bis die Temperatur wieder die gewünschte Höhe erreicht hat. Der Ölbrenner wird dann wieder abgestellt. Eine Störung des Systems tritt ein, wenn zum Beispiel ein Fenster geöffnet wird und Kaltluft (g) in den Raum strömt.

keit gesetzt. Dieser bleibt so lange in Betrieb, bis die Raumtemperatur den eingestellten Wert wieder erreicht hat und das Fehlsignal beseitigt ist. Danach wird der Brenner automatisch abgestellt.

5. Eine *Störung* des Systems tritt ein, wenn beispielsweise ein Fenster geöffnet wird und Kaltluft in den Raum streicht.

Ein Kennzeichen beider Steuerungssysteme ist, daß sie automatisch arbeiten. Deshalb nennt man sie automatische Steuerungs- oder auch Reglersysteme.

Simulatoren und Automaten

Automatisch wirkende Vorrichtungen sind in der Menschheitsgeschichte verhältnismäßig früh entstanden. So kannten die Jäger der frühen Steinzeit wahrscheinlich die Kunst des Baus von Fangschlingen und Fallen, um Tiere zu fangen oder zu töten. Es gibt verschiedene Arten dieser Fallen; eine davon war mit einem Auslösemechanismus ausgestattet und war vielleicht das erste automatisch wirkende Gerät.

Eine in diesem Zusammenhang interessante Falle ist der skandinavische Elchspeer, eine alte Jagdmethode, die in Teilen Skandinaviens sehr verbreitet und teilweise bis in dieses Jahrhundert angewendet wurde. Wenn der Elch mit seiner Brust eine Leine zerriß, wurde ein Speer abgeschossen, indem er von einer „Feder" weggeschleudert wurde, die von einem jungen, zurückgebogenen und unter Spannung stehenden Baum gebildet war. Diese und ähnliche Fallen, bei denen Geschosse fortgeschleudert wurden, können als Vorrichtungen gesehen werden, bei denen der Mensch die Art und Weise nachahmen wollte, mit der ein Jäger die Jagdbeute niederstreckt. Diese Art von Fallen können deshalb Simulatoren genannt werden. Konstruktionen und Vorrichtungen, bei denen das Verhalten des Menschen durch technische Mittel nachgeahmt wurde, sind für das Erscheinen vieler Werkzeuge und technischer Hilfen von großer Wichtigkeit. So können zum Beispiel die miteinander verbundenen Hebel einer Kneifzange als Simulation einer greifenden menschlichen Hand angesehen werden. In gleicher Weise kann ein Holzhammer mit seinem Griff als die Verlängerung des menschlichen Armes betrachtet werden. Über dieses Prinzip, die sogenannte Organverlängerung, wurde schon an anderer Stelle berichtet; dieses Prinzip hat wichtige Beiträge zur Ergonomik geleistet, die auf das bessere Verständnis der Leistungsmöglichkeit des Menschen abzielt.

Der Versuch, das Verhalten des Menschen oder Tieres durch eine technische Konstruktion nachzuahmen, war oft der erste Schritt einer Entwicklung. Der nächste Schritt war dann der Versuch, die Simulation durch einen automatischen Mechanismus und schließlich durch einen Automaten zu ersetzen. Nachdem dieser Automat einen gewissen Grad technischer Perfektion erreicht hat, trat häufig der Wunsch auf, noch kompliziertere Funktionen zu simulieren. Durch diese schrittweise vollzogene Entwicklungskette erweist sich der Spannungszustand zwischen den Simulatoren und den Automaten als eine große fördernde Triebkraft der Entwicklung in vielen Bereichen der Technik. Eine solche Entwicklungskette, die schließlich zum Computer führte, sei hier genannt. Die erste mechanische Rechenmaschine entstand im 17. Jahrhundert und simulierte gewissermaßen das Abzählen auf der Hand. Allmählich wurden dann automatische Rechenmaschinen entwickelt. Nach einigen wenigen Entwicklungsstufen gelang es mit Hilfe raffinierter Methoden der Elektronik den Weg nachzuvollziehen, den der Mensch bei komplizierten Rechnungen gedanklich einschlägt. Dieses Nachvollziehen wird dadurch in Gang gesetzt, daß man dem Computer ein Programm eingibt. Während des Rechenvorganges kann er unter anderem Informationen speichern und aus seinem „Gedächtnis" abrufen. Dies vollzieht der Computer automatisch, wenn ihm das Programm eingegeben worden ist. Gegenwärtig werden Methoden entwickelt, den Computer zu befähigen, sprachliche Aufträge zu empfangen und auszuwerten.

Einige frühe Steuerungssysteme

Es wurde bereits gesagt, daß die Schlinge einer Tierfalle der früheste automatische Mechanismus sei. Es ist nicht möglich, den Zeitraum seines ersten Auftretens genau festzulegen, doch ist wahrscheinlich, daß der Mechanismus erfunden wurde, als die Jäger und Sammler vor mehr als zehntausend Jahren noch Nomaden waren. Dieser Mechanismus hat viele moderne Gegenstücke, wie zum Beispiel den Begrenzungsschalter, der eine Bewegung bei Produktionsautomaten, beispielsweise bei Packmaschinen, freigibt oder unterbricht.

Die Schlingenfalle kann als ein offenes, programmiertes Steuerungssystem bezeichnet werden, bei dem in gewissem Grade der Elch das Programm ist. Viele der frühesten Steuerungssysteme waren offene Systeme. Man stattete sie nicht selten mit einer Art Programm aus. Ein solches System war die Kochmethode, die Jägervölker in einigen der frühesten Kulturen anwendeten. Der Kochbehälter bestand aus einem Ledersack; die Wärme erhielt man von einem im Feuer erhitzten Stein. Entsprechend der erforderlichen Garungszeit wurde ein Stein bestimmter Größe ausgesucht oder mitgebracht. Die „Wahl des Programms" bestand hierbei in der Wahl der Steingröße. Mit etwas Vorstellungsvermögen kann ein solches Kochverfahren als ein früher Vorläufer der heutigen elektrischen und zeitgesteuerten Kochherde angesehen werden. Der deutsche Technikhistoriker Werner zur Megede berichtet, daß nordafrikanische Funde solcher Kochausstattungen auf etwa 6650 v. Chr. datiert werden.

Andere programmierte Steuerungssysteme der Vergangenheit findet man in Form der riesigen Bewässerungsanlagen der Flußkulturen. Wenn die Flüsse in der Regenzeit anschwollen, wurde ein Teil ihres Wassers durch Kanäle abgeleitet, die weit von dem Bewässerungsgebiet entfernt am Oberlauf des Flusses abgezweigt wurden. Das Wasser wurde hoch oberhalb des Wasserstandes des Flusses am Ort in großen Becken gestaut und ermöglichte die Bewässerung auch jener Gebietsteile, die von den Fluten des Flusses normalerweise nicht berührt worden wären. Solche oder auch nur örtliche Bewässerungssysteme sind in Mesopotamien, dem Zweistromland, schon im 4. Jahrtausend v. Chr. gebaut worden. Nachdem der mächtige König Hammurabi um 1780 v. Chr. die vielen kleinen Königreiche am Euphrat und Tigris vereinigt hatte, ließ er Gesetze verkünden, die darauf abzielten, die Nutzung des großen Netzes aus Staubecken und Kanälen zu koordinieren. Hammurabis berühmtes Gesetzwerk war eigentlich ein Grundlagenwerk für die Organisation und Verwaltung des Bewässerungssystems. Das Gesetz bestimmte, daß jeder Bürger verpflichtet sei, einen Beitrag zur Unterhaltung, zum Betrieb und zur Erweiterung des Systems zu leisten. Einige Abschnitte des Gesetzes handelten über die Strafen bei Vernachlässigung dieser Pflichten. Der geringste Ungehorsam, die kleinste Nachlässigkeit in dieser Beziehung wurde als Verbrechen angesehen. Andererseits war das einwandfreie Arbeiten des Bewässerungssystems für die gesamte Gesellschaft von lebenswichtigem Interesse. Eine riesige Anzahl von Arbeitern wurde benötigt, sobald „das Programm eingegeben" wurde, das heißt, der Fluß zu steigen begann. Der Zeitpunkt trat nicht ein mit der Präzision einer Programmiereinrichtung, weil sowohl der Euphrat als auch der Tigris nahezu unberechenbar waren. Die sumerischen Ingenieure wurden in der Tat sehr gefordert, doch gelang ihnen wahrscheinlich, eine bewundernswerte Technik zu entwickeln, das lebenspendende Wasser richtig zu steuern. Als aber im 11. Jahrhundert v. Chr. der Euphrat sein Bett verlegte, wurde das Bewässerungssystem hoffnungslos gestört. Dies trug zum Zerfall des Staatsgebildes und zum Untergang der sumerischen Kultur bei.

Frühe Automaten und geschlossene Steuerungssysteme

Die einfache Wasseruhr, die Klepsydra, ist im 6. oder 5. Jahrhundert v. Chr. im antiken Griechenland sehr verbreitet gewesen, höchst wahrscheinlich ist sie aber schon lange Zeit zuvor in Ägypten erfunden worden. Das älteste Dokument, das eine Klepsydra erwähnt, ist ein Bericht über einen Rechtsstreit, wo sie als Hilfsmittel genannt wird, gleich lange Zeiten für die Schlußplädoyers des Anklägers und des Verteidigers zu ermöglichen. Die einfachste Form einer Klepsydra war ein

B. Eine Elchfalle in der Sicht von oben (**1**) und von der Seite (**2**). Wenn der Elch gegen die Leine (a) rannte, wurde der Haken (b) gelöst. Der Speer (c), der an einem jungen, unter Spannung stehenden Baumstamm (d) montiert war, bohrte sich dann in die Brust des Elches.

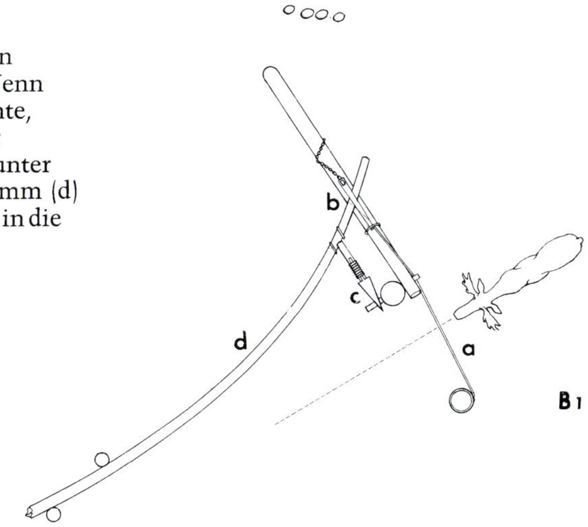

B1

B2

C. Im Altertum bewässerten die Ägypter Landstriche, die normalerweise von den Nilüberschwemmungen nicht berührt wurden, indem sie Zuflußkanäle (a) aushoben, die weit stromaufwärts vom Strom abgezweigt wurden. Man ließ das Wasser dann von Becken zu Becken (b) herunterrieseln, indem man die dazwischen liegenden Dämme entsprechend öffnete. Auf diese Weise wurde der Boden in den Becken mit Wasser getränkt. Ähnliche Bewässerungssysteme gab es in anderen frühen Flußkulturen.

C
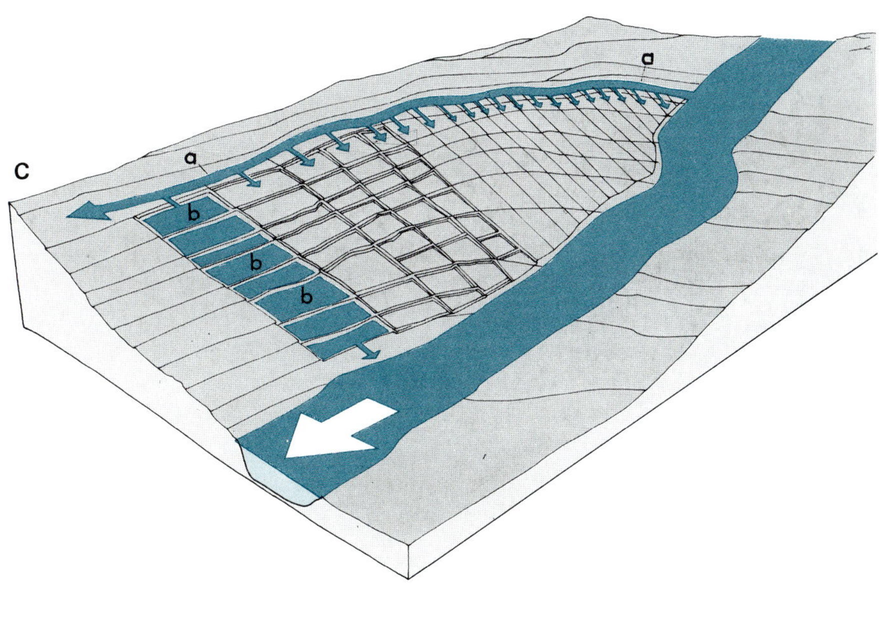

Gefäß mit einem Überlauf. Wenn in das Gefäß gleichmäßig Wasser hinzugefügt wurde, floß es mit einem ziemlich konstanten Strom aus einer unteren Öffnung in ein anderes Gefäß mit einer Skala. Dieser einfache Zeitmesser wurde durch die Ingenieure der Alexandrinischen Schule, hauptsächlich durch Ktesibios, erfunden und mehr oder weniger vervollkommnet (s. S. 32ff). Die Klepsydra kann auch in ihrer raffiniertesten Bauart hauptsächlich als ein Simulator angesehen werden, durch den die unbeeinflußbaren, gleichmäßigen Bewegungen der Himmelskörper nachgeahmt werden, die die Grundlage zur Zeitmessung bilden.

Man hatte sehr früh daran gedacht, die Klepsydra automatisch zu betreiben. Kein geringerer als der große Philosoph Platon (427–347 v. Chr.) konstruierte einen solchen Automaten. Die Schüler der von Platon 378 v. Chr. gegründeten Akademie hatten Schwierigkeiten – sagt die Legende –, früh am Morgen aufzuwachen, und es war schwer, sie zur täglichen Diskussion zusammenzuholen. Platon baute daher einen großartigen „Wecker", den er in dem Olivenhain der Akademie aufstellte. Es war eine einfache Klepsydra, bei der das wie üblich mit einer Skala versehene Gefäß noch eine kleine, mit Bleikugeln gefüllte Schale hatte, die mit dem Rand des Gefäßes gelenkig verbunden war. Während der Nacht füllte sich das Gefäß mit Wasser, das schließlich zur rechten Zeit die Schale anhob und entleerte. Die Bleikugeln fielen dann auf eine Kupferplatte.

Platons „Wecker" erregte bei seinen Zeitgenossen genau wie seine Akademie zuvor sehr große Aufmerksamkeit. In den folgenden Jahrhunderten baute man daher viele Wasseruhren mit akustischer Zeichengebung. In einer dieser Uhren wurde die Luft zusammengepreßt, um einen lauten Pfeifton zu erzielen. Das Wasser der Klepsydra wurde dabei in einen zweigeteilten Behälter eingespeist. Der obere und untere Behälterraum waren durch ein auf beiden Seiten offenes Rohr verbunden, das im oberen Teil fast bis an die Decke reichte. Über dieses Teil war ein breiteres Rohr gestülpt und war ein bißchen höher als das innere Rohr. Das dickere, äußere Rohr war oben geschlossen und hatte unten, in der Nähe der Trennwand, zwischen den beiden Behälterteilen Öffnungen. Wenn das Wasser der Klepsydra den oberen Rand des inneren Rohres erreichte, entleerte der obere Behälterteil das Wasser rasch in den unteren Teil, weil die beiden Rohre zusammen als Siphon arbeiteten. Die Luft wurde im unteren Behälter zusammengepreßt und durch ein Rohr in den oberen Teil geleitet. Dieses Rohr war mit einer Pfeife oder Flöte ausgestattet, die dann ertönte.

Die Alexandrinische Schule

Technologie und Naturwissenschaften blühten an jener antiken Stätte der Forschung, im Museion in Alexandria. Darüber wurde bereits berichtet. Eine große Anzahl hervorragender Männer lehrte dort, zum Beispiel Pythagoras, Ktesibios, Euklid, Heron und Philon von Byzanz. Archimedes muß als Angehöriger der Alexandrinischen Schule erwähnt werden, obwohl er seine Beiträge zu den Wissenschaften in Syrakus leistete, einem wichtigen Machtzentrum im gleichen Kulturkreis. Die Ingenieure der Alexandrinischen Schule konstruierten verschiedene Simulatoren und Automaten, die schon an anderer Stelle, aber unter einem anderen Gesichtswinkel behandelt wurden. Man wundert sich vielleicht, warum diese fortschrittlichen Ingenieure Vorrichtungen entworfen haben, wie singende Vögel, sich bewegende Figuren auf der Bühne, selbstfahrende Fahrzeuge, und automatische Vorrichtungen. Manche dieser Vorrichtungen haben zweifelsfrei einen nützlichen Zweck erfüllt, wie der Weihwasserspender oder der Taxameter. Die meisten dieser Vorrichtungen waren jedoch dazu bestimmt, Sinnestäuschungen zu erzeugen, wie zum Beispiel das automatische Öffnen der Tore zum innersten Heiligtum des Tempels durch die Warmluftmaschine. Warum konstruierten die Ingenieure der Alexandrinischen Schule nicht etwas Nützliches?

Der Grund ist darin zu sehen, daß sie sich als Naturphilosophen verstanden, deren erstes und einziges Ziel es war, Gesetze der Natur zu erforschen. Dies taten sie durch theoretische Betrachtungen, die Logik, und gegebenenfalls durch Mathematik. In Fällen, in denen die Theorien durch Versuche unterbaut werden mußten, verwendeten sie entsprechende Vorrichtungen. Offenbar standen den Naturphilosophen geschickte Handwerker und Instrumentebauer mit raffinierten Werkzeugen und Geräten zur Seite. Die Instrumentebauer mußten wohl eine eigene Ausbildungsstätte gehabt haben, die eine beschränkte Anzahl ausgesuchter Lehrlinge ausbildete. Das berufliche Können des Instrumentebauers war gefordert, wenn die „Professoren" Modelle bestellten, die zum Beweis ihrer Theorien erforderlich waren. Gewöhnlich waren es Konstruktionen, die nie zuvor verwendet worden sind. Viele gewagte Konstruktionen, die heute den Ingenieuren der Alexandrinischen Schule zugeschrieben werden, waren zweifellos das Ergebnis der Zusammenarbeit zwischen den Naturphilosophen und ihren geschickten Instrumentebauern.

Eine ergiebige Fundstelle für Anregungen zu genialen Simulatoren und Automaten der einzelnen Schulen war die Mythologie des antiken Griechenland. Diese enthielt unter anderem eine ganze Fauna künstlicher Vögel, gehender und sprechender Statuen und künstlich gemachte Nachbildungen von Gottheiten und ihren Dienern. Homers Ilias berichtet von Hephaestus, dem Gott des Handwerks und dem „Ingenieur des Olymps", der selbstfahrende Fahrzeuge konstruiert hatte. Die Ingenieure der Alexandrinischen Schule machten aus diesen mythologischen Errungenschaften eine praktische Realität (s. S. 33ff). Hephaestus umgab sich mit Dienerinnen, die aus purem Gold gefertigt waren. Nach Homer waren diese „goldenen" Mädchen kräftig und intelligent. Sie konnten sprechen und waren eifrig dabei, Handwerke zu erlernen, die die Götter ihnen gewiesen haben. Dies ist eine der ersten Erwähnungen künstlicher Menschen oder Androiden. Beginnend in der Renaissance wurden viele Versuche unternommen, solche Gebilde zu schaffen. Davon wird noch im Folgenden die Rede sein.

Die Geschichte von Dädalus, seinem Sohn Ikarus und ihrem Flugabenteuer ist allgemein bekannt und gehört ohne Zweifel in die Welt der Mythen. Die hellenischen Fabeln berichten, daß Dädalus König Minos von Kreta diente und sich und wahrscheinlich auch den König damit unterhalten hatte, daß er fliegende Tiere, unter anderem eine fliegende Kuh, konstruierte. Im Gegensatz zum Flugabenteuer mag an dieser Überlieferung ein Körnchen Wahrheit sein, daß Dädalus gehende und sich drehende Figuren konstruierte. Es wird berichtet, er habe Quecksilber verwendet, um den Schwerpunkt zu verändern und so zu erreichen, daß sich die Arme, Beine und selbst die Augen der Statue bewegten.

Viele Historiker und Schriftsteller des antiken Griechenland und Roms, einschließlich Herodot von Halikarnassus, Lucian und Diodorus Siculus, geben ausführliche Beschreibungen über selbstfahrende und selbstgehende Mechanismen und Androiden. Ähnliche Erzählungen sind in anderen frühen Kulturen, besonders in China, zu finden. Es ist dabei oft sehr schwer zu unterscheiden, was Mythos und was Wahrheit ist.

Die Geschichte von Archytas von Tarent (400?–365? v. Chr.) und seiner berühmten fliegenden Holztaube bewegt sich an der Grenze zwischen Mythos und Wahrheit. Da Archytas ein Zeitgenosse und Freund

Platons und Schüler Pythagoras' war, kann er der Alexandrinischen Schule zugerechnet werden. Von seinen schriftstellerischen Werken blieben nur einige Fragmente übrig, unter ihnen Abhandlungen über Akustik und Musik. Aus diesen Schriften ist erkennbar, daß Archytas ein fortschrittlicher Naturphilosoph war. Die Geschichte über die Taube brachte ihm den größten Ruhm ein: allerdings ist diese Geschichte erst einige hundert Jahre nach seinem Tode geschrieben worden. Im Inneren der Taube soll sich ein geheimnisvoller Behälter befunden haben, der die Taube in großer Höhe schwebend hielt. Dieser Behälter war wahrscheinlich nichts anderes als ein Heißluftballon oder ein Drachen. Die Alexandrinische Schule kennt diese Spielzeuge und die Tatsache, daß sich Archytas mit Akustik beschäftigte, weist darauf hin, daß er auch die Eigenschaften der Luft studiert haben wird. Die Geschichte über die fliegende Taube des Archytas wurde über die Jahrhunderte hinweg von verschiedenen Chronisten wiedergegeben und jedes Mal um weitere „Erfindungen" erweitert.

Einer der vielen erfolglosen Versuche, das Problem des Fliegens durch Nachahmung des Vogelfluges zu lösen, fand Mitte des 17. Jahrhunderts statt. Mitglieder der gelehrten römischen Gesellschaft *Accademia dell'Esperienze* waren durch die Geschichte über die Taube des Archytas angeregt worden, eine mechanische Bauart dieser Taube mit Federantrieb zu konstruieren, aber diese akademische Taube flog nicht. Der Mythos von Dädalus und Ikarus, die Legende über die Taube des Archytas und einige andere Erzählungen über mechanische Vögel in der Antike sind teilweise selbst bis in das 20. Jahrhundert hinein die Anreger für viele Konstruktionen von Flugapparaten, den Ornithoptern, die den Flug von Vögeln nachahmen, obwohl unter anderen schon Sir George Cayley 1799 festgestellt hatte, daß ein solcher Flug unmöglich sei.

Doch zurück zu der Alexandrinischen Schule, deren Naturphilosophen und Ingenieure sich sicherlich nicht bewußt waren, wie wichtig ihre verschiedenen programmierten Simulatoren und Automaten sowie die Vorrichtungen mit Rückkopplung in der Zukunft sein würden. Eine der ersten Konstruktionen war Herons Vorrichtung zur Kontrolle des Flüssigkeitsspiegels durch einen Schwimmkörper, der das Abflußventil betätigte. Diese Konstruktion wird noch heute sowohl in der Industrie als auch in der unmittelbaren Umgebung eines Menschen angewendet: die eine Bauart ist im Autovergaser zu finden, die andere bei der Wasserspülung im Klosett. Mehrere andere Ingenieure der Alexandrinischen Schule beschrieben verschiedene Möglichkeiten der Kontrolle des Flüssigkeitsstandes. Eine dieser Varianten ist ein gutes Beispiel für das konstruktive Denken und wird allgemein dem Ktesibios zugeschrieben. Sie kombiniert den Schwimmkörper mit einem Ventil, um eine Einheit zu bilden. Ktesibios' Vorrichtung stellte hohe Ansprüche an die Präzision, um in erster Linie einen gleichmäßigen Wasserfluß in der Wasseruhr zu erzielen.

Philon von Byzanz, ein anderer großer Denker der Alexandrinischen Schule, entwarf eine Regeleinrichtung für Öllampen, die einen gleichbleibenden Ölstand haben müssen, wenn der Docht der Lampe gut brennen soll. Philons Konstruktion bestand aus einem geschlossenen Ölbehälter mit einer an beiden Enden offenen Steigleitung. Das untere Ende dieser Leitung tauchte in das Ölbad, das den Docht mit Öl versorgte. Wenn der Ölstand unter das untere Ende der Leitung abfiel, stieg Luft in der Leitung hoch und erlaubte so, daß Öl aus den kleinen dünnen Leitungen des Ölbehälters heraustrat, bis der Ölspiegel das untere Ende der Steigleitung wieder abdeckte. Nun wurde die Ölzufuhr wieder unterbrochen, weil keine Luft mehr in den Behälter treten konnte. Philons Regler erreichte so, daß der Ölspiegel im Ölbad sich immer zwischen

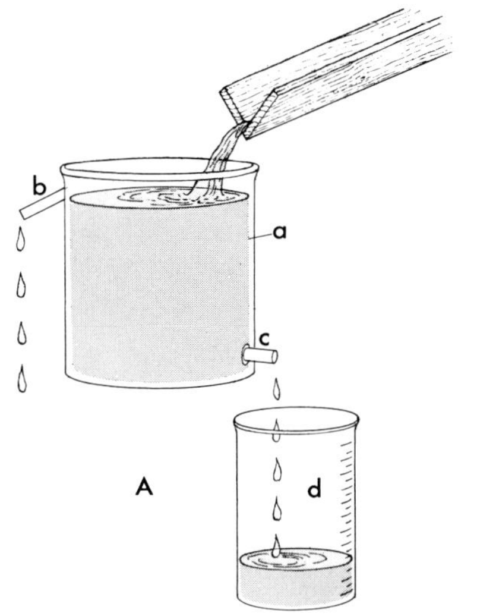

A. Die einfachste Art einer Wasseruhr bestand aus einem Gefäß (a) mit einer Überlaufleitung (b). Aus dem unteren Teil dieses Gefäßes tröpfelte das Wasser durch ein Röhrchen (c) in ein anderes, mit einer Skala versehenes Gefäß (d). Da das Wasser dem Gefäß (a) dauernd nachgeführt wurde, war der Wasserdruck im Gefäß nahezu konstant.

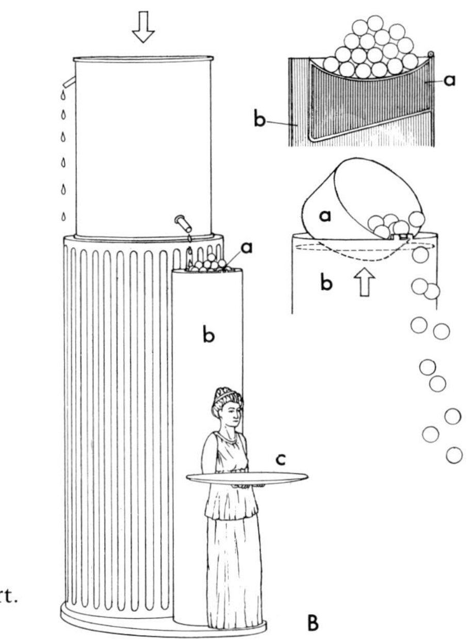

B. Die Weckuhr von Platon war eine einfache Klepsydra, bei der die Schüssel (a), die Bleikugeln enthielt, mit dem Rand des meistens mit einer Skala versehenen Gefäßes (b) gelenkig verbunden war. Wenn der Wasserspiegel in dem Gefäß (b) genügend hoch gestiegen war, wurde die Schale gehoben und die Bleikugeln ausgeleert. Sie fielen dann auf die Kupferplatte (c).

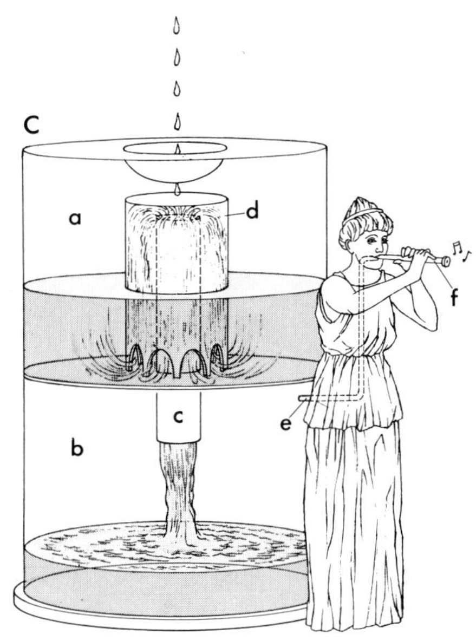

C. Diese Wasseruhr mit ihrer Pfeifvorrichtung wird ebenfalls Platon zugeschrieben. Das Wasser aus der Wasseruhr wurde in einem zweigeteilten Gefäß mit einem oberen (a) und unterem (b) Teil gesammelt. Zwischen beiden Gefäßteilen bestand Verbindung durch das beidseitig offene Rohr (c). Über das Rohr (c) war ein größeres Rohr (d) gestülpt. Das obere Ende dieses Rohres war geschlossen und endete knapp über dem inneren Rohr. Das untere Ende des Rohres (d) war so konstruiert, daß Wasser zwischen die beiden Rohre eindringen konnte. Wenn das Wasser im Gefäßteil (a) über die obere Begrenzung des inneren Rohres (c) gestiegen ist, wurde das Wasser im Gefäßteil (a) ziemlich rasch entleert und floß in das Gefäßteil (b), weil die beiden Rohre als Saugheber arbeiteten. Die Luft im Gefäßteil (b) wurde dann verdrängt und strömte durch das Rohr (e) heraus, an dessen Ende die Flöte (f) befestigt war.

A

B

C

A. Im Jahre 1863 konstruierte der Franzose J.-J. Bourcart dieses pedalbetriebene Flugzeug, mit dem es seiner Meinung nach möglich sein würde zu fliegen. Einen Vorteil sah er darin, daß der „Pilot" die Hände frei habe.

B. Dieses Modell eines Ornithopters wurde von dem Franzosen Gustave Trouvé 1870 gebaut. Es wurde mit Schießpulver angetrieben und konnte Flugstrecken von 70 m Länge zurücklegen.

C. Die uhrwerkangetriebene, mechanische Taube der Accademia dell'Esperienze ist ein Beispiel für die vielen vergeblichen Versuche, den Flug von Vögeln nachzuahmen.

D. Philons Öllampe; (**1**) Lampe, (**2**) Querschnitt. In der Mitte des Ölbehälters (a) befand sich ein an beiden Enden offener Heber (b). Das untere Ende des Hebers tauchte in das Ölbad (c), das den Docht mit Öl versorgte. Wenn der Ölspiegel in (c) unter den Heber (b) sank, konnte durch (b) Luft in den Behälter (a) aufsteigen, und Öl floß aus den dünnen Röhrchen (d) heraus. Sobald der Ölspiegel in (c) gestiegen ist und die Öffnung des Hebers geschlossen wurde, hörte das Öl zu fließen auf.

E. Der von Heron erfundene „unaustrinkbare Pokal". Der Wein wurde aus dem Pokal (a) ausgeschenkt, der über das Rohr (b) mit dem anderen Gefäß (c) in Verbindung stand. Wenn aus dem Pokal (a) Wein entnommen wurde, sanken der Flüssigkeitsspiegel im Gefäß (c) und der Schwimmer (d). In diesem Augenblick konnte Wein aus einem großen Behälter (e) durch das Rohr (f) in das Gefäß (c) fließen. Sobald der Wein in (a) und (c) wieder seinen ursprünglichen Stand erreicht hatte, schloß der Schwimmer die Öffnung des Rohres (f), und der Zufluß hörte auf. Der Schwimmer wurde durch den Hebel (g) mit einem kleinen Gegengewicht (h) daran gehindert, sich seitlich wegzubewegen.

einem Maximal- und einem Minimalstand bewegte. Dieses geschlossene Regelungssystem hat in der modernen Technologie ebenfalls viele Nachfolger.

Das arabische Zwischenspiel

An anderer Stelle wurde schon erwähnt, daß sich die wissenschaftlichen Ergebnisse der Alexandrinischen Schule in dem oströmischen Herrschaftsbereich und nach dessen Verfall in dem arabischen Kulturkreis weit verbreitet haben. Ein großer Teil der Literatur der Antike ist zweifellos durch die sinnlosen Plündereien während der Eroberungskriege verlorengegangen, doch ist eine Anzahl klassischer Bücher durch einzelne Gelehrte und in Klöstern erhalten geblieben. Die raschen islamischen Eroberungen im 7. und 8. Jahrhundert wurden gefolgt von einer Periode, in der die arabische Kultur eine großartige Blüte erlebte. Sie schöpfte hauptsächlich aus dem hellenistischen Erbe, insbesondere war dies bei den Naturwissenschaften der Fall. Beispielhaft für diese kulturelle Erneuerung ist die systematische Suche nach klassischen Werken der Antike, die durch den Kalifen von Bagdad, Abdallah-al-Manun (786–833), in dem frühen 9. Jahrhundert eingeleitet wurde. Er beauftragte drei Männer, die *Banu Musa,* die drei Söhne seines Hofastrologen, auszugehen und alles zu kaufen, was sie an Werken griechischer Naturphilosophen in die Hand bekamen.

Musas Söhne übersetzten zuerst Werke von Philon und Heron und überarbeiteten sie. Sie beschrieben auch eine Anzahl eigener Konstruktionen in dem großen Werk *Kitab al-Hiyal* („Das Buch der kunstvollen Vorrichtungen"), das fast zu einem Standardwerk in der arabischen Kultur wurde, gemessen an den vielen handgeschriebenen Kopien, die man in den Büchereien und Archiven in dem weiten islamischen Einflußbereich findet. Die Prototypen der Konstruktionen in diesem Werk können mühelos auf die Alexandrinische Schule zurückgeführt werden.

Die Ingenieure der arabischen Welt waren durch die selbstfahrenden Vorrichtungen nicht weniger fasziniert als ihre Vorgänger, doch dachten die Araber mehr an die praktische Anwendung der Konstruktionen. Viele der griechischen Prototypen sind gebaut worden, nur um ein Naturgesetz, ein physikalisches Grundgesetz zu illustrieren. Im *Kitab al-Hiyal* beschrieben die Musa-Brüder etwa 100 Konstruktionen und machten große Anstrengungen, Wege aufzuzeigen, wie man sie in der Praxis verwenden könne.

Die Nachfolger der Musa-Brüder entdeckten ein großes und nützliches Anwendungsgebiet der Konstruktionen, nämlich den Bau von Uhren. Vom frühen Mittelalter an wurden großartige Schmuckuhren zur Verzierung der Fürstenhäuser der arabischen Welt gebaut. Die berühmte Schmuckuhr von Gasa wurde schon (s. S. 47) als ein Beispiel für die fortschrittliche Handwerkskunst und Technologie genannt; diese Uhr ist vor der Verbreitung des Islam erstellt worden und ist ein beredtes Zeugnis davon, daß in diesem Teil der Welt das Erbe der Alexandrinischen Schule lebendig erhalten worden ist. Obwohl die Einzelheiten der Konstruktion der Uhr weitgehend unbekannt geblieben sind, kann angenommen werden, daß sie in erster Linie auf den Vorstellungen der alexandrinischen Ingenieure aufbauten.

Eines der ersten wichtigen Bücher über die Uhrenherstellung in der arabischen Welt trägt den Titel *Die Werke des Archimedes und die Herstellung von Uhren.* Der Text bestätigt, daß das Buch auf den Arbeiten des Archimedes von Syrakus beruht, mit anderen Worten, es war eine Übersetzung und Revision seiner Werke und ist vergleichbar ähnlichen Übersetzungen der Werke Herons, Philons und anderer Autoren durch die Araber. Unter den Schriften des Archimedes wurden jedoch keine

F. Dieses zuflußregelnde Ventil wurde ebenfalls von Heron erfunden. Es beruht auf dem gleichen Prinzip wie der „unaustrinkbare Pokal" – wenn aus dem Pokal (a) Wein ausgeschenkt wurde, sank der Flüssigkeitsspiegel auch in dem anderen Gefäß (b), das durch das Rohr (c) mit (a) verbunden war. Der Schwimmer (d) zog dann den Hebel (e) herunter, so daß das Ventil (f) im Ausflußrohr (g) des großen Behälters (h) geöffnet wurde.

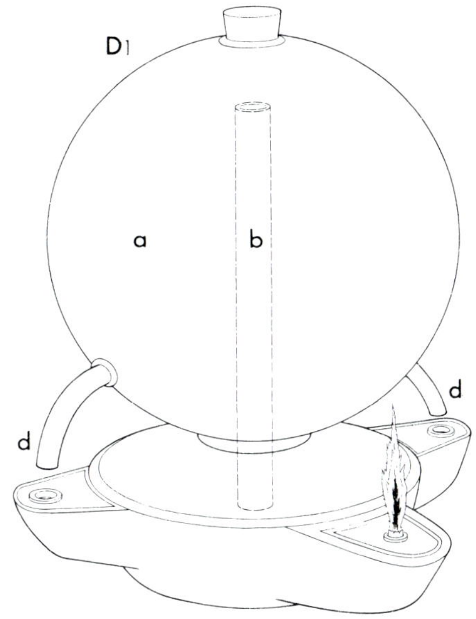

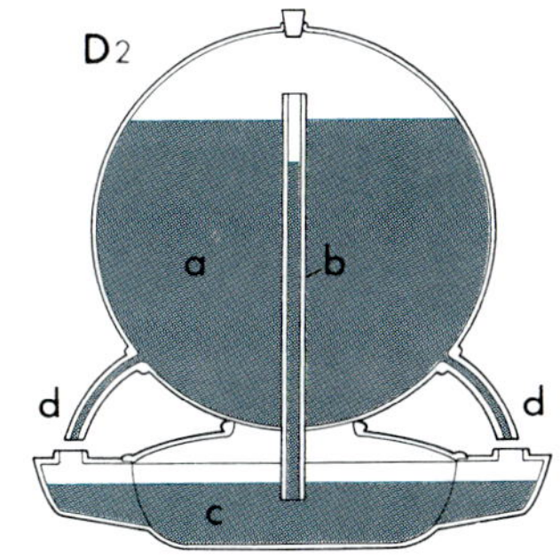

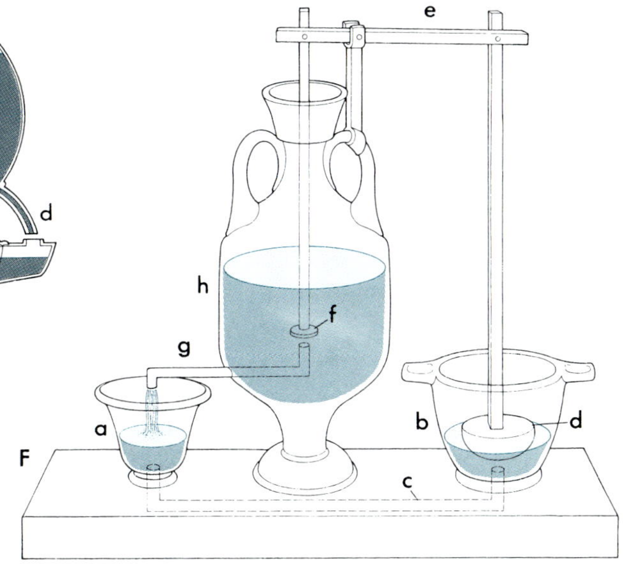

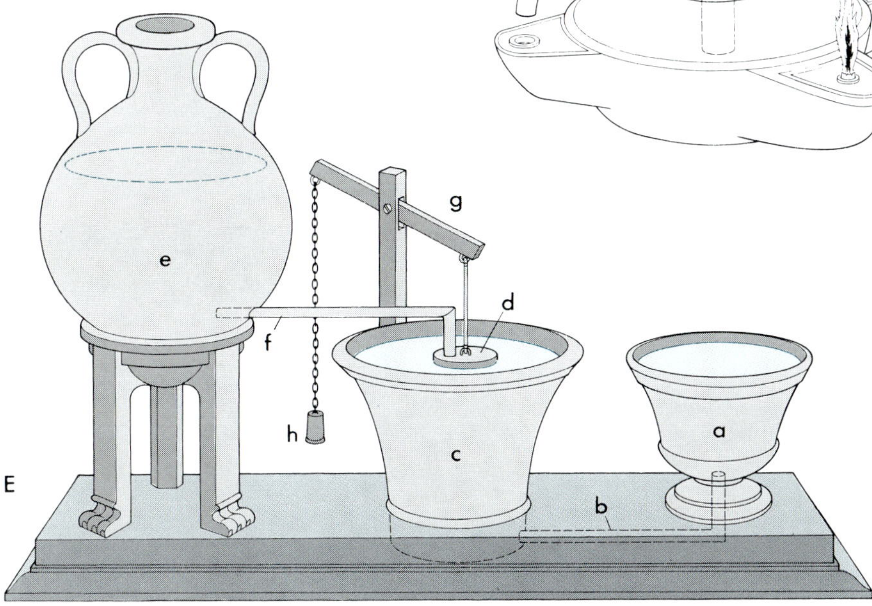

Werke gefunden, die über den Bau von Uhren handeln, obwohl seine Zeitgenossen berichten, daß er sich mit diesem Zweig der Technik befaßt hatte. In der Tat ist es nicht unwahrscheinlich, daß sich das große Genie der Naturwissenschaften von den Automaten der Zeitmessung fesseln ließ. Vielleicht hatten die arabischen Übersetzer ein Buch des Archimedes zur Hand, das in späteren Zeiten verlorenging. Der amerikanische Technikhistoriker Otto Mayr bezeichnet deshalb vorsichtshalber den Verfasser jener genauen Beschreibung des Baus einer Wasseruhr als „Pseudo-Archimedes". Es ist offensichtlich, daß der Verfasser dieses Buches gründliche Kenntnisse über den Bau von Uhren und viel praktische Erfahrung mit den vorhandenen Maschinenelementen haben mußte. Das Buch, das wahrscheinlich im 10. Jahrhundert geschrieben worden ist, wurde in den 1910er Jahren durch Friedrich Hauser und Eilhard Wiedemann in die deutsche Sprache übersetzt. Auf Grund der sehr umfassenden Beschreibung konnten sie eine vollständige Rekonstruktion jener bemerkenswerten Wasseruhr anfertigen. Sie hatte eine quadratische Grundfläche von 0,5 m Kantenlänge und eine Höhe von über 4 m. Nach jedem „Aufziehen", das heißt Befüllen der Uhr mit Wasser, lief sie 12 Stunden lang. Die Uhrzeit wurde auf dem Zifferblatt angezeigt. In der Uhr wurden eine Reihe von Mechanismen in Gang gesetzt. Aus einem Vogelschnabel fielen Steinkugeln auf einen Metallgong – so viele Kugeln, wie Stunden anzuzeigen waren. Eine Schlange griff Vögel an, und die Augen bewegten sich in einem Frauenkopf.

Das Buch des Pseudo-Archimedes verbreitete sich rasch und wurde weitgehend als Lehrbuch über den Uhrenbau verwendet. Einige spätere Schriftsteller beziehen sich auf dieses Buch; einer von ihnen war Ridwan al-Khurasani, der Sohn eines Uhrmachers, der Ende des 12. Jahrhunderts durch den Bau einer komplizierten Schmuckuhr in der großen Moschee von Damaskus sehr berühmt wurde. Diese Uhr zeigte die Tagesstunden mit Methoden an, die man mit denjenigen des Pseudo-Archimedes vergleichen kann, jedoch zeigte sie durch einen besonderen Mechanismus die Uhrzeit auch nachts an. Ein Flammenzeichen erschien nacheinander in zwölf Fensteröffnungen. Ridwan al-Khurasani, der in der Literatur auch als Ibn al-Saati (Sohn des Uhrmachers) genannt wird, brachte diese Schmuckuhr wieder in Gang, nachdem sie nach dem Tode seines Vaters verfallen war, und verfaßte eine umfangreiche Beschreibung der Wartungsarbeiten für die Uhr.

Zu Beginn des 13. Jahrhunderts war ein anderer bekannter Uhrmacher, Ismael al-Jazari (1150?–1220?), in Amid am Oberlauf des Tigris tätig. Er schrieb das umfangreiche Buch *Über die Wissenschaft kunstvoller Mechanismen,* in dem er an die zehn Schmuckuhren beschreibt. Die erste Beschreibung entspricht fast genau der Konstruktion des Pseudo-Archimedes 300 Jahre früher. Neben verschiedenen Bauarten von Wasseruhren beschreibt al-Jazari einen höchst originellen Zeitmesser, nämlich eine Wachskerze mit in ihr eingeschmolzenen Metallkugeln. Im Maße wie die Kerze herunterbrannte, wurden die Metallkugeln herausgeschmolzen und fielen auf eine Metallscheibe. Dies war nicht die erste Kerze, die zur Zeitmessung verwendet wurde, jedoch scheint das „Schlagwerk" al-Jazaris Erfindung zu sein.

Der große Ruf dieses Uhrmachers wird besonders dadurch ersichtlich, daß man ihn nach Gasa rief, die berühmte Schmuckuhr wieder in Gang zu setzen, die zur damaligen Zeit fast gänzlich verfallen war. Es gelang ihm, diese Uhr wieder zu ihrem ursprünglichen Glanz zu restaurieren, doch überlebte sie nur die nächsten 50 Jahre. Die meisten Werke dieser Kultur wurden unwiederbringlich zerstört, als die Mongolen die östlichen Teile des arabischen Herrschaftsbereiches angriffen. Bagdad fiel 1258.

Die Automaten der Renaissance

Auf die bedeutenden technischen Entwicklungen des Westens in den letzten Jahrhunderten des ausgehenden Mittelalters wurde schon hingewiesen. Wasser- und Windkräfte wurden immer mehr verwendet. Die Metallerzeugung stieg, Gilden und Zünfte traten auf; eine Folge davon war die organisierte Ausbildung der Handwerker. Viele Güter, wie zum

A

A. Eine Wasseruhr nach al-Jazari. Die Uhr wurde „aufgezogen", wenn der Wasserbehälter (a) mit Wasser gefüllt wurde. Im Behälter befand sich der Schwimmer (b), an dem eine Schnur befestigt war. Die Schnur führte über die Rollen (c). Im Maße wie der Schwimmer (b) allmählich sank, wurde der Zeiger (d) durch die Schnur entlang einem Brett (e) bewegt, das mit zwölf Löchern, jedes für eine Stunde, versehen war. Das Wasser floß aus dem Behälter (a) durch den Hahn (f) in ein anderes, kleineres Gefäß (g). Der Schwimmer (h) in diesem Gefäß war auf der Oberseite mit einem sorgfältig geschliffenen Stopfen versehen, der genau in die Öffnung des Hahnes paßte und diesen absperrte, wenn der Schwimmer seinen Höchststand erreichte. Sobald dieser sich wieder senkte, floß das Wasser wieder heraus. Auf diese Weise floß das Wasser aus dem Gefäß (g) durch das Rohr (i) unter konstantem Druck heraus und in das Gefäß (j) hinein. In diesem Gefäß befand sich das Ausflußrohr (k). Wenn dieses Rohr (k) an seiner höchsten Stelle stand, befand es sich auf gleicher Höhe mit dem oberen Ende des Gefäßes (g) (die Proportionen in al-Jazaris Zeichnung entsprechen nicht der Wirklichkeit). Durch Drehen des Gefäßes (j) konnte die Stellung des Ausflußrohres (k) in Relation zu dem Gefäß (g) geändert werden. Auf diese Weise konnte die Zeitdauer einer Stunde verändert werden.

B. Pseudo-Archimedes beschrieb diese Uhr so ausführlich, daß Eilhard Wiedemann und Friedrich Hauser, die seine Schriften in den 1910er Jahren in die deutsche Sprache übersetzt hatten, praktisch die ganze Uhr rekonstruieren konnten. Die Uhr wird hier in der Vorderansicht (**1**), im Längsschnitt (**2**) und angeschnitten in der Sicht von hinten (**3**) dargestellt. Ein Wasservorrat für mehr als 12 Stunden wurde in den Behälter (a) durch den Trichter (b) gegossen. Die Uhr wurde durch einen Schwimmer (c) angetrieben, der sich gleichmäßig absenkte. Der Wasserausfluß durch das Rohr (f) wurde dabei von dem Schwimmer (d) in dem kleineren Gefäß (e) gesteuert. Aus dem Gefäß (e) floß das Wasser durch das Rohr (g) und durch den Überlauf (h) heraus, dessen Höhenlage durch Verdrehen des Rohres (g) entlang der Scheibe (i) verändert werden konnte. So konnte die Zeitdauer einer Stunde verändert werden. (Zu der damaligen Zeit war die Stunde in Sommer und Winter verschieden lang!). Aus dem Überlauf (h) tröpfelte das Wasser in ein löffelförmiges Gefäß (j) und weiter zu einem angelenkten Gefäß (k) mit einem Gegengewicht (l). Wenn das Gefäß (k) gefüllt war, kippte es um und regte den Mechanismus (m) an, der eine Schlange Vögel angreifen ließ. Schließlich wurde das Wasser in dem unteren Teil der Uhr gesammelt, von wo aus es über den Hahn (n) abgelassen

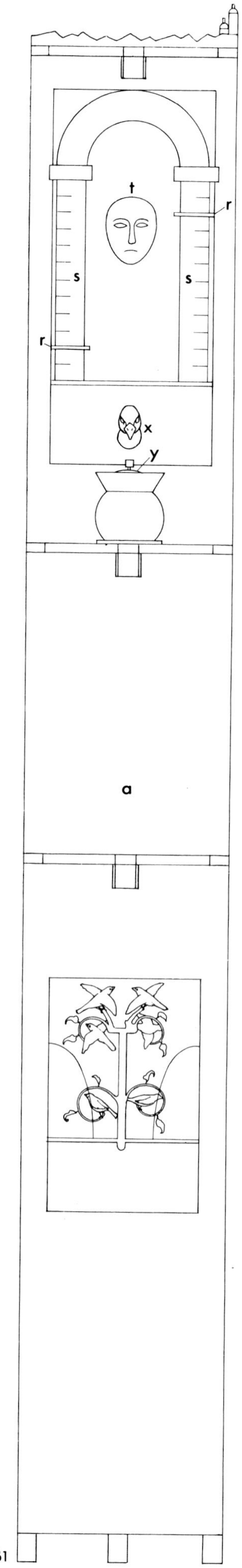

B1

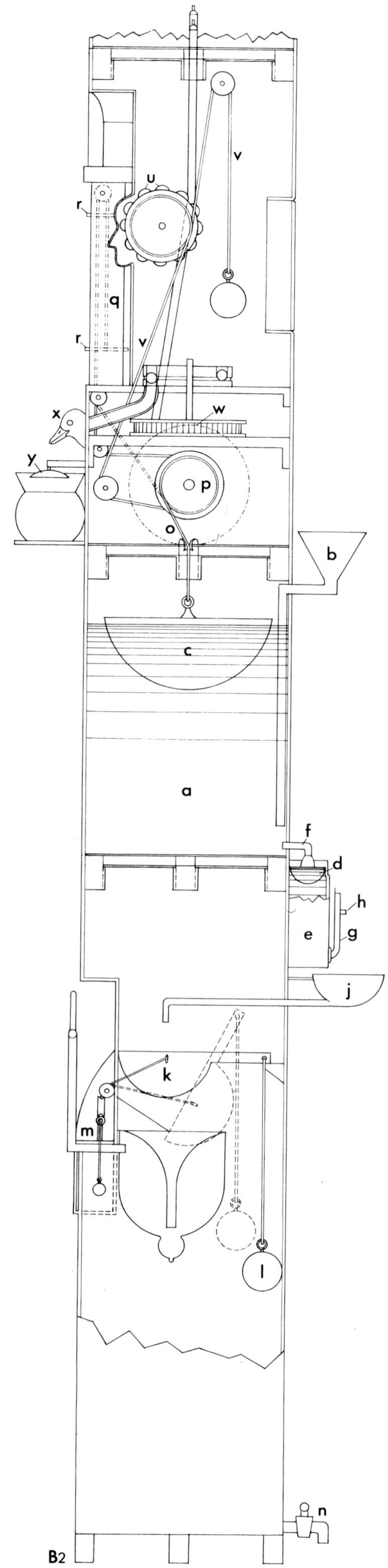

B2

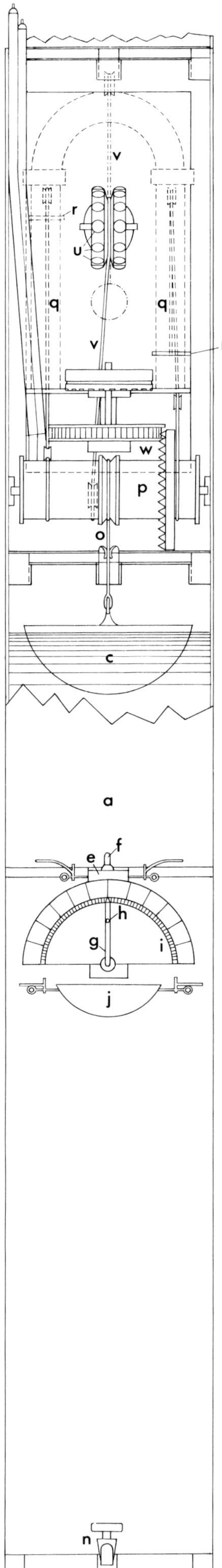

B3

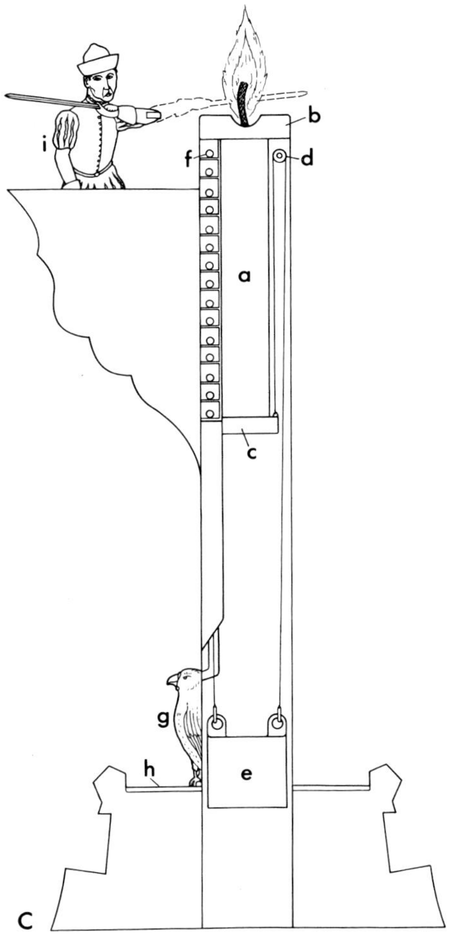

C

werden konnte. Wenn der Schwimmer (c) sank, zog er an der Schnur (o), die um die Trommel (p) gewunden war. Andere Schnüre (q) auf der gleichen Trommel bewegten die Zeiger (r), die die Zeit auf einem Zifferblatt (s) anzeigten. Die rollenden Augen (u) der Gorgo (t) wurden ebenfalls durch eine Schnur (v) von dieser Trommel bewegt. Über ein Rädergetriebe (w) wurde von der Trommel auch der Mechanismus angetrieben, der den Vogelkopf (x) veranlaßte, Steinkugeln auf einen Gong (y) fallen zu lassen.

C. al-Jazaris Zeitmesser in Form einer Wachskerze mit einem „Schlagwerk" Die Kerze (a) wurde unter die Bronzescheibe (b) gestellt, in der sich eine Öffnung für den Docht befand. Der Halter (c) unter der Kerze wurde von einer Schnur gehalten, die über die Rolle (d) führte und am anderen Ende mit einem Bleigewicht (e) beschwert war. Auf diese Weise wurde die Kerze gleichmäßig entsprechend ihrem Abbrand nach oben geschoben; entsprechend fiel jede Stunde eine Metallkugel aus dem kleinen Behälter (f) heraus. Die Kugel fiel durch ein Rohr und aus dem Schnabel eines hohlen Falken (g) auf eine Metallplatte (h). Beim Herunterfallen löste die Kugel einen Mechanismus aus, der die Figur ein scharfes Schwert gegen den Docht schwingen ließ, wodurch die Kerze geputzt wurde.

Beispiel Ziegel und Nadeln, wurden schon fast industriell hergestellt. Das geistige Leben erlebte eine Blütezeit, Universitäten wurden gegründet, die Mönchsorden wurden größer. Von dem Ende des 13. Jahrhunderts an sah man eine geistige Belebung durch die Werke der griechischen und römischen Schriftsteller. Die Kultur der klassischen Antike erlebte eine Wiedergeburt! Dieser bedeutende Zeitabschnitt in der Geschichte der Technologie wurde an anderer Stelle dieses Buches als die „technische Revolution der Renaissance" bezeichnet.

Interesse an Naturwissenschaften begann sich bei den Gelehrten jener Zeit – insbesondere bei Mönchen und Geistlichen – zu regen. Es ist deshalb nicht überraschend festzustellen, daß sie ganz besonders interessiert waren an den kunstvollen Vorrichtungen und Automaten der Alexandrinischen Schule. Eine für jene Zeit typische Begebenheit für das große wissenschaftliche Interesse wird von Thomas von Aquin (1225–1274) und seinen Lehrer Albertus Magnus (1193?–1280), dem Dominikanermönch und Bischof von Regensburg, berichtet. Albertus Magnus soll einen Türwächter aus Metall, Holz, Wachs und Leder konstruiert haben, der die Besucher mit dem Wort „Salve!" begrüßte und sie nach ihrem Begehr fragte, bevor er ihnen erlaubte, zu dem großen Gelehrten vorzutreten. Der junge Thomas von Aquin wurde eines Tages durch die zudringlichen Fragen des Androiden so in Zorn versetzt, daß er ihn in Stücke schlug. Natürlich war Albertus Magnus erzürnt und ermahnte seinen Schüler.

Diese Erzählung ist offensichtlich eine Legende, auch wenn einige Fassungen dieser Geschichte im Laufe der Jahrhundert in unterschiedlichem Zusammenhang wiederholt wurden. Die Erzählung als solche aber ist bezeichnend für die damalige Zeit. Die Menschen erlebten eine große Veränderung nach der anderen, und die technische Revolution der Renaissance vermittelte ihnen oft einen übersteigerten Glauben an die Möglichkeiten der Technologie, auch „Wunder" zu schaffen, wie zum Beispiel den Türwächter des Albertus Magnus.

Nach Auffassung mancher Historiker war die Erfindung der mechanischen Uhr ein Weg, das ärgerliche Problem, unter dem die Wasseruhr litt, zu lösen, nämlich die Tatsache, daß sie nur bei Temperaturen über dem Gefrierpunkt arbeiten konnte. Es gibt einen sehr augenfälligen gemeinsamen Nenner zwischen den ausgereiftesten Wasseruhrenkonstruktionen und der ersten mechanischen Uhr. Gewichte, die an Schnüren aufgehängt und über Walzen und Rollen umgelenkt waren, setzten in der Wasseruhr des Pseudo-Archimedes verschiedene Mechanismen in Bewegung. Diese wichtigen Komponenten wurden auch in den nachfolgenden Uhren verwendet. Die großen Kenntnisse und Erfahrungen der arabischen Ingenieure im Bereich der sich selbst bewegenden Mechanismen hätten sie sicher in die Lage versetzen können, eine mechanische Uhr zu erfinden, die als eine Weiterentwicklung der Gewichtsmechanismen der Wasseruhr angesehen werden kann. Doch verhinderten dies, wie bereits erwähnt wurde, die Mongolen. Was den arabischen Ingenieuren fehlte, war ein wirksamer „Regler", der die durch das Gewicht bewirkte Bewegung in eine hinreichend gleichmäßige und genügend langsame Drehbewegung hätte umwandeln können. Die Unruhe in der mechanischen Uhr hat ausschließlich diese Aufgabe. Mitte des 13. Jahrhunderts führte der arabische Uhrmacher Taqu al-Din eine in diesem Zusammenhang äußerst interessante Vorrichtung ein, die so etwas wie ein Bindeglied zwischen der Wasseruhr und der mechanischen Uhr ist. Um die Drehbewegung eines gewichtsbetriebenen Mechanismus in einer Wasseruhr zu verändern, baute Taqi al-Din einen ringförmigen Behälter, der teilweise mit Quecksilber gefüllt und in der Trommel eingebaut war, um die die Schnur des Gewichtes gewunden war. Der Quecksilberbehälter war radial durch Trennwände in einzelne

A

A. Zu einem sehr frühen Zeitpunkt in der Geschichte der mechanischen Uhr wurden Schlagwerke entwickelt. Sie hatten oft die Form von mechanisch angetriebenen Wächterfiguren, die Glocken mit Hämmern schlugen.

B1 B2

B. Alles, was heute von der Uhr im Straßburger Münster aus dem 14. Jahrhundert noch übriggeblieben ist, ist dieser mit einem Blasebalg angetriebene mechanische Hahn (**1**), der zur Mittagszeit mit den Flügeln schlug und krähte. Wenn der Mechanismus arbeitete, spreizten sich die unteren Federn des Federkleides schräg nach außen. Der Hahn, der in Bild (**2**) im Schnitt dargestellt ist, wird im Museum in Straßburg ausgestellt.

Kammern eingeteilt. In den Wänden befanden sich kleine Löcher. Die Drehbewegung der Trommel wurde so durch das durch die Löcher fließende Quecksilber abgebremst. Diese Vorrichtung scheint im Westen zum Zeitpunkt des Auftretens der ersten mechanischen Uhren nicht bekannt gewesen zu sein. Taqi al-Dins Regler hätte vielleicht eine gleichmäßigere Bewegung liefern können als die ruckweise arbeitenden ersten einfachen Unruhen.

In der frühen Renaissance war das wieder erwachte Interesse für die Schriften der Antike zweifellos eine starke Triebkraft bei der Entwicklung der mechanischen Uhren. Bei den ersten mechanischen Uhren wurde der Stundenlauf auf einem zylindrischen oder kreisrunden Zifferblatt angezeigt, damit der Wächter wußte, wann er das Horn blasen oder die Glocke schlagen sollte. Der automatische Mechanismus des Zeitmessers wurde durch andere Mechanismen vervollständigt, die die Aufgabe des Wächters übernahmen. Diese Simulatoren waren Schlagwerke, die schon sehr früh in der Entwicklungsgeschichte der mechanischen Uhren in verschiedenen Bauarten auftraten. Das einfachste war, ein mechanisches Abbild des Wächters zu bauen, der die Glocke mit einem Hammer schlägt. Vom 14. Jahrhundert an gibt es bei Turmuhren viele Beispiele solcher Glockenspiele. Die Schlagwerkmechanismen sind als gesonderte vom Uhrwerk angetriebene Vorrichtungen gebaut worden, und dies war sicherlich nichts Neues. Die kunstvoll gefertigten arabischen Wasseruhren hatten oft besondere Vorrichtungen, die auf verschiedene Arten durch den zeitmessenden Mechanismus ausgelöst wurden. Die einfachste Form eines Schlagwerks für mechanische Uhren bestand anfänglich aus einem Rad mit Nocken, die die jeweilige Figur in die Lage versetzten, den Hammer gegen die Glocke zu schlagen. In diesem Zusammenhang sei angemerkt, daß das Schlagwerk als eine frühe Form des mechanischen Gedächtnisses angesehen werden kann.

Bei diesen Schlagwerken der mechanischen Uhr kann man den starken Einfluß der Theaterautomaten der Alexandrinischen Schule und der fortschrittlichen arabischen Kunst der Uhrenherstellung, mit ihren sich bewegenden Göttern, Menschen, Vögeln und anderen Tieren, erkennen. Eines der ersten Schlagwerke war nicht ein hammerschwingender Mann, sondern ein mechanischer Hahn, der am Turm des Straßburger Münsters um 1350 befestigt war. Der Hahn ist das Symbol der Wachsamkeit und erscheint deshalb häufig – wenn auch nicht in dieser mechanischen Form – auf vielen Kirchturmspitzen. Der mechanische Hahn von Straßburg kann als ein Symbol für die rasche Entwicklung angesehen werden, die nun folgte. Mit den Wasseruhren und den anderen Konstruktionen der Antike als Vorbild wurde eine Anzahl komplizierter Schmuckuhren hergestellt, die die Wanderung der Sonne durch die Tierkreiszeichen, die Mondphasen und die Bewegung der Planeten darstellten. Oft waren diese Uhren zusätzlich ausgestattet mit bewegten Figuren, die Könige, Kaiser, Apostel, Krieger oder Kobolde darstellten. Diese Figuren zeigten nicht nur die Zeit an, sondern stellten auch Szenen mit religiösem und profanem Hintergrund dar.

Lebensgroße Automaten

Der schnelle technische Fortschritt während der Renaissance ermöglichte es, lebensgroße Automaten zu konstruieren. Die Ingenieure der Alexandrinischen Schule hatten ihre automatischen Vorrichtungen meist als Modelle gebaut. Im 16. und 17. Jahrhundert veröffentlichte man in Europa einige Überarbeitungen alter Klassiker der Technologie so wie auch einige Übersetzungen von griechischen und arabischen Originalwerken. Eines dieser umfangreichen Werke *Les raisons des forces mouvantes ...* („Über die bewegenden Kräfte. Die Beschreibung einiger künstlicher und amüsanter Vorrichtungen") wurde von dem französischen Ingenieur Salomon de Caus (1576–1626) verfaßt. Dieses sehr reichhaltig illustrierte Kunstbuch erschien 1615. De Caus verbrachte den größten Teil seines Lebens in Heidelberg und stand in Diensten des Kurfürsten Friedrich V. von der Pfalz. Sein Buch beschreibt viele Automaten des Heron, aber er entwickelte jene Konstruktionsideen weiter und wandelte sie zum Gebrauch für seine eigene Zeit um. Entgegen den meisten zeitgenössischen Kunstbüchern war de Caus' Werk nicht rein theoretisch: im Garten des Heidelberger Schlosses hatte er eine Anzahl Szenen mit beweglichen Figuren in romantisch versteckten Höhlen gebaut. Das Ganze wurde von Wasserrädern angetrieben, die Bewegungen der Figuren wurden durch „Programme", d.h. von Trommeln mit Nocken, ausgelöst. De Caus baute später ähnliche, jedoch größere Vorrichtungen im Palast des Herzogs von Burgund in Saint-Germain außerhalb von Paris, die zu der größten Attraktion Europas wurden. Ähnliche Konstruktionen wurden 1613 in Hellbrunn eingerichtet und wurden ebenfalls sehr bekannt. Diese Anlage bestand ursprünglich aus einer Anzahl von Grotten mit beweglichen Figuren aus der Mythologie, mit Drachen und Vögeln. Die Anlage wurde in den Jahren zwischen 1748 und 1752 vergrößert und enthielt insgesamt 256 Figuren. Die Einrichtungen von Hellbrunn wurden ebenfalls vom Wasser angetrieben. Die Anlage hatte einige Triebwerke, die mit Zylindern mit Nocken verbunden waren. Die Nocken betätigten Kupferdrähte, die die Figuren nach einem festgelegten Programm in Bewegung setzten. Eine hydraulisch angetriebene Orgel gab Hintergrundmusik und überspielte so das Geräusch des Antriebsmechanismus. S. de Caus hatte viele Nachahmer, die seine Theaterszenen nachbauten. Über Jahrhunderte blieb es Mode, die Lustgärten mit Grotten und bewegten Figuren auszuschmücken.

S. de Caus war der große Pionier auf dem Gebiete der Konstruktion lebensgroßer Automaten. Die vielen königlichen, kaiserlichen und fürstlichen Höfe begannen ihre eigenen Kunstmeister zu beschäftigen, die Androiden und andere Automaten herstellten, welche in den prächtigen Schloßräumen recht und schlecht agierten und ihre Fertigkeiten zur Schau stellten. Fast gleichzeitig entwickelte sich eine andere Kunst und ist noch heute in Gebrauch, die Kunst, automatische Spielzeuge (Modelle) wie in der Antike herzustellen. Einer der großen Urheber dieser Kunstrichtung war Juanelo Turriano, der brillante Konstrukteur der „Ballettmaschine" (s.S. 101). Dieser außerordentlich talentierte Ingenieur diente Kaiser Karl V., der sich nach seiner erzwungenen Abdankung 1556 in das Kloster San Geronimo de Yuste in Estremadura zurückzog. J. Turriano versuchte auf allerlei Arten seinen Herrn durch amüsante Automaten aufzuheitern: hölzerne Vögel, die im Zimmer herumflogen, ein Laute spielender Schäfer, Hornbläser und Trommler, fechtende Soldaten und viele andere Dinge. Einige europäische Museen, einschließlich des Wiener Kunsthistorischen Museums, zeigen Sammlungen von Automaten, die J. Turriano zugeschrieben werden, doch kann bei keinem der Ausstellungsstücke nachgewiesen werden, daß sie wirklich der kluge Cremoneser angefertigt hat.

Die Automaten von J. Turriano wurden genauso berühmt wie seine große Ingenieurleistung, die Wasserversorgung der Stadt Toledo. Der Abt des Klosters von San Geronimo de Yuste trug, wenn auch vollkommen unbeabsichtigt, zum Ruhm des J. Turriano bei. Zufällig war der Abt Zeuge der Vorführung eines der Automaten. Der Anblick dieses Schauspiels überzeugte den Abt, daß J. Turriano mit dem Teufel im Bunde sei.

Ob nun der bemerkenswerte J. Turriano mit dem Teufel paktierte oder nicht, er wurde jedenfalls der Ausgangspunkt für viele Legenden und so etwas wie ein Volksheld, insbesondere nachdem er die Wasserversorgung der Stadt Toledo auf eine solch elegante Art gelöst hatte. Eine Chronik berichtet, wie J. Turriano einen Androiden als Diener baute, der jeden Tag auf die Straße ging, um Einkäufe für den Haushalt zu tätigen. Die Technologie scheint in jener Zeit mehr Fortschritte gemacht zu haben als zu Zeiten des Albertus Magnus und seines Türwächters. Der Mythos, der sich um J. Turrianos Diener bildete, hatte die gleiche Wurzel wie derjenige des Türwächters des Albertus Magnus. Die Basis des Mythos bildete in beiden Fällen der feste Glaube an die Errungenschaften der berühmten Männer. Die Kraft der Legende war so stark, daß man der Allee, in der J. Turriano in Toledo lebte, später den Namen *Calle del Hombre del Palo* (die Allee des hölzernen Mannes) gab.

Eine Anzahl von Goldschmieden und Präzisionsmechanikern in Nürnberg waren führend im Bau von Automaten. Einer der bekanntesten war Hanns Frey, der Schwiegervater von Albrecht Dürer, ein Kaufmann, dessen Hobby Präzsisionsmechanik war. H. Frey baute viele Automaten, besonders trinkende Automaten, die auf Konstruktionen Herons und einiger arabischer Meister zurückgingen. Sein Nachfolger war Hanns Bullmann. Er war Goldschmied von Beruf und ein Zeitgenosse Peter Henleins, dem Schmied und Präzisionsmechaniker, der eine der ersten Taschenuhren herstellte (s. S. 51). H. Bullmann war sehr wahrscheinlich der erste Konstrukteur von Automaten, der ein Uhrwerk verwendete, um seine Figuren anzutreiben; er war allem Anschein nach mit den Arbeiten P. Henleins vertraut. Eine Gildenchronik von 1547, *Nachrichten von Künstlern und Werkleuten in Nürnberg,* gibt eine ziemlich umfassende Beschreibung der Automaten von H. Bullmann. Sie bestand aus einer großen Anzahl uhrwerkgetriebener Figuren von Männern und Frauen, die vor- und zurücklaufen und Musikinstrumente spielen konnten. Als Automatenkonstrukteur hatte H. Bullmann viele Kollegen in Nürnberg und anderen Teilen Süddeutschlands und Österreichs. Die Museen in jener Gegend haben viele Automaten aus jener Pionierzeit im Besitz. Bei näherer Betrachtung der Programme und anderer Kontrolleinrichtungen der Konstruktionen stellt man fest, daß die äußerst geschickten Handwerker, die die Automaten herstellten, viele hochentwickelte Techniken anwendeten, die seither viele Male unabhängig voneinander wiedererfunden worden sind.

Als die Automaten im 17. Jahrhundert sehr verbreitet waren, begannen sich nicht nur die Präzisionsmechanikingenieure, sondern auch die großen Humanisten und Philosophen für die technische Kunst zu interessieren. Der französische Philosoph René Descartes (1596–1650) behandelt in seinem Grundlagenwerk *Discourse de la méthode,* das 1637 veröffentlicht wurde, unter anderem das Verhältnis zwischen dem Menschen und dem Tier. Sie sind beide von Gott erschaffen worden, schreibt er, jedoch habe nur der Mensch eine unsterbliche Seele. Die Tiere müssen als höchst komplizierte Maschinen angesehen werden, als Automaten. R. Descartes fährt fort, seine Ansichten über *la bête machine* (das Tier als eine „Maschine") zu erläutern, und stellt fest, daß es durchaus wahrscheinlich ist, daß es dem Menschen eines Tages glücken wird, eine „seelenlose" Maschinerie zu entwickeln, die sich in Gestalt eines Tieres wie ein Tier verhalten würde. Er verdeutlichte seine Vorstellungen, indem er die inneren Organe des Menschen und des Tieres und ihre Systeme des Kreislaufes vergleicht. Das Herz könne, modern ausgedrückt, an eine Hydraulikpumpe angeschlossen werden; das Gehirn entspräche einem Behälter, und der Blutkreislauf, die Sehnen und Muskeln sind vergleichbar der Unruhe, die die Bewegung in einer Uhr bewirkt. Ganz offensichtlich wurde R. Descartes inspiriert von den automatischen Vorrichtungen, die in jener Zeit sehr weit verbreitet waren, und von der Entdeckung William Harveys, daß der Blutkreislauf mit einem mechanischen Pumpvorgang verglichen werden kann.

W. Harvey veröffentlichte seine Entdeckung 1628 und erregte großes Aufsehen.

Es wird berichtet, R. Descartes habe einen lebensechten Androiden in Form eines Mädchens gebaut, den er *Francine* nannte. R. Descartes war zwar ein fortschrittlicher Physiker und ein religiöser Philosoph, doch ist unwahrscheinlich, daß er in Praxis ein solches Werk hätte fertigen können. Der Hintergrund dieser Geschichte ist vielleicht die Tatsache, daß R. Descartes eine uneheliche Tochter mit dem Namen Francine hatte, so daß der legendäre Android Francine ein Ersatz für das Mädchen sein könnte. Die seriösen Biographen R. Descartes' übergehen diese Geschichte gänzlich, die in einer der Wiedergaben einen drastischen Höhepunkt hatte: 1649 wurde R. Descartes an den Hof der Königin Christina von Schweden gerufen und schiffte sich in Amsterdam nach Stockholm ein. Er brachte Francine wohlverpackt in einem Seemannskoffer mit. Der Schiffskapitän hatte jedoch gehört, daß sich dieses bemerkenswerte Gebilde an Bord befindet. Als das Schiff in der Nordsee in einen Sturm geriet, machte er R. Descartes heftige Vorwürfe, denn ein Mensch mit einem Androiden mußte mit dem Bösen im Bunde sein und den Sturm anziehen! Der Kapitän ordnete an, Francine über Bord zu werfen. Ob die Nordsee daraufhin ruhiger wurde, ist nicht bekannt.

Die Ideen R. Descartes' über *la bête machine* waren eine Quelle von Anregungen für Philosophen und Theologen. So arbeitete der geniale und gelehrte deutsche Jesuit Athanasius Kircher (1602–1680) mit Automaten und baute unter anderem einen sprechenden Kopf, singende Vögel und Figuren, die Musikinstrumente spielten. Er verfolgte auch die Linie S. de Caus' und baute automatische Theater für Gärten. 1650 veröffentlichte er mit einem anderen Jesuiten, Kaspar Schott (1608–1666), ein Buch über solche Theaterautomaten.

A

A. Eine von Salomon de Caus gestaltete Szene im Garten von Schloß Hellbrunn, in der bewegliche Figuren in Grotten angeordnet wurden. Das Wasserrad (a) trieb die Welle (b), an der die beiden Enden des Seiles (c) befestigt waren, über ein Radgetriebe an. Das Seil führte über die Rollen (d) um das Rad (e) am Fuße einer Säule, die eine Figur aus der Mythologie trug, herum und über die Rollen (f) wieder zurück zur Antriebswelle (b).

Die falschen Propheten

Das große Interesse der Öffentlichkeit an Automaten im 18. Jahrhundert war zurückzuführen auf das Auftreten allerlei Betrugs. Einer der bekanntesten Konstrukteure war der ungarische Baron Wolfgang von Kempelen, der den „schachspielenden Türken" erfand. Ende der 1760er Jahre hatte von Kempelen einen Automaten in Form eines Mannes in türkischer Kleidung gebaut, der seitlich an einer großen Kiste saß, auf der ein Schachbrett montiert war. Der Konstrukteur forderte berühmte Schachspieler heraus, gegen den Türken zu spielen, und er bereiste jahrelang Europa und die USA mit seiner Show. Der Android konnte auch sprechen, allerdings war sein Vokabular auf die Worte „Schach!" und „Gardez!" beschränkt. Der Baron behauptete, daß es ihm gelungen sei, in diesem Androiden die Intelligenz und die Fähigkeit des Menschen, Gedanken zu kombinieren, abzubilden. In diesem Falle wäre es also ein Simulator und nicht ein Automat gewesen.

Nachdem Edgar Allan Poe einer groß angekündigten Vorführung des schachspielenden Türken in London beigewohnt hatte, schrieb er eine Abhandlung, in der er mit scharfer Logik in Abrede brachte, daß die Vorrichtung die Fähigkeit habe, zu denken. In der Folge wurde der ganze Schwindel aufgedeckt. Von Kempelen hatte in der Kiste einen Zwergen versteckt, einen fähigen Schachspieler, und die Maschinerie bestand aus Mechanismen zum Bewegen des Schachspielers draußen.

Auch andere Konstrukteure haben „Erfolg" mit verschiedenen Simulatoren und Automaten gehabt, indem sie Personen auf die eine oder die andere Art in ihnen versteckten. Im 17. und 18. Jahrhundert wurden viele Zeitungsartikel geschrieben über „selbstfahrende Fahrzeuge", die auf dem gleichen Prinzip beruhten, das manchmal entdeckt, manchmal aber verborgen blieb. So stellte zum Beispiel der französische Ballonpionier Jean-Pierre François Blanchard 1793 bei einer Ausstellung in Philadelphia, wo er auch den ersten Ballonaufstieg in der Neuen Welt machte, ein sehr beachtetes Fahrzeug vor. Der Bruder des Ballonfahrers hatte eine wunderschöne Beschreibung über ein selbstfahrendes Fahrzeug zurückgelassen, das schneller als eine Postkutsche und quer über das Feld fahren könne. Es wird jedoch nichts über die Maschinerie ausgesagt und keine näheren Angaben darüber gemacht. Ein Leser der heutigen Zeit würde allerdings die armen Muskelprotze bedauern, die eine harte Arbeit im Inneren des Fahrzeugs für seine Fortbewegung leisten müßten.

Die „falschen Propheten" zeichneten mit ihrem Wunschdenken eine Entwicklung vor, die schließlich im selbstbewegten Fahrzeug und in der schachspielenden Maschine endete.

Der Höhepunkt

Die Konstruktionen, die von dem äußerst talentierten französischen Ingenieur Jacques de Vaucanson (1709–1782) gemacht wurden, stellen ohne Zweifel einen der Höhepunkte im Automatenbau dar. Selbst in seiner Jugend in Grenoble hatte de Vaucanson an verschiedenen Erfindungen und Veränderungen von Maschinen gearbeitet. Um 1735 entschloß er sich, nach Paris umzuziehen und sich mit Automaten zu befassen, die in jener Zeit groß in Mode waren. Er ging systematisch an die Arbeit und begann mit einem ernsthaften Studium der Anatomie. Er wollte nämlich mechanische Hilfen verwenden, um eine *anatomie mouvante* (Bewegungsanatomie) darzustellen, in der menschliche und tierische Organe dreidimensional in einem Atlas eingetragen werden sollten. Das war keine leichte Aufgabe! Hier wären die philosophischen Grundsätze R. Descartes' in technische Realität umgesetzt worden.

Nach viel sorgfältiger Arbeit und manchen Fehlschlägen gelang es de Vaucanson, einen lebensgroßen, flötenspielenden Schäfer zu bauen. Die „Bewegungsanatomie", die durch die Lippen, den Mund und die Zunge wiedergegeben wurde, war nicht lebensecht. Die gesamte Anordnung wurde durch eine programmierte Vorrichtung gesteuert; die not-

B. Jacques de Vaucansons berühmte Ente (**1**) hatte einen Gewichtsantrieb. Ihr Mechanismus bestand aus über 1000 Teilen. Diese waren zum Teil in der Ente und zum Teil in dem Postament versteckt, auf dem der Vogel stand. Leider ging der Vogel verloren. Einige Zeichnungen der Ente überlebten, darunter diese (**2**), die die Innereien des Vogels zeigt.

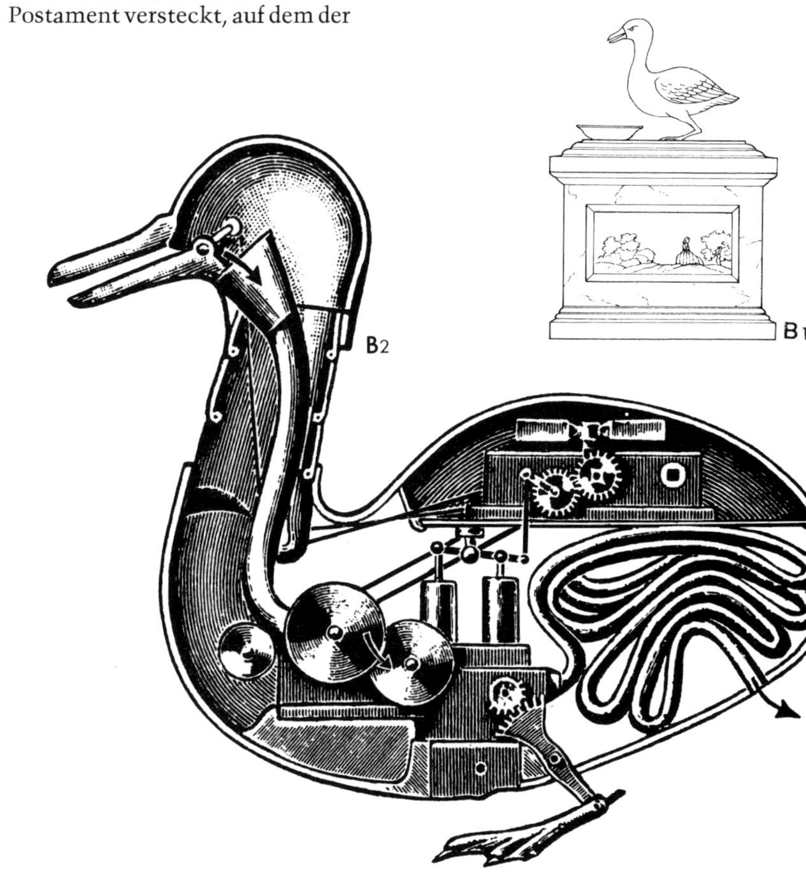

wendige Luft wurde von drei durch Uhrwerke getriebene Blasebälge geliefert. Das Aussehen des Schäfers wurde einer Statue des französischen Bildhauers Antoine Coyzevox nachempfunden. Man sagt, de Vaucanson habe sich in diese Statue verliebt, die in den Tuilerien ausgestellt war, und er hegte die stille Hoffnung, ihr Bewegung und Leben verleihen zu können. Der Flötenspieler verursachte großes Aufsehen, als ihn de Vaucanson 1738 der *Académie des Sciences* vorstellte. Dies spornte ihn an, einen weiteren Automaten zu bauen. Es war ebenfalls ein Schäfer, der Flöte spielte, doch begleitete er sich diesmal selbst auf einem Tamburin.

In Verfolgung seiner Idee mit der „Bewegungsanatomie" baute de Vaucanson noch einen weiteren Automaten, eine mechanische Ente, die sich in der für Enten typischen watschelnden Gangart fortbewegen, Fisch essen und verdauen sowie die Reste auf „natürliche" Weise wieder ausscheiden konnte. Der Mechanismus wurde von einem Gewicht angetrieben und bestand aus mehr als 1000 bewegten Teilen, die sich zum Teil in der Ente und zum Teil in dem Podest, auf dem die Ente stand, befanden. Die technischen Fähigkeiten der Ente waren zunächst denjenigen anderer Automaten vergleichbar, doch während der Konstruktionsphase realisierte de Vaucanson neue Ideen, die einen wichtigen Fortschritt bei der Entwicklung der Technologie bedeuten. Um den Mechanismus herzustellen, der eine außerordentliche Genauigkeit der Arbeiten erforderte, entwarf er unter anderem eine Präzisionsdrehbank, um Schrauben herzustellen. Er verwendete auch als erster einen Gummischlauch. Auf der Suche nach einem geeigneten Werkstoff für den „Verdauungskanal" der Ente stieß de Vaucanson auf den Bericht seines Landsmannes Charles Marie de la Condamine über den bemerkenswerten *Caetchouc,* den dieser bei seiner südamerikanischen Expedition 1731 am Amazonas entdeckt hatte. De Vaucanson stellte Schläuche aus diesem Werkstoff her und erfand auch eine Maschine zu ihrer Herstellung.

De Vaucanson wurde durch die Ausstellungen seiner Automaten ein reicher Mann. Einige Jahre lang war seine künstliche Ente der meist besprochene Vogel Europas! Man hatte ihn für seine technischen Errungenschaften öffentlich geehrt, und er wurde in die hoch angesehene *Académie des Sciences* gewählt. Nach einigen wenigen Jahren kehrte er jedoch seinem Hobby, dem Bau von Automaten, den Rücken und wurde Leiter der staatlichen Seidenfabriken. In späteren Jahren verbrachte er seine Zeit damit, interessante Maschinen und maschinelle Einrichtungen zu sammeln. Dies führte zu einer eindrucksvollen Sammlung, die er dem *Conservatoire national des arts et métiers* hinterließ, dem damaligen Institut für Technik und dem heutigen anerkannten Museum für Technologie.

Die drei Automaten de Vaucansons hatten verschiedene Schicksale. Die flöten- und tamburinspielenden Schäfer wurden während der Revolution zerstört, der andere Automat wurde von dem deutschen Sammler Gottfried Christoph Beireis, einem Richter in Hemstedt, gekauft. Zu dem Bekanntenkreis dieses exzentrischen Mannes gehörte auch Johann Wolfgang von Goethe, der in sein Tagebuch 1805 über die Begegnung mit den Automaten de Vaucansons schrieb: „Sie waren in einem höchst beklagenswerten Zustand. Die Ente war zu einem Skelett abgemagert und hatte Verdauungsprobleme ..."

J. de Vaucanson leitete eine neue Ära im Bereich der sich selbstbewegenden Mechanismen ein. Seine Automaten trugen ein altes Erbe aus der Geschichte der wissenschaftlichen Ideen, de Vaucanson beschritt aber in bezug auf die Theorie und Praxis Neuland. Vieles von dem, was er erfunden hatte, wurde sofort in der wachsenden Maschinenbauindustrie verwendet. Es ist bezeichnend, daß de Vaucanson als Leiter der Seidenfabriken die Maschinen erneuern ließ und beachtliche Verbesserungen an dem von Basile Bouchon konstruierten halbmechanischen Webstuhl machte. Diese Verbesserungen ermöglichten Joseph Marie Jacquard später, den lochkartengesteuerten, vollmechanischen Webstuhl einzuführen.

Der Bau von Automaten war für einige tausend Jahre ein mehr amüsanter als nutzbringender Zeitvertreib gewesen. Dank der Beiträge de Vaucansons war es möglich, über diese Stufe hinauszugehen und einige Formen der Automaten in der Industrie anzuwenden. Erst jetzt reiften die Früchte der Alexandrinischen Schule so weit, daß ein automatisch überwachtes System Wirklichkeit werden konnte.

Automatische Steuerungseinrichtungen vor dem Industriezeitalter

Die legendären und wirklichen Androiden und andere Automaten im 16., 17. und 18. Jahrhundert waren aufsehenerregender Ausdruck des technischen Erbes der Antike. Auch die klassischen Werke regten viele Naturwissenschaftler jener Zeit an, die Ideen der Alexandrinischen Schule anzuwenden und weiterzuentwickeln. Eine dieser Ideen betraf die Kontrolle des Flüssigkeitsstandes, die von Heron entwickelt wurde und die als das erste geschlossene Steuerungssystem gelten kann. Dieses wurde zum Prototyp für viele Steuerungs- und Reglersysteme für Temperatur, Druck und Bewegungsabläufe.

Der Temperaturregler

Man kann eine große Ähnlichkeit sehen zwischen dem antiken Flüssigkeitsstandregler, wie er zum Beispiel in einer Übersetzung von Herons *Pneumatica* aus dem 16. Jahrhundert zu sehen ist, und dem ersten Thermostat. Um 1610 entwarf der niederländische Physiker und Chemiker Cornelis Drebbel (1572–1634) zwei verschiedene Temperaturregler. Der eine war bestimmt, die Temperatur eines Ofens für chemische Experimente zu überwachen, der andere mußte die Temperatur eines Brutkastens konstant halten. C. Drebbel war ein gelehrter Naturwissenschaftler und verbrachte den größten Teil seines Arbeitslebens am königlichen Hof in London. In den Jahren 1610 und 1620 besuchte er jedoch den Prager Hof, wo er mit dem deutschen Astronomen Johannes Kepler zusammen arbeitete. Über die Arbeiten C. Drebbels ist, außer über seine Thermostaten, sehr wenig veröffentlicht worden. Er verkehrte mit den Wissenschaftlern jener Zeit sehr rege, zum Beispiel mit Francis Bacon und Salomon de Caus. Dies trug dazu bei, daß die Kenntnis von seinen Thermostaten und seinen anderen Arbeiten sehr weit verbreitet wurde.

Der Regler von C. Drebbel wurde von dem französischen Physiker René Antoine Ferchault de Réaumur (1683–1757) weiter entwickelt. In seinen alten Tagen arbeitete de Réaumur an der Rationalisierung landwirtschaftlicher Arbeitsmethoden. Unter anderem wollte er einen Brutschrank verbessern; er stattete ihn mit einem vereinfachten Thermostat nach C. Drebbel aus. De Réaumur veröffentlichte seine Arbeiten, die die Aufmerksamkeit des erfolgreichen Geflügelzüchters Bonnemain in Paris erregten, der als praktisch veranlagter Mann den Thermostaten zu einem wirksamen Temperaturregler für Brutschränke ausbaute. Er ließ sich diesen Thermostaten 1783 patentieren; Einzelheiten seiner Konstruktion wurden erst 1824 bekannt gegeben.

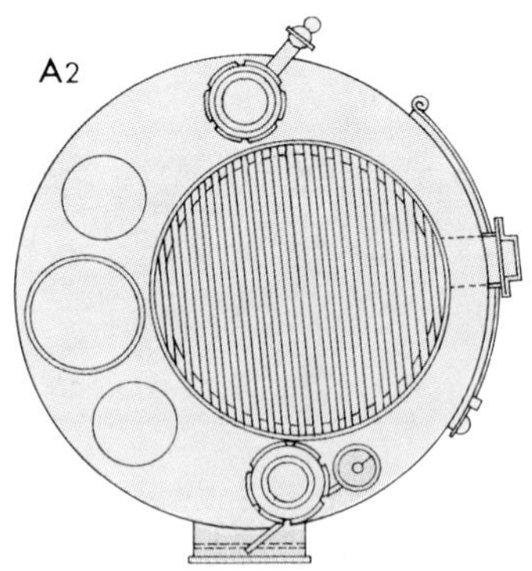

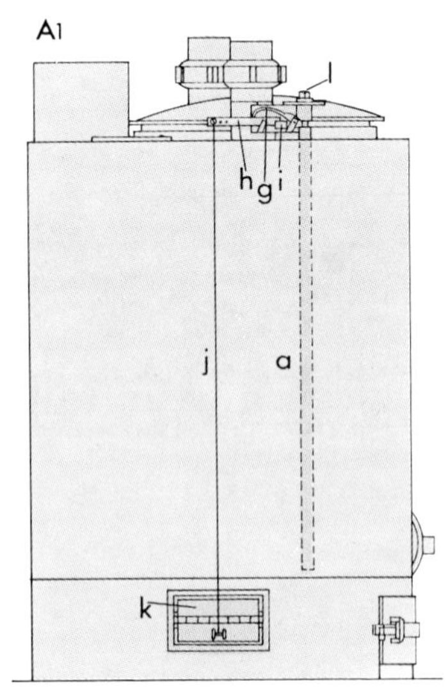

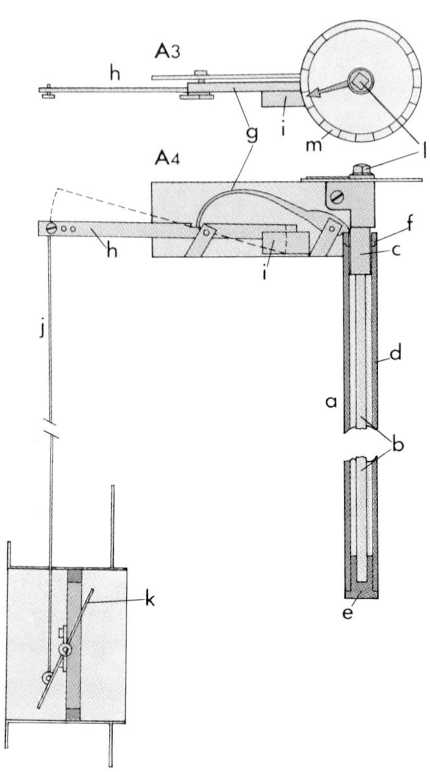

A. Der Temperaturregler von Bonnemain (1824) wurde in einen Durchlauferhitzer eingebaut. (**1**) Der Temperaturfühler (a) befand sich im Wassermantel des Ofens. (**2**) Eine Detailzeichnung des Reglers. Der Temperaturfühler (a) bestand aus einem Eisenstab (b), dessen oberes Ende in der Umhüllung (c) eingeschraubt und von einem Zink- oder Bleirohr (d) umhüllt war. Das untere Ende endete in einer Verschlußschraube (e) aus Kupfer, in die (b) eingeschraubt war. Am oberen Ende von (d) befand sich ein Kupferring (f). Da Blei wie auch Zink sich bei Erwärmung mehr als doppelt so stark ausdehnen wie Eisen, wurde (f) nach oben geschoben, wenn der Temperaturfühler erwärmt wurde. Bei einer bestimmten Temperatur drückte (f) gegen den Hebel (g) und (h) mit dem Gegengewicht (i). Damit wurde die Bewegung von (f) verstärkt. Der Hebel (h) war über das Gestänge (j) mit der Drosselklappe (k) verbunden. Sobald die Wassertemperatur zu hoch war, wurde die Drosselklappe verstellt und der Rauchrohrquerschnitt verringert. So wurde die Zugwirkung im Kamin verringert. Wenn die Wassertemperatur fiel, wurde der Querschnitt im Rauchrohr vergrößert. (**3**) Der Temperaturregler wurde verschieden eingestellt, wenn die Schraube (l) entlang der Skala (m) verstellt wurde. Damit wurde der Stab (b) gehoben oder gesenkt, so daß die Temperatur, bei der der Ring (f) gegen die Hebel zu drücken begann, höher oder geringer war.

Der Druckregler

Der erste Druckregler ist schon an anderer Stelle erwähnt worden, nämlich das Sicherheitsventil von D. Papin, das bei seinem Dampfkessel und seiner Hochdruck-Dampfmaschine verwendet wurde (s. S. 114). Als die atmosphärische Dampfmaschine von Th. Newcomen sich mehr verbreitet hatte, wurde das Sicherheitsventil von D. Papin als Standardausstattung für Dampfkessel genommen. Es scheint, daß diese einfache Vorrichtung sehr zufriedenstellend arbeitete, denn es wurden bis gegen Ende des 18. Jahrhunderts keine neuen Methoden der Druckregelung vorgeschlagen. Man machte nur einige Verbesserungen an Teilen des Sicherheitsventils. Ein Grund für diese Entwicklung ist darin zu sehen, daß der Dampfdruck kaum den atmosphärischen Druck überstieg. Erst nachdem das Patent von J. Watt um 1800 abgelaufen war, ist das Feld für die Konstrukteure von Hochdruck-Dampfmaschinen freigegeben worden.

Im Jahr 1799 kamen zwei Patente für Druckregler fast gleichzeitig heraus. Das eine wurde dem Iren Robert Delap verliehen und war für eine Vorrichtung bestimmt, in der der Frischdampf für eine Dampfmaschine durch ein Schieberventil gesteuert wurde. Das andere Patent wurde an den Engländer Matthew Murray (1765–1826) verliehen. Seine Vorrichtung arbeitete auf ähnlicher Grundlage, steuerte jedoch die Brennraumtemperatur über eine Drosselklappe im Kamin. Vier Jahre später ließ sich die Firma Boulton & Watt einen Druckregler patentieren, der selbst bei den Hochdruck-Dampfmaschinen einige Jahrzehnte lang verwendet wurde.

Eine völlig andere Art von Druckregler wurde notwendig, als Anfang des 19. Jahrhunderts ein großes Verteilernetz für das Stadtgas gebaut werden mußte. Der Gasdruck war in den äußeren Bereichen des Versorgungsnetzes zu niedrig, erhöhte man ihn aber, so war er für die Zentralzone zu stark. Samuel Clegg, der in den Werken Boulton & Watt ausgebildet worden war, konstruierte einen Druckregler für Gas, der an bestimmten Stellen des Gasnetzes eingebaut wurde und einen verhältnismäßig einheitlichen Gasdruck in den verschiedenen Zweigen des Netzes ermöglichte. S. Clegg ließ sich seine erste Konstruktion 1815 patentieren; der Druckregler wurde laufend verbessert und wurde zu einer Standardausrüstung in den großen europäischen Verteilernetzen für Gas.

Ähnliche Druckprobleme traten auch bei der Erweiterung des Wasserversorgungsnetzes in den Städten auf. Bevor man erkannte, daß man den Druck durch schrittweise Änderung der Rohrleistungsquerschnitte ändern kann, hatte man verschiedene Druckreduzierventile untersucht, darunter eines, das dem Sicherheitsventil von D. Papin ähnlich war.

Die Regler für Windmühlen

Die Entwicklung der Ingenieurberufe hat einen ihrer Ausgangspunkte in der Mühlentechnologie. Eine große, in diesem Zusammenhang interessante Mühle wurde in den 1780er Jahren in Philadelphia von Oliver Evans erbaut, der als Dampfmaschinenpionier in den USA schon erwähnt worden ist. Die Anlage, eine Getreidemühle mit einem äußerst geringen Personalbedarf, kann als ein früher Vorläufer eines vollautomatischen Betriebes angesehen werden. Die Mühle wurde von drei Wasserrädern angetrieben und hatte drei Paar automatisch gesteuerte Mühlsteine. Das Getreide und das Mehl wurden durch Schneckenförderer bis in das Schiff transportiert.

Das 18. Jahrhundert sah eine Reihe von Erfindungen von Steuerungseinrichtungen von Windmühlen, die später für die Industrie sehr wichtig wurden. Ein Problem beim Mahlen besteht darin, das Getreide mit der richtigen Geschwindigkeit einzuspeisen, damit die Mühle – Wind- oder Wassermühle – nicht im Leerlauf arbeitet; mit anderen Worten, es wurde ein Regler benötigt. Eine sehr einfache Form einer solchen Steuerung war der Fülltrichter, der in der Renaissance aufkam; Agostino Ramelli beschreibt einige Bauarten in seinem Kunstbuch. Zu Beginn des 18. Jahrhunderts bekam diese Regeleinrichtung die Form, die sie bis zum Ende der Windmühlenära behielt. Das Getreide wurde in einen großen

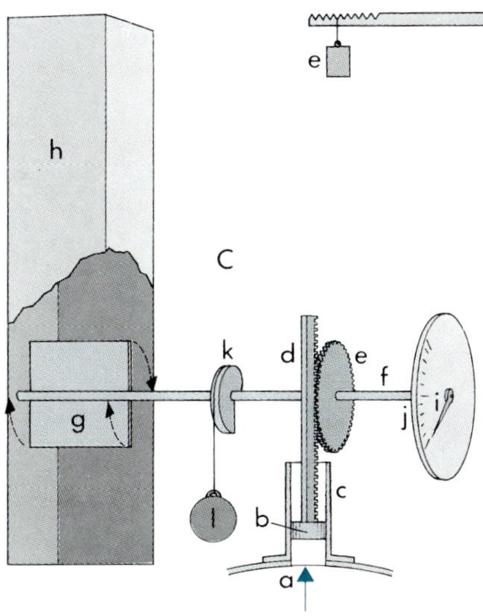

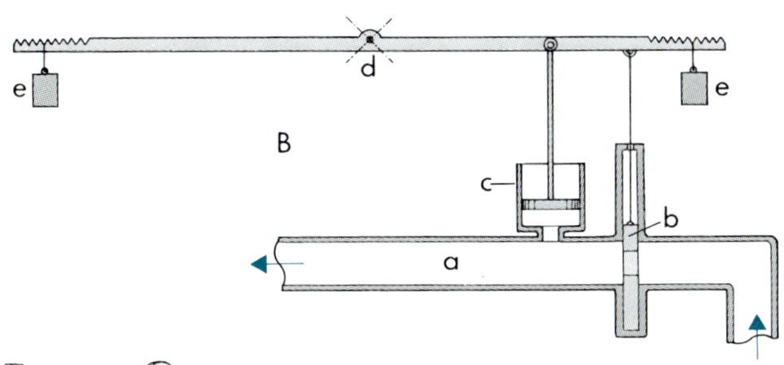

B. Der Druckregler von R. Delap von 1799. Der Dampf strömte durch das Rohr (a), an dem das Gleitventil (b) angebracht war. Solange das Gleitventil sich im Rohr befand, konnte der Dampf frei durchströmen. Am Rohr befand sich auch der Zylinder (c), der oben offen war und dessen Kolben – wie auch das Ventil – gelenkig mit dem Balancier (d) verbunden war. Sobald der Dampfdruck den atmosphärischen Druck überstieg, bewegte sich der Kolben nach oben, der Balancier wurde gedreht und das Gleitventil stellte die Dampfzufuhr ab. Für höheren oder niedrigeren Dampfdruck wurde der Balancier auf beiden Seiten mit den Gewichten (e) beschwert oder entlastet.

C. 1799 ließ sich auch M. Murray einen Druckregler patentieren. Wenn der Dampfdruck im Dampfkessel (a) zu hoch wurde, bewegte sich der Kolben (b) im Zylinder (c) nach oben. Die gezahnte Kolbenstange (d) drehte dann ein Zahnrad (e) auf der Achse (f), an der die Drosselklappe (g) im Kamin angebracht war. Der Zeiger (i) auf (f) zeigte den Druckanstieg auf der Skala (j). Auf der Achse (f) war auch eine Nocke (k) befestigt, über die eine Kette führte. Am anderen Ende der Kette hing ein Gewicht (l), das hochgezogen wurde, wenn sich (f) drehte. Dadurch wurde eine Torsion erzeugt, die größer wurde, je mehr sich die Nocke drehte. Diese Torsionsbeanspruchung hob diejenige auf, die durch das Zahnrad (e) auf die Achse (f) verursacht wurde. Durch diese Vorrichtung wurde erreicht, daß sich die Achse (f) proportional zum Dampfdruck im Dampfkessel drehte.

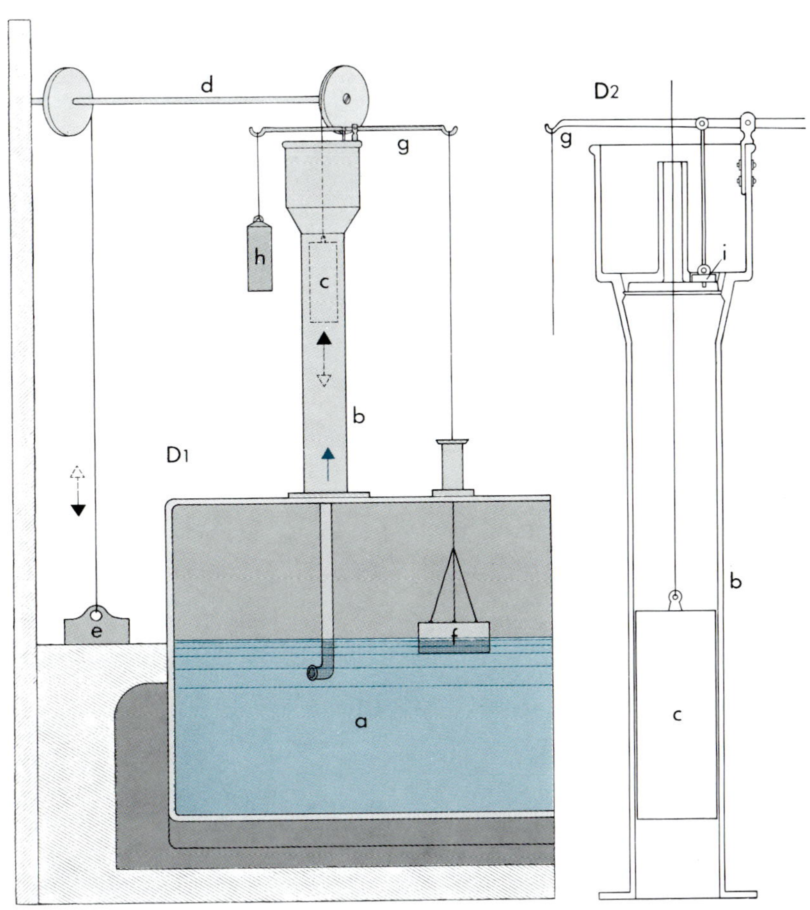

D. Druckregler der Firma Boulton & Watt von 1803; Sicht von der Seite (**1**), im Querschnitt (**2**). In den Dampfkessel (a) tauchte das Rohr (b), das an beiden Enden offen war und einen Schwimmer (c) enthielt. Der Schwimmer war an einer Kette aufgehängt; diese führte über eine Rolle auf der Achse (d) wie auch diejenige der Drosselklappe (e) des Ofens über eine andere. Sobald der Druck über den atmosphärischen Druck anstieg, strömte Wasser in das Rohr (b), und die Drosselklappe wurde im Maße der Druckzunahme geschlossen. Der Wasserstand im Dampfkessel wurde durch den Schwimmer (f) kontrolliert und war an einem Balancier (g) aufgehängt, an dessen anderem Ende sich ein Gegengewicht (h) befand. Wenn der Wasserspiegel zu niedrig wurde, öffnete sich das Ventil (i), und Frischwasser strömte hinein.

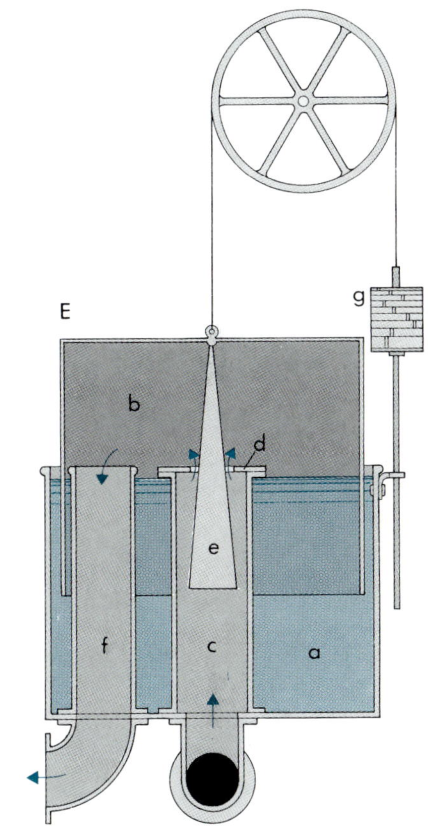

E. Der Druckregler von S. Clegg bestand aus einem teilweise mit Wasser gefüllten, gußeisernen Behälter (a), in den ein Domschacht (b) eingelassen war. Das Gas strömte durch das Rohr (c), das oben eine ringförmige Scheibe trug. In der Scheibenöffnung hing ein kegelförmiger Körper (e), der mit seiner Spitze an (b) befestigt war. Wenn das Gas mit einem zu hohen Druck einströmte, wurden (b) und dadurch auch (e) angehoben. Die einströmende Menge des Gases wurde nun verringert. (f) Gasauslaß. Die Gasmenge konnte durch Veränderung der Höhe des Domschachtes über dem Wasserspiegel gesteuert werden. (g) Gegengewicht.

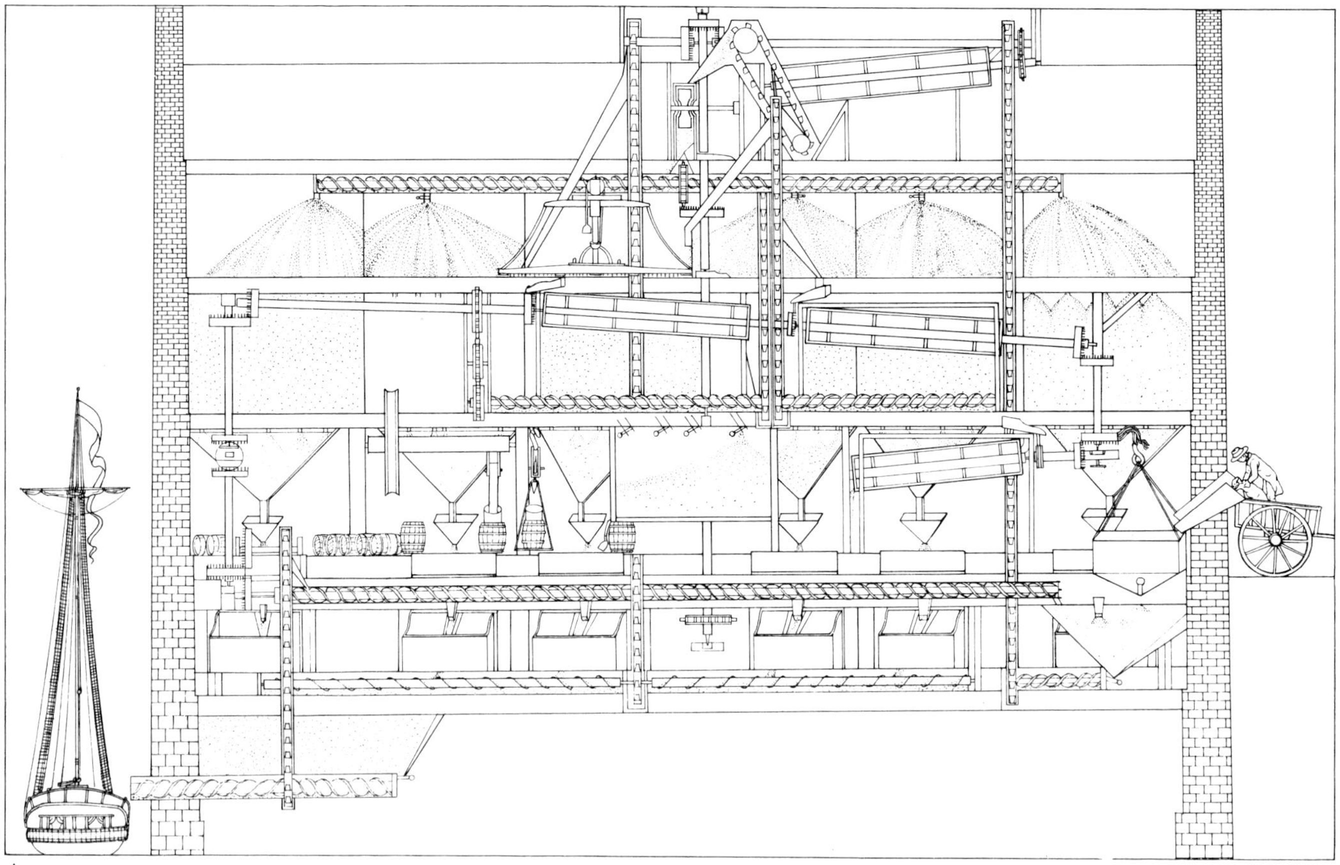

A

A. Die Mühle von O. Evans in Philadelphia. Das Getreide und das Mehl wurden durch Schneckenförderer transportiert.

B. Das Getreide wurde den Mühlsteinen bereits früh durch ein Schwingbrett (a) zugeführt, das an den Seilen (b, c) in der Nähe des Fülltrichters (d) aufgehängt war. Wenn der obere Mühlstein (e) sich drehte, schlug eine Erhöhung auf ihm gegen den Stab (f) des Schwingbrettes, so daß das Getreide vorwärts gerüttelt wurde und in das Loch in der Mitte des Mahlsteines fallen konnte. Die Menge des Getreides konnte durch Verlängern oder Kürzen des Seiles (b) gesteuert werden.

C. Der Heberahmen von Th. Mead aus dem Jahre 1787. Der bewegliche Mühlstein (a) ist an einer Achse (b) angebracht, die durch den feststehenden Mühlstein (c) führt und in einem unteren Lager (d) auf dem Hebel (e) ruht. Zwischen diesem Hebel (e) und einem Dachbalken befand sich die Kette (f), die durch die Strebe (g) straff gehalten wurde. Die Spannung wurde durch das Gewicht des Gehäuses (h) erzeugt, das sich frei auf der Achse (b) bewegte. Wenn die Mühle zu arbeiten und sich das Rad (i) zu drehen beginnen, schlagen die Pendel (j) nach außen und heben die Strebe (k), an der sie befestigt sind, hoch. Da der Mittelteil der Querstange (k) ringförmig gestaltet und drehbar sowie mit (h) verbunden ist, wird das Gehäuse (h) hochgezogen. (h) zieht demzufolge das Ende der Strebe (g) nach oben, wodurch die Kettenspannung verringert wird. Dadurch bewegen sich der Hebel (e), die Achse (b) und der Mühlstein (a) nach unten und der notwendige Abstand der Mühlsteine für den Mahlgang wird erreicht.

D. Windmühle mit den von W. Cubitt erfundenen Flügeln; jedes Brettchen der Jalousieflügel ist mit einer Ecke an einer langen Stange gelenkig befestigt. Die Stange ist an ein Zahnrad in der Nähe des Zentrums der Flügel angelenkt. In dieses Zahnrad greift eine Zahnstange ein, die an einem Glockenschwengel befestigt ist; sein anderes Ende ist mit einer Stange verbunden, die durch die Mitte der Drehachse (a) führt. Die Zahnräder am anderen Ende dieser Stange greifen in ein Zahnrad ein, an dessen Achse sich das Rad (b) befindet und an einem Seil das Gegengewicht (c) trägt. Handregelung des Anstellwinkels der Jalousiebrettchen über (c). Das Antriebsrad (d) auf (a) konnte über eine lange Stange gebremst werden, die halbkreisförmige Holzbremsen (e) gegen den Umfang des Antriebsrades zum Eingriff brachte. Das große Zahnrad (f), das sich mit (d) vermaschte, war an der senkrechten Hauptachse befestigt und benötigte eine Getriebeübersetzung (h), um die beiden unteren Mahlsteine zu betreiben. Diese Mahlsteine befanden sich mit ihren feststehenden oberen Mühlsteinen in Gehäusen (i), in denen das Mehl gesammelt wurde. Der Fliehkraftregler (j) überwachte die Spaltbreite zwischen dem oberen und unteren Mühlstein. (k) Getreidekasten. Das Flügelrad am Heck (l) arbeitete über eine Getriebeübersetzung (m) auf einen Zahnradkranz (n). Wenn sich die Windrichtung änderte, begann das Flügelrad am Heck sich zu drehen, die Mühlenhaube schwenkte um, bis die Ebene des Flügelrades am Heck parallel zur Windrichtung lag. Die Mühlenhaube konnte aber auch von Hand über das Kettenrad (o) gedreht werden. Die Hebevorrichtung für die Säcke (p) wurde durch (g) über ein anderes Getriebe angetrieben.

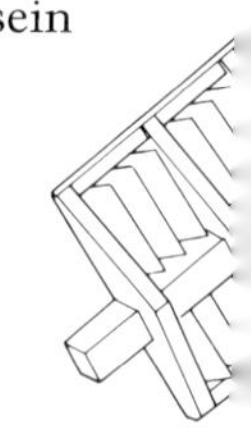

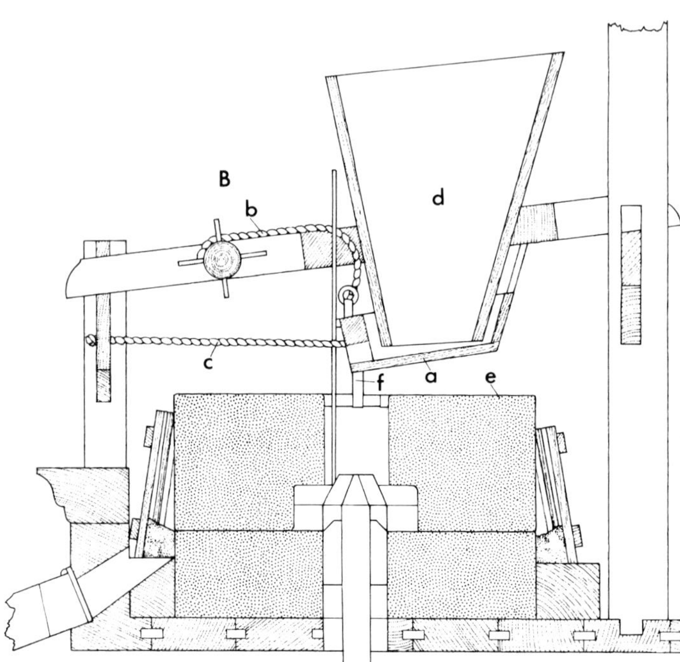

C

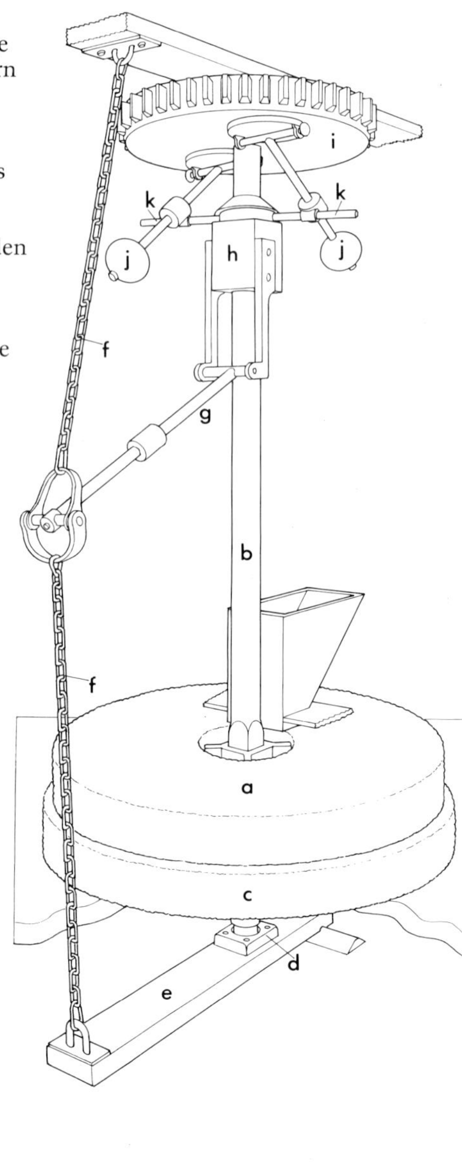

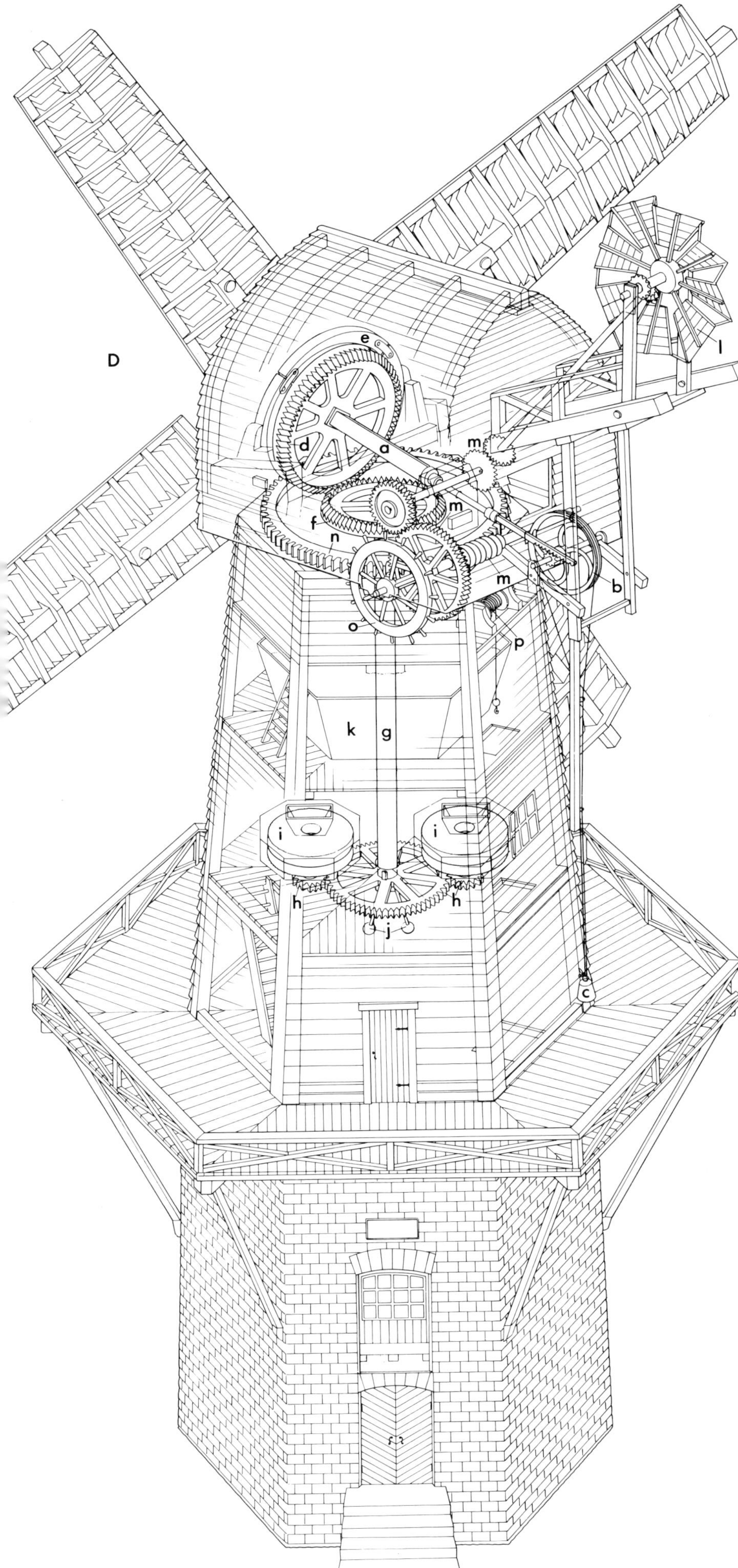

Trichter gefüllt, an dessen unterem Ende sich ein Vibrationsförderer befand, der seine Rüttelbewegung von einer an einer Mühlsteinachse montierten Schlagvorrichtung bekam. Je schneller sich die Mühlsteine drehten, um so mehr Getreide wurde ihnen zugeführt.

Windmühlen wurden allgemein an Orten errichtet, an denen der Wind beständig aus einer Richtung blies, denn sobald sich der Wind gedreht hatte, mußte die Windmühle so gedreht werden, daß ihre Segel wieder voll im Wind standen; während des 18. Jahrhunderts wurden viele Überlegungen angestellt, wie man dieses Drehen automatisch erreichen könnte. In den 1740er Jahren ließ sich der Engländer Edmund Lee eine „sich selbst steuernde Windmaschine" patentieren, die besonders für Holländerwindmühlen mit drehbarer Haube bestimmt war. E. Lee ordnete ein Windrad auf einer Konstruktion so an, daß seine Ebene senkrecht zur Ebene der Windmühlenflügel stand; es arbeitete über ein Getriebe auf einen Zahnradkranz am Umfang der Windmühlenhaube. Ein Seitenwind bewirkte nun, daß sich das Windrad und damit die Haube so lange drehten, bis die Ebene des Windrades parallel zum Wind lag und die Windmühlenflügel richtig im Wind standen. Diese Vorrichtung von E. Lee wurde in England und Norddeutschland verwendet.

E. Lee baute auch eine Vorrichtung zur Kontrolle der Rotationsgeschwindigkeit der Windmühlenflügel; dabei veränderte er die Segelflächen der Windmühlenflügel. Er ließ sich diesen Regler 1745 patentieren, doch kam er nicht in den Einsatz, weil sich bald herausstellte, daß er nicht brauchbar war. Mehrere Erfinder griffen dieses Problem auf. Eine brauchbare Lösung kam jedoch erst 1807 auf, als der Engländer William Cubitt sich den regelbaren Jalousienflügel patentieren ließ, der von da an die Segel zugunsten der „Jalousien" an den größeren Windmühlen ersetzte. Dieser Windmühlenflügel von W. Cubitt wurde zur Standardausrüstung solcher Windmühlen für den Rest des 19. Jahrhunderts.

Wenn das Getreide zwischen zwei Mühlsteinen gemahlen wird, hängt die Qualität des Mehls von zwei Faktoren ab, von dem Abstand zwischen dem feststehenden und dem sich drehenden Mühlstein und von der Drehgeschwindigkeit. Im ausgehenden 18. Jahrhundert versuchten einige Erfinder diese zwei Einflußfaktoren zu beeinflussen. Der Engländer Thomas Mead ließ sich 1787 eine Konstruktion patentieren, die die Lösung beider Probleme brachte. Die Mühlsteine wurden auf Abstand gehalten, wenn die Mühle leer lief; wenn sie aber in Tätigkeit trat, sorgte ein Regler dafür, daß die Steine gegeneinander gepreßt wurden, und zwar mit einer Kraft, die proportional der Drehgeschwindigkeit der Steine war. Th. Mead kombinierte diesen Regler mit einem anderen, der die wirksame Oberfläche der Windmühlenflügel steuerte, so daß die Geschwindigkeit der Mühlsteine genau regulierbar war.

Diese Konstruktion ist besonders interessant, weil Th. Mead als Steuervorrichtung ein sich drehendes Pendel nahm, das später Fliehkraftregler genannt wurde. Das Fliehkraftpendel ist in der Tat kein neues Maschinenelement, denn sich drehende, an Ketten oder Stangen befestigte Gewichte werden in den Schriften seit dem 15. Jahrhundert genannt, nur hatten sie dort die Form eines Schwungrades oder eines Schwungradgewichtes. Bevor Th. Mead seine Erfindung machte, wurden Fliehkraftpendel schon in älteren Typen von Reglern verwendet, die zur Steuerung des Abstandes zwischen den Mühlsteinen verwendet wurden.

Der Fliehkraftregler

Die erste große Dampfmaschine mit einer Drehbewegung wurde durch die Firma Boulton & Watt 1786 in der Albion-Mühle in London eingerichtet. Die maschinelle Einrichtung der Mühle wurde von dem

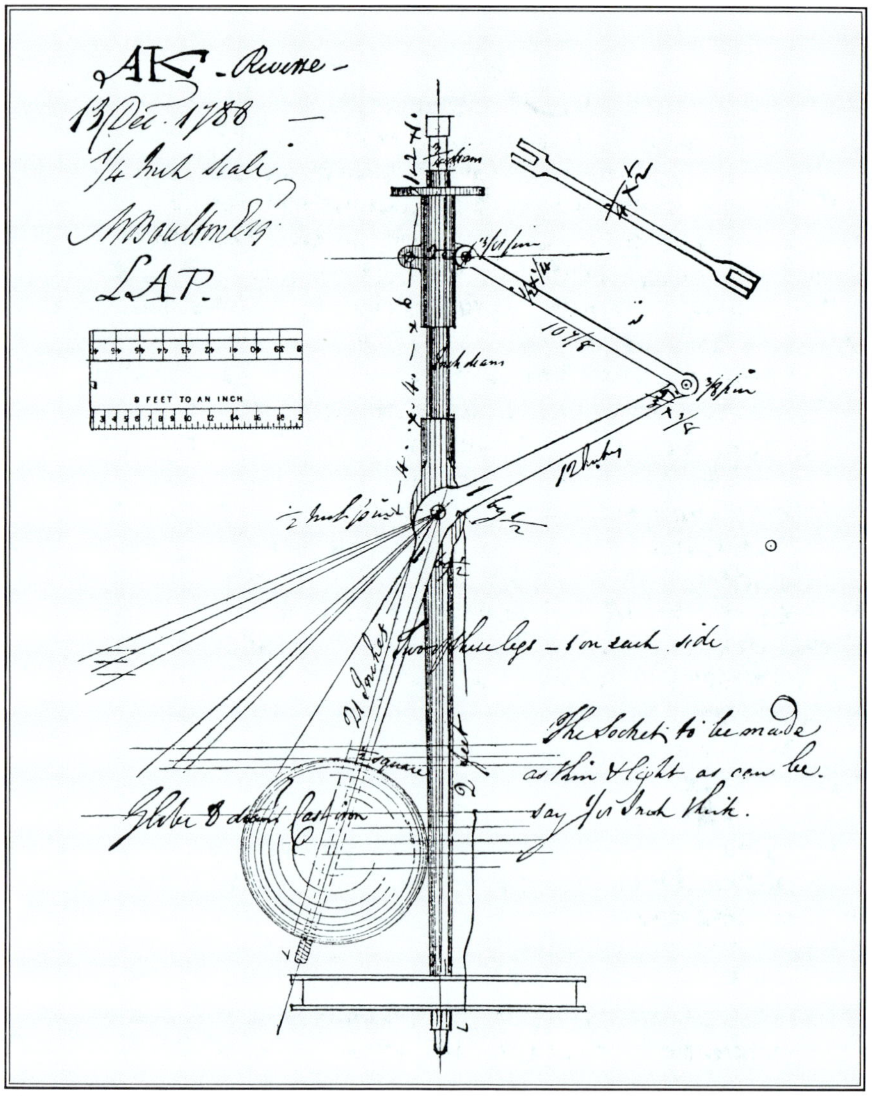

A1

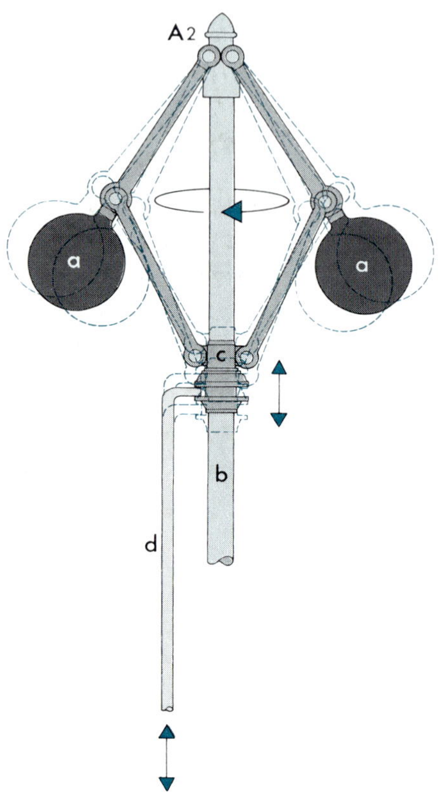

A2

A. J. Watt verwendete den Fliehkraftregler als erster, um eine Dampfmaschine automatisch zu regeln. Dies geschah 1788. Im November dieses Jahres wurde die Zeichnung (**1**) eines solchen Reglers in das „Rapportbuch für Zeichnungen" der Firma Boulton & Watt eingetragen, in dem die laufenden Arbeiten des Zeichenbüros der Firma aufgezeichnet wurden. Der Fliehkraftregler von J. Watt (**2**) bestand aus zwei Pendeln mit Gewichten (a) und war auf der Achse (b) montiert, die mit der Arbeitswelle der Dampfmaschine in Verbindung stand. Infolge der Zentrifugalkräfte schwangen die Gewichte immer weiter nach außen, je schneller sich der Regler drehte. Da die Pendelarme des Reglers auch mit der Gleitmuffe (c) verbunden waren, glitt diese entsprechend der Rotationsgeschwindigkeit des Reglers auf der Achse (b) auf und nieder. Die Muffe (c) regelte dann über die Schubstange (d) direkt oder indirekt die Dampfzufuhr. Im Prinzip arbeitete der Fliehkraftregler so, daß er die Dampfzufuhr verringerte, wenn seine Rotationsgeschwindigkeit stieg und umgekehrt.

Schotten Andrew Meikle (1719–1811) errichtet, der später Fliehkraftregler für Mühlsteine einbaute. Im allgemeinen ist man der Auffasung, daß A. Meikle, ein führender Mühlenbauer, den Fliehkraftregler erfunden habe. Dies trifft nicht zu, es ist eher wahrscheinlich, daß A. Meikle seinen Fliehkraftregler von der Vorrichtung abgeleitet hatte, die sich Th. Mead 1787 patentieren ließ. M. Boulton berichtete J. Watt in einem Brief, er habe die Albion-Mühle besichtigt und die Mühlsteinregler in Tätigkeit gesehen. Er beschrieb auch ihre Arbeitsweise eingehend. J. Watt erkannte sofort die Möglichkeit, auf gleiche Weise die Geschwindigkeit der Dampfmaschinen zu regeln. Es ist wahrscheinlich, daß sie den Regler noch vor Jahresende für diesen Zweck untersuchten.

So eigenartig es klingen mag, die Firma Boulton & Watt versuchte die Konstruktion des Fliehkraftreglers so lange wie möglich geheimzuhalten. Als jedoch im Jahre 1800 J. Watts Patent für Dampfmaschinen auslief, gehörten Fliehkraftregler schlagartig zur Grundausrüstung aller auf dem Markt erscheinender Dampfmaschinen. Wenige Vorrichtungen im Maschinenbau haben ähnlich viele Varianten angenommen wie der Fliehkraftregler in seiner zweihundertjährigen Geschichte. Was die Anzahl seiner verschiedenen Bauarten anlangt, erlebte er einen Höhepunkt in der Ära der Dampfmaschinen und Turbinen. Der Fliehkraftregler wird noch heute in verschiedenen Bereichen verwendet.

Die theoretischen Grundlagen für den Fliehkraftregler, die Art und Weise, wie er auf den unterschiedlichen Dampfdruck reagiert, und die verschiedenen Störfaktoren sind erst im ausgehenden 19. Jahrhundert endgültig ermittelt worden. In den Jahren 1868 und 1876 entwickelten die beiden bekannten Mathematiker, der Schotte James Clerk Maxwell und der Russe Iwan Wyschnegradsky, die grundlegenden Theorien über die Arbeitsweise des Fliehkraftreglers. Sie lieferten die Grundlage für die allgemeine Berechnung von automatischen geschlossenen Steuerungssystemen. Diese Entwicklung ist charakteristisch für die Regelungstechnik, bei der die theoretische Analysis gewöhnlich lange nach der praktischen Anwendung einer Vorrichtung folgt.

Der elektrische Regler

Die elektrischen Regler verschiedener Bauart – es gibt deren zahllose – sind meist so alt wie der elektrische Teil, der von ihnen geregelt wird.

Das elektrische Relais ist ein Bestandteil der Steuerungstechnik, ohne das die heutigen Steuerungs- und Regelungssysteme nicht arbeiten könnten. Ein elektrisches Relais besteht in der Regel aus einem Elektromagneten, der einen anderen Stromkreis unterbricht oder schließt, wenn sich die elektrische Stromstärke in der Magnetspule in einer bestimmten Weise ändert. Samuel F. B. Morse (1791–1872) erfand den elektrischen Telegrafen, der oft als die erste technische und kommerzielle Anwendung des elektromagnetischen Prinzips bezeichnet wird. Sie fußte auf der Wirkungsweise des Relais. Der Engländer Sir Charles Wheatstone (1802–1875) experimentierte jedoch schon einige Jahre zuvor mit elektromagnetischen Spulen. Wahrscheinlich hatte er die Grundlage für das Relais 1839 geschaffen. Sir Wheatstone hatte ebenfalls einen Telegrafen konstruiert, den sogenannten Zeigertelegrafen, der vom Jahre 1835 an in dem sich rasch ausbreitenden britischen Eisenbahnnetz zur Anwendung kam. Der Name Wheatstone ist jedoch in Verbindung mit der nach ihm benannten Brücke bekannt geworden, einer Vorrichtung zum Messen des elektrischen Widerstandes, die er 1843 einführte.

Sir Wheatstone erkannte die Möglichkeit, das Relais als elektrischen Verstärker zu verwenden. Der verhältnismäßig schwache Steuerstrom im Elektromagneten des Relais konnte verwendet werden, um einen

Stromkreis mit einer wesentlich größeren Stromstärke zu schließen. Dieses Prinzip fand eine Reihe von Anwendungsmöglichkeiten, etwa 50 Jahre nachdem Sir Wheatstone seine Idee vorgestellt hatte.

Die Fernsprechverbindungen sind zweifelsfrei das größte Anwendungsgebiet für das elektrische Relais. Die Relais sind auf diesem Gebiet seit 1890 verwendet worden, und zwar nicht als Verstärker, sondern als Koppler, insbesondere bei Telefonvermittlungen. Die hohen Anforderungen an die Verläßlichkeit und Sicherheit des Betriebes haben die Entwicklung immer wirksamerer Relais eingeleitet mit wichtigen Folgen für ihre Anwendung bei automatischen Regel- und Steuereinrichtungen vorwiegend bei Prozessen in der Industrie.

Die Regelung von Lichtbogenlampen

Die elektrische Lichtbogenlampe wurde für Beleuchtungszwecke seit den 1840er Jahren verwendet. Sie gab, verglichen mit anderen Lichtquellen jener Zeit, ein sehr helles Licht ab. Die Lichtbogenlampe mußte jedoch laufend gewartet werden, weil ihre Kohlestifte im Maße ihres Abrandes nachgeführt werden mußten, da sonst der Lichtbogen erlosch. Im Jahre 1847 konstruierte der Engländer W. E. Staite (1809–1854) eine der ersten Regeleinrichtungen für diesen Zweck; dabei wurde einer der Kohlestifte durch ein Uhrwerk nachgeführt und durch einen Kupferstab gesteuert, der ziemlich nahe an den Lichtbogen angebracht war und durch die Wärme des Lichtbogens betätigt wurde. Sobald der Abstand zwischen den Kohlestiften größer wurde, wurde der Lichtbogen heißer. Dadurch dehnte sich der Kupferstab aus und öffnete eine Sperrvorrichtung, so daß sich das Uhrwerk in Bewegung setzen konnte und den Kohlestift nach vorne schob. Sobald die Kohlestifte wieder nahe genug waren, verringerte sich die Temperatur des Lichtbogens, der Kupferstab schrumpfte, verriegelte das Uhrwerk, und die Bewegung der Kohlestifte hielt inne. Raffiniertere Bauarten solcher Regeleinrichtungen wurden von verschiedenen Herstellern von Lichtbogenlampen verwendet.

Als die Lichtbogenlampe in den 1860er und 1870er Jahren mehr Verbreitung fand, wurden neue Regeleinrichtungen erfunden, die die sich ändernde Stromstärke und Spannung des Lichtbogens zur Steuerung der Kohlestifte verwendeten. Viele Männer mit großen Namen in der Elektrotechnik beschäftigten sich damit, immer anspruchsvollere Regler nach den gleichen Grundlagen zu bauen. Unter diesen Männern befanden sich J. B. L. Foucault und V. L. M. Serrine in Frankreich, R. E. B. Crompton in England, Werner von Siemens und F. von Hefner-Alteneck in Deutschland und C. F. Brush in den USA. Viele Grundlagen der Steuerung und Kopplung, die erfunden und in jener Zeit ausprobiert wurden, bekamen eine grundlegende Bedeutung für die Steuerung des Stromes und der Spannung während der weiteren Entwicklung der Elektrotechnik.

Die Synchronisierung

Der elektrische Drehstrom wurde in den 1890er Jahren in den Dienst gestellt. Dies wurde nicht zuletzt durch die Verwendung des Synchronmotors als Antriebsmittel vorangetrieben. Die Eigenschaften dieses Motors führten zu der Entwicklung einer wichtigen Einrichtung in modernen Steuerungssystemen, dem Torsionselement. Carl *Michalke* von der Siemens AG in Deutschland stellte fest, daß Synchronmotoren als Sender und Empfänger äußerst wirkungsvoll zur Messung von Winkeldrehungen verwendet werden können. Wenn zwei Synchronmotoren miteinander verbunden werden und an den ersten Motor eine Wechselspannung angelegt wird, so wird das Magnetfeld des ersten Motors im

B. Zwei miteinander verbundene Morsetelegraphen (**1, 2**). Der Morsetelegraph bestand aus der Sendetaste (a), die durch die Feder (b) gegen eine Metall spitze (c) auf den Verbindungsblock (d) gedrückt wurde. (**3**) Wenn der Telegraphist die Sendetaste drückte, kam diese mit der Metallspitze (f) in Verbindung, und der elektrische Stromkreis war geschlossen zwischen der einen Buchse der Batterie (g) über (f), den Hebel (h) und über die Leitung (i) zu dem anderen Telegraphen (**4**). Die andere Buchse der Batterie (g) war geerdet. Im Telegraphen (**4**) floß der Strom durch den Draht (i), den Hebel (h) und die Metallspitze (c) in die Spule des Elektromagneten (j) und dann zur Erde. Der Eisenkern von (j) wurde magnetisch und zog das Eisenteil (k) auf dem Hebel mit dem Schreibstift (l) an. Der Schreibstift markierte die empfangenen Impulse auf einen Papierstreifen (m).

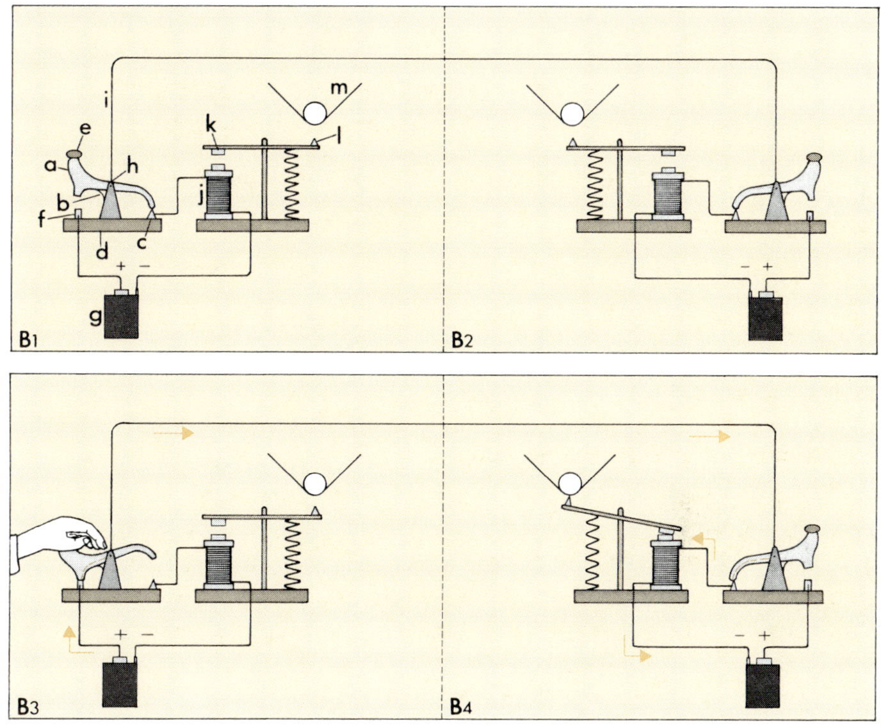

C. In der Lichtbogenlampe von V. L. M. Serrine hing der obere Halter (a) des Kohlestiftes vom Lampenarm (b) im Gehäuse (c) herunter. (c) war unten als Zahnstange (d) ausgebildet, die in das Zahnrad (e) eingriff, auf dessen Achse sich die Walze (f) mit der Kette (g) befand; sie führte über den Zylinder (h). Das andere Ende war an dem Kohlestifthalter (i) angebracht. Wenn sich die Zahnstange (d) nach unten bewegte, wurde die Kette (g) um die Walze (f) gewickelt und die Kohlestifte näherten sich. Der Eisenkern des Elektromagneten (j) zog dann die Armatur (k) an, die den mit dem Halter (i) verbundenen Stab (l) herunterzog. Dann wurden das Zahnrad (e) durch die Kette (g) gedreht und die Kohlestifte so weit getrennt, daß sie den Lichtbogen bildeten. Die Sperrklinke (m) griff in das Zahnrad (n) ein, das über andere Räder mit (e) verbunden war. Wenn ein Teil der Kohlestifte abgebrannt war, erhöhte sich der elektrische Widerstand, die Stromstärke nahm so weit ab, daß der Elektromagnet (j) die Armatur (k) nicht mehr hielt. Die Armatur wurde dann durch die Feder (o) nach oben gedrückt. Wenn (l) und (m) gleichzeitig gehoben wurden, war (n) nicht gehemmt, so daß (a) und (i) sich erneut näherten.

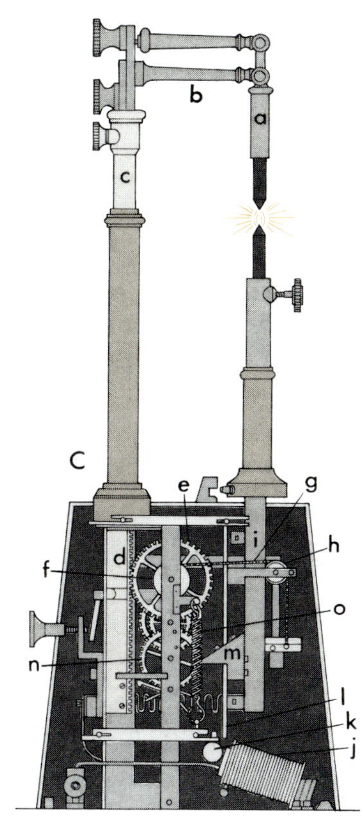

zweiten Motor wieder erzeugt. Dabei stellt sich der Rotor im zweiten Motor zu seinem Stator unter dem gleichen Winkel ein, wie der Rotor zu seinem Stator bei dem ersten Motor steht. Wenn einer der Rotoren gedreht wird, folgt der andere genau dieser Bewegung.

C. Michalke sah das Phänomen als eine Merkwürdigkeit an, ließ sich seine Entdeckung aber trotzdem patentieren. Praktisch angewendet wurde das Prinzip erst nach 1910, als die Torsionselemente als Geschützsteuerung bei der deutschen Marine verwendet wurden. Die Weiterentwicklung dieses Systems wurde in den 1930er Jahren wieder aufgegriffen, als eine ganze Reihe von Steuerungseinrichtungen für den zivilen und militärischen Bereich in Gebrauch genommen wurden.

Die mechanischen Kraftverstärker

Der mechanische Kraftverstärker, der im Zusammenhang mit Steuerungseinrichtungen im allgemeinen Servomotor genannt wird, ist heutzutage eine ebenso wichtige Komponente für Steuerungssysteme wie das elektrische Relais. Der Servomotor ist eines der ersten Beispiele für eine Einrichtung, die für das Steuerungssystem selbst erfunden worden ist. In den 1860er Jahren konstruierte der Franzose M. J. Farcot einen sehr feinfühligen Fliehkraftregler, dessen Steuersignale jedoch zu schwach waren, um auf das Dampfventil einzuwirken. Um die Konstruktion verwendbar zu machen, mußte M. Farcot eine Methode zur Signalverstärkung bzw. Kraftverstärkung des Fliehkraftreglers finden. Seine Lösung bestand darin, daß er einen kleinen Steuerkolben mit kleinem Durchmesser verwendete, der den Dampf auf die eine oder die andere Seite eines Kolbens in einem Arbeitszylinder leitete, der einen beträchtlich größeren Durchmesser hatte. Der Verstärkungsfaktor der Vorrichtung war proportional dem Verhältnis zwischen den Durchmessern des Steuerungs- und des Arbeitszylinders. In seiner Patentbeschreibung von 1868 vergleicht M. Farcot seinen Servomotor mit dem Reiter eines Pferdes: „Der Reiter kann die Muskel eines Pferdes mit sehr leichten Bewegungen der Hände leiten; das Pferd folgt seiner geringsten Absicht mit großer Kraft." M. Farcot prägte auch das Wort „Servomotor", denn seine genaue Beschreibung des Patentes war überschrieben: *„Servomoteur, ou moteur asservi"*. Dieses Wort bezeichnet ein weites Feld der automatischen Steuerungstechnologie, insbesondere die Servotechnologie.

Die automatische Steuervorrichtung, der Autopilot

Die erste automatische Steuervorrichtung kam zu einem sehr frühen Zeitpunkt in der Luftfahrt zur Anwendung. Der Grund dafür war, daß Orville und Wilbur Wright absichtlich ein unstabiles Flugzeug bauten – das erste wurde 1903 fertiggestellt –, weil sie annahmen, daß es sich dann leichter lenken ließe. Ihre ersten Flüge bestätigten ihre Annahme. sie zeigten aber auch, daß der Pilot während des Fluges ständig steuern mußte, damit das Flugzeug den Kurs halten und waagrecht fliegen konnte. Schon in jener Zeit diskutierten sie die Möglichkeit, zumindest einen Teil der Arbeit des Piloten einer Art automatischen Vorrichtung zu übertragen. Um 1910 wendete sich der amerikanische Ingenieur Elmer Ambrose Sperry (1860–1930) diesem Problem zu. Er konstruierte schließlich das, was später eine automatische Steuervorrichtung oder Autopilot genannt wurde. Sie bestand im wesentlichen aus Kreiseln (Gyroskopen), die als Meßinstrumente arbeiteten, und aus Servomotoren, die die Steuerelemente des Flugzeugs bewegten. Eine dieser ersten automatischen Steuervorrichtungen (Autopiloten) wurde 1912 erfolgreich in einem Curtiss-Flugboot eingesetzt.

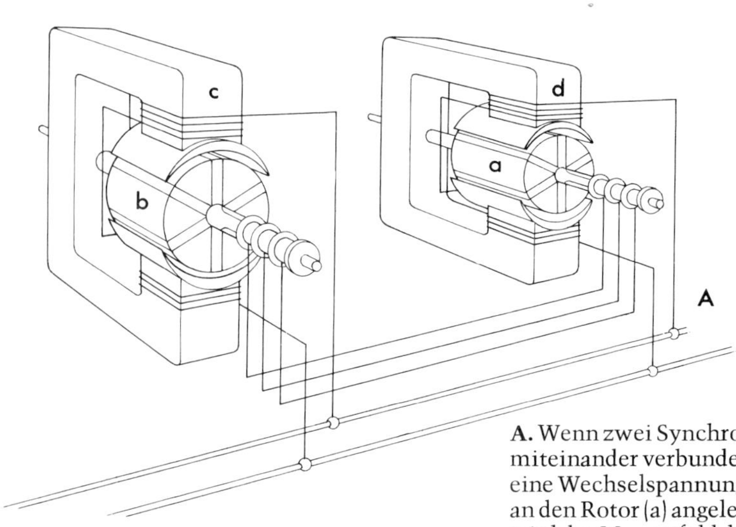

A. Wenn zwei Synchronmotoren miteinander verbunden werden und eine Wechselspannung zum Beispiel an den Rotor (a) angelegt wird, dann wird das Magnetfeld dieses Motors im anderen Motor wieder induziert. Der Rotor (b) wird sich dann von selbst unter dem gleichen Winkel zum Stator (c) einstellen, wie der Rotor (a) zum Stator (d) steht.

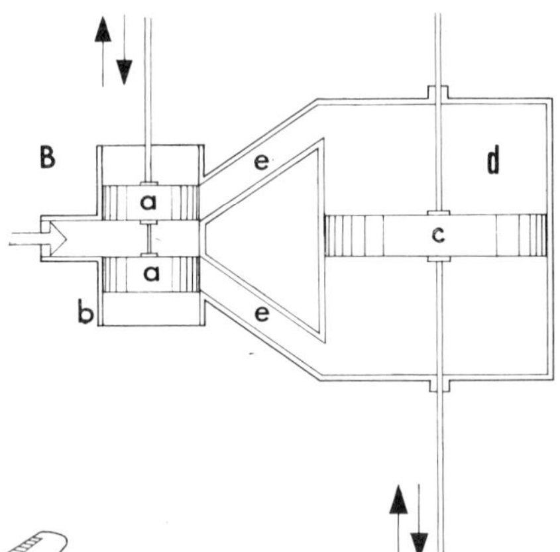

B. Der mechanische Kraftverstärker von M. J. Farcot. Wenn der Doppelkolben (a) in dem offenen Zylinder (b) bewegt wurde, konnte der Dampf an der einen oder der anderen Seite des Kolbens (c) in den Arbeitszylinder (d) durch einen der Kanäle (e) eintreten, der zuvor durch (c) versperrt war. Gleichzeitig wurde der Zylinderraum auf der anderen Seite durch den anderen Kanal mit der atmosphärischen Luft verbunden. Die Arbeitsweise des Kraftverstärkers beruhte auf dem Prinzip, daß sich eine auf eine Flüssigkeit (oder Gas) in einem geschlossenen Gefäß ausgeübte Kraft gleichmäßig allen Teilen des Gefäßes mitteilt. Der ausgeübte Druck hat deshalb bei den Kolben (a) und (c) den gleichen Wert.

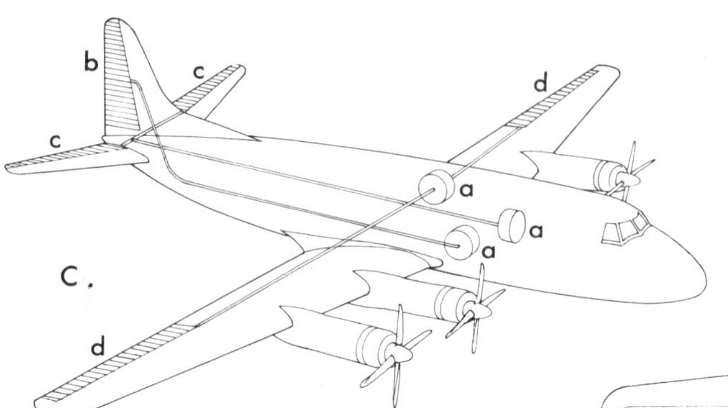

C.

C. In Flugzeugen wurden Kreisel (a) schon sehr früh verwendet, um das Gieren (b), das Steigen (c) und das Rollen (d) zu überwachen.

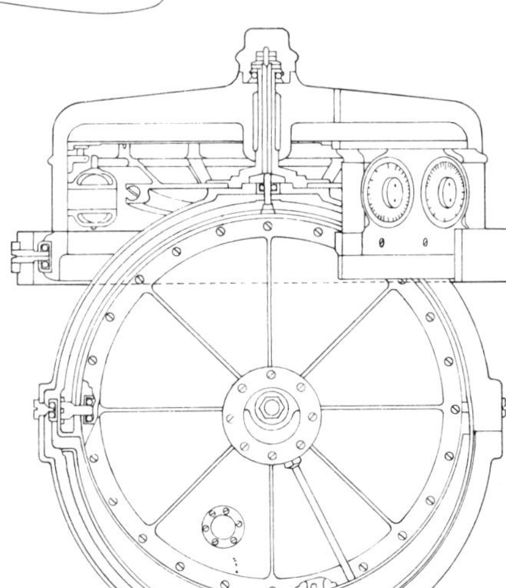

D

D. Die Eigenschaften des Kreisels beruhen auf der Tatsache, daß ein rotierender Körper bestrebt ist, seine Rotationsebene zu behalten. Hier ist ein Kreiselkompaß von E. A. Sperry im Längsschnitt dargestellt.

Der Computer und seine Vorläufer

Wie schon dargelegt wurde, ist durch das Zwischenspiel der Simulatoren und Automaten die Grundlage zum Computerbau gelegt worden. In der Geschichte der Erfindungen kann man den reichverzweigten Stammbaum des Computers zurückverfolgen bis zu den „selbstfahrenden Mechanismen" des klassischen Altertums; im Endeffekt reichen seine Wurzeln bis zu den Schlingen-Tierfallen in der späten Steinzeit. Andere Zweige haben Verknüpfungsstellen verschiedener Entwicklungsketten. Eine solche Kette ist die Mechanisierung von Rechenvorgängen mit den sich parallel dazu entwickelnden mathematischen Grundlagen, insbesondere der Zahlentheorie. Ein anderer wichtiger Teil des Stammbaumes ist die fortgesetzte Weiterentwicklung des elektrischen Relais als Verstärker und Koppler, die schließlich zu den elektronischen Bauteilen führt.

Das Zählen auf den Fingern kann als eine Nachbildung der Zahlen von 1 bis 10 angesehen werden, die es sehr leicht macht, in diesem Bereich zu summieren oder zu subtrahieren. Insofern kann die Verwendung der Finger zum Rechnen als ein mathematischer Simulator und der Abakus als eine Mechanisierung des Fingerzählens bezeichnet werden. Der Abakus ist auch ein Prototyp oder ein Vorläufer eines Automaten bzw. der erste Schritt auf dem Wege, Rechenvorgänge automatisch in einer Maschine abwickeln zu lassen.

Der Abakus war im antiken Griechenland und Rom bekannt und wurde teilweise „Pythagoras der Schiefertafel" genannt. Diese Bezeichnung gibt einen Hinweis, wie die ursprüngliche Konstruktion dieser Vorrichtung ausgesehen haben mag. Es wurden Steinkugeln verwendet und auf einer Tafel aus Stein oder Marmor bewegt. Das lateinische Wort *calculus* bezeichnet eine Steinkugel aus Kalk und prägte schließlich Begriffe wie Kalkulation, kalkulieren usw. Die Griechen verwendeten zu diesem Zwecke nicht das Tablett bzw. die Tafel, sondern eine flache mit Sand gefüllte Schale, in der die Rechenvorgänge durch Markieren der Positionen der Kugeln und Notieren des Ergebnisses vorgenommen wurde. In der griechischen Sprache heißt die flache Schale *abax;* von da leitet sich das Wort Abakus ab, das in jenem Kulturkreis die Rechenvorrichtung bezeichnete. Die Verwendung des Abakus breitete sich rasch über die arabische Welt nach Indien, Fernost und Rußland aus. Nach China kam der Abakus im 12. Jahrhundert und wurde dort *suan-pan* genannt. In Japan wurde er 100 Jahre später unter dem Namen *soro-ban* eingeführt. Diese Länder, insbesondere Japan und Rußland haben das Rechnen mit dem Abakus perfektioniert: Eine geschickte Person kann mit diesem Rechner nahezu genauso schnell rechnen wie mit einer modernen Büro-Rechenmaschine.

Die im Westen verwendeten Zahlen heißen arabische Zahlen und stammen aus Indien. Die Inder waren es, die den Begriff der „Null" für eine „leere" Stelle auf dem Abakus einführten. Dieser wichtige Schritt für die Entwicklung der Mathematik erreichte Europa erst im 9. Jahrhundert.

Die wissenschaftlichen Entdeckungen im 17. und 18. Jahrhundert, der blühende Handel und insbesondere die komplizierte Besteuerung und Steuererhebung waren einige Gründe dafür, die zeitraubenden Rechenvorgänge zu vereinfachen und zu automatisieren. Die erste mechanische Addiermaschine wurde von dem französischen Physiker und Mathematiker Blaise Pascal (1623–1662) konstruiert, doch hatte bereits 1623/24 der schwäbische Pfarrer W. Schickard eine funktionsfähige Additions- und Subtraktionsmaschine vorgestellt. Pascals Vater war Finanzbeamter, so daß B. Pascal schon mit jungen Jahren die anstrengende Arbeit der Steuerberechnung kannte und sie zu erleichtern versuchte. B. Pascals erste Rechenmaschine war 1645 fertiggestellt.

B. Pascals Rechenmaschine brachte ihm großen Ruhm, und sie regte viele Mathematiker im 17. Jahrhundert an, ähnliche Vorrichtungen zu bauen. Einer von ihnen war der vielseitige Gottfried Wilhelm von Leibniz. In den 1670er Jahren baute er eine Rechenmaschine, die als Prototyp der modernen Tischrechenmaschinen bezeichnet werden kann, soweit diese nicht von elektronischen Rechenmaschinen verdrängt worden sind. Das neue von G. von Leibniz eingeführte Konstruktionselement war ein Hemmungsrad für Einer, Zehner, Hunderter usw. Das ursprüngliche Hemmungsrad war walzenförmig und mit einer Nocke versehen, die die nächste Walze einen Schritt weiterdrehte, wenn über die Zahl Neun hinaus auf der ersten Walze weitergedreht wurde. Diese Arbeitsweise wurde von G. von Leibniz weiterentwickelt. Schließlich vollendete er in den 1690er Jahren eine Rechenmaschine, die addieren, subtrahieren und durch wiederholtes Addieren multiplizieren konnte. G. von Leibniz hatte eine Rechenmaschine für das Berechnen von Divisionen, Quadrat- und Kubikwurzeln entworfen, doch war die Präzisionsmechanik seiner Zeit noch nicht so weit entwickelt, daß die Maschine hätte gebaut werden können.

Ein chinesisches *Suan-Pan* aus dem 13. Jahrhundert. Auf einem Abakus zeigt man eine vorgegebene Zahl durch Verschieben von Kugeln zum Mittelbalken hin an. Auf dem dargestellten Abakus beträgt der Wert einer jeden Kugel in den einzelnen Reihen unterhalb des Mittelbalkens 1 (a), 10 (b), 100 (c), 1000 (d), 10000 (e), usw., während oberhalb des Mittelbalkens jede Kugel fünf Kugeln unterhalb des Mittelbalkens entspricht. Die auf dem dargestellten Abakus angezeigte Zahl beträgt 965 831.

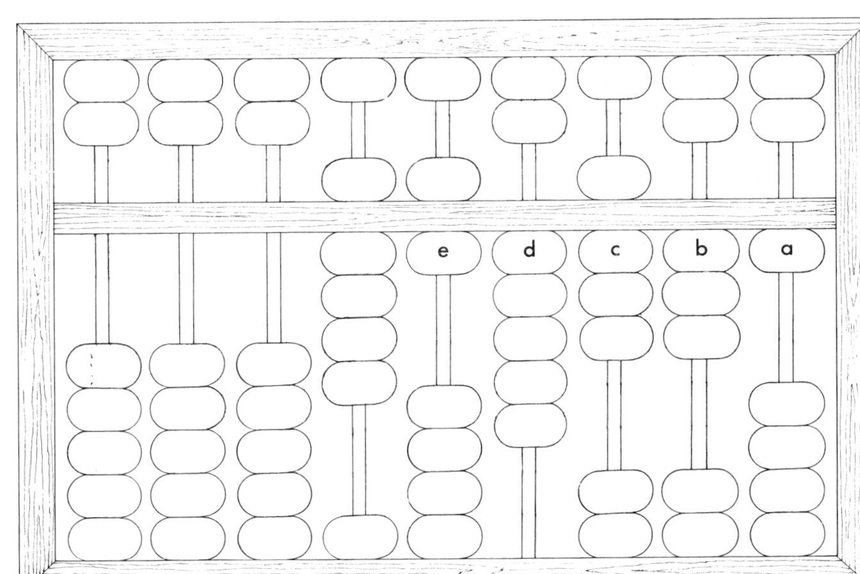

A. Der junge Blaise Pascal sitzt vor der mechanischen Addiermaschine „Pascaline", eine Erfindung, die ihm großen Ruhm einbrachte. Die Darstellung geht auf einen Stahlstich aus Jean-Gauffin Gallons *Machines et inventions approuvées par l'Académie Royale des Sciences* zurück, die 1735 in Paris veröffentlicht wurde.

A

B. Pascals Maschine (**1**) hatte die Abmessungen von 36 × 13 × 9 cm und konnte in der Tat nur für Additionen und Subtraktionen verwendet werden. Sie hatte acht Ziffernscheiben, die der Operateur mit einem Metallstift bediente. Da die französische Währung in jener Zeit das *livre* war, das in 12 *denier* geteilt war, von denen ein jedes aus 20 *sol* bestand, benötigte man für die Einheiten besondere Ziffernscheiben. Die restlichen Ziffernscheiben wiesen das Dezimalsystem auf und bezeichneten Einheiten von Einern, Zehnern, Hundertern usw. Der wichtigste Teil der Maschine von B. Pascal war die Übertragung der Dezimalen (Zehnerübertragung), das heißt, daß eine jede der gezähnten Scheiben sich um eine Einheit weiter drehte (ein Zehntel einer Umdrehung auf jeder Scheibe mit Ausnahme derjenigen für die *denier* und *sol*), wenn sich die vorhergehende Ziffernscheibe um eine volle Umdrehung gedreht hat. (**2**) Erläuterungszeichnung der Konstruktion der Addiermaschine. Wenn das Rad (a) von 9 nach Null bewegt wurde, fiel der Hebel (c), der durch die Stifte (b) gehalten wurde, herunter. Der Hebel war mit der Sperrklinke (d) verbunden, die das nächste Rad (e) um einen Schritt weiter drehte. Die Zahlen auf den Trommeln (f) konnten in den Öffnungen (g) auf der Vorderseite der Maschine gesehen werden.

B1

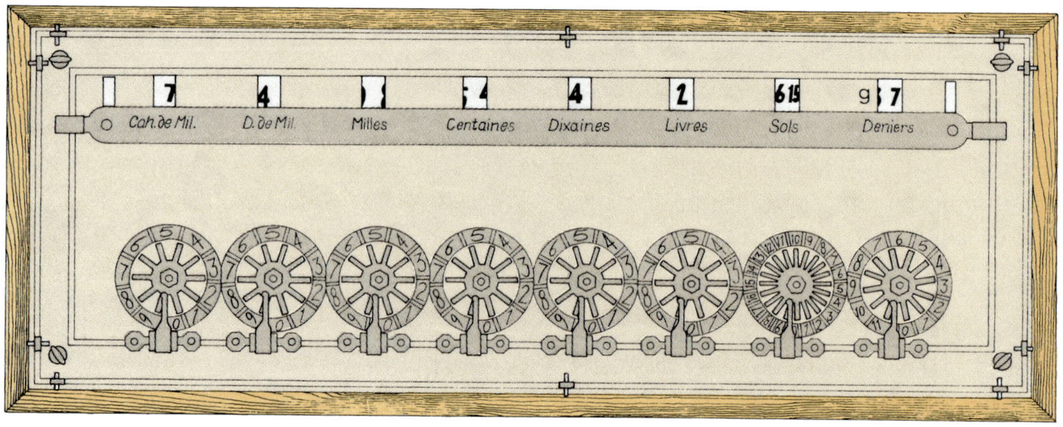

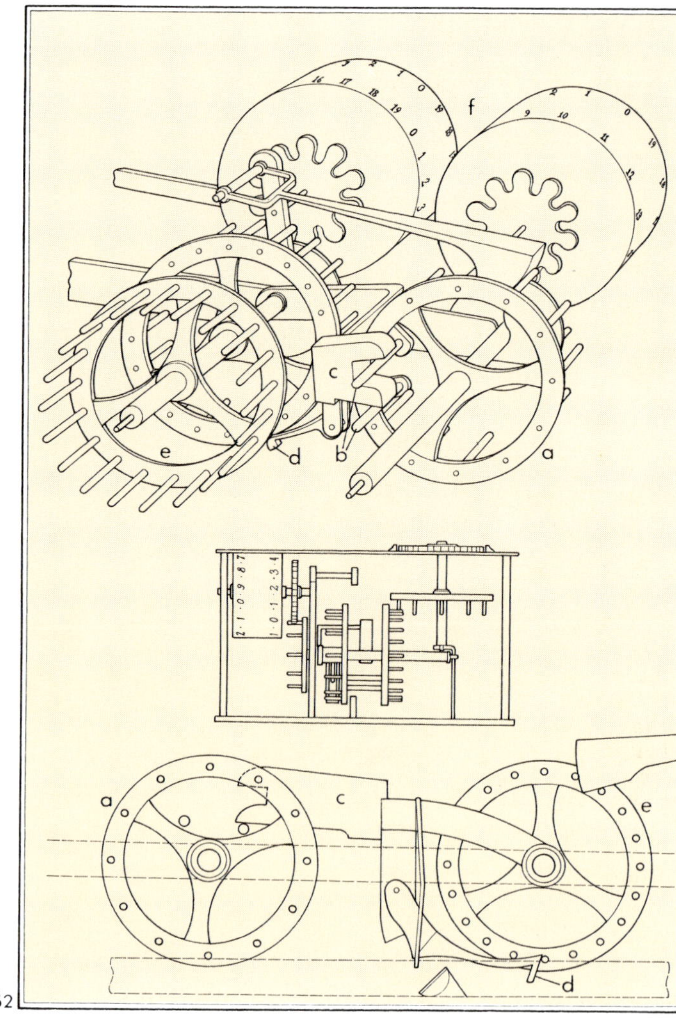

B2

C. Gottfried Wilhelm Leibnitz stellte fest, daß eine Multiplikation nur eine Reihe von wiederholten Additionen ist. Er konstruierte daher eine Maschine (**1**), in der eine eingestellte Zahl automatisch jedes Mal aufaddiert wurde, wenn die Kurbel eine volle Umdrehung gedreht wurde. Die Leibnitzsche Maschine hatte ebenfalls eine Dezimalübertragung, hatte jedoch statt der gezahnten Räder zylindrische Staffelwalzen (**2**) mit neun Zahnradzähnen bzw. Rippen unterschiedlicher Länge. Die einzelnen Zähne stellten Zahlenwerte von eins bis neun dar.

C2

Jeder Zahn bzw. Rippe auf der Staffelwalze war um 1/10 der Länge der Walze kleiner als der vorhergehende.

C1

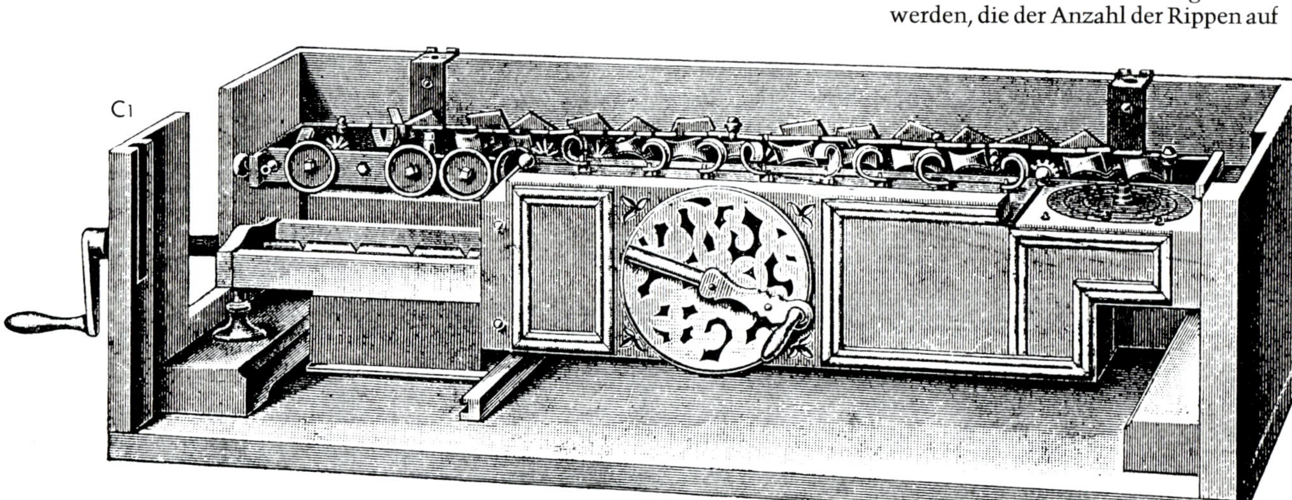

D. Eine Multipliziermaschine mit Staffelwalzen ist hier teilweise von der Umhüllung freigelegt. Diese Art Maschinen nannte man Thomasmaschinen, weil sie nach einem Entwurf von C. X. Thomas von 1820 gebaut worden sind. Die Zahl der Stellenwerte entspricht der Anzahl der Staffelwalzen (hier: sechs). Oberhalb einer jeden Staffelwalze (a) befand sich ein Stellrad (b), das auf der vierkantigen Welle (c) durch eine Stellvorrichtung (d) verschoben werden konnte. Auf dem Stellrad konnte eine Zahl eingestellt werden, die der Anzahl der Rippen auf

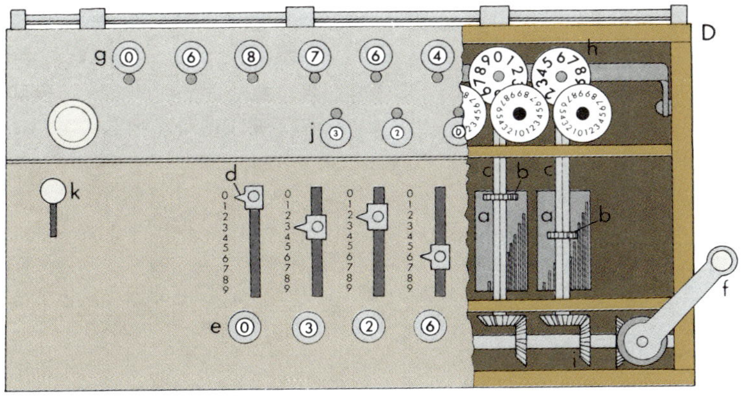

der Staffelwalze entsprach, die beim Rechenvorgang mit dem Stellrad (b) zum Eingriff kamen. Wenn eine Multiplikation vorgenommen werden sollte, wurde zunächst der Multiplikand mit der Einstellvorrichtung (d) eingestellt. Die Zahl konnte dann im Schauloch (e) gesehen werden. Wenn die Kurbel (f) einmal in Uhrzeigerrichtung gedreht wurde, erschien die eingestellte Zahl im Schauloch (g) für das Produkt, da die Ziffernscheiben (h) über Kegelräder (i) mit der Kurbelwellenachse verbunden waren. Jedesmal wenn die Kurbel gedreht wurde, wurde der Multiplikand zu dem Zahlenwert hinzuaddiert, der im Schauloch (g) abgelesen werden konnte; zum Beispiel konnte nach sieben Umdrehungen der eingestellte Zahlenwert multipliziert mit sieben in dem Schauloch für das Resultatwerk (j) abgelesen werden. Die Maschine konnte auch für die Division verwendet werden, indem der Hebel (k) nach unten gedrückt wurde. Die Staffelwalzen änderten dann ihre Drehrichtung.

E. Die Odhnerrechenmaschinen (**1**) waren durch die Sprossenräder (**2**) gekennzeichnet, die im 18. Jahrhundert erfunden wurden. (**3**) Das Sprossenrad bestand aus einer Scheibe (a), die an der Kurbelachse (b) befestigt war, und aus dem beweglichen Teil (c). Wenn man die Einstellscheibe (c) mit dem Einstellgriff (d) an der Skala (e) einstellte, wurden die Sprossen (f) auf dem Sprossenrad eingestellt. Die Zahl der Sprossen entsprach der eingestellten Zahl auf der Skala. Wenn die Kurbel (g) gedreht wurde, griffen die Zähne des Sprossenrades in die Zahnräder eines Zählwerkes ein, und der Zahlenwert konnte in dem Schauloch (h) als Produkt abgelesen werden. (i) Quotientenzählwerk. Die Stellenzahl, die die Maschine berechnen konnte, hing ab von der Anzahl der Sprossenräder. Die Kurbel wurde gegen den Uhrzeigersinn bewegt, wenn dividiert werden sollte.

E1

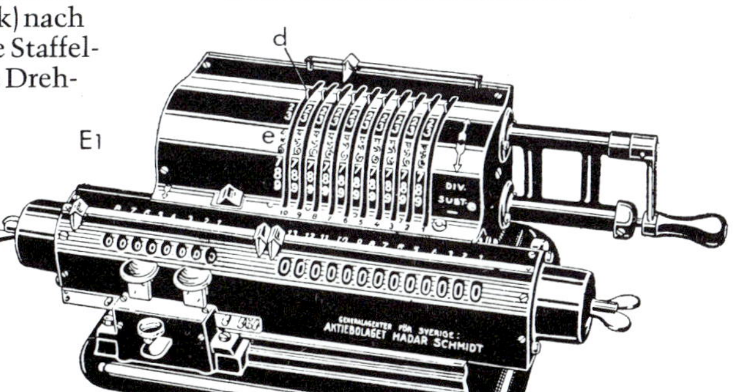

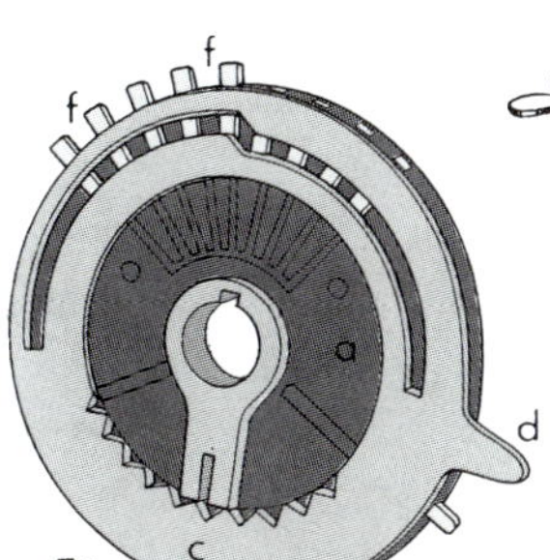

E2

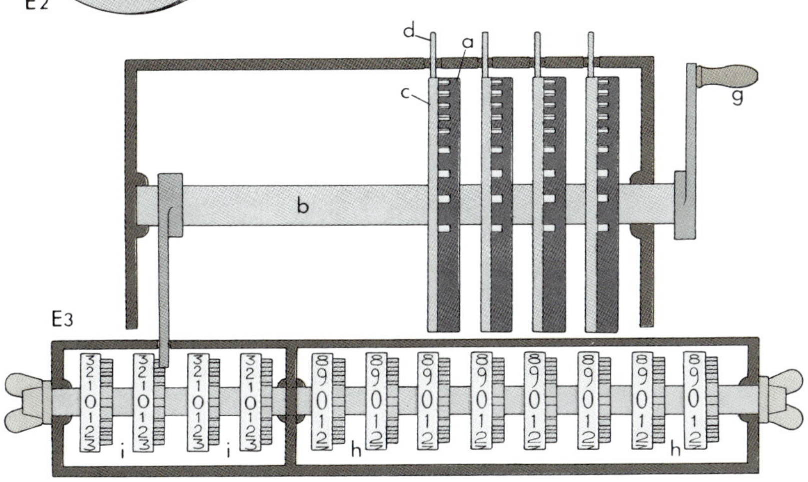

E3

Die Computer

Der mechanische Rechner ist eine mehr oder weniger automatische Hilfe bei Rechenvorgängen und befreit den Menschen von zeitraubender Rechenarbeit. Doch mußte der Mensch noch immer die Reihenfolge der Rechenvorgänge bestimmen und der Maschine ständig Werte eingeben, Teilresultate aufnehmen sowie die Rechenarbeit insgesamt organisieren. Das nächste Bindeglied in der Entwicklungskette ist die Verwendung einer vollentwickelten mechanischen Rechenmaschine zur Simulation der Eingriffsphasen des Operateurs während des Rechenprozesses. In diesem Zusammenhang könnte eine solche Maschine Computermaschine genannt werden, um zum Ausdruck zu bringen, daß die Rechenmaschine auch die Organisation des Ablaufes des Rechenvorganges übernimmt.

Der Pionier in der Ära der Computermaschinen war der talentierte, aber auch exzentrische britische Mathematiker Charles Babbage (1792–1871). Als junger Student in Cambridge, wo er unter anderem Astronomie studierte, bekam Ch. Babbage die Idee, die ihn sein ganzes Leben lang fesselte, nämlich die Rechner vollkommen zu automatisieren. Er und John F. W. Herschel (1792–1871), der Sohn des großen Astronomen Sir F. William Herschel, bekamen zusammen die Aufgabe übertragen, Tabellen für die Astronomie zusammenzustellen und vorhandene, durch mechanische Rechner berechnete Tabellen zu überprüfen. Nach langwieriger Arbeit fanden J. Herschel und Ch. Babbage viele Fehler, die auf menschliches Versagen zurückzuführen waren.

Charles Babbage war genötigt, ganz neue mathematische Grundsätze für die Funktion der Maschine zu erarbeiten. Er hatte Erfolg und verwendete zu diesem Zwecke ein Prinzip, das eine wesentliche Abkürzung des Rechenvorganges bedeutete und darüber hinaus besonders für das Aufstellen von Tabellen geeignet war. Sehr vereinfacht ausgedrückt, war seine Idee, der Arbeitsweise der Maschine die *Differenzen* zwischen verschiedenen Zahlenfolgen zugrunde zu legen und nicht das schrittweise Aufaddieren wie bei den Additionsrechenmaschinen. Im Jahre 1822 stellte Ch. Babbage diese neuen Konstruktionskriterien für eine schnell rechnende Maschine in seiner Schrift „Über die theoretischen Grundlagen der Maschinen für Rechentabellen" vor. Im gleichen Jahr begann er seine erste Maschine nach diesen Prinzipien zu bauen. Er nannte sie „Differenzmaschine Nr. 1". Doch da tauchten die Probleme erst auf: der Bau der Maschine erforderte einen Grad an Präzisionsarbeit, den keine Werkstätte der damaligen Zeit, nicht einmal eine Uhrmacherwerkstätte, bieten konnte. Ch. Babbage bot all seine unermüdliche Energie auf, um das technische Problem der Konstruktion und Herstellung zu lösen. Er war sogar genötigt, neue Werkzeuge zu erfinden und die sehr komplizierten Teile der Maschine selbst herzustellen.

Anfang der 1830er Jahre hatte Ch. Babbage nach intensiver Arbeit diejenigen Teile der Differenzmaschine fertiggestellt, die für die Anwendbarkeit seiner Prinzipien entscheidend waren. Bis dahin hatte er auch über 200 Zeichnungen der gesamten Maschine angefertigt. Eine sehr umfangreiche Beschreibung der Maschine erschien im Juli 1834 in der *Edinburgh Review* und wurde zufällig von dem berühmten schwedischen Ingenieur Per Georg Scheutz (1785–1873) in Stockholm gelesen. P. Scheutz war nebenbei Herausgeber der *Zeitschrift der schwedischen Industrievereinigung* und ein sehr bekannter Journalist, der im Schwerpunkt die Bereiche Technik und Kultur bearbeitete. P. Scheutz erkannte mit seinem technischen Allgemeinverständnis und seinem Gespür für Neuheiten sofort die Bedeutung der Differenzrechenmaschine, aber er stellt in seinen autobiographischen Notizen auch fest, „daß trotz aller technischen Möglichkeiten in England so lange keine weitere Entwick-

A
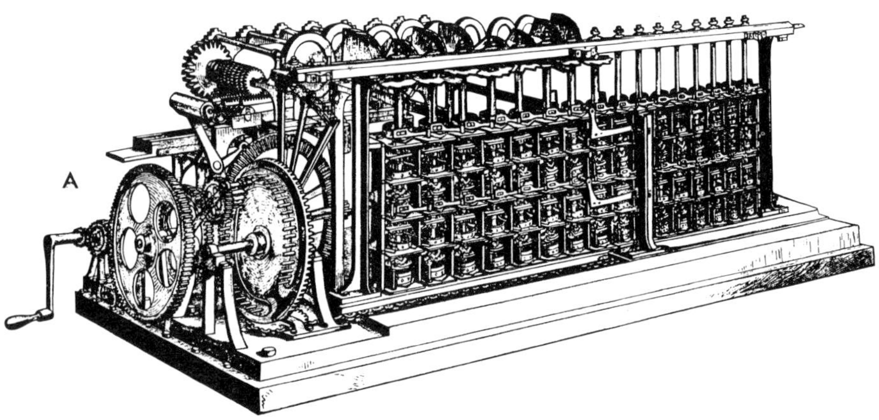

A. Die Differenzen-Rechenmaschine für die Berechnung von logarithmischen Tabellen wurde von Georg und Edvard Scheutz gebaut und war eine Vereinfachung der Konstruktion von Ch. Babbage.

B. Die Differenzen-Rechenmaschine von Ch. Babbage hatte ihn über 17000 Pfund gekostet, als seine Arbeit 1834 unterbrochen wurde. Die Gründe dafür, daß die Maschine nie vollendet wurde, waren teilweise wirtschaftliche Schwierigkeiten und teilweise ein Streit zwischen Ch. Babbage und seinem leitenden Instrumentemacher, der die Arbeit anschließend niederlegte.

B
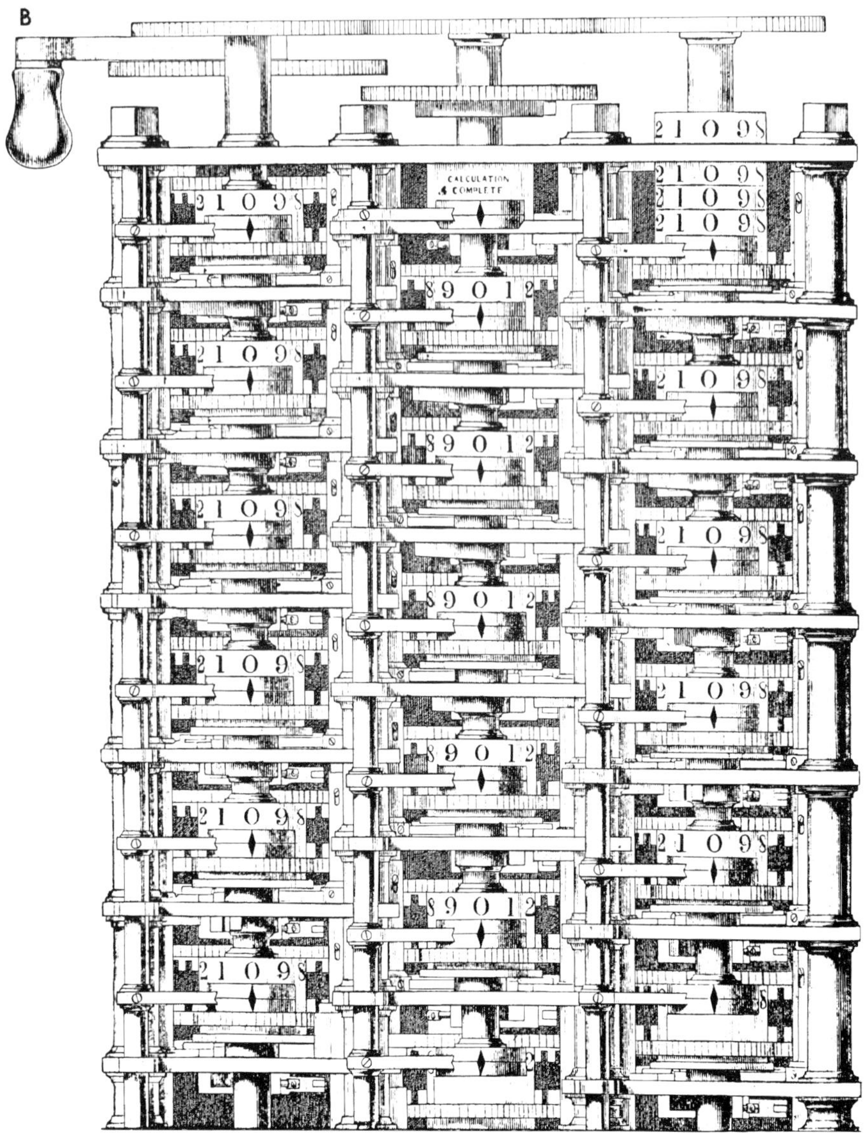

lung stattfinden wird, solange diese Pläne nicht weiter verfolgt werden". P. Scheutz versuchte ebenfalls eine Additionsmaschine nach Ch. Babbage zu bauen, wählte jedoch andere mechanische Konstruktionsteile. Sein Sohn Edvard Scheutz (1821–1881), der mit seinem Studium an dem Teknologiska Institut in jener Zeit begann, als sein Vater an der neuen Maschine arbeitete, setzte sich ebenfalls an die Arbeit, diese Maschine zu bauen. Nach viel Arbeit und manchen Opfern wurde diese Maschine 1843 fertiggestellt und der Royal Academy of Sciences vorgestellt. Die beiden Scheutz hatten vor, mit der Konstruktion noch weiter zu gehen und sie unter anderem mit einer „Ausdruckvorrichtung" zu versehen. Dies war eine Anordnung, durch die die Berechnungsergebnisse auf eine Kupferplatte eingraviert werden sollten. Diese Platte konnte dann zum Druck der berechneten Tabellen verwendet werden, sobald sie die Rechenmaschine verließ.

Die Babbage-Scheutz-Differenzenrechenmaschine stellt eine fortschrittliche Automation der Rechenvorgänge dar: sie ist ein Automat, der allerdings nur auf ein einziges Programm ausgerichtet ist. Schon in den 1830er Jahren sah Ch. Babbage die Möglichkeit, einen Schritt weiter zu gehen und eine Maschine zu konstruieren, die jede Art von Berechnungen erledigen, also nach dem eingegebenen Programm ihre eigenen Berechnungsschritte organisieren konnte. Diese „analytische Maschine", wie sie Ch. Babbage nannte, wäre ein Simulator gewesen, der den Weg einer Berechnung durch einen Mathematiker technisch nachahmen würde. Die Idee Ch. Babbages war, um die Differenzenmaschine mehrere Hilfsfunktionen anzuordnen, die zusammen eine Rechnereinheit bilden würden; eine Einheit mit Hilfsfunktionen wäre eine mechanische Vorrichtung, die die Rechenanweisungen einspeisen würde, eine andere würde Zwischenergebnisse speichern, eine weitere Vorrichtung könnte die Teilergebnisse miteinander vergleichen und grundsätzliche „Entscheidungen" bezüglich des weiteren Rechenvorganges fällen. Ein Blockdiagramm dieser Funktionen würde demjenigen der vergleichbaren Funktionen in einem modernen Computer entsprechen. Für das Programmieren der Aufgaben und Ausdrucken der Ergebnisse wollte Ch. Babbage Lochkarten verwenden, wie sie damals bei den Jacquardwebstühlen eingesetzt waren.

Die Einsatzmöglichkeiten der analytischen Rechenmaschine wurden durch Ch. Babbage sehr klar, ja visionär gesehen. Dieses Projekt war aber noch schwieriger zu lösen als sein früheres Projekt der Differenzenrechenmaschine. Selbst die einfachste Ausführung einer analytischen Rechenmaschine hätte über 50000 bewegliche Bauteile erfordert!

Im Jahre 1840 stellte Ch. Babbage seine Pläne für eine analytische Rechenmaschine einem wissenschaftlichen Kongreß in Turin vor. Später wurde von dem italienischen Ingenieur L. F. Menabrea in einer Schweizer Zeitschrift ein wohlwollender Bericht über die Maschine veröffentlicht; dieser Bericht wurde durch Ada Augusta, Lady Lovelace, die Tochter Lord Byrons und eine Mathematikerin in die englische Sprache übersetzt und kommentiert. Der Originalbericht und ihre Kommentare weisen auf die möglichen Verwendungsbereiche der analytischen Maschine als einem wissenschaftlichen Instrument hin und zeigen Anwendungsbereiche auf, die erst die Computertechnologie der 1950er Jahre erreichte. Ch. Babbages Sohn Henry veröffentlichte 1888 eine mathematisch und technisch verständliche Beschreibung der Maschine seines Vaters. Ch. Babbage war seiner Zeit gedanklich weit voraus, daß nicht einmal die geringste Aussicht bestand, seine Vorstellungen in funktionierende Rechenmaschinen umzusetzen.

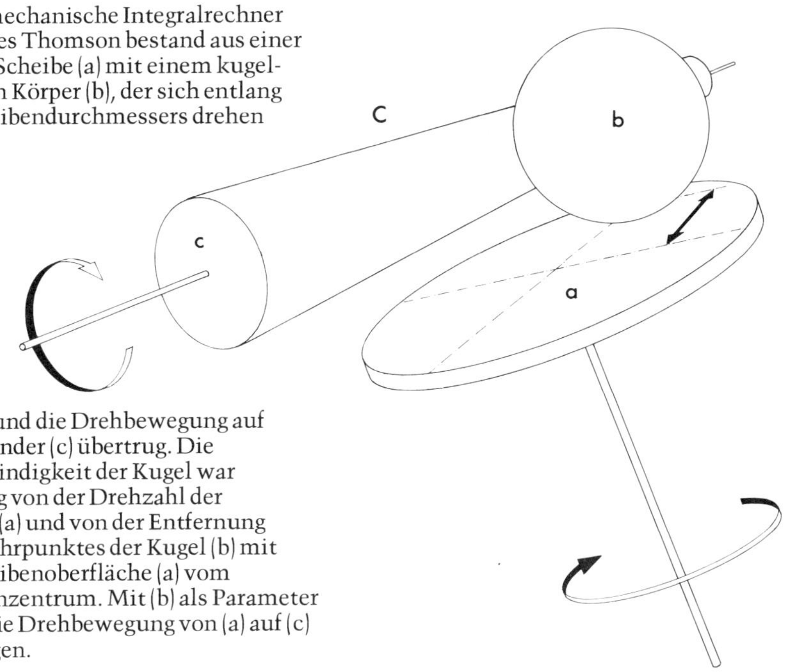

C. Der mechanische Integralrechner von James Thomson bestand aus einer flachen Scheibe (a) mit einem kugelförmigen Körper (b), der sich entlang des Scheibendurchmessers drehen konnte und die Drehbewegung auf den Zylinder (c) übertrug. Die Geschwindigkeit der Kugel war abhängig von der Drehzahl der Scheibe (a) und von der Entfernung des Berührpunktes der Kugel (b) mit der Scheibenoberfläche (a) vom Scheibenzentrum. Mit (b) als Parameter wurde die Drehbewegung von (a) auf (c) übertragen.

Der Analogcomputer

Ch. Babbages Arbeiten und Gedankengänge regten viele Mathematiker und Physiker im ausgehenden 19. Jahrhundert an, sich mit den Rechenmaschinen zu beschäftigen. Einer dieser Wissenschaftler war William Thomson, der spätere Lord Kelvin, der einen Ausweg aus den Schwierigkeiten suchte, auf die Ch. Babbage gestoßen war, als er die Lösung von Zahlenreihen, die beim Bau einer solchen Maschine auftreten, untersuchte und die Arbeitsweise der mechanischen Analogie einer mathematischen Funktion anpaßte, in diesem Fall auf dem Integral. Sein Bruder James Thomson hatte 1876 einen mechanischen Integralrechner entworfen, der aus einer waagrechten, rotierenden Scheibe bestand, auf deren Durchmesser sich eine Kugel bewegte, die ihre Bewegung auf einen Zylinder übertrug. Mit einer Reihe solcher Vorrichtungen baute Lord Kelvin eine Rechenmaschine, den ersten Analogcomputer, zur Berechnung der Gezeiten. Er konstruierte noch weitere ähnliche Rechenmaschinen für eine Reihe physikalischer Probleme, einschließlich derjenigen, die zu ihrer Lösung Differentialgleichungen verlangen. Doch bekam Lord Kelvin letztlich die gleichen Schwierigkeiten wie Ch. Babbage, weil die Bauteile der Maschine nicht genau genug gefertigt werden konnten, er erreichte nicht die gewünschte Genauigkeit bei den berechneten Werten.

Während des Ersten Weltkrieges erzielte man einen gewissen Fortschritt bei den mechanischen Analogrechnern. Ende der 1920er Jahre wurden die Ideen Lord Kelvins wieder aufgegriffen, als der Amerikaner Vannevar Bush (1890–1974) vom Massachusetts-Institut für Technologie einen mechanischen Differentialanalysator baute, der auf dem Prinzip des Integralrechners arbeitete. Der Analysator konnte eine Reihe verschiedener Rechenprogramme ausführen. Dieser Analysator wurde in den 1930er Jahren in einen schnellen und verläßlichen Computer weiterentwickelt, der unter anderem Schießtabellen für die Artillerie berechnete.

Der Durchbruch

Die Arbeit von V. Bush, die er im Schwerpunkt in den 1930er Jahren leistete, ist mit der Arbeit eines Eisbrechers verglichen worden. In den englischsprachigen Ländern machte man nun große Anstrengungen, physikalische und mathematische Grundlagenprobleme für die Konstruktion von Rechenmaschinen zu lösen. In England leistete im Bereich der Theorie Alan M. Turing Beiträge von bleibendem Wert.

Der technische Durchbruch stand bevor, weil durch die rasche Entwicklung der Fernsprechverbindungen in den 1920er Jahren gegenüber den bisher in den Rechenmaschinen verwendeten mechanischen Bauteilen neue interessante Bauteile entwickelt wurden, nämlich das Telefonrelais. Dieses hatte seine Bewährung in den Telefonnetzen erbracht, die immer mehr automatisch betrieben wurden. Der Deutsche Konrad Zuse (geboren 1900) wertete als erster systematisch die Verwendung des Relais in Rechenmaschinen aus. In seiner 1970 veröffentlichten Autobiographie führt K. Zuse aus, daß er bereits als junger Student um 1932 daran dachte eine „universale Rechenmaschine zu bauen, damit kreative Menschen ihre kostbare Zeit nicht für langweilige Rechenarbeit vergeuden bräuchten." Nach seinem Diplom als Bauingenieur 1935 in Berlin arbeitete K. Zuse etwa ein Jahr lang im Bereich der Statik und widmete sich von 1936 an gänzlich den Rechenmaschinen. Ein Versuchsmodell wurde um 1938 hauptsächlich aus mechanischen Bauteilen fertiggestellt. Danach konstruierte K. Zuse eine Recheneinheit, die fast ganz aus elektromagnetischen Relais bestand und beim Ausbruch des Krieges 1939 nahezu vollendet war. Während seines Militärdienstes verstand es K. Zuse, die Luftwaffe an der Rechenmaschine zu interessieren, so daß sie 1941 schließlich fertiggebaut werden konnte; man bezeichnete sie als „Z 3". Sie wurde jedoch bei einem Luftangriff zerstört. Am Kriegsende war K. Zuse in Göttingen tätig, wo er den Rechner K 4 völlig aus Relais baute. Der Rechner wurde 1945 in Betrieb gesetzt. Heute kann dieser Rechner in der Eidgenössischen Technischen Hochschule in Zürich gesehen werden.

Die Ehre, die erste elektrische Rechenmaschine, das heißt, den ersten Computer im modernen Sinn des Wortes, konstruiert zu haben, gebührt zweifelsfrei K. Zuse, selbst wenn seine Arbeit nicht über seinen engsten Arbeitskreis hinaus bekannt wurde. Seine Arbeiten wurden erst 1960 veröffentlicht. Aus diesem Grunde haben seine Beiträge, auch wenn sie richtungweisend waren, nie die moderne Computerentwicklung beeinflußt.

Auf der anderen Seite des Atlantiks begann man die Arbeiten 1939 in der Harvard-Universität an einer großen Relaismaschine, die später Mark I hieß. Der Entwurf und die Konstruktion des Rechners wurden von Howard H. Aiken überwacht und in Zusammenarbeit mit der IBM (International Business Machine Corporation) 1944 fertiggestellt. Für die Rechnereinheiten wurden handelsübliche Relais verwendet. Der Speicher des Rechners war jedoch mechanisch und bestand aus Rechenscheiben, die nach der Arbeitsweise der zeitgenössischen Büromaschinen arbeiteten. Die Leistungsfähigkeit des Speichers betrug 72 „Maschinenworte", von denen ein jedes 23stellig bzw. eine 23stellige Zahl war. Die Maschine konnte zwei solche Zahlen in der Zeit von 4,5 sec multiplizieren. Einige wenige Maschinen dieser Art sind noch gebaut worden, unter ihnen Mark II, die ebenfalls von H. Aiken entworfen wurde. Sie wurde 1948 fertiggestellt und für die Berechnung von ballistischen Tabellen verwendet.

Die Arbeit an dem ersten elektronischen Computer begann 1942 unter der Leitung von J. G. Brainerd, J. Presper Eckert und John W. Mauchly an der Universität von Pennsylvania in Philadelphia. Diese Maschine, die später unter dem Namen ENIAC berühmt wurde (Electronic Numeral Integrator and Calculator), kennzeichnet den Beginn der modernen Ära der Computer. ENIAC wurde erstmals an Neujahr 1946 in Dienst gestellt und blieb bis 1955 im Betrieb. Sie war in vieler Hinsicht „die erste und die beste". Die Maschine bestand aus 18000 Elektronenröhren, verbrauchte etwa 175 kWh und hatte einen Flächenbedarf von etwa 200 m^2. Ihre Rechengeschwindigkeit war 1000mal schneller als diejenige zeitgenössischer Relaismaschinen. Ihre Speicherkapazität betrug 20 Maschinenworte mit je zehn Stellen. Darüber hinaus konnte die Maschine 300 Worte Programmanweisungen speichern.

ENIAC bedeutete den eigentlichen Durchbruch für die Automatisierung der Rechenvorgänge, der Rechner fand große Beachtung in Kreisen der Wissenschaftler und in der Öffentlichkeit. Die Tagespresse nannte ENIAC bald „elektronisches Gehirn", und die britische Zeitschrift *Nature* brachte darüber einen Artikel unter der Überschrift „Babbages Traum wird Wirklichkeit".

Die Relais- und elektronischen Computer der Pionierzeit der 1940er und 1950er Jahre werden allgemein Computer der ersten Generation genannt. Vom heutigen Standpunkt aus betrachtet, werden diese An-Aus-Maschinen charakterisiert durch eine geringe Speicherkapazität und eine lange Zugriffzeit zu dem Speicher.

1 + 1 = 10. Richtig oder falsch?

Die Konstrukteure der ersten Computer werden den Kern der Frage, ob die Behauptung, 1 + 1 = 10 richtig oder falsch sei, wahrscheinlich überhaupt nicht gesehen haben. Diese Frage hat jedoch die zwei Hauptsätze der Computertheorie begründet, die von den ausgehenden 1940er Jahren an nachhaltig weiterentwickelt wurden. Diese Frage verdeutlicht andererseits nochmals, wie die Steuerungstechnik die theoretischen Betrachtungen im nachhinein belebte. Wenn man die fragliche, offenbar einfache Gleichung liest, „eins und eins ist gleich zehn", so ist dies offenbar falsch. Liest man die „Zehn" aber als „Eins-Null" bzw. als die „duale Zehn", so bekommt der Ausdruck einen Sinn. Das duale Zahlensystem fußt auf der Zahl Zwei und kennt nur die Zahlen 0 und 1. Es wurde erstmalig von G. von Leibniz im ausgehenden 17. Jahrhundert beschrieben. Die Eigenschaften des Systems sind für die Computeranwendung einfach hervorragend geeignet.

Was am Dualsystem ungewöhnlich empfunden wird, ist die Basis 2. Von Kindheit an ist man gewöhnt im Dezimalsystem zu zählen, das die Basis 10 hat. Die beiden Systeme befolgen jedoch die gleichen Gesetzmäßigkeiten. Im Dezimalsystem ist die Zahl 365 gleich $3 \times 10 \times 10$ ($3 \cdot 10^2 = 300$) plus 6×10 ($6 \cdot 10^1 = 60$) plus 5×1 ($5 \cdot 10^0 = 5$). Wenn eine Zahl die Potenz Null hat, hat sie immer den Wert 1. Im Dualsystem entspricht die Zahl 365 jedoch $1 \times 2^8 (= 256) + 1 \times 2^6 (= 64) + 1 \times 2^5 (= 32) + 1 \times 2^3 (= 8) + 1 \times 2^2 (= 4) + 1 \times 2^0 (= 1)$. Die Reihe der Potenzen von 2^8 bis 2^0 lautet wie folgt: $2^8, 2^7, 2^6, 2^5, 2^4, 2^3, 2^2, 2^1$ und 2^0. Nach obigen Angaben fehlen die 2^7, 2^4 und 2^1 in dem Zahlenwert 365. In dem Dualsystem werden für die vorhandenen Potenzen eine 1 gesetzt und für die nicht vorhandenen eine 0. Die Zahl 365 wird deshalb im Dualsystem als 101101101 geschrieben, die Zahl 2 als 10, das heißt $1 \times 2^1 + 0 \times 2^0$. Deshalb kann mit Recht behauptet werden, daß 1+1 im Dezimalsystem tatsächlich 10 im Dualsystem entspricht.

Wenn die Zahl der Tage des Jahres in der oben dargestellten Weise wiedergegeben wird, erscheint sie in der Tat sehr lang. Die Ziffern des Dualsystems sind für Leute, die mit dem Zehnersystem vertraut sind, recht unhandlich. Als Komponenten eines Computers, der nur die Ziffern 0 und 1 als „ja" – „nein" oder „entweder" – „oder" kennt, scheinen sie füreinander geschaffen. Der Mathematiker nennt diese Komponenten „binäre Elemente" und drückt damit aus, daß sie nur zwei Stellungen haben. So fließt der elektrische Strom entweder durch den Stromkreis (1 oder „ja"), oder er tut es nicht (0 oder „nein"), es gibt keine dritte Möglichkeit. Populärwissenschaftliche Bücher über Computer vergleichen die binären Elemente häufig mit einem Wasserhahn, der entweder offen oder geschlossen ist.

Wenn man sich der Überschrift dieses Abschnittes wieder entsinnt, so wurde festgelegt, daß Eins und Eins der Ziffernfolge Eins-Null entspricht, also „wahr" ist. Dieser Fachausdruck ist einer anderen Grundlage der Computertheorie entnommen, der logischen Algebra, die schon in den 1840er Jahren von dem englischen Logiker und Mathematiker George Boole (1815–1864) formuliert worden ist. Dieser Teilbereich der Mathematik fand bis in die auslaufenden 1940er Jahre keine praktische oder theoretische Anwendung. Erst dann entdeckte man, daß die Boolesche Algebra gerade jene Rechenvorgänge behandelt, welche die Computertechnologie benötigte. Ihr Vorteil ist, daß sie auf einfachste mathematische Weise zum Ausdruck bringen kann, ob Kombinationen der Art „ja – nein" und „entweder – oder" hinsichtlich ihres Wahrheitsgehaltes wahr oder falsch sind. Sie eignen sich besonders gut für das duale Zahlensystem: ja $\triangleq$ 1, nein $\triangleq$ 0, entweder $\triangleq$ 0, oder $\triangleq$ 1. In ihrer einfachsten Form besteht die Boolesche Algebra aus zwei Rechenregeln, die im folgenden noch dargestellt werden sollen:

1. Das Konjunktivgesetz: $C = A \wedge B$ (das Zeichen $\wedge$ wird als „und" gelesen), das zum Ausdruck bringt, daß C wahr ist, wenn A *und* B wahr sind.
2. Das Disjunktivgesetz: $C = A \vee B$ (das Zeichen $\vee$ wird als „oder" gelesen), das zum Ausdruck bringt, daß C wahr ist, wenn *entweder* A oder B wahr sind.

Selbst die Nichtmathematiker werden zugeben müssen, daß die Boolesche Algebra die logischen Grundlagen in einer klaren und leicht zu verstehenden Sprache darzustellen vermag.

Als 1847 G. Boole seine *Mathematische Analysis der Logik* veröffentlichte, wußte er wahrscheinlich nicht, welche ungeheuere Bedeutung sein Werk in der Zukunft haben wird. Sein kleines Buch bewirkte seinerzeit nur Einzelinteresse in der wissenschaftlichen Welt und war weitgehend überschattet von dem umfangreichen Werk *Formale Logik*, das durch den englischen Mathematiker und Philosophen Augustus de Morgan (1806–1871) einige Jahre zuvor veröffentlicht wurde. 100 Jahre später entdeckte man jedoch, daß die Boolesche Algebra sich besonders gut für die Computertechnologie eignen würde. Die Konstrukteure der ersten Computermaschinen folgten bei ihren Entwürfen mehr oder weniger ihrem Instinkt, statt einer besonderen Theorie. Erst in den ausgehenden 1940er Jahren wurde das kleine Buch von G. Boole wiederentdeckt, neu aufgelegt und diskutiert, als einige bedeutende Mathematiker und Physiker sich der theoretischen Grundlagen des Entwurfs und der Konstruktion von Computern widmeten. Das Buch enthielt die Rechenregeln, die die Computertechnologie benötigte!

Dies wurde im Jahre 1948 festgestellt, als Norbert Wiener (1894–1964), Professor der Mathematik an dem Massachusetts-Institut für Technologie, sein richtungweisendes Werk, *Kybernetik. Regelung und Nachrichtenübertragung in Lebewesen und Maschinen*, veröffentlichte, in dem er die grundlegende Theorie aller Arten von automatischen Steuerungsvorgängen einschließlich der Computersteuerung formulierte. Dies war die Grundlage eines neuen Wissenschaftszweiges, der Kybernetik, der noch behandelt werden wird. Obwohl die dargelegten mathematischen Grundlagen selbst für einen Mathematiker kompliziert waren, wurde die Kybernetik Grundlage einer umfassenden Diskussion, die sich weit über den Bereich der Naturwissenschaften und Technologie erstreckte. Die Kybernetik kann nämlich auf alles angewendet werden, was gesteuert oder geregelt werden kann, zum Beispiel von automatischen Steuereinrichtungen und Computern bis zu sozioökonomischen Entwicklungen. Die Debatte um die Kybernetik wurde in dem folgenden Jahr noch mehr entfacht, als N. Wiener eine meisterhafte Zusammenfassung seiner Gedanken veröffentlichte, die keine Querverweise zur Mathematik hatte. Die Schrift trug den Titel *Mensch und Menschmaschine.*

In dem gleichen ereignisreichen Jahr 1948 erschien ein weiterer bedeutender Beitrag, als Claude E. Shannon (geboren 1916) sein Werk *Mathematische Theorie der Nachrichtenübertragung* veröffentlichte. Dieses Werk wurde womöglich noch mehr beachtet als N. Wieners Buch über die Kybernetik. C. Shannon war Schüler von N. Wiener und trat bei der mathematischen Beschreibung seiner Theorien in die Fußstapfen seines Lehrers. Auch C. Shannons Buch wurde ein Grundlagenwerk eines neuen Wissenszweiges, der Informatik. Diese Theorie der Nachrichtenübertragung, die sehr umfassend und mathematisch genau abgefaßt ist, wurde anfänglich wie die Kybernetik mißverstanden und oft falsch interpretiert. Einige Wissenschaftler, vor allem der amerikanische Mathematiker Warren Weaver, halfen jedoch die Ideen einem weiteren Kreis von Interessenten zugänglich zu machen. Während des Zweiten Weltkriegese hatte W. Weaver einige grundlegende Beiträge für die automatische Steuerung von Flugabwehrkanonen geleistet und war mit den Problemen der Steuerungstechnik vertraut. Nebenbei sei darauf hingewiesen, daß W. Weaver als erster daran dachte, Computer für die Übersetzung von einer in die andere Sprache zu verwenden.

Im folgenden soll die praktische Anwendung der Informatik kurz erläutert werden. Da aber zunächst die Grundlagen der Computertechnik behandelt werden, soll zuerst der Begriff „bit" dargestellt werden, der einen Informationsimpuls zum Ausdruck bringt. Das Wort ist eine Zusammensetzung aus den Worten *bi*nary dig*it* (binäre Einheit). Dieser Ausdruck wurde 1948 von dem Mathematiker John W. Tukey, einem Freund von C. Shannon, in Vorschlag gebracht und wurde bald international anerkannt. Ein „bit" ist die Maßeinheit, die die Anzahl der Zweierschritte angibt, die aus „ja/nein"- oder „entweder/oder"-Entscheidungen bestehen.

Das Jahr 1948 sah auch die Veröffentlichung anderer für die Computertechnologie äußerst wichtiger Entdeckungen. Eine davon sollte einen grundlegenden Einfluß auf die Zukunftsentwicklung der Computer haben. Das war der Transistor, der von dem Forschertrio John Bardeen, Walter Houser Brattain und William Shockley von den Bell-Telephone-Laboratorien in den USA eingeführt wurde. Sie stellten diesen vollkommen neuen Baustein nach einigen Jahren Forschung her. Der Transistor ist zu Recht als einer der großen technologischen Durchbrüche im 20. Jahrhundert angesehen worden. Die Forschergruppe erhielt 1956 den Nobelpreis für Physik für ihre Entdeckung.

Es soll im folgenden nicht detailliert auf die Konstruktions- und Funktionsmerkmale des Transistors eingegangen, sondern nur festgestellt werden, daß er zwei wichtige Eigenschaften hat: er ist ein (bistabiles) Halbleiterelement, das extrem schnell seine Eigenschaft vom Leiter zum Nichtleiter ändern kann. Das Wort Transistor ist eine Zusammensetzung aus den Worten „*trans*fer" (Übertragung) und „*resistor*" (Widerstand). Vom Beginn an zeichneten sich die ersten Transistoren durch sehr kleine Abmessungen aus und waren nicht größer als ein Streichholzkopf, so daß die Elektronen, das heißt der elektrische Strom, nur sehr kleine Wegstrecken zurücklegen mußten, um in Aktion zu treten. Die Geschwindigkeit der Elektronenübertragung beträgt rund 300000 km/sec; eine Strecke von 30 cm wird in einer Zeit von einem Milliardstel einer Sekunde (eine Nanosekunde) zurückgelegt. Oft wird der Ausdruck „Blitzesschnelle" verwendet, um sehr schnelle Vorgänge zu beschreiben, doch benötigt eine Blitzentladung mindestens

A	B	C
0	0	0
0	1	0
1	0	0
1	1	1

A. Der Konjunktionsterm der Boolschen Algebra kann auf folgende Weise dargestellt werden: zwei elektrische Schalter A und B sind mit einer elektrischen Glühbirne C und einer Batterie in Serie geschaltet. Wenn die Glühbirne brennen soll, muß der Stromkreis geschlossen werden. Wenn A und B beide offen sind (= 0), brennt C nicht (= 0). Wenn A offen (= 0) und B geschlossen (= 1) ist und umgekehrt, wird C nicht brennen (= 0). Nur wenn A und B geschlossen sind (= 1), brennt C (= 1). Die Werte sind in einer sogenannten Wahrheitswerttabelle (links) eingetragen, aus der entnommen werden kann, daß C nur dann wahr (= 1) ist, wenn A *und* B wahr (= 1) sind.

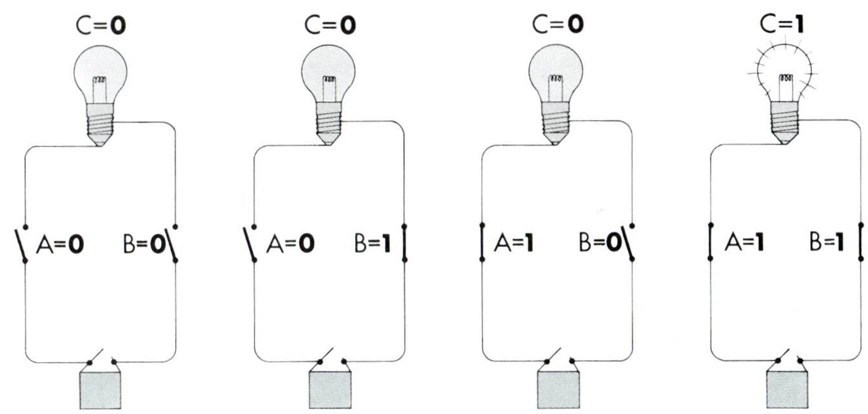

B. Der Disjunktionsterm kann ähnlich erläutert werden. Die zwei Schalter A und B sind hier parallel zu der Glühbirne C und der Batterie geschaltet, so daß die Glühbirne brennen wird, wenn einer der Schalter geschlossen wird. Wenn A und B offen sind, wird C nicht brennen. Wenn A offen und B geschlossen ist und umgekehrt, wird C brennen. Wenn A und B beide geschlossen sind, wird C auch noch brennen. Aus der Wahrheitswerttabelle (rechts) kann entnommen werden, daß C wahr ist, wenn entweder A *oder* B wahr ist.

A	B	C
0	0	0
0	1	1
1	0	1
1	1	1

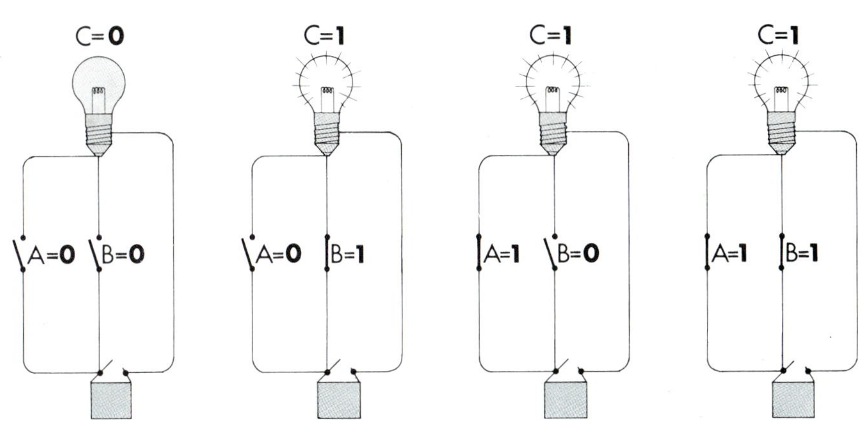

einige Tausendstel einer Sekunde. Deshalb ist die Geschwindigkeit einer Blitzentladung verglichen mit der Reaktionsgeschwindigkeit eines Transistors extrem langsam, über eine Million mal langsamer!

Die kleinen Abmessungen und die extrem kleinen Reaktionszeiten des Transistors regten die Gedanken der Mathematiker und Forscher erneut an. Nachdem sich die Sensationswelle um den ersten Computer und insbesondere um den ENIAC gelegt hatte, wurden viele Mathematiker und andere Wissenschaftler im Hinblick auf die geringe Speicherkapazität des Computers sehr skeptisch. Sollte die Speicherkapazität auf das Tausendfache erhöht werden, und dies war wünschenswert, so würden die äußeren Abmessungen des Computers äußerst groß werden! Schon der ENIAC erforderte einen Platzbedarf wie ein großer Ballsaal, und darüber hinaus war der Energiebedarf enorm. Mit dem Auftreten des Transistors wurden die räumlichen Beschränkungen der frühen Computer schlagartig beseitigt, denn sowohl die Speicher als auch die Computerkapazität konnten nun beträchtlich vergrößert werden, ohne den Computer größer als ein Möbelstück zu machen, ohne einen größeren Energiebedarf anzumelden als bei einem Kühlschrank.

Überall auf der Welt waren die Mathematiker von den neuen Möglichkeiten fasziniert. Der amerikanische Mathematiker ungarischer Abstammung John von Neumann (1903–1957) leistete wesentliche Beiträge zu der Theorie und zu den Konstruktionsgrundsätzen eines Computers. In Wirklichkeit war er es, der die Gedanken von A. Turing und anderen Wissenschaftlern weiterentwickelte und auch die Theorie C. Shannons über die Informatik in der Praxis beim Computer zur Anwendung brachte. Abgesehen davon ist J. von Neumanns bleibender Beitrag die Unterteilung der Funktionen des elektronischen Speichers in verschiedene besondere Einheiten. Er führte eine ganze Hierarchie von Datenspeichern – ein von ihm geprägter Begriff – ein, der jeder für sich eine unterschiedliche Aufgabenstellung bei der Handhabung von Daten und bei Rechenoperationen hatte. Die von J. von Neumann erarbeiteten Grundlagen wiesen den Weg für die innere Anordnung verschiedener Computerbauteile. Der erste Großcomputer, in dem J. von Neumanns Ideen verwirklicht wurden, war der amerikanische UNIVAC (*Univ*ersal *A*utomatic *C*omputer), der 1951 in Betrieb ging.

Ein Transistor besteht aus Halbleiterkristallen und ist in seiner ursprünglichen Form (**1**) wie ein Sandwich aufgebaut. Der Sandwich besteht innen aus p-Kristallen (a) und außen aus n-Kristallen. (**2**) Schaltbild eines Transistors. Wenn die Batterie (d) an die Basis (a) und den Emitter (c) des Transistors so angeschlossen wird, daß die positive Spannung an der Basis anliegt, werden Elektronen aus dem unteren n-Kristall (c) durch den p-Kristall (a) zu dem oberen n-Kristall, dem Kollektor, gebracht. Ein elektrischer Strom fließt dann durch den linken Stromkreis. Wenn jedoch eine negative Spannung an (a) angelegt wird, ist der äußere Stromkreis unterbrochen.

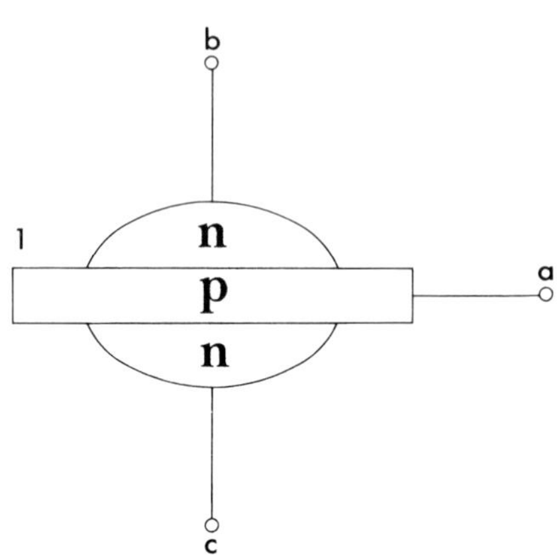

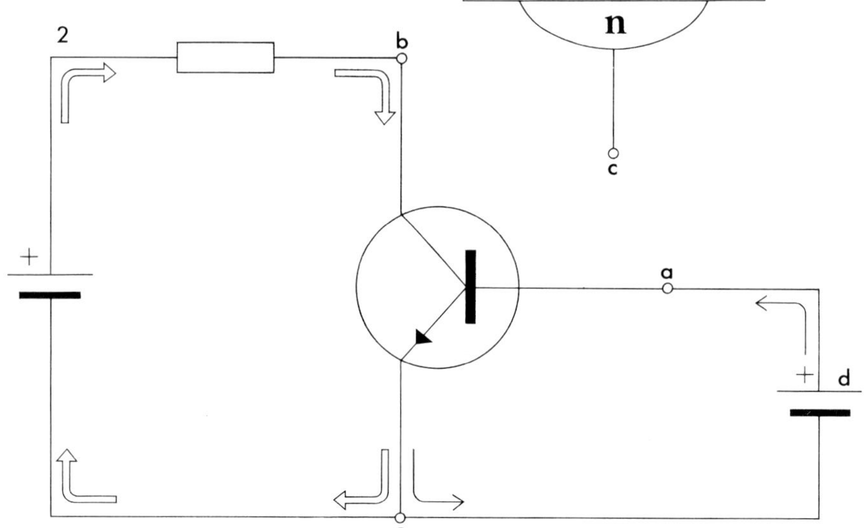

Die Lochkarte und der Lochstreifen

Die Steuerungstechnik beim UNIVAC war diejenige, die Ch. Babbage vor 100 Jahren für seine Rechenmaschine verwenden wollte, nämlich die Steuerung über Lochkarten und Lochstreifen. Diese Technik ist jedoch nicht von Ch. Babbage erfunden worden, sondern ist viel älteren Ursprungs. Es wurde schon über den talentierten Konstrukteur J. de Vaucanson berichtet, der nach seinem Erfolg mit den Automaten in die Textilstadt Lyon übersiedelte, wo er die halbautomatischen Vorrichtungen für die Steuerung von Muster-Webstühlen verbesserte, die von Basile Bouchon (1725) und M. Falcon (1728) konstruiert worden waren. Bei beiden Steuervorrichtungen wurden die Haken, die das Heben und Senken der Kettfäden bewirkten, durch Löcher gesteuert, die zuvor in Kartonkarten oder in einen endlosen Papierstreifen gestanzt worden sind. Jedesmal, wenn eine neue Karte oder ein neues Stück des Papierstreifens vorgeschoben werden sollte, war eine Handbetätigung erforderlich. J. de Vaucanson konstruierte eine Vorrichtung, die vollautomatisch arbeitete; seine Vorrichtung wurde aber nie allgemein bekannt. Nach seinem Tode im Jahr 1782 wurde J. de Vaucansons gesamtes technisches Erbe, einschließlich der Steuervorrichtung für Muster-Webstühle, in das Conservatoire National des Arts et Métiers, heute einem Museum für Technologie, überführt.

Joseph Marie Jacquard (1752–1834), der ebenfalls in Lyon lebte, begann schon sehr früh Überlegungen über eine Methode anzustellen, die Musterweberei zu mechanisieren. Seine Eltern arbeiteten beide, wie auch er, in einer Seidenfabrik, in der J. Jacquard mit sehr jungen Jahren Geld verdienen mußte. Es war in jener Zeit üblich, daß Kinder in Fabriken arbeiteten. Die Kinder mußten oben auf den Webstühlen sitzen und auf die Harnischschnüre achtgeben. Die Arbeit war schwer und monoton. Ende der 1790er Jahre vollendete J. Jacquard einen Entwurf, diese Arbeit zu automatisieren und durch ein endloses Band gelochter Papierkarten zu steuern. Diese Maschine wurde bei einer Industrieausstellung 1801 in Paris gezeigt. Im folgenden Jahr bekam J. Jacquard ein Patent auf seine Erfindung. Dank seiner verschiedenen Entwürfe, die auch eine Strickmaschine enthielten, wurde J. Jacquard 1804 beim Conservatoire National in Paris beschäftigt, wo er weiter vollautomatische Vorrichtungen für Muster-Webstühle entwickeln konnte.

Im Conservatoire National sah J. Jacquard den automatischen Webstuhl von J. de Vaucanson, den er noch nicht kannte, obwohl er andererseits mit den Konstruktionen B. Bouchons und M. Falcons vertraut war. B. Bouchon dachte zweifellos als erster daran, Lochkarten als Informationsträger zu verwenden. J. de Vaucanson vervollkommnete diese Idee und verwendete sie für die automatische Steuerung von Muster-Webstühlen. J. Jacquard kombinierte und entwickelte die vorausgehenden Ideen weiter zu verwendbaren industriellen Einrichtungen, sein automatischer Webstuhl wurde 1805 fertiggestellt. Bereits 1812 waren in Frankreich allein 10000 Jacquard-Webstühle im Einsatz.

Als J. Jacquard starb, wurde sein Portrait mit 1,5 m Kantenlänge mit Hilfe von 24000 Lochkarten durch einen Muster-Webstuhl hergestellt. Als Ch. Babbage dieses sehr detaillierte Portrait sah, war er überzeugt, daß die Lochkarten die Möglichkeit boten, wie er sich ausdrückte,

„algebraische Muster von mindestens der gleichen Schönheit zu weben wie auf einem Jacquard-Webstuhl".

Ch. Babbage war seiner Zeit jedoch sehr weit voraus. Der Gedanke, Lochkarten zu verwenden, kam erst Ende des 19. Jahrhunderts wieder auf, als der Deutschamerikaner Hermann Hollerith (1860–1929) als Statistiker am Volkszählungsamt der USA tätig war. Gemäß der amerikanischen Verfassung mußte alle zehn Jahre eine Volkszählung durchgeführt werden. Die Volkszählung von 1880 hatte bis zu ihrem Abschluß sieben Jahre in Anspruch genommen. Die Bevölkerungszahl betrug damals 50 Millionen und stieg offenbar rasch an. Es stellte sich nun die große Frage, ob die Volkszählung von 1890 ausgewertet sein könnte, bevor die nächste Zählung fällig war. H. Holleriths Lösungsvorschlag für das Problem war, eine rechteckige Karte einzuführen, die in 240 Felder eingeteilt war. In jedes Feld konnte entsprechend der gestellten Frage ein Loch gestanzt werden. Dabei bedeutete ein Loch „ja" und ein nicht gelochtes Feld die Antwort „nein". Auf diese Weise konnte eine Karte die näheren Informationen über eine Person beinhalten, wie das Alter, Geschlecht usw. Das Lochen erfolgte von Hand; jede Karte war für eine Person bestimmt. Die Karten wurden jedoch von einer Maschine ausgewertet. Die Karte wurde bei der Auswertung auf schmale, Quecksilber enthaltende Behälter gelegt; für jede Reihe war ein Behälter bestimmt. Dann wurde eine Form mit elektrisch leitenden Stiften auf die Karte herabgesenkt. Die Löcher ermöglichten dabei den Kontakt zwischen den Stiften und dem Quecksilber. Die codierte Information wurde dann durch den geschlossenen Stromkreis in einem Zählwerk registriert. Man stellte fest, daß die Bevölkerungszahl sich gegenüber 1880 um 25% auf 63 Millionen vergrößert hat, die Auswertung der Volkszählung von 1890 konnte dennoch schon nach etwas mehr als zwei Jahren veröffentlicht werden!

H. Hollerith entwickelte seine Methode weiter und gründete eine Gesellschaft, die in den folgenden Jahrzehnten die Geschäftswelt mit einer ganzen Familie von Lochkartenmaschinen für die Buchhaltung und Statistik versorgte. Die Gesellschaft produzierte Stanzmaschinen für das Prägen von Daten in die Karten, Sortiermaschinen und Tabulatoren für Rechenoperationen und für das Ausdrucken der berechneten Daten. Die Gesellschaft von H. Hollerith erlebte eine Blütezeit und wurde zu einem der Eckpfeiler der International Business Machines Co. (IBM), die 1912 gegründet wurde.

Als die Computer auf den Markt kamen, gab es bereits eine wohlentwickelte Technologie im Bereich der Datenspeicherung auf Lochkarten und Lochstreifen. Diese Technologie war als „Sprache" für den auf dem Dualsystem fußenden Computer sehr geeignet, denn das Fehlen eines Loches an einer Stelle bedeutete 0 und ein Loch bedeutete 1. In einem Lochstreifen mit fünf Kanälen sind $2^5 = 32$ Kombinationen für die Reihen möglich, die es erlauben, das ganze Alphabet und einige Satzzeichen zu programmieren. Mit sieben Kanälen können $2^7 = 128$ Kombinationen erhalten werden, die zum Beispiel das ganze Alphabet und die Zahlen zwischen 0 und 99 umfassen.

In ähnlicher Weise speichert ein Magnetband die Daten, bei dem statt des Loches in dem Lochstreifen ein magnetischer Impuls auf dem Band erscheint; das Fehlen dieses Impulses entspricht dem Fehlen des Loches auf dem Lochstreifen.

Die zweite Generation der Computer

Im allgemeinen Enthusiasmus, der den bemerkenswerten Fortschritten im Computerbau 1948 folgte, prophezeiten viele Leute eine stürmische Entwicklung auf diesem Gebiet. Dies trat jedoch wegen verschiedener Gründe nicht ein, insbesondere aber, weil es äußerst schwer war, Transistoren industriell zu erzeugen. Es nahm fast zehn Jahre Zeit in Anspruch von dem Augenblick an, als die ersten Laborerzeugnisse 1948 getestet wurden, bis Transistoren schließlich in großen Mengen auf dem Markt erhältlich waren. Anfänglich waren daher die Kosten, entgegen den Voraussagen, verhältnismäßig hoch. Der erste voll transistorisierte Computer, „Leprechaun", wurde in den Bell Laboratorien hergestellt und 1956 fertiggestellt. Der *Leprechaun,* ein Zwerg aus der irischen Mythologie, konnte mit einer Handbewegung Gold und Ruhm schaffen. Dieser Name des Computers bezieht sich wohl hauptsächlich auf seine Geschwindigkeit, denn richtungsweisende Erfindungen geben im allgemeinen mehr Ruhm als Gold ab. Der Leprechaun hatte in den USA und in Europa bald Nachfolger, zum Beispiel in den USA den IBM 7090 (1958), in England den Elliott 803 (1959) und in Deutschland den ER 56 (1959 von der Firma SEL gebaut).

Zu Beginn der 1950er Jahre hatten sich die großen Computerbaufirmen sehr stark auf den Bau von Computern mit elektronischen Miniaturröhren spezialisiert, weil sie die Transistortechnik angesichts der großen technischen Schwierigkeiten bei der industriellen Produktion von Transistoren und angesichts der erforderlichen großen Investitionen aufgegeben haben. Erst in den 1960er Jahren konnten die großen Visionen von 1948 schrittweise verwirklicht werden. Der transistorisierte Computer nahm bald eine vernünftige Größe an und wurde praktisch für wissenschaftliche Berechnungen und als Hilfsmittel in der Verwaltung und beim Management eingesetzt.

Der Supercomputer, der niemals verwirklicht wurde

Um 1960 sprach man in einschlägigen Kreisen viel über einen „Supercomputer", einen gigantischen, zentralen Computer, der wie eine Spinne in einem Netz von Hunderten oder Tausenden von Terminals sitzen sollte. Große und kleine Firmen wie auch die öffentliche Hand könnten sich der Dienste dieses zentralen Computers bedienen, der als eine Art öffentlicher Versorgungsbetrieb arbeiten sollte, das heißt, daß die Fähigkeiten des Computers gleichermaßen wie Gas, Wasser und elektrischer Strom an seine Verbraucher verteilt würden.

Eine Reihe grundlegender Fortschritte Ende der 1950er Jahre hatten Anlaß zu dieser Idee gegeben. Der Transistor und andere technische Möglichkeiten zeigten an, die Speicherkapazität des Computers unbegrenzt erweitern zu können. Durch weitgehende Steigerung der Rechengeschwindigkeit und durch bessere Organisation der Systeme schien es möglich zu werden, im Computer mehrere Programme gleichzeitig ablaufen zu lassen. An erster Stelle war dies möglich geworden durch die stark vereinfachten Anweisungs- und Programmiermethoden in den Programmiersprachen, insbesondere durch die ALGOL, die 1958 zur Verfügung stand. Anweisungen über den Verlauf von Berechnungen, andere Anweisungen und Daten konnten in eine Programmiersprache „übersetzt" werden, die der Computer verstand. Das Wort ALGOL ist eine Zusammenfassung von den Worten *Algo*rithmic *L*anguage (algorithmische Sprache), wobei ein Algorithmus in der Computertechnologie jeder Einzelvorgang bei der Berechnung eines Problems bedeutet. Mit ALGOL könnte jedermann nach gewisser Einarbeitung eine Problemstellung aufstellen und sie dem zentralen Computer zur Lösung eingeben. Wenn dieser zentrale Computer sehr viele Daten in seinem „Gedächtnis" gespeichert hätte, würde er nicht nur in der Lage sein, als eine Rechenmaschine für Forschungslaboratorien zu dienen und Bearbeitungsdaten für die Industrie zu liefern, sondern würde in gleicher Weise der Mutter helfen, den Speiseplan für die nächste Woche aufzu-

A

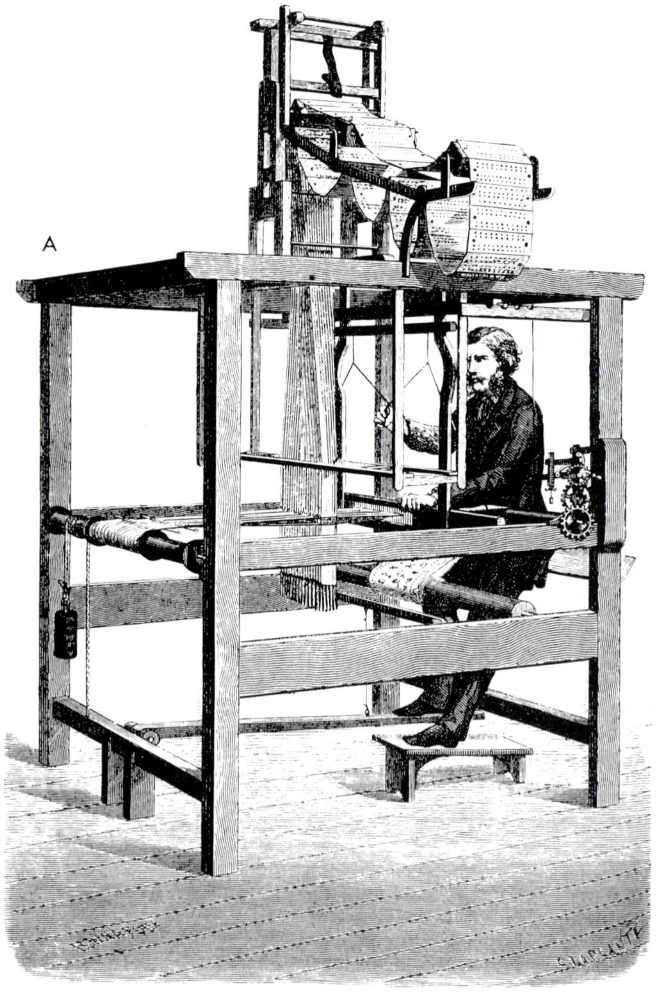

B

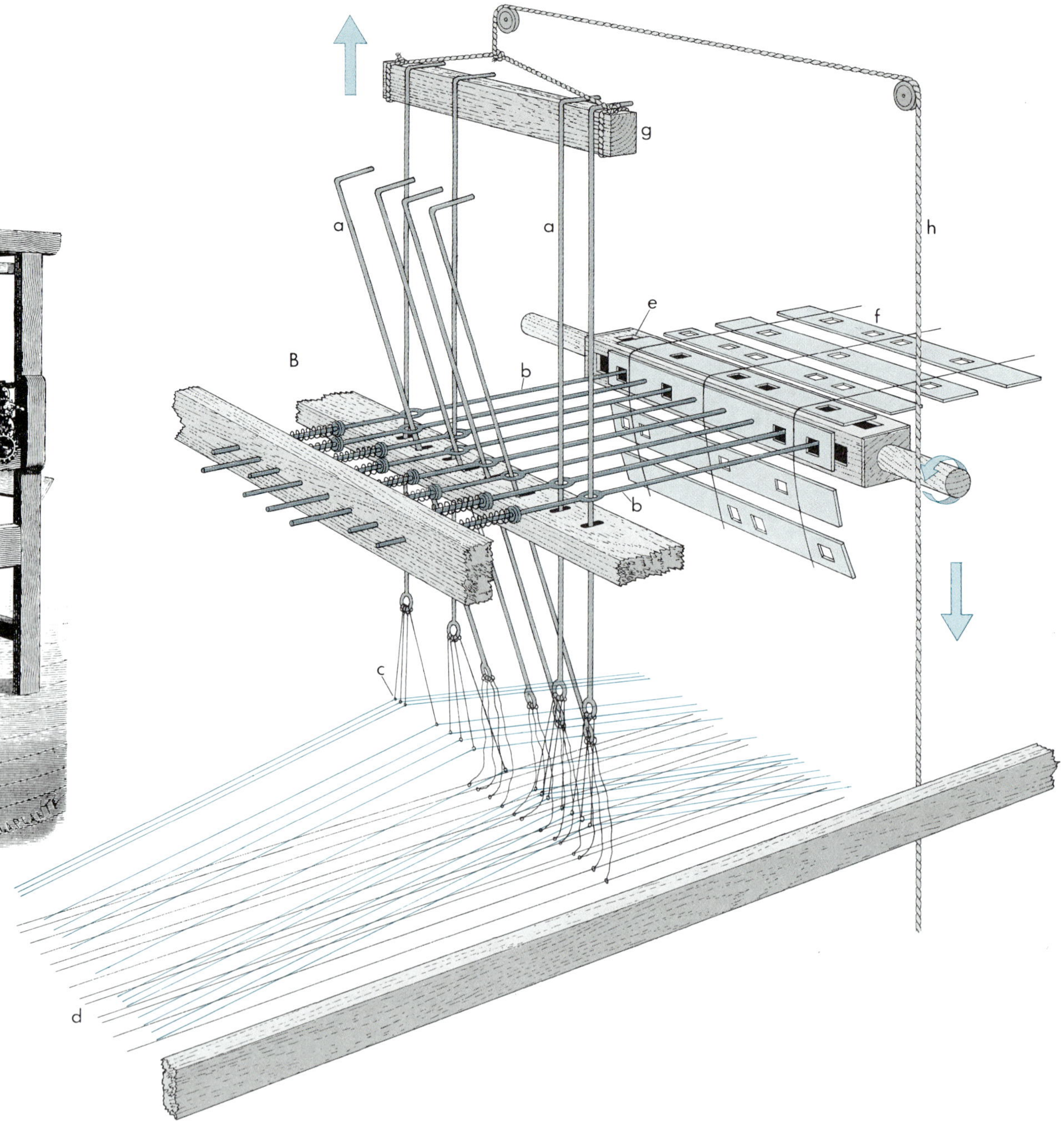

A. Der automatische Webstuhl von Joseph-Marie Jacquard ist 1805 erfunden worden. Verglichen mit den früheren Mechanismen, ist J.-M. Jacquards Konstruktion verhältnismäßig einfach; dies trug zu ihrem Erfolg bei.

C

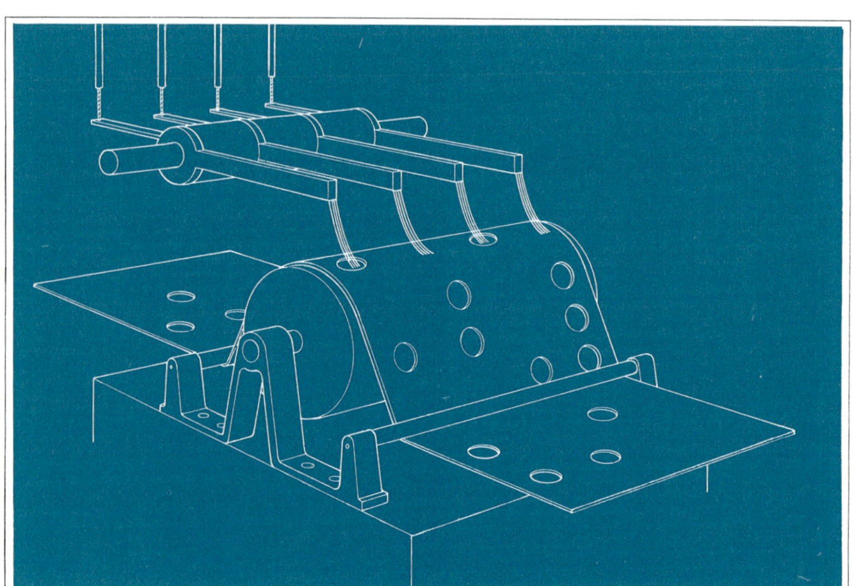

B. Eine vereinfachte Skizze des automatischen Webstuhls von J.-M. Jacquard. Die senkrechten Hakenstäbe (a) führten durch die Augen der durch Metallfedern vorgespannten Nadeln (b). Am Ende der Hakenstäbe befanden sich Litzenbündel, die die Halterungen (c) hielten. Durch diese führten die Kettfäden (d), die auf die Nadeln nach vorgegebenem Muster verteilt waren. Die Nadeln drückten gegen einen Stoßkörper (e), über den die als endloses Band geformten Lochkarten (f) führten. Jedesmal wenn der Weber einen Fußbalken nach unten drückte, drehte sich der Stoßkörper um eine Vierteldrehung und eine neue Lochkarte wurde vorgeschoben. Im gleichen Augenblick wurde der Hebestab (g) gehoben, der diejenigen Hakenstäbe mit sich hochhob, deren Nadeln durch die Löcher der Lochkarte in den Stoßkörper eindringen konnten. Alle anderen Nadeln wurden zurückgetrieben. (h) Zugseil des Pedals. Die Jacquardwebstühle konnten eine große Anzahl Hakenstäbe haben; Ende des 19. Jahrhunderts waren Webstühle mit 400 bis 600 Hakenstäben am gebräuchlichsten.

C. Die Lesemaschine von Hermann Hollerith für Lochkarten wurde ursprünglich mit Batteriestrom betrieben. Die Lochkarten wurden von Hand in die Maschine eingegeben. Bürstenkontakte glitten über die Lochkarten. In der Walze befanden sich Quecksilberbehälter, je einer für die einzelne Reihe der Löcher. Wenn ein Kontakt hergestellt wurde, schloß sich der elektrische Stromkreis. Dadurch wurde einer Zählvorrichtung des Tabulators ein Impuls vermittelt, oder es wurde entschieden, welchen Weg die Lochkarte nehmen soll, um in den richtigen Behälter einer Sortiermaschine zu fallen. Die vorliegende Abbildung ist eine Darstellung aus H. Holleriths Patentantrag von 1889.

stellen, und dem Vater helfen, die Mathematikaufgaben seiner Kinder zu lösen.

Bereits Anfang der 1950er Jahre wurden Computer eingerichtet, um Löhne und Gehälter zu berechnen. Diese Computer haben dann allmählich zusätzliche Aufgaben übernommen, wie Lagerbestandskontrolle, Stellen von Rechnungen, Kostenberechnungen, allgemeine Buchhaltung usw. Sobald Daten über große Distanzen übertragen werden könnten, wäre ein zentraler Computer fähig, einem ganzen Industrie- und Handelskonzern zu dienen, selbst wenn die Büros und andere Betriebe geographisch weit entfernt wären. Verschiedene solche Computer mit einem großen Terminalnetz sind Anfang der 1960er Jahre gebaut worden. Ganz plötzlich wurden jedoch die Pläne für den gigantischen Zentralcomputer als öffentliche Versorgungseinrichtung über Bord geworfen. Der Grund dafür war das Erscheinen eines neuen elektronischen Bausteins, der *integrierten Schaltung* (IC oder Integrated Circuits).

Bei der zweiten Generation von Computern waren die elektrischen Verdrahtungen meist auf Leiterplatten in Form gedruckter Schaltungen hergestellt; auf den Platten aus isolierendem Material waren die Transistoren, elektrischen Widerstände, Kondensatoren und andere Bausteine gruppenweise montiert. Die Verbindungen zwischen den einzelnen Bauteilen endeten in flachen Klemmstiften, die es ermöglichten, die Leiterplatte leicht zu entfernen bzw. umzutauschen. Bei dem weiterentwickelten integrierten Schaltkreis bzw. IC sind die Transistoren und andere Bausteine in sehr kleinen Dimensionen auf einem Halbleiterkristall, meistens auf Silizium, angebracht. Die ersten industriell hergestellten IC kamen 1964 auf den Markt und enthielten nur einige wenige Transistoren und dazugehörige Komponenten. Doch selbst in jenem frühen Stadium konnte gesehen werden, daß die Entwicklung zu mikroskopisch kleinen Dimensionen führt, die bei der Computertechnologie ganz neue Perspektiven eröffnen würde. Die Transistoren mit ihren zugehörigen Komponenten auf dem Siliziumkristall benötigten nun die Fläche von nur einigen wenigen Quadratmillimetern. Als etwa ein Jahr nach der Entwicklung der ICs die ersten Computer mit integrierten Schaltkreisen auf den Markt kamen, war es ersichtlich, daß der Zentralcomputer technisch überholt war.

Die IC-Computer werden im allgemeinen als Computer der dritten Generation bezeichnet; mit ihnen begann eine neue Ära. Die Umgestaltung in der Computertechnologie kann verglichen werden mit der Umstrukturierung der Werkstattbetriebe um 1900. Bis zu jenem Zeitpunkt waren alle Werkstattmaschinen, wie Drehbänke, Bohrmaschinen usw. durch eine Dampfmaschine zentral über Riementriebe angetrieben worden. Zum Beginn dieses Jahrhunderts wurde jedoch der Elektromotor eingeführt, der es erlaubte, jede Maschine einzeln zu betreiben. In einem viel stärkeren Maße wurden die zentralen „Dampfcomputer" mit ihrem großen Netz der Terminals allmählich durch kleinere Computer ersetzt, die eingesetzt werden konnten, wo man sie brauchte. Die Entwicklung wurde in den 1970er Jahren noch beschleunigt. Dies war durch die rasche Entwicklung der IC-Technik möglich geworden. Die ersten ICs waren kleiner als ein Hundertstel der Größe einer früheren Leiterplatte. Ihr Volumen bestand dabei hauptsächlich aus Verbindungsleitungen. Dieses Raumproblem wurde gelöst, als man entdeckte, daß mehrere Schalterelemente auf einem einzigen Siliziumkristall vereinigt werden konnten. Der Ruf nach diesen integrierten Schaltungen, LSI (*L*arge *S*cale *I*ntegration) wurde laut, doch erforderten die Ausführung und Konstruktion solcher Schaltungen eine raffinierte Technik, die sogenannte Metalloxid-Halbleitertechnik (MOS, *M*etal *O*xide *S*emi-Conductor). Sie erfordert unter anderem, daß der Siliziumkristall in einer Sauerstoffatmosphäre oxidiert und anschließend im Vakuum mit einem Metall überzogen wird. Dieser sehr aufwendige Herstellungsprozeß wurde 1967 eingeführt. Da sich die Eigenschaften eines nach dem MOS-Verfahren hergestellten Transistors etwas von dem „normalen" Transistor unterscheiden, wurde es notwendig, die Konstruktionsgrundsätze für die Computer-Stromkreise abzuändern. „Wenn ein Computer bis dahin nicht erfunden gewesen wäre, würden wir uns in einer Sackgasse befunden haben!" bemerkte ein Forscher im Bereich der MOS-Technik. In der Tat wurde ein Computer mit den charakteristischen Merkmalen des MOS-Transistors und den gewünschten Eigenschaften der integrierten Schaltung programmiert, um die LSI-Schaltung zu zeichnen. Der Computer wurde ferner programmiert, die kürzest möglichen Verbindungen zwischen den einzelnen Komponenten zu berechnen; sein Ergebnis gab er in Form der Konstruktionszeichnung des gewünschten IC ab, die durch eine entsprechende photographische Methode direkt als Grundlage für die Herstellung verwendet werden konnte.

Ein Computer zeichnet einen Computer! Die Tagespresse machte darüber einige schreckenserregende Kommentare Ende der 1960er Jahre. Ging man nicht ein Risiko ein, daß jene alte Erzählung von dem Hexenmeister und seinem Lehrling Wahrheit würde? Andererseits gibt es eine besänftigende Anekdote über die gelehrten Gespräche zwischen der Königin Christine und R. Descartes. Als dieser seine Ausführungen über die Tiere als Automaten beendete, zeigte die Königin auf eine Uhr an der Wand und bemerkte: „Monsieur Descartes, würden Sie es, bitte, einrichten, daß dieser Gegenstand Nachkommen bekommt".

In den 1970er Jahren verringerten die LSI- und MOS-Techniken nicht nur den Raumbedarf eines Computers entscheidend, sondern auch seinen Preis und Energiebedarf, während die Computer gleichzeitig verläßlicher wurden. Sie veränderten diese Relationen in einem weit größeren Umfange, als es jemand in jener Ära der Elektronenröhren, als die Möglichkeiten des Computers erstmalig erkannt wurden, je hätte glauben mögen.

Ein Computer in einer Nußschale

Eine zunehmend größere Anzahl von Schalterelementen wurde nach der MOS-Technik hergestellt, bis diese Entwicklung schließlich 1971 zu einem wichtigen Erfolg führte, der Mikroprozessor war erfunden, ein vereinfachter Computer, bestehend aus einer kleinen Halbleiterscheibe oder auch einfach Chip. Der Name LSI für den Mikroprozessor war nun nicht mehr angebracht, und man suchte in den englischsprachigen Ländern nach einer neuen Bezeichnung; er wurde schließlich VLSI (*V*ery *L*arge *S*cale *I*ntegration) genannt. Der Mikroprozessor fand bald viele Anwendungsbereiche in industriellen Regelungs- und Steuerungssystemen, wo er unter anderem bei Industrierobotern eingesetzt wurde. Die Öffentlichkeit wurde erstmals 1973 mit dem Mikroprozessor konfrontiert, als er als Taschenrechner eingeführt wurde und sich wie eine Epidemie ausbreitete.

Die ersten Taschenrechner konnten die vier Rechengrundarten, Wurzeln, Potenzen, Logarithmen und gegebenenfalls trigonometrische Funktionen berechnen. Es folgten jedoch in rascher Folge immer kompliziertere Rechner. Diese konnten für ein verhältnismäßig großes Anwendungsgebiet programmiert werden und hatten eine um den Faktor von einigen Tausend größere Speicherkapazität, als es einst der ENIAC hatte. Ein Computer konnte, wenn auch mit einem beschränkten Vokabular, sprechen. Die elektronische Armbanduhr, die Quarzuhr, wurde zum nächsten Triumph der Technologie der Mikro-

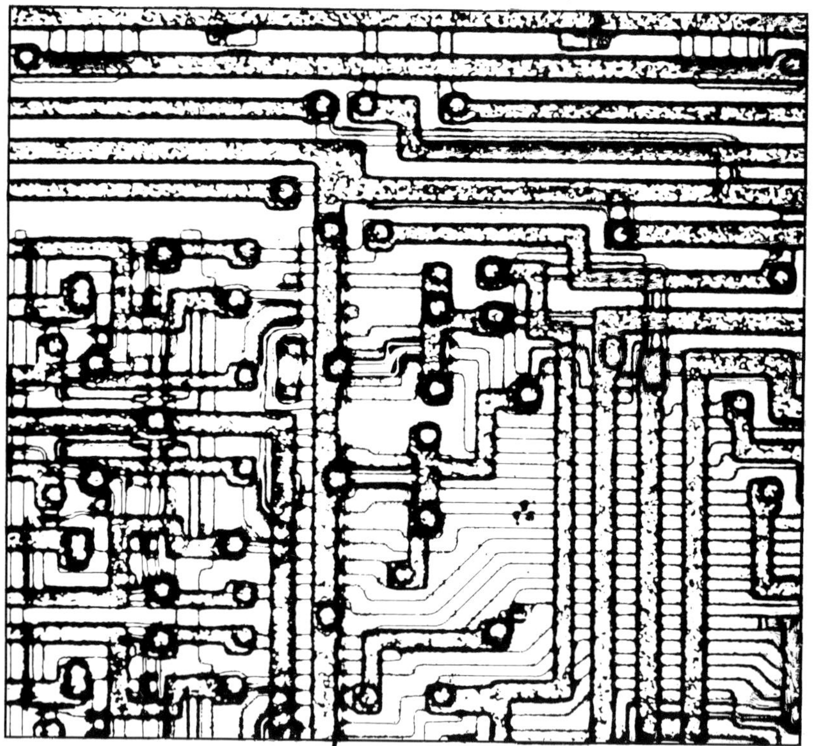

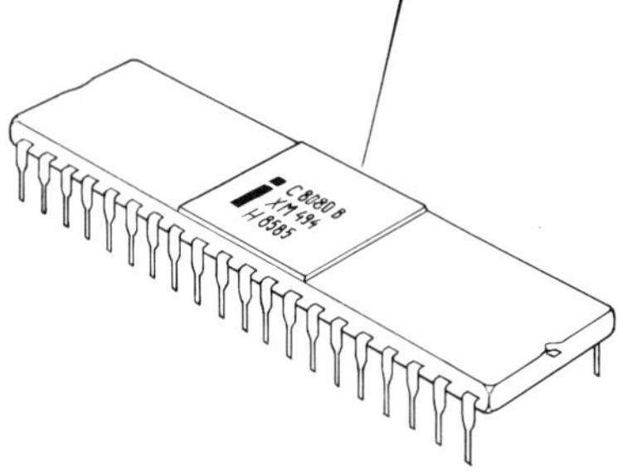

Mikroprozessoren erschienen Anfang der 1970er Jahre und kosteten etwa 1300 DM je Stück. Der Preis verbilligte sich bis heute auf unter 5 DM je Stück. Das Anwendungsgebiet der Mikroprozessoren ist nahezu unbegrenzt. Im unteren Teil dieser Buchseite wird ein Mikroprozessor in natürlicher Größe dargestellt. Die Vergrößerung eines heutigen Prozessors ist im mittleren Teil der Buchseite wiedergegeben. Oben ist eine Siliziumscheibe vergrößert abgebildet, um den Transistor zu zeigen.

elektronik. Dieser Uhrentyp wurde um 1975 eingeführt und wurde sofort zu einem Erfolg. Zwei Jahre später schon wurde eine Quarzuhr mit einem eingebauten Rechner verkauft. 1978 kündigte ein amerikanischer Hersteller die *sprechende* Quarzuhr an. Die Impulse dieser Uhr werden – wie bei den entsprechenden Taschenrechnern – in eine Analogsprache übertragen, die die Zeit über einen Miniaturlautsprecher ansagt. Eine Tageszeitung bemerkte Folgendes: „Laßt uns hoffen, daß die Mikroelektronikleute jetzt nicht einschlafen – wir warten auf das Armbandfernsehtelefon!" Es wird wahrscheinlich kommen. Verschiedene Arten von Bildschirmspielen wurden 1976 eingeführt. Sie beruhen auch auf der Technologie der Mikroelektronik.

In jedermanns Umwelt werden in naher Zukunft verschiedene Mikroprozessoren erscheinen, deren Arbeitsleistungen man sich heute noch gar nicht vorstellen kann. So haben zum Beispiel verschiedene Automobilwerke ihre neuesten Fahrzeugmodelle mit „Reisecomputern" ausgestattet, die Informationen über Entfernungen, Durchschnittsgeschwindigkeiten auf diesen Strecken, Ankunftszeiten an dem Bestimmungsort u. a. geben. Ein anderer Apparat, der durch Mikroprozessoren ermöglicht wird, ist das sprechende Reisewörterbuch in der Größe eines Taschenrechners, das einige hundert einfache Sätze übersetzt und sie laut vorliest. Die Übersetzung erfolgt zwar Wort für Wort, doch genügt dies in den meisten Fällen, um sich verständlich zu machen.

Eine bekannte Lebensweisheit ist, daß alle Vergleiche hinken. Um sich aber eine Vorstellung machen zu können, wie schnell sich die Computer verändert haben in der Zeit zwischen dem ENIAC und den Mikroprozessoren, mag der Vergleich mit einem Kraftfahrzeug, zum Beispiel mit dem Volkswagen, gemacht werden, der für den zivilen Bereich im gleichen Jahr erschien wie der ENIAC. Wenn der Volkswagen den gleichen Grad an Entwicklung mitgemacht hätte wie der Computer, so hätte er einen Benzinverbrauch von einigen wenigen Kubikmillimetern, würde vielleicht 4 DM kosten, hätte eine wartungsfreie Lebensdauer von etwa 10000 Jahren und hätte eine Spitzengeschwindigkeit von über 1 Million km/h. Allerdings wäre er auch so klein geworden, daß man ihn im Staub verlieren könnte!

Maschinen steuern Maschinen

Die Technologie der automatischen Steuerung industrieller Prozesse trat in den 1920er Jahren in Erscheinung. Immer mehr gefragt waren automatische Steuerungsvorrichtungen, weil die Steuerung der Prozesse von Hand wegen der unzulänglichen menschlichen Reaktionsgeschwindigkeit länger nicht mehr tragbar war. Ein Beispiel dafür sind die Prozesse in der Petrochemie, zum Beispiel bei den Ölraffinerien, die überall entstanden, um die wachsende Nachfrage nach Kraftstoffen bedingt durch die steigende Zahl von Kraftfahrzeugen abzudecken.

Mehr als jeder andere Bereich war die Elektrotechnik mit ihrem dringenden Bedarf an automatischen Steuerungseinrichtungen diejenige, die die Entdeckung und Erfindung neuer Verfahren und Bausteine beschleunigte. In den Anfängen ist die elektrische Energie über verhältnismäßig kleine Versorgungsnetze mit unterschiedlicher Spannung verteilt worden. Dabei wurde der Strom durch elektrische Generatoren erzeugt, die von Dampfmaschinen oder Wasserturbinen angetrieben wurden. Das hauptsächliche Steuerungsteil bei der Antriebsmaschine war der Fliehkraftregler. Der Maschinist hatte keine großen Schwierigkeiten, von Hand sehr feinfühlig die Geschwindigkeit der Maschine, das heißt, die Frequenz in den Wechselstromnetzen, zu regeln bzw. die elektrische Spannung über Regelwiderstände konstant zu halten. Als aber die Spannungen und Leistungen der elektrischen Versorgungsnetze größer wurden, wurde es bald unmöglich die Regelvorgänge nur noch von Hand vorzunehmen, insbesondere wenn verschiedene Versorgungsnetze miteinander vermascht waren. Es war technisch unvermeidlich geworden, daß der Mensch durch automatische Steuerung ersetzt werden mußte; zunächst wurden die elektromechanischen Möglichkeiten untersucht, doch mußte man bald die verhältnismäßig leistungsschwachen Steuersignale, die diese abgaben, verstärken. In den ersten Jahrzehnten des 20. Jahrhunderts wurde Farcots Servomotor auf verschiedene Art und Weise von denjenigen verwendet, die die Probleme bei der Steuerung der elektrischen Spannung lösen wollten. Die Folge war, daß der Servomotor in verschiedene Richtungen weiterentwickelt wurde. Farcot hatte als Antriebsmittel Dampf vorgesehen, doch wurden nun komprimierte Luft und unter Druck stehendes Öl – mit anderen Worten pneumatische und hydraulische Mittel – ausprobiert. Im weiteren Verlauf der Entwicklung wurden diese beiden Antriebsmittel eingesetzt.

Der Servomotor, der Muskel der Steuerungstechnik, erwies sich auch für andere Zweige der Technologie als sehr brauchbar, wie zum Beispiel in der Veredelungs- und Metallverarbeitungsindustrie. In den 1920er und 1930er Jahren entwickelte sich die Servotechnik zu einem neuen Zweig des Maschinenbaus; eine besondere Industrie wurde aufgebaut, die immer spezialisiertere Vorrichtungen für die automatische Steuerung herstellte. Das „klassische" Problem der Servotechnik ist die Steuerung von Schiffen in Verbindung mit dem Ausrichten und Nachführen von Flugabwehrgeschützen. Die Rüstungsindustrie in Europa und in den USA machte große Anstrengungen, um dieses Problem zu lösen. Die Bemühungen führten zu einer Reihe von Steuerungssystemen, die auch in der sonstigen Industrie Eingang finden konnten. Beim Ausbruch des Zweiten Weltkrieges richtete das Massachusetts Institut für Technologie ein Labor für Servotechnik ein, um Forschung und Entwicklung in der Steuerungstechnik zu betreiben. Richtungsweisende Theorien und praktische Arbeit wurden dort von Gordon S. Brown, Donald P. Campbell, N. B. Nichols und anderen geleistet. Diese Wissenschaftler wurden durch ihre Bücher berühmt, die sie unmittelbar nach Kriegsende veröffentlichten und die für lange Zeit zu Standardwerken auf diesem Gebiet der Technik wurden.

Die Fernsprecher

Die Fernsprechverbindungen, ein weiterer Teil der Elektrotechnik, führten zu außerordentlich wichtigen Entwicklungen der modernen Steuerungstechnik. Beim Gebrauch des Fernsprechers wird heute leicht vergessen, daß es am Anfang dieser Entwicklung Zeiten gab, in denen Ferngespräche nur auf einen verhältnismäßig kleinen und örtlichen Bereich beschränkt waren. Dies wurde durch die Dämpfung der Stromstärke im Telefonkabel bewirkt. Wenn nichtisolierter Draht verwendet wurde, war dieses Gebiet auf einen Radius von 50 km beschränkt. Zu Beginn dieses Jahrhunderts konnte die Stromabnahme verringert werden durch die Verwendung von Selbstinduktionsspulen. Dadurch wurde die Reichweite des Fernsprechnetzes auf etwa 250 km vergrößert. Es wurden auch Versuche mit einem „Hochspannungsmikrophon" gemacht, das eine sehr hohe Spannung aufnehmen konnte. Die Reichweite konnte so auf 400 km bzw. die Strecke zwischen Paris und Berlin erweitert werden. Dieses monströse Mikrophon nahm eine Leistung von einem Kilowatt auf, während ein normales Fernsprechmikrophon eine Leistung von nur etwa 1 mW benötigte. Es sollte auch darauf hingewiesen werden, daß die Dämpfung des Stromes exponential mit der Entfernung zunimmt, würde also beinahe 300 GW (300×10^9 W!) benötigen, um einen Telefonruf durch einen nicht isolierten Draht von 1000 km Länge hörbar zu machen. Das wäre um 1900 eine unmögliche Forderung gewesen, denn damals stand diese elektrische Leistung überhaupt nicht zur Verfügung. Aber auch heute würde diese Leistung nur durch die Netze von halb Europa aufgebracht werden können!

Die langen Fernsprechverbindungen warfen ein schwieriges Problem auf. Um Sprechverbindungen über weite Strecken zu ermöglichen, war es erforderlich, die aufmodulierten Sprechströme in regelmäßigen Abständen entlang der Sprechstrecke zu verstärken, um so die Dämpfung aufzuheben. Die einzige mögliche Lösung des Problems bestand in der Anwendung der Elektronenröhre, die in jener Zeit gerade das Laboratorium verlassen hatte. Die Triode, die Elektronenröhre mit drei Elektroden, wurde 1906 unabhängig voneinander von dem Deutschen H. von Lieben und dem Amerikaner Lee de Forest erfunden. Als nächstes mußte die Triode zu einer verläßlichen Komponente in Verstärkern entwickelt werden, eine Arbeit, die zehn Jahre in Anspruch nahm, wobei hier der Erste Weltkrieg teilweise hinderlich und teilweise förderlich war. Die Entwicklungsarbeiten leisteten in den USA die Western Electric Company und in Deutschland einige deutsche Ingenieure. Einer von ihnen, H. Barkhausen, verwendete als erster das Wort „Elektronik".

Fernsprecher breiteten sich sehr rasch aus. Ferngespräche wurden schließlich ebenso einfach geführt wie Ortsgespräche, und die Tonqualität war zumindest vergleichbar. In kurzer Zeit waren Hunderttausende von Triodenverstärkern in den Fernsprechnetzen in Tätigkeit – und dies zu einem Zeitpunkt, als man die Unzulänglichkeiten dieser Art von Verstärkern entdeckte. Geringe örtliche Abweichungen einer Triode, ungleichmäßige Stromversorgung, Temperaturdifferenzen und andere Dinge konnten eine schwerwiegende Störung in einem Fernsprechnetz bewirken, in dem Hunderte von Triodenverstärkern miteinander verbunden waren. Wie oft zuvor in der Geschichte der Technologie, hatte die Lösung des einen Problems ein anderes geschaffen.

Der Versuch, dieses neue Problem zu lösen, führte zu vollkommen neuen Konstruktionsgrundsätzen für Elektronenröhrenverstärkern, nämlich zu dem *negativen Feedback.* Dieses hatte nicht nur im Bereich der Fernsprechverbindungen eine revolutionäre Auswirkung. H. S. Black von den Bell Laboratorien in den USA beschrieb als erster 1932 den Negativ-Feedback-Verstärker. Dieser hatte eine grundlegende Bedeutung für alle Fernverbindungen, die sich seinerzeit sehr stark ausbreiteten, insbesondere dank des Rundfunks und einer neuen elektrischen Methode, Grammophonplatten abzuspielen. Die Rückkopplung gab dem Verstärker eine hohe Stabilität und machte ihn fast unempfindlich gegen äußere Störungen – Eigenschaften, die für verschiedene Steuerungssysteme dringend notwendig waren. Das Wort „Feedback" wurde unter den Ingenieuren jener Zeit ein Schlagwort. Der Feedbackverstärker wurde in verschiedenen Steuerungssystemen genau so verwendet wie im Bereich der Fernsprechverbindungen. Doch, was erreicht wurde war nur eine technische Lösung. Eine genauere Theorie über den Feedbackverstärker erschien erst Mitte der 1930er Jahre und dort weitgehend durch die Beiträge von J. Bode und Harry Nyqvist von den Bell Laboratorien. Die Verallgemeinerung dieser Theorie bildete die Grundlage zu einem besseren Verständnis der Rückkopplung oder des geschlossenen Steuerungssystems.

Die Kybernetik und die Informatik

Man kann sagen, daß die Theorien über die Kybernetik und Informatik logische Weiterentwicklungen der Arbeiten von H. Black, J. Bode, H. Nyqvist und anderen Wissenschaftlern der 1920er und 1930er Jahre

A

A. Verglichen mit den letzten Erzeugnissen, waren die frühen Rechner verhältnismäßig einfach und teuer. Alles, was man mit ihnen bewerkstelligen konnte, waren die vier Rechengrundarten: Addition, Subtraktion, Multiplikation und Division. Das hier dargestellte Modell arbeitete mit Batterien, die sich in einer Aussparung auf der Rückseite befanden, konnte aber auch an das elektrische Netz angeschlossen werden. (a) Stecker für den Anschluß des elektrischen Stromes und das Abschalten der Batterien. (b) Zuleitung für (a). (c) Diode für die Zahlenanzeige. (d) Zuleitungen zu (c). (e) Transistoren, die (c) betätigten. (f) Rechner, der auch den Speicher enthält; besteht aus vielen Transistoren. (g) Spannungsregler für den Stromanschluß. (h) Schalter. (i) Zuleitungen zu den Batterien. (j) Taste für das Speicherregister. (k) Eingabetaste für das Dezimalkomma.

seien, denn diese Wissensgebiete enthalten, jedes für sich, mathematische und physikalische Ausführungen über den Begriff der Rückkopplung. Anfang der 1940er Jahre begann sich N. Wiener als Mathematiker für die augenfälligen Ähnlichkeiten zwischen den technischen geschlossenen Steuerungssystemen und den verschiedenen Prozessen, die im lebenden Organismus ablaufen, zu interessieren. Insbesondere traf dies zu für die Übertragung von Signalen in Nervenbahnen. Norbert Wiener und sein Assistent Arturio Rosenbleuth, ein Neurologe, konnten die Kontraktion und Entspannung eines verschieden belasteten Muskels vorhersagen, indem sie die Theorie und Berechnungsmethode des Servomechanismus auf Tierexperimente anwendeten. Diese und andere Experimente ließen N. Wiener daran denken, die Theorie der geschlossenen Servosysteme nicht nur in der Physiologie, sondern auch auf die Verhaltensforschung, Volkswirtschaft und auf andere Gebiete anzuwenden. N. Wiener bemerkte jedoch, daß seine „technischen" Theorien und seine Fachausdrücke in den anderen Wissensgebieten nur widerwillig aufgenommen wurden. Aus diesem Grunde gestaltete er den gesamten Komplex der vorhandenen Theorien in eine neue, allgemein gültige Form um. Darüber hinaus – und das war vielleicht das Wichtigste – erfand er einen neuen, aufregenden Namen für diese Theorie: „Kybernetik". Der Name leitet sich ab von dem griechischen Wort für Steuermann und bedeutet frei übersetzt „die Wissenschaft von der Steuerbarkeit"; es ist interessant festzustellen, daß A. M. Ampère den gleichen Begriff in seinem Katalog des gesamten menschlichen Wissens beschreibt.

Mit diesem neuen Wort wollte N. Wiener vor allem den interdisziplinären Charakter der Kybernetik hervorheben und hatte Erfolg damit. Viele, sehr unterschiedliche wissenschaftlichen Kreise nahmen die Ideen N. Wieners mit großem Enthusiasmus auf – und verstanden die meisten dieser Ideen nicht. N. Wiener wäre aber auch auf großen Widerstand gestoßen, zumindest bei den Verhaltensforschern, wenn er anstatt Kybernetik seine Arbeiten mit „Die Theorie über das negative Feedback bei Elektronenröhrenverstärkern" überschrieben hätte. Trotzdem beruht die Kybernetik auf eben diesen Arbeiten und Theorien, die verfeinert und weiterentwickelt wurden. In der Volkswirtschaft gibt es eine Reihe von Rückkopplungsprozessen, die als solche durch den britischen Volkswirtschaftler John Maynard Keynes (1883–1946) und andere Forscher erkannt worden sind, lange bevor N. Wiener seine Theorien veröffentlicht hatte. Das Verhältnis zwischen Angebot und Nachfrage ist ein solcher Rückkopplungsprozeß, ein anderer ist das Zu- oder Abnehmen des gesamten Konsums eines bestimmten Artikels in Abhängigkeit von seinem Preis. Es kann ein Diagramm aus Servomechanismen aufgestellt werden, um solche Prozesse zu illustrieren und sie klarer und verständlicher zu machen. Man kann jedoch nur dann die mathematische Berechnung eines volkswirtschaftlichen Rückkopplungsprozesses machen und die Ergebnisse mit Fachausdrücken der Volkswirtschaft benennen, wenn die eingesetzten Größen in der Sprache der mathematischen Formeln beschrieben werden. Erst dann können Gleichungen aufgestellt werden, die den Begriff umreißen bzw. ausdrücken. Hier beginnen aber die Schwierigkeiten. Wenn die Volkswirte die nationalen und globalen Wirtschaftsprozesse mit derselben Genauigkeit beschreiben könnten, wie zum Beispiel ein Astronom die Planetenbewegungen, würde ihnen die Kybernetik ermöglichen, Wirkungen wie zum Beispiel die Geldabwertung sehr genau zu berechnen. Auch heute ist dies weder theoretisch noch praktisch möglich. Die Kybernetik hat zum großen Teil die Volkswirtschaft angeregt, mathematische Modelle von Rückkopplungsprozessen zu entwerfen. Die Möglichkeit der „Simulation" wirtschaftlicher Gegebenheiten ist mit Hilfe von Computern untersucht worden.

In allerjüngster Zeit haben einige Historiker den Begriff „Kliometrie" geprägt, um die Rückkopplungsprozesse beim Geschichtsstudium zu beschreiben. Der Name Klio entstammt der griechischen Sprache und ist der Name der Muse der Geschichte. Die Arbeit dieser Wissenschaftler könnte leicht als ein Scherz aufgefaßt werden, denn die Schwierigkeiten, die Parameter bei einem solchen Prozeß selbst nur mit der geringst möglichen mathematischen Genauigkeit zu definieren, sind insgesamt zu groß.

Die gesamte Technik der Kybernetik ist noch in einem frühen Entwicklungsstadium, doch werden die Methoden sehr wahrscheinlich allmählich verfeinert werden, und die Kybernetik wird in der Zukunft große praktische Bedeutung haben. Sie wird auch auf eine große Anzahl anderer Wissenschaften Einfluß haben, wo sie schon Anlaß zu einer fruchtbaren Zusammenarbeit zwischen verschiedenen Disziplinen war. Ein Beispiel dafür ist die „verknüpfungstheoretische" Analyse des menschlichen Gehirns, die angestellt wurde, um Lernprozesse zu studieren.

Die wissenschaftliche Theorie der Informatik wurde, wie bereits gesagt, durch C. Shannon in dem ereignisreichen Jahr 1948 veröffentlicht. Die Theorie handelt von der Übertragung der Information von einem „Sender" über einen „Kanal" zu einem „Empfänger" und von den Einflüssen, die die Information während der Übertragung verfälschen. Der Sender kann ein Radiosender sein; die Informationen sind dann telegraphische Signale, Sprache oder Musik. Wenn man Kurzwellensender abhört, stellt man leicht fest, daß es viele Quellen gibt, die auf dem Kanal zu Interferenzen führen. Dies sind zum Beispiel andere naheliegende Sender, Elektronenstürme in der Atmosphäre, der Rasierapparat des Nachbarn usw. C. Shannon hatte die Nachrichtenübertragung mit einem Förderband verglichen, das auf der einen Seite mit verschiedenen Gütern aus Holz beladen wird, die auf der anderen Seite des Bandes empfangen und sortiert werden. Während des Transportes können die Holzstücke und -gegenstände (oder Informations-„bits") herunterfallen, angeschlagen oder sonstwie verändert werden, so daß es für den Empfänger schwierig werden kann, sie richtig zu sortieren. Diese Dinge entstehen zufällig wie auch die Störungen in der Übermittlung von Nachrichten. Statistische Methoden geben jedoch an, welchen „Schaden" die Störungen verursachen. C. Shannon zeigte auch, wie man mit Hilfe der Statistik den Informationsgehalt einer Botschaft in „bits" berechnen kann. Die Informatik kann insofern auch als ein fortgeschrittener Zweig der mathematischen Statistik gesehen werden.

Die Bedeutung der Theorie der Informatik für alle Arten von Nachrichtenverbindungen ist deutlich ersichtlich. Erst als sie aber interdisziplinär auf einem gemeinsamen Nenner angewendet wurde, was bei verschiedenen Wissenszweigen geschah, hat die Informatik das Wissen des Menschen vermehrt: wenn zum Beispiel der „Sender" eine Nervenzelle des Gehirns eines Lebewesens ist und der „Empfänger" eine Nervenzelle im Muskel, so kann die übertragene „Information" einer Störung unterliegen, die durch eine Krankheit im Organismus verursacht sein kann. Eine Krankheit kann also in einem „Nachrichtenübertragungs-Modell" beschrieben werden! Die Theorie der Informatik wurde überall erfolgreich angewendet, wo Nachrichtenflüsse ablaufen.

Die Rückkehr der Androiden!

An einer früheren Stelle dieses Kapitels wurde von einer ganzen Reihe wirklicher und imaginärer Wesen berichtet. Vor etwa 100 Jahren gab es keine Androiden, diejenigen der davorliegenden Zeit waren vergessen. In den 1920er Jahren kehrten aber die Androiden wieder zurück. Der tschechische Dramatiker Karel Čapek stellte 1921 seine utopische Tragikomödie *R. U. R.* („Rezou's Universal Robots") vor und gab so jenen stapfenden mechanischen Monstren einen neuen Namen. Das Wort Roboter wird vom tschechischen Wort *Robota* abgeleitet, das Zwangsarbeit heißt, während es in den anderen slawischen Sprachen für das Verb „arbeiten" steht.

K. Čapeks Schauspiel verursachte als ein Beitrag zu der europäischen Sozialdebatte eine lebhafte Diskussion, die jedoch sehr schnell abebbte. Die Comicstrips behandelten den Roboter ausführlich, doch gaben ihm hauptsächlich die Filme seine große Lebenskraft. Der erste Film, der Roboter zeigte, war der klassische deutsche Film *Metropolis*, der 1926

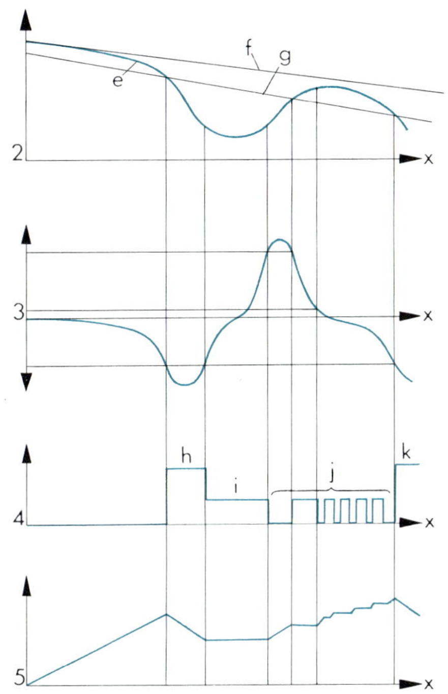

B. Das Antiblockiersystem konnte erst gebaut werden, nachdem die LSI- und MDS-Techniken entwickelt worden sind. Das deutsche Unternehmen Bosch brachte sein ABS-Antiblockiersystem 1978 heraus. Es kam bisher nur in Deutschland zur Anwendung und dort nur bei den teuereren Fahrzeugmodellen der Firmen Mercedes und BMW.

Bei einem mit dem ABS-System (**1**) ausgestatteten Kraftfahrzeug wird ein elektromagnetischer Geber (a) an den Naben der Vorderräder montiert. Die Spule des Gebers ist in der Nähe eines Zahnrades angeordnet, das sich mit dem Rad dreht. Eine ähnliche Anlage (b) ist auf der Hinterradachse angebracht. Die Geber senden laufend Impulse über die Rotation der Räder an die Steuereinrichtung (c). Wenn eines der Räder zu blockieren beginnt, steigt seine Impulsfrequenz sehr schnell an. Das hydraulische Aggregat (d) mit den elektromagnetisch gesteuerten Ventilen und der Pumpe unterbricht dann die Zufuhr der Bremsflüssigkeit zu diesem Rad. Wenn dies nicht genügt, das Blockieren zu verhindern, beginnt die Pumpe, die Bremsflüssigkeit aus dem betreffenden Kreis herauszupumpen, um die Bremsverzögerung zu vermindern. Wenn die elektronische Steuereinrichtung feststellt, daß der Geber nicht mehr richtig arbeitet, schaltet sie ein Ersatzsystem ein. Wenn auch dieses versagen sollte, schaltet die Steuereinrichtung die Ventile des Systems ab und das Bremssystem wird zu einem normalen Bremssystem. (**2**) Diagramme der Geschwindigkeit eines Rades (e) in Abhängigkeit von der Fahrzeuggeschwindigkeit (f) bei einem starken Bremsvorgang. Die x-Koordinate ist die Zeit. Der Hochpunkt in (e) zeigt, daß das Rad zu blockieren anfängt. (g) die von (c) berechnete Geschwindigkeit, bei der die optimale Bremswirkung erzielt werden kann. (**3**) Die Änderung der Geschwindigkeit des Rades. Sobald das Rad zu blockieren anfängt – bei dem Maximum in der Kurve –, wird die Bremsverzögerung vermindert und die Geschwindigkeit des Rades steigt schnell an. (**4**) Die Schaltimpulse der Steuereinrichtung unter Berücksichtigung der Geschwindigkeitsänderungen in (2) und (3). (h) Impulse an die Hydraulikventile und -pumpe, den Druck in dem Bremskreis herabzusetzen. (i) Das Hydraulikventil bekommt den Befehl zu schließen, um die Geschwindigkeit des Rades zu vergrößern. (j) Sobald das Rad wieder genügend greift, um bremsen zu können, werden Steuerimpulse gegeben, den Druck im Bremskreis wieder zu erhöhen. (k) Wenn das Rad wieder beinahe blockiert, werden die Impulse gemäß (h) in einem neuen Ablauf wiederholt. (**5**) Die Geschwindigkeitsänderung des Fahrzeugs während des Bremsvorganges.

B1

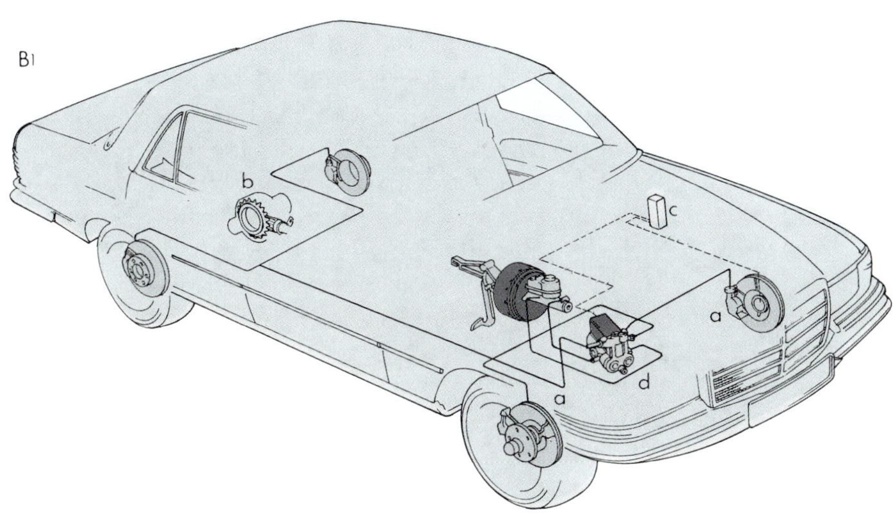

uraufgeführt wurde. Seit da sind Roboter in einer großen Zahl und in verschiedenen Gestalten auf der Leinwand erschienen. In den 1930er Jahren hatte ein jeder Jahrmarkt oder eine jede Ausstellung, die etwas auf sich hielt, ihren eigenen Roboter. Bei der Weltausstellung 1939 und 1940 in New York wurde der gehende und sprechende Roboter „Electro" mit seinem Hund „Sparko" ausgestellt. Der Hund konnte laufen, bellen, hinsitzen und auf Befehl seines Meisters betteln.

Aus dem Spiel wurde Ernst. Es ist verständlich, daß viele in der wissenschaftlichen Welt es als einen schlechten Scherz auffaßten, als N. Wiener und sein Assistent Jerome Wiesner um 1950 Einzelheiten eines Roboters veröffentlichten, den sie „die Motte und das Licht" nannten. Das war ein künstliches Wesen, das entweder durch eine Lichtquelle angezogen oder durch Drehen eines einfachen Lichtschalters abgestoßen werden konnte. Das war eine einfache sichtbare Demonstration eines kybernetischen Prozesses. C. Shannon schloß sich diesem ernsten Spiel an und konstruierte einen ähnlichen Roboter, den er „die Maus und das Labyrinth" nannte. Bald gab es überall in den wissenschaftlichen Laboratorien auf der Welt eine ganze Reihe kybernetischer Wesen. In erster Linie beschäftigten sich Physiker, Neurologen und Verhaltensforscher mit dieser „Laborkybernetik", um zu lernen, beispielsweise wie sich die Widerstandsfähigkeit physiologischer Systeme gegen äußere Einwirkungen ändert. Das automatische Aufrechterhalten der Resistenz eines solchen Systems wird Homöostasie genannt. Anfang der 1950er Jahre baute der britische Neurologe W. Ross Ashby einen sehr hochentwickelten Roboter, den er „Homöostat" nannte und der große Beachtung fand. Gegenüber den anderen Robotern bestand dieser aus zwei Gerätesätzen mit miteinander verbundenen magnetischen Kreisen, die im Inneren eine große Zahl von Einstellungen des Gleichgewichts ermöglichten. Das System reagierte auf äußere Störungen durch Übergehen auf eine neue Einstellung des Gleichgewichts. Zu häufige oder zu heftige Störungen konnten einen „Nervenzusammenbruch" herbeiführen. Mehrere Experten der Verhaltenswissenschaften, unter ihnen der Österreicher Heinz Zemanek, bauten ähnliche Roboter, die sie als Hilfen bei der Erforschung des menschlichen Verhaltens verwendeten.

Während der letzten Jahre seines Lebens arbeitete J. von Neumann an den theoretischen Möglichkeiten, einen Automaten zu konstruieren, der sich selbst reproduzieren konnte. Es blieb aber ein mathematisches Bild, ein Plan, wie ihn J. von Neumann gezeichnet hatte. Vom technischen Standpunkt gesehen, ist die Idee von J. von Neumann nicht absurd, doch was die Praxis anlangt, kann man beruhigt sein. Jemand muß schließlich einen solchen Automaten mit „Futter" versehen, das heißt mit Transistoren, Verbindungsdrähten und anderem. Daneben muß ihn jemand programmieren und steuern. Während der letzten Jahre sind viele Roboter in der Industrie und Forschung eingesetzt worden, eine große Anzahl verschiedener Bauarten sind für die Handhabung radioaktiver Substanzen gebaut worden; einige sind für die regelmäßige Arbeit in Kernkraftwerken vorgesehen, während andere bereitgehalten werden, um bei möglichen Unfällen eingesetzt zu werden. In den USA ist für solche Unfälle der Roboter „Beetle" gebaut worden. Dieser würde automatisch auf die radioaktive Quelle zugehen, das heißt, auf den gefährlichen Stoff zu, ihn aufnehmen und ihn zu einem Platz bringen, an dem er unschädlich gemacht werden kann.

Insbesondere haben sich die Weltraumforscher der kompliziertesten und technisch fortschrittlichsten Roboter angenommen und sie in ihren Dienst gestellt, wie zum Beispiel das unbemannte Mondfahrzeug Lunochod der Sowjetunion.

A

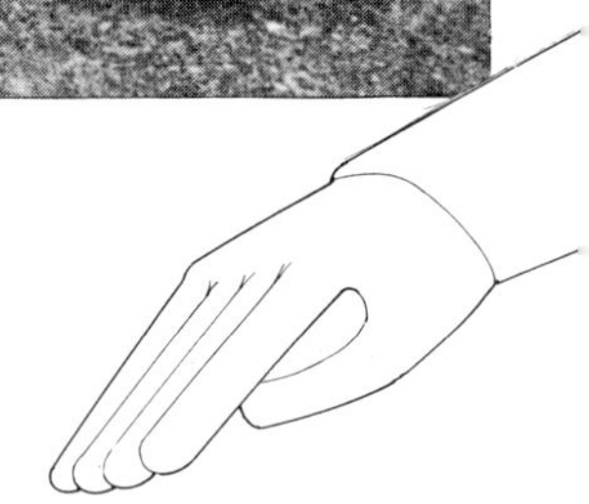

A. Dieser moderne amerikanische Roboter Beetle kann automatisch radioaktive Stoffe finden und ist so programmiert, daß er sie aus dem Gefährdungsbereich beseitigt und an einen Ort bringen kann, wo diese Stoffe unschädlich gemacht werden können.

B. Sabor IV, der 1938 von dem Franzosen Auguste Huber gebaut wurde. Der Roboter konnte sich bewegen und sprechen, wobei er seine Lippen synchron mit dem Gesagten bewegte. Die Beine wurden von kleinen Rädern vorwärts bewegt, die unter den Sohlen montiert waren und sich abwechselnd drehten bzw. gebremst wurden.

Die Automation

Wie schon dargelegt wurde, war das Jahr 1948 reich an Ereignissen, die in den vorangehenden Abschnitten schon behandelt worden sind. In dieser Zeit ahnte noch kein Mensch, daß ein anderes Problem, die Automation, einige Jahre später eine heftige Debatte in der westlichen Welt auslösen würde. Das Wort „Automation" wurde 1947 von Delmar S. Harder von der Ford Motor Co. in Detroit geprägt. D. Halmer forderte, daß die „Automation" das koordinierende Konzept für alle Konstruktionen und Vorrichtungen sein solle, deren Aufgabe es ist, eine vollautomatische Produktion zu erzielen. Anfänglich führte D. Harder einen Werbefeldzug für die Automation in den Fordwerken durch, doch die internen Unruhen darüber verbreiteten sich in der gesamten amerikanischen Industrie und lösten anschließend eine heftige Debatte über die Automation aus. Man glaubte zu verspüren, daß die Automation letztendlich zum Ziele habe, den Menschen aus der Produktion herauszurationalisieren. Man sagte Massenarbeitslosigkeit voraus. Ähnlich übertriebene Ansichten bestanden selbst im technologisch-industriellen Lager, wo viele Menschen glaubten, daß die Automation zu neu und zu revolutionär sei. Man schuf das Wort „Automatologie"; die Automation sollte eine Wissenschaft sein, die eine neue Ära einleiten würde. Die gleiche Denkart betrachtete die Automation auch als „die zweite Industrierevolution". Bei einem internationalen Seminar über die Automation zeichnete ein amerikanischer Vertreter dieser Richtung ein phanta-

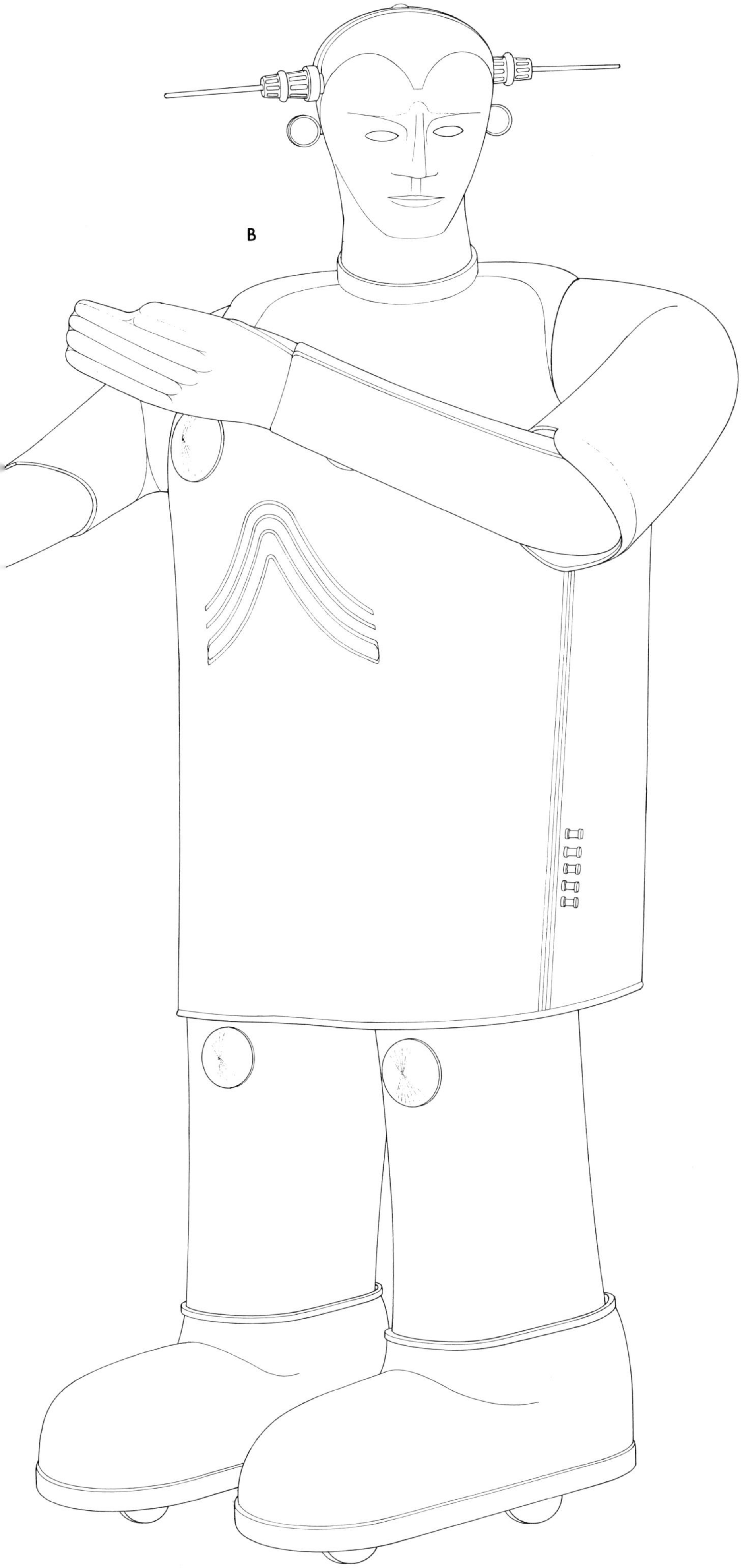

B

stisches Zukunftsbild eines revolutionären Wunders und war nur durch eine nüchterne Erklärung eines Engländers wieder auf den Boden der Realität zurückzubringen, „die Automation sei in der Tat nichts anderes als ein Druckknopf, der sich selbst drückt".

Die anhaltend lebhafte Debatte über die Automation brachte anfänglich als Ergebnis die Vorstellung, daß alle Verfahrensgänge und Prozesse, selbst diejenigen Arbeitsvorgänge, die vormals dem Handwerk vorbehalten waren, grundsätzlich mechanisiert und automatisiert werden könnten. Ein oft zitiertes Beispiel in diesem Zusammenhang ist eine Maschine, die wesentlich schneller Teig in Brezelform legen könne als der geschickteste Bäcker, oder die „mechanische Hand", die Zigarren schneller und gleichmäßiger rollen könne als jedwede Carmen. Die Debatte über die Automation und der lebhafte Gedankenaustausch zwischen den Spezialisten aus verschiedenen Industriezweigen brachten als Ergebnis einen Einblick in die Möglichkeit einer Verallgemeinerung – das System der Automation für einen bestimmten Verfahrensablauf kann häufig in etwas abgeänderter Form für verschiedene andere Verfahren verwendet werden, auch wenn das betreffende Produkt völlig verschieden ist: so kann zum Beispiel das Automatisierungsverfahren für die Herstellung von Knäckebrot auch für die Produktion von dampfgehärteten Zementplatten angewendet werden.

Die Prozeßsteuerung durch Computer

Es wurde bereits erwähnt, daß technische Lösungen für die automatische Kontrolle in der Technologie oft den Theorien vorauseilten. Am Anfang der Debatte über die Automation wurden heftige Angriffe dagegen gerichtet, industrielle Prozesse zu automatisieren, die zuvor noch nicht einwandfrei gesteuert werden konnten. Oft endeten solche Automatisierungsversuche insbesondere bei chemischen Prozessen mit bösen Fehlschlägen. In den 1950er Jahren erschienen auf dem Markt die ersten Steuerungselemente guter Qualität, wie Meßapparaturen, Servomotoren, Temperaturregler, Druckregler, Flußregler usw. Oft kannte man jedoch die dynamischen Eigenschaften chemischer Prozesse nicht, das heißt, man wußte nicht, wie sie im Zusammenhang mit den verschiedenen Eingriffen der Steuerung reagieren. Die Arbeit, die Prozesse zu beschreiben, endete oft in sehr komplizierten mathematischen Formeln. Schon zu einem frühen Zeitpunkt wurden daher Computer verwendet, um solche Zusammenhänge zu bestimmen. Von diesem Stadium aus genügt nur ein kleiner Schritt, um dem Computer die gesamte Regelung und Steuerung des Prozesses zu übertragen.

Der erste Computer für eine Prozeßsteuerung wurde von der amerikanischen Gesellschaft Ramo-Woolridge Corporation gebaut und RW 300 genannt. Er war erst 1957 verfügbar. Bald folgten ihm andere. Zehn Jahre später waren in Westeuropa und den USA 1600 Prozeßrechner eingesetzt. Diese Anzahl stieg im Jahre 1977 auf etwa 12000. Viele glauben, daß diese Zahl eine Sättigung des Bedarfs anzeigt. Statt dessen werden nun die Mikroprozessoren einen Teil der Arbeit übernehmen, die bisher durch einen zentralen Computer geleistet wurde.

Mit Raketen zu den Planeten

Zu den kompliziertesten durch Computer gesteuerten Prozessen der Gegenwart gehören die Weltraumflüge. Ohne den Zugriff auf automatische Steuerungssysteme und auf Computer wäre es gänzlich unmöglich, in den Weltraum zu fliegen. Die ersten Weltraumpioniere – der Russe Konstantin E. Ziolkowsky (1857–1935), der Deutsche Hermann Ganswindt (1856–1932) und andere – wurden von Astronomen und

In den letzten Jahren hatte sich Wasa Spisbrödsfabrik AG in Filipstad, Schweden, diese weitgehend automatisierten Mühlen- und Bäckereibetriebe zur Herstellung von Knäckebrot errichtet. (a) An einem Ende der Fabrik wird das Rohmaterial Getreide aus Lastwagen und Güterwagen entladen. Das Getreide wird in Silos (b) gespeichert und gleichzeitig unter anderem auf den Proteingehalt analysiert. Wenn die Untersuchungen abgeschlossen sind, wird das Getreide zuerst gereinigt (c) und je nach Qualität zu den verschiedenen Silos (d) gebracht. Die genaue Menge an Getreide, die für die verschiedenen

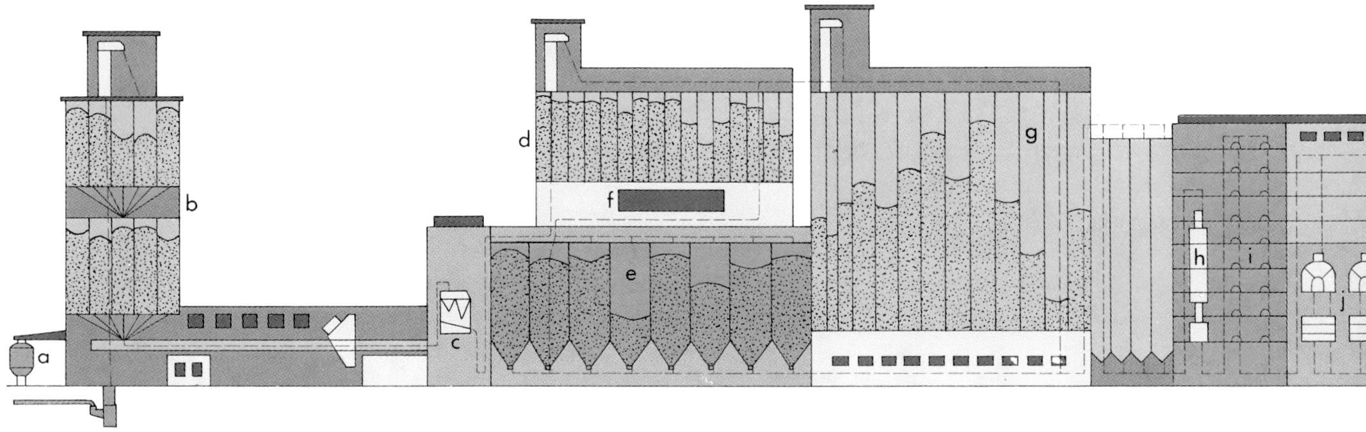

Mathematikern kritisiert, weil sie glaubten, daß es die menschlichen Fähigkeiten übersteigen würde, die Flugrichtung und die Geschwindigkeit mit der für den Raumflug erforderlichen Genauigkeit zu steuern. Einer der ersten, der die Wichtigkeit dieses Problems erkannte, war der Deutsche Hermann Oberth (geboren 1894). Er hob in seinem nun schon klassischen Werk *Die Rakete zu den Planetenräumen* von 1923 hervor, daß eine der Voraussetzungen für den Raumflug der Bau von Vorrichtungen zur automatischen Steuerung und Regelung sei, die wesentlich anspruchsvoller sein müßten, als die seinerzeit verfügbaren. In dem sehr umfangreichen Werk *Wege zur Raumschiffahrt* von 1929 sagte H. Oberth sehr richtig voraus, daß die Entwicklung von Raketen mit genügend Schubkraft (eine weitere wichtige Voraussetzung) noch viel Zeit beanspruchen würde, und stellte fest, daß auch die Steuerungstechnik bis dahin verbessert werden müsse. Das besondere Interesse, ein Raumschiff mit großer Genauigkeit zu steuern, rührt daher, daß die fraglichen Geschwindigkeiten und Entfernungen im wahrsten Sinne des Wortes astronomisch sind. Außerdem sind hier auch Anziehungskräfte des Planetensystems u. a. zu berücksichtigen.

Wenn eine Trägerrakete einen Satelliten – das Wort heißt „Begleiter" und meint in diesem vorliegenden Falle einen Begleiter der Erde – in eine Umlaufbahn um die Erde bringen sollte, muß sie eine Geschwindigkeit von mindestens 7,904 km/sec erreichen, der sog. Kreisbahn oder 1. kosmische Geschwindigkeit von abgerundet 8 km/sec. Man kann sich hier auf der Erde nur schwer vorstellen, wie groß diese Geschwindigkeit wirklich ist. Ein Kraftfahrzeug, das mit einer Geschwindigkeit von 100 km/h fährt, benötigt beinahe 5 min, um diese Strecke von 8 km zurückzulegen, das heißt, daß sich die Rakete mit einer 300mal größeren Geschwindigkeit bewegen muß als ein solches Fahrzeug! Wenn man die Geschwindigkeit der Trägerrakete über die 1. kosmische Geschwindigkeit hinaus steigert, wird eine elliptische Bahn erreicht, wobei der erdfernste Punkt der Flugbahn sich mit wachsender Geschwindigkeit immer weiter von der Erdoberfläche entfernt. Durch Geschwindigkeitskorrekturen an geeigneten Punkten der Umlaufbahn kann die Entfernung des erdnächsten Punktes zur Erdoberfläche und damit die Form der Umlaufbahn um die Erde so verändert werden, daß man zum Beispiel eine fast kreisförmige Umlaufbahn erreicht. Wenn die Geschwindigkeit der Trägerrakete aber über ein bestimmtes Maß hinaus gesteigert wird, wird der Satellit zu einem Raumschiff, das dann in den Weltraum des Sonnensystems hinausfliegt. Diese magische Grenze liegt bei der Geschwindigkeit von 11,178 km/sec. Diese Geschwindigkeit wird im allgemeinen als 40240 km/h bezeichnet. Sie ist etwa 40% größer als die 1. kosmische Geschwindigkeit.

Das eigentliche große Problem, das die ersten Weltraumenthusiasten zu lösen hatten, war Raketen zu konstruieren, die genügend Antriebskraft erhalten mußten, um das Raumschiff auf diese „astronomisch" große Geschwindigkeit zu beschleunigen. Sie ist etwa 20mal größer als die Geschwindigkeit einer Gewehrkugel, wenn sie den Gewehrlauf verläßt. Die einzig verfügbaren Raketen in den 1920er und 1930er Jahren waren Feuerwerksraketen und die Raketen, mit denen man Rettungsleinen auf havarierte Schiffe hinüberschoß. Wenn eine Rakete den Weltraum erreichen sollte, mußte ihr Antriebsaggregat nicht nur in der Lage sein, die Rakete selbst in den Weltraum zu befördern, sondern mußte darüber hinaus neben dem dort benötigten Treibstoff auch den für die Verbrennung erforderlichen Sauerstoff mitnehmen, von der Nutzlast ganz zu schweigen. Im Weltraum reichen die Pulverraketen nicht aus. Richtungweisende Arbeiten auf dem Gebiete der Antriebe wurden in erster Linie von dem Amerikaner Robert H. Goddard (1882–1945) geleistet, der sein nun schon klassisches Buch, *Eine Methode zum Erreichen extrem großer Höhen,* bereits 1919 veröffentlichte. In diesem Werk beschrieb er verschiedene Raketen mit flüssigem Treibstoff. Eine seiner ersten Raketen dieser Art hob 1926 ab und wurde durch flüssige Kohlenwasserstoffe und flüssigen Sauerstoff angetrieben. In Breslau gründete eine Handvoll begeisterter Männer, angeregt durch das Buch von H. Oberth, den *Verein für Raumschiffahrt,* der innerhalb eines Jahres bereits über 500 Mitglieder hatte. Die Mitgliederliste weist nicht nur Deutsche auf, sondern auch andere Europäer und Amerikaner, die, von der großen Welle der Begeisterung für den Raumflug getragen, sich dort einschrieben. Mitglieder waren die führenden sowjetischen Raketenspezialisten N. A. Rynin und J. J. Perelman genauso wie der Franzose R. Esnault-Pelterie und der Österreicher G. von Pirquet. Ein Jahr nach der Gründung des Vereins waren Hermann Oberth Präsident und Willy Ley Vizepräsident. Der letztere stellte 1928 ein meisterhaft geschriebenes populärwissenschaftliches Buch, *Die Möglichkeit der Weltraumfahrt,* vor, zu dem viele Theoretiker und Wissenschaftler Beiträge geleistet haben. Weltraumfahrt wurde nun Gegenstand von Schlagzeilen auf den Titelseiten der Tagespresse, insbesondere auch angeregt durch den deutschen Film mit dem Titel *Die Frau im Mond,* der im gleichen Jahr uraufgeführt und von dem berühmten Regisseur Fritz Lang unter wissenschaftlicher Beratung H. Oberths fertiggestellt wurde.

Die Zeit war nun reif – wie es W. Ley in seinem Buch schrieb –, daß die Vorstellungen und Theorien den Weg in die Laboratorien und von dort in die Werkstätten nahmen, um Raketenantriebe zu fertigen und die Raumfahrt zu ermöglichen. Die Mitglieder des Vereins für Raumschiffahrt setzten dies 1930 in die Tat um, indem sie nach vielen Schwierigkeiten ein Labor für die Entwicklung von Raketenantrieben mit flüssigen Treibstoffen an einem abgelegenen Ort außerhalb Berlins

Brotsorten gebraucht wird, wird automatisch ausgewogen und in Homogenisierungssilos (e) gemischt. (f) Steuerung der vorbereitenden Arbeiten. (g) Silos für verschiedene Getreidemischungen, die dem Mahlvorgang zugeführt werden. (h) Vakuumbehandlung und Konditionierung des Getreides. (i) Sieben und Sortieren. (j) Mahlen. (k) Laboratorien. (l) Mehlsilos. Wasser, Hefe und Salz werden dem Mehl zugesetzt und zu einem Teig geknetet, der dann aufgeht (m). (n) Steuerung der Teigherstellung. Wenn der Teig genügend aufgegangen ist, wird er zu großen Fladen geformt, die auf langen Förderbändern (o) weiter aufgehen. Anschließend werden die Fladen in den Ofen (p) gebracht. Das gebackene Brot wird getrocknet (q) und in Silos (r) gelagert. (s) Siebanlage, in der beschädigte Knäckebrotteile entfernt werden. (t) Zuschneiden und Verpacken des Knäckebrotes. (u) Metalldetektor, ein Kontrollgerät für Metallteile, die evtl. in den Teig gelangt sein könnten. (v) Lager für verpacktes Knäckebrot. (w) Versandabteilung.

ins Leben riefen. Die besonderen Förderer dieses Projekts waren H. Oberth und seine Assistenten bei der Filmarbeit R. Nebel und K. Riedel zusammen mit W. Ley. Sie nannten ihr für damalige Verhältnisse gut ausgestattetes Labor *Raketenflugplatz.* Etwa ein Jahr später stieß zu diesem Kreis ein junger Ingenieur mit dem Namen Wernher von Braun (1912–1976).

Als einer der Augenzeugen und zum großen Teil als das Stimulans hinter der spektakulären Entwicklung der Projekte, die am Raketenflugplatz in Angriff genommen wurden, schrieb W. Ley ein Buch, in dem er persönlich und reizvoll von den Mühsalen des modernen Weltraumabenteuers erzählt. Der Titel seines Buches lautet *Raketen und Raumschiffahrt.* Die erste (englische) Ausgabe erschien 1944 mitten in der Endphase des Weltkrieges und wurde seit da ein dutzendmal neu aufgelegt und übersetzt.

Die Beiträge von R. H. Goddard auf dem Gebiet des Raketenbaus sollen nicht zu gering angesetzt werden, doch wurde die Basis für die Verwirklichung des ewigen Traumes des Menschen, auf dem Mond zu landen, zweifellos auf der Raketenbasis von Peenemünde auf der Insel Usedom in der Ostsee gelegt. Peenemünde wurde zwischen 1936 und 1940 als gemeinsame Raketenbasis für das Heer und die Luftwaffe gebaut, Raketenforschung war damals nicht mehr Privatsache. Die Forschungs- und Entwicklungsarbeiten in Peenemünde wurden hauptsächlich von Männern geleitet, die früher auf dem Raketenflugplatz bei Berlin arbeiteten.

W. Ley wie vor ihm schon H. Oberth stellte die grundlegende Bedeutung der automatischen Steuerung eines Raumschiffes erneut in den Vordergrund. Die ersten von der deutschen Luftwaffe gebauten Flugobjekte, die A 1 und A 2, sind hauptsächlich als Versuchsantriebe für Raketen gebaut worden. Bald erkannte man, daß sich nach dem Bau von verwendbaren, zuverlässigen Antrieben als eine besonders schwierig zu beantwortende Frage die Stabilisierung der Rakete stellen wird. „Was man seinerzeit über die Stabilisierung einer Rakete wußte, hätte ohne weiteres auf eine Postkarte geschrieben werden können, und es wäre auf ihr noch Platz frei geblieben", schrieb W. Ley in seinem Buch. Für die dritte Versuchsrakete, die A3, stellte die deutsche Kriegsmarine einen Fachmann zur Verfügung, der große Erfahrungen auf dem Gebiete der Stabilisierung und des Ausrichtens von Geschütztürmen, dem klassischen Problem des Servomechanismus, hatte. Doch war die A 3 auch nicht erfolgreich, weil sich herausstellte, daß das Steuerungssystem unzulänglich war. Danach wurde 1942 ein anderes, für die damalige Zeit ein technisch sehr fortschrittliches Steuerungssystem konstruiert. Dabei verwendete man Stabilisierungskreisel und Beschleunigungsmeßgeräte als Sensoren, die über elektrische Servomotoren Steuerflossen aus wärmebeständigem, mit Molybdän legiertem Stahl steuerten. Die Steuerflossen befanden sich im Gasstrahl des Raketenantriebes. Um die dynamischen Eigenschaften dieses Systems zu erforschen, wurde ein mechanischer Simulator gebaut. In dieser Zeit hätte W. Ley schon zwölf Postkarten über die Stabilisierung schreiben können!

Besondere Anstrengung und Konzentration, die Probleme der Steuerung und Stabilisierung zu lösen, wurden auf den Bau der Rakete A 4 aufgewendet. Hitlers Propagandaminister Goebbels nannte später diese Rakete Vergeltungswaffe V 2. Als die ersten Versuchsflüge mit dieser Waffe gemacht wurden, war sie reichlich mit Funkgeräten für die beabsichtigte Funkmessung und Funksteuerung ausgerüstet. Eine solche A 4-Rakete zerschellte 1943 auf der Insel Bornholm, wo sie von den dänischen Geheimdiensten aufgestöbert wurde. Entsprechende Fotografien und Zeichnungen wurden über Stockholm nach England geschickt. Eine andere dieser Raketen kam vom Kurs ab und zerschellte im Sommer 1944 in Südschweden. Sie wurde den alliierten Streitkräften übergeben, die auf diese Weise ein weiteres Mal gewarnt und darauf hingewiesen wurden, was kommen wird. Es wäre jedoch falsch anzunehmen, daß diese Raketen alle funkgesteuert gewesen wären. Die Versuche haben nämlich den deutschen Forschern gezeigt, daß es nicht möglich war, die Raketen genau zu steuern. Die Raketen wurden deshalb gegen das Ziel gerichtet, erst Paris und dann London; wenn die Rakete aber abgeschossen war, konnte ihre Flugrichtung nicht mehr beeinflußt werden. Gegen Ende des Zweiten Weltkrieges arbeitete man in Peenemünde an anderen Raketenprojekten, die Antriebsaggregate und die erzeugten Schubkräfte wurden größer. Die A 9 war für den Transatlantikeinsatz bestimmt. Wernher von Braun wurde durch die Gestapo eingesperrt, weil er öffentlich von der Möglichkeit sprach, Geräte in den Weltraum zu schießen. Man entließ ihn, nachdem der Kommandant der Basis von Peenemünde, General W. Dornberger, sich einschaltete und den hohen Offizieren erklärte, daß W. von Brauns Ideen nützlich waren, um noch wirkungsvollere Vergeltungswaffen zu bauen. Beim Zusammenbruch Deutschlands im Mai 1945 fiel Peenemünde mit dem gesamten Arsenal fertiggestellter Raketen in die Hand der Alliierten. Im Juli des gleichen Jahres gelangten 300 Lastwagen deutscher A 4-Raketen auf dem Versuchsgelände von White Sands in New Mexiko an. Die Entwicklungsarbeit wurde hier fortgesetzt. Das Forscherteam war nahezu das gleiche wie auf dem Raketenflugplatz bei Berlin und in Peenemünde.

Die schwierigen Probleme der Stabilisierung und Steuerung sind in Peenemünde schon fast vollständig gelöst worden, und diese Lösungen waren noch immer grundlegend und gültig. Die Steuerungssysteme wurden jedoch immer komplizierter im Maß des Fortschrittes im Bereich von Meßinstrumenten, Fernverbindungen u. a. Der einfache,

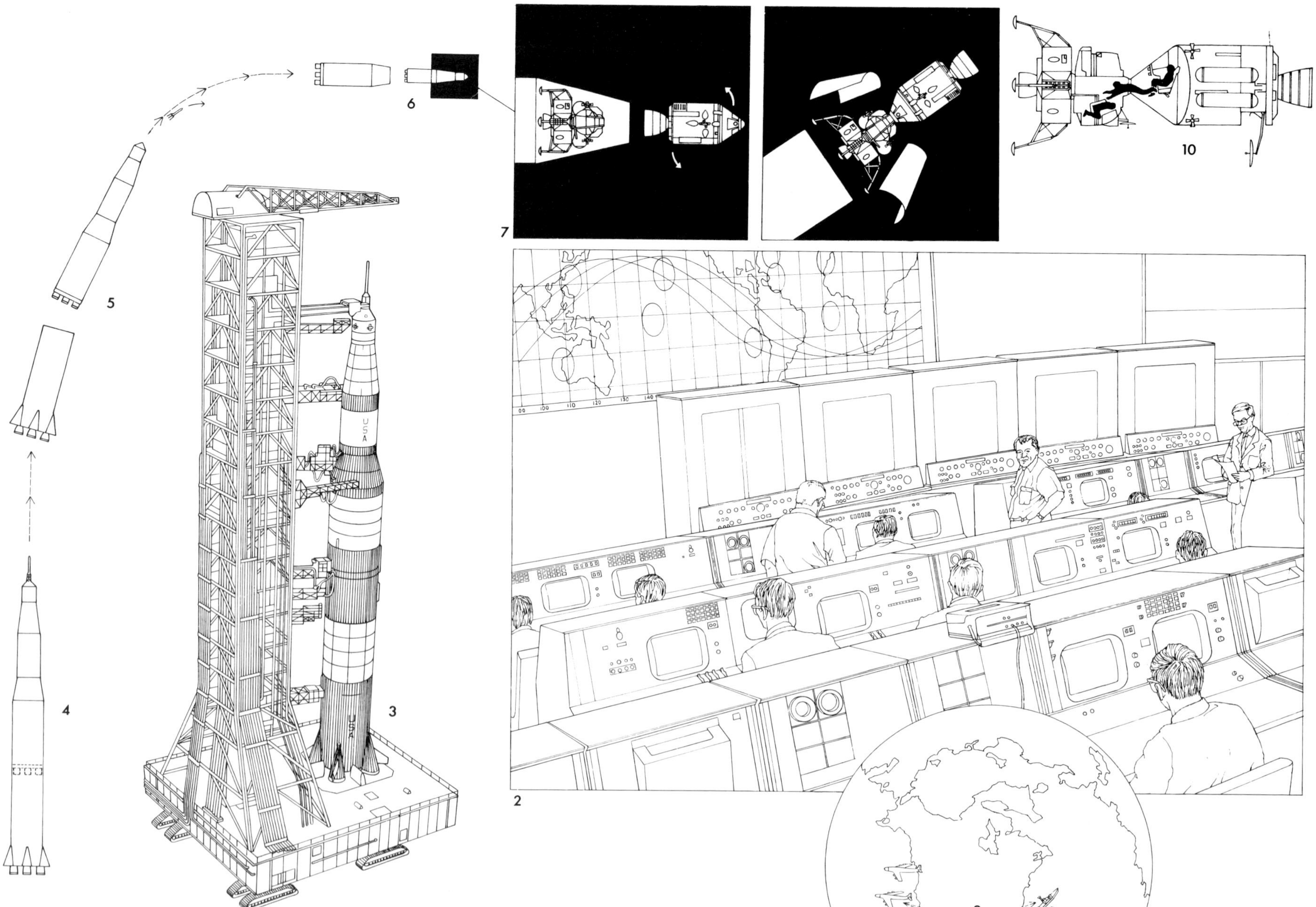

Die erste Mondlandung eines Menschen wurde über Funkwellen (**1**) von dem Kontrollzentrum (**2**) in Houston, Texas, koordiniert, in dem sich ein großer Computer mit 350 Mann Bedienung befand, die das ganze Unternehmen überwachten.
Der Start erfolgte am Morgen des 16. Juli 1969 in Cape Kennedy, Florida. (**3**) Apollo 11 auf der Startrampe während des Countdown. Die Verbindungsleitungen zum Kabelturm werden getrennt. (**4**) Die Trägerrakete, eine Saturn V, hebt mit der Kommandokapsel „Columbia“ und der Mondfähre „Eagle“ ab. Drei Astronauten sind an Bord: Edwin E. Aldrin, Neil A. Armstrong und Michael Collins. Während der ersten 12 Sekunden des Fluges steuert der Computer das Raumschiff nach Südosten. (**5**) 2,5 Minuten nach der Zündung ist die erste Stufe ausgebrannt und wird abgestoßen. Die zweite Stufe wird gezündet, 12 Minuten nach dem Start hatte das Raumschiff die vorbestimmte Erdumlaufbahn erreicht. (**6**) 2,5 Stunden nach der Zündung wird die dritte Raketenstufe gezündet und treibt Apollo 11 zum Mond. Der Augenblick der Zündung mußte genau innerhalb eines Zeitraumes von 1/100 Sekunden liegen, damit das Raumschiff in eine Umlaufbahn gelangt, in der ihr Kurs korrigiert werden konnte.
(**7**) Nachdem die letzte Raketenstufe ausgebrannt war, wurde die „Columbia“ von der Apollo 11 abgetrennt und gedreht, um mit der „Eagle“ anzudocken, die in einer Art Garage in der letzten Stufe aufbewahrt wurde. Der Computer in Houston steuerte die ausgebrannte Raketenstufe in eine Umlaufbahn um die Sonne. (**8**) Die „Columbia“ und „Eagle“ beginnen nun ihre dreitägige Reise zum Mond. Während dieser Zeit ist das Raumschiff antriebslos und unterliegt nur den Anziehungskräften des Universums. Als das Raumschiff die halbe Strecke zum Mond zurückgelegt hatte, zündete der Computer das Triebwerk der

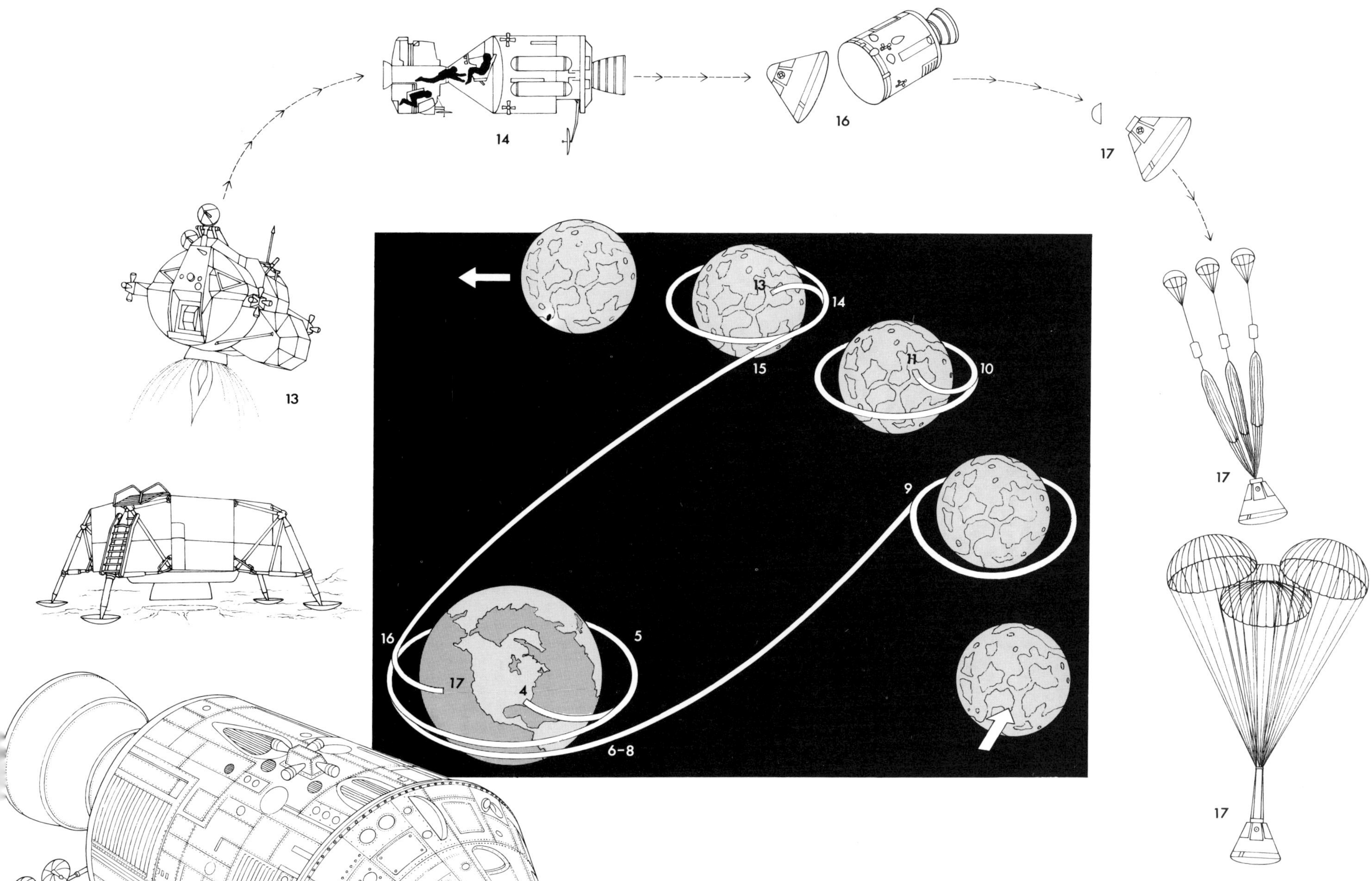

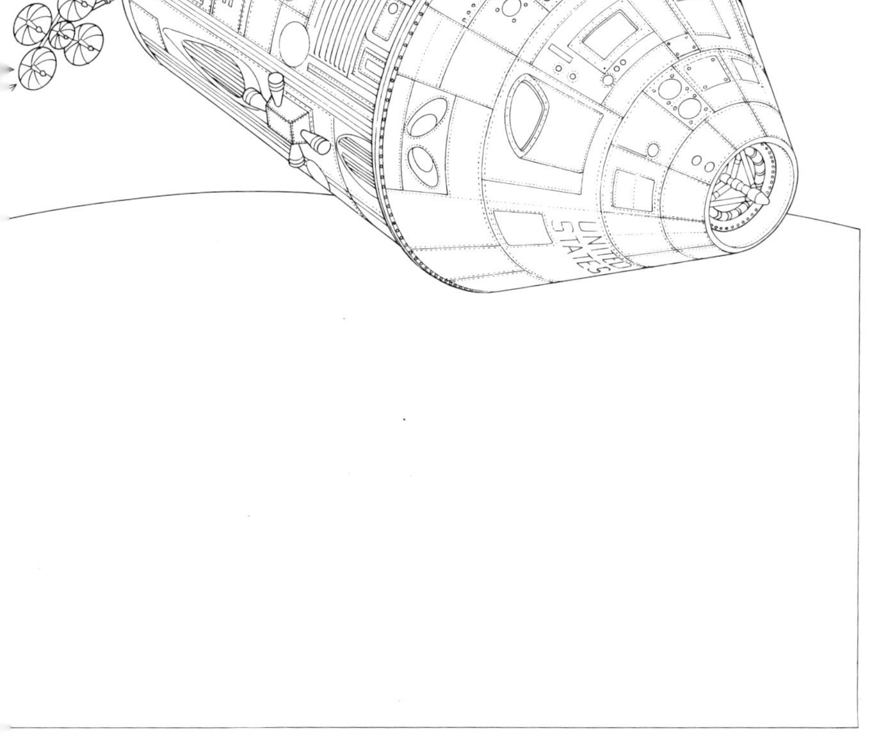

„Columbia“ einige Sekunden lang, um die Geschwindigkeit des Raumschiffes zu erhöhen. Die Geschwindigkeit erhöht sich, sobald das Raumschiff das Gravitationsfeld des Mondes erreichte. (**9**) Am vierten Tage tritt das Raumschiff in eine stabile Umlaufbahn um den Mond. (**10**) Beim dreizehnten Umlauf ist es Zeit für die mit N. Armstrong und E. Aldrin bemannte „Eagle“, herabzusteigen und auf dem Mond zu landen. Der Augenblick, in dem die „Eagle“ selbständig fliegen durfte, wurde von dem Computer in Houston sorgfältig bestimmt. (**11**) Am Sonntag, dem 20. Juli, landet die „Eagle“ auf dem Mond. Die letzten 20 Sekunden des Abstiegs sind äußerst dramatisch, und obwohl der ganze Vorgang von Houston aus gesteuert wird, erreicht N. Armstrongs Pulsschlag die Frequenz von 156. (**12**) Am gleichen Tag setzt N. Armstrong als erster Mensch den Fuß auf den Mond; E. Aldrin folgt ihm unmittelbar nach. Insgesamt verbringt die „Eagle“ 24 Stunden auf dem Mond. (**13**) Mit der gleichen Präzision wie zuvor zündet der Computer die Antriebsraketen der „Eagle“, und sechs Stunden später dockt sie (**14**) mit der „Columbia“ an, die, mit M. Collins an Bord, die Umlaufbahn um den Mond beibehielt. Nachdem nun die „Eagle“ ihre Arbeit beendet hatte, wird sie von Houston aus in eine Absturzbahn gebracht und zerschellt nach einigen Umläufen auf der Mondoberfläche. (**15**) Die Antriebsraketen werden gezündet und einige Minuten lang betrieben, um Apollo 11 zur Erde zu befördern. (**16**) Die Kommandokapsel wird abgesprengt, wenige Minuten bevor die Kapselspitze mit den Astronauten an Bord wieder in die Atmosphäre eintaucht. Die kegelförmige Kapsel dreht sich so, daß sie durch das Hitzeschild während ihres schnellen Abstiegs geschützt wird. (**17**) Nach Auslösen eines Hilfs-Fallschirms zur Stabilisierung wird die Kapsel im letzten Teil ihres Weges durch drei Hauptfallschirme abgebremst.

A. Die Ellipsen von W. Hohmann berühren die Umlaufbahnen des Startplaneten (a) und des Zielplaneten (b); diese Flugbahn zwischen zwei Planeten ist diejenige, auf der die geringste Antriebsenergie erforderlich wird. (c) Die Sonne.

B. Der erste Teil eines Raumfluges. (a) In den ersten wenigen Sekunden steigt das Raumschiff senkrecht, um die erforderliche dynamische Stabilität zu bekommen. (b) Das Flugobjekt wird dann kurzzeitig unter einem kleineren Neigungswinkel zur Erdoberfläche geführt. (c) In der nächsten Phase richtet sich die Flugbahn des Raumschiffes entsprechend der Schwerkraft aus. (d) Bevor die zweite Raketenstufe gezündet wird, wird das Raumschiff nach oben gedreht, um die Höhe der Umlaufbahn zu vergrößern.

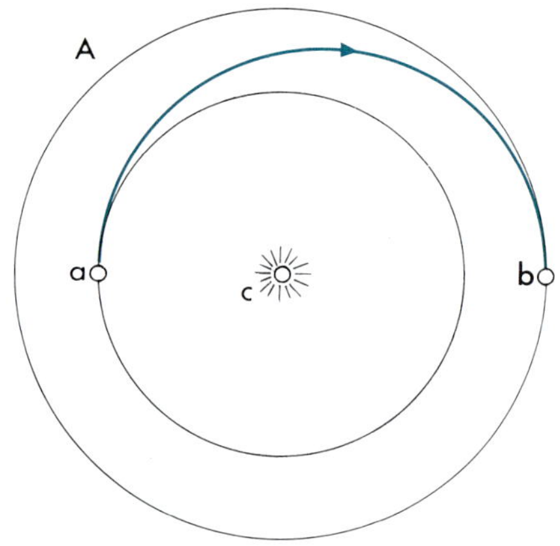

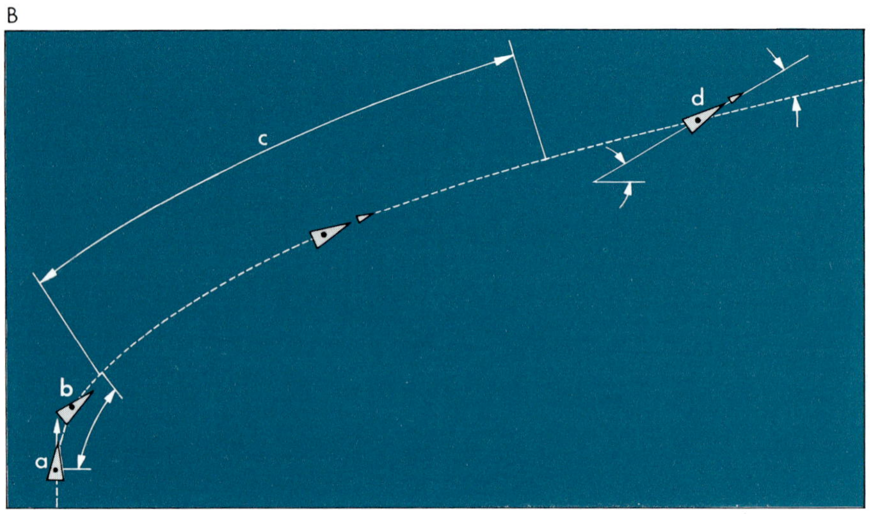

C. Der Österreicher C. J. Doppler entdeckte 1842, daß die Frequenz von Wellen sich zu verändern scheint, wenn die Quelle der Wellen sich bewegt, während der Beobachter ruht. Dieser Effekt läßt sich zur Geschwindigkeitsmessung ausnutzen.

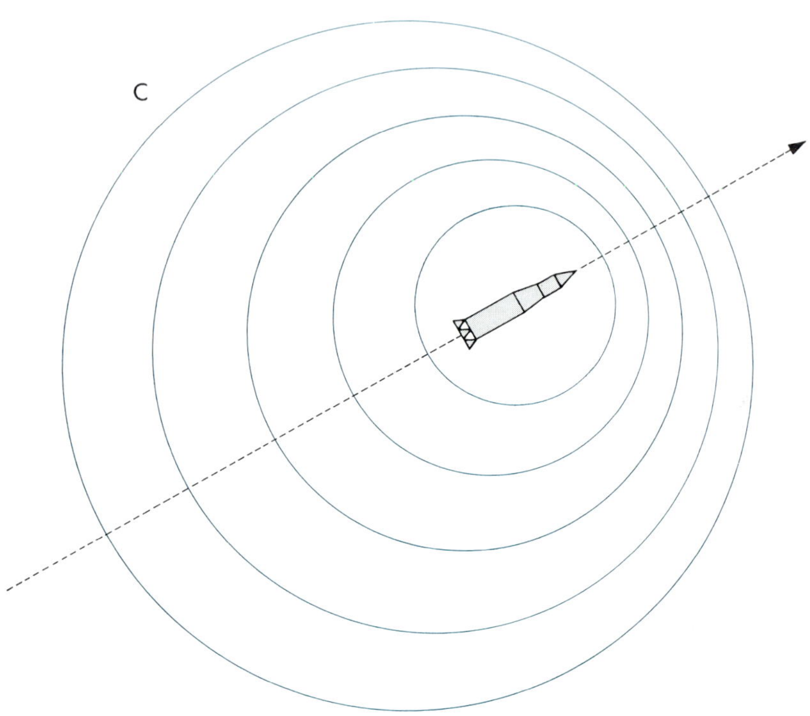

aber brauchbare Simulator, der für die A 4 gebaut worden war, ist durch Computer ersetzt worden, die die Steuerung abwickeln und die Funktion aller Systeme an Bord der Rakete überprüfen. Die Anforderungen an Bahngenauigkeit und Geschwindigkeitskontrolle der ersten Satelliten, der sowjetischen Sputniks 1 und 2 (1957) und des amerikanischen Explorers (1958) waren nicht so hoch, wie sie zwanzig Jahre später wurden: die Forderung war hauptsächlich, die Geschwindigkeit der Trägerraketen sollte genügend über die Umlaufgeschwindigkeit hinausgehen, damit der erdnächste Punkt der Umlaufbahn weit genug von der Erdoberfläche entfernt war.

Zu diesem Zeitpunkt bestand keine Gefahr, daß die Fluchtgeschwindigkeit erreicht wurde, weil die Raketenenergie dazu noch nicht ausreichte. Das Abheben selbst und die ersten 10 Sekunden des Fluges sind die kritischen Zeiten, wenn man eine Rakete abschießt. Im Augenblick des Abhebens ist die Kippsicherheit der Rakete ungefähr dieselbe wie die eines Bleistiftes, den man auf der Fingerspitze balanciert. Aber nach wenigen Sekunden erreicht die Rakete eine Geschwindigkeit, bei der sie gelenkt werden kann. Dann verfolgt die Rakete bei ihrem Flug nach oben eine Flugbahn, die H. Oberth schon 1929 beschrieb und die er die Energieersparnis-Bahn (synergetische Bahn) nannte. Nachdem die Rakete während 10 Sekunden eine senkrechte Bahn eingehalten hat, ändert sie ihre Bahn allmählich und bewegt sich mit einer leichten Neigung in die Horizontale. Wenn sich die Rakete ostwärts bewegt, wächst ihre Geschwindigkeit durch die Erdrotation. Dies gibt eine Treibstoffersparnis. Die Rotationsgeschwindigkeit der Erde am Äquator beträgt 465 m/sec. Auf den Breitengraden, wo die Sowjetunion und die USA ihre Abschußrampen haben, beträgt sie 350 m/sec. Die im Raum frei herumfliegende Rakete hat Kurskontroll- und Steuerungsprobleme ganz anderer Art. Eine falsche Korrektur von einem Bruchteil eines Grades oder einer hundertstel Sekunde kann fatale Folgen haben; denn jede Steuerung im Weltraum muß die Gesetze der Planetenbewegung beachten, die der deutsche Astronom Johannes Kepler im 17. Jahrhundert aufgestellt hat. Für eine Rakete ist die am wenigsten Energie verbrauchende Bahn von einem Planet auf den anderen, zum Beispiel von der Erde zum Mars, eine Ellipse. Diese Bahnen werden Hohmann-Ellipsen genannt nach dem Deutschen Walter Hohmann, dem Ingenieur aus Essen, der in W. Leys Buch von 1929 Berechnungen von kosmischen Bahnen veröffentlichte. Die wirkliche Erprobung einer strengen Genauigkeitseinhaltung von Kontrollsystemen fand im Jahr 1964 statt, als die amerikanische Raumsonde Mariner 4 abgeschossen wurde, um den Planeten Mars zu erkunden. Die Sonde passierte den Mars mit der vorherbestimmten Entfernung von etwa 12000 km und übersandte eine große Menge Fernsehbilder von der Oberfläche des Planeten. Eine noch weiter entwickelte Marinersonde wurde 1977 in den Weltraum geschossen, um im Sonnensystem zu kreisen. Nach zwei Jahren ging sie an Saturn und Jupiter vorbei. Die Amerikaner haben im Rahmen ihres Gemini-Projektes daran gearbeitet, ein System zu testen, um die Geschwindigkeit und Lage des Flugkörpers im Raum zu bestimmen. Durch den Doppler-Effekt war es 1979 möglich, die Position einer Sonde weit im Sternenraum auf 3 m und ihre Geschwindigkeit mit einer Genauigkeit von einem Zehntel Millimeter je Sekunde zu bestimmen, man bedenke dabei, daß die Fluchtgeschwindigkeit 11 km/sec ist. Bei der Wahl dieses Meßsystems konnte das Apollo-Projekt mit der Landung und Zurückführung von Menschen vom Mond mit der unvorstellbaren Genauigkeit ausgeführt werden, die viele an den Fernsehschirmen verfolgen konnten. Es handelt sich in der Tat um Maschinen, die Maschinen kontrollieren, und zwar mit einer Genauigkeit, die weit über die menschlichen Fähigkeiten hinausgeht.

Die Maschine. Unser täglicher Begleiter

Im täglichen Leben kommt man ständig mit Maschinen zusammen, die man oft nicht einmal als solche erkennen kann. Ohne Maschinen und mechanische Hilfen würde man zum Beispiel kein Brot haben.

Müßte man alle Arbeiten in der Erzeugerkette bis zum fertigen Brot, – das Bestellen des Landes, Säen, Ernten und Mahlen –, von Hand und ohne Maschinen erledigen, und würde man die Arbeiten mit den normalen Löhnen bezahlen, würde der Preis des Brotes weit über demjenigen des Goldes liegen!

Welche Maschinen sind erfunden worden, um die Erzeugung des täglichen Brotes zu erleichtern? In den zehn vergangenen Jahrtausenden war das Brot das Grundnahrungsmittel der Menschen. Während sich der Geschmack und das Aussehen des Brotes im Laufe der Zeit geändert haben, ist der Unterschied zwischen dem heutigen und dem Brot, das zum Beispiel die Sumerer gebacken haben, in Wirklichkeit nicht sehr groß. Die Erfahrung lehrte den frühen Menschen zu erkennen, daß das Brot poröser und schmackhafter wurde, wenn man den Teig gehen ließ, bevor man ihn buk. Man entdeckte, daß sich Mehl in Sauerteig verwandelte, der zum Treiben des Brotes verwendet werden konnte, wenn man das Mehl mit lauwarmem Wasser versetzte und an einem warmen Platz einen Tag lang stehen ließ. Man benutzte auch Gärungsprozesse, um zum Beispiel Bier aus dem Getreide herzustellen; das ist ein Herstellungsverfahren, das mindestens genauso alt ist, wie die Kunst, Brot zu backen. Die meisten der ältesten Flußkulturen haben eng verwandte Ausdrücke für Brot, Bier und Gärung.

In der Antike war eine große Anzahl Menschen erforderlich, um das tägliche Brot zu erzeugen. Es war schwere Arbeit, die Felder mit den primitiven Werkzeugen zu bearbeiten. Eine einfache Sichel aus Feuerstein und später aus Metall wurde zur Ernte des Getreides verwendet. Gedroschen wurde mit Dreschflegeln oder anderen Geräten. Diese Arbeit war ebenso mühsam wie das Mahlen des Getreides von Hand zu Mehl in Mörsern, und diese Arbeit allein beschäftigte die Frauen in einem Haushalt den größten Teil eines Arbeitstages.

Wie im vierten Kapitel ausgeführt wurde, ist das Mahlen erst im 1. Jahrhundert v. Chr. mechanisiert worden, als die Wassermühle erfunden und sehr schnell im gesamten Mittelmeerraum verwendet wurde, von wo aus sie sich rasch über ganz Europa verbreitete. Windmühlen kamen etwas mehr als 1000 Jahre später auf, und die erste dampfgetriebene Mühle – die Albion-Mühle in London – wurde 1786 in Betrieb genommen. Die ursprüngliche Arbeit der Frau ist nun zu einem großen Geschäft geworden!

Die Drescharbeit wurde ursprünglich von Hand oder mit der Hand erledigt, indem man die Ähren schlug, um die Getreidekörner zu lösen. Die erste Mechanisierung wurde durch den Dreschflegel, einem Werkzeug, eingeführt, das vor vielen Jahrtausenden durch verschiedene, geographisch vollkommen getrennte Kulturen erfunden wurde. Die Form des Dreschflegels hat sich seither nur wenig geändert. Das Dreschen mit dem Dreschflegel erforderte einen großen Teil der landwirtschaftlichen Arbeit und wurde von der Ernte bis beinahe in die Weihnachtszeit hinein betrieben. Im 18. Jahrhundert wurden mehrere Vorschläge gemacht, Maschinen zur Erleichterung der Drescharbeit einzusetzen. Die meisten dieser Vorschläge waren mechanische Nachahmungen des Dreschflegels. Einer von vielen Männern, die sich diesem Problemkreis zuwandten, war Chr. Polhem, der in den 1720er Jahren seine Dreschmaschine einführte. Sie bestand aus einer Anzahl senkrechter Dreschflegel, die abwechselnd durch eine Nockenwalze emporgehoben und fallen gelassen wurden. Die Dreschflegel schlugen das Korn aus den Ähren in

A

A. Eine Dreschmaschine vom Ende des 19. Jahrhunderts, die von einer Zugmaschine angetrieben wird.
B. In diese Dreschmaschine vom Beginn des 20. Jahrhunderts wurden die von Hand geöffneten Garben bei (a) in die Maschine eingelegt. Die Halme wurden vorwärts bewegt und durch die Dreschtrommel (b) gegen den konkaven Dreschkorb (c) geschlagen. Ein Teil der Getreidekörner und die Spreu fielen unmittelbar herunter auf die Schüttelplatten (d), während das Stroh und der Rest der Getreidekörner weiter zu dem Strohschüttler (e) gefördert wurden, durch den das restliche Getreide und die Spreu auf (f) und (d) fiel. Das Stroh wurde bei (g) aus der Maschine ausgestoßen. Die Schüttelplatten (d) hatten eine langsame, hin- und hergehende Bewegung. Das verbleibende kleinstückige Stroh wurde bei (h) aus der Maschine geworfen. Die Getreideköner, die Spreu und der Staub fielen auf die Platte (i), von wo aus sie zu dem Hauptschüttler (j) gebracht wurden. Dort wurde Luft aus dem Ventilator (k) hereingeblasen, so daß die leichte Spreu getennt werden konnte und bei (l) aus der Maschine trat. Die schwereren, ungedroschenen Ähren verließen bei (m), der Staub bei (n) die Maschine, während das Getreide weiter zu dem Elevator (o) gefördert wurde. Dieser förderte das Getreide zum Entgranner (p). Im Entgranner werden Grannen und Hülsen von den Getreidekörnern entfernt. Das Getreide wird nun über ein kleineres, mit Gebläseluft beaufschlagtes Sieb (q) geleitet, wo der restliche Staub und die noch verbleibenden Fremdkörper entfernt und ausgeblasen werden. Schließlich werden die kleinen und schlechten Körner sowie feuchte Saat, usw. bei (r) heraussortiert. Das gereinigte Getreide wird dann bei (s) in Säcke gefüllt.

B

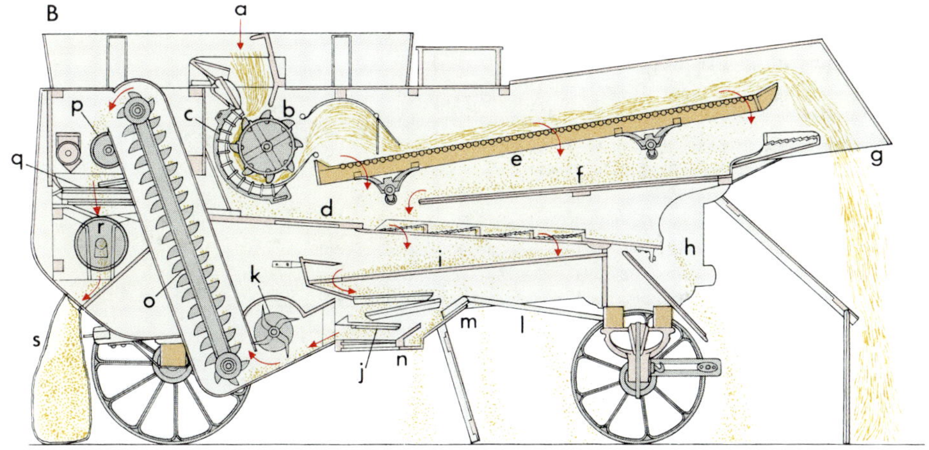

gleicher Weise wie von Hand aus, so daß einige Arbeit eingespart werden konnte. In den 1780er Jahren führte der Schotte Andrew Meikle ein vollkommen neues Prinzip für die Dreschmaschinen ein; bei seiner Erfindung wurden die Ähren zunächst zwischen zwei Walzen eingelegt. Dabei wurde das Korn aus der Ähre durch vier Schlagleisten gelöst, die auf einem horizontalen und sich drehenden Zylinder befestigt waren. Dieser Zylinder hieß Dreschtrommel, die innerhalb eines Dreschkorbes arbeitete. Die Spreu wurde durch Schüttler unterhalb des Zylinders vom Korn getrennt. Diese Konstruktion Meikles ist bis zum heutigen Tag grundsätzlich nicht geändert worden.

Die Mechanisierung der Erntearbeit war schwierig, doch wurden auch hier erste Versuche gemacht. Ein Engländer baute in den 1790er Jahren eine Mähmaschine und benutzte dabei zwei Sensen, die unmittelbar bei einem zweirädrigen Wagen rotierten. Sie wurden über ein Getriebe durch die Wagenräder angetrieben. Diese Lösung des Problems war unpraktisch, wenn nicht gar gefährlich; sie trug wenig bei, die Entwicklung der Mähmaschine voranzutreiben. Der technische Durchbruch kam in

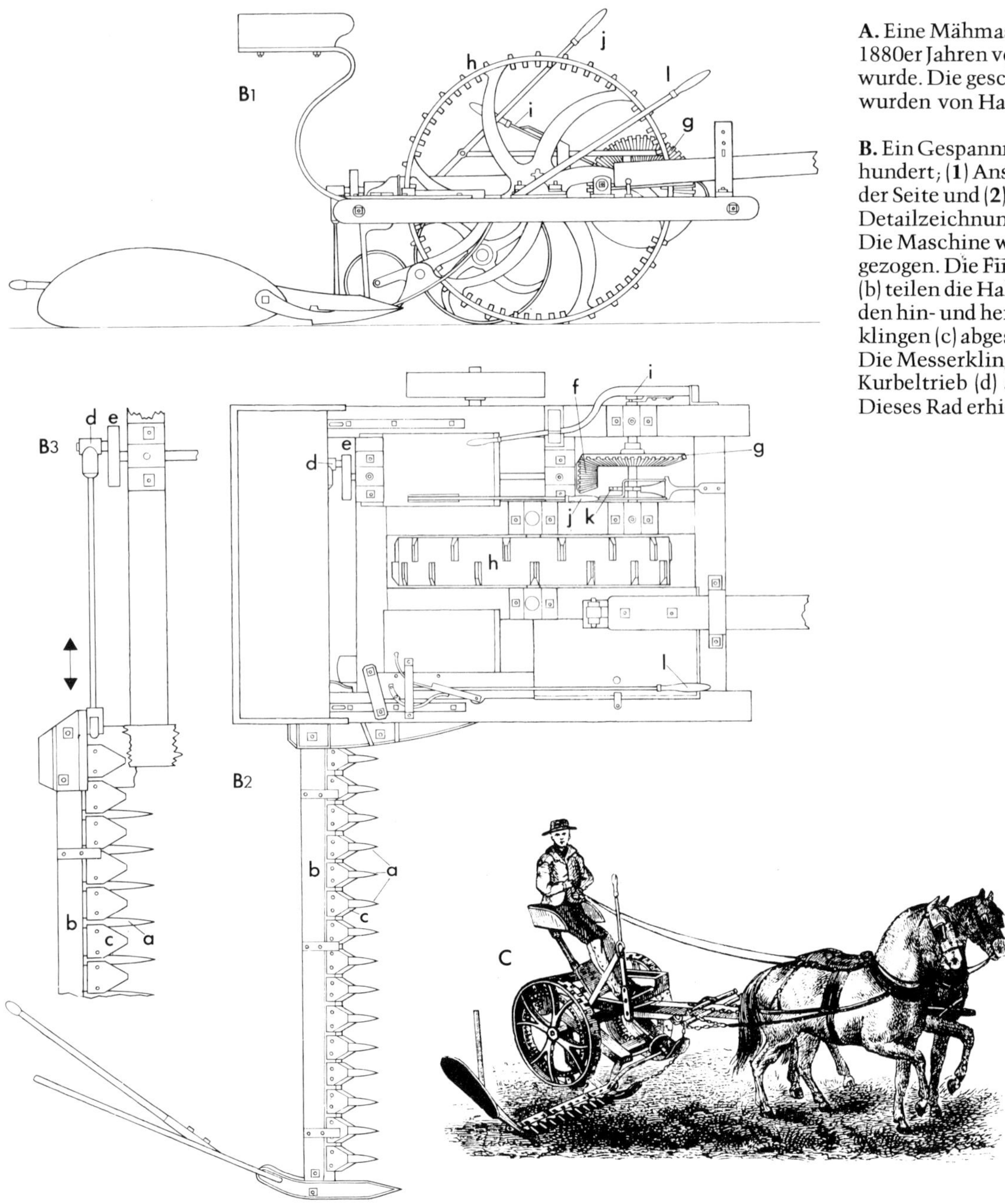

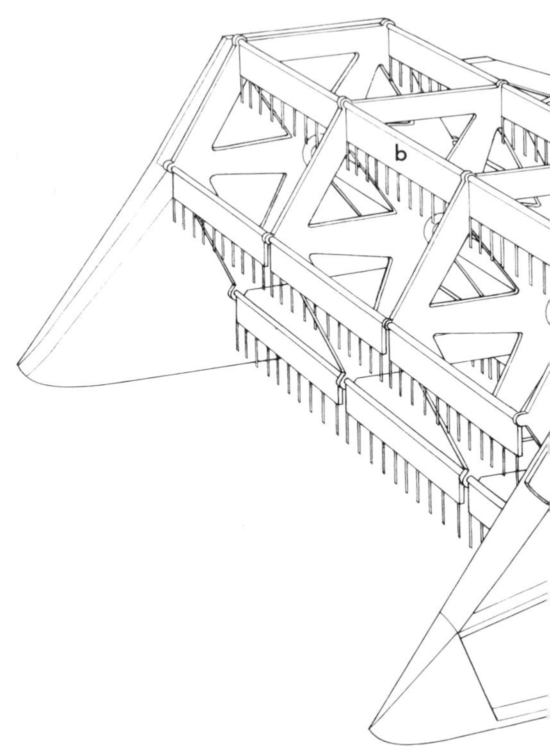

A. Eine Mähmaschine, die in den 1880er Jahren von C. McCormick gebaut wurde. Die geschnittenen Halme wurden von Hand zu Garben gebunden.

B. Ein Gespannmäher aus dem 19. Jahrhundert; (**1**) Ansicht der Maschine von der Seite und (**2**) von oben, (**3**) Detailzeichnung der Schneidmesser. Die Maschine wurde von zwei Pferden gezogen. Die Finger (a) am Mähbalken (b) teilen die Halme in Büschel, die von den hin- und herbewegten Messerklingen (c) abgeschnitten werden. Die Messerklingen werden über den Kurbeltrieb (d) am Rad (e) angetrieben. Dieses Rad erhielt seine Bewegung von den beiden Kegelrädern (f, g) und einem kleinen Rad, das innen in das große Rad (h) in der Mitte eingriff. Das Rad (h) wurde dadurch angetrieben, daß es mit dem Boden Berührung hatte. Der Hebel (i) konnte benutzt werden, um die Kegelräder abzukuppeln und um so die Messerklingen (c) zum Stehen zu bringen. Wenn der andere Hebel (j) heruntergedrückt wurde, wurde eine Sperrklinke in das Ratschenrad (k) auf der Achse von (g) eingelegt, und die ganze Maschine kam zum Stillstand. (l) Hebel zum Heben und Senken des Mähbalkens.

C. Ein Gespannmäher bei der Arbeit.

diesem Bereich erst in den 1830er Jahren, als der junge Amerikaner Cyrus Hall McCormick eine Mähmaschine konstruierte, bei der die Schneidmesser knapp über dem Boden und unmittelbar hinter einem zweirädrigen Pferdegespann angeordnet waren.

Bereits in den 1860er Jahren wurden die ersten sogenannten Bindemäher in den USA eingesetzt. Diese Maschinen sammelten die geschnittenen Halme zu handlichen Bündeln, die dann von Hand zu Garben gebunden wurden. Diese Maschinen wurden aber sehr bald durch eine andere amerikanische Erfindung verdrängt, durch den automatischen Mähbinder, der 1875 eingeführt wurde. Die Entwicklungsstufen dieser Erntemaschinen, die Mähmaschine, der halb- und vollautomatische Mähbinder, fanden in Europa bis nach dem Ersten Weltkrieg keine große Verbreitung.

Die ersten zögernden Versuche, die Mäh- und Dreschmaschine in einer Maschine zu vereinigen, wurden nur etwa zehn Jahre nach der Erfindung der Mähmaschine durch McCormick in den USA unternommen. Die erste Maschine, die das Mähen und Dreschen kombinierte, erschien in den 1870er Jahren in Kalifornien. Das waren wahrhaft technische Monster, die von achtzehn Paar Pferden gezogen und von fünf Männern betrieben wurden. Diese außerordentliche Maschine wurde allmählich verbessert. In den 1920er Jahren war sie in eine automatische Maschine umgewandelt worden, die von nur zwei Personen bedient wurde. In Europa begann der Mähdrescher erst nach dem Zweiten Weltkrieg an Boden zu gewinnen, doch wurde er erst in den 1960er Jahren allgemein eingesetzt.

Das letzte Stadium in der langen Erzeugerkette für das tägliche Brot spielt sich heute in weitgehend automatisierten Bäckereien ab, die immer mehr wie viele chemische Prozesse von Computern gesteuert werden. Es finden aber noch immer viele Menschen große Befriedigung darin, ihr eigenes Brot zu backen. Dies wird ihnen auch erleichtert, wenn sie arbeitssparende Haushaltsgeräte haben, wie Knetmaschinen und durch Thermostaten gesteuerte elektrische Backöfen.

Die Broterzeugung ist nur eines der vielen Beispiele für die Bedeutung der Maschine in der modernen Gesellschaft oder, wenn man es so ausdrücken will, bei der Rationalisierung und Automatisierung der Landwirtschaft. Vor 100 Jahren waren etwa vier Fünftel der Bevölkerung der jetzigen Industriestaaten in der Landwirtschaft beschäftigt, die damals mit Recht als die „hauptsächliche Beschäftigungsart" bezeichnet wurde. Nur ein Fünftel der Menschen lebte in den Städten und war im Handel, in der Verwaltung und in der Industrie beschäftigt. Heute ist das Verhältnis gerade umgekehrt, doch ist die Erzeugung pro Kopf beträchtlich höher als seinerzeit vor 100 Jahren.

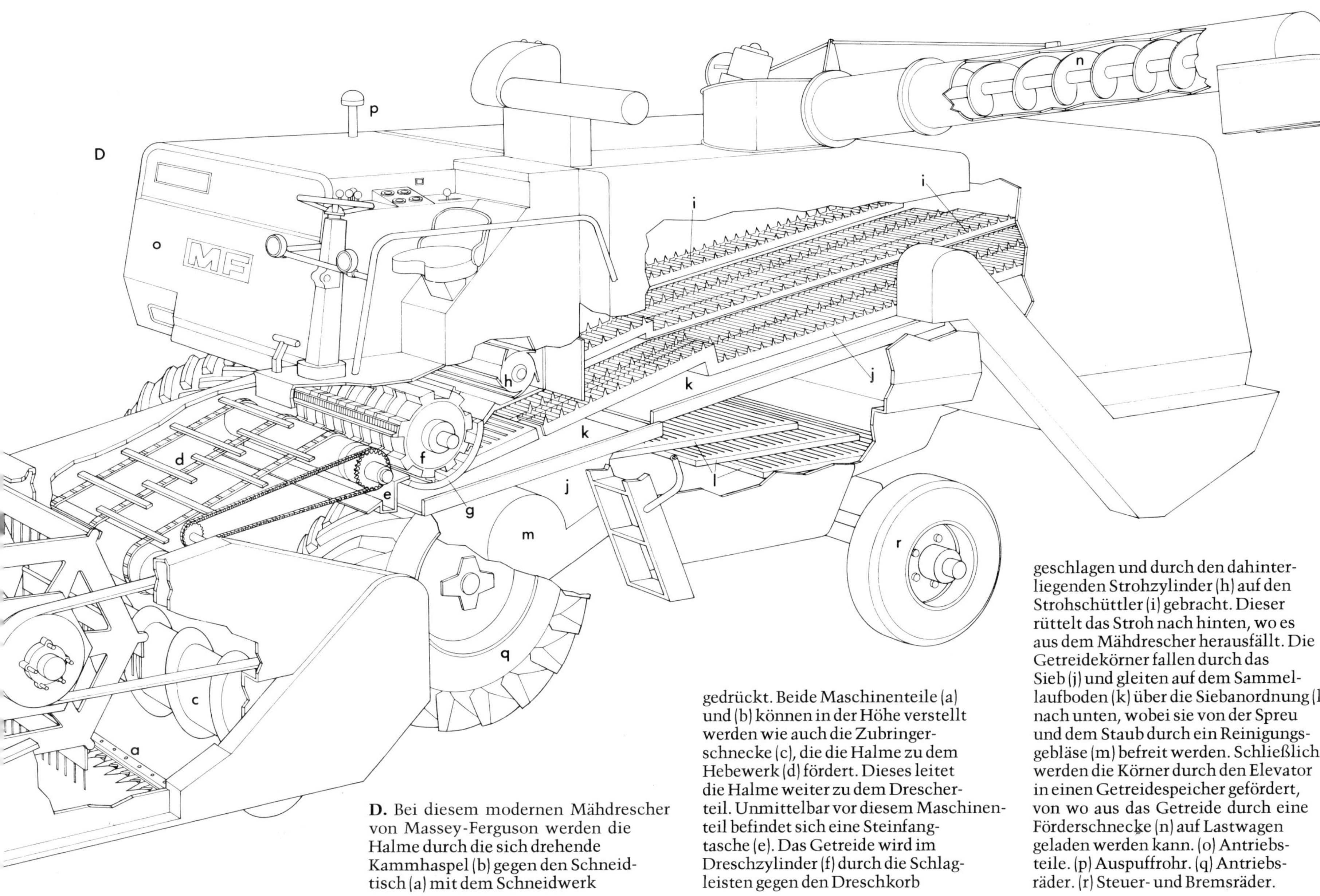

D. Bei diesem modernen Mähdrescher von Massey-Ferguson werden die Halme durch die sich drehende Kammhaspel (b) gegen den Schneidtisch (a) mit dem Schneidwerk gedrückt. Beide Maschinenteile (a) und (b) können in der Höhe verstellt werden wie auch die Zubringerschnecke (c), die die Halme zu dem Hebewerk (d) fördert. Dieses leitet die Halme weiter zu dem Dreschterteil. Unmittelbar vor diesem Maschinenteil befindet sich eine Steinfangtasche (e). Das Getreide wird im Dreschzylinder (f) durch die Schlagleisten gegen den Dreschkorb geschlagen und durch den dahinterliegenden Strohzylinder (h) auf den Strohschüttler (i) gebracht. Dieser rüttelt das Stroh nach hinten, wo es aus dem Mähdrescher herausfällt. Die Getreidekörner fallen durch das Sieb (j) und gleiten auf dem Sammellaufboden (k) über die Siebanordnung (l) nach unten, wobei sie von der Spreu und dem Staub durch ein Reinigungsgebläse (m) befreit werden. Schließlich werden die Körner durch den Elevator in einen Getreidespeicher gefördert, von wo aus das Getreide durch eine Förderschnecke (n) auf Lastwagen geladen werden kann. (o) Antriebsteile. (p) Auspuffrohr. (q) Antriebsräder. (r) Steuer- und Bremsräder.

Ein anderes Beispiel für die Bedeutung der Maschine im täglichen Leben sind die Maschinen, die zur Erzeugung von Butter und Käse verwendet werden. Diese Erzeugung hat im landwirtschaftlichen Bereich schon immer eine Schlüsselstellung innegehabt. Jahrtausendelang wurde Butter dadurch hergestellt, daß man Sahne schnell in einem Behälter schlug, bis sich die Fetteilchen in der Sahne zusammenklumpten und anschließend von Hand zur Buttermasse weiter verknetet wurden. Die sehr großen Mengen Sahne, die man zur Buttererzeugung benötigte, erhielt man durch vorsichtiges Entrahmen der Milch, die man vorher etwa einen Tag lang in flachen Trögen stehen ließ. Auf großen Bauernhöfen wurde allein für diese Arbeit eine Menge Leute benötigt, und das war eine Arbeit, die sowohl Erfahrung als auch Geschicklichkeit erforderte. Selbst nachdem schon die ersten Landmaschinen eingeführt waren, hielt man es für unmöglich, das Entrahmen der Milch zu mechanisieren. Es wurde im fünften Kapitel kurz erwähnt, daß Gustaf de Laval dieses Problem durch eine Zentrifuge gelöst hatte.

Nach einer langen Zeit intensiver Versuche hatte de Laval eine Maschine zum Entrahmen der Milch fertiggestellt. Er verwendete Zentrifugalkräfte in der Maschine, um die spezifisch leichtere Sahne von der schweren Milch zu trennen. Er bekam 1878 ein Patent für seine Milchzentrifuge. Ihre industrielle Produktion begann Anfang der 1880er Jahre.

A

A. Ein Kupferstich aus einer Ausgabe des Werkes des Frontinus über die Aquädukte von Rom, das in Padua 1722 veröffentlicht wurde. Die Darstellung zeigt einen Querschnitt durch ein Aquädukt mit zwei bzw. drei übereinander angeordneten Wasserleitungen.

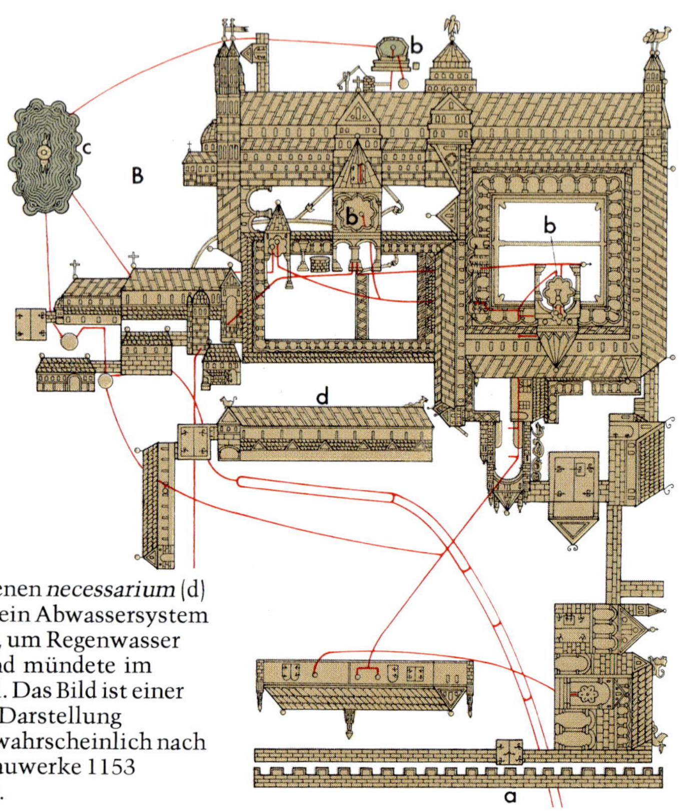

B. In der englischen Stadt Canterbury wurde im 12. Jahrhundert ein weites Netz von Wasserwerken und Abwasserkanälen im Gebiet um die Kathedrale gebaut. Das Wasser stammte aus einer etwa 1200 m von der Kathedrale entfernten Quelle und floß durch einige Absetzbecken, bevor es in Bleirohren durch die nördliche Stadtmauer (a) in die Umgebung der Kathedrale geleitet wurde. (b) Wasserbehälter. Ein Teil des Wassers, das durch den Fischteich (c) floß, wurde für die Spülung der Klosetts im reichlich bemessenen *necessarium* (d) verwendet. Auch ein Abwassersystem wurde verwendet, um Regenwasser aufzunehmen, und mündete im städtischen Kanal. Das Bild ist einer zeitgenössischen Darstellung entnommen, die wahrscheinlich nach Vollendung der Bauwerke 1153 angefertigt wurde.

Das unsichtbare Produkt

Die lebenswichtigen Maschinen, die gerade beschrieben wurden, erzeugen überwiegend stoffliche Produkte. Sie erzeugen jedoch, wie alle anderen industriellen Prozesse, daneben auch etwas anderes: Das Erzeugnis ist unsichtbar bzw. nicht stofflich, obwohl es von jedermann heutzutage benötigt wird: es ist viel freie Zeit.

Einige werden entrüstet die Feststellung von sich weisen, daß sie Sklaven für die Arbeit hätten, und doch entspricht dies der Tatsache. Es wurden bereits einige dieser ,,Sklaven" beschrieben, die in der Gestalt von Maschinen eine Menge Arbeit erledigen, die vor einigen Generationen noch echte, körperliche Arbeit war. Die meisten dieser Maschinen werden elektrisch angetrieben. In hochindustrialisierten Ländern verbraucht jeder Mensch eine elektrische Leistung von etwa 3 kW im Tag. Ein menschlicher Sklave entwickelt eine Leistung von höchstens 100 W, wenn er fortgesetzt arbeitet. Jedem Menschen stehen also an die dreißig ,,Sklaven" zur Verfügung, die rund um die Uhr arbeiten und eine Menge verschiedener Arbeit tätigen. Die meisten von ihnen arbeiten jedoch im verborgenen. Man begegnet ihnen nicht unmittelbar, und doch sind sie da. Wenn man zum Beispiel einen Wasserhahn öffnet, so sind einige ,,Sklaven" verantwortlich für die Reinheit des Wassers, andere nehmen sich des Abwassers an.

Es ist nützlich, einen Blick auf die verschiedenen Techniken zu werfen, die für die Versorgung der Städte mit Wasser entwickelt wurden. Die berühmtesten Einrichtungen dieser Art sind die römischen Aquädukte. Im Laufe des 4. Jahrhunderts v. Chr. entwickelte sich Rom immer mehr zu einer großen, schmutzigen Stadt. Die Kindersterblichkeit war hoch, und die durchschnittliche Lebenserwartung betrug nur wenig über zwanzig Jahre. Der bedeutende Staatsmann Appius Claudius Caecus erkannte, daß vor allem das Problem gelöst werden mußte, die Lebensbedingungen in Rom durch eine gesicherte Versorgung mit Nahrungsmitteln und Wasser zu verbessern. Diese angestrebten Maßnahmen würden heute Infrastruktur heißen. Zuerst veranlaßte er, daß eine Straße gebaut wurde, die geradewegs nach Süden durch die ,,Kornkammern" nach Capua bei Neapel führte. Diese Straße, die *Via Appia,* wurde 312 v. Chr. fertiggestellt, und landwirtschaftliche Erzeugnisse begannen in die noch immer wachsende Stadt zu fließen. Einige Jahre später begann man mit dem ersten großen Aquädukt, der *Aqua Appia,* der 305 v. Chr. beendet wurde. Er war etwa 17 km lang und verlief großenteils unterirdisch. Die Größe der bewundernswerten, von den Römern entwickelten Technologie Aquädukte zu bauen, stammt aus jener Zeit. Die *Aqua Appia* versorgte das Zentrum der Stadt Rom mit Wasser, doch als die Stadt noch größer geworden war, wurde es notwendig, einen weiteren Aquädukt zu bauen. Dieser wurde *Anio Vetus* genannt, war 66 km lang und leitete das Wasser des Flusses Anio ab. Er wurde 265 v. Chr. erbaut, und da seine Kapazität diejenige der *Aqua Appia* bei weitem überstieg, war die Wasserversorgung der Stadt für die nächsten 100 Jahre gesichert. Der nächste Aquädukt, die *Aqua Marcia,* wurde um 145 v. Chr. erbaut und war nicht weniger als 92 km lang.

Im antiken Rom wurden auch Einrichtungen erstellt, um Abwasser abzuleiten. Bereits im 6. Jahrhundert v. Chr. wurden die Arbeiten an dem großen Abwasserkanal, der *Cloaca Maxima,* begonnen, die teilweise noch immer benutzt wird.

Vom Beginn des Christentums an wurde die Wasserversorgung der Ewigen Stadt durch ein Wasseramt unter der Leitung des *curator aquarum* überwacht. Einer der Inhaber dieses Amtes war der bedeutende Ingenieur Sextus Julius Frontinus (30?–104), der viel Energie und Arbeit aufwendete, um das Wasserversorgungssystem über Aquädukte zu verbessern und zu erweitern. Er legte seine Erfahrungen in einem dicken Folianten nieder, dem *De aquis urbis Romae* („Über die Wasserversorgung der Stadt Rom"), der 97 abgeschlossen wurde. Dieses Werk setzte den Maßstab für die Wasserversorgung in anderen Städten des Römischen Reiches.

Das römische Imperium und die römische Technologie verfielen. An einigen Orten übernahm die Kirche die Verantwortung für die Wasserversorgung und für die Unterhaltung der Aquädukte. Die Aufgabe war größer als gedacht, und nach einigen wenigen Jahrhunderten konnten die Aquädukte ihrem Zweck nicht mehr dienen. In jener Zeit entwickelte sich jedoch unter dem Schutz der Kirche eine Gilde von Spezialisten für die Wasserversorgung. Als die Mönchsorden sich über Europa ausbreiteten, nahmen sie ihr technisches Wissen mit. Es gibt viele Beispiele für Klöster, die ausreichende Einrichtungen für die Wasserversorgung hatten. Die Wasserleitungen zwischen der Quelle und dem Klosterbereich waren in der Regel aus ausgehöhlten Baumstämmen gemacht, die durch Ringe aus Gußeisen miteinander verbunden waren. In den Gebäuden wurden Leitungen aus Blei oder Bronze verwendet. Im antiken Rom waren alle Leitungen des weit verzweigten Wasserversorgungsnetzes aus Blei (es gab etwa zwanzig verschiedene Normabmessungen für die Leitungen). Blei ist jedoch ein giftiges Metall, und man muß annehmen, daß eine häufige Todesursache in Rom Bleivergiftung war.

Die Methoden der Wasserversorgung, die die Mönche mit sich brachten, wurden im Mittelalter in verschiedenen europäischen Städten angewendet. Doch war die Unterhaltung des Versorgungssystems schwierig. Die hölzernen Leitungen verrotteten schnell, und das Versorgungssystem verfiel. Die Bewohner der Städte mußten dann wieder dazu übergehen, ihr Wasser für den Haushalt von öffentlichen oder privaten Quellen zu holen.

Welche Vorrichtungen man im Mittelalter für die Wasserversorgung der Städte auch wählte, das Leitungssystem war dazu nicht besonders geeignet. Parallel zu den Straßen waren Gräben angelegt, die nur selten mit Stein ausgelegt waren, und die Leute warfen jeden Unrat in diese Gräben. Man kann sich den Zustand gut vorstellen. Die hygienischen Bedingungen waren erschreckend, und die Bevölkerung wurde mit Krankheiten und Epidemien überzogen. Die verheerenden Auswirkungen des Schwarzen Todes um 1340 öffnete den überlebenden Beamten in vielen Städten die Augen für die gesundheitlichen Notwendigkeiten. Die blühenden Handelsstädte Flanderns wurden beinahe gänzlich von der Plage ausgeschlossen, weil zu Beginn des 14. Jahrhunderts strenge Gesetze eingeführt wurden, die jede Art Verschmutzung der Straßen und Wasserläufe untersagten. Diese Gesetzgebung war Muster für ein städtisches Gesundheitsgesetz, das 1388 in England in Kraft trat und die Verschmutzung von Straßengräben und Wasserläufen untersagte. Diejenigen, die dieses Gesetz brachen, wurden sehr hart bestraft.

Während der technischen Revolution im 15. und 16. Jahrhundert kamen Kolbenpumpen für die Entwässerung der Bergwerke in Gebrauch. Diese Pumpentechnologie (Hydraulik) wurde hauptsächlich in Süddeutschland entwickelt. Von dort aus kam die Verwendung der Pumpe für die Wasserversorgung der Städte. Die Wasserpumpe ist in der Tat die erste Maschine, die bei der Wasserversorgung und Abwasserbeseitigung verwendet wurde. Die römischen Aquädukte benötigten keine Pumpen, die Schwerkraft leistete dort die Arbeit.

Im 18. Jahrhundert führten die Entwicklung der Hydraulik und die Wiederentdeckung des Werkes des Frontinus über die römischen Aquädukte zu erneuten Versuchen, die Städte mit Wasser zu versorgen, wobei man die Dampfkraft schon in einem frühen Stadium zum Antrieb von Pumpen verwendete. Doch wurden auch jetzt noch ausgehöhlte Baumstämme als Leitungen verwendet, denn in jener Zeit wurden Metallrohre von Hand hergestellt und konnten nur sehr begrenzt einer Druckbeanspruchung widerstehen. Dieser Mangel verhinderte, daß Wasser

C

C. Ein Teil des Aquädukts von Croton.

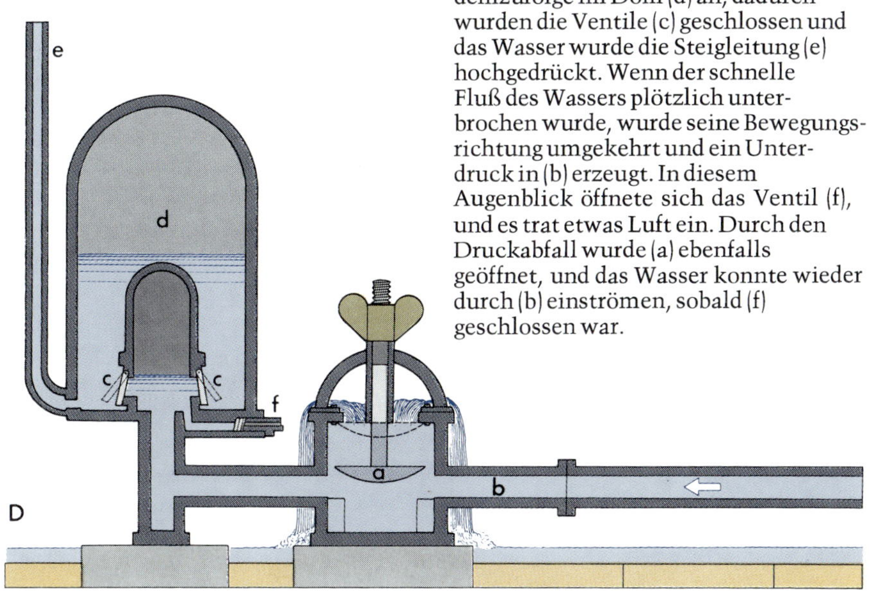

D

D. Das Siphon zum Heben von Wasser ist im 18. Jahrhundert erfunden worden. Wenn das Ventil (a) geöffnet wurde, floß Wasser durch das Rohr (b) herein und bei (a) heraus, bis seine Geschwindigkeit so weit gestiegen ist, daß (a) gehoben wurde. Der Wasserfluß kam dann plötzlich zum Stillstand. Wegen des nachfolgenden Druckanstiegs wurden die Ventile (c) des teilweise mit Luft angefüllten Domes (d) geöffnet, und das Wasser wurde durch diese Ventile hineingedrückt. Der Druck der Luft stieg demzufolge im Dom (d) an, dadurch wurden die Ventile (c) geschlossen und das Wasser wurde die Steigleitung (e) hochgedrückt. Wenn der schnelle Fluß des Wassers plötzlich unterbrochen wurde, wurde seine Bewegungsrichtung umgekehrt und ein Unterdruck in (b) erzeugt. In diesem Augenblick öffnete sich das Ventil (f), und es trat etwas Luft ein. Durch den Druckabfall wurde (a) ebenfalls geöffnet, und das Wasser konnte wieder durch (b) einströmen, sobald (f) geschlossen war.

durch Dampfkraft gefördert werden konnte; und dadurch wurde die weitere Entwicklung der Technologie in diesem Bereich verhindert.

Im 19. Jahrhundert wurde das Wasserversorgungsnetz in den meisten großen Städten erweitert; neue Techniken und Methoden wurden allmählich eingeführt, Dampfkraft wurde in steigendem Umfange verwendet, gußeiserne und Stahlrohre kamen auf den Markt, und Klärwerke wurden gebaut. Ein Beispiel für diese Entwicklung ist die Erweiterung des Wasserversorgungsnetzes der Stadt New York. Während des 18. Jahrhunderts, als New York als Stadt immer mehr an Bedeutung zunahm, mußten die Bewohner das oft brackige Wasser aus öffentlichen Quellen holen. Eine dieser Quellen, die „Teewasser-Pumpe", war wegen ihres klaren Wassers und seines guten Geschmackes sehr bekannt. Sie war am heutigen Park Row gelegen. Das Wasser wurde von dort mit Pferdegespannen in Tankwagen zu den einzelnen Haushaltungen gebracht, wo es fast ein Luxusartikel war.

Im Jahr 1799 wurde die Privatgesellschaft Manhattan Company gegründet. Sie baute ein Netz von Wasserwerken und Versorgungsleitungen aus ausgehöhlten Baumstämmen, faßte Quellen, errichtete Wasserbehälter, so daß nach etwa zehn Jahren 2000 Haushalte in New York mit Wasser versorgt wurden. Es wurden zwei 18 PS starke Dampfmaschinen eingerichtet, um das Wasser in die Wasserbehälter zu pumpen. New York hatte im Jahre 1800 eine Bevölkerungszahl von etwa 60000, und die Stadt wuchs noch weiter.

Die Stadtverwaltung der damaligen Zeit erkannte, daß sie nicht untätig in dieser Beziehung bleiben dürfe. Sie gab daher 1829 den Bau eines Wasserversorgungsnetzes in Auftrag, das von einem Wasserbehälter mit 800000 l Inhalt gespeist wurde. Dieser lag damals weit außerhalb der Stadt an dem heutigen Union Square im unteren Teil Manhattans. Die Hauptleitungen bestanden nun aus Gußeisen und hatten einen Durchmesser von 30 cm. Das Wasser wurde durch eine 12 PS starke Dampfmaschine von einer naheliegenden Quelle in den Behälter gepumpt.

Um 1832 war die Bevölkerungszahl auf 200000 gestiegen, und nur wenige Jahre später mußten die Stadtväter darangehen, die Bevölkerung mit entsprechendem Wasser zu versorgen. Die Wahl der Stadt fiel auf den Fluß Croton, einem etwa 70 km von New York entfernten Nebenfluß des Hudson. Am Croton wurde ein Damm errichtet. Das Wasser wurde von dort her in einem Aquädukt nach New York geleitet, der stellenweise genau so prächtig wie seine römischen Vorbilder war. Es nahm fünf Jahre Zeit in Anspruch, den Aquädukt zu bauen. Er wurde 1842 vollendet. Es gab eine prächtige Einweihungsfeier, die ebenfalls den römischen Vorbildern entsprach. In den folgenden Jahrzehnten wurden neue und größere Dämme gebaut, um dem Crotonaquädukt noch mehr Wasser zuzuleiten.

Um die Jahrhundertwende wurde es wieder offenbar, daß noch mehr Wasser benötigt wird, denn die Bevölkerungszahl stieg auf 3,5 Millionen an. Die Diskussion begann nun um ein sehr kühnes Projekt, nämlich die Stadt New York mit Wasser von den Flüssen und Seen des Catskillgebirges zu versorgen, das sich etwa 150 km von der Stadt entfernt befand. Während viele Ingenieure das Unternehmen noch für völlig unrealistisch hielten, begannen die Arbeiten trotzdem im Jahre 1907 nach sorgfältiger Planung. Bis zu 17000 Arbeiter waren bei dem Projekt beschäftigt, das einige neuartige Konstruktionen notwendig machte. Der Aquädukt wurde 1917 in Betrieb genommen und seither einige Male in mehreren Abschnitten erweitert. Heute besitzt New York Aquädukte und Wasserstollen, die in ihrer Länge und Kapazität ihre antiken römischen Vorbilder wesentlich übertrumpfen.

Die Wasserwerke in den modernen Städten sind riesige technische Anlagen mit komplizierten Vorrichtungen für die Wasserfilterung, für die Wasserbehandlung und zur Kontrolle. In den letzten vergangenen Jahrzehnten wurden diese Anlagen immer mehr zu einer Art chemischen Betrieben. Sie sind größtenteils automatisiert und werden durch Prozeßrechner gesteuert.

Abfallbeseitigung über die Jahrhunderte

Heute existiert eine umfassende Technologie für die Beseitigung des Abfalls, den die Gesellschaft produziert. Es ist jedoch sehr lehrreich, sich anzusehen, wie sich der *Homo sapiens* seines Abfalls über die Zeitalter entledigt hat, denn die jüngste Debatte über die ökologischen Probleme läßt daran zweifeln, ob der Mensch jemals vernünftig handelt.

Ausgrabungen neolithischer Abfallhügel mit den Küchenabfällen haben viele interessante Erkenntnisse vermittelt, zum Beispiel über die Art der verwendeten Nahrungsmittel. Die Menschen der Steinzeit sammelten ihre Abfälle an einer bestimmten Stelle, nicht um die Ökologen unserer Tage zu erfreuen, sondern um ihre Behausungen sauber zu halten. Das war eine instinktive Handlung, die in den frühen städtischen Ansammlungen zu einer Notwendigkeit wurde. Zu den ältesten Stadtkulturen wurde der Abfall in einer technologisch ebenso hoch entwikkelten Weise beseitigt, wie sie zum Beispiel zum Bau der *Quanaats* gebraucht wurde. In den Städten Harappa und Mohenjo-Daro im Industal, die im 4. Jahrtausend v. Chr. errichtet wurden, waren die Häuser gewöhnlich dreistöckig und mit Abwurfschächten ausgestattet. Diese wurden mit Wasser gespült, das durch Rohre aus der Küche und den Waschräumen kam. Die Abwurfschächte wurden für die sofortige Beseitigung fester und flüssiger Abfälle verwendet. Die Schächte führten in einen unterirdischen Tunnel, wo die Abfälle jeweils in einem Behälter gesammelt wurden. Diese Behälter wurden dann auf Ochsengespannen zu einer Stelle gefahren, an der die Abfälle regelmäßig verbrannt wurden. Der größte Teil dieser Transportwege war unterirdisch. Die erste Ausgrabung in diesem Teil des Industales wurde in den 1920er Jahren vorgenommen, sie enthüllte unter anderem diese technisch sehr komplizierte Abfallbeseitigungsmethode. Seit Mitte der 1970er Jahre ist eine amerikanische Forschergruppe mit weiteren Ausgrabungsarbeiten beschäftigt, um herauszubekommen, wie der Abfall verbrannt wurde. Es ist wahrscheinlich, daß dabei Öfen verwendet wurden, die so gebaut waren, daß sie eine sehr hohe Temperatur erreichten und so auch den hartnäkkigsten Abfall in Asche verwandelten. Die Erfahrung hat vielleicht die Ingenieure der Induskultur gelehrt, daß die Verbrennungstemperatur beachtlich steigt, wenn die Verbrennungsluft durch die abziehenden Verbrennungsgase vorgewärmt wird; dieses Prinzip wird zum Beispiel bei modernen Hochöfen verwendet.

Die Technik der Müllverbrennung breitete sich vom Industal über die Kultur der Sumerer in Mesopotamien in das Mittelmeergebiet aus, wo sie offenbar allgemein im letzten Jahrtausend v. Chr. angewendet wurde. Es gibt ein Zeugnis darüber im biblischen Gleichnis über die Gehenna, die wohl nichts anderes war als die Müllbeseitigungsanlage von Jerusalem. Sie war ausgestattet mit einem Ofen, in dem jeglicher Abfall bei einer alles verzehrenden Temperatur verbrannt wurde.

Die vollkommene Verbrennung des Abfalls war ein bedeutender technischer Fortschritt, der neben vielen anderen Faktoren die Bildung und den Fortbestand jener frühen Stadtkulturen ermöglichte. Als diese Kulturen untergingen, geriet diese Art der Abfallbeseitigung in Vergessenheit. Erst in unserem Jahrhundert ist wieder Abfall in größerem Maße verbrannt worden, und zwar in technisch leistungsfähigen Anlagen. In vielen Fällen wird Metall aus dem Abfall herausgeholt, bevor dieser verbrannt wird.

Im Europa des Mittelalters versuchte man nur in den reicheren Landesteilen die Probleme der Abfallbeseitigung zu lösen. In der Renaissance wurden in den größeren Städten Abwasserkanäle nach römischem Vorbild gebaut. Mitte des 17. Jahrhunderts ist das Netz der Abwasserkanäle beispielsweise in Paris auf insgesamt 17 km Länge angewachsen. Die Bevölkerungszahl der Stadt betrug damals etwa 500000 und stieg nur langsam an; um 1800 betrug die Einwohnerzahl 550000 und die Länge der Abwasserkanäle etwas mehr als 20 km. In den folgenden Jahrzehnten vergrößerte sich Paris sehr rasch, und Anfang der 1830er Jahre betrug die Einwohnerzahl 800000. Weder die Wasserversorgung noch die Abwasserbeseitigung waren einer so großen Bevölkerungszahl gewachsen. Die Stadtverwaltung war genötigt, in Anbetracht der zu erwartenden weiteren Zunahme an Einwohnern, Pläne für eine erhebliche Erweiterung des Ver- und Entsorgungsnetzes zu entwerfen. Die Arbeiten begannen im Jahre 1833, und einige der bedeutendsten französischen Ingenieure wirkten dabei mit. Das Ergebnis sollte den Weg für die künftige Entwicklung der Abwasserkanäle weisen. Als das Unternehmen in Angriff genommen wurde, hatte Paris etwa 40 km Abwasserleitungen. Um 1830 überschritt die Bevölkerung die Millionengrenze, und Anfang der 1860er Jahre war sie auf 1,7 Millionen gestiegen. Zu der Zeit umfaßte das Abwassernetz über 350 km Leitungslänge. Es war unter ganz anderen Gesichtspunkten angelegt worden, weil es auf eine zukünftige Bevölkerungszahl von 2,5 Millionen ausgerichtet war. Im Jahre 1951, als Paris seine 2000-Jahr-Feier beging, betrug die Bevölkerungszahl 2,8 Millionen Einwohner.

London nahm erst im 12. Jahrhundert das Aussehen einer politischen Hauptstadt an. In den folgenden Jahrhunderten wuchs sie zu einer typischen mittelalterlichen Stadt heran. Anfänglich war der Fluß Fleet ein natürlicher Auslaß, eine „Cloaca Maxima" der Stadt, doch verschlammte er vollständig im 14. Jahrhundert, so daß er nicht mehr schiffbar war. Ein Entwässerungssystem wurde daraufhin gebaut, bei dem der Fleet der Hauptkanal war. Die mittelalterlichen Lebensbedingungen blieben in London bis zu dem großen Brand von 1666, als die ganze Stadt in Schutt und Asche gelegt wurde. Die Brandkatastrophe hatte eine gute Seite, die Verantwortlichen der Stadt waren bei der Neuplanung vollkommen frei. Als die riesigen Projekte, die dem Brand folgten, verwirklicht und einige der berühmten monumentalen Bauten errichtet waren, hatte die Stadt ein vollkommen neues und modernes Aussehen. Die Beseitigung der häuslichen Abfälle wurde organisiert. Die Abfälle wurden in Ablageboxen an den Straßenecken gesammelt und anschließend fortgefahren. Die Hauseigentümer wurden verpflichtet, die Straßen vor ihren Gebäuden sauber zu halten und zu kehren, eine Maßnahme, die auch in vielen anderen Ländern ergriffen wurde.

Jahrhundertelang blieb der Fleet das Hauptentwässerungssystem für einen beträchtlichen Teil der Abwasserkanäle Londons. Schließlich mußte er aber überbaut werden, weil er stank und mitten durch die bevölkerungsreichsten Teile der Stadt führte. In den 1830er und 1840er Jahren wurden diese Arbeiten verstärkt in Angriff genommen. Das Flußbett wurde zu einem großen Abflußkanal umgestaltet und durch eine Straße überbaut.

Diese Londoner Version der *Cloaca Maxima* war zweifellos eine Möglichkeit, allen Abfall zu beseitigen. Daneben warf man in Fortführung der Sitten des Mittelalters bis weit in das 17. und 18. Jahrhundert hinein alles Mögliche in die Straßengräben oder womöglich gleich in den Rinnstein. Den Wendepunkt für London brachte die „Wiederentdeckung" des Wasserklosetts, das in einer vereinfachten Form schon 1596 durch Sir John Harington konstruiert worden war. Dieses Wasserklosett wurde aber erst Ende des 18. Jahrhunderts in einer verbesserten Ausführung gebaut, nachdem man die Wasserversorgung verbessert hatte. Die Wasserklosetts konnten jedoch mit dem Abwassernetz nicht verbunden werden; so hatte ein jedes Haus seine eigene Senkgrube. Die Absicht war, die Gruben regelmäßig zu entleeren. Dies geschah jedoch selten, so daß die Senkgruben oft mit verheerenden Folgen überliefen. Daneben hatten diese frühen Wasserklosetts keinen Geruchsverschluß zum Beispiel durch eine Wasservorlage, so daß ein Haus manchmal mit einem abscheulichen Gestank erfüllt sein konnte. Der Geruchsverschluß durch Wasser wurde 1782 von John Gaillait erfunden, aber er wurde erst in den ersten Jahrzehnten des 19. Jahrhunderts allgemein verwendet.

Die Bevölkerungszahl und die Zahl der Wasserklosetts nahmen in der ersten Hälfte des 19. Jahrhunderts stark zu. Die Wasserklosetts waren nun an das Kanalisationssystem angeschlossen, das jetzt naturgemäß überlastet war. Eine ganze Reihe von Wasserläufen wie der Fleet wurden zu Kanälen umgebaut, die alle in die Themse mündeten, so daß dieser Fluß ernsthaft verschmutzt wurde. Da das meiste vermeintliche Frisch-

Ein Schnitt durch eine Straße in Paris vom Ende des 19. Jahrhunderts. Direkt unterhalb der Straßenpflasterung befindet sich das Abwassersystem mit seinen Kanälen und großen Zuleitungen. Die Katakomben befinden sich beträchtlich tiefer. – Dieses Pariser System war richtungweisend für die späteren Abwasserbeseitigungssysteme.

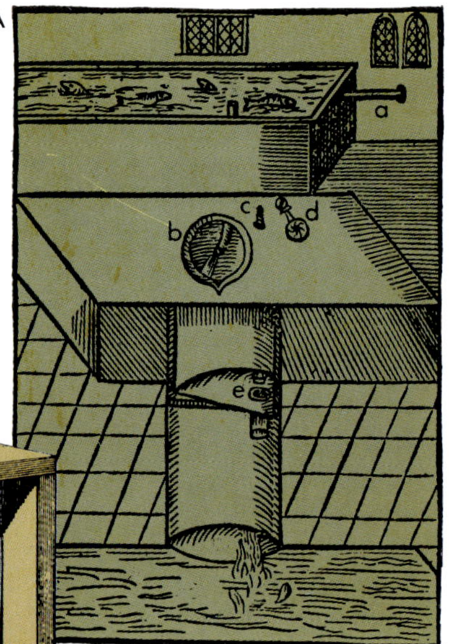

A. Wasserklosett von Sir John Harington aus seinem Werk *Die Metamorphose des Ajax* von 1596. Oben Zisterne mit Überlauf (a). In das Wasserbecken reicht das Rohr (b) aus der Zisterne hinein. Der Wasserzufluß konnte durch Drehen an Schraube (c) mit Schlüssel (d) unterbunden werden. (Mit langer Stange wurde Verschlußschraube der Öffnung (e) aufgemacht.)

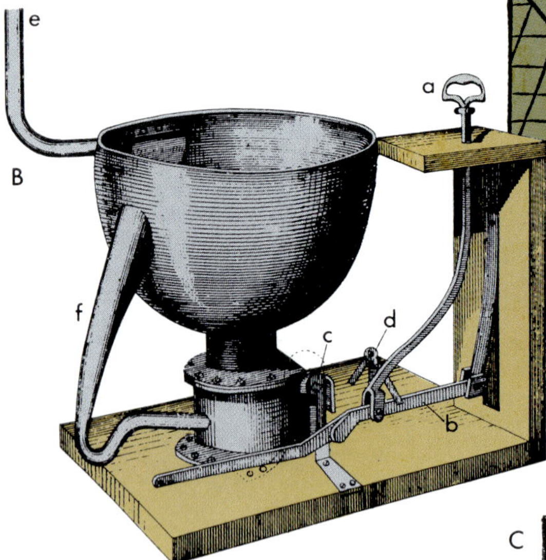

B. Die Konstruktion des Wasserklosetts von Joseph Bramah wurde 1778 patentiert. Wenn der Hebel (a) betätigt wurde, wurde ein Klappventil am Boden des Beckens durch den vorgespannten Hebel (b) und die Kurbel (c) nach unten gedrückt. Die Kurbel war an der Drehachse des Klappventils angebracht. Gleichzeitig wurde der zweiarmige Hebel (d) durch (b) gedreht. Ein Seil, das am linken Arm des Hebels befestigt war, betätigte ein Klappventil mit Federvorspannung am Wasserbehälter, so daß Wasser durch die Leitung (e) nach unten fließen und das Becken spülen konnte. (f) Überlauf.

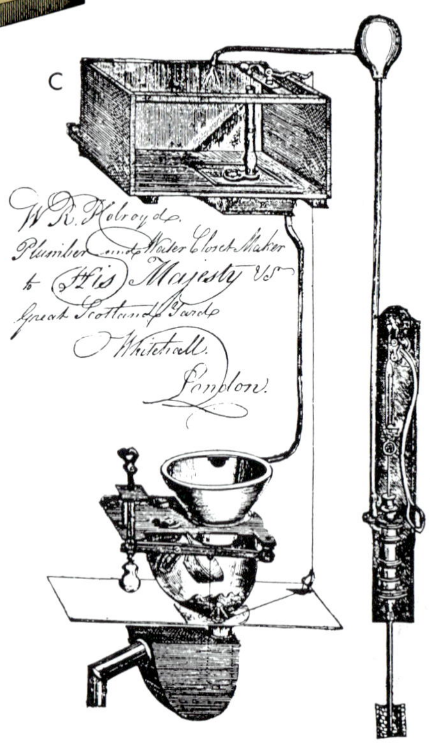

C. Ein extrem kompliziertes englisches Wasserklosett aus dem 19. Jahrhundert.

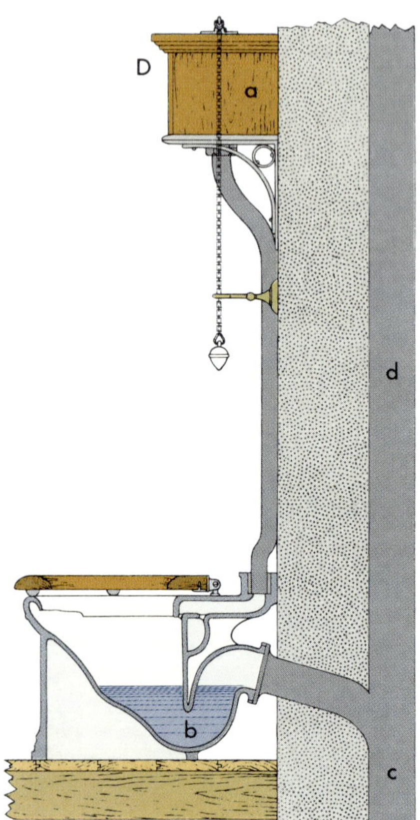

D. Ein Wasserklosett vom Beginn des 20. Jahrhunderts. (a) Wasserbecken mit Saugheber. Die Wassersperre (b) verhinderte, daß Gerüche aus der Abwasserleitung (c) in den Raum treten konnten. Die Entlüftungsleitung (d) wurde über Dach geleitet.

wasser in London aus der Themse entnommen wurde, waren schwere Choleraepidemien, insbesondere in den Jahren 1849 und 1853, die Folge, als etwa 20000 Menschen starben. Die Epidemien riefen sofort eine Kommission auf den Plan, die das ganze Abwasser- bzw. Kanalsystem überprüfen und es auf eine Bevölkerung von drei bis vier Millionen Einwohner auslegen sollte. Unter der Leitung von Sir Joseph William Bazalgette (1819–1891) wurde ein gigantischer Plan entworfen und 1856 der Öffentlichkeit vorgestellt. Er sollte eine Zeit von zwanzig Jahren bis zur Vollendung in Anspruch nehmen. Der Grundgedanke war, Sammelkanäle parallel zur Themse anzulegen und so die Zuflüsse der zahlreichen Abwasserkanäle aufzunehmen, die bis dahin unmittelbar in den Fluß mündeten. Die Sammler mußten dann etwa 20 km stromabwärts geführt und dort erst in die Themse geleitet werden.

Das Werk wurde Ende der 1850er Jahre in Angriff genommen. Die Sammler wurden als Tunnelröhren angelegt, deren Querschnitt oft größer war als bei der späteren Untergrundbahn. Über 150 km Gesamtlänge an Kanälen wurde gebaut, und 1875 war das großartige Werk von J. Bazalgette fertiggestellt. Die Abwasser flossen infolge Schwerkraft ab. An einigen Stellen waren jedoch gigantische Hebewerke eingerichtet worden, um die riesigen Mengen Abwasser zu pumpen. Jedes Pumpwerk war mit acht 140 PS starken Dampfmaschinen ausgestattet, von denen eine jede zwei doppelwirkende Kolbenpumpen mit 115 cm Durchmesser der Zylinder antrieb. Die erste von insgesamt vier solcher Pumpstationen war 1865 fertiggestellt. Eine Londoner Zeitschrift beschrieb sie damals als „wahrscheinlich den großartigsten Ingenieurbau des Landes".

Ende des 19. Jahrhunderts erkannte man schon, daß Abwässer zuerst gereinigt werden müssen, bevor sie in Seen und Flüsse eingeleitet werden. Schon sehr früh wurden Versuche angestellt, der Verschmutzung durch chemische Behandlung der Abwässer zu begegnen, wobei man Kalk, Alaun, Verbindungen aus Eisen und Aluminium und Eisensulfat verwendete. Die chemische Klärung ist das, was man heutzutage als die „dritte Stufe" der Abwasserklärung bezeichnet. Das bedeutet, daß man durch diese Behandlung Nährsalze ausfällt, die ansonsten in dem Vorfluter, dem Wasserlauf, in den man das gereinigte Abwasser einleitet, zu einem Wildwuchs bestimmter Wasserpflanzen führen würden. Insbesondere sind es die modernen Waschmittel, die den hohen Gehalt an Nährsalzen in den Abwässern verursachen. In den 1880er Jahren bestand dieses Problem überhaupt nicht.

Die Grundlage der modernen Abwassertechnik ist 1895 gelegt worden, als der Engländer Cameron ein Patent für die mechanische Klärung der Abwässer bekam. Das Abwasser wurde in einem Behälter gesammelt, in dem sich die organischen Stoffe absetzten, sedimentierten. Das ist ein verhältnismäßig zeitraubender Prozeß. Der Faulschlamm mußte ein Mal im Jahr entnommen werden; die Häufigkeit der Entnahme hängt von der Größe des Schlammabscheiders ab. Der Schlammabscheider wurde als Kläranlage bald allgemein eingesetzt und in verschiedenen Größen gebaut. Kläranlagen wurden sowohl für Einzelhäuser als auch für ganze Städte gebaut. Im Laufe der Zeit wurden aus Camerons Konstruktion verschiedene Bauarten entwickelt, das Grundprinzip blieb jedoch bis zu den heutigen Kläranlagen erhalten.

Der Nachteil dieser Kläranlagen ist, daß sie in regelmäßigen Zeitabständen entleert werden müssen. In den USA wurde 1910 eine Methode untersucht, bei der das Abwasser durch ein verhältnismäßig langes, schmales Becken geleitet wurde, auf dessen Boden sich der Faulschlamm ansammelte. Der Faulschlamm wurde dann „aktiviert", indem Luft in das Becken eingeblasen wurde, durch die sich die Mikroorganismen in dem Faulschlamm vermehrten. Sie sind durch das höhere Angebot an Sauerstoff dazu angeregt worden und ernähren sich von den organischen Substanzen im Abwasser. Der aktivierte Schlamm wurde danach mit dem in dem Becken ankommenden Abwasser vermischt, das sich dann überraschend schnell reinigte. Eine große Anlage für die Abwasserklärung durch aktivierten Schlamm wurde 1915 in Milwaukee, Wisconsin, errichtet.

Danach verlagerte sich der Schwerpunkt der Entwicklung des Aktivschlammverfahrens nach Großbritannien, wo seit dem Ende des 19. Jahrhunderts biologische Reinigungsmethoden unter der Leitung des energischen Sir Edward Frankland erprobt wurden. E. Frankland war Ökologe im heutigen Sinn des Wortes. Eine „biologische Bettung" aus Koks oder Schlacke wurde verwendet, um das Abwasser zu filtern, doch war die Sauerstoffversorgung in ihr unzureichend. Dieses Problem wurde gelöst, nachdem große Mengen Luft eingeblasen wurden. Von den 1920er Jahren an wurde die Aktivschlammethode zu der meist angewendeten Reinigungsmethode für Abwässer. Sie wurde insbesondere in jüngster Zeit verbessert, als man umweltbewußter geworden war.

Die Umwelt und die Technologie

Der Hauptzweck der Öfen der Gehenna, der Cloaca Maxima und anderer hier beschriebener Einrichtungen war, Abfall aus der Umwelt des Menschen zu beseitigen, meist aber nur, um die fernere Umgebung damit zu belasten: man kann sich gut vorstellen, daß die antiken Abfallbeseitigungsanlagen, wie die Gehenna, Wolken stinkenden Rauches verbreiteten. Mitte des vorigen Jahrhunderts, als die Abfallbeseitigung dringend in Ordnung gebracht werden mußte, war der große Erfolg nur der Schutz des unmittelbaren Lebensraumes, indem man verfuhr, wie bei dem Beispiel von Sir J. Bazalgettes kühnem Projekt, Londons Abwasser umzuleiten und weit außerhalb der Stadt stromabwärts in die Themse einzuleiten. Am Ausfluß dieser Sammler etwa 22 km unterhalb der London Bridge verhinderte die steigende Flut eine weitgehende Verdünnung des ausfließenden Abwassers. Kläranlagen wurden dort erst nach einem Unglück errichtet, als 1878 ein Ausflugsboot kenterte und vor einer der Kanalmündungen sank. Über 600 Menschen starben, und man stellte fest, daß die meisten von ihnen nicht ertrunken waren, sondern durch das Wasser vergiftet worden waren. Die Kläranlagen sind im Laufe des 20. Jahrhunderts allmählich erweitert worden, doch wurden viele von ihnen während des Zweiten Weltkrieges durch die Bombardements zerstört. Die Situation im Bereich der Abwasserreinigung wurde wieder prekär. Anfang der 1950er Jahre stellte man fest, daß die Themse ein totes Wasser war, das Fischen und anderen Lebewesen keine Lebensmöglichkeiten mehr bot. Ein Plan, die Themse zu sanieren, wurde gefaßt und 1961 der Öffentlichkeit vorgestellt. Es ist besonders herauszustellen, daß nach diesem Plan die Umwelt durch technische Mittel geschützt wird.

Die Reinigung der Themse nahm 16 Jahre in Anspruch. Sie erforderte unter anderem die Errichtung einiger großer Kläranlagen, von denen die größten in Beckton und Corssness stehen und nun 60% der Abwässer Londons aufnehmen. Man nimmt an, daß diese Anlagen gegenwärtig die kompliziertesten und die am weitesten automatisierten in Europa sind. An bestimmten Stellen im Verlaufe des Flusses wurden Belüftungsanlagen für das Wasser eingerichtet, um auf diese Weise die Überlebenschancen für die lebenden Organismen zu vergrößern. Das ganze Projekt kostete etwa 400 Millionen DM und wurde 1977 fertiggestellt. Die Themse weist nun wieder ein reichhaltiges Leben auf und ist ein gutes Beispiel dafür, wie die Technik helfen kann, selbst die schwierigsten Umweltschäden zu heilen.

Was kann gegen die Luftverschmutzung getan werden?

Es ist unwahrscheinlich, daß in biblischer Zeit gegen den erstickenden Rauch der Gehenna etwas unternommen worden ist, obwohl gegen die Luftverschmutzung überraschend früh in der Geschichte Maßnahmen ergriffen worden sind. Im 13. Jahrhundert wurde in England erst Kohle zu Heizzwecken verwendet. Sie war jedoch sehr bitumenhaltig, das heißt, sie bestand in der Tat mehr aus Bitumen als aus Kohle, und wurde an den Küsten Ostenglands gesammelt und von dort nach London gebracht. Wenn diese Kohle verbrannte, gab sie insbesondere bei regnerischem und nebligem Wetter einen beißenden, dicken Rauch ab. Die verschmutzte Luft ließ sich schwer atmen. Ein Gesetz von 1306 verbot die Verwendung einer solchen Kohle in London – allerdings nur während der Sitzungsperiode des Parlaments! Dieses Gesetz wurde nicht befolgt, so daß die Todesstrafe für seine Übertretung eingeführt werden mußte. Der erste Gesetzesbrecher wurde 1308 gehängt. Es ist bemerkenswert, daß ähnliche Entwicklungen zur gleichen Zeit in Mexiko stattfanden, wo bituminöse Kohle ebenfalls als Brennstoff verwendet wurde. Auch hier wurde ein Bannspruch über die Kohle gefällt und die Todesstrafe für die Gesetzesbrecher eingeführt.

In England und insbesondere in London sind im 15. und 16. Jahrhundert oft Maßnahmen gegen die Luftverschmutzung ergriffen worden. Der vielseitige Chronist John Evelyn (1620–1706) polemisierte 1661 gegen die schlechte Luft in der Hauptstadt. Der Titel der Schrift lautete *Fumifugium* und kann frei mit „Befreit euch vom Rauch" übersetzt werden. Zu den Maßnahmen, die J. Evelyn vorgeschlagen hatte, gehörte die Forderung, Bäume in den Straßen Londons zu pflanzen. Die Bäume sollten „duften", allerdings sagte er nicht, wie dies zu bewerkstelligen sei. Die Schrift wurde in einigen Neuauflagen gedruckt. Eine dieser Auflagen wurde insbesondere im ausgehenden 18. Jahrhundert gelesen, als die Dampfmaschine aufkam und viele Leute erkannten, daß mit ihr eine neue Quelle der Luftverschmutzung geschaffen wurde. Während der ersten Jahrzehnte des 19. Jahrhunderts, als die Dampfkraft sichtlich an Boden gewann, wurde diese Belastung deutlich. Die Umwelt in den wachsenden Städten wurde immer mehr belastet, so daß sich das englische Parlament 1819 veranlaßt sah, eine Kommission einzusetzen, die die gesundheitliche Schädigung des Kohlenrauches zu untersuchen hatte, wie auch technische Möglichkeiten, die Rauchbelastung zu reduzieren oder gänzlich zu vermeiden. Insbesondere der Bau hoher Kamine wurde vorgeschlagen, doch wurden bei dieser Gelegenheit keine Gesetze erlassen. Als sich jedoch das Eisenbahnnetz in Großbritannien ausbreitete, wurden neue Kommissionen eingesetzt, die schließlich Gesetze über die Kontrolle der Rauchbelastung durch Lokomotiven und Industrie durchdrückten.

Als der große Durchbruch der Industrialisierung in den USA in den 1850er Jahren gelang, wurden in einigen Staaten Gesetze erlassen, die unter anderem die Mindesthöhe von Fabrikschornsteinen vorschrieben. Im Jahre 1864 wurde der erste Gesetzesbrecher, ein Fabrikant in St. Louis, Missouri, verurteilt. In den USA wurde Ende der 1860er Jahre eine lebhafte und bemerkenswert „modern" klingende Debatte über die Ökologie geführt.

In den 1970er Jahren hatte man in den industrialisierten Ländern erkannt, daß es notwendig war, die Umwelt gegen die Folgewirkungen der Industrialisierung zu schützen. Eine vollkommen neue Technologie begann sich auszubilden, die zur Aufgabe hatte, die Verschmutzung von Luft und Wasser zu vermeiden. Unterstützt durch eine zunehmend schärfere Gesetzgebung, fand die Forschung und Entwicklung neue technische Wege für Probleme, die bisher als unlösbar galten. Heute hat zum Beispiel ein Stahlwerk ein unvergleichbar reineres Arbeitsumfeld als noch vor zehn Jahren, und die Belastung der Umwelt durch Rauch ist auf einen Bruchteil des früheren Umfanges heruntergedrückt worden.

Vom Gesichtspunkt der Umweltbelastung ist die Papierindustrie der traditionelle Erzfeind. Bei der Papiererzeugung werden große Mengen Wasser benötigt, die dann sehr stark belastet sind. Der abgehende Rauch ist schädlich und stinkt. So wurde schon zu einem frühen Zeitpunkt die schwedische Holzindustrie durch gesetzliche Vorschriften gezwungen, Forschungen in diesem Bereich zu betreiben, die zu Reinigungsmethoden führten, die nun in der Papierindustrie in vielen Teilen der Welt angewendet werden.

Wie ist nun die Belastung durch das Kraftfahrzeug?

Die Situation hat sich grundlegend geändert, seit die ersten Kraftfahrzeuge um die Jahrhundertwende in den Städten erschienen. Die „pferdelosen Fahrzeuge" wurden damals wie Befreier aus einer ausweglosen Lage begrüßt. In New York war zum Beispiel das Verkehrsaufkommen der Pferdegespanne sehr hoch und ebenso auch die Zahl der Unfälle dank der Unzulänglichkeit der Menschen, aber auch der Tiere. Daneben trugen die Arbeitspferde zu der Verschmutzung der Straßen bei. Insgesamt mußte die tägliche Menge von über 1000 t fester und rund 200 m^3 flüssiger Abfälle beseitigt werden! Eine Armee von 10000 Müllmännern war täglich mit Pferdegespannen unterwegs, um all diesen Abfall zu beseitigen.

Das Kraftfahrzeug gab überhaupt keinen Abfall, die kleinen Auspuffwölkchen waren bestimmt nichts Aufregendes! Und zudem gab es ja so wenig Kraftfahrzeuge!

Doch man weiß, was in der Zwischenzeit geschehen war. In vielen Städten sind heute die Auspuffgase eine wahre Plage. Es gibt drei Möglichkeiten, die schädlichen Bestandteile in den Auspuffgasen zu vermindern: der Bleigehalt im Kraftstoff kann vermindert werden, der Motor kann mit einer entsprechenden technischen Vorrichtung für die Entgiftung der Abgase ausgestattet werden, oder man kann Verbrennungskraftmaschinen gänzlich ersetzen. Gewisse Erfolge sind bei den ersten beiden Möglichkeiten erzielt worden. Außerdem wird intensive Forschung betrieben im Bereich neuer Antriebssysteme. Es ist nicht ganz unwahrscheinlich, daß der Dampfwagen wiederkehrt und vielleicht durch Wasserstoff angetrieben wird!

Es gibt aber auch noch einen vierten Weg, die Umweltbelastung durch die Motorisierung zu vermindern. Dieser Weg besteht darin, vermehrt das *Fahrrad* zu benutzen. In dem vorliegenden Buch begegnete man vielen eindrucksvollen Beispielen technischer Erzeugnisse. Es stellt sich aber die Frage, ob das Fahrrad nicht vom Standpunkt des Menschen und der Technik eine der vollkommensten Maschinen sei. Es hat keine schädlichen Wirkungen auf die Umwelt und ist für den Benutzer gesund. Diese Maschine hatte einen großen Einfluß sowohl auf die industrielle als auch auf die kulturelle Entwicklung. Aus diesen Gründen wird dem Fahrrad ein eigener Abschnitt gewidmet.

Das Fahrrad – eine technische Schönheit

Das Rad existierte als technisches Element mindestens 5000 Jahre, und es ist durchaus bemerkenswert, daß so lange Zeit niemand auf den Gedanken kam, zwei Räder zu kombinieren, um ein lenkbares Gefährt daraus zu machen. Dem Grunde nach haben schon die römischen Ingenieure die technischen Voraussetzungen gehabt, um ein Fahrrad zu konstruieren. Die italienischen und französischen Ingenieure der Renaissance bauten zum Teil monströse, vierrädrige Wagen, kamen jedoch nie auf die Idee, ein handliches zweirädriges Gefährt zu konstruieren. Schon allein von diesem Gesichtspunkt muß die Erfindung des Fahrrades als äußerst wichtig angesehen werden. Dies geschah um 1816, als der deutsche Forstmeister Freiherr Karl Friedrich Drais von Sauerbronn (1785–1851) seine berühmte „Laufmaschine", ein lenkbares Fahrrad, erfand. Er bekam 1818 auf seine Draisine ein Patent.

Das erste Fahrrad im heutigen Sinne des Wortes wurde in Frankreich hergestellt. Pierre Michaux (1813–1883) und sein Sohn Ernest (1849 bis 1889) bauten für die Weltausstellung von 1867 in Paris ein *vélocipède*. Es war in seinem Erscheinungsbild bemerkenswert modern. Die Holzräder waren eisenbeschlagen, und es wurde über Pedale am Vorderrad angetrieben.

Trotz seines Spitznamens „Knochenschüttler", der ihm wohl wegen der eisenbereiften Räder verliehen worden war, verbreitete sich dieses Veloziped. Um der steigenden Nachfrage gerecht zu werden, waren die Michauxs gezwungen, sich nach Zulieferfirmen umzusehen. Im Jahre 1869 erging ein Auftrag von 500 Fahrrädern an den britischen Nähmaschinenhersteller Josiah Turner in Coventry, der daraufhin sein Unternehmen umorganisierte und es Coventry Machinists Co. nannte. Gerade als die Fahrräder zur Auslieferung anstanden, brach der Deutsch-Französische Krieg aus. J. Turner war daher gezwungen, die Fahrräder auf dem heimischen Markt zu verkaufen. Das Geschäft ging über

A. Straßenkehrmaschinen dieser Art wurden in der zweiten Hälfte des 19. Jahrhunderts in London und in anderen Städten verwendet. Sie wurden von Pferden gezogen. Der Müllbehälter war durch schwere Ketten (a) gesichert. Das endlose Band mit Bürsten (b) wurde durch die Radachse über eine Getriebeübersetzung (c) angetrieben. Über den Schneckentrieb (d), an dem die Kette (e) befestigt war, konnte der Kutscher den Anstellwinkel der Kehreinrichtung zum Untergrund einstellen. Das Getrieberad auf (d) griff in ein anderes Zahnrad (f) ein, an dem das Gegengewicht (g) an einer Kette über das Rad (h) herunterhing. Die Kehrbürsten kehrten den Müll das Rutschblech (i) hinauf und in den Behälter hinein.

B. Ein von Pferden gezogener Sprengwagen vom Ende des 19. Jahrhunderts; **(1)** Seitenansicht, **(2)** Rückansicht. Die Ketten (a) führten von den zwei Hebeln (b) am Fahrersitz über zwei Rollen (c) jeweils zu einem Ventil im Wasserbehälter (d). Wenn der Fahrer

die Hebel nach unten drückte, wurden die Ventile geöffnet, und das Wasser konnte hinten aus dem Siebrohr herausfließen.

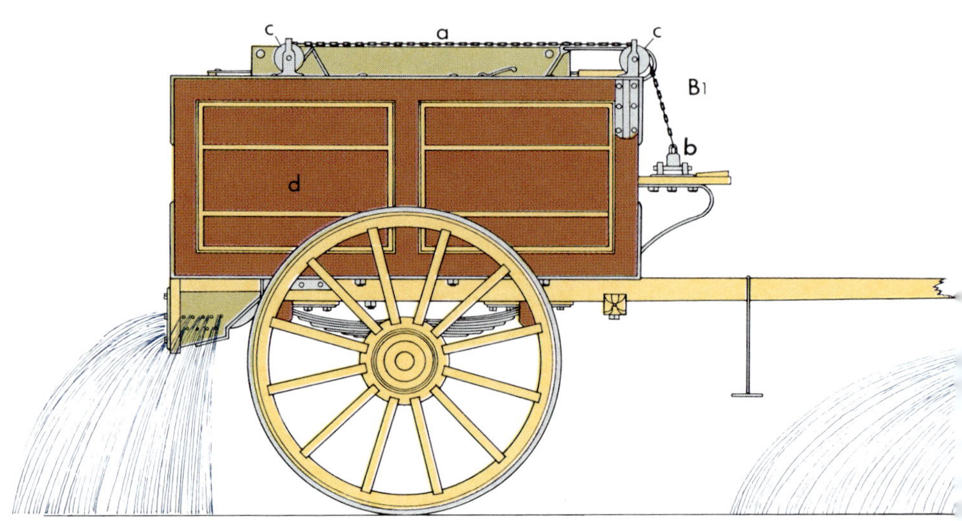

Erwarten gut. Die Fahrräder kamen gerade zur rechten Zeit, als eine Welle turnerischer Begeisterung England erfaßte.

In den 1870er Jahren wurde in Coventry durch James Starley (1801–1881), einem ehemaligen Werkmeister der Firma Coventry Machinists Co., ein neues Unternehmen zur Herstellung von Fahrrädern gegründet. Mit seinen Partnern William Hillman und B. Smith erfand J. Starley einige grundlegende Konstruktionen; eine der ersten war das Hochrad, das ein hohes Antriebsrad mit einem Durchmesser von 150 cm und ein kleines Hinterrad mit einem Durchmesser von 50 cm hatte. Das Ziel war, einen hohen Wirkungsgrad zu erreichen. Jede Umdrehung der Pedale beförderte den Fahrer bei einem Fahrrad mit großem Antriebsrad weiter als bei einem Antriebsrad mit kleinem Durchmesser.

Man muß hinzufügen, daß das Hochrad eine Fehlentwicklung des Fahrrades war. Das Hochrad wird häufig als das „normale" Fahrrad bezeichnet, doch das ist ein Euphemismus, denn dieses Rad ist alles andere als normal. Trotz der Mängel hielt sich die Konstruktion noch beinahe 20 Jahre, und es brachte auch die Entwicklung voran. Da die radial angebrachten Speichen des Vorderrades eine große Belastung nicht vertragen konnten, erfand J. Starley, um dies zu beheben, die tangential angebrachten Speichen. Diese Konstruktion ließ er sich 1874 patentieren. Sie wird fast ohne Ausnahme bei den Rädern der Fahrräder verwendet.

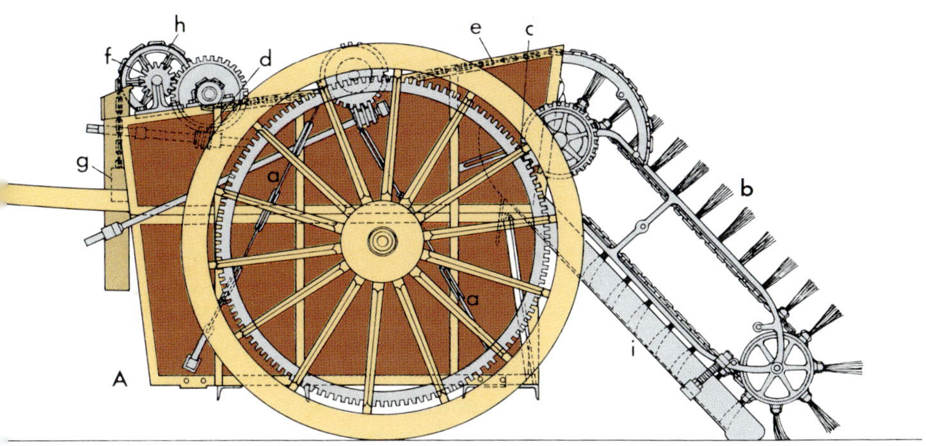

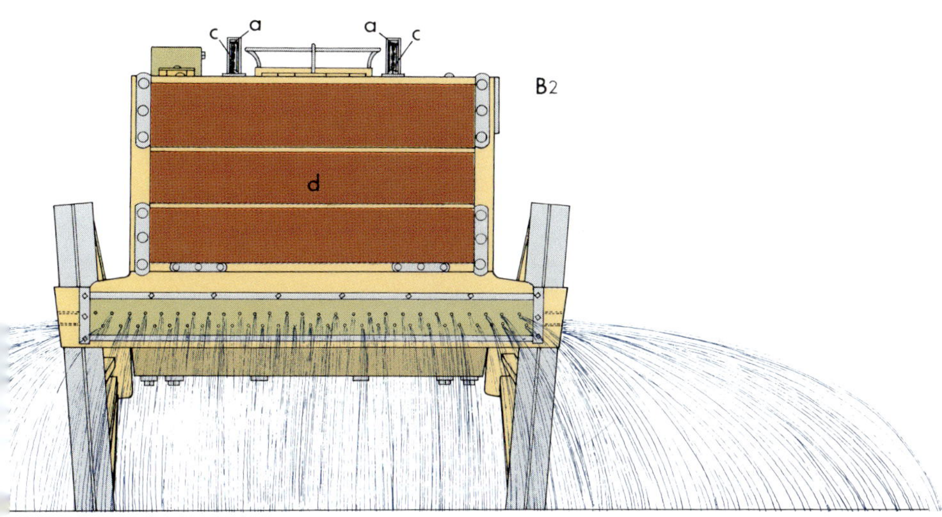

Die Reibungskräfte in den Naben und der Lenkstange der Fahrräder waren hoch, doch konnten sie durch die Verwendung von Kugellagern verringert werden. Die Römer verwendeten schon in der Antike sowohl Kugel- als auch Rollenlager. Das Kugellager wurde seither während der vergangenen Jahrhunderte einige Male wiederentdeckt, so zum Beispiel durch die Engländer Philip Vaughan (1794) und Louis Thirion (1862) und den Franzosen Jean Suriray (1869). Das Kugellager nach L. Thirion wurde von 1877 an von J. Starley für die Dreiräder verwendet, doch waren die Kosten für die Kugellager verglichen mit den anderen Bauteilen unverhältnismäßig hoch. Die Kugeln wurden von Hand geschliffen, und dies war eine langwierige und arbeitsintensive Herstellungsmethode. Der Deutsche Friedrich Fischer konstruierte 1883 die erste Schleifmaschine für Stahlkugeln, und dies machte die Massenproduktion von Kugellagern möglich. F. Fischer war Sohn von Philipp Moritz Fischer, der Hersteller von Nähmaschinen und Fahrrädern war und daher große Mengen Kugellager benötigte. Die Fabrik von F. Fischer, die in Schweinfurt für die Herstellung von Kugellagern gegründet wurde, weitete sich aus in ein Unternehmen von Weltruf.

Starleys Fabrik in Coventry führte 1877 Fahrradrahmen ein, die aus Stahlrohren gemacht waren; dies erlaubte ein leichtes, robustes und für seinen Einsatz sehr geeignetes Fahrrad zu bauen. Seit dem Zeitpunkt haben Stahlrohrkonstruktionen ein weites Anwendungsgebiet gefunden. Vor allem wurden sie im Flugzeugbau verwendet.

Im Jahre 1879 wurde die Kraftübersetzung über eine Kette und ein Getriebe von den Pedalen auf das Hinterrad eingeführt.

Die Wirkungsweise des Kettenantriebes ist in den Skizzenbüchern Leonardo da Vincis enthalten und wurde in den 1860er Jahren in Frankreich wiederentdeckt. Eine verbesserte Bauart dieser Kette wurde 1874 dem Engländer Harry L. Lawson patentiert, der dann Fahrräder mit solchen Übersetzungen zu bauen begann. Die Hersteller stellten jedoch fest, daß die Kette zu einem schwierigen Problem wurde. Sie ist im Prinzip eine einfache Konstruktion, doch stellt sie hohe Anforderungen an die Präzision bei der Herstellung und an die Widerstandsfähigkeit des Werkstoffs. Bis um das Jahr 1900 waren gerissene Ketten der allgemein übliche Ärger bei den Fahrrädern. Die Suche der Fahrradhersteller nach diesbezüglichen Verbesserungen führte sie mit Metallurgen zusammen, um mit ihnen neue Werkstoffe, neue Herstellungsverfahren und dgl. zu entwickeln. Sie mußten aber auch Maschinen für die Massenproduktion von Fahrradketten entwickeln. Zur gleichen Zeit begann die industrielle Herstellung von Kraftfahrzeugen, die Fahrradkette war inzwischen so weit verbessert, daß sie auch dort eingesetzt werden konnte.

Unter diesem Gesichtspunkt war das Fahrrad der Vorläufer des Kraftfahrzeugs. Der Kettentrieb des Autos wurde jedoch nach etwa zehn Jahren durch eine Antriebswelle ersetzt. Es gibt aber selbst heute noch einige Kraftfahrzeuge, die Kettentriebe zwischen Kurbel- und Nockenwelle haben.

Ein Meilenstein in der Entwicklung des Fahrrades war das Rover-Sicherheitsfahrrad, das von J. Starleys Neffen John K. Starley (1854 bis 1901) gebaut wurde und 1885 auf den Markt kam. Seine beiden Räder waren gleich groß, der Rahmen bestand aus Stahlrohren, und es hatte Pedale mit Kettentrieb. Der Name „Sicherheitsfahrrad" war gegen das Hochrad gerichtet, das nun überholt war. Das Rover-Fahrrad war ein riesiger Erfolg. Ein wichtiges Bauteil des Fahrrades, das seine Popularität womöglich noch steigerte, war im Jahre 1888 eingeführt worden. Das war der pneumatische Gummireifen, der von dem schottischen Tierarzt John B. Dunlop (1840–1921) erfunden wurde. Sein Sohn hatte sich beklagt, daß sein Kinderfahrrad bei unebenem Gelände heftig geschüttelt wurde und schwer zu fahren war. J. Dunlop kam der Gedanke, daß die Räder mit luftgefüllten Reifen ausgestattet werden könnten. Diese Erfindung trug wesentlich zu der Normung der Räder des Fahrrades bei. Nachdem der Gummireifen erschien, war die moderne Form des Fahrrades geschaffen!

Das Fahrrad ist als Maschine in den 1890er Jahren vervollkommnet worden, als weitere wichtige Bauteile, wie der Freilauf, die Bremse und die Gangschaltung erfunden worden waren. Der erste Freilauf wurde 1892 auf den schwedischen Erfinder Birger Ljungström patentiert, der ihn später bei dem von ihm und seinem Bruder Fredrik konstruierten Fahrrad, dem *Svea* Veloziped, verwendete. Diese Entwicklung wurde durch den „Dynamitkönig" Alfred Nobel unterstützt. Statt der normalen Drehbewegung der Pedale hatte das *Svea*-Fahrrad eine senkrechte Pedalbewegung. Die Kraft wurde von jedem Pedal durch eine Kette auf exzentrische Getrieberäder am Freilauf des Hinterrades übertragen. Diese Vorrichtung erlaubte es, während der Fahrt die Gänge zu wechseln. Auch die Bremse konnte einfach durch gleichzeitiges Heruntertreten der beiden Pedale betätigt werden.

Die Freilaufnabe nach Ljungström war nicht die erste Nabe dieser Art, eine andere ist von dem Deutschen Ernst Sachs 1898 erfunden worden. Er begann seine „Torpedo"-Freilaufnabe im Jahre 1900 in Schweinfurt herzustellen.

Die Liste der Fahrradfabrikanten, die auf die Kraftfahrzeugindustrie umgestiegen sind, ist sehr lang. In den USA wurde das erste Kraftfahrzeug 1892 durch den Fahrradfabrikanten Charles E. und Frank Duryea gebaut. Die ersten benzinbetriebenen „Fahrzeuge" wiesen eine enge Verwandtschaft mit dem Fahrrad auf: Gottlieb Daimler brachte einen Motor an einem Fahrrad vom Typ Michaux an, und im gleichen Jahr motorisierte Karl Benz ein Dreirad.

A

A. Baron Drais von Sauerbronn stellte 1818 seine „Draisine" in Paris der Öffentlichkeit vor. Sie wurde wie ein Roller durch Abstoßen mit den Füßen vorwärts bewegt. Sie hatte Holzreifen und keine Bremsen.

B. Die Konstruktion des ersten Fahrrades wird Pierre und Ernest Michaux zugeschrieben, doch ist nicht sicher, ob es sie waren oder ein Mechaniker ihrer Firma, Pierre Lallement, die als erste Pedale an das Vorderrad angebracht hatten.

D

C

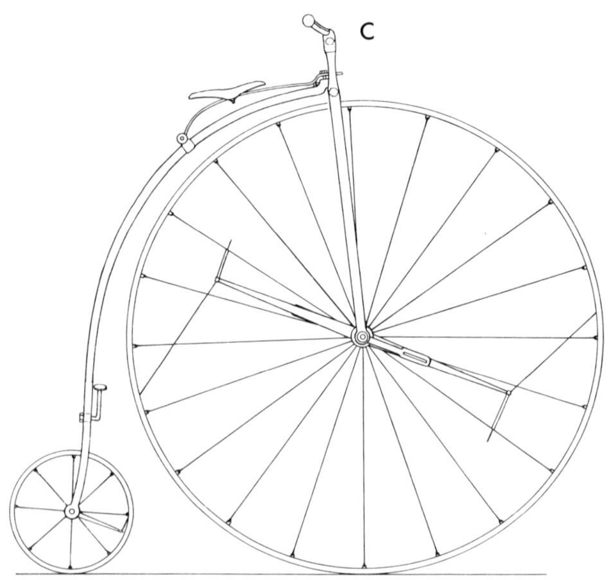

B

E

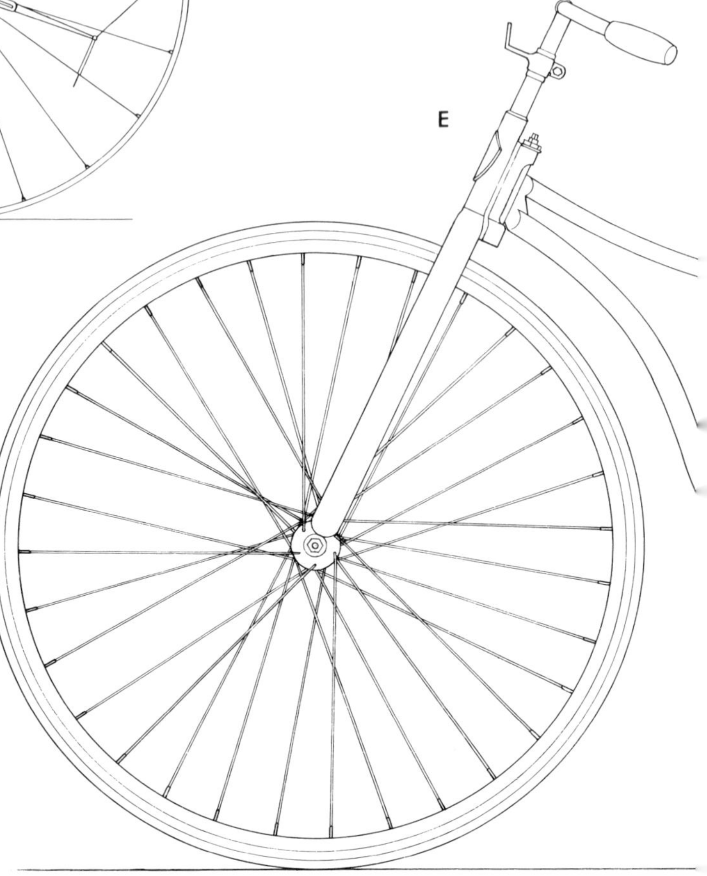

C. Starleys und Hillmans Ariel-Hochrad von 1870 wurde von Hayens und Jefferies unter Lizenz in Coventry gebaut. An der Nabe des Vorderrades befand sich ein Querstab, der über zwei kurze, verstellbare Kuppelstangen mit der Felge verbunden war. Wenn die Kuppelstangen angezogen wurden, wurde die Felge gegen die Nabe gedreht und die Speichen gespannt.

D. Das britische Facile-Fahrrad von 1879 hatte eine vertikale Bewegung der Pedale.

E. Das Rover-Sicherheitsfahrrad von J. Starley hat Pedale mit Kettenübersetzung, Direktsteuerung des Vorderrades, verstellbaren Sattel und Speichen. Das Fahrrad wurde 1885 eingeführt; einige Jahre später ist es mit Luftreifen ausgestattet worden.

Die größte Industrie im Land

Wenn von der größten Industrie im Land gesprochen wird, stellt man sich einen riesigen Konzern mit einer Reihe von Fabrik- und Verwaltungsgebäuden vor. Aber das ist nicht die Industrie, die hier gemeint ist – die größte Industrie im Lande ist dezentralisiert sowohl in bezug auf die Produktion als auch in bezug auf die Zahl der Beschäftigten. Die größte Industrie bilden die Haushalte.

Lange Zeit widerstand diese „riesige" Industrie der Mechanisierung der Produktion, die sonst die Industrieanlagen charakterisiert. Die Werkzeuge und Geräte, die im Hause verwendet wurden, blieben im allgemeinen bis zur Mitte des 19. Jahrhunderts unverändert; dies trifft in manchen Bereichen bis zur allerjüngsten Zeit zu. Die Küchenausstattung hatte mehr als alles andere seit Generationen das gleiche Erscheinungsbild – in vielen Fällen seit hundert, wenn nicht gar seit tausend Jahren. Dies trifft zum Beispiel für die Kochstelle zu, die sich im Grunde seit der Steinzeit nicht verändert hat. Die einfachen Behausungen der Steinzeit hatten wahrscheinlich mitten im Raum eine Feuerstelle, einen offenen Herd, der von Steinen umgeben war. An der Decke über dem Herd befand sich eine Öffnung als Rauchabzug. Im antiken Rom waren die Häuser nach dem gleichen Prinzip gebaut. Der Raum mit der Feuerstelle befand sich in der Mitte des Hauses; das Dach über der Feuerstelle war pyramidenförmig und hatte an der Spitze eine Öffnung, durch die der Rauch abzog. Diese Häuser wurden *Atrium*häuser genannt. Das Wort *atrium* ist von dem lateinischen Wort für „schwarz" abgeleitet, denn die Decke und die Wände des Raumes, in dem die Feuerstelle sich befand, waren mit Ruß bedeckt.

F. Das Svea-Fahrrad; die Übersetzung ist geschnitten. (a) Pedale. (b) Mit einer Schnur umwickelte Klaviersaite; sie war dauerhafter als die Ketten jener Zeit. (c) Eine Exzenternocke am Freilauf der Nabe am Hinterrad. Unten, in der Mitte des Fahrrades führte eine Kette um die Rolle (d), die auf der Bremse montiert war. Wenn beide Pedale gleichzeitig nach unten getreten wurden, wurde das Hinterrad gebremst.

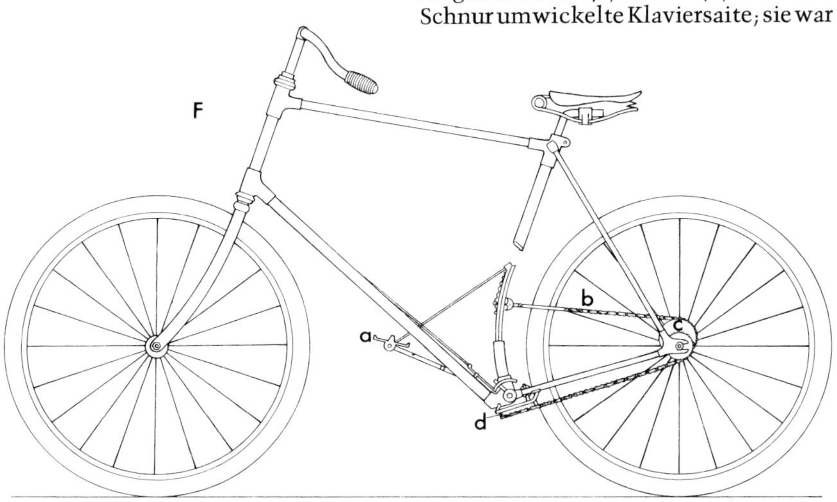

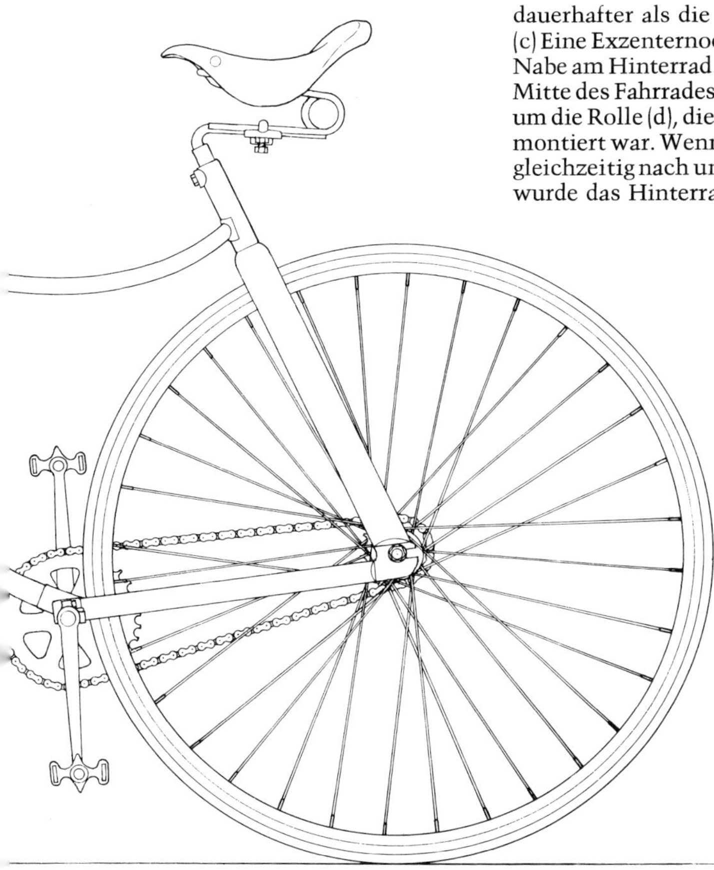

Römische Technologie und Architektur verbreiteten sich im südlichen Mitteleuropa und in England. Die Küchenkonstruktionen wiesen verschiedene Formen auf, da sich die römische Bauform mit der örtlichen Bautradition und den örtlichen Sitten der Zubereitung der Speisen vermischten. Im frühen Mittelalter wurde der Kamin hinzugefügt. Damals wurde der Küche die Gestalt verliehen, die sie beinahe bis in dieses Jahrhundert behielt.

In großen Küchen hatte die Feuerstelle mit ihrem Kamin verschiedene Aufgaben. Der Kamin war domförmig ausgebildet. An der Stelle, an der er in den Schornstein überging, erhielt er eine Tragkonstruktion, die das Gewicht des Daches aufnahm. Vom eigentlichen Herd, an dem die Speisen zubereitet wurden, führten ein oder mehrere Heizzüge für die Warmluft ab, die die unmittelbar an die Küche angrenzenden Räume beheizten. Das war eine Art einfacher Zentralheizung. Auf gleiche Weise konnte Warmwasser in einem Kessel bei der Herdstelle bereitet werden. Oft war auf der Wand oberhalb des Herdes ein langer, flacher Trog angebracht, in dem das Malz für das Bierbrauen gedörrt wurde.

Getrennt, aber im Zusammenhang mit dieser Anlage war ein Backofen aufgestellt. Der Backofen war im allgemeinen so konstruiert, daß man in ihm ein Feuer entfachen konnte. Er war aus Steinen oder Ziegeln hergestellt, die dämmend wirkten, damit die hohe Temperatur im Ofen möglichst lange erhalten blieb. Sobald die Temperatur im Ofen hoch genug war, ließ man das Feuer ausgehen. Danach wurde die Asche herausgeholt, der Ofen saubergefegt und der aufgegangene Teig wurde hineingeschoben.

Die erste Verbesserung bei der Ausstattung der Küche seit dem Mittelalter fand im 18. Jahrhundert statt, als man in den USA den gußeisernen Ofen einführte. Die Konstruktion war von Benjamin Franklin angeregt worden, und der Ofen hieß demnach „Franklinofen". Der Ofen kam einige Jahrzehnte später nach Europa und bekam stellenweise den Namen „Kanonenofen" wegen seiner hohen zylindrischen Gestalt. Ein praktisches Bauteil hatte der Ofen auf seiner Oberseite. Diese bestand aus der Ofenplatte, in der sich mehrere, ineinander passende Ringe befanden und dem Koch ermöglichten, die Öffnung nach der verwendeten Topfgröße zu wählen. Diese Idee wurde später bei den Küchenherden wieder aufgegriffen, die in Mitteleuropa erst in den 1820er Jahren gebaut wurden. Der Küchenherd ist allmählich entwickelt worden. Die erste Bauart bestand aus einer einfachen Platte aus Gußeisen, die mit Standfüßen ausgestattet oder in den offenen Herd eingebaut war. Auf der Platte befanden sich Löcher für die Töpfe, und oft war auch ein Gitter zum Grillen vorhanden. Dann gab man der Herdplatte Seitenwände, und von da aus war es nur ein kleiner Schritt, die Feuerstelle im Ofen von den übrigen Teilen abzutrennen. Die ersten Küchenherde hatten Bratröste.

Der Küchenherd war eines der ersten Produkte der Industrie, das Eingang in die Küche fand; dies geschah in der Mitte des 19. Jahrhunderts. Allerdings wurden einige Jahrzehnte früher bereits industriell gefertigte Eßbestecke auf den Markt gebracht. In Frankreich wurden in der Mitte des gleichen Jahrhunderts Messer und Gabeln halbindustriell hergestellt.

Als das Stadtgas um 1800 in Frankreich und Großbritannien eingeführt wurde, versuchte man diese Energiequelle zum Heizen und Kochen zu verwenden. Gasversorgungsnetze wurden hauptsächlich in den größeren Städten Englands entwickelt, obwohl Gas hauptsächlich für die Beleuchtung großer Räume verwendet werden sollte, wie Kaufhäuser, Theater usw. In einer Wohnung waren die gefährlichen und stinkenden Verbrennungsprodukte nicht tragbar. Wirksame Brenner kamen erst in den 1840er Jahren auf, und es dauerte noch einige Zeit, bis diese angenommen wurden, denn man war sehr skeptisch gegenüber dem Gaslicht. Es ist bezeichnend für die Zeit, daß der Kristallpalast in London, der für die Weltausstellung von 1851 gebaut worden war, kein Gaslicht hatte. Die Weltausstellung, ein spektakuläres Monument zeitgenössischen technischen Fortschrittes, schloß täglich bei Sonnenuntergang!

Der deutsche Chemiker R. W. Bunsen (1811–1899) stellte 1855 eine neue Konstruktion eines Gasbrenners vor, in dem das Gas mit der Luft vermischt wurde, bevor es entzündet wurde. Dies machte die Flamme heißer und verbrannte das Gas vollständig. Der Bunsenbrenner war ursprünglich für chemische Laboratorien vorgesehen (wo er seit damals zur Grundausstattung gehört), und es dauerte einige Zeit, bis dieses Prinzip in Gasherden angewendet wurde. In Großbritannien gelang dem Gasherd in den 1870er Jahren der Durchbruch, der zu einem Aufschwung bei den Gaswerken und bei der Industrie führte, die Herde, Lampen, und andere Geräte herstellte.

Die erste Maschine, der es wirklich gelang, in den Bereich der Haushalte einzudringen, war die Nähmaschine. Sie erschien um 1850 in Großbritannien und den USA, und einige Jahrzehnte später auch in anderen Ländern. Überall, wo man diese Maschine vorführte, wurde sie als eine Sensation mit Schlagzeilen in den Zeitungen empfangen. Man hatte bis dahin zwar in der Textilindustrie einen hohen Grad an Mechanisierung erreicht, dagegen beschäftigte die junge Bekleidungsindustrie immer noch eine große Zahl Näherinnen, die in den Fabrikhallen große Mengen Schürzen, Blusen und andere Kleidungsstücke von Hand nähten.

Die erste arbeitende Nähmaschine wurde 1846 auf einem Instrumentenbauer aus Boston, Elias Howe (1819–1867), patentiert. Anfang der 1840er Jahre hatte er es schwer, wie viele andere Männer in der gleichen Lage, die Familie zu unterhalten. Seine Frau mußte daher daheim arbeiten, indem sie Kleidung nach Maß anfertigte, eine monotone und ermüdende Arbeit! In seiner Werkstatt hörte E. Howe von Nähmaschinen. Man sagte ihm, daß solche Maschinen nicht arbeiteten. Er entschloß sich auf der Stelle, eine Maschine zu bauen, die besser und schneller arbeiten könne, als die geschickteste Näherin. Nach viel harter Arbeit stellte er seine Maschine 1846 fertig und lud stolz potente Fabrikanten und Finanziers zu einer öffentlichen Vorführung ein. Aber die, die kamen, waren Schneider von Boston, die befürchteten, daß ihnen die Nähmaschine die Arbeit wegnehmen würde. E. Howe mußte sich in Sicherheit bringen, und die erzürnten Schneider zertrümmerten seine Maschine und den Vorführraum.

Mit anderen Worten, das Klima in Boston war nicht besonders geeignet, Nähmaschinen herzustellen. E. Howe hatte das richtige Gefühl, die Nähmaschine statt dessen nach England zu bringen. Sein Erfolg war dort über Erwarten groß und war das Ergebnis eines geschickten Marketing. Dieses umfaßte auch durch Wettbewerbe festzustellen, ob eine Arbeitsgemeinschaft von Schneidern oder eine einzelne Person mit einer Nähmaschine bessere und schnellere Nähergebnisse erzielen würde. Dies war die richtige Methode in einem Land, das der Welt den Begriff der „sportlichen Fairness" schenkte. Es gab keine Rebellion, weder bei den Schneidern, noch bei den Näherinnen. Der schnell erzielte Triumph der Nähmaschine in Großbritannien wiederholte sich in den USA, ganz wie es E. Howe erwartet hatte. Die industrielle Produktion der Maschine wurde bald auf beiden Seiten des Atlantik aufgenommen.

Es soll hier nicht weiter auf die einzelnen Stufen der Weiterentwicklung der Nähmaschine eingegangen, sondern nur festgestellt werden, daß die heutigen Nähmaschinen mit ihrer transistorisierten Automatik kleine Wunderwerke der Technologie sind. Statt dessen soll der große Einfluß aufgezeigt werden, den die Nähmaschine auf den Leichtmaschinenbau hatte. Nachdem die Originalpatente erloschen, begann jedermann Nähmaschinen zu bauen. Der Wettbewerb war äußerst hart, und nur diejenigen Hersteller überlebten, denen es gelang, verläßliche und dauerhafte Maschinen zu bauen. Die Nähmaschine konnte mit ihren vielen beweglichen Teilen, vom Gesichtspunkt der Kinematik gesehen, zu keinem besseren Zeitpunkt kommen. Kinematik war bei den Konstrukteuren im Schwange, und viele bedeutende Ingenieure waren daher von der Nähmaschine gefesselt. Nur einige wenige Jahrzehnte nach E. Howes Durchbruch war der Markt in der Lage, Maschinen anzubieten, die für ihre Zeit überraschend zuverlässig waren. Dies ist hauptsächlich auf die Beiträge des Deutschamerikaners Isaac M. Singer (1811–1876) zurückzuführen.

In den letzten Jahrzehnten des 19. Jahrhunderts waren die Fahrrad- und Nähmaschinen produzierenden Werke, wie schon erwähnt wurde, bei weitem die größten Abnehmer von Kugellagern. Einige führende Nähmaschinenfabrikanten leisteten auch Beiträge bei der technischen Entwicklung der Präzisionsmaschinen zum Bau von austauschbaren Bauteilen der Nähmaschinen. Dies war ein Bereich, der normalerweise immer der Rüstungsindustrie als Initiator zugeschrieben wird. Im Laufe der Zeit verflochten sich daher viele Rüstungsbetriebe mit der Nähmaschinenindustrie. Diese hatte auch die Herstellung von sehr widerstandsfähigen Werkstoffen gegen Abrieb, Zugbeanspruchung usw. angeregt, zum Beispiel pulvermetallurgische Verfahren, die weitgehend innerhalb dieses Industriezweigs entwickelt worden sind.

Der Wassermotor

Die 1870er Jahre sahen ein Antriebsaggregat, das heute nahezu gänzlich in Vergessenheit geraten ist, nämlich den Wassermotor. Dieser wurde an die Wasserleitungen angeschlossen und fand daher große Verbreitung insbesondere in Städten und Gegenden mit guter Wasserversorgung.

Bei der Jahrhundertausstellung in Philadelphia 1876 wurden verschiedene Wassermotoren zum Antrieb von Nähmaschinen ausgestellt. Die meisten dieser Motoren waren wie Peltonturbinen konstruiert, doch gab es auch andere Type. Den Katalogen der Hersteller kann entnommen werden, wie in den folgenden Jahrzehnten immer mehr Haushaltsmaschinen durch Wassermotoren angetrieben wurden; schon zu einem frühen Zeitpunkt wurden Ventilatoren und Maschinen zum Schlagen von Sahne angetrieben. Es kamen in rascher Folge Waschmaschinen, Wäschewringmaschinen, Eismaschinen u. a. hinzu. Wassermotoren wurden auch in anderen Bereichen verwendet, so zum Beispiel als Antrieb von Blasebälgen für Kirchenorgeln. Größere Bauarten mit Turbinenrädern bis zu 125 cm Durchmesser wurden als Antriebsaggregate in Werkstätten, Druckereien, Bäckereien usw. verwendet.

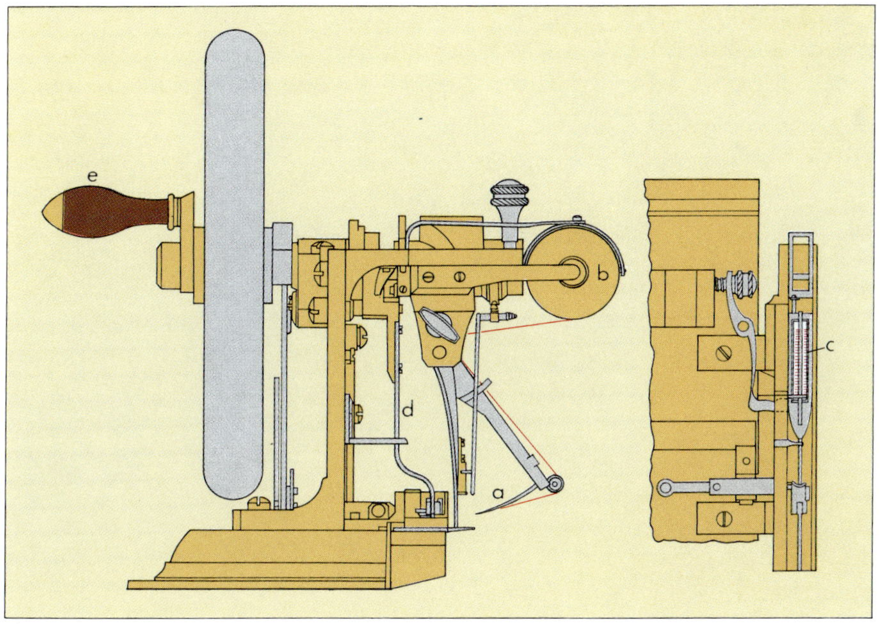

A

A. Die Kettenstich-Nähmaschine von E. Howe konnte 300 Stiche in der Minute machen. Der Stoff wurde von Nadeln gehalten, die entlang der Heftplatte, einem dünnen Metallstreifen, montiert waren. Diese Platte hatte eine Reihe Löcher, in die ein Zahnrad eingriff und die Platte vorwärts bewegte, sobald der einzelne Stich fertiggestellt war. War eine Naht entsprechend der Länge der Platte genäht, mußte diese zurück zu ihrer Ausgangsstellung bewegt und ein neues Stück Stoff an sie befestigt werden. In der Maschine wurde eine gekrümmte Nadel (a) verwendet, die die Öse an der Spitze hatte. (b) Fadenrolle mit Schiffchen (c). Die hin- und hergehende Bewegung wurde von einem Picker (d) vermittelt, dessen Bewegung, wie die der Nadel auf ihrem Befestigungsstift und die der Heftplatte, von einer Achse mit Steuernocken erfolgte. Die Achse selbst wurde durch den Handkurbeltrieb (e) angetrieben.

B

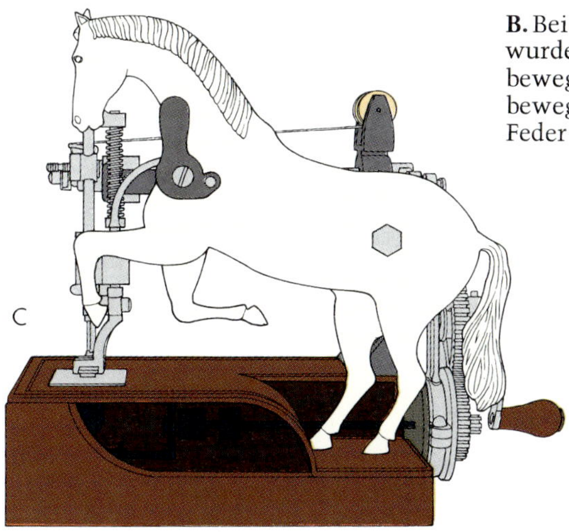

C

B. Bei der ersten Singer-Nähmaschine wurde das Tuch durch ein ruckweise bewegtes, gezahntes Rad vorwärts bewegt. Der Nähfuß war durch eine Feder vorgespannt.

C. Kettenstich-Nähmaschine von J. Perry 1858; diese war von dem Patent von E. Howe nicht erfaßt; daher konnten sie sehr billig verkauft werden.

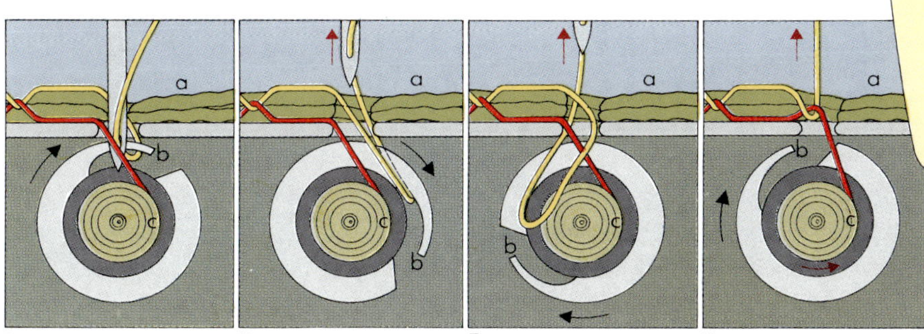

E1 E2 E3 E4

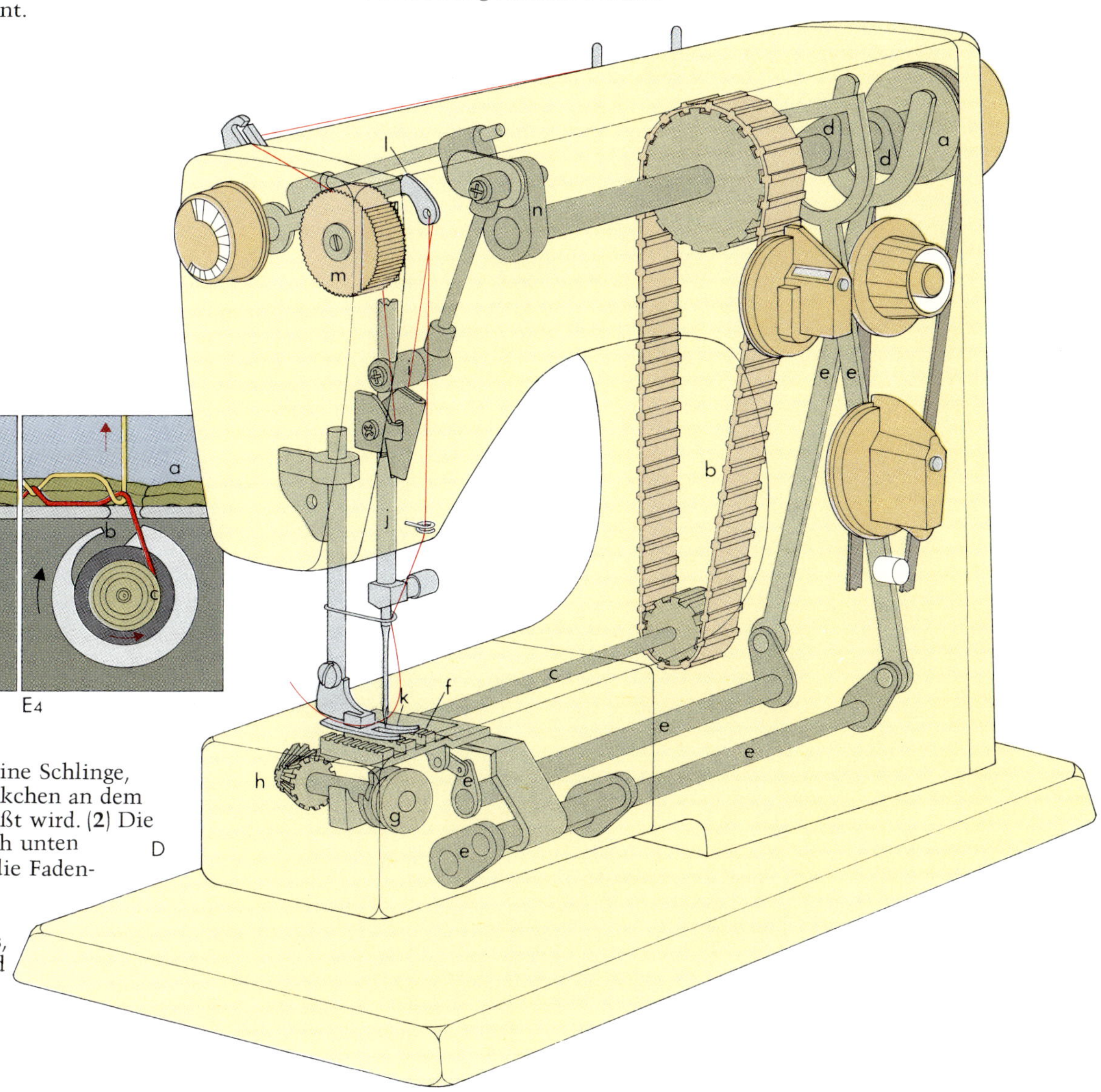

D

D. Moderne Nähmaschine. (a) Antriebsrad für den Treibriemen des Motors. (b) Schnurkette für die Greiferantriebswelle (c). (d) Nocken, die über die Verbindungsstangen (e) den Transporteur bewegen. (g) Schiffchen und Fadenrolle. (h) Getriebe für (g). (i) Führung für die Nadelstange (j). (k) Nähfuß. (l) Fadenhebel als Fadenregler. (m) Scheibe zum Regeln des Fadeneinzugs. (n) Nadelstangenantrieb.

E. Der Kettenstich. (**1**) Sobald die Nadel den Stoff (a) durchstoßen hat, bildet der Faden eine Schlinge, die von einem Häkchen an dem Schiffchen (b) erfaßt wird. (**2**) Die Schlinge wird nach unten gezogen und um die Fadenspule herumführt. (**3, 4**) Der Haken läßt den Faden los, und der Stich wird festgezogen.

A

A. Maschinenantrieb durch einen zentralen Wassermotor, der von der Firma Backus Bros. & Co. gebaut wurde.

B. Schnittdarstellung eines Wassermotors. Das Wasser trat durch das Rohr (a) ein, mußte durch die Düsen (b) fließen und spritzte gegen die Schaufeln (c) des Laufrades; schließlich verließ das Wasser den Motor durch Öffnungen am Boden. Die Motorleistung konnte verändert werden, indem eine oder zwei Düsen durch die Tauchkolben (d) geschlossen wurden.

C. Wassermotor als Antriebsaggregat für eine Nähmaschine.

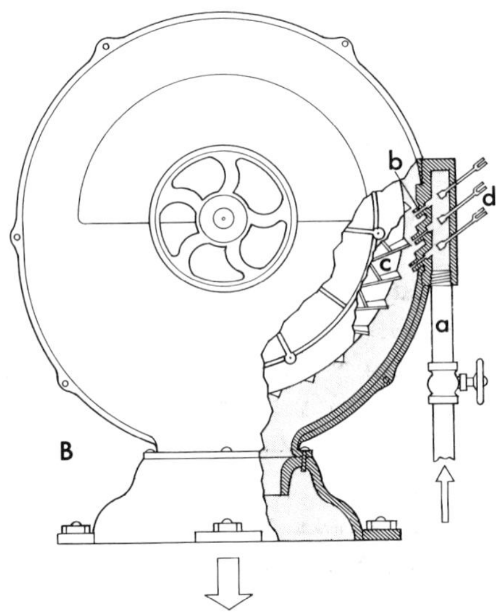

B

C

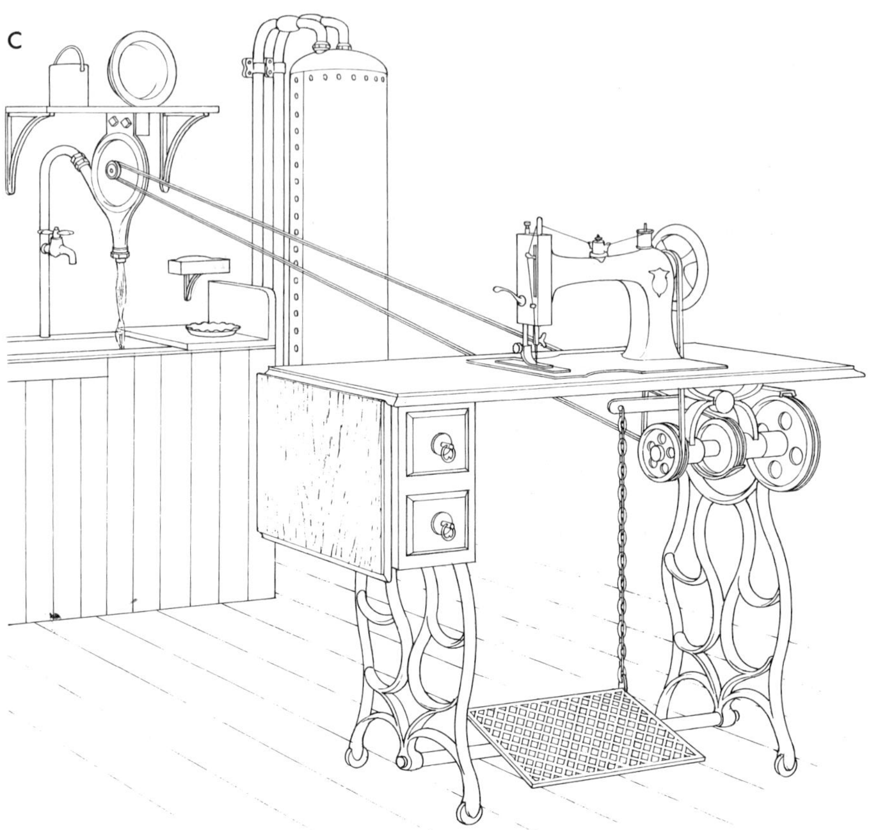

Die Herstellung von Wassermotoren wurde während des Ersten Weltkrieges eingestellt. Erhöhte Wassergebühren und Konkurrenz seitens kleiner Elektromotoren führten zur Beendigung dieser Episode in der Geschichte der Antriebsmaschinen, – eine Episode, die immerhin etwa fünfzig Jahre lang dauerte!

Das Zeitalter der Elektrizität

„Epoche" oder „epochemachend" sind oft abgegriffene Wörter, doch als die Menschen Zugang zu der Elektrizität bekamen, veränderten sich ihre Lebensbedingungen grundsätzlich. Man kann deshalb in der Tat von dem Beginn einer neuen Epoche sprechen, die eine radikale Veränderung der Wohnung und insbesondere der Küche mit sich brachte.

Es wird häufig behauptet, daß die Anwendung des elektrischen Stromes im Haus zu der gleichen Zeit stattfand, als das erste Kraftwerk, Th. Edisons „Paketlösung", 1882 in Betrieb ging. Das erste Patent auf ein elektrisches Kochgerät wurde jedoch schon 1874 dem Engländer St. George Lane-Fox verliehen, der auch einer der vielen Erfinder der elektrischen Glühbirne ist. Dies mag zeigen, in welchem Maße verschiedene Koch- und Heizgeräte zwar schon vorhanden waren, als die Verteilung des elektrischen Stromes eingeleitet wurde, aber nicht eingesetzt werden konnten. Dies lag hauptsächlich daran, daß keine geeigneten Werkstoffe für die Widerstandselemente vorhanden waren, die für die Umwandlung des elektrischen Stromes in Wärme benötigt wurden. Die Carpenter Company in Amerika führte 1890 ein Element ein, das aus dünnen, mit Silber überzogenen und in Emaille eingelassenen Drahtwindungen bestand und zunächst in Bügeleisen verwendet wurde. Die gleiche Gesellschaft führte 1891 eine ganze Reihe elektrischer Geräte ein, Kochtöpfe, Kaffeemaschinen usw.; sie sind im gleichen Jahr unter dem Namen „die elektrische Küche" bei der Weltausstellung in London zur Schau gestellt worden.

In New York wurde 1894 ein Restaurant mit einer vollständig elektrisch eingerichteten Küche eröffnet. Sie wurde den Gästen gezeigt. Dies ist bezeichnend für den großen Enthusiasmus jener Zeit für die Elektrizität als Wärmequelle: die Küche war sauber, hygienisch und leistungsfähig. Die Elektrizität ermöglichte es, die Wärme dort anzuwenden, wo sie gebraucht wurde; und es gab keinen Ruß.

Die Begeisterung wurde jedoch stark durch die Tatsache gedämpft, daß die Elektrizität anfänglich sehr teuer war. Th. Edisons erste Kunden hatten 28 Cents je kWh auch dann zu zahlen, wenn ihr Stromverbrauch niedrig war, und sie konnten nur zwischen zwei Arten von Glühlampen wählen mit Lichtstärken von 8 bzw. 16 Kerzen. In jenen Tagen verwendeten die Menschen Licht in einem Raum nur dann, wenn sie sich auch in diesem Raum befanden!

Trotz des sehr hohen Preises für die elektrische Energie existierten bereits alle „elektrischen Wärmegeräte", die man auch heute noch verwendet, schon in der Mitte der 1890er Jahre. Die Widerstandselemente in den ersten Geräten hatten jedoch ihre Mängel. Nachdem die Geräte einige Zeit im Gebrauch waren, wurde die Emaillemasse bröckelig und platzte leicht. Ein wichtiger Fortschritt erfolgte 1907, als ein neuer Werkstoff für den Widerstand in den USA patentiert wurde. Es war eine Nickel-Chrom-Legierung, die bis zu 1000°C erhitzt werden konnte, ohne oxidiert oder verformt zu werden. Dieser Werkstoff eröffnete die Möglichkeiten, verschiedene Kochgeräte einschließlich des elektrischen Toaster zu bauen. Der erste Toaster war ein offenes, trogförmiges Gerät mit einem zickzackförmig unter einem Rost angebrachten Nickel-Chrom-Draht. Um 1910 erschienen die ersten elektrischen Herde in den USA; die ersten Geräte können als zusammengefügte Heizplatten beschrieben werden. Nach dem Ersten Weltkrieg führte man den elektrischen Herd in Europa ein. Der Herd hatte eine elektrische Backröhre und oft auch eine Vorwärmröhre. Die ersten elektrischen Backöfen waren nicht besonders geschätzt, weil sie ständig überwacht werden mußten. Erst 1930 wurden die Öfen mit Thermostaten ausgestattet, so daß die gewünschte Temperatur vorher eingestellt und der Ofen sich dann selbst überlassen werden konnte.

Anfang der 1930er Jahre kam noch ein anderer Werkstoff für die elektrischen Widerstände auf den Markt. Er wurde Kanthal genannt und war von dem schwedischen Metallurgen Hans von Kanzow entwickelt worden. Er ließ sich darauf 1926 ein Patent geben. Der Werkstoff war eine Legierung aus Eisen, Chrom und Aluminium und konnte Temperaturen von mindestens 1400°C widerstehen. Der Werkstoff fand bald eine weite Anwendung als elektrischer Widerstand in Wärmegeräten. Dies gilt auch für den nachfolgenden Werkstoff, den Kanthal Super, der aus Molybdän- und Silizium-Bestandteilen zusammengesetzt war und Temperaturen bis zu 1700°C widerstand. Kanthal Super wurde auch für elektrische Industrieöfen und andere in der Industrie verwendete elektrische Wärmegeräte verwendet.

Die Hausgeräte des elektrischen Zeitalters

Die Nähmaschine war das erste Haushaltsgerät des elektrischen Zeitalters, das elektrifiziert wurde. I. Singer stellte die erste elektrisch angetriebene Nähmaschine 1889 vor, doch dauerte es noch weitere zwanzig Jahre, bevor sich der Elektroantrieb ganz durchsetzen konnte. Um 1890 kamen die ersten elektrisch angetriebenen Ventilatoren auf den Markt. Vorrichtungen zur Luftkühlung, Klimaanlagen, wurden in den USA erst Ende der 1930er Jahre produziert.

Der Staubsauger, eine der verbreitetsten Haushaltsmaschinen, nahm sozusagen einen weiten Weg, ehe er heimkehrte. Der erste verwendbare Staubsauger wurde von dem Engländer Hubert Cecil Booth 1901 konstruiert. Er ließ ihn sich patentieren. Patente auf ähnliche Maschinen sind schon zuvor zum Beispiel in Großbritannien, den USA und in Frankreich erteilt worden.

Das Hauptproblem der Konstrukteure des Staubsaugers war der Motor. Elektrische Motoren für kleine Leistungen waren noch immer unverhältnismäßig schwer und bullig. Deshalb war es einfacher, gleich auf Geräte großer Leistung zuzugehen. Zu Beginn des 20. Jahrhunderts stellten deshalb verschiedene Unternehmen Aggregate in den Kellergeschossen von Wohnblöcken und öffentlichen Gebäuden auf, bei denen der notwendige Unterdruck von einer Kolbenpumpe erzeugt wurde. In den Wänden befanden sich Saugleitungen. Jede Wohnung oder Gruppe von Räumen hatte einen oder mehrere Anschlüsse an das Absaugsystem. Der Staub wurde durch Wasserfilter vor den Saugpumpen niedergeschlagen.

Die ersten von H. Booth konstruierten Staubsauger waren nicht nur schwer, sondern auch teuer. Aber H. Booth war ein ebenso guter Kaufmann, wie er ein guter Konstrukteur war; zudem erhielt er „königliche" Hilfe: einer seiner ersten Aufträge war, den Teppich abzusaugen, der in der Westminster Abbey für die Krönung König Eduards VII. benötigt wurde. H. Booth fur fort, Staub zu saugen im Buckingham-Palast – zur großen Zufriedenheit der Königin Alexandra – und setzte seinen Triumpfzug fort bei Kaiser Wilhelm in Berlin, bei Zar Nikolaus in St. Petersburg und beim türkischen Sultan Abd-ul-Hamid II.

Gerade als der Staubsauger aufhörte, eine kuriose Neuheit zu sein, und zu einem Luxusgegenstand wurde, sah ein junger schwedischer Geschäftsmann ein solches Gerät in Wien. Das war im Jahre 1908, und

D
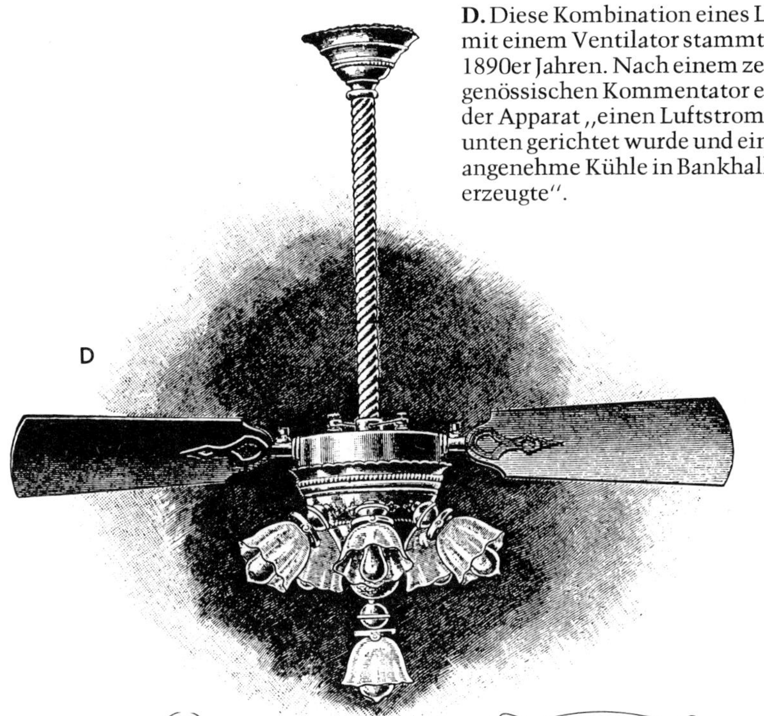

D. Diese Kombination eines Leuchters mit einem Ventilator stammt aus den 1890er Jahren. Nach einem zeitgenössischen Kommentator erzeugte der Apparat „einen Luftstrom, der nach unten gerichtet wurde und eine angenehme Kühle in Bankhallen u. ä. erzeugte".

E1 E2
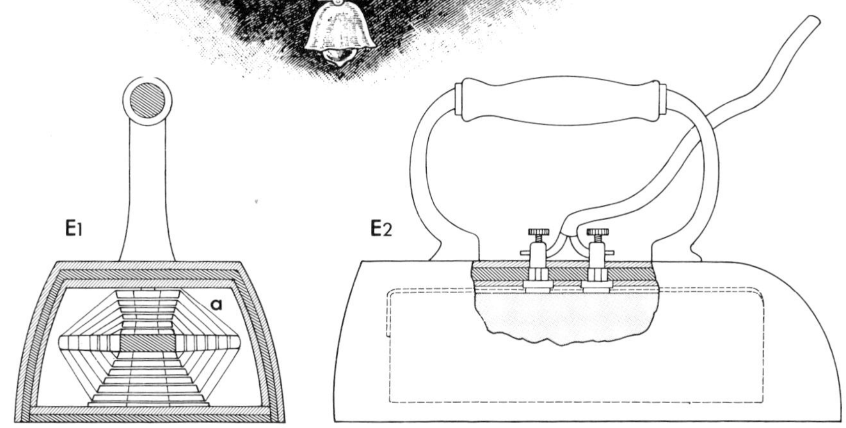

E. Ein elektrisches Bügeleisen um 1895. (**1**) Querschnitt, (**2**) Seitenansicht. Der elektrische Widerstand bestand aus einem besonderen Draht, der in einer Art Emaille eingebettet war.

F
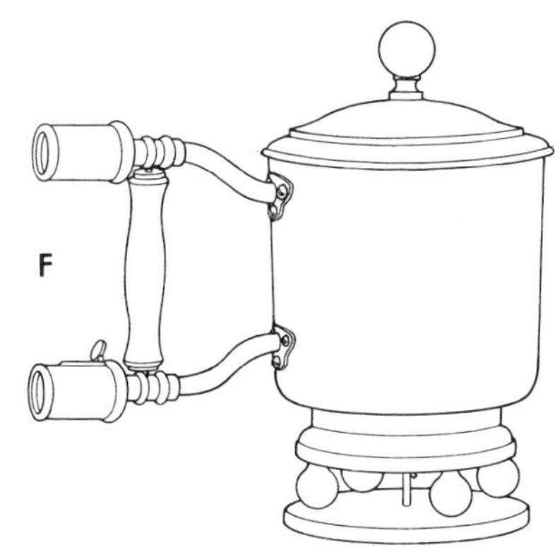

F. „Elektrische Teemaschine" der Firma AEG, um 1895. Der elektrische Widerstand umgab den innenliegenden Wasserbehälter.

G

G. Elektrische Bratpfanne aus der Zeit um 1895.

A

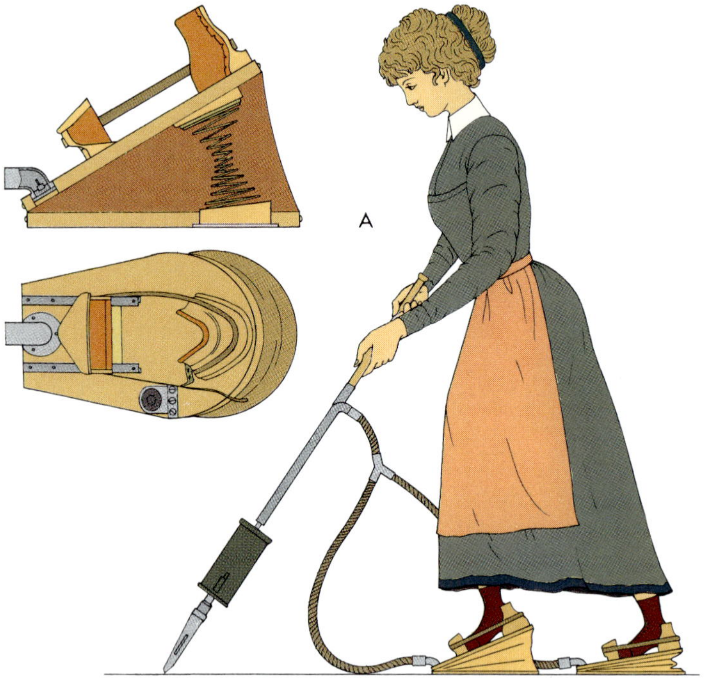

B

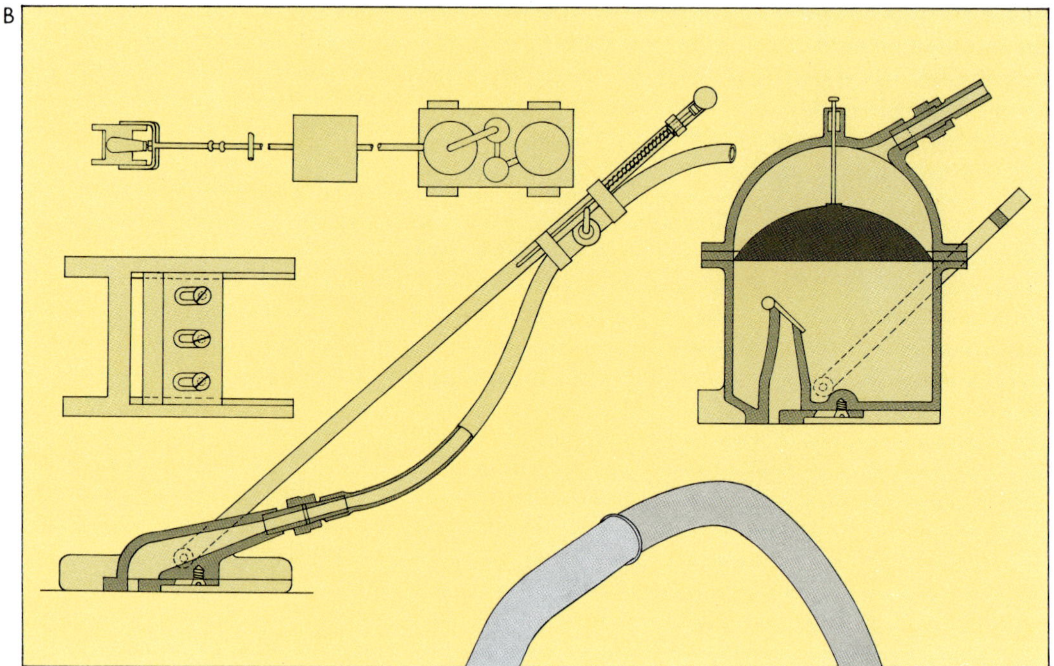

A. Um 1900 bekam ein französischer Erfinder ein Patent für diesen Staubsauger. Die Dienstmagd bekam Blasebälge, die sie an ihren Schuhen befestigen mußte. Die Blasebälge saugten Luft durch eine Düse ein, wenn das Mädchen im Zimmer herumlief.

B. H. C. Booth entwickelte als erster einen brauchbaren Vakuumstaubsauger. Er wurde von einer Kolbenmaschine mit einer Leistung von 5 PS angetrieben und besaß eine starke Pumpe.

C. Das Schnittbild eines modernen Vakuumstaubsaugers. Die Flügelräder des Gebläses (a) saugen die Luft nach hinten und bauen so vorne ein Vakuum auf. Luft und Staub werden daher in einen Staubbehälter (b) gesaugt. Im allgemeinen besteht dieser Behälter aus einem porösen Papiersack, der von einer Art Korb (c) gestützt wird. (d) Lochplatte. Der Filter (e) wird von einem Gitter geschützt und verhindert, daß Staub aufgewirbelt wird. (f) Motor. (g) Schalldämmung durch Behälterwandung. (h) Funkentstörung. (i) Kabeltrommel. (j) Staubanzeige. Verbindung zum Saugen (k) und Blasen (l).

C

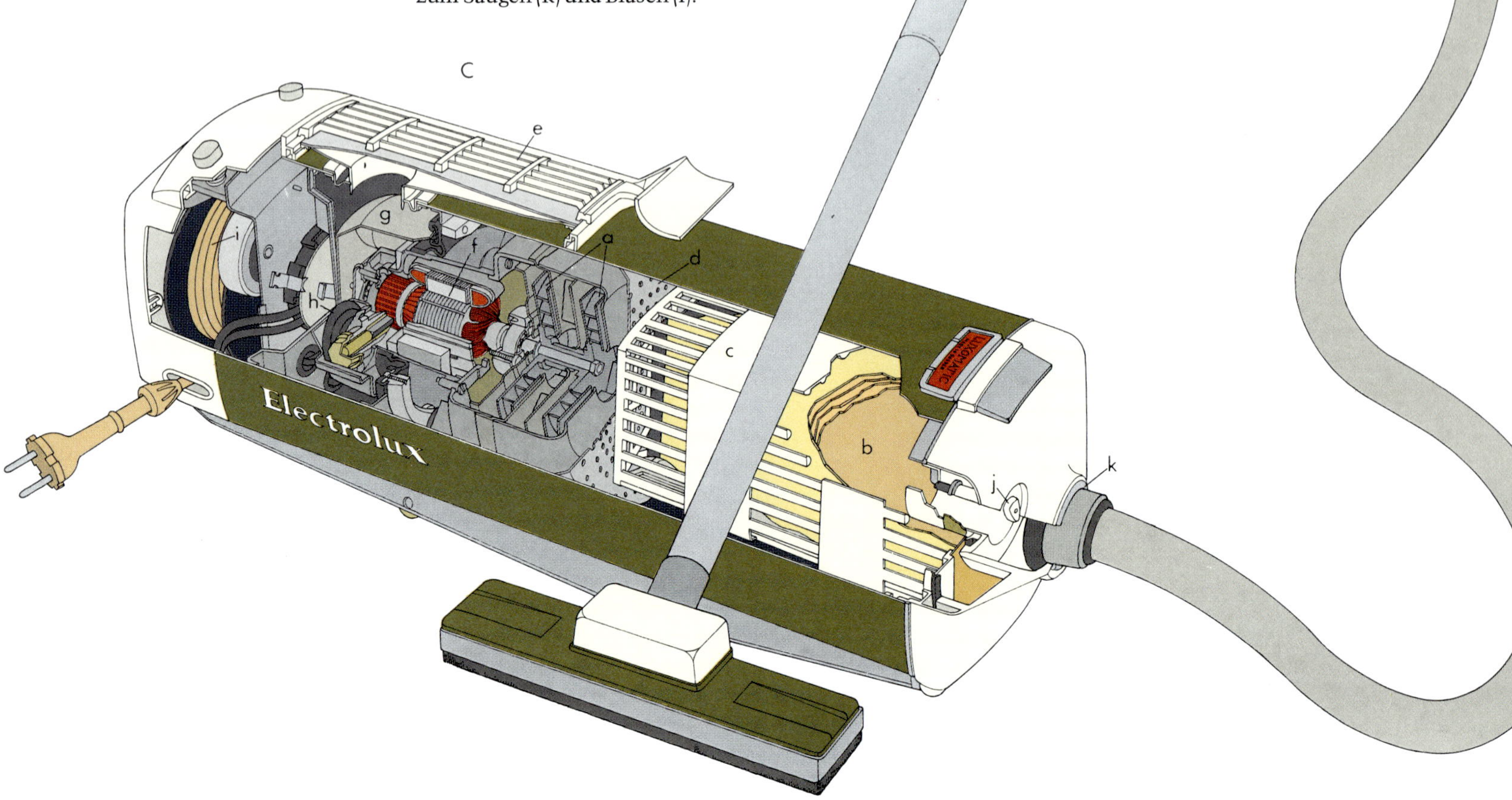

der Geschäftsmann hieß Axel Wenner-Gren (1881–1961). Er kaufte den Staubsauger, der 55 Pfund kostete und 40 kg wog, und nahm ihn mit nach Stockholm. Er beschloß, ein Gerät zu produzieren, das leichter zu handhaben und zu einem vernünftigen Preis zu kaufen sein würde. Einige Jahre später führten A. Wenner-Gren und seine Konstrukteure einen neuen Staubsauger vor. Er wog nur 6 kg, kostete 15 Pfund und kam 1913 auf den Markt. A. Wenner-Gren hatte sicherlich nicht allein diesen Gedanken, doch hatte sein Staubsauger eine vollkommen neue technische Komponente, den gekapselten Ventilator, der der Maschine eine sehr große Saugwirkung verlieh. Solche Ventilatoren werden jetzt praktisch in allen Staubsaugern verwendet.

Das Problem, Nahrungsmittel so aufzubewahren, daß sie für längere Zeiten genießbar bleiben, besteht seit der Steinzeit. In einigen alten Kulturen wurde entdeckt, daß die Lebensmittel sich länger frisch hielten, wenn sie an kalten statt an warmen Orten aufbewahrt wurden; auch ein Verfahren, Eis herzustellen, war bekannt. Als die Städte am Indus ausgegraben wurden, fand man „Eisfabriken" – Tausende von Formen mit Deckeln aus unglasiertem, porösem Ton. Diese Formen wurden mit Wasser gefüllt, zugedeckt, mit Wasser besprüht und von einer ganzen Schar von Sklaven gefächelt. Die auf diese Weise bewirkte Verdunstung ließ die Temperatur in den Formen unter den Gefrierpunkt fallen. Unglasierte, irdene Behälter werden noch immer zum Kühlen des Trinkwassers verwendet. Alexander der Große ließ riesige Eiskeller bauen, um die Nahrungsmittel für seine Truppen während der langen Belagerung von Petra im Jahre 329 v. Chr. zu konservieren. Im antiken Rom wurde Eis zum Kühlen von Essen und Getränken verwendet. Das Eis wurde im Winter an den Seen in den Alpen gewonnen, in Stroh gepackt und zur Ewigen Stadt befördert. Die Römer kannten auch Verfahren, Kältemischungen herzustellen. Wenn beispielsweise zehn Teile zerkleinerten Eises mit einem Teil Salz vermischt werden, erreicht man bei der Mischung eine Temperatur von $-10\,^{\circ}C$.

Im 17. und 18. Jahrhundert, als die Naturwissenschaften und Technik aufzublühen begannen, versuchten viele Menschen Kühlmaschinen zu bauen. Viele Versuche sind mit der Luftpumpe angestellt worden, nachdem Otto von Guericke um 1650 eine anwendbare Luftpumpe gebaut hatte. Eine Schüssel mit Wasser wurde in einen Behälter gestellt, aus dem die Luft herausgepumpt wurde. Die Temperatur des Wassers sank dann so, daß sich Eis bildete. Es gelang jedoch niemandem, dieses Phänomen zu erklären. Die theoretischen Grundlagen der Thermodynamik sind in einer verständlichen Form erst im 19. Jahrhundert veröffentlicht worden.

Die Wissenschaftler träumten also von einer Maschine, die Eis herstellen konnte, das sich einer zunehmenden Nachfrage erfreute. Doch die einzige Quelle für das Eis war die Natur selbst. Von der Mitte des 19. Jahrhunderts an bis in das 20. Jahrhundert hinein war Eis ein wichtiger Handelsartikel. Großbritannien importierte beispielsweise schon lange Eis aus Norwegen. In den 1850er Jahren kaufte sogar ein Unternehmen aus London einen See mit Quellen und einem reinen, sauberen Wasser bei Dröbak im Oslofjord. Der Handelsname dieses Erzeugnisses der Firma lautete „Norwegisches Kristalleis" und wurde über einige Jahrzehnte in großen Mengen verkauft.

Die Grundlagen der modernen Kältetechnik sind in den 1870er Jahren durch die Brauereiindustrie gelegt worden. In München, der bayrischen Biermetropole, gab es während der Sommermonate große Probleme, das Bier nicht verderben zu lassen. Ein junger Professor am Polytechnikum in München, Karl von Linde (1842–1920), begann 1870 auf den Grundlagen der Thermodynamik mit Kälteprozessen zu experimentieren. Nach drei Jahren hatte er eine Versuchsanlage erstellt, die in der Brauerei Sedlmayr eingebaut wurde und vielversprechende Ergebnisse brachte. Nachdem er einige Verbesserungen an der Anlage vornahm, gründete von Linde ein Unternehmen zur industriellen Produktion von Kältemaschinen. Von Lindes Kältemaschine beruhte auf der Verdichtung und Entspannung eines Kältemittels, des Ammoniaks. Kältemaschinen dieser Art werden heute Kompressionskältemaschinen genannt.

In den 1870er Jahren wurde eine andere wichtige Neuheit vorgestellt, das erste Kühlschiff, die *Frigorifique,* das 1877 zwischen Buenos Aires in Argentinien und Rouen in Frankreich fuhr und Fleisch geladen hatte. Die Kältemaschine an Bord war von dem französischen Ingenieur Charles Tellier (1828–1913) konstruiert worden und beruhte auf dem anderen Hauptsatz der mechanischen Erzeugung von Kälte, nämlich auf dem Prinzip der Absorption.

Von Lindes und Telliers Kältemaschinen waren beide für große Kühleinheiten bestimmt. Erst zu Beginn des 20. Jahrhunderts erkannte man, daß es möglich war, auch kleinere Kältemaschinen für den Haushalt zu bauen. Der erste Kühlschrank nach dem Kompressionsprinzip wurde 1913 in Chicago hergestellt und kam unter dem Namen Domelse auf den Markt. Der Schrank bestand aus Holz und hatte oben einen Kompressor. Der Kühlschrank fand jedoch keine besondere Verbreitung. Eisschränke, die mit Stangeneis gefüllt wurden, waren hingegen schon lange Zeit im Gebrauch, und der Verkauf von Haushaltseis war gut organisiert. Erst in den 1920er Jahren begann die industrielle Herstellung von Kühlschränken, und zwar zuerst in den USA und dann in Europa. Milde Winter in Schweden am Anfang der 1920er Jahre führten zu einem großen Mangel an Natureis. Durch diesen Umstand angeregt, entwickelten zwei Ingenieure an der Technischen Hochschule in Stockholm ein Kälteverfahren, das auf dem Prinzip der Absorption beruhte und ohne bewegte Teile arbeitete. Vereinfacht ausgedrückt, setzte sich das Kältemittel Ammoniak von selbst in Zirkulation, wenn es erwärmt wurde und zu verdampfen begann. Der nächste Schritt war, das Ammoniak wieder zu kondensieren und dann erneut in einer Wasserstoffatmosphäre verdampfen zu lassen. Das letztere erforderte Wärme, die der Luft im Kühlschrank entzogen wurde. Das ganze System war hermetisch abgeschlossen. Die notwendige Energie wurde in Form von Wärme durch eine Gasflamme oder eine elektrische Heizspirale zugeführt.

Die beiden Konstrukteure Baltzar von Platen und Carl Munters wendeten sich damals an den vermögenden Staubsaugerfabrikanten A. Wenner-Gren, der ihnen die Erfindung abkaufte. 1923 bauten von Platen und C. Munters eine Versuchseinheit ihrer Kältemaschine, die Erfindung wurde aber erst zu Neujahr 1925 bekannt gegeben. Eine Stockholmer Zeitung überschrieb den Artikel über die Neuheit mit „Kein Mangel an Eis diesen Sommer".

In den 1930er Jahren wurden verschiedene Typen Kühlschränke in den meisten Industrieländern verwendet. Im allgemeinen beträgt die Temperatur in einem Kühlschrank 4–8 °C. Schon in den 1920er Jahren hatten Hersteller begonnen, ihre Kühlschränke mit einem besonderen Fach, dem Eisfach, auszustatten, in dem Temperaturen von einigen Graden unter dem Gefrierpunkt erreicht werden. Dieses Fach war hauptsächlich für die Herstellung von Eiswürfeln bestimmt. Es wurden auch Versuche angestellt festzustellen, ob es möglich war, Nahrungsmittel für gewisse Zeitspannen haltbar zu machen, wenn man sie Temperaturen aussetzte, die beträchtlich tiefer waren als diejenigen im Kühlschrank. Diese Tiefkühltechnik ist hauptsächlich während des Zweiten Weltkrieges in den USA entwickelt worden. Man entdeckte, daß die meisten Nahrungsmittel sich mindestens ein halbes Jahr lang frisch halten, wenn sie zunächst schnell tiefgefroren und dann bei einer Temperatur von nicht mehr als $-18\,^{\circ}C$ gelagert werden.

A

D

E. Der Absorber-Kühlschrank von B. von Platen und C. Munters. (**1**) Erläuterungszeichnung, (**2**) der Kühlschrank. Die Maschine bestand aus einem geschlossenen Röhrensystem und hatte keine beweglichen Teile. Die Röhrenspirale (a) wurde von unten erwärmt. Das Ammoniakwasser begann dann zu verdampfen. Das Wasser und das gasförmige Ammoniak traten aus dem oberen Ende des Rohres heraus. Während das Wasser in den Behälter (b) heruntertropfte, trat das gasförmige Ammoniak durch das Rohr (c) in einen durch Wasser gekühlten Kondensator (d) ein, wo es kondensierte und als Flüssigkeit in den Generator (e) innerhalb des Kühlschrankes (f) gelangte. In (e) wurde noch Wasserstoff zugeführt, das Ammoniak verdampfte bei niedriger Temperatur. Für den Verdampfungsvorgang wurde Wärme benötigt, die aus dem Inneren des Kühlschrankes

B1

A. Eissägemaschine, um 1880, von einer Dampfmaschine angetrieben; von S. A. Sager konstruiert.

B. Im 19. Jahrhundert wurde das Eis in großen Lagerhäusern (**1**) gelagert, wobei die Blöcke in gewissen Abständen voneinander aufgeschichtet und mit Heu abgedeckt waren. Die Zwischenräume zwischen den Blöcken wurden für die Belüftung und Entwässerung benötigt. Das Eis wurde manchmal auf schraubenförmigen Hebewerken (**2**) auf die gewünschte Höhe befördert. Der Eisblock wurde auf den Boden des Fördermittels (a) und hinter die senkrechten Stäbe (b) gelegt. Wenn sich die Schraube nach links drehte,

B2

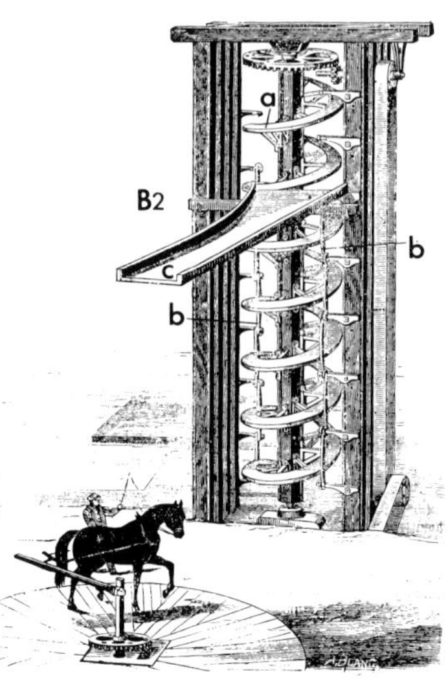

glitt der Block nach oben, bis er ein senkrecht verstellbares Rutschblech (c) erreichte, auf dem er in das Lager hinein rutschen konnte.

C. Eismaschine vom Kompressortyp aus den Jahren um 1875. Sie arbeitete nach dem gleichen Prinzip wie die Kühlanlage unter F.

D. Eine der ersten Eismaschinen für den Hausgebrauch. Das Wasser, das gefroren werden sollte, wurde in einen kleinen Behälter gegossen. Dieser wurde in den größeren eingebracht. Sobald die Maschine geschüttelt wurde, setzte eine chemische Reaktion ein, die Wärme verbrauchte. Die erforderliche Wärme wurde dem Wasser im inneren Behälter entzogen.

C

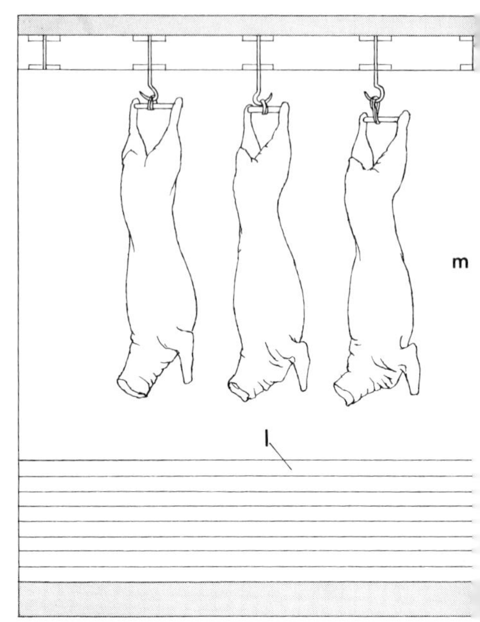

m

entnommen wurde. Die Mischung aus Wasserstoff und Ammoniakgas sank wegen ihres höheren spezifischen Gewichtes nach unten und floß durch die Röhre (g) in den Absorber (h), in dem Ammoniak in Wasser gelöst wurde. Der Wasserstoff wurde hingegen durch das Rohr (i) zurück zu dem Generator geführt, wo er erneut mit Ammoniak gemischt wurde. Da beim Lösen des Ammoniaks in Wasser Wärme abgegeben wird, war der Absorber von einem Wasserkühlmantel (j) umgeben, damit der Prozeß nicht zum Stillstand kam. Das Ammoniakwasser strömte dann durch das Rohr (k), das teilweise innerhalb eines anderen Rohres (l) führte. Das warme Wasser, aus dem das Ammoniak im Gefäß (b) verdampfte, floß in diesem zuletzt genannten Rohr und gab dort seine Wärme an das Ammoniakwasser in (k) ab und floß weiter nach (h), um wieder Ammoniak aufzunehmen. Auf diese Weise wurde das Ammoniakwasser in (k) schon vorerwärmt, ehe es in das Heizrohr (a) gelangte. (m) Kühlmittelzuleitung und Entwässerung. Ein Grund, daß man Ammoniak als Kühlmittel verwendete, war seine leichte Löslichkeit in Wasser. Bei einer durchschnittlichen Raumtemperatur und normalem Luftdruck lösen sich 660 l Ammoniak in einem Liter Wasser. Es kann leicht aus dem Wasser durch Erwärmen ausgetrieben werden.

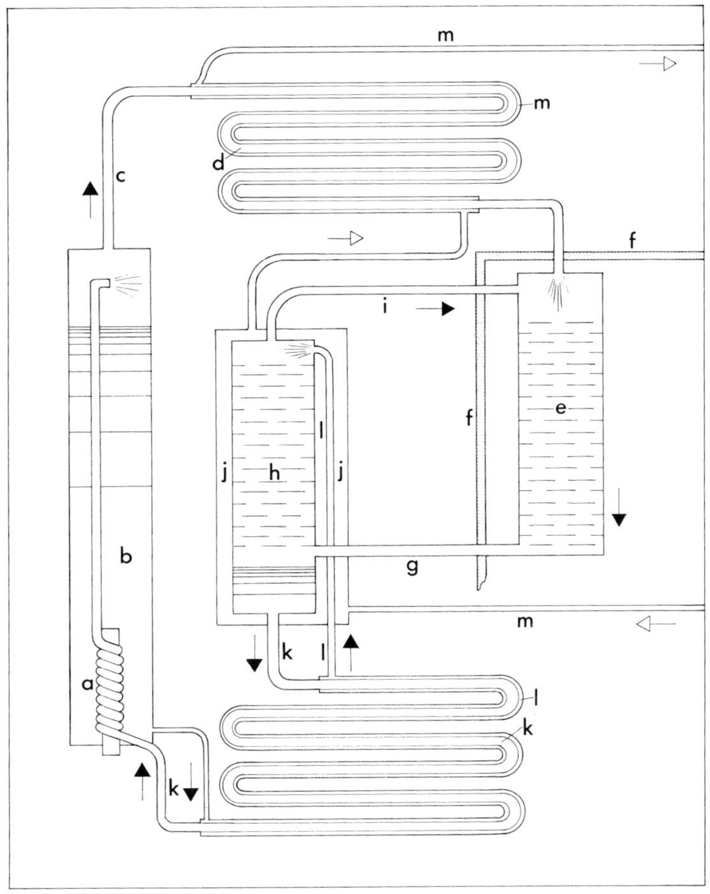

E1

E2

F

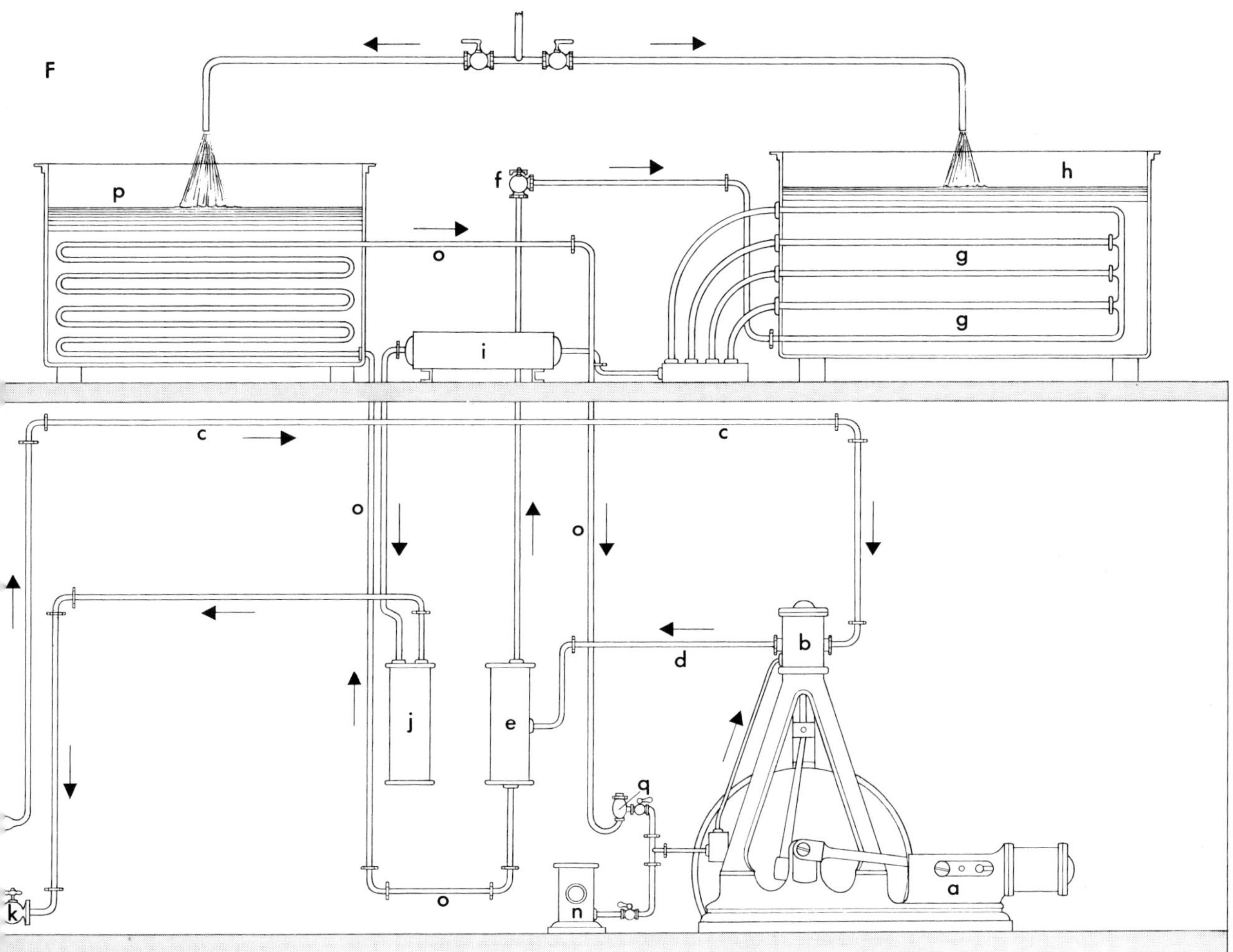

F. Da Ammoniak bei hohen Temperaturen verdampft, wenn der Druck hoch ist, und bei niederen Temperaturen, wenn der Druck niedrig ist, kann man leicht Kälte erzeugen, indem man „flüssiges" Ammoniak bei niedrigem Druck verdampfen läßt. Das ist das Arbeitsprinzip der Kompressionskältemaschinen. Hier ist eine Kältemaschine vom Ende des 19. Jahrhunderts dargestellt. Die Dampfmaschine (a) treibt die Pumpe (b) an, die gasförmiges Ammoniak aus dem Rohr (c) drückt. Über den Behälter (e) gelangt das Gas zu einem Absperrventil und in die Rohrleitungen (g), die durch die Wasservorlage (h) führen (Kondensator). Hier wird das verdichtete Ammoniak verflüssigt und läuft durch die beiden Behälter (i, j) und das Absperrventil (k) zu dem Generator (l), in dem niedriger Druck herrscht und das Ammoniak erneut verdampft. Die dafür benötigte Wärme wird dem Kühlraum (m) entzogen. Das Ammoniakgas strömt durch die Rohrleitung (c) wieder zurück zur Pumpe (b), die über den Tank (n) mit Schmieröl versorgt wird. Das aus der Pumpe durch das verdichtete Gas mitgerissene Schmieröl wird in (e) abgesondert und fließt durch das Rohr (o), die Wasservorlage (p) und durch das Sieb (q) zurück.

Die Tiefkühltechnik hatte in den USA einen schnellen Erfolg in den Jahren unmittelbar nach dem Zweiten Weltkrieg und in Europa in den 1950er Jahren. Diese Technik bewirkte große Veränderungen in der Nahrungsmittelindustrie: die Produktionsarten und die Verpackungstechniken waren betroffen, das Verteilersystem mußte reorganisiert werden, der Kleinhandel mußte Tiefkühltruhen haben usw. Auch in den Haushaltungen brachte die neue Technik Änderungen: Bevor die Tiefkühlung aufkam, wurden in den meisten Ländern Obst und Gemüse nur in der „Saison" angeboten. Heute werden zum Beispiel Früchte und Gemüse in Südeuropa eingefroren und in den Norden transportiert, oder sie werden in Israel oder Südafrika eingefroren und nach Europa gebracht. Tiefgefrorenes Gemüse ist das ganze Jahr über und oft schon in halbgarem Zustand erhältlich, so daß die Kochzeit nur klein bemessen ist.

Das Waschen der in einem Haushalt anfallenden Wäsche war eine langwierige und anstrengende Arbeit. Daher wurden schon sehr früh Versuche angestellt, diese Arbeit zu mechanisieren. In der Sammlung von Chr. Polhems Maschinenmodellen befinden sich auch einige „mechanische" Waschmaschinen, die von ihm entwickelt wurden, aber auf dem Markt nicht erfolgreich waren. In der Mitte des 19. Jahrhunderts wurden einige Waschmaschinenmodelle in Großbritannien und den USA eingeführt. Große dampfbetriebene Wäschereien kamen in Großbritannien auf. Diese Wäschereien breiteten sich zu Beginn des 20. Jahrhunderts auch in den USA stark aus. Die Technologie, die für diese Betriebe entwickelt wurde, ist zur Grundlage für die Waschmaschine im Haushalt geworden. Schon in den 1920er Jahren waren die großen amerikanischen Wäschereien weitgehend automatisiert. Die ersten Haushaltswaschmaschinen erschienen um 1930 und waren mit einer Programmvorrichtung für halbautomatischen Betrieb ausgestattet. Beachtliche Verbesserungen der Programme wurden Anfang der 1930er Jahre durch die Firma Seeburg & Co. in Chicago erzielt. Dieses Unternehmen ist einer der führenden Musikautomatenhersteller in den USA. Ein Musikautomat ist in der Tat eine hoch automatisierte Maschine! Dieses Grundprodukt der Firma Seeburg & Co. ließ sich während der Weltwirtschaftskrise nur schwer verkaufen, so daß sich die Gesellschaft auf Programmiereinrichtungen für automatische Waschmaschinen konzentrieren mußte. Die Haushaltswaschmaschinen wurden allerdings erst Ende der 1940er Jahre allgemein verwendet.

In Ergänzung zu diesen neuen, elektrisch angetriebenen Haushaltsmaschinen, die in den 1930er und 1940er Jahren populär wurden, breitete sich ein neues Konzept aus: die Haushaltsgeräte. Viele dieser Geräte erschienen seither: verschiedene Arten elektrischer Mixer, Kaffeemaschinen, Entsafter, Geschirrspülmaschinen, Büchsenöffner, um nur einige wenige zu nennen. Selbst die elektrische Kaffeemühle und das elektrische Küchenmesser erschienen auf dem Markt.

Auf die größer werdende Freizeit wurde oft hingewiesen, die ein Ergebnis des Einsatzes von Maschinen ist. Doch benötigt man auch Maschinen in der Freizeit? Diese Frage scheint wie eine Abschwächung der Mechanisierung zu lauten, doch viele Menschen „basteln" in ihrer Freizeit. Warum sollen also die „Hobbyhandwerker" dabei nicht die Vorteile der arbeitssparenden Geräte nutzen, wie elektrische Bohrmaschinen, Hobbydrehbänke usw.?

A. Waschmaschine für Wolle von Chr. Polhem. Die Waschtrommel ist mit einem Netz aus Leinengarn abgedeckt, so daß die Wolle von der Tonne mitgenommen und zwischen der Trommel und der oberen Walze bearbeitet wurde. Es war möglich, den Druck der Walze auf die Trommel zu verändern, indem man Gewichte auf das Brett am Boden der Maschine legte.

B. Eine elektrische, um 1925 in Deutschland hergestellte Waschmaschine. Die Wäsche wurde in eine gelochte Trommel (a) eingelegt. Wasser und Waschmittel wurden zugesetzt. Der Deckel (b) wurde geschlossen und das Feuer in dem Ofen (c) unterhalb der Maschine angemacht. Der elektrische Motor (d) drehte die Trommel abwechselnd in die eine und in die andere Richtung. (e) Wasserpumpe.

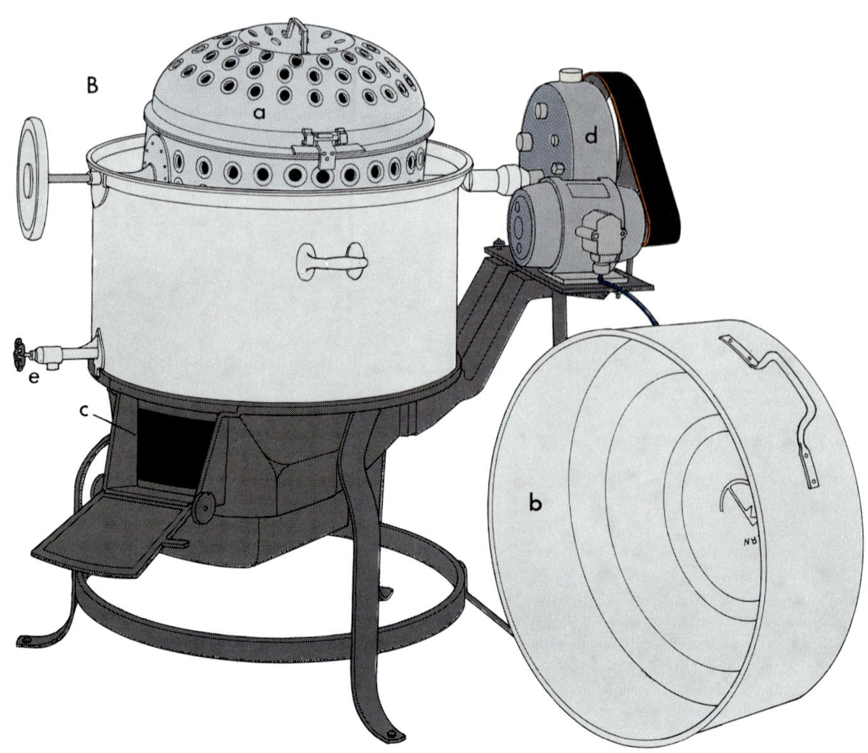

C

E. Schnittansicht einer modernen Trommelwaschmaschine. Sie besteht aus einer drehbaren inneren Trommel (a), die gelocht ist, damit die Waschmittellösung durch sie hindurchlaufen kann, und einer feststehenden Trommel (b). Die innere Trommel wechselt regelmäßig ihre Drehrichtung, damit sich die Wäsche nicht verheddert. Die Maschine kann für verschiedene Waschprogramme über zwei Steuereinrichtungen (c) programmiert werden. (d) Wasch- und Spülmitteleingabe. Die Tür (e) wird elektromagnetisch verschlossen, sobald die Maschine anläuft. Wenn der Druckknopf (f) betätigt wird, wird der Stromkreis unterbrochen und der Verschluß geöffnet. (g) Gegengewicht, um (b) auszubalancieren. (h) Steuerungen. (i) Federaufhängungen für (b). (j) Stützen für die Achse von (a). (k) Kugellager. (l) Riemenscheibe für den Antrieb von (a). (m) Treibriemen. (n) Heizstäbe. (o) Entwässerungspumpe. (p) Stoßdämpfer. (q) Filter. (r) Zugangsdeckel für (q). (s) Thermofühler. (t) Motor.

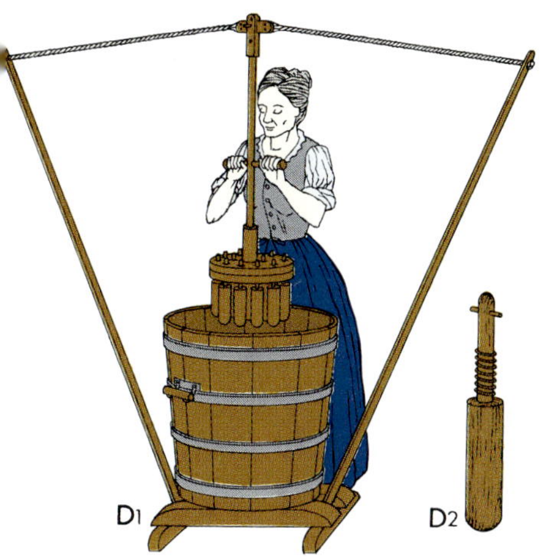

C. Eine mit Dampfkraft angetriebene Waschmaschine, die Mitte des 19. Jahrhunderts im Arbeitshaus St. Pancras in London im Betrieb war.

D. Etwa Mitte des 19. Jahrhunderts wurde diese Waschmaschine (**1**) in Deutschland konstruiert. Sie war für den häuslichen Gebrauch bestimmt und mußte von Hand betrieben werden. Auf der drehbaren Scheibe befand sich eine Anzahl durch Federn vorgespannte Stifte (**2**), die die Wäsche mechanisch bearbeiteten, wenn die Scheibe immer wieder in die Waschtonne gestoßen wurde.

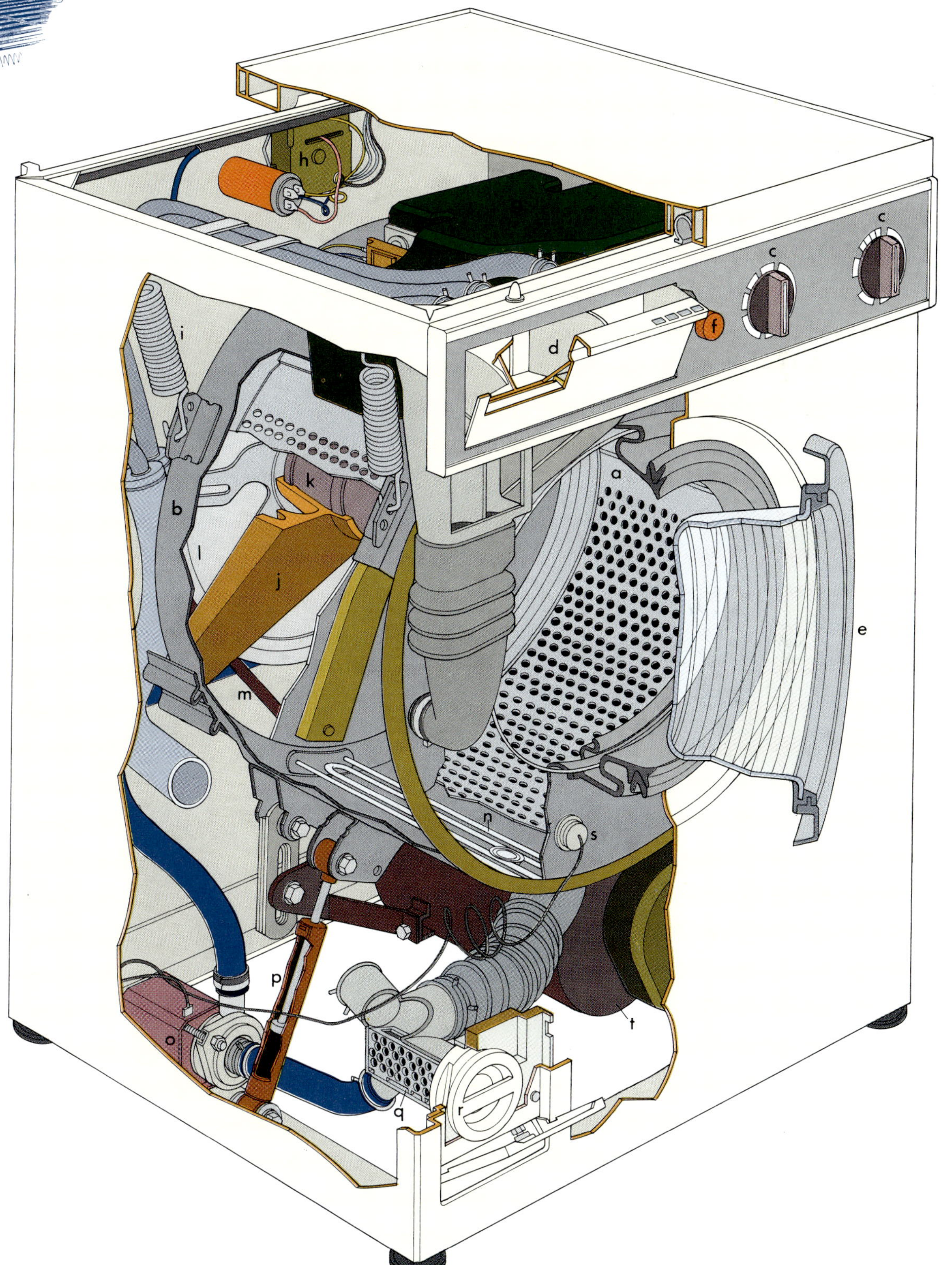

E

In diesem Kapitel ist oft über die Freizeit gesprochen worden, die ein Ergebnis des Einsatzes von Maschinen ist. Maschinen können aber auch beim „Hobby" hilfreich sein.

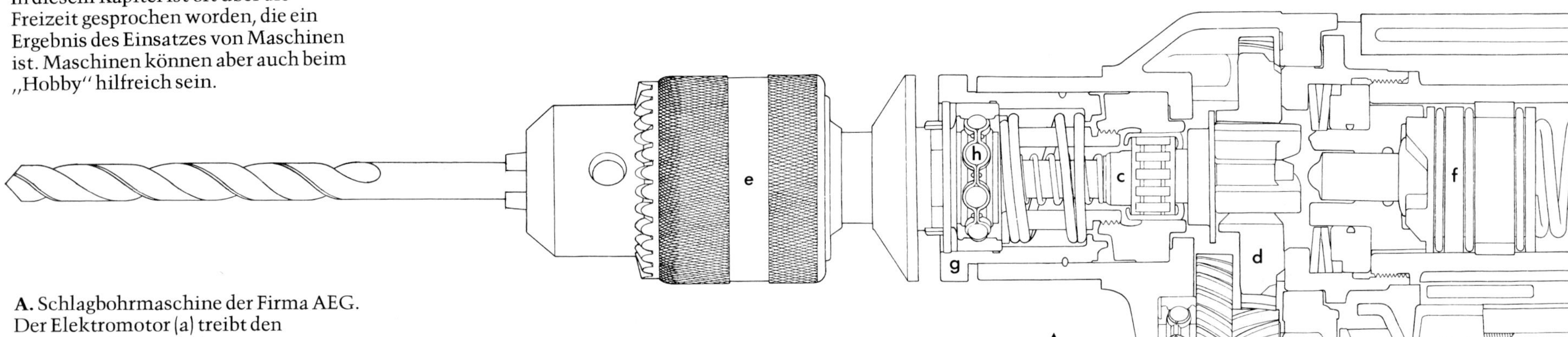
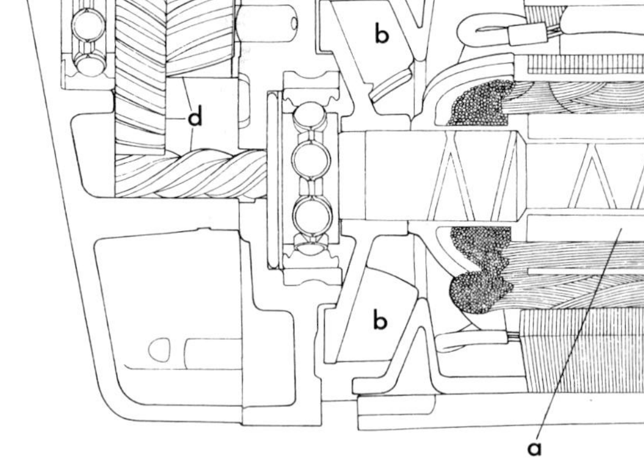

A. Schlagbohrmaschine der Firma AEG. Der Elektromotor (a) treibt den Ventilator (b) an, der die Temperatur im Toleranzbereich hält. Der Motor treibt außerdem die Spindel (c) über das Getriebe (d) mit Kegelrädern an (das oberste kann hier im Schnitt gesehen werden). Am Ende der Spindel befindet sich ein Schraubengewinde für das Bohrfutter (e). (f) Schlagmechanismus. (g) Stellring zum Lösen von (f). (h) Wartungsfreies Kugellager. (i) Elektrischer Schalter.

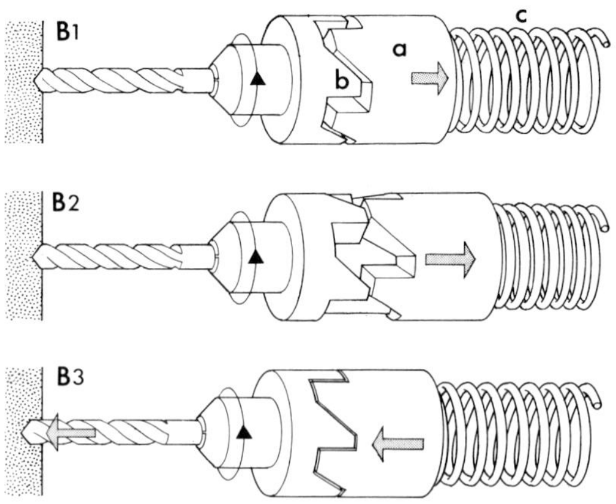

B. Der Schlagmechanismus bei der Schlagbohrmaschine in A arbeitet folgendermaßen: (**1, 2**) der in Achsrichtung bewegliche Hammer (a) wird durch fünf sich drehende Klauen (b) gegen die Feder (c) gedrückt. (**3**) Wenn der Hammer ganz nach hinten geschleudert wurde, hat er keinen Eingriff mit der Klaue mehr. Die Schlagzahl unter Vollast beträgt 4500 in der Minute.

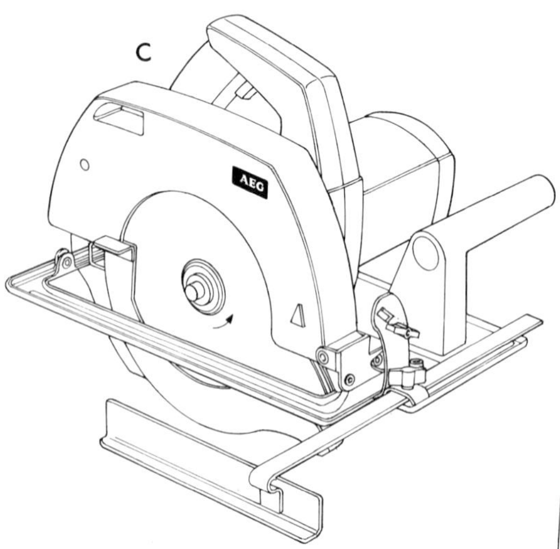

C. Viele elektrische Bohrmaschinen können durch verschiedene Zusatzgeräte zu Fräsmaschinen, Drehbänken, und anderen Maschinen umgewandelt werden. Dargestellt ist eine tragbare Kreissäge, die bis zu einer Schnittiefe von 75 mm eingestellt werden kann. Eine Absaugvorrichtung für das Sägemehl kann an die Maschine angebaut werden.

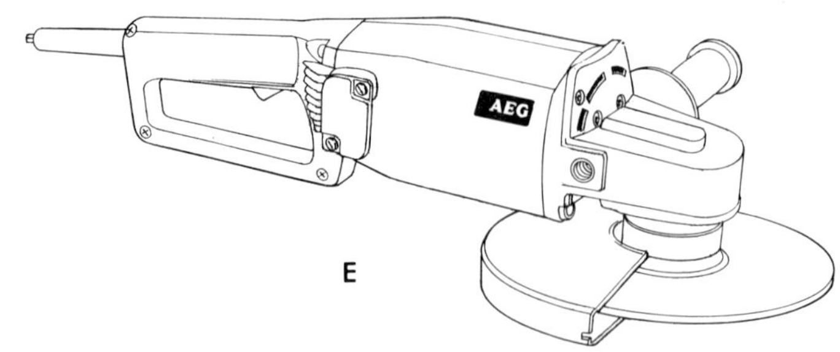

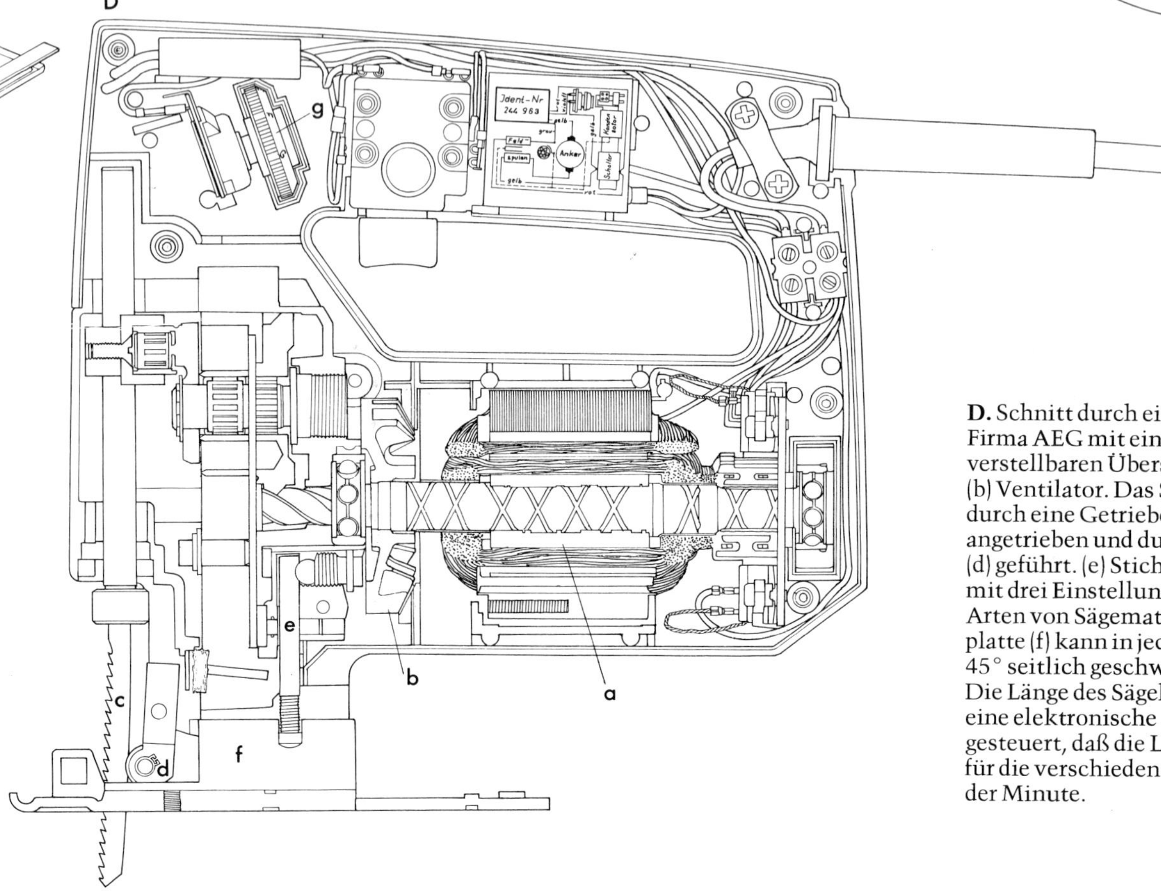

D. Schnitt durch eine Stichsäge der Firma AEG mit einer elektronisch verstellbaren Übersetzung. (a) Motor. (b) Ventilator. Das Sägeblatt (c) wird durch eine Getriebeübersetzung angetrieben und durch die Stützwalze (d) geführt. (e) Stichsägensteuerung mit drei Einstellungen für verschiedene Arten von Sägematerial. Die Grundplatte (f) kann in jeder Richtung um 45° seitlich geschwenkt werden. Die Länge des Sägehubes wird durch eine elektronische Vorrichtung (g) so gesteuert, daß die Leistung konstant ist für die verschiedenen Hubzahlen in der Minute.

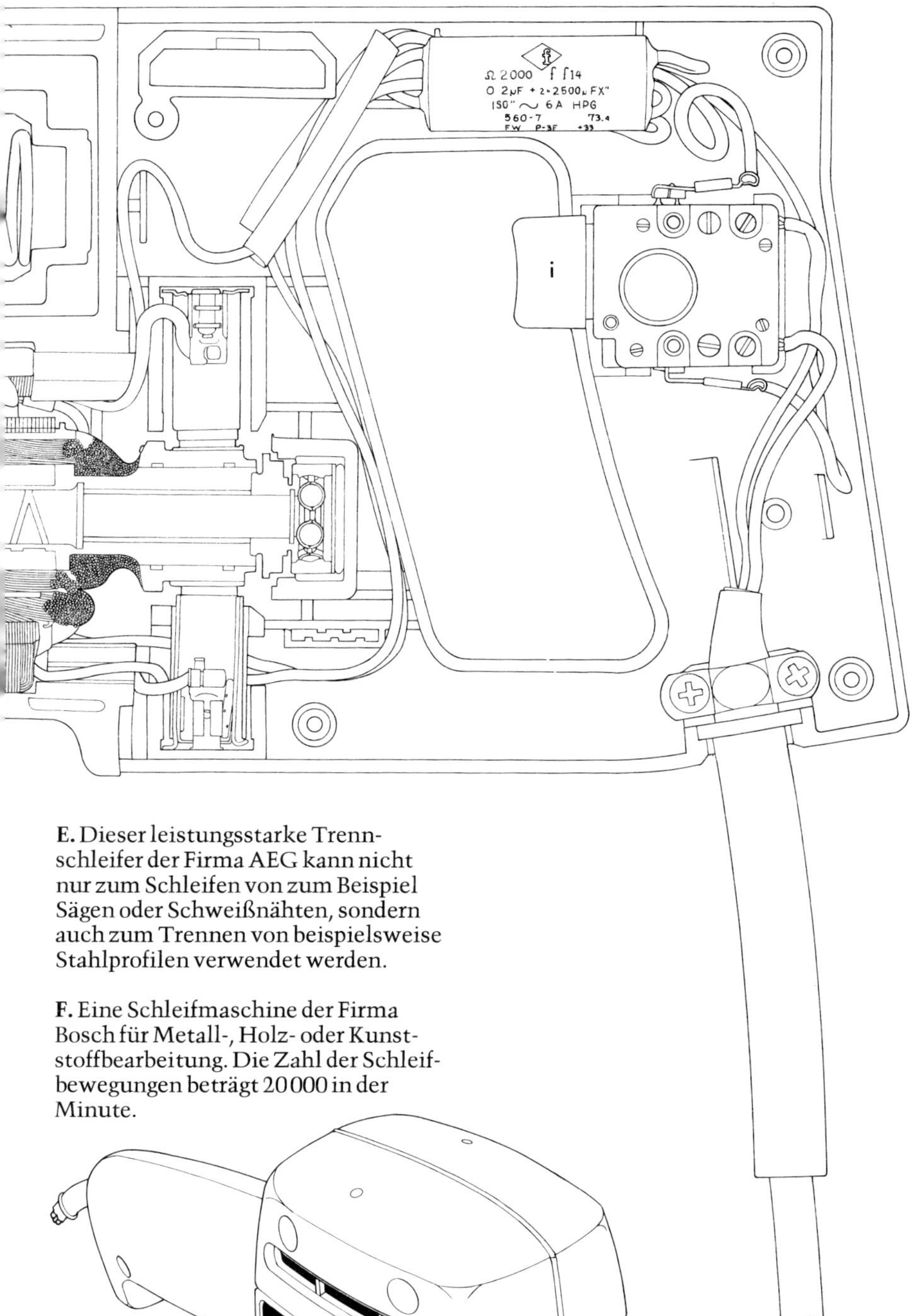

E. Dieser leistungsstarke Trennschleifer der Firma AEG kann nicht nur zum Schleifen von zum Beispiel Sägen oder Schweißnähten, sondern auch zum Trennen von beispielsweise Stahlprofilen verwendet werden.

F. Eine Schleifmaschine der Firma Bosch für Metall-, Holz- oder Kunststoffbearbeitung. Die Zahl der Schleifbewegungen beträgt 20000 in der Minute.

F

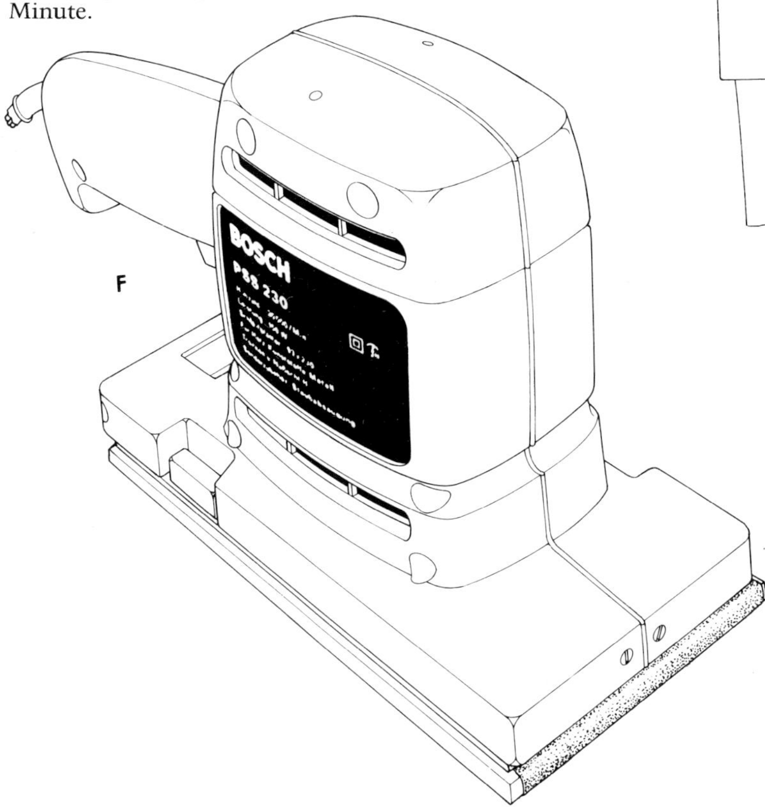

G. Dieser elektrische Hobel der Firma Black & Decker kann zum Polieren, Hobeln, Abschrägen und Falzen verwendet werden. Die Schnittiefe beträgt bis zu 1,5 mm.

H. In dieser Farbspritzpistole der Firma Wagner saugt die Pumpe die Farbe an und spritzt sie mit Hochdruck heraus. (a) Einlauffilter für die Farbe. (b) Düse. (c) Pumpe. (d) Elektromagnet. (e) Stufenlose Steuerung der Geschwindigkeit. (f) Elektrischer Schalter.

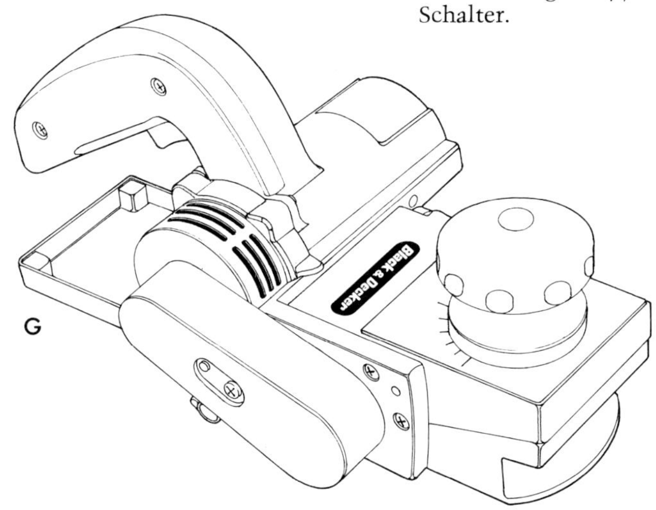

G

H

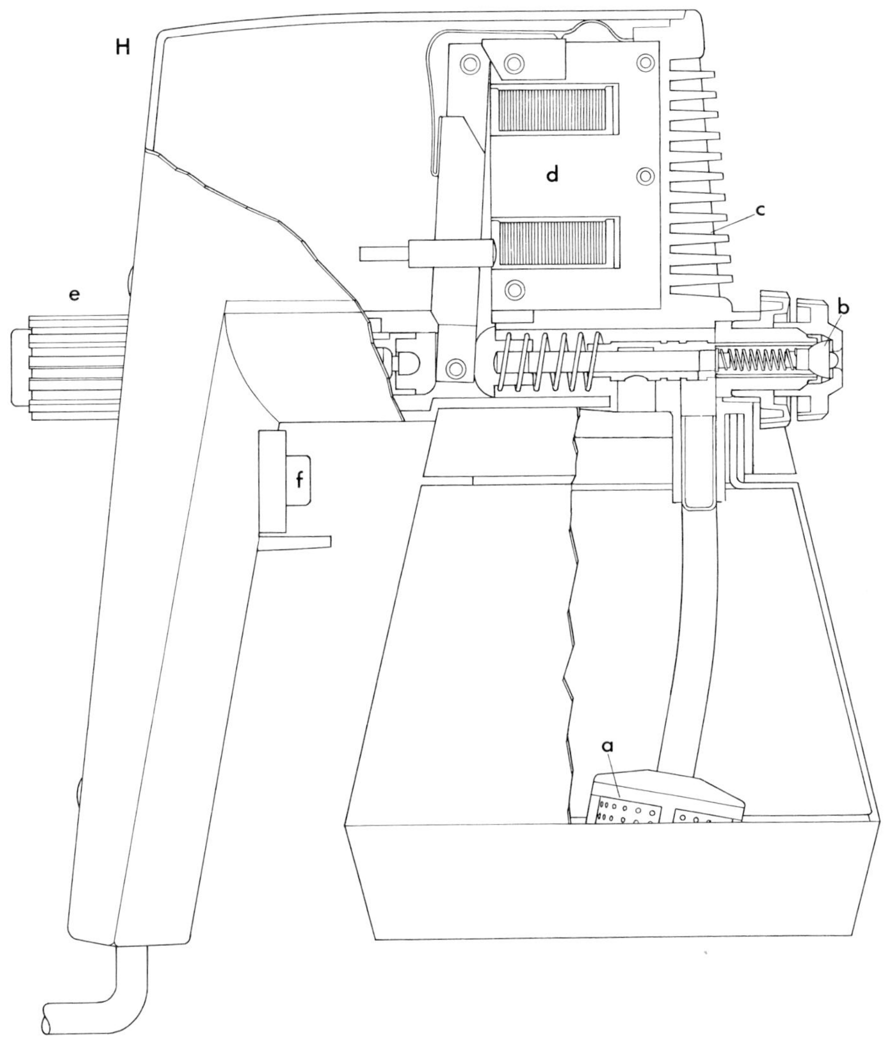

Bibliographie

Allgemeines

Fr. Klemm, *Technik, eine Geschichte ihrer Probleme,* Freiburg – München 1954 (mit ausführlichem und weiterführendem Literaturverzeichnis).
A. Stöcklein, *Leitbilder der Technik,* München 1969 (mit ausführlichem Literaturverzeichnis).
Ch. Singer (Hrsg.), *A History of Technology,* Bd. I–V, New York – London 1954ff.
M. Daumas, *Histoire Générale des Techniques,* Bd. I–VI, Paris 1962ff.
A. Fürst, *Das Weltreich der Technik,* Bd. I–V, Berlin 1927ff.
M. Kranzberg – C. W. Pursell jr., *Technology in Western Civilization,* Bd. I–II, New York 1967.
W. Stein, *Kulturfahrplan,* München 1974

Kapitel 1

R. J. Forbes, *Man the Maker,* London 1958.
A. Neuburger, *Die Technik des Altertums,* Leipzig 1919.
Fr. M. Feldhaus, *Die Technik der Antike und des Mittelalters,* Leipzig 1931.
W. Flinders Petrie, *The Arts and Crafts of Ancient Egypt,* London 1910.
A. Fakhry, *The Pyramids,* Chicago 1961.
C. Merckel, *Die Ingenieurtechnik im Alterthum,* Berlin 1899 (Faksimile: Hildesheim 1969).
A. Varagnac, *La Conquête des Énergies,* Paris 1972.
K. P. Oakley, *Man the Toolmaker,* London 1972.

Kapitel 2

G. Sarton, *A History of Science,* Bd. I–II, Cambridge (Mass.) 1959.
A. P. Usher, *A History of Mechanical Inventions,* London ⁴1970.
A. G. Drachmann, *Antikkens teknik,* Köpenhamn 1950.
D. De Solla Price, *Gears from the Greeks; The Antikythera Mechanism – A Calendar Computer from c. 80 B. C.,* Philadelphia 1974.
J. Needham, *Science and Civilization in China,* Bd. I–IV, Cambridge 1965ff.
M. Claggett, *The Science of Mechanics in the Middle Ages,* Madison (Wisc.) 1961.
W. A. Johnsson, *Christopher Polhem, The Father of Swedish Technology,* Hartford (Conn.) 1963.
S. Butler, *Erewhon, or Over the Range,* London 1872 [dt. Ergindwon oder Jenseits der Berge].
J. Polieri, *Scénographie Nouvelle,* Boulogne 1963.

Kapitel 3

L. Mumford, *Technics and Civilization,* New York 1934 bzw. 1963.
Fr. Reuleaux, *Theoretische Kinematik. Grundzüge einer Theorie des Maschinenwesens,* Braunschweig 1895.
E. S. Ferguson, *Kinematics since the Time of Watt,* Washington 1962.
W. Rathenau, *Von kommenden Dingen,* Berlin 1917.
G. u. P. Amber, *Anatomy of Automation,* Englewood Cliffs 1962.
J. Diebold. *Automation. The Advent of the Automatic Factory,* New York 1952.
B. Gille, *Ingenieure der Renaissance,* Wien – Düsseldorf 1968.

Kapitel 4

R. S. Kirby u. a., *Engineering in History,* New York 1956.
Fr. M. Feldhaus, *Die Maschine im Leben der Völker,* Basel – Stuttgart 1954.
G. E. Sandström, *Byggarna,* Stockholm 1964.
– *The History of Tunneling,* London 1963.
R. Kellerman – W. Treue, *Die Kulturgeschichte der Schraube,* München 1962.

Kapitel 5

W. Kiaulehn, *Die eisernen Engel,* Berlin 1935.
H. W. Dickinson, *A Short History of the Steam Engine,* London 1963.
E. J. Hobsbawm, *Industry and Empire,* London 1969.
T. Althin, *Gustaf de Laval – de höga hastigheternas man,* Stockholm 1953.

Kapitel 6

J. A. Fleming, *Fifty Years of Electricity,* London 1921.
P. Dunsheath, *A History of Electrical Engineering,* London 1961.

Kapitel 7

A. Chapuis – E. Droz, *Les Automates,* Zürich 1949.
H. Svoboda, *Der künstliche Mensch,* München 1967.
W. zur Megede, *Am Wege zur Automation,* Berlin 1974.
O. Mayr, *The Origins of Feedback Control,* London 1970.

Kapitel 8

Ph. u. E. Morrison (Hrsg.), *Charles Babbage and his Calculating Engines,* New York 1961.
W. R. Fuchs, *Knaurs Buch der Denkmaschinen,* München 1968.
Th. P. Hughes, *Elmer Ambrose Sperry, Inventor and Engineer,* New York 1970.
W. Ley, *Rakete und Raumschiffahrt,* Berlin 1944. (Verbesserte Auflage: *Vorstoß im Weltall,* Rakete und Raumschiffahrt, Wien 1949.)

Kapitel 9

W. H. G. Armytage, *A Social History of Engineering,* London 1961.
M. Kranzberg – J. Gies, *By the Sweat of Thy Brow,* New York 1974.
W. T. O'Dea, *The Meaning of Engineering,* London 1961.
V. J. Danilov (Hrsg.), *The Future of Science and Technology,* Chicago 1976.
St. Chase, *Men and Machines,* London 1929.
N. Calder, *Technopolis,* London 1929.
J. Ellul, *La Technique ou l'Enjeu du Siècle,* Paris 1954.

Register

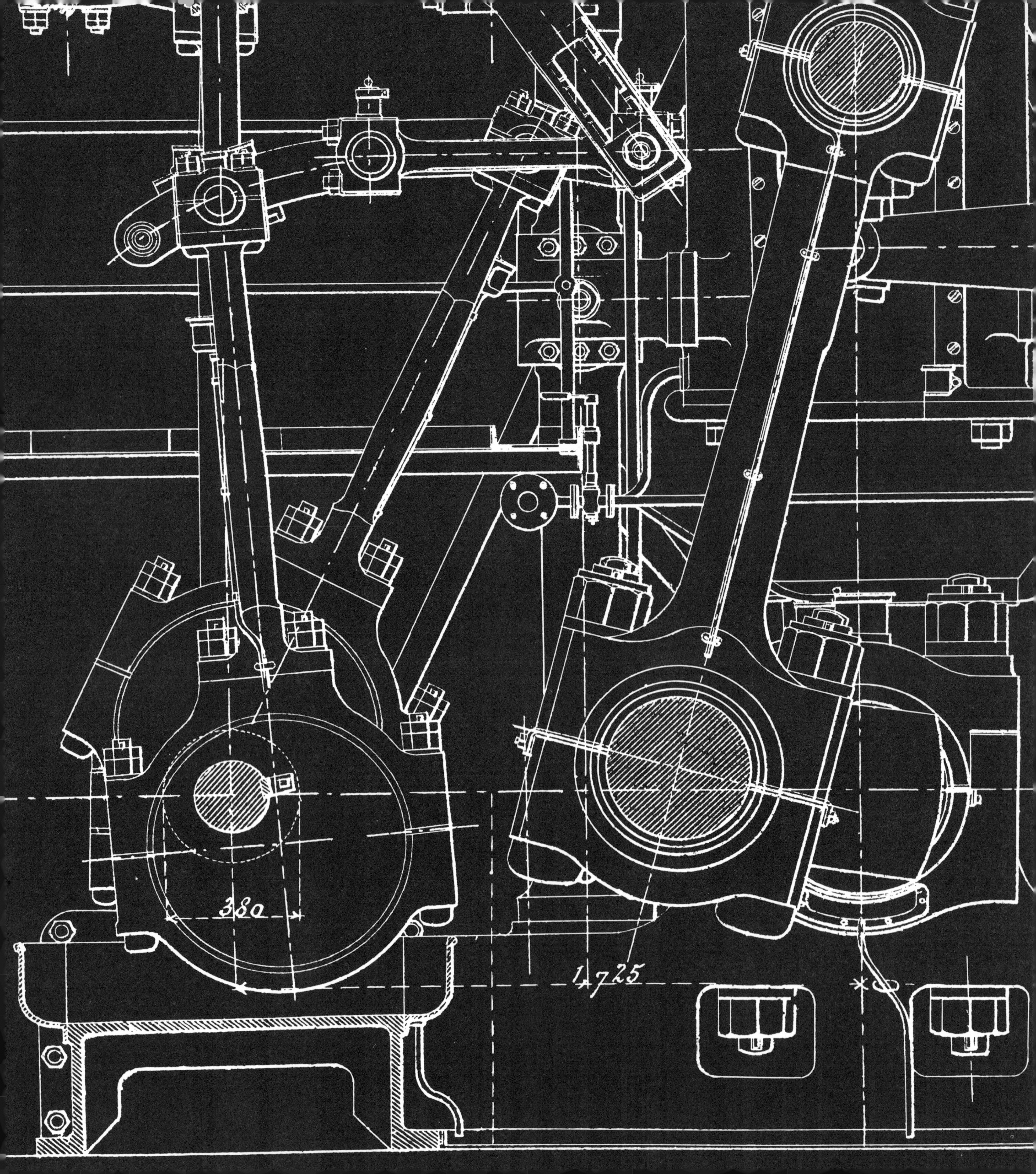

380
1,725